ISTVÁN ANDRÁSSY

NEMATODA

BESTIMMUNGSBÜCHER
ZUR BODENFAUNA EUROPAS

Herausgeber:

Prof. Dr. Dipl.-Ing. Herbert Franz

Lieferung 9

AKADEMIE-VERLAG · BERLIN
1984

ISTVÁN ANDRÁSSY

KLASSE NEMATODA

(Ordnungen Monhysterida, Desmoscolecida, Araeolaimida, Chromadorida, Rhabditida)

Mit 182 Abbildungen

AKADEMIE-VERLAG · BERLIN
1984

Erschienen im Akademie-Verlag, DDR-1086 Berlin, Leipziger Straße 3—4

Lizenznummer: 202 · 100/481/84
Printed in the German Democratic Republic
Gesamtherstellung: VEB Druckerei „Thomas Müntzer“, 5820 Bad Langensalza
LSV 1365
Bestellnummer: 763 032 5 (2114/9)

12000

VORWORT

Der schnelle Fortschritt der Naturwissenschaften in unserem Jahrhundert hatte die Entwicklung neuerer Forschungsrichtungen, sogar neuerer Wissenszweige auch in der Zoologie zur Folge. Unter den letzteren fällt der Aufschwung der Nematologie — der Erforschung der freilebenden und pflanzenparasitären Fadenwürmer — besonders ins Auge. Nicht weniger als 7 internationale Zeitschriften, neue Forschungsinstitute und Laboratorien, die in mehreren internationalen Gesellschaften zusammengeschlossenen zahlreichen Spezialisten, in rascher Folge veranstaltete Symposien, sowie die schon fast unübersehbare Menge der einschlägigen Publikationen bezeugen die rasche Entwicklung dieses Wissenszweiges. Welchen Umständen ist nun dieser große Fortschritt der Nematologie zu verdanken? Um dies besser zu begreifen, werfen wir einen Blick auf die Nematoden selbst.

Die Fadenwürmer (*Nematoda*) bilden — aufgrund realer Schätzungen — die an Arten drittreichste Gruppe innerhalb des Tierreiches. In dieser Hinsicht werden sie nur von den Gliederfüßern (*Arthropoda*) und Weichtieren (*Mollusca*) übertroffen. Was aber ihre Individuenzahl anlangt, übertreffen die Nematoden in den meisten Biotopen weitgehend alle übrigen Gruppen vielzelliger Tiere. Dazu kommt, daß die Nematoden als die ökologisch vielseitigste Gruppe des Tierreiches angesehen werden können. Die freilebenden Arten bevölkern alle in Frage kommenden Lebensstätten der Erde: sie kommen sowohl im Meer und Süßwasser als auch im Boden vor — ja, inaktiv auch in der Luft —, sie spielen eine Hauptrolle im biologischen Kreislauf der Natur; ihre parasitären Arten befallen fast sämtliche Tiergruppen, auch den Menschen, und die an Pflanzen schmarotzenden Arten erweisen sich, neben den Insekten und Viren, als gefährlichste Schadenserreger in der Landwirtschaft.

Die Nematologie erforscht die frei in der Erde, im Süßwasser und Meer lebenden und die im organischen Aufbau zu ihnen gehörenden pflanzenparasitären Fadenwürmer, während die große Gruppe der in Tieren schmarotzenden Formen von der Helminthologie untersucht wird. Die rasche Entfaltung der Nematologie ist darum so auffällig, weil sie ihr relatives Zurückbleiben gegenüber anderen Zweigen der Zoologie jetzt durch große Fortschritte nachzuholen strebt. Diese Fortschritte sind die Folge der Erkenntnis, daß die Nematoden in ihrer ökologischen Bedeutung neben die Insekten und Säugetiere zu stellen sind.

Das ist jedoch nur die eine Seite des Bildes. Auf der anderen Seite steht dem großen Interesse und der Notwendigkeit zur Untersuchung der Nematoden als Hindernis für die Entwicklung der Nematologie die Schwierigkeit der Erkennung bzw. Identifizierung der Arten entgegen. Im Vergleich zu anderen artenreichen Tiergruppen ist das System der Fadenwürmer noch wenig ausgebaut. Die Zahl der Taxonomen, die Nematodenmaterial aus der ganzen Welt bearbeiten können, ist gering. Einschlägige Handbücher sind spärlich vorhanden, noch weniger Bestimmungsbücher. Dies alles wird verständlich, wenn man bedenkt, daß die freilebenden Nematoden mikroskopisch kleine und schwierig zu untersuchende Tiere sind und daß sich ihre scheinbare Uniformität in Wirklichkeit als ein unerhört großer Formenreichtum erweist. Ein Hauptgrund für die Schwierigkeit ihrer taxonomischen Einordnung besteht ferner darin, daß ihre Abstammungs- und Verwandtschaftsverhältnisse bisher nur wenig bekannt sind. Die Aufstellung eines einheitlichen Systems der Nematoden wird dadurch weiter erschwert, daß, den beiden großen ökologischen Gruppen der Fadenwürmer gemäß, die freilebenden und die tierparasitischen Formen jeweils von anderen Fachleuten untersucht, und selbst die phylogenetisch nahe verwandten marinen und terrestrischen Nematoden meist unabhängig voneinander erforscht und taxonomisch eingeordnet werden.

Die Taxonomie der Fadenwürmer machte gleich der anderer Tiergruppen eine Entwicklung durch, die von zunächst künstlichen Gruppierungen zu einem mehr und mehr der Phylogenie entsprechenden System zu gelangen trachtet. Die Ausarbeitung des heute allgemein anerkannten Systems verdanken wir CHITWOOD; er legte den Grund dazu vor fünf Jahrzehnten (1933) und arbeitete sein System ausführlicher 1937 und insbesondere 1950 aus. CHITWOOD erkannte zwei große Entwicklungsrichtungen und gliederte die Nematoden im Sinne dieser in zwei Hauptgruppen (Klassen): *Phasmidia* (= *Secernentea*) und *Aphasmidia* (= *Adenophorea*). Die späteren Systematiker folgten alle CHITWOOD.

Obwohl CHITWOOD einzelne Entwicklungslinien innerhalb der Gruppe *Nematoda* klar erkannt hat, wurde doch eine Reihe phylogenetischer Fragen weder von ihm, noch von seinen Nachfolgern gelöst. Ich habe versucht (ANDRÁSSY, 1976), einige Fragen der Nematodenphylogenetik zu beantworten bzw. das System in Übereinstimmung mit der Stammesgeschichte weiter zu entwickeln.

Die vorliegende Arbeit beruht auf diesem neuen System (siehe S. 32—35) und verfolgt den Zweck, dem großen und immer größer werdenden Kreis der Fachleute, gleichgültig ob sie sich mit den im Boden, im Süßwasser oder pflanzenparasitisch lebenden Nematoden befassen, ein möglichst vollständiges und leicht zu handhabendes Bestimmungsbuch in die Hand zu geben. Um das Buch für Bestimmungszwecke möglichst brauchbar zu machen, habe ich nicht nur die ausgesprochen terrikolen Formen, sondern auch die ihnen übrigens nahe verwandten semiaquatilen bzw. aquatilen Arten berücksichtigt. Und da die Nematoden überwiegend sehr weit, vielfach kosmopolitisch, verbreitet sind, habe ich nicht nur die bisher in Europa nachgewiesenen sondern alle bekannten „guten" Arten der einzelnen Gattungen — kurz gesagt: die freilebenden nichtmarinen Arten — in die Bestimmungsschlüssel eingearbeitet. Der vorliegende Band enthält die Unterklasse *Torquentia* und einen Teil der Unterklasse *Secernentia*, und zwar die Ordnungen *Monhysterida*, *Desmoscolecida*, *Araeolaimida*, *Chromadorida* und *Rhabditida*, wobei 180 gültige Gattungen und rund 1100 Arten Berücksichtigung finden.

Wenn auch zusammenfassende Werke, wie das vorliegende, infolge der laufenden Veröffentlichung neuerer Taxa und zusätzlicher Daten ziemlich rasch veralten, so lege ich der Öffentlichkeit doch dieses Buch in der Hoffnung vor, daß es eine Lücke in der bestehenden Literatur füllt und sowohl Anfängern als auch Spezialisten gute Dienste erweisen wird.

Der Verfasser

INHALTSVERZEICHNIS

MORPHOLOGIE DER NEMATODEN

Körpergröße und Gestalt

Die Körperlänge der freilebenden Nematoden schwankt um 1 mm, man findet aber sowohl etwas kleinere, um 0,5 mm lange, als auch größere, 2 mm lange Formen. Noch kleinere oder größere Tiere sind relativ selten. Der kleinste bekannte Nematode ist 0,1 mm, der längste bodenbewohnende 10 mm lang. Im Meer leben auch größere Arten (bis 50 mm), doch die wahrhaften Riesen — von mehreren Dezimetern, sogar Metern — sind unter den in Tieren parasitierenden Arten zu suchen. Der größte bekannte Nematode hat eine Körperlänge von 8 m!

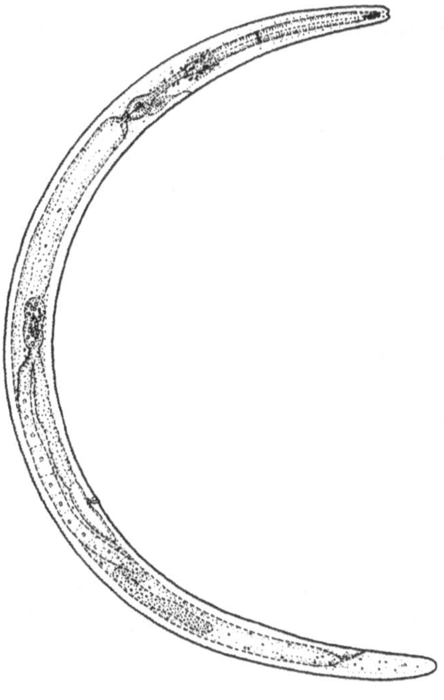

Abb. 1
Habitusbild eines weiblichen Nematoden: *Cephalobus persegnis* BASTIAN, 1865

Mit freiem Auge lassen sich die freilebenden Nematoden nicht oder nur ausnahmsweise (z.B. in einer Petrischale auf dunklem Grund) und unter entsprechender Belichtung erkennen. Der Grund hierfür besteht weniger darin, daß die Tiere sehr klein sind, sondern hauptsächlich in dem Umstand, daß ihr Körper recht dünn, fadenartig ist und seine Dicke bloß 1/20—1/40 der Körperlänge beträgt. Bei den schlanksten Arten macht der Körperdurchmesser nur 1/80—1/100 ihrer Länge aus. Die schwierige Sichtbarkeit der kleinen Tiere wird dadurch noch gesteigert, daß der Körper meist glasartig oder opal durchsichtig, farblos oder nur leicht grau bzw. gelblich getönt ist.

Nur der durchschimmernde Darminhalt kann dem Tier mehr Farbe verleihen, und zwar braun, bräunlichschwarz, orange oder grün, abhängig davon, womit der Nematode sich ernährt.

Der Körper der Fadenwürmer ist langgestreckt, dünn fadenförmig bzw. an eine Zigarre erinnernd, indem er sich nach den beiden Enden hin allmählich verjüngt. Der Körperquerschnitt der Nematoden ist kreisförmig. Ausnahmsweise, so z.B. unter an oder in Pflanzen lebenden Formen finden wir aber auch solche, deren Körper vom gewohnten Typ mehr oder weniger abweicht, indem er schlauchförmig oder zitronenartig aufgetrieben, ja kugelig ist. Solche Formen kommen aber nur bei geschlechtsreifen weiblichen Exemplaren vor, die Männchen und Larven der beiden Geschlechter weisen stets die übliche fadenförmige Gestalt auf.

Der Körper ist — mindestens von außen gesehen — bilateral symmetrisch, d. h. er läßt sich in eine rechte und eine linke Hälfte teilen. Als Ventralseite wird diejenige bezeichnet, auf der die wichtigsten Poren — Anal- und Genitalöffnung, Exkretionspore — liegen. Die erwähnten Öffnungen befinden sich genau auf der Mediallinie der Ventralseite; die sich im wesentlichen an der ventralen Körperseite gelegenen, jedoch von der Mediallinie etwas nach rechts oder links verschobenen Gebilde werden schon als „subventral" gelegene bezeichnet. Ebenso unterscheiden wir dorsale und subdorsale bzw. laterale und sublaterale Lagen. Die Bilateralsymmetrie stellt in der Tat nur eine Scheinsymmetrie dar, da sie innerhalb des Leibes durch den Geschlechtsapparat — hauptsächlich durch das paarige Geschlechtsorgan — fast in allen Fällen gestört wird. Die beiden Äste der Keimdrüsen befinden sich nämlich in verschiedener Höhe und außerdem an verschiedenen Seiten des Darmkanals. In selteneren Fällen ist die zweiseitige Symmetrie auch von außen nicht mehr zu erkennen (*Bunonematoidea*, *Heteropleuronematidae*).

Neben der Bilateralsymmetrie läßt sich am Körper der Nematoden stets auch eine triradiale Symmetrie beobachten und zwar im Bau des Vorderabschnittes des Darmkanals. Es kommt oft vor, daß auch schon die am Kopf liegenden Gebilde — Lippen, Papillen, Borsten — eine tri(sex)-radiale Symmetrie widerspiegeln. Besonders gut läßt sich diese Symmetrie in manchen Fällen in der Mundhöhle und noch besser im Ösophagus erkennen. Es kommt weiterhin noch eine Quatroradiärsymmetrie vor, und zwar hinsichtlich der Anordnung der Hypodermalleisten und der Muskulatur.

Integument

Das Integument — die Körperwand — besteht aus der Cuticula, Hypodermis und der anschließenden Muskulatur. Es ist im ganzen sehr widerstandsfähig, fast wie ein echtes Ektoskelett, wodurch nicht nur ein Schutz der inneren Organe bewirkt, sondern auch die Gestalt des Körpers bestimmt wird.

Die äußere, nicht-zelluläre Schicht des Integuments ist die Cuticula, die aus mehreren feinen Schichten aufgebaut wird: im Elektronenmikroskop lassen sich 8—10 Schichten erkennen, mittels des Lichtmikroskopes können nur 2 oder 3 Schichten unterschieden werden: eine dünne oberflächliche Wand, die darunter liegende Subcuticula und — eventuell — eine Basalmembran.

Die Oberfläche der Cuticula ist entweder glatt, oder quer geringelt; die meisten Arten werden durch eine dieser beiden Cuticulastrukturen gekennzeichnet. Die Feinheit der Querringelung kann sehr verschieden sein, ist jedoch für die einzelnen Spezies charakteristisch. Manchmal findet man eine sehr grobe Ringelung (*Criconematidae*), mit verhältsnimäßig wenigen Körperringen; die Zahl der Ringe ist in solchen Fällen ziemlich konstant und dient als brauchbares Merkmal für die Unterscheidung der Arten. Bei der Beschreibung der Arten ist es ratsam, die an der Körpermitte gemessene Dicke der Cuticula und die Breite der einzelnen Ringe anzugeben.

Die Querringelung ist bei manchen Arten durch Längsfurchen oder herausragende Längsleisten in quadratische Feldchen geteilt; die Zahl dieser Längselemente ist konstant. Sie können am leichtesten gezählt werden, indem man sie am Querschnitt des Körpers betrachtet. Hier soll erwähnt werden, daß die an beiden Körperseiten oft vorkommenden Hervorwölbungen — die sogenannten Seitenmembranen oder Seitenfelder — bei der Ermittlung der Zahl der Längsleisten nicht mitgezählt werden dürfen. Die Seitenmembranen beginnen etwa in der Höhe des Ösophagus und laufen im allgemeinen bis in die Nähe der Schwanzspitze aus. Sie werden durch feine Längsfurchen meist in Feldchen bzw. Streifen geteilt; die Zahl der Furchen oder Feldchen ist für die Arten stets charakteristisch.

Außer den oben erwähnten Merkmalen können auch weitere Strukturen an der Cuticula vorkommen. So z.B. verstreute oder in Querreihen angeordnete feine Punkte oder Stäbchen, Drüsenporen und vereinzelte oder in Reihen stehende Borsten. Die letztgenannten Gebilde können sehr fein, kaum erkennbar, aber auch grob, auffällig, ja ausnahmsweise in Glieder geteilt sein. Bei der Bestimmung der Arten zählt man gewöhnlich nur die Zahl, Länge und Anordnung der Kopf-, Hals- und Schwanzborsten. Die Oberfläche der Cuticula wird oft von Poren durchbrochen: sie sind die Öffnungen der Hypodermaldrüsen. Schließlich können in einigen Fällen (*Bunonematoidea*) auch warzen- oder flossenartige Auswüchse an der Cuticula beobachtet werden.

Die Papillen oder andere Cuticulargebilde der männlichen Geschlechtsgegend werden weiter unten noch ausführlicher besprochen.

Die unterhalb der Cuticula befindliche Hypodermis ist von syntitialer Struktur und weist nach dem Inneren des Leibes 4 längslaufende Verdickungen auf: die Ventral-, Dorsal- und die beiden Lateralleisten. Sie enthalten die Zellkerne der Hypodermis und die Nervenstränge, die lateralen von ihnen oft auch die Kanäle des Exkretionsorgans bzw. die Hypodermaldrüsen.

An der inneren Wand der Hypodermis haftet die Längsmuskulatur des Leibes, die von den Hypodermalleisten in 4 Bänder geteilt wird. Die Muskelzellen sind im allgemeinen spindelförmig. Je nachdem, ob sie in kleinerer oder größerer Zahl je Band vorkommen, spricht man von meromyarer oder polymyarer Muskulatur. Als besonderes Merkmal der Muskelzellen der Nematoden ist zu erwähnen, daß sie durch eigenartige Fortsätze mit den Längsnervenstämmen in direkter Verbindung stehen.

Das Integument und die eng anschließende Muskulatur bilden zusammen den sogenannten Hautmuskelschlauch. Dieser läßt auch einzelne individuelle Muskel erkennen, die zu jenen Organen gehören, die willkürlich bewegt werden können (z.B. Mundstachel, gewisse Zähne, Spicula, Präanalröhrchen). Ausgesprochen muskulös ist in den meisten Fällen auch der Ösophagus, dessen Pumpbewegung die Nahrung in den Verdauungstrakt befördert.

Kopf

Der Kopf ist zumeist nicht scharf gegen den übrigen Körper abgegrenzt. Kopfartig verbreiterte bzw. halsartig verschmälerte Körperteile lassen sich nur selten unterscheiden.

Am Kopf befindet sich eine Anzahl wichtiger Gebilde, die für die Unterscheidung der Arten fast immer eine beträchtliche Rolle spielen. Dies sind die Lippen und die Lippenpapillen, die Mundöffnung, die Kopfborsten und Seitenorgane.

Die Lippen sind seltener der Bilateral-, häufiger der Radiärsymmetrie gemäß angeordnet. Ihre Zahl beträgt im ersten Falle 2 oder 4 (insbesondere in tierparasitären Formen), im letzteren Falle 3 oder 6. Bei der überwiegenden Zahl der freilebenden Fadenwürmer gibt es 6 Lippen, und zwar je eine Laterallippe und je 2 Subventral- bzw. Subdorsallippen. Sie sind voneinander nicht immer scharf abgesondert, sondern flach, ineinanderfließend, oft sind sie aber konkav, halbkugelig und sowohl voneinander, als auch von der Halsgegend gut abgetrennt. In diesen Fällen handelt es sich um einen „abgesetzten" Kopf. Hinter den Lippen zeigt sich zuweilen eine Querfurche, die den Kopf vom Leib noch schärfer abgrenzt.

An jeder Lippe lassen sich kleine Warzen oder Papillen erkennen. Sie sind punkt- oder borstenförmige Gebilde, die gegen das Innere des Leibes feine Nervenkanäle erkennen lassen. Sie stehen in zwei Kreisen. Der innere Kreis wird je Lippe aus einer Papille, der äußere Kreis aus zwei Papillen gebildet, mit Ausnahme der Laterallippen, die nur je eine Außenpapille besitzen. Die Zahl der Papillen beträgt also gewöhnlich 6 + 10, sie kann jedoch infolge der Modifizierung der Lippen reduziert werden.

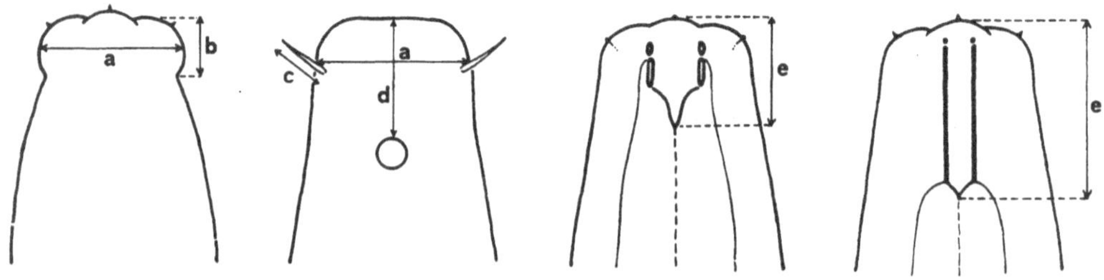

Abb. 2 Maßaufnahmen am Vorderkörper: a = Kopf- oder Lippenbreite; b = Kopf- oder Lippenhöhe; c = Länge der Kopfborste; d = Entfernung des Seitenorgans vom Kopfrand; e = Länge der Mundhöhle

In der Mitte des Mundfeldes, und zwar von den Lippen umgeben, befindet sich die Mundöffnung: ein kleiner, drei- oder sechseckiger Schlitz. Sie liegt terminal und ist nur ganz ausnahmsweise aus der Mitte des Lippenfeldes verschoben.

Der Kopf ist — insbesondere bei der Unterklasse *Torquentia* — oft mit Borsten bewaffnet. Sie dienen — wie die Lippenpapillen — als Sinnesorgane. Es kommt zwar zuweilen vor, daß auch die Papillen selbst borstenartig sind, die echten Kopfborsten lassen sich jedoch dadurch von ihnen unterscheiden, daß sie unabhängig von den beiden Kreisen der Papillen stehen und immer an der Basis des Kopfes entspringen. Ihre Zahl beträgt meist entweder 4 oder 6 + 4. Im ersteren Falle stehen sie ventro- und dorsolateral, im letzteren Falle befindet sich an jeder Lippe eine Borste (insgesamt 6) und an ihrer Basis — mit Ausnahme der Lateralborsten — noch eine weitere und zumeist kürzere Borste (insgesamt 4). Bei den in Süßwasser oder im Meere lebenden Arten können noch weitere Kopfborsten hinzukommen.

Die Länge der Borsten dient als gutes Unterscheidungsmerkmal für die Abgrenzung nahe verwandter Formen. Sie sollen von der Basis an bis zur Spitze gemessen werden. Ihre Länge kann entweder in Mikron oder im Verhältnis zum „Kopfdurchmesser" angegeben werden. Über „lange" Borsten sprechen wir, wenn sie nahezu so lang oder länger sind als die Kopfbreite.

In Verbindung mit den Lippen sind schließlich die Lippenanhänge zu erwähnen. Eine ziemlich artenreiche Unterfamilie der Cephalobiden — doch auch andere Formen — sind dadurch gekennzeichnet, daß der Kopf bzw. die Lippen eigenartige Anhänge bzw. Fortsätze aufweisen. Man unterscheidet Lippen- und Kopfanhänge. Die ersteren treten meist zu dritt auf und sind oft sehr auffällig — lang, in Äste geteilt, bewimpert, membranös usw. —, die letzteren sind meist zahlreicher und im allgemeinen weniger deutlich. Die beiden Gruppen von Anhängen unterscheiden sich ihrer Namen gemäß auch durch die Lage voneinander, indem die Lippenanhänge an den Lippen, oder an der Basis derselben, die Kopfanhänge aber am Rand des Kopfes sitzen.

Spezifische Sinnesorgane der Nematoden sind die Seitenorgane oder Amphidien. Wie ihr Name besagt, sind sie stets lateral zu finden. Was ihre Herkunft anlangt, sind sie aller Wahrscheinlichkeit nach nichts anderes als modifizierte Lippenpapillen; sie befinden sich ursprünglich an den seitlichen Lippen (*Secernentia*), sind jedoch in manchen Fällen hinter die Lippen oder noch weiter, in die Halsgegend verschoben. Aller Wahrscheinlichkeit nach fungieren sie als Chemorezeptoren. Anhand des Aufbaus der Seitenorgane lassen sich zwei Grundtypen unterscheiden: die Sinnesfläche befindet sich entweder an der Körperoberfläche in Form eines „Spiegels", oder sie besteht aus einer subcuticularen Tasche, die sich durch eine Spalte nach außen öffnet. Die Form und Struktur der Amphidien ist sehr veränderlich und stellt ein generisches oder spezifisches Merkmal ersten Ranges dar.

Die Seitenorgane sind bei einem Teil der Secernentien ganz klein, unbedeutend; sie befinden sich an den Lippen und sind meist nur am abgeschnittenen Kopf bei Ansicht von oben und bei stärkster Vergrößerung studierbar. Bei den Torquentien sind sie im Grundtyp kreisförmig; oft trifft man aber modifizierte Formen, so z.B. ovale, quer- oder längsgerichtete oder spiralige Seitenorgane. An den Penetrantien öffnen sich diese Gebilde durch eine Querspalte und haben eine Tasche von trichter-, becher- oder kelchförmiger Gestalt.

Außer der Form ist auch die Größe (in Mikrometer oder im Verhältnis zur „Kopfbreite" bzw. „Körperbreite" gemessen) und der Abstand vom Kopfende für die Amphidien stets charakteristisch.

Mundhöhle

Der am stärksten variable Körperteil der Nematoden ist die Mundhöhle, deren Bau und Form von der Lebens- und Ernährungsweise des Tieres abhängig ist. Unter der Bezeichnung „Mundhöhle" verstehen wir die Darmstrecke, die mit der Mundöffnung beginnt und bis zum Beginn des Ösophaguslumens reicht. Ihre Wände sind stärker oder schwächer cuticularisiert. Form, Größe und Struktur der Mundhöhle gehören zu den wichtigsten taxonomischen Merkmalen der Nematoden. Bei der Bestimmung eines Nematoden ist stets die Mundhöhle zuerst zu untersuchen.

Obwohl die Mundhöhle im Querschnitt im wesentlichen kreisförmig ist, läßt sie dennoch eine ursprünglich triradiäre Symmetrie im Bau erkennen, indem ihre Wand aus drei Seitenelementen zusammengesetzt ist. Im Längsschnitt (optischen Schnitt) sind die Wände entweder einheitlich oder häufiger aus mehreren aufeinanderfolgenden Teilen aufgebaut. Die einzelnen Mundhöhlenabschnitte lassen sich am besten bei den Secernentien untersuchen. In dieser Unterklasse besteht die Mundhöhle aus 5 Elementen — eigentlich aus 5 aneinanderliegenden Ringen — die mit selbständigen

Namen bezeichnet werden. Vorn liegt die sogenannte Lippenhöhle oder das Cheilostom. Ihm folgen das Pro- und Mesostom, die oft zu einer einheitlichen Strecke, dem Protostom oder Promesostom, verschmolzen sind. Das Metastom ist einer der wichtigsten Mundhöhlenabschnitte und dadurch gekennzeichnet, daß es kleinere oder größere Zahnbildungen trägt. Den hinteren Teil der Mundhöhle nennt man Telostom; er stellt eigentlich ein Verbindungsglied zwischen der eigentlichen Mundhöhle und dem Ösophagus dar. Die Länge der einzelnen Abschnitte ist veränderlich und es bildet einmal der eine, einmal der andere die Haupthöhle des Mundes. In den beiden anderen Unterklassen der Nematoden lassen sich die 5 Grundelemente nicht oder nur sehr schwer identifizieren.

Wie schon erwähnt wurde, kann die Mundhöhle sehr verschieden ausgebildet sein. Sie ist einmal ganz eng, rohrartig, sogar praktisch fehlend, indem die Mundöffnung unmittelbar ins Lumen des Ösophagus führt. Öfter ist sie jedoch weiter, rohr- oder prismaförmig, faßartig, trichterartig und besteht entweder aus einer einheitlichen Höhle oder ist aus einer größeren und einer oder mehreren kleineren Kammern zusammengesetzt. Die Mundhöhlenwand ist entweder einfach, glatt, oder mit Runzeln, Vorsprüngen oder Zähnen bewaffnet. Die letzteren sind zuweilen recht groß und auffällig; sie kommen bei Nematodenformen mit räuberischer Lebensweise vor und dienen zum Ergreifen oder Zerstückeln der Nahrung. Bei einem Teil der Secernentien (*Tylenchida*) verwandelt sich die Mundhöhle zu einer ausstülpbaren, am Ende zugespitzten Röhre, dem sogenannten Mundstachel. Die speziellen Muskel des Stachels haften mit dem einen Ende an den cuticularisierten Versteifungselementen des Kopfes, mit dem anderen Ende an den am Grund des Stachels befindlichen Knöpfen (Verdickungen). Bei einer anderen großen Gruppe der Fadenwürmer (*Dorylaimida*) spielt ein von der Mundhöhlenwand abgegliederter Zahn die Rolle des Mundstachels (Zahnstachel).

In die Mundhöhle münden oft einzellige Drüsen — zuweilchen durch Poren der Zähne —, die im weiteren noch behandelt werden.

Was nun die Ernährungsweise der Fadenwürmer anlangt, sind sie entweder Saftsauger oder nehmen geformte Elemente zu sich. Die einen Mundstachel tragenden Tylenchiden ernähren sich von pflanzlichen, die einen Stachel besitzenden Dorylaimiden von pflanzlichen oder tierischen Säften. Unter den ersteren gibt es zahlreiche Arten, die gefährliche Schädlinge von Kulturpflanzen sind. Viele Nematoden — insbesondere die Secernentien — sind Bakterienfresser, oder ernähren sich von einzelligen Algen bzw. kleineren oder größeren Detrituskörperchen. Andere führen eine räuberische Lebensweise; die kräftigsten Zähne findet man bei diesen Räubern.

Ösophagus

Von der Mundhöhlenbasis an bis zum Mitteldarm reicht die muskulöse Speiseröhre, oder der Ösophagus. An ihr befinden sich oft muskulöse oder drüsige Anschwellungen, die sogenannten Bulbi. Gibt es nur einen Bulbus, so liegt er im allgemeinen am hinteren Ende des Ösophagus und dient dem Pumpvorgang beim Einsaugen der Nahrung; des weiteren enthält er die Speisedrüsen. Oft weist der Bulbus einfache oder komplizierte Valvulae bzw. Klappenbildungen auf, die dem Zweck dienen, die eingesaugte Nahrung ventilartig nicht zurückfließen zu lassen. Ja, wir sprechen nur dann von einem „echten“ Bulbus, wenn diese Klappenstrukturen in ihm anzutreffen sind. Gibt

es kein Klappenapparat, so ist es zweckmäßiger, nur von einem Scheinbulbus oder einer bulbusartigen Anschwellung zu reden. Das Vorhandensein oder Fehlen eines Bulbus hängt nicht immer mit der Nahrung oder Ernährungsweise zusammen, so können z. B. Saftsauger mit (*Tylenchida*) oder ohne (*Dorylaimida*), und auch Räuber mit (*Diplogastridae*) oder ohne Bulbus (*Mononchidae*) sein.
Der Ösophagus läßt vielfach gut abgesondere Strecken erkennen (z. B. bei den Secernentien). Der vordere, meist zylindrische Abschnitt ist der Corpus, der nachfolgende, dünnere der Isthmus und der hintere, angeschwollene der Terminalbulbus. Die Totallänge der Speiseröhre messen wir stets vom Kopfende an; unter Vorderabschnitt verstehen wir die Strecke vom Kopfende bis zum Hinterende des Corpus — oder wenn es einen Mittelbulbus gibt, bis zum Hinterrand desselben —, unter Hinterabschnitt die Strecke vom Isthmusbeginn bis zum Ende des Terminalbulbus. Zwischen dem Ösophagus und Mitteldarm liegt die Kardia, ein muskulöses oder drüsiges, lappiges oder zungenartiges Gebilde, das meist ein wenig ins Lumen des Darmes eindringt.

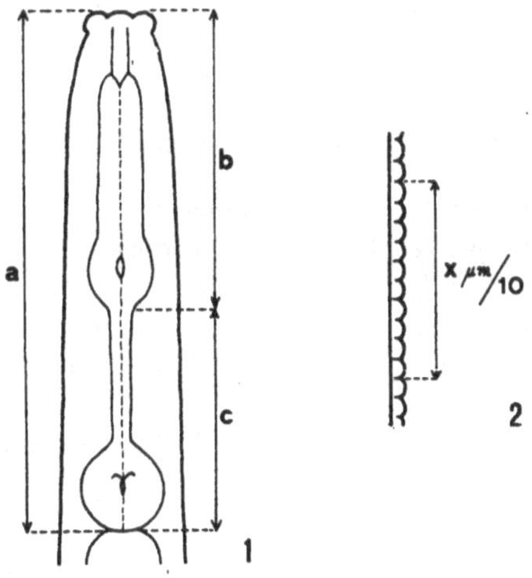

Abb. 3 1: Maßnehmen an der Ösophagusregion: a = Länge des gesamten Ösophagus; b = Länge des vorderen Ösophagusabschnittes; c = Länge des hinteren Ösophagusabschnittes.
2: Abmessen der Breite der Cuticularinge (man mißt die gesamte Breite von 10 Ringen und teilt dann die Summe durch 10)

Die Muskulatur der Speiseröhre kann die Mundhöhle teilweise oder vollkommen umgeben; im ersteren Falle sprechen wir von einer Ösophagusmanschette.
Wichtige zusätzliche Organe des Ösophagus sind die Speise- oder Verdauungsdrüsen. Es handelt sich um 3, 5 oder mehrere einzellige Drüsen, deren Kerne meist gut erkennbar sind. Sie gießen ihre Sekrete entweder in die Mundhöhle oder ins Lumen des Ösophagus. Den Urtyp stellen die dreizelligen Drüsen dar: eine Drüse liegt dorsal, zwei Drüsen liegen subventral. Eine Kollektion von 5 Drüsen kommt so zustande, daß sich der Dorsalkern vergrößert und sich die beiden Subventralkerne verdoppeln. Dieser Typ kommt ausschließlich bei den Penetrantien vor. Mehr als 5 Drüsen findet man nur bei einigen zooparasitischen Gruppen. Die Drüsenkanäle münden entweder in beinahe derselben Höhe ins Ösophaguslumen, oder die Mündung der Dorsaldrüse befindet sich wesentlich weiter vorn als die der Subventraldrüsen.

Darm

Der eigentliche Darm ist eine gerade Röhre, die in einen längeren Mittel- und einen kürzeren Enddarm geteilt wird. Der Mitteldarm ist mesodermalen Ursprunges, ist aus einer einzigen Lage großer epithelialer Zellen zusammengesetzt und im Inneren mit einem Stäbchensaum bedeckt. Eine magenartige Erweiterung findet sich nur ganz ausnahmsweise. Im Lumen des Darmes lassen sich oft geformte Nahrungselemente (Detrituskörperchen, Algen, sogar auch im ganzen geschluckte Nematoden und Rotatorien, ferner Annelidenborsten) erkennen.
Der Enddarm ist ektodermalen Ursprungs und eine kürzere, cuticularisierte Darmstrecke, deren Länge oft charakteristisch für die Art ist. In manchen Fällen stehen 3 Analdrüsen mit ihm in Verbindung. Bei den Dorylaimiden und einzelnen Cephalobiden trifft man einen Abschnitt zwischen dem Mittel- und Enddarm, den sogenanten Vor-Enddarm (Prärektum), der meist auch durch seine Transparenz gut erkennbar ist. Die Analöffnung befindet sich an der Ventralseite, und zwar in der Mediallinie. Bei Männchen handelt es sich um eine Kloakenöffnung, da die Ausfuhrgänge des Darmkanals und des Geschlechtsorgans gemeinsam münden.

Exkretions- und Nervensystem

Es sind zwei Grundtypen des Exkretionsorgans bei Nematoden bekannt. Der eine Typus ist eine einfache, einkernige Zelle, mit nicht cuticularisiertem Ausführungsgang, der andere — und dies ist für die Secernentien kennzeichnend — besteht aus einer oder zwei Zellen, dem an sie anschließenden paarigen oder unpaarigen Kanal und einem cuticularisierten Ausführungsrohr. Die Exkretionspore befindet sich in fast allen Fällen in Höhe des Ösophagus und liegt ventral.
Es ist zu erwähnen, daß wir über den Bau des Exkretionsapparates bei einer großen Gruppe der Penetrantien (*Dorylaimoidea*) fast nichts wissen. Eine Ekxretionspore läßt sich bei ihnen nur selten nachweisen.
Das Zentralnervensystem, der sogenannte Nervenring, umfaßt den Ösophagus, und zwar meist den Isthmus und läßt sich auch ohne Färbungsverfahren erkennen. Er liegt nicht ganz senkrecht auf der Sagittallinie, sondern biegt an der ventralen Seite ein wenig nach hinten. Er enthält zahlreiche Ganglienzellen und von ihm ziehen Nervenstränge kopf- und kaudalwärts. Der Ventralstamm ist aus einer Kette von Ganglien zusammengesetzt.
Von den Sinnesorganen wurden die Lippenpapillen, Kopfborsten und Seitenorgane bereits erwähnt. Als weitere Sinnesorgane können die am Körper vereinzelt stehenden oder in einer Körpergegend konzentrierten Borsten, die lichtrezeptorischen Pigmentflecke, die Deiridien und die Phasmidien bezeichnet werden. Pigmentflecke kommen nur bei einigen aquatilen Arten vor; sie sind gelb, orange, bräunlich, grün oder rot. Sie liegen stets am Vorderkörper und können einfache Flecke oder mit einer Linse versehene Ozellen sein. Sie sind übrigens fast ausnahmslos nur in lebendem Zustand erkennbar.
Die Halspapillen oder Deiridien kommen bei den Secernentien vor, und zwar in Höhe des Nervenrings. Sie sind sehr kleine, punktförmige, paarige Gebilde von ungewisser Funktion. Ebenfalls ist die Rolle der Phasmidien nicht ganz klar. Es handelt sich wahrscheinlich um Sinnesorgane, es ist aber nicht ganz ausgeschlossen, daß sie bei

der Exkretion eine Rolle spielen. Es sind kleine Poren oder lichtbrechende Punkte, die sich nur bei den Secernentien, und zwar an den beiden Seiten der Schwanzgegend, befinden.

Weibliches Geschlechtsorgan

Die einzelnen Teile des weiblichen Geschlechtsorgans sind die Vulva, die Vagina, der Uterus, der Ovidukt, das Ovarium und das Receptaculum seminis.

Die weibliche Geschlechtsöffnung (die Vulva) ist stets unabhängig von der Analöffnung; sie liegt vor dieser in der ventralen Mediallinie des Körpers. Sie ist ein kleiner quer- oder seltener längsgerichteter Schlitz, oft mit leicht vorspringenden und cuticularisierten Lippen. Ihre Lage ist eine der wichtigsten Artmerkmale bei den Nematoden. Ist das Geschlechtsorgan paarig, so befindet sich die Vulva ungefähr in der Längsmitte des Körpers, ist es unpaarig, dann kann sie weit nach vorn oder hinten verschoben sein. Die Vulvalage geben wir in Prozent der Körperlänge an. Die Vulva führt in die Vagina, eine muskulöse oder muskelarme, mit Cuticula bedeckte Röhre ein. Sie läuft meist senkrecht ins Innere des Körpers, kann aber — insbesondere im Falle eines unpaarigen Ovars — nach vorn oder hinten gebogen sein.

An die Vagina schließt sich der schlauchartige Uterus an. Er hat je einen prä- und postvulvaren Ast; nur bei Arten mit unpaariger Gonade kommt es vor, daß der eine dieser beiden Äste reduziert ist oder fehlt. An den beiden Enden des Uterus oder des Eileiters trifft man oft je einen Spermabehälter (Receptaculum seminis), in dem die Spermien gelagert werden.

Bei den meisten Formen der Nematoden finden wir zwei Gonadenäste: das eine Ovar liegt prä-, das andere postvulvar. Nur bei zooparasitären Arten und einigen stark spezialisierten Pflanzenparasiten kommt es vor, daß die beiden Gonaden vor der Vulvaöffnung liegen. Gibt es nur ein Ovar, so liegt es entweder prä- oder postvulvar; das prävulvare Geschlechtsorgan ist übrigens viel häufiger als das postvulvare, und das letztere kommt nur bei den Penetrantien vor. Das Ovar besteht aus einer oder mehreren Zellreihen und kann gestreckt oder nach der Körpermitte zu gebogen (umgeschlagen) sein.

Die Nematoden sind in der Regel zweigeschlechtlich, obwohl die Männchen bei manchen Arten seltener sind als die Weibchen. Einzelne Arten können sich jedoch zeitweise parthenogenetisch, sogar proterandrisch vermehren. Kommt ein proterandrischer Hermaphroditismus hervor, so sind die Tiere stets von weiblichem Geschlecht, ein gewisser Teil ihres Geschlechtsapparats erzeugt aber auch männliche Keimzellen. Noch seltener begegnet man Zwitterexemplaren (Intersexen), die neben dem weiblichen Geschlechtsorgan auch für die Männchen charakteristische Merkmale aufweisen.

Die Fortpflanzung erfolgt durch Eiablage, es kommt jedoch auch Ovoviviparie oder Viviparie nicht selten vor. Bei einzelnen saprob lebenden Arten verbleiben die ausgeschlüpften Larven eine Weile im mütterlichen Leib, verbrauchen diesen vollkommen und gelangen erst dann ins Freie.

Obwohl die Entwicklung der Nematoden direkt ist und sie keine eigentlichen Larvenformen aufweisen, bezeichnen wir dennoch dem Brauch gemäß die jungen Exemplare als „Larven". Charakteristisch ist es für die Fadenwürmer, daß sie sich im Laufe ihrer Entwicklung mehrmals — im allgemeinen viermal — häuten.

Die Eier sind meist oval und glattschalig, nur ausnahmsweise skulpturiert. Die Zahl der von einem Muttertier produzierten Eier ist im Falle der freilebenden Formen gering, bei den saprob lebenden Arten zahlreicher und bei den Parasiten oft sehr hoch.

Männliches Geschlechtsorgan

Das Geschlechtsorgan des Männchens besteht aus den Hoden, dem Vas deferens, den Spicula, dem Gubernaculum und den akzessorischen bzw. sekundären Geschlechtsgebilden (Papillen, Kopulationshilfsorgane, Bursa).

Die Hoden sind paarig oder unpaarig; im ersteren Falle ist der eine Hode meist nach vorn, der andere nach hinten gerichtet. Sie sind nur selten gestreckt, viel öfter zurückgebogen. Die reifen Spermien sammeln sich in der Samenblase, einer schlauchartigen Erweiterung am Grunde des Hodens. Das Vas deferens ist eine einfache, muskulöse oder muskellose Röhre, die in die Kloake mündet. Die Keimzellen (Spermatozoen) sind einfach tropfenförmig, amöboid, kugelig oder anders geformt; sie lassen sich bei stärkerer Vergrößerung sowohl im Hoden als nach Begattung im weiblichen Geschlechtstrakt gut wahrnehmen. In die Kloake können auch sogenannte Ejakulationsdrüsen münden.

Die spezifischen Kopulationsorgane der Nematoden sind die Spicula. Diese geraden oder gebogenen, cuticularisierten Gebilde befinden sich in der Spiculartasche, einer Einwölbung der Körperwand. Sie sind paarige Organe, bestehen aus je einer rechten und linken Hälfte; sie stehen meist unabhängig voneinander und sind nur selten am distalen Ende mehr oder minder verwachsen. Sie können durch Protraktor- und Retraktormuskeln durch die Kloakenöffnung vorgestoßen und zurückgezogen werden. Ihre Form und Größe ist recht veränderlich und oft artspezifisch. Die Länge der Spicula messen wir im Bogen. Unter den freilebenden Nematoden gibt es nur eine Gattung (*Myolaimus*), bei der diese Kopulationsorgane vollkommen fehlen.

Unterhalb der Spicula — kaudalwärts von ihnen — befinden sich meist ein kleineres und unpaariges, gleichfalls cuticularisiertes Gebilde: das Gubernaculum. Es dient für die Spicula als Führungsstück. Seine Gestalt und Größe spielt oft bei Bestimmung der Arten eine wichtige Rolle. Bei einem Teil der Penentrantien finden sich anstatt des Gubernaculums an beiden Seiten der Spicula kleine, paarige „Nebenstäbchen“.

An der Analregion und oft auch am Schwanz der Männchen können Geschlechtspapillen oder Kopulationshilfsorgane vorkommen. Sie erfüllen eine taktile Funktion, doch können sie auch beim Kopulationsakt eine gewisse Rolle spielen. Ihre Zahl und Anordnung ist artspezifisch und eine der wichtigsten Unterscheidungsmerkmale der Arten. Sie sind entweder Papillen bzw. Borsten, oder cuticularisierte Gebilde (Knöpfe, Röhrchen). Die letzteren können ausgestülpt werden. Die Kopulationshilfsorgane sind an der Bauchseite entweder in einer einzigen Medialreihe (ventral) oder paarig, etwas von der Mediallinie entfernt (subventral) angeordnet. Nach ihrer Lage unterscheiden wir prä-, ad- oder postanale Papillen.

Bei den Secernentien kommt am Hinterende des Körpers häufig ein spezielles Gebilde vor, die Bursa. Sie ist eigentlich eine doppelte, von beiden Körperseiten stammende und nach der Ventralseite gerichtete Cuticulafalte. Sie beginnt meist vor der Kloakalöffnung und dehnt sich auch auf den Schwanz aus. Erreicht sie das Schwanzende, so nennen wir die Bursa peloder, läßt sie das Schwanzende frei, dann bezeichnen wir sie als leptoder. Die Bursamembranen sind entweder einfach, glatt, oder mit

Versteifungsleisten (Papillen) versehen, deren Zahl und Anordnung gut grauchbare Artmerkmale darstellen. Die Bursa fördert bei der Begattung den engen Kontakt der Geschlechter.

Schwanz

Die Körpergegend, die bei Bestimmung der Arten eine der wichtigsten Rollen spielt, ist der Schwanz. Er reicht von der Analöffnung bis zum hinteren Körperende. In Form und Größe ist er einer der veränderlichsten Körperteile der Fadenwürmer. Er kann kurz oder lang, sogar sehr lang, abgerundet oder zugespitzt, gerade oder ventral bzw. dorsal gebogen sein. Seine Länge geben wir entweder in Mikron, oder in Prozenten der Körperlänge, oder in Analbreiten an.

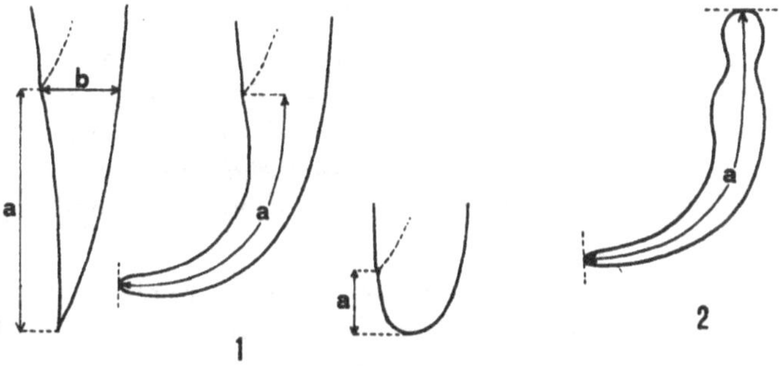

Abb. 4 1: Maßnehmen am Schwanz: a = Schwanzlänge; b = Analbreite (anale Körperbreite).
2: Spiculalänge (a) in der Mediallinie gemessen

Bei zahlreichen Arten —in erster Linie bei den aquatilen Formen — ist das Schwanzlumen von drei einzelligen Drüsen erfüllt, die ihre Sekrete durch eine am Schwanzende befindliche Pore oder ein cuticularisiertes Röhrchen ins Freie ergießen. Es sind Haftdrüsen, mit deren Hilfe sich das Tier auf einem Substrat festsetzt.
Der Schwanz ist nur selten glatt, meist mit Borsten oder Papillen verschiedener Anordnung versehen.

BIOLOGIE UND ÖKOLOGIE

Nach vorsichtigen Schätzungen stellen die Nematoden die drittartenreichste Gruppe der Tierwelt dar, sie werden in ihrer Artenmannigfaltigkeit nur von den Glieder- und Weichtieren übertroffen. Es gibt vermutlich keine andere Tiergruppe mit so vielen noch unbeschriebenen Arten, wie die Nematoden. Hinsichtlich der Individuenzahl stehen sie unter den Vielzellern in fast allen Lebensstätten an der ersten Stelle.

Ihrem Arten- und Individuenreichtum entsprechend ist auch die Lebensweise der Nematoden sehr veränderlich. Sie leben teils frei, teils schmarotzen sie in Tieren und auch im Menschen. Die freilebenden Formen leben entweder im Meer oder am Land. Unter den letzteren finden wir aquatile und terrestrische Arten. Die letzteren kommen im Boden, in zerfallenden pflanzlichen oder tierischen Resten, an und in Pflanzen vor. Unter den phytophagen Arten befinden sich viele, die an Kulturpflanzen erhebliche Schäden verursachen können.

Über die Ernährung der Nematoden sind noch relativ wenige sichere Angaben veröffentlicht worden. Im ganzen lassen sich in dieser Hinsicht vier Hauptgruppen unterscheiden: *1.* Detritus- bzw. Bakterienfresser, *2.* Pflanzen anstechende Arten, *3.* Räuber und *4.* Tierparasiten. Die Vertreter der ersten Ernährungsgruppe leben entweder in aquatilen Biotopen, wo sie kleine organische Reste, einzellige Algen und Bakterien fressen, oder in sich zersetzenden pflanzlichen und tierischen Substanzen, in denen sie sich vorwiegend von Bakterien ernähren. Es gibt ganze taxonomische Gruppen, die fast ausschließlich unter saproben Umständen anzutreffen sind (*Cephalobina, Rhabditina, Diplogastrina*).

Die Pflanzen anstechenden Arten — in erster Linie aus der Ordnung *Tylenchida* — saugen Zell- und Gewebesäfte. Sie sind deshalb stets an lebende Pflanzen gebunden und in zwei Gruppen zu teilen: solche Arten, die in allen Stadien frei leben und jene, die sich wenigstens während eines Teiles ihres Lebens an oder in den Pflanzen aufhalten. Die ersterwähnten befinden sich in der Nähe von Wurzeln und ernähren sich von den Säften derselben. Sie sind im allgemeinen für die Pflanze selbst nicht oder nur in geringem Maße gefährlich. Unter den letzterwähnten finden wir dann echte Pflanzenparasiten, die beträchtliche Schäden verursachen können. Wir kennen auch wirtspezifische Arten, die stets dieselbe Pflanze oder Pflanzengruppen angreifen.

Die Räuber besitzen immer spezielle Mundwerkzeuge: große Zähne (*Mononchidae, Diplogastridae*) oder einen ausstülpbaren Stachel (*Dorylaimidae* und verwandte Formen). Sie erbeuteten Protozoen, Rädertiere, andere kleinere Nematoden und Oligochaeten. Oft begegnen wir dem Fall, daß der Mitteldarm solcher Räuber mit im ganzen geschluckten, oft sogar noch gut bestimmbaren kleinen Fadenwürmern gefüllt ist. Die größten Feinde der Nematoden sind also die Nematoden selbst. Außerdem greifen Amöben, Bärtierchen, Milben und tierfangende Pilze die Nematoden an. Öfter kann man auch Parasiten (meist Sporozoen) im Körper der Nematoden beobachten. Doch auch die seltsame Erscheinung ist bekannt, daß Nematoden im Inneren von anderen Nematoden schmarotzen.

Da die Fadenwürmer keine speziellen Atmungsorgane besitzen, findet der Gasaustausch durch die Cuticula statt. Sie halten sich deshalb stets in feuchten Medien auf; so bewegen sich z.B. auch die in der Erde lebenden Formen im die Bodenpartikel umgebenden dünnen Wasserfilm. Trotzdem haben viele Arten die Fähigkeit, praktisch völlig auszutrocken und in einem anabiotischen Zustand die ungünstigen Verhältnisse zu überstehen. Besonders unter den Moosnematoden und gewissen pflanzenschädigenden Arten gibt es solche, die aus diesem scheintoten Zustand nach unglaublich langer Zeit erwachen können. Die Anabiose kann jahrelang dauern; der längste anabiotische „Schlaf", den wir kennen, wurde für *Tylenchus polyhypnus* mit 39 Jahren angegeben!

Der Körper der Nematoden oder mindestens ein Teil ihrer Organisation wird aus einer bestimmten Zahl von Zellen aufgebaut (Zellkonstanz). Deswegen sind sie nicht befähigt, ihre beschädigten oder verlorenen Körperteile zu regenerieren. Höchstens kann das aus epithelialen Zellagen bestehende Schwanzende eine gewisse Wundheilung aufweisen. Trotzdem sind die Nematoden recht widerstandsfähige und anpassungsfähige Organismen, sie finden sich in sauerstoffreichem oder -armem Milieu, bevölkern leicht basische und saure Substrate und vermögen bei höherer oder niedrigerer Temperatur zu leben.

Nur ein Teil der freilebenden Arten hält an bestimmten engeren Umweltbedingungen fest, eine große Anzahl von ihnen weist eine breite, oft sogar sehr weite ökologische Valenz auf. Die meisten Arten kennen keine geographischen Schranken, sie sind kosmopolitisch, andere beschränken sich höchstens auf einzelne Kontinente. Auch die Seehöhe verursacht für manche Spezies kein Hindernis: sie sind in den Tiefebenen und in Höhe von mehreren tausend Metern in gleicher Weise heimisch. Dies ist für denjenigen, der Nematoden bestimmen will, sehr wichtig, denn es bedeutet, daß man grundsätzlich fast überall mit dem Vorkommen bzw. Wiederfund irgendwelcher schon bekannter Arten rechnen muß.

VERBREITUNG

Die Nematoden gehören zu den eurytopen Tieren: im engsten Sinne des Wortes gibt es keinerlei Lebensstätte, wo wir ihnen nicht begegnen könnten. Ihre freilebenden Formen sind praktisch in zwei Gruppen zu teilen: im Meere lebende und binnenländische Arten.

Betrachten wir von den binnenländischen Biotopen in erster Linie den Boden. Sowohl in der organische Stoffe nur in Spuren enthaltenden Erde der Wüsten oder Halbwüsten, als auch in immer feuchten, humusreichen Böden der tropischen Urwälder können Nematoden gefunden werden. Sie treten in den von Menschen unberührten, jungfräulichen Böden ebenso auf wie in altem Kulturland, gleichgültig ob es sich um leichte oder schwere, sandige oder lehmige, feuchte oder trockene, grobskelettreiche oder grobsekelettarme Substrate handelt. Die Höhe über dem Meeresspiegel setzt ihnen bis zur Grenze des ewigen Schnees keine Grenze: in der litoralen Zone der Meere können wir ebenso nach Fadenwürmern suchen wie im Hochgebirge. Mir liegt z.B. gerade jetzt ein reiches Nematodenmaterial vor, das von 5—6000 m hoch gelegenen Gebieten des Himalaya stammt. Nematoden dringen auch in die Tiefen der Höhlen ein und folgen entlang der Wurzeln der Bäume in tiefe Bodenschichten. In der größten Arten- und Individuenzahl halten sie sich jedoch in den oberen Schichten des Bodens auf: entweder dort, wo organische Abfälle reich anzutreffen sind, oder dort, wo das Erdreich stark durchwurzelt ist. Da sich die Fadenwürmer in dem die festen Bodenteilchen umgebenden Haftwasser bewegen, bevorzugen sie die hohlraumreichen, lokkeren und feuchten Böden. In der Wurzelzone (Rhizosphäre) der Pflanzen — insbesondere in der der Kräuter — lassen sich immer reiche Nematodensynusien beobachten, und zwar nicht nur solcher Arten, die sich von den Wurzelsäften selbst ernähren, sondern auch derjenigen, die durch die reiche Bakterienflora der Rhizosphäre angelockt werden.

Durch terrikole Nematoden wird aber nicht nur der Boden besiedelt. In großer Zahl leben sie in Moospolstern, Flechten, gesunden und faulenden Pilzen, unter Baumrinden, in Insektengängen, zerfallenden pflanzlichen Geweben, tierischen Resten, Mist, Faezes, Stallmist, Dünger- und Komposthaufen; kurz gesagt überall, wo sich zersetzliche organische Substanzen befinden.

Die aquatilen bzw. limnischen Arten kommen in stehenden und fließenden Gewässern, großen Seen, Flüssen und Strömen, doch auch in den kleinsten Bächen, Pfützen und Tümpeln vor. Sie bevölkern die oberen Schichten des Grundschlammes, die Wurzeln der Wasserpflanzen, die Überzüge (Periphyton) der im Wasser befindlichen lebenden und leblosen Substanzen, die Algen, Moose usw. Im Plankton fehlen sie jedoch, da sie zum aktiven Schwimmen nicht fähig sind. In Seen bis zu Tiefen von hundert Metern finden die Nematoden ihre Lebensbedingungen ebenso vor, wie in den kleinsten Wasseransammlungen, Niederschlagsresten oder sich in den Blattwinkeln der Pflanzen ansammelnden Wassertropfen (Phytothelmen). „Reine" und verunreinigte

Gewässer — sofern das Leben in ihnen überhaupt möglich ist — werden gleichermaßen besiedelt. Aus Höhlengewässern können marine Reliktarten erbeutet werden. Im Grundwasser, in Brunnen und Quellen treffen wir zahlreiche Nematodenarten an. Ja, auch im Filtrat des städtischen Leitungswassers lassen sich Nematoden fast immer nachweisen. Sie treten auch in extremen Biotopen auf, so z. B. in Schwefel-, Salz- und Mineralquellen, Thermen (bis 50—60 °C), in Kannen von insektenfangenden Pflanzen (wie *Nepenthes*), in gärendem Bier, Essig, sowie in Maische.

Obwohl die Zahl der eine ausgesprochen aquatile Lebensweise führenden Arten geringer ist als die der terrikolen, sind uns zahlreiche Nematoden bekannt, die in den beiden großen Lebensräumen gleichermaßen existieren können (amphibische oder semiaquatile Arten). Nicht unerwähnt sei, daß selbst in der Luft Nematoden anzutreffen sind: ihre inaktiven, zu einem „Staubkörnchen" zusammengeschrumpften anabiotischen Formen können durch die leichteste Luftbewegung fortgeschleppt werden.

Es soll noch erwähnt werden, daß man in einzelnen Biotopen nicht nur „aktiven", d. h. eine bemerkbare Lebenstätigkeit aufweisenden Nematoden begegnen kann. Im Boden, in austrocknenden Moospolstern usw. kommen auch in Anabiose befindliche oder andersartig inaktive Formen (z.B. „Dauerlarven") vor. Sobald die Lebensbedingungen für sie günstig werden, aktivisieren sie sich.

Die Kleinheit der Nematoden sowie ihre große Widerstands- und Anpassungsfähigkeit bedingen es, daß sie auf passive Weise, von Wasser und Wind, mit Hilfe von Menschen, höheren Tieren und Insekten sehr leicht und weit verbreitet werden können. Dies erklärt die schon erwähnte weite Verbreitung mancher Arten. Geographische Faktoren setzten ihnen nur selten Grenzen; über selbständige Faunen einzelner Länder oder gewisser geographischer Bezirke kann man kaum oder nur in beschränktem Umfang reden. Nach unseren bisherigen Kenntnissen ist die Zahl derjenigen Arten oder Artengruppen (Gattungen, Familien) gering, die gewisse geographische Regionen bevorzugen (wie z. B. die Mitglieder der Familie *Actinolaimidae* den afrikanischen Kontinent), abgesehen natürlich von einzelnen pflanzenparasitischen Arten, die an die Verbreitung ihrer Wirtspflanzen gebunden sind.

FANG UND KONSERVIERUNG

Das Sammeln von Nematoden gehört nicht zu den schwierigen Aufgaben und erfordert keinerlei Sonderausrüstung. Wir sammeln nicht direkt, sondern „blind", oder genauer gesagt nehmen wir nur Nematoden enthaltende Proben, da die Tiere — wegen ihrer Kleinheit — einzeln oder direkt nicht gesammelt werden können. Wie aus dem vorigen Kapitel hervorgeht, können wir nach Nematoden überall suchen, in terrestrischen und aquatilen Fundorten gleichermaßen, überall, wo überhaupt nur ein Leben möglich ist. Doch kann auch ein bestimmter Biotop systematisch in Untersuchung genommen werden, wenn wir seine spezielle Nematodenfauna zu kennen wünschen.

Zum terrestrischen Sammeln genügt es, eine kleine Schaufel oder einen kleinen Spaten, sowie einige Papier- oder Plastiktüten oder -büchsen mitzunehmen. Sammeln wir Bodenproben, so sollen wir sie unbedingt aus der Nähe von Wurzeln oder mit ihnen zusammen entnehmen. Es ist nicht nötig, tief in die Erde einzudringen, denn die oberen, 10—30 cm dicken Schichten sind an Nematoden die reichsten. Im Falle von Waldböden befinden sich die Nematoden im Fallaub und Humus am zahlreichsten. Es genügt aus den Bodenproben 25 bis 100 cm^3 je Fundstelle zu entnehmen, doch ist es ratsam, das Sammeln dieser Probenmengen an verschiedenen Punkten des zu untersuchenden Gebietes zu wiederholen, insbesondere im Falle, wenn die Pflanzendecke nicht einheitlich ist. In den Wurzelzonen verschiedener Pflanzenarten kommen nämlich abweichende Nematodensynusien vor. Ähnliche Mengen von Proben pflegt man auch an anderen terrestrischen Lebensorten (Moos, Kompost, Mulm, Dünger usw.) zu entnehmen. Die aus limnischen Biotopen gesammelten Proben können in 10—15 cm langen, dickwandigen Glas- oder Kunststoffröhrchen transportiert werden. Man darf aber nie vergessen, die einzelnen Proben mit Nummern zu versehen und die wichtigsten Daten (Tag und Ort der Probenahme, ökologische Bemerkungen) in einem Notizbuch zu vermerken.

Die entnommenen Proben werden entweder am Fundort fixiert oder frisch, in „lebendem" Zustand ins Laboratorium eingetragen. Im letzteren Falle darf man sie jedoch nicht mehr als einen Tag stehen lassen, da die Fadenwürmer zugrunde gehen können. Zum Fixieren gibt es eine größere Zahl geeigneter Mittel. Am einfachsten ist die Konservierung in Formol: eine Fixierung mit 4—5prozentigem Formolwasser genügt. Besser konservierte Tiere bekommen wir aber bei Verwendung der folgenden Fixierungsflüssigkeiten:

FAA:	20 Teile 95prozentiger Alkohol
	6 Teile 40prozentiges Formol
	1 Teil Eisessig
	40 Teile destilliertes Wasser
TAF:	7 Teile 40 prozentiges Formol
	2 Teile Triethanolamin
	90 Teile destilliertes Wasser

FA 4:10: 10 Teile 40prozentiges Formol
10 Teile Eisessig
80 Teile destilliertes Wasser

Eine Kombination von TAF und FA 4:10 wird auch verwendet: 4 Teile TAF + 1 Teil FA 4:10. In allen diesen Fixierungsmitteln können die Nematoden mehrere Jahre wie frisch aufbewahrt werden. Von dem bei anderen Tiergruppen verwendeten üblichen Alkohol ist abzuraten, da die Tiere in ihm stark schrumpfen und undurchsichtig werden. Ich selbst bevorzuge die Mischung FAA, die immer gut konservierte Tiere ergibt.

Wir kennen zahlreiche Methoden zum Isolieren von Nematoden; viele von ihnen sind aber kompliziert und setzen eine besondere Ausrüstung voraus. Sicher sind diese Geräte präziser und arbeiten mit einer größeren Leistung als die beiden nachstehend beschriebenen, einfacheren Methoden, aber auch diese letzteren sind auf Grund meiner Erfahrungen für qualitative Untersuchungen gut verwendbar und gerade für Anfänger noch tauglicher.

Die Art und Weise der Isolierung hängt in erster Linie davon ab, ob es sich um frisches oder bereits abgetötetes Material handelt. Im Falle frischer Proben wenden wir eine Modifizierung der alten Baermannschen Methode an, deren Prinzip darin besteht, daß sich die aktiven, bewegenden Fadenwürmer selbst vom übrigen Material abheben. Das Verfahren ist eine Trichtermethode: Auf einem Gestell werden mehrere Glas- oder Nylontrichter aufgestellt, auf deren Hals je ein mit einem Quetschhahn verschlossenes Stück Gummischlauch aufgeschoben wird. Auf ein entsprechend großes Stück Draht- oder Kunstoffnetz von etwa 0,5 mm Maschenweite — das in den Trichter eingelegt wird — gibt man eine dünne Schicht des Probenmaterials (Fallaub, Humus, Moos, Dung, Holzstückchen, Wurzeln) und füllt dann den Trichter vorsichtig mit Wasser bis 1—2 cm über dem Material auf. Die Nematoden bewegen sich nun in den im Wasser stehenden Proben und fallen nach einiger Zeit durch das Sieb in den Trichterhals bis zum Quetschhahn hinab. Nach einem Tage oder schon nach einigen Stunden wird der Quetschhahn geöffnet und ein Teil des Wassers in ein Blockschälchen oder eine kleine Petrischale abgelassen. Die Nematoden erhält man auf solche Weise relativ rein oder höchstens mit wenigen Bodenpartikeln vermengt. Mit diesem einfachen Verfahren lassen sich je nach Substrat 70 bis 90% der lebenden (aktiven) Nematoden isolieren.

Ist das gesammelte Material bereits fixiert, wendet man das sogenannte Schwebeverfahren an. Man legt die Probe in eine hohe Schale und gießt sie nach gründlicher Vermischung mit Wasser durch ein Sieb in ein größeres (etwa 40—50 cm langes und 5—8 cm breites) Glasrohr oder in einen Meßzylinder. Dann schüttelt man das das Material enthaltende Wasser gut durch und läßt es kurze Zeit absetzen. Das Wesentliche des Verfahrens besteht darin, daß die schwereren Partikeln im Glasrohr wesentlich rascher absinken als die Nematoden, deren Dichte kaum etwas höher als 1 ist. Während der größte Teil der Bodenpartikel schon auf den Grund gesunken ist, schweben die Nematoden noch in der Wassersäule. Sehr wichtig ist es aber, daß man das Wasser im Glaszylinder nicht zu lange stehen läßt, da sich sonst auch die Nematoden absetzen. Die Zeitdauer der Schwebe hängt von der Konsistenz des zu untersuchenden Materials ab: sie schwankt im allgemeinen zwischen 20 und 60 Sekunden. Man gießt dann die Nematoden enthaltende Wassersäule aus dem Zylinder in ein Planktonnetz, wäscht den Schlamm und die anderen feinen organischen und anorganischen Partikeln unter langsam fließendem Wasser vorsichtig aus und wäscht dann den die Nematoden enthaltenden Rest in kleine Glas- oder Kunststoffröhrchen hinein. Schließlich füllt man diese letzteren mit Konservierungsflüssigkeit (1 Teil Fixierungsmittel + 1 Teil Wasser) auf.

PRÄPARIERUNG

Damit die Nematoden stets „bei Hand“ seien, d. h. zur Untersuchung immer bereit stehen, muß man sie aufpräparieren. In Form von Dauerpräparaten können die Tiere nicht nur viele Jahre aufbewahrt, sondern auch gut behandelt und in die Sammlung leicht eingeordnet werden. Zu diesen Vorteilen kommt dann, daß Fadenwürmer meist — und am einfachsten — nur als Präparate identifiziert werden können.
Wie für Fixierung und Isolierung gibt es auch für die Präparation eine Reihe von Methoden. Sie alle im Rahmen dieser Arbeit zu besprechen wäre zwecklos; es wird deshalb nachstehend nur eine einfache und rasche Methode beschrieben, die aber vollkommen geeignet ist, um gut untersuchbare und sich lange gut erhaltende Tiere zu bekommen.
Die fixierten und isolierten Nematoden sammelt man mit Hilfe einer feinen Präpariernadel (Insektennadel) in einem Uhr- oder Blockschälchen, das einen Tropfen Wasser enthält. Sind die Tiere einer Probe so zusammengetragen, dann tropft man mit einer Pipette 2—3 cm^3 Glyzerinalkohol auf. Das Gemisch besteht aus 9 Teilen 90prozentigem Alkohol und 1 Teil reinem Glyzerin. Man bedeckt das Uhrschälchen mit einer entsprechend großen Petrischale und läßt es an einem staubfreien Ort mindestens zwei bis drei Tage stehen. Während dieser Zeit verdunstet der Alkohol stufenweise und die Nematoden bleiben in dem noch etwas Wasser enthaltenden Glyzerin zurück. Man vergesse aber nicht das Uhrschälchen so rasch wie möglich zu bedecken, damit der Alkohol aus der Mischung nicht zu rasch verdunstet, da die Tiere im Glyzerin allein zusammenschrumpfen. Nach den erwähnten zwei oder drei Tagen stellt man das Uhrschälchen in einen mit Kalziumchlorid beschickten Exsikkator, um die letzten Reste des Wassers zu entziehen.
Die schön durchsichtig gewordenen Tiere befinden sich nun in reinem, wasserfreiem Glyzerin und man kann mit der Herstellung der Dauerpräparate beginnen. Auf die Mitte eines Objektträgers bringt man einen Tropfen reines Glyzerin und überträgt einige, vermutlich zu ein und derselben Art gehörende Nematoden in diesen. Mit Hilfe einer Nadel legt man dann die Tiere nebeneinander, und zwar derart, daß ihre Kopfenden in ein und dieselbe Richtung weisen. Um die Tierchen, etwas von ihnen entfernt, setzt man 3 oder 4 kleine — etwa 1 mm^2 große — und dünne Aluminiumplättchen, oder ebensoviel Stück Glashaare, und bedeckt den Glyzerintropfen mit einem recht dünnen Deckgläschen. Das letzte Moment der Präparierung ist schließlich die Umrandung des Deckglases mit widerstandsfähigem, synthetischem Lack und das Aufkleben der die wichtigsten Daten enthaltenden Etiketten.

BESTIMMUNG DER NEMATODEN

Was benötigt man nun, um die Nematoden richtig zu identifizieren? Gut erhaltene Tiere (schöne Präparate), ein gutes Mikroskop, scharfe Augen, eine bestimmte Formenkenntnis und Literatur mit guten Beschreibungen bzw. brauchbaren Bestimmungsschlüsseln.

Die Tierchen lassen sich entweder lebend oder in Form von Dauerpräparaten untersuchen. Wählen wir die Lebenduntersuchung, so zieht man den Objektträger, auf dem sich die Nematoden in einem Tropfen Wasser befinden, einigemale durch einen Bunsenbrenner, um die Nematoden in „Wärmestarre" zu versetzen. Unter starker Vergrößerung können nämlich erst unbewegliche Objekte untersucht werden. Mit der Erhitzung muß man aber sehr vorsichtig sein: die Fadenwürmer dürfen nicht „gekocht" werden! Während der Prozedur muß man sie deshalb unter einem Stereomikroskop mehrmals kontrollieren, um festzustellen, ob schon alle Tiere unbeweglich sind. Kurz vor der Wärmestarre weisen die Tiere ein eigenartiges, heftiges Zucken auf. Außerdem ist für die Wärmestarre noch charakteristisch, daß die Nematoden nach einer Zeit wieder zu sich kommen und sich zu bewegen beginnen. Zur Beobachtung bedecken wir den die Tiere enthaltenden Wassertropfen mit einem dünnen Deckgläschen und legen den Objektträger so unter das Mikroskop.

Meistens werden die Nematoden in Form von Dauerpräparaten untersucht. Wenn die Präparate gut angefertigt sind, lassen sie sämtliche wichtige Artmerkmale, auch die feinsten, ausgezeichnet erkennen. Natürlich ist eine gewisse Übung zum Studieren der Fadenwürmer notwendig: man soll ja die Nematoden nicht nur sehen, sondern auch alles an ihnen erkennen, was ihre Identifizierung ermöglicht. Die Präparate werden unter dem Mikroskop so orientiert, daß sich das Kopfende des Tieres nach vorne vom Beobachter weg, das Hinterende nach hinten zum Beobachter richtet.

Liegt ein Nematode vor uns unter dem Mikroskop, so stellen wir zuerst fest, ob es sich um ein geschlechtsreifes oder junges Exemplar handelt, da die letzteren für die Bestimmung nur ausnahmsweise geeignet sind. Dann bestimmen wir das Geschlecht des Tieres. Sehr vorteilhaft ist es, wenn Exemplare beider Geschlechter zur Verfügung stehen. Man sollte möglichst mehrere Exemplare derselben Art untersuchen, da man in der Richtigkeit der Bestimmung anhand eines einzigen Individuums nie ganz gewiß sein kann. Einzelne Merkmale sind nämlich an einem Exemplar deutlicher und am anderen weniger deutlich erkennbar. Außerdem läßt sich auch die Variationsbreite gewisser Merkmale nur bei Vorhandensein mehrerer Tiere feststellen. Es genügt oft lediglich weibliche Exemplare zu untersuchen, in anderen Fällen ist jedoch auch die Untersuchung von Männchen zur genauen Identifizierung nötig — oder umgekehrt.

Bevor man den Bestimmungsschlüssel zur Hand nimmt, sollte man sich über den allgemeinen Aufbau des zu determinierenden Nematoden orientieren. Zuerst wirft man einen Blick auf das Vorderende: gibt es eine Mundhöhle bzw. einen Mundstachel

oder nicht? Ist der Mundapparat mit Zähnen bewaffnet? Finden sich Kopfborsten? Von welcher Form sind die Seitenorgane und wo befinden sie sich? Ist die Lippenregion abgesetzt? Danach werden die weiteren wichtigen Organe der Reihe nach untersucht. Weist der Ösophagus einen Bulbus auf? Ist die Cuticula glatt oder quergeringelt? Gibt es Seitenfelder und weisen sie Längslinien auf? Ist das weibliche Geschlechtsorgan paarig oder unpaarig, und im letzteren Falle prä- oder postvulvar? Wo liegt die Vulva: bei, vor oder hinter der Körpermitte? Welche Form und Länge weist der Schwanz auf und hat er am Ende ein Ausfuhrröhrchen? Hat das Männchen eine Bursa, ein Gubernaculum und Präanalpapillen?
Nach diesen Feststellungen mißt man die Körperlänge des Tieres und berechnet die wichtigsten Relativmaße (die sogenannten DE MANschen Werte). Es sind dies die folgenden Verhältnisse:

a = Körperlänge/größte Körperbreite;
b = Körperlänge/Ösophaguslänge;
c = Körperlänge/Schwanzlänge;
V = Lage der Vulva in Prozent der Körperlänge vom Vorderende an.

Als erster Schritt bei der Bestimmung ist dann zu entscheiden, in welche große Gruppe (Unterklasse) die Tiere eingereiht werden sollen: unter die Torquentien, Secernentien oder Penetrantien? Um dies festzustellen, muß man die Kombination der einzelnen Merkmale berücksichtigen. Mit Hilfe der nachstehend aufgezählten Variationsmöglichkeiten soll dieser erste Schritt erleichtert werden:

1) *Es kann sich nur um eine Torquentia handeln,* wenn: das Tier große, rundliche Seitenorgane besitzt; der Schwanz in einem cuticularisierten Ausfuhrröhrchen endet; die Präanalpapillen fehlen; die Cuticula auffallend punktiert ist. — *Es liegt keine Torquentia vor,* wenn: die Kopfborsten fehlen; die Seitenorgane taschenartig sind; es einen Mundstachel gibt; der Ösophagus einen Mittelbulbus aufweist; das Hinterende des Ösophagus lappig ist; die Phasmidien vorhanden sind; die weiblichen Gonade postvulvar-unpaarig liegt; ein Prärectum oder eine Bursa vorhanden ist.

2) *Es kann sich um eine Secernentia handeln,* wenn: die Mundhöhle aus 5 aneinander liegenden Ringen (im optischen Schnitt Stäbchen) aufgebaut ist; der Ösophagus sowohl einen Mittel- als auch einen Endbulbus besitzt; die Phasmidien vorhanden sind; dem Mundstachel ein Bulbi oder Lappen aufweisender Ösophagus nachfolgt; der Körper auffallend asymmetrisch erscheint. — *Es liegt aber keine Secernentia vor,* wenn: die Kopfborsten vorhanden sind; die Seitenorgane taschenartig sind; der Ösophagus zylindrisch ist; die weibliche Gonade postvulvar-unpaarig liegt; dem Mundstachel ein bulbus- oder lappenloser Ösophagus nachfolgt; die Schwanzdrüsen und ein Ausfuhrröhrchen vorhanden sind.

3) *Es kann sich nur um eine Penetrantia handeln,* wenn: die Seitenorgane taschenartig sind; der Mundstachel vorn deutlich schräg abgestutzt ist; der mit großen Zähnen bewaffneten Mundhöhle ein zylindrischer Ösophagus nachfolgt; die weibliche Gonade postvulvar-unpaarig liegt. —*Es liegt aber keine Penetrantia vor,* wenn: die Phasmidien vorhanden sind; die Seitenorgane rundlich sind; der Ösophagus einen Mittelbulbus oder einen echten Endbulbus besitzt; der Ösophagus in Lappen endigt; sich ein cuticularisiertes und aufgesetztes Ausfuhrröhrchen am Schwanzende befindet.

Nach diesem ersten Bestimmungsschritt versuchen wir mit Hilfe des vorliegenden Bestimmungsbuches die Zugehörigkeit des zu determinierenden Tieres von der höheren Kategorie an bis zur Spezies festzustellen. Der wichtigste Grundsatz dieser Bestimmungsarbeit ist: wir dürfen die Artzugehörigkeit des untersuchten Nematoden nur dann angeben, wenn wir darin völlig gewiß sind! Wäre dies nicht der Fall, dürften wir das Tier nur mit dem Familien- oder Gattungsnamen bezeichnen, und die Abkürzung „sp.“ hinzufügen. Man darf nicht vergessen, daß die Bestimmungsschlüssel nur ein Determinationsbehelf sind, völlige Gewißheit über die spezifische Zugehörigkeit eines Nematoden kann man oft erst nach dem Vergleichen der Originalbeschreibung und Originalabbildungen erlangen. Da der Bestimmungsschlüssel nur einige Merkmale der Art berücksichtigt, kann es vorkommen, daß man mit seiner Hilfe zu einer gewissen Art kommt, es sich aber nach Vergleichen mit der Originalbeschreibung herausstellt, daß das untersuchte Tier von dieser Art durch gewisse im Schlüssel nicht aufgezählte Merkmale abweicht. Ist dies der Fall, so steht man mit großer Wahrscheinlichkeit einer neuen, noch unbeschriebenen Art gegenüber.
Hier soll übrigens bemerkt werden, daß das vorliegende Bestimmungsbuch versucht, dem Benutzer mehr zu bieten als die gewöhnlichen einfachen Bestimmungsschlüssel. Zwischen dem eigentlichen Schlüssel und der Benennung der betreffenden Art zählt es alle wichtigsten morphologischen Daten sowie Maßangaben der Spezies auf. Außerdem findet man bei sämtlichen Arten die Verbreitungsangaben und die Synonymie aufgezählt.

TAXONOMIE DER NEMATODEN

Die Frage der Taxonomie der Fadenwürmer war lange Zeiten hindurch ziemlich vernachlässigt und ist auch noch heute nicht vollkommen gelöst. Der Grund hierfür besteht darin, daß die Nematoden taxonomisch zu den „schwierigsten“ Tiergruppen gehören, und ferner darin, daß noch lange nicht alle tatsächlich existierenden Nematodenarten bekannt sind.

Wie im Vorwort bereits erwähnt wurde, verdanken wir die Grundlegung des modernen Systems unserer Tiere CHITWOOD, der innerhalb der Gruppe zwei große Entwicklungsrichtungen erkannt hat. Er nannte sie zuerst *Phasmidia* und *Aphasmidia*, aber da das Wort „*Phasmidia*“ für den Namen einer Insektengruppe (Geradflügler) schon in Anspruch genommen worden ist, schlug er später vor, die Kategorien mit den von LINSTOW (1905) angegebenen alten Namen *Secernentea* (= *Phasmidia*) und *Adenophorea* (= *Aphasmidia*) zu bezeichnen.

CHITWOODS Verdienste in der Bearbeitung des Systems sind unvergänglich und bestehen insbesondere darin, daß er mit scharfem Auge erkannt hat, daß sich die Nematoden während ihrer stammesgeschichtlichen Entwicklung in mehrere Richtungen bewegt haben. Eine solche natürliche Gruppe stellen die Secernenteen dar. Die Adenophoreen sind demgegenüber schon nicht mehr einheitlich. In einer neueren Arbeit über die evolutionär-taxonomischen Fragen der Nematoden habe ich darauf hingewiesen (ANDRÁSSY, 1976), daß sie aus zwei voneinander gut unterschiedenen Gruppen zusammengesetzt sind. Diese beiden Gruppen stehen mit den Secernenteen in gleicher taxonomischer Rangordnung und sind als Unterklassen der Klasse *Nematoda* anzusehen.

Um sich leichter zurechtzufinden, wird nachstehend ein kurzer Überblick einerseits über das System des Stammes *Nemathelminthes*, andererseits über das der freilebenden Nematoden selbst gegeben.

A) Phylum: **Nemathelminthes**

I. Classis: NEMATODA

A) Subclassis: TORQUENTIA

1. Ordo: *Monhysterida*
2. Ordo: *Desmoscolecida*
3. Ordo: *Araeolaimida*
4. Ordo: *Chromadorida*

B) Subclassis: SECERNENTIA

1. Ordo: *Rhabditida*
2. Ordo: *Tylenchida*
3. Ordo: *Strongylida**
4. Ordo: *Ascaridida**
5. Ordo: *Spirurida**

C) Subclassis: PENETRANTIA
1. Ordo: *Enoplida*
2. Ordo: *Dorylaimida*
3. Ordo: *Trichocephalida**
4. Ordo: *Dioctophymatida**

II. Classis: NEMATOMORPHA
1. Ordo: *Nectonematida*
2. Ordo: *Gordiida*

B) Classis: **Nematoda (libera)**

I. Subclassis: TORQUENTIA
1. Ordo: MONHYSTERIDA

A) Subordo: MONHYSTERINA
a) Superfamilia: *Monhysteroidea*
Familiae: *Xyalidae, Monhysteridae, Rhynchonematidae, Siphonolaimidae*
b) Superfamilia: *Sphaerolaimoidea*
Familia: *Sphaerolaimidae*
c) Superfamilia: *Diplolaimelloidoidea*
Familia: *Diplolaimelloididae*

B) Subordo: LINHOMOEINA
a) Superfamilia: *Linhomoeoidea*
Familia: *Linhomoeidae*

C) Subordo: MEYLIINA
a) Superfamilia: *Meylioidea*
Familia: *Meyliidae*

2. Ordo: DESMOSCOLECIDA

A) Subordo: DESMOSCOLECINA
a) Superfamilia: *Desmoscolecoidea*
Familiae: *Calligyridae, Greeffiellidae, Desmoscolecidae*

3. Ordo: ARAEOLAIMIDA

A) Subordo: ARAEOLAIMINA
a) Superamilia: *Leptolaimoidea*
Familiae: *Halaphanolaimidae, Leptolaimidae, Camacolaimidae*
b) Superfamilia: *Araeolaimoidea*
Familiae: *Araeolaimidae, Cylindrolaimidae, Axonolaimidae, Diplopeltidae*
c) Superfamilia: *Haliplectoidea*
Familiae: *Haliplectidae, Rhabdolaimidae*
d) Superfamilia: *Plectoidea*
Familia: *Plectidae*

* Die mit Sternchen bezeichneten Ordnungen enthalten ausschließlich nur in Tieren parasitierende Arten.

B) Subordo: TRIPYLOIDINA

a) Superfamilia: *Tripyloidoidea*
Familia: *Tripyloididae*

4. Ordo: CHROMADORIDA

A) Subordo: DESMODORINA

a) Superfamilia: *Richtersioidea*
Familiae: *Microlaimidae, Richtersiidae, Xenellidae*
b) Superfamilia: *Desmodoroidea*
Familiae: *Metachromadoridae, Desmodoridae, Ceramonematidae*

B) Subordo: DRACONEMATINA

a) Superfamilia: *Draconematoidea*
Familiae: *Epsilonematidae, Draconematidae*

C) Subordo: CYATHOLAIMINA

a) Superfamilia: *Comesomatoidea*
Familiae: *Comesomatidae, Dorylaimopsidae*
b) Superfamilia: *Cyatholaimoidea*
Familiae: *Cyatholaimidae, Ethmolaimidae*
c) Superfamilia: *Choanolaimoidea*
Familiae: *Choanolaimidae, Selachinematidae*

D) Subordo: CHROMADORINA

a) Superfamilia: *Chromadoroidea*
Familiae: *Hypodontolaimidae, Chromadoridae*

II. Subclassis: SECERNENTIA

1. Ordo: RHABDITIDA

A) Subordo: TERATOCEPHALINA

a) Superfamilia: *Chambersielloidea*
Familia: *Chambersiellidae*
b) Superfamilia: *Teratocephaloidea*
Familia: *Teratocephalidae*

B) Subordo: CEPHALOBINA

a) Superfamilia: *Cephaloboidea*
Familiae: *Metacrobelidae, Cephalobidae*
b) Superfamilia: *Panagrolaimoidea*
Familiae: *Alirhabditidae, Brevibuccidae, Panagrolaimidae*
c) Superfamilia: *Myolaimoidea*
Familia: *Myolaimidae*
d) Superfamilia: *Elaphonematoidea*
Familia: *Elaphonematidae*
e) Superfamilia: *Drilonematoidea*
Familia: *Osstellidae*

C) Subordo: RHABDITINA

a) Superfamilia: *Alloionematoidea*

Familia: *Alloionematidae*

b) Superfamilia: *Rhabditoidea*
Familiae: *Rhabditonematidae, Rhabditidae, Odontorhabditidae, Diploscapteridae*

c) Superfamilia: *Bunonematoidea*
Familiae: *Pterygorhabditidae, Bunonematidae*

D) Subordo: DIPLOGASTRINA

a) Superfamilia: *Cylindrocorporoidea*
Familia: *Cylindrocorporidae*

b) Superfamilia: *Odontopharyngoidea*
Familia: *Odontopharyngidae*

c) Superfamilia: *Diplogastroidea*
Familiae: *Pseudodiplogasteroididae, Diplogasteroididae, Diplogastridae, Neodiplogastridae, Heteropleuronematidae, Tylopharyngidae*

2. Ordo: TYLENCHIDA

A) Subordo: APHENELENCHINA

a) Superfamilia: *Aphelenchoidea*
Familiae: *Aphelenchidae, Paraphelenchidae, Aphelenchoididae, Entaphelenchidae*

B) Subordo: TYLENCHINA

a) Superfamilia: *Tylenchoidea*
Familiae: *Tylenchidae, Anguinidae, Atylenchidae, Psilenchidae*

b) Superfamilia: *Neotylenchoidea*
Familiae: *Nothotylenchidae, Paurodontidae, Neotylenchidae, Ecphyadophoridae, Iotonchiidae*

c) Superfamilia: *Hoplolaimoidea*
Familiae: *Dolichodoridae, Tylenchorhynchidae, Belonolaimidae, Hoplolaimidae, Pratylenchidae*

d) Superfamilia: *Heteroderoidea*
Familiae: *Heteroderidae, Ataloderidae, Meloidoderidae*

e) Superfamilia: *Tylenchocriconematoidea*
Familiae: *Tylenchocriconematidae*

f) Superfamilia: *Criconematoidea*
Familiae: *Paratylenchidae, Tylenchulidae, Criconematidae*

III. Subclassis: PENETRANTIA

1. Ordo: ENOPLIDA

A) Subordo: ENOPLINA

a) Superfamilia: *Leptosomatoidea*
Familiae: *Leptosomatidae, Thoracostomatidae*

b) Superfamilia: *Enoploidea*
Familiae: *Phanodermatidae, Enoplidae, Thoracostomopsidae*

B) Subordo: ONCHOLAIMINA

a) Superfamilia: *Pelagonematoidea*

Familia: *Pelagonematidae*

b) Superfamilia: *Enchelidioidea*
Familiae: *Eurystominidae, Enchelidiidae, Belbollidae*

c) Superfamilia: *Oncholaimoidea*
Familiae: *Mononcholaimidae, Oncholaimidae*

C) Subordo: TRIPYLINA

a) Superfamilia: *Oxystominoidea*
Familiae: *Paroxystominidae, Oxystominidae, Alaimidae*

b) Superfamilia: *Tripyloidea*
Familiae: *Lauratonematidae, Tripylidae, Tobrilidae, Onchulidae*

c) Superfamilia: *Ironoidea*
Familiae: *Cryptonchidae, Ironidae*

2. Ordo: DORYLAIMIDA

A) Subordo: MONONCHINA

a) Superfamilia: *Bathyodontoidea*
Familiae: *Bathyodontidae, Mononchulidae*

b) Superfamilia: *Mononchoidea*
Familiae: *Mononchidae, Mylonchulidae, Anatonchidae*

B) Subordo: DORYLAIMINA

a) Superfamilia: *Encholaimoidea*
Familia: *Encholaimidae*

b) Superfamilia: *Nygolaimoidea*
Familiae: *Nygolaimidae, Aetholaimidae*

c) Superfamilia: *Dorylaimoidea*
Familiae: *Prodorylaimidae, Dorylaimidae, Thornenematidae, Qudsianematidae, Aporcelaimidae, Nordiidae, Longidoridae, Dorylaimoididae, Crateronematidae, Thorniidae*

d) Superfamilia: *Belondiroidea*
Familiae: *Oxydiridae, Swangeriidae, Roqueidae, Belondiridae, Dorylaimellidae*

e) Superfamilia: *Actinolaimoidea*
Familiae: *Trachypleurosidae, Actinolaimidae, Brittonematidae, Carcharolaimidae*

f) Superfamilia: *Leptonchoidea*
Familiae: *Tylencholaimidae, Leptonchidae, Tylencholaimellidae, Belonenchidae, Aulolaimoididae, Campydoridae*

C) Subordo: DIPHTHEROPHORINA

a) Superfamilia: *Diphtherophoroidea*
Familiae: *Diphtherophoridae, Trichodoridae*

D) Subordo: MERMITHINA

a) Superfamilia: *Isolaimoidea*
Familia: *Isolaimidae*

b) Superfamilia: *Mermithoidea*
Familiae: *Mermithidae, Tetradonematidae*

*

Die in der vorliegenden Arbeit behandelten taxonomischen Kategorien sind die folgenden:

Ordnungen	5
Unterordnungen	9
Überfamilien	23
Familien	39
Unterfamilien	66
Gattungen	180
Arten	1100

UNTERSCHEIDUNGSMERKMALE DER UNTERKLASSEN

Anstatt eines Bestimmungsschlüssels geben wir zur Unterscheidung der drei Unterklassen — *Torquentia, Secernentia, Penetrantia* — die folgende Tabelle mit Kurzdiagnosen an, in denen die wichtigsten Merkmale aufgezählt werden. Einen Bestimmungsschlüssel aufzustellen wäre nicht zweckmäßig, da die großen taxonomischen Einheiten der Nematoden nicht in einzelne Merkmale, sondern in der Kombination dieser voneinander abweichen.

	Torquentia	*Secernentia*	*Penetrantia*
Kopfborsten	vorhanden	fehlend	meist fehlend, seltener vorhanden
Seitenorgane	rundlich oder spiralig, hinter den Lippen	punktförmig, nur ausnahmsweise rundlich, fast immer an den Lippen	taschenartig, hinter den Lippen
Endbulbus	vorhanden oder fehlend, Ösophagusende nie lappig	vorhanden oder Ösophagusende lappig	fehlend, Ösophagusende nie lappig
Phasmidien	fehlend	fast immer vorhanden	fehlend
Schwanzdrüsen	vorhanden	fehlend	meist fehlend, seltener vorhanden
Bursa	fehlend	vorhanden oder fehlend	fehlend
♂ Geschlechtspapillen	unpaarig	paarig	unpaarig

A) Unterklasse *Torquentia*: Kopfborsten stets vorhanden; Seitenorgan groß, gut erkennbar, kreisrund oder spiralig, seltener spaltenförmig, immer hinter den Lippen; Mundhöhle im wesentlichen trichterförmig, ohne Stachel; Ösophagusdrüsen 3; Ösophagus mit oder ohne Bulbus; Schwanzdrüsen gut entwickelt, Schwanzende mit cuticularisiertem Ausfuhrröhrchen; Schwanz bei beiden Geschlechtern ähnlich; Phasmidien fehlen; Gubernaculum vorhanden, Bursa aber fehlend; Geschlechtspapillen des Männchens unpaarig. Die kontinentalen Arten leben vorwiegend in Süßwasserbiotopen.

B) Unterklasse *Secernentia*: Kopfborsten fehlend, Seitenorgane punktförmig, undeutlich, an den Lippen, nur ausnahmsweise groß und hinter die Lippen verschoben; Mundhöhle aus 5 nacheinander folgenden Ringen (im optischen Schnitt

Stäbchen) bestehend, mit oder ohne Stachel; Ösophagusdrüsen 3; Ösophagus mit End- oder Mittelbulbus bzw. mittelbulbusartiger Anschwellung, hinten oft lappig; Schwanzdrüsen fehlend, Schwanz oft mit Geschlechtsdimorphismus; Phasmidien in den meisten Fällen vorhanden; Gubernaculum vorhanden und oft auch die Bursa; Geschlechtspapillen des Männchens paarig. Die binnenländischen Arten sind fast ausnahmslos terrikol.

C) Unterklasse *Penetrantia*: Kopfborsten meist fehlend, seltener vorhanden; Seitenorgane taschenförmig, unter die Cuticula eindringend, hinter den Lippen, gut erkennbar; Mundhöhle oft mit Stachel; Ösophagusdrüsen 5; Ösophagus ohne echten Bulbus; Schwanzdrüsen nur selten vorhanden, Ausführröhrchen nicht cuticularisiert; Schwanz oft mit Geschlechtsdimorphismus; Phasmidien fehlend; Gubernaculum nur selten vorhanden; Bursa fehlend; Geschlechtspapillen des Männchens unpaarig. Ein postvulvar-unpaariges Geschlechtsorgan kommt beim Weibchen nur in dieser Unterklasse vor. Die binnenländischen Arten leben teils terrikol, teils aquatil.

1. SUBCLASSIS: TORQUENTIA ANDRÁSSY, 1974

Cuticula meist geringelt und in manchen Fällen noch weiter strukturiert (punktiert, in quadratische Feldchen geteilt usw.). Seitenfelder vorhanden. Kopfborsten und submediale Körperborsten vorhanden, die Zahl der ersteren 4 oder 6 + 4. Seitenorgane kreisrund oder spiralig, oder aus diesen Formen abgeleitet; sie liegen stets hinter der Lippenregion, und zwar mit ihrer ganzen Oberfläche („Spiegel") an der Cuticula, sind mit keinen subcuticularen Taschen verbunden. Hypodermal- und Schwanzdrüsen vorhanden, letztere mit terminalem Ausführröhrchen. Mundhöhle veränderlich, schmäler oder geräumiger, mit oder ohne Zahngebilde, jedoch nie mit Stachelbildung. Ösophagus entweder zylindrisch, oder hinten bulbusartig angeschwollen, mit oder ohne Klappenapparat (Valvula), mit drei Drüsen, von denen die Dorsaldrüse in den vorderen, die beiden Subventraldrüsen in den hinteren Teil des Ösophaguslumens münden. Exkretionsorgan einzellig, mit einem einfachen Kanal. Weder Deiridien noch Phasmidien vorhanden. Weibliches Geschlechtsorgan entweder unpaarig, prävulvar, oder paarig, symmetrisch; männliche Gonaden meist paarig. Ductus ejaculatorius schwach muskulös. Präanale Geschlechtsorgane des Männchens, wenn vorhanden, in einer ventromedialen Reihe angeordnet, papillenförmig, knopfartig oder röhrenförmig, cuticularisiert. Spicula frei, nicht verwachsen. Gubernaculum vorhanden. Eine Bursa fehlt immer.

Die Vertreter der Unterklasse *Torquentia* leben ausnahmslos frei, und zwar ursprünglich im Meere, doch ein guter Teil von ihnen kommt auch in limnischen Biotopen vor. Echte Bodenbewohner gibt es nur wenige, und die Mitglieder der Unterklasse fehlen in saproben Lebensstätten.

Innerhalb der *Torquentia* unterscheiden wir 4 Ordnungen.

Bestimmungsschlüssel der Ordnungen

1 Vorderabschnitt der Mundhöhle mit deutlichen Zähnen: 1 von ihnen dorsal, 2 (oder mehr) subventral; Seitenorgan spiralig oder spaltenförmig; Cuticula oft punktiert. . . . . IV. *Chromadorida* (S. 113)

— Zähne fehlen, oder wenn vorhanden, so sehr fein und meist an der Basis der Mundhöhle liegend; sind sie kräftiger, so sind die Seitenorgane kreisrund; Cuticula nicht punktiert. 2

2 Eine Mundhöhle fehlt praktisch vollkommen; Seitenorgan groß, blasig aufgetrieben, seltener spiralig; Körper klein und auffallend plump; Cuticula äußerst stark, nahezu segmentartig geringelt, oder mit Pelz bedeckt. . . . . II. *Desmoscolecida* (S. 67)

— Mundhöhle gut sichtbar, nur selten fehlend; Seitenorgan nie blasenförmig; Körper schlank; Cuticula mäßig geringelt, nie segmentartig, ohne Haarpelz . 3

3 Seitenorgan kreisrund; weibliche Gonaden gestreckt und im allgemeinen unpaarig; ♂ meistens ohne Präanalorgane. . . . . . . I. *Monhysterida* (S. 40)

— Seitenorgan subspiral (offen-spiralig) oder hakenförmig; weibliche Gonaden zurückgebogen und praktisch immer paarig; ♂ mit Geschlechtspapillen oder cuticularisierten, rohrförmigen Präanalorganen. . . . III. *Araeolaimida* (S. 70)

I. Ordo: **Monhysterida** De Coninck & Schuurmans Stekhoven, 1933

Torquentia. Cuticula glatt oder geringelt, nicht punktiert. Kopfborsten 4, 6 + 4 oder mehr. Seitenorgan kreisförmig oder versteckt-spiralig, nur ausnahmsweise spiralig. Mundhöhle im allgemeinen klein und unbewaffnet, zuweilen verhältnismäßig geräumig, mit einigen kleinen Zähnen. Ösophagus zylindrisch, am Proximalende nur selten angeschwollen, aber nie mit einem echten Bulbus. Cardialdrüsen vorhanden. Weibliche Gonaden gestreckt, bei der Mehrheit der Arten unpaarig, prävulvar. Männliche Geschlechtspapillen einfach oder ganz fehlend.
Überwiegend aquatile — marine oder limnische — Arten. Die terrestrischen — nichtmarinen — Spezies gehören in zwei Überfamilien der Unterordnung *Monhysterina* De Coninck & Schuurmans Stekhoven, 1933.

Bestimmungsschlüssel der Überfamilien

1 Mundhöhle relativ breit mit cuticularisierten Wänden, Vestibulum längsgerippt. . . . . b) *Sphaerolaimoidea* (S. 66)
— Mundhöhle eng, nicht oder unbedeutend cuticularisiert, im ganzen trichterförmig, Vestibulum glatt. . . . . a) *Monhysteroidea* (S. 40)

a) Superfamilia: **Monhysteroidea** de Man, 1876

Monhysterida. Cuticula glatt oder geringelt. Meist 10 (6 + 4) Kopfborsten. Mundhöhle einfach trichterförmig, eng, ohne merkliche Zahngebilde; Vestibulum glatt.
Die binnenländischen Arten gehören in 2 Familien.

Bestimmungsschlüssel der Familien

1 Cuticula glatt, ungeringelt; nur ein Hoden; Geschlechtsdrüsen (Hoden und Ovar) liegen rechts vom Darm. . . . . 2. *Monhysteridae* (S. 45)
— Cuticula deutlich geringelt; meist zwei Hoden; der vordere Hoden und das Ovar liegen links vom Darm. . . . . 1. *Xyalidae* (S. 40)

1. Familia: **Xyalidae** Chitwood, 1951

Monhysteroidea. Meistens kleine Arten. Cuticula fein aber deutlich quergeringelt und fein beborstet. Grundzahl der Kopfborsten 6 + 4, doch auch weitere zusätzliche Borsten kommen oft vor. Seitenorgan kreisrund, manchmal — insbesondere bei marinen Formen — spiralig. Augenflecke zuweilen vorhanden. Mundhöhle eng, trichterförmig, ohne echte Zahngebilde. Ösophagus beinahe zylindrisch. Ovar eins, Hoden meistens zwei; der vordere Hode und das Ovar liegen links, der hintere Hode liegt rechts vom Darm. Postvulvarer Uterusast nur selten vorhanden. Männchen und Weibchen im allgemeinen gleich häufig. Gubernaculum oft die Spicula pantoffelartig umgebend. Keine Präanalpapillen. Schwanz kegelförmig, zumeist lang, mit Drüsen und Terminalröhrchen.

Überwiegend Meeresbewohner. Die limnischen Arten gehören zu 2 Gattungen der Unterfamilie *Xyalinae* CHITWOOD, 1951[1].

Bestimmungsschlüssel der Gattungen

1 Schwanz am Ende mit ein Paar Terminalborsten; Vulva bei 3/4 der Körperlänge. . . . . 2. *Daptonema* (S. 44)
— Schwanz ohne Terminalborsten; Vulva bei 2/3 der Körperlänge. . . . . 1. *Theristus* (S. 41)

1. Genus: ***Theristus*** BASTIAN, 1865

Syn. *Monhystera* (*Theristus* BASTIAN, 1865) MICOLETZKY, 1922; *Tachyhodites* BASTIAN, 1865[2]; *Penzancia* DE MAN, 1889; *Theristus* (*Penzancia* DE MAN, 1889) WIESER, 1956; *Metadesmolaimus* SCHUURMANS STEKHOVEN, 1935.
Xyalidae. Körperlänge der limnischen Arten zwischen 0,6 und 1,8 mm. Cuticula fein aber merklich geringelt, mit feinen Submedialborsten. Kopf nicht oder nur schwach abgesetzt, Zahl der Kopfborsten 10 oder 12. Augenflecke (Ocelli) bisweilen vorhanden. Mundhöhle ganz eng bzw. schmal-trichterförmig, ohne Zahngebilde. Vulva bei 2/3 der Körperlänge. Spicula meist bogenförmig, manchmal das Mehrfache der Analbreite erreichend. Gubernaculum das Distalende der Spicula pantoffelförmig umgebend, mit oder ohne Caudalfortsatz. Schwanzendborsten fehlen.
Eine ziemlich artenreiche Gattung; ihre Vertreter kommen überwiegend im Meere vor, einige von ihnen leben aber auch in Brackwasser- und Süßwasserbiotopen, insbesondere in interstitiellen Gewässern.

Typusart: *Theristus acer* BASTIAN, 1865 (marin).

Bestimmungsschlüssel der limnischen Arten

1 Schwanz 14—15 Analbreiten lang; Körperlänge bis 0,7 mm. — Cuticula sehr dünn äußerst fein geringelt; Ringelbreite kleiner als 1 µm. Kopf 11—12 µm breit; Körper am Proximalende des Ösophagus 1,5mal breiter als der Kopf. Lippenpapillen borstenförmig. Von den 12 Kopfborsten sind die längeren 8 bis 9 µm (3/4 der Kopfbreite), die kürzeren 6—7 µm lang. Seitenorgan etwa 1/3 der entsprechenden Halsbreite, 1,3—1,5 Kopfbreiten hinter dem Vorderende des Körpers. Enddarm 1,4—1,6mal länger als die Analbreite. Vagina dünn. Schwanz allmählich verjüngt.
♀: L = 0,66—0,70 mm; a = 35—36; b = 4,6—4,8; c = 3,9—4,0; V = 65 bis 66%. ♂ unbekannt.
Mongolei; in feuchtem Moos. . . . . *kaszabi* ANDRÁSSY, 1977
— Schwanz 6—8 Analbreiten lang; Körper über 0,8 mm, meist aber länger als 1 mm. 2

---

[1] Die in die Unterfamilie *Cobbiinae* eingereihte Gattung *Sitadevinema* KHERA, 1971 wird hier nicht behandelt; die einzige bekannte Art — *S. dentiferum* KHERA, 1971 — kommt in brackiger Erde vor.

[2] Die Gattung wurde von mehreren Verfassern unrichtig mit der stets eine glatte Cuticula aufweisenden Gattung *Monhystera* BASTIAN, 1865 synonymisiert. Selbst BASTIAN schreibt bei der Diagnose von *Tachyhodites*: „Integument having transverse striae", und er stellt tatsächlich seine beiden *Tachyhodites*-Arten mit geringelter Cuticula dar.

2 Gubernaculum im Verhältnis der Spicula sehr groß, nahezu 2/3 der Spicula umgebend; Körper kleiner als 1 mm. — Cuticula sehr dünn, Ringelbreite 1,4 bis 1,5 µm. Lippenpapillen borstenartig. 12 Kopfborsten, von denen die längeren 7—8 µm, d. h. etwa eine Kopfbreite lang sind. Seitenorgan 1/3 (♀) bzw. 1/2 (♂) der Körperbreite, 1,5—1,9 Kopfbreiten hinter dem Kopfrand. Vagina recht dünn. Ovipar. Spicula 22—23 µm lang, 1,3—1,5mal länger als die Analbreite; Gubernaculum 15—18 µm lang. Schwanz gleichmäßig verjüngt, 7—9 Analbreiten lang, ventral gebogen, beim ♂ hinter der Kloakenöffnung ventral merklich eingeschnürt.

♀: L = 0,8—0,9 mm; a = 41—45; b = 4,5—4,8; c = 7,0—7,7; V = 61 bis 64%. ♂: L = 0,8—0,9 mm; a = 47—55; b = 4,5—4,9; c = 6,4—7,8

Italien und Schweiz; in Grundwasser bzw. im Genfer See. — *Theristus* (*Penzancia*) *vesentiniae* ANDRÁSSY, 1962 (RIEMANN, 1966). . . . . *vesentiniae* ANDRÁSSY, 1962

— Gubernaculum kleiner, die halbe Spiculalänge nicht erreichend; Körperlänge über 1 mm. 3

3 Spicula deutlich länger als die doppelte Analbreite; Seitenorgan relativ hinten gelegen, 1,6—1,9 Kopfbreiten vom Vorderende entfernt. — Cuticula dünn, Ringelbreite 1,6—1,8 µm. Kopf nicht abgesetzt, Lippenpapillen borstenartig. 12 Kopfborsten, die längeren von ihnen 13—14 (♀) bzw. 11—13 (♂) µm, 0,7 bis 0,8 der Körperbreite. Seitenorgan 1/4 des einschlägigen Körperdurchmessers, beim ♂ weniger deutlich. Distalende des Mitteldarmes mit Lingula (einem kleinen zungenartigen Gebilde). Eier mehr als zweimal so lang wie die Körperbreite. Spicula 48—50 µm lang, 2,5—2,7mal so lang wie die anale Körperbreite; Gubernaculum 20 µm lang, etwa 2/5 der Spicula umgebend. Schwanz allmählich verdünnt, ventral gebogen, 6—8 Analbreiten lang.

♀: L = 1,0—1,2 mm; a = 37—46; b = 4,4—5,1; c = 7,5—10; V = 60 bis 63%. ♂: L = 1,1—1,2 mm; a = 43—50; b = 5,0—5,2; c = 7,4—8,0.

Italien; Grundwasserbewohner. — *Theristus* (*Penzancia*) *ruffoi* ANDRÁSSY, 1959 (RIEMANN, 1966). . . . . *ruffoi* ANDRÁSSY, 1959

— Spicula höchstens zweimal so lang wie die Analbreite, meist aber kürzer; Seitenorgan 1,1—1,5 Kopfbreiten hinter dem Vorderende 4

4 Länge der Kopfborston um 10 µm. — Cuticula dicht beborstet. Kopf nicht abgesetzt, mit 12 Borsten, von denen aber die kürzeren Lateralborsten oft undeutlich sind. Längere Borsten 11—13 µm, 70—80% (♀) bzw. 90—100% (♂) der Körperbreite. Seitenorgan ziemlich groß, 1/3 der entsprechenden Halsbreite, oder noch etwas breiter, 1,1—1,4 Kopfbreiten hinter dem Kopfrand. Ovipar. Ein postvulvarer Uterussack fehlt. Spicula L-förmig gebogen, 27—31 µm lang, kaum etwas länger als der Analdurchmesser. Gubernaculum sehr zart. Schwanz gleichmäßig verschmälert, meist ventral gebogen, 6—7 Analbreiten lang, kürzer als die halbe Länge Vulva-Anus.

♀: L = 1,2—1,6 mm; a = 31—45; b = 5—7; c = 7—9; V = 60—64%. ♂: L = 1,0—1,5 mm; a = 40—50; b = 5—7; c = 7—10.

In Europa allgemein verbreitet: Holland, DDR, BRD, Dänemark, Österreich, Schweiz, Tschechoslowakei, Polen, Rumänien, Italien, Norwegen, Schweden, Sowjetunion (Litauen, Rußland, Kirgisien); ferner bekannt aus den folgenden außereuropäischen Ländern: Zaire, Japan, Hainan, USA, Chile. Kommt sowohl im Süßwasser als auch in Salzbiotopen vor, bewohnt aber auch feuchte Böden. — *Monhystera agilis* DE MAN, 1880; *Theristus* (*Penzancia*) *agilis* (DE MAN, 1880) FILIPJEV, 1918; *Monhystera macrocephala* RAHM, 1924; *Theristus scancius* ALLGÉN, 1949[3], *Theristus* (*Penzancia*) *heteroscanicus* WIESER in BRINCK, DAHL & WIESER, 1944[4]; wahrscheinlich auch *Monhystera labiata* DADAY, 1903 . . . . *agilis* (DE MAN, 1880) FILIPJEV, 1918

— Länge der Kopfborsten um 20 µm. 5

5 Gubernaculum proximal mit kurzem hakenartigem Fortsatz; Schwanz des ♂ knapp hinter der Analöffnung stark ventral eingeschnürt. Citucula sehr dünn, 0,6—1 µm dick; Ringelbreite 1,5—2 µm. Cuticulaborsten 10—12 µm lang. Kopf nicht abgesetzt. Die längeren der 10 Kopfborsten sind 19—24 µm lang, d. h. 70—80% der Lippenbreite. Seitenorgan beim ♀ kreisrund, beim ♂ queroval, 1/4 (♀) bzw. 1/3 (♂) der entsprechenden Körperbreite, 1,2—1,4 Kopfbreiten vom Vorderende entfernt. Mundhöhle relativ geräumig. Ein sehr kurzer postvulvarer Uterussack vorhanden. Körper von der Vulva an merklich verschmälert. Ovipar. Spicula 48—55 µm lang, 1,6—1,8mal länger als die Analbreite, bogenförmig, dorsal charakteristisch gerunzelt. Gubernaculum 25—29 µm lang. Präanal 2 bis 3 schwache papillenartige Anschwellungen. Schwanz allmählich verdünnt, 6—8 Analbreiten lang, beim ♀ etwa halb so lang wie der Abstand Vulva-Anus.

♀: L = 1,5—1,7 mm; a = 34—42; b = 5,0—5,3; c = 8,4—10; V = 65—66%.
♂: L = 1,7—1,8 mm; a = 47—60; b = 5,2—5,6; c = 8,8—9,2.

Bisher nur aus der DDR bekannt; Grundwasserbewohner. — *Theristus* (*Penzancia*) *wegelinae* ANDRÁSSY, 1962 (RIEMANN, 1966) . . . . *wegelinae* ANDRÁSSY, 1962

— Gubernaculum proximal ohne Fortsatz; Schwanz des ♂ hinter der Analöffnung nicht eingeschnürt. — Cuticula sehr dünn, 0,6—0,9 µm breit; Ringelbreite 1,5 bis 1,8 µm. Lippenregion schwach abgesetzt. 12 Kopfborsten; die längeren 20 bis 22 (σ) bzw. 15—18 (♂) µm, etwa so lang wie die Lippenbreite. Seitenorgan groß, fast so breit wie der halbe Halsdurchmesser, 1,3—1,5 Kopfbreiten hinter dem Vorderende. Mitteldarm mit prärektaler Lingula. Kein postvulvarer Uterustast. Ovipar. Spicular J-förmig, 45—47 µm, 1,8—2 Analbreiten lang; Gubernaculum 1/3 der Spiculalänge. Schwanz gleichmäßig verjüngt, 6—8 Analbreiten lang, am Ende leicht dorsal gebogen.

[3] *Theristus scanicus* (= *heteroscanicus*) stimmt mit *Th. agilis* in so großem Maße — Körperausmaße, Kopfborsten, Seitenorgan, Form der Spicula, schwaches Gubernaculum, Schwanzlänge — überein, daß ich beide für synonym halte (Vielleicht doch eine gute Art: RIEMANN, 1979).

♀: L = 1,2–1,5 mm; a = 37–42; b = 4,8–5,0; c = 7,8–8,2; V = 60 bis 64%. ♂: L = 1,4–1,5 mm; a = 48–56; b = 4,8–5,1; c = 6,9–7,2.
Italien und BRD; in Grundwasser. — *Theristus* (*Penzancia*) *athesinus* ANDRÁSSY, 1962 (RIEMANN, 1966) . . . . *athensinus* ANDRÁSSY, 1962

Bemerkung: Hierher gehören wahrscheinlich noch die folgenden, mangelhaft beschriebenen drei Arten:

Theristus helveticus (STEINER, 1914) n. comb. — Syn. *Monhystera helvetica* (STEINER, 1914 — aus der Schweiz;
Theristus lingi (HOEPPLI & CHU, 1932) ANDRÁSSY, 1960 — Syn. *Microlaimoides lingi* HOEPPLI & CHU, 1932 — aus China;
Theristus parasiticus (PENSO, 1938) n. comb. — Syn. *Monhystera parasitica* PENSO, 1938 — aus Libyen.

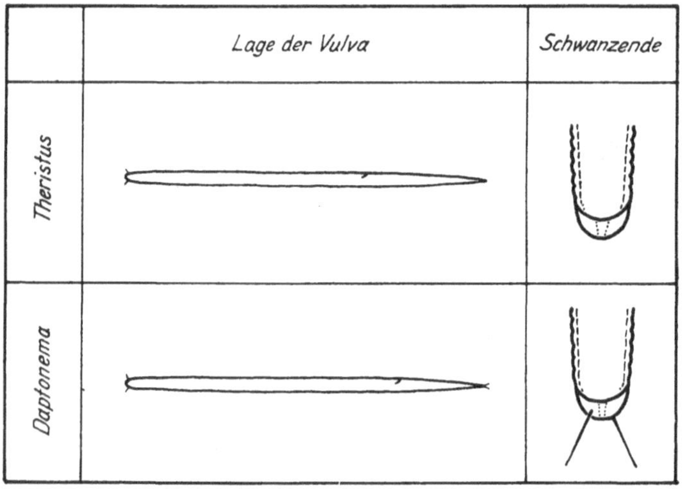

Abb. 5—6 Familie *Xyalidae*: *Theristus* und *Daptonema*

2. Genus: ***Daptonema*** COBB, 1920

Syn. *Theristus* (*Daptonema*) (COBB, 1920) WIESER, 1956; *Allomonhystera* MICOLETZKY, 1923; *Tubolaimus* ALLGÉN, 1929; *Theristus* (*Mesotheristus*) (WIESER, 1956); *Mesotheristus* (WIESER, 1956) CHITWOOD & MURPHY, 1964.
Xyalidae. Verhältnismäßig große Arten (1,1—2 mm) von massiver Körpergestalt. Cuticula fein geringelt und mit zahlreichen feinen Borsten versehen. Kopfregion schwach abgesetzt, Zahl der Kopfborsten 12. Seitenorgan rund. Keine Augenflecke. Mundhöhle unbedeutend, eng. Ösophagus praktisch zylindrisch. Vulva weit hinten, beinahe in 3/4 der Körperlänge. Spicula relativ kurz, fast rechtwinklig gebogen. Gubernaculum mit kräftigem Caudalfortsatz. Am Schwanzende ein Paar Terminalborsten.
Vorwiegend Meeresbewohner; unter limnischen Verhältnissen kommen nur zwei Arten vor.
Typusart: *Daptonema fissidens* COBB, 1920 (marin).

Bestimmungsschlüssel der limnischen Arten

1 Seitenorgan klein, etwa 1/6 der entsprechenden Körperbreite, ungefähr eine halbe Kopfbreite hinter dem Vorderende; Kopfborsten kurz, die größeren 15 µm lang, die Hälfte der Lippenbreite nicht erreichend. — Mitteldarm dunkel gefärbt. Schwanz gleichmäßig verschmälert, 4—5 Analbreiten lang. Endborsten 24 µm lang.
♀: 1,6—2,0 mm; a = 13—16; b = 2,9—3,7; c = 6,3—8,0; V = 70—75%. ♂ unbekannt.
Jugoslawien: Ohrid-See, in 35—100 m Tiefe. — *Theristus subsetosus* SCHNEIDER, 1943 . . . . *subsetosum* (SCHNEIDER, 1943) ANDRÁSSY, 1981

— Seitenorgan größer, 1/4 der entsprechenden Körperbreite, etwa eine Kopfbreite vom Vorderende entfernt; Kopfborsten länger als bei der vorigen Art, 60—70% der Lippenbreite. — Kopf durch eine Einschnürung abgesetzt. Darm meist grünlich von Diatomeenresten. Spicula 40—50 µm, nahezu so lang wie die Analbreite; Gubernaculum 30—40 µm lang, mit kräftigem Fortsatz. Schwanz im hinteren Drittel beinahe zylindrisch, 4—5 Analbreiten lang. Beide Endborsten oft von verschiedener Länge, 25—30 µm, ausnahmsweise bis 50 µm.
♀: L = 1,2—2,0 mm; a = 20—25; b = 4—6; c = 6—8; V = 68—75%. ♂: L = 1,1—1,5 mm; a = 20—30, b = 4—5; c = 6—8.
BRD, Österreich, Schweiz, Ungarn, Dänemark, Jugoslawien, Spanien, Frankreich, Italien, Island, Norwegen, Schweden, Finnland, Sowjetunion (Ukraine, Moldau), Kanada, USA, Nikaragua, Australien. Lebt in Flüssen und Seen, sowie in Brakcbiotopen und in Meerbusen von niederem Salzgehalt. — *Monhystera dubia* BÜTSCHLI, 1873; *Monhystera* (*Theristus*) *dubia* BÜTSCHLI, 1873 (MICOLETZKY, 1922); *Theristus dubius* (BÜTSCHLI, 1873) MICOLETZKY, 1925; *Mesotheristus dubius* (BÜTSCHLI, 1873) HOPPER, 1969; *Monhystera setosa* BÜTSCHLI, 1874; *Monhystera* (*Theristus*) *setosa* BÜTSCHLI, 1874) (DE MAN, 1907); *Theristus setosus* (BÜTSCHLI, 1874) MICOLETZKY, 1925; *Theristus* (*Mesotheristus*) *setosus* (BÜTSCHLI, 1874) WIESER, 1956; *Mesotheristus setosus* (BÜTSCHLI, 1874) DE CONINCK, 1965; *Daptonema setosum* (BÜTSCHLI, 1874) LORENZEN, 1977; *Theristus setosus izhoricus* FILIPJEV, 1930; *Theristus setosus gerlachi* MEYL, 1955; *Monhystera gracillima* COBB, 1893; *Theristus gracillimus* (COBB, 1893) WIESER, 1956; *Monhystera crassisima* DITLEVSEN, 1911; *Monhystera crassoides* MICOLETZKY, 1913; *Monhystera sentiens* COBB, 1914; *Monhystera pseudosetosa* STEINER, 1919; *Allomonhystera tripapillata* MICOLETZKY, 1923; *Theristus hirtus* GERLACH, 1951 . . . . *dubium* (BÜTSCHLI, 1873) LORENZEN, 1977

Bemerkung: Vielleicht in diese Gattung gehört die anhand eines jungen Exemplares beschriebene Art *Monhystera bothriolaima* STEINER, 1916 (Südwestafrika).

2. Familia: **Monhysteridae** DE MAN, 1876

Monhysteroidea. Zumeist kleine Arten. Cuticula glatt, oft mit Submedialborsten Kopfborsten 6, 10 oder seltener 12, nur ausnahmsweise fehlend. Seitenorgan kreisrund, in verschiedener Entfernung vom Kopfende. Augenflecke (Ocelli) zuweilen vorhanden. Mundhöhle ganz eng, seltener etwas geräumiger, jedoch nicht cuticularisiert, ohne Zahngebilde bzw. nur mit äußerst feinen Verdickungen („Zähnchen“).

Ösophagus stark muskulös, in den meisten Fällen zylindrisch bzw. nach hinten nur wenig und allmählich verbreitert. Weibliche und männliche Gonaden stets unpaarig und gestreckt (nur bei einer Gattung zurückgebogen), sie liegen rechts vom Darmkanal. Postvulvarer Uterussack nur sehr selten vorhanden. Männchen viel seltener als Weibchen. Gubernaculum oft mit Caudalfortsatz. Präanalpapillen fehlen. Schwanz lang, mit Terminalröhrchen.
Eine artenreiche Gruppe, deren überwiegender Teil im Meere lebt. Die binnenländischen Arten kommen in Süß- und Brackwasserbiotopen, sowie im Erdboden und in Moosen vor. Lebhafte Tierchen, Algen- und Detritusfresser. Die terrestrischen Arten können in 6 Gattungen innerhalb der Unterfamilie *Monhysterinae* DE MAN, 1876 eingereiht werden.

Bestimmungsschlüssel der binnenländischen Gattungen

1 Ovar zurückgeschlagen; feine Zahngebilde im vorderen Mundhöhlenabschnitt. . . . . 6. *Sinanema* (S. 65)
— Ovar gestreckt; Mundhöhle zahnlos, oder wenn feine Zähnchen vorhanden, so befinden sie sich im hinteren Mundhöhlenabschnitt 2
2 Vulva mittelständig, Gonade sehr kurz; Ösophagus hinten bulbusartig erweitert; Cuticula borstenlos; Schwanzendröhrchen zumeist sehr lang . . . . 5. *Monhystrella* (S. 62)
— Vulva hinterständig, Gonade lang; Ösophagus hinten nicht merklich erweitert; Cuticula beborstet; Schwanzendröhrchen kurz. 3
3 Körper groß, 1,5—2,4 mm, äußerst schlank (*a* bis 100). . . . . 3. *Anguimonhystera* (S. 58)
— Körper kleiner und nie so schlank 4
4 Vulva sehr weit hinten, um 80% der Körperlänge, der Analöffnung ganz nahe; Enddarm stark muskulös, 2—3mal so lang wie die anale Körperbreite . . . . 4. *Geomonhystera* (S. 60)
— Vulva nie so weit hinten, meist um $^2/_3$ der Körperlänge, weit von der Analöffnung entfernt; Enddarm schwach, muskellos, etwa so lang wie die anale Körperbreite. 5
5 Spicula auffallend lang, meist 3—4mal länger als die Analbreite; Seitenorgan dem Vorderende ganz nahe: seine Entfernung vom Kopfrand kürzer als eine Lippenbreite. . . . . 1. *Monhystera* (S. 46)
— Spicula stets kürzer als die doppelte Analbreite; Seitenorgan mindestens eine Kopfbreite vom Vorderende entfernt, oft aber weiter hinten. . . . . 2. *Eumonhystera* (S. 50)

1. Genus: *Monhystera* BASTIAN, 1865

Monhysteridae: Cuticula glatt, mit Submedialborsten. Körperlänge der binnenländischen Arten zwischen 0,5 und 1,5 mm. Leibeshöhle mit feinen Biokristallen. Kopf breit, nicht merklich abgesetzt, Kopfborsten kürzer als die halbe Lippenbreite. Seitenorgan relativ groß, dem Vorderende ganz nahe; nicht weiter als eine Lippenbreite vom Kopfrand entfernt. Augenflecke meist (stets ?) vorhanden. Zahngebilde, wenn vorhanden, äußerst klein. Spicula ungewöhnlich lang und schlank, mindestens zweimal, zumeist jedoch 3—4mal (maximal 7mal) so lang wie der anale Körperdurch-

messer. Gubernaculum kurz, mit oder ohne Caudalfortsatz. Schwanz immer kürzer als der Abstand Vulva-Anus, S-förmig gebogen: anfangs ventral, dann dorsal gekrümmt. Terminalröhrchen kurz. Endborsten fehlen.
Ausgesprochen aquatile Arten: sie können von den kleinsten Tümpeln bis zu den tiefsten Seen, doch auch in feuchtem Moos anzutreffen sein.

Typusart: *Monhystera stagnalis* BASTIAN, 1865.

Bestimmungsschlüssel der limnischen Arten[4]

1 Spicula länger als 60 µm (bis 160 µm). 2
— Spicula 50 µm lang oder kürzer. 7
2 Vivipare Art. — Cuticulardicke um 1 µm. Körper wegen der zahlreichen Leibeshöhlenkristalle weniger durchsichtig. Kopf 13—16 µm breit, Körper am Proximalende des Ösophagus 2,6—3,5mal breiter als der Kopf. Kopfborsten sehr kurz, 2 µm, 1/5—1/5 der Lippenbreite. Seitenorgan kreisförmig, 1/3 bis 1/2 der korrespondierenden Körperbreite, 0,5—0,9 Kopfbreite vom Vorderende entfernt. Ocellus vorhanden, rubinrot (nur in lebendem Zustand ersichtlich). Spicula bogenförmig, proximal schwach geknöpft, 70—93 µm lang, 60 bis 75% der Schwanzlänge bzw. 2,5—3,5mal so lang wie die Analbreite. Gubernaculum 10—12 µm lang, mit kleinem Caudalfortsatz. Abstand Vulva-Anus 0,7—1,2mal so lang wie der Schwanz; letzterer 6—9 Analbreiten lang, beim ♀ plumper als beim ♂.
♀: L = 0,85—1,4 mm; a = 16—27; b = 5,7—8,1; c = 5,3—6,4; V = 65 bis 75%. ♂: L = 0,8—1,1 mm; a = 20—35; b = 5,1—6,6; c = 6—8.
In Europa allgemein verbreitet: Holland, DDR, BRD, Österreich, Schweiz, Ungarn, Tschechoslowakei, Rumänien, Bulgarien, Frankreich, Portugal, Italien, Polen, Dänemark, Großbritannien, Spitzbergen, Sowjetunion (Rußland); außerdem bekannt aus Kolumbien und Südafrika; ausgesprochen limikol. — *Monhystera ocellata* LINSTOW, 1874; *Monhystera oculata* LINSTOW, 1878; *Monhystera psammophila* JUGET, 1969; *Monhystera taaiboschiensis* JOURBERT & HEYNS, 1980. *stagnalis* BASTIAN, 1865
— Ovipare Arten. 3
3 Spicula 100—160 µm lang, nahezu so lang wie der Schwanz. 4
— Spicula 60—90 µm lang, wesentlich kürzer als der Schwanz. 5
4 Distalspitze der Spicula hakenförmig; Körper relativ plump (a = 24—26). — Körper am Proximalende des Ösophagus 2,5mal so breit wie der Kopf. Kopfborsten etwa 1/3 der Lippenbreite. Seitenorgan kreisrund, 1/3 der korrespondierenden Halsbreite; beinahe eine Lippenbreite hinter dem Kopf. Augenfleck karminrot, klein, 29—33 µm hinter dem Vorderende. Spicula 110—130 µm lang, 5—6,5mal länger als der anale Körperdurchmesser. Gubernaculum 9 bis 10 µm, einfach, flach. Abstand Vulva-Anus 1,2mal so lang wie der Schwanz. Dieser letztere so lang wie 7 Analbreiten.
♀: L = 0,94—1,0 mm; a = 25—26; b = 5,4—5,6; c = 6,2—6,4; V = 64 bis 65%. ♂: L = 0,89—0,90 mm; a = 24—26; b = 5,8—6,0; c = 6,0—6,2.
Sowjetunion (Rußland); aquatil. . . . . *uncispiculata* GAGARIN, 1979

[4] Eine genau Bestimmung ist nur bei Vorhandensein von Männchen möglich.

— Distalspitze der Spicula einfach, nicht hakenförmig; Körper schlanker (a = = 27—35). — Kopf 12—13 µm breit, Körper am Hinterende des Ösophagus 2,5—2,7mal breiter als der Kopf. Kopfborten 1/4 der Lippenbreite oder etwas länger. Seitenorgan rundlich, 1/3 (♀) oder fast 1/2 (♂) der entsprechenden Halsbreite, weniger als eine Lippenbreite hinter dem Kopf. Exkretionsporus deutlich, bei 30% der Ösophaguslänge. Darm mit prärectaler Lingula. Ovar lang, reich an Eizellen; Ei 45—50 µm lang. Receptaculum seminis vorhanden, Spermien kugelig, 4—5 µm groß. Spicula 100—160 µm, proximal leicht geknöpft, 5—7mal länger als die Analbreite. Gubernaculum 10—15 µm lang, mit kleinem Caudalfortsatz. Abstand Vulva-Anus so lang wie 1,2—1,4 Schwanzlängen. Schwanz 7—9 Analbreiten lang.
♀: L = 0,9—1,2 mm; a = 27—35; b = 5,5—5,6; c = 5,5—7,0; V = 60 bis 66%. ♂: L = 0,8—1,1 mm; a = 27—35; b = 5,4—6,2; c = 6—7.
Bisher aus den folgenden Ländern erwähnt: Holland, Belgien, BRD, Österreich, Schweiz, Ungarn, Tschechoslowakei, Rumänien, Bulgarien, Spanien, Frankreich, Jugoslawien, Italien, Polen, Dänemark, Schweden, Finnland, Sowjetunion (Rußland, Ukraine, Usbekistan, Tadshikistan); Indien, Japan; Kenia, Mauretanien, Südwestafrika; Surinam, Kolumbien, Paraguay, Mexiko; in verschiedenen Süßwassertypen, selten auch in der feuchten Erde bzw. in Meerbusen von geringem Salzgehalt. — *Monhystera rivularis* BASTIAN, 1865; *Monhystera annulifera* DADAY, 1905[5] . . . . *paludicola* DE MAN, 1881

5 Seitenorgan relativ klein, beim ♀ 20—25% der einschlägigen Halsbreite, eine ganze Lippenbreite hinter dem Kopf. — Cuticula 1 µm dick. Kopf etwa 20 µm breit, Kopfborsten 5—6 µm lang, 1/3—1/4 der Lippenbreite. Seitenorgan kreisförmig. Ei 38—57 µm lang, 1,3—1,9mal länger als breit. Spicula 68—94 µm lang, 45—60% der Schwanzlänge bzw. 2—3mal so lang wie die Analbreite. Gubernaculum 10—11 µm lang, dreieckig. Abstand Vulva-Anus 1—1,5mal so lang wie der Schwanz. Letzterer verhältnismäßig plump, so lang wie 5—7 Analbreiten.
♀: L = 0,9—1,5 mm; a = 19—30; b = 4,4—6,1; c = 6,0—8,3; V = 66 bis 70%. ♂: L = 0,8—1,4 mm; a = 22—35; b = 4,8—6,2; c = 5,1—8,8.
Schweiz und Südafrika; limnisch. — *Monhystera magnacephala* JOUBERT & HEYNS, 1980. . . . . *lemani* JUGET, 1969

— Seitenorgan größer, beim ♀ 40—50% der einschlägigen Halsbreite, eine halbe Lippenbreite hinter dem Kopf 6

6 Schwanz so lang wie 10—14 Analbreiten. — Cuticula sehr dünn, Submedialborsten fein und kurz. Leibeshöhle voll mit sehr kleinen Kristallen. Kopf leicht verbreitet, Körper am proximalen Ösophagusende 2,5—2,8mal breiter als der Kopf. Kopfborsten kurz. Seitenorgan kreisrund oder leicht oval. Vagina rohrförmig, muskulös. Ei 60—62 µm lang, 1,6—1,8mal länger als der Körperdurchmesser. Abstand Vulva-Anus 1,2mal länger als der Schwanz. Spicula sehr dünn, 80—90 µm, 3,5—4,5mal länger als der anale Durchmesser. Gubernaculum 14 µm lang, mit schwachem, nicht immer deutlichem Caudalfortsatz.

---

[5] DADAYS Typenexemplare sind in ziemlich gutem Zustand erhalten. DADAY übersah die Länge der Spicula; sie sind in Wirklichkeit 105 µm lang, und zwar so lang wie 6 Analbreiten.

♀: L = 1,0–1,2 mm; a = 25–38; b = 5,9–7,2; c = 4,5–6,5; V = 58 bis 63%. ♂: L = 0,9–1,2 mm; a = 30–40; b = 6,0–6,2; c = 6,2–6,3. Sowjetunion (Usbekistan), Indien, Ostafrika; limikol. — *Monhystera pseudomacrura* KHERA, 1971 . . . . *africana* ANDRÁSSY, 1964

— Schwanz so lang wie 7–9 Analbreiten. — Kopf vorn gerade, Borsten sehr kurz, bloß etwa 2 μm. Seitenorgan rundlich, 3–3,5 (♀) bzw. 4–6 (♂) μm breit. Spicula 60–80 μm, 3–4mal länger als der Analdurchmesser, Gubernaculum mit ungewöhnlich langem Caudalfortsatz. Schwanz des ♂ 4,3–6,5 Analbreiten lang. ♀: L = 0,7–1,0 mm; a = 20–30; b = 5,5–6,6; c = 4,9–6,3; V = 60 bis 64%. ♂: L = 0,74–0,77 mm; a = 16–27; b = 5,8–5,9; c = 6,0–7,0. Südafrika; in stehenden und fließenden Gewässern. . . . . *gabaza* JOUBERT & HEYNS, 1980

7 Kleinere Art, 0,5–0,7 mm; Spiculalänge um 30 μm. — Kopfborsten etwa 1/4 der Lippenbreite. Seitenorgan 1/4 der einschlägigen Körperbreite, 1/2 Lippenbreite hinter dem Kopfrand. Augenfleck rubinrot. Abstand Vulva—Anus 1,5mal länger als der Schwanz. Spicula 2 Analbreiten lang, 1/3 der Schwanzlänge; Gubernaculum 6–7 μm lang, dreieckförmig. Schwanz 6 Analbreiten lang. ♀: L = 0,5–0,7 mm; a = 27–32; b = 5–6; c = 6,3–6,6; V = 61–63%. ♂: L = 0,5–0,6 mm; a = 27–36; b = 4,0–5,2; c = 6,3–8,2. DDR, BRD und Südafrika[6]; in salzhaltigen Biotopen. — *Monhystera stagnalis salina* PAETZOLD, 1958; *Monhystera stagnalis parasalina* GERLACH & RIEMANN, 1973. . . . . *paramacramphis* MEYL, 1954

— Größere Art, 0,7–1 mm; Spiculalänge 40–50 μm. — Kopf 9–10 μm breit, Körper am Hinterende des Ösophagus beinahe 3mal so breit wie der Kopf. Kopfborsten 1/3 der Lippenbreite. Seitenorgan fast 1/2 der einschlägigen Halsbreite, leicht queroval, 0,5–0,7 Kopfbreite vom Vorderende. Ocellus rubinrot. Abstand Vulva-Anus 1,2–1,3mal so lang wie der Schwanz. Spicula 2–2,5mal (zuweilen 3mal) so lang wie die Analbreite, größer als 1/3 der Schwanzlänge. Gubernaculum 6–8 μm lang, mit kleinem Caudalfortsatz. Schwanz 5–8 Analbreiten lang, im hinteren Drittel stark verengt, am Ende leicht angeschwollen. ♀: L = 0,9–1,5 mm; a = 23–38; b = 5–7; c = 5,0–6,6; V = 54–62%. ♂: L = 0,9–1,5 mm; a = 26–35; b = 5–6; c = 5–7. BRD, Österreich, Schweiz, Ungarn, Tschechoslowakei, Frankreich, Italien, Polen, Sowjetunion (Rußland, Ukraine), China, Ägypten, Elfenbeinküste, Kenia, Mauretanien, Paraguay; sowohl in kleinen Tümpeln als auch in größeren Seen, außerdem in binnenländischen Salzbiotopen und Meerbusen. — *Monhystera macramphis* FILIPJEV, 1930; *Monhystera izhorica* FILIPJEV, 1930; *Monhystera somereni* ALLGÉN, 1952 . . . . *wangi* WU & HOEPPLI, 1929

Bemerkung: Die Gattung *Helalaimus* DE CILLIS, 1917 ist mit der Gattung *Monhystera* s. lato nahe verwandt oder identisch, ihre taxonomische Position kann aber wegen der mangelhaften Beschreibung nicht mit Sicherheit entschieden werden. Typusart: *Helalaimus psilocephalus* DE CILLIS, 1917 = *Monhystera psilocephala* (DE CILLIS, 1917) MEYL, 1961, aus Italien. Es ist sogar nicht ausgeschlossen, daß DE CILLIS unter dem Namen *psilocephalus* einen Artenkomplex behandelt hat (s. die Körperlänge: L = 0,46–1,24 mm!).

[6] Hierher gehört *Monhystera somereni* apud ARGO & HEYNS, 1973 (nec ALLGÉN).

2. Genus: ***Eumonhystera*** Andrássy, 1981

Monhysteridae: Körper klein, 0,35—1,0 mm, mäßig schlank. Kopf breit, meist nicht abgesetzt, Kopfborsten 10, von verschiedener Länge. Seitenorgan kreisrund, eine Kopfbreite hinter dem Vorderende oder weiter hinten. Augenflecke bei aquatilen Arten oft vorhanden. Enddarm schwach, muskellos. Vulva im allgemeinen um 2/3 der Körperlänge. Spicula relativ kurz, stets kürzer als die doppelte Analbreite. Gubernaculum mit oder ohne Fortsatz. Schwanz so lang oder länger als der Abstand Vulva-Anus (nur ausnahmsweise kürzer), gestreckt oder ventral gebogen. Endröhrchen mäßig lang.

Eine artenreiche Gattung, mit marinen, limnischen und terrikolen Arten. Lebhafte Tiere, Algen- oder Detritusfresser.

Typusart: *Monhystera vulgaris* de Man, 1880 = *Eumonhystera vulgaris* (de Man, 1880) Andrássy, 1981.

Bestimmungsschlüssel der nichtmarinen Arten

1 Seitenorgan 2 Kopfbreiten hinter dem Vorderende oder noch weiter hinten (bis 4 Kopfbreiten). 2

— Seitenorgan merklich näher dem Vorderende als 2 Kopfbreiten. 9

2 Abstand Vula-Anus merklich länger als der Schwanz. 3

— Abstand Vulva-Anus kürzer als der Schwanz. 4

3 Kopfborsten sehr kurz, nur etwa 1/5 der Lippenbreite; Schwanz plump und kurz, 6 Analbreiten lang. — Seitenorgan rund, 1/3 des entsprechenden Körperdurchmessers, 2 Kopfbreiten hinter dem Vorderende. Abstand Vulva-Anus 1,4—1,7mal länger als der Schwanz. Spicula gebogen, 15—19 µm lang, 1,1 bis 1,3mal so lang wie der anale Durchmesser. Gubernaculum mit Caudalfortsatz. Schwanz mehr oder weniger dorsal gebogen.
♀: L = 0,36 mm; a = 24—26; b = 5,2—6,3; c = 6,0—6,2; V = 57—59%.
♂: L = 0,38 mm; a = 29; b = 5,2; c = 7,7.
Island; aus brackischer Erde. — *Monhystera islandica* De Coninck, 1943.
. . . . *islandica* (De Coninck, 1943) Andrássy, 1981

— Kopfborsten nahezu so lang wie die halbe Lippenbreite; Schwanz schlanker, 8—9 Analbreiten lang. — Seitenorgan rund, 45% der entsprechenden Körperbreite, 2,5 Kopfbreiten vom Vorderende. Abstand Vulva-Anus von 1,5—1,6 Schwanzlängen. Schwanz allmählich verjüngt, leicht ventral gebogen; Terminalröhrchen länger als breit.
♀: L = 0,46 mm; a = 24; b = 4,6; c = 5,3; V = 57%. ♂ unbekannt.
Bisher nur aus Island und der Nordsee bekannt; Brackwasserbewohner. — *Monhystera parasimplex* De Coninck, 1943 . . . .
. . . . *parasimplex* (De Coninck, 1943) Andrássy, 1981

4 Kopfborsten beinahe so lang wie die Lippenbreite; Seitenorgan weit hinten, 3 bis 3,5 Kopfbreiten vom Vorderende entfernt, 1/3 des Halsdurchmessers. — Kopf 4 µm breit, Körper am Hinterende des Ösophagus 2—2,4mal breiter als der Kopf. Cuticula äußerst fein, Submedialborsten in geringer Zahl vorhanden, relativ lang, 1/2 der Körperbreite. Schwanz 1,3—1,5mal länger als der Abstand

Vulva-Anus bzw. 15—17mal länger als die anale Körperbreite; ganz allmählich verjüngt. Terminalröhrchen schlank, etwa 3mal länger als am Grunde breit.
♀: L = 0,35—0,50 mm; a = 35—45; b = 4—5; c = 3,5—4,0; V = 54 bis 57%. ♂ unbekannt.
Holland, DDR, BRD, Schweiz, Österreich, Ungarn, Frankreich, Bulgarien, Polen, Großbritannien, Sowjetunion (Rußland, Litauen, Grusin, Usbekistan); terrikol, seltener aquatil. — *Monhystera simplex* de Man, 1880. . . . . *simplex* (de Man, 1880) Andrássy, 1981

— Kopfborsten kürzer: im allgemeinen kürzer als die halbe Lippenbreite; Seitenorgan nur selten so weit hinten. 5

5 Schwanz 2mal länger als der Abstand Vulva-Anus. 6

— Schwanz höchstens 1,5mal länger als der Abstand Vulva-Anus. 7

6 Körper größer, bis 3/4 mm. — Kopfborsten äußerst klein. Seitenorgan größer als 1/4 der korrespondierenden Halsbreite, 2 Kopfbreiten hinter dem Vorderende. Darmbeginn dunkel gefärbt, Enddarm etwas kürzer als die Analbreite. Schwanz 1/4 der Körperlänge bzw. das 14fache des analen Durchmessers, allmählich verjüngt, filiform.
♀: L = 0,62—0,75 mm; a = 35—41; b = 4,0—5,2; c = 4,0—4,3; V = 61 bis 63%. ♂: unbekannt.
Neuguinea und Java; in Sago- und *Sphagnum*-Moor. — ***Monhystera papuana*** Daday, 1899. . . . . *papuana* (Daday, 1899) Andrássy, 1981

— Körper kleiner, bis 0,4 mm. — Cuticula äußerst dünn, mit wenigen, 1/4—1/5 Körperbreite langen Borsten. Kopf 5—5,5 µm breit, Kopfborsten winzig, kaum erkennbar. Körper am proximalen Ösophagusende 2,2—2,5mal breiter als der Kopf. Seitenorgan 1/4 des Körperdurchmessers, 2—2,2 Kopfbreiten hinter dem Vorderende. Exkretionspore in 55% der Ösophaguslänge. Enddarm gebogen, kürzer als die Analbreite. Ovar 30% der Körperlänge. Schwanz 11 bis 12 Analbreiten lang, 2—2,3mal länger als der Abstand Vulva-Anus, gleichmäßig verdünnt. Endröhrchen kurz.
♀: L = 0,33—0,38 mm; a = 40—43; b = 4,7—5,3; c = 3,7—3,8; V = 61—62%. ♂ unbekannt.
Ungarn; in feuchtem Moos. . . . . *hungarica* Andrássy, 1981

7 Kopfborsten äußerst kurz, 1/5—1/6 der Lippenbreite oder noch kleiner, kaum erkennbar; Seitenorgan klein, 1/5—1/6 des entsprechenden Körperdurchmessers, 2—2,5 (*typus*) bzw. 3—3,5 (subsp. *arenicola*) Kopfbreiten vom Vorderende entfernt. — Körper nach vorn wenig verschmälert. Darm meist dunkelfarbig. Ovar etwa 1/3 der Körperlänge. Abstand Vulva-Anus 60—70% der Schwanzlänge. Spicula 18—23 µm lang, etwas länger als die Analbreite, fast 1/3 der Schwanzlänge, proximal geknöpft. Gubernaculum pantoffelförmig. Schwanz im letzten Drittel nahezu zylindrisch. 10—12 Analbreiten lang, mit kegelförmigem Endröhrchen.
♀: L = 0,4—0,6 mm; a = 20—30; b = 4,0—5,5; c = 3,8—5,0; V = 57 bis 65%. ♂: L = 0,4—0,6 mm; a = 24—32; b = 4,5—5,7; c = 4,5—5,5.
Weit verbreitet, wahrscheinlich kosmopolitisch: Holland, DDR, BRD,

Schweiz, Österreich, Ungarn, Tschechoslowakei, Frankreich, Pityusen, Italien, Bulgarien, Polen, Dänemark, Finnland, Sowjetunion (Rußland, Estland, Litauen, Grusien, Usbekistan, Aserbaidschan), Nepal, Mongolei, Tansania, Südafrika. Kommt in den verschiedensten Gewässern vor, lebt jedoch auch terrestrisch. — *Monhystera similis* BÜTSCHLI, 1873; *Monhystera similis arenicola* JUGET, 1969; *Monhystera filiformis pseudobulbosa* WU & HOEPPLI, 1929; *Monhystera filiformis pseudoparbulbosa* GERLACH & RIEMANN, 1973; *Monhystera anomala* SCHNEIDER, 1937. . . . . *similis* (BÜTSCHLI, 1873) ANDRÁSSY, 1981

— Kopfborsten deutlich, 1/3 der Lippenbreite; Seitenorgan größer, 1/3 der Lippenbreite; 8

8 Körper kleiner als 1/2 mm; Kopf leicht erweitert; Seitenorgan deutlich mehr als 2 Kopfbreiten hinter dem Vorderende. — Kopf 6—18 μm breit, Borsten 1/3 der Lippenbreite. Schwanz fein verdünnt, 1,5—1,7mal länger als der Analdurchmesser; Terminalröhrchen kegelförmig.

♀: L = 0,38—0,45 mm; a = 30—34; b = 4,0—4,7; c = 3,8—4,5; V = 55 bis 62%. ♂: unbekannt.

DDR, Österreich, Ungarn und Nepal; in Süßwasser- und Salzbiotopen. — *Monhystera pseudobulbosa* DADAY, 1896; *Monhystera multisetosa hallensis* PAETZOLD, 1958; *Monhystera hallensis* PAETZOLD, 1958) MEYL, 1961) . . . . *pseudobulbosa* (DADAY, 1896) ANDRÁSSY, 1981

— Körper größer als 1/2 mm; Kopf nicht erweitert; Seitenorgan kaum 2 Lippenbreiten hinter dem Vorderende (deswegen siehe auch weiter hinten im Schlüssel). — Kopf 8—9 μm breit, Körper am Ende des Ösophagus 2,4—2,6mal breiter als der Kopf. Borsten etwas kürzer als 1/3 Lippenbreite. Submedialborsten von geringer Zahl, 1/4—1/5 des Körperdurchmessers. Seitenorgan kreisrund. Ösophagus hinten etwas angeschwollen. Enddarm kürzer als die Analbreite. Unmittelbar hinter der Vagina befindet sich immer eine große rundliche Zelle. Ovar nahezu 40% der Körperlänge. Gleichzeitig stets nur ein Ei: 45—50 μm bzw. 2 Körperbreiten lang. Spicula bogenförmig, kaum länger als die Analbreite, 25—32 μm. Schwanz 1,3—1,4mal länger als der Abstand Vulva-Anus bzw. 9—12mal so lang wie die Analbreite, von der Mitte an fast zylindrisch fortlaufend. Terminalröhrchen kurz, von dreieckiger Gestalt.

♀: L = 0,6—0,8 mm; a = 25—33; b = 4,8—6,4; c = 4,0—5,5; V = 58 bis 66%. ♂: L = 0,6—0,7 mm; a = 26—30; b = 5,5—6,5; c = 5—6.

Kosmopolitisch, eine der häufigsten Monhysteriden. Bisher aus den folgenden 52 Ländern (bzw. Inseln) erwähnt: Holland, Belgien, DDR, BRD, Österreich, Schweiz, Ungarn, Tschechoslowakei, Rumänien, Bulgarien, Jugoslawien, Spanien, Pityusen, Frankreich, Sardinien, Italien, Polen, Dänemark, Schweden, Finnland, Island, Spitzbergen, Großbritannien, Sowjetunion (Rußland, Estland, Litauen, Nowaja Semlja, Moldau, Ukraine, Grusien, Aserbaidshan, Turkmenien, Kasachstan, Usbekistan, Kirgisien, Tadshikistan), Mongolei, Nepal, China, Hainan, Japan, Sumatra, Java, Madeira, Kanarische Inseln, Ägypten, Kenia, Zaire, Annobon, USA, Kuba, Australien, Fidschi-Inseln, Macquarie-Inseln. Vorwiegend aquatil — in den verschiedensten Süßwasserstand-

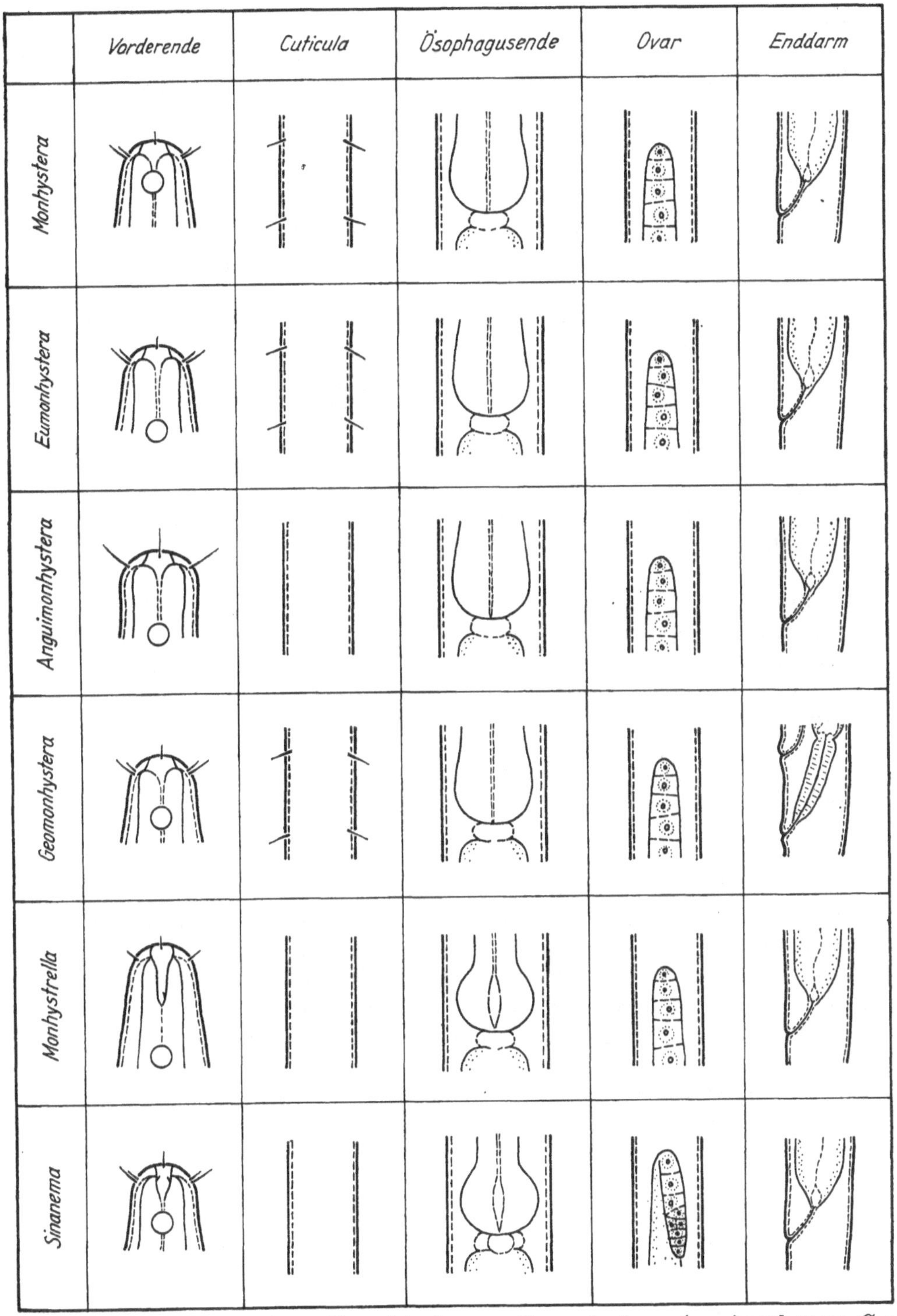

Abb. 7—12 Familie *Monhysteridae*: *Monhystera, Eumonhystera, Anguimonhystera, Geomonhystera, Monhystrella* und *Sinanema*

orten —, doch auch terrikol. — *Monhystera filiformis* BASTIAN, 1865. . . .
. . . . *filiformis* (BASTIAN, 1865) ANDRÁSSY, 1981[7]

9 Schwanz so lang oder länger als der Abstand zwischen der Vulva und dem Anus. 10

— Schwanz merklich kürzer als der Abstand zwischen der Vulva und dem Anus 20

10 Schwanz 2mal länger als der Abstand Vulva-Anus oder noch länger. (Schwer unterscheidbare Arten.) 11

— Schwanz kürzer als die doppelte Länge des Abstands Vulva-Anus 15

11 Schwanz größer als 1/4 der Körperlänge (bis 1/4 derselben); Körper schlank (a = 30—55). 12

— Schwanz 1/4 der Körperlänge oder kürzer; Körper plumper (a = 25—30) . . 13

12 Seitenorgan 1 Kopfbreite hinter dem Vorderende; Vulva in der Körpermitte; Kopfborsten kurz, 1/4—1/5 der Lippenbreite. — Körper recht schlank. Seitenorgan kreisrund, 25% des entsprechenden Körperdurchmessers. Schwanz 1/3 der Körperlänge, fadenartig ausgezogen.
♀: L = 0,9 mm; a = 55; b = 5; c = 3; V = 50%. ♂ unbekannt.
Holland; in Dünensand. Ziemlich ungenügend beschrieben. — *Monhystera gracillima* DE MAN, 1921, nec COBB, 1893; *Monhystera gracilior* JOHNSTON, 1938; *Monhystera paragracillima* GOODEY, 1963. . . . .
. . . . *gracilior* JOHNSTON, 1938) ANDRÁSSY, 1981

— Seitenorgan 1,5—1,7 Kopfbreiten hinter dem Vorderende; Vulva hinter der Körpermitte; Kopfborsten beinahe 1/3 der Lippenbreite. — Seitenorgan 25 bis 30% der entsprechenden Körperbreite. Schwanz 15—20 Analbreiten lang, auch im Vergleich des Abstands Vulva-Anus sehr lang, 2,5 bis 4mal länger als dieser, langsam verjüngt, in der hinteren Hälfte fast zylindrisch. Ei 50 μm lang.
♀: L = 0,4—0,7 mm; a = 30—46; b = 5,2—5,0; c = 2,9—3,8; V = 55 bis 64%. ♂ unbekannt.
Polen, Schweiz und Mongolei; aquatil. — *Monhystera filiformis longicaudata* STEFANSKI, 1924, nec BASTIAN, 1865; *Monhystera vulgaris lemani* JUGET, 1969 (nec *Monhystera lemani* JUGET, 1969!); *Monhystera filiformis longicaudatula* GERLACH & RIEMANN, 1973; *Monhystera vulgaris paralemani* GERLACH & RIEMANN, 1973; *Monhystera stefanskii* ANDRÁSSY, 1977. . . . .
. . . . *longicaudatula* (GERLACH & RIEMANN, 1973) ANDRÁSSY, 1981

13 Größere Art, um 3/4 mm. — Kopf 9 μm breit, Körper am hinteren Ösophagusende 1,7mal breiter als der Kopf. Submediale Körperborsten kurz, Kopfborsten 3/4 der Lippenbreite. Seitenorgan 1,5 Lippenbreiten vom Vorderende entfernt. Ei mehr als doppelt so lang wie die Körperbreite. Schwanz von 10 bis 14 Analbreiten, beinahe 2mal so lang wie der Abstand Vulva-Anus, langsam verschmälert, in der hinteren Hälfte ganz zylindrisch.
♀: L = 0,7 mm; a = 30; b = 4,9; c = 4; V = 63%. ♂ unbekannt.

[7] In der Literatur sehr wahrscheinlich teils mit der anderen gemeinen Art, *Eumonhystera vulgaris* (DE MAN, 1880) ANDRÁSSY, 1981 verwechselt. Die wichtigsten Unterscheidungsmerkmale zwischen beiden Arten sind: *filiformis*: Seitenorgan etwa 2 Kopfbreiten vom Vorderende; Ösophagus hinten deutlich angeschwollen; Postvaginalzelle vorhanden, groß; *vulgaris*: Seitenorgan 1,2—1,5 Kopfbreiten vom Vorderende entfernt; Ösophagus hinten praktisch nicht angeschwollen; Postvaginalzelle fehlend.

DDR, USA; aquatil. Eventuell mit *Eumonhystera filiformis* (BASTIAN, 1865) ANDRÁSSY, 1981 identisch. — *Monhystera subfiliformis* COBB, 1918. . . . . *subfiliformis* (COBB, 1918) ANDRÁSSY, 1981

— Kleinere Arten, unter 1/2 mm. 14

14 Seitenorgan größer als 1/3 der einschlägigen Halsbreite; Vulva in 2/3 der Körperlänge. — Kopf 4—7 µm breit, Körper am Ende des Ösophagus 2,7mal breiter als der Kopf. Kopfborsten sehr kurz, nur 1/5 der Lippenbreite. Seitenorgan 1,6—1,8 Kopfbreiten hinter dem Kopfrand. Schwanz 8 Analbreiten lang bzw. doppelt so lang wie der Abstand Vulva-Anus.
♀: L = 0,37 mm; a = ?; b = 4; c = 4,4; V = 65%. ♂ unbekannt.
Tschechoslowakei: Tatraseen. (Die Beschreibung gebe ich nach den Typenexemplaren von DADAY.) — *Monhystera tatrica* DADAY, 1896. . . . . *tatrica* (DADAY, 1896) ANDRÁSSY, 1981

— Seitenorgan kleiner, nur 1/4—1/5 der einschlägigen Halsbreite; Vulva kurz hinter der Körpermitte. — Kopfborsten sehr kurz, 1/5—1/6 der Lippenbreite. Seitenorgan queroval, 1,6 Kopfbreiten vom Vorderende. Ösophagus hinten angeschwollen. Schwanz etwa 10 Analbreiten lang, 2,3mal so lang wie der Abstand Vulva-Anus, im hinteren Drittel zylindrisch. BÜTSCHLI hat neben die Vagina ähnliche Zellen gezeichnet, die für *Eumonhystera filiformis* charakteristisch sind.
♀: L = 0,4 mm; a = 23; b = 5; c = 4; V = 55%. ♂ unbekannt.
BRD, Schweiz, Australien, Fidschi-Inseln; in Boden und Moos. — *Monhystera rustica* BÜTSCHLI, 1873; *Monhystera subrustica* COBB, 1906. . . . . *rustica* (BÜTSCHLI, 1873) ANDRÁSSY, 1981

15 Seitenorgan 1,6—1,8 (2) Kopfbreiten vom Vorderende 16

— Seitenorgan 1—1,5 Kopfbreiten vom Vorderende 17

16 Spicula auffallend dick, beim dicksten Teil breiter als 1/3 des analen Körperdurchmessers; Cuticulaborsten beinahe 1/2 Körperbreite lang. — Körper am Proximalende des Ösophagus 2—2,3mal breiter als der Kopf. Seitenorgan 33 (♀) bzw. 40% (♂) der einschlägigen Körperbreite, 1,6—1,7 Kopfbreiten vom Vorderende. Ei 18—25 µm lang. Spicula 27—31 µm lang. Schwanz 8 Analbreiten lang, im hinteren Drittel fast zylindrisch.
♀: L = 0,4—0,5 mm; a = 21—25; b = 4,7—6,2; c = 4,4—4,8; V = 63 bis 67%. ♂: L = 0,5—0,6 mm; a = 25—27; b = 5,7—5,9; c = 5,3—5,4.
Ungarn: Balaton-See; Italien — *Monhystera andrassyi* BIRO, 1969. . . . . *andrassyi* (BIRO, 1969) ANDRÁSSY, 1981

— Spicula relativ schlank, auch am dicksten Teil schmäler als 1/4 des analen Körperdurchmessers; Cuticulaborsten sehr klein, 1/4—1/5 der Körperbreite. — Übrige Merkmale und Angaben siehe unter 8. . . . . *filiformis* (BASTIAN, 1865) n. comb.

17 Kopfborsten verhältnismäßig lang, länger als 1/3 der Lippenbreite 18

— Kopfborsten kurz, 1/4 der Lippenbreite. — Kopf 8—9 µm breit, Körper am hinteren Ösophagusende 1,6—2mal breiter als der Kopf. Kopfborsten von 1/4 Lippenbreite, Cuticula dünn, Submedialborsten nur in geringer Zahl vorhanden. Seitenorgan klein, 1/5 der entsprechenden Halsbreite, 1,2—1,5 Kopfbreiten hinter dem Vorderende. Ösophagus kurz und dick, nur 7—10mal so lang wie in der Mitte breit. Schwanz 7—10 Analbreiten lang bzw. 1,2—1,6mal länger als der Abstand Vulva-Anus.

♀: L = 0,4—0,7 mm; a = 20—30; b = 5,5—6,3; c = 4,0—5,5; V = 58 bis 65%. ♂ unbekannt.

Eine sehr weit verbreitete Art, bekannt aus den folgenden Ländern: Holland, Belgien, DDR, BRD, Schweiz, Österreich, Ungarn, Tschechoslowakei, Rumänien, Jugoslawien, Spanien, Frankreich, Italien, San Marino, Polen, Bulgarien, Pityusen, Dänemark, Großbritannien, Schweden, Spitzbergen, Jan Mayen, Sowjetunion (Rußland, Litauen, Moldau, Nowaja Semlja, Grusien, Kasachstan, Kirgisien, Usbekistan), Vietnam, Java, Sumatra, Äthiopien, Marokko, Tunesien, Mauretanien, Zaire, Südafrika, USA, Kanada, Venezuela, Peru, Galapagos-Inseln, Australien, Macquarie-Inseln, Antarktis. Sowohl in aquatilen als auch in terrikolen Biotopen. — *Monhystera vulgaris* DE MAN, 1880; *Monhystera parvella* FILIPJEV; 1931; *Monhystera filiformis intermedia* JUGET, 1969, nec BÜTSCHLI, 1873; *Monhystera filiformis intermediella* GERLACH & RIEMANN, 1973. . . . . *vulgaris* (DE MAN, 1880) ANDRÁSSY, 1981[8]

18 Schwanz länger, 10—12 Analbreiten bzw. 1,7—2mal so lang wie der Abstand Vulva-Anus; Seitenorgan eine Kopfbreite hinter dem Vorderende. — Cuticula äußerst dünn, am Vorder- und Hinterkörper oft mit sehr feiner Ringelung. Kopf 9—10 µm breit, Körper am Proximalende des Ösophagus 1,6—1,8mal breiter als der Kopf. Darminhalt oft dunkelgrün. Weibliche Gonade 20% der gesamten Körperlänge. Schwanz hinter der Mitte stark dorsal gebogen und fast zylindrisch. Terminalröhrchen schnabelartig.

♀: L = 0,57—0,62 mm; a = 28—35; b = 4,0—4,4; c = 4,0—4,4; V = 62 bis 65%. ♂ unbekannt.

Ungarn und Paraguay; in Höhlengewässern und feuchtem Boden.[9] . . . . *barbata* ANDRÁSSY, 1981

— Schwanz kürzer, 7—8 Analbreiten bzw. 1—1,4mal so lang wie der Abstand Vulva-Anus; Seitenorgan mehr als eine Kopfbreite hinter dem Vorderende . 19

19 Vulva vor 2/3 der Körperlänge; Seitenorgan 40% der entsprechenden Körperbreite. — Cuticula reich beborstet, Borstenlänge bis 1/2 der Körperbreite. Seitenorgan 1,2 Lippenbreiten hinter dem Vorderende. Spicula 13—14 µm lang, gerade; Gubernaculum mit zartem Caudalfortsatz. Schwanz von 7—8 Analbreiten, 1—1,2mal so lang wie der Abstand Vulva-Anus.

♀: L = 0,4—0,5 mm; a = 23—33; b = 4,8—5,5; c = 4,3—4,8; V = 58%.
♂: L = 0,4 mm; a = 23—31; b = 5,3—5,7; c = 4,3—4,8.

DDR und Sowjetunion (Ferner Osten); in Salzgewässern. — *Monhystera multisetosa* MEYL, 1955. . . . . *multisetosa* (MEYL, 1955) ANDRÁSSY, 1981

— Vulva in oder hinter 2/3 der Körperlänge; Seitenorgan kaum 1/3 der entsprechenden Körperbreite. — Cuticulaborsten 1/3 des Körperdurchmessers; Kopfborsten 1/3 der Lippenbreite. Seitenorgan $1^1/_3$ Kopfbreite hinter dem Vorderende. Ösophagus lang und schlank, etwa 20 mal so lang wie in der Mitte

---

[8] Siehe auch die Fußnote auf der Seite 54!

[9] Typischer Fundort: Ungarn, Baradla-Tropfsteinhöhle.

breit. Schwanz von 7—8 Analbreiten, 1,3mal so lang wie der Abstand Vulva-Anus, dorsal gebogen.
♀: L = 0,5—0,6 mm; a = 24—31; b = 4,0—4,3; c = 5,0—5,3; V = 67 bis 68%. ♂ unbekannt.
Rumänien[10] und Tansania; aquatil und terrikol. — *Monhystera mwerazii* MEYL, 1957. . . . . *mwerazii* (MEYL, 1957) ANDRÁSSY, 1981

20 Ocellus vorhanden, 3 Kopfbreiten hinter dem Vorderende, zinoberrot. — Kopf schwach angeschwollen, Borsten 1/5—1/6 des Kopfdurchmessers. Seitenorgan etwa 1/5 der entsprechenden Halsbreite, eine Kopfbreite hinter dem Vorderende. Spicula plump, anderthalb Analbreiten lang; Gubernaculum mit Caudalfortsatz. Abstand Vulva-Anus 1,2mal so lang wie der Schwanz; letzterer 8 Analbreiten lang, hinten ganz zylindrisch.
♀: L = 0,7—1,0 mm; a = 33—42; b = 4,5—5,6; c = 5,0—5,5; V = 60%.
♂: L = 0,7—0,9 mm; a = 30—35; b = 4,5—5,3; c = 4,7—5,8.
Schweiz; aquatil. — *Monhystera demani* HOFMÄNNER & MENZEL, 1914, nec ROUVILLE, 1903; *Monhystera alpina* FILIPJEV, 1918. . . . . *alpina* (FILIPJEV, 1918) ANDRÁSSY, 1981

— Ocellus fehlt. 21

21 Körper wohl kleiner als 1 mm (bis 3/4 mm). 22

— Körper 1 mm oder länger. (Ziemlich ungenügend beschriebene Arten.) . . . 23

22 Seitenorgan 1/3 der entsprechenden Körperbreite, 0,7—1 Lippenbreite hinter dem Vorderende. — Kopf 12 µm breit, Borsten von 1/3 Kopfbreite. Spicula 19 bis 20 µm lang, schwach gebogen, Gubernaculum mit Caudalfortsatz. Schwanz 6—7 Analbreiten lang, am Ende keulig angeschwollen.
♀: L = 0,4—0,6 mm; a = 20—26; b = 4,7—5,9; c = 4,5—5,8; V = 54 bis 60%. ♂: L = 0,4—0,5 mm; a = 23—27; b = 5,4—6,2; c = 5,3—5,8.
Italien (Ischia) und Ungarn; in Fumarolen. — *Monhystera gerlachi* MEYL, 1954. . . . . *gerlachi* (MEYL, 1954) ANDRÁSSY, 1981

— Seitenorgan 1/6—1/7 der entsprechenden Körperbreite, 1—1,6 Lippenbreiten hinter dem Vorderende. — Kopf 12—14 µm breit, Borsten 1/3—1/4 der Kopfbreite. Körper am Hinterende des Ösophagus 1,6—1,8mal breiter als der Kopf. Ösophagus stämmig, 9—13mal länger als in der Mitte breit. Abstand Vulva-Anus 1,1—1,3mal länger als der Schwanz; letzterer 5—7 Analbreiten lang, ziemlich plump, am Ende leicht angeschwollen. Terminalröhrchen ventral gerichtet.
♀: L = 0,5—0,8 mm; a = 20—24; b = 4,8—5,8; c = 5,5—7,0; V = 60 bis 67%. ♂ unbekannt.
Weit verbreitet, vorwiegend aquatil, doch auch in terrestrischen Biotopen: Holland, DDR, BRD, Schweiz, Österreich, Ungarn, Tschechoslowakei, Rumänien, Bulgarien, Jugoslawien, Spanien, Frankreich, Italien, Polen, Großbritannien, Dänemark, Sowjetunion (Rußland, Estland, Moldau, Grusien, Kasachstan, Usbekistan), Sumatra, Java, Tunesien, Kanada, USA. — *Monhystera dispar* BASTIAN, 1865; *Monhystera crassa* BÜTSCHLI, 1873. . . . . *dispar* (BASTIAN, 1865) ANDRÁSSY, 1981

23 Abstand Vulva-Anus doppelt so lang wie der Schwanz. 24

— Abstand Vulva-Anus anderthalbmal so lang wie der Schwanz. 25

[10] Neuer Fundort: Bucegi-Gebirge, in Moos.

24 Kopfborsten halb so lang wie der Kopfdurchmesser. — Körper beborstet, Zahl der Kopfborsten 10. Seitenorgan 1/4 der einschlägigen Halsbreite, eine Kopfbreite hinter dem Vorderende. Ei etwa eine Körperbreite lang. Abstand Vulva-Anus 2—2,3mal so lang wie der Schwanz; dieser letztere kegelförmig, kurz, 5mal länger als der Analdurchmesser.
♀: L = 1,0 mm; a = 26; b = 4,5; c = 8,3; V = 60%. ♂ unbekannt.
Australien; in der Erde um Zuckerrohrwurzeln. — *Monhystera pratensis* COBB, 1893 . . . . *pratensis* (COBB, 1893) ANDRÁSSY, 1981.

— Kopfborsten 1/4 des Kopfdurchmessers. — Cuticulaborsten 3 µm lang; längere Kopfborsten 10, kürzere 7 µm. Kopf ungefähr 30 µm breit. Seitenorgan 7,5 µm breit, etwa 1/4 der einschlägigen Körperbreite, eine Kopfbreite hinter dem Vorderende. Enddarm so lang wie der Analdurchmesser. Schwanz sehr kurz, nur 4 Analbreiten lang, plump, am Ende stumpf abgerundet.
♀: L = 1,3 mm; a = 21; b = 4,1; c = 9,1; V = 68%. ♂ unbekannt.
Österreich; aquatil. — *Monhystera* sp. apud ALTHERR, 1976. . . . . *altherri* ANDRÁSSY, 1981

25 Schwanz am Ende keulig angeschwollen; Seitenorgan eine Kopfbreite hinter dem Vorderende. — Körper am Proximalende des Ösophagus 1,5mal breiter als der Kopf. Abstand Vulva-Anus von 1,5 Schwanzlängen. Schwanz etwa 7 Analbreiten lang.
♀: L = 1,0 mm; a = 33; b = 5; c = 7,4; V = 65%. ♂ unbekannt.
Schweden: Wettersee. Ziemlich ungenügend beschrieben. — *Monhystera suecica* ALLGÉN, 1926. . . . . *suecica* (ALLGÉN, 1926) ANDRÁSSY, 1981

— Schwanz am Ende zugespitzt; Seitenorgan 1,5 Kopfbreiten hinter dem Vorderende. Körper am Hinterende des Ösophagus 1,7mal breiter als der Kopf. Abstand Vulva-Anus von 1,5 Schwanzlängen. Schwanz etwa 5 Analbreiten lang.
♀: (juv.): L = 0,9 mm; a = 30; b = 4; c = 7,5; V = 67%. ♂ unbekannt.
Schweden: Wettersee. — *Monhystera parasimilis* ALLGÉN, 1926. . . . . *parasimilis* (ALLGÉN, 1926) ANDRÁSSY, 1981

Bemerkung: Die weiteren limikolen *Monhystera*-Arten gehören wahrscheinlich zur obigen Gattung; sie können aber wegen der ungenügenden Beschreibungen nicht näher taxonomisch gewertet werden:
Monhystera dadayi GOODEY, 1963 — Syn. *Prismatolaimus macrurus* DADAY, 1899 — aus Neuguinea;

Monhystera frequens DE CILLIS, 1917 — aus Italien;
Monhystera fuelleborni DADAY, 1908 — aus Ostafrika;
Monhystera longicaudata BASTIAN, 1865 — aus England;
Monhystera propinqua DADAY, 1905 — aus Paraguay.

3. Genus: ***Anguimonhystera*** ANDRÁSSY, 1981[11]

Monhysteridae. Große (1,4—2,4 mm) und außerordentlich schlanke Tiere. Cuticula glatt. Kopf breit, abgerundet, mit relativ langen Borsten. Seitenorgan kreisrund,

[11] *Anguimonhystera* = *Anguis* + *Monhystera*, wobei sich das Wort „*Anguis*" auf den schlangenartig geformten, langen Körper bezieht.

mindestens eine Kopfbreite hinter der Lippenregion. Augenflecke fehlen. Mundhöhle eng, trichterförmig, ohne Zahngebilde. Vulva weit hinter der Körpermitte, Ovar gestreckt. Spicula kurz, Gubernaculum pantoffelförmig. Schwanz lang, ohne Endborsten.
Diese neue Gattung stellte ich für einige von GOFFART beschriebene *Monhystera*-Arten auf, die in die hier behandelten anderen Monhysteriden-Gattungen mit ungeringelter Cuticula nicht eingereiht werden können. Sie stehen den *Eumonhystera*-Arten am nächsten, unterscheiden sich jedoch durch die große und äußerst schlanke Körpergestalt, sowie durch die langen Kopfborsten von ihnen. Die bekannten drei Arten wurden alle aus Brunnen gesammelt.
Typusart: *Monhystera stadleri* GOFFART, 1950 — *Anguimonhystera stadleri* (GOFFART, 1950) ANDRÁSSY, 1981.

Bestimmungsschlüssel der Arten

1 Körper weniger schlank, a um 50, nach vorn wenig verschmälert. — Kopfborsten kürzer als bei den anderen Arten. Seitenorgan 1,5 Kopfbreiten hinter dem Vorderende. Abstand Vulva-Anus deutlich länger als der Schwanz. Spicula bogenförmig, kräftig; Gubernaculum pantoffelartig. Schwanz langsam verschmälert, etwa 12—15 Analbreiten lang, beim ♂ etwas plumper als beim ♀.
♀: L = 1,4—1,8 mm; a = 43—50; b = 4,8—5,0; c = 6,1—6,5; V = 60 bis 63%. ♂: L = 1,4—1,8 mm; a = 43—50; b = 4,8—5,0; c = 7,8—8,0.
BRD: Grundwasserbewohner. — *Monhystera stadleri* GOFFART, 1950. . . . . *stadleri* (GOFFART, 1950) ANDRÁSSY, 1981

— Körper äußerst schlank, a = 70—100 2

2 Seitenorgan sehr groß, 1/2 der einschlägigen Körperbreite oder noch größer, 1,5 Kopfbreiten vom Vorderende entfernt. — Cuticula 4 µm dick. Kopf leicht angeschwollen, breiter als der Körperdurchmesser in Höhe des Seitenorgans. Kopfborsten beinahe so lang wie die Lippenbreite. Darm rotbraun. Spicula fast gerade, etwas länger als die Analbreite, proximal kopfförmig erweitert. Schwanz stark verjüngt, etwa 10 Analbreiten lang, am Ende fadenartig.
♀: unbekannt. ♂: L = 2,4 mm; a = 75; b = 6; c = 8.
BRD; aus Grundwasser (Brunnen). — *Monhystera ampliceps* GOFFART, 1950. *ampliceps* (GOFFART, 1950) ANDRÁSSY, 1981

— Seitenorgan viel kleiner, 1/4—1/5 der entsprechenden Körperbreite, 2 Kopfbreiten vom Vorderende entfernt. — Kopf abgerundet, Borsten so lang wie die Lippenbreite. Schwanz sehr lang und schlank, etwa von 20 Analbreiten, fadenartig verdünnt.
♀: L = 1,5—1,8 mm; a = 90—100; b = 6,0—6,3; c = 4,7—5,2; V = 80% (bei einem Exemplar 62%). ♂ unbekannt.
BRD; in Grundwasser. Außerdem wurde die Art aus der Sowjetunion (Usbekistan) erwähnt (ob aber eine und dieselbe Spezies ?). — *Monhystera tenuisisima* GOFFART, 1950 . . . . . . *tenuissima* (GOFFART, 1950) ANDRÁSSY, 1981

4. Genus: ***Geomonhystera*** ANDRÁSSY, 1981

Monhysteridae. Körperlänge zwischen 0,6 und 1,4 mm. Cuticula glatt, im inneren Niveau zuweilen fein geringelt, mit zahlreichen Submedialborsten. Kopf breit, nicht abgesetzt, Lippenpapillen borstenartig. Kopfborsten ziemlich kräftig, ihre Zahl 10. Augenflecke fehlen. Mundhöhle wie bei den anderen Monhysteriden, eventuell mit sehr kleinen Verdickungen (Zähnchen). Enddarm auffallend dick und muskulös, länger als bei anderen Gruppen der Familie. Vulva weit hinten, um 80% der Körperlänge, der Analöffnung ganz nahe. Spicula mittellang, schwach gebogen, Gubernaculum klein, einfach. Schwanz relativ kurz und plump, kaum verschmälert, mehrfach so lang wie der Abstand Vulva-Anus. Terminalröhrchen kurz.
Im Gegensatz zu den anderen Gattungen der Familie kommen die *Geomonhystera*-Arten in terrestrischen Biotopen vor, und zwar besonders oft in Moospolstern und unter Baumrinden. Die ungünstigen Verältnisse überstehen sie in anabiotischem Zustand.
Typusart: *Monhystera villosa* BÜTSCHLI, 1873 = *Geomonhystera villosa* (BÜTSCHLI, 1873) ANDRÁSSY, 1981.

Bestimmungsschlüssel der Arten

1 Abstand Vulva-Anus 2 bis 3mal länger als die anale Körperbreite 2
— Abstand Vulva-Anus nicht oder kaum etwas länger als die anale Körperbreite 4
2 Cuticula fein geringelt, Seitenorgan höchstens eine Kopfbreite vom Vorderende. — Cuticula 0,6—1,2 µm dick. Kopf 11—21 µm breit, Kopfborsten 6 bis 11 µm lang, ungefähr 1/2 der Kopfbreite. Seitenorgan 3,5—5 µm breit. Darm gelblich gefärbt, Enddarm deutlich länger als die anale Körperbreite. Körper hinter der Vulva merklich verschmälert. Abstand Vulva-Anus etwa doppelt so lang wie der Analdurchmesser. Postvulvarer Uterussack,fehlt. Ovar lang. Schwanz 2,5—3,5mal länger als der Abstand zwischen der Vulva und dem After bzw. 7—8mal länger als die Analbreite. Endröhrchen stumpf.
♀: L = 0,65—0,86 mm; a = 25—45; b = 4,5—5,5; c = 6,5—7,4; V = 79 bis 84%. ♂ unbekannt.
Süd- und Südwestafrika; terrikol. — *Monhystera pervaga* ARGO & HEYNS, 1973. . . . . *pervaga* (ARGO & HEYNS, 1973) ANDRÁSSY, 1981
— Cuticula glatt, höchstens in der inneren Schicht fein geringelt; Seitenorgan mehr als eine Kopfbreite (bis 3 Kopfbreiten) vom Vorderende 3
3 Seitenorgan leicht aber merklich queroval, 1,5—2 Kopfbreiten hinter dem Vorderende, 1/3 der einschlägigen Halsbreite; Körper stark ventral gekrümmt; Cuticula, besonders beim ♀, mit zahlreichen, 1/4—1/5 Körperbreite langen Submedialborsten. — Kopf 11—12 µm breit, längere Kopfborsten 2/3—3/4, kürzere 1/2 der Lippenbreite. Enddarm auffallend lang, von 2,5—2,8 Analbreiten. Körper hinter der Vulva deutlich verengt. Bisweilen ein sehr kurzer postvulvarer Uterussack vorhanden. Spicula 30—33 µm lang, 1,5—1,6mal so lang wie die Analbreite, ziemlich schlank. Gubernaculum 11—13 µm lang. Cuticula des ♂ präanal breit unf flach gewellt (geringelt). Schwanz ziemlich plump, nur langsam verschmälert, ventral gebogen, 2—3mal länger als der Abstand Vulva-Anus bzw. 6—9mal länger als die Analbreite. Endröhrchen plump-konisch.
♀: L = 0,6—1,0 mm; a = 30—42; b = 4,6—5,6; c = 6—8; V = 76—82%.
♂: L = 0,7—1,0 mm; a = 44—50; b = 4,y—6,0; c = 7—8.

Die häufigste Art der Gattung, sehr gemein in trockenen Moospolstern, unter Baumrinden und in anderen trockenen Lebensstätten. Bis jetzt aus den folgenden Ländern erwähnt: Holland, Belgien, DDR, BRD, Schweiz, Österreich, Ungarn, Tschechoslowakei, Rumänien, Bulgarien, Jugoslawien, Frankreich, Italien, Polen, Dänemark, Spitzbergen, Sowjetunion (Rußland, Estland, Nowaja Semlja, Ferner Osten, Grusien, Kasachstan, Kirgisien, Usbekistan), Vietnam, Zaire, Uganda, Kanada, USA, Mexiko, Brasilien, Chile, Australien, Antarktis. — *Monhystera villosa* BÜTSCHLI, 1873; *Monhystera insignis* COBB, 1893; *Monhystera impetuosa* COBB, 1904; *Monhystera mali* FUCHS, 1938; *Monhystera paravillosa* MEYL, 1954. . . . . . . *villosa* (BÜTSCHLI, 1873) ANDRÁSSY, 1981

— Seitenorgan kreisrund, 1,2—1,5 Kopfbreiten vom Vorderende entfernt, 1/4 der einschlägigen Körperbreite; Körper nur leicht ventral gebogen; Cuticulaborsten kurz und von geringer Zahl. — Kopf 10—12 µm breit, längere Kopfborsten 3/4 der Lippenbreite. Enddarm 1,7—1,8 Analbreiten lang. Körper hinter der Vulva schwach verengt. Postvulvarer Uterussack fehlt. Schwanz gerade, 3—3,6mal so lang wie der Abstand Vulva-Anus bzw. 7—8mal so lang wie die Analbreite. Endröhrchen weniger plump wie bei der vorigen Art.
♀: L = 0,6—1,2 mm; a = 34—46; b = 4,3—5,4; c = 6—11; V = 78—85%.
♂: L = 1,0—1,4 mm; a = 43—71; b = 4,5—5,7; c = 7,4—9,8. Spicula 33 bis 36 µm, Gubernaculum 11 µm lang.
Sicher bisher nur aus Ungarn, Australien und der Antarktis bekannt, doch sehr wahrscheinlich nahezu so weit verbreitet wie die Schwesterart *Geomonhystera villosa*. (Ein Teil der Literaturangaben von „*Monhystera villosa*" bezieht sich aller Wahrscheinlichkeit nach auf diese Art.) — *Monhystera australis* COBB, 1893; *Monhystera villosa* apud TIMM, 1971; wahrscheinlich auch *Monhystera villosa steineri* MICOLETZKY, 1922. . . . *australis* (COBB, 1893) ANDRÁSSY, 1981

4 Uterus eine Körperbreite vor der Vulva beginnend, Vagina in einen schmalen und einen ankerförmig erweiterten Abschnitt geteilt; Seitenorgan kreisrund, 1,5—1,7 Kopfbreiten hinter dem Vorderende. — Cuticula 0,7—1 µm dick, reich beborstet. Kopf 15—18 µm breit, längere Kopfborsten 8—9 µm bzw. 1/2 der Lippenbreite. Enddarm von 1,5 Analbreiten. Kein postvulvarer Uterussack. Schwanz allmählich verschmälert, leicht ventral gebogen, 4,5—5mal länger als die Analbreite bzw. 3,5—4mal länger als der Abstand Vulva-Anus. Terminalröhrchen kaum vorspringend.
♀: L = 0,9—1,0 mm; a = 32—38; b = 5,4—5,6; c = 8,2—8,5; V = 84 bis 85%. ♂ unbekannt.
Italien und Paraguay; in Moos und Detritus. — *Monhystera tripyloides* ANDRÁSSY, 1968. . . . . *tripyloides* (ANDRÁSSY, 1968) ANDRÁSSY, 1981

— Uterus hinter die Vulva reichend, Vagina kurz und einfach; Seitenorgan queroval, 1—1,2 Kopfbreiten vom Vorderende. — Kopf etwa 15 µm breit, längere Kopfborsten 3/4, kürzere 1/2 der Lippenbreite. Anallippen angeschwollen. Schwanz stark verjüngt, gerade, 3—3,5mal so lang wie der Abstand Vulva-Anus bzw. 3mal so lang wie die anale Körperbreite.
♀: L = 0,6—0,8 mm; a = 23—40; b = 4,0—4,6; c = 6,6—8,7; V = 80 bis 84%. ♂ unbekannt.
Italien und Sowjetunion (Usbekistan, Moldau, Ferner Osten); terrikol, doch auch in Thermalwasser von Fumarolen, also nicht so xerophil wie die anderen

Arten der Gattung. — *Monhystera aenariensis* MEYL, 1953 . . . . *aenariensis* (MEYL, 1953) ANDRÁSSY, 1981

5. Genus: *Monhystrella* COBB, 1918

Syn. *Monhystera* (*Monhystrella*) (COBB, 1918) STEINER, 1920; *Terschellingia* (*Monhystrella* (COBB, 1918) MICOLETZKY, 1922.

Monhysteridae: Kleine Arten, nur ausnahmsweise größer als 1/2 mm (bis 0,7 mm). Cuticula glatt, ohne Submedialborsten. Kopfborsten kurz, Lippenpapillen sehr klein. Seitenorgan mindestens 2 Kopfbreiten hinter dem Vorderende, meist aber noch weiter hinten. Mundhöhle zwar schmal, jedoch deutlich, trichter- bzw. rohrförmig, nicht merklich cuticularisiert, an der Basis mit einem sehr kleinen Zähnchen. Augenflecke fehlen. Ösophagus proximal meist etwas bulbusartig erweitert. Mitteldarmbeginn kugelig angeschwollen. Vulva stets bei der Mittelgegend des Körpers. Gonade kurz, Ovar nur aus einigen Zellen bestehend. Männchen sehr selten. Spicula relativ kurz. Schwanz lang, filiform. Terminalröhrchen sehr lang und schlank.

In Süß- und Salzgewässern, seltener in feuchtem Boden lebende Nematoden; eine Spezies kommt im Meere vor.

Typusart: *Monhystrella plectoides* COBB, 1918.

Bestimmungsschlüssel der Arten

1 Seitenorgan sehr weit hinten, 4—5 Kopfbreiten vom Vorderende entfernt . . 2

— Seitenorgan nicht so weit hinten, 2—3 Kopfbreiten vom Vorderende entfernt 3

2 Seitenorgan verhältnismäßig groß, nahezu 1/3 der entsprechenden Körperbreite; Kopf schmal, nicht abgesetzt, Borsten nur etwa 1/5 der Lippenbreite. — Ösophagus fast in der ganzen Länge zylindrisch. Ei 30 µm lang, mehr als 2,5mal so lang wie breit. Schwanz von 15 Analbreiten, 2mal länger als der Abstand Vulva-Anus.
♀: L = 0,36 mm; a = 29; b = 5,6; c = 2,9; V = 47%. ♂ unbekannt.
Island, in Brackwasser. — *Monhystera paraelegantula* DE CONINCK, 1943. . . . . *paraelegantula* (DE CONINCK, 1943) ANDRÁSSY, 1981

— Seitenorgan sehr klein, nur 1/6—1/7 der entsprechenden Körperbreite; Kopf kappenartig erweitert, deutlich breiter als der Halsabschnitt, Borsten beinahe 1/2 der Lippenbreite. — Ösophagus proximal schwach angeschwollen. Ei 40 µm lang, 4mal so lang wie breit. Schwanz etwa 20 Analbreiten lang, fast das Doppelte des Abstands Vulva-Anus.
♀: L = 0,35—0,42 mm; a = 31—34; b = 6,3—6,5; c = 2,5—2,9; V = 42 bis 44%. ♂ unbekannt.
Indien; in stehendem Wasser. — *Monhystera stewarti* KHERA, 1970. . . . . *stewarti* (KHERA, 1970) ANDRÁSSY, 1981

3 Kopfborsten nahezu halb so lang wie die Lippenbreite. 4

— Kopfborsten nur 1/4 der Lippenbreite oder noch kürzer. 6

4 Seitenorgan 1/3 der korrespondierenden Körperbreite; Schwanz mehr als doppelt so lang wie die Strecke Vulva-Anus. — Kopf schmal, etwa 5 µm breit. Mundhöhle so lang wie die Körperbreite in Höhe des Seitenorgans. Ösophagus proximal schwach bulbusartig erweitert, mit cuticularisiertem Lumen. Ein kurzer postvulvarer Uterusast vorhanden. Schwanz 20 Analbreiten lang, fein verdünnt. Ei 36—45 µm lang, 4mal länger als breit.

♀: L = 0,37—0,47 mm; a = 27—37; b = 5,3—6,4; c = 2,2—2,6; V = 40 bis 44%. ♂ unbekannt.
Italien, Tschechoslowakei; in Thermalgewässern. — *Monhystera thermophila* MEYL, 1953. . . . . *thermophila* (MEYL, 1953) ANDRÁSSY, 1981

— Seitenorgan 1/5—1/6 der korrespondierenden Körperbreite; Schwanz nur anderthalbmal so lang wie die Strecke Vulva-Anus oder kürzer 5

5 Schwanz 1,5mal länger als der Abstand Vulva-Anus; Körper schlank (a um 40). — Kopf 6—7 µm breit. Mundhöhle 7 µm lang, etwa 2/3 so lang wie die Körperbreite in Höhe des Seitenorgans. Hinterende des Ösophagus bulbusartig. Ei 24—28 µm lang, 3,5—4mal länger als breit; Schwanz etwa 12 Analbreiten lang.
♀: L = 0,38—0,44 mm; a = 37—42; b = 5,4—5,7; c = 3,5—4,0; V = 52 bis 54%. ♂ unbekannt.
Indien; aquatil. . . . . *gracilis* KHERA, 1966

— Schwanz nur etwa so lang wie der Abstand Vulva-Anus; Körper plumper (a bis 30). — Kopf 7—8 µm breit. Mundhöhle 12—14 µm lang, relativ geräumig, so lang wie die Körperbreite in Höhe des Seitenorgans. Ösophagus hinten verdickt. Ei 40—45 µm lang, 2,5mal länger als breit. Schwanz etwa 10 Analbreiten lang.
♀: L = 0,4—0,5 mm; a = 24—30; b = 5,3—5,6; c = 4,0—4,3; V = 47 bis 50%. ♂ unbekannt.
Indien; in stehendem Wasser. — *Monhystera longistoma* KHERA, 1970. . . . . *longistoma* (KHERA, 1970) ANDRÁSSY, 1981

6 Kopf deutlich kappenartig abgesetzt; Seitenorgan fast 1/3 der einschlägigen Halsbreite. 7

— Kopf nicht oder nur undeutlich abgesetzt; Seitenorgan 1/4 der einschlägigen Halsbreite oder kleiner 8

7 Größere Art (0,6—0,7 mm), mit sehr langem Schwanz; Ei recht groß, nahezu 40 µm lang, mehr als 3mal so lang wie breit; Vorderende stark verschmälert, Körper am hinteren Ösophagusende 3—3,5mal breiter als der Kopf. — Seitenorgan 2—2,5 Lippenbreiten hinter dem Kopfrand. Ösophagusende bulbusartig erweitert. Spicula von 1,5 Analbreiten, schlank; Gubernaculum mit Caudalfortsatz. Schwanz 16—20 Analbreiten lang, sehr fein ausgezogen, fast immer rechtwinkelig dorsal gebogen.
♀: L = 0,56—0,70 mm; a = 30—45; b = 5—6; c = 2,5—3,3; V = 46 bis 49%. ♂: L = 0,7 mm; a = 45; b = 5—6; c = 2,5—3,0.
Holland, Belgien, DDR, Schweiz, Ungarn, Tschechoslowakei, Frankreich, Sowjetunion (Rußland, Litauen, Tadshikistan, Usbekistan), Tunesien, Kanada; terrikol und aquatil. — *Monhystera macrura* DE MAN, 1880; *Monhystera vulgaris macrura* DE MAN, 1880. . . . *macrura* (DE MAN, 1880) ANDRÁSSY, 1981

— Kleinre Art (0,3—0,5 mm); mit relativ kürzerem Schwanz: Ei 21—35 µm lang, 2,5—3mal so lang wie breit; Vorderende langsam verschmälert, Körper am Proximalende des Ösophagus 2mal breiter als der Kopf. — Kopfborsten 1 µm lang. Seitenorgan 2—2,5 Lippenbreiten hinter dem Vorderende. Ösophagus hinten bulbusartig. Spicula 17—22 µm lang, von 2 Analbreiten; Gubernaculum mit Caudalfortsatz. Schwanz 10—14 Analbreiten lang, nahezu so lang

wie der Abstand Vulva-Anus, nicht so fein verdünnt wie bei der vorigen Art, gerade. Endröhrchen 2—10 µm lang.
♀: L = 0,30—0,47 mm; a = 25—35; b = 5,0—5,6; c = 3,0—3,9; V = 47 bis 52%. ♂: L = 0,45—0,50 mm; a = 28—35; b = 4,8—5,3; c = 5,3—6,3.
Ungarn, Italien (Ischia), Mongolei, Mauretanien, Rio de Oro (West-Sahara); aquatil, oft in Thermalquellen. — *Monhystera paramacrura* MEYL, 1953. . .
. . . . *paramacrura* (MEYL, 1953) ANDRÁSSY, 1968

8 Mittelpunkt des Seitenorgans 1,8—2 Kopfbreiten vom Vorderende entfernt. 9

— Mittelpunkt des Seitenorgans merklich weiter hinten als 2 Kopfbreiten vom Vorderende entfernt. 11

9 Schwanz 16—20 Analbreiten lang. — Kopf 6 µm breit, Körper am Hinterende des Ösophagus 1,8mal breiter als der Kopf. Ei 2mal so lang wie breit. Schwanz 1,7mal länger als der Abstand Vulva-Anus, gleichmäßig verschmälert.
♀: L = 0,43 mm; a = 32; b = 5,9; c = 2,8; V = 44%. ♂ unbekannt.
Frankreich, USA (Washington, Missouri), Venezuela; aquatil. — *Monhystera (Monhystrella) plectoides* (COBB, 1918) STEINER, 1920; *Terschellingia (Monhystrella) plectoides* (COBB, 1918) MICOLETZKY, 1922; wahrscheinlich auch *Monhystera filiformis fukiensis* HOEPPLI & CHU, 1932 aus China. . . . . .
. . . . *plectoides* COBB, 1918

— Schwanz 9—10 Analbreiten lang[12] 10

10 Kopf schwach abgesetzt; Schwanzröhrchen 7—10 µm lang. — Kopf 7 µm breit. Seitenorgan 1/5 der korrespondierenden Körperbreite. Ösophagus zu einem doppelten „Bulbus" erweitert. Mundhöhle 7—9 µm lang. Schwanz leicht ventral gebogen.
♀: L = 0,43—0,57 mm; a = 23—33; b = 6,0—6,2; c = 3,3—4,0; V = 48 bis 52%. ♂ unbekannt.
Iran; Salzwasser. — *Monhystrella marina iranica* SCHIEMER, 1965. . . . .
. . . . *iranica* SCHIEMER, 1965[13]

— Kopf nicht abgesetzt; Schwanzröhrchen 5—6 µm lang. — Körper am Ende des Ösophagus 2,6—2,8mal breiter als der Kopf. Seitenorgan 1/5 der korrespondierenden Körperbreite. Ei 28—33 µm lang, 1,8—2mal länger als breit. Schwanz etwas länger als die Strecke Vulva-Anus.
♀: L = 0,53—0,58 mm; a = 24—27; b = 5,3—6,0; c = 3,7—4,2; V = 50 bis 53%. ♂ unbekannt.
Argentinien und Ghana; aquatil. — *Monhystera lepidura* ANDRÁSSY, 1963.
. . . . *lepidura* (ANDRÁSSY, 1963) ANDRÁSSY, 1968

11 Schwanzendröhrchen äußerst lang, 10—13 µm, scharf zugespitzt. — Kopf 4 µm breit, Körper am Proximalende des Ösophagus 2,4—2,6mal breiter als der Kopf. Kopfborsten 1/4 der Lippenbreite. Mundhöhle 7 µm lang (1,7 Kopfbreiten). Ösophagus hinten mit birnenförmiger doppelter Anschwellung. Schwanz 15—23 Analbreiten lang, 1,8—2,3mal länger als der Abstand Vulva-Anus. Ei 30—35 µm lang.

[12] Hierher gehört auch *Monhystrella mysoriensis* MOORTHY, 1938 aus dem Magen eines Süßwasserfisches aus Indien isoliert. Leider ist die Länge des Schwanzröhrchens nicht bekannt.

[13] Möglicherweise mit *Monhystrella lepidura* identisch.

♀: L = 0,35–0,44 mm; a = 26–36; b = 5,0–5,5; c = 2,5–4,0; V = 42 bis 50%. ♂ unbekannt.
Schweiz, Paraguay; aquatil. — *Monhystrella altherri* JUGET, 1969. . . . . *hastata* ANDRÁSSY, 1968

— Schwanzendröhrchen kürzer, abgerundet. — Seitenorgan 2,5–3mal so weit hinter dem Vorderende wie eine Kopfbreite. Ösophagus nach hinten allmählich erweitert. Spicula 10–11 µm lang.
♀: L = 0,36–0,46 mm; a = 37–38; b = 5,5–5,7; c = 3,2–3,7; V = 48 bis 51%. ♂: L = 0,47 mm; a = 37; b = 5,4; c = 3,2.
DDR; in salzhaltigen Biotopen. — *Monhystera filiformis salina* MEYL, 1954; *Monhystera salina* MEYL, 1954; vielleicht auch *Monhystera spiralis* WU & HOEPPLI, 1929. . . . . *salina* (MEYL, 1954) ANDRÁSSY, 1980

Bemerkung: Außer den oben besprochenen Arten gibt es noch zwei marine Spezies: *Monhystrella marina* TIMM, 1964 und *Monhystrella inaequispiculum* LORENZEN, 1979. Die letztgenannte Art gehört aller Wahrscheinlichkeit nach in eine andere (eventuell neue) Gattung, da sie einen auffallend asymmetrischen Spicularapparat und ein kurzes Schwanzendröhrchen aufweist.

Die genaue Zugehörigkeit der folgenden zwei Arten ist ungewiß:
Monhystrella bulbifera (DE MAN, 1880) SCHNEIDER, 1939 — Syn. *Monhystera bulbifera* DE MAN, 1880; *Monhystera* (*Monhystrella*) *bulbifera* DE MAN, 1880 (STEINER, 1920); *Terschellingia* (*Monhystrella*) *bulbifera* (DE MAN, 1880) MICOLETZKY, 1922 — aus Holland, BRD, Schweiz, Irland, Sowjetunion (Rußland, Grusien, Kirgisien, Usbekistan);
Monhystrella godeti (STEINER, 1920) TIMM, 1964 — Syn. *Monhystera* (*Monhystrella*) *godeti* STEINER, 1920; *Terschellingia* (*Monhystrella*) *godeti* (STEINER, 1920) MICOLETZKY, 1922 — aus Peru.

6. Genus: ***Sinanema*** ANDRÁSSY, 1960

Monhysteridae: Kleine Tiere, um 0,5 mm. Cuticula glatt. Kopfborsten 10. Seitenorgan klein, rundlich. Mundhöhle trichterförmig, vor der Mitte mit kleinen Zähnen. Ösophagus hinten bulbusartig angeschwollen und mit 3 Cardialdrüsen verbunden. Weibliche Gonade relativ lang, Ovar umgeschlagen. Schwanz lang, am Ende leicht keulig. Terminalröhrchen kurz. Männchen unbekannt.
Die taxonomische Zugehörigkeit der Gattung *Sinanema* ist ziemlich ungewiß. Im allgemeinen Körperbau und in der Organisation scheint sie mit den Vertretern der Familie *Monhysteridae* verwandt zu sein, im Bau des zurückgeschlagenen Geschlechtsorgans weicht sie jedoch von ihnen ab. Die einzige Art wurde aus Thermalwasser beschrieben.
Typusart: *Monhystrella ginlingensis* HOEPPLI & CHU, 1932 = *Sinanema ginlingense* (HOEPPLI & CHU, 1932) ANDRÁSSY, 1960.

— Cuticula dünn, mit einigen feinen Borsten. Kopf breit abgerundet, mit 10 Borsten, die etwa 1/3 so lang wie die Kopfbreite sind. Mundhöhle länglich-trichterförmig, im Vorderabschnitt mit einem sehr kleinen Dorsalzahn und zwei ebenso kleinen Subventralzähnchen. Seitenorgan kreisrund, am Proximalende der Mundhöhle, etwa eine Kopfbreite hinter dem Vorderende. Hinterer Uterusast

fehlt. Schwanz filiform, 10—12 Analbreiten lang, zweimal länger als der Abstand Vulva-Anus, am Ende leicht angeschwollen. Terminalröhrchen kurz. ♀: L = 0,4—0,6 mm; a = 25—38; b = 5,3—6,6; c = 2,2—4,2; Vulva etwas hinter der Körpermitte. ♂: unbekannt.
China und Taiwan; in Thermalgewässern. — *Monhystrella ginlingensis* HOEPPLI & CHU, 1932. . . *ginlingense* (HOEPPLI & CHU, 1932) ANDRÁSSY, 1960

b) Superfamilia: **Sphaerolaimoidea** FILIPJEV, 1918

Monhysterida: Cuticula geringelt. Meist 10 (6 + 4) Kopfborsten. Mundhöhle kurz aber geräumig, tonnenförmig; Vestibulum längsgerippt.
Überwiegend Meeresbewohner, die limikolen Arten gehören in die folgende Familie.

1. Familia: **Sphaerolaimidae** FILIPJEV, 1918

Sphaerolaimidae, mit den Merkmalen der Überfamilie. Die 5 Gattungen (4 rein marin) gehören alle zur Unterfamilie *Sphaerolaiminae* FILIPJEV, 1918.

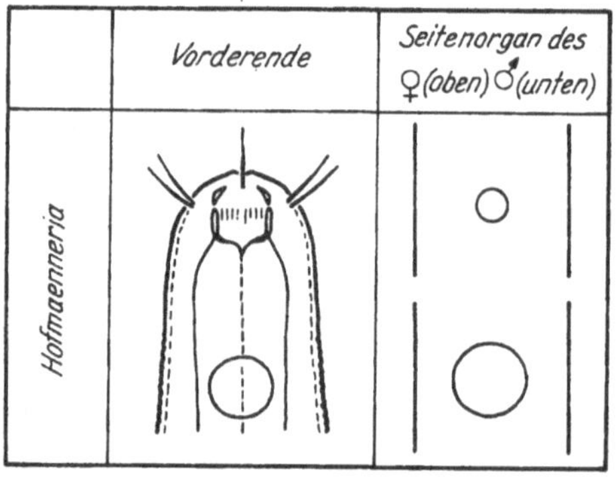

Abb 13 Familie *Sphaerolaimidae*: *Hofmaenneria*

1. Genus: ***Hofmaenneria*** SCHNEIDER, 1940

Sphaerolaimidae. Körperlänge zwischen 0,4 und 1,2 mm. Cuticula fein quergeringelt. Kopf nicht abgesetzt, mit 10 (14 ?) feinen Borsten. Seitenorgan mit Geschlechtsdimorphismus: beim ♂ viel größer als beim ♀, weit hinter der Mundhöhle, rundlich. Mundhöhle höchstens so lang wie die Lippenbreite, weit, mit cuticularisierten Wänden. Hinter der eigentlichen Mundhöhle befinden sich im Ösophaguslumen einige sehr feine Zahngebilde. Ösophagus zylindrisch bzw. nach hinten allmählich verbreitert. Cardialdrüsen kugelig. Weibliche Gonade unpaarig und gestreckt. Spicula dünn, Gubernaculum klein. Präanalorgane nicht vorhanden. Schwanz lang, ohne Ausfuhrröhrchen, sondern mit Terminalporus.
Limnische oder brackige Arten.
Typusart: *Cylindrolaimus brachystoma* HOFMÄNNER in HOFMÄNNER & MENZEL, 1914 = *Hofmaenneria brachystoma* (HOFMÄNNER in HOFMÄNNER & MENZEL, 1914) SCHNEIDER, 1940.

Bestimmungsschlüssel der Arten

1 Schwanz 15 Analbreiten lang, am Ende kegelartig zugespitzt. — Cuticula ohne sichtbare Ringelung. Kopfborsten 1/2 der Lippenbreite oder etwas länger. Mundhöhle länger als breit. Seitenorgan 2 Kopfbreiten hinter dem Vorderende, etwa 1/3 der entsprechenden Halsbreite. Schwanz nur am Ende ventral gebogen.
♀: L = 0,37—0,46 mm; a = 46—55; b = 4,2—4,4; c = 4,0—4,6; V = 59 bis 60%. ♂ unbekannt.
Kanada, arktische Region; in Boden. . . . . . . *hazanensis* MULVEY, 1969

— Schwanz 7—10 Analbreiten lang, am Ende etwas angeschwollen und abgerundet. 2

2 Mundhöhle 11—12 μm lang, etwa so lang wie die Kopfbreite, merklich länger als breit; Kopfborsten beim ♀ 1/3 der Lippenbreite. — Cuticula fein geringelt. Seitenorgan beim ♀ 1/4—1/5, beim ♂ 1/3 der entsprechenden Körperbreite, 1,5 bis 2 Kopfbreiten hinter dem Vorderende. Ei 40 μm lang. Spicula 40 μm lang, 2,5—3 Analbreiten. Cuticula an der Präanalgegend des ♂ papillenartig gerunzelt. Schwanz 7—8 Analbreiten lang.
♀: L = 0,45—0,90 mm; a = 30—40; b = 4,3—7,8; c = 5,8—7,5; V = 60 bis 67%. ♂: L = 0,5—0,7 mm; a = 37—41; b = 5; c = 5—6.
Schweiz, BRD, Österreich, Jugoslawien, Dänemark, Schweden, Sowjetunion; insbesondere in Seen. *Cylindrolaimus brachystoma* HOFMÄNNER in HOFMÄNNER & MENZEL, 1914; *Desmolaimus brachystoma* (HOFMÄNNER in HOFMÄNNER & MENZEL, 1914) MICOLETZKY, 1915; *Desmolaimus thienemanni* MICOLETZKY, 1922. . . . .
. . *brachystoma* (HOFMÄNNER in HOFMÄNNER & MENZEL, 1914) SCHNEIDER, 1940

— Mundhöhle 6—8 μm lang, deutlich kürzer als die Kopfbreite und merklich breiter als lang; Kopfborsten nahezu so lang (10 μm) wie die Lippenbreite. — Cuticula breit und flach geringelt, Körperborsten bis 10 μm lang. Seitenorgan 1,5—2 Kopfbreiten hinter dem Vorderende, beim ♀ 1/5—1/6, beim ♂ 1/2 der korrespondierenden Halsbreite. Cardialdrüsen 20 μm groß. Ei 75 μm lang. Spicula 35—36 μm, 1,7mal so lang wie die anale Körperbreite. Gubernaculum sehr klein. Cuticula beim ♂ präanal gerunzelt. Schwanz von 9—10 Analdurchmessern. Leibeshöhle stellenweise mit feinen Kristallen gefüllt.
♀: L = 1,0—1,2 mm; a = 35—41; b = 5,3—6,0; c = 4,8—6,1; V = 61 bis 64%. ♂: L = 1,1—1,2 mm; a = 44—51; b = 5,2—5,5; c = 5,8—6,3.
DDR, BRD, Jugoslawien, Sowjetunion; in Grund- und Brackwasser. — *Cylindrolaimus niddensis* SKWARRA, 1921. . . . .
. . . . *niddensis* (SKWARRA, 1921) SCHNEIDER, 1940

II. Ordo: **Desmoscolecida** SCHUURMANS STEKHOVEN, 1950

Torquentia. Kleine und auffallend plumpe Tiere. Cuticula sehr markant geringelt, segmentartig, meist mit kräftigen Borsten oder Papillen; die Ringelung aus breiteren Haupt- und schmäleren Nebenringen zusammengesetzt. Kopf oft angeschwollen, mit 4 kräftigen Borsten. Seitenorgan blasenartig aufgetrieben, rundlich oder oval. Eine Mundhöhle fehlt. Ösophagus kurz und zylindrisch. Gonaden paarig, umgeschlagen; Vulva schwer erkennbar. Spicula einfach. Keine präanalen Geschlechtspapillen.

Diese seltsamen kleinen Nematoden leben vorwiegend im Meer, doch einige Reliktenarten kommen auch im Süßwasser und Erdboden vor. Die landbewohnenden Arten gehören zur Unterordnung *Desmoscolecina* SCHUURMANS STEKHOVEN, 1950, Überfamilie *Desmoscolecoidea* SCHEPOTIEFF, 1907 bzw. Familie *Desmoscolecidae* SCHEPOTIEFF, 1907.

1. Familia: **Desmoscolecidae** SCHEPOTIEFF, 1907

Desmoscolecida; mit den Kennzeichnungsmerkmalen der Ordnung. Die nichtmarinen Arten gehören in 2 der 12 bekannten Gattungen, und zwar in die Unterfamilie *Desmoscolecinae* SCHEPOTIEFF, 1907.

Bestimmungsschlüssel der nichtmarinen Gattungen

1 Cuticula mit rauhen, unregelmäßig dicht aneinander liegenden papillenartigen Auswüchsen; Ringelzahl über 40. . . . . . 2. *Pareudesmoscolex* (S. 69)
— Cuticula ohne Auswüchse; Ringelzahl unter 30. . . . . . . 1. *Desmoscolex* (S. 68)

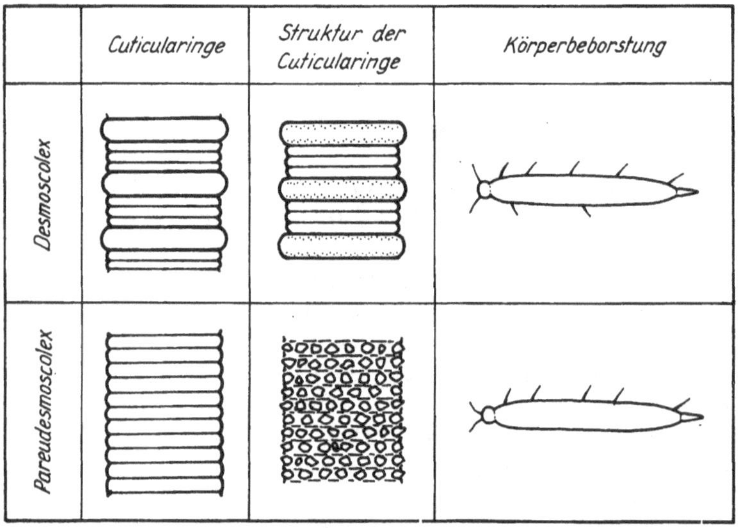

Abb. 14—15 Familie *Desmoscolecidae*: *Desmoscolex* und *Pareudesmoscolex*

1. Genus: ***Desmoscolex*** CLAPARÈDE, 1863

Syn. *Eudesmoscolex* STEINER, 1916; *Prodesmoscolex* STAUFFER, 1924; *Heterodesmoscolex* STAMMER, 1935; *Eutricoma* ALLGÉN, 1939.
Desmoscolecidae. Sehr kleine Nematoden, um 1/4 mm. Zahl der Körperringe gering, bei den nichtmarinen Formen weniger als 30. Die Ringelung besteht aus breiteren, mit Detritus oder Sandkörperchen inkrustierten Hauptringen und den zwischen ihnen liegenden Nebenringen (je 2—3). Terminalring wesentlich länger als die übrigen, zapfenartig, am Ende mit feinem Röhrchen. Cuticulaborsten kräftig, paarig angeordnet und dorsal stets in größerer Zahl vorhanden als ventral. Spicula dünn, Gubernaculum sehr schwach entwickelt.
Neben den zahlreichen marinen Spezies gibt es auch 4 nichtmarine Reliktenarten.
Typusart: *Desmoscolex minutus* CLAPARÈDE, 1863 (marin).

Bestimmungsschlüssel der nichtmarinen Arten

1 Zahl der Hauptringe des ♀ größer als 20. 2
– Zahl der Hauptringe des ♀ kleiner als 20. 3
2 27 Hauptringe; Subdorsal 5, subventral 2 Borstenpaare. – Subdorsalborsten am 1., 4., 8., (9.), 16. und 26., Subventralborsten am 2. und 14. Ring. Terminalring unbeborstet. Kopfborsten 10–12 µm, Körperborsten 8–12 µm lang; letztes Paar Subdorsalborsten 15–20 µm lang. Spicula 17 µm lang, schwach gebogen. Zahl der Postanalringe 5.
♀: L = 0,15–0,20 mm; a = 6,1–8,3; c = 4,6–5,6; V = 58% (?). ♂: L = = 0,2 mm; a = 6,5; c = 3,3.
BRD, Österreich, Frankreich; Weinbergerde aus 30–80 cm Tiefe. . . . . *vinealis* WEISCHER, 1962
– 22 (♀) bzw. 18 (♂) Hauptringe; Subdorsal 9, Subventral 1 (♀) bzw. 8 (♂) Borstenpaare. – Subdorsalborsten am 1., 3., 5., 7., 9., 11., 14., 18. und 22. (♀) bzw. am 1., 3., 5., 7., 9., 11., 13., 16., und 18. Ring (♂); Subventralborsten am 2. (♀) bzw. am 2., 4., 6., 8., 10., 12., 14 und 15. Ring (♂). Terminalring bei beiden Geschlechtern beborstet, 50–56 µm lang. Subdorsalborsten 17–20 µm, letzte Subdorsalborsten 23–30 µm lang. Zahl der Postanalringe 5 (♀) bzw. 3 (♂).
♀: L = 0,26–0,27 mm; a = 5,0–5,1; c = 3,0–3,8; V = ? ♂: L = 0,20 bis bis 0,24 mm; a = 4,7–5,2; c = 2,9–4,0.
Jugoslawien; Tropfwassertümpel aus einer Höhle. . . . . *aquaedulcis* STAMMER, 1935
3 Kopfborsten aus zwei deutlichen Gliedern bestehend, 9–12 µm lang. – 18 bis 19 Hauptringe. Subodrsal 8, subventral 1 Borstenpaare. Subdorsalborsten am 1., 3., 5., 7., 9., 10., 14. und 18., Subventralborsten am 2. Ring. Terminalring beborstet, 32–39 µm lang. Subdorsalborsten 9–18 µm lang (die letzten von ihnen 18–21 µm); Subventralborsten 8–9 µm lang. Seitenorgan oval, 9–10 µm breit. Hinteres Ovar stärker entwickelt als das vordere. Zahl der Postanalringe 3.
♀: L = 0,18–0,27 mm; a = 4,8–7,6; c = 2,9–4,1; V = 46–48%. ♂ unbekannt.
Schweiz: Genfer See, in 50–75 m Tiefe. . . . . *dussarti* JUGET, 1969
– Kopfborsten nicht gegliedert, 17–21 µm lang. – 18 Hauptringe. Subdorsal 8, subventral 3 Borstenpaare (bzw. geneauer: Subdorsalborsten des 5. und 7. Ringes unpaarig). Subdorsalborsten am 1., 3., 5., 7., 9., 13., 16. und 18. Ring, Subventralborsten am 2., 6. und 15. Ring. Terminalring beborstet, 25 bis 43 µm lang. Subdorsalborsten 15–22 µm (die letzten von ihnen 24–33 µm), Subventralborsten 9–12 µm lang. Seitenorgan oval, 11–12 µm breit. Zahl der Postanalringe 3.
♀: L = 0,18–0,25 mm; a = 4,3–6,0; c = 2,8–4,1; V = 46–50%. ♂ unbekannt.
Schweiz: Genfer See, aus 60 m Tiefe. . . . . *lemani* JUGET, 1969

2. Genus: ***Pareudesmoscolex*** WEISCHER, 1962

Desmoscolecidae. Sehr kleine Tierchen, nur bis 1/4 mm. Zahl der Körperringe mehr als 40 (bis 100). Ringelung homogen, Haupt- und Nebenringe lassen sich nicht unter-

scheiden. Ringe dicht mit unregelmäßig angeordneten kleinen Warzen bzw. Papillen bedeckt. Borstenpaare nur an der Dorsalseite vorhanden. Terminalring wesentlich länger als die übrigen, nicht beborstet. Männchen unbekannt.
Marine, limikole und terrikole Arten.
Typusart: *Eudesmoscolex papillosus* SCHULZ, 1935 = *Pareudesmoscolex papillosus* SCHULZ, 1935) WEISCHER, 1962 (marin).

Bestimmungsschlüssel der binnenländischen Arten

1 95–100 Cuticularinge; Kopfborsten deutlich gegliedert, 8–12 µm lang. — Seitenorgan schmaloval, 8–9 µm breit. 8 Paar Subdorsalborsten; 7–13 µm (die hintersten 14–16 µm) lang. Die ersten 7 Borsten 26–38 µm, die beiden hinteren Borsten 80–87 µm voneinander entfernt. Kopf vorn abgerundet.
♀: L = 0,25–0,28 mm; a = 7–8. ♂ unbekannt.
Schweiz: Genfer See, in 60 m Tiefe. . . . . *lacustris* JUGET, 1969

— 44–46 Cuticularinge; Kopfborsten nicht gegliedert, 10–12 µm lang. — Seitenorgan rundlich. 5 Paar Subdorsalborsten am 5., 10., 18. (20.), 31. und 43. Ring; 8–12 µm bzw. die hintersten 17–18 µm lang. Kopf vorn buckelig.
♀: L = 0,14–0,15 mm; a = 5,9–7,3. ♂ unbekannt.
BRD; in Weinbergerde, aus 30–50 cm Tiefe . . . . *verrucosus* WEISCHER, 1962

III. Ordo: **Araeolaimida** DE CONINCK & SCHUURMANS STEKHOVEN, 1933

Torquentia. Kopfborsten 4. Seitenorgan einfach spiralig, offen-spiralig oder hakenförmig. Cuticula einfach geringelt, Submedialborsten fein, schütter. Mundhöhle schmal, im ganzen rohrförmig bzw. vorn etwas erweitert, nur selten mit Zahngebilden bewaffnet. Ösophagus meist mit echtem Terminalbulbus oder bulbusartiger Anschwellung. Cardia muskulös. Gonaden zumeist paarig. Ovarien umgeschlagen. Präanalorgane des Männchens im allgemeinen rohrförmig, cuticularisiert, nur selten papillenartig.
Obwohl der überwiegende Teil der Arten im Meere lebt, finden sich in größerer Zahl auch Süßwasser- und Bodenbewohner unter ihnen. Sämtliche binnenländische Formen gehören in die Unterordnung *Araeolaimina* DE CONINCK & SCHUURMANS STEKHOVEN, 1933.

Bestimmungsschlüssel der Überfamilien

1 Ösophagusbulbus mit gut entwickeltem Valvularapparat (echter Bulbus). . . . . d) *Plectoidea* (S. 90)
— Ösophagusbulbus ohne Valvularapparat (Scheinbulbus), oder Bulbus fehlend 2
2 Präanalorgane des ♂ cuticularisiert, ohr- oder ringförmig; im letzteren Falle reicht ihre Serie ganz bis an den Ösophagus . . . . . a) *Leptolaimoidea* (S. 71)
— Präanalorgane des ♂ papillenartig oder fehlend. 3
3 Mundhöhle vorn mit 3 Zähnen; Proximalende des Ösophagus bulbusartig angeschwollen, muskulös. . . . . c) *Haliplectoidea* (S. 87)
— Mundhöhle ohne Zähne; Proximalende des Ösophagus nicht angeschwollen . . . . b) *Araeolaimoidea* (S. 84)

a) Superfamilia: **Leptolaimoidea** Örley, 1800

Araeolaimida. Seitenorgan mehr oder minder spiralig, zuweilen recht groß. Proximalende des Ösophagus, wenn angeschwollen, ohne Klappenapparat. Gonaden vorwiegend paarig. Präanalorgane meist rohrförmig.
Von den drei Familien weisen zwei binnenländische Arten auf.

Bestimmungsschlüssel der Familien

1 Mundhöhle schmal, rohrförmig; Ösophagus hinten bulbusartig angeschwollen, mit zungenartigem muskulösem Kardialfortsatz. . . . 2. *Leptolaimidae* (S. 78)
— Mundhöhle kurz, prismatisch oder fehlend; Ösophagus hinten nicht bulbusartig, ohne muskulösen Kardialfortsatz. . . . . . 1. *Halaphanolaimidae* (S. 71)

1. Familia: **Halaphanolaimidae** De Coninck & Schuurmans Stekhoven, 1933

Leptolaimoidea. Cuticula geringelt, Ringelung zuweilen sehr stark. Cuticula von Poren großer Subcuticulardrüsen durchbrochen. Mundhöhle klein, kurz-prismatisch, meist schwach cuticularisiert, bisweilen praktisch fehlend. Seitenorgan einfach-spiralig, in manchen Fällen recht groß. Ösophagus hinten mehr oder minder verschmälert. Kardia einfach, klein, vom Ösophagus abgesondert.
Die nichtmarinen Arten leben im Süß-, seltener im Brackwasser, gelegentlich auch in der feuchten Erde. Zwei Unterfamilien.

Bestimmungsschlüssel der Unterfamilien

1 Seitenorgan groß, fast so breit wie die entsprechende Körperbreite, unmittelbar hinter den Kopfborsten. . . . . aa) *Halaphanolaiminae* (S. 71)
— Seitenorgan kleiner, 1/4—1/3 der entsprechenden Körperbreite, beim Hinterende der Mundhöhle. . . . . bb) *Anonchinae* (S. 77)

aa) Subfamilia: *Halaphanolaiminae* De Coninck & Schuurmans Stekhoven, 1933

Halaphanolaimidae. Kopfborsten kürzer oder länger als die Lippenbreite. Seitenorgan groß, nahezu so breit wie der korrespondierende Halsdurchmesser, ganz am Vorderende des Kopfes. Mundhöhle klein, kaum cuticularisiert, oft sehr eng. Subcuticulardrüsen farblos. Weibliche Gonaden paarig.
Meeres- und Süßwasserbewohner, mit 2 binnenländischen Gattungen.

Bestimmungsschlüssel der limnischen Gattungen

1 Seitenorgan von „offener" Kreisform (pseudospiralig), dünn bzw. einfach konturiert; Mundhöhle kurz aber relativ geräumig . . . 2. *Paraphanolaimus* (S. 74)
— Seitenorgan deutlich spiralig, offen oder geschlossen, aber stets stark bzw. doppelt konturiert; Mundhöhle ganz eng oder praktisch fehlend. . . . . 1. *Aphanolaimus* (S. 71)

1. Genus: ***Aphanolaimus*** de Man, 1880

Halaphanolaiminae. Im allgemeinen schlanke Tiere, mit nach vorn stark verschmälertem, 0,5 bis 1,5 mm langem Körper. Cuticula stark geringelt; Ringe breiter als die Cuticuladicke. Kopfborsten kräftig. Seitenorgan groß, zuweilen fast so breit wie der Körper selbst, merklich spiralig (bis multispiralig), mit stark ausgeprägten oder doppelten Konturen. Sie liegen unmittelbar hinter den Kopfborsten, und zwar in Höhe der Mundhöhle. Mundhöhle eng, entweder schwach cuticularisiert und kurzrohrförmig, oder praktisch fehlend. Ösophagus am Proximalende deutlich verschmälert, Mitteldarmbeginn gleichfalls schmal. Subcuticulardrüsen auffällig, farblos. Weibliches Geschlechtsorgan paarig. Spicula kurz. Präanalorgane kräftig, cuticularisiert, rohrartig und ausstülpbar, ihre Zahl 3 bis 13. Schwanz allmählich verschmälert, mit Terminalröhrchen.

Einige der Arten leben im Meer, die meisten sind aber echte Süßwassertiere.

Typusart: *Aphanolaimus attentus* DE MAN, 1880.

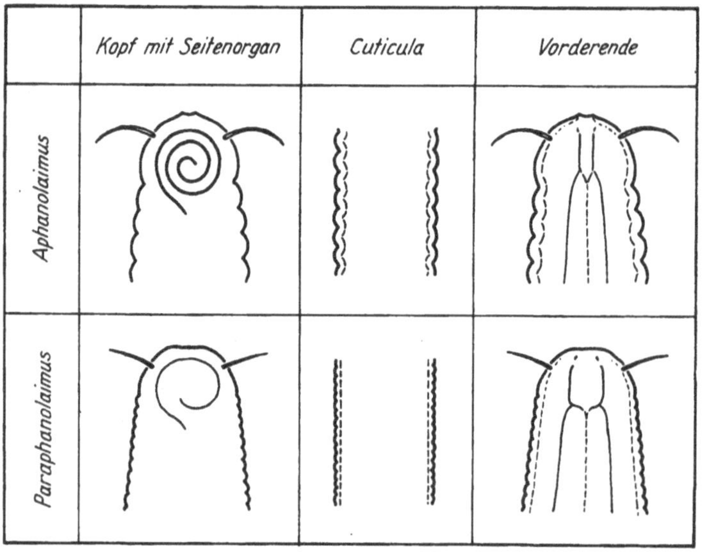

Abb. 16—17 Familie *Halaphanolaimidae*, Unterfamilie *Halaphanolaiminae*: *Aphanolaimus* und *Paraphanolaimus*

Bestimmungsschlüssel der limnischen Arten

1 Zahl der Präanalorgane 12—13. — Kopfborsten 5 µm lang, so lang oder etwas länger als die Lippenbreite. Seitenorgan etwa 4/5 der korrespondierenden Körperbreite. Spicula gerade, 34 µm lang, ein wenig länger als der Analdurchmesser; Gubernaculum klein, schwach kaudal gebogen. Präanale Rohrorgane 8—9 µm lang. Schwanz etwa von 6 Analbreiten (♂); Endröhrchen kurz, so lang wie breit.

♀: L = 1,3 mm; a = 35—36; b = 5; c = 8; V = 50%. ♂: L = 0,9 1,0 mm; a = 32—36; b = 4,5—6,0; c = 7,0—7,8.

Schweden, Finnland, Sowjetunion (Rußland, Estland); USA, Paraguay; stets aquatil. — *Aphanolaimus aquaticus viviparus* PLOTNIKOFF, 1899 (MICOLETZKY, 1922); *Aphanolaimus duodecimpapillatus* KREIS, 1932. . . . .
. . . . *viviparus* PLOTNIKOFF, 1899

— Zahl der Präanalorgane 11 oder weniger. 2

2 Körper klein, bis 0,7 mm. 3

— Körper größer, um 1 mm oder länger 4

3 Schlanke Art (a um 40); Kopfborsten länger als die Kopfbreite, 7—8 µm; Schwanzendröhrchen lang und dünn, mehrfach länger als breit. — 270 bis 280 Cuticularinge; Cuticula 1,8—2,4 µm dick, Ringelbreite 2,4—3 µm, Ringelung sehr auffällig. Seitenmembran sehr schmal und wellig konturiert. Die großen ovalen Subcuticulardrüsen münden durch rundliche Poren ins Freie; ihre Zahl beträgt je 15—17 an den Körperseiten. Seitenorgan 7 µm groß, 3/4 der einschlägigen Halsbreite, mehrfach-spiralig. Mundhöhle 5 µm lang, schmal-prismatisch. Enddarm von 2 Analbreiten. Spicula fast gerade, 17—19 µm lang; Gubernaculum sehr klein. 5 Präanalorgane; 8—9 µm lang. Schwanz mit 44 bis 48 Cuticularingen. Abstand Vulva-Anus 1,2mal so lang wie der Schwanz. 4 Paar Geschlechtsborsten am männlichen Hinterkörper.
♀: L = 0,73 mm; a = 41; b = 5,4; c = 7,7; V = 48%. ♂: L = 0,67—0,74 mm; a = 38—44; b = 5,0—5,2; c = 7,8—8,8.
Ungarn, Italien, Paraguay, Neuseeland; am Bachufer. . . . . *solitudinis* ANDRÁSSY, 1968

— Plumpere Art (a unter 30); Kopfborsten deutlich kürzer als die Kopfbreite; Schwanzendröhrchen kurz und gedrungen. — Cuticularingelung auffällig, 2,2 bis 2,7 µm breit. Kopfborsten 5 µm lang. Seitenorgan doppelt konturiert, 4 µm lang, etwa 1/2 der entsprechenden Kopfbreite. Die Mundhöhle fehlt. Spicula 17 µm lang, schwach gebogen, kaum etwas länger als die Analbreite. Gubernaculum sehr dünn. 3—4 Präanalorgane, 18—20 µm voneinander entfernt. 4 Paar Geschlechtsborsten am Hinterende des ♂. Schwanz 8—9 Analbreiten lang.
♀: L = 0,6—0,7 mm; a = 20—28; b = 4—6; c = 6—8; V = 45—54%. ♂: L = 0,5—0,7 mm; a = 24—28; b = 4,5—5,8; c = 6,0—7,3.
Holland, DDR, BRD, Schweiz, Österreich, Tschechoslowakei, Rumänien, Polen, Dänemark, Großbritannien, Sowjetunion (Rußland), Surinam, Neuguinea, Neue Hebriden; aquatil. — *Aphanolaimus brachyurus* DADAY, 1899; wahrscheinlich auch *Paraphanolaimus longisetosus* ALTHERR, 1960; *Aphanolaimus longisetosus* (ALTHERR, 1960) ANDRÁSSY, 1968. . . . *attentus* DE MAN, 1880

4 Kopfborsten deutlich (bis 2mal) länger als der Kopfdurchmesser 5

— Kopfborsten merklich kürzer als der Kopfdurchmesser 7

5 Vivipare Art. — Cuticula mit etwa 700 Querringen. Seitenorgan 2/3 der entsprechenden Körperbreite. Mundhöhle ganz klein. Schwanz 8—9 Analbreiten lang. Zahl der Präanalorgane 5—8.
♀: L = 1,2 mm; a = 33; b = 3,8; c = 7,7; V = 48%. ♂ ohne Körperausmaße beschrieben.
USA (Michigan); aquatil. — *Aphanolaimus viviparus* COBB in COBB, 1915, nec PLOTNIKOFF, 1899. . . . . *cobbi* MICOLETZKY, 1922

— Ovipare Arten. 6

6 Zahl der Präanalorgane 7—11. — Cuticularinge 1,5—2 µm breit. Seitenorgan beinahe 3/4 der korrespondierenden Körperbreite. Mundhöhle fehlt praktisch. Spicula schwach gebogen, 25—30 µm lang. Schwanzendröhrchen etwa doppelt so lang wie breit.

♀: L = 0,9 -1,4 mm; a = 30—46; b = 4,5—5,5; c = 7—10; V = 49—52%.
♂: L = 0,8—1,2 mm; a = 50—55; b = 4,5—5,5; c = 7—10.
Holland, BRD, Schweiz, Österreich, Ungarn, Tschechoslowakei, Rumänien, Jugoslawien, Spanien, Frankreich, Italien, Polen, Dänemark, Schweden, Sowjetunion (Rußland), Zaire, USA, Mexiko, Guatemala, Paraguay. Die häufigste Art der Gattung, meist in größeren Gewässern, doch auch im feuchten Boden. . . . . *aquaticus* DADAY, 1894

— Zahl der Präanalorgane 4—6. — Cuticula mit 64 feinen Längsstreifen; Ringe 2,5—3,5 µm breit. Zahl der Cuticularinge bis 370. Kopfborsten 10—11 µm lang, fein zweispitzig. Seitenorgan 6—8 µm wide. Seitenfeld ganz schmal. Ei 50 bis 60 × 20—30 µm groß. Spicula 22—28 µm lang, bogenförmig. Schwanz 5,5—7 Analbreiten lang.
♀: L = 0,82—1,08 mm; a = 25—35; b = 5,5—6,5; c = 7,5—9,0; V = 49 bis 52%. ♂: L = 0,77—0,98 mm; a = **33**—41; b = 5—7; c = 7—9.
Ostafrika (Ruwenzori); in Wassermoosen . . *louisae* COOMANS & DE WAELE, 1979

7 Spicula bogenförmig; Seitenorgan offen-spiralig, etwa 3/4 der entsprechenden Körperbreite. — Kopfborsten fehlen (?). Keine deutliche Mundhöhle. 7 präanale Rohrorgane. Spicula von 1,5 Analbreiten. Schwanz 6—8 Analbreiten lang, beim letzten Drittel stärker verschmälert. Terminalröhrchen kurz. Vivipar.
♀: L = 1,5 mm; a = 32; b = 5; c = 8,3; V = 50%. ♂: L = 1,5 mm; a = 45; b = 7,1; c = 5,5.
USA (Maryland); aquatil. . . . . *spiriferus* COBB, 1914

— Spicula gerade; Seitenorgan geschlossen-spiralig, mehr als 3/4 der entsprechenden Körperbreite. — Kopf 10 µm breit, Borsten 8 µm lang. Cuticularinge 2,7 µm breit. Seitenmembran sehr schmal, nur etwa 1/30 des größten Körperdurchmessers. Mundhöhle kurz und schmal, schwach cuticularisiert, 7 µm lang. Spicula 30 µm lang, 1,3mal länger als die Körperbreite. 6—7 Präanalorgane; 12 µm lang. Schwanz von 6—7Analbreiten, mit 2 Paar Subventralborsten.
♀ unbekannt. ♂: L = 1,0—1,2 mm; a = 40—45; b = 4,6—6,2; c = 6,8—7,2.
Zaire; in Lebermoosen. . . . . *microlaimus* DE CONINCK, 1935

Bemerkung: Die folgende Art ist ungenügend beschrieben und soll als „species inquirenda“ angesehen werden:
Aphanolaimus minor COBB, 1914 — aus den USA.

2. Genus: ***Paraphanolaimus*** MICOLETZKY, 1923

Syn. *Bathyonchus* KREIS, 1936.
Halaphanolaiminae. Körper nach vorn stark verschmälert, 0,8 bis 1,4 mm lang. Cuticula feiner geringelt als in der vorigen Gattung, mit deutlichen Poren und Subcuticulardrüsen. Kopfborsten zart. Seitenorgan in Höhe der Mundhöhle, groß, einfach-spiralig oder offen-kreisförmig, fein konturiert. Mundhöhle kurz aber geräumiger als im Genus *Aphanolaimus*, schwach cuticularisiert. Ösophagus hinten verschmälert. Weibliche Gonaden paarig. Spicula verschieden lang. Präanalorgane rohrartig, cuticularisiert, ausstülpbar; ihre Zahl schwankt zwischen 9 und 20. Vor den Präanalorganen gibt es zuweilen eine lange Reihe Ventralgruben. Schwanz allmählich verdünnt, in der hinteren Hälfte zylindrisch, am Ende etwas keulenartig, mit Ausfuhrröhrchen.

Die Vertreter der Gattung bevorzugen die limnischen Habitate, sie kommen aber gelegentlich auch in Brackwasserbiotopen oder im Meere vor.
Typusart: *Paraphanolaimus behningi* MICOLETZKY, 1923.

Bestimmungsschlüssel der limnischen Arten

1 Vivipar: Uterus des reifen Weibchens mit mehreren Embryonen bzw. ungeborenen Larven. — Cuticula gut geringelt, Subcuticula mit Hypodermaldrüsen. Kopf abgerundet, Lippen niedrig, Borsten kurz, 1/4 der einschlägigen Körperbreite. Mundhöhle 5—6 µm lang und 3—4 µm breit, mit parallelen Wänden. Seitenorgan unmittelbar hinter der Lippenregion, schwach-spiralig, etwa 1/4 der einschlägigen Halsbreite. Abstand Vulva-Anus beinahe doppelt so lang wie der Schwanz; dieser 11—12mal so lang wie die anale Körperbreite. Schwanz leicht angeschwollen, mit kurzem Terminalröhrchen.
♀: L = 1,04—1,24 mm; a = 28—30; b = 4,5—4,8; c = 6,0—6,4; V = 52 bis 54%. ♂ unbekannt.
Sowjetunion (Ferner Osten); aquatil. — *Bathyonchus embryonophorus* ALEKSEEV & NAUMOVA, 1977. . . . . *embryonophorus* (ALEKSEEV & NAUMOVA, 1977) n. comb.
— Ovipare Arten. 2
2 16—20 Präanalorgane und vor ihnen noch eine Reihe von Cuticulargruben. — Cuticula 2 µm dick, Ringelbreite 1,5—2 µm. Seitenmembran sehr dünn, nur etwa 1/40 der mittleren Körperbreite. Kopfborsten 5—6 µm lang. Seitenorgan 2/3 der Halsbreite, leicht spiralig. Mundhöhle 6—7 µm lang. Enddarm von beinahe 2 Analbreiten. Ei 60 µm lang, 2mal länger als breit. Spicula 35—45 µm lang, bogenförmig, proximal kopfartig erweitert. Präanale Rohrorgane durchschnittlich 10—12 µm lang. Die Serie der 30—53 Ventralgruben des ♂ reicht bis auf den Ösophagus. Schwanz 6—8 Analbreiten lang, im letzten Drittel fast zylindrisch. Ausfuhrröhrchen kaum vorspringend.
♀: L = 1,0—1,4 mm; a = 30; b = 5,5—6,0; c = 8; V = 48—50%. ♂: L = = 1,1—1,5 mm; a = 30—37; b = 5,8—7,0; c = 7—8.
Österreich, Kolumbien, Brasilien, Paraguay; aquatil. — *Aphanolaimus multipapillatus* DADAY, 1905; *Prismatolaimus microstomus* DADAY, 1905; *Aphanolaimus microstomus* (DADAY, 1905) GOODEY, 1963; *Paraphanolaimus microstomus* (DADAY, 1905) ANDRÁSSY, 1968; *Paraphanolaimus cantor* GERLACH, 1957. . . . . *multipapillatus* (DADAY, 1905) n. comb.[14]
— 9—16 Präanalorgane; ventrale Cuticulagruben am ♂ fehlen 3
3 Spicula sehr lang und dünn, 80—95 µm, 4mal länger als die anale Körperbreite. Cuticularinge 1,5 µm breit. An jeder Seite 18—25 Subcuticulardrüsen. Kopfborsten 3—5 µm lang, nur etwa 1/2 der Lippenbreite. Seitenorgan kaum spiralig, etwa 1/2 der korrespondierenden Halsbreite. Mundhöhle relativ geräumig, so lang wie die Kopfbreite. Gubernaculum 1/5—1/6 der Spiculalänge. 11—16 (durchschnittlich 13) Rohrorgane; 4 von ihnen im Bereich der Spicula. Schwanz am Ende leicht angeschwollen.

[14] Ich befinde mich im Besitz der Typuspräparate von *Aphanolaimus multipapillatus* und *Prismatolaimus microstomus*. Die Spicula der DADAYschen Tiere weisen vollkommen dieselbe Form auf, die GERLACH für *Paraphanolaimus cantor* dargestellt hat.

♀: L = 0,9—1,4 mm; a = 25—35; b = 4,4—6,0; c = 6—8; V = 48—50%.
♂: L = 0,9—1,2 mm; a = 29—35; b = 4,0—4,8; c = 5,4—8,8.
Schweiz, Ungarn, Tschechoslowakei, Rumänien, Polen, Dänemark, Italien, Schweden, Sowjetunion (Rußland, Ukraine), Argentinien, Surinam; aquatil, auch in fließenden Gewässern. . . . . *behningi* MICOLETZKY, 1923

— Spicula kurz und relativ plump, um 30 μm, nur 1—1,5mal länger als die anale Körperbreite 4

4 Spicula bogenförmig, von 1,5 Analbreiten; Kopfborsten sehr kurz, nur 1/3 der Lippenbreite. — Cuticula mit etwa 600 Querringen. Seitenorgan halb so breit wie der korrespondierende Halsdurchmesser. Mundhöhle 1/3 der Kopfbreite. Ei 1,5mal so lang wie die Körperbreite. 10 Präanalorgane.
♀: L = 1,0 mm; a = 37; b = 5,8; c = 6,6; V = 48%. ♂: L = 0,9 mm; a = = 42; b = 5,5; c = 12,5.
USA (Michigan); aquatil. — *Aphanolaimus communis* COBB in COBB, 1915.
. . . . *communis* (COBB in COBB, 1915) n. comb.[15]

— Spicula fast gerade, nur proximal gedreht, von 1—1,3 Analbreiten (25 bis 32 μm); Kopfborsten so lang wie die Lippenbreite, 4—5 μm. — Seitenorgan 2/3—3/4 der einschlägigen Halsbreite. Cuticula 1,5 μm dick, Ringelbreite 1,5 bis 2 μm. Seitenmembran sehr schmal, lediglich 1/30 der mittleren Körperbreite. Beiderseits 17—20 Subcuticulardrüsen. Mundhöhle 4—5 μm lang. Enddarm von 2—2,5 Analbreiten. Abstand Vulva-Anus 2,6mal länger als der Schwanz. 9—13 Präanalorgane. Schwanz 7—8 Analbreiten lang, beim ♂ mit 3 Paar Subventral- und 2 Paar Subdorsalborsten.
♀: L = 0,8—1,4 mm; a = 25—40; b = 4,3—6,5; c = 6—9; V = 44—49%.
♂: L = 0,8—1,4 mm; a = 30—50; b = 4,2—5,5; c = 6,5—10.
Schweiz, Ungarn, Italien, Sowjetunion, Kolumbien, Paraguay, Australien; aquatil. — *Aphanolaimus anisitsi* DADAY, 1905; *Paraphanolaimus behningi* apud JUGET, 1969.. . . . . *anisitsi* (DADAY, 1905) ANDRÁSSY, 1968

Bemerkung: Auch die beiden folgenden unsicheren Arten gehören aller Wahrscheinlichkeit nach zur Gattung *Paraphanolaimus*:
Paraphanolaimus indicus (KREIS, 1936) n. comb. — Syn. *Bathyonchus indicus* KREIS, 1936 — aus Indien. Obwohl Kopfborsten von KREIS nicht bemerkt wurden, scheint die Gattung *Bathyonchus* in allen wichtigen Merkmalen mit *Paraphanolaimus* identisch zu sein.

Paraphanolaimus tenuis (DADAY, 1908) GERLACH & RIEMANN, 1973 — Syn. *Mononchus tenuis* DADAY, 1908 — aus Ostafrika. Das Typuspräparat fehlt leider aus der nachgelassenen Kollektion DADAYS.

Problematisch ist hingegen die Zugehörigkeit der Art *Paraphanolaimus micoletzkyi* KHERA & CHATURVEDI, 1977. Obwohl die Mundhöhle und die Kopfborsten für die Gattung charakteristisch erscheinen, weist der Ösophagus und der Schwanz eine abweichende Gestalt auf. Noch erschwert wird die Wertung der aus Indien beschriebenen Spezies dadurch, daß das männliche Geschlecht unbekannt ist.

---

[15] Wahrscheinlich gehört hierher auch die aus dem Arabischen Meer beschriebene Art *Paraphanolaimus granuliferus* TIMM, 1963.

bb) Subfamilia: *Anonchinae* ANDRÁSSY, 1973

Halaphanolaimidae. Mundhöhle zwar kurz aber geräumig, gut cuticularisiert. Subcuticulardrüsen oft gefärbt, Körper in solchen Fällen gefleckt. Seitenorgan 1/4 bis 1/3 der entsprechenden Körperbreite, am Proximalende der Mundhöhle.
Meeres- und Süßwasserbewohner. Von den **3** Genera kommt nur *Anonchus* limnisch vor.

1. Genus: ***Anonchus*** COBB, 1913

Syn. *Bathylaimus* DADAY, 1905, nec COBB, 1894; *Pseudobathylaimus* FILIPJEV, 1918; *Dadayia* MICOLETZKY, 1922.
Anonchinae. Körper nach vorn wenig verschmälert, bis 1,5 mm lang. Cuticula fein geringelt, mit sehr schmalen Seitenfeldern, farbigen Subcuticulardrüsen und Poren. Kopfborsten zart. Seitenorgan ziemlich klein, kreisrund (bzw. einfach-spiralig), doppelt konturiert. Mundhöhle prismatisch oder würfelförmig, relativ geräumig, gut cuticularisiert. Ösophagus kurz und plump. Weibliche Gonaden paarig oder unpaarig-prävulvar. Präanalorgane des Männchens rohrförmig, cuticularisiert; vor ihnen befindet sich eine Reihe von Ventralgruben bzw. Papillen.
Süß- und Brackwasserbewohner.
Typusart: *Anonchus monohystera* COBB, 1913 = *Anonchus maculatus* (DADAY, 1905) GOODEY, 1951.

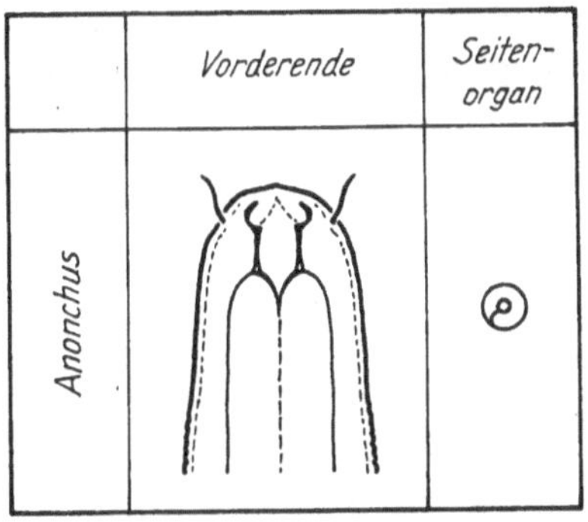

Abb. 18 Familie *Halaphanolaimidae*, Unterfamilie *Anonchinae*: *Anonchus*

Bestimmungsschlüssel der limnischen Arten

1 Ovar unpaarig, prävulvar; 13—23 gut entwickelte Präanalgorgane. — Cuticula mit etwa 50 Paaren Poren; Ringelbreite 1,8 µm, Ringelung am Vorderende verschwommen. Subcuticulardrüsen bräunlich gefärbt, ihre Zahl je 44—48 an den Körperseiten. Kopfborsten zart, 2/3 bis 3/4 der Lippenbreite. Seitenorgan 1/4 der korrespondierenden Körperseite, meist am Proximalende der Mundhöhle. Die letztere aus zwei Abschnitten bestehend, im Vorderteil mit zahnartigen Vorsprüngen; ihre Länge variabel. Uterus mit kurzem Postvulvarast. Spicula 35 µm, d. h. 1,6—2 Analbreiten lang. Zahlreiche Ventralpapillen vor den Rohrorganen. Schwanz 10 (♀) bzw. 6 (♂) Analbreiten lang. Abstand Vulva-Anus zweimal länger als der Schwanz.
♀: L = 1,0—1,4 mm; a = 18—23; b = 5,9—7,2; c = 4,9—6,7; V = 46 bis 50%. ♂: L = 0,9—1,3 mm; a = 22—35; b = 6,5—8,2; c = 5,2—7,1.

USA(Washington), Kolumbien, Paraguay, Argentinien; in Süß- und Brackwasserbiotopen. — *Bathylaimus maculatus* DADAY, 1905; *Pseudobathylaimus maculatus* (DADAY, 1905) FILIPJEV, 1918; *Dadayia maculata* (DADAY, 1905) MICOLETZKY, 1922; *Anonchus monohystera* COBB, 1913. . . . . *maculatus* (DADAY, 1905) GOODEY, 1951

— Ovarien paarig; 58—65 schwach entwickelte Präanalorgane. — Kopfborsten etwa so lang wie die Lippenbreite. Seitenorgan sehr klein, 1/6—1/8 der korrespondierenden Körperbreite, 2 Kopfbreiten vom Vorderende, hinter der Mundhöhle. Vorderabschnitt der Mundhöhle mit zahnartigen Vorsprüngen. Subcuticulardrüsen gelblichbraun. Spicula kurz und plump, nur etwa eine Analbreite lang. Schwanz von 7—8 Analbreiten.
♀: L = 0,9—1,1 mm; a = 24—28; b = 5,1—6,9; c = 4,8—5,3; V = 44 bis 49%. ♂: L = 1,0—1,1 mm; a = 27—28; b = 6,1—6,7; c = 6,2—6,3.
Schweiz, Italien und Polen; in Seen. — *Bathylaimus mirabilis* HOFMÄNNER in HOFMÄNNER & MENZEL, 1914; *Dadayia mirabilis* (HOFMÄNNER in HOFMÄNNER & MENZEL, 1914) MICOLETZKY, 1922. . . . .
mirabilis (HOFMÄNNER in HOFMÄNNER & MENZEL, 1914) FILIPJEV & SCHUURMANS STEKHOVEN, 1941

Bemerkung: Zur Gattung *Anonchus* gehört noch die aus dem Mangroven-Gebiet der brasilianischen Küste beschriebene marine Spezies *Anonchus mangrovi* GERLACH, 1957. Ob auch *Anonchus revolutus* (COBB, 1906) GOODEY, 1963 — Syn. *Anthonema revolutum* COBB, 1906 — aus Hawaii hierher eingereiht werden soll, bleibt bis zum Wiederfund ungewiß.

2. Familia: **Leptolaimidae** ÖRLEY, 1880

Leptolaimoidea. Cuticula fein geringelt. 4 Kopfborsten. Seitenorgan einfach-spiralig oder queroval, klein. Mundhöhle schmal, rohrartig, cuticularisiert. Ösophagus hinten bulbusartig angeschwollen, mit langem, zungenartigem, muskulösem Kardialfortsatz. Subcuticulardrüsen vorhanden. Weibliche Gonaden paarig oder unpaarig.
Im Meer, Süßwasser und Boden. Die binnenländischen Arten gehören in die Unterfamilie *Leptolaiminae* ÖRLEY, 1880.

Bestimmungsschlüssel der nichtmarinen Gattungen

1 Weibliche Gonade unpaarig, prävulvar; Intima des Ösophagusbulbus sägeartig gezähnt. . . . . 2. *Chronogaster* (S. 79)
— Weibliche Gonaden paarig; Intima des Ösophagusbulbus nicht gezähnt. . . . . 1. *Paraplectonema* (S. 78)

1. Genus: ***Paraplectonema*** STRAND, 1934

Syn. *Paraplectus* FILIPJEV, 1930, nec RAFFRAY, 1898.
Leptolaimidae. Körperlänge um 1 mm. Cuticula fein geringelt. Kopfborsten ganz kurz und fein. Seitenorgan einfach-spiralig, ganz vorn, in Höhe der Kopfborsten. Mundhöhle lang und dünn, rohrförmig, wenig cuticularisiert, ohne Zahngebilde. Ösophagusbulbus länglich, mit verdickter Intima, aber ohne echten Klappenapparat (Zähne).

Cardia etwa so lang wie der Bulbus selbst, muskulös, eigentlich ein Fortsatz des Bulbus. Exkretionsporus deutlich. Weibliche Gonaden paarig, Ovarien zurückgeschlagen. Gubernaculum mit Caudalfortsatz. Präanalorgane cuticularisiert, ausstülpbar. Schwanz in der hinteren Hälfte stark verschmälert, zylindrisch, mit kleinem Ausfuhrröhrchen.
Süßwassertiere, sowohl in stehenden als in fließenden Gewässern.
Typusart: *Plectus pedunculatus* Hofmänner, 1913 = *Paraplectonema pedunculatum* (Hofmänner, 1913) Strand, 1934.

Bestimmungsschlüssel der Arten

1 Schwanz sehr lang, 1/4 bis 1/3 der gesamten Körperlänge; Zahl der präanalen Rohrorgane 9. — Cuticularinge 1,5—2,3 μm breit. Kopfborsten 3 μm lang. Seitenorgan 5 Zm breit, in Höhe der Kopfborsten. Mundrohr 19—24 μm lang. Ösophagusbulbus 22 μm lang, sein cuticularisiertes Lumen in zwei Abschnitte geteilt. 15—20 μm lang. Exkretionsporus zwischen dem Nervenring und Bulbus. Ei 57—67 μm lang, etwa doppelt so lang wie breit. Spicula gebogen, 34 bis 38 μm lang; Gubernaculum 10—15 μm lang, mit großen Caudalfortsatz. Schwanz 14—16 Analbreiten lang, im hinteren Dreiviertel stark verjüngt und zylindrisch.
♀: L = 1,1—1,2 mm; a = 31—34; b = 7,3—8,2; c = 3,3—3,8; V = 38 bis 40%. ♂: L = 1,1—1,2 mm; a = 35—39; b = 7,0—7,6; c = 3,6—4,2.
Kanada: Ottawa-Fluß. . . . . *canadianum* Hopper, 1968

— Schwanz kürzer, 1/5—1/7 der Körperlänge; Zahl der präanalen Rohrorgane 13. — Cuticularinge 1,5 μm breit. Kopfborsten 1/4—1/6 der Lippenbreite. Seitenorgan fast kreisförmig, hinten etwas geöffnet, knapp hinter den Kopfborsten, 1/3 des entsprechenden Körperdurchmessers. Mundrohr 3,5—4 Kopfbreiten lang. Cardia so lang oder länger als der Bulbus. Spicula bogenförmig, etwa 1,5 Analbreiten lang. Schwanz von 8—10 Analbreiten, in der hinteren Hälfte zylindrisch, am Ende leicht keulenförmig.
♀: L = 0,9—1,3 mm; a = 30—45; b = 6,4—7,5; c = 5,0—7,2; V = 42 bis 47%. ♂: L = 0,9—1,0 mm; a = 34—36; b = 5,0—6,0; c = 6,0—6,1.
Holland, Schweiz, Österreich, Ungarn, Italien, Sowjetunion (Rußland, Ukraine, Kirgisien), Japan, Zaire; stets aquatil. — *Plectus pedunculatus* Hofmänner, 1913; *Paraplectus pedunculatus* (Hofmänner, 1913) Filipjev, 1930; *Cylindrolaimus aberrans* Micoletzky, 1915; *Plectus multitubiferus* Imamura, 1931; *Chronogaster multitubifera* (Imamura, 1931) Maggenti, 1961; *Paraplectonema multitubiferum* (Imamura, 1931) Loof & Jairajpuri, 1965; wahrscheinlich auch *Plectus amphidiscatus* Filipjev, 1930 und *Plectus aberrans* Kreis, 1930. . . . . *pedunculatum* (Hofmänner, 1913) Strand, 1934

2. Genus: ***Chronogaster*** Cobb, 1913

Syn. *Walcherenia* de Man, 1921.
Leptolaimidae. Körperlänge zwischen 0,7 und 1,6 mm. Cuticula fein geringelt, zuweilen durch Längsfurchen in quadratische Feldchen geteilt. Subcuticulardrüsen groß, oval. Kopfborsten 4, dünn, oft länger als die Kopfbreite. Seitenorgan engqueroval bzw. spaltenförmig, beim Vorderabschnitt der Mundhöhle. Mundhöhle lang,

rohrförmig, aus einem breiteren, stärker cuticularisierten Vorder- und einem sehr dünnen, nicht oder kaum cuticularisierten Hinterabschnitt zusammengesetzt; letzterer wesentlich länger als der vordere. Ösophagus schlank und mit Ausnahme des Bulbus ganz zylindrisch. Bulbus länglich; seine Intima aus zwei Teilen bestehend, von denen der längere Vorderteil sägeartig gezähnt ist. Cardia sehr lang, einen muskulösen Fortsatz des Bulbus darstellend. Weibliche Gonade kurz, unpaarig, prävulvar mit sehr kurzem postvulvarem Uterusast. Spicula einfach. Ausstülpbare, rohrförmige Präanalorgane vorhanden. Schwanz lang, an der Spitze oft mit winzigkleinen Anhängen (Dörnchen), ohne Ausfuhrröhrchen.
Die Arten leben vorwiegend terrikol, sie kommen jedoch auch in Süßwasserbiotopen vor.
Typusart: *Chronogaster gracilis* Cobb, 1913 = *Chronogaster longicollis* (Daday, 1899) Andrássy, 1958.

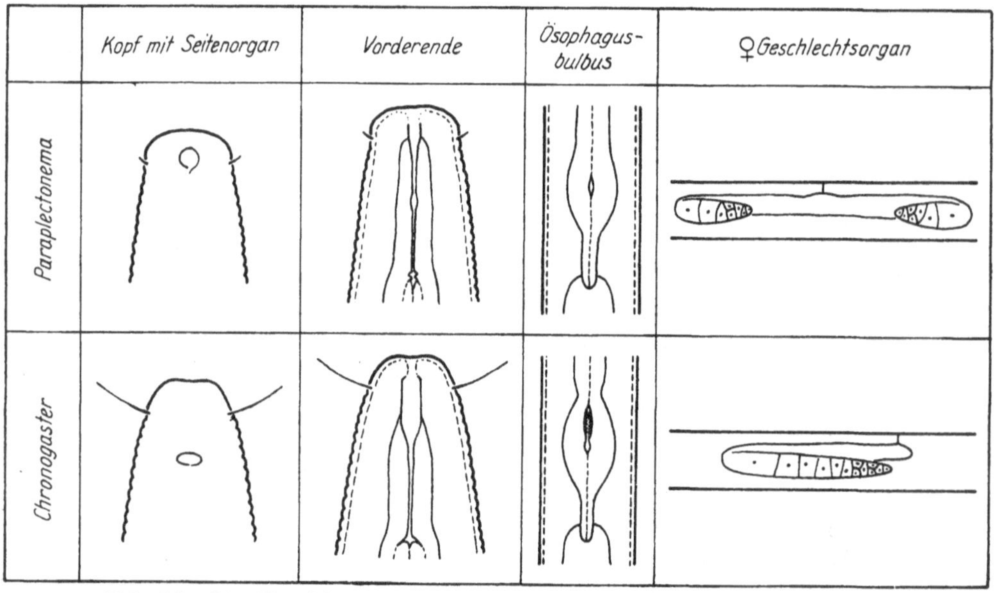

Abb. 19–20 Familie *Leptolaimidae*: *Paraplectonema* und *Chronogaster*

Bestimmungsschlüssel der Arten

1 Cuticularingelung durch Längsfurchen in quadratische Feldchen geteilt . . 2
— Cuticularingelung einfach, Längsfurchen fehlen 3
2 Seitenorgan am 2. Ring hinter dem Kopf; 20–24 Längsfurchen an der Cuticula; Körperlänge um 1 mm. — Cuticularinge 2,5 µm breit. Kopf ungeringelt, Borsten 4,5–5 µm lang, so lang oder nur etwas länger als die Lippenbreite. Totallänge der Mundhöhle etwa von 5 Kopfbreiten; Länge der breiteren Vorderstrecke 12 µm. Bulbus allmählich in die lange Cardia übergehend. Kein postvulvarer Utersussack vorhanden. Schwanz in der hinteren Hälfte zylindrisch, am Ende konisch-zugespitzt, mit 3 sehr feinen fingerförmigen Anhängen. ♀: L = 1,0 mm; a = 44; b = 4,4; c = 6,1; V = 54%. ♂ unbekannt. Westafrika: Elfenbeinküste, Nigeria; an Bachufern . . . . *magnifica* Andrássy, 1956

— Seitenorgan am 4. Ring hinter dem Kopf; 18 Längsfurchen an der Cuticula; Körperlänge µm 1,5 mm. — Ringelbreite 3 µm. Kopfborsten 7 µm lang, etwa 1,5mal so lang wie der Kopfdurchmesser. Mundhöhle etwa von 6 Lippenbreiten; ihr Vorderabschnitt 12 µm lang. Ösophagusbulbus allmählich in die Cardia übergehend. Schwanz 17 Analbreiten lang, ohne (?) Endanhänge.
♀: L = 1,4 mm; a = 53; b = 4,4; c = 5,1; V = 49%. ♂ unbekannt.
Brasilien und Golf von Bengalen; in Küstengrundwasser. . . . . *alata* GERLACH, 1956

3 Schwanzende mit 2—4 sehr feinen Dörnchen oder Anhängen. 4

— Schwanzende nur mit einem, meist dorsal gebogenen krallenartigen Dörnchen, oder ohne erkennbaren Anhang 7

4 Schwanzspitze mit 4 Mucros von gleicher Länge. — Cuticula 1,2—1,4 µm breit, ebenso breit wie die einzelnen Querringe. Kopfborsten so lang oder etwas länger als die Lippenbreite. Seitenorgan 1/2 bis 2/3 Kopfbreite vom Vorderende. Vorderabschnitt des Mundrohrs trichterförmig, 9—10 µm lang. Ösophagusbulbus 19—21 µm lang. Leibeshöhle voll mit ovalen Biokristallen. Kein postvulvarer Uterusast. Spicula 1,5 Analbreiten lang. 9 präanale Rohrorgane. Schwanz ventral gebogen, beim ♀ 7—8, beim ♂ 4 Analbreiten lang.
♀: L = 0,9—1,2 mm; a = 33—41; b = 4,3—5,8; c = 8,5—10,5; V = 50 bis 56%. ♂: L = 1,1 mm; a = 42; b = 8; c = 14.
Ungarn, Sowjetunion (Rußland, Usbekistan, Tadshikistan), Japan, USA (Washington, Michigan, Wyoming), Surinam, Neuguinea; meist in Thermalwasser. — *Cephalobus longicollis* DADAY, 1899- *Chronogaster gracilis* COBB, 1913. . . . . *longicollis* (DADAY, 1899) ANDRÁSSY, 1958[16]

— Schwanzspitze mit 2—4 Mucros von verschiedener Länge 5

5 Schwanzspitze mit 2 Mucros, von denen der dorsale stärker ist; Körperlänge um 3/4 mm. — Cuticularinge 1,7 µm breit. Kopfborsten so lang wie die Lippenbreite (5 µm). Vorderabschnitt der Mundhöhle zylindrisch, 6 µm lang, Hinterabschnitt 15—16 µm lang. Seitenorgan bei der Mitte des vorderen Mundhöhlenabschnittes. Ösophagusbulbus 15 µm lang, Cardia ebenso lang. Schwanz von 10 bis 12 Analbreiten, ventral gebogen, allmählich verschmälert. Leibeshöhlenkristalle fehlen.
♀: L=0,7—0,8 mm; a = 41—51; b = 4,0—4,8; c = 6,3—8,0; V = 49—52%.
Venezuela; in Reisfeld. *daoi* LOOF, 1964

— Schwanzspitze mit einem längeren Mucro und an dessen Basis mit 2—3 weiteren, äußerst feinen Dörnchen; Körperlänge um 1 mm 6

6 Schwanz 7—9 Analbreiten lang; ein kleiner postvulvarer Uterusast vorhanden. — Kopfbreiten 6 µm lang, etwas kürzer als die Lippenbreite. Seitenorgan bei der Mundhöhlenmitte. Mundhöhle 9,5 µm lang. Exkretionsporus in 52—55% der Ösophaguslänge vom Vorderende gemessen. Leibeshöhle zuweilen mit feinen Kristalloiden. Postvulvarer Uterusast 8—12 µm lang, merklich kürzer als der entsprechende Durchmesser des Körpers. Schwanz im distalen Drittel ventral gebogen.

---

[16] *Chronogaster indica* BAJAJ & BHATTI, 1979 ist sehr ähnlich, eventuell sogar identisch mit *Ch. longicollis* (übereinstimmende Körpermaße, gleiche Anzahl der Präanalorgane usw.).

♀: L = 1,1–1,3 mm; a = 44–50; b = 4,1–5,0; c = 9,1–10,6; V = 52 bis 57%. ♂ unbekannt.
Surinam; aquatil. . . . . *serrulata* LOOF, 1973
— Schwanz 11–15 Analbreiten lang; postvulvarer Uterusast nicht vorhanden. – Cuticularinge 2,5 µm breit. Kopfborsten 8–9 µm lang, etwa so lang wie die Lippenbreite. Seitenorgan kaum etwas hinter den Kopfborsten. Vorderabschnitt der Mundhöhle 9–10 µm, Hinterabschnitt 24 µm lang. Ösophagusbulbus 20–22 µm lang, Cardia noch etwas länger. Exkretionsporus deutlich, bei der Mitte der Ösophaguslänge. Spicula 33 µm lang, von 1,5 Analbreiten. Zahl der Präanalorgane 5. Schwanz 11–15 (♀) bzw. 8 (♂) Analbreiten lang; beim ♂ mit 2 Ventralpapillen und ohne Terminalanhänge.
♀: L = 1,2–1,3 mm; a = 48–54; b = 4,4–4,7; c = 5,5–6,4; V = 49 bis 52%. ♂: L = 1,3 mm; a = 53; b = 4,2; c = 8,2.
Indien, Surinam (wahrscheinlich auch Japan); terrikol. – Wahrscheinlich Syn.: *Chronogaster citri* KHAN & NANJAPPA, 1973. . . . . *andrassyi* LOOF & JAIRAJPURI, 1965

7 Körper äußerst schlank (a um 100), länger als 1,5 mm. – Cuticula sehr fein geringelt. Kopf leicht verbreitert. Borsten etwas länger als die Lippenbreite. Seitenorgan fast eine Kopfbreite hinter dem Vorderende. Vorderer Mundhöhlenabschnitt trichterförmig. Ösophagus relativ kurz. Postvulvarer Uterusast fehlt. Schwanz schlank, mit kegelförmiger Spitze, aber ohne eigentlichen Mucro.
♀: L = 1,6 mm; a = 94; b = 8; c = 6,7; V = 44%. ♂ unbekannt.
Elfenbeinküste; an Bachufern. . . . . *subtilis* ANDRÁSSY, 1958
— Körper nicht so schlank (a unter 80), kürzer als 1,5 mm 8

8 Schwanz relativ kurz, 1/7–1/12 der Körperlänge, von 6–14 Analbreiten . . 9
— Schwanz lang, 1/4–1/5 der Körperlänge, von 20–25 Analbreiten 11

9 Seitenorgan 2 Kopfbreiten vom Vorderende entfernt, kreisförmig bzw. spiralig; Schwanz 6–7 Analbreiten lang. – Seitenfeld 1/4 der größten Körperbreite. Borsten so lang wie die Lippenbreite. Körper am Proximalende des Ösophagus 2mal breiter als der Kopf. Totallänge der Mundhöhle 4–5mal so groß wie die Kopfbreite. Cardia länger als der Bulbus. Ein postvulvarer Uterusast fehlt völlig. Schwanz plump, stark ventral gerollt.
♀: L = 0,9–1,1 mm; a = 65–68; b = 4,3–4,9; c = 11–12; V = 55 bis 56%. ♂ unbekannt.
Holland, BRD, Tschechoslowakei; in Torfmooren . . . *boettgeri* KISCHKE, 1956
— Seitenorgan eine Kopfbreite vom Vorderende entfernt, queroval; Schwanz 9–14 Analbreiten lang. 10

10 Kopfborsten 8–10 µm lang, 1–1,5mal länger als die Lippenbreite; Körperseiten mit auffälligen Subcuticulardrüsen. – Cuticula 0,7–1,2 µm dick. Seitenfeld 1/4–1/5 der größten Körperbreite. Subcuticulardrüsen oval. Vorderabschnitt der Mundhöhle beinahe zylindrisch, 8 µm lang. Der schlanke, zylindrische Ösophagus verengt sich unmittelbar vor dem Bulbus. Cardia 21–30 µm lang. Bulbus 20–25 µm lang. Leibeshöhle voll mit recht kleinen Kristalloiden. Spicula 24 µm lang, schwach gebogen. 16–19 cuticularisierte, ausstülpbare Präanalorgane. Schwanz 9–12 (♀) bzw. 6–8 (♂) Analbreiten lang, beim ♂ mit

einer großen Ventralpapille. Schwanzende mit einem nagelartigen, dorsal gebogenen Mucro.
♀: L = 1,1–1,4 mm; a = 49–69; b = 4,7–5,4; c = 6,3–8,7; V = 45 bis 51%. ♂: L = 0,8–1,1 mm; a = 43–51; b = 4,1–4,3; c = 7,7–11,4.
Holland, Belgien, BRD, Schweiz, Ungarn, Österreich, Rumänien, Polen, Dänemark, Italien, Sowjetunion (Rußland, Usbekistan, Kirgisien, Tadshikistan), Indien, Bangladesh, Japan, Mauretanien, USA. Terrikol und aquatil, ausnahmsweise marin (Arabisches Meer). — *Walcherenia typica* DE MAN, 1921.
. . . . *typica* (DE MAN, 1921) DE CONINCK, 1935

— Kopfborsten 3 µm lang, kaum 1/2 der Lippenbreite; Körperseiten ohne auffällige Subcuticulardrüsen. — Cuticularinge 1,4 µm breit. Körper am Hinterende des Ösophagus 2mal breiter als der Kopf. Exkretionsporus etwas hinter der Ösophagusmitte. Postvulvarer Uterusast äußerst kurz. Schwanz 14 Analbreiten lang, mit keinem ausgesprochenen Mucro.
♀: L = 0,97 mm; a = 62; b = 5,1; c = 7; V = 50%. ♂ unbekannt.
Surinam; aquatil. *lissa* LOOF, 1973[17]

11 Kopfborsten 9 µm lang, beinahe 2mal länger als die Lippenbreite; Körper sehr schlank (a um 70). — Cuticularinge 1,7 µm breit. Leibeshöhle ohne Kristalle. Seitenorgan spaltenförmig, auf dem 3. Ring hinter dem Kopf. Vorderabschnitt der Mundhöhle kurz, 6 µm; Totallänge 23–26 µm. Ösophagusbulbus 16–18 µm lang; Cardia sehr lang: 27–29 µm. Ein sehr kurzer hinterer Uterussack vorhanden. Schwanz in der hinteren Hälfte vollkommen zylindrisch; Terminalbörstchen dorsal gerichtet.
♀: L = 1,1–1,2 mm; a = 67–75; b = 4,2–4,4; c = 4,8–5,2; V = 45 bis 47%. ♂ unbekannt.
Holland, Großbritannien; im Boden. . . . . *tenuis* LOOF & JAIRAJPURI, 1965

— Kopfborsten 4–5 µm lang, so lang wie die Lippenbreite; Körper weniger schlank (a um 50). 12

12 Cuticularinge an der Körpermitte 3 µm breit; Seitenorgan vor der Mundhöhlenmitte. — Kopf 7–9 µm breit. Mundhöhle 28–35 µm lang. Ösophagusbulbus 18 µm, Cardia 14–18 µm lang. Leibeshöhle ohne Kristalle. Postvulvarer Uterussack kürzer als eine Körperbreite. Schwanzmukro krallenartig dorsal gebogen.
♀: L = 1,1–1,3 mm; a = 41–46; b = 4,6–5,3; c = 4,6–7,7; V = 47 bis 51%.
Indien; terrestrisch. . . . . *loofi* CHATURWEDI & KHERA, 1979[18]

— Cuticularinge an der Körpermitte 1,5 µm breit; Seitenorgan etwas hinter der Mundhöhlenmitte. — Leibeshöhle ohne Kristalle. Seitenfeld 1/4 der Körperbreite. Bulbus 1/12 der Ösophaguslänge, Cardia 75% der Bulbuslänge. Postvulvarer Uterusast vorhanden. Schwanz gleichmäßig verschmälert, etwa 24 Analbreiten lang; Terminalspitze ventral gebogen.
♀: L = 0,8–0,9 mm; a = 46–47; b = 4,5; c = 4,2–4,5; V = 45–46%.
Brasilien und Neue Hebriden; in der Erde. . . . . . *brasiliensis* MEYL, 1957

[17] Hierher gehören noch zwei aus Indien beschriebene Arten: *Chronogaster bigubernacula* KHERRA, 1972 und *Chronogaster chilkensis* KHERA, 1972, die anhand der Diagnosen von *Ch. lissa* kaum unterschieden werden können.
[18] Möglicherweise mit der nachstehenden Art identisch.

Bemerkung: Die beiden folgenden Arten sollen als „species inquirendae" angesehen werden:

Chronogaster palustris (DADAY, 1908) n. comb. — Syn. *Cephalobus palustris* DADAY, 1908 — aus Ostafrika;

Chronogaster uncata (DADAY, 1908) n. comb. — Syn. *Cephalobus uncatus* DADAY, 1908; *Plectus uncatus* (DADAY, 1908) TARJAN & HOPPER, 1974 — aus Ostafrika.

b) Superfamilia: **Araenlaimoidea** DE CONINCK & SCHUURMANS STEKHOVEN, 1933

Araeolaimida. Kopfborsten vorhanden. Mundhöhle prismatisch, ohne Zähne. Ösophagus hinten nicht angeschwollen. Präanalorgane papillenartig.
Von den 4 Familien gibt es nur eine, die binnenländische Arten enthält.

1. Familia: Cylindrolaimidae MICOLETZKY, 1922

Araeolaimoidea. Cuticula fein geringelt. Kopfborsten 4, zart. Mundhöhle zylindrisch, cuticularisiert. Seitenorgan rundlich oder oval. Ösophagus beinahe zylindrisch. Weibliche Gonaden paarig, selten unpaarig-prävulvar. Männchen nur mit wenigen Präanalpapillen. Schwanz mit Terminalröhrchen.
Voiwiegend Meeresbewohner. Die landbewohnenden Arten gehören alle in die Unterfamilie *Cylindrolaiminae* MICOLETZKY, 1922.

Bestimmungsschlüssel der binnenländischen Gattungen

1 Exkretionszelle auffallend groß, leicht erkennbar, Exkretionsporus hinter dem Ösophagusende; Mundhöhle kürzer als die Kopfbreite . . 2. *Domorganus* (S. 87)
— Exkretionszelle meist undeutlich, Exkretionsporus im Bereich des Ösophagus; Mundhöhle merklich länger als die Kopfbreite. . . . 1. *Cylindrolaimus* (S. 84)

1. Genus: ***Cylindrolaimus*** DE MAN, 1880

Cylindrolaimidae. Körper 0,4 bis 1,4 mm lang. Cuticula fein geringelt. Kopf nicht abgesetzt, mit 4 sehr feinen und kurzen Borsten. Mundhöhle vollkommen prismatisch, rohrartig. Seitenorgan kreisförmig oder queroval, hinten geöffnet, in Höhe des vorderen Mundhöhlenabschnittes. Ösophagus zylindrisch bzw. hinten nur unbedeutend erweitert; sein Proximalende vom Mitteldarmbeginn umgeben. Ovarien gestreckt, paarig oder seltener unpaarig, prävulvar; auch wenn paarig, oft asymmetrisch. Männchen sehr selten. Spicula klein. Nur eine einzige Präanalpapille vorhanden. Schwanz stets ventral gebogen, mit Drüsen und Terminalröhrchen.
Terrikole Arten, die aber gelegentlich auch in Süßwasserbiotopen vorkommen.
Typusart: *Cylindrolaimus communis* DE MAN, 1880.

Bestimmugnsschlüssel der Arten

1 Körperlänge um oder über 1 mm. 2
— Körperlänge maximal 0,8 mm. 3
2 Körper sehr schlank (a um 50); Schwanz lang, von 8 Analbreiten. — Cuticula 1 µm dick, Ringelbreite 2 µm. Kopf 5 µm breit, Borsten 1/3 der Lippenbreite. Körper am Proximalende des Ösophagus 3,5mal breiter als der Kopf. Mundhöhle 18 µm lang, von 3,5 Kopfbreiten. Seitenorgan rundlich, etwa eine Kopfbreite vom Vorderende, 1/2 des entsprechenden Halsdurchmessers. Abstand

Vulva-Anus 3mal länger als der Schwanz. Gonaden symmetrisch. Schwanz nur allmählich verschmälert; Drüsen weit hinter dem After. Terminalröhrchen fingerförmig, an der Basis mit einer kurzen Ventralborste.
♀: L = 1,1 mm; a = 54; b = 7,8; c = 8,2; V = 53%. ♂ unbekannt.
Vietnam; terrestrisch. . . . . *ophis* ANDRÁSSY, 1970

— Körper gedrungener (a um 30); Schwanz kurz, von 4 Analbreiten. — Borsten fast 1/2 der Kopfbreite. Seitenorgan 1—1,2 Kopfbreite hinter dem Vorderende, kreisrund. Mundhöhle eng, etwa von 2 Lippenbreiten (18—20 μm). Cuticularinge 0,8—1 μm breit. Gonaden paarig. Schwanz plump, am Ende abgerundet, ohne Ausfuhrröhrchen. Spicula 1,5 Analbreiten lang. Unmittelbar vor der Kloakalöffnung befindet sich eine Papille.
♀: L = 0,9—1,4 mm; a = 25—35; b = 6—9; c = 8—12; V = 50—55%.
♂: L = 1,1—1,4 mm; a = 30—5; b = 6—9; c = 8—12.
Holland, Belgien, BRD, Polen, Sowjetunion (Rußland, Litauen, Aserbaidshan, Usbekistan), Kanada; terrikol, nicht häufig. . . . . *melancholicus* DE MAN, 1880

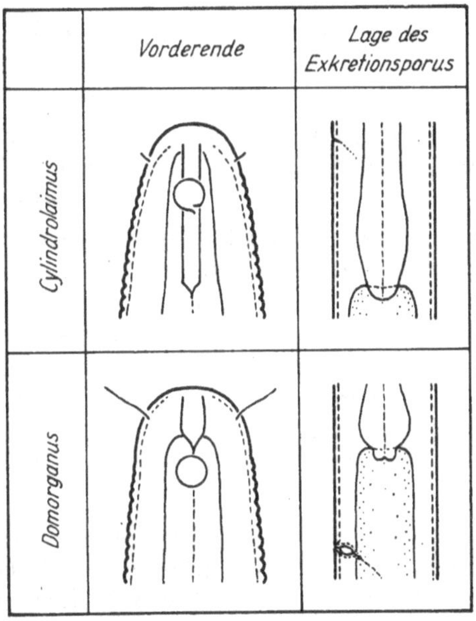

Abb. 21—22 Familie *Cylindrolaimidae*: *Cylindrolaimus* und *Domorganus*

3 Mundhöhle kurz, 10—14 μm lang, 2mal so lang wie die Kopfbreite 4
— Mundhöhle länger, 17—20 μm, 3—4mal so lang wie die Kopfbreite 5
4 Ovarien paarig, symmetrisch. — Cuticula 1 μm dick, Ringelung am großen Teil des Körpers verschwommen. Kopf 1/3 so breit wie der Körper am hinteren Ösophagusende. Borsten sehr kurz, lediglich 1/5—1/6 der Lippenbreite. Mundrohr 10—11 μm lang, 1/8—1/10 der gesamten Ösophaguslänge. Seitenorgan 3 μm breit, 40% des korrespondierenden Halsdurchmessers, leicht spiralig; vor der Mitte der Mundhöhle. Schwanz stark ventral gebogen, wenig verschmälert, 4—5 Analbreiten lang, mit feinem Endröhrchen.

♀: L = 0,5–0,6 mm; a = 27–30; b = 5,2–5,3; c = 8,3–8,4; V = 56 bis 57%. ♂ unbekannt.
Italien, Nepal, Kanada[19], Paraguay; terrikol . . . . . *bambus* ANDRÁSSY, 1968

– Ovar unpaarig bzw. asymmetrisch, indem der kurze hintere Ast nicht funktioniert. – Kopf 5 µm breit, 1/3 der Körperbreite am hinteren Ösophagusende. Borsten sehr kurz. Mundhöhle 14 µm lang, 1/7 der gesamten Ösophaguslänge, ganz eng. Seitenorgan 3 µm breit, 1/3 der entsprechenden Körperbreite. Vorderer Gonadenast 180 µm, hinterer nur 40 µm lang.
♀: L = 0,5–0,7 mm; a = 28–29; b = 5,4–6,1; c = 7–10; V = 62–65%. ♂ unbekannt.
Bulgarien, Sumatra; terrestrisch. . . . . *monhystera* SCHNEIDER, 1937

5 Schlanke Tiere, a = 40 oder mehr. 6

– Plumpere Tiere, a = 30 oder weniger. 7

6 Vulva in der Körpermitte; Schwanz lang, etwa von 10 Analbreiten. – Cuticula 1,2–1,3 µm dick, Ringelbreite 1,3–1,4 µm. Kopfborsten nur 1,5 µm lang, 1/4–1/5 der Lippenbreite. Seitenorgan kreisrund, fast 1/2 des Halsdurchmessers, vor der Mundhöhlenmitte. Mundhöhle 18 µm lang, vollkommen zylindrisch, 1/6 der Totallänge des Ösophagus. Gonaden paarig, aber nur der vordere Ast fungiert als Ovar. Abstand Vulva-Anus 2,8mal länger als der Schwanz; der letztere fast ganz zylindrisch; mit äußerst kurzem Endröhrchen.
♀: L = 0,8 mm; a = 40; b = 7,5; c = 7,5; V = 50%. ♂ unbekannt.
Ungarn, aus einer Topfsteinhöhle, sowie Dänemark und Sowjetunion (Rußland). . . . . *baradlanus* ANDRÁSSY, 1959

– Vulva bei 2/3 der Körperlänge; Schwanz kürzer, von 6 Analbreiten, – Cuticula sehr dünn, nur 0,7–0,8 µm dick, Ringelbreite 1,5 µm. Kopfborsten 1/4 der Lippenbreite. Mundhöhle 17 µm lang, 1/7 der Totallänge des Ösophagus. Seitenorgan beinahe kreisrund, mit zentralem Fleck; 1/2 der entsprechenden Halsbreite, mehr als eine Kopfbreite vom Vorderende entfernt. Gonaden paarig aber asymmetrisch: der vordere Ast wesentlich länger. Schwanz hakenartig gebogen, mit feinem Endröhrchen.
♀: L = 0,8 mm; a = 45; b = 6,5; c = 8,8; V = 65%. ♂ unbekannt.
Paraguay; Flußufer. . . . . *procerus* ANDRÁSSY, 1968

7 Gonaden paarig, symmetrisch oder der hintere Ast länger. – Kopfborsten 1/4–1/5 der Lippenbreite. Seitenorgan klein, höchstens 1/3 des korrespondierenden Halsdurchmessers. Mundhöhle 17–18 µm lang, etwa von 4 Kopfbreiten, 1/5 der gesamten Ösophaguslänge. Spicula einfach, 17 µm lang. Schwanz ziemlich plump, leicht ventral gebogen, 5 Analbreiten lang; Terminalröhrchen sehr dünn.
♀: L = 0,4–0,8 mm; a = 20–30; b = 5–6; c = 7–9; V = 50–58%. ♂: L = 0,4 mm; a = 21; b = 4,9; c = 8,6.
Holland, DDR, BRD, Schweiz, Österreich, Ungarn, Tschechoslowakei, Jugoslawien, Rumänien, Bulgarien, Italien, Polen, Dänemark, Sowjetunion (Rußland, Estland, Litauen, Moldau, Grusinien, Aserbaidshan, Kirgisien, Usbe-

[19] Die von MULVEY (1969) aus Kanada beschriebene Art *C. melancholicus* (nec DE MAN, 1880) ist mit *C. bambus* identisch (Körper kleiner als *melancholicus*, Schwanzröhrchen vorhanden usw.).

kistan), Japan, Ägypten, USA, Surinam. Vorwiegend terrikol, seltener aquatil. . . . . *communis* DE MAN, 1880

— Gonaden unpaarig bzw. der vordere Ast wesentlich (2,5mal) länger als der hintere. — Cuticula mit 500—600 feinen Querringen. Kopfborsten sehr kurz. Seitenorgan kreisrund, 1/3 der entsprechenden Körperbreite. Mundhöhle 18 bis 19 µm lang, 1/6 der gesamten Ösophaguslänge. Exkretionsporus in Höhe der Mundhöhle (?). Abstand Vulva-Anus von 2 Schwanzlängen; Schwanz plump, wenig verschmälert, 6—7 Analbreiten lang.
♀: 0,6 mm; a = 29; b = 4,5; c = 7,7; V = 58%. ♂ unbekannt.
USA (Washington D. C.); aquatil. . . . . *obtusus* COBB, 1916

Bemerkung: Die folgenden drei Arten müssen wegen der mangelhaften Beschreibungen als „species inquirendae" in die Gattung eingereiht werden:
Cylindrolaimus filicaudatus ALLGÉN, 1933 — aus Zaire;
Cylindrolaimus lacustris HOFMÄNNER, 1913 — aus der Schweiz;
Cylindrolaimus politus DADAY, 1905 — aus Paraguay.

2. Genus: ***Domorganus*** GOODEY, 1947

Cylindrolaimidae. Körperlänge bis 1 mm. Cuticula fein geringelt. Kopf nicht abgesetzt, mit 4 feinen Borsten. Mundhöhle prismatisch, kürzer als die Kopfbreite. Seitenorgan kreisrund. Exkretionszelle ungewöhnlich groß, Exkretionsporus gleichfalls auffällig, hinter dem Ösophagusende. Gonaden paarig, symmetrisch; Ovarien zurückgebogen. Spicula einfach, kurz. Nur eine Präanalpapille. Schwanz mit Drüsen und Endröhrchen.
Zwei Arten, die eine lebt aber im Meer.
Typusart: *Domorganus macronephriticus* GOODEY, 1947.

— Kopfborsten etwa so lang wie die Lippenbreite; Seitenorgan eine Kopfbreite vom Vorderende entfernt. Mundhöhle 6—7 µm lang. Ösophagus in der Mitte und am Proximalende leicht angeschwollen. Spicula 30 µm lang, bogenförmig. Schwanzendröhrchen sehr fein, *Cylindrolaimus*-ähnlich. Abstand Vulva-Anus 3mal so lang wie der Schwanz; dieser 4—5 Analbreiten lang.
♀: L = 0,6—1,0 mm; a = 20—23; b = 7,5—9,5; c = 6,8—7,3; V = 48 bis 50%. ♂: L = 0,6—0,8 mm; a = 22—25; b = 7,8—9,4; c = 6,3—7,0.
England; im Boden. . . . . *macronephriticus* GOODEY, 1947

c) Superfamilia: **Haliplectoidea** CHITWOOD, 1951

Araeolaimida. Kopfborsten vorhanden oder fehlend. Mundhöhle sehr eng, mit feinen Zähnen. Ösophagus hinten bulbusartig angeschwollen. Schwanz mit Endröhrchen.
Zwei Familien, die eine enthält jedoch nur rein marine Spezies.

1. Familia: **Rhabdolaimidae** CHITWOOD, 1951

Haliplectoidea. Kleine Nematoden, mit fein geringelter Cuticula. Kopf mit oder ohne Borsten. Seitenorgan klein, rundlich. Mundhöhle lang und dünn, rohrartig, im Beginn mit kleinen Zähnen. Ösophagus zylindrisch oder hinten bulbusartig erweitert. Weibliche Gonaden paarig, Ovarien gestreckt oder zurückgebogen. Männchen ohne Präanalpapillen. Schwanz am Ende mit Terminalröhrchen.
Marine oder binnenländische Arten, die letzteren terrikol oder aquatil. Zwei Unterfamilien.

Bestimmungsschlüssel der Unterfamilien

1 Kopfborsten vorhanden; Ovarien gestreckt . . . . . . aa) *Rogerinae* (S. 88)
— Kopfborsten fehlen; Ovarien umgeschlagen. . . . bb) *Rhabdolaiminae* (S. 88)

aa) Subfamilia: *Rogerinae* ANDRÁSSY, 1976

Rhabdolaimidae. Kopfborsten vorhanden, aber sehr fein. Ösophagus zylindrisch oder hinten nur wenig erweitert. Ovarien gestreckt.
Nur eine Gattung und eine Art.

1. Genus: ***Rogerus*** HOEPPLI & CHU, 1934

Syn. *Greenia* HOEPPLI & CHU, 1932, nec KIRBY, 1896; *Greenenema* ANDRÁSSY, 1959.
Rogerinae. Sehr kleine Nematoden, unter 1/2 mm. Kopf nicht abgesetzt, mit 10 (?) feinen Borsten. Mundhöhle lang und sehr eng, rohrartig, im Vorderende mit feinen Zähnen. Seitenorgan rundlichoval, ziemlich weit hinter der Lippenregion. Ösophagus zylindrisch bzw. hinten schwach erweitert. Ovarien paarig, gestreckt. Spicula einfach, kurz. Keine Präanalpapillen. Schwanz mit Drüsen und Ausfuhrröhrchen.
Typusart: *Greenia orientalis* HOEPPLI & CHU, 1932 = *Rogerus orientalis* (HOEPPLI & CHU, 1932) HOEPPLI & CHU, 1934. Keine weitere Spezies.

— Cuticula fein geringelt. Kopfborsten nur etwa 1/4 der Lippenbreite. Mundrohr gut cuticularisiert, im Vorderabschnitt mit 3 sehr kleinen Zähnen. Seitenorgan mehr als 2 Kopfbreiten vom Vorderende entfernt, sehr klein, nur 1/6 der entsprechenden Halsbreite. Ei etwa 4mal länger als breit. Spicula 20 µm lang, kaum länger als der Analdurchmesser. Schwanz 6–8 Analbreiten lang; Terminalröhrchen lang.
♀: L = 0,3–0,5 mm; a = **32–36**; b = **4–6**; c = **3,6–3,9**; V = 42%. ♂: L = **0,3**–0,4 mm; a = **25–31**; b = **4,0–5,5**; c = **3,0–3,6**.
China und Venezuela; in Thermalwasser. — *Greenia orientalis* HOEPPLI & CHU, 1932; *Greenenema orientale* (HOEPPLI & CHU, 1932) ANDRÁSSY, 1959; vielleicht auch *Rogerus rajasthanensis* KHERA, 1966. . . . . *orientalis* (HOEPPLI & CHU, 1932) HOEPPLI & CHU, 1934

bb) Subfamilia: *Rhabdolaiminae* CHITWOOD, 1951

Rhabdolaimidae. Kopfborsten fehlen vollkommen. Ösophagus hinten bulbusartig erweitert. Ovarien umgeschlagen.
Zwei Gattungen, in die eine gehören aber nur marine Spezies.

1. Genus: ***Rhabdolaimus*** DE MAN, 1880

Syn. *Pseudorhabdolaimus* SOÓS, 1937.
Rhabdolaiminae. Sehr kleine Tiere, bis 1/2 mm. Cuticula glatt oder fein geringelt. Kopf nicht abgesetzt, ohne Borsten. Mundhöhle rohrartig, sehr eng, im Vorderende mit feinen Zähnchen (mit einem Dorsalzahn und zwei kleineren subventralen Verdickungen). Seitenorgan ganz klein, oft undeutlich, weit vom Kopfende entfernt. Ösophagus hinten stark bulbusartig angeschwollen. Ovarien paarig, zurückgebogen. Männchen sehr selten. Spicula einfach, kurz. Kein Präanalorgan. Schwanz mit Haftdrüsen und gut entwickeltem Terminalröhrchen.

Aquatil (auch in brackischen Biotopen) und terrikol.
Typusart: *Rhabdolaimus terrestris* DE MAN, 1880.

Bestimmungsschlüssel der Arten

1 Schwanz in der hinteren Hälfte haarfein verdünnt, Endröhrchen deswegen äußerst fein. — Cuticula glatt, fein longitudinal gestreift. Schwanz etwa 15 Analbreiten lang, deutlich länger als der Abstand Vulva-Anus.
♀: L = 0,38—0,45 mm; a = 16—20; b = 4,8—5,3; c = 2,8—3,5; V = 38 bis 42%. ♂ unbekannt.
Tschechoslowakei, BRD, Spanien; aquatil. — *Pseudorhabdolaimus limnophilus* Soós, 1937; *Rhabdolaimus aquaticus* apud GADEA, 1955. . . . .
. . . . *limnophilus* (Soós, 1937) n. comb.
— Schwanz allmählich verschmälert, nicht haarfein, Terminalröhrchen deutlich 2

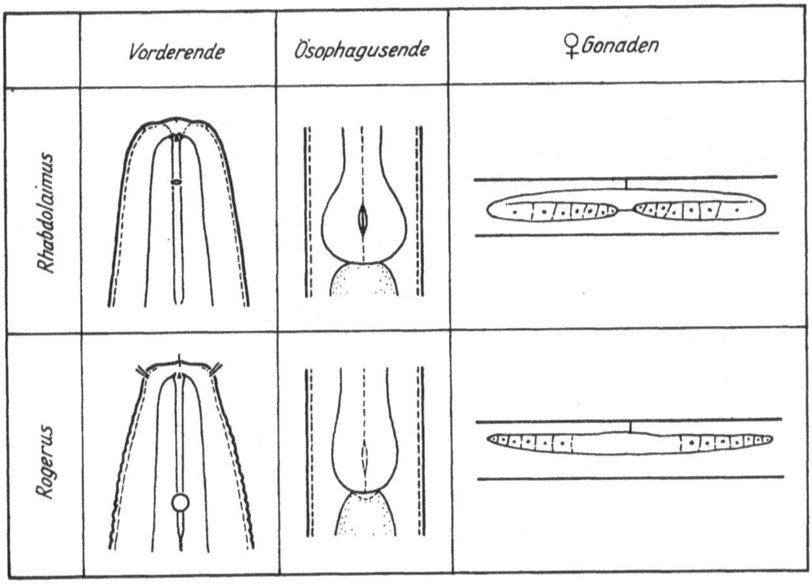

Abb. 23—24 Familie *Rhabdolaimidae*: *Rhabdolaimus* und *Rogerus*

2 Schwanz verhältnismäßig kurz, 5—6 Analbreiten lang; Vulva in oder hinter der Körpermitte. — Seitenorgan eine Lippenbreite vom Vorderende entfernt. Mundhöhle zwischen 1/4 und 1/5 der Ösophaguslänge. Schwanz am Ende 1/5 so breit wie die Analbreite; Terminalröhrchen etwa 2mal länger als am Grunde breit.
♀: L = 0,30—0,37 mm; a = 20—27; b = 4,0—4,8; c = 4,1—4,8; V = 50 bis 56%. ♂ unbekannt.
Italien, in Fumarolen, ferner Sowjetunion (Usbekistan). . . . .
. . . . *brachyuris* MEYL, 1954
— Schwanz länger, 9—12 Analbreiten; Vulva vor (nur ausnahmsweise in) der Körpermitte. 3
3 Schwanzendröhrchen kurz, nur kaum zweimal so lang wie am Grunde breit. — Schwanz 10—12 Analbreiten lang.

♀: L = 0,6 mm; a = 35—40; b = 5; c = 3,6—4,0; V = 44%. ♂ unbekannt. Steht der Schwesterart, *Rhabdolaimus terrestris*, sehr nahe (ist mit ihr identisch?). Holland, BRD, Schweiz, Österreich, Ungarn, Spanien, Italien, Polen, Finnland, Sowjetunion (Rußland, Aserbaidshan, Kirgisien, Tadshikistan, Usbekistan), Japan, Vietnam, Ghana, Peru, Paraguay; meist limnisch, seltener auch terrestrisch. — *Rhabdoalimus terrestris aquaticus* DE MAN, 1880 (MICOLETZKY, 1922). . . . . *aquaticus* DE MAN, 1880

— Schwanzendröhrchen mindestens 4mal so lang wie am Grunde breit 4

4 Endröhrchen sehr dünn, fast zylindrisch, stark vom Schwanzende abgesetzt, etwa 8mal länger als breit; Körperlänge um 0,3 mm. — Cuticularingelung undeutlich. Seitenorgan etwa 2 Kopfbreiten hinter dem Vorderende. Abstand Vulva-Anus so groß wie die Schwanzlänge. Schwanz 10—11 Analbreiten lang, im letzten Viertel zylindrisch.
♀: L = 0,3 mm; a = 25; b = 4; c = 4,4; V = 51%. ♂ unbekannt.
USA (Michigan, Wyoming), Kolumbia, Zaire; aquatil. — Wahrscheinlich Syn.: *Chromadora nanna* HOEPPLI, 1926; *Rhabdolaimus nannus* (HOEPPLI, 1926) DE CONINCK, 1935. . . . . *minor* COBB, 1914

— Endröhrchen merklich kegelförmig, am Grunde wesentlich breiter als an der Spitze, etwa 4—5mal länger als breit; Körperlänge um 0,5 mm. — Cuticularingelung sehr fein. Seitenorgane eine Kopfbreite oder etwas weiter hinten vom Vorderende entfernt. Mundhöhle 27—30 µm lang, länger als 1/4 des Ösophagus. Spicula dick, 17 µm lang, ungefähr so lang wie die anale Körperbreite. Schwanz von 10 Analbreiten, länger als der Abstand Vulva-Anus.
♀: L = 0,45—0,50 mm; a = 25—30; b = 4,5—5,5; c = 3,0—4,5; V = 41 bis 47%. ♂: L = 0,45 mm; a = 27; b = 4,5; c = 3,0—3,5.
Die häufigste Art der Gattung: Holland, DDR, BRD, Schweiz, Österreich, Ungarn, Tschechoslowakei, Rumänien, Bulgarien, Jugoslawien, Spanien, Italien, Polen, Dänemark, Großbritannien, Norwegen, Spitzbergen, Sowjetunion (Rußland, Moldau, Grusien, Tadshikistan, Usbekistan), Indien, China, Indonesien, Bangladesh, Mongolei, Brunei, Sumatra, Java, Mauretanien, Kanarische Inseln, Marokko, Zaire, Kanada, USA, Venezuela, Paraguay, Neue Hebriden. Terrikol und aquatil. — *Rogerus rosae* ALI, SURYAWANSHI & CHISTY, 1971. . . . . *terrestris* DE MAN, 1880

d) Superfamilia: **Plectoidea** ÖRLEY, 1880

Araeolaimida. Kopfborsten vorhanden. Mundhöhle ohne Zahngebilde. Ösophagus mit gut entwickeltem Bulbus. Exkretionskanal deutlich. Weibliche Gonaden paarig. Männchen mit Präanalpapillen oder cuticularisierten Rohrorganen.
Eine Familie, mit rein binnenländischen Arten.

1. Familia: **Plectidae** ÖRLEY, 1880

Plectoidea. Cuticula geringelt, mit gut umgrenzten Seitenfeldern. Kopfborsten 4, kurz aber ziemlich kräftig. Seitenorgan entweder rundlich-oval und hinten offen oder fragezeichenförmig. Mundhöhle rohrförmig, ohne Zähne. Ösophagusbulbus stark ausgebildet, mit merklichem Klappenapparat. Cardia zungenförmig, muskulös, eigent-

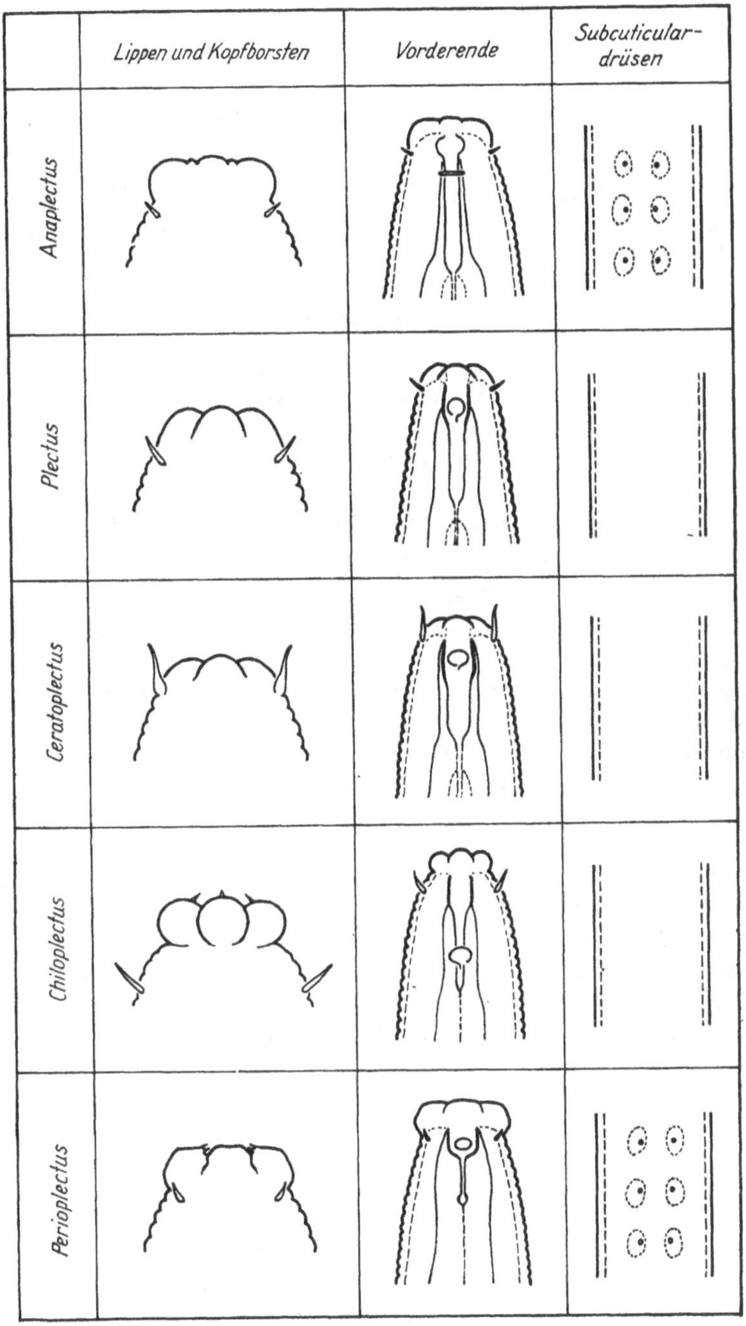

Abb. 25—29 Familie *Plectidae*, Unterfamilie *Plectinae*: *Anaplectus*, *Plectus*, *Ceratoplectus*, *Chiloplectus* und *Perioplectus*

lich einen Fortsatz des Bulbus darstellend. Ovarien umgeschlagen. Männchen viel seltener als Weibchen, entweder mit präanalen Papillen, oder mit ausstülpbaren Rohrorganen. Schwanzdrüsen und Terminalröhrchen vorhanden.
Terrikole und aquatile Tiere. Zwei Unterfamilien.

Bestimmungsschlüssel der Unterfamilien

1 Halsregion ventral und dorsal auffallend ohrenartig erweitert bzw. aufgetrieben; Kopfende mit komplizierten Anhängen. . . . . bb) *Wilsonematinae* (S. 112)
— Halsregion normal, ohne ohrenartige Erweiterung; Kopfende einfach, ohne besondere Anhänge. aa) *Plectinae* (S. 92)

aa) Subfamilia: *Plectinae* ÖRLEY, 1880

Plectidae. Vorderende ohne Besonderheiten, nur mit den üblichen 6 Lippen und 4 Kopfborsten. Halsregion einfach, nicht erweitert. Männchen mit Präanalpapillen oder präanalen Cuticularröhrchen. Gubernaculum vorhanden.
Süßwasser- und Bodentiere. 5 Gattungen

Bestimmungsschlüssel der Gattungen

1 Lippen scharf voneinander abgesondert, gut abgesetzt, mit kleinen, nach der Mundöffnung zu gerichteten Fortsätzen. 2
— Lippen voneinander nicht oder kaum abgesondert, im allgemeinen nicht abgesetzt, ohne Fortsätze. 3
2 Jede Lippe mit einem zweispitzigen Anhang; Mundhöhle vorn weit, hinten sehr eng, beide Teile scharf voneinander getrennt. . . . . . 5. *Perioplectus* (S. 108)
— Jede Lippe mit einem einspitzigen, dornartigen Anhang; beide Teile der Mundhöhle nicht so scharf abgesondert, ineinander übergehend. . . . . 4. *Chiloplectus* (S. 107)
3 Vorderende der Mundhöhle kugelig erweitert; Seitenorgan quer-spaltenförmig; Männchen so häufig wie Weibchen. . . . . 1. *Anaplectus* (S. 92)
— Vorderende der Mundhöhle nicht kugelig; Seitenorgan rundlich-oval bzw. fragezeichenförmig; Männchen äußerst selten. 4
4 Kopfborsten kräftig, hornartig, gerade nach vorn gerichtet; Mundhöhle weit, zylindrisch. . . . . 3. *Ceratoplectus* (S. 105)
— Kopfborsten schwach, nicht hornartig, lateral oder schräg nach vorn gerichtet; Mundhöhle vorn breiter, hinten verengt. . . . . 2. *Plectus* (S. 96)

1. Genus: ***Anaplectus*** DE CONINCK & SCHUURMANS STEKHOVEN, 1933

Syn. *Marinoplectus* KREIS, 1963.
Plectinae. Körper 0,7 bis 2 mm lang. Cuticula gut geringelt, Seitenfeld mit 3 Furchen. Submedialborsten meist nur auf den Schwanz beschränkt. Subcuticulardrüsen oft auffällig. 6 Lippen und 6 schmale „Zwischenlippen“ vorhanden. Kopfborsten ganz kurz. Seitenorgan queroval, schmal, im Bereich der Mundhöhle. Mundhöhle zumeist 2 Kopfbreiten lang, zylindrisch, mit Ausnahme des Vorderendes, wo sie eine — ausnahmsweise zwei — kugelige Erweiterungen aufweist. Vorderabschnitt des Ösophagus nahezu zylindrisch. Bulbus kräftig, mit gut entwickeltem Cardialfortsatz. Weibliche

Gonaden paarig, Ovarien zurückgebogen. Eischale dicht mit Dörnchen bewaffnet. Spicula bogenförmig, proximal kopfartig erweitert; Gubernaculum stets mit Caudalfortsatz. Präanalorgane cuticularisiert, rohrförmig, ausstülpbar; ihre Zahl 2–5. Schwanz kurz und plump, stark ventral gebogen, mit kurzem Ausfuhrröhrchen. Weibchen und Männchen nahezu gleich häufig.
Im Boden und Grundwasser lebende Nematoden.
Typusart: *Plectus granulosus* BASTIAN, 1865 = *Anaplectus granulosus* (BASTIAN, 1865) DE CONINCK & SCHUURMANS STEKHOVEN, 1933.

Bestimmungsschlüssel der Arten

1 Vorderabschnitt der Mundhöhle mit zwei aufeinander folgenden kugeligen Erweiterungen. 2

— Vorderende der Mundhöhle nur mit einer kugeligen Erweiterung 3

2 Schwanz recht plump, kaum verschmälert, 2–2,5 Analbreiten lang; Seitenorgan kreisförmig, etwas hinter der Mundhöhlenmitte. — Cuticula stark geringelt. Seitenfeld mit 3 Längsfurchen. Lippenregion breiter als der nachfolgende Körperteil, gut abgesetzt. Kopfborsten um 3 Ringe hinter den Lippen. Mundhöhle etwa 25 µm lang, etwas mehr als doppelt so lang wie die Kopfbreite. Exkretionsporus unmittelbar hinter dem Nervenring, etwa in 60% der Ösophaguslänge. Vulvalippen leicht vorspringend, Vagina 1/2 der einschlägigen Körperbreite.
♀: L = 0,80–0,86 mm; a = 25; b = 4,0–4,5; c = 14; V = 54%. ♂ unbekannt.
USA (New Mexico); mit der Ipiden-Art *Scolytus ventralis* vergesellschaftet.
— *Plectus eurycerus* MASSEY, 1964. . . . . . *eurycerus* (MASSEY, 1964) n. comb.

— Schwanz schlanker, nach hinten allmählich verdünnt, 3,3 Analbreiten lang; Seitenorgan schlitzförmig, quer. — Seitenfeld 1/4 des Körperdurchmessers. Lippenregion gut abgesetzt, nicht merklich breiter als die nachfolgende Körperregion. Mundhöhle 23–24 µm lang, doppelt so lang wie die Kopfbreite. Exkretionsöffnung knapp hinter dem Nervenring. Rectum kürzer als die anale Körperbreite. Terminalröhrchen deutlich. Subventral 56–65, subdorsal 42–51 Paare Hypodermaldrüsen.
♀: L = 0,70–0,82 mm; a = 26–27; b = 4,3; c = 11–13; V = 51%. ♂ unbekannt.
Mexiko; in Moos. . . . . *octo* ZULLINI, 1973

3 Vorderkörper außer den üblichen sublateralen Hypodermaldrüsen auch mit zahlreichen deutlichen Ventral- und Dorsaldrüsen bzw. -poren. — Kopfende nicht abgesetzt. Mundhöhle 23–30 µm lang. Seitenorgan vor der Mundhöhlenmitte. Zahl der Lateralporen beiderseits etwa 200, Ventralporen 8–11, Dorsalporen 10–14. Spicula 46–52 µm lang, Gubernaculum 11–13 µm lang, mit längerem Proximal- und sehr kurzem Distalfortsatz. 3 oder 4 präanale Rohrorgane; das hinterste Organ 37–42 µm lang, nahezu doppelt so lang wie die übrigen Präanalorgane. Schwanz 2,3–2,5 (♀) bzw. 1,8–2,1 (♂) Analbreiten lang, beim ♂ mit 5 Paaren Subventralpapillen.
♀: L = 1,6 mm; a = 34–35; b = 5,7; c = 22–24; V = 53–54%. ♂: L = = 1,5–1,7 mm; a = 30–39; b = 5–6; c = 20–24.

Schottland, Spitzbergen, Indien, Australien; im Boden. . . . . *porosus* ALLEN & NOFFSINGER, 1968

— Vorderkörper nur mit den üblichen sublateralen Hypodermaldrüsen bzw. -poren. 4

4 Kopf durch eine Einschnürung deutlich abgesetzt; Zahl der Rohrorgane zumeist 3 (2). 5

— Kopf nicht abgesetzt; Zahl der Rohrorgane zumeist 4. 6

5 Körperlänge 2 mm oder darüber; nur 2 präanale Rohrorgane. — Cuticula in der Körpermitte 3 µm dick. Mundhöhle 24—30 µm lang. Seitenorgan in oder etwas hinter der Mundhöhlenmitte. Präanalorgane 16—20 µm lang, 26 bzw. 46 µm vom Anus entfernt. Spicula 50—55 µm lang, Gubernaculum 14—15 µm, mit einem längeren Proximal- und einem kurzen Ventralfortsatz. Schwanz 2—2,7 (♀) bzw. 1,5—2,5 (♂) Analbreiten lang, am ♂ mit 5—6 Paar Ventralpapillen.
♀: L = 2,0 mm; a = 39; b = 7—8; c = 19—26; V = 39—47%. ♂: L = 1,9 bis 2,0 mm; a = 48—58; b = 7,0—9,7; c = 26.
Polen; im Boden und Grundwasser. . . . . *magnus* BRZESKI, 1963

— Körperlänge unter 2 mm; meist 3 präanale Rohrorgane. — An jeder Körperseite etwa 160 Subcuticulardrüsen. Mundhöhle 15—30 µm lang. Seitenorgan vor der Mundhöhlenmitte. Spicula 35—50 µm lang, mit erweitertem Proximalende. Gubernaculum 8—15 µm lang, nur mit Proximalfortsatz. Zahl der Präanalorgane im allgemeinen 3, ausnahmsweise 2 oder 4. Hinterstes Rohrorgan 14 bis 27 µm lang, die übrigen etwa 2/3 so lang. Schwanz 1,6—2,7 (♀) bzw. 1,4—2 (♂) Analbreiten lang, am ♂ mit 4 Subventralpapillenpaaren.
♀: L = 0,7—1,5 mm; a = 20—39; b = 4—6; c = 12—23; V = 46—57%. ♂: L = 0,7—1,2 mm; a = 21—39; b = 4,0—6,4; c = 11—19.
Fast in der ganzen Welt verbreitet, einer der gewöhnlichsten Bodennematoden: Holland, Belgien, DDR, BRD, Schweiz, Lichtenstein, Ungarn, Tschechoslowakei, Rumänien, Jugoslawien, Bulgarien, Frankreich, Italien, Sardinien, Polen, Dänemark, Großbritannien, Irland, Schweden, Finnland, Grönland, Island, Jan Mayen, Spitzbergen, Sowjetunion (Rußland, Estland, Lettland, Litauen, Belorußland, Ukraine, Moldau, Nowaja Semlja, Grusien, Aserbaidshan, Kirgisien, Kasachstan, Usbekistan, Ferner Osten), Mongolei, China, Indien, Java, Madeira, Ghana, Zaire, Südafrika, USA, Kuba, Venezuela, Galapagos-Inseln, Paraguay, Kerguelen-Inseln, Neuseeland. — *Plectus granulosus* BASTIAN, 1865; *Plectus granulosus tenuicaudatus* FUCHS, 1930; *Plectus schneideri* DE MAN, 1880; *Plectus tubifer* COBB, 1914; *Plectus blanci* HOFMÄNNER in HOFMÄNNER & MENZEL, 1914; *Anaplectus blanci* (HOFMÄNNER in HOFMÄNNER & MENZEL, 1914) SCHUURMANS STEKHOVEN & TEUNISSEN, 1938; *Marinoplectu stetrapapillatus* KREIS, 1963; *Anaplectus arenicola* KILLICK, 1964; *Anaplectus subgranulosus* TRUSKOVA, 1978 . . . .
granulosus (BASTIAN, 1865) DE CONINCK & SCHUURMANS STEKHOVEN, 1933

6 Das hinterste Präanalorgan wesentlich (etwa 2mal) länger als die übrigen Präanalorgane, etwa 3/4 der Spiculalänge. — Zahl der lateralen Subcuticulardrüsen veränderlich (beiderseits 110 bis 180). Mundhöhle 20—34 µm lang, 2 bis 2,5mal länger als die Lippenbreite. Seitenorgan vor der Mundhöhlenmitte. Ösophagus bis zum Bulbus ganz zylindrisch. Spicula 34—50 µm lang, proxi-

mal nicht erweitert; Gubernaculum 10—18 µm lang, mit proximalem und meist auch mit sehr kurzem distalem Fortsatz. Zahl der präanalen Rohrorgane im allgemeinen 4, seltener 3 und ganz ausnahmsweise 5. Hinterstes Organ 22 bis 33 µm lang. Schwanz 2—3 Analbreiten lang, beim ♂ etwas kürzer und mit 6 —7 Paaren Subventralpapillen.
♀: L = 1—2 mm; a = 25—50; b = 4,5—6,0; c = 12—23; V = 44—56%.
♂: L = 1—2 mm; a = 26—44; b = 4—6; c = 13—21.
Holland, BRD, Ungarn, Polen, Spitzbergen, Faroer-Inseln, Sowjetunion (Rußland, Grusien), Japan, Vietnam, USA, Kanada; aquatil (meist in Grundwasserbiotopen) und terrikol. — *Plectus granulosus grandepapillatus* DITLEVSEN, 1928; *Anaplectus granulosus grandepapillatus* (DITLEVSEN, 1928) GERLACH & RIEMANN, 1973; *Plectus submersus* HIRSCHMANN, 1952; *Anaplectus submersus* (HIRSCHMANN, 1952) MAGGENTI, 1961; *Anaplectus intermedius* TRUSKOVA, 1972. . . . . *grandepapillatus* (DITLEVSEN, 1928) ANDRÁSSY, 1973

— Hinterstes Präanalorgan nicht oder kaum merklich länger als die übrigen Präanalorgane, etwa 1/2 der Spiculalänge. 7

7 Schwanzspitze ohne cuticularisiertes Röhrchen, nur mit feiner Pore; 3 präanale Rohrorgane. — Cuticula gut geringelt. Mundhöhel 22—30 µm lang. Seitenorgan unmittelbar hinter den Kopfborsten. Spicula 35—48 µm lang, proximal nur wenig erweitert; Gubernaculum 7—12 µm lang nur mit proximalem Caudalfortsatz. Das hinterste Rohrorgan 15—17 µm lang, die beiden anderen kaum etwas kürzer. Schwanz 1,8—2,5 (♀) bzw. 1,3—1,8 (♂) Analbreiten lang, beim ♂ mit 4 Paar Subventralpapillen.
♀: L = 0,8—0,9 mm; a = 25—33; b = 5—7; c = 16—20; V = 48—53%.
♂: L = 0,7—1,2 mm; a = 25—32; b = 4—6; c = 17—22.
USA (Florida); terrikol. . . . . . . *varicaudatus* ALLEN & NOFFSINGER, 1968

— Schwanzspitze mit cuticularisiertem Terminalröhrchen; 4 (seltener 5) präanale Rohrorgane 8

8 Hinterstes Präanalorgan etwa 1,5mal länger als das vor ihm liegende; Seitenorgan in der Nähe der Mundhöhlenmitte. — Cuticula fein geringelt. Mundhöhle 30 µm lang, fast 3mal so lang wie die Kopfbreite. Spicula 39 µm lang, schlank, sichelförmig; Gubernaculum 12 µm lang, mit deutlichem Caudalfortsatz, halb so lang wie die Spicula. Schwanz kürzer als der doppelte Analdurchmesser.
♀: L = 1,07—1,28 mm; a = 27—32; b = 4,4—5,7; c = 16—19; V = 50 bis 53%. ♂: L = 0,86—0,98 mm; a = 28—33; b = 4,4—6,0; c = 16—17.
Sowjetunion (Ferner Osten); im Fallaub. . . . . .*parasimilis* TRUSKOVA, 1978

— Hinterstes Präanalorgan nicht merklich länger als das vor ihm liegende; Seitenorgan beim ersten Mundhöhlendrittel. — Cuticula fein geringelt. Mundhöhle 26—37 µm lang, 2—2,5mal länger als die Lippenbreite. Seitenorgan vor der Mundhöhlenmitte. Spicula 44—53 µm lang, proximal kopfartig erweitert; Gubernaculum 10—14 µm lang, mit proximalem Caudalfortsatz. Hinterstes Präanalorgan 19—26 µm lang. Schwanz 1,6—2,7 (♀) bzw. 1,9—2,3 (♂) Analbreiten lang, beim ♂ mit 5—6 Subventralpapillenpaaren.
♀: L = 1,2—1,6 mm; a = 26—48; b = 5—7; c = 13—18; V = 46—55%.
♂: L = 1,1—1,7 mm; a = 25—37; b = 5—7; c = 12—17.
USA (Wisconsin), Schottland, Sowjetunion (Ferner Osten), Orkney-Inseln; terrikol. . . . . *similis* ALLEN & NOFFSINGER, 1968

2. Genus: **Plectus** BASTIAN, 1865

Syn. *Plectus* (*Plectoides* DE MAN, 1904); *Plectoides* (DE MAN, 1904) CHITWOOD, 1951; *Pycnolaimus* COBB, 1920; *Proteroplectus* PARAMONOV, 1964.

Plectinae. Körperlänge zwischen 0,3 und 2,0 mm variierend. Cuticula deutlich geringelt und besonders am Hinterkörper mit einigen Borsten versehen. Kopf mit 6 Lippen und 4 kurzen aber ziemlich kräftigen, schräg nach vorn gerichteten Borsten. Borstenspitzen schwach nach innen gebogen und vorn die Kopfkontur nicht überragend. Lippenpapillen winzig klein. Seitenfelder mit je 3 Längslinien. Mundhöhle rohrförmig, ihr Vorderabschnitt kürzer aber etwas breiter als der Hinterabschnitt und stärker cuticularisiert. Seitenorgan kreis- oder fragezeichenförmig, seltener oval; hinten stets etwas offen; in Höhe der Mundhöhle. Ösophagus mit Ausnahme des Bulbus zylindrisch oder in Corpus und Isthmus geteilt. Endbulbus mit gut entwickeltem Klappenapparat und muskulösem Cardialfortsatz. Ovarien paarig, umgeschlagen. Männchen viel seltener als Weibchen, bei manchen Arten sogar unbekannt. Spicula kurz und plump, beim selben Tier oft von verschiedener Länge. Gubernaculum zumeist mit Caudalfortsatz. Präanalorgane von zweierlei Typ: entweder rohrförmig, cuticularisiert und ausstülpbar, oder klein, einfach, papillenartig[20]. Schwanz kegelförmig, mittellang, mit 3 Drüsen und Ausfuhrröhrchen.

Eine weltweit verbreitete, sowohl in terrestrischen als in aquatilen Lebensstätten sehr häufige Gattung. Die Zahl der gültigen Arten beträgt 27.

Typusart: *Plectus parietinus* BASTIAN, 1865.

Bestimmungsschlüssel der Arten

1 Große Arten: Körper 1,5 mm oder länger. 2

— Kleinere Arten: Körper kleiner als 1,5 mm. 3

2 Körper sehr schlank (a um 40); Mundhöhle schmal, 3mal länger als die Lippenbreite. — Cuticula fein geringelt, Ringelbreite 1,2—1,5 µm. Lippen kaum voneinander abgesondert, Kopf nicht abgesetzt. Kopfborsten zart. Seitenorgan 1/3 bis 1/4 der Halsbreite, in oder etwas vor der Mundhöhlenmitte. Ösophagus schlank, Bulbus kräftig, Ei 70 µm, beinahe doppelt so lang wie der Körperdurchmesser. Schwanz ziemlich schlank, von 7—8 Analbreiten.
♀: L = 1,4—1,8 mm; a = 40—45; b = 4,8—5,2; c = 7—8; V = 44—46%.
♂ unbekannt.
Holland, BRD, Schweiz, Österreich, Spanien, Menorca, Italien, Polen, Finnland, Sowjetunion (Rußland, Tadshikistan, Usbekistan), Kenija; ausgesprochen aquatil. Wahrscheinlich noch weiter verbreitet, oft jedoch mit der nahestehenden Art *P. tenuis* BASTIAN, 1865 verwechselt [21]. — *Proteroplectus palustris* (DE MAN, 1880) PARAMOV, 1964 . . . . . . *palustris* DE MAN, 1880

— Körper plumper (a um 25); Mundhöhle weniger schlank, 2mal länger als die Lippenbreite. — Cuticula fein geringelt, Ringelbreite 1,5 µm. Seitenmembran mit 2 Längslinien. Lippenregion nicht abgesetzt, Borsten klein, 5 bis

[20] Nach diesen beiden Typen der Präanalorgane trennte PARAMONOV (1964) die alte Gattung in zwei Genera: *Plectus* s. str. (mit Rohrorganen) und *Proteroplectus* (mit Papillen). Obwohl PARAMONOVS Einteilung begründet erscheint, ist sie, weil Männchen bisher nur bei kaum 20% der Arten bekannt sind, in der Praxis vorläufig nicht zu realisieren.

[21] *Plectus tenuis* ist bedeutend kürzer, mit kleineren Seitenorganen und kürzerem Schwanz.

6 µm. Seitenorgan in oder etwas hinter der Mundhöhlenmitte, 1/6—1/7 der korrespondierenden Halsbreite. Mundhöhle 29—31 µm lang. Exkretionsporus hinter der Ösophagusmitte. Ei 70—80 µm lang; Eischale unregelmäßig ausgebildet. Schwanz 4—4,5 Analbreiten lang, ventral gebogen; Abstand Vulva-Anus nahezu 5mal länger als der Schwanz. Spicula von 1,5 Analbreiten, Gubernaculum mit dünnem Caudalfortsatz. Ein rohrförmiges, cuticularisiertes Präanalorgan mit etwa 2 Spiculalängen vor dem Anus vorhanden; im Bereich der Spicula eine ventrale Borstenpapille.
♀: L = 1,4—2,1 mm; a = 22—32; b = 4,1—5,2; c = 9,7—13,5; V = 46 bis 50%. ♂: L = 1,4 mm; a = 29; b = 4,4; c = 11.
Antarktis, in terrestrischen und limnischen Biotopen, sowie USA, im Mulm von Borkenkäfern. — *Plectus makrodemas* MASSEY, 1964. . . . . *frigophilus* KIRJANOVA, 1958

3 Mundhöhle 3mal so lang wie die Kopfbreite oder noch länger. 4
— Mundhöhle 2mal so lang wie die Kopfbreite oder kürzer. 9
4 Schwanz lang, von 9—12 Analbreiten. 5
— Schwanz kürzer, von 4—6 Analbreiten. 6
5 Körper sehr klein, unter 0,4 mm. — Kopf gerade abgestutzt, Borsten recht fein, 1/4 der Lippenbreite. Mundhöhle 13 µm lang, 3mal so lang wie der Kopfdurchmesser. Seitenorgan 3 µm breit, beim hinteren Mundhöhlendrittel. Ösophaguscorpus vom Isthmus abgesondert. Enddarm so lang wie der Analdurchmesser. Schwanz 9 Analbreiten lang, mit 2 Paaren subventraler und 5 Paaren subdorsaler Borsten. Terminalröhrchen 2 µm lang.
♀: L = 0,34 mm; a = 28; b = 3; c = 5,6; V = 44%. ♂: unbekannt.
Sowjetunion (Ferner Osten); terrikol . . . . . *exinocaudatus* TRUSKOVA, 1976
— Körper größer, über 0,6 mm. — Körper schlank, Cuticula fein geringelt, Ringelbreite 1 µm. Seitenmembran undeutlich. Kopf nicht abgesetzt, Borsten 3 bis 4 µm lang, sehr dünn. Mundhöhle von 3,5—4 Lippenbreiten. Seitenorgan rundlich, 1/4 des entsprechenden Halsdurchmessers, hinter der Mitte der Mundhöhle. Ösophaguscorpus und Isthmus abgesondert. Abstand Vulva-Anus 2,5mal so lang wie der Schwanz. Schwanz langsam verschmälert, 10—12mal länger als die anale Körperbreite. Körper fein beborstet.
♀: L = 0,6—0,8 mm; a = 33—34; b = 3,3—3,8; c = 4,7—6,3; V = 47 bis 49%. ♂ unbekannt.
Bulgarien, Tschechoslowakei, Italien, Spitzbergen, Sowjetunion (Rußland, Usbekistan); in semiaquatilen Biotopen. — *Proteroplectus inquirendus* (ANDRÁSSY, 1958) PARAMONOV, 1964. . . . . *inquirendus* ANDRÁSSY, 1958
6 Körper klein, um 1/2 mm. — Kopfborsten fein, nur 1/4 der Lippenbreite. Cuticula sehr fein geringelt. Seitenorgan 1/4 des entprechenden Körperdurchmessers, vor der Mitte der Mundhöhle, Schwanz 3,5 Analbreiten lang; Abstand Vulva-Anus nahezu 5mal länger als der Schwanz.
♀: L = 0,43 mm; a = 22; b = 3,4; c = 10; V = 52%. ♂ unbekannt.
Eine ziemlich ungenügend, ohne Abbildung beschriebene Spezies, die bisher in der BRD, in Chile und Argentinien angetroffen wurde. Moosbewohner. . . . . *pusillus* COBB, 1893
— Körper größer, bis 1,5 mm. 7

7 Lippen gut ausgebildet, vom Hals deutlich abgesondert; Cuticula an den beiden Körperenden gelbbraun gefärbt und fein punktiert. — Mundhöhle 3mal so lang wie die Kopfbreite. Seitenorgan vor der Mundhöhlenmitte, etwa eine Lippenbreite vom Vorderende entfernt. Corpus und Isthmus praktisch nicht abgesondert; Exkretionsporus bei der Mitte des Ösophagus. Schwanz 4 Analbreiten lang, in der hinteren Hälfte zylindrisch; Abstand Vulva-Anus 4mal länger als der Schwanz.
♀: L = 1,1 mm; a = 31; b = 4,1; c = 10; V = 50%. ♂ unbekannt.
Peru; in Hochgebirgsseen (5100 m ü. M.). . . . . . . *naticochensis* STEINER, 1920

— Lippen weniger ausgeprägt; nicht abgesetzt; Cuticula nicht bräunlich gefärbt, ohne Pünktchen. 8

8 Seitenorgan dem Kopfende ganz nahe; Cuticula grob geringelt; Körper sehr schlank (a um 50). — Mundhöhle im vorderen Drittel relativ breit, dahinter sehr eng. Schwanz 6 Analbreiten lang, nur am Ende etwas ventral gebogen. Abstand Vulva-Anus 5mal länger als der Schwanz.
♀: L = 1,1 mm; a = 54; b = 5,1; c = 9; V = 53%. ♂ unbekannt.
Paraguay; aquatil. Eventuell mit der folgenden Art identisch. . . . .
. . . . *paraguayensis* KREIS, 1932

— Seitenorgan weiter hinten, bei der Mitte der Mundhöhle; Cuticula fein geringelt; Körper nicht so schlank (a = 30—40). — Kopfborsten fein. Mundhöhle 24 bis 30 µm lang, von 3—3,5 Kopfbreiten. Seitenorgan 1/6—1/7 der entsprechenden Körperbreite, nahezu 2 Kopfbreiten hinter dem Vorderende. Ösophagus schlank; Exkretionsporus hinter seiner Mitte. Schwanz 5—6 Analbreiten lang, Abstand Vulva-Anus 4,5mal länger als der Schwanz. Terminalröhrchen 3 bis 3,5 µm lang.
♀: L = 1,1—1,4 mm; a = 30—40; b = 4,0—5,4; c = 8—12; V = 45—50%. ♂ unbekannt.
Eine weit verbreitete Art: Holland, DDR, BRD, Österreich, Ungarn, Schweiz, Tschechoslowakei, Rumänien, Bulgarien, Spanien, Frankreich, Italien, Polen, Dänemark, Großbritannien, Schweden, Finnland, Sowjetunion (Rußland, Moldau, Estland, Litauen, Kirgisien, Tadshikistan, Usbekistan, Ferner Osten), Mongolei, Madeira, Tunesien, USA, Argentinien, Neuseeland. Ausgesprochen aquatil. — *Proteroplectus tenuis* (BASTIAN, 1865) PARAMONOV, 1964; *Plectus parainquirendus* GAGARIN, 1971. . . . . *tenuis* BASTIAN, 1865

9 Lippenpartie durch eine Einschnürung scharf vom Hals abgesondert. . . . 10

— Lippenpartie nicht oder kaum merklich — nie durch eine Einschnürung — vom Hals abgesondert. 14

10 Cuticularinge am Vorderkörper durch feine Längsfurchen in quadratische Feldchen geteilt. — Cuticularinge 1,7—1,8 µm breit. Lippen scharf abgesondert, vorn spitzig. Kopfborsten am 3. Cuticularing. Seitenorgan 1/5—1/6 der einschlägigen Halsbreite, etwas hinter der Mundhöhlenmitte. Mundhöhle 27 µm lang. Enddarm so lang, Schwanz 4,5mal länger als die anale Körperbreite. Schwanzröhrchen 3,5 µm lang.
♀: L = 0,80—0,88 mm; a = 22—23; b = 3,7—3,8; c = 9,3—10,0; V = 53 bis 54%. ♂ unbekannt.
Italien (Sardinien); in Moos. . . . . *cancellatus* ZULLINI, 1978

— Cuticularinge am ganzen Körper einfach, nicht in quadratische Feldchen geteilt 11

11 Schwanz so lang wie 9 Analbreiten. — Cuticula fein geringelt. Kopfregion stark verschmälert. Lippen sehr gut voneinander getrennt. Kopfborsten 2—4 µm lang, 2 Ringe hinter den Lippen. Mundhöhle 19—24 µm lang, etwas länger als die doppelte Lippenbreite. Seitenorgan 1/4—1/5 des entsprechenden Körperdurchmessers, bei der Mitte der Mundhöhle. Exkretionsöffnung hinter der Ösophagusmitte. Schwanz rasch der Basis nahe, dann aber sehr langsam verschmälert, in dem hinteren zwei Drittel praktisch zylindrisch, ventral gebogen.
♀: L = 0,7—1,0 mm; a = 19—25; b = 4—5; c = 4,5—5,6; V = 43—48%.
♂ unbekannt.
Holland, Italien, Polen, Irland, Sowjetunion (Rußland, Moldau, Grusien, Kasachstan, Usbekistan), USA (California); im Boden und Moos. — *Proteroplectus elongatus* (MAGGENTI, 1961) PARAMONOV, 1964. . . . . *elongatus* MAGGENTI, 1961

— Schwanz so lang wie 3—4 Analbreiten. 12

12 Cervicale Halsborsten (Deiridien) außerhalb der Seitenfelder; Cheilorhabdions (Cuticularstäbchen im. Kopf) vorhanden. Cuticula 2—3 µm dick, sehr stark geringelt; Ringelbreite etwa 4 µm. Seitenfeld nur mit 2 Linien. Kopf 10 µm breit, Borsten 4—5 µm lang, 2—3 Ringe hinter den Lippen. Mundhöhle 22 bis 26 µm lang, etwas länger als die doppelte Lippenbreite. Seitenorgan 1/5—1/6 der einschlägigen Halsbreite, etwas hinter der Mundhöhlenmitte. Exkretionsporus hinter der Mitte des Ösophagus. Schwanz 3—5 Analbreiten lang.
♀: L = 0,9—1,1 mm; a = 22—27; b = 3,6—4,2; c = 9—10; V = 50—55%.
♂ unbekannt[22].
Spanien, Sowjetunion (Grusien), USA (California), Neuseeland; in Moos. — *Proteroplectus annulatus* (MAGGENTI, 1961) PARAMONOV, 1964 . . . . *annulatus* MAGGENTI, 1961

— Cervicale Halsborsten an den Seitenfeldern; Cheilorhabdions undeutlich . . 13

13 Der erweiterte Vorderabschnitt der Mundhöhle etwa 2/3mal so lang wie der schmälere Hinterabschnitt; Präanalorgane 5, sämtliche stark cuticularisiert. — Cuticula 3—4 µm dick, Ringelbreite 1,2—1,5 µm. Seitenfeld schmal, nur etwa 1/10 der größten Körperbreite. Kleine Cuticulastäbchen im Kopf vorhanden. Mundhöhle 20—30 µm lang, im Vorderabschnitt ziemlich weit, 1,5mal länger als die Lippenbreite. Kopfborsten 3—5 µm lang, 2 Cuticularinge hinter den Lippen. Seitenoran 1/6—1/7 der korrespondierenden Halsbreite, bei oder etwas vor der Mundhöhlenmitte. Ösophagus bis zum Bulbus fast ganz zylindrisch. Exkretionsporus im hinteren Drittel des Ösophagus. Spicula 43—60 µm lang; Gubernaculum mit Caudalfortsatz. Präanale Rohrorgane vorhanden, ihre Zahl 5; ihre Länge 23—26 µm. Schwanz plump, beim ♂ mit 7—8 Paaren kurzer Borsten.
♀: L = 0,9—1,5 mm; a = 14—26; b = 3,5—5,5; c = 10—16; V = 45—52%.
♂: L = 1,1—1,3 mm; a = 18—22; b = 4,1—4,8; c = 12—13.
In der ganzen Welt verbreitet, eine der häufigsten Arten der Gattung, sowohl im Süßwasser als auch im Boden: Holland, Belgien, DDR, BRD, Schweiz,

[22] Ob das von JIMENEZ GUIRADO (1974) beschriebene Männchen tatsächlich zu dieser Art gehört, kann nicht mit Gewißheit entschieden werden.

Österreich, Ungarn, Tschechoslowakei, Rumänien, Bulgarien, Spanien, Menorca, Italien, Sardinien, Polen, Dänemark, England, Schottland, Irland, Schweden, Spitzbergen, Sowjetunion (Rußland, Belorußland, Estland, Litauen, Moldau, Nowaja Semlja, Grusien, Aserbaidshan, Kasachstan, Kirgisien, Tadshikistan, Usbekistan, Ferner Osten), Nepal, Mongolei, Vietnam, Kenia, Zaire, Südafrika, Kanada, USA, Mexiko, Venezuela, Brasilien, Paraguay, Chile (Feuerland), Australien, Neuseeland, Hawaii; Antarktis, Orkney-Inseln. — *Plectus cirratus parietinus* BASTIAN, 1865 (MICOLETZKY, 1922); *Plectus parietinus australis* COBB, 1898; *Plectus fusiformis* BASTIAN, 1865; *Plectus velox* BASTIAN, 1865; *Plectus ornatus* BÜTSCHLI, 1873; *Plectus* (*Plectoides*) *patagonicus* DE MAN, 1904; *Plectus cirratus latilaimus* ALLGÉN, 1953. . . . *parietinus* BASTIAN, 1865

— Der erweiterte Vorderabschnitt der Mundhöhle nur etwa 1/6mal so lang wie der schmälere Hinterabschnitt; Präanalorgane 4, das hinterste jedoch nicht cuticularisiert. — Cuticula ziemlich dick; Seitenfeld mit 3 Furchen. Lippen scharf abgesetzt, eiförmig, im Inneren mit Cuticularstäbchen. Kopfborsten 3 bis 4 µm lang. Mundhöhle 22—31 µm, etwa zweimal so lang wie die Lippenbreite. Seitenoegan 2,5—3 µm breit, etwas hinter der Mundhöhlenmitte. Exkretionsporus in 50—60% der Ösophaguslänge. Spicula ungleich lang: das linke Spiculum 40 µm, das rechte 30 µm. Gubernaculum mit Caudalfortsatz. Präanale Rohrorgane 10—15 µm lang. Schwanz des ♀ 3,5—4,5, der des ♂ 2,5 bis 3 Analbreiten lang, mit 5—6 Paaren Borsten. 6

♀: L = 0,79—1,0 mm; a = 16—20; b = 3,8—4,6; c = 7,5—10,5; V = 43 bis 48%. ♂: L = 0,75 mm; a = 19; b = 3,8; c = 7,5.

Kenia; in Moos (4100 m ü. M.). . . . . *telekii* MULK & COOMANS, 1978

14 Schwanz vollkommen zylindrisch, 10—14 Analbreiten lang 15

— Schwanz nach dem Ende zu deutlich verschmälert, meist kürzer 16

15 Schwanz 10 Analbreiten lang, an Ende mit einem kleinen papillenartigen Vorsprung; Enddarm ungewöhnlich lang: nahezu 3mal länger als die anale Körperbreite. — Cuticula fein geringelt. Lippenregion nicht abgesetzt Mundhöhle 13 bis 15 µm lang, kaum länger als die Kopfbreite. Seitenorgan hinter der Mundhöhlenmitte, klein. Gonaden kurz. Abstand Vulva-Anus nur etwa doppelt so lang wie der Schwanz; dieser 8—10 Analbreiten lang.

♀: L = 0,38—0,56 mm; a = 20—28; b = 2,6—3,9; c = 6—7; V = 43—50%. ♂ unbekannt.

Sowjetunion: Kamschatka; terrikol . . . . . . *turricaudatus* TRUSKOVA, 1976

— Schwanz 14 Analbreiten lang, am Ende ohne papillenartigen Vorsprung; Enddarm normal, eine Analbreite lang. — Kopfborsten 3 µm lang, etwa 1/2 der Lippenbreite. Mundhöhle 9 µm lang, 1,5mal länger als der Kopfdurchmesser. Seitenorgan am Proximalende der Mundhöhle. Exkretionsöffnung kaum hinter der Ösophagusmitte. Abstand Vulva-Anus anderthalbmal so lang wie der Schwanz; dieser sehr schlank, merklich dünner als die präanale Körperregion.

♀: L = 0,36 mm; a = 30; b = 3,6; c = 4; V = 43%. ♂ unbekannt.

Sowjetunion (Ferner Osten); terrikol. . . . . *subtilis* TRUSKOVA, 1976

16 Seitenorgan weit hinten, am Proximalende der Mundhöhle 17

— Seitenorgan nicht so weit hinten, höchstens etwas hinter der Mundhöhlenmitte, meist aber weiter vorn. 19

17 Kleinere Arten, 0,4—0,6 mm; Mundhöhlenlänge weit über 10 µm 18

— Größere Art, 0,6—0,9 mm; Mundhöhlenlänge bis 10 µm. — Ringelbreite 2,5 µm. Kopfborsten nach vorn gerichtet. Kleine Zwischenlippen an den üblichen 6 Lippen. Mundhöhle 9 µm lang. Seitenorgan 1,5 Kopfbreiten vom Vorderende entfernt; Vorderabschnitt des Ösophagus beinahe zylindrisch. Exkretionsporus etwas hinter der Ösophagusmitte. Schwanz in der distalen Hälfte zylindrisch, ventral gebogen, 6—7 Analbreiten lang.
♀: L = 0,6—0,9 mm; a = 15—31; b = 4,6—6,0; c = 6,5—9,0; V = 41 bis 48%. ♂ unbekannt.
Antarktis; terrikol. . . . . *murrayi* YEATES, 1970

18 Schwanz länger (c = 5—7), 1/2 des Vulva-Anus-Abstandes. — Cuticula fein geringelt. Lippenregion abgerundet, Kopfborsten zart, Mundhöhle eng, etwa 20 µm lang; Seitenorgan etwas vor dem Mundhöhlengrund, nahezu 2 Kopfbreiten hinter dem Vorderende. Gonaden kurz, je 2 Körperbreiten lang. Schwanz ventral wenig gebogen, in der distalen Hälfte zylindrisch.
♀: L = 0,41—0,45 mm; a = 20—21; b = 3,1—3,6; c = 5,2—6,8; V = 48 bis 51%. ♂ unbekannt.
China; in Thermalquellen. . . . . . . *chengmohliangi* HOEPPLI & CHU, 1932

— Schwanz kürzer (c = 8—12), 1/4 des Vulva-Anus-Abstandes. — Cuticula fein geringelt. Kopfborsten nach außen gerichtet. Mundhöhle 13—16 µm lang, 1/8—1/10 der gesamten Ösophaguslänge. Seitenorgan 2 Kopfbreiten vom Vorderende entfernt. Vorderteil des Ösophagus fast zylindrisch, Bulbus mäßig entwickelt. Seitenfeld 1/7—1/9 des größten Körperdurchmessers. Schwanz kaum verschmälert, hinten zylindrisch, schwach ventral gebogen. Ei 60 µm lang.
♀: L = 0,4—0,6 mm; a = 20—33; b = 3,5—4,2; c = 8—12; V = 46—54%. ♂ unbekannt.
Ungarn, Bulgarien, Polen, Sowjetunion (Rußland, Ferner Osten), USA; vorwiegend Süßwasserbewohner. — *Plectus longicaudatus opistocirculus* ANDRÁSSY, 1952. . . . . *Plectus opisthocirculus* ANDRÁSSY, 1952[23]

19 Schwanz 8—10 Analbreiten lang. Cuticula fein geringelt. Körper am proximalen Ösophagusende 2,5mal breiter als der Kopf. Kopfborsten 4—5 µm lang, nahezu 1/2 der Lippenbreite. Mundhöhle 15—20 µm lang. Seitenorgan etwas hinter der Mundhöhlenmite, 1/5 der korrespondierenden Halsbreite. Exkretionsporus ein wenig hinter der Ösophagusmitte. Enddarm von 2 Analbreiten. Schwanz allmählich verdünnt, schlank, am Ende ventral gekrümmt. Ei 40—50 µm lang.
♀: L = 0,5—0,8 mm; a = 20—30; b = 3—4; c = 5—7; V = 45—52%. ♂ unbekannt.
Holland, DDR, BRD, Schweiz, Österreich, Ungarn, Bulgarien, Rumänien, Spanien, Frankreich, Italien, Polen, Dänemark, Spitzbergen, Sowjetunion (Rußland, Moldau, Estland, Litauen, Nowaja Semlja, Grusien, Usbekistan, Ferner Osten), China, Hainan, Java, Kamerun, Kenia, Uganda, Zaire, Kanada, USA (New York), Brasilien, Australien. — *Proteroplectus longicaudatus* (BÜTSCHLI, 1873) PARAMONOV, 1964; *Plectus meridionalis* STEINER, 1916. . . . . *longicaudatus* BÜTSCHLI, 1873

[23] Die kürzlich bechriebene Spezies *Plectus acuminatus magadani* KUZMIN, 1979 steht der Art *P. opisthocirculus* sehr nahe (Sowjetunion: Ferner Osten).

— Schwanz kürzer, 3—6 Analbreiten lang. 20
20 Kleinere Arten, bis 0,6 mm. 21
— Größere Arten, über 0,7 mm. 25
21 Seitenorgan in oder vor der Mitte der Mundhöhle. — Kopfende gerade abgestutzt. Mundhöhle mehr als doppelt so lang wie die Lippenbreite. Seitenorgan 1/5 der entsprechenden Halsbreite. Ösophagus sehr schlank, Corpus und Isthmus nicht abgesondert. Schwanz langsam verschmälert, schwach ventral gebogen.
♀: L = 0,4—0,6 mm; a = 28—35; b = 3—4; c = 9—12; V = 49—55%. ♂ unbekannt.
Eine fast ausschließlich in Europa verbreitete Art: Holland, Belgien, DDR, BRD, Schweiz, Österreich, Ungarn, Rumänien, Bulgarien, Italien, Polen, Dänemark, Island, Spitzbergen. Jan Mayen, Sowjetunion (Rußland, Litauen, Moldau und Usbekistan); terrikol. — *Plectus parvus geophilus* DE MAN, 1880 (MICOLETZKY, 1922); vielleicht auch *Plectus insignis* COBB, 1893 . . . . *geophilus* DE MAN, 1880
— Seitenorgan hinter der Mitte der Mundhöhle. 22
22 Körper sehr klein, 0,25—0,45 mm; Schwanz 3—4 Analbreiten lang. 23
— Körper etwas größer, 0,4—0,6 mm; Schwanz 5—6 Analbreiten lang. 24
23 Körper schlanker (a größer als 30); Gonaden je 5—6mal so lang wie die Körperbreite. — Cuticula ganz fein geringelt. Mundhöhle 10—12 µm lang, 2mal länger als die Kopfbreite. Seitenorgan ganz klein, oval. Ösophagus lang, fast 1/3 der gesamten Körperlänge, schlank. Abstand Vulva-Anus 4mal länger als der Schwanz. Spicula 13—14 µm lang, etwas länger als der anale Körperdurchmesser. Keine Präanalorgane. Schwanz des ♀ hakenartig gebogen.
♀: L = 0,26—0,48 mm; a = **33—37**; b = **3,1—3,4**; c = 11—17; V = 51 bis 63% (?). ♂: L = 0,**33**—0,42 mm; a = **33—36**; b = **3,1—3,3**; c = 11—13.
Sowjetunion (Rußland); im Boden. . . . . *minor* NOVIKOVA & GAGARIN, 1971
— Körper plumper (a kleiner als 30); Gonaden kurz, nur je 2—3mal so lang wie die Körperbreite. — Cuticula fein geringelt. Lippenregion nicht abgesetzt. Kopfborsten kurz, 1/3—1/4 der Lippenbreite. Mundhöhle etwa 10 µm lang, 1,5mal länger als die Kopfbreite. Seitenorgan kreisrund, bei oder hinter der Mundhöhlenmitte. Ösophagus 1/3 der Körperlänge; Exkretionsporus hinter dem Nervenring. Abstand Vulva-Anus 2—3mal länger als der Schwanz.
♀: L = 0,26—0,36 mm; a = 22—28; b = **3,0—3,4**; c = 9—12; V = 50 bis 54%. ♂ unbekannt.
Sowjetunion (Usbekistan), Zaire, Australien; terrikol. — *Plectus intorticaudatus* TRUSKOVA, 1976. . . . . *minimus* COBB, 1893
24 Kopfborsten nahezu so lang wie 1/2 der Lippenbreite; Ösophagus bis zum Bulbus beinahe zylindrisch. — Mundhöhle 11—17 µm lang, 2—2,5mal länger als die Lippenbreite, nahezu zylindrisch. Seitenorgan klein, 1/6 der korrespondierenden Körperbreite. Ei 45—50 µm lang, doppelt so lang wie breit. Spicula 13 bis 19 µm lang, schwach gebogen, proximal erweitert. Gubernaculum schmal. Keine Präanalpapille. Schwanz wenig verschmälert, ventral gebogen.
♀: L = 0,4—0,6 mm; a = 17—26; b = **3,3—4,5**; c = 8—11; V =49 bis 57%. ♂: L = 0,5 mm; a = 22, b = **3,7**; c = 8.
Weit verbreitet, in terrestrischen und aquatilen Lebensstätten: Holland, Belgien, DDR, BRD, Schweiz, Österreich, Ungarn, Tschechoslowakei, Rumänien,

Bulgarien, Spanien, Frankreich, Italien, Polen, Dänemark, Großbritannien, Schweden, Spitzbergen, Sardinien, Pityusen, Sowjetunion (Rußland, Estland, Litauen, Moldau, Grusien, Aserbaidshan, Kirgisien, Tadshikistan, Usbekistan, Ferner Osten), Japan, Sumatra, Kenia, USA, Mexiko, Venezuela, Peru, Paraguay, Chile. — *Proteroplectus parvus* (BASTIAN, 1865) PARAMONOV, 1964; *Rhabdolaimus balatonicus* DADAY, 1894; *Plectus* (*Plectoides*) *belgicae* DE MAN, 1904; *Plectus paracommunis* HOEPPLI, 1926; *Plectus potamogeti* SCHNEIDER, 1937. . . . . *parvus* BASTIAN, 1865

— Kopfborsten nur 1/4 der Lippenbreite (3 µm); Ösophagus mit Corpus und Isthmus. — Cuticula sehr fein geringelt; Ringelbreite 0,8—1 µm. Seitenfeld 1/6—1/7 der größten Körperbreite. Mundhöhle 20—24 µm lang, im vorderen Viertel ein wenig verdickt, im übrigen rohrartig. Seitenorgan 1/5 der entsprechenden Körperbreite. Ei 40—60 × 20—25 µm. Spicula 23 µm lang. Präanalorgane fehlen. Hintere Hälfte des Schwanzes zylindrisch.
♀: L = 0,5—0,6 mm; a = 18—25; b = 3,8—4,4; c = 5—8; V = 45 bis 47%. ♂: L = 0,5—0,6 mm; a = 24—26; b = 3,9—4,0; c = 8,5—9,0.
Ägypten, sowie Mittel- und Südafrika; aquatil . . *sambesii* MICOLETZKY, 1915

25 Schwanz kurz, 3 Analbreiten lang, gerade, hinter dem Anus dorsal deutlich eingebuchtet. — Cuticula fein geringelt. Kopfborsten 1/5 der Lippenbreite. Mundhöhle 26 µm lang, nicht ganz doppelt so lang wie der Kopfdurchmesser. Körper recht plump.
♀: L = 1,1 mm; a = 16; b = 4,4; c = 10; V = 48%. ♂: unbekannt.
Polen; in *Sphagnum*-Moosen. . . . . *raabei* BRZESKI, 1961

— Schwanz 4—7 Analbreiten lang, anders gestaltet 26

26 Seitenfeld mit 5 Längslinien. — Mundhöhle von 2 Kopfbreiten. Spicula so lang wie die Analbreite; Gubernaculum mit kleinem Caudalfortsatz. Schwanz 5 bis 6 Analbreiten lang, stark ventral gebogen.
♀: L = 0,9—1,1 mm; a = 22—25; b = 4,0—4,5; c = 8—14; V = 48—50%.
♂: L = 0,8—0,9 mm; a = 23—27; b = 4,0—4,2; c = 11—13.
BRD, in Gängen von Borkenkäfern; ferner Sowjetunion (Rußland, Usbekistan, Ferner Osten), terrikol. . . . . *thornei* RÜHM, 1956

— Seitenfeld mit 3 Längslinien. 27

27 Ösophagus sehr kurz, lediglich 1/6 der Körperlänge; Mundhöhle 1/5 der Ösophaguslänge. — Exkretionsporus vor dem Bulbus. Abstand Vulva-Anus 4,5mal länger als der Schwanz.
♀: L = 0,8 mm; a = 21; b = 6,3; c = 10; V = 54%. ♂ unbekannt.
Österreich und Polen; in Gängen von Borkenkäfern. Obwohl die Art anhand der Beschreibung wenig umgrenzt ist, läßt sie sich vielleicht doch erkennen (= *Plectus parietinus* ?) . . . . *pusteri* FUCHS, 1930

— Ösophagus von normaler Länge, durchschnittlich 1/4 der Körperlänge; Mundhöhle 1/8—1/10 der gesamten Ösophaguslänge 28

28 Schwanz 6—7 Analbreiten lang; Seitenorgan etwa 1/4 der entsprechenden Körperbreite. — Cuticula fein geringelt. Kopfborsten 3—3,5 µm lang, 1/3 der Halsbreite. Mundhöhle 18—23 µm lang, ungefähr 1/8 der Totallänge des Ösophagus. Seitenorgan bei der Mundhöhlenmitte. Corpus nur wenig vom Isthmus abgesondert. Exkretionsporus in oder kaum etwas hinter der Mittelgegend des Ösophagus. Spicula 26—32 µm lang. Männchen mit 1 oder 2 kleinen Präanal-

papillen und am Schwanz mit 1 Ventral-, 4 Paar Subventral- und 4 Paar Subdorsalpapillen.
♀: L = 0,7—1,0 mm; a = 18—27; b = 3,5—5,5; c = 6—9; V = 43—50%.
♂: L = 0,9 mm; a = 25; b = 4,3; c = 9.
Eine der häufigsten Arten der Gattung, fast in der ganzen Welt verbreitet. Lebt terrikol und aquatil und ist besonders gemein in Moospolstern. Holland, Belgien, DDR, BRD, Schweiz, Österreich, Ungarn, Tschechoslowakei, Rumänien, Bulgarien, Frankreich, Italien, Dänemark, Island, Polen, Großbritannien, Schweden, Spitzbergen, Jan Mayen, Sowjetunion (Rußland, Estland, Litauen, Moldau, Nowaja Semlja, Grusien, Turkmenien, Kirgisien, Kasachstan, Tadshikistan), Mongolei, China, Hainan, Mauretanien, Kenia, USA, Paraguay, Chile, Hawaii, Campbell-Inseln, Macquarie-Inseln, Antarktis. — *Proteroplectus rhizophilus* (DE MAN, 1880) PARAMONOV, 1964; *Plectus cirratus rhizophilus* DE MAN, 1880 (MICOLETZKY, 1922); *Plectus hawaiiensis* COBB, 1906; *Plectus kenyanus* ALLGÉN, 1952; *Plectus varians* MAGGENTI, 1961; *Proteroplectus varians* (MAGGENTI, 1961) PARAMONOV, 1964. . . . . *rhizophilus* DE MAN, 1880

— Schwanz 4—5 Analbreiten lang; Seitenorgan 1/5—1/6 der entsprechenden Körperbreite 29

29 Körper kleiner, 0,6—0,9 mm; Schwanz 4 Analbreiten lang; Männchen mit präanalen Rohrorganen. — Mundhöhle 16—23 µm lang, verhältnismäßig breit. Seitenorgan etwas hinter der Mundhöhlenmitte. Kopfborsten 3—4 µm lang. Spicula 26 µm lang. Gubernaculum mit kleinem Caudalfortsatz. Zwei, 20 µm lange Rohrorgane. Schwanz stark ventral gekrümmt.
♀: L = 0,6—0,9 mm; a = 16—25; b = 3,0—4,4; c = 7—10; V = 50—55%.
♂: L = 0,9 mm; a = 23; b = 3; c = 10.
Holland, Rumänien, Italien, England, Polen, Spitzbergen, Sowjetunion (Rußland, Moldau, Usbekistan, Grusien, Ferner Osten), Israel, Kenia, USA; meist in Moosen. — *Proteroplectus acuminatus* (BASTIAN, 1865) PARAMONOV, 1964. . . . . *acuminatus* BASTIAN, 1865

— Körper länger, 0,9—1,5 mm; Schwanz 5 (beim Männchen 4) Analbreiten lang; Männchen ohne Rohrorgane. — Cuticularinge 1,5 µm breit. Lippen relativ gut abgesondert, Kopfborsten 3—4 µm lang, 1/3 der Lippenbreite. Mundhöhle 20 bis 28 µm lang, 2mal länger als die Kopfbreite. Seitenorgan 1/5—1/6 des entsprechenden Halsdurchmessers, bei der Mitte der Mundhöhle. Ösophaguscorpus vom Isthmus abgegrenzt. Exkretionsporus hinter der Ösophagusmitte. Ei 45 bis 55 µm lang, fast doppelt so lang wie breit. Spicula gebogen, auch bei ein und demselben Tier verschieden lang; das rechtsseitige Spiculum 25—30 µm, das linksseitige 35—38 µm. Gubernaculum einfach, dünn, 8—9 µm lang, ohne Caudalfortsatz. Präanal 3 schwach entwickelte Papillen. Schwanz mäßig ventral gebogen, beim ♂ mit 7 Paar Subventral- und 6 Paar Subdorsalpapillen, außerdem mit 3 schwachen Ventralpapillen.
♀: L = 9,0—1,5 mm; a = 16—26; b = 3,6—5,0; c = 8—11; V = 45—51%.
♂: L = 0,8—1,1 mm; a = 22—27; b = 3,7—4,4; c = 7,2—9,2.
Kosmopolitisch; terrikol und auqatil, überall häufig. Holland, Belgien, DDR, BRD, Schweiz, Österreich, Ungarn, Tschechoslowakei, Rumänien, Bulgarien, Jugoslawien, Spanien, Frankreich, Italien, Pityusen, Sardinien, Menor-

ca, Polen, Dänemark, Großbritannien, Norwegen, Schweden, Finnland, Grönland, Faeroer-Inseln, Sowjetunion (Rußland, Estland, Lettland, Litauen, Moldau, Kasachstan, Tadshikistan, Usbekistan, Ferner Osten), Mongolei, Nepal, China, Japan, Brunei, Sumatra, Java, Marokko, Algerien, Uganda, Kenia, Ghana, Zaire, Madeira, Kanarische Inseln, Annobon, USA, Mexiko, Peru, Surinam, Neuguinea, Neuseeland, Campbell-Inseln, Macquarie-Inseln, Antarktis. — *Plectus demani* ÖRLEY, 1880; *Plectus intermedius* COBB, 1893; *Plectus* (*Plectoides*) *antarcticus* DE MAN, 1904; *Plectus africanus* DADAY, 1908; wahrscheinlich auch *Plectus indicus* KHERA, 1972. . . . . *cirratus* BASTIAN, 1865

Bemerkung: Die folgenden *Plectus*-Arten sind entweder ungenügend beschrieben oder von ungewisser taxonomischer Position:
Plectus agilior COBB, 1898 — aus Australien;
Plectus effilatus SCHUURMANS STEKHOVEN & MAWSON, 1954 — aus Frankreich;
Plectus falklandiae ALLGÉN, 1959 — marin!;
Plectus gisleni ALLGÉN, 1951 — marin!;
Plectus grahami ALLGÉN, 1951 — marin!;
Plectus obtusicaudatus DADAY, 1899 — Syn. *Acrobeloides obtusicaudatus* (DADAY, 1899) GOODEY, 1963 — aus Neuguinea;
Plectus tritici BASTIAN, 1865 — aus England;
Plectus vindobonensis GUNHOLD, 1953 — Syn. *Proteroplectus vindobonensis* (GUNHOLD, 1953) PARAMONOV, 1964 — aus Österreich (mit unpaariger Gonade ?!).

3. Genus: *Ceratoplectus* n. gen.[24]

Plectinae. Körper meist plump und klein, um 1/2 mm, nur ausnahmsweise größer. Cuticula fein geringelt, mit spärlichen Borsten. Kopf vorn breit abgestutzt, Lippen wenig voneinander abgesondert, nicht abgesetzt. Kopfborsten kräftig, hornartig nach vorn gerichtet, die Lippenkontur überragend, an ihrer Spitzen nach außen gebogen. Mundhöhle *Plectus*-ähnlich, die beiden Abschnitte jedoch kaum voneinander abgesondert, infolgedessen zylindrisch erscheinend. Seitenorgan queroval oder fragezeichenförmig. Ösophagus ziemlich plump. Weibliche Gonaden paarig, umgeschlagen. Männchen sehr selten. Spicula kurz; keine Präanalorgane. Schwanz nur wenig ventral gebogen.
In terrestrischen Biotopen lebende Arten.
Typusart: *Plectus assimilis* BÜTSCHLI, 1873 = *Ceratoplectus assimilis* (BÜTSCHLI, 1873) n. comb.

Bestimmungsschlüssel der Arten

1 Körper sehr groß, fast 2 mm lang und recht plump. — Kopfende breit abgesetzt; Borsten die Lippenkontur weit überragend, 2/3 der Kopfbreite. Mundhöhle nur etwa eine Kopfbreite lang, an der Mitte etwas eingewölbt. Seitenorgan bei der Mitte der Mundhöhle. Ösophagus stämmig, in Höhe des Nervenrings merklich eingeschnürt; Bulbus kräftig. Schwanz mit 6 Analbreiten lang, stark verschmälert; Abstand Vulva-Anus nur doppelt so lang wie der Schwanz.

[24] χέρας = das Horn.

♀: L = 1,8–1,9 mm; a = 11–12; b = 5–7 (nach der Zeichnung nur 3,7!); c = 4,5–4,6; V = 40%. ♂ unbekannt.
Ungarn; in Moos. Obwohl die Art seit der Beschreibung noch nicht wiedergefunden wurde, scheint ihre Zugehörigkeit zur Gattung *Ceratoplectus* fast sicher zu sein. — *Plectus triplogaster* ÖRLEY, 1880. . . . . *triplogaster* (ÖRLEY, 1880) n. comb.

— Körper viel kleiner, stets unter 1 mm. 2

2 Schwanzendröhrchen ungewöhnlich lang, 6 µm, schnabelartig; Enddarm doppelt so lang wie die Analbreite. — Cuticula fein geringelt; Seitenfeld 1/10 der Körperbreite. Kopf gerade abgestutzt, Borsten 3 µm lang. Mundhöhle 12 µm, ungefähr zweimal so lang wie die Kopfbreite, ihre Wände parallel. Seitenorgan rundlich, bei der Mitte der Mundhöhle, 3 µm breit. Rectum 23 µm lang, geräumig. Gonaden kurz, nur je doppelt so lang wie die der Körperdurchmesser. Abstand Vulva-Anus von zwei Schwanzlängen. Schwanz 7mal länger als die Analbreite.
♀: L = 0,39–0,57 mm; a = 19–25; b = 3,5–4,5; c = 6,4–8,3; V = 44 bis 50%. ♂ unbekannt.
Sowjetunion (Ferner Osten); terrikol. — *Plectus acuticaudatus* TRUSKOVA, 1976. . . . . *acuticaudatus* (TRUSKOVA, 1976) n. comb.

— Schwanzendröhrchen normal, nur 1–2 µm lang; Enddarm nicht länger als die Analbreite. 3

3 Mundhöhle nahezu 3mal so lang wie die Lippenbreite, schwach cuticularisiert; Seitenorgan hinter der Mundhöhlenmitte. — Kopf relativ schmal, Borsten fast so lang wie die Lippenbreite (5 µm), die Körperkontur hornartig weit überragend. Mundhöhle 19 µm lang. Seitenorgan 1/4–1/5 der korrespondierenden Halsbreite. Exkretionsporus hinter der Ösophagusmitte. Schwanz 6 Analbreiten lang, ventral gebogen, nur sehr wenig verschmälert.
♀: L = 0,5–0,6 mm; a = 26–29; b = 4,0–4,7; c = 7,0–7,3; V = 47 bis 48%. ♂ unbekannt.
Polen, Schweden, Spitzbergen, Sowjetunion (Usbekistan, Grusien); terrikol. — *Plectus cornus* MAGGENTI, 1961; *Proteroplectus cornus* (MAGGENTI, 1961) PARAMONOV, 1964 . . . . *cornus* (MAGGENTI, 1961) n. comb.

— Mundhöhle 1,5–2 Kopfbreiten lang. 4

4 Größere Art, 0,7–0,9 mm. — Cuticula dünn, fein geringelt. Kopf breit, Borsten nur 1/5 der Lippenbreite, die Kopfkontur vorn kaum überragend. Mundhöhle breit und beinahe zylindrisch, 20–27 µm lang. Seitenorgan deutlich vor der Mundhöhlenmitte, fragezeichenförmig. Ösophagus stämmig, mit abgesondertem Corpus und Isthmus. Exkretionsporus in oder hinter der Ösophagusmitte. Seitenfeld 1/6–1/8 des größten Körperdurchmessers. Ei 70 µm lang, doppelt so lang wie breit. Spicula 34 µm lang. Schwanz praktisch gerade, von 3–5 Analbreiten.

♀: L = 0,7–0,9 mm; a = 14–20; b = 4–5; c = 9–13; V = 46–51%. ♂: L = 0,7 mm; a = 14; b = 3,4; c = 13.
Holland, BRD, Österreich, Schweiz, Tschechoslowakei, Rumänien, Bulgarien, Italien, Dänemark, Spitzbergen, Sowjetunion (Rußland, Litauen, Grusien, Ferner Osten), USA, Chile; in terrestrischen Biotopen. — *Plectus assimilis* BÜTSCHLI, 1873 . . . . *assimilis* (BÜTSCHLI, 1873) n. comb.

— Kleinere Arten, 0,3—0,5 mm. 5

5 Schwanz stark verschmälert, 6 Analbreiten lang; Borsten den Kopf vorn kaum überragend. — Cuticula gut geringelt, Seitenfeld sehr schmal, nur 1/20 der Körperbreite. Kopfborsten 2,5 µm lang, ungefähr 1/3 der Lippenbreite. Mundhöhle 17 µm lang, mit parallelen Wänden. Seitenorgan in oder etwas hinter der Mundhöhlenmitte. Exkretionsporus in 60% der Ösophaguslänge. Abstand Vulva-Anus etwas größer als die doppelte Schwanzlänge. 1 Paar subventrale und 3 Paare subdorsale Schwanzborsten. Terminalröhrchen 2 µm lang.
♀: L = 0,49—0,56 mm; a = 17—25; b = 3,5—4,0; c = 7,1—9,3; V = 42 bis 48%. ♂ unbekannt.
Sowjetunion (Ferner Osten); terrikol. — *Pelctus gracilis* TRUSKOVA, 1976 . . . . *gracilis* (TRUSKOVA, 1976) n. comb.

— Schwanz weniger verschmälert, 4—5 Analbreiten lang; Borsten den Kopf vorn weit überragend. — Cuticula sehr dünn, fein geringelt. Seitenfeld 1/8 der größten Körperbreite. Borsten 2/3 der Kopfbreite. Mundhöhle 13—21 µm lang, 1,5 bis 2mal länger als die Lippenbreite, fast ganz zylindrisch, gut cuticularisiert. Seitenorgan in oder etwas vor der Mundhöhlenmitte, leicht oval. Ei 1,5—2mal länger als breit. Schwanz 4—5 Analbreiten lang, schwach gebogen, mit 1 Paar subventraler und 2 Paaren subdorsaler Borsten. Abstand Vulva-Anus 2,7 bis 3mal so lang wie der Schwanz. Spicula gerade, 15 µm lang.
♀: L = 0,33—0,52 mm; a = 13—23; b = 3—5; c = 7—10; V = 42—53%.
♂: L = 0,36—0,40 mm; a = 16—22; b = 3,5; c = 9,2—9,5.
Die häufigste Art der Gattung; sie ist in Europa allgemein verbreitet und kommt außerdem auch in Asien und Nordamerika vor: Holland, Belgien, DDR, BRD, Schweiz, Österreich, Ungarn, Tschechoslowakei, Rumänien, Bulgarien, Spanien, Menorca, Italien, Polen, Dänemark, Norwegen, Spitzbergen, Sowjetunion (Rußland, Moldau, Litauen, Tadshikistan, Grusien, Ferner Osten), China, Japan, Sumatra, Kenia, USA, Neue Hebriden. Fast immer terrikol, nur selten aquatil. — *Plectus armatus* BÜTSCHLI, 1873; *Proteroplectus armatus* (BÜTSCHLI, 1873) PARAMONOV, 1964; *Plectus communis* BÜTSCHLI, 1873; *Cyatholaimus styriacus* MICOLETZKY, 1922; *Plectus arctus* TRUSKOVA, 1976. . . . . *armatus* (BÜTSCHLI, 1873) n. comb.

4. Genus: ***Chiloplectus*** n. gen.[25]

Plectinae. Körperlänge zwischen 0,6 und 1,6 mm. Cuticula fein geringelt und beborstet. Kopf scharf abgesetzt, Lippen kugelig, scharf voneinander abgesondert, vorn mit je einem kleinen, nach innen gerichteten, dornförmigen Anhang. Kopfborsten ziemlich kräftig, schräg nach außen gerichtet. Mundhöhle *Plectus*-ähnlich. Seitenorgan rundlich-oval, hinter der Mundhöhlenmitte. Ösophaguscorpus vom Isthmus kaum abgesondert. Weibliche Gonaden paarig, zurückgebogen. Männchen unbekannt. Schwanz plump, wenig verschmälert, mit Ausfuhrröhrchen.
Im Süßwasser und Boden lebende Tiere.
Typusart: *Plectus globilabiatus* ANDRÁSSY, 1963, nec KIRJANOVA, 1958 = *Chiloplectus andrassyi* (TIMM, 1971) n. comb.

---

[25] χεῖλος = die Lippe.

Bestimmungsschlüssel der Arten

1 Große Art, über 1,5 mm. — Cuticularingelung 3 µm breit. Mundhöhle von 2,5 Kopfbreiten. Schwanz kurz, nur 3 Analbreiten lang, Abstand Vulva-Anus 5mal länger als der Schwanz.
♀: L = 1,6 mm; a = 19; b = 5; c = 11; V = 45%. ♂ unbekannt.
Antarktis; sehr kurz und ohne Abbildung beschrieben. — *Plectus globilabiatus* KIRJANOVA, 1958. . . . . *globilabiatus* (KIRJANOVA, 1958) n. comb.

— Kleinere Arten, 1 mm oder darunter 2

2 Körper länger, 0,8—1,1 mm; Lippen scharf abgesetzt, Lippenregion wesentlich schmäler als der nachfolgende Halsteil. — Cuticula 1—1,6 µm dick, fein geringelt, Ringelbreite 1—1,4 µm. Seitenfeld 1/6—1/7 der Körperbreite, aus 3 Furchen bestehend. Borstenartige Lippenanhänge entweder nach vorn oder nach innen gerichtet. Kopf 8—10 µm breit, Körper am Proximalende des Ösophagus 4 bis 4,5mal so breit wie der Kopf. Mundhöhle 20—28 µm lang, doppelt so lang wie die Lippenbreite. Ösophagusbulbus ziemlich schwach. Ei 65 × 32 µm. Schwanz 4—5 Analbreiten lang, leicht ventral gebogen, mit 3 Paaren Borsten.
♀: L = 0,8—1,08 mm; a = 17—22; b = 4,0—4,9; c = 7—10; V = 43—50%. ♂ unbekannt.
Österreich, Italien und Argentinien; terrikol und aquatil. — *Plectus globilabiatus* ANDRÁSSY, 1963, nec KIRJANOVA, 1958; *Plectus andrassyi* TIMM, 1971. . . . . *andrassyi* (TIMM, 1971) n. comb.

— Körper kürzer, 0,6—0,7 mm; Lippen kaum abgesetzt, Lippenregion so breit wie der nachfolgende Halsteil. — Cuticulaf ein geringelt. Seitenfeld schmal, mit 3 Furchen. Borstenartige Lippenanhänge schräg nach vorn gerichtet. Lippen nur 1,5—2mal breiter als hoch. Kopfborsten 3—4 µm lang. Mundhöhle 15 bis 18 µm, 1,5—1,8mal so lang wie die Kopfbreite. Seitenorgan hinter der Mundhöhlenmitte. Exkretionsporus in 57—63% der Ösophaguslänge. Ei 53—57 × × 25—30 µm groß. Schwanz 4—5 Analbreiten lang, mit 3 Paaren Borsten. Schwanzröhrchen 1,5—2 µm lang.
♀: L = 0,58—0,71 mm; a = 17—21; b = 3,4—4,0; c = 7,0—9,1; V = 44 bis 52%. ♂ unbekannt.
Kenia; in Moos (3200 m ü. M.). — *Plectus globocephalus* MULK & COOMANS, 1978. . . . . *globocephalus* (MULK & COOMANS, 1978) n. comb

5. Genus: ***Perioplectus*** SANWAL in GERLACH & RIEMANN, 1973

Syn. *Periplectus* SANWAL, 1968, nec RAFFRAY, 1887.
Plectinae. Körperlänge um 1 mm. Cuticula geringelt, mit zahlreichen Poren von Subcuticulardrüsen. 6 Lippen, mit je einem zweispitzigen, nach innen gerichteten Anhang. Seitenorgan queroval, in Höhe der Mundhöhle. Mundhöhle aus zwei Teilen bestehend: Vorderabschnitt weit, schalenförmig, Hinterabschnitt sehr eng. Ösophagus, mit Ausnahme des relativ schwachen Bulbus, vollkommen zylindrisch. Weibliches Geschlechtsorgan paarig. Spicula bogenförmig. Präanale Rohrorgane vorhanden. Schwanz kurz und plump, mit Terminalröhrchen.
Typische und einzige Art: *Periplectus labiosus* SANWAL, 1968 = *Perioplectus labiosus* (SANWAL, 1968) SANWAL in GERLACH & RIEMANN, 1973.

— Cuticula ziemlich grob geringelt, Seitenfeld mit 2 Längslinien. Kopf breiter als der nachfolgende Halsteil. Lippenanhänge niedrig, im ganzen Y-förmig, nach der Mundöffnung zu gerichtet, an ihrer Basis mit sehr kleinen Nebenanhängen. Kopfborsten ganz kurz. Beide Mundhöhlenteile gleich lang. Seitenorgan an der Mitte der Mundhöhle. Exkretionsporus bei der Mitte des Ösophagus. Eischale bestachelt. Ei 62—80 µm lang, zweimal länger als breit. Spicula 49—58 µm, Gubernaculum 7—9 µm lang; letzteres mit Caudalfortsatz. 2 präanale Rohrorgane von gleicher Länge. Schwanz 2,8—3,6 (♀) bzw. 2,1—2,7 (♂) Analbreiten lang, beim ♂ mit 4 Paaren von Subventralpapillen.
♀: L = 0,9—1,2 mm; a = 18—26; b = 4,4—5,2; c = 12—13; V = 45—50%.
♂: L = 0,9—1,2 mm; a = 21—34; b = 4,3—6,4; c = 11—18.
Kanada, arktische Region; terrikol. — *Periplectus labiosus* SANWAL, 1968. . . . . *labiosus* (SANWAL, 1968) SANWAL in GERLACH & RIEMANN, 1973

bb) Subfamilia: *Wilsonematinae* CHITWOOD, 1951

Plectidae. Cuticula an der Halsregion ventral und dorsal blasig bzw. ohrenartig angeschwollen. Kopfende mit tentakelartigen, meist komplizierten Anhängen, aber ohne echte Borsten. Weibliche Gonaden kurz. Männchen ohne Gubernaculum und Präanalorgane. Sehr kleine Tiere, 1/2 mm oder darunter.
In terrestrischen Biotopen. 4 Gattungen.

Bestimmungsschlüssel der Gattungen

1 Halsanschwellung glatt gerandet oder mit 5—6 Ringeln; Kopfanhänge platten- bzw. lappenartig, groß. 2
— Halsanschwellung wellig gerandet (dicht geringelt); Kopfanhänge borstenartig oder niedrig-plattenartig. 3
2 Ventrale und dorsale Kopfanhänge kammartig bewimpert. . . . . 4. *Wilsonema* (S. 112)
— Ventrale und dorsale Kopfanhänge nicht bewimpert. . . . 3. *Wilsotylus* (S. 112)
3 Kopfrand vorn zwischen den Anhängen dicht bewimpert . . . . 2. *Ereptonema* (S. 111)
— Kopfrand zwischen den Anhängen glatt, nicht bewimpert. . . . . 1. *Tylocephalus* (S. 109)

1. Genus: ***Tylocephalus*** CROSSMAN, 1933

Wilsonematinae. Körper sehr klein, bis 1/2 mm. Halsanschwellung relativ flach, geringelt. Alle 4 Kopfanhänge von gleicher Form: dünn, borstenartig; Kopfrand vorn nicht bewimpert. Mundhöhle dünn, rohrartig, vorn etwas verbreitert. Seitenorgan queroval. Weibliche Gonaden paarig, zurückgebogen. Männchen sehr selten. Spicula proximal hakenartig. Schwanz kurz, mit Ausfuhrröhrchen.
Typusart: *Tylocephalus bacillivorus* CROSSMAN, 1933 = *Tylocephalus auriculatus* (BÜTSCHLI, 1873) ANDERSON, 1966.

Bestimmungsschlüssel der Arten

1 Schwanz sehr kurz, 2—2,6 Analbreiten lang (c = 10 oder mehr). —Cuticularinge 0,8 µm breit in der Körpermitte. Seitenfeld 1/5—1/7 des größten Körperdurch-

messers. Kopfanhänge 6—8 μm lang. Angeschwollene Halsregion 17—22 μm breit. Mundhöhle 14—21 μm lang. Seitenorgan oval, bei der Mitte der Mundhöhle, 1/3 des einschlägigen Halsbreite. Ösophaguscorpus und Isthmus abgesondert. Spicula 21 μm lang, proximal hakenartig, etwa so lang wie die Analbreite. Abstand Vulva-Anus 4—5mal länger als der Schwanz. Dieser beim ♀ kaum, beim ♂ stark ventral gebogen, mit 8—9 Borstenpaaren.
♀: L = 0,34—0,57 mm; a = 12—20; b = 3,3—4,2; c = 10—16; V = 46 bis 54%. ♂: L = 0,4 mm; a = 15—16; b = 3,3—3,8; c = 12—14.

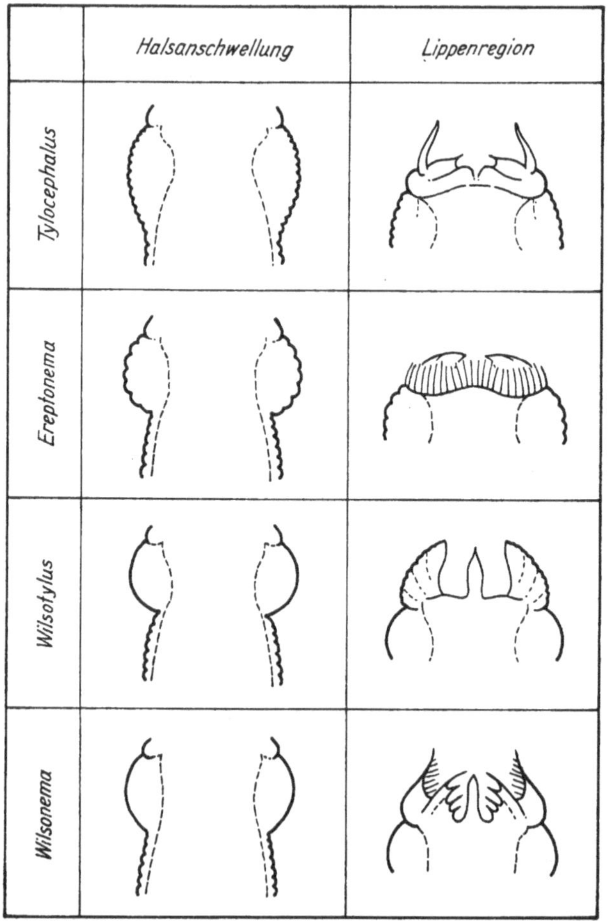

Abb. 30—33 Familie *Plectidae*, Unterfamilie *Wilsonematinae*: *Tylocephalus*, *Ereptonema*, *Wilsotylus* und *Wilsonema*

In Boden und Moospolstern sehr häufig und weit verbreitet: Holland, Belgien, DDR, BRD, Schweiz, Österreich, Ungarn, Tschechoslowakei, Rumänien, Bulgarien, Jugoslawien, Spanien, Frankreich, Italien, Sizilien, Pityusen, Polen, Dänemark, Norwegen, Jan Mayen, Sowjetunion (Rußland, Estland, Ukraine, Moldau, Grusien, Tadshikistan, Kirgisien, Kasachstan, Usbekistan, Ferner Osten), Mongolei, China, Hainan, Madeira, Ghana, Südafrika, Kanada,

USA, Mexiko, Galapagos-Inseln. — *Plectus auriculatus* Bütschli, 1873; *Plectus* (*Wilsonema*) *auriculatus* (Bütschli, 1873 (Micoletzky, 1922); *Wilsonema auriculatum* (Bütschli, 1873) Cobb, 1913; *Tylocephalus bacillirovorus* Crossman, 1933; *Wilsonema bacillivorus* (Crossman, 1933) Chitwood & Chitwood, 1951 . . . . *auriculatus* (Bütschli, 1873) Anderson, 1966

— Schwanz länger, 3,5—4 Analbreiten lang (c um 8). — Im ganzen der vorigen Art sehr ähnlich. Halsanschwellung breit. Seitenorgan bei der Mitte der Mundhöhle. Abstand Vulva-Anus 3mal länger als der Schwanz. Gonaden kurz, nur je 1,5-mal so lang wie die Körperbreite.
♀: L = 0,3—0,4 mm; a = 12—15; b = 3,1—4,0; c = 7,3—8,5; V = 49 bis 53%. ♂: unbekannt.
Sowjetunion (Moldau) und Australien; terrikol. — *Plectus cephalatus* Cobb, 1893; *Plectus* (*Wilsonema*) *auriculatus cephalatus* Cobb, 1893 (Micoletzky, 1922); *Wilsonema cephalatum* (Cobb, 1893) Cobb, 1913 . . . . *cephalatus* (Cobb, 1893) Anderson, 1966

Bemerkung: Zur Gattung *Tylocephalus* gehört, näher aber nicht einzuordnen ist die folgende Art: *Tylocephalus tentaculatus* (Fuchs, 1930) Anderson, 1966 — Syn. *Plectus* (*Wilsonema*) *tatenculatus* Fuchs, 1930; *Wilsonema tentaculatum* (Fuchs, 1930) Schneider, 1939 — aus der BRD.

2. Genus: ***Ereptonema*** Anderson, 1966

Syn. *Neotylocephalus* Ali, Farooqi & Tejpal, 1969; *Paraereptonema* Eroshenko, 1977; *Wilsereptus* Chawla, Khan & Saha, 1977.
Wilsonematinae. Sehr kleine Tiere, um 0,3 mm. Halsanschwellung breit, gewölbt und geringelt. Alle 4 Kopfanhänge von gleicher Form: niedrig, lamellen- bzw. hornartig; Kopfrand zwischen ihnen dicht bewimpert. Mundhöhle dünn, vorn etwas erweitert. Seitenorgan kreisrund. Weibliche Gonaden paarig, umgeschlagen. Männchen unbekannt. Schwanz mittellang, mit Terminalröhrchen.
Seltene, terrestrisch lebende Nematoden.
Typusart: *Ereptonema fimbriatum* Anderson, 1966.

Bestimmungsschlüssel der Arten

1 Wimpern am Kopfrand so lang wie die Ventral- bzw. Dorsalspitze der Halsanschwellung. — Cuticularinge 0,8 μm breit. Seitenfeld 1/4—1/8 des größten Körperdurchmessers. Halsanschwellung 16—17 μm breit. Mundhöhle 11 bis 15 μm lang. Seitenorgan bei der Mitte der Mundhöhle. Ei 55 μm lang. Vorderabschnitt des Ösophagus zylindrisch. Schwanz 3,5—4 Analbreiten lang; Abstand Vulva-Anus 3mal länger als der Schwanz. 4 Schwanzborsten vorhanden.
♀: L = 0,25—0,38 mm; a = 15—21; b = 3—4; c = 8—11; V = 47—56%. ♂: unbekannt.
Schweiz und Kanada; in Boden und Moos. — *Plectus otophorus* apud Hofmänner & Menzel, 1915 . . . . *fimbriatum* Anderson, 1966

— Wimpern am Kopfrand bedeutend kürzer als die Ventral- bzw. Dorsalspitze der Halsanschwellung. — Cuticularinge 0,8 µm reit. Mundhöhle 11 µm lang. Seitenorgan bei der Mitte der Mundhöhle. Ösophagus bis zum Bulbus vollkommen zylindrisch. Schwanz 3,4—4,6 Analbreiten lang; Abstand Vulva-Anus etwa 3mal so lang wie der Schwanz. Zahl der Schwanzborsten 4.
♀: L = 0,28—0,34 mm; a = 16—18; b = 3,4—3,8; c = 7—9; V = 48—53%.
♂ unbekannt.
Spitzbergen, Sowjetunion (Ferner Osten) und Kenia; terrikol. — *Paraereptonema ciliatum* EROSHENKO, 1977. . . . . *arcticum* LOOF, 1971

Bemerkung: *Neotylocephalus annonae* ALI, FAROOQI & TEJPAL, 1969 = *Ereptonema annonae* (ALI, FAROOQI & TEJPAL, 1969) n. comb. ähnelt sehr *Ereptonema arcticum* LOOF, 1971, mit der einzigen Ausnahme, daß die Halsanschwellung der vorigen Art als ungeringelt beschrieben worden ist. Ist sie jedoch geringelt, so müssen die beiden Spezies miteinander synonymisiert werden und dann hat der Name *annonae* die Priorität. Hierher gehört auch *Ereptonema andersoni* (CHAWLA, KHAN & SAHA, 1977) n. comb. — Syn. *Wilsereptus andersoni* CHAWLA, KHAN & SAHA, 1977.

3. Genus: *Wilsotylus* CHAWLA, KHAN & PRASAD, 1969

Wilsonematinae. Sehr kleine Nematoden, nicht länger als 1/4 mm. Halsanschwellung breit-gewölbt, nicht geringelt. Kopfanhänge von zweierlei Typ: ventrale und dorsale Anhänge dreieckförmig, breit und lang, laterale Anhänge dünner und kürzer. Wimpern nicht vorhanden. Mundhöhle dünn, kaum entwickelt. Seitenorgan queroval. Weibliche Gonaden paarig, umgeschlagen, sehr kurz. Männchen unbekannt. Schwanz kurz, mit Endröhrchen.
Typische und einzige Art: *Wilsotylus bangaloreiensis* CHAWLA, KHAN & PRASAD, 1969[26].

— Körper recht klein. Cuticularinge 1 µm breit. Seitenfeld 1/6—1/10 des größten Körperdurchmessers. Kopfanhänge 7 µm lang. Mundhöhle 8 µm lang; Seitenorgan bei der Mitte der Mundhöhle. Ösophagus mit deutlichem Corpus und Isthmus. Enddarm 1,5 Analbreiten lang. Schwanz von 3 Analbreiten; Abstand Vulva-Anus 5mal länger als der Schwanz.
♀: L = 0,20—0,25 mm; a = 11—15; b = 2,8—3,5; c = 9—12; V = 51—57%. ♂ unbekannt.
Indien, im Boden. . . . . . . *bangaloreiensis* CHAWLA, KHAN & PRASAD, 1969

4. Genus: *Wilsonema* COBB, 1913

Syn. *Plectus* (*Wilsonema* COBB, 1913); *Bitholinema* DE CONINCK, 1931.
Wilsonematinae. Körper recht klein, um 0,3 mm. Halsanschwellung mittelmäßig gewölbt, nicht geringelt oder mit 5—6 breiten Ringeln. Kopfanhänge von zweierlei Form: ventrale und dorsale federartig zweiseitig bewimpert, laterale dünner, mit einigen Dörnchen. Mundhöhle schmal, vorn etwas verbreitert. Seitenorgan kreisrund bzw. versteckt-spiralig. Weibliche Gonaden paarig, umgeschlagen. Spicula vorn hakenartig. Schwanz mittellang, mit feinem Endröhrchen.

[26] Es ist nicht ausgeschlossen, daß *Wilsotylus* mit *Wilsonema* identisch ist.

Typische Art: *Wilsonema capitatum* COBB, 1913 = *Wilsonema otophorum* (DE MAN, 1880) COBB, 1913.

1 Halsanschwellung mit 5—6 breiten Ringeln. — Cuticularinge 0,8—0,9 µm breit. Seitenfeld 1/6—1/8 der Körperbreite. Mundhöhle 10—11 µm lang. Seitenorgan spiralig, bei der Mitte der Mundhöhle. Schwanz 3,5—3,7 Analbreiten lang, mit 2 Paar Borsten.
♀: L = 0,27—0,32 mm; a = 15—17; b = 3,1—3,8; c = 7,3—8,7; V = 49 bis 54%. ♂ unbekannt.
Sowjetunion (Moldau) und Ungarn); Bodenbewohner. . . . . *agrarum* NESTEROV, 1973

— Halsanschwellung vollkommen glatt. — Seitenfeld 1/4—1/8 der größten Körperbreite. Halsanschwellung 15—17 µm breit; Kopfanhänge 8 µm lang. Mundhöhle 12 µm lang; Seitenorgan beim Hinterende der Mundhöhle. Ei 48 µm lang, 2,5mal länger als breit. Spicula 12—13 µm lang. Schwanz 2,5—4 Analbreiten lang, mit 4 Borsten.
♀: L = 0,25—0,36 mm; a = 15—20; b = 3,2—4,0; c = 6—11; V = 48 bis 57%. ♂: L = 0,26—0,27 mm; a = 17—18; b = 3,5; c = 7,6—7,8.
Kosmopolitisch, terrikol. Holland, Belgien, DDR, BRD, Schweiz, Österreich, Ungarn, Tschechoslowakei, Rumänien, Bulgarien, Frankreich, Italien, Polen, Dänemark, England, Schottland, Norwegen, Sowjetunion (Rußland, Estland, Litauen, Moldau, Grusien, Ferner Osten), Mongolei, China, Japan, Indonesien, Zaire, Kanada, USA, Venezuela, Brasilien, Australien, Neuseeland, Neue Hebriden, Orkney-Inseln. — *Plectus otophorus* DE MAN, 1880; *Plectus* (*Wilsonema*) *otophorus* DE MAN, 1880 (MICOLETZKY, 1922); *Wilsonema capitatum* COBB, 1913; *Plectus* (*Wilsonema*) *capitatus* (COBB, 1913) MICOLETZKY, 1922; *Plectus* (*Wilsonema*) *fausti* KREIS, 1930; *Wilsonema fausti* (KREIS, 1930) GOODEY, 1951; *Bitholinema schuurmansstekhoveni* DE CONINCK, 1913; *Ereptonema inflatum* YEATES, 1967. . . . . *otophorum* (DE MAN, 1880) COBB, 1915

Bemerkung: Nach der Besprechung der obigen Arten der Unterfamilie *Wilsonematinae* soll noch eine Gattung bzw. Art erwähnt werden, und zwar *Pycnolaimus pygmaeus* COBB, 1920 — Syn. *Plectus pygmaeus* (COBB, 1920) MAGGENTI, 1961. Obwohl diese anhand eines einzigen jungen Exemplares beschriebene Spezies taxonomisch nicht näher gewertet werden kann, ist nahezu sicher anzunehmen, daß es sich um einen Vertreter der Unterfamilie *Wilsonematinae* handelt.

IV. Ordo: **Chromadorida** CHITWOOD, 1933

Torquentia. Kopfborsten 4, 6 + 4 oder mehr. Cuticula geringelt und oft mit feiner Punktierung oder andersartiger Ornamentation versehen. Seitenorgan einfach- oder mehrfach-spiralig gerollt, rundlich oder eng, spaltenförmig. Mundhöhle im ganzen trichterförmig, nach hinten verengt, immer mit Zahnbildungen: zumeist mit einem Dorsalzahn und zwei Subventralzähnen. Ösophagus muskulös, entweder zylindrisch, oder hinten — oft auffallend stark — angeschwollen. Bei aquatilen Spezies kommen zuweilen Augenflecke (Ocelli) von verschiedener Farbe vor. Weibliches Geschlechtsorgan paarig, und zwar gestreckt oder umgeschlagen. Präanalorgane, wenn vorhanden, klein, cuticularisiert, knopfförmig. Schwanzdrüsen und Terminalröhrchen vorhanden.

Die Chromadoriden sind echte Wassertiere; sie leben vorwiegend im Meer, doch einige Vertreter von ihnen kommen auch in Süßwasserbiotopen und in feuchten Böden vor. Von den 4 Unterordnungen finden sich binnenländische Arten in drei.

Bestimmungsschlüssel der das Festland bewohnenden Unterordnungen

1 Seitenorgan eng, spaltenförmig, oft undeutlich; Ösophagusbulbus stark entwickelt. . . . . C) *Chromadorina* (S. 127)

— Seitenorgan spiralig oder rundlich, gut erkennbar; Ösophagusbulbus schwach oder völlig fehlend. 2

2 Cuticula außer der Ringelung mit weiteren feinen „Zier"-Elementen; Seitenorgan mehrfach spiralig, mit dünnen (dicht stehenden) Windungen. . . . . B) *Cyatholaimina* (S. 119)

— Cuticula außer der Ringelung nicht ornamentiert; Seitenorgan einfach-spiralig, mit breiten oder doppelt konturierten Windungen. . . . . A) *Desmodorina* (S. 114)

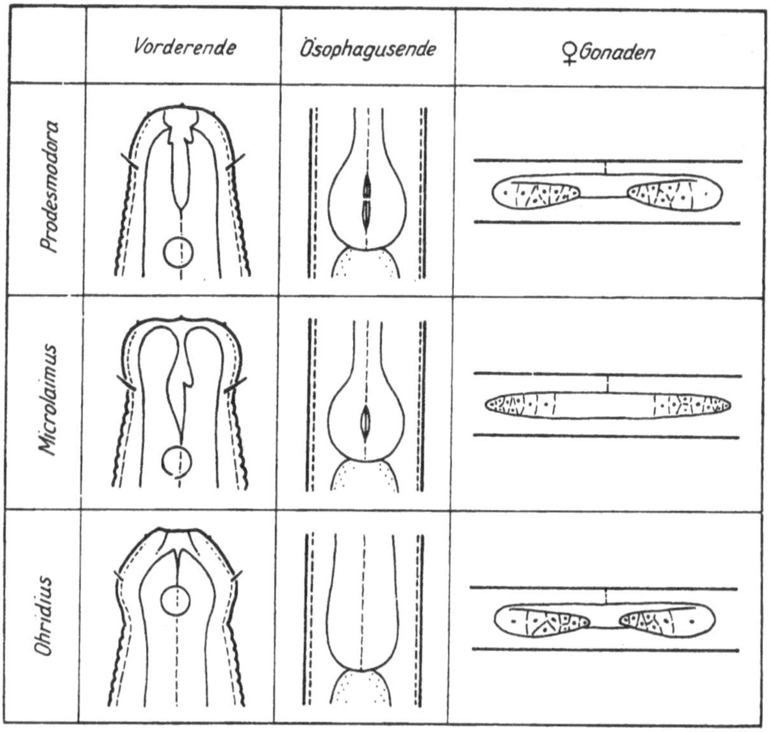

Abb. 34—36 Familie *Microlaimidae*: *Prodesmodora*, *Microlaimus* und *Ohridius*

A) Subordo: **Desmodorina** De Coninck, 1965

Chromadorida. Cuticula fein geringelt, nicht punktiert. Kopfende erweitert und oft mit sogenannter Cuticularkappe (doppelter Cuticulaschicht). Seitenorgan einfachspiralig, mit 1 bis 1 1/2 breiten Windungen, rundlich konturiert. Ösophagus mit oder ohne Bulbus.

Überwiegend Meeresbewohner. Die drei binnenländischen Gattungen gehören zur Überfamilie *Richtersioidea* COBB in COBB, 1933 und zur Familie *Microlaimidae* MICOLETZKY, 1922.

1. Familia: **Microlaimidae** MICOLETZKY, 1922

Desmodorina. Cuticula nur mit einfacher, feiner Ringelung; am Kopf zuweilen verdoppelt. Kopf oft leicht angeschwollen, mit 4 zarten Borsten. Seitenorgan kreisrund oder rundlich-oval, einfach-spiralig, im Bereich oder hinter der Mundhöhle. Mundhöhle eng, Zähnchen sehr fein. Ösophagus mit oder ohne Bulbus. Ocelli fehlen. Ovarien gestreckt oder zurückgebogen. Männchen selten, ohne cuticularisierte Präanalorgane. Gubernaculum mit Caudalfortsatz.
Zwei Unterfamilien. (Die Zugehörigkeit der Unterfamilie Ohridiinae ist ziemlich problematisch.)

Bestimmungsschlüssel der Unterfamilien

1 Ösophagus mit gut ausgebildetem Bulbus. . . . . . aa) *Microlaiminae* (S. 115)
— Ösophagus ohne Bulbus . . . . bb) *Ohridiinae* (S. 118)

aa) Subfamilia: *Microlaiminae* MICOLETZKY, 1922

Microlaimidae. Ösophagusbulbus gut entwickelt, mit deutlichem Klappenapparat. Ovarien gestreckt oder umgeschlagen.
Binnenländisch 2 Gattungen.

Bestimmungsschlüssel der binnenländischen Gattungen

1 Ovarien gestreckt; Kopf meist merklich erweitert. . . . 2. *Microlaimus* (S. 117)
— Ovarien umgeschlagen; Kopf nicht erweitert. . . . . . 1. *Prodesmodora* (S. 115)

1. Genus: ***Prodesmodora*** MICOLETZKY, 1923

Microlaiminae[27]. Körper klein, 0,3—0,9 mm. Kopf praktisch nicht erweitert, mit 4 Borsten. Cuticula gut geringelt. Seitenorgan kreisrund oder rundlich-oval, hinter der Mundhöhle. Diese eng-trichterförmig, vorn und hinten mit sehr feinen Zähnchen, im Atrium mit feinen zickzackartigen Rippen. Bulbus mittelmäßig entwickelt, seine cuticularisierte Intima durch eine Querfurche in zwei Abschnitte geteilt. Ocelli fehlen. Weibliche Gonaden paarig und umgeschlagen. Männchen nur bei einer Art bekannt. Spicula einfach, cuticularisierte Präanalorgane nicht vorhanden. Schwanzendröhrchen gut ausgebildet.
Mit Ausnahme einer Spezies leben die *Prodesmodora*-Arten in limnischen Biotopen.
Typusart: *Prodesmodora wolgensis* MICOLETZKY, 1923 = *Prodesmodora circulata* (MICOLETZKY, 1913) MICOLETZKY, 1925.

[27] In seiner neuesten Arbeit reiht JENSEN (1978) die Gattung *Prodesmodora* wegen der umgeschlagenen Gonaden in die von ihm aufgestellte Familie *Molgolaimidae* ein. Ich halte diese Auffassung für nicht genügend begründet, da Nematoden mit gestrecktem und umgeschlagenem Ovar sowohl unter den Microlaimiden als unter den Molgolaimiden anzutreffen sind.

Bestimmungsschlüssel der Arten

1 Seitenorgan eine Kopfbreite hinter dem Vorderende. — Kopf schwach erweitert, Borsten 5 μm lang. Cuticula 1,6 μm dick, mit vereinzelten Submedialborsten. Seitenorgan kreisförmig, 1/4 der entsprechenden Körperbreite. Mundhöhle vorn mit 3, hinten 2 sehr kleinen Zähnchen. Cardia kugelig angeschwollen, von drüsiger Struktur. Ei 60 μm lang, mehr als doppelt so lang wie breit. Leibeshöhle mit feinen Biokristallen gefüllt. Spicula 28—30 μm lang. Schwanz 5—6 Analbreiten lang, gleichmäßig verschmälert.
♀: L = 0,5—0,9 mm; a = 20—30; b = 6,4—7,0; c = 6,4—7,5; V = 39 bis 47%. ♂: L = 0,85—0,89 mm; a = 24—25; b = 6,5—6,6; c = 9,1—9,3.
BRD, Österreich, Schweiz, Jugoslawien, Italien, Polen, Dänemark, Schweden, Sowjetunion (Rußland, Ukraine, Usbekistan, Ferner Osten), Japan, USA (Michigan), Mexiko, Kolumbien; in stehenden und fließenden Gewässern. — *Tripyla circulata* Micoletzky, 1913; *Microlaimus fluviatilis* Cobb, 1914; *Prodesmodora fluviatilis* (Cobb, 1914) Micoletzky, 1925; *Microlaimus menzeli* Hofmänner in Hofmänner & Menzel, 1914; *Prodesmodora wolgensis* Micoletzky, 1923. . . . . . . *circulata* (Micoletzky, 1913) Micoletzky, 1925

— Seitenorgan 2 Kopfbreiten hinter dem Vorderende oder noch weiter hinten . 2

2 Körper 1/2 mm oder darüber. — Cuticularinge 0,7 μm breit. Kopf nicht erweitert, Borsten 2,5—3 μm lang. Seitenorgan queroval bis kreisförmig, 2 Kopfbreiten hinter dem Vorderende, 1/3 des entsprechenden Körperdurchmessers. Ösophagusbulbus mäßig entwickelt, 1/5—1/6 der Ösophaguslänge. Exkretionsporus unmittelbar vor dem Bulbus. Enddarm von 3 Analbreiten. Schwanz 6—7 Analbreiten lang, in der hinteren Hälfte ganz zylindrisch.
♀: L = 0,5—0,7 mm; a = 21—28; b = 4,8—6,5; c = 5,8—8,0; V = 48 bis 57%. ♂ unbekannt.
Bis jetzt nur aus der Schweiz, Italien und der Sowjetunion (Moldau) bekannt; terrikol . . . . *terricola.* Altherr, 1952

— Körper sehr klein, wohl unter 1/2 mm. 3

3 Kopfborsten ganz kurz, nur 1/5—1/6 der Kopfbreite; Enddarm von doppelter Analbreite. — Cuticularinge 1,4—1,6 μm breit. Kopf nicht erweitert, Borsten sehr zart. Körper am Proximalende des Ösophagus zweimal so breit wie der Kopf. Seitenorgan kreisrund, 1/3 der entsprechenden Halsbreite, mehr als 2 Kopfbreiten vom Vorderende entfernt. Bulbus sehr stark entwickelt, 1/5 der gesamten Ösophaguslänge. Schwanz 4—5 Analbreiten lang, gerade.
♀: L = 0,33—0,36 mm; a = 19—20; b = 5,6—6,2; c = 6,7—7,6; V = 46 bis 47%. ♂ unbekannt.
Bisher nur von den Großen Sundainseln bekannt . . *minuta* Schneider, 1937

— Kopfborsten nahezu halb so lang wie die Kopfbreite; Enddarm eine Analbreite lang. — Cuticula fein geringelt. Seitenorgan kreisförmig, 2 Kopfbreiten hinter dem Vorderende, etwas kleiner als 1/3 der korrespondierenden Halsbreite. Gonaden kurz, von je 2 Körperbreiten. Ei 2,5mal länger als breit. Schwanz 6 Analbreiten lang.
♀: L = 0,3—0,4 mm; a = 20—32; b = 5—7; c = 6,7—8,2; V = 48—55%. ♂ unbekannt.
Polen und arktische Region von Kanada; in Moorboden. — *Microlaimus arcticus* Mulvey, 1969 . . . . *arctica* (Mulvey, 1969) n. comb.

2. Genus: ***Microlaimus*** DE MAN, 1880

Syn. *Microlaimus* (*Microlaimoides* HOEPPLI, 1926); *Microlaimoides* (HOEPPLI, 1926) HOEPPLI & CHU, 1932; *Paracothonolaimus* SCHULZ, 1932.
Microlaiminae. Körper klein, 0,3 bis 0,8 mm. Kopf merklich angeschwollen, ungeringelt. Kopfborsten zart, ihre Zahl 4. Cuticula geringelt und meist mit feinen Borsten versehen. Seitenorgan kreisrund (eigentlich einfach-spiralig), hinter der Mundhöhle. Mundhöhle ganz eng, vorn mit einigen sehr feinen Zähnchen. Atrium nicht gerippt. Bulbus stark entwickelt. Ocelli fehlen. Weibliche Gonaden paarig und gestreckt. Spicula relativ kurz und dünn, einfach gebogen, Gubernaculum ohne Caudalfortsatz. Schwanz mit Drüsen und Endröhrchen.
Vorwiegend Meerestiere, nur einige Arten kommen in limnischen Biotopen, insbesondere in Thermalwässern vor.
Typusart: *Microlaimus globiceps* DE MAN, 1880.

Bestimmungsschlüssel der binnenländischen Arten

1 Schwanz sehr lang, 1/3—1/4 der Körperlänge. — Kopf deutlich aufgetrieben, ohne (?) Borsten. Mundhöhle vorn mit kleinen Zähnen. Seitenorgan 1,5—2 Kopfbreiten hinter dem Vorderende, kreisrund, 1/4 der entsprechenden Halsbreite. Ovarien zurückgebogen (?). Schwanz am Ende leicht angeschwollen. ♀: L = 0,5—0,8 mm; a = 22—26; b = 6,0—7,3; c = 3,0—4,3. ♂ unbekannt. Eine ziemlich ungenügend beschriebene, bisher nur aus Italien bekannte, aquatile Art. — *Prodesmodora leptura* (DE CILLIS, 1917) MEYL, 1961. . . . . *lepturus* DE CILLIS, 1917

— Schwanz wesentlich kürzer, 1/6—1/10 der Körperlänge 2

2 Schwanz gestreckt, nicht gebogen. — Cuticula stark geringelt, Ringelbreite 2 bis 2,5 µm. Kopfborsten 3—4 µm lang, beinahe 1/2 des entsprechenden Kopfdurchmessers. Mundhöhle schmal, mit feinen Zähnen. Seitenorgan 3—4 µm breit, 1/3 der entsprechenden Körperbreite, etwa 2 Kopfbreiten hinter dem Vorderende. Ösophagusbulbus 14—15 µm groß. Abstand Vulva-Anus 4mal so lang wie der Schwanz. Spicula 18—20 µm, Gubernaculum 10—13 µm lang; beinahe einfach. Schwanz kaum verschmälert, 5 Analbreiten lang. ♀: L = 0,5—0,6 mm; a = 23—28; b = 6,4—7,5; c = 6,6—8,1; V = 46 bis 53%. ♂: L = 0,45—0,60 mm; a = 24—28; b = 5,6—6,9; c = 9—11. Eigentlich Meeresbewohner, kommt aber auch in binnenländischen Salzbiotopen, zuweilen sogar unter limnischen Verhältnissen vor. Holland, DDR, BRD, Ungarn, Polen, Finnland, Norwegen, Sowjetunion (Usbekistan), Chile. . . . . *globiceps* DE MAN, 1880

— Schwanz — mindestens am Ende — deutlich ventralwärts gebogen 3

3 Körper größer, um 0,6 mm; Kopfborsten 3/4 der entsprechenden Körperbreite. Cuticula fein geringelt, Ringelbreite unter 1 mm. Körper am proximalen Ösophagusende doppelt so breit wie der Kopf. Kopfborsten 5 µm lang. Seitenorgan groß, 5 µm, 1/2 der entsprechenden Halsbreite; seine Mitte liegt 2 Kopfbreiten vom Vorderende. Bulbus 1/5 der Ösophaguslänge. Abstand Vulva-Anus 4mal länger als der Schwanz. Spicula fast rechtwinklig gebogen, 20 µm, Gubernaculum 10 µm lang. Schwanz langsam verschmälert, 3,5 Analbreiten lang. ♀: L = 0,59 mm; a = 23, b = 6,7; c = 10; V = 49%. ♂: L = 0,54—0,59 mm; a = 32—35; b = 6,8—6,9; c = 9,4—9,11.

Italien (Ischia), in Cyanophyceenbestand von Fumarolen (bis 40 °C). . . . . .
. . . . *honestoides* MEYL, 1954
— Körper kleiner, 0,3 mm; Kopfborsten kürzer als 1/2 der entsprechenden Körperbreite 4
4 Seitenorgan groß, beinahe 1/2 der Halsbreite; Schwanz relativ plump, am Ende 1/3 der Analbreite. — Cuticula sehr zart geringelt, Ringelbreite kaum 0,5 µm. Kopfborsten 1/3 des korrespondierenden Durchmessers. Körper am Proximalende des Ösophagus doppelt so breit wie der Kopf. Seitenorgan 3 µm breit, 1,5 bis 1,7 Kopfbreiten vom Vorderende. Bulbus nahezu 1/4 der Ösophaguslänge. Abstand Vulva-Anus 2,5mal länger als der Schwanz; dieser 5,5 Analbreiten lang.
♀: L = 0,29 mm; a = 16; b = 5; c = 6,2; V = 47%. ♂ unbekannt.
Italien (Ischia), in Cyanophyceen von Fumarolen (bis 40 °C) . . . .
. . . . *pygmaeus* MEYL, 1954
- Seitenorgan kleiner, kaum 1/3 der Halsbreite; Schwanz stärker verjüngt, am Ende etwa 1/6 der Analbreite. — Kopfborsten 1/3 der Kopfbreite. Cuticula fein geringelt. Seitenorgan beinahe 2 Kopfbreiten hinter dem Vorderende. Ovarien deutlich gestreckt. Abstand Vulva-Anus nur 2mal länger als der Schwanz; dieser 5 Analbreiten lang.
♀: L = 0,34 mm; a = 17; b = 4,9; c = 6,8; V = 50%. ♂ unbekannt.
USA (Michigan), in einer lauwarmen Quelle. — *Microlaimus* (*Microlaimoides*) *setosus* HOEPPLI, 1926 . . . . *setosus* HOEPPLI 1926

bb) Subfamilia: *Ohridiinae* ANDRÁSSY, 1976

Microlaimidae. Ösophagus mehr oder minder zylindrisch, ohne Bulbus. Ovarien paarig und umgeschlagen.
Eine Gattung und eine Spezies.

1. Genus: ***Ohridius*** GERLACH & RIEMANN, 1973

Syn. *Ohridia* SCHNEIDER, 1943, nec NEZLOBINSKI, 1926.
Ohridiinae. Körperlänge um 1/2 mm. Kopf angeschwollen, mit 4 feinen Borsten. Seitenorgan kreisförmig bzw. versteckt-spiralig, in Höhe der Mundhöhle. Diese letztere eng, wahrscheinlich mit einigen sehr feinen Zähnchen. Ösophagus bis zum Ende gleichmäßig verbreitert. Exkretionsporus hinter dem proximalen Ösophagusende. Ovarien zurückgebogen. Spicula kurz, Gubernaculum mit Caudalfortsatz. Schwanz gleichmäßig verjüngt, mit Terminalröhrchen.
Eine seltene Gattung mit einer einzigen Art und ziemlich problematischer taxonomischer Zugehörigkeit.
Typusart: *Ohridia bathybia* SCHNEIDER, 1943 = *Ohridius bathybius* (SCHNEIDER, 1943) GERLACH & RIEMANN, 1973.

— Große Art, um 2 mm. Cuticularinge 1,3 µm breit. Kopfborsten äußerst kurz. Lippenregion scheibenartig eingesenkt. Seitenorgan sehr gut erkennbar, eine Kopfbreite hinter dem Vorderende, etwa 1/4 des korrespondierenden Halsdurchmessers. Mundhöhle kurz, ihr genauer Aufbau nicht bekannt. Ösophagus auffallend kurz, lediglich 1/12—1/13 der Körperlänge. Exkretionsporus etwa eine Körperbreite hinter dem proximalen Ösophagusende. Das vordere Ovar

länger als das hintere. Spicula 32 µm lang; Caudalfortsatz des Gubernaculums etwa so lang wie das Gubernaculum selbst. Schwanz 4,8–5,3 (♀) bzw. 4,5 (♂) Analbreiten lang.
♀: L = 2,0–2,1 mm; a = 40–58; b = 13; c = 15; V = 60–64%. ♂: L = = 2,0 mm; a = 44; b = 12; c = 14.
Jugoslawien: Ohridsee, aus 100–250 m Tiefe. – *Ohridia bathybia* SCHNEIDER, 1943. . . . . *bathybius* (SCHNEIDER, 1943) GERLACH & RIEMANN, 1973

B) Subordo: **Cyatholaimina** DE CONINCK, 1965

Chromadorida. Cuticula geringelt oder seltener glatt, jedoch stets mit in Querreihen angeordneten Punkten. Kopfborsten 4 oder 4 + 6. Seitenorgan mehrfach-spiralig, stets gut sichtbar. Mundhöhle mit 3 annähernd gleich großen Zähnen, oder mit einem kräftigeren Dorsalzahn und zwei schwächeren Subventralzähnen. Vestibulum gerippt. Ösophagus mit oder ohne Bulbus.
Überwiegend Meeresnematoden. Die drei auch binnenländische Arten aufweisenden Gattungen gehören zur Überfamilie *Cyatholaimoidea* FILIPJEV, 1918.

Bestimmungsschlüssel der Familien

1 Mundhöhle zylindrisch, von abgesonderter Ösophagusanschwellung umgeben; Zähne gleich groß. . . . . 2. *Ethmolaimidae* (S. 124)
– Mundhöhle trichterförmig, ohne abgesonderte Ösophagusanschwellung; Dorsalzahn kräftiger als die beiden Subventralzähne. . . . 1. *Cyatholaimidae* (S. 119)

1. Familia: **Cyatholaimidae** FILIPJEV, 1918

Cyatholaimina. 4 + 6 Kopfborsten. Cuticularingelung mit feinen Punktreihen. Seitenorgan spiralig, im Bereich oder hinter der Mundhöhle. Mundhöhle im ganzen trichterförmig, mit einem größeren Dorsalzahn und zwei kleineren Subventralzähnen. Ösophagus mit oder ohne Bulbus, in Höhe der Mundhöhle nicht merklich angeschwollen. Weibliche Gonaden paarig, umgeschlagen. Spicula relativ kurz. Präanalorgane, wenn vorhanden, klein, cuticularisiert, Schwanz mit langem Endröhrchen.
Meeresbewohner; 2 der 4 Unterfamilien enthalten aber auch einige binnenländische Arten.

Bestimmungsschlüssel der Unterfamilien

1 Ösophagusbulbus vorhanden; ♂ ohne Präanalorgane, oder die Präanalorgane flach, unbedeutend. . . . . bb) *Cyatholaiminae* (S. 121)
– Ösophagusbulbus fehlt; ♂ mit borstenartigen Präanalorganen . . . . aa) *Paracanthonchinae* (S. 119)

aa) Subfamilia: *Paracanthonchinae* DE CONINCK, 1965

Cyatholaimidae. Ösophagus ohne Endbulbus. Männliche Präanalorgane vorhanden, cuticularisiert, ausstülpbar.
10 Gattungen, von denen aber nur eine auch limnische Arten enthält.

1. Genus ***Paracyatholaimus*** (MICOLETZKY, 1922) MICOLETZKY, 1924

Syn. *Cyatholaimus* (*Paracyatholaimus* MICOLETZKY, 1922).
Paracanthonchinae. Körperlänge der limnischen Arten 0,8–1,6 mm. Cuticula fein

geringelt und punktiert. Kopfborsten 10 (4 + 6), verhältnismäßig lang; Lippen mit kleinen Papillen. Seitenorgan spiralig, bei der Mitte der Mundhöhle. Mundhöhle nicht länger als die Kopfbreite; Dorsalzahn wesentlich stärker als die Subventralzähne. Ösophagus nach hinten nur wenig und gleichmäßig verdickt, am Ende abgerundet. Weibliche Gonaden paarig, umgeschlagen. Spicula mößig lang, gebogen, Präanalorgane klein, cuticularisiert, borstenförmig. Schwanzendröhrchen lang.
Eine ursprünglich marine Gattung, die aber auch einige in Brackwasserbiotopen oder limnischen Lebensstätten vorkommende Arten aufweist.
Typusart: *Cyatholaimus dubiosus* BÜTSCHLI, 1874 = *Paracyatholaimus dubiosus* (BÜTSCHLI, 1874) MICOLETZKY, 1922 (marin).

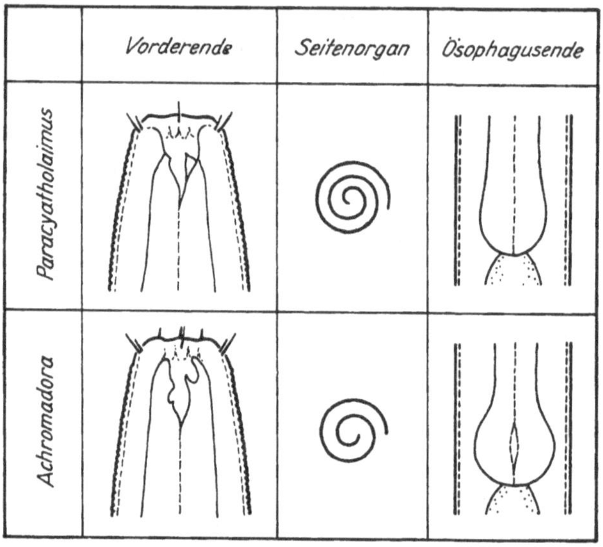

Abb. 37—38 Familie *Cyatholaimidae*: *Paracyatholaimus* und *Achromadora*

Bestimmungsschlüssel der limnischen Arten

1 Größere Art, um 1,5 mm; Seitenorgan 1/3 der entsprechenden Halsbreite. — Cuticula mit etwa 1500 Querringen, die in deutliche Punktreihen auflösen. Kopfborsten 1/3 so lang wie die Kopfbreite. Seitenorgan bei der Mitte der Mundhöhle. Dorsalzahn auffällig, Subventralzähne weniger ausgeprägt. Ösophagus hinten nicht angeschwollen. Gonaden je 4mal länger als die größte Körperbreite. Spicula kaum länger als der anale Durchmesser. Präanalorgane 4, sehr klein, borstenförmig. Schwanz 6 (♀) bzw. 3 (♂) Analbreiten lang; Abstand Vulva-Anus 4mal länger als der Schwanz.
♀: L = 1,6 mm; a = 30; b = 7; c = 8,3; V = 49%. ♂: L = 1,6 mm; a = 44; b = 6,7; c = 11.
USA (Florida) und Kolumbien; in Quellen und Brackwasser. — *Cyatholaimus truncatus* COBB, 1914. . . . . *truncatus* (COBB, 1914) FILIPJEV, 1930
— Kleinere Art, um 1 mm; Seitenorgan 1/5 der entsprechenden Halsbreite. — Cuticula dünn, sehr fein geringelt und punktiert. Kopf vorn gerade, längere Borsten 6—7 µm, kürzere 3—4 µm. Körper am Hinterende des Ösophagus nur 1,5mal breiter als der Kopf. Mundhöhle trichterförmig, Dorsalzahn kräftig,

mit nach vorn gerichteter Spitze, Subventralzähne sehr fein. Seitenorgan spiralig, mit 2—3 Windungen, in Höhe des Dorsalzahnes. Spicula fast rechtwinkelig, Gubernaculum stäbchenförmig. 4—5 kleine Präanalorgane. Schwanz von 4—5 Analbreiten, Endröhrchen 6—7 µm lang.
♀: L = 0,8—1,3 mm; a = 30—35; b = 7—8; c = 10—12; V = 48—52%.
♂: L = 1,0—1,3 mm; a = 30—35; b = 6,7—8,0; c = 9—10.
Ursprünglich im Meer, gelegentlich aber auch in Brack- oder Süßwasserbiotopen (Holland, DDR, BRD, Polen, Dänemark, Schottland, Island, Sowjetunion (Rußland), Westsahara, Ghana, Orkney-Inseln. — *Cyatholaimus intermedius* DE MAN, 1880; *Cyatholaimus* (*Paracyatholaimus*) *intermedius* DE MAN, 1880) MICOLETZKY, 1922). . . . . . *intermedius* (DE MAN, 1880) FILIPJEV, 1930

bb) Subfamilia: *Cyatholaiminae* FILIPJEV, 1918

Cyatholaimidae. Ösophagus mit Terminalbulbus. Männliche Präanalorgane unbedeutend oder fehlend.
8 Gattungen, jedoch nur 1 in Festlandbiotopen.

1. Genus: ***Achromadora*** COBB, 1913

Syn. *Cyatholaimus* (*Achromodora* COBB, 1913) ALTHERR, 1938; *Nannonchus* COBB, 1913; *Cyatholaimus* (*Nannonchus* COBB, 1913) MICOLETZKY, 1922; *Kreisonema* KHERA, 1969.
Cyatholaiminae. Körperlänge zwischen 0,4 und 1,3 mm. Cuticularingelung in Querreihen feiner Punkte aufgelöst. Kopf mit 10 Borsten, Lippen mit kleinen Borstenpapillen. Seitenorgan deutlich spiralig, ziemlich groß, bei oder hinter der Mundhöhlenmitte. Mundhöhle unregelmäßig trichterförmig, mit einem größeren Dorsalzahn und dahinter liegenden, kleineren Subventralzähnen. Ösophagusbulbus mäßig entwikkelt. Männchen sehr selten. Spicula kurz und gestreckt. Präanalorgane flach oder fehlend. Weibliche Gonaden paarig, umgeschlagen. Schwanz mehr oder minder dorsal gebogen, am Ende mit einem langen Ausfuhrröhrchen. Enddarm oft sehr lang.
Eine ausschließlich auf dem Festland verbreitete Gattung, meist mit terrestrisch lebenden Arten.
Typusart: *Chromadora minima* COBB, 1893 = *Achromadora ruricola* (DE MAN, 1880) MICOLETZKY, 1925.

Bestimmungsschlüssel der Arten

1 Größere Arten, um 1 mm oder nur wenig darunter. 2
— Kleinere Arten, selten länger als 1/2 mm. 4
2 Seitenoran klein, nur 1/6—1/7 der entsprechenden Körperbreite. — Cuticula sehr fein geringelt und fein punktiert. Kopfborsten 1/4 der Lippenbreite. Seitenorgan bei der Mitte der Mundhöhle, etwa 1/2 Kopfbreite vom Vorderende. Gonaden sehr kurz, je 1,5—2 Körperbreiten lang. Abstand Vulva-Anus 4mal länger als der Schwanz. Enddarm kurz, kaum eine Analbreite lang. Schwanz von 3—4 Analbreiten, beinahe gerade.
♀: L = 0,7—0,8 mm; a = 22—28; b = 5,4—9,6; c = 9—14; V etwas vor der Körpermitte. ♂ unbekannt.
China; in Thermalwasser (bis 48 °C). — *Cyatholaimus chungsani* HOEPPLI &

CHU, 1932; *Paracyatholaimus chungsani* (HOEPPLI & CHU, 1932) GOODEY, 1951. . . . . *chungsani* (HOEPPLI & CHU, 1932) n. comb.

— Seitenorgan wesentlich größer, etwa 1/4 der einschlägigen Halsbreite. . . . 3

3 Seitenorgan bei der Mitte der Mundhöhle. — Cuticula stark geringelt, Punktierung gut erkennbar. Kopf 18 µm breit, Borsten ziemlich kräftig, etwa 1/3 der Lippenbreite. Seitenorgan groß, 1/4 der entsprechenden Halsbreite. Dorsalzahn kräftig, vorn, Subventralzähne hinten am Mundhöhlengrund. Bulbus schwach. Enddarm 3mal länger als der anale Körperdurchmesser. Schwanz 5—6 Analbreiten lang, nur schwach gebogen. Endröhrchen ungefähr 3mal so lang (5 µm) wie am Grunde breit. Ei 2,5mal länger als breit.
♀: L = 0,8—1,3 mm; a = 22—28; b = 6—7; c = 7—10; V = 47—53%.
♂ unbekannt.
Holland, DDR, BRD, Schweiz, Österreich, Ungarn, Tschechoslowakei, Rumänien, Bulgarien, Jugoslawien, Frankreich, Italien, Polen, Dänemark, Schweden, Färoer-Inseln, Grönland, Sowjetunion (Rußland, Nowaja Semlja, Usbekistan, Ferner Osten), Mongolei, Nepal, Zaire, USA (Michigan), Kanda, Fidschi-Inseln; vorwiegend terrikol. — *Cyatholaimus terricola* DE MAN, 1880; *Chromadora musae* COBB, 1893; *Triodontolaimus lacustris* MICOLETZKY, 1913; *Chromadora (Parachromadora) lacustris* (MICOLETZKY, 1913) MICOLETZKY, 1917; *Cyatholaimus lacustris* (MICOLETZKY, 1913) MICOLETZKY, 1922; *Cyatholaimus fluviatilis* COBB in COBB, 1915; *Cyatholaimus ornatus* STEINER, 1916; *Cyatholaimus bryophilus* STEINER, 1921; *Achromadora longiseta* SCHUURMANS STEKHOVEN, 1951. . . . . *terricola* (DE MAN, 1880) MICOLETZKY, 1925

— Seitenorgan hinter der Mundhöhle. — Kopfborsten gut entwickelt, 1/3 der Lippenbreite. Seitenorgan mehr als 1/4 der entsprechenden Körperbreite. Dorsalzahn in der Mitte der Mundhöhle, Subventralzähne am Grunde derselben. Ösophagusbulbus schwach. Ei so lang wie die Körperbreite. Spicula länger als der Analdurchmesser, proximal abgeplattet. Gubernaculum breit, nahezu so lang wie die Spicula. Keine Präanalorgane. Schwanz 3,6 (♀) bzw. 7,2 (♂) Analbreiten lang.
♀: L = 1,1 mm; a = 23; b = 5,8; c = 11; V = 52%. ♂: L = 1,3 mm; a = = 28; b = 6,6; c = 5,5.
USA; aquatil. — *Nannonchus granulatus* COBB, 1913; *Cyatholaimus (Nannonchus) granulatus* (COBB, 1913) MICOLETZKY, 1922. . . . . *granulata* (COBB, 1913) GOODEY, 1951

4 Enddarm auffallend lang, 2—3mal so lang wie die anale Körperbreite. . . . 5

— Enddarm kurz, so lang wie die anale Körperbreite 8

5 Seitenorgan bei der Mitte der Mundhöhle; Rectum 2 Analbreiten lang. — Cuticula 0,6 µm dick. Kopf 9—10 µm breit, Körper am Hinterende des Ösophagus 1,6mal breiter als der Kopf. Borsten zart, Lippenpapillen jedoch borstenartig ausgezogen. Mundhöhle 10—11 µm lang, Dorsalzahn hinter ihrer Mitte, Subventralzahn fast gegenüber dem Dorsalzahn. Bulbus relativ kräftig. Abstand Vulva-Anus 3,5mal so lang wie der Schwanz. Letzterer langsam verschmälert, 3,5—4 Analbreiten lang, mit 3 Borstenpaaren.
♀: L = 0,45 mm; a = 22—25; b = 5,5—5,8; c = 5,5—8,8; V = 44—48%.
♂ unbekannt.

Schweiz, Spitzbergen (?), Westsahara, Mauretanien, Paraguay; terrikol. . . . . *semiarmata* ALTHERR, 1952

— Seitenorgan beim Hinterende der Mundhöhle oder noch weiter hinten; Rectum 3 Analbreiten lang 6

6 Seitenorgan 2—2,5 Kopfbreiten hinter dem Vorderende; Ösophagusbulbus stark abgesondert. — Kopfborsten sehr zart, nur 1/6 der Lippenbreite. Mundhöhle kaum cuticularisiert, so lang wie die Kopfbreite. Seitenorgan nahezu 1/3 des korrespondierenden Halsdurchmessers. Schwanz 5,5—7,3 Analbreiten lang; Abstand Vulva-Anus mehr als doppelt so lang wie der Schwanz. Terminalröhrchen lang.
♀: L = 0,4—0,5 mm; a = 23—33; b = 5,0—6,3; c = 5,0—7,3; V = 46 bis 48%. ♂ unbekannt.
Holland, BRD, Schweiz, Frankreich, Finnland, Spitzbergen, Sowjetunion (Rußland, Usbekistan), Paraguay. Ein Teil der unter dem Namen „*Achromadora dubia*" erwähnten Literaturangaben bezieht sich wahrscheinlich auf diese Art. — *Monhystera tenax* DE MAN, 1876; *Cyatholaimus tenax* (DE MAN, 1876) DE MAN, 1880 . . . . *tenax* (DE MAN, 1876) KREIS, 1932

— Seitenorgan 1—1,5 Kopfbreiten hinter dem Vorderende; Ösophagusbulbus schwach abgesondert 7

7 Körper hinter der Analöffnung stark verengt; Schwanz etwa 10mal so lang wie die Analbreite. — Körper nach vorn stark verschmälert. Ösophagusbulbus 11 µm lang. Vulva weit vor der Körpermitte.
♀: L = 0,35 mm; a = 23; b = 6; c = 4,6; V = 41%. ♂ unbekannt.
Sowjetunion (Rußland), Sumatra; aquatil. . . . . *longicauda* SCHNEIDER, 1937

— Körper hinter der Analöffnung nicht merklich verengt; Schwanz allmählich verschmälert, 5—7mal so lang wie die Analbreite. — Kopf 10 µm breit, Borsten 1/4 der Lippenbreite. Mundhöhle so lang oder etwas länger als die Kopfbreite; Dorsalzahn in der Mundhöhlenmitte. Seitenorgan beim Hinterende der Mundhöhle oder noch weiter hinten, 1/4 der entsprechenden Körperbreite. Exkretionsporus bei der Mitte des Ösophagus. Schwanz meist gerade, seltener dorsal gerichtet.
♀: L = 0,4—0,7 mm; a = 20—30; b = 5—7; c = 6,0—8,5; V = 42 bis 52%. ♂: L = 0,4 mm; a = 22—24; b = 6,1—6,7; c = 5,3—5,8. Präanalorgane 8—9, flach. Spicula 18 µm lang. Schwanz des ♂ mit 7—8 Borstenpaaren.
Holland, DDR, BRD, Schweiz, Österreich, Ungarn, Tschechoslowakei, Jugoslawien, Spanien, Italien, Polen, Dänemark, Schweden, Sowjetunion (Rußland, Moldau, Nowaja Semlja), Äthiopien, Java, Sumatra, Mexiko, Kolumbien, Paraguay; terrikol, seltener aquatil. — *Cyatholaimus micoletzkyi* STEFANSKI, 1915; *Chromadora micoletzkyi* (STEFANSKI, 1915) MICOLETZKY, 1922; *Cyatholaimus micoletzkyi* STEINER, 1916, nec. STEFANSKI, 1915; *Cyatholaimus buikensis* STEINER, 1921; *Achromadora buikensis* (STEINER, 1921) RIEMANN, 1970; *Ethmolaimus buetschlii* SCHNEIDER, 1922; *Cyatholaimus tener* SCHNEIDER, 1925; *Achromadora tenera* (SCHNEIDER, 1925) MICOLETZKY, 1925; *Euchromadora aetiopica* ALLGÉN, 1933; *Achromadora aetiopica* (ALLGÉN, 1933) GERLACH & RIEMANN, 1973; *Achromadora inermis* ALTHERR, 1952; *Achromadora ruricola macroprocta* ALTHERR, 1952; *Achromadora steineri* MULVEY, 1969;

Achromadora subdubia GAGARIN, 1971. . . . . *micoletzkyi* (STEFANSKI, 1915) VAN DER LINDE, 1938[28]

8 Schwanz 3–4 Analbreiten lang; Seitenorgan bei der Mitte der Mundhöhle. – Cuticula 0,6–0,7 µm dick, Ringelbreite 1,2 µm. Kopf 14–15 µm breit, Körper am Proximalende des Ösophagus 1,5–1,6mal breiter als der Kopf. Kopfborsten 5–6 µm lang, 1/3 der Lippenbreite. Dorsalzahn in der Mundhöhlenmitte. Seitenorgan 1/4 des betreffenden Körperdurchmessers. Ösophagusbulbus schwach. Abstand Vulva-Anus 4mal länger als der Schwanz; letzterer 3 bis 3,3 Analbreiten lang, mit 4 Paar Borsten.
♀: L = 0,56–0,70 mm; a = 25–28; b = 4,3–4,5; c = 8–11; V = 52 bis 53%. ♂ unbekannt.
Holland, USA (New York), Paraguay; terrikol. . . . . *pseudomicoletzkyi* VAN DER LINDE, 1938

– Schwanz 5–7 Analbreiten lang; Seitenorgan beim Hinterende der Mundhöhle oder etwas dahinter. – Cuticula 0,8 µm dick, Ringelbreite 1 µm. Kopfborsten 1/4 der Lippenbreite. Körper am proximalen Ösophagusende 1,6–1,8mal breiter als der Kopf. Mundhöhle 10–13 µm lang, stark asymmetrisch; Dorsalzahn in ihrer Mitte, Subventralzahn fast gegenüber dem Dorsalzahn. Ösophagusbulbus mäßig entwickelt. Spicula 20 µm lang, proximal stark erweitert. Gubernaculum dünn, 1/2 der Spiculalänge. Schwanz beim ♀ schwach, beim ♂ stark ventral gebogen, mit langem, schnabelartigem Endröhrchen.
♀: L = 0,4–0,6 mm; a = 20–30; b = 5,0–6,4; c = 5,5–8,0; V = 42 bis 48%. ♂: L = 0,5–0,6 mm; a = 24–30; b = 5–6; c = 7–8.
Kosmopolitisch, meist terrikol. Holland, Belgien, DDR, BRD, Schweiz, Österreich, Ungarn, Bulgarien, Jugoslawien, Spanien, Italien, Polen, Dänemark, Sowjetunion (Rußland, Moldau, Litauen, Ukraine, Grusien, Kasachstan, Usbekistan), Indien, Mongolei, Indonesien, Sumatra, Java, Japan, Zaire, Kanada, USA, Venezueala, Paraguay, Australien. – *Cyatholaimus ruricola* DE MAN, 1880; *Cyatholaimus ruricola acuta* MICOLETZKY, 1922; *Chromadora minima* COBB, 1893; *Achromadora minima* (COBB, 1893) COBB, 1913; *Cyatholaimus minimus* (COBB, 1893) MICOLETZKY, 1922; *Cyatholaimus* (*Achromadora*) *ambigua* ALTHERR, 1938; *Achromadora ambigua* (ALTHERR, 1938) GOODEY, 1951: wahrscheinlich auch *Kreisonema nandi* KHERA, 1969. . . . . *ruricola* (DE MAN, 1880) MICOLETZKY, 1925

Bemerkung: Unsicher (species inquirenda) ist die folgende Art: *Achromadora papuana* (DADAY, 1899) ANDRÁSSY, 1964 – Syn. *Prismatolaimus papuanus* DADAY, 1899 – aus Neuguinea.

2. Familia: **Ethmolaimidae** FILIPJEV & SCHUURMANS STEKHOVEN

Cyatholaimina. Cuticula geringelt. 4 Kopfborsten. Mundhöhle zylindrisch, vorn mit 3 annähernd gleich großen Zähnen. Ösophagusabschnitt um die Mundhöhle kugelig erweitert, scharf vom nachfolgenden Ösophagusteil abgesondert. Bulbus stark ent-

[28] Die Art wurde bisher meistens unter dem Namen „*Achromadora dubia* (BÜTSCHLI, 1873) MICOLETZKY, 1925" zitiert. Ich schließe mich aber der Meinung von MULVEY (1969), RIEMANN (1970) und LOOF (1971) an, daß die von BÜTSCHLI beschriebene Art → *Chromadora dubia* BÜTSCHLI, 1873 – taxonomisch nicht zu werten ist.

wickelt. Weibliches Geschlechtsorgan paarig. Männchen mit zahlreichen cuticularisierten Präanalorganen.
Meeres- und Süßwasserbewohner; eine von den beiden Gattungen ist rein marin.
Eine Unterfamilie: *Ethmolaiminae* FILIPJEV & SCHUURMANS STEKHOVEN, 1941.

1. Genus: ***Ethmolaimus*** DE MAN, 1880

Syn.[29] *Triodontolaimus* MICOLETZKY, 1915, nec DE MAN, 1893; *Chromadora* (*Parachromadora* MICOLETZKY, 1914).
Ethmolaimidae. Körper 0,5 bis 1,2 mm lang. Cuticula fein geringelt, Ringelung in Querreihen feiner Punkte aufgelöst. Vier ziemlich lange und dünne Kopfborsten. Mundhöhle vollkommen zylindrisch, Vestibulum längsgerippt. Zähne vor der Mitte der Mundhöhle, sämtliche in derselben Höhe und gleich groß. Seitenorgan groß, spiralig bzw. rundlich konturiert, im Bereich der Mundhöhle. Ösophagusbulbus kräftig. Weibliche Gonaden paarig und umgeschlagen. Präanalorgane zahlreich (11–24), knopfförmig, cuticularisiert. Schwanz kegelförmig, mit aufgesetztem Endröhrchen.
Meist im Süßwasser lebende Tiere, die aber auch in brackigen und semiaquatilen Biotopen vorkommen.
Typusart: *Ethmolaimus pratensis* DE MAN, 1880.

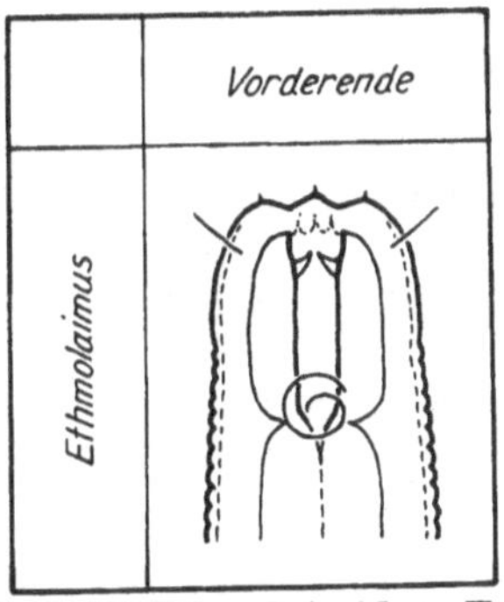

Abb. 39 Familie *Ethmolaimidae*: *Ethmolaimus*

Bestimmungsschlüssel der Arten

1 Schwanz lang und schlank, 7mal so lang wie die anale Körperbreite; Terminalröhrchen schlank, 5–6mal länger als am Grunde breit; 4 lange Cervicalborsten beim Hinterende der Mundhöhle. — Kopf etwa 15 µm breit, Kopfborsten zart, 1/2 der Lippenbreite. Mundhöhle länger als die Kopfbreite, Zähne klein. Seitenorgan groß, 1/3 der entsprechenden Halsbreite. Schwanz nur leicht ventral gebogen.
♀: L = 0,6–0,8 mm; a = 24–28; b = 5,5–6,0; c = 6,0–6,2; V = 50%.
♂ unbekannt.
Färöer-Inseln, USA (Michigan); aquatil. — *Ethmolaimus faeroeensis* DITLEVSEN, 1928; vielleicht auch *Ethmolaimus distephanus* DE CILLIS, 1917, aus Italien . . . . *gracilicaudatus* COBB in COBB, 1915

— Schwanz kürzer, 4–5mal so lang wie die anale Körperbreite; Terminalröhrchen plump, 2–4mal länger als am Grunde breit; Cervicalborsten fehlen . . 2

[29] Auch die Gattung *Ethmodora* KHERA, 1975 gehört sehr wahrscheinlich hier. Die ohne Männchen aus Indien beschriebene Art *Ethmodora stagnalis* KHERA, 1975 weist die wichtigsten Kennzeichnungsmerkmale der Gattung *Ethmolaimus* auf.

2 Zahl der Präanalorgane 20—24; Kopfborsten sehr kurz, kaum wahrnehmbar 3
— Zahl der Präanalorgane 11—15; Kopfborsten deutlich 4
3 Seitenorgan vor der Mitte der Mundhöhle, unmittelbar hinter dem Dorsalzahn; Schwanz 4 Analbreiten lang. — Cuticulapunktierung fein, in der Körpermitte nicht so regelmäßig wie an den beiden Körperenden. Kopfseiten mit 4 kurzen und dicken Papillen (Borsten ?). Mundhöhle 27 μm lang, Dorsalzahn kräftig. Ösophagusbulbus durch eine quere Einschnürung in zwei Hälften geteilt, 51 μm lang. Exkretionsporus hinter der Ösophagusmitte. Spicula 36 μm lang, relativ schlank.
♀: L = 0,74—0,77 mm; a = 19; b = 5,4—5,5; c = 8,6—9,3; V = 52%.
♂: L = 0,71—0,75 mm; a = 19; b = 4,5—5,1; c = 11,8—12,5.
Chile; in Brackwasser. *dahli* Gerlach, 1953
— Seitenorgan beim letzten Drittel der Mundhöhle; Schwanz 2,5—3 Analbreiten lang. — Cuticula fein punktiert. Kopfborsten nur 1—2 μm lang, zart. Mundhöhle 16 μm lang, Dorsalzahn mäßig entwickelt. Seitenorgan 5 (♀) bzw. 6 (♂) μm breit. Bulbus 1/3—1/4 des ganzen Ösophagus. Gonaden ziemlich lang, je 20—25% der Körperlänge. Spicula 32 μm lang. Terminalröhrchen 7 μm.
♀: L = 0,8—1,0 mm; a = 17—20; b = 7,4—7,7; c = 8—10; V = 47—49%.
♂: L = 1,2 mm; a = 20 b = 6,8; c = 11.
Sowjetunion (Rußland), ferner in den Salinen des Mittelmeeres und des Schwarzen Meeres . . . . *multipapillatus* Paramonov, 1926
4 Mundhöhle verhältnismäßig lang, 1/4—1/5 der gesamten Ösophaguslänge; Gubernaculum mit Caudalfortsatz. 5
— Mundhöhle verhältnismäßig kurz, 1/7—1/10 der gesamten Ösophaguslänge; Gubernaculum ohne Caudalfortsatz. 6
5 Seitenorgan beim Proximalende der Mundhöhle, größer als 1/3 der korrespondierenden Halsbreite; Präanalorgane 12. — Kopfborsten etwa 1/3 so lang wie die Kopfbreite. Cuticula grob punktiert. Körper beim Proximalende des Ösophagus kaum breiter als der Kopf. Mundhöhle 28 μm lang, etwa 1/5 der gesamten Ösophaguslänge. Ösophagus kurz, 7—8 Kopfbreiten lang. Spicula 35 μm, Gubernaculum 12 μm lang, letzteres mit kleinem Caudalfortsatz. Schwanz des ♀ 120 μm, der des ♂ 98 μm lang.
♀: L = 0,99 mm; a = 28; b = 7,5; c = 8,3; V = 56%. ♂: L = 0,9 mm; a = 35; b = 5,6; c = 9,2.
Sowjetunion (Ferner Osten); aquatil. . . . .
parapratensis Alekseev & Naumova in Alekseev, Naumova & Dymina, 1979
— Seitenorgan bei der Mitte der Mundhöhle, 1/4 der korrespondierenden Halsbreite; Präanalorgane 15. — Kopfborsten kurz, ungefähr 1/5 der Lippenbreite; Mundhöhle deutlich länger als die Kopfbreite. Ösophagus sehr kurz, nur etwa 7 Kopfbreiten lang. Spicula länger als der Analdurchmesser, gebogen. 15 ventromediale Präanalorgane. Schwanz etwa 4 Analbreiten lang.
♀: L = 0,9 mm; a = ?; b = 5; c = 8; V = ein wenig hinter der Körpermitte.
♂: L = 0,9 mm; a = ?; b = 6; c = 9.
Schweiz, Rumänien, Polen, Sowjetunion (Estland); in Süßwasser. — *Chromadora revaliensis* Schneider, 1906; *Ethmolaimus pratensis revaliensis* (Schneider, 1906) Micoletzky, 1922. . . . .
. . . . *revaliensis* (Schneider, 1906) Steiner, 1913.

6. Punktierung der Cuticula an den Seitenfeldern merklich gröber und unregelmäßiger als anderswo; Dorsalzahn kräftiger als die Subventralzähne. — Kopfborsten länger als 1/3 der Lippenbreite. Seitenorgan groß, nahezu 1/3 der entsprechenden Halsbreite, auf der Höhe der Mundhöhlenmitte. Bulbus kräftig, 1/3—1/4 der Totallänge des Ösophagus. ♂ mit 11—13 Präanalorganen.
♀: L = 0,6—1,0 mm; a = 15—30; b = 5,0—6,6; c = 7,3—12; V = 48 bis 55%. ♂: L = 0,7 mm; a = 20—30; b = 5—6; c = 7.
Schweiz, BRD und Sowjetunion (Rußland); aquatil. — *Chromadora foreli* Hofmänner, 1913; *Ethmolaimus maduei* Micoletzky, 1921. . . . .
. . . . *foreli* (Hofmänner, 1913) Hofmänner & Menzel, 1915

— Punktierung der Cuticula gleichförmig; Dorsalzahn nicht merklich kräftiger als die Subventralzähne. — Kopfborsten fast 1/2 der Lippenbreite. Mundhöhle so lang oder ein wenig länger als die Kopfbreite. Seitenorgan groß, ungefähr 1/3 des Körperdurchmessers, auf oder hinter der Mitte der Mundhöhle. Bulbus 1/5 der gesamten Ösophaguslänge oder noch größer. Spicula 35—40 µm lang, so lang wie der Analdurchmesser. Zahl der Präanalorgane 11—15[30]. Schwanz 4 bis 5 Analbreiten lang, in der ersten Hälfte plump, dann stärker verschmälert; Endröhrchen plump, 2—3mal länger als breit.
♀: L = 0,5—0,9 mm; a = 16—26; b = 5,0—6,5; c = 6—10; V = 44 bis 58%. ♂: L = 0,4—0,9 mm; a = 16—27; b = 4,0—5,6; c = 6—12.
Weit verbreitet, meistens aquatil, seltener terrikol. Holland, DDR, BRD, Schweiz, Österreich, Ungarn, Tschechoslowakei, Rumänien, Frankreich, Italien, Polen, Dänemark, Spanien, Finnland, Schweden, Sowjetunion (Rußland, Estland, Belorußland, Kirgisien, Usbekistan, Nowaja Semlja), Nepal, Indonesien, Java, China, Zaire, Kanada, USA (Maryland, Vermont). — *Chromadora tatrica* Daday, 1896; *Ethmolaimus tatricus* Daday, 1896; *Triodontolaimus alpinus* Micoletzky, 1913; *Chromadora* (*Parachromadora*) *alpina* (Micoletzky, 1913) Micoletzky, 1914; *Ethmolaimus alpinus* (Micoletzky, 1913) Filipjev, 1930; *Ethmolaimus lemani* Hofmänner, 1913; *Ethmolaimus americanus* Cobb, 1914; *Ethmolaimus arcticus* Steiner, 1916; *Ethmolaimus pratensis arcticus* Steiner, 1916 (Micoletzky, 1922)[31] . . . .
. . . . *pratensis* de Man, 1880

C) Subordo: **Chromadorina** Chitwood & Chitwood, 1937

Chromadorida. Kopfborsten 4, ausnahmsweise 4 + 6. Cuticula geringelt und deutlich punktiert. Seitenorgan queroval, spaltenartig, selten spiralig, oft schwer erkennbar. Mundhöhle trichterförmig, fast immer mit einem größeren Dorsalzahn und zwei kleineren Subventralzähnchen; Vestibulum längsgerippt. Endbulbus oft ungewöhnlich kräftig. Weibliche Gonaden paarig. Präanalorgane, wenn vorhanden, klein, knopfartig. Schwanz stets mit Terminalröhrchen.
Der überwiegende Teil der Arten lebt im Meer, ein kleiner Teil kommt in limnischen Biotopen vor. Nur eine Überfamilie: *Chromadoroidea* Filipjev, 1917.

---

[30] Nach Hirschmann (1952) 9—17, es ist aber nicht ganz sicher, daß sich diese Werte tatsächlich allein auf *Ethmolaimus pratensis* beziehen.
[31] Hierher gehört auch die ohne Männchen beschriebene Art *Ethmolaimus caudatus* Alekseev & Dymina in Alekseev, Naumova & Dymina, 1979 (Sowjetunion: Ferner Osten).

Bestimmungsschlüssel der Familien

1 Ösophagus in Höhe der Mundhöhle dorsal asymmetrisch bulbusartig erweitert; Dorsalzahn hohl, nicht cuticularisiert, Subventralzähne äußerst fein oder fehlend. . . . . 1. *Hypodontolaimidae* (S. 128)

— Ösophagus in Höhe der Mundhöhle ohne merkliche asymmetrische Erweiterung; Dorsalzahn massiv, cuticularisiert, Subventralzähne vorhanden, oft so groß wie der Dorsalzahn. . . . . 2. *Chromadoridae* (S. 131)

1. Familia: **Hypodontolaimidae** De Coninck, 1965

Chromadorina. Cuticula punktiert, Punktierung oft heterogen, mit verschiedenen „Zier"-Elementen. 4 Kopfborsten. Dorsalzahn eigentlich ein Fortsatz der Ösophagusgewebe: meist S-förmig gebogen, hohl, nicht cuticularisiert. Subventralzähne, wenn vorhanden, sehr klein, nur feine Vorsprünge der Mundhöhlenwand. Ösophagus vorn stark asymmetrisch dorsal ausgewölbt, hinten in einem Bulbus endigend. Weibliches Geschlechtsorgan paarig. Männchen mit oder ohne Präanalorgan.
2 Unterfamilien.

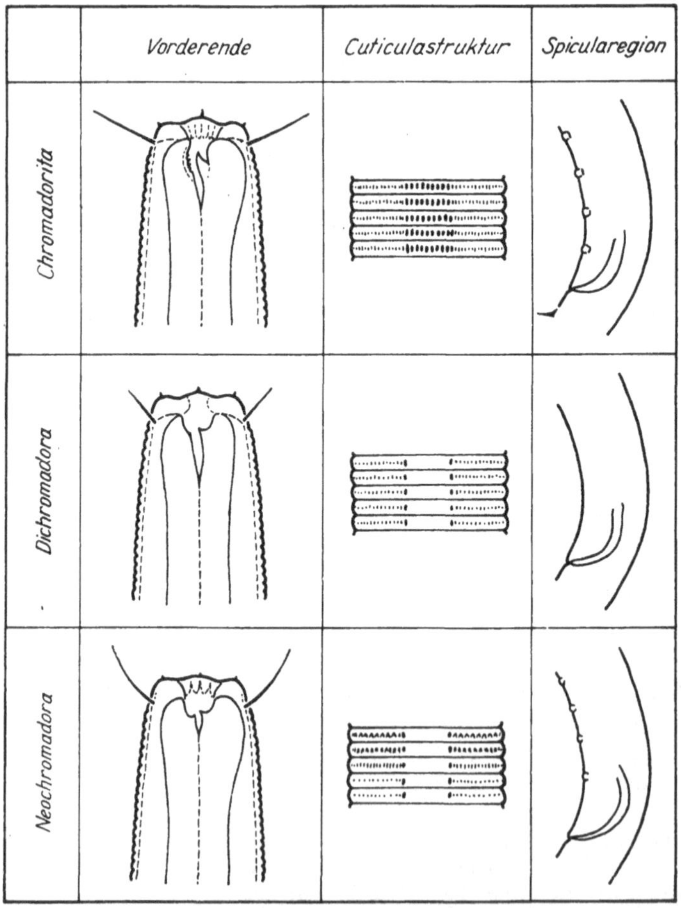

Abb. 40—42 Familie *Hypodontolaimidae*: *Chromadorita*, *Dichromadora*, *Neochromadora*

Bestimmungsschlüssel der Unterfamilien

1 Cuticulapunktierung heterogen, d. h. an den einzelnen Körperteilen aus verschiedenen Elementen bestehend. . . . . bb) *Neochromadorinae* (S. 131)
— Cuticulapunktierung homogen, höchstens an den Seitenfeldern stärker ausgeprägt. . . . . aa) *Hypodontolaiminae* (S. 129)

aa) Subfamilia: *Hypodontolaiminae* De Coninck, 1965

Hypodontolaimidae. Cuticula gleichförmig punktiert bzw. die Punktierung nur an den Körperseiten kräftiger. Präanalorgane des Männchens vorhanden oder fehlen.
Acht, vorwiegend marine Genera; limnische Arten kommen nur in zwei Gattungen vor.

Schlüssel der auch liminische Arten vorweisenden Gattungen

1 Seitenfeld glatt, je mit einer Längsreihe großer Punkte begrenzt; Männchen ohne Präanalorgane. . . . . 2. *Dichromadora* (S. 130)
— Seitenfeld punktiert, ohne in Längsreihen angeordnete Punkte; Männchen mit Präanalorganen. . . . . 1. *Chromadorita* (S. 129)

1. Genus: ***Chromadorita*** Filipjev, 1922

Syn. *Odontonema* Filipjev, 1930, nec Weber, 1913; *Allgeniella* Strand, 1934.
Hypodontolaiminae. Körperlänge zwischen 0,7 und 1,4 mm. Cuticulapunktierung deutlich und ganz homogen, höchstens an den Seitenfeldern etwas stärker ausgeprägt. Die Strukturelemente der Cuticula bestehen aus rundlichen Punkten oder seltener aus feinen ovalen Stäbchen. 4 Kopfborsten. Dorsalzahn groß, Subventralzähne viel kleiner. Seitenorgan spaltenförmig, quer, ganz vorn am Kopf. Bulbus relativ schwach. Gonaden paarig, zurückgebogen. Präanalorgane in verschiedener Zahl vorhanden, von der üblichen Form (knopfartig).
Die meisten der Arten sind Meeresbewohner; limnisch kommen zwei Arten vor.
Typusart: *Chromadorita demaniana* Filipjev, 1922 (marin).

Bestimmungsschlüssel der limnischen Arten

1 Dem Dorsalzahn gegenüber befinden sich in 5—6 Querreihen angeordnete feine Raspelzähnchen; Körperlänge um 1 mm. — Cuticula 1 µm dick, Ringelbreite 2 µm. Punktierung an den Seitenfeldern gröber, aus kommaartigen Elementen bestehend. Körper am Proximalende des Ösophagus 1,5mal breiter als der Kopf. Kopfborsten 9—12 µm lang, 60—70% der Lippenbreite. Seitenorgan halb so breit wie der Kopf, etwas schräg, schmal-halbmondförmig, in Höhe der Kopfborsten. Dorsalzahn kräftig. Terminalbulbus ziemlich schwach, 1/6 der gesamten Ösophaguslänge. Exkretionsporus etwa eine Kopfbreite hinter dem Vorderende. Die Vagina mündet in eine geräumige Utruskammer. Ei fast kugelig, 40—47 µm lang. Spicula 36—40 µm, massiv, Gubernaculum 20—22 µm lang. 8 Präanalorgane. Schwanz 6—7 (♀) bzw. 4,5—6 (♂) Analbreiten lang; Endröhrchen 7—8 µm, mit einem feinem dorsalen Borstenpaar.
♀: L = 0,9—1,4 mm; a = 20—33; b = 7—9; c = 6—8; V = 41—52%. ♂: L = 0,8—1,3 mm; a = 23—38; b = 7,5—9,0; c = 5,6—8,0.
Holland, Belgien, DDR, BRD, Österreich, Ungarn, Spanien, Frankreich, Italien, Polen, Dänemark, Irland, Schweden, Finnland, Island, Sowjetunion (Rußland, Ukraine); Färöer-Inseln, Tunesien, USA, Brasilien; in

Süß- und Brackwasser, sowie im Meer. — *Chromadora leuckarti* DE MAN, 1876; *Chromadora* (*Euchromadora*) *leuckarti* DE MAN, 1876 (MICOLETZKY, 1922); *Spilophora impatiens* COBB, 1889; *Chromadora tyroliensis* STEFANSKI, 1916. . . . . *leuckarti* (DE MAN, 1876) FILIPJEV, 1930

— Keine Raspelzähnchen gegenüber dem Dorsalzahn; Körperlänge um 2/3 mm. — Kopfborsten 1/2 der Lippenbreite. Dorsalzahn ziemlich schwach, gegenüber ihm feine 2 Subventralzähne. Bulbus 1/6 der Ösophaguslänge. Schwanz 6,5 bis 8,5 Analbreiten lang.
♀: L = 0,66—0,67 mm; a = 26—27; b = 5,7—6,2; c = 6,0—6,5; V = 47 bis 49%. ♂ unbekannt.
DDR; in brackiger Erde. — *Chromadorita gracilis* PAETZOLD, 1958, nec FILIPJEV, 1922; *Chromadorita paetzoldi* GOODEY, 1963. . . . . *paetzoldi* MEYL, 1961

Bemerkung: Die genaue Zugehörigkeit der folgenden, ohne Abbildung beschriebenen Art ist ungewiß (species inquirenda):
Chromadorita inornata (COBB in COBB, 1915) FILIPJEV, 1930 — Syn. *Chromadora inornata* COBB in COBB, 1915 — aus den USA (Michigan).

2. Genus: ***Dichromadora*** KREIS, 1929

Hypodontolaiminae. Körper 0,6—1,0 mm lang. Cuticulapunktierung deutlich, homogen; nur die die Seitenfelder begrenzten Punkte sind gröber. 4 Kopfborsten. Seitenorgan queroval, in Höhe der Kopfborsten. Dorsalzahn relativ groß, Subventralzähne wesentlich kleiner. Ösophagusbulbus kräftig. Weibliche Gonaden paarig und umgeschlagen. Präanalorgane fehlen vollkommen.
Nur zwei Arten dieser marinen Gattung leben in binnenländischen Gewässern.
Typusart: *Chromadora cephalata* STEINER, 1916 = *Dichromadora cephalata* (STEINER, 1916) KREIS, 1929 (marin).

Bestimmungsschlüssel der binnenländischen Arten

1 Kopfborsten länger, 1/3 der Kopfbreite; Schwanz des ♂ 3—3,5 Analbreiten lang. — Körper sublateral mit kurzen Borsten. Kopf abgesetzt, Kopfborsten gut entwickelt. Seitenorgan in Höhe der Borsten, quer, ziemlich undeutlich. Vordere dorsale Ösophaguserweiterung schwach. Terminalbulbus 1/4 der Ösophaguslänge oder noch größer. Spicula 30—36 µm lang, schwach gebogen, Gubernaculum halb so lang, dünn. Schwanz des ♀ schlanker als der des ♂, 4—5 Analbreiten lang. Ei 45—50 µm.
♀: L = 0,7—1,0 mm; a = 13—20; b = 6,0—7,3; c = 5,6—8,0; V = 42 bis 50%. ♂: L = 0,6—1,0 mm; a = 16—24, b = 5,7—8,0; c = 8—12.
Holland, DDR, BRD, Tschechoslowakei, Sowjetunion, Kanada, USA (New England, Georgia), Kolumbien, Brasilien, Chile; Brackwasser- oder Meeresbewohner. — *Spilophora geophila* DE MAN, 1876; *Chromadora* (*Spilophora*) *geophila* (DE MAN, 1876) MICOLETZKY, 1922; *Hypodontolaimus geophilus* (DE MAN, 1876) WIESER, 1954; *Spilophora canadensis* COBB, 1914; *Chromadora* (*Spilophora*) *canadensis* (COBB, 1914) MICOLETZKY, 1922; *Spilophora spectabilis* ALLGÉN, 1929. . . . . *geophila* (DE MAN, 1876) KREIS, 1929

— Kopfborsten kürzer, 1/6 der Kopfbreite; Schwanz des ♂ 4—5 Analbreiten lang. — Ringelung 1,3—1,5 µm breit. Dorsalzahn schwächer als bei der vorigen Spezies.

Vordere Dorsalerweiterung des Ösophagus schwach. Bulbus kugelig, etwas kürzer als 1/4 der Ösophaguslänge. Exkretionsporus 1,5 Kopfbreiten hinter dem Vorderende. Ei 40 µm lang. Spicula 26 µm lang, Gubernaculum ganz dünn. Schwanz gerade, 4—5 Analbreiten lang, beim ♀ etwas länger als beim ♂.
♀: L = 0,6—0,7 mm; a = 16—20; b = 6,2—6,3; c = 6,5—8,5; V = 45 bis 46%. ♂: L = 0,5—0,7 mm; a = 18—28; b = 5,8—6,5; c = 7,4—9,0.
Sumatra; aquatil . . . . *tobaensis* SCHNEIDER, 1937

bb) Subfamilia: *Neochromadorinae* ANDRÁSSY, 1976

Hypodontolaimidae. Cuticulapunktierung heterogen, an den einzelnen Körperteilen aus verschiedenen Elementen (Punkte, quer- oder längsgerichtete Stäbchen, Zickzackmuster, wellige Strukturen usw.) bestehend.
Nur eine der 7 Gattungen enthält eine binnenländische Art.

1. Genus: ***Neochromadora*** MICOLETZKY, 1924

Neochromadorinae. Körperlänge um 1 mm. Cuticularingelung in verschiedene Ziergebilde aufgelöst. Seitenfelder mindestens an einem Teil des Körpers glatt, von größeren Punkten begleitet. 4 lange Kopfborsten. Seitenorgan länglich, queroval, in Höhe der Kopfborsten. Dorsalzahn viel größer als die Subventralzähne. Ösophagusbulbus schwach. Weibliche Gonaden paarig, zurückgebogen. Präanalorgane vorhanden, zahlreich, knopfförmig.
Vorwiegend marin, nur eine Art kommt auch in binnenländischen Wasserbiotopen vor.
Typusart: *Chromadora poecilosoma* DE MAN, 1893 = *Neochromadora poecilosoma* (DE MAN, 1893) MICOLETZKY, 1924.

— Kopfborsten 14—16 µm, so lang wie die Kopfbreite. Körperborsten 11—15 µm lang. Dorsale Ösophaguserweiterung in Höhe der Mundhöhle gut ausgebildet. Endbulbus nur schwach abgesondert, 20—25 µm lang. Spicula 36—42 µm lang. 7 Präanalorgane, das hinterste im Bereich der Spicula. Schwanz 6—7 (♀) bzw. 4—5 (♂) Analbreiten lang.
♀: L = 0,8—1,0 mm; a = 23—25; b = 7,0—8,4; c = 6—9; V = 40—42%.
♂: L = 0,8—1,0 mm; a = 18—34; b = 7—8; c = 7—8.
In Ungarn, in der Sowjetunion (Rußland, Ferner Osten) und an den europäischen Küsten, meist in brackigen Biotopen. — *Chromadorella izhorica* FILIPJEV, 1930. . . . . *izhorica* (FILIPJEV, 1930) SCHNEIDER, 1939

2. Familia: **Chromadoridae** FILIPJEV, 1917

Chromadorina. Cuticulapunktierung fein und homogen, höchstens an den Seitenfeldern stärker ausgeprägt. 4 Kopfborsten. Ocelli vorhanden, wohl aber nur an lebenden Tieren erkennbar. Seitenorgan queroval oder schlitzförmig, vorn am Kopf. Mundhöhlenzähne entweder gleich groß, oder Dorsalzahn kräftiger als Subventralzähne. Ösophagusbulbus kräftig. Weibliches Geschlechtsorgan paarig. Präanalorgane in verschiedener Zahl vorhanden, knopfförmig, nur selten fehlend.
Die limnischen Arten gehören in die Unterfamilie *Chromadorinae* FILIPJEV, 1917.

Bestimmungsschlüssel der limnischen Gattungen

1 Zähne annähernd gleich groß. . . . . 3. *Chromadorina* (S. 135)
— Dorsalzahn wesentlich größer als Subventralzähne. 2
2 Mundhöhle mit zwei kleinen Querfalten, die sich im optischen Schnitt gegenüber dem Dorsalzahn als zwei kleine hintereinander stehende Spitzchen erweisen; Seitenorgan spiralig. . . . . 2. *Punctodora* (S. 133)
— Mundhöhle ohne Querfalten, Zähne anders; Seitenorgan schlitzförmig . . . . 1. *Prochromadora* (S. 132)

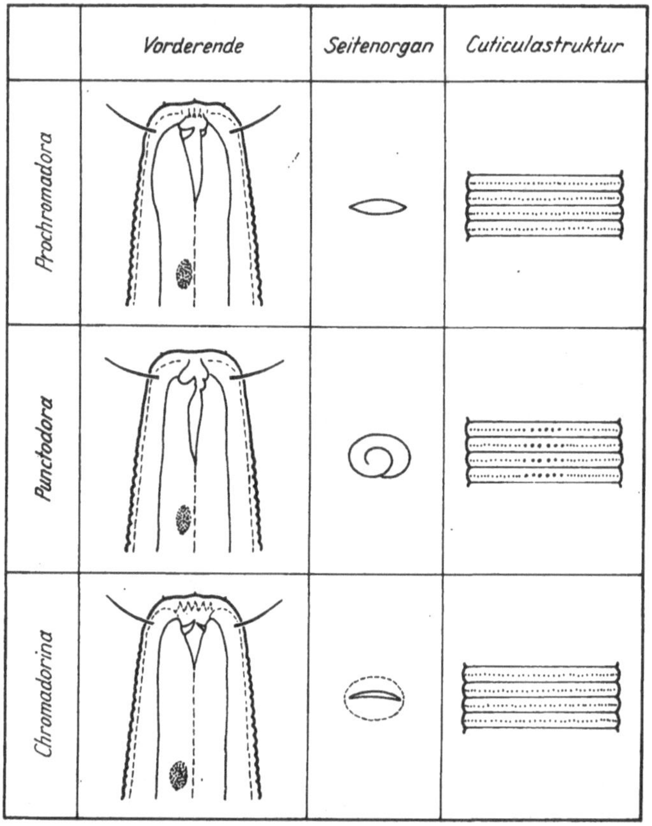

Abb. 43—45 Familie *Chromadoridae*: *Prochromadora*, *Punctodora* und *Chromadorina*

1. Genus: ***Prochromadora*** Filipjev, 1922

Chromadoridae. Körperlänge zwischen 0,6 und 1 mm. Cuticulapunktierung fein, am ganzen Körper gleichförmig. Seitenfeld punktiert, nicht abgesondert. 4 Kopfborsten. Seitenorgan schlitzartig, vorn am Kopf. Dorsalzahn viel größer als die beiden Subventralzähne. Ösophagusbulbus auffallend groß, kugelig. Ocelli vorhanden. Weibliche Gonaden paarig, Ovarien zurückgebogen. Männchen mit zahlreichen knopfartigen Präanalorganen. Schwanz mit cuticularisiertem Endröhrchen.
Nur eine Art kommt limnisch vor.
Typusart: *Prochromadora megodonta* Filipjev, 1922 (marin).

— Cuticula fein geringelt. Kopfborsten 5—6 µm lang, nahezu halb so lang wie die Kopfbreite. 1,5—2 Kopfbreiten hinter dem Vorderende befinden sich die großen, rötlichen Ocellen. Ösophagus kurz, Bulbus 1/4—1/5 seiner Länge. Abstand Vulva-Anus von 2—2,5 Schwanzlängen. Spicula 30—32 µm lang, 1,5-mal länger als der anale Körperdurchmesser; Gubernaculum halb so lang, ganz dünn. Präanalorgane unmittelbar vor der Kloakalöffnung beginnend, ihre Zahl 15—18 (am häufigsten 16). Schwanz beim ♀ 4, beim ♂ 3 Analbreiten lang.
♀: L = 0,6—0,9 mm; a = 16—23; b = 6—7; c = 7—9; V = 44—60%. ♂: L = 0,6—1,0 mm; a = 18—34; b = 6—7; c = 8—11.
Holland, BRD, Dänemark, Tschechoslowakei, Sowjetunion (Rußland); limnisch; weiterhin an den europäischen Küsten. — *Chromadora orleji* DE MAN, 1881; *Chromadora* (*Euchromadora*) *orleji* DE MAN, 1881) (MICOLETZKY, 1922).
. . . . *orleji* (DE MAN, 1881) FILIPJEV, 1930

2. Genus: *Punctodora* FILIPJEV, 1930

Chromadoridae. Körperlänge zwischen 0,6 und 1 mm. Cuticulapunktierung aus feinen Linien bestehend und an den Seitenfeldern gröber. 4 feine und lange Kopfborsten. Seitenorgan spiralig, Dorsalzahn kräftig; gegenüber ihm zwei feine zahnartige Vorsprünge, von denen sich nach dem Dorsalzahn zu sehr feine Querfalten ziehen. Ocelli vorhanden. Exkretionsöffnung am Kopf. Ösophagusbulbus äußerst kräftig, kugelig. Weibliche Gonaden paarig. Präanalorgane in verschiedener Zahl (1 bis 18) vorhanden, von der üblichen Knopfform. Schwanz mit Drüsen und Ausfuhrröhrchen.
Meeres- und Süßwassertiere.
Typusart: *Chromadora ratzeburgensis* LINSTOW, 1876 = *Punctodora ratzeburgensis* (LINSTOW, 1876) FILIPJEV, 1930.

Bestimmungsschlüssel der limnischen Arten

1 Gröbere Cuticulapunkte der Seitenfelder in 3 Längslinien angeordnet. — Kopfborsten ein wenig länger als der halbe Kopfdurchmesser. Bulbus mehr als 1/4 der Ösophaguslänge einnehmend. Schwanz 4 Analbreiten lang, in der hinteren Hälfte annähernd zylindrisch.
♀: L = 0,65—0,90 mm; a = 17; b = 5,2—5,6; c = 6,6—7,4; V = 50%. ♂ unbekannt.
Jugoslawien: Ohridsee, aus 20—35 m Tiefe. — *Neochromadora trilineata* SCHNEIDER, 1943[32]. . . . . *trilineata* (SCHNEIDER, 1943) n. comb.

— Cuticulapunkte der Seitenfelder nicht in Längsreihen angeordnet 2

2 Nur 1—3 Präanalorgane. — Kopfborsten 6 µm lang, 1/2 der Kopfbreite oder noch länger. Dorsalzahn kräftig. Ocelli rötlichbraun, 2 Kopfbreiten hinter dem Vorderende. Ösophagusbulbus 1/4 der gesamten Ösophaguslänge oder noch größer. Exkretionsöffnung unmittelbar hinter den Lippen. Darm meist bräunlich gefärbt. Spicula 32—35 µm, Gubernaculum 23—25 µm lang. Hinterstes Präanalorgan im Bereich der Spicula. Schwanz im allgemeinen 5 Analbreiten lang, fast gerade.

[32] GERLACH und MEYL (1957) halten *trilineata* für ein Synonym von *Punctodora ohridensis* SCHNEIDER, 1943, nach HOPPER (1963) hingegen sind sie keineswegs identisch. Es ist nicht ausgeschlossen, daß *trilineata* später in eine andere Gattung (vielleicht zu *Chromadora*) versetzt werden soll.

BRD, Österreich, Ungarn, Spanien, Frankreich, Polen, Dänemark, Schweden, Sowjetunion (Rußland, Ukraine, Turkmenien), Finnland; in Süß- und Brackwasserbiotopen, sowie im Meer. — *Chromadora ratzeburgensis* LINSTOW, 1876; *Chromadora* (*Euchromadora*) *ratzeburgensis* LINSTOW, 1876) MICOLETZKY, 1922); *Chromadora bulbosa* DADAY, 1894; *Chromadora dubiosa* DADAY, 1903. . . . . *ratzeburgensis* (LINSTOW, 1876) FILIPJEV, 1903

— Mehr als 10 Präanalorgane 3

3 Spicula distal zugespitzt, Gubernaculum distal mit kleinem Caudalfortsatz; 11—14 Präanalorgane. — Kopfborsten 1/2 der Lippenbreite oder länger. Körper am Distalende des Ösophagus fast 3mal so breit wie der Kopf. Cuticularinge 1,5 µm breit. Seitenfeld 1/3 des Körperdurchmessers. Mundhöhle gattungstypisch. Seitenorgan queroval bzw. versteckt-spiralig, 1/4 der Kopfbreite. Bulbus mehr als 1/4 der Ösophaguslänge. Enddarm von 2 Analbreiten. Ocelli im ersten 1/4 bzw. 1/5 der Ösophaguslänge. Spicula 39 µm lang, 1,5mal länger als der Analdurchmesser; Gubernaculum halb so lang. Hinterstes Präanalorgan knapp vor der Kloakalöffnung. Schwanz beim ♀ 4,5—5,5, beim ♂ 3,5 Analbreiten lang.

♀: L = 0,66—0,90 mm; a = 18—22; b = 6—7; c = 7—8; V = 40—47%.

♂: L = 0,7—1,0 mm; a = 22—28; b = 6—7; c = 8—10.

Jugoslawien: Ohridsee, bis 35 m Tiefe. Weiterhin: Israel: Totes Meer. . . . . *ohridensis* SCHNEIDER, 1943

— Spicula distal abgestutzt, Gubernaculum ohne Caudalfortsatz; 14—18 Präanalorgane. 4

4 Exkretionsöffnung rohrartig vorspringend; Seitenorgan hinter den Kopfborsten. — Ringelung 1,4 µm breit. Kopfborsten 6 µm lang, 1/2 der Lippenbreite. Seitenorgan spiralig, oval. Mundhöhle länger als die Kopfbreite. Exkretionsporus in Höhe des Dorsalzahnes. Endbulbus 30—35 µm lang, etwa 1/4 der gesamten Ösophaguslänge. Ocelli 2—2,5 Kopfbreiten hinter dem Vorderende. Abstand Vulva-Anus 2,5mal länger als der Schwanz. Spicula 34—36 µm, Gubernaculum 21—22 µm lang. Präanalorgane 15—16, die 3 hinteren im Bereich der Spicula. Schwanz 4,5—5,4 (♀) bzw. 3,7—4,3 (♂) Analbreiten lang.

♀: L = 0,7 mm; a = 18—24; b = 5,4—5,9; c = 6,6—7,0; V = 48—51%.

♂: L = 0,6—0,75 mm; a = 20—23; b = 5,5—5,8; c = 7—8.

Ungarn und Kanada; aquatil. . . . . *exochopora* HOPPER, 1963

— Exkretionsöffnung normal, nicht vorspringend; Seitenorgan vor den Kopfborsten. — Ringelbreite 1,5—1,7 µm. 32—35 rundliche Cuticulaporen an den Grenzen jedes Seitenfeldes. Körper am proximalen Ösophagusende 2,4 bis 3mal so breit wie der Kopf. Seitenorgan spiralig, oval, 1/4 der entsprechenden Körperbreite. Kopfborsten 6—7 µm lang, 60% der Lippenbreite. Ocelli 2—2,5 Kopfbreiten hinter dem Vorderende; unmittelbar hinter ihnen 2 Paare sublateraler Halsborsten. Bulbus 29—31 µm lang, 25—30% der Ösophaguslänge. Exkretionsporus in Höhe der Kopfborsten. Vulvalippen vorspringend. Ei 43—46 µm lang, fast kugelig. Spicula 35—37 µm lang, proximal erweitert; Gubernaculum halb so lang, sehr dünn. Präanalorgane 14—18 (am meisten 16); 2 von ihnen im Bereich der Spicula. Schwanz 4—5 (♀) Analbreiten lang. Ausfuhrröhrchen 6—7 µm lang. Abstand Vulva-Anus 3—4mal länger als der Schwanz.

♀: L = 0,7–0,9 mm; a = 18–24; b = 6,0–7,5; c = 6,8–8,0; V = 47 bis 50%. ♂: L = 0,6–0,8 mm; a = 20–27; b = 5,4–7,0; c = 6,6–9,4.
Ungarn; im Grundschlamm der Donau. . . . . . . *dudichi* ANDRÁSSY, 1966

3. Genus: ***Chromadorina*** FILIPJEV, 1918

Syn. *Heterochromadora* WIESER, 1951.
Chromadoridae. Körperlänge 0,5 bis 1 mm. Punktierung der Cuticula homogen, auch an den Seitenfeldern meist gleichförmig. 4 lange Kopfborsten. Seitenorgan queroval, vorn am Kopf. Drei Zähne in derselben Höhe (im Beginn der Mundhöhle), annähernd gleich groß. Ocelli vorhanden. Bulbus kräftig. Weibliches Geschlechtsorgan paarig, Gonaden umgeschlagen. Präanalorgane vorhanden (11 bis 16) oder fehlend. Schwanzröhrchen stämmig, oft beborstet. Teils Meeres-, teils Süßwassertiere.
Typusart: *Chromadorina obtusa* FILIPJEV, 1918 (marin).

Bestimmungsschlüssel der limnischen Arten

1 Männchen mit zahlreichen Präanalorganen. 2
– Männchen ohne Präanalorgane. 3
2 11–12 Präanalorgane; Spciula mit je einem langen dornartigen Dorsalfortsatz; Cuticula am ganzen Körper gleichmäßig punktiert. – Cuticula 0,9–1,2 µm dick, Ringelbreite 1,1–1,3 µm. Kopfborsten 5–6 µm lang, 3/5 der Kopfbreite. Seitenorgan gut erkennbar, queroval, in Höhe der Kopfborsten, fast 1/2 der entsprechenden Körperbreite. Exkretionsporus 1,5–2 Kopfbreiten hinter dem Vorderende. Dorsalzahn etwas kräftiger als die beiden anderen. Bulbus 20 µm lang. Abstand Vulva-Anus 2,3–2,4mal so lang wie der Schwanz. Spicula halbkreisförmig gebogen, 34–37 µm lang; Gubernaculum 22–24 µm. Hinterstes Präanalorgan im Bereich der Spicula. Schwanz 5,3–6,4 (♀) bzw. 4,2–4,6 (♂) Analbreiten lang, immer ventral gebogen. Endröhrchen 4–5 µm lang, mit 2 feinen Börstchen.
♀: L = 0,6–0,7 mm; a = 19–22; b = 7,0–7,3; c = 5,7–6,7; V = 42 bis 49%. ♂: L = 0,7–0,8 mm; a = 23–32; b = 6,7–7,8; c = 8–9.
Ungarn; in Grundwasser. . . . . *bercziki* ANDRÁSSY, 1962
– 14–16 Präanalorgane; Spicula ohne dornartige Fortsätze; Cuticula an den Seitenfeldern gröber punktiert. – Cuticula 1–1,3 µm dick, Ringelbreite um 1 µm. Submedialborsten in 4 Längsreihen angeordnet. Kopfborsten 5–7 µm lang, 2/3 der Lippenbreite. Seitenorgan schwer sichtbar. Dorsalzahn etwas kräftiger als die Subventralzähne. Bulbus 25–25 µm lang. Ocelli orangerot, etwa 2 Kopfbreiten hinter dem Vorderende. Enddarm 1,4–1,7mal länger als der Analdurchmesser. Spicula 35–38 µm, Gubernaculum 17–20 µm lang. Schwanz 4–6 (♀) bzw. 3–4 (♂) Analbreiten lang.
♀: L = 0,7–1,0 mm; a = 18–28; b = 6–8; c = 6,5–8,0; V = 46–50%. ♂: L = 0,6–0,9 mm; a = 19–24; b = 5,6–7,0; c = 6–9.
DDR, BRD, Ungarn, Tschechoslowakei, Polen, Dänemark, Schweden, Sowjetunion (Rußland, Estland); stets aquatil, sowohl in Süß- als in Meerwasser. – *Chromadora viridis* LINSTOW, 1876; *Chromadora* (*Euchromadora*) *viridis* LINSTOW, 1876 (MICOLETZKY, 1922); *Euchromadora viridis* (LINSTOW,

1876) MICOLETZKY, 1925; *Prochromadorella viridis* (LINSTOW, 1876) FILIPJEV, 1930; *Chromadora bathybia* DADAY, 1894; *Chromadora lehberti* SCHNEIDER, 1906. . . . . *viridis* (LINSTOW, 1876) WIESER, 1954

3 Schwanz des Männchens in oder vor der Mitte mit einer stets deutlichen ventralen Vorwölbung; größere Art, um 1 mm. — Körper am Hinterende des Ösophagus 2mal breiter als der Kopf. Cuticula 1 μm dick, Ringelbreite 1,3—1,4 μm. Punktierung undeutlich. Kopfborsten 6 μm lang, 1/2 der Lippenbreite. Zähne annähernd gleich groß. Bulbus 25 μm lang. Spicula 28—30 μm lang. Schwanz des ♀ fast ganz zylindrisch, am Ende leicht angeschwollen, 9 Analbreiten lang. Endröhrchen 4—5 μm.
♀: L = 0,9—1,0 mm; a = 29—31; b = 7,6—10,3; c = 6,4—7,6; V = 43 bis 46%. ♂: L = 0,9—1,1 mm; a = 34—37; b = 7,2—8,6; c = 10—12.
Bisher nur aus der BRD, und zwar aus der Kiemenhöhle des Flußkrebses bekannt. — *Prochromadorella astacicola* SCHNEIDER, 1932. . . . . *astacicola* (SCHNEIDER, 1932) WIESER, 1954

— Schwanz des Männchens ohne ventrale Vorwölbung; kleinere Art, bis 3/4 mm. — Cuticula sehr dünn, 0,8 μm dick, Ringelbreite 1 μm. Punktierung an den Körperseiten nur wenig kräftiger als anderswo. Kopfborsten 6—7 μm lang, 2/3 der Lippenbreite. 4 Längsreihen von Submedialborsten. Dorsalzahn kräftiger als die beiden subventralen Zähne. Ocelli rot, 1,5—2 Kopfbreiten hinter dem Vorderende. Bulbus 17—18 μm lang, etwa 1/5 der Ösophaguslänge. Exkretionsöffnung etwa eine Lippenbreite hinter dem Kopf. Ei 40 μm lang, Eischale fein gerunzelt. Spicula 21—23 μm, Gubernaculum 14—18 μm lang. Schwanz beim ♀ 5—7, beim ♂ 4,5—5,5 Analbreiten lang; Endröhrchen um 5 μm, mit 2 Börstchen.
♀: L = 0,5—0,7 mm; a = 18—28; b = 6—8; c = 5—7; V = 43—50%. ♂: L = 0,5—0,7 mm; a = 20—30; b = 4,6—7,3; c = 5—7.
Holland, BRD, Schweiz, Österreich, Ungarn, Tschechoslowakei, Rumänien, Frankreich, Italien, Polen, Dänemark, England, Irland, Finnland, Sowjetunion (Rußland, Estland); eine ausgesprochen europäische Spezies, Süßwasserbewohner. — *Rhabditis bioculata* SCHULTZE in CARUS, 1857; *Chromadora bioculata* (SCHULTZE in CARUS, 1857) BASTIAN, 1865; *Chromadora (Spilophora) bioculata* (SCHULTZE in CARUS, 1857) BASTIAN, 1865 (MICOLETZKY, 1922); *Prochromadorella bioculata* (SCHULTZE in CARUS, 1857) SCHNEIDER, 1939; *Enoplus bidentatus* DIESING, 1861; *Spilophora ophrydii* STEFANSKI, 1914. . . . . *bioculata* (SCHULTZE in CARUS, 1857) WIESER, 1954

2. SUBCLASSIS: SECERNENTIA Linstow, 1905

Kopf- und Körperborsten fehlen (höchstens die Lippenpapillen sind borstenförmig). Cuticula meist geringelt. Seitenfelder abgesondert, meist scharf konturiert. Seitenorgane weit vorn, an den Lippen, sehr klein, poren- oder schlitzförmig, undeutlich; ausnahmsweise größer und weiter nach hinten geschoben. Subcuticular- und Schwanzdrüsen, sowie Terminalröhrchen fehlen. Phasmidien am Schwanz (seltener vor ihm) vorhanden, in manchen Fällen jedoch undeutlich. Obwohl die Struktur und Form der Mundhöhle ziemlich veränderlich ist, kann sie dennoch in jedem Fall auf ein und denselben Grundtyp zurückgeführt werden. Sie ist aus 5 Elementen (Ringen, im optischen Schnitt: Stäbchen) zusammengesetzt: Cheilo-, Pro-, Meso-, Meta- und Telostom. Ein großer Teil der Arten besitzt einen ausstülpbaren Mundstachel. Ösophagus aus drei Abschnitten — Corpus, Isthmus, Terminalbulbus — zusammengesetzt, oft auch mit einem mittleren Bulbus oder einer bulbusartigen Anschwellung. Ösophagusdrüsen 3; Mündung der dorsalen Drüse immer weiter vorn als die der subventralen Drüsen. Exkretionskanal cuticularisiert. Weibliche Gonaden paarig oder unpaarig, im letzten Falle prävulvar; Ovarien meist umgeschlagen. Hoden unpaarig, Ductus ejaculatorius muskulös. Bursa oft vorhanden, mit oder ohne Papillen. Präanalpapillen, wenn vorhanden, submedial, gepaart und nie cuticularisiert. Gubernaculum vorhanden.

Zum Teil freilebende, zum Teil an oder in Pflanzen bzw. in Tieren parasitierende Nematoden. Die freilebenden Formen kommen vorwiegend in terrestrischen Biotopen vor; echte Meeresbewohner gibt es praktisch nicht.

Die freilebenden Secernentien gehören zu 2 Ordnungen.

Bestimmungsschlüssel der Ordnungen

1 Mundhöhle — mindestens im weiblichen Geschlecht — mit ausstülpbarem Stachel. . . . . II. *Tylenchida*[33]

— Mundhöhle ohne Stachel. . . . . I. *Rhabditida* (S. 137)

I. Ordo: **Rhabditida** Chitwood, 1933

Secernentia. Lippen 3 oder 6. Seitenorgan nur selten wahrnehmbar, meist sehr klein, an den Lippen. Mundhöhle deutlich aus 5 Teilen (Ringen) zusammengesetzt, die in Form und Bau sehr veränderlich sein können, aber nie einen Mundstachel bilden. Metastom mit feinen Dörnchen bzw. Zähnchen, oder mit gut erkennbaren Zähnen. Ösophagusbulbus mit Klappenapparat, am Proximalende oder in der Mitte des Ösophagus, nur ganz ausnahmsweise fehlend. Mitteldarm mit weitem Lumen, Enddarm meist mit 3 Drüsen verbunden. Exkretionsorgan aus einem Doppelkanal mit gemein-

[33] Sie werden später, im Rahmen einer anderen Arbeit, behandelt.

samem Ausfuhrröhrchen bestehend. Phasmidien und männliche Sexualpapillen vorhanden. Bursa, wenn vorhanden, stets mit Papillen versehen.
Meist saprobionte, im Boden und in faulenden organischen Stoffen lebende Nematoden, es gibt aber auch Räuber unter ihnen. 4 Unterordnungen.

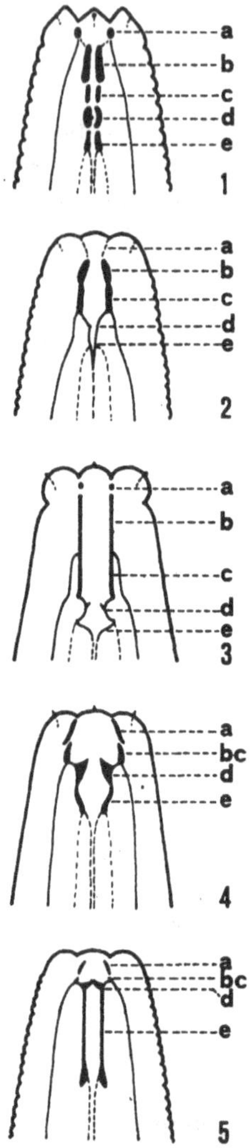

Abb. 46 Die Struktur der Mundhöhle in der Unterklasse Secernentia 1: *Cephalobus*-Typ, 2: *Panagrolaimus*-Typ, 3: *Rhabditis*-Typ, 4: *Diplogaster*-Typ, 5: *Neodiplogaster*-Typ. Identifizierung der einzelnen Mundhöhlenteile: a = Cheilostom, b = Protostom, c = Mesostom, bc = Promesostom (Proto- und Mesostom verschmolzen), d = Metastom (der zahntragende Abschnitt der Mundhöhle!), e = Telostom

Bestimmungsschlüssel der Unterordnungen

1 Mundhöhle klein und meist ganz eng, in optischem Schnitt aus kleinen Stäbchen zusammengesetzt; Ösophagus ohne Mittelbulbus; weibliche Gonaden im

allgemeinen unpaarig; Männchen ohne Bursa (ist sie ganz ausnahmsweise vorhanden, so fehlen die Spicula vollkommen). 2
— Mundhöhle lang, rohrartig oder geräumig und mit Zähnen bewaffnet; Ösophagus fast immer mit Mittelbulbus oder mittlerer Anschwellung; weibliche Gonaden im allgemeinen paarig; Männchen mit Bursa (die aber oft reduziert sein kann). 3

2 Kopfrand cuticularisiert und tief eingeschnitten, oder in 6 Fortsätze (Borsten) ausgezogen; weibliches Geschlechtsorgan paarig oder unpaarig; Seitenorgan hinter dem Kopf, zuweilen groß. . . . . . . A) *Teratocephalina* (S. 139)
— Kopfrand nicht cuticularisiert, nur ganz ausnahmsweise eingeschnitten, nie mit Borsten; weibliches Geschlechtsorgan stets unpaarig, prävulvar; Seitenorgan am Grund der Lippen (nur ganz ausnahmsweise weiter hinten). . . . . B) *Cephalobina* (S. 158)

3 Ösophagus mit 2 Bulbi: einem muskulösen Mittelbulbus und einem drüsigen Endbulbus; Mundhöhlenzähne meist groß; Bursa in den meisten Fällen reduziert. . . . . D) *Diplogastrina* (S. 352)
— Nur ein echter Bulbus (Endbulbus) vorhanden; Mundhöhle rohrartig, ohne auffällige Zähne; Bursa gut entwickelt (nur selten zurückgebildet). . . . . C) *Rhabditina* (S. 250)

A) Subordo: **Teratocephalina** ANDRÁSSY, 1974

Rhabditida. Rand des Kopfes ringsum deutlich cuticularisiert und entweder in 6 tiefe Einschnitte geteilt, oder in 6 Fortsätze (Borsten) ausgezogen. Seitenorgan zuweilen groß und spiralig, stets hinter dem Kopf. Mundhöhle kurz und verhältnismäßig breit; Cheilo- und Protostom stärker cuticularisiert als die übrigen Abschnitte. Weibliche Gonaden paarig oder unpaarig. Bursa fehlt. Phasmidien nur bei einem Teil der Arten erkennbar.
Eine eigenartige Gruppe: sie bilden in gewissen Merkmalen einen intermediären Status zwischen den beiden Unterklassen *Torquentia* und *Secernentia.* 2 Überfamilien.

Bestimmungsschlüssel der Überfamilien

1 Kopfrand durch tiefe Einschnitte in Lappen geteilt; Cheilostom nicht cuticularisiert. . . . . b) *Teratocephaloidea* (S. 149)
— Kopfrand nicht eingeschnitten, sondern mit 6 einfachen oder Zirren tragenden Anhängen (Borsten); Cheilostom cuticularisiert. . . . a) *Chambersielloidea* (S. 139)

a) Superfamilia: **Chambersielloidea** THORNE, 1937

Teratocephalina. 6 einfache und oft 6 weitere mit Zirren (Haaren) versehene Lippenanhänge, oder nur 2 bewimperte Kopfanhänge. Seitenorgan oval. Mundhöhle relativ breit, Cheilostom cuticularisiert. Ösophaguscorpus gut vom Isthmus abgesondert. Schwanzende meist hakenartig dorsal gekrümmt.
Eine Familie.

1. Familia: **Chambersiellidae** THORNE, 1937

Chambersielloidea. Lippenanhänge entweder einfach, borsten- oder dornartig, oder mit Zirren bzw. Wimpern versehen; ihre Zahl 2, 6 oder 6 + 6. Cuticula geringelt.

Seitenorgan klein, oval, seltener größer. Mundhöhle meist in zwei Abschnitte geteilt: Vorderabschnitt (Cheilo- und Promesostom) relativ geräumig und stärker cuticularisiert, Hinterabschnitt (Meta- und Telostom) eng und kaum cuticularisiert. Ösophagus mit Corpus, Isthmus und Bulbus. Gonaden paarig oder unpaarig, prävulvar. Bursa nicht vorhanden.
Drei Unterfamilien.

Bestimmungsschlüssel der Unterfamilien

1 Lippen mit 6 dornartigen Anhängen und oft auch mit 6 einfachen oder bewimperten Zirren. 2
— Lippen ohne dornartige Anhänge, nur mit 2 lateralen, bewimperten Zirren. . . . . cc) *Bicirronematinae* (S. 148)
2 Sowohl Lippendornen als Zirren vorhanden . . . bb) *Chambersiellinae* (S. 146)
— Nur Lippendornen vorhanden, Zirren fehlend . . . aa) *Macrolaiminae* (S. 140)

aa) Subfamilia: *Macrolaiminae* SANWAL, 1971

Chambersiellidae. Lippenanhänge einfach, glatt, borsten- oder dornartig. Zirren fehlen. Weibliches Geschlechtsorgan meistens unpaarig, prävulvar, seltener paarig.
Drei Gattungen, mit im Boden oder im Gang von Holzkäfern lebenden Arten.

Bestimmungsschlüssel der Gattungen

1 Ovarien paarig. . . . . 3. *Diastolaimus* (S. 144)
— Ovarien unpaarig, prävulvar. 2
2 Schwanz sehr lang, filiform, haarfein ausgezogen. . . 1. *Macrolaimellus* (S. 140)
— Schwanz kurz, kegelförmig. . . . . 2. *Macrolaimus* (S. 141)

1. Genus: ***Macrolaimellus*** ANDRÁSSY, 1966

Macrolaiminae. Körper klein, um 1/2 mm. Cuticula geringelt. Kopf mit 6 Lippen und ebensovielen kurzen, kräftigen Dornen. Mundhöhle zweiteilig: Vorderabschnitt (Cheilo- + Promesostom) relativ weit, aber wesentlich (4mal) länger als breit, Hinterabschnitt (Meta- + Telostom) lang und ganz eng; nur der vordere Abschnitt cuticularisiert. Ösophagus mit Corpus, Isthmus und Endbulbus. Weibliche Gonade unpaarig, prävulvar, weit hinter die Vulva zurückgebogen; postvulvarer Uterussack vorhanden. Schwanz lang und haarfein verdünnt, ohne merkliche Phasmidien. Männchen unbekannt.
Typische und einzige Art: *Macrolaimellus iucundus* ANDRÁSSY, 1966.

— Cuticula 1 µm dick, Ringelbreite 2 µm. Kopfanhänge (Dornen) etwa 1/6 der Lippenbreite. Vorderer geräumiger Abschnitt der Mundhöhle 6 µm lang, 4mal so lang wie breit. Cheilo- und Promesostom gleich lang. Am Beginn des Metastoms sehr kleine zahnartige Vorsprünge. Ösophaguscorpus von der Mitte an verbreitert. Exkretionsporus in Höhe des Isthmus. Bulbus 15 µm lang. Enddarm von 1,5 Analbreiten. Postvulvarsack des Uterus so lang wie der entsprechende Körperdurchmesser. Schwanz 12 Analbreiten lang, gleichmäßig verdünnt.
♀: $L = 0{,}56$ mm; $a = 30$; $b = 4-6$; $c = 4$; $V = 52\%$. ♂ unbekannt.
Ghana; im Boden. . . . . *iucundus* ANDRÁSSY, 1966

2. Genus: ***Macrolaimus*** MAUPAS, 1900

Syn. *Seleneella* RAHM, 1932.
Macrolaiminae. Körperlänge zwischen 0,7 und 1,3 mm. Cuticula fein geringelt. Kopf mit 6 flachen Lippen und ebensovielen Dornen. Mundhöhle praktisch nur mit einer Kammer (Cheilo- und Promesostom); Meta- und Telostom unbedeutend. Seitenorgan undeutlich. Ösophagus mit Corpus, Isthmus und Bulbus. Weibliches Geschlechtsorgan unpaarig, mit kurzem Postvulvarsack. Spicula schwach gebogen, proximal knofpartig; Gubernaculum gut entwickelt. Phasmidien gut erkennbar. Schwanz kegelförmig, an der Spitze oft dorsal gebogen.
In Boden, Moos und zerfallenden organischen Stoffen.
Typusart: *Macrolaimus crucis* MAUPAS, 1900.

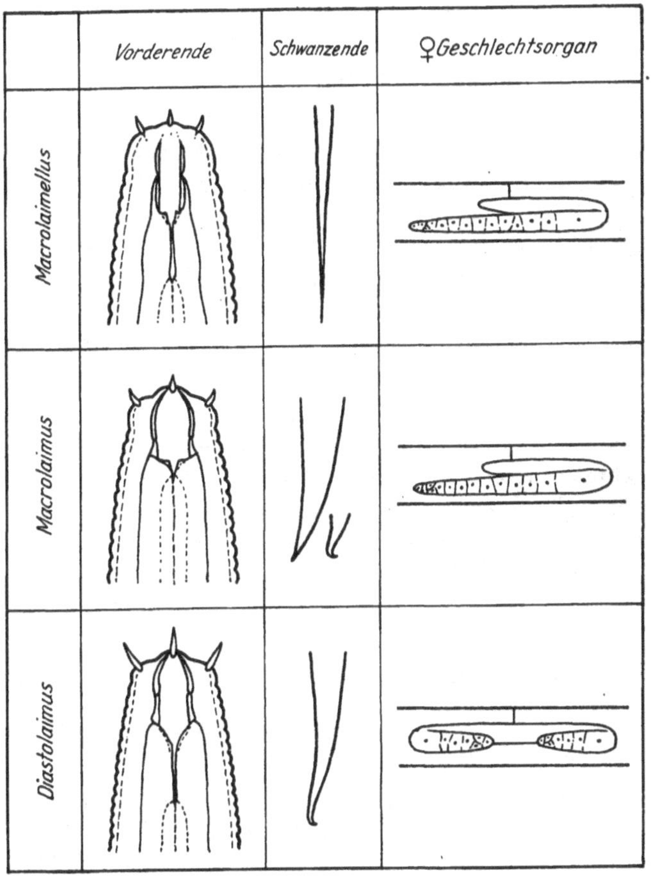

Abb. 47–49 Familie *Chambersiellidae,* Unterfamilie *Macrolaiminae*: *Macrolaimellus, Macrolaimus, Diastolaimus*

Bestimmungsschlüssel der Arten

1 Cheilostom wesentlich länger als Promesostom; Schwanzspitze bei beiden Geschlechtern hakenartig dorsal gebogen. 2
– Cheilo- und Promesostom beinahe gleich lang; Schwanzspitze gerade. . . . 7

2 Gubernaculum auffallend dick, dreieckig; Spicula mit dornartigen Ventralfortsätzen. 3

— Gubernaculum nicht besonders kräftig, schmal; Spicula ohne dornartige Fortsätze. 4

3 Promesostom sehr kurz, nur etwa 1/4 des Cheilostoms; Schwanz des ♀ schlanker, 4 Analbreiten lang. — Seitenfeld sehr dünn, mit 2 Längslinien. Cuticularinge 2 µm breit. Lippendornen 1/6—1/7 der Kopfbreite. Mundhöhle etwas länger als breit. Enddarm 2 Analbreiten lang. Exkretionsporus vor dem Isthmus. Körper hinter der Vulva merklich verengt. Postvulvarer Uterussack so lang oder kürzer als die Körperbreite. Spicula 35 µm lang. Präanal 2, postanal 4 Paar Papillen. Phasmidien in 2/3 der Schwanz-Länge.

♀: L = 1,0—1,2 mm; a = 34—37; b = 4,5—5,0; c = 13—15; V = 55 bis 58%. ♂: L = 0,9—1,1 mm; a = 39—43; b = 4,3—4,7; c = 17—20.

Frankreich, Kanada und USA; im Mulm von Borkenkäfern. . . . . *canadensis* SANWAL, 1960

— Promesostom länger, etwa 1/2 des Cheilostoms; Schwanz des ♀ plumper, 3 Analbreiten lang. — Kopf breit abgerundet, Lippendornen 1/5—1/6 der Kopfbreite. Exkretionsporus im Bereich des Isthmus. Bulbus kräftig. Spicula 35 µm, Gubernaculum 16—17 µm lang. Präanal 2, postanal 6 Paar Papillen. Schwanz des ♂ 2 Analbreiten lang, am Ende leicht dorsal gekrümmt.
♀ und ♂ ohne Massenangaben.
BRD; in Gängen von Borkenkäfern. — *Macrolaimus crucis apud* RÄHM, 1956. . . . . *ruehmi* ANDRÁSSY, 1960

4 Lippendornen etwa 1/3 der Kopfbreite, dünn, borstenförmig; Cheilostom 4mal so lang wie Promesostom. — Seitenfeld deutlich, mit 3 Längslinien. Mundhöhle 7 µm lang. Exkretionsporus vor dem Bulbus. Spicula 28 µm, 1,5mal länger als der anale Körperdurchmesser, proximal kugelig geknüpft. Gubernaculum 11 µm lang, bei der Mitte etwas caudal ausgebuchtet. Präanal 4, postanal 5 Papillenpaare. Schwanz 3 Analbreiten lang, nur an der Spitze leicht dorsal gekrümmt.

♀ und ♂: L = 0,8 mm; a = 37; b = 5,4; c = 17.
Bangladesh; in einem Ananasfeld. . . . . *natator* TIMM, 1960

— Lippendornen nur etwa 1/6 der Kopfbreite, dick, rosendornartig; Cheilostom 2—3mal so lang wie Promesostom. 5

5 Spicula proximal hakenartig gebogen. — Cuticula äußerst dünn, lediglich 0,5 bis 0,6 µm dick, sehr fein geringelt. Seitenfeld schmal. Kopf 14—15 µm breit, vorn abgestutzt; Lippendornen dick. Mundhöhle 10—11 µm lang und 6—7 µm breit; Cheilostom 2—2,5mal länger als Promesostom. Seitenorgan undeutlich. Exkretionsporus in der vorderen Hälfte des Isthmus. Bulbus schwach. Körper von der Vulva an merklich verschmälert. Postvulvarer Uterusast kürzer als die Körperbreite. Spicula 32 µm, Gubernaculum 18 µm lang. Präanal 3, postanal 5 Paar Papillen. Phasmidien in 2/3 der Schwanzlänge. Schwanz 4 (♀) bzw. 3 (♂) Analbreiten lang, an der Spitze ventral gebogen. Abstand Vulva-Anus 5,5mal länger als der Schwanz.

♀: L = 0,96 mm; a = 26; b = 5; c = 15; V = 56%. ♂: L = 1,0 mm; a = 40; b = 5; c = 18.
Italien; Graswurzeln am Strand[34]. . . . . *somniorum* n. sp.

— Spicula proximal nicht hakenartig. 6

6 Mundhöhle beinahe doppelt so lang wie breit; Schwanz des ♂ 2 Analbreiten lang. — Ringelbreite 0,5 µm. Mundregion kuppelförmig vorgewölbt. Cheilostom fast 3mal so lang wie Promesostom. Spicula 1,5 Analbreiten lang. Präanal 2, postanal 3 (?) Paar Papillen. Schwanz des ♀ etwas länger als der des ♂. Schwanzspitze hakenartig dorsal gebogen.
♀: L = 0,8 mm; a = 31; b = 4; c = 14; V = 55%. ♂: L = 0,7 mm; a = 32; b = 4; c = 14.
Sowjetunion (Usbekistan) und USA (Georgia); in Moos. . . . . *hamatus* THORNE, 1937

— Mundhöhle 1,5mal so lang wie breit; Schwanz des ♂ 3 Analbreiten lang. — Lippendornen kurz und stark. Exkretionsporus in 60% der Ösophaguslänge. Vulvaregion vorspingend, postvulvarer Uterusast kürzer als der entsprechende Körperdurchmesser. Spicula 30 µm, Gubernaculum 13 µm lang. Ein (?) Präanalpapillenpaar kurz vor den Spicula. Schwanz des ♀ 4 Analbreiten lang.
♀: L = 1,0 mm; a = 33–52; b = 4–5; c = 13–17; V = 50–57%. ♂: L = 1,0–1,2 mm; a = 39–52; b = 4,1–5,7; c = 17–21.
Sowjetunion (Ferner Osten); in Mulm. . . . . *arboreus* TRUSKOVA & EROSHENKO, 1977[35]

7 Mundhöhle etwa doppelt so lang wie breit; Körper größer als 1 mm. — Cuticularinge 1,3 µm dick. Seitenfeld mit 2 Längslinien. Lippendornen etwa 1/6 der Kopfbreite. Ösophaguscorpus doppelt so lang wie der Isthmus; Exkretionsporrus nebem den Bulbus. Spicula 1,5 Analbreiten lang. Gubernaculum auffallend dick, dreieckförmig. Präanal 2, postanal 6 Papillenpaare. Schwanz des ♂ 2–2,5 Analbreiten lang, der des ♀ etwas kürzer. Schwanzende beim ♀ gerade, beim ♂ ventral gebogen.
♀: L = 1,3 mm; a = 30; b = 6; c = 18; V = 60%. ♂: L = 1,1 mm; a = 32; b = 5,8; c = 21.
Sowjetunion (Usbekistan, Moldau) und USA (Utah, North Dakota); in Mulm aus Borkenkäfergängen . . . . *taurus* THORNE, 1937[36]

— Mundhöhle etwa 1,5mal so lang wie breit; Körperlänge um 1 mm. — Cuticula sehr fein geringelt. Exkretionsporus neben dem Endbulbus. Schwanzende zugespitzt.
♀: L = 0,96 mm; a = 22; b = 4,8; c = 15; V = 58%. ♂ unbekannt.
BRD, Dänemark, Polen, Sowjetunion (Usbekistan), USA; eine ziemlich ungenügend beschriebene Spezies . . . . *crucis* MAUPAS, 1900

---

[34] Die Art habe ich in Anzio — unweit von Rom — am 9. September 1971 gesammelt. Holotypus: ♀ im Präparat I/7514; Allotypus: ♂ in demselben Präparat, beide in der Sammlung des Verfassers.

[35] Diese Spezies steht der aus Brasilien beschriebenen Art *Macrolaimus gracilis* RAHM, 1928 sehr nahe, ja, die Arten sind aller Wahrscheinlichkeit nach synonym. Ist dies der Fall, so besitzt der von RAHM gegebene Name *gracilis* die Priorität.

[36] Möglicherweise mit *Macrolaimus crucis* MAUPAS, 1900 identisch.

Bemerkung: *Macrolaimus citri* RAHM, 1928 und *M. crucis tenuis* RAHM, 1928 wurden ohne Abbildung beschrieben; ihre Zugehörigkeit bleibt daher ungewiß. Gleichfalls unsicher ist die taxonomische Position von *Seleneella maipoensis* RAHM, 1932; am wahrscheinlichsten ist sie mit *Macrolaimus crucis gracilis* RAHM, 1928 identisch (siehe Fußnote 35).

3. Genus: ***Diastolaimus*** RAHM, 1928

Syn. *Santafea* MASSEY, 1963[37]; *Fescia* TRUSKOVA & EROSHENKO, 1977.
Macrolaiminae. Körperlänge zwischen 0,6 und 2,3 mm variierend. Kopf mit 6 dornartigen Anhängen. Mundregion kuppelförmig vorgewölbt, Mundhöhle aus zwei Abschnitten bestehend: Vorderkammer (Cheilo- + Promesostom) weit und stark cuticularisiert, Hinterkammer (Meta- + Telostom) sehr eng, nicht cuticularisiert. Beide Abschnitte etwa von gleicher Länge. Seitenorgan klein, porenartig, im Bereich der Mundhöhle. Corpus und Isthmus gut abgesondert, Bulbus schwach. Weibliche Gonaden paarig und oft zweimal zurückgebogen, ziemlich lang. Männchen mit deutlichen Geschlechtspapillen. Schwanz bei beiden Geschlechtern am Ende fein verdünnt und hakenartig dorsal gebogen. Phasmidien deutlich.
In Gängen von Borkenkäfern und auch in limnischen Biotopen.
Typusart: *Diastolaimus papillatus* RAHM, 1928.

Bestimmungsschlüssel der Arten

1 Körper sehr groß, 2 mm lang oder noch länger. — Lippendornen relativ dünn, vorn die Mundkuppel überragend. Vorderabschnitt der Mundhöhle etwa 3mal so lang wie breit, Totallänge derselben 1,6—1,8mal größer als die Lippenbreite. Abstand Vulva-Anus nahezu 4mal so lang wie der Schwanz, Abstand Ösophagusende-Vulva 1,8mal so lang wie der Ösophagus. Vulvalippen vorspringend. Ovipar. Spicula kaum länger als der anale Körperdurchmesser, Gubernaculum halb so lang, dünn. Schwanz beim ♀ 4—4,5, beim ♂ 3 Analbreiten lang; Schwanzspitze stark verschmälert und hakenartig dorsal gekrümmt.
♀: L = 2,0—2,3 mm; a = 20—26; b = 4,2—5,0; c = 9—10; V = 48—52%.
♂: L = 2,0 mm; a = 22; b = 4,4; c = 10.
Brasilien; aus Boden. — *Macrolaimus papillatus* (RAHM, 1928) GOODEY, 1951; *Chambersiella papillata* (RAHM, 1928) SANWAL, 1960. . . . . *papillatus* RAHM, 1928
— Körper kleiner, um 1,5 mm oder kürzer. 2
2 Lippendornen lang, 1/2 bis 1/3 der Kopfbreite; Gubernaculum dünn, stäbchenförmig. 3
— Lippendornen kürzer, 1/4—1/5 der Kopfbreite; Gubernaculum dick 4

---

[37] Die Gattungen *Diastolaimus* und *Santafea* sind ohne Zweifel identisch. Der einzige Unterschied, auf Grund dessen SANWAL (1971) RAHMS Genus von der anderen Gattung abtrennt, ist der Bau des weiblichen Geschlechtsapparats. RAHM spricht nämlich von einer unpaarigen Gonade, stellt jedoch das Geschlechtsorgan paarig dar (Taf. 16, Abb. 71). Daß es sich in der Tat um eine doppelgonadige Gattung bzw. Art handelt, wird auch dadurch bewiesen, daß sich das eine der beiden gezeichneten Eier vor, das andere hinter der Vulvaöffnung befindet. Bei einem unpaarigen, *Panagrolaimus*-ähnlichen Genitalapparat liegen die Eier stets im prävulvaren Uterusteil und nie im kurzen hinteren Uterussack!

3 Spicula ventral mit deutlicher Vorwölbung; Lippendornen 4—5 µm lang. — Körper schlank. Dornen etwa 1/3 so lang wie die Kopfbreite. Mundhöhle relativ geräumig. Seitenorgan mehr als 2 Kopfbreiten vom Vorderende entfernt. Gonaden lang, jeder Ast 5—6mal so lang wie der Körperdurchmesser. Spicula 30 µm, Gubernaculum 12 µm lang. Schwanz des ♂ mit 6 Papillenpaaren. Schwanz des ♀ 5—6 Analbreiten lang, der des ♂ etwas kürzer; an der Spitze bei beiden Geschlechtern fein dorsal gebogen.
♀: L = 0,95—1,3 mm; a = 35—43; b = 4,4—5,8; c = 13—19; V = 50 bis 57%. ♂: L = 1,04 mm; a = 52; b = 4,5—5,7; c = 15—20.
Sowjetunion (Ferner Osten); in Mulm. — *Fescia grossa* TRUSKOVA & EROSHENKO, 1977. . . . . *grossus* (TRUSKOVA & EROSHENKO, 1977) n. comb.[38]

— Spicula ventral ohne Vorwölbung; Lippendornen 8—9 µm lang. — Seitenfeld mit 2 Längslinien. Mund kuppelartig, Lippendornen vorn diese Kuppen überragend. Cheilo- und Protostom stark cuticularisiert, mit ausgewölbten Wänden; das vordere 1,5mal länger als das hintere. Seitenorgan am Proximalende des Telostoms, 1,5 Kopfbreiten hinter dem Vorderende. Ösophaguscorpus nur etwa 1,5mal länger als Isthmus. Exkretionsporus bei der Mitte des Isthmus. Bulbus schwach. Gonaden lang, zuweilen 2—3fach zurückgebogen. Spicula etwa 35 µm lang, proximal kugelig erweitert; Gubernaculum dünn, stäbchenförmig. Präanal 4, postanal 6 Paar Papillen. Schwanz 5 (♀) bzw. 3—3,5 (♂) Analbreiten lang, seine Spitze hakenartig.
♀: L = 1,1—1,2 mm; a = 36—41; b = 4,8—5,3; c = 11—14; V = 51%. ♂: L = 1,2—1,4 mm; a = 44—50; b = 5,0—5,8; c = 13—15.
USA (New Mexico), im Gang von verschiedenen Borkenkäferarten. — *Santafea damalis* MASSEY, 1966. . . . . *damalis* (MASSEY, 1966) n. comb.

4 Proximalende der Spicula hakenartig zurückgebogen; kleine Art, unter 1 mm. — Cuticula sehr fein geringelt. Mundkuppel hoch, die Lippendorne weit überragend. Promesostom etwas länger als Cheilostom; Vorderkammer der Mundhöhle 8 µm, Totallänge 18 µm. Seitenorgan bei der Mitte des hinteren Mundhöhlenabschnittes. Exkretionsporus im Bereich des Isthmus. Spicula 35 µm, Gubernaculum 17 µm lang. Präanal 5, postanal 9 Paar Papillen. Schwanz des ♂ 2 Analbreiten lang, am Ende hakenartig.
♀ unbekannt. ♂: L = 0,77 mm; a = ?; b = 4; c = 14.
Paraguay; limnikol. — *Cephalobus aculeatus* DADAY, 1905; *Macrolaimus aculeatus* (DADAY, 1905) THORNE, 1937. . . . *aculeatus* (DADAY, 1905) n. comb.[39]

— Proximalende der Spicula nicht hakenartig; größere Art, um 1,5 mm. — Cuticula sehr fein geringelt. Mundkuppel mäßig gewölbt, die Lippendornen kaum überragend. Cheilo- und Promesostom von gleicher Länge. Totallänge der Mundhöhle etwa 20 µm. Seitenorgan beim Beginn des hinteren Mundhöhlenabschnittes. Ösophaguscorpus doppelt so lang wie Isthmus. Vulvalippen vorspringend. Gonaden zweifach zurückgebogen. Enddarm 1,5 Analbreiten lang. Spicula

---

[38] Möglicherweise mit der nachstehenden Art identisch.

[39] Die obige Beschreibung gebe ich anhand des in recht gutem Zustand befindlichen Typenexemplars von DADAY. In der Originalbeschreibung spricht DADAY unbegreiflicherweise von einem 2,1 mm langen Tier, obwohl es sich in der Wirklichkeit um einen Nematoden unter 1 mm Länge handelt. Das von DADAY veröffentlichte Habitusbild paßt übrigens sehr gut zum Holotypus.

etwa 35 µm lang, Gubernaculum ziemlich dick. 4 Paar prä- und 9 Paar postanale Papillen vorhanden. Schwanz 4 (♀) bzw. 2,5–3 (♂) Analbreiten lang, am Ende hakenförmig.
♀: L = 1,4–1,6 mm; a = 32; b = 6; c = 11; V = 54%. ♂: L = 1,2 bis 1,5 mm; a = 35; b = 7; c = 11.
USA (New Mexico); an Borkenkäfer gebunden. – *Santafea croca* MASSEY, 1963. . . . . *croca* (MASSEY, 1963) n. comb.

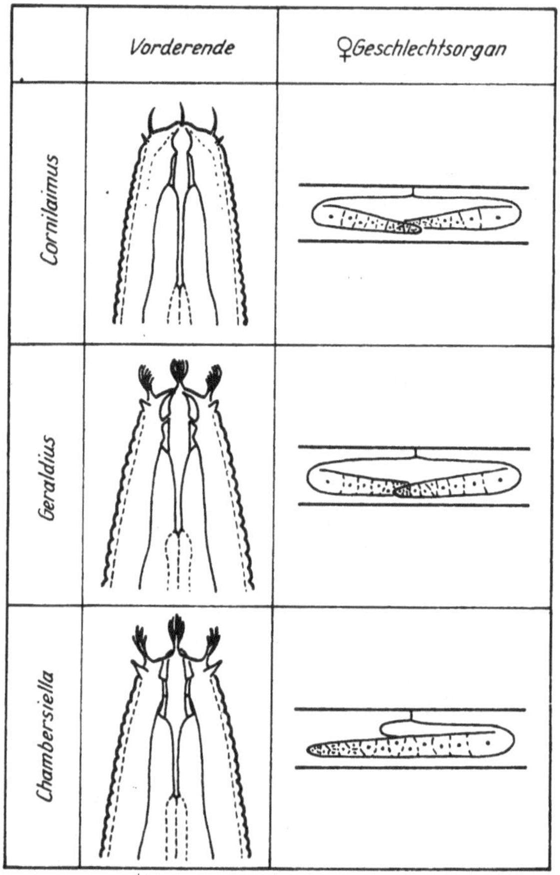

Abb. 50–52 Familie *Chambersiellidae*, Unterfamilie *Chambersiellinae*: *Cornilaimus*, *Geraldius* und *Chambersiella*

bb) Subfamilia: *Chambersiellinae* THORNE, 1937

Chambersiellidae. Lippenanhänge von zweierlei Gestalt: ein vorderer (innerer) Kreis von 6 Zirren und ein hinterer (äußerer) Kreis von 6 kurzen Dornen. Zirren einfach oder dicht bewimpert, die Kopfkontur vorn weit überragend. Weibliche Gonaden paarig oder unpaarig.
Drei Gattungen.

Bestimmungsschlüssel der Gattungen

1 Zirren einfach, nicht bewimpert. . . . . 1. *Cornilaimus* (S. 147)
— Zirren dicht bewimpert. 2
2 Ovarien paarig. 2. *Geraldius* (S. 147)
— Ovar unpaarig. . . . . 3. *Chambersiella* (S. 148)

1. Genus: *Cornilaimus* TRUSKOVA & EROSHENKO, 1977

Chambersiellinae. Körperlänge um 1 mm. Cuticula fein geringelt. Lippen mit zwei Kreisen von Anhängen: vorn 6 feine, nicht bewimperte Zirren und unmittelbar hinter ihnen 6 Lippendornen. Cheilostom schwach, Promesostom stark cuticularisiert. Seitenorgan klein. Corpus, Isthmus und Bulbus gut abgesondert. Weibliche Gonaden paarig. Männchen mit prä- und postanalen Papillenpaaren. Schwanz bei beiden Geschlechtern an der Spitze dorsal gebogen.
In Baummulm lebende Tiere.

Typusart: *Cornilaimus furcillus* TRUSKOVA & EROSHENKO, 1977. Keine weiteren Arten.

— Zirren 1/3 der Lippenbreite, Dornen ganz klein. Mundhöhle relativ schmal, Promesostom beinahe doppelt so lang wie Cheilostom. Seitenorgan in Höhe des Telostoms. Körper am proximalen Ösophagusende etwa 3mal breiter als der Kopf. Ovarien mit doppeltem Umschlag. Spicula 48 μm, Gubernaculum 24 μm lang. ♂ mit 6 Paaren postanaler Papillen. Schwanz bei beiden Geschlechtern verhältnismäßig schlank, 7mal (♀) bzw. 4mal (♂) so lang wie die Analbreite; Endhaken doppelspitzig.
♀: L = 1,1–1,2 mm; a = 28–30; b = 3–5; c = 7,1–7,5; V = 48–50%.
♂: L = 1,1 mm; a = 27; b = 4,5; c = 9,1.
Sowjetunion (Ferner Osten); unter Baumrinde. . . . .
. . . . *furcillus* TRUSKOVA & EROSHENKO, 1977

2. Genus: *Geraldius* SANWAL, 1971

Chambersiellinae. Um 1 mm lange Tiere. Cuticula gut geringelt. Vorderkreis der Lippenanhänge aus 6 bewimperten Zirren bestehend, Hinterkreis mit 6 kleinen Dornen. Cheilo- und Promesostom stark cuticularisiert. Seitenorgan klein, oval. Ösophagus mit drei gut abgesonderten Abschnitten. Weibliche Gonaden paarig. Männchen mit einer Anzahl von Geschlechtspapillen. Schwanz bei beiden Geschlechtern mit hakenartiger Spitze.
Unter Baumrinde.

Typische und einzige Art: *Chambersiella bakeri* SANWAL, 1957 = *Geraldius bakeri* (SANWAL, 1957) SANWAL, 1971.

— Ringelbreite um 1 μm. Seitenfeld mit 2 Längslinien. Cheilo- und Promesostom gleich lang, voriges sehr stark cuticularisiert, mit nach innen gebogenen Wänden. Seitenorgan beim Beginn der hinteren Mundhöhlenstrecke. Corpus doppelt so lang wie Isthmus; Exkretionsporus in Höhe des letzteren. Spicula 45 bis 52 μm, Gubernaculum 17–20 μm lang, schmal. Präanal 7, postanal 8–9 Papillenpaare. Schwanz beim ♀ 4, beim ♂ 3 Analbreiten lang. Phasmidien in der Mitte des Schwanzes.

♀: L = 0,8–1,3 mm; a = 20–26; b = 3,5–5,6; c = 8–10; V = 50–53%.
♂: L = 1,0–1,4 mm; a = 21–35; b = 4,3–5,9; c = 10–11.
Kanada und USA (Ohio, Virginia); unter Baumrinde. — *Chambersiella bakeri* SANWAL, 1957. . . . . *bakeri* (SANWAL, 1957) SANWAL, 1971

3. Genus: ***Chambersiella*** COBB, 1920

Chambersiellinae. Körper 0,6–0,7 mm lang. Cuticula fein geringelt. Kopf mit zwei Kreisen von Anhängen: vordere Anhänge länger und mit nach innen gebogenen Zirren versehen, hintere Anhänge kürzer, papillen- bzw. dornartig, glatt. Vorderabschnitt der Mundhöhle geräumiger, Hinterabschnitt sehr eng. Cheilorhabdions stark cuticularisiert, mandibel-ähnlich; Promesorhabdions in optischem Schnitt hantelförmig. Seitenorgan queroval, im Bereich des hinteren Mundteiles. Corpus und Isthmus gut abgesondert, Bulbus ziemlich kräftig. Weibliche Gonade unpaarig. Geschlechtspapillen des Männchens zahlreich. Schwanz am Ende hakenartig dorsal eingerollt. Phasmidien deutlich.
Unter Baumrinde lebende Arten.
Typische und einzige Art: *Chambersiella rodens* COBB, 1920.

— Cuticula fein geringelt. Promesostom etwas länger als Cheilostom; letzteres äußerst stark cuticularisiert, die einzelnen Rhabdions (Mundhöhlenwände) sind sehr dick, mandibelförmig. Seitenorgan beim Beginn des hinteren Mundhöhlenabschnittes. Seitenfeld schmal, mit 2 Längslinien. Exkretionsporus in Höhe des Isthmus. Ovar weit hinter die Vulva — ganz bis zum After — zurückgebogen. Spciula mehr als anderthalb Analbreiten lang. Präanal 7, postanal 9 Papillenpaare. Phasmidien in der Mitte des Schwanzes. Schwanz 2 Analbreiten lang.
♀: L = 0,7 mm; a = 27; b = 4,8; c = 16; V = 58%. ♂: L = 0,6 mm; a = 32; b = 4,6; c = 17.
USA (Florida); unter Baumrinde. . . . . *rodens* COBB, 1920

cc) Subfamilia: *Bicirronematinae* ANDRÁSSY, 1978

Chambersiellidae. Kopf mit zwei lateralen bewimperten Zirren, jedoch ohne Lippendornen. Lippen scharf voneinander abgesondert. Weibliche Gonade unpaarig.
Eine Gattung.

1. Genus: ***Bicirronema*** ANDRÁSSY, 1978

Bicirronematinae. Körper kürzer als 1 mm. Cuticula fein geringelt, mit einfachen Seitenfeldern. Lippen durch tiefe Einschnitte voneinander abgesondert, ohne dornartige Anhänge, sondern nur mit je einem in mehrere Ästchen verzweigten Lateralzirren. Cheilostom nicht cuticularisiert, Metastom mit kleinen Zähnchen. Ösophagus mit den gewöhnlichen drei Abschnitten. Exkretionsporus in Höhe des Corpus. Darm mit deutlichem Prärectum. Weibliche Gonade prävulvar, aber mit langem hinterem Umschlag. Phasmidien deutlich. Schwanz bei beiden Geschlechtern mit pfeilartiger Spitze.
Im Erdboden lebende Tiere.
Typische und einzige Art: *Bicirronema caledoniense* ANDRÁSSY, 1978.

— Cuticularinge 1,2–1,4 μm breit. Kopf 10–12 μm breit, schwach abgesetzt; Lippen 6, durch Furchen voneinander getrennt. Zwischen den sublateralen Lip-

pen befindet sich je ein 6—7 μm langer, feine Ästchen aufweisender Zirrus. Geräumiger Mundhöhlenteil 8—9 μm lang und 6—7 μm breit. Metastom mit einem kleinen Dorsalzahn und zwei ebenso kleinen Subventralzähnchen. Ösophagus sehr lang: 36—38% der gesamten Körperlänge; Bulbus 24—28 μm lang. Exkretionsporus in 50—58% der Ösophaguslänge. Nervenring um den Corpus. Rectum 3,7—4,5mal länger als die anale Körperbreite. Postvulvarer Uterussack 2—2,5mal so lang wie der Körperdurchmesser. Spicula 28—32, Gubernaculum 16—18 μm lang. 3 Paar Präanal- und 5 Paar Postanalpapillen. Schwanz 1,8—2,3 (♀) bzw. 1,5—1,8 (♂) Analbreiten lang.
♀: L = 0,76—0,88 mm; a = 22—26; b = 2,6—2,8; c = 22—33; V = 70 bis 72%. ♂: L = 0,67—0,78 mm; a = 23—28; b = 2,6—2,8; c = 21—24.
Neukaledonien; im Fallaub verschiedener Waldtypen. . . . . *caledoniense* ANDRÁSSY, 1978

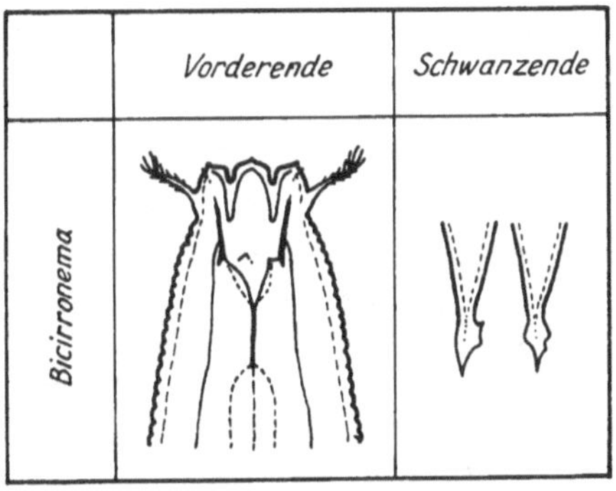

Abb. 53 Familie *Chambersiellidae*, Unterfamilie *Bicirronematinae*: *Bicirronema*

b) Superfamilia: **Teratocephaloidea** ANDRÁSSY, 1958

Teratocephalina. Kopfrand durch tiefe Einschnitte in Lappen geteilt und cuticularisiert. Seitenorgan spiralig. Mundhöhle klein, ohne Zähne. Ösophagus vor dem Bulbus meist zylindrisch. Gonaden paarig oder unpaarig. Schwanz zugespitzt.
Eine Familie.

1. Familia: **Teratocephalidae** ANDRÁSSY, 1958

Teratocephaloidea. Kopfrand cuticularisiert und durch Einschnitte in Lappen geteilt. Kopf zuweilen mit 4 feinen Borsten. Seitenorgan spiralig oder einfach, spaltenförmig, im Bereich der Mundhöhle oder dahinter. Mundhöhle aus kleinen Stäbchen bestehend, einfach. Ösophagus schlank, Corpus und Isthmus meist nicht abgesondert, Bulbus kräftig. Weibliches Geschlechtsorgan paarig oder unpaarig, prävulvar. Schwanz von verschiedener Länge, am Ende zugespitzt. Phasmidien nur selten erkennbar. Männchen sehr selten; Geschlechtspapillen borstenartig.
Meist terrikole, seltener aquatile Tiere. Zwei Unterfamilien.

Bestimmungsschlüssel der Unterfamilien

1 Ovar unpaarig, prävulvar; Seitenorgan im Bereich der Mundhöhle, klein, oval. . . . . aa) *Teratocephalinae* (S. 150)

— Ovar paarig; Seitenorgan weit hinter der Mundhöhle, groß, spiralig. . . . . bb) *Metateratocephalinae* (S. 155)

aa) Subfamilia: *Teratocephalinae* ANDRÁSSY, 1958

Teratocephalidae. Cuticularinge meist einfach, selten punktiert. Kopf breit, vom Hals abgesondert, ohne Borsten; Einschnitte breit, auffällig. Mundhöhle schmal, rohrartig, kaum cuticularisiert. Seitenorgan im Bereich der Mundhöhle, klein, oft undeutlich. Ösophagus bis zum Bulbus zumeist zylindrisch. Ovar unpaarig, prävulvar. Vulva meist hinter der Körpermitte. Phasmidien fehlen.
Zwei Gattungen.

Bestimmungsschlüssel der Gattungen

1 Cuticula am ganzen Körper auffallend punktiert; Vulva vor der Körpermitte (um 40%). . . . . 2. *Steratocephalus* (S. 155)
— Cuticula nicht oder höchstens an den Seitenfeldern schwach punktiert; Vulva in oder zumeist hinter der Körpermitte (bis 65%) . . 1. *Teratocephalus* (S. 150)

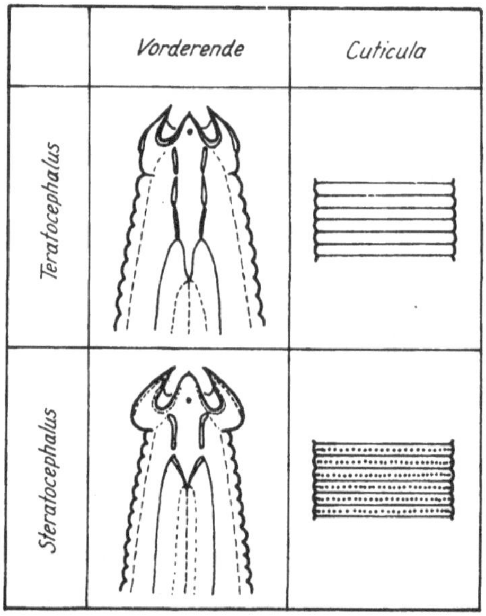

Abb. 54—55 Familie *Teratocephalidae*, Unterfamilie *Teratocephalinae*: *Teratocephalus*, *Steratocephalus*

1. Genus: ***Teratocephalus*** DE MAN, 1876

Syn. *Mitrephorus* LINSTOW, 1877.
Teratocephalinae. Körper klein, meist um 1/2 mm. Cuticula stark geringelt, oft mit schwach vorragenden Längsleisten. Seitenfeld dünn, mit 2—3 Linien. Kopf gut abgesetzt, breit, mit den charakteristischen tiefen Einschnitten. Kopfborsten fehlen. Mundhöhlenwand aus schwach cuticularisierten Stäbchen bestehend. Seitenorgan klein, spaltenförmig, im allgemeinen vor der Mundhöhle. Ösophagus sehr schlank, Bulbus kräftig. Weibliches Geschlechtsorgan unpaarig, mit kurzem postvulvarem

Ast. Vulva bei oder hinter der Körpermitte. Männchen sehr selten. Spicula gebogen, Gubernaculum undeutlich. Geschlechtspapillen borstenartig zugespitzt. Schwanz bei beiden Geschlechtern ähnlich, meist lang, am Ende oft fein zweispitzig. Phasmidien undeutlich.

Bodenbewohner, auch in Moospolstern häufig.

Typusart: *Anguillula terrestris* BÜTSCHLI, 1873 = *Teratocephalus terrestris* (BÜTSCHLI, 1873) DE MAN, 1876.

Bestimmungsschlüssel der Arten

1 Schwanz kurz, kegelförmig, höchstens 3mal so lang wie die Analbreite (c um 20). — Kopf praktisch nicht abgesetzt.
♀: L = 0,8—0,9 mm; a = 21—22; b = 4,1; c = 17—21; V = 65%. ♂ unbekannt.
Zaire; terrikol. Eine ziemlich ungenügend beschriebene Art, deren taxonomische Zugehörigkeit unsicher ist.[40] . . . . *brevicaudatus* SCHUURMANS STEKHOVEN, 1951

— Schwanz verjüngt, fein ausgezogen, mindestens 5mal so lang wie die Analbreite (c 10 oder kleiner). 2

2 Cuticula mit schwach vorspringenden Längsleisten (die oft nur im Querschnitt zu erkennen sind). 3

— Cuticula ohne Längsleisten. 8

3 Postvulvarer Uterussack ungewöhnlich lang: 2—3mal so lang wie die entsprechende Körperbreite (25—52 µm); Männchen beinahe gleich häufig wie Weibchen. 4

— Postvulvarer Uterussack kurz, höchstens so lang wie die entsprechende Körperbreite; Männchen unbekannt. 5

4 Schwanz 1/4—1/5 der gesamten Körperlänge, 11—15 Analbreiten lang; Vulva bei der Körpermitte. — Cuticularinge 1,7—2 µm breit; Seitenfeld schmal, wellig. 13—17 Längsleisten. Kopf 6—10 µm breit, gut abgesetzt. Mundhöhle 5 bis 7 µm lang. Abstand Vulva-Anus etwa anderthalbmal so lang wie der Schwanz. Ei 16—20 × 44—50 µm groß. Spicula 17—23 µm lang. Am 13.—17. Cuticularing vor dem After eine Präanalpapille. Schwanz 11—15 (♀) bzw. 9—12 (♂) Analbreiten lang, serh fein doppelspitzig.
♀: L = 0,55—0,73 mm; a = 25—35; b = 4,0—5,2; c = 4—5; V = 49 bis 53%. ♂: L = 0,53—0,87 mm; a = 30—43; b = 4,0—5,2; c = 4,1—5,2.
Antarktis (Orkney-Inseln); in Moos. . . . . *rugosus* MASLEN, 1979

— Schwanz 1/6—1/7 der gesamten Körperlänge, 9—10 Analbreiten lang; Vulva hinter der Körpermitte. — Cuticularinge 1,6—1,8 µm breit; Seitenfeld schmal, leicht wellig. 16—18 Längsleisten (die Seitenfelder nicht eingerechnet). Kopf 6—6,5 µm breit, gut abgesondert. Mundhöhle so lang wie die Kopfbreite. Ovar relativ lang: 7—8 Körperbreiten. Abstand Vulva-Anus doppelt so lang wie Schwanz. Spicula sicheleisenförmig. Am 13. Cuticularing vor dem After eine Präanalpapille. Schwanz nicht so fein verdünnt wie bei der vorigen Art, fein doppelspitzig.

[40] Gleichfalls ungenügend bekannt und deshalb problematisch ist die andere kurzschwänzige Speices, *Teratocephalus micrurus* RAHM, 1924.

♀: L = 0,46–0,47 mm; a = 29–33; b = 3,5–3,8; c = 6,4–7,3; V = 56 bis 59%. ♂: L = 0,41–0,43 mm; a = 27–29; b = 3,2–4,7; c = 6,1–7,4.
Kenia; terrestrisch (nahezu bei 4000 m ü. M.). . . . . *bisexualis* MEYER & COOMANS, 1977

5 Schwanz recht lang, 15–30 Analbreiten; Zahl der Cuticulaleisten 18–24. 6

— Schwanz kürzer, 8–11 Analbreiten; Zahl der Cuticulaleisten 8–12 7

6 Schwanzspitze fein verzweigt. — Cuticularinge 1–2 µm breit. Seitenorgan sehr klein, porenartig, am ersten Ring hinter dem Kopf. Kopf 6–8 µm breit, gut abgesetzt. Mundhöhle 3–5 µm lang. Bulbus 12–15 µm lang. Exkretionsöffnung hinter der Ösophagusmitte. Postvulvarer Uterusast 4–17 µm lang. Ei 44 × 17 µm, 4mal länger als breit. Schwanz nahezu so lang wie der Abstand Vulva-Anus bzw. 15–30mal länger als der anale Körperdurchmesser.
♀: L = 0,37–0,63 mm; a = 26–49; b = 3,8–5,0; c = 2,3–5,0; V = 39 bis 55%. ♂ unbekannt.
Verbreitet in den beiden Polargegenden: Spitzbergen, Kanada und Antarktis (Orkney-Inseln). — *Teratocephalus pseudolirellus* MASLEN, 1979. . . . . *lirellus* ANDERSON, 1969

— Schwanzspitze einfach. — Cuticula 1,2 µm dick, Ringe 1,4 µm breit. Anhand der Zeichnung von EROSHENKO trägt die Cuticula Längsleisten, ihre genaue Zahl ist aber nicht angegeben. Körper am Proximalende des Ösophagus doppelt so breit wie der Kopf. Bulbus 8 µm lang. Postvulvarer Uterussack 9 µm lang. Abstand Vulva-Anus etwa so lang wie der Schwanz; dieser 15–17 Analbreiten lang.
♀: L = 0,36 mm; a = 25–33; b = 4,1–4,2; c = 4,1; V = 53–54%. ♂ unbekannt.
Sowjetunion (Ferner Osten); terrikol. Die Identität der beiden Arten *occalatus* und *lirellus* ist nicht ausgeschlossen. . . . . *occalatus* EROSHENKO, 1973

7 Zahl der Cuticulaleisten — die gleichfalls vorragenden Seitenfelder nicht eingezählt — 8. — Cuticula auffallend stark geringelt; Ringelbreite 1,8–2,4 µm. Seitenfelder wellig konturiert. Kopf stark abgesetzt, 6–8 µm breit; Körper am Hinterende des Ösophagus 2–3mal so breit wie der Kopf. Seitenorgan am 1. oder 2. Cuticularing, sehr klein. Bulbus 14–18 µm lang. Enddarm von 1,5–2 Analbreiten. Postvulvarer Uterussack halb so lang wie die entsprechende Körperbreite. Ei 42–46 µm lang, 3mal länger als breit. Schwanz gleichmäßig verjüngt. 8–11 Analbreiten lang, am Ende stets eingerollt, mit 2 sehr feinen Börstchen. Abstand Vulva-Anus 1,3mal so lang wie der Schwanz.
♀: L = 0,43–0,56 mm; a = 22–28; b = 3,4–4,0; c = 4,8–6,8; V = 54 bis 60%. ♂ unbekannt.[41]
Holland, Ungarn, Rumänien, Bulgarien, Polen, Schottland, Schweden, Spitzbergen, Sowjetunion (Rußland), Mongolei, Vietnam, Kanada, Paraguay, Neuseeland; terrikol. — *Teterocephalus decarinus* ANDERSON, 1969. Wahrscheinlich auch *Teratocephalus* EROSHENKO, 1973, Sowjetunion (Ferner Osten) . . . . *costatus* ANDRÁSSY, 1958

---

[41] NOVIKOVA (1971) beschreibt einen Nematoden als das bisher unbekannte Männchen von *Teratocephalus costatus*; ihre Art stellt jedoch keinen *Teratocephalus*, sondern einen *Cylindrolaimus* dar!

— Zahl der Cuticulaleisten — ohne Seitenfelder — 12. — Breite der Cuticularinge 1—1,6 μm. Seitenfeld nicht so stark wellig wie bei der vorigen Art. Kopf abgesetzt, 5—7 μm breit; Körper am proximalen Ösophagusende 1,8mal breiter als der Kopf. Bulbus 10—13 μm lang. Exkretionsporus hinter der Ösophagusmitte. Enddarm 1,5—1,8 Analbreiten lang. Postvulvarer Uterussack sehr kurz. Schwanz gleichmäßig verdünnt, 8—10 Analbreiten lang, an der Spitze mit 2 äußerst feinen Börstchen.
♀: L = 0,33—0,44 mm; a = 23—32; b = 3,2—4,0; c = 4,9—6,2; V = 53 bis 58%. ♂ unbekannt.
Ungarn, Italien, Kanada und Paraguay; in Boden und Moos. — *Teratocephalus subvexus* ANDERSON, 1969[42]. Wahrscheinlich auch noch *Teratocephalus sigillarius* EROSHENKO, 1973 (Sowjetunion: Ferner Osten). . . . . *dadayi* ANDRÁSSY, 1968

8 Ösophagus mit deutlicher mittlerer Anschwellung; Nervenring unmittelbar vor dem Bulbus. — Cuticula breit geringelt, Ringelbreite 1,7 μm. Enddarm 2,5mal so lang wie die anale Körperbreite. Postvulvarer Uterussack 1/2 des entsprechenden Körperdurchmessers. Ei 25 μm lang, mehr als doppelt so lang wie breit. Spicula etwa 18 μm lang, sichelförmig gebogen. Gubernaculum fehlt. Je ein Paar prä- und postanale Papillen. Schwanz 13—16 (♀) bzw. 7 (♂) Analbreiten lang, am Ende fein zweispitzig.
♀: L =0,60 — 0,64 mm; a = 31—36; b = 3,5—4,1; c = 3,9—4,3; V = 51 bis 53%. ♂: L = 0,52 mm; a = 31; b = 3,9; c = 6,7.
Zaire; in Lebermoosen. — *Teratocephalus terrestris* apud DE CONINCK, 1935. . . . . *deconincki* ANDERSON, 1969

— Ösophagus vor dem Bulbus vollkommen zylindrisch; Nervenring hinter der Mitte des Ösophagus. 9

9 Schwanz lang, 10—20 Analbreiten. 10

— Schwanz kürzer, 6—7 Analbreiten. 12

10 Schwanz nahezu 20 Analbreiten lang; Körper sehr schlank (a = 44). — Cuticula relativ fein geringelt, Seitenfeld mit einer feinen zentralen Furche. Körper am Proximalende des Ösophagus nur 1,5mal breiter als der Kopf; dieser stark abgesetzt. Mundhöhle 8 μm, Endbulbus 10 μm lang. Postvulvarer Uterussack so lang wie der entsprechende Körperdurchmesser. Abstand Vulva-Anus etwas kürzer als der Schwanz. Letzterer filiform, am Ende fein doppelspitzig.
♀: L = 0,41 mm; a = 44; b = 4,6; c = 3,7; V = 49%. ♂ unbekannt.
Sowjetunion (Ferner Osten); in der Erde. . . . . . *stratumus* EROSHENKO, 1973

— Schwanz 10—15 Analbreiten lang; Körper weniger schlank. 11

11 Postvulvarer Uterussack etwa doppelt so lang wie die korrespondierende Körperbreite; Cuticularinge 1,7—2,3 μm breit. — Kopf 6,5—8,6 μm breit, Körper am Hinterende des Ösophagus 1,8mal breiter als der Kopf. Mundhöhle kurz, 6 μm, Bulbus 13—16 μm lang. Enddarm 1,5—2 Analbreiten lang, proximal bulbusartig angeschwollen. Postvulvarsack des Uterus 26—49 μm lang. Ei 54 × 17 μm groß. Männchen etwa gleich häufig wie Weibchen. Spicula 17

---

[42] Nach wiederholter Untersuchung der Typenpräparate von *Teratocephalus dadayi* konnte ich feststellen, daß sich die Spezies von ANDERSON und meine Art in keinem einzigen wesentlichen Merkmal voneinander unterscheiden.

bis 24 µm lang. Am 18.—23. Cuticularing vor dem After eine Präanalpapille. Schwanzende sehr fein zweispitzig.
♀: L = 0,53—0,65 mm; a = 25—37; b = 3,8—4,9; c = 4,2—5,6; V = 48 bis 54%. ♂: L = 0,53—0,73 mm; a = 31—44; b = 3,9—4,6; c = 4,0—5,7.
Antarktis (Orkney-Inseln); in Moosrasen. . . . . *tilbrooki* MASLEN, 1979

— Postvulvarer Uterussack kürzer als die korrespondierende Körperbreite; Cuticularinge 1,3—1,5 µm breit. — Seitenfeld leicht wellig konturiert. Exkretionsporus hinter der Ösophagusmitte; Bulbus 10—12 µm lang. Körper beim hinteren Ösophagusende 1,7—2mal so breit wie der Kopf. Enddarm 1,5 Analbreiten lang, proximal stark angeschwollen. Gonade ganz kurz. Ei 38—40 µm lang, 3mal länger als breit. Männchen viel seltener als Weibchen. Spicula dünn, bogenförmig, etwa 1,5mal so lang wie der Analdurchmesser. Schwanz stark verschmälert, fein zugespitzt.
♀: L = 0,3—0,6 mm; a = 26—30; b = 3,5—5,0; c = 3,6—5,3; V = 52 bis 56%. ♂: L = 0,4 mm; a = 40; b = 4; c = 5—6.
Weit verbreitete, terrikole Art, besonders häufig in Moospolstern: Holland, Belgien, DDR, BRD, Österreich, Schweiz, Ungarn, Tschechoslowakei, Rumänien, Bulgarien, Spanien, Frankreich, Italien, Jugoslawien, Polen, Dänemark, England, Schottland, Norwegen, Schweden, Jan Mayen, Sowjetunion (Rußland, Litauen, Moldau, Nowaja Semlja, Grusien, Tadshikistan, Usbekistan); Mongolei, Nepal, Java, Kanarische Inseln, Zaire, Kenia; USA (Ohio), Mexiko, Venezuela, Peru, Chile, Orkney-Inseln, Macquarie-Inseln. Der Verbreitungskreis von *T. terrestris* kann nicht genau abgegrenzt werden, da die Art wahrscheinlich mit den Schwesterarten mehrfach verwechselt worden ist. — *Anguillula terrestris* BÜTSCHLI, 1873; *Teratocephalus angustus* MASSEY, 1974. . . . . *terrestris* (BÜTSCHLI, 1873) DE MAN, 1876

12 Körperlänge 0,5—0,7 mm; Schwanzende gleichmäßig scharf zugespitzt. — Ringelung flach, 1,6 µm breit, an den Körperseiten in recht feine Punkte aufgelöst. Kopf abgesetzt, doppelt so breit wie hoch. Seitenorgan spaltenförmig. Ösophagus lang und schlank, Bulbus 12—13 µm lang. Enddarm von 2 Analbreiten. Körper am Ende des Ösophagus 1,6mal breiter als der Kopf. Postvulvarer Uterussack länger als die Körperbreite; Receptaculum seminis vorhanden, kugelig. Spermien rundlich, 0,5 µm breit. Spicula sicheleisenförmig, mit „Handhabe" (S-förmig gebogen), 12—15 µm lang. 2 Paar präanale und 5 Paar postanale Geschlechtspapillen. Schwanz bei beiden Geschlechtern ähnlich, am Ende meist leicht dorsal gebogen. Männchen und Weibchen beinahe gleich häufig.
♀: L = 0,55—0,67 mm; a = 40—46; b = 3,9—4,5; c = 8—10; V = 59 bis 63%. ♂: L = 0,50—0,53 mm; a = 38—47; b = 3,6—4,2; c = 8—11.
BRD, Tschechoslowakei, Rumänien und Bulgarien; terrikol. Ein Teil der Verbreitungsangaben von *T. terrestris* beziehen sich möglicherweise auf diese Spezies. *tenuis* ANDRÁSSY, 1958

— Körperlänge 0,35 mm; Schwanzende fein abgerundet mit aufgesetztem Doppelbörstchen — Cuticularinge 1—1,5 µm breit. Seitenfeld mit einer Mittelfurche. Kopf stark abgesetzt; Körper am Proximalende des Ösophagus 1,8mal breiter als der Kopf. Exkretionsporus in 60% der Ösophaguslänge. Postvulva-

rer Uterusast deutlich kürzer als der Körperdurchmesser in derselben Höhe. Abstand Vulva-Anus 3mal so lang wie der Schwanz.
♀: L = 0,35 mm; a = 39; b = 3,8; c = 9,6; V = 58%. ♂ unbekannt.
Sowjetunion (Ferner Osten); terrikol . . . . . . *paratenuis* EROSHENKO, 1973

Bemerkung: Die folgende Art soll als „species inquirenda" angesehen werden: *Teratocephalus haemisphaericus* (LINSTOW, 1877) DE CONINCK, 1965 – Syn. *Mitrephorus haemisphaericus* LINSTOW, 1877.

2. Genus: ***Steratocephalus*** n. gen.

Teratocephalinae. Sehr kleine Tiere, unter 1/2 mm. Cuticula stark geringelt und deutlich punktiert. Seitenfeld nicht abgesondert. Kopf breit, gut abgesetzt, Lippen tief eingeschnitten, ohne Borsten. Seitenorgan in Höhe der Mundhöhle, klein, unbedeutend. Ösophagusbulbus mit starkem Valvularapparat. Weibliches Geschlechtsorgan unpaarig, ohne pustvulvaren Uterusast; Vulva vor der Körpermitte. Schwanz kegelförmig. Männchen unbekannt. Phasmidien nicht deutlich.
Moosbewohner.
Typische und einzige Art: *Teratocephalus demani* STEFANSKI, 1924 = *Steratocephalus demani* (STEFANSKI, 1924) n. comb.

— Cuticulapunktierung homogen, mit Ausnahme der Analgegend, wo die Punkte gröber sind und weniger dicht stehen. Kopf breit, Körper am Proximalende des Ösophagus nur 1,5mal breiter als der Kopf. Seitenorgan bei der Mundhöhlenmitte, kaum wahrnehmbar. Vorderabschnitt des Ösophagus vollkommen zylindrisch, Bulbus sehr kräftig. Gonade sehr kurz. Abstand Vulva-Anus etwa doppelt so lang wie der Schwanz. Dieser 7–8 Analbreiten lang, kegelförmig, scharf zugespitzt.
♀: L = 0,29–0,35 mm; a = 18–24; b = 3,0–3,9; c = 4,9–5,8. ♂ unbekannt.
Tschechoslowakei und Polen; in Moos. — *Teratocephalus demani* STEFANSKI, 1924; *Euterocephalus demani* (STEFANSKI, 1924) ANDERSON, 1969. . . . . *demani* (STEFANSKI, 1924) n. comb.

bb) Subfamilia: *Metateratocephalinae* EROSHENKO, 1973

Teratocephalidae. Kopf gut abgesondert oder vom Hals nicht abgesetzt, mit oder ohne Borsten. Mundhöhle relativ geräumig, schwach cuticularisiert. Seitenorgan hinter der Mundhöhle, groß, schwach spiralig. Ösophagus vor dem Bulbus zylindrisch, oder in Corpus und Isthmus geteilt. Ovarien paarig. Phasmidien oft erkennbar. Terrikole oder limnische Arten. Zwei Gattungen.

Bestimmungsschlüssel der Gattungen

1 Kopf mit 4 feinen Borsten, nicht abgesetzt; Ösophagus vor dem Bulbus isthmusartig verschmälert; limnische Formen. . . . . 2. *Euteratocephalus* (S. 157)
— Kopf ohne Borsten, gut abgesetzt; Ösophagus vor dem Bulbus vollkommen zylindrisch; terrestrische Formen. . . . . 1. *Metateratocephalus* (S. 155)

1. Genus: ***Metateratocephalus*** EROSHENKO, 1973

Metateratocephalinae. Körper sehr klein, 0,3–0,5 mm. Kopf breit abgesetzt, ohne echte Borsten (nur die Kopflappen sind spitz ausgezogen). Cuticula dicht punktiert,

Punkte an den Seitenfeldern etwas größer. Mundhöhle kurz, relativ geräumig, aus Stäbchen gebaut. Seitenorgan groß, kreisförmig bzw. versteckt-spiralig, weit hinter der Mundhöhle. Vorderabschnitt des Ösophagus vollkommen zylindrisch; Bulbus kräftig. Gonaden paarig, kurz, Ovarien zurückgeschlagen. Schwanz kegelförmig zugespitzt, am Ende dorsal gebogen, mit deutlichen Phasmidien. Männchen sehr selten, am Schwanz mit Borstenpapillen. Schwanz dorsal gebogen.
Terrestrisch lebende Arten.

Typusart: *Metateratocephalus typicus* EROSHENKO, 1973 = *Metateratocephalus crassidens* (DE MAN, 1880) EROSHENKO, 1973.

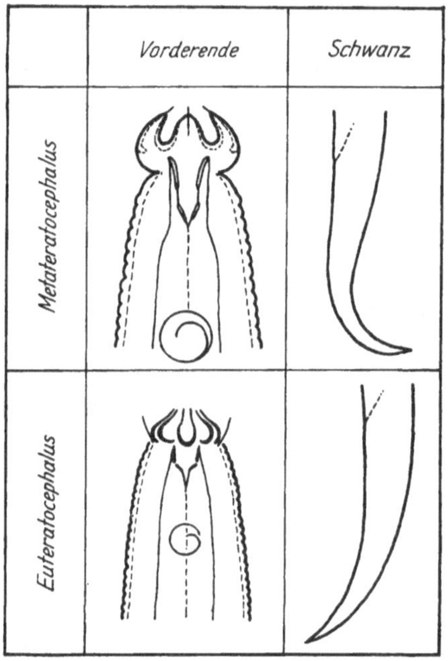

Abb. 56—57 Familie *Teratocephalidae*, Unterfamilie *Metateratocephalineae*: *Metateratocephalus* und *Euteratocephalus*

Bestimmungsschlüssel der Arten

1 Seitenorgan 3 Kopfbreiten hinter dem Vorderende; Schwanz mit aufgesetzter Spitze. — Cuticularingelung sehr fein, in feine Punkte aufgelöst. Seitenfeld schmal, nicht punktiert, nur 1/15 der Körperbreite. Kopf scharf abgesetzt, weniger breit als bei der folgenden Art. Seitenorgan 5 µm breit, mehr als 1/3 des einschlägigen Körperdurchmessers, leicht spiralig. Enddarm 1,5 Analbreiten lang. Abstand Vulva-Anus 3—3,3mal länger als der Schwanz; dieser 4,5—5,2 Analbreiten lang, hinter der Mitte dorsal gebogen.
♀: L = 0,43 mm; a = 21—22; b = 3,3—3,6; c = 8,6—8,7; V = 50—53%.
♂ unbekannt.
Zaire; in Lebermoos. — *Teratocephalus crassidens* apud DE CONINCK, 1935 . . . . *deconincki* n. nom.

— Seitenorgan 1,5—2 Kopfbreiten hinter dem Vorderende; Schwanzende ohne aufgesetzte Spitze. — Kopf breit, scharf abgesetzt; Körper beim Hinterende

des Ösophagus 1,6–1,7mal breiter als der Kopf. Cuticula sehr fein geringelt, Ringelung zumeist nur an den beiden Körperenden erkennbar. Cuticulapunktierung relativ fein, nur an den Seitenfeldern – insbesondere in der Analgegend – gröber. Kopflappen in je ein Dörnchen ausgezogen. Seitenorgan 1/3 der entsprechenden Körperbreite oder etwas größer; 1,5–2 Kopfbreiten vom Vorderende entfernt. Bulbus kräftig; Exkretionsporus hinter der Mitte des Ösophagus. Gonaden kurz. Schwanz kegelförmig, zugespitzt, stets dorsal gebogen. Phasmidien im ersten Viertel der Schwanzlänge. Spicula beinahe gerade, distal scharf zugespitzt, 20 µm lang; Gubernaculum 8,5 µm lang, 2 Paar subventrale und 3 Paar subdorsale Schwanzpapillen. Schwanz 4,5–6 Analbreiten lang, seine Spitze fein, hakenartig dorsal gebogen.
♀: L = 0,3–0,5 mm; a = 18–28; b = 3,5–4,4; c = 7–10; V = 53 bis 60%. ♂: L = 0,33 mm; a = 23; b = 3,9; c = 9,3.
Holland, DDR, BRD, Österreich, Ungarn, Tschechoslowakei, Polen, Schweiz, Rumänien, Belgien, Spanien, Italien, Großbritannien, Dänemark, Spitzbergen, Sowjetunion (Rußland, Estland, Litauen, Usbekistan, Nowaja Semlja, Ferner Osten), Japan, Kanarische Inseln, Marokko, Zaire, Brunei, Kenia, Venezuela, Neuseeland. Erdbewohner, doch auch in Mooren und *Sphagnum*-Rasen. – *Teratocephalus crassidens* DE MAN, 1880; *Euterocephalus crassidens* (DE MAN, 1880) ANDRÁSSY, 1958; *Teratocephalus spiralis* MICOLETZKY, 1913; *Metateratocephalus typicus* EROSHENKO, 1973; *Euteracephalus minor* MUKHINA, 1981. . . . . *crassidens* (DE MAN, 1880) EROSHENKO, 1973

2. Genus: *Euteratocephalus* ANDRÁSSY, 1958

Metateratocephalinae. Körper 0,6–1,0 mm lang. Kopf nicht oder nur undeutlich abgesetzt, nicht breiter als der nachfolgende Halsteil. 4 zarte Kopfborsten. Cuticula fein punktiert, Punkte an den Seitenfeldern größer als anderswo. Mundhöhle kurz, aber geräumig. Seitenorgan groß, spiralig, hinter der Mundhöhle. Ösophaguscorpus und -isthmus abgesondert. Ovarien paarig, umgeschlagen. Spicula schlank, Gubernaculum vorhanden, dünn. Präanalorgane rohrförmig, cuticularisiert, Postanalpapillen borstenförmig. Schwanz verjüngt-kegelförmig, leicht ventral gebogen.
In Süßwasser lebende Nematoden.
Typusart: *Teratocephalus palustris* DE MAN, 1880 = *Euteratocephalus palustris* (DE MAN, 1880) ANDRÁSSY, 1958.

Bestimmungsschlüssel der Arten

1 Kopfborsten beinahe so lang wie die Lippenbreite; Kopflappen vorn lang und fein ausgezogen. – Cuticulapunkte an den Körperseiten in 4, aus gröberen Elementen bestehende Längsreihen angeordnet, Kopf 8–9 µm breit. Seitenorgan 2–2,5 Kopfbreiten hinter dem Vorderende, 1/3 der einschlägigen Körperbreite. Isthmus vom Corpus schwach abgesondert. Vulvalippen vorspringend. Gonanden kurz, je 2 Körperbreiten lang. Abstand Vulva-Anus 3–4mal länger als der Schwanz. Schwanz schwach ventral gebogen, 6–7 Analbreiten lang. Spicula 22–24 µm, Gubernaculum 10–12 µm lang. Ein rohrförmiges Präanalorgan beim proximalen Spiculumende vorhanden. 5 Paar subventrale und 3 Paar subdorsale Schwanzpapillen. Phasmidien undeutlich.

♀: L = 0,82–0,91 mm; a = 33–39; b = 4,2–4,9; c = 9,6–11,0; V = 48–53%. ♂: L = 0,78–0,90 mm; a = 27–40; b = 3,9–4,4; c = 7,4–8,3. BRD und Südafrika; insbesondere in Mooren. — *Teratocephalus palustris* apud HIRSCHMANN, 1952. . . . . *hirschmannae* HEYNS, 1977

— Kopfborsten höchstens halb so lang wie die Lippenbreite; Kopflappen vorn wenig ausgezogen. 2

2 Körper schlank (a = 35–50) und relativ lang (0,8–1,0 mm). — Cuticula an den Körperseiten gröber punktiert. Kopf 8 µm breit, Kopflappen niedriger als bei der vorigen Spezies. Seitenorgan 1,5–2 Kopfbreiten hinter dem Vorderende, 1/3 des entsprechenden Körperdurchmessers, leicht oval. Isthmus schwach abgesondert. Gonaden je 2 bis 3 Körperbreiten lang. Abstand Vulva-Anus 3–4mal länger als der Schwanz; dieser 6–8 Analbreiten lang, kaum ventral gebogen, scharf zugespitzt. Phasmidien deutlich, im ersten Fünftel der Schwanzlänge.[43]
♀: L = 0,8–1,0 mm; a = 35–52; b = 4,0–4,5; c = 6–10; C = 50 bis 52%. ♂ unbekannt.
Holland, BRD, Österreich, Ungarn, Tschechoslowakei, Rumänien, Spanien, Italien, Polen, Dänemark, England, Sowjetunion (Rußland); Sumatra, Java, USA (Michigan), Australien; stets in Süßwasserbiotopen. — *Teratocephalus palustris* DE MAN, 1880; *Teratocephalus palustris crassicauda* DADAY, 1897; *Euteratocephalus palustris crassicauda* (DADAY, 1897) MEYL, 1961; *Teratocephalus spiraloides* MICOLETZKY, 1913; *Euteratocephalus spiraloides* (MICOLETZKY, 1913) HEYNS, 1977; *Teratocephalus cornutus* COBB, 1914; *Teratocephalus palustris cornutus* COBB, 1914 (MICOLETZKY, 1922). . . . . *palustris* (DE MAN, 1880) ANDRÁSSY, 1958

— Körper plumper (a = 24–34) und kürzer (0,6–0,7 mm). — Cuticulapunktierung an den Seitenfeldern unterbrochen. Kopfborsten 2,5 µm lang. Seitenorgan 1,5 Kopfbreiten hinter dem Vorderende, 3–3,5 µm breit, 1/3 des entsprechenden Körperdurchmessers. Isthmus kaum abgesondert. Gonaden 2 Körperbreiten lang. Schwanz 5 Analbreiten lang, ventral gebogen, am Ende fein abgerundet. Phasmidien undeutlich. Abstand Vulva-Anus 3–3,5mal länger als der Schwanz.
♀: L = 0,64–0,74 mm; a = 24–34; b = 3,9–4,8; c = 8,3–11,3; V = 50 bis 55%. ♂ unbekannt.
Südafrika; in Fließgewässern . . . . *capensis* HEYNS, 1977

Bemerkung: Wahrscheinlich zu dieser Gattung gehört auch die aus Indien beschriebene Spezies, *Teratocephalus annulatus* KHERA, 1968; ihre taxonomische Position ist aber nicht ganz klar.

B) Subordo: **Cephalobina** ANDRÁSSY, 1974

Rhabditida. Kopfrand glatt, nur selten eingeschnitten, ohne Borsten. 3 oder 6 Lippen. Seitenorgan sehr klein, undeutlich, am Grunde der Lippen, nur ganz ausnahmsweise weiter hinten. Mundhöhle meist rohrförmig, eng oder im vorderen Abschnitt etwas geräumiger. Metastom mit sehr feinen Zahnelementen. Ösophaguscorpus zylindrisch, vom Isthmus fast ausnahmslos gut abgesodnert; Endbulbus mit Klappenapparat,

[43] Eigene Beobachtung.

selten fehlend. Weibliches Geschlechtsorgan immer unpaarig, prävulvar, aber weit hinter die Vulva zurückgebogen. Bursa fehlt bzw. nur bei einer Gattung vorhanden. Phasmidien stets gut erkennbar. Schwanz im allgemeinen kurz, zugepitzt oder abgerundet.
Viele phylogenetisch alte, primitive Eigenschaften konservierende Tiere, die Ausgangsformen der höheren Secernentien. Terrestrisch oder saprob lebende Nematoden.
Fünf Überfamilien.

Bestimmungsschlüssel der Überfamilien

1 Ösophagus einfach, zylindrisch, Corpus, Isthmus und Bulbus nicht abgesondert. . . . . e) *Drilonematoidea* (S. 247)
— Ösophagus dreiteilig: in Corpus, Isthmus und Terminalbulbus geteilt . . . 2
2 Mundhöhle ganz eng, ihre Bauelemente gleichmäßig cuticularisiert; Postvulvarteil des Ovars in der Regel zweifach zurückgebogen. . . . . a) *Cephaloboidea* (S. 159)
— Mundhöhle mindestens im Vorderabschnitt zumeist etwas geräumiger, ihre Bauelemente ungleich cuticularisiert; Postvulvarteil des Ovars gestreckt oder nur einfach zurückgebogen. 3
3 Kopf mit auffälligen Apikal- und Lateralanhängen. . . . . d) *Elaphonematoidea* (S. 246)
— Kopf ohne Anhänge. 4
4 Bursa vorhanden, mit recht großen Papillen; Spicula vollkommen fehlend. . . . . c) *Myolaimoidea* (S. 243)
— Bursa fehlend, männliche Geschlechtspapillen klein; Spicula immer vorhanden. b) *Panagrolaimoidea* (S. 213)

a) Superfamilia: Cephaloboidea FILIPJEV, 1934

Cephalobina. Kopfrand zuweilen in kleine Läppchen geteilt bzw. Lippen oft mit Anhängen von wechselnder Form und Größe. Mundhöhle ganz eng, rohrförmig, ihre Elemente gleichmäßig cuticularisiert; höchstens das Cheilostom ist breiter als die übrigen Abschnitte. Ösophagus mit Corpus, Isthmus und Bulbus. Das weit hinter die Vulva zurückgebogene Ovar weist am Hinterende eine doppelte Beugung auf. Phasmidien in oder vor der Schwanzmitte. Bursa fehlt.
Meist in saproben Lebensstätten. Zwei Familien.

Bestimmungsschlüssel der Familien

1 Vulva der Analöffnung ganz nahe; Postvulvarsack fehlt. . . . . 1. *Metacrobelidae* (S. 159)
— Vulva weit vor der Analöffnung, zumeist in 2/3 der Körperlänge; Postvulvarsack vorhanden. . . . . 2. *Cephalobidae* (S. 160)

1. Familia: Metacrobelidae ANDRÁSSY, 1974

Cephaloboidea. Kopfrand eingeschnitten, Mundfeld mit niedrigen Anhängen. Mundhöhle rohrartig, einfach. Vulva weit hinten, ganz an der Analöffnung. Kein postvulvarer Uterusast; umgeschlagener Teil des Ovar einfach.
Eine Unterfamilie: *Metacrobelinae* ANDRÁSSY, 1974. Eine Gattung.

1. Genus: ***Metacrobeles*** Loof, 1962

Metacrobelidae. Körperlänge um 1 mm. Cuticula geringelt. Kopfrand durch Einschnitte in 6 niedrige Lappen geteilt; Mundfeld mit 3 niedrigen Anhängen. Mundhöhle *Cephalobus*-artig, ihre Elemente gleich cuticularisiert. Isthmus ganz kurz, Nervenring unmittelbar vor dem Bulbus. Vulva knapp vor dem Anus; postvulvarer Uterusast fehlt. Zurückgebogener Gonadenteil einfach, ohne doppelten Umschlag. Spicula lang. Schwanz kurz und spitz.

Typische und einzige Art: *Metacrobeles togoensis* Loof, 1962.

— Cuticula grob geringelt, Ringelbreite 3,7—4 µm. Seitenfeld mit 4 (5) Längslinien. Kopf halb so breit wie der Körper am proximalen Ösophagusende, leicht abgesetzt. Exkretionsporus neben dem Bulbus. Uterus mit zahlreichen, in verschiedenen Furchungsstadien befindlichen Eiern, die etwa so lang wie die Körperbreite sind. Spicula 74—78 µm lang, länger als der Schwanz, Gubernaculum 29—34 µm lang. Präanal 2, adanal 2 und postanal 3 Papillenpaare. Schwanz 1,5 Analbreiten lang, ventral gebogen, scharf zugespitzt. Phasmidien vor der Schwanzmitte. Abstand Vulva-Anus bedeutend kürzer als der Schwanz.
♀: L = 0,9—1,4 mm; a = 16—21; b = 5—6; c = 23—29; V = 93—94%.
♂: L = 1,0—1,3 mm; a = 17—22; b = 4,8—5,8; c = 17—19.
Togo; an Kokoswurzeln. Auch aus der Sowjetunion (Usbekistan) erwähnt. . . . . *togoensis* Loof, 1962

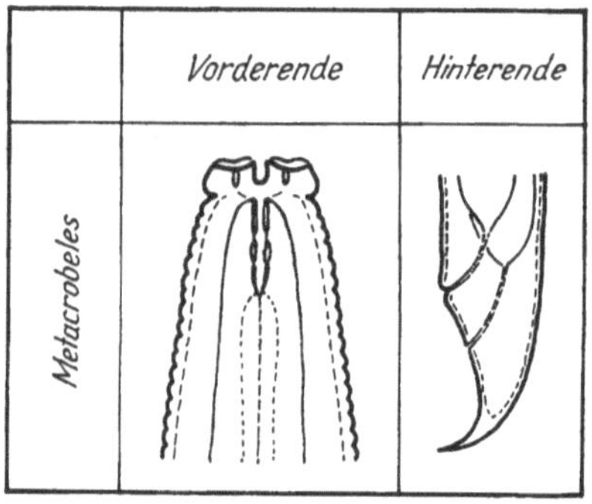

Abb. 58 Familie *Metacrobelidae*: *Metacrobeles*

2. Familia: **Cephalobidae** Filipjev, 1934

Cephaloboidea. Lippen 3 oder 6. Kopfrand oft leicht eingeschnitten, Lippen zuweilen mit verschieden ausgebildeten Anhängen. Ösophagus mit Corpus, Isthmus und Bulbus. Mundhöhle einfach, ihre Wände (Rhabdions) gleichfalls cuticularisiert. Vulva im allgemeinen bei 2/3 der Körperlänge, Ovar weit hinter die Vulva zurückgebogen, hinten mit doppeltem Umschlag. Postvulvarer Uterusteil vorhanden, aber kurz. Männchen mit einfachen Geschlechtspapillen. Schwanz meist kurz.

Im Boden und in organischen Resten lebende Nematoden. 4 Unterfamilien.

Bestimmungsschlüssel der Unterfamilien

1 Kopfrand eingeschnitten, Mundfeld mit 3 Lippenanhängen. 2
— Kopfrand fast immer glatt, Mundfeld ohne Lippenanhänge. 3
2 Kopflappen sehr groß, ohrenartig, größer als die unbedeutenden Lippenanhänge. . . . . cc) *Kirjanoviinae* (S. 210)

— Kopflappen meist viel kleiner als die Lippenanhänge, nie auffallend ohrenartig. . . . . bb) *Acrobelinae* (S. 175)
3 Cheilo- und Protostom breiter als die nachfolgenden Mundhöhlenabschnitte . . . . dd) *Panagrocephalinae* (S. 212)
— Nur Cheilostom breiter als die übrigen Mundhöhlenabschnitte . . . . aa) *Cephalobinae* (S. 161)

aa) Subfamilia: *Cephalobinae* Filipjev, 1934

Cephalobidae. Kopfrand glatt oder seltener *Teratocephalus*-artig eingeschnitten. Lippen einfach, ohne Anhänge. Cheilostom relativ weit, übrige Mundhöhlenteile hingegen sehr eng. Ösophaguscorpus zylindrisch. Ösophagusmanschette um die Mundhöhle bis zum Vorderende des Protostoms reichend.
Vier Gattungen.

Bestimmungsschlüssel der Gattungen

1 Kopf scharf abgesetzt und durch feine Einschnitte in 6 kleine Lappen geteilt. . . . . 4. *Teratolobus* (S. 175)
— Kopf nicht abgesetzt, ohne Einschnitte. 2
2 6 Lippen, die nahezu gleich groß und scharf zugespitzt sind. . . . . 3. *Eucephalobus* (S. 171)
— 3 Lippen, die meist asymmetrisch und nie scharf zugespitzt sind. 3
3 Schwanz des Weibchens kurz und plump, abgerundet, höchstens mit aufgesetztem Spitzchen (Mucro). . . . . 2. *Cephalobus* (S. 166)
— Schwanz des Weibchens schlanker, kegelförmig, spitz. . . . . 1. *Heterocephalobus* (S. 161)

1. Genus: ***Heterocephalobus*** (Brzeski, 1960) Brzeski, 1961

Syn. *Cephalobus* (*Heterocephalobus* Brzeski, 1960).
Cephalobinae. Körperlänge zwischen 0,3 und 1 mm. Cuticula gut geringelt. Kopfrand glatt, ohne Einschnitte. Lippen 3, ganz niedrig, abgerundet. Ösophaguscorpus zylindrisch. Seitenfeld mit 3 Linien; es reicht beim ♀ bis zu den Phasmidien, beim ♂ oft bis zur Schwanzspitze. Postvulvarer Gonadenteil mit doppeltem Umschlag. Schwanz des ♀ relativ lang, kegelförmig, scharf zugespitzt, der des ♂ gleichfalls kegelförmig, doch kürzer, ventral gebogen, meist mit aufgesetztem Spitzchen.
Terrikole Arten: in Boden, Moos und faulenden Pflanzenresten.
Typusart: *Cephalobus* (*Heterocephalobus*) *kaczanowskii* Brzeski, 1960 = *Heterocephalobus elongatus* (de Man, 1880) Andrássy, 1967.

Bestimmungsschlüssel der Arten

1 Schwanz stark verlängert, 7—10mal so lang wie die anale Körperbreite. . . 2
— Schwanz kürzer, höchstens 5mal so lang wie die anale Körperbreite. 3
2 Cuticula sehr stark geringelt, Ringelbreite 2,5 µm; Isthmus kurz, nur etwa 1/4 der Ösophaguslänge. — Lippen flach. Exkretionsporus beim Beginn des Isthmus, Deiridien in etwa 70 % der Ösophaguslänge. Postvulvarer Uterussack kürzer als die Körperbreite. Enddarm 1,5—2, Schwanz 9 Analbreiten lang; letzterer gleichmäßig verjüngt und scharf zugespitzt. Phasmidien im ersten Viertel der Schwanzlänge.

♀: L = 0,53–0,60mm; a = 24–30; b = 3,9–4,3; c = 5,3–6,0; V = 56 bis 58%. ♂ unbekannt.
Sowjetunion (Grusien, Ferner Osten), Nigeria, Venezuela, Neue Hebriden; terrikol. — *Eucephalobus pulcher* Loof, 1964. *pulcher* (Loof, 1964) Andrássy, 1967

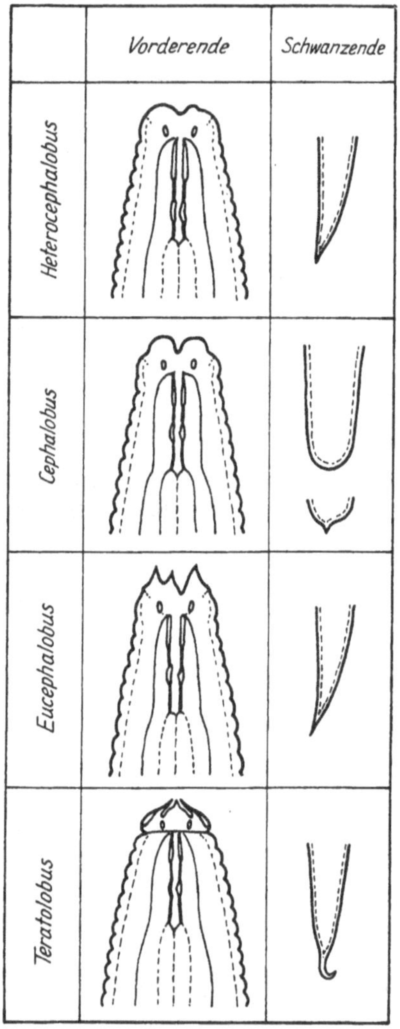

Abb. 59–62 Familie *Cephalobidae*, Unterfamilie *Cephalobinae*: *Heterocephalobus*, *Cephalobus*, *Eucephalobus* und *Teratolobus*

— Cuticula fein geringelt, Ringelbreite 1,3–1,6 µm; Isthmus lang; nahezu 1/2 des Corpus. — Seitenmembran 1/7–1/8 der Körperbreite, mit 3 Linien. Kopf 5 µm breit, Lippen flach-kegelförmig. Körper am proximalen Ösophagusende 3–3,3mal so breit wie der Kopf. Mundhöhle 10–11 µm lang, Cheilorhabdions länglich. Bulbus 14–15 µm lang. Exkretionsöffnung beim Distalende des Corpus, Deiridien in etwa 60% der Ösophaguslänge. Enddarm 1,7–2 Analbreiten lang. Receptaculum seminis vorhanden. Postvulvarer Uterussack kür-

zer als die entsprechende Körperbreite. Abstand Vulva-Anus 1,2—1,5mal so lang wie der Schwanz. Letzterer allmählich verschmälert, scharf spitz, 8—10 Analbreiten lang; Phasmidien im ersten Viertel des Schwanzes.
♀: L = 0,40—0,43 mm; a = 22—24; b = 3,7—3,8; c = 5,2—5,4; V = 56 bis 57%. ♂ unbekannt.
Vietnam und Paraguay; in Boden und Moos. . . . . . . *loofi* ANDRÁSSY, 1968
3 Sehr kleine Art, 0,3—0,4 mm. — Lippen fein zugespitzt, niedrig. Cuticula flach geringelt. Cheilorhabdions punktförmig. Isthmus länger als die Hälfte des Corpus; Exkretionsporus vor dem Bulbus. Schwanz 2,5 Analbreiten lang, kegelförmig; Phasmidien in der Mitte des Schwanzes.
♀: L = 0,34—0,40 mm; a = 16; b = 3,8; c = 6; V = 53%. ♂: L = 0,30 mm; a = 20—21.
Libyen und USA; terrikol. — *Eucephalobus nannus* STEINER, 1936; *Tricephalobus nannus* (STEINER, 1939) STEINER, 1936; *Cephalobus brevicauda* PENSO, 1938. . . . . *nannus* (STEINER, 1936) ANDRÁSSY, 1967
— Größere Arten, um 1/2 mm oder mehr. 4
4 Schwanz des ♀ 2—2,5 Analbreiten lang. 5
— Schwanz des ♀ 3,5—5 Analbreiten lang. 6
5 Schwanz des ♀ am Ende abgerundet, mit aufgesetztem Spitzchen. — Ringelung fein. Corpus etwas angeschwollen, Bulbus kräftig. Abstand Vulva-Anus 4mal länger als der Schwanz. Spicula kürzer als die Analbreite. Schwanz des ♂ plumper als der des ♀.
♀: L = 1,0 mm; a = 30; b = 6; c = 12; V = 57%. ♂: L = 0,88 mm; a = 54; b = 8,8; c = 17.
Ungarn; limnisch. — *Cephalobus loczyi* DADAY, 1894 . . . . *loczyi* (DADAY, 1894) ANDRASSY, 1967
— Schwanz des ♀ kegelförmig, gleichmäßig scharf zugespitzt. — Cuticula fein geringelt. Cheilorhabdions punktförmig. Ei 1,5mal so lang wie der Körperdurchmesser. Abstand Vulva-Anus ungefähr 3mal so lang wie der Schwanz; letzterer scharf zugespitzt, 2,5 Analbreiten lang.
♀: L = 0,66 mm; a = 19; b = 4,4; c = 12; V = 66%. ♂ unbekannt.
USA (Colorado); terrikol. — *Acrobeles* (*Acrobeloides*) *bisimilis* THORNE, 1925; *Eucephalobus bisimilis* (THORNE, 1925) THORNE, 1937; *Chiloplacus bisimilis* (THORNE, 1925) GOODEY, 1963; wahrscheinlich auch *Acrobeloides karakalpakensis* KARIMOVA, 1957 aus der Sowjetunion (Usbekistan). . . . . *bisimilis* (THORNE, 1925) ANDRÁSSY, 1967
6 Schwanz fein verdünnt, haarfein ausgezogen. — Cuticula gut geringelt. Lippen abgerundet. Corpus schmal, schwach vom Isthmus abgesondert. Postvulvarer Uterussack etwa so lang wie der Körperdurchmesser. Abstand Vulva-Anus 1,7—1,8mal länger als der Schwanz. Spicula 2,5 Analbreiten lang. 8 (?) Papillenpaare am Hinterkörper des ♂. Schwanzspitze besonders beim ♂ auffallend lang, die Hälfte des Schwanzes einnehmend.
♀: L = 0,7—0.9 mm; a = 23—30; b = 4,0—4,5; c = 6,5—10; V = 60%. ♂: L = 0,8—0,9 mm; a = 23—24; b = 4,0—4,5; c = 7.
Holland, DDR, BRD, Österreich, Ungarn Tschechoslowakei, Rumänien, Schweden, Sowjetunion (Rußland, Moldau, Turkmenien, Aserbaidshan, Usbekistan), Zaire, USA, Kuba, Venezuela, Brasilien. — *Cephalobus longi-*

caudatus BÜTSCHLI, 1873; *Cephalobus* (*Eucephalobus*) *longicaudatus* BÜTSCHLI, 1873 (SCHNEIDER, 1939); *Eucephalobus longicaudatus* (BÜTSCHLI, 1873) ANDRÁSSY, 1958; *Tricephalobus longicaudatus* (BÜTSCHLI, 1873) STEINER, 1936.
. . . . *longicaudatus* (BÜTSCHLI, 1873) ANDRÁSSY, 1967

— Schwanz am Ende nicht so verdünnt, nie haarfein ausgezogen. 7

7 Schwanz schlank, 5 Analbreiten lang. — Cuticula 1—1,2 µm dick, Ringel 1,7 µm breit. Seitenfeld 1/6—1/7 der Körperbreite, mit 3 Linien. Lippen sehr niedrig, kaum abgesondert; Körper am Hinterende des Ösophagus 3,3mal so breit wie der Kopf. Mundhöhle 11 µm lang; Cheilorhabdions länglich-oval, kürzer als der Abstand zwischen ihnen. Corpus 3mal länger als Isthmus. Exkretionsporus beim Proximalende des Corpus. Postvulvarer Uterussack nur halb so lang wie die einschlägige Körperbreite. Spicula 1,5 Analbreiten lang. Präanal 2, postanal 3—4 Papillen. Schwanz des ♀ ventral mit 36 Cuticularingen. Phasmidien in oder vor 1/3 der Schwanzlänge.
♀: L = 0,4—0,6 mm; a = 23—30; b = 3,7—3,9; c = 7—8; V = 61—65%.
♂: L = 0,5 mm; a = 26; b = 3,6; c = 10.
Ungarn, Tschechoslowakei, Bulgarien, Sowjetunion (Rußland, Moldau, Grusien, Usbekistan), Ghana, Südafrika, USA, Hawaii, Kuba; stets terrikol. — *Cephalobus latus* COBB, 1906; *Eucephalobus latus* (COBB, 1906) THORNE, 1937.
. . . . *latus* (COBB, 1906) ANDRÁSSY, 1967

— Schwanz meist plumper, 3—4 Analbreiten lang. 8

8 Cheilorhabdions stäbchenförmig, etwa so lang wie der Abstand zwischen ihnen. 9

— Cheilorhabdions punktförmig, merklich kürzer als der Abstand zwischen ihnen. (Einander ganz nahe stehende Arten). 10

9 Lippen dreieck- bzw. kegelförmig; Promesostom deutlich breiter als die nachfolgenden Mundhöhlenteile; Schwanz des ♀ ventral gebogen. — Cuticula 1,5 bis 1,7 µm dick, Ringelbreite 2 µm. Seitenfeld gut erkennbar, 1/5—1/6 der Körperbreite. Mundhöhle 11—13 µm lang. Corpus 3,5—3,7mal so lang wie Isthmus. Exkretionsporus beim Hinterende des Ösophaguscorpus. Enddarm 1,5 Analbreiten lang. Prärectum deutlich vom Mitteldarm abgesondert, 4—5 Analbreiten lang. Receptaculum seminis vorhanden. Postvulvarer Uterusteil 1,3 bis 1,5 Körperbreiten lang. Spicula 20—22 µm, Gubernaculum 11—12 µm lang. Präanal 3, postanal 5 Paar Geschlechtspapillen. Schwanz beim ♀ 3,5—3,8, beim ♂ 2,2—2,4 Analbreiten lang, spitz. Phasmidien in etwa 40% der Schwanzlänge.
♀: L = 0,54—0,67 mm; a = 20—24; b = 3,4—4,6; c = 10—12; V = 60 bis 63%. ♂: L = 0,5—0,6 mm; a = 20—26; b = 3—4; c = 14—16.
Ungarn, Schottland, Sowjetunion (Ferner Osten), Mongolei; im Boden. . .
. . . . *eurystoma* ANDRÁSSY, 1967

Lippen ganz flach; Promesostom nicht breiter als die nachfolgenden Mundhöhlenteile; Schwanz des ♀ gerade. — Cuticula 1 µm dick, Ringelbreite 1,7 bis 2,2 µm. Seitenfeld 1/5—1/6 des Körperdurchmessers. Körper am hinteren Ösophagusende 3mal breiter als der Kopf. Mundhöhle 13—15 µm lang. Corpus 2,5—3mal so lang wie Isthmus; Exkretionsöffnung beim Hinterende des Corpus. Receptaculum seminis vorhanden. Postvulvarer Uterusast 1,3 bis 1,8mal so lang wie die entsprechende Körperbreite. Ei 58—60 µm lang, 3mal länger als breit. Spicula 23—28 µm, Gubernaculum 13—14 µm lang. 2 Paar prä-, 1 Paar ad- und 5 Paar postanale Papillen. Schwanz des ♀ 3,5—4,5, der des ♂ 1,4—2 Analbreiten lang, scharf zugespitzt. Phasmidien in 40% der Schwanzlänge.

♀: L = 0,6—0,9 mm; a = 25—33; b = 3,5—5,0; c = 12—18; V = 57 bis 65%. ♂: L = 0,65—0,90 mm; a = 25—36; b = 3,3—4,5; c = 15—25.

Kosmopolitisch, ziemlich häufig im Boden. Holland, Belgien, DDR, BRD, Schweiz, Österreich, Ungarn, Tschechoslowakei, Rumänien, Bulgarien, Jugoslawien, Spanien, Frankreich, Italien, Sardinien, Menorca, Polen, Dänemark, Schweden, Spitzbergen, Färöer-Inseln, Sowjetunion (Rußland, Belorußland, Moldau, Ukraine, Estland, Litauen, Grusien, Armenien, Turkmenien, Aserbaidshan, Kirgisien, Tadshikistan, Kasachstan, Usbekistan, Ferner Osten), Japan, Ägypten, Brunei, Hainan, Madeira, Zaire, Annobon, Südafrika, Brasilien, Chile. — *Cephalobus elongatus* de Man, 1880; *Cephalobus* (*Eucephalobus*) *elongatus* de Man, 1880 (Schneider, 1939); *Eucephalobus elongatus* (de Man, 1880) Thorne, 1937; *Cephalobus mylakolaimus* Fuchs, 1930; *Eucephalobus mylakolaimus* (Fuchs, 1930) Thorne, 1937; *Cephalobus* (*Heterocephalobus*) *kaczanowskii* Brzeski, 1960; *Heterocephalobus kaczanowskii* (Brzeski, 1960) Brzeski, 1961; wahrscheinlich auch *Cephalobus multicinctus* Cobb, 1983; *Eucephalobus multicinctus* (Cobb, 1893) Thorne, 1937; *Heterocephalobus multicinctus* (Cobb, 1893) Andrássy, 1967; wahrscheinlich auch *Cephalobus bipapillatus* Stefanski, 1915; *Eucephalobus bipapillatus* (Stefanski, 1915) Thorne, 1937; *Heterocephalobus bipapillatus* (Stefanski, 1915) Andrássy, 1967. . . . . *elongatus* (de Man, 1880) Andrássy, 1967

10 Prorhabdions vorn zahnartig in das Cheilostom einspringend. — Cuticula nur 0,5—0,7 µm dick, Ringelbreite 1,3—1,4 µm. Seitenfeld 1/5 der Körperbreite. Lippen niedrig, schwach entwickelt; Körper am Ende des Ösophagus 3mal breiter als der Kopf. Mundhöhle 13—15 µm lang. Corpus von 4—4,5 Isthmuslängen. Enddarm 1,8—2 Analbreiten lang. Postvulvarer Uterusast 1/2 bis 2/3 des entsprechenden Körperdurchmessers. Schwanz 3,8—4,2 Analbreiten lang, beim ♀ ventral mit 29—32 Cuticularingen. Phasmidien in 40—45% der Schwanzlänge.

♀: L = 0,5—0,7 mm; a = 24—28; b = 3,2—3,9; c = 11—14; V = 60 bis 63%. ♂: L = 0,7 mm; a = 29; b = 4; c = 15.

Ungarn, Tschechoslowakei, Sowjetunion (Rußland, Moldau, Kirgisien, Kasachstan, Usbekistan), USA (Utah), Kuba, China; terrikol. — *Eucephalobus laevis* Thorne, 1937. . . . . *laevis* (Thorne, 1937) Andrássy, 1967

— Prorhabdions vorn nicht zahnartig 11

11 Körper größer, um 3/4 mm. — Der vorigen Art sehr ähnlich, möglicherweise mit ihr identisch.

♀: L = 0,74 mm; a = 25; b = 4; c = 11; V = 62%. ♂ unbekannt.

BRD, Tschechoslowakei, Rumänien, Sowjetunion (Rußland, Moldau, Grusien, Kasachstan, Usbekistan), USA (Oregon), Venezuela; terrikol. — *Eucephalobus teres* Thorne, 1937; *Cephalobus* (*Eucephalobus*) *teres* (Thorne, 1937) Rühm, 1956. . . . . *teres* (Thorne, 1937) Andrássy, 1967

— Körper kleiner, um 1/2 mm. — Cuticula 0,8—1,2 µm dick, Ringelung 1,4 bis 1,6 µm breit. Lippen ganz flach. Ösophaguscorpus zylindrisch. Mundhöhle

10–14 µm lang. Postvulvarer Uterussack so lang oder etwas länger als die Körperbreite. Schwanz 3,5–5 Analbreiten lang, ventral mit 22–26 Cuticularingen, sehr fein zugespitzt, am Ende schwach ventral gebogen.
♀: L = 0,38–0,65 mm; a = 17–25; b = 3,1–3,9; c = 8,8–10; V = 63 bis 65%. ♂ unbekannt.
Italien; in der Erde eines *Pinus*-Waldes. . . . . *pauciannulatus* MARINARI-PALMISANO, 1967

Bemerkung: Die folgenden Arten sind wegen der ungenügenden Beschreibungen nicht näher identifizierbar (species inquirendae):

Heterocephalobus filiformis (DE MAN, 1880) ANDRÁSSY, 1967 – Syn. *Cephalobus filiformis* DE MAN, 1880; *Cephalobus* (*Eucephalobus*) *filiformis* DE MAN, 1880 (SCHNEIDER, 1939); *Eucephalobus filiformis* (DE MAN, 1880) SCHUURMANS STEKHOVEN, 1951; *Cephalobus filiformis acuticauda* STEINER, 1920. Erwähnt aus Holland, der BRD, der Schweiz, Ungarn, Österreich, Tschechoslowakei, der Sowjetunion (Belorußland, Usbekistan), Zaire und Peru.

Heterocephalobus heterospiculum (ALLGÉN, 1951) BRZESKI, 1961 – Syn. *Cephalobus heterospiculum* ALLGÉN, 1951; *Cephalobus* (*Heterocephalcbus*) *heterospiculum* ALLGÉN, 1951 (BRZESKI, 1960). Eine marine Spezies, die eventuell einen Vertreter der Gattung *Aphelenchoides* darstellt.

Heterocephalobus tenuis (SCHNEIDER, 1937) ANDRÁSSY, 1967 – Syn. *Cephalobus tenuis* SCHNEIDER, 1937 – aus Sumatra und Java. Ich halte es für nicht ausgeschlossen, daß diese Spezies einen Repräsentanten der Gattung *Chronogaster* darstellt.

Heterocephalobus tulaganovi (ATAKHANOV, 1958) ANDRÁSSY, 1967 – Syn. *Eucephalobus tulaganovi* ATAKHANOV, 1958 – aus der Sowjetunion (Usbekistan).

Heterocephalus verrucosus (KANNAN, 1960) n. comb. – Syn. *Eucephalobus verrucosus* KANNAN, 1960 – aus Indien.

2. Genus: *Cephalobus* BASTIAN, 1865

Syn. *Paracephalobus* AKHTAR, 1962.

Cephalobinae. Körperlänge zwischen 0,4 und 0,9 mm. Cuticula gut geringelt. Seitenfeld mit 3, 4 oder 5 Längslinien, bis zur Schwanzspitze reichend. Kopfrand durch seichte Einschnitte in sehr kleine Läppchen geteilt, die aber nur bei der stärksten Vergrößerung erkennbar sind. Lippen 3, niedrig, asymmetrisch. Ösophaguscorpus zylindrisch. Ovar prävulvar, aber weit hinter die Vulva zurückgebogen, mit der üblichen doppelten postvulvaren Beugung. Schwanz des Weibchens kurz, am Ende breit abgerundet bzw. oft mit aufgesetzter Spitze; Schwanz des Männchens immer mit Endspitzchen.

In der Erde lebende Arten; sie bevorzugen trockene Standorte.

Typusart: *Cephalobus persegnis* BASTIAN, 1865.

Bestimmungsschlüssel der Arten

1 Schwanz des ♀ mit aufgesetztem Endspitzchen. 2
– Schwanz des ♀ ohne Spitzchen, fein oder breit abgerundet. 6
2 Größere Art, um 3/4 mm; postvulvarer Uterusast ungewöhnlich lang, 1,5mal länger als die entsprechende Körperbreite. — Cuticula 1,5 µm dick, Ringelbreite 2–2,5 µm. Seitenfeld mit 3 Linien. Lippen flach. Mundhöhle 11 µm lang. Corpus 3–3,5mal so lang wie Isthmus. Exkretionsporus beim Hinterende des

Corpus. Receptaculum seminis vorhanden. Spicula 24 µm, Gubernaculum 13 µm lang. 3 Paar Prä- und 5 Paar Postanalpapillen. Schwanz des ♀ 2,5, der des ♂ 2 Analbreiten lang. Phasmidien ein wenig vor der Schwanzmitte.
♀: L = 0,73 mm; a = 24; b = 3,9; c = 17; V = 65%. ♂: L = 0,66 mm; a = 24; b = 3,6; c = 19.
Österreich, Ungarn, Tschechoslowakei, Sowjetunion (Ferner Osten); terrikol. . . . . *troglophilus* ANDRÁSSY, 1967

— Kleinere Arten, bis 1/2 mm; postvulvarer Uterusast deutlich kürzer als die entsprechende Körperbreite. 3

3 Schwanzspitzchen ungewöhnlich kräftig, proximal fast so breit wie das eigentliche Schwanzende; Schwanz 3—4 Analbreiten lang. — Cuticula 0,8 µm dick, Ringelbreite 1,5 µm. Seitenfeld mit 3 Linien, 1/7—1/8 der Körperbreite. Lippen flach, abgerundet. Corpus von 3,5 Isthmuslängen. Exkretionsporus beim Hinterende des Corpus. Enddarm etwas länger als der Analdurchmesser. Schwanz ventral mit 24 Cuticularingen. Phasmidien im ersten Drittel der Schwanzlänge.
♀: L = 0,4 mm; a = 21; b = 3,2; c = 11; V = 66%. ♂ unbekannt.
Paraguay; Bambuswaldboden. . . . . . . *pinguimucronatus* ANDRÁSSY, 1968

— Schwanzspitzchen klein, proximal wesentlich dünner als das eigentliche Schwanzende. 4

4 Körper relativ schlank, um 0,5 mm. — Lippen mäßig entwickelt. Cuticula gut geringelt. Corpus doppelt so lang wie Isthmus; Exkretionsporus im Bereich des letzteren. Postvulvarer Uterussack kürzer als die Körperbreite. Abstand Vulva-Anus mehr als 4mal länger als der Schwanz; dieser 2,2 Analbreiten lang. Phasmidien in der Mitte der Schwanzlänge.
♀: L = 0,48 mm; a = 27; b = 4,1; c = 15; V = 65%. ♂ unbekannt.
Sowjetunion (Usbekistan, Ferner Osten) und Kuba; terrikol. — *Acrobeloides cubaensis* (STEINER, 1935) THORNE, 1937. . . . *cubaensis* STEINER, 1935

— Körper plumper und sehr klein, unter 0,4 mm. 5

5 Körper hinter dem Kopf auffallend erweitert; Isthmus ungewöhnlich kurz, nur etwa 1/10 des Corpus. — Cuticula deutlich geringelt. Mundhöhle 11 µm lang. Schwanz von 2—2,2 Analbreiten.
♀: L = 0,30—0,36 mm; a = 14—22; b = 3,3—3,9; c = 13—17; V = 60 bis 66%. ♂ unbekannt.
Sowjetunion (Turkmenien, Tadshikistan, Usbekistan); terrikol. . . . . *oryzae* KARIMOVA, 1957[44]

— Vorderende normal, nicht erweitert; Isthmus 1/3 der Corpuslänge. — Cuticula 0,8 µm dick, Rigelbreite 1,3 µm. Seitenfeld 1/6 der Körperbreite, mit 4 Linien. Lippen niedrig und breit abgerundet. Kopf 8 µm breit. Mundhöhle 13 µm lang, Bulbus 14 µm. Exkretionsporus in 60% der Ösophaguslänge. Enddarm so lang wie die anale Körperbreite. Abstand Vulva-Anus 4mal länger als der Schwanz;

[44] Ob die ungewöhnliche Erweiterung der Halsregion natürlich ist, kann an Hand der Beschreibung nicht entschieden werden. IVANOVA, die die Art wiedergefunden hat (1968), stellt gleichfalls eine merklich erweiterte Halsregion dar. KARIMOVA spricht übrigens von paarigen Gonaden; dies ist offenbar ein Irrtum, weil die Zeichnung nur eine unpaarige Gonade erkennen läßt.

dieser 1,7 Analbreiten lang, nur schwach gebogen. Phasmidien vor der Schwanzmitte.
♀: L = 0,3–0,4 mm; a = 14–17; b = 3,1–3,7; c = 13–15; V = 60 bis 67%. ♂ unbekannt.
Sowjetunion (Usbekistan, Ferner Osten) und Vietnam; an Wurzeln. — Wahrscheinlich Syn.: *Cephalobus topali* ANDRÁSSY, 1970. . . . . *quadrilineatus* EROSHENKO, 1968

6 Schwanzende schräg oder gerade abgestutzt, mit terminaler Einschnürung; sehr kleine Arten. 7

— Schwanzende nicht abgestutzt, ohne Einschnürung. 8

7 Cuticula sehr fein geringelt, Ringelbreite nur 0,8 µm. — Lippen flach. Exkretionsöffnung in Höhe des Ösophagusbulbus. Ei 30–40 µm lang, 3,4–3,8 mal länger als breit. Schwanz ventral mit 24 Ringen, am Ende noch 1/2 bis 1/3 der Analbreite.
♀: L = 0,28–0,34 mm; a = 13–17; b = 2,8–3,4; c = 11–14; V = 63 bis 68%. ♂ unbekannt.
Tschechoslowakei, Italien, Sowjetunion (Rußland, Moldau, Kasachstan, Usbekistan), Kuba; in Fumarolen und im Boden. . . *thermophilus* MEYL, 1953

— Cuticula gröber geringelt, Ringelbreite 1,8–2,2 µm. — Seitenfeld mit 3 Linien. Lippen ganz flach. Mundhöhle 11–12 µm lang. Corpus 3mal so lang wie Isthmus. Exkretionsporus neben dem Bulbus. Enddarm gleich der Analbreite. Postvulvarer Uterusast 1/2–1/3 der entsprechenden Körperbreite. Receptaculum seminis fehlt. Schwanz 1,8–2 Analbreiten lang, ventral mit 11–12 Cuticularingen. Phasmidien auf der Schwanzmitte.
♀: L = 0,40–0,46 mm; a = 16–18; b = 3,3–4,3; c = 12–18; V = 63 bis 68%. ♂ unbekannt.
Ungarn, Tschechoslowakei, Polen, Sowjetunion (Rußland, Litauen, Grusien, Turkmenien, Kasachstan, Tadshikistan, Usbekistan), Israel, Hainan, Hawaii, Neue Hebriden; an Wurzeln. . . . . *parvus* THORNE, 1937

8 Seitenfeld mit 4 oder 5 Linien. 9

— Seitenfeld mit 3 Linien. 14

9 Sehr kleine Arten, um 0,3–0,4 mm. 10

— Größere Arten, 0,5 mm oder darüber. 11

10 Seitenfeld mit 5 Längsfurchen. — Cuticularingelung 1,8 µm breit. Mundhöhle 12 µm lang. Corpus nahezu 3mal so lang wie Isthmus. Exkretionsporus im Bereich des Isthmus. Bulbus groß, kugelig. Schwanz des ♀ 1,5–2 Analbreiten lang, ventral mit 12–14 Ringen. Phasmidien hinter der Schwanzmitte.
♀: L = 0,32–0,42 mm; a = 15–17; b = 3,2–5,0; c = 13–19; V = 63 bis 66%. ♂ unbekannt.
Sowjetunion (Tadshikistan); terrikol. — *Acrobeloides labiatus* IVANOVA, 1968. . . . . *labiatus* (IVANOVA, 1968) n. comb.

— Seitenfeld mit 4 Längsfurchen. — Cuticularinge 2 µm breit. Exkretionsporus hinter der Ösophagusmitte. Abstand Vulva-Anus etwa 5mal länger als der Schwanz; dieser 2 Analbreiten lang, gerade.
♀: L = 0,27–0,31 mm; a = 19–21; b = 2,8–3,3; c = 13–16; V = 64 bis 65%. ♂ unbekannt.

Sowjetunion (Ferner Osten); terrikol. — *Acrobeloides rectiprocerus* SHAVROV, 1968. . . . . *rectiprocerus* (SHAVROV, 1968) n. comb.

11 Schwanz am Ende kegelförmig, ohne Mucro. — Cuticularinge 1,8 µm breit. Seitenfeld mit 5 Längslinien. Körper am proximalen Ösophagusende 2,5mal breiter als der Kopf. Corpus vollkommen zylindrisch, mehr als 3mal so lang wie Isthmus. Exkretionsporus beim Hinterende des Corpus. Postvulvarer Uterusteil so lang wie die Körperbreite. Abstand Vulva-Anus 6—7mal länger als der Schwanz. Dieser 2—2,5 Analbreiten lang, ventral mit 18—20 Cuticularingen.
♀: L = 0,69 mm; a = 20; b = 4,2; c = 18; V = 65%. ♂ unbekannt.
Sowjetunion (Usbekistan); terrikol. — *Acrobeloides hastulatus* MAVLJANOV, 1976. . . . . *hastulatus* (MAVLJANOV, 1976) n. comb.

— Schwanz am Ende breit abgerundet. 12

12 Isthmus doppelt so lang wie die einschlägige Körperbreite; Cuticularinge 1,5 µm breit. — Seitenfeld 1/5 der Körperbreite. Spicula 20 µm, Gubernaculum 10 µm lang. Präanal 3 Paar ziemlich große Papillen. Schwanz des ♀ 2,5, der des ♂ 2 Analbreiten lang.
♀: L = 0,52 mm; a = 22; b = 3,8; c = 27; V = 66%. ♂: L = 0,47 bis 0,55 mm; a = 25—28; b = 3,4—4,1; c = 15—17.
Schweiz; im Boden. — *Cephalobus* (*Eucephalobus*) *diversipapillatus* ALTHERR, 1950; *Eucephalobus diversipapillatus* (ALTHERR, 1950) GOODEY, 1963; *Paracephalobus diversipapillatus* (ALTHERR, 1950) ANDRÁSSY, 1967. . . . . *diversipapillatus* ALTHERR, 1950

— Isthmus kaum so lang wie die entsprechende Körperbreite; Cuticularinge 2,2—2,4 µm breit. 13

13 Lippen sehr flach. — Mundhöhle 8—10 µm lang, Bulbus 18—20 µm. Exkretionsporus im Bereich des Isthmus. Seitenfeld mit 4 Linien. Ei 42 µm lang, mehr als doppelt so lang wie breit. Schwanz 2,2—2,5 Analbreiten lang. Abstand Vulva-Anus 4,5mal länger als der Schwanz.
♀: L = 0,7—0,8 mm; a = 23; b = 5,4—6,0; c = 17—18; V = 63—64%. ♂ unbekannt.
Pakistan; Zuckerrohrfelder. — *Paracephalobus litoralis* AKHTAR, 1962 . . . . *litoralis* (AKHTAR, 1962) n. comb.

— Lippen vorspringend, asymmetrisch; Seitenfeld mit 5 Linien. — Cuticularinge 2—2,4 µm breit. Exkretionsporus beim Beginn des Isthmus. Schwanz von 1,5—2 Anablreiten, gerade.
♀: L = 0,60—0,86 mm; a = 14—25; b = 4,2—5,8; c = 17—22; V = 64 bis 68%. ♂: L = 0,60—0,76 mm; a = 18—22; b = 4—6; c = 16—22; Spicula 32 µm lang.
Sowjetunion (Ferner Osten); terrikol. — *Chiloplacus quinilineatus* SHAVROV, 1968; *Acrobeloides amurensis* TRUSKOVA, 1971. . . . . *quinilineatus* (SHAVROV, 1968) ANDERSON & HOOPER, 1970

14 Mundhöhle merklich länger als die Kopfbreite; Exkretionsporus beim Vorderende des Isthmus. — Cuticula 1,5 µm dick, breit geringelt; Ringelbreite 2,2 bis bis 2,5 µm. Lippen breit und abgestutzt, seltener etwas ausgezogen. Körper am Proximalende des Ösophagus 3,3—3,7mal breiter als der Kopf. Corpus sehr schlank, ganz zylindrisch, 4—5mal so lang wie Isthmus. Mundhöhle 9 bis

12 µm lang. Exkretionsöffnung im Bereich des Isthmus. Postvulvarer Uterussack etwa von einer Körperbreite. Ei 50—60 µm lang, doppelt so lang wie breit. Receptaculum seminis vorhanden. Spicula 30—35 µm, Gubernaculum 14—16 µm lang. Präanal 3, postanal 5 Paar Geschlechtspapillen. Schwanz des ♀ gerade, plump, 2—2,5 Analbreiten lang, mit 26—30 Cuticularingen, der des ♂ 1,6—1,8 Analbreiten lang, ventral gebogen, am Ende abgerundet, meist mit stumpfem oder spitzigem Endzapfen. Phasmidien in der Mitte der Schwanzlänge.
♀: L = 0,5—0,8 mm; a = 15—28; b = 4,0—4,5; c = 13—18; V = 60 bis 66%. ♂: L = 0,5—0,8 mm; a = 20—27; b = 3,8—5,0; c = 14—18.
Holland, Belgien, DDR, BRD, Schweiz, Österreich, Ungarn, Tschechoslowakei, Rumänien, Bulgarien, Spanien, Frankreich, Italien, Polen, Dänemark, Großbritannien, Norwegen, Schweden, Sowjetunion (Rußland, Belorußland, Estland, Litauen, Ukraine, Moldau, Armenien, Turkmenien, Grusien, Aserbaidshan, Tadshikistan, Kirgisien, Usbekistan, Ferner Osten), Israel, Japan, Indien, China, Ägypten, Madeira, Zaire, Annobon, Südafrika, USA, Venezuela, Brasilien. I nden verschiedensten terrestrischen Biotopen. — *Cephalobus brevicaudatus* ZIMMERMANN, 1898; *Cephalobus persegnis brevicaudatus* ZIMMERMANN, 1898 (MICOLETZKY, 1922) . . . . . . *persegnis* BASTIAN, 1865

— Mundhöhle kurz, höchstens so lang wie die Kopfbreite; Exkretionsporus neben dem Bulbus. 15

15 Kopfrand mit sehr feinen Borstenpapillen; relativ plumpe Art (a um 15). —Cuticula 1,2 µm dick, Ringelbreite 1,7—2,3 µm. Seitenfeld stellenweise durch Querfurchen in quadratische Feldchen geteilt. Einschnitte am Kopfrand relativ tief, Lippen flach abgerundet. Corpus von 4 Isthmuslängen. 3 Analbreiten vor dem Rectum befindet sich eine deutliche Einschnürung am Darm. Postvulvarer Uterusteil ein wenig kürzer oder länger als der entsprechende Körperdurchmesser. Ei 64 µm lang. Spicula 30—40 µm. Gubernaculum 20 µm lang. Präanal 3, postanal 4 Paar Geschlechtspapillen. Schwanz des ♀ 1,7—2 Analbreiten lang, mit 17—21 Cuticularingen.
♀: L = 0,7—0,9 mm; a = 15—17; b = 4,8—5,6; c = 16—23; V = 65 bis 71%. ♂: L = 0,6—0,75 mm; a = 12—16; b = 4,2—5,0; c = 14—17.
Israel und Mongolei; terrikol. — *Acrobeles bodenheimeri* STEINER, 1936; *Acrobeloides bodenheimeri* (STEINER, 1936) THORNE, 1937. . . . . *bodenheimeri* (STEINER, 1936) n. comb.

— Kopfanhänge undeutlich, ohne Spitzen; schlanke Art (a um 30). — Exkretionsporus neben dem Bulbus. Spicula 1,5 Analbreiten lang, Gubernaculum 3/4 der Spiculalänge. Präanal 2, adanal 1 und postanal 5 Paar Papillen. Schwanz des ♀ 2 Analbreiten lang, ventral mit 14 Cuticularingen, der des ♂ 1,5 Analbreiten lang und stark ventral gebogen, ohne Spitzchen.
♀ ohne Massenangaben. ♂: L = 0,9 mm; a = 27; b = 7,2; c = 18.
USA (California); terrikol. — *Cephalobus maximus* apud STEINER, 1935. . . . . *steinerianus* n. nom.

Bemerkung: Die Arten der Gattungen *Cephalobus* und *Acrobeloides* (S. 176) können aufgrund der Lippenstruktur nicht immer voneinander abgesondert werden. Als

gutes Unterscheidungsmerkmal dient in solchen Fällen der Ösophagus: sein Corpus ist bei *Acrobeloides* deutlich angeschwollen, bei *Cephalobus* hingegen einfach, zylindrisch.
Die folgenden *Cephalobus*-Arten sollen wegen der unzureichenden Beschreibungen als „species inquirendae" angesehen werden:

Cephalobus annulatus SKWARRA, 1921 — Syn. *Panagrolaimus annulatus* (SKWARRA, 1921) THORNE, 1937 — BRD.
Cephalobus brachyuris DADAY, 1908 — aus Tansania.
Cephalobus dubius apicatus MAUPAS, 1900 — Syn. *Cephalobus persegnis apicatus* MAUPAS, 1900 (MICOLETZKY, 1922) — aus Algerien.
Cephalobus filicaudatus COBB, 1906 — aus Hawaii.
Cephalobus gracilis ÖRLEY, 1880 — aus Ungarn.
Cephalobus hawaiiensis COBB, 1906 — aus Hawaii.
Cephalobus incisocaudatus ALLGÉN, 1951 — marin.
Cephalobus lacensis (RAHM, 1925) OSCHE, 1952 — Syn. *Rhabditis lacensis* RAHM, 1925 — BRD.
Cephalobus marinus ALLGÉN, 1951 — marin.
Cephalobus minor KANNAN, 1960 — aus Indien.
Cephalobus persegnis setifer FUCHS, 1933 — BRD.
Cephalobus stagnalis DADAY, 1897 — aus Ungarn.

3. Genus: ***Eucephalobus*** STEINER, 1936

Cephalobinae. Körper 0,4 bis 0,9 mm lang. Cuticula geringelt; Seitenfeld mit 3 Längslinien, meist vor den Phasmidien endigend. Die Zahl der Lippen beträgt 6, indem die originellen 3 Lippen in je zwei Spitzen geteilt sind; sie sind praktisch gleichförmig, hoch, kegelförmig und immer scharf zugespitzt. Kopfrand glatt, ohne Einschnitte. Ösophaguscorpus zylindrisch, vom Isthmus abgesondert. Weibliches Geschlechtsorgan *Cephalobus*-artig: Ovar weit hinter die Vulva zurückgebogen, mit doppeltem Umschlag. Männchen mit einfachen Geschlechtspapillen. Schwanz des Weibchens zugespitzt oder am Ende abgerundet, mit oder ohne Spitzchen; Schwanzende des Männchens mit aufgesetzter Spitze.
Terrikole, oft in faulenden Stoffen lebende Tiere.
Typusart: *Cephalobus oxyuroides* DE MAN, 1876 = *Eucephalobus oxyuroides* (DE MAN, 1876) STEINER, 1936.

Bestimmungsschlüssel der Arten

1 Schwanz des ♀ verhältnismäßig schlank, kegelförmig, allmählich scharf zugespitzt. 2
— Schwanz des ♀ plumper, langsam verschmälert, am Ende abgerundet, mit oder ohne Spitzchen (Mucro). 6
2 Schwanz kurz, von 2—2,5 Analbreiten. 3
— Schwanz länger, von 4—5 Analbreiten. 4
3 Lippen hoch, nahezu halb so lang wie die Kopfbreite. — Cuticula grob geringelt. Spicula kaum länger als der anale Körperdurchmesser. Schwanz des ♀ gerade, rasch verengt, kegelförmig, der des ♂ plumper, ventral gebogen.
♀: L = 0,93 mm; a = 21; b = 4,1; c = 12; V = 64%. ♂: L = 0,9 mm; a = 20; b = 4; c = 20.

BRD, Schweden, Sowjetunion (Ferner Osten); Küstenbewohner. — *Cephalobus strandicornutus* ALLGÉN, 1934; *Cephalobus* (*Heterocephalous*) *strandicornutus* ALLGÉN, 1934 (BRZESKI, 1960); *Heterocephalobus strandicornutus* (ALLGÉN, 1934) BRZESKI, 1961. . . . . . *strandicornutus* (ALLGÉN, 1934) ANDRÁSSY, 1967

— Lippen niedriger, nur etwa 1/4 so lang wie die Kopfbreite. — Cuticula fein geringelt, Ringelbreite 1 µm. Lippen asymmetrisch. Isthmus halb so lang wie Corpus. Exkretionsöffnung vor dem Bulbus. Postvulvarer Uterusteil kürzer als der einschlägige Körperdurchmesser. Ovar weit nach hinten zurückgebogen. Spicula etwa 2/3 der Schwanzlänge. 3 präanale, 2 adanale und 4 postanale Papillenpaare. Schwanz des ♀ gleichmäßig kegelförmig, schwach ventral gebogen, der des ♂ mit aufgesetztem Spitzchen. Phasmidien im ersten Viertel der Schwanzlänge.
♀: L = 0,8 mm; a = 25; b = 5; c = 23; V = 60%. ♂: L = 0,6 mm; a = 32; b = 3,5; c = 18.
USA (California); terrikol. — *Panagrolaimus heterocheilus* STEINER, 1935; *Heterocephalobus heterocheilus* (STEINER, 1935) ANDRÁSSY, 1967. . . . . *heterocheilus* (STEINER, 1935) n. comb.

4 Körper sehr schlank (aum 40); Vulva weit hinten, in 3/4 der Körperlänge. — Cuticula fein geringelt. Mundhöhle deutlich länger als die Lippenbreite. Körper am Hinterende des Ösophagus fast 3mal so breit wie der Kopf. Corpus 4mal länger als der Isthmus. Exkretionsporus beim Hinterende des Corpus. Postvulvarer Uterussack so lang wie die korrespondierende Körperbreite. Schwanz leicht ventral gebogen, an der Ventralseite mit 30 Cuticularingen. Phasmidien im ersten Viertel der Schwanzlänge.
♀: L = 0,67 mm; a = 39; b = 5,4; c = 16; V = 76%. ♂ unbekannt.
Polen, Sowjetunion (Ferner Osten) und USA (California); terrikol. — *Neocephalobus compsus* STEINER, 1935. . . . *compsus* (STEINER, 1935) THORNE, 1937

— Körper plumper (a kleiner als 25); Vulva bei 2/3 der Körperlänge. 5

5 Lippen hoch, etwa halb so lang wie die Kopfbreite; Schwanz ventral mit mehr als 30 Cuticularingen. — Cuticula 1—1,2 µm breit, Ringelbreite 1,7—2 µm. Auch Subcuticula fein geringelt. Seitenfeld 1/7—1/8 der Körperbreite. Mundhöhle 12 µm lang. Corpus 3,5—4mal länger als Isthmus; Exkretionsporus in Höhe des Isthmus. Enddarm von 1,5—1,8 Analbreiten. Postvulvarer Uterusast immer kürzer als die einschlägige Körperbreite. Receptaculum seminis vorhanden. Spicula 1,5 Analbreiten lang. Schwanz leicht ventral gebogen, 4—5 Analbreiten lang. Phasmidien vor der Schwanzmitte.
♀: L = 0,45—0,70 mm; a = 18—25; b = 3—5; c = 7—11; V = 56 bis 66%. ♂: L = 0,5—0,6 mm; a = 18—25; b = 3—4; c = 12—14.
Kosmopolitisch, in trockeneren Böden überall häufig. Holland, Belgien, DDR, BRD, Schweiz, Österreich, Ungarn, Tschechoslowakei, Bulgarien, Jugoslawien, Spanien, Menorca, Italien, Polen, Dänemark, Großbritannien, Island, Schweden, Sowjetunion (Rußland, Belorußland, Ukraine, Estland, Lettland, Litauen, Moldau, Grusien, Turkmenien, Aserbaidshan, Armenien, Kirgisien, Tadshikistan, Usbekistan, Ferner Osten); Israel, China, Zaire, USA (New York), Venezuela, Brasilien, Australien. — *Cephalobuc oxyuroides* DE MAN, 1876 (SCHNEIDER, 1939); *Cephalobus oxyuroides acuticaudatus* MICOLETZKY, 1922; *Cephalobus oxyuroides brasiliensis* RAHM, 1928; *Cephalo-*

bus similis COBB, 1893. . . . . . *oxyuroides* (DE MAN, 1876) STEINER, 1936
— Lippen niedrig, etwa 1/4 der Kopfbreite; Schwanz ventral mit weniger als 30 Cuticularingen. — Cuticula 0,9—1,3 µm dick, Ringe 1,2—1,4 µm breit. Seitenfeld 1/5—1/6 des Körperdurchmessers. Mundhöhle 11—15 µm lang. Corpus 4mal so lang wie Isthmus. Enddarm 1,5—1,6mal länger als die Analbreite. Postvulvarer Uterusast etwas kürzer als der halbe Körperdurchmesser in derselben Höhe. Schwanz 4—5 Analbreiten lang. am Ende leicht ventral gebogen, mit 23—26 Cuticularingen. Phasmidien vor der Schwanzmitte.
♀: L = 0,37—0,53 mm; a = 18—30; b = 2,8—4,2; c = 9,2—10; V = 62 bis 65%. ♂ unbekannt.
Italien; in der Erde eines *Pinus*-Waldes. . . *hooperi* MARINARI-PALMISANO, 1967
6 Lippen mit sehr hohen — etwa 2 Cuticularinge langen — Zapfen. 7
— Lippen mit niedrigeren — 1 Cuticularing langen — Zapfen. 9
7 Schwanz des Weibchens 3—4 Analbreiten lang, mit Endspitzchen. 8
— Schwanz des Weibchens 2 Analbreiten lang, ohne Endspitzchen. — Seitenfeld 1/5 der Körperlänge. Cheilorhabdions rundlich. Vulvalippen vorspringend. Postvulvarer Uterussack etwas kürzer als die entsprechende Körperbreite. Spicula so lang wie die Analbreite. 2 Paar Präanal- und 4 Paar Postanalpapillen. Schwanz des ♀ plump, breit abgerundet, der des ♂ kegelförmig, fein abgerundet.
♀: L = 0,6—0,8 mm; a = 21; b = 4,1; c = 18; V = 66%. ♂: L = 0,6 mm; a = 22; b = 3,9; c = 14.
USA (Colorado, Utah), Sowjetunion (Moldau, Kasachstan, Usbekistan); terrikol. — *Acrobeloides*) *cornis* THORNE, 1925; *Cephalobus cornis* (THORNE, 1925) THORNE, 1937; *Chiloplacus cornis* (THORNE, 1925) GOODEY, 1963. . . . . *cornis* (THORNE, 1925) ANDRÁSSY, 1967
8 Körper größer, 0,7—1,0 mm. — Cuticula 3 µm dick, Ringe 2,5—3 µm breit. Seitenfeld 1/5—1/6 des Körperdurchmessers, mit den üblichen 3 Linien. Ösophaguscorpus 4mal so lang wie Isthmus. Exkretionsporus in 60% der Ösophaguslänge. Postvulvarer Uterussack nahezu so lang wie der entsprechende Körperdurchmesser. Spicula 24 µm, etwas kürzer als die Analbreite; Gubernaculum 13 µm lang. 2 Paar Präanal-, 1 Paar Adanal- und 5 Paar Postanalpapillen. Schwanz des ♀ 2,5—3,5, der des ♂ 2 Analbreiten lang, bei beiden Geschlechtern mit Mucro.
♀: L = 0,68—1,0 mm; a = 22—29; b = 3,6—4,5; c = 12—16; V = 61 bis 64%. ♂: L = 0,76—0,91 mm; a = 24—26; b = 3,7—4,4; c = 16—17.
Spitzbergen; terrestrisch. . . . . *arcticus* LOOF, 1971
— Körper kleiner, 0,5—0,7 mm. — Seitenfeld mit 3 Längsfurchen. Exkretionsporus in 2/3 der Ösophaguslänge. Spicula 23—25 µm, deutlich länger als die Analbreite; Gubernaculum 13—14 µm lang. Schwanz beim ♀ 3—3,5, beim ♂ 2—2,5 Analbreiten lang, mit aufgesetzter Endspitze.
♀: L = 0,55—0,64 mm; a = 22—25; b = 3,5—3,8; c = 12—13; V = 61 bis 64%. ♂: L = 0,50—0,57 mm; a = 20—23; b = 3,5—3,7; c = 12—14.
DDR, Polen, Island, Sowjetunion (Rußland, Moldau, Kasachstan, Usbekistan, Ferner Osten), Kuba; terrikol. . . . . . *paracornutus* DE CONINCK, 1943
9 Schwanz des ♀ 3,5—4 Analbreiten lang. — Cuticula dünn, 1 µm dick, Ringelbreite 1,6—1,8 µm. Seitenfeld 1/7 der Körperbreite. Körper am Proximalende des

Ösophagus 2,6—2,8mal breiter als der Kopf. Mundhöhle 10—11 µm lang. Corpus 2,8—3mal länger als Isthmus. Exkretionsporus beim Hinterende des Corpus. Enddarm 1,5—1,9 Analbreiten lang. Postvulvarer Uterussack nur 1/2 des entsprechenden Körperdurchmessers. Receptaculum seminis vorhanden. Ei 50 µm lang. Spicula 18—19 µm, Gubernaculum 11—12 µm lang. Präanal 3, postanal 5 Papillenpaare. Schwanz des ♀ ventral mit 27—32 Cuticularingen; beim ♀ oft, beim ♂ stets mit Mucro.
♀: L = 0,44—0,60 mm; a = 18—25; b = 3,4—4,0; c = 9—13; V = 60 bis 66%. ♂: L = 0,38—0,50 mm; a = 18—30; b = 3,2—4,0; c = 10—15.
Holland, Belgien, DDR, BRD, Schweiz, Österreich, Ungarn, Tschechoslowakei, Bulgarien, Italien, Dänemark, Großbritannien, Schweden, Sowjetunion (Rußland, Estland, Lettland, Litauen, Moldau, Ukraine, Grusien, Turkmenien, Tadshikistan, Aserbaidshan, Kirgisien, Kasachstan, Usbekistan, Ferner Osten), Hainan, USA; in terrestrischen Biotopen häufig. — *Cephalobus striatus* BASTIAN, 1865; *Cephalobus* (*Eucephalobus*) *striatus* BASTIAN, 1865 (SCHNEIDER, 1939); *Cephalobus striatus atubifer* MICOLETZKY, 1922; *Cephalobus striatus tubifer* MICOLETZKY, 1922; *Cephalobus striatus microtubifer* MICOLETZKY, 1922; *Cephalobus bursifer* DE MAN, 1876. . . . .
. . . . *striatus* (BASTIAN, 1865) THORNE, 1937

— Schwanz des ♀ 2—2,5 Analbreiten lang. 10

10 Schwanz des ♀ breit abgerundet, stets mit Endspitzchen. Cuticula ziemlich dick, nahezu 2 µm; Ringelbreite 2—2,5 µm. Seitenfeld 1/7 der Körperbreite. Mundhöhle 13—14 µm lang; Corpus von 4 Isthmuslängen. Bulbus groß, kugelig; Exkretionsöffnung vor oder hinter dem Proximalende des Corpus. Enddarm 1,3—1,8 Analbreiten lang. Postvulvarer Uterusteil etwas kürzer oder länger als die entsprechende Körperbreite. Receptaculum seminis vorhanden, groß, 3 Körperbreiten lang. Ei 50—60 µm lang, mit schwach gekörnelter Schale. Spicula 22 µm, Gubernaculum 12—13 µm lang. 2 präanale, 1 adanale und 5 postanale Papillenpaare. Spermien kugelig, 3 µm groß. Schwanz des ♀ ventral mit 23—25 Cuticularingen, gerade, der des ♂ ventral gebogen.
♀: L = 0,55—0,72 mm; a = 18—27; b = 3,5—4,3; c = 14—18; V = 60 bis 67%. ♂: L = 0,46—0,70 mm; a = 22—29; b = 3,5—4,4; c = 12—21.
Ungarn, Polen, Sowjetunion (Rußland, Moldau, Aserbaidshan, Kirgisien, Kasachstan, Usbekistan, Grusien, Ferner Osten), Ghana, Kuba; terrikol. — *Cephalobus mucronatus* KOZLOWSKA & ROGUSKA-WASILEWSKA, 1963; *Cephalobus persegnis* apud RÜHM, 1956. . . . .
. . . *mucronatus* (KOZLOWSKA & ROGUSKA-WASILEWSKA, 1963) ANDRÁSSY, 1967

— Schwanz des ♀ fein abgerundet, ohne Endspitzchen, dorsal eingeschnitten (ob immer ?).— Cuticula 1 µm dick, Ringelbreite 2 µm. Seitenfeld 1/6 der Körperbreite. Mundhöhle 14 µm lang. Corpus schlank, vollkommen zylindrisch. Exkretionsporus beim Beginn des Isthmus. Postvulvarer Uterusast so lang wie die korrespondierende Körperbreite. Receptaculum seminis 1,5 Körperbreiten lang. Spicula 23 µm, Gubernaculum 12 µm lang. Postanal 5 Papillenpaare. Schwanz des ♀ 2 Analbreiten lang, gerade, ventral mit 25 Cuticularingen, der des ♂ gleichfalls von 2 Analbreiten, jedoch ventral gebogen und in einen Mucro ausgezogen.

♀: L = 0,67–0,73 mm; a = 23–25; b = 4,2–4,3; c =17; V = 62 bis 66%. ♂: L = 0,62 mm; a = 26; b = 4,1; c = 20.
Sowjetunion (Ferner Osten); terrikol. . . . . . *plicicaudatus* MUKHINA, 1970

Bemerkung: Die folgende Art ist ungenügend beschrieben (species inquirenda): *Eucephalobus setensis* Kannan, 1960 — aus Indien.

4. Genus: ***Teratolobus*** ANDRÁSSY, 1968

Cephalobinae. Cuticula geringelt. Kopf scharf abgesetzt, am Rand tief eingeschnitten und cuticularisiert, *Teratocephalus*-ähnlich. Lippenanhänge fehlen. Mundhöhle *Cephalobus*-artig. Ösophaguscorpus zylindrisch. Spicula plump, Geschlechtspapillen einfach. Schwanz kegelförmig, spitz, am Ende hakenartig dorsal gebogen. Seitenfeld mit 3 Längslinien. Weibchen nicht bekannt.
Typische und einzige Art: *Teratolobus regulus* ANDRÁSSY, 1968.

— Körper sehr klein. Cuticula 1 µm dick, fein geringelt. Ringelbreite 1,5 µm. Seitenfeld 1/8 der Körperbreite. Kopf 5 µm breit, durch eine Ringfurche vom Hals abgesondert, kappenartig. Kopfläppchen 6, vorn gegeneinander gebogen und fein zugespitzt. Körper am Proximalende des Ösophagus 3,3mal breiter als der Kopf. Mundhöhle 11 µm lang. Corpus von 3 Isthmuslängen. Exkretionsporus in 55% der Ösophaguslänge. Spicula 12 µm, Gubernaculum 7 µm lang. 3 Präanal- und 5 Postanalpapillenpaare. Schwanz 4 Analbreiten lang.
♀ unbekannt. ♂: L = 0,38 mm; a = 22; b = 3; c = 8.
Paraguay; terrikol. *regulus* ANDRÁSSY, 1968

bb) Subfamilia: *Acrobelinae* THORNE, 1937

Cephalobidae. Kopfrand durch seichtere oder tiefere Einschnitte in Läppchen von wechselnder Form und Größe geteilt. Mundfeld mit 3 Lippenanhängen von verschiedener Gestalt. Cheilostom weit, übrige Mundhöhlenabschnitte sehr eng. Ösophagusmanschette bis zum Vorderende des Protostoms reichend.
Eine recht artenreiche, 14 Gattungen umfassende Unterfamilie, deren Arten meist im Boden in organischen Abfällen leben und die trockenere Umweltsverhältnisse bevorzugen. Besonders häufig und zahlreich sind sie in den ariden Zonen der Erde anzutreffen.

Bestimmungsschlüssel der Gattungen

1 Lippenanhänge gegabelt: aus je einem basalen Stiel und zwei distalen Ästen zusammengesetzt. 2
— Lippenanhänge einheitlich, nicht gegabelt, höchstens am Ende mehr oder weniger eingeschnitten. 9
2 Lippenanhänge dicht bewimpert. 3
— Lippenanhänge nicht bewimpert, höchstens zuweilen mit einigen Nebenästchen. 4
3 Lippenanhänge proximal mit je einem äußeren Höcker (Querwulst); Kopflappen gezackt, aber nicht bewimpert. . . . . 13. *Nothacrobeles* (S. 203)
— Lippenanhänge ohne proximalen Höcker oder Wulst; Kopflappen nicht gerunzelt, jedoch dicht bewimpert. . . . . 14. *Acrobeles* (S. 204)

4 Cuticularingelung am ganzen Körper durch Längsfurchen in quadratische Feldchen geteilt. 5
— Cuticularingelung einfach, ohne Längsfurchen, oder nur in der Halsregion in Feldchen geteilt. 6
5 Lippenanhänge mit geraden Ästen, T- oder Y-förmig, meist sehr dünn; Kopf mit 6 deutlichen, zugepitzten Lappen; Schwanz des ♀ konisch. . . . . 9. *Stegelletina* (S. 197)
— Lippenanhänge mit bogenförmigen, stimmgabelartigen Ästen; Kopfrand fast glatt, nur mit sehr feinen Einschnitten; Schwanz des ♀ breit abgerundet. . . . . 8. *Stegelleta* (S. 196)
6 Ösophaguscorpus hinten stark angeschwollen, mit auffallend weitem Lumen; Lippenanhänge fast vom Grunde an verzweigt. . . . 12. *Paracorbeles* (S. 202)
— Ösophaguscorpus hinten nicht oder nur unbedeutend erweitert, mit engem Lumen; Lippenanhänge höchstens von der Mitte an verzweigt. 7
7 Kopflappen mit dicht stehenden, stark cuticularisierten, sägeartigen Dornen. . . . . 5. *Cervidellus* (S. 190)
— Kopfrand ohne sägeartige Dornen. 8
8 Lippenanhänge sehr dünn, haarfein, Y- oder T-förmig, Kopfrand mit *Teratocephalus*-artig cuticularisierten Stäbchen versteift. . . . . 7. *Ypsylonellus* (S. 194)
— Lippenanhänge stimmgabelartig, nicht haarfein; Kopfrand ohne cuticularisierte Versteifungsstäbchen. . . . . 6. *Acrobelophis* (S. 192)
9 Cuticularingelung — mindestens am Vorderkörper — durch Längsfurchen in viereckige Feldchen geteilt. 10
— Cuticularingelung einfach, nicht in Feldchen geteilt. 11
10 Kopflappen in 6 lange und scharf zugespitzte, die niedrig-gerundeten Lippenanhänge weit überragende Dornen ausgezogen. . . . . . 11. *Scottnema* (S. 202)
— Kopflappen klein, halbkreisförmig, nicht zugespitzt. . . . 3. *Placodira* (S. 183)
11 Einschnitte zwischen den einzelnen Kopflappen tief und am Grund mit zahnartigem Vorsprung; postvulvarer Uterusast nicht vorhanden. . . . . 10. *Zeldia* (S. 199)
— Einschnitte zwischen den Kopflappen klein und ohne zahnartigen Vorsprung; postvulvarer Uterusast meist vorhanden 12
12 Schwanz ungewöhnlich lang (von 5—6 Analbreiten), fein verdünnt; Kopfanhänge fein-borstenartig, die niedrigen Lippenanhänge überragend. . . . . 2. *Pseudacrobeles* (S. 183)
— Schwanz kurz, sogar plump, in den meisten Fällen breit abgerundet; Kopfanhänge stets niedriger als die Lippenanhänge. 13
13 Lippenanhänge distal mehr oder minder eingeschnitten; Ösophaguscorpus zylindrisch. 4. *Chiloplacus* (S. 184)
— Lippenanhänge abgerundet oder zugespitzt, einspitzig; Ösophaguscorpus merklich angeschwollen. . . . . 1. *Acrobeloides* (S. 176)

1. Genus: *Acrobeloides* (COBB, 1924) THORNE, 1937

Syn. *Acrobeles* (*Acrobeloides* COBB, 1924).

Acrobelinae. Körperlänge zwischen 0,3 und 1,2 mm. Cuticula deutlich geringelt. Kopfrand durch seichte oder tiefere Einschnitte in Läppchen (Kopfanhänge) geteilt.

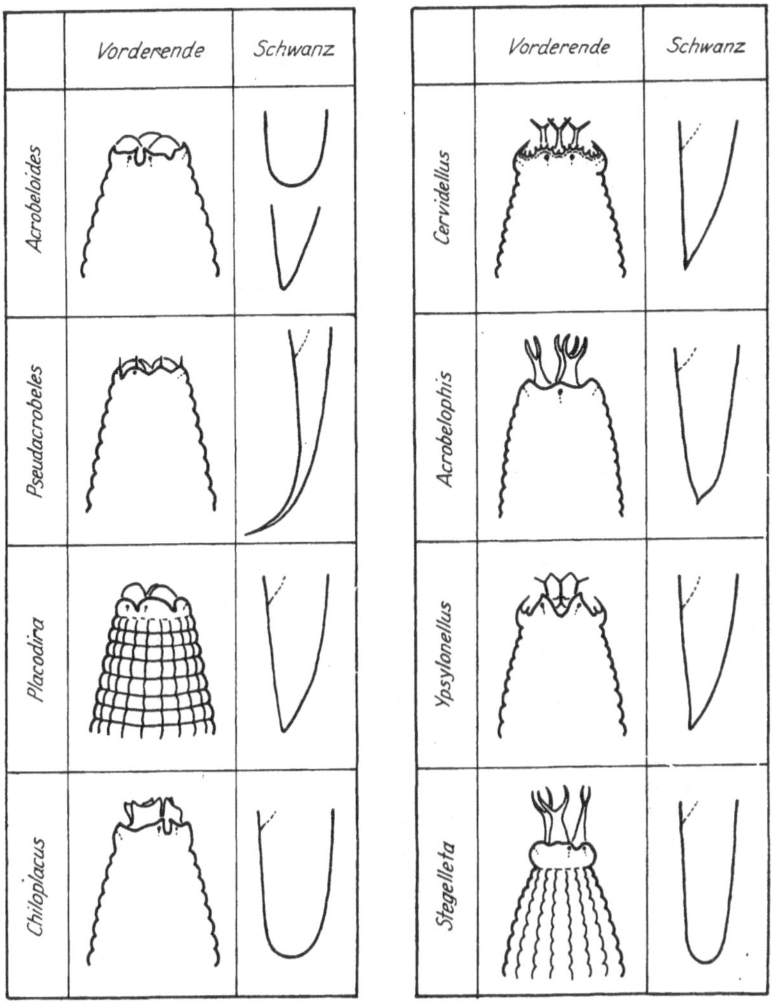

Abb. 63—70 Familie *Cephalobidae*, Unterfamilie *Acrobelinae*: *Acrobeloides*, *Pseudacrobeles*, *Placodira*, *Chiloplacus*, *Cervidellus*, *Acrobelophis*, *Ypsylonellus* und *Stegelleta*. (Fortsetzung der Abbildungen auf der Seite 198)

Lippenanhänge 3, halbkugelig, abgerundet oder kegelförmig, oft scharf zugespitzt; stets einspitzig, nie eingeschnitten. Ösophaguscorpus in der hinteren Hälfte immer merklich angeschwollen. Nervenring um den Isthmus. Mundhöhle ohne Besonderheiten, *Cephalobus*-artig; Cheilorhabdions weiter voneinander als die übrigen Mundhöhlenstäbchen. Seitenfeld mit 2, 3, 4 oder 5 Längsfurchen, meist bis zum Ende des Schwanzes reichend. Vulva um 2/3 der Körperlänge. Schwanz des Weibchens kurz und plump, breit abgerundet oder kegelförmig. Männchen zumeist unbekannt.

Eine artenreiche Gattung; Bodenbewohner.

Typusart: *Cephalobus buetschlii* DE MAN, 1884 = *Acrobeloides buetschlii* (DE MAN, 1884) STEINER & BUHRER, 1933.

Bestimmungsschlüssel der Arten

1 Lippenanhänge hoch, in je eine scharfe Spitze ausgezogen. 2
— Lippenanhänge niedrig, wenig vorragend, abgerundet oder konisch, nie scharfspitzig. 11
2 Schwanz relativ lang, von 3—3,5 Analbreiten, in der hinteren Hälfte ungewöhnlich verschmälert, spitz. — Ringelung flach, Breite der einzelenn Ringe 2—2,5 µm. Seitenfeld mit 4 Linien. Lippenspitzen nach vorn gerichtet, Kopfanhänge unbedeutend. Postvulvarer Uterusast kaum 1/2 der korrespondierenden Körperbreite. Schwanz (etwa) mit 17 Ringen; Phasmidien vor der Schwanzmitte.
♀: L = 0,57—0,65 mm; a = 18—23; b = 3,8—4,3; c = 10—11; V = 63 bis 65%. ♂ unbekannt.
Neuseeland; in Küstensand. . . . . *ellesmerensis* YEATES, 1967
— Schwanz kürzer, höchstens 2—2,5 Analbreiten lang, plump, abgerundet oder kegelförmig, nie scharf zugespitzt. 3
3 Kopfrand mit feinen borstenartigen Anhängen. 4
— Kopfrand ohne borstenartige Anhänge 6
4 Schwanz sehr kurz, nur etwa so lang wie der anale Körperdurchmesser. — Cuticularinge 2 µm breit. Lippenanhänge annähernd so lang wie die Kopfbreite, schräg nach außen gerichtet. Ösophaguscorpus 2—2,5mal länger als Isthmus. Exkretionsporus im Bereich des Isthmus. Postvulvarer Uterusteil kürzer als die Körperbreite. Ei 52 µm lang. Schwanz mit 9—10 Cuticularingen, gerade, abgerundet.
♀: L = 0,36—0,48 mm; a = 15—18; b = 2,7—3,8; c = 19—25; V = 65 bis 67%. ♂ unbekannt.
Holland, Bulgarien, Frankreich, Spitzbergen, Sowjetunion (Litauen, Moldau, Turkmenien, Kasachstan, Kirgisien, Usbekistan, Ferner Osten), USA (Utah); terrikol. — *Acrobeles tricornis* THORNE, 1925. . . . . *tricornis* (THORNE, 1925) THORNE, 1937
— Schwanz etwa doppelt so lang wie der anale Körperdurchmesser. 5
5 Spitzen der Lippenanhänge schräg nach außen gerichtet. — Cuticularinge 2 µm breit. Seitenfeld mit 3 Furchen. Lippenanhänge kaum länger als die halbe Kopfbreite. Isthmus so lang wie der Bulbus; Exkretionsporus beim Isthmus. Schwanz am Ende abgerundet, mit 14 Cuticularingen; Phasmidien hinter der Schwanzmitte.
♀: L = 0,34 mm; a = 16; b = 3,1; c = 16; V = 67%. ♂ unbekannt.
Ungarn, Polen, Sowjetunion (Rußland, Kirgisien, Usbekistan, Ferner Osten), USA, Venezuela; terrikol. . . . . *enoplus* STEINER, 1938
— Spitzen der Lippenanhänge mehr oder minder gerade nach vorn gerichtet. — Cuticularinge 2 µm breit. Seitenfeld mit 4—5 Furchen. Lippenanhänge so lang oder etwas länger als der halbe Kopfdurchmesser. Corpus 3—4mal länger als Isthmus. Ei 47—52 µm lang. Spicula 22 µm, Gubernaculum 11 µm lang. Schwanz des ♀ gerade, am Ende abgerundet, mit oder ohne Mucro, ventral mit 12—14 Cuticularingen; der des ♂ ventral gebogen, 1,5 Analbreiten lang, ohne Mucro. Prä- und postanal je 5 Papillenpaare. Phasmidien in der Mitte des Schwanzes.

♀: L = 0,44–0,48 mm; a = 15–20; b = 3,5–4,1; c = 13–19; V = 62 bis 67%. ♂: L = 0,43 mm; a = 18–20; b = 3,6–4,1; c = 11–14.
Sowjetunion (Rußland, Grusien, Kirgisien, Ferner Osten), Kanada, USA (Minnesota); terrikol. . . . . *uberrinus* ANDERSON, 1965

6 Lippenanhänge gerade nach vorn gerichtet, symmetrisch. 7

— Lippenanhänge schräg nach vorn gerichtet, asymmetrisch. 8

7 Sehr kleine Art, um 0,3 mm; Lippenanhänge etwa so lang wie am Grunde breit, kegelförmig, mit kleinem Endzipfel. — Ei 23 µm lang, 1,8mal länger als breit.
♀: L = 0,27 mm; a = 12; b = 3; c = 13; V = 62%. ♂ unbekannt.
Italien (Ischia), in Fumarolen; ferner Sowjetunion (Rußland, Kasachstan, Tadshikistan, Usbekistan); terrikol. — *Acrobeloides buetschlli conilabiatus* MEYL, 1953. . . . . *conilabiatus* (MEYL, 1953) GOODEY, 1963

— Etwas größere Art; Lippenanhänge schlanker, etwa doppelt so lang wie am Grunde breit, scharf zugespitzt, 3–4 µm lang. — Cuticularinge 1,5–2 µm breit. Seitenfeld mit 5 Längsfurchen. Mundhöhle 12–13 µm lang. Isthmus so lang wie Bulbus. Exkretionsporus beim Hinterende des Corpus. Kein hinterer Uterusast (?). Schwanz 2–2,5 Analbreiten lang, gerade, am Ende abgerundet oder konisch, ventral mit 12–14 Cuticularingen.
♀: L = 0,34–0,43 mm; a = 16–21; b = 3,0–3,4; c = 20; V = 60 bis 67%. ♂ unbekannt.
Polen und Sowjetunion (Rußland, Turkmenien, Kirgisien, Tadshikistan, Usbekistan, Moldau, Ferner Osten); terrikol. . . . . . *setosus* BRZESKI, 1962

8 Schwanz von regelmäßig konischer Gestalt, spitz. — Cuticularinge 2 µm breit. Seitenfeld anscheinend nur mit 2 Furchen. Lippenanhänge stark nach außen gebogen, langspitzig, im ganzen etwa so lang wie die Kopfbreite. Mundhöhle 13 µm lang. Exkretionsporus im Bereich des Isthmus. Ei 48–57 µm lang, mit 12–14 Ringen.
♀: L = 0,42–0,60 mm; a = 12–16; b = 3,2–5,2; c = 13–19; V = 55 bis 66%. ♂ unbekannt.
Polen und Sowjetunion (Rußland, Moldau, Usbekistan, Ferner Osten); terrestrisch. *thornei* BRZESKI, 1962

— Schwanz plumper, breiter oder schmäler abgerundet. 9

9 Seitenfeld — mit Ausnahme der beiden Körperenden — aus 6 Längslinien bestehend. — Cuticularinge 1,5–2 µm breit. Die Gesamtzahl der Körperringe ist bei einem Exemplar 185; davon fallen 72 Ringe auf den Ösophagus, 48 auf die Entfernung Ösophagusende-Vulva, 55 auf die Strecke Vulva-Anus und 10 auf den Schwanz. Lippenanhänge 4–5 µm hoch. Körper am Proximalende des Ösophagus 3mal so breit wie der Kopf. Abstand Vulva-Anus 6mal länger als der Schwanz; dieser 1,5–2,2 Analbreiten lang, Phasmidien in seiner Mitte.
♀: L = 0,33–0,44 mm; a = 15–24; b = 2,7–3,3; c = 16–32; V = 57 bis 69%. ♂ unbekannt.
Polen, Sowjetunion (Rußland, Kasachstan, Usbekistan, Moldau, Ferner Osten), USA, Argentinien; terrikol. . . . . *sexlineatus* BRZESKI, 1962

— Seitenfeld mit 3 Längslinien. 10

10 Lippenanhänge so lang wie die Kopfbreite, scharf spitz; Schwanz 1,8–2 Analbreiten lang. — Cuticularinge 1,4 µm breit. Corpus 3mal so lang wie Isthmus. Schwanz kegelförmig, mit abgerundetem Ende, ventral mit 12 Cuticularingen.

♀: L = 0,34—0,38 mm; a = 14—16; b = 3,1—3,2; c = 15—16; V = 66 bis 71%. ♂ unbekannt.
Ungarn und Neuseeland; terrikol. . . . . *syrtisus* YEATES, 1967

— Lippenanhänge nur etwa halb so lang wie die Kopfbreite, weniger scharf spitz; Schwanz 1,3—1,7 Analbreiten lang. — Cuticularinge 2 µm breit. Exkretionsporus am Anfang des Isthmus. Postvulvarer Uterusteil nur angedeutet. Schwanz plump, breit abgerundet, mit 9—12 Cuticularingen. Phasmidien in der Mitte des Schwanzes.
♀: L = 0,34—0,43 mm; a = 14—10; b = 3,1—3,6; c = 17—21; V = 64 bis 68%. ♂ unbekannt.
Spitzbergen; terrikol. . . . . *enoploides* LOOF, 1971[45]

11 Schwanz von sehr charakteristischer Gestalt: vor der Mitte merklich eingewölbt, dann aber keulenförmig angeschwollen. — Lippen flach, breit abgerundet. Hintere Lippe der Analöffnung stark vorspringend. Schwanz 2,5 Analbreiten lang, am Ende breit abgerundet; Phasmidien in der Schwanzmitte. Abstand Vulva-Anus 3,5mal länger als der Schwanz.
♀: L = 0,62 mm; a = 15; b = 3,9; c = 13; V = 65%. ♂ unbekannt.
Sowjetunion (Usbekistan, Ferner Osten) und USA (California); terrikol. — *Acrobeles* (*Acrobeloides*) *clavicaudatus* THORNE, 1925. . . . . *clavicaudatus* (THORNE, 1925) THORNE, 1937

— Schwanz anders geformt, nicht keulig. 12

12 Lippen kegelförmig (im optischen Schnitt dreieckig), so hoch wie am Grunde breit. 13

— Lippen breit abgerundet, breiter als hoch. 15

13 Schwanz kegelförmig, spitz. — Cuticula gut geringelt. Schwanz 2,5 Analbreiten lang. Abstand Vulva-Anus 3mal länger als der Schwanz.
♀: L = 0,46—0,49 mm; a = 26—27; b = 3,4—3,7; c = 13; V = 62 bis 63%. ♂ unbekannt.
Eine mangelhaft beschriebene Spezies; terrikol. Sowjetunion (Usbekistan). — *Cephalobus kipchaus* ATAKHANOV, 1958; *Eucephalobus kipchaus* (ATAKHANOV, 1958) ANDRÁSSY, 1967. . . . . . *kipchaus* (ATAKHANOV, 1958) n. comb.

— Schwanz stumpf, am Ende breit abgerundet oder abgesetzt. 14

14 Schwanz am Ende schräg abgestutzt, mit oder ohne Mucro. — Schwanz 2 Analbreiten lang; Vulva-Anus Distanz 5mal so lang wie der Schwanz.
♀: L = 0,50—0,65 mm; a = 15; b = 4; c = 17; V = 64%. ♂ unbekannt.
Bulgarien, Sowjetunion (Rußland, Litauen, Moldau, Grusien, Turkmenien, Usbekistan), USA (Idaho, Colorado); terrikol. — *Acrobeles* (*Acrobeloides*) *obliquus* THORNE, 1925. . . . . *obliquus* (THORNE, 1925) THORNE, 1937

— Schwanz am Ende abgerundet, ohne Mucro. — Körper am Hinterende des Ösophagus 2,5mal breiter als der Kopf. Corpus 3mal so lang wie Isthmus; Exkretionsporus im Bereich des Isthmus. Seitenfeld mit 3 Längslinien, die oft von 2 schwach ausgeprägten Außenlinien begleitet werden. Ei doppelt so lang wie die

---

[45] Wahrscheinlich gehört hierher auch die von GADEA beschriebene Form, *Acrobeloides buetschlii sardus* GADEA, 1954. ♀: L = 0,43—0,48 mm; a = 10—13; b = 2,3—3,5; c = 17—18. Sardinien, in Moos.

Körperbreite. Schwanz 1,5–1,8 Analbreiten lang, am Ende abgerundet, ventral mit 8–12 Cuticularingen. Phasmidien in der Mitte des Schwanzes.
♀: L = 0,3–0,5 mm; a = 12–24; b = 2,8–4,2; c = 14–23; V = 62 bis 70%. ♂ unbekannt.
Weltweit verbreitet, terrikol. Ich halte es nicht für ausgeschlossen, daß die Art mit *Acrobeloides nanus* (DE MAN, 1880) ANDERSON, 1968 identisch sei. Holland, DDR, BRD, Schweiz, Österreich, Ungarn, Bulgarien, Spanien, Pityusen, Italien, Sizilien, Sardinien, Polen, Jan Mayen, Sowjetunion (Rußland, Ukraine, Estland, Lettland, Moldau, Grusien, Turkmenien, Aserbaidshan, Kirgisien, Kasachstan, Tadshikistan, Usbekistan, Ferner Osten), Indien, Mongolei, USA (California, Colorado, Utah, Idaho), Kuba, Venezuela, Brasilien, Australien. — *Cephalobus buetschlii* DE MAN, 1884; *Cephalobus* (*Acrobeles*) *buetschlii* DE MAN, 1884 (DE MAN, 1921); *Acrobeles* (*Acrobeloides*) *buetschlii* (DE MAN, 1884) THORNE, 1925; *Cephalobus persegni buetschlii* DE MAN, 1884 (MICOLETZKY, 1922); *Cephalobus persegnis* apud BÜTSCHLI, 1873; *Acrobeloides recurvatus* GOODEY, 1963. . . . .
. . . . *buetschlii* (DE MAN, 1884) STEINER & BUHRER, 1933

15 Körper groß, länger als 1 mm. — Lippen sehr flach, aus der Kopfkontur kaum vorspringend. Corpus nahezu 4mal so lang wie Isthmus. Hintere Vulvalippe merklich vorspringend, ebenso wie auch die hintere Anallippe. Schwanz von 2 Analbreiten; Phasmidien an seiner Mitte; Schwanzende stumpf.
♀: L = 1,2 mm; a = 19; b = 5,2; c = 21; V = 70%. ♂ unbekannt.
Sowjetunion (Grusien, Usbekistan) und USA (Utah); terrikol. — *Acrobeles* (*Acrobeloides*) *maximus* THORNE, 1925; *Cephalobus maximus* (THORNE, 1925) STEINER, 1935. . . . . *maximus* (THORNE, 1925) THORNE, 1937

— Körper wesentlich kleiner, bis 0,7 mm. 16

16 Schwanz kegelförmig, spitz. 17

— Schwanz stumpf, abgerundet. 20

17 Vulva kaum hinter der Körpermitte, in 55%. — Cuticula stark geringelt. Lippenanhänge halbkugelig. Schwanz 29 µm lang; Abstand Vulva-Anus 5mal länger als der Schwanz.
♀: L = 0,36 mm; a = 15; b = 3,1; c = 13; V = 55%. ♂ unbekannt.
Mexiko; terrikol. . . . .
. . . . *tlaxcalcensis* FLORES-BARROETA & HIDALGO-ESCALANTE, 1961

— Vulva um 60% der Körperlänge oder weiter hinten 18

18 Isthmus relativ lang, kaum kürzer als Corpus; Körper klein, 0,25–0,43 mm. — Cuticula gut geringelt, Ringelbreite 1–2 µm. Seitenfeld an der Körpermitte mit 4–5, an den Körperenden mit 3 Längslinien. Ösophaguscorpus am Ende angeschwollen; Exkretionsporus in Höhe des Isthmus. Schwanz kegelförmig, zugepitzt, 2–2,5 Analbreiten lang; Phasmidien vor der Schwanzmitte.
♀: L = 0,25–0,43 mm; a = 12–19; b = 3,0–4,6; c = 10,5–16,0; V = 59–66%. ♂ unbekannt.
Italien (Ischia), Sowjetunion (Moldau) und Gough-Insel (Südatlantik); aus Fumarolen und Mooren. — *Cephalobus buchneri* MEYL, 1953; *Heterocephalobus buchneri* (MEYL, 1953) ANDRÁSSY, 1967: *Heterocephalobus goughiensis* HOGEWIND & KOEN, 1968. . . . . *buchneri* (MEYL, 1953) n. comb.

— Isthmus kürzer, 1/2 der Corpuslänge; Körper etwas größer, 0,4–0,6 mm. . . 19

19 Phasmidien vorn, in Höhe des Anus. — Lippen ganz flach, breit abgerundet. Corpus etwa 2,5mal so lang wie Isthmus; Exkretionsporus bei der Mitte des letzteren. Schwanz von 2 Analbreiten, ventral mit 11—15 Cuticularingen.
♀: L = 0,5—0,6 mm; a = 18; b = 4,5; c = 14; V = 58%. ♂ unbekannt.
Sowjetunion (Usbekistan), Indien, USA (Utah, Wisconsin); terrikol und in *Sphagnum*-Moos. — *Acrobeles* (*Acrobeloides*) *apiculatus* THORNE, 1925. . . . .
. . . . *apiculatus* (THORNE, 1925) THORNE, 1937

— Phasmidien an der Schwanzmitte. — Cuticula gut geringelt. Körper am Proximalende des Ösophagus 3mal so breit wie der Kopf. Mundhöhle 11 µm lang. Exkretionsöffnung beim Hinterende des Corpus. Postvulvarer Uterusschlauch so lang wie der entsprechende Körperdurchmesser. Ei 64 µm lang. Schwanz 2,5 Analbreiten lang, regelmäßig kegelförmig, spitz.
♀: L = 0,44—0,45 mm; a = 19—22; b = 3,7—4,0; c = 13—19; V = 62 bis 65%. ♂ unbekannt.
Polen und Sowjetunion (Usbekistan); in *Sphagnum*. — *Heterocephalobus basilogoodeyi* BRZESKI, 1961 . . . . . *basilogoodeyi* (BRZESKI, 1961) n. comb.

20 Größere Art, 0,6—0,7 mm. — Lippenanhänge niedrig. Körper am Proximalende des Ösophagus doppelt so breit wie der Kopf. Corpus doppelt so lang wie Isthmus. Schwanz kurz, 1,5—2 Analbreiten lang, breit abgerundet. Abstand Vulva-Anus 4mal länger als der Schwanz.
♀: L = 0,60—0,73 mm; a = 15; b = 4,6; c = 17; V = 65%. ♂ unbekannt.
Algerien; Sowjetunion (Usbekistan) terrestrisch. — *Cephalobus dubius* MAUPAS, 1900; *Cephalobus dubius rotundatus* MAUPAS, 1900; *Cephalobus persegnis dubius-rotundatus* MAUPAS, 1900 (MICOLETZKY, 1922); *Cephalobus persegnis rotundatus* MAUPAS, 1900 (MICOLETZKY, 1922) . . . .
. . . . *dubius* (MAUPAS, 1900) n. comb.

— Kleinere Art, 0,3—0,5 mm. — Cuticula 0,8—1 µm dick, Ringelbreite 2 µm. Seitenfeld 1/7—1/8 der Körperbreite, mit 3 Linien. Lippenanhänge niedrig, abgerundet oder gestutzt. Körper am Ende des Ösophagus 2,4—2,6mal breiter als der Kopf. Mundhöhle 13 µm lang. Corpus 3—3,5mal so lang wie Isthmus. Postvulvarer Uterussack 1/4 bis 1/2 der korrespondierenden Körperbreite. Receptaculum seminis fehlt. Schwanz 1,1—1,7 Analbreiten lang, ventral mit 9—11 Cuticularingen. Das Männchen dieser seit langem bekannten Art wurde bisher nur ein einziges Mal, und zwar von THORNE (1961) gefunden und dargestellt. Spicula 1,5mal so lang wie die Analbreite. Schwanz leicht ventral gebogen, breit abgerundet.
♀: L = 0,3—0,5 mm; a = 12—20; b = 2,7—4,0; c = 17—25; V = 62 bis 68%. ♂: L = 0,36 mm; a = 14; b = 3,5; c = 18.
Weit verbreitet, gemein in der Erde. Holland, Belgien, DDR, BRD, Österreich, Schweiz, Ungarn, Tschechoslowakei, Rumänien, Bulgarien, Spanien, Italien, Polen, Dänemark, Norwegen, Island, Sowjetunion (Rußland, Belorußland, Estland, Litauen, Moldau, Grusien, Turkmenien, Kirgisien, Tadshikistan, Aserbaidshan, Kasachstan, Usbekistan, Ferner Osten), Mongolei, Kanarische Inseln, Kanada, USA (California, Utah, Colorado), Kuba, Spanisch-Guinea, Argentinien, Venezuela, Chile. — *Cephalobus nanus* DE MAN, 1880; *Cephalobus persegnis nanus* DE MAN, 1880 (MICOLETZKY, 1922); *Acrobeles*

(*Acrobeloides*) *minor* THORNE, 1925; *Acrobeloides minor* (THORNE, 1925) THORNE, 1937. . . . . *nanus* (DE MAN, 1880) ANDERSON, 1968

2. Genus: ***Pseudacrobeles*** STEINER, 1938

Acrobelinae. Cuticula fein geringelt, Seitenfeld mit 5 Längslinien. Kopfrand schwach eingeschnitten, mit 6 feinen, borstenartigen Fortsätzen, die die niedrigen, flach abgerundeten Lippen (Lippenanhängen) überragen. Ösophaguscorpus zylindrisch; Nervenring um das Proximalende des Corpus. Weibliche Gonade *Cephalobus*-artig, hinten mit doppelter Beugung. Schwanz des Weibchens ungewöhnlich lang, gestreckt-kegelförmig, am Ende fein verdünnt, der des Männchens viel kürzer und plumper, mit kleinem Mucro.

Typische und einzige Art: *Acrobeles variabilis* STEINER, 1936 = *Pseudacrobeles variabilis* (STEINER, 1936) STEINER, 1938.

— Ringelung fein. Corpus nahezu 4mal so lang wie Isthmus. Receptaculum seminis vorhanden. Länge der Spicula gleich dem Analdurchmesser, Gubernaculum halb so lang. Präanal 3, postanal 5 Papillenpaare. Schwanz des ♀ 5—6 Analbreiten lang, scharfspitzig; Phasmidien im ersten Viertel der Schwanzlänge. Schwanz des ♂ kürzer als 2 Analbreiten, ventral gebogen.
♀: L = 0,50—0,67 mm; a = 17—19; b = 3,3—4,0; c = 7—8; V = 56 bis 63%. ♂: L = 0,65—0,67 mm; a = 18—19; b = 4,0—4,3; c = 18—20.
Tschoslowakei, Zaire und USA (Florida). — *Acrobeles variabilis* STEINER, 1936; *Acrobeloides variabilis* (STEINER, 1936) GOODEY, 1951. . . . . *variabilis* (STEINER, 1936) STEINER, 1938

3. Genus: ***Placodira*** THORNE, 1937

Acrobelinae. Cuticularingelung am Vorderkörper durch Längsfurchen in papillenartige Feldchen geteilt. Körperlänge um 1 mm. Kopfrand mit 6 halbkreisförmigen Lappen. Lippen bzw. Lippenanhänge abgerundet, halbkugelig. Ösophaguscorpus im Verhältnis zum Isthmus sehr lang; Nervenring weit vor dem Proximalende des Corpus. Seitenfeld mit 3 Furchen. Weibliches Geschlechtsorgan für die Familie typisch, mit ungewöhnlich langem hinterem Uterusast. Schwanz bei beiden Geschlechtern konisch, mehr oder minder spitz.

Typische und einzige Art: *Placodira lobata* THORNE, 1937.

— Vordere 12—16 Cuticularinge in Feldchen geteilt, die weiteren Ringe einfach. Seitenfeld 1/5 der Körperbreite. Corpus mehr als 3mal so lang wie der sehr kurze, auch die Körperbreite nicht erreichende Isthmus. Exkretionsöffnung in 56% der Ösophaguslänge. Postvulvarer Uterusast 3mal so lang wie der entsprechende Körperdurchmesser. Schwanz des ♀ 2 Analbreiten lang, mit 19—20 Cuticularingen, der des ♂ kürzer und schwach ventral gebogen. Phasmidien hinter der Schwanzmitte.
♀: L = 1,2 mm; a = 22; b = 4; c = 23; V = 65%. ♂: L = 1,0 mm; a = 28; b = 4 c = 21.
Sowjetunion (Usbekistan) und USA (Arizona); Bodenbewohner. . . . . *lobata* THORNE, 1937

4. Genus: *Chiloplacus* THORNE, 1937

Syn. *Gaddinia* PENSO, 1938.

Acrobelinae. Körper 0,4 bis 1 mm lang. Cuticula geringelt, Seitenfeld mit 3—6 Längsfurchen. Kopfrand mehr oder weniger eingeschnitten, Kopfläppchen abgerundet oder spitz ausgezogen. Lippenanhänge 3, im allgemeinen breit, distal stets tiefer oder seichter eingeschnitten, infolgedessen zweispitzig; sie sind alle gleichförmig, symmetrisch, oder die beiden subventralen Lippenanhänge asymmetrisch (der Dorsalanhang ist immer symmetrisch!). Ösophaguscorpus zylindrisch. Weibliche Gonanden wie bei anderen Cephalobiden. Schwanz des Weibchens kurz und plump, am Ende stets breit abgerundet. Männchen sehr selten.

Typisch terrikole Arten, insbesondere in den ariden Zonen der Erde. Eine artenreiche Gattung.

Typsuart: *Acrobeles* (*Acrobeloides*) *symmetricus* THORNE, 1925 = *Chiloplacus symmetricus* (THORNE, 1925) THORNE, 1937.

Bestimmungsschlüssel der Arten

1 Subventrale Lippenanhänge vom dorsalen Anhang merklich abweichend: entweder nur einspitzig oder zweispitzig, aber asymmetrisch. 2

— Sämtliche Lippenanhänge praktisch von gleicher Form. 6

2 Subventrale Lippenanhänge zwar zweispitzig, aber stark asymmetrisch: die inneren Spitzen kürzer als die äußeren.[46] — Cuticula gut geringelt, Ringelbreite 2—2,5 µm. Seitenfeld 1/7 der Körperbreite, mit 3 Linien. Lippenanhänge etwa halb so lang wie die Kopfbreite, scharf zugespitzt; Kopfanhänge mit feinen Börstchen. Mundhöhle nahezu doppelt so lang wie die Kopfbreite. Corpus von 3 Isthmuslängen; Exkretionsporus am Beginn des Isthmus. Postvulvarer Uterusast kürzer als der einschlägige Körperdurchmesser. Ei 64 µm lang. Spicula gleich der Analbreite, Gubernaculum ganz dünn. Präanal 2, adanal 1, postanal 4 Papillenpaare. Schwanz des ♀ 2—2,5 Analbreiten lang, kaum verschmälert, stumpf, der des ♂ 1,6—1,8 Analbreiten lang, stärker verschmälert, am Ende abgerundet mit sehr feinem Mucro. Phasmidien in der Mitte des Schwanzes. ♀: L = 0,43—0,67 mm; a = 18—25; b = 3,4—4,9: c = 13—17; V = 63 bis 67%. ♂: L = 0,54—0,62 mm; a = 21—23; b = 3,8—3,9; c = 19. Holland, Ungarn, Bulgarien, Italien, Sowjetunion (Rußland, Kirgisien, Usbekistan), Mongolei, USA; terrikol. . . . . *trilineatus* STEINER, 1940

— Subventrale Lippenanhänge einspitzig. 3

3 Vagina ungewöhnlich lang (15—17 µm), mehr als die halbe Körperbreite einnehmend, schräg nach vorn gerichtet, stark muskulös; Seitenmembran breit, 1/3 der Körperbreite, mit 5 Linien.[47] 4

— Vagina kürzer als die halbe Körperbreite, meist gerade nach innen gerichtet; Seitenmembran schmal, mit 3 Linien. 5

4 Größere Art, um 0,9 mm; dorsaler Lippenanhang tief eingeschnitten, stimmgabelförmig. — Lippenanhänge 6 µm, 2/3 der Körperbreite; Subventralanhänge

[46] Vielleicht gehören auch *Chiloplacus corniformis* ERZHANOVA, 1964 und *Chiloplacus samarcandicus* ERZHANOVA, 1964 hierher; die sowjetische Verfasserin stellt jedoch paarige Gonaden dar.

[47] Die bisher eingereihten zwei Arten (*sclerovaginatus* und *kralli*) sind möglicherweise synonym.

distal nach außen gebogen. Cuticularinge 3 μm breit. Mundhöhle etwa so lang wie der Kopfdurchmesser. Schwanz 2–2,5 Analbreiten lang, ventral mit 14 Cuticularingen, am Ende stumpf abgerundet. Abstand Vulva-Anus 4–5mal so lang wie der Schwanz.
♀: L = 0,87–0,94 mm; a = 22–26; b = 5,0–5,2; c = 19; V = 66–67%.
♂ unbekannt.
Sowjetunion (Grusien); im Boden. . . . . *kralli* BAGATURIJA, 1973

— Kleinere Art, bis 0,7 mm; dorsaler Lippenanhang nur seicht (bis 1/3 seiner Länge) eingeschnitten. — Lippenanhänge 2/3 so lang wie die Kopfbreite, Subventralanhänge scharf spitz. Kopfrand ohne borstenartige Fortsätze. Mundhöhle eine Kopfbreite lang. Exkretionsöffnung beim Proximalende des Corpus. Receptaculum seminis vorhanden. Spicula 35–40 μm lang, Gubernaculum 19–26 μm. Schwanz des ♀ 2–2,5 Analbreiten lang, kaum verschmälert, breit abgerundet, ventral mit 15 Cuticularingen; der des ♂ stark verschmälert, gleichfalls abgerundet.
♀: L = 0,56–0,73 mm; a = 18–23; b = 3,3–4,3; c = 15–22; V = 63 bis 68%. ♂: L = 0,5–0,7 mm; a = 17–25; b = 3,1–4,3; c = 15–23.
Sowjetunion (Rußland, Kirgisien, Kasachstan, Usbekistan); terrikol. *sclerovaginatus* SUMENKOVA & RAZZHIVIN, 1968

5 Subventrale Lippenanhänge spitz, Dorsalanhang am Grunde breiter als distal. — Kopfanhänge niedrig-spitz, Lippenanhänge etwa von halber Kopfbreite. Corpus doppelt so lang wie Isthmus; Exkretionsporus im Bereich des letzteren. Postvulvarer Uterussack kurz oder fehlend. Abstand Vulva-Anus gleich 5 Schwanzlängen. Schwanz 1,6–1,8 Analbreiten lang, stumpf endigend, ventral mit 13–16 Cuticularingen. Phasmidien hinter der Schwanzmitte.
♀: L = 0,6–1,0 mm; a = 19–22; b = 3,5–4,7; c = 18–21; V = 65%.
♂ unbekannt.
Holland, DDR, BRD, Österreich, Spanien, Polen, Sowjetunion (Rußland, Moldau, Litauen, Grusien, Turkmenien, Aserbaidshan, Usbekistan, Kasachstan), Israel, Mongolei, USA (Colorado), Kuba; terrikol. — *Cephalobus buetschlii* apud DE MAN, 1885; *Cephalobus* (*Acrobeles*) *propinquus* DE MAN, 1921; *Acrobeles* (*Acrobeloides*) *propinquus* (DE MAN, 1921) THORNE, 1925; *Acrobeles* (*Acrobeloides*) *contractus* THORNE 1925; *Cephalobus contractus* (THORNE, 1925) STEINER, 1934. . . . . *propinquus* (DE MAN, 1921) THORNE, 1937

— Subventrale Lippenanhänge stumpf, dorsaler Anhang proximal schmäler als distal. — Cuticularinge 1,5–2 μm breit. Lippenanhänge den halben Kopfdurchmesser kaum erreichend. Kopfrand anscheinend glatt. Mundhöhle 10 μm lang. Länge des Ösophaguscorpus gleich 3 Isthmuslängen; Exkretionsporus beim Hinterende des Corpus. Receptaculum seminis vorhanden. Spicula 29–31 μm, Gubernaculum14–17 μm lang. Schwanz des ♀ 2–2,5 Analbreiten lang, abgerundet, ventral mit 25–35 Cuticularingen. Phasmidien in der Mitte des Schwanzes.
♀: L = 0,60–0,77 mm; a = 17–24; b = 3,3–4,6; c = 15–24; V = 54 bis 68%. ♂: L = 0,6–0,7 mm; a = 18–23; b = 3,2–4,6; c = 16–24.
Sowjetunion (Rußland, Litauen, Usbekistan); terrikol. . . . . *obtusus* BARANOVSKAJA & HAQUE, 1968

6 Gabeläste der Lippenanhänge am Ende mit je zwei sehr feinen sekundären Ästchen. 7
— Gabeläste der Lippenanhänge einfach-spitzig. 8
7 Jede der 3 Lappen des Kopfrandes mit 6 feinen Spitzen. — Kopflappen durch tiefe Furchen voneinander getrennt. Lippenanhänge etwa halb so lang wie die Kopfbreite. Mundhöhlenlänge von der Breite des Kopfes. Seitenfeld mit 3 Furchen. Vagina dick, postvulvarer Uterusteil 1/2 des Körperdurchmessers Schwanz 2,5 Analbreiten lang, wenig verschmälert, ventral mit 24—26 Cuticularingen. Phasmidien in oder hinter der Schwanzmitte.
♀: L = 0,60—0,77 mm; a = 18—19; b = 4—5; c = 12—14; V = 64 bis 65%. ♂ unbekannt.
Holland, Polen, Sowjetunion (Usbekistan), Mongolei, USA (Colorado); terrikol. — *Acrobeles trifurcatus* THORNE, 1925; *Zeldia trifurcata* (THORNE, 1925) GOODEY, 1963. . . . . *trifurcatus* (THORNE, 1925) THORNE, 1937
— Jede der 3 Lappen des Kopfrandes mit 4 feinen Spitzen. — Kopflappen durch seichtere Furchen voneinander getrennt.
♀: L = 0,76—0,84 mm; a = 20—22; b = 4,0—4,4; c = 14—18; V = 65 bis 66%. ♂: L = 0,68 mm; a = 23; b = 3,7; c = 14.
Holland, Ungarn, Tschechoslowakei, Sowjetunion (Rußland, Moldau, Grusien, Kasachstan, Usbekistan, Ferner Osten), USA (Utah); in der Erde. — *Acrobeles demani* THORNE, 1925; *Acrobeles incurves* THORNE, 1925; *Chiloplacus incurvus* (THORNE, 1925) THORNE, 1937. . . . . *demani* (THORNE, 1925) THORNE, 1937
8 Cuticularinge mit Querreihen feiner Punkte (4 Querreihen je Ring). — Kopflappen mit je 2 Spitzen, Lippenenhänge ganz niedrig. Ringelung recht grob. Spicula etwas länger als die anale Körperbreite. Schwanz 1,8 Analbreiten lang, zugespitzt.
♀ unbekannt. ♂: L = 0,53 mm; a = 18; b = 4,4; c = 10.
Sowjetunion (Usbekistan) und USA (California); in der Erde. — *Acrobeles truncatus* THORNE, 1925. . . . . . *truncatus* (THORNE, 1925) THORNE, 1937[48]
— Cuticularinge ohne Punktreihen. 9
9 Hinterer Uterusast ungewöhnlich lang, 70—87 μm, etwa von 3 Körperbreiten bzw. 30—45% des Abstands Vulva-Anus. — Cuticularinge 1—2,4 μm breit. Seitenfeld mit 5 Linien. Lippenanhänge halb so lang wie die Kopfbreite, bis 1/3 ihrer Länge eingeschnitten. Ösophaguscorpus 3,4—4,4mal so lang wie Isthmus. Exkretionsöffnung beim Hinterende des Corpus. Vulvalippen vorspringend, Vagina schräg nach vorn gerichtet. Schwanz breit abgerundet, 2—2,6 Analbreiten lang, mit 14—18 Cuticularingen. Phasmidien in oder hinter der Schwanzmitte.
♀: L = 0,56—0,83 mm; a = 20—28; b = 3,5—4,4; c = 16—20; V = 64 bis 68%. ♂ unbekannt.
Schweden und Spitzbergen; terrikol. . . . . *saccatus* LOOF, 1971
— Hinterer Uterusast höchstens etwas länger als eine Körperbreite. 10
10 Lippenanhänge tief eingeschnitten, mit relativ langen und dünnen Gabelästen. 11

---

[48] Gehört vielleicht zur Gattung *Zeldia*.

– Lippenanhänge seichter eingeschnitten, eher mit zwei Spitzen als Gabelästen. 17

11 Postvulvarer Uterusast vollkommen fehlend; Seitenfeld mit 5 Längslinien. — Cuticularinge 2—3 µm breit. Kopfanhänge ventral und dorsal dornartig zugespitzt. Lippenanhänge stimmgabelförmig, bei den Ästen breiter als proximal. Corpus gleich 4 Isthmuslängen. Vagina 10—11 µm lang, die halbe Körperbreite einnehmend, schräg nach vorn gerichtet, stark muskulös. Schwanz 2 Analbreiten lang, mit 12—15 Cuticularingen, am Ende breit abgerundet. Abstand Vulva-Anus 6—7mal länger als der Schwanz. Phasmidien hinter der Schwanzmitte.
♀: L = 0,55—0,78 mm; a=23—29; b = 3—4; c = 19—21; V = 66 bis 68%. ♂ unbekannt.
Sowjetunion (Kirgisien, Usbekistan); terrestrisch . . . . *quintastriatus* SUMENKOVA in SUMENKOVA & RAZZHIVIN, 1968

– Postvulvarer Uterusast — wenn auch sehr rudimentär — vorhanden; Seitenfeld mit 2 oder 3 Längslinien. 12

12 Laterale (von Seitenansicht: innere) Äste der submedialen Lippenanhänge etwas kürzer und deutlich nach innen gebogen. 13

– Beide Äste der submedialen Lippenanhänge gleich lang und symmetrisch . 14

13 Sehr kleine Art; Schwanz schlanker, 2,6 Analbreiten lang, mit 26 Cuticularingen; Postvulvarsack des Uterus äußerst kurz, lediglich 1/10 der entsprechenden Körperbreite. — Kopflappen kaum abgesondert, nicht zugespitzt. Seitenmembran mit 2 Längsfurchen. Enddarm 1,5mal länger als der Analdurchmesser. Phasmidien in der Mitte des Schwanzes.
♀: L = 0,36 mm; a = 20; b = 3,6; c = 12; V = 65%. ♂ unbekannt.
Belgien; terrikol. . . . . *deconincki* COOMANS, 1962

– Größere Art; Schwanz plumper, 1,7 Analbreiten lang, mit 14—16 Cuticularingen; Postvulvarast des Uterus so lang wie die entsprechende Körperbreite. — Kopfanhänge ventral und dorsal dornartig ausgezogen. Lippenanhänge gleich 2/3 Kopfbreite. Mundhöhle eine Kopfbreite lang. Vagina rohrartig, schräg nach vorn gebogen. Phasmidien in 2/3 der Schwanzlänge.
♀: L = 0,7—0,8 mm; a = 22—24; b = 4,2—4,3; c = 20—22; V = 64 bis 67%. ♂ unbekannt.
Mongolei; an Graswurzeln. — *Chiloplacus lentus* apud ANDRÁSSY, 1964. . . . . *mongolicus* n. nom.

14 Größere Arten, 0,6—1,0 mm. 15

– Kleinere Arten, bis 0,5 mm. 16

15 Lippenanhänge proximal breiter als distal; Schwanz nahezu 3 Analbreiten lang. — Cuticula breit geringelt. Seitenfeld mit 3 Längslinien. Lippenanhänge beinahe so lang wie die Kopfbreite, sehr scharfspitzig. Kopfanhänge unbedeutend. Postvulvarer Uterussack etwas kürzer als die einschlägige Körperbreite. Schwanz des ♀ von der Mitte an zylindrisch, ventral mit 17—20 Cuticularingen. Spicula kaum gebogen, Gubernaculum pantoffelförmig. Schwanz des ♂ mit 4 Paaren von Sublateralpapillen.
♀: L = 0,71—0,82 mm; a = 20—23; b = 3,4—4,0; c = 15—18; V = 65 bis 67%. ♂: L = 0,66—0,95 mm; a = 19—22; b = 2,9—5,1; c = 16—19.
Sowjetunion (Ferner Osten); terrikol. . . . . *coarticaudatus* TRUSKOVA, 1972

— Lippenanhänge distal breiter als proximal; Schwanz 1,5—2 Analbreiten lang. — Ringelbreite 2 μm. Seitenfeld mit 3 Längslinien. Kopf 9 μm breit, Kopfanhänge dornartig ausgezogen, 7 μm lang; Lippenanhänge fast so lang wie die Kopfbreite, stimmgabelförmig. Eischale mit Warzen, Spicula gleich 1,5 Analbreiten, Gubernaculum sehr dünn. Schwanz mit 18—20 Cuticularingen, beim ♂ fein abgerundet.
♀: L = 0,60—0,94 mm; a = 19—25; b = 4,0—4,4; c = 14—20; V = 66 bis 70%. ♂ ohne Massenangaben.
Ungarn, Bulgarien, Sowjetunion (Rußland, Moldau, Grusien, Turkmenien, Aserbaidshan, Tadshikistan, Kirgisien, Kasachstan, Usbekistan, Ferner Osten), Mongolei, Algerien, Südafrika, USA; terrikol. — *Cerhalobus lentus* MAUPAS, 1900; *Cephalobus* (*Acrobeles*) *lentus* MAUPAS, 1900 (DE MAN, 1921); *Acrobeles lentus* (MAUPAS, 1900) THORNE, 1925. . . . . *lentus* (MAUPAS, 1900) THORNE, 1937

16 Schwanz 3—4 Analbreiten lang, am Ende gerade abgestutzt; Körper schlanker (a um 30). — Cuticularinge 1,5 μm breit. Seitenfeld mit 3 Furchen. Kopfrand kaum strukturiert, Lippenanhänge nahezu so lang wie die Kopfbreite. Corpus etwa 5mal länger als Isthmus.
♀: L = 0,32—0,35 mm; a = 27—29; b = 3,1—3,6; c = 11; V = 62 bis 65%. ♂ unbekannt.
China und Venezuela; terrikol. — *Acrobeles obtusicaudatus* KREIS, 1930. . . . . *obtusicaudatus* (KREIS, 1930) THORNE, 1937

— Schwanz 2,6—2,8 Analbreiten lang, am Ende abgerundet; Körper plumper (a um 20). — Cuticula 1,2—1,4 μm dick, Ringelbreite 1,6 μm. Seitenfeld 1/6—1/7 der Körperbreite, mit 3 Inzisuren. Kopfrand kaum strukturiert; Lippenanhänge sehr lang (7 μm), gleich der Kopfbreite, stimmgabelförmig, d. h. an den Ästen breiter als am Stiel. Exkretionsporus etwas vor der Ösophagusmitte. Enddarm von 1,5—1,7 Analbreiten. Postvulvarer Uterusteil 20 μm lang, 3/4 der Körperbreite. Schwanz mit 24—25 Cuticularingen; Phasmidien in der Schwanzmitte.
♀: L = 0,42—0,45 mm; a = 17—20; b = 3,3—3,5; c = 12—13; V = 61 bis 62%. ♂ unbekannt.
Polen und Argentinien; in Moos und an Wurzeln. . . . *topali* ANDRÁSSY, 1963

17 Schwanz des ♀ sehr kurz, kaum 1,5mal so lang wie die Analbreite; Postvulvarast des Uterus fehlt vollkommen. — Kopfrand mit kleinen abgerundeten Anhängen. Lippenanhänge halb so lang wie die Kopfbreite, bis 1/4 ihrer Länge eingeschnitten. Abstand Vulva-Anus etwa 4mal so lang wie der Schwanz.
♀: L = 0,78—0,82 mm; a = 16; b = 4,5; c = 18; V = 65—71%. ♂ unbekannt.
Sowjetunion (Kasachstan, Usbekistan); terrikol. — *Acrobeles bonus* KIRJANOVA, 1951; *Cervidellus bonus* (KIRJANOVA, 1951) GOODEY, 1963. . . . . *bonus* (KIRJANOVA, 1951) n. comb.

— Schwanz des ♀ 2mal so lang wie die Analbreite oder länger. 18

18 Seitenfeld mit 5—6 Längsfurchen[49]. 19

[49] Hierher gehört auch *Chiloplacus hexalineatus* ALI & JOSHI, 1969, mit 6 Längsfurchen und einer Länge von 0,6 mm. Die Originalbeschreibung dieser indischen Art konnte ich leider nicht einsehen.

— Seitenfeld mit 2—4 Längsfurchen[50]. 20

19 Kopflappen durch eine tiefe (1/2 Kopfbreite lange) und weite Einschnürung voneinander getrennt; Seitenfeld mit 6 Furchen. — Cuticula 1—1,2 µm dick, Ringelbreite 2,4—3 µm. Seitenfeld breit, fast 1/3 der Körperbreite, ganz bis zur Schwanzspitze reichend. Lippenanhänge 3—3,6 µm lang, breiter als hoch, seicht eingeschnitten. Enddarm so lang wie die Analbreite. Postvulvarer Uterusteil etwas länger als der einschlägige Körperdurchmesser. Spicula 35 µm lang, proximal handhabenartig verschmälert, Gubernaculum 19 µm lang. Präanal 3, postanal 4 Paar Geschlechtspapillen. Schwanz des ♀ gleich 2 Analbreiten, plump, ventral mit 81 Cuticularingen; Phasmidien in der Schwanzmitte.

♀: L = 0,8 mm; a = 27; b = 4,3; c = 18; V = 68%. ♂: L = 0,9 mm; a = 25; b = 4; c = 19.

Mongolei; terrikol. . . . . *bathycolpus* ANDRÁSSY, 1967

— Kopflappen durch kleinere und enge Einschnürungen voneinander getrennt; Seitenfeld mit 5 Furchen. — Cuticularinge 2,5—3 µm breit. Lippenanhänge halb so lang wie die Kopfbreite, etwa so hoch wie breit. Mundhöhle 14 µm lang. Corpus gleich 6 Isthmuslängen; Exkretionsporus beim Hinterende des Corpus. Spicula 38—45 µm, Gubernaculum 18—20 µm lang. Schwanz des ♀ 2 Analbreiten lang, mit 12—14 ventralen Cuticularingen. Phasmidien hinter der Schwanzmitte.

♀: L = 0,60—0,99 mm; a = 18—36; b = 3,1—4,6; c = 13—22; V = 64 bis 71%. ♂: L = 0,54—0,91 mm; a = 23—36; b = 3,2—5,0; c = 16—20.

Italien, Sowjetunion (Tadshikistan, Ferner Osten) und Venezuela; terrikol. — *Chiloplacus quadricarinatus* apud LOOF, 1964 und ZULLINI, 1978. . . . . *quinquesulcus* IVANOVA, 1968

20 Lippenanhänge schlank, etwa 3mal so hoch wie breit. — Kopflappen durch tiefe Furchen voneinander getrennt. Seitenfeld mit 3 Linien. Spicula nur etwa so lang wie die Analbreite, Gubernaculum halb so lang. 2 Paar prä-, 1 Paar ad- und 5 Paar postanale Papillen. Schwanz des ♀ 2—2,3 Analbreiten lang, plump-konisch, der des ♂ konisch, mit fein abgerundeter Spitze.

♀: L = 0,57—0,72 mm; a = 15—22; b = 3,5—4,2; c = 12—13; V = 64%. ♂: L = 0,58—0,66 mm; a = 20; b = 4; c = 18.

Holland, Rumänien, Italien, Polen, Sowjetunion (Rußland, Estland, Kirgisien, Kasachstan, Usbekistan); Bodenbewohner. r— *Cephalobus lentus bisexualis* MICOLETZKY, 1916; *Cephalobus (Acrobeles) bisexualis* MICOLETZKY, 1916 (DE MAN, 1921); *Acrobeles bisexualis* (MICOLETZKY, 1916) THORNE, 1925. . . . . *bisexualis* (MICOLETZKY, 1916) THORNE, 1937

— Lippenanhänge plump, höchstens so hoch wie breit. 21

21 Seitenfeld mit 4 Furchen. — Körper von der Vulva an merklich verschmälert. Kopflappen bei den Einschnürungen fein ausgezogen. Lippenanhänge etwa so hoch wie breit, nur leicht eingeschnitten. Ei fast doppelt so lang wie die entsprechende Körperbreite. Schwanz des ♀ 2 Analbreiten lang, Phasmidien in 3/4 seiner Länge.

♀: L = 0,8—1,0 mm; a = 22; b = 4,5; c = 20; V = 67%. ♂ unbekannt.

---

[50] Hierher gehört auch *Chiloplacus indicus* ALI & JOSHI, 1969, mit 4 Längsfurchen und einer Länge von 0,67 mm. Die Beschreibung war mir leider unzugänglich.

Italien, Polen, Nigeria, Venezuela, USA (Utah, Colorado); terrikol. — *Acrobeles quadricarinatus* THORNE, 1925. . . . . *quadricarinatus* (THORNE, 1925) THORNE, 1937

— Seitenfeld mit 2 oder 3 Furchen. 22

22 Spitzen der einzelnen Lippenanhänge gegeneinander gebogen; Schwanz des ♀ 3 Analbreiten lang. — Kopflappen durch ziemlich tiefe Furchen voneinander getrennt. Lippenanhänge kaum 1/3 so hoch wie die Kopfbreite. Seitenfeld bis zur Spitze des Schwanzes reichend. Mundhöhle länger als 1,5 Kopfbreiten. Ei 2 Körperbreiten lang. Schwanz schwach ventral gebogen, beinahe zylindrisch, breit abgerundet; Phasmidien hinter der Schwanzmitte.
♀: L = 0,70—0,95 mm; a = 22; b = 4,4; c = 13; V = 60%. ♂ unbekannt.
Sowjetunion (Usbekistan) und USA (Utah); terrikol. — *Acrobeles denticulatus* THORNE, 1925. . . . . . . *denticulatus* (THORNE, 1925) THORNE, 1937

— Spitzen der einzelnen Lippenanhänge gerade nach vorn gerichtet; Schwanz des ♀ 2 Analbreiten lang. — Kopflappen kaum voneinander getrennt. Lippenanhänge fast halb so hoch wie die Kopfbreite; die subventralen proximal asymmetrisch. Mundhöhle kaum länger als die Kopfbreite. Spicula fast rechtwinkelig gebogen, etwa so lang wie der Analdurchmesser. Präanal 3, postanal 5 Papillenpaare. Schwanz des ♀ gerade, der des ♂ ventral gebogen.
♀: L = 0,6—0,9 mm; a = 17—20; b = 4,1—5,0; c = 17—20; V = 65—66%.
♂: L = 0,75 mm; a = 26; b = 4,6; c = 17.
Eine häufige Art: Holland, BRD, Ungarn, Rumänien, Bulgarien, Italien, Polen, Großbritannien, Sowjetunion (Litauen, Ukraine, Moldau, Grusien, Turkmenien, Aserbaidshan, Tadshikistan, Kasachstan, Usbekistan, Ferner Osten), USA (Utah, Colorado), Kuba; Bodenbewohner. — *Acrobeles (Acrobeloides) symmetricus* THORNE, 1925; *Cephalobus symmetricus* (THORNE, 1925) STEINER, 1935. . . . . *symmetricus* (THORNE, 1925) THORNE, 1937[51]

Bemerkung: Anhand der Beschreibungen lassen sich die folgenden Arten nicht eindeutig identifizieren:
Chiloplacus armatus (PENSO, 1938) GOODEY, 1963 — Syn. *Gaddinia armata* PENSO, 1938 — aus Lybien.
Chiloplacus bibigulae ERZHANOVA, 1964 — aus der Sowjetunion.
Chiloplacus bicaudatus SAMIBAEVA, 1964 — aus der Sowjetunion.

5. Genus: *Cervidellus* THORNE, 1937

Acrobelinae. Kleine Tiere, bis 1/2 mm. Kopfrand in 6 Lappen geteilt, die mit dicht stehenden, sägeartigen, stark cuticularisierten bzw. lichtbrechenden Dornen versehen sind. Lippenanhänge dünn, stimmgabel- bzw. Y-artig verzweigend, zuweilen mit Nebenästchen; symmetrisch. Cuticula geringelt, Seitenfeld mit 2, 3 oder 5 Furchen. Ösophaguscorpus zylindrisch. Weibliches Geschlechtsorgan wie bei anderen Gattungen der Familie. Schwanz kegelförmig, spitz.
Terrestrisch lebende Arten.
Typusart: *Acrobeles cervus* THORNE, 1925 = *Cervidellus cervus* (THORNE, 1925) THORNE, 1937.

---

[51] *Chiloplacus paradoxus* NESTEROV, 1973 ist aller Wahrscheinlichkeit nach mit *Ch. symmetricus* identisch. Nach der Beschreibung unterscheidet sich die Spezies von NESTEROV nur auf Grund des eingeschnittenen Schwanzendes von diesem. (Sowjetunion: Moldau.)

Bestimmungsschlüssel der Arten

1 Äste der Lippenanhänge mit einigen feinen Nebenästchen. 2

— Äste der Lippenanhänge einfach, ohne Nebenästchen. 3

2 Je 2 Nebenästchen an den Spitzen der Lippenanhänge; Sägezähne der Kopflappen lang. — Ösophaguscorpus zweimal so lang wie Isthmus; Exkretionsporus im Bereich des letzteren. Ei doppelt so lang wie die Körperbreite. Schwanz etwa 1,5 Analbreiten lang. Seitenfeld mit 5 Furchen.
♀: L = 0,5 mm; a = 15; b = 4; c = 14; V = 64%. ♂ unbekannt.
Sowjetunion (Tadshikistan, Usbekistan) und USA (Utah); in Hochgebirgen.
. . . . *hamatus* THORNE, 1937

— Je 3 Nebenästchen an den Gabelästen der Lippenanhänge; Sägezähne der Kopflappen kurz. — Seitenfeld 1/9 der Körperbreite, mit 2 Furchen. Exkretionsporus im Bereich des Isthmus. Spicula schlank, so lang wie der Analdurchmesser; Gubernaculum etwa 2/3 der Spiculalänge, dünn. Präaanl 2, postanal 3 Papillenpaare. Schwanz 2 Analbreiten lang, scharf zugespitzt; Phasmidien in der Schwanzmitte.
♀: L = 0,38 mm; a = 12; b = 2,9; c = 11; V = 65%. ♂: L = 0,38 mm; a = 15; b = 3,4; c = 12.
Sowjetunion (Moldau, Usbekistan) und USA (California); terrikol. — *Acrobeles cervus* THORNE, 1925. . . . . *cervus* (THORNE, 1925) THORNE, 1937

3 Lippenanhänge in der Distalhälfte gegabelt, nahezu halb so lang wie die Kopfbreite. — Ringelbreite 2 µm. Seitenfeld mit 3 Furchen, 1/6 bis 1/10 der Körperbreite. Exkretionsöffnung beim Beginn des Isthmus. Postvulvarer Uterusast 1,5—2 Körperbreiten lang. Ei 50—56 µm lang. Spicula etwas länger als die Analbreite, Gubernaculum halb so lang. Schwanz bei beiden Geschlechtern kegelförmig, doppelt so lang wie die Analbreite; beim ♂ mit 3 Papillenpaaren.
♀: L = 0,30—0,42 mm; a = 14—19; b = 3,2—3,8; c = 11—14; V = 60 bis 67%. ♂: L = 0,32 mm; a = 16; b = 3,6; c = 10.
Holland, Polen, Spitzbergen, Sowjetunion (Rußland, Moldau, Grusien, Kirgisien), USA (California, Utah); terrikol. — *Acrobeles serratus* THORNE, 1925
. . . . *serratus* (THORNE, 1925) THORNE, 1937

— Lippenanhänge nur im distalen Viertel gegabelt, kaum länger als 1/3 der Kopfbreite. — Seitenfeld mit 2 Furchen. Ei 1/8 der gesamten Körperlänge. Schwanz kegelförmig, etwa doppelt so lang wie die Analbreite.
♀: L = 0,34 mm; a = 14; b = 3,4; c = 12; V = 63%. ♂ unbekannt.
Sowjetunion (Rußland, Moldau, Grusien, Usbekistan) und USA (Colorado,

---

[52] *Acrobelophis* = „*Acrobeles* + *Ophis*", wobei sich das Wort „Ophis = die Schlange" auf die schlangenzungenartigen Lippenanhänge bezieht.
Die Gattung *Acrobelinema* KHERA, 1967 scheint mit *Acrobelophis* verwandt zu sein (ist sie sogar mit dieser identisch ?); die Lippenanhänge weisen jedoch anscheinend einen etwas anderen Typ auf und der Schwanz ist am Ende abgerundet. Eine Art: *Acrobelinema cornis* KHERA, 1967, aus Indien. — Nicht ganz ausgeschlossen ist es, daß auch die unter dem Namen *Acrobeloides sativus* NAMA & SONI, 1979 gleichfalls aus Indien beschriebene Spezies (übrigens eine „species inquirenda") entweder zur Gattung *Acrobelophis* oder *Acrobelinema* gehört. 6. Genus Acrobelophis n. gen. siehe Seite 192.

Utah); terrikol. — *Acrobeles serricephalus* THORNE, 1925. . . . .
. . . . *serricephalus* (THORNE, 1925) THORNE, 1937

Bemerkung: Eine unsichere Art (species inquirenda) ist *Cervidellus desertus* (KIRJANOVA, 1951) GOODEY, 1963 — Syn. *Acrobeles desertus* KIRJANOVA, 1951 — aus der Sowjetunion. Die Beschreibung der Art *Cervidellus anatolicus* GADEA, 1978 konnte ich leider nicht verschaffen.

6. Genus: ***Acrobelophis*** n. gen. [52] (Fußnote siehe Seite 191)

Acrobelinae. Körperlänge zwischen 0,3 und 0,9 mm. Cuticula geringelt, Seitenfeld das Schwanzende nicht erreichend, mit 2—3 Längsfurchen. Kopfrand eingeschnitten, Kopfläppchen meist zugespitzt, nicht gezähnt. Lippenanhänge schlank aber nie haarfein, stimmgabelartig bzw. schlangenzungenförmig verzweigt; sämtliche gleichförmig, symmetrisch. Ösophaguscorpus zylindrisch. Weibliche Gonade weit hinter die Vulva zurückgeschlagen. Schwanz bei beiden Geschlechtern entweder kegelförmig, zugespitzt oder am Ende abgerundet, mit Mucro (also praktisch immer spitz).
Boden- und Moosbewohner.
Typusart: *Acrobeles soosi* ANDRÁSSY, 1953 = *Acrobelophis soosi* (ANDRÁSSY, 1953) n. comb.

Bestimmungsschlüssel der Arten

1 Lippenanhänge stimmgabelförmig: bei der Mitte ihrer Länge verzweigend. . 2
— Lippenanhänge ganz unten, in der Nähe ihrer Basis verzweigend (ziemlich ungenügend bekannte Arten). 3
2 Kopfläppchen deutlich, dreieckig; Seitenfeld mit 3 Furchen. — Cuticula nur 0,7 µm dick, fein quergeringelt; Ringelbreite 1,3 µm. Lippenanhänge 4 µm lang. Körper am proximalen Ösophagusende 2,5mal breiter als der Kopf. Ösophagusbulbus eiförmig; Exkretionsöffnung bei 2/3 der Ösophaguslänge. Vagina schräg nach vorn gerichtet. Spicula 16 µm lang, Gubernaculum sehr dünn, halb so lang wie die Spicula. Schwanz des ♀ 3, der des ♂ kaum 2 Analbreiten lang, nicht scharf spitzig.
♀: L = 0,26—0,36 mm; a = 16—22; b = 2,7—3,6; c = 10—12; V = 65 bis 68%. ♂: L = 0,32 mm; a = 16; b = 3,2; c = 16.
Ungarn, Tschechoslowakei, Polen, Sowjetunion (Rußland, Litauen, Moldau, Grusien, Kirgisien, Usbekistan), USA; terrikol. — *Acrobeles soosi* ANDRÁSSY, 1953; *Chiloplacus soosi* (ANDRÁSSY, 1953) ANDRÁSSY 1959; *Cervidellus soosi* (ANDRÁSSY, 1953) GOODEY, 1963. . . . . . . *soosi* (ANDRÁSSY, 1953) n. comb.
— Kopfläppchen sehr flach, undeutlich; Seitenfeld mit 2 Furchen. — Lippenanhänge kürzer als die Kopfbreite. Cuticula deutlich geringelt. Schwanz 2,5—3 Analbreiten lang, abgerundet, mit Spitzchen (Mucro).
♀: L = 0,37 mm; a = 19; b = 3,5; c = 12; V = 66%. ♂ unbekannt.
Sowjetunion (Rußland, Usbekistan) und USA (Utah); terrikol. — *Acrobeles (Acrobeloides) minimus* THORNE, 1925; *Chiloplacus minimus* (THORNE, 1925) ANDRÁSSY, 1959; *Cervidellus minimus* (THORNE, 1925) GOODEY, 1963. . . .
. . . . *minimus* (THORNE, 1925) n. comb.
3 Kopfanhänge lang und schmal, nahezu so lang wie die Lippenanhänge. . . . 4
— Kopfanhänge kurz, abgerundet oder dreieckig, wesentlich kürzer als die Lippenanhänge. 5

4 Körper ungewöhnlich plump (a kleiner als 10); Schwanz stumpf, breit abgerundet, mit Mucro; Kopfbreit, seine Breite beinahe 1/3der Ösophaguslänge. — Lippenanhänge sehr fein, kürzer als die halbe Kopfbreite. Exkretionsporus neben dem Bulbus. Schwanz kaum länger als der anale Körperdurchmesser.
♀: L = 0,40—0,45 mm; a = 8,6—8,8 (!); b = 3,1—3,4; c = 11—12; V = 60 bis 62%. ♂ unbekannt.
Sowjetunion (Usbekistan); terrestrisch. — *Acrobeles insons* KIRJANOVA,1951; *Cervidellus insons* (KIRJANOVA, 1951) MEYL, 1961. . . . . *insons* (KIRJANOVA, 1951) n. comb.

— Körper schlanker (a um 20); Schwanz kegelförmig; Kopf schmal, seine Breite nur etwa 1/10 der Ösophaguslänge. — Isthmus ganz kurz. Lippenanhänge fein, halb so lang wie der Kopfdurchmesser. Spicula gleich der Analbreite.
♀: L = 0,60—0,66 mm; a = 23—25; b = 4,2—4,5; c = 14—17; V = 80 bis 81%. ♂: L = 0,58—0,64 mm; a = 19—23; b = 4,1—4,3; c = 12—14.
Sowjetunion (Usbekistan). — *Acrobeles distinctus* KIRJANOVA, 1951; *Chiloplacus distinctus* (KIRJANOVA, 1951) ANDRÁSSY, 1959; *Cervidellus distinctus* (KIRJANOVA, 1951) GOODEY, 1963. . . . . *distinctus* (KIRJANOVA, 1951) n. comb.

5 Größere Art, um 0,8—0,9 mm; Vulva in der Körpermitte. — Kopfanhänge lang-dreieckig, Lippenanhänge schlangenzungenartig.
♀: L = 0,82—0,88 mm; a = 15; b = 4; c = 11; V = 51%. ♂: L = 0,66 bis 0,86 mm; a = 17; b = 4,1; c = 13.
Sowjetunion (Litauen, Usbekistan); terrikol. — *Acrobeles serenus* KIRJANOVA, 1951; *Chiloplacus serenus* (KIRJANOVA, 1951) ANDRÁSSY, 1959; *Cervidellus serenus* (KIRJANOVA, 1951) GOODEY, 1963. . . . . *serenus* (KIRJANOVA, 1951) n. comb.[53]

— Kleinere Arten, um 0,4—0,6 mm; Vulva weiter hinten (in 70 bis 86% der Körperlänge). 6

6 Lippenanhänge gerade nach vorn gerichtet, kaum halb so lang wie die Kopfbreite; Vulva sehr weit hinten, nur etwa 2 Analbreiten vor dem Anus. — Seitenfeld mit 4 Längsfurchen. Schwanz 2 Analbreiten lang, regelmäßig kegelförmig, scharf zugespitzt.
♀: L = 0,40—0,45 mm; a = 13—14; b = 3,2—3,7; c = 14—15; V = 82 bis 86%. ♂ unbekannt.
Sowjetunion (Usbekistan); terrikol. — *Acrobeles innoxius* KIRJANOVA,1951; *Cervidellus innoxius* (KIRJANOVA, 1951) MEYL, 1961. . . . . *innoxius* (KIRJANOVA, 1951) n. comb.[54]

— Lippenanhänge schräg nach vorn bzw. außen gerichtet, beinahe so lang wie die Kopfbreite; Vulva weiter vorn, 10—15 Analbreiten vor der Analöffnung. — Körper schlank. Ösophagus anscheinend ohne isthmusartige Verengung. Schwanz 3—4 Analbreiten lang, regelmäßig kegelförmig.
♀: L = 0,5 mm; a = 28—32; b = 4; c = 22—24; V = 70%. ♂ unbekannt.
Sowjetunion (Usbekistan). — *Acrobeles acutus* KIRJANOVA, 1951; *Cervidellus*

---

53 Es ist möglich, daß diese Art zur Gattung *Acrobeles* gehört.
54 Wegen der dem Anus sehr nahe liegenden Vulva ist die Zugehörigkeit der Art ziemlich fraglich.

acutes (KIRJANOVA, 1951) MEYL, 1961; *Acrobeloides acutus* (KIRJANOVA, 1951) GOODEY, 1963. . . . . *acutus* (KIRJANOVA, 1951) n. comb.

7. Genus: ***Ypsylonellus*** n. gen.

Acrobelinae. Körper klein, 0,3—0,6 mm. Kopfrand in Läppchen bzw. dornartige Anhänge geteilt und mit längsgerichteten, cuticularisierten Stäbchen versteift. Lippenanhänge sehr dünn, meist haarfein, Y- oder T-förmig, symmetrisch. Cuticula geringelt; Seitenfeld das Schwanzende nicht erreichend. Weibliches Geschlechtsorgan für die Familie typisch. Ösophaguscorpus zylindrisch. Schwanz mehr oder weniger kegelförmig, zugespitzt.

Seltene, terrikole Arten.

Typusart: *Cephalobus vexilliger* DE MAN, 1880 = *Ypsylonellus vexilliger* (DE MAN, 1880) n. comb.

Bestimmungsschlüssel der Arten

1 Lippenanhänge T-förmig, indem ihre Äste gerade nach außen gerichtet sind. 2

— Lippenanhänge Y-förmig, indem ihre Äste schräg nach vorn bzw. außen gerichtet sind. 4

2 Schwanz nur eine Analbreite lang. — Ösophagus anscheinend ohne isthmusartige Verengung. Spicula 20 µm, Gubernaculum 12 µm lang. Schwanz ventral eingebuchtet, deswegen etwas fingerförmig.
♀ unbekannt. ♂: L = 0,4 mm; a = 24; b = 3,4; c = 20.
Sowjetunion (Usbekistan); terrikol. — *Acrobeles manifestus* KIRJANOVA, 1951; *Cervidellus manifestus* (KIRJANOVA, 1951) MEYL, 1961 . . . . *manifestus* (KIRJANOVA, 1951) n. comb.

— Schwanz mehr als zwei Analbreiten lang. 3

3 Kopfrand tief eingeschnitten, *Teratocephalus*-ähnlich; Vulva vor 2/3 der Körperlänge. — Kopf etwas erweitert, Lippenanhänge zart. Schwanz nahezu 3 Analbreiten lang, gerade.
♀: L = 0,4 mm; a = 18; b = 3,9; c = 12; V = 63%. ♂ unbekannt.
USA (Utah); terrikol. — *Acrobeles ankyrus* THORNE, 1925; *Cervidellus ankyrus* (THORNE, 1925) THORNE, 1937. . . . . . . *ankyrus* (THORNE, 1925) n. comb.

— Kopfrand seicht eingeschnitten; Vulva hinter der Körpermitte. Kopf nicht erweitert; Lippenanhänge nicht so zart wie bei der vorigen Spezies. Ösophagus sehr lang. Schwanz gerade, beinahe 3 Analbreiten lang.
♀: L = 0,33—0,43 mm; a = 20—22; b = 2,3—2,6; c = 13—15; V = 54 bis 58%. ♂ unbekannt.
Tschechoslowakei, Sowjetunion (Moldau, Usbekistan); terrikol. — *Acrobeles desidiosus* KIRJANOVA, 1951; *Cervidellus desidiosus* (KIRJANOVA, 1951) MEYL, 1961. . . . . *desidiosus* (KIRJANOVA, 1951) n. comb.

4 Schwanz 3—4 Analbreiten lang. — Kopf stark erweitert, Lippenanhänge haarfein, nur am Ende gegabelt, 1/3 so lang wie die Kopfbreite. Ösophagus schlank, Exkretionsporus vor dem Bulbus. Schwanz gerade-konisch, am Ende abgerundet, mit haarfeinem Mucro.
♀: L= 0,30—0,38 mm; a = 15—24; b = 3,5—4,3; c = 13—15; V = 62 bis 66%. ♂ unbekannt.

Schweiz, Italien, Polen, Sowjetunion (Rußland, Litauen, Moldau, Grusien, Kirgisien, Kasachstan, Tadshikistan, Usbekistan); terrikol. — *Cephalobus insubricus* STEINER, 1914; *Cephalobus (Acrobeles) insubricus* STEINER, 1914 (DE MAN, 1921); *Acrobeles insubricus* (STEINER, 1914) THORNE, 1925; *Cervidellus insubricus* (STEINER, 1914) THORNE, 1937. . . . . *insubricus* (STEINER, 1914) n. comb.

— Schwanz höchstens 2 Analbreiten lang. 5

5 Schwanz des ♀ ventral gebogen, 1,5 Analbreiten lang. 6

— Schwanz des ♀ gerade, 2 Analbreiten lang. 7

6 Sehr kleine Art, um 0,3 mm. — Cuticularingelung markant, Ringelbreite 0,9 μm. Isthmus kürzer als die Körperbreite. Vulvalippen vorspringend.
♀: L = 0,26 mm; a = 13; b = 4,1; c = 13; V = 63%. ♂ unbekannt.
Sowjetunion (Usbekistan, Turkmenien); terrikol. — *Cervidellus habibullae* ERZHANOVA, 1964 . . . . *habibullae* (ERZHANOVA, 1964) n. comb.

— Größere Art, um 0,6 mm. — Cuticularingelung fein. Ösophagus schlank, Isthmus so lang wie die Körperbreite. Spicula dünn, gleich der Analbreite; Gubernaculum klein, 1/4 der Spiculalänge.
♀: L = 0,62 mm; a = ?; b = 3,3; c = 8; V = 64%. ♂ ohne Maßangaben.
Kerguelen-Inseln, Sowjetunion (Moldau, Ferner Osten); terrikol. — *Cephalobus vexilliger kerguelensis* STEINER, 1916; *Acrobeles vexilliger kerguelensis* (STEINER, 1916) THORNE, 1925; *Cervidellus kerguelensis* (STEINER, 1916) THORNE, 1937. . . . . *kerguelensis* (STEINER, 1916) n. comb.

7 Schwanzende bei beiden Geschlechtern mit kleinem, mehrspitzigem, aufgesetztem Zapfen. — Ringelbreite 1,5—1,8 μm. Kopf nicht erweitert, Körper am hinteren Ösophagusende 2—2,5mal breiter als der Kopf. Lippenanhänge sehr fein, nur am Ende gegabelt, 1/3 so lang wie die Lippenbreite. Ösophagus schlank, Exkretionsöffnung beim Ende des Corpus. Seitenfeld mit 4 Längsfurchen. Spicula 16—20 μm, Gubernaculum 10—13 μm lang. Ei 50—64 μm lang. Schwanz von 2 (♀) bzw. 1,5 (♂) Analbreiten.
♀: L = 0,26—0,37 mm; a = 13—18; b = 3,2—4,2; c = 11—14; V = 61 bis 67%. ♂: L = 0,33—0,44 mm; a = 22—28; b = 3,3—3,7; c = 16—19.
Sowjetunion (Rußland, Moldau, Kirgisien, Kasachstan, Usbekistan); terrikol. — *Cervidellus devimucronatus* SUMENKOVA, 1964. . . . . *devimucronatus* (SUMENKOVA, 1964) n. comb.

— Schwanzende einfach zugespitzt, ohne aufgesetzten Zapfen. 8

8 Ösophagus lang, 1/3 der Körperlänge. — Exkretionsporus in Höhe des Isthmus. Körper am Proximalende des Ösophagus nur 1,5mal breiter als der Kopf. Spicula etwa so lang wie der anale Körperdurchmesser, Gubernaculum fast 2/3 der Spiculalänge. Schwanz bei beiden Geschlechtern scharf spitz.
♀: L = 0,42 mm; a = 14—18; b = 3,2—3,5; c = 11—13; V = 66%. ♂ mit denselben Ausmaßen.
Holland, Belgien, DDR, BRD, Schweiz, Österreich, Ungarn, Bulgarien, Rumänien, Frankreich, Italien, Polen, Sowjetunion (Rußland, Estland, Litauen, Grusien, Kirgisien, Kasachstan, Usbekistan), Kerguelen-Inseln, Chile; terrikol. — *Cephalobus vexilliger* DE MAN, 1880; *Cephalobus (Acrobeles) vexilliger* DE MAN, 1880 (DE MAN, 1921); *Acrobeles vexilliger* (DE MAN, 1880)

THORNE, 1925; *Cervidellus vexilliger* (DE MAN, 1880) THORNE, 1937. . . . .
. . . . *vexilliger* (DE MAN, 1880) n. comb.
— Ösophagus kürzer, 1/4 der Körperlänge. — Der vorigen Art sehr nahe stehend, eventuell mit ihr identisch.
♀: L = 0,46 mm; a = 19; b = 4,1; c = 13; V = 65%. ♂ unbekannt.
Sowjetunion (Rußland), USA (Colorado); terrikol. — *Acrboeles similis* THORNE, 1925; *Cervidellus similis* (THORNE, 1925) THORNE, 1937. . . . .
. . . . *similis* (THORNE, 1925) n. comb.

8. Genus: ***Stegelleta*** THORNE, 1938

Syn. *Stegella* THORNE, 1937, nec STECHOV, 1919.
Acrobelinae. Körperlänge 0,3—0,7 mm. Cuticularingelung durch Längsfurchen in quadratische oder rundliche Blöckchen geteilt. Seitenfeld mit 3—5 Längslinien. Kopfrand fast glatt bzw. nur mit sehr feinen Einschnitten. Lippenanhänge stimmgabel- oder schlangenzungenförmig: sie beginnen mit je einem ziemlich stämmigen Stiel und tragen je zwei dünne, bogenförmig verzweigte Äste. Ösophaguscorpus praktisch zylindrisch. Ovar unpaarig, mit doppeltem postvulvarem Umschlag. Schwanz des Weibchens breit, der des Männchens feiner abgerundet.
Meist in Sandböden lebende Arten.
Typusart: *Stegella incisa* THORNE, 1937 = *Stegelleta incisa* (THORNE, 1937) THORNE, 1938.

Bestimmungsschlüssel der Arten

1 Lippenanhänge nur an der Spitze fein gegabelt; Cuticula etwa mit 24 Längsfurchen; Seitenfeld mit 5 Linien. — Lippenanhänge ungefähr so lang wie die Kopfbreite. Ösophaguscorpus hinten etwas verbreitert, Isthmus ganz kurz. Exkretionsporus vor dem Bulbus. Spicula 36—40 µm, Gubernaculum 21 bis 24 µm lang. Präanal 2, postanal 3 Papillenpaare. Schwanz des ♀ 2 Analbreiten lang, gerade, der des ♂ 1,3 Analbreiten lang, ventral gebogen.
♀: L = 0,63 mm; a = 21; b = 3,8; c = 25; V = 69%. ♂: L = 0,56—0,74 mm; a = 17—19; b = 3,9—4,8; c = 14—16.
Neuseeland; in Dünensand. . . . . *tuarua* YEATES, 1967
— Lippenanhänge von der Mitte an deutlich gegabelt; Cuticula mit 12—16 (bei einer Art 22) Längsfurchen; Seitenfeld mit 3 Linien. 2
2 Schwanz des ♀ 2 Analbreiten lang, mehr oder minder kegelförmig. — Körper am Proximalende des Ösophagus 1,5mal breiter als der Kopf. Lippenanhänge so lang wie die Kopfbreite. Ösophaguscorpus leicht angeschwollen; Exkretionsporus beim Beginn des Isthmus. Ei 3 Körperbreiten lang. Schwanz ventral mit 14 Cuticularingen; Phasmidien in seiner Mitte.
♀: L = 0,5 mm; a = 21; b = 3,6; c = 15; V = 66%. ♂: L = 0,46 mm; a = 23; b = 4; c = 13.
Sowjetunion (Turkmenien, Tadshikistan, Usbekistan) und USA (Utah); terrikol. — *Stegella incisa* THORNE, 1937. . . . .
. . . . *incisa* (THORNE, 1937) THORNE, 1938
— Schwanz des ♀ 3—4 Analbreiten lang, fast zylindrisch. 3
3 Gabeläste der Lippenanhänge an ihren Spitzen mit je 2 sehr feinen Terminalästchen. — Lippenanhänge länger als die Kopfbreite. Ösophgus ganz bis zum Bulbus zylindrisch und sehr schlank. Enddarm kürzer als die anale Körperbrei-

te. Postvulvarer Uterussack gleich der Körperbreite. Spicula 18 µm, Gubernaculum 10 µm lang. Schwanz des ♀ 3,5 Analbreiten lang, ventral mit 22 Cuticularingen.
♀: L = 0,42–0,48 mm; a = 21–27; b = 3,6–3,9; c = 11–12; V = 59 bis 63%. ♂: L = 0,4 mm; a = 24–26; b = 3,4–3,9; c = 14–15.
Neuseeland; in Dünensand. . . . . *iketaia* YEATES, 1967

— Gabeläste der Lippenanhänge einfach, ohne sekundäre Terminalästchen. . . 4

4 Cuticula mit 22 Längsleisten; Zahl der Schwanzringe 9–11. — Cuticularinge 2,5 µm breit. Lippenanhänge 5 µm lang, stimmgabelförmig. Postvulvarer Uterussack kürzer als die Körperbreite. Enddarm so lang, Schwanz 2,5 bis 3mal länger als die Analbreite. Ei 50 × 19 µm. Zahl der Cuticularinge des ganzen Körpers beträgt 165–169, davon entfallen 43–48 Ringe auf den Ösophagus, 52–68 Ringe auf den Abstand Ösophagusende-Vulva, 47–48 Ringe auf die Strecke Vulva-Anus und 9–11 Ringe auf den Schwanz.
♀: L = 0,26–0,44 mm; a = 17–20; b = 3,3–3,8; c = 8,8–13; V = 63 bis 67%. ♂ unbekannt.
Sowjetunion (Grusien); Bodenbewohner. . . . . . . *georgica* BAGATURIJA, 1973

— Cuticula mit 12–16 Längsleisten; Zahl der Schwanzringe 14–18. 5

5 Kopf abgesetzt; 12 Längsleisten. — Cuticularinge 2 µm breit. Lippenanhänge 8 µm lang, länger als der Kopfdurchmesser. Zahl der Cuticularinge am ganzen Körper 250. Ösophaguscorpus schlank, Exkretionsöffnung vor dem Bulbus. Enddarm so lang wie zwei Analbreiten. Postvulvarast des Uterus ungefähr so lang wie die entsprechende Körperbreite. Schwanz des ♀ 3–3,5 Analbreiten lang, ventral mit 14–18 Cuticularingen. Phasmidien im ersten Drittel der Schwanzlänge.
♀: L = 0,47–0,49 mm; a = 20–21; b = 3,3–3,4; c = 11–12; V = 60 bis 62%. ♂ unbekannt.
Ungarn, Mongolei und Venezuela; terrikol. . . . . *ophioglossa* ANDRÁSSY, 1967

— Kopf nicht abgesetzt; 16 Längsleisten. — Cuticularinge 1,5–2 µm breit. Lippenanhänge 5–6 µm lang, kürzer als der Kopfdurchmesser. Ösophaguscorpus schlank. Enddarm so lang wie die Analbreite. Postvulvarast des Uterus kürzer als die entsprechende Körperbreite. Schwanz des ♀ so lang wie 3 Analbreiten, am Ende breit abgerundet, ventral mit 14 Cuticularingen. Phasmidien im ersten Schwanzdrittel.
♀: L = 0,33–0,40 mm; a = 18–23; b = 3,1–3,6; c = 10–12; V = 63 bis 67%. ♂ unbekannt.
Sowjetunion (Usbekistan); im Boden. . . . . . . *cylindrica* MAVLJANOV, 1978

9. Genus: *Stegelletina* n. gen.

Acrobelinae. Körper klein, 0,3–0,6 mm. Cuticula geringelt, Ringelung durch Längsfurchen in quadratische Feldchen geteilt. Seitenfeld mit 3 Längslinien. Kopfrand tief eingeschnitten, in 6 Lappen geteilt. Lippenanhänge T- oder Y-förmig, meist sehr dünn, mit gerade verzweigten Ästen. Ösophaguscorpus zylindrisch. Weibliche Gonade wie bei den anderen Cephalobiden, hinten mit doppelter Beugung. Schwanz bei beiden Geschlechtern kegelförmig, zugespitzt.
Seltene terrestrische Nematoden.

Typusart: *Acrobeles lineatus* THORNE, 1925 = *Stegelletina lineata* (THORNE, 1925) n. comb.

Bestimmungsschlüssel der Arten

1 Lippenanhänge sehr fein, kaum halb so lang wie die Kopfbreite, Y-förmig. . . 2
— Lippenanhänge stärker, nahezu so lang wie die Kopfbreite, nicht Y-förmig. . 3
2 Cuticula mit etwa 16 Längsfurchen. — Ösophagusbulbus schwach entwickelt. Ei 1/9 der Körperlänge. Schwanz kegelförmig.
♀: L = 0,48 mm; a = 16; b = 3,8; c = 17; V = 68%. ♂ unbekannt.
USA (Utah); terrikol. — *Acrobeles lineatus* THORNE, 1925; *Stegella lineata* (THORNE, 1925) THORNE, 1937; *Stegelleta lineata* (THORNE, 1925) THORNE, 1938. *lineata* (THORNE, 1925) n. comb.
— Cuticula mit 20—24 Längsfurchen. — Ösophagusbulbus kräftig. Zahl der Cuticularinge 147—154; Ringelbreite 2,7 µm. Corpus 2,5mal so lang wie Isthmus; Exkretionsporus in Höhe des letzteren. Ei 48 µm lang. Schwanz 2—2,4 Analbreiten lang.
♀: L = 0,32—0,40 mm; a = 16—20; b = 3,3—4,1; c = 13—15; V = 63 bis 66%. ♂ unbekannt.
Spitzbergen; terrikol. — *Stegelleta mucronata* LOOF, 1971. . . . . *mucronata* (LOOF, 1971) n. comb.

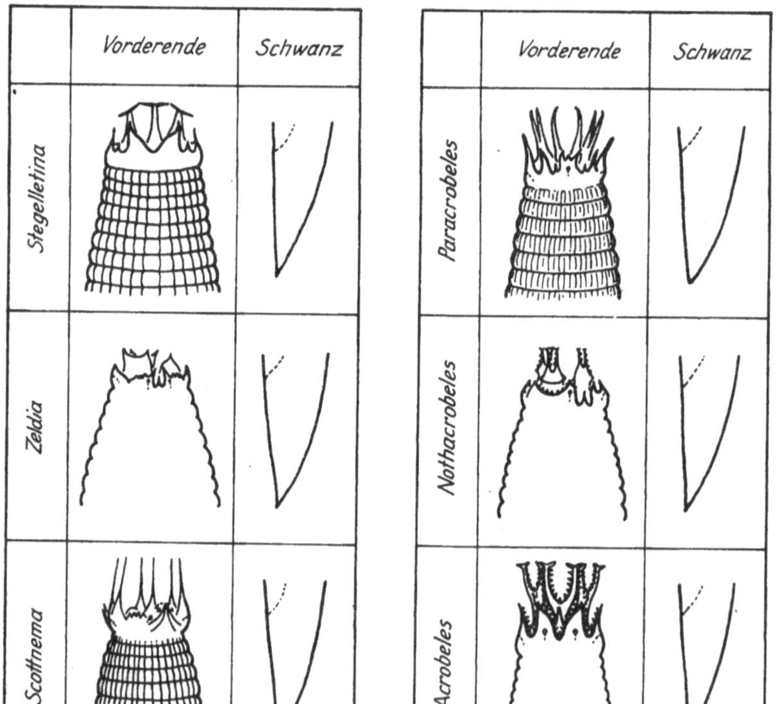

Abb. 71—76 Familie *Cephalobinae*, Unterfamilie *Acrobelinae* (Fortsetzung): *Stegelletina*, *Zeldia*, *Scottnema*, *Paracrobeles*, *Nothacrobeles* und *Acrobeles*

3 Lippenanhänge von eigenartiger Gestalt: sie verzweigen sich ganz am Grunde und tragen an den Spitzen je zwei sekundäre Ästchen, von denen das längere nach vorn, das kürzere nach hinten gerichtet ist. 4

— Lippenanhänge T-förmig, ohne sekundäre Ästchen. — Cuticula1, 2 μm dick, Breite der einzelnen Ringe 2 μm. Zahl der Längsfurchen 30—32. Seitenfeld 1/7 der Körperbreite. Körper am Hinterende des Ösophagus doppelt so breit wie der Kopf. Kopfanhänge nicht bewimpert, Lippenanhänge 5,5 μm lang. Ösophaguscorpus zylindrisch. Spicula 25 μm lang, kaum gebogen; Gubernaculum 14 μm lang. Präanal 2, postanal 5 Paar Geschlechtspapillen. Schwanz 2,2 Analbreiten lang, scharf zugespitzt.
♀ unbekannt. ♂: L = 0,4 mm; a = 17; b = 4; c = 12.
Argentinien; terrikol. — *Stegelleta argentinica* ANDRÁSSY, 1963. . . . . *argentinica* (ANDRÁSSY, 1963) n. comb.

4 An der Außenseite der Basis der Lippenanhänge befindet sich ein Querwulst; Kopfanhänge glatt, nicht bewimpert. — Lippenanhänge nahezu so lang wie die Kopfbreite; Körper am Hinterende des Ösophagus doppelt so breit wie der Kopf. Corpus hinten angeschwollen. Exkretionsöffnung beim hinteren Corpusende. Abstand Vulva-Anus von doppelter Schwanzlänge; Schwanz 2,5 Analbreiten lang, ventral mit 13—14 Cuticularingen.
♀: L = 0,4mm; a = 18; b = 3,3—3,4; c = 11—12; V = 65—66%. ♂ unbekannt.
Sowjetunion (Moldau); terrikol. — *Stegelleta rara* NESTEROV, 1969. . . . . *rara* (NESTEROV, 1969) n. comb.

— Kein Querwulst an der Außenseite der Basis der Lippenanhänge; Kopfanhänge fein bewimpert. — Ösophaguscorpus schwach angeschwollen. Schwanz 2 Analbreiten lang, ventral mit 16 Cuticularingen.
♀: L = 0,57 mm; a = 17; b = 5; c = 16; V = 65%. ♂ unbekannt.
Sowjetunion (Moldau) und USA (Utah); terrikol. — *Acrobeles cancellatus* THORNE, 1925; *Stegella cancellata* (THORNE, 1925) THORNE, 1937; *Stegelleta cancellata* (THORNE, 1925) THORNE, 1938. . . . . *cancellata* (THORNE, 1925) n. comb.

10. Genus: *Zeldia* THORNE, 1937

Acrobelinae. Körper 0,6 bis 1 mm lang. Cuticula geringelt, Ringe meist mit feinen Punktreihen verziert. Seitenfeld mit 3 Linien. Kopfrand mit 3 zweispitzigen Läppchen und zwischen diesen mit je einer tiefen Einwölbung, auf deren Grund sich ein dornartiges Gebilde befindet. Lippenanhänge im allgemeinen niedrig, einfach abgerundet, zuweilen aber eingeschnitten, zweispitzig. Cheilorhabdions oft mit Zähnchen. Ösophaguscorpus zylindrisch. Ovar postvulvar mit doppelter Beugung; postvulvarer Uterussack nicht vorhanden. Hinterer Darmabschnitt oft mit präreotumartiger Einschnürung. Schwanz bei beiden Geschlechtern kegelförmig, spitz oder fein abgerundet.

Terrikole, meist Sandböden bewohnende Arten.

Typusart: *Acrobeles punctatus* THORNE, 1925 = *Zeldia punctata* (THORNE, 1925) THORNE, 1937.

Bestimmungsschlüssel der Arten

1 Cheilostom mit kleinen krallenartigen Zähnchen bewaffnet. 2

— Cheilostom ohne Zähnchen. 5

2 Lippenanhänge nahezu so lang wie die Kopfbreite und bis in die Mitte eingeschnitten; Schwanz so lang wie die Analbreite; Körper hinter der Analöffnung auffallend verschmälert. — Kopflappen fein gezähnt. Cuticularinge 2,3 µm breit; jeder Ring mit zwei Querreihen feiner Punkte. Corpus 9mal so lang wie Isthmus; Exkretionsporus in 60% der Ösophaguslänge. Schwanzende fein abgerundet, Phasmidien in der Analhöhe.
♀: L = 0,64—0,88 mm; a = 15—21; b = 2,9—3,3; c = 36—38; V = 63 bis 67%. ♂ unbekannt.
Neuseeland; in Dünensand. . . . . *punua* YEATES, 1967

— Lippenanhänge höchstens halb so lang wie die Kopfbreite, abgerundet oder nur sehr leicht eingeschnitten. 3

3 Kopflappen fein, sägeartig gezähnt; Dorngebilde im Einschnitt zwischen den Kopflappen klein, viel kürzer als die Marginaldorne der Lappen 4

— Kopflappen ungezähnt; Dorngebilde im Einschnitt zwischen den Kopflappen groß, so lang wie die Marginaldorne der Lappen. — Lippenanhänge sehr flach, abgerundet. Cuticula grob geringelt; jeder Ring mit 2 marginalen Punktreihen. Corpus 8mal länger als Isthmus; Exkretionsöffnung in 2/3 der Ösophaguslänge. Ei 3 Körperbreiten lang. Schwanz 1,5 Analbreiten lang, am Ende ventral gebogen, spitz. Phasmidien im ersten Drittel des Schwanzes.
♀: L = 0,93 mm; a = 18; b = 4,1; c = 22; V = 66%. ♂ unbekannt.
USA (Utah); terrikol. — *Acrobeles punctulatus* THORNE, 1925. . . . . *punctulata* (THORNE, 1925) THORNE, 1937

4 Schwanz regelmäßig konisch, am Ende fein abgerundet; Punktierung der Cuticula gut sichtbar. — Lippenanhänge halb so lang wie die Kopfbreite, am Ende fein eingewölbt. Ringelbreite 2,5 µm; jeder Ring mit 2 Punktreihen. Schwanz 1,3—1,7 Analbreiten lang; Phasmidien etwas vor der Schwanzmitte.
♀: L = 0,77—0,98 mm; a = 20—27; b = 3,5—4,3; c = 20—29; V = 65 bis 67%. ♂ unbekannt.
Holland, Indien und Australien; terrikol. . . . *feria* ALLEN & NOFFSINGER, 1972

— Schwanz leicht ventral gebogen, meist scharf zugespitzt; Punktierung der Cuticula weniger sichtbar oder nicht erkennbar. — Lippenanhänge nur 1/4 bis 1/3 so lang wie die Kopfbreite, abgerundet oder leicht eingeschnitten. Cuticularinge glatt oder mit je 2 feinen Punktreihen. Exkretionsporus in 3/4 der Ösophaguslänge. Spicula 29—40 µm, Gubernaculum 13—21 µm lang. 3 Paare präanaler und 4 Paare postanaler Papillen. Schwanz 1,5—3 Analbreiten lang; Phasmidien vor seiner Mitte.
♀: L = 0,60—0,94 mm; a = 16—27; b = 3,3—4,5; c = 13—24; V = 62 bis 68%. ♂: L = 0,82—1,0 mm; a = 19—34; b = 3,9—4,8; c = 16—19.
Tschechoslowakei, Bulgarien, Sowjetunion (Rußland, Usbekistan), Mongolei, Südafrika, USA (California), Kuba, Brasilien, Australien; terrikol. — *Acrobeles punctatus* THORNE, 1925; *Acrobeles glaphyrus* STEINER, 1935; *Zeldia glaphyra* (STEINER, 1935) THORNE, 1937; *Zeldia serrata* HEYNS, 1962; *Zeldia paucipunctata* ANDRÁSSY, 1967. . . . . . *punctata* (THORNE, 1925) THORNE, 1937[55]

[55] Noch ein Taxon gehört hierher, und zwar *Zeldia minor* ALLEN & NOFFSINGER, 1972 (aus Nigeria), das aller Wahrscheinlichkeit nach mit *Z. punctata* identisch ist. Der einzige Unterschied besteht darin, daß die Einschnitte zwischen den Kopflappen bei *minor* etwas enger sind (1 µm gegenüber 1,5 µm).

5 Kopflappen fein sägeartig gezähnt bzw. gerunzelt. 6
— Kopflappen ungezähnt. 7
6 Cheilorhabdions mit je 2 Zähnchen. — Lippenanhänge niedrig, vorn gerade abgestutzt. Cuticularinge mit je 2 oder 3 Punktreihen. Ösophaguscorpus von 6 Isthmuslängen; Exkretionsöffnung in 63% der Ösophaguslänge. Schwanz 1,8—2,8 Analbreiten lang, schwach ventral gebogen, spitz. Phasmidien vor der Schwanzmitte.
♀: L = 0,68—0,86 mm; a = 18—27; b = 3,0—4,6; c = 14—20; V = 61 bis 66%. ♂ unbekannt.
Israel, USA (Alabama, Arkansas, California, Florida, Georgia, South Carolina), Chile, Australien; terrikol. . . . . *odontocephala* STEINER, 1938
— Cheilorhabdions mit je einem Zähnchen. — Lippenanhänge niedrig, vorn gerade abgestutzt. Cuticularinge mit je 2 Punktreihen; Ringelbreite um 2 µm. Schwanz 1,6—2 Analbreiten lang, fast regelmäßig kegelförmig, zugespitzt; Phasmidien in seiner Mitte.
♀: L = 0,67—0,88 mm; a = 21—29; b = 3,3—4,9; c = 19—22; V = 64 bis 69%. ♂ unbekannt.
Holland, USA (Arkansas, Louisiana), Australien; terrestrisch. . . . . *spinula* ALLEN & NOFFSINGER, 1972
7 Cheilorhabdions mit je 3 Zähnchen; Schwanz 3—5mal so lang wie der anale Körperdurchmesser, stark verschmälert, nadelspitzig. — Lippenanhänge ganz niedrig, die Kopfkontur kaum überragend, abgerundet. Cuticularinge mit je 2 Punktreihen; Ringelbreite 2,3 µm. Schwanz gerade, Phasmidien etwas hinter dem Anus.
♀: L = 0,60—0,87 mm; a = 18—35; b = 3,2—4,6; c = 8—15; V = 59 bis 64%. ♂ unbekannt.
Indien, Ceylon, Taiwan, Thailand, Philippinen, Jamaika, Venezuela; anscheinend nur in den Tropen verbreitet, terrikol . . . . *tridentata* ALLEN & NOFFSINGER, 1972
— Cheilorhabdions mit je einem Zähnchen; Schwanz höchstens 3,5mal so lang wie der anale Körperdurchmesser, meist aber kürzer. 8
8 Schwanzende fein abgerundet, Phasmidien bei oder vor der Analöffnung; Hinterkörper auffallend punktiert. — Einschnitte am Kopf stark cuticularisiert, Lippenanhänge niedrig, abgerundet, die Kopfkontur nicht überragend. Cuticularinge mit je 2 Punktreihen; Ringelbreite 2—2,4 µm. Exkretionsöffnung nicht weit hinter der Ösophagusmitte. Schwanz hinter dem ersten Drittel stark verschmälert, schwach ventral gebogen, 1,6—2 Analbreiten lang. Spicula 35 µm, Gubernaculum 18 µm lang. 2 Paar Präanal- und 3 Paar Postanalpapillen.
♀: L = 0,75—1,0 mm; a = 17—28; b = 3,6—4,1; c = 19—28; V = 64 bis 68%. ♂: L = 0,8 mm; a = 27; b = 3,5; c = 16.
USA (Florida, Texas); terrikol. . . . . . . *solata* ALLEN & NOFFSINGER, 1972
— Schwanzende scharf zugespitzt, Phasmidien deutlich hinter der Analöffnung; Hinterkörper fein punktiert. 9
9 Rand der Einschnitte zwischen den Kopflappen spitz. — Lippenanhänge niedrig, abgerundet, ziemlich undeutlich. Cuticula nicht punktiert oder Punktierung nur angedeutet. Ringelbreite beinahe 2 µm. Schwanz 2—2,6 Analbreiten lang,

ventral gebogen; Phasmidien im ersten Drittel des Schwanzes.
♀: L = 0,56–0,78 mm; a = 17–29; b = 3,5–4,1; c = 14–20; V = 64 bis 66%. ♂ unbekannt.
Indien, Nigerien, Sierra Leone, Puerto Rico; terrikol. . . . . *acuta* ALLEN & NOFFSINGER, 1972

— Rand der Einschnitte zwischen den Kopflappen abgerundet. — Lippenanhänge niedrig, abgerundet, weniger sichtbar. Cuticulapunktierung meist deutlich: je 2 Punktreihen an den Ringen. Ringelbreite um 2 µm. Schwanz 2,2–2,5mal so lang wie die Analbreite, leicht ventral gebogen; Phasmidien im ersten Schwanzdrittel.
♀: L = 0,6–0,8 mm; a = 20–29; b = 3,4–4,2; c = 12–17; V = 62 bis 66%. ♂ unbekannt.
Nigerien, Sierra Leone, Jamaika; terrikol . . . . *neoacuta* ALLEN & NOFFSINGER, 1972

11. Genus: *Scottnema* TIMM, 1971

Acrobelinae. Körperlänge um 3/4 mm. Cuticula geringelt, Ringelung durch Längsfurchen in viereckige Feldchen geteilt. Seitenfeld gewellt, mit 3 Linien. Kopfrand mit 6 kurzen, dornförmigen und 6 langen, sehr fein zugespitzten Anhängen, die die Lippenanhänge weit überragen; diese letzteren niedrig und abgerundet. Ösophaguscorpus praktisch zylindrisch. Weibliches Geschlechtsorgan familientypisch. Schwanz bei beiden Geschlechtern kegelförmig, spitz.
Typische und einzige Art: *Scottnema lindsayae* TIMM, 1971.

— Cuticularinge 3 µm breit; Zahl der Längsfurchen etwa 70. Kopf abgesetzt, 17–19 µm breit, Kopfanhänge 15–17 µm lang, haarfein verdünnt und gerade nach vorn gerichtet. Mundhöhlenstäbchen stark cuticularisiert. Cheilorhabdions dünn. Corpus doppelt so lang wie Isthmus; Bulbus 26 µm lang. Exkretionsporus knapp vor dem Bulbus. Postvulvarer Uterusteil so lang wie die Körperbreite. Ei 50 µm lang. Spicula 35–39 µm, Gubernaculum 17 µm lang. Von den 8 Paar Geschlechtspapillen liegen 3 Paare prä- und 5 Paare postanal. Schwanz des ♀ 2–2,8, der des ♂ 1,4–2 Analbreiten lang, scharf zugespitzt.
♀: L = 0,74–0,86 mm; a = 15–21; b = 4,2–4,8; c = 13–18; V = 57 bis 66%. ♂: L = 0,70–0,88 mm; a = 16–22; b = 4,2–4,8; c = 13–17.
Antarktis; terrikol. . . . . *lindsayae* TIMM, 1971

12. Genus: *Paracrobeles* HEYNS, 1968

Acrobelinae. Körper 1/2 bis 3/4 mm lang. Cuticula geringelt, Ringelung am vorderen Körperende durch schwache Längsfurchen in Feldchen geteilt. Seitenfeld mit 3 Linien. Kopfanhänge mit dornartigen Gebilden von verschiedener Länge. Lippenanhänge lang-zweispitzig. Ösophaguscorpus hinten angeschwollen, mit auffallend erweitertem und cuticularisiertem Lumen. Weibliche Gonade für die Familie typisch. Schwanz kegelförmig.
Typische und einzige Art: *Paracrobeles laterellus* HEYNS, 1968.

— Ringelbreite 3 µm. Lippenanhänge tief eingeschnitten bzw. fast vom Grunde an verzweigt; ihre Äste sind nach vorn gerichtet und scharf zugespitzt. Amphidien deutlich, kreisrund. Mundhöhlenstäbchen undeutlich. Ösophaguscorpus doppelt so lang wie der Isthmus; das fassförmig erweiterte Lumen nimmt

seine halbe Länge ein. Exkretionsporus im Bereich des Isthmus. Postvulvarer Uterussack 1–1,5 Körperbreiten lang; Receptaculum seminis vorhanden. Spicula 32–35 µm, Gubernaculum 17–22 µm lang. Schwanz bei beiden Geschlechtern etwas länger als die doppelte Analbreite, beim ♀ ventral mit 25 Cuticularingen.
♀: L = 0,53–0,74 mm; a = 17–20; b = 3,3–4,1; c = 11–15; V = 58 bis 60%. ♂: L = 0,57–0,66 mm; a = 17–25; b = 3,5–3,9; c = 11–12.
Südafrika; terrikol. . . . . *laterellus* HEYNS, 1968

13. Genus: *Nothacrobeles* ALLEN & NOFFSINGER, 1971

Acrobelinae. Körperlänge zwischen 0,4 und 0,9 mm. Cuticula außer der Querringe zuweilen auch mit Längsfurchen. Seitenfeld mit 4 Linien. Kopfrand mit sägeartig gezähnten Lappen und in den Einschnitten zwischen diesen Lappen mit je zwei kleinen Dornen. Lippenanhänge proximal mit je einem äußeren Querwulst, distal zweispitzig und bewimpert. Ösophaguscorpus zylindrisch. Receptaculum seminis vorhanden. Weibliches Geschlechtsorgan wie bei anderen Gattungen der Familie. Schwanz kegelförmig, zugespitzt.
Bodenbewohner.
Typusart: *Nothacrobeles sheri* ALLEN & NOFFSINGER, 1971.

Bestimmungsschlüssel der Arten

1 Cuticularingelung durch Längsfurchen in Feldchen geteilt. 2
— Cuticularingelung ohne Längsfurchen. 4
2 Äste der Lippenanhänge breit, mit fingerförmig angeordneten Wimpern; Cuticulafeldchen gut erkennbar. — Zahl der Längsfurchen in der Körpermitte 38. Punktierung fehlt. Lippenanhänge 5 µm lang, nur etwa halb so lang wie die Kopfbreite. Cuticularinge 4 µm breit. Postvulvarsack des Uterus kürzer als der Körperdurchmesser. Schwanz gerade-konisch, 2,3–3 Analbreiten lang, ventral mit etwa 20 Cuticularingen.
♀: L = 0,64–0,87 mm; a = 17–31; b = 3,3–5,0; c = 11–14; V = 63 bis 69%. ♂ unbekannt.
Australien; terrikol. . . . . *maximus* ALLEN & NOFFSINGER, 1971
— Äste der Lippenanhänge dünn und spitz, mit quergerichteten Wimpern; Cuticulafeldchen schwer erkennbar. 3
3 Postvulvarer Uterusast 2 Körprebreiten lang; Cuticularinge mit je 3 Querreihen feiner Punkte. — Zahl der Längsfurchen in der Körpermitte 106. Lippenanhänge 10 µm lang, so lang wie die Kopfbreite. Cuticularinge 4 µm breit. Corpus 3mal so lang wie der Isthmus. Schwanz des ♀ 1,7–2,8, der des ♂ 1,8–2,6 Analbreiten lang, beim ♀ gestreckt, beim ♂ ventral gebogen; in beiden Geschlechtern scharf zugepitzt. Phasmidien etwas vor der Mitte des Schwanzes gelegen. Spicula 30–38 µm, Gubernaculum 15–19 µm lang. 3 Präanal- und 5 Postanalpapillenpaare.
♀: L = 0,67–0,90 mm; a = 17–23; b = 4–5; c = 11–14; V = 57 bis 68%. ♂: L = 0,60–0,96 mm; a = 16–25; b = 3,7–6,2; c = 11–15.
Israel; terrikol. . . . . *sheri* ALLEN & NOFFSINGER, 1971
— Postvulvarer Uterusast kürzer als die betreffende Körperbreite; Cuticularinge ohne Punktierung. — Zahl der Längsfurchen in der Körpermitte 106. Lippen-

anhänge 6 μm lang, nahezu so lang wie die Kopfbreite. Spicula 22–25 μm, Gubernaculum 12–14 μm lang. 3 Prä- und 5 Postanalpapillenpaare. Schwanz bei beiden Geschlechtern 2–2,3 Analbreiten lang, ventral mit 18 Cuticularingen; Phasmidien in der Schwanzmitte.
♀: L = 0,52–0,64 mm; a = 19–21; b = 4,1–5,0; c = 11–13; V = 63 bis 65%. ♂: L = 0,52–0,63 mm; a = 18–22; b = 3,8–4,8; c = 11–15.
Indien; terrikol . . . . *lepidus* ALLEN & NOFFSINGER, 1971

4 Lippananhänge so lang wie die Kopfbreite, 9–11 μm; Runzelung an den Kopflappen undeutlich. — Cuticula dünn, 1 μm dick, breit und flach geringelt, Ringelbreite 3–4 μm. Auf jeden Cuticularing entfallen 3 kleine Subcuticularinge. Mundhöhlenstäbchen sehr schwach ausgebildet. Spermien sehr klein, kugelig. Spicula 35 μm, Gubernaculum 16 μm lang. Geschlechtspapillen (4 Prä- und 5 Postanalpaare) groß, auffällig. Schwanz 3 Analbreiten lang, beim ♀ ventral mit 20 Cuticularingen.
♀: L = 0,60–0,78 mm; a = 18–24; b = 4,0–4,7; c = 10–12; V = 60 bis 63%. ♂: L = 0,75 mm; a = 25; b = 4,6; c = 13.
Ungarn; in Boden. — *Acrobeles prominens* ANDRÁSSY, 1964. . . . . *prominens* (ANDRÁSSY, 1964) n. comb.

— Lippenanhänge höchstens halb so lang wie die Kopfbreite, 3–4 μm; Runzelung an den Kopflappen deutlich. 5

5 Cuticula fein punktiert; Äste der Lippenanhänge mit querstehenden Wimpern. — Cuticula 1,3 μm dick, Ringelbreite 1,8 μm; jeder Ring mit 2 Punktreihen. Lippenanhänge 4,5 μm breit. Endbulbus 22 μm lang. Spicula 35 μm, Gubernaculum 23 μm lang; Spermien eiförmig. Schwanz 2 Analbreiten lang, gerade, ventral mit 20 Cuticularingen; Phasmidien in der Mitte des Schwanzes. 3 prä- und 3 postanale Papillenpaare.
♀ unbekannt. ♂: L = 0,38 mm; a = 14; b = 4,1; c = 11.
Mongolei; terrikol. — *Zeldia acrobeles* ANDRÁSSY, 1967. . . . . *acrobeles* (ANDRÁSSY, 1967) ALLEN & NOFFSINGER, 1971

— Cuticula nicht punktiert; Äste der Lippenanhänge fein gerunzelt. — Lippenanhänge 3,5 μm lang. Ringelbreite 2,6 μm. Längsfurchen schwer erkennbar und nur auf die Halsregion beschränkt. Postvulvarer Uterusast beinahe so lang wie die einschlägige Körperbreite. Schwanz 2–3 Analbreiten lang, gerade-konisch, scharf zugespitzt, ventral mit 14 Ringen. Ei 22–30 μm lang.
♀: L = 0,48–0,70 mm; a = 14–22; b = 4,1–5,4; c = 10–14; V = 61 bis 71%. ♂ unbekannt.
Australien; terrikol. . . . . *subtilus* ALLEN & NOFFSINGER, 1971

14. Genus: ***Acrobeles*** LINSTOW, 1877

Acrobelinae. Körperlänge zwischen 0,3 und 1 mm. Cuticula geringelt; Seitenfeld mit 2, 3 oder 4 Längslinien. Kopf erweitert, Kopfrand mit 6 gut entwickelten, dicht bewimperten, dreieckigen Lappen. Lippenanhänge auffällig, im ganzen stimmgabelförmig, mit ziemlich massiven, dicht bewimperten Ästen. Seitenorgan rundlich, erkennbar. Ösophaguscorpus zylindrisch, oft mit erweitertem Lumen. Weibliches Geschlechtsorgan unpaarig, mit weit hinter die Vulva gebogenem Ovar und am hinteren Ende mit doppeltem Umschlag. Männchen häufiger als bei anderen Acrobelinen. Schwanz des ♀ gestreckt-konisch, der des ♂ ventral gebogen, in beiden Fällen scharf-spitzig. Cuticularingelung glatt oder — seltener — in Feldchen geteilt. Terrikole Arten, insbesondere in Sandböden.

Typusart: *Acrobeles ciliatus* LINSTOW, 1877.

Bestimmungsschlüssel der Arten

1 Cuticularingelung durch Längsfurchen in quadratische Feldchen geteilt. . . 2

— Cuticularingelung einfach, ohne Längsfurchen. 4

2 Vulva in die Körperkontur eingesunken und von gerunzelten Platten begleitet; Postvulvarast des Uterus 1,5—2,5mal länger als die einschlägige Körperbreite. — Ringe 3,5—4,3 μm breit; Seitenfeld mit 3 Furchen. Kopf 16—18 μm breit, seine Anhänge etwa halb so lang wie die Lippenbreite. Ösophaguscorpus mit weitem Lumen. Exkretionsporus in Höhe des Isthmus. Spicula 41—47 μm, Gubernaculum etwa 25 μm lang. 3 Paar Prä- und 4 Paar Postanalpapillen. Schwanz 2—3 Analbreiten lang, beim ♀ mit 16 Cuticularingen.
♀: L = 0,68—0,82 mm; a = 15—24; b = 3,3—4,3; c = 11—12; V = 59 bis 63%. ♂: L = 0,62—0,70 mm; a = 18—21; b = 3,6—4,0; c = 10—13.
Süd- und Südwestafrika; terrikol. . . . . *sheasbyi* HEYNS & HOGEWIND, 1969

— Vulva nicht eingesunken, ohne begleitende Platten; Postvulvarast des Uterus kürzer als die einschlägige Körperbreite. 3

3 Größere Art, 0,7—1,0 mm; Cuticularinge 4,5—5,5 μm breit; Kopflappen mit je einem längeren, vorspringenden Dorn. — Ringelung wellig konturiert. Seitenfeld mit 3 Linien. Kopfanhänge beinahe halb so lang wie die Lippenanhänge. Ösophaguscorpus von 2 Isthmuslängen, Exkretionsporus weit hinten, im Bereich des Bulbus. Spicula 54—58 μm, Gubernaculum 25—28 μm lang. ♂ mit auffälligen Geschlechtspapillen (3 Paare prä- und 5 Paare postanal). Schwanz 3 Analbreiten lang, beim ♀ ventral mit etwa 20 Cuticularingen; Phasmidien im ersten Drittel des Schwanzes.
♀: L = 0,70—0,98 mm; a = 13—25; b = 3,7—4,2; c = 10—12; V = 58 bis 65%. ♂: L = 0,76—1,0 mm; a = 16—24; b = 3,8—4,3; c = 9—11.
Süd- und Südwestafrika; terrikol. . . . . *thornei* HEYNS, 1962

— Kleinere Art, 0,5—0,7 mm; Cuticularinge 3 μm breit; Kopfanhänge ohne vorspringende Dornen. — Ringelung wellig. Seitenfeld mit 3 Längslinien. Kopfanhänge etwa halb so lang wie die Lippenanhänge. Ösophaguscorpus gleich 3 Isthmuslängen; sein Lumen weit. Exkretionsporus beim Beginn des Isthmus. Schwanz 3 Analbreiten lang, Phasmidien unmittelbar hinter der Analöffnung. Zahl der ventralen Schwanzringe 15.
♀: L = 0,50—0,65 mm; a = 14—17; b = 3,3—4,1; c = 9—14; V = 63 bis 67%. ♂ unbekannt.
Venezuela; terrikol. . . . . *undulatus* LOOF, 1964

4 Schwanz des ♀ länger als 5 (bis 8) Analbreiten. 5

— Schwanz des ♀ höchstens 4 Analbreiten lang. 6

5 Exkretionsporus weit vorn, in 15—20% der Ösophaguslänge; Schwanz sehr lang (6—8 Analbreiten) und dolchartig verdünnt. — Gesamtzahl der Cuticularinge des Körpers etwa 200; Ringelbreite 2 μm. Seitenfeld mit 3 Linien, von denen insbesondere die mittlere stark gewellt ist. Lippenanhänge doppelt so lang wie die Kopfanhänge; letztere mit je einem längeren und nach vorn gebo-

genem Dorn. Corpuslumen eng. Postvulvarsack des Uterus kürzer als die halbe Körperbreite. Phasmidien im ersten Viertel des Schwanzes.
♀: L = 0,62–0,68 mm; a = 16–17; b = 3,6–4,4; c = 5,3–6,0; V = 54 bis 58%. ♂ unbekannt.
USA (Florida); im Boden. . . . . *ensicaudatus* THOMAS & ALLEN, 1965
— Exkretionsporus weit hinter der Ösophagusmitte, in Höhe des Isthmus; Schwanz 5–6 Analbreiten lang, gleichmäßig verdünnt. — Cuticula undeutlich und unregelmäßig punktiert, Ringelbreite 3–4 µm. Seitenfeld mit 2 Linien. Ösophaguscorpus 3mal so lang wie der Isthmus, mit engem Lumen. Lippenanhänge doppelt so lang wie die Kopfanhänge. Postvulvarer Uterussack 1,5–2 Körperbreiten lang. Präanal 3, postanal 4 Paar Papillen. Schwanz des ♀ ventral mit etwa 25 Cuticularingen; Phasmidien im ersten Drittel des Schwanzes.
♀: L = 0,83–0,90 mm; a = 19–25; b = 3,9–4,4; c = 8–9; V = 53 bis 56%. ♂: L = 0,76–0,83 mm; a = 19–23; b = 3,8–4,2; c = 13–15.
Süd- und Südwestafrika; terrikol. . . . . *dimorphus* HEYNS & HOGEWIND, 1969
6 Cuticula deutlich punktiert; 2 Punktreihen an jedem Ring. 7
— Cuticula ohne deutliche Punktierung (wenn Punkte vorhanden, so verwischt, äußerst fein). 10
7 Die eine der Terminalwimpern der Lippenanhänge schräg nach vorn, die andere schräg nach hinten gerichtet. 8
— Terminalwimpern der Lippenanhänge Y-förmig: beide schräg nach vorn gerichtet. — Cuticularinge 2–3 µm breit; Seitenfeld mit 3 Linien. Lippenanhänge mehr als doppelt so lang wie die Kopfanhänge. Ösophaguscorpus 4mal länger als der Isthmus. Postvulvarer Uterusast kürzer als die Körperbreite. Spicula 36–40 µm, Gubernaculum 22–23 µm lang. Schwanz des ♀ 3–4 Analbreiten lang; Phasmidien beim Beginn des Schwanzes.
♀: L = 0,78–0,92 mm; a = 14–20; b = 3,4–4,0; c = 10–16; V = 57 bis 62%. ♂: L = 0,76–0,86 mm; a = 15–18; b = 3,5–4,1; c = 12–15.
Neuseeland; in Dünensand. . . . . *kotingotingus* YEATES, 1967
8 Gabeläste der Lippenanhänge am Ende mit 3 längeren Wimpern, von denen die beiden inneren zangenartig stehen. — Ringelbreite 5 µm. Lippenanhänge mit 3 Furchen. Exkretionsporus in Höhe des Isthmus. Postvulvarer Uterussack 2 Körperbreiten lang. Spicula 34 µm, Gubernaculum 22 µm lang. 3 Prä- und 5 Postanalpapillen. Schwanz des ♀ 2–3 Analbreiten lang, ventral mit 16 Cuticularingen. Phasmidien im ersten Drittel des Schwanzes.
♀: L = 0,56–0,75 mm; a = 18–23; b = 3,5–4,1; c = 11–14; V = 60 bis 63%. ♂: L = 0,60–0,67 mm; a = 20–22; b = 3,8–4,0; c = 10–12.
Australien; terrikol. . . . . *chelatus* THOMAS & ALLEN, 1965
— Gabeläste der Lippenanhänge am Ende mit den üblichen 2 Wimpern. . . . 9
9 Schwanz sehr kurz, kaum länger als die anale Körperbreite. — Lippenanhänge doppelt so lang wie die Kopfanhänge. ♂ mit 3 Paaren präanaler und 4 Paaren postanaler Papillen. Phasmidien in der Mitte des Schwanzes. Schwanz des ♂ doppelt so lang wie der des ♀.
♀: L = 0,80–0,85 mm; a = 15; b = 4,1; c = 16; V = 64%. ♂: L = 18; b = 4,5; c = 11.
♀: L = 0,80–0,85 mm; a = 15; b = 4,1; c = 16; V = 64%. ♂: L = 0,73 mm;

a = 18; b = 4,5; c = 11.
Sowjetunion (Grusien, Kasachstan) und USA (Colorado); terrestrisch. . . . . *ornatus* THORNE, 1925

— Schwanz etwa 2 Analbreiten lang. — Lippenanhänge auch hier doppelt so lang wie die Kopfanhänge. Ösophagus etwas angeschwollen; Exkretionsporus in Höhe des Isthmus. Kopflappen mit je einem längeren, nach vorn gebogenen Dorn. Postvulvarer Uterusast sehr kurz. Schwanz des Weibchens ventral mit 16 Cuticularingen.
♀: L = 0,74 mm; a = 15; b = 4; c = 14; V = 60%. ♂ unbekannt.
Ungarn, Spanien und USA (Utah); Bodenbewohner. . . *elaboratus* THORNE, 1925

10 Schwanz sehr kurz, höchstens 1,5 Analbreiten lang. 11

— Schwanz mindestens 2 Analbreiten lang[56] 12

11 Cuticularinge am Vorderkörper wellig konturiert; Lippenanhänge ungefähr 20 µm lang. — Ringelbreite 2,5 µm. Lippenanhänge doppelt so lang wie die Kopfanhänge. Ösophaguscorpus 5mal länger als der Isthmus; Exkretionsporus beim Beginn des Isthmus. Hinterer Uterussack eine Körperbreite lang. Spicula 31—36 µm, Gubernaculum 19 µm. 3 präanale und 4 postanale Papillenpaare. Schwanz bei beiden Geschlechtern stumpf endigend; Phasmidien in der Mitte des Schwanzes.
♀: L = 0,68—0,75 mm; a = 15—17; b = 3,7; c = 15—16; V = 63—64%.
♂: L = 0,63—0,70 mm; a = 20—22; b = 3,4—3,9; c = 11—13.
Neuseeland; in Dünensand. . . . . *taraus* YEATES, 1967

— Cuticularinge auch am Vorderkörper glatt konturiert; Lippenanhänge 9 µm lang. — Kopf 12 µm breit; Ringelbreite 3 µm. Lippenanhänge mehr als doppelt so lang wie die Kopfanhänge. Schwanz des ♂ stumpf-spitzig.
♀ unbekannt. ♂: L = 0,57 mm; a = 12; b = 3,8; c = 14. Ziemlich ungenügend beschrieben.
Indien; terrikol. . . . . *neocephalatus* KANNAN, 1961

12 Exkretionsporus in oder vor der Mitte des Ösophagus; kleinere Arten, meist bis 0,5 mm. 13

— Exkretionsporus deutlich hinter der Mitte des Ösophagus; größere Arten, über 0,5 mm (nur ausnahmsweise darunter). 16

13 Cuticula deutlich doppelschichtig; Terminalwimpern der Lippenanhänge T-förmig, gerade nach außen gerichtet. — Ringelbreite 1,5—2,2 µm. Seitenfeld mit 4 Linien, von denen die beiden mittleren zickzack laufen. Körper am Hinterende des Ösophagus 1,8—2mal so breit wie der Kopf. Lippenanhänge 13—14 µm lang, 2mal länger als die Kopflappen. Eine Wimper an jedem Kopfanhang länger als die übrigen und nach vorn gebogen. Ösophaguscorpus etwa 4mal so lang wie der Isthmus. Exkretionsporus ungewöhnlich vorn: in 13—25% der Ösophaguslänge bzw. am 10—20. Cuticularing hinter dem Kopf. Postvulvarteil des Uterus wesentlich kürzer als der einschlägige Körperdurchmesser. Schwanz 2—3 Analbreiten lang; Phasmidien in seinem ersten Drittel.

---

[56] Zu dieser Gruppe gehört die aus Indien beschriebene Art *Acrobeles timmi* CHATURWEDI & KHERA, 1979, die infolge der ungewissen Lage des Exkretionsporus nicht weiter in den Schlüssel aufzunehmen ist.

♀: L = 0,37–0,52 mm; a = 13–18; b = 3,0–3,5; c = 10–13; V = 58 bis 62%. ♂ unbekannt.
Südafrika und Paraguay; terrikol. — *Acrobeles capensis* HEYNS, 1969. . . . . *mariannae* ANDRÁSSY, 1968

— Cuticula einfach konturiert; Terminalwimpern der Lippenanhänge Y-förmig, d. h. schräg nach vorn gerichtet. 14

14 Schwanz länger, gleich 3–4 Analbreiten. — Zahl der Cuticularinge des ganzen Körpers 160 bis 190; Breite der einzelnen Ringe 2,5–3 µm. Seitenfeld nur mit 2 Längslinien, im Inneren aber fein und dicht punktiert. Lippenanhänge nahezu doppelt so lang wie die Kopfanhänge. Kopf 11–13 µm breit. Ösophaguscorpus 4–5mal so lang wie der Isthmus. Exkretionsporus in oder etwas vor der Ösophagusmitte. Postvulvarast des Uterus beinahe so lang wie die Körperbreite. Spicula 21–26 µm, Gubernaculum 15–16 µm lang. 3 Paar Prä- und 5 Paar Postanalpapillen. Schwanz des ♀ 3–4 Analbreiten lang, gerade, der des ♂ 2 Analbreiten lang, leicht ventral gebogen. Phasmidien im ersten Drittel des Schwanzes.
♀: L = 0,4–0,6 mm; a = 13–19; b = 3–4; c = 8–10; V = 56–64%. ♂: L = 0,4–0,6 mm; a = 15–21; b = 2,9–3,6; c = 9–11.
Weit verbreitet, die häufigste Art der Gattung; terrikol, in Bodenarten nicht wählerisch. Holland, Belgien, DDR, BRD, Schweiz, Österreich, Ungarn, Tschechoslowakei, Rumänien, Bulgarien, Jugoslawien, Spanien, Italien, Polen, Dänemark, England, Schweden, Spitzbergen, Sowjetunion (Rußland, Estland, Litauen, Lettland, Moldau, Grusien, Ukraine, Armenien, Turkmenien, Aserbaidshan, Tadshikistan, Kirgisien, Belorußland, Kasachstan, Usbekistan, Ferner Osten), Mongolei, China, Algerien, Mauretanien, Zaire, Südafrika, USA, Venezuela, Brasilien, Chile, Neuseeland. — *Cephalobus ciliatus* (LINSTOW, 1877) DE MAN, 1880; *Acrobeles sinensis* KREIS, 1930; *Acrobeles maeneeneus* YEATES, 1967; *Acrobeles singulus* HEYNS, 1969. . . . . *ciliatus* LINSTOW, 1877

— Schwanz kürzer, gleich 2–2,5 Analbreiten 15

15 Exkretionsporus in oder vor 1/3 der Ösophaguslänge; sehr kleine Art, um 1/3 mm. — Lippenanhänge doppelt so lang wie die Kopfanhänge, sehr fein bewimpert. Corpus 3mal so lang wie der Isthmus. Breite der Cuticularinge 2 µm. Schwanz etwas dorsal gerichtet, mit etwa 15 Ringen.
♀: L = 0,33 mm; a = 14; b = 2,8–3,4; c= 9–10; V = 60–61%. ♂ unbekannt.
Sowjetunion (Tadshikistan, Usbekistan); terrikol. . . . . *cylindricus* IVANOVA, 1968

— Exkretionsporus in oder etwas vor der Mitte des Ösophagus; größere Art, um 1/2 mm. — Lippenanhänge doppelt so lang wie die Kopfanhänge, gut bewimpert. Seitenmembran mit 3 Längsfurchen. Ei 2,5 Körperbreiten lang. Männchen mit 3 Prä- und 4 Postanalpapillenpaaren. Schwanz des ♀ gerade, der des ♂ schwach ventral gebogen; Phasmidien unmittelbar hinter der Analöffnung.
♀: L = 0,5 mm; a = 13; b = 3,6; c = 12; V = 64%. ♂: L = 0,6 mm; a = 71; b = 3,5; c = 12.
Sowjetunion (Rußland, Moldau, Grusien, Kasachstan, Usbekistan) und USA (California, Colorado, Utah); terrikol. . . . . . . *ctenocephalus* THORNE, 1925

16 Seitenfeld fein und dicht punktiert, mit 4 Linien. — Cuticula doppelt, Zahl der Ringe ungefähr 250. Lippenanhänge nahezu 3mal so lang wie die Kopfanhänge, mit sehr feinen Wimpern. Exkretionsporus in 3/4 der Ösophaguslänge. Ei 1,5 Körperbreiten lang. Spicula so lang wie der anale Körperdurchmesser, Gubernaculum gleich der Hälfte der Spiculalänge. Schwanz 3—4 (♀) bzw. 1,5 (♂) Aanlbreiten lang.
♀: L = 0,4 mm; a = 17; b = 3,9; c = 10; V = 58%. ♂: L = 0,4 mm; a = 18; b = 3,9; c = 25.
Australien; terrikol. — *Cephalobus cephalatus* COBB, 1901. . . . . *cephalatus* (COBB, 1901) THORNE, 1925
— Seitenfeld nicht punktiert. 17
17 Eine der Terminalwimpern der Lippenanhänge deutlich nach hinten gebogen. — Cuticula doppelt, Ringelbreite um 2 µm. Seitenfeld mit 4 Furchen. Kopf 15—17 µm breit; Körper am Hinterende des Ösophagus 2—3mal breiter als der Kopf. Corpus 4—5mal so lang wie der Isthmus; Exkretionsöffnung in Höhe des Isthmus. Postvulvarer Uterusteil 1,5 Körperbreiten lang. Spicula 32 µm, Gubernaculum 15 µm lang. 3 Prä- und 5 Postanalpapillenpaare. Schwanz des ♀ 3—3,5 Analbreiten lang, der des ♂ kürzer.
♀: L = 0,63—0,65 mm; a = 17—23; b = 4; c = 9—11; V = 58%. ♂: L = 0,62—0,66 mm; a = 23—24; b = 3,8; c = 11—14.
Süd- und Südwestafrika; terrikol. . . . . *recurvus* HEYNS, 1969
— Beide Terminalwimpern der Lippenanhänge schräg nach vorn gerichtet, Y-förmig. 18
18 Cuticula sehr grob geringelt, Ringelbreite 6—7 µm; Körperlänge um 1 mm. — Cuticula zuweilen sehr fein punktiert. Seitenfeld mit 3 Linien, von denen die beiden äußeren wellig sind. Kopf 18—19 µm breit, Körper am Proximalende des Ösophagus doppelt so breit wie der Kopf. Lippenanhänge zweimal so lang wie die Kopfanhänge. Ösophaguscorpus mit erweitertem Lumen. Exkretionsporus beim Beginn des Isthmus. Hinterer Uterussack ungewöhnlich lang (3 Körperbreiten). Spicula 43—52 µm, Gubernaculum 3/4 der Spiculalänge. Schwanz in beiden Geschlechtern 2—2,5 Analbreiten lang, beim ♀ ventral mit 15 Cuticularingen.
♀: L = 1,05—1,06 mm; a = 26—28; b = 4,5; c = 14—15; V = 63—66%. ♂: L = 0,9—1,0 mm; a = 26—29; v = 3,9—4,5; c = 11—12.
Süd- und Südwestafrika; terrikol. . . . . *annulatus* HEYNS & HOGEWIND, 1969
— Cuticula feiner geringelt, Ringelbreite 2—4 µm; Körperlänge unter 1 mm. . . 19
19 Kopfanhänge ungewöhnlich lang und scharf spitzig, beinahe 3/4 der Länge der Lippenanhänge erreichend. — Seitenfeld nur mit 2 Längslinien. Schwanz 2—2,5 Analbreiten lang, Phasmidien in der Schwanzmitte.
♀: L = 0,61 mm; a = 15; b = 4,1; c = 14; V = 63%. ♂ unbekannt.
Sowjetunion (Rußland, Usbekistan) und USA (Utah); Bodenbewohner. . . . . *serricornis* THORNE, 1925
— Kopfanhänge von der üblichen Länge: etwa gleich der halben Länge der Lippenanhänge. 20
20 Cuticula doppelt, an der Oberfläche kaum, in der unteren Schicht aber gut geringelt. — Ringelbreite 2—3 µm. Kopf 14—15 µm breit, Körper am Hinterende des Ösophagus 2,5—3mal so breit wie der Kopf. Unter den Wimpern an

den Kopfanhängen befindet sich je eine längere und nach vorn gebogene Wimper. Corpus etwa 3mal länger als der Isthmus; Exkretionsporus in Höhe des letzteren. Postvulvarer Uterussack 1,5–2,5 Körperbreiten lang. Spicula 36–43 μm, Gubernaculum 19–22 μm. Präanal 3, postanal 5 Papillenpaare. Schwanz des ♀ 2–3, der des ♂ 1,5–2 Analbreiten lang. Phasmidien im ersten Drittel des Schwanzes.

♀: L = 0,6–0,9 mm; a = 12–21; b = 3,5–4,3; c = 9–12; V = 56 bis 60%. ♂: L = 0,60–0,85 mm; a = 15–23; b = 3,5–4,5; c = 11–15.

Holland, Ungarn, Tschechoslowakei, Italien, Türkei, Sowjetunion (Moldau, Grusien, Usbekistan, Ferner Osten), Mongolei, Südafrika, USA (California, Colorado, Idaho, Utah), Kuba, Venezuela; terrikol. — *Acrobeles crossotus* STEINER, 1929. . . . . *complexus* THORNE, 1925

— Cuticula einfach, an der Oberfläche deutlich geringelt. 21

21 Größere Art, über 0,7 mm; an den Kopfanhängen befindet sich je eine längere Wimper. — Ringelbreite 3–4 μm; Seitenfeld mit 3 Längslinien. Kopf 16 bis 21 μm breit, Körper am proximalen Ösophagusende 2–3mal breiter als der Kopf. Corpus so lang wie 4 Isthmuslängen; Exkretionsporus im Bereich des Isthmus. Postvulvarer Uterusast im allgemeinen wesentlich kürzer als die korrespondierende Körperbreite. Schwanz 2–3 Analbreiten lang, ventral mit 17–18 Cuticularingen; Phasmidien etwas hinter der Analöffnung.

♀: L = 0,70–0,85 mm; a = 14–24; b = 3,9–4,1; c = 9–14; V = 60 bis 66%. ♂ unbekannt.

Südafrika; terrestrisch. . . . . *sparsus* HEYNS, 1969

— Kleinere Art, bis 0,6 mm; Kopfanhänge ohne längere Wimpern. — Ringelbreite 2–3 μm; Seitenfeld mit 3 Linien. Kopf 13–16 μm breit, halb so breit wie der Körper am Hinterende des Ösophagus. Lumen des Ösophaguscorpus weit. Exkretionsporus beim Beginn des Isthmus. Hinterer Uterusteil 1,5 Körperbreiten lang. Spicula 32–38 μm, Gubernaculum 16–17 μm lang. Präanal 3, postanal nur 2 Papillenpaare. Schwanz bei beiden Geschlechtern 2,5–3 Analbreiten lang, sehr scharf zugespitzt.

♀: L = 0,50–0,58 mm; a = 14–19; b = 3,5–3,8; c = 10–13; V = 60 bis 62%. ♂: L = 0,55–0,56 mm; a = 19–21; b = 3,5–3,8; c = 11–13.

Süd- und Südwestafrika; terrikol. . . . . *bushmanicus* HEYNS, 1969

Bemerkung: Unsicher sind die folgenden vier Arten (species inquirendae):

Acrobeles ilidzensis PAESLER, 1941 — aus Jugoslawien. Diese anhand eines unreifen Exemplares beschriebene Spezies ist vielleicht der Repräsentant einer selbständigen Gattung.

Acrobeles pachidinovae ATAKHANOV, 1958 — aus der Sowjetuinion.

Acrobeles raoi KANNAN, 1961 — aus Indien.

Acrobeles setosus (COBB, 1914) THORNE, 1925 — Syn. *Cephalobus setosus* COBB, 1914; *Zeldia setosa* (COBB, 1914) THORNE, 1937 — aus den USA.

cc) Subfamilia: *Kirjanoviinae* ANDRÁSSY, 1976

Cephalobidae. Kopfanhänge von zweierlei Gestalt: die breiteren sind auffallend groß, ohrenartig erweitert, die dünneren dornartig, zugespitzt. Lippenanhänge kurz, spitz.

Cheilostom nicht weiter als der nachfolgende Mundhöhlenabschnitt. Cuticula in Feldchen geteilt.
Zwei Gattungen.

Bestimmungsschlüssel der Gattungen

1 6 ohrenartige Kopflappen, Dornanhänge so lang wie die Ohrenlappen; Postvulvarast des Uterus fehlend. . . . . 1. *Kirjanovia* (S. 211)
— 3 ohrenartige Kopflappen, Dornanhänge länger als die Ohrenlappen; Postvulvarast des Uterus vorhanden. . . . . 2. *Acromoldavicus* (S. 212)

1. Genus: ***Kirjanovia*** Ivanova, 1969

Kirjanoviinae. Körperlänge um 1/3 mm. Cuticula geringelt, Ringelung in quadratische Feldchen geteilt. Seitenmembran mit 3 Längslinien. Kopf mit 6 großen ohrenartigen und 3 borstenähnlichen Anhängen, von denen die letzteren die vorigen nicht überragen. Lippenanhänge unbedeutend, kurz, spitz. Cheilo- und Promesostom stärker cuticularisiert als die übrigen Mundhöhlenteile. Ösophaguscorpus zylindrisch. Weibliche Gonade prävulvar, hinter die Vulva zurückgebogen, ohne postvulvaren Uterussack. Schwanz kegelförmig, zugespitzt.
Typische und einzige Art: *Kirjanovia discoidea* Ivanova, 1969.

— Zahl der Längsfurchen der Cuticula 28. Kopfanhänge 4—5 µm hoch. Mundhöhle 30 µm lang, etwa 1/3 der Corpuslänge; Corpus ungefähr 3mal so lang wie der Isthmus. Exkretionsöffnung beim proximalen Corpusende. Spicula 25—27 µm, Gubernaculum 15—16 µm lang. Die Außenlinien der Seitenmembran gewellt. Schwanz des ♀ 3 Analbreiten lang, gerade-konisch, ventral mit 14 Cuticularingen. Phasmidien vor der Mitte des Schwanzes.
♀: L = 0,5—0,6 mm; a = 20—24; b = 4,0—4,5; c = 12—15; V = 58 bis 63%. ♂: L = 0,42—0,57 mm; a = 20—22; b = 3,8—4,8; c = 12—15.
Sowjetunion (Tadshikistan); terrikol. . . . . *discoidea* Ivanova, 1969

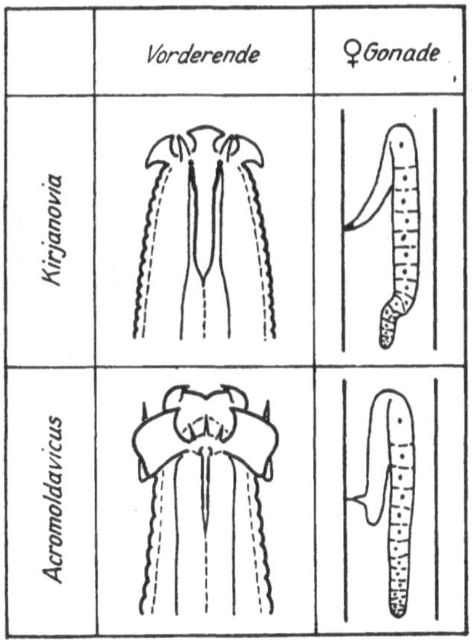

Abb. 77—78 Familie *Cephalobidae*, Unterfamilie *Kirjanoviinae*: *Kirjanovia* und *Acromoldavicus*

2. Genus: ***Acromoldavicus*** NESTEROV, 1970

Kirjanoviinae. Körperlänge bis 3/4 mm. Cuticularingelung in quadratische Feldchen geteilt. Seitenfeld mit 3 Längsfurchen. Kopf mit 3 großen, zweispitzigen, ohrenartigen Lappen und ebensovielen scharfspitzigen Dornanhängen, die länger sind als die Ohrenlappen. Lippenanhänge schwer zu erkennen, ganz dünn, dornförmig. Mundhöhle eng; Corpus hinten etwas angeschwollen. Weibliche Gonade prävulvar, mit hinterem Ast und postvulvarem Uterussack. Schwanz kegelförmig, am Ende abgerundet.
Typische und einzige Art: *Acrobeloides skrjabini* NESTEROV & LISETHKAJA, 1965 = *Acromoldavicus skrjabini* (NESTEROV & LISETHKAJA, 1965) NESTEROV, 1970.

— Zahl der Längsfurchen der Cuticula etwa 22—24. Kopf wesentlich breiter als der nachfolgende Halsteil. Spitzen der einzelnen Ohrenlappen nach innen gebogen. Exkretionsporus beim Beginn des Isthmus. Spicula 28—33 µm lang. Schwanz des ♀ 2,5, der des ♂ 2,2 Analbreiten lang.
♀: L = 0,60—0,74 mm; a = 15—18; b = 4,0—4,6; c = 16—17; V = 58 bis 62%. ♂: L = 0,60—0,73 mm; a = 15—25; b = 4,2—4,8; c = 14—16.
Sowjetunion (Moldau); terrikol. — *Acrobeloides skrjabini* NESTEROV & LISETHKAJA, 1965. . . . . *skrjabini* (NESTEROV & LISETHKAJA, 1965) NESTEROV, 1970

dd) Subfamilia: *Panagrocephalinae* ANDRÁSSY, 1976

Cephalobidae. Sowohl das Cheilo- als auch das Protostom breiter als die nachfolgenden Mundhöhlenabschnitte. Die Ösophagusmanschette läßt das Protostom frei. Kopfrand mit kleinen Dornanhängen.
Eine Gattung; sie nimmt eine intermediäre Stellung zwischen den echten Cephalobiden und den Panagrolaimiden ein; wegen der doppelten Beugung des Ovars soll sie in die Familie Cephalobidae eingereiht werden.

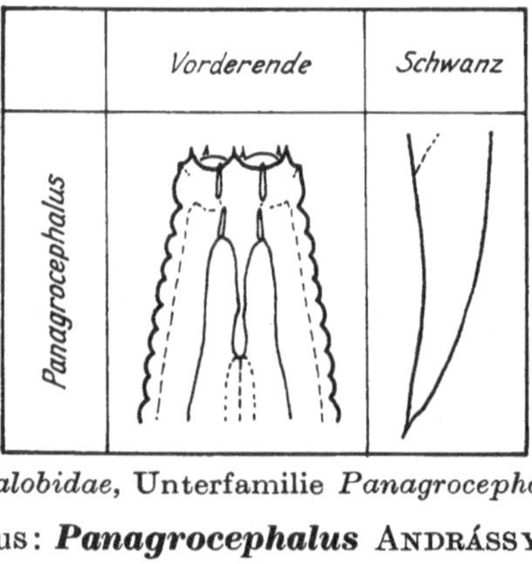

Abb. 79 Familie *Cephalobidae*, Unterfamilie *Panagrocephalinae*: *Panagrocephalus*

1. Genus: ***Panagrocephalus*** ANDRÁSSY, 1967

Panagrocephalinae. Körper 1/2 bis 3/4 mm lang. Cuticula geringelt; Seitenfeld mit 3 Linien. Kopfrand mit 6 feinen dornartigen Fortsätzen, die die 3 flach gerundeten Lippen überragen. Cheilo- und Promesostom stärker cuticularisiert als die übrigen Mundhöhlenringe und breiter als die letzteren. Ösopahguscorpus zylindrisch. Ovar prävulvar, hinter die Vulva zurückgebogen und dort doppelt umgeschlagen. Schwanz bei beiden Geschlechtern konisch, zugespitzt.
Typusart: *Panagrocephalus anadelphus* ANDRÁSSY, 1967.

Bestimmungsschlüssel der Arten

1 Schwanz in beiden Geschlechtern gleich lang, 3—4mal so lang wie die anale Körperbreite und insbesondere beim ♂ in einen langen und dünnen Mucro ausgezogen; Postvulvarast des Uterus nur 1/2 der einschlägigen Körperbreite. — Cuticula 1,2 μm dick, Ringelbreite um 2 μm. Kopfbreite 1/4 (♀) bzw. 1/3 (♂) der Körperbreite in Höhe des proximalen Ösophagusendes. Mundhöhle 13—14 μm lang. Corpus 4mal länger als der Isthmus; Exkretionsöffnung in 47—50% der Ösophaguslänge. Spicula 19—22 μm, Gubernaculum 10—11 μm lang. Präanal 3, postanal 5 Paar Papillen. Schwanz auch beim ♀ in einen Mucro ausgezogen. Phasmidien im ersten Schwanzdrittel.
♀: L = 0,56—0,60 mm; a = 19—20; b = 3,4—3,6; c = 8—9; V = 62 bis 63%. ♂: L = 0,6 mm; a = 26—27; b = 3,4—3,7; c = 10—16.
Vietnam und Paraguay; terrikol. . . . . *baloghi* ANDRÁSSY, 1968

— Schwanz des ♀ wesentlich länger als der des ♂: gleich 4—5 Analbreiten gegen 1,5 Analbreiten; ♂ mit kleinem Mucro; Postvulvarast des Uterus so lang wie die einschlägige Körperbreite. — Cuticula 2—2,5 μm dick, Ringelbreite 2 bis 2,5 μm. Seitenfeld 1/6 der Körperbreite. Mundhöhle 14—16 μm lang. Ösophaguscorpus 5mal so lang wie Isthmus. Exkretionsporus in 70—75% der Ösophaguslänge. Enddarm etwa 1,5 Analbreiten lang. Ei 45 μm lang, 1,7mal länger als die korrespondierende Körperbreite. Spicula 22—24 μm, Gubernaculum 13 μm lang. Präanal 3, postanal 5 Papillenpaare.
♀: L = 0,66—0,74 mm; a = 18—26; b = 3,8—4,0; c = 8,0—9,4; V = 61 bis 63%. ♂: L = 0,7 mm; a = 22—25; b = 4,1—4,3; c = 19—21.
Chile; terrikol. . . . . *anadelphus* ANDRÁSSY, 1967

b) Superfamilia: **Panagrolaimoidea** THORNE, 1937

Cephalobina. Kopfrand glatt, nur selten in Lappen geteilt; Lippen einfach, ohne Anhänge. Lippenpapillen klein. Mundhöhle — mindestens im Vorderabschnitt — weiter als in der vorigen Überfamilie; Cheilostom nicht, Pro- und Mesostom hingegen stärker cuticularisiert als die übrigen Mundhöhlenteile. Weibliches Geschlechtsorgan unpaarig, prävulvar; Postvulvarteil des Ovars gestreckt; ist er in seltenen Fällen zurückgebogen, so weist er nur eine einfache — nie doppelte — Beugung auf. Die Phasmidien liegen oft im letzten Schwanzdrittel. Bursa nicht vorhanden.
Drei Familien, von denen aber die eine — *Alirhabditidae* — einstweilen nur provisorisch in die Überfamilie eingereiht wird.

Bestimmungsschlüssel der Familien

1 Mundhöhle rohrförmig, ihr cuticularisierter Abschnitt mindestens doppelt so lang wie breit und bis zu den Lippen reichend; ist die Mundhöhle kürzer, so liegt die Vulva weit hinten, um 3/4 der Körperlänge. 2

— Mundhöhle nicht rohrförmig, ihr cuticularisierter Abschnitt nur etwa so lang wie breit und deutlich eine Strecke hinter den Lippen beginnend; Vulva nie so weit hinten. . . . . 3. *Panagrolaimidae* (S. 219)

2 Mundhöhle sehr lang und eng; Vulva um die Körpermitte, Gonade hinter die Vulva zurückgebogen, mit postvulvarem Uterussack. . . . .
. . . . 1. *Alirhabditidae* (S. 214)

— Mundhöhle weniger lang und ziemlich geräumig; Vulva weit hinten, der Analöffnung ganz nahe, Gonade nicht hinter die Vulva gebogen, ohne postvulvaren Uterussack . . . . 2. *Brevibuccidae* (S. 215)

1. Familia: **Alirhabditidae** SURYAWANSHI, 1971

Panagrolaimoidea. In der langen und sehr engen Mundhöhle lassen sich die einzelnen Bauelemente nicht unterscheiden. Ösophaguscorpus zylindrisch. Vulva in der Nähe der Körpermitte, Gonade hinter die Vulva gebogen, mit postvulvarem Uterusast. Spicula ungleich lang.
Eine Unterfamilie: *Alirhabditinae* SURYAWANSHI, 1971. Die einzige hierher gehörige Art ist von ziemlich ungewisser taxonomischer Position: wegen des *Panagrolaimus*-artigen Ösophagus und Geschlechtsapparates reihe ich sie in die Überfamilie *Panagrolaimoidea* ein.

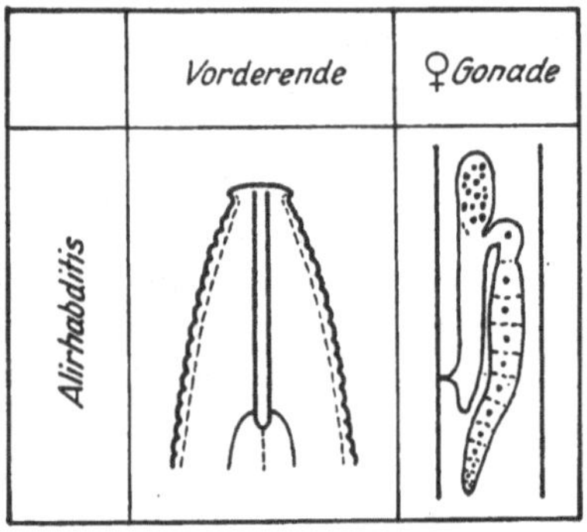

Abb. 80 Familie *Alirhabditidae*: *Alirhabditis*

1. Genus: ***Alirhabditis*** SURYAWANSHI, 1971

Alirhabditidae. Kleine Nematoden, unter 1/2 mm. Cuticula fein geringelt, Seitenmembran mit 3 Furchen. Kopf ganz klein, ohne abgesonderte Lippen. Mundhöhle gleichmäßig cuticularisiert, ohne deutlich erkennbare Bauelemente. Ösophaguscorpus zylindrisch. Ovar hinter die Vulva gebogen; postvulvarer Uterusast vorhanden. Spicula panagrolaimoid, ungleich lang. Männliche Geschlechtspapillen vorspringend. Schwanz in beiden Geschlechtern lang, fadenförmig ausgezogen.
Typische und einzige Art: *Alirhabditis indica* SURYAWANSHI, 1971.

— Cuticula sehr fein geringelt, Ringelbreite 1 μm. Seitenfeld 1/5 der Körperbreite. Kopf ganz klein, lediglich 1/6 so breit wie der Körper am hinteren Ösophagusende. Mundhöhle 10—12 μm lang, 1/9 der gesamten Ösophaguslänge. Corpus nur 1,3mal so lang wie der Isthmus. Exkretionsöffnung etwas hinter der Mitte des Ösophagus. Postvulvarteil des Uterus kürzer als die Körperbreite in derselben Höhe. Spicula 12 μm, Gubernaculum 5,5 μm lang. Schwanz des ♀ so lang wie der Abschnitt zwischen der Vulva und dem Anus, bei beiden Geschlechtern gleich etwa 10 Analbreiten. ♂ mit 3 Schwanzpapillen. ♀: L = 0,37—0,40 mm; a = 23—28; b = 4,0—4,4; c = 4—5; V = 51 bis 53%. ♂: L = 0,33—0,35 mm; a = 24—31; b = 3,6—3,8; c = 4,6—5,0. Indien; terrikol. . . . . *indica* SURYAWANSHI, 1971

2. Familia: **Brevibuccidae** Paramonov, 1956

Panagrolaimoidea. 6 Lippen. Mundprisma relativ kurz, nur etwa doppelt so lang wie breit oder kürzer, ganz bis zu den Lippen reichend. Seitenorgan oval. Ösophaguscorpus zylindrisch oder hinten länglich angeschwollen. Vulva weit hinten, meist dem Anus ganz nahe; Ovar nicht hinter die Vulva gebogen, ohne postvulvaren Uterusast. Spicula in einem und denselben Tier oft ungleich lang.

Im Boden oder unter saproben Verhältnissen lebende Tiere. Eine Unterfamilie: *Brevibuccinae* Paramonov, 1956, mit 3 Gattungen.

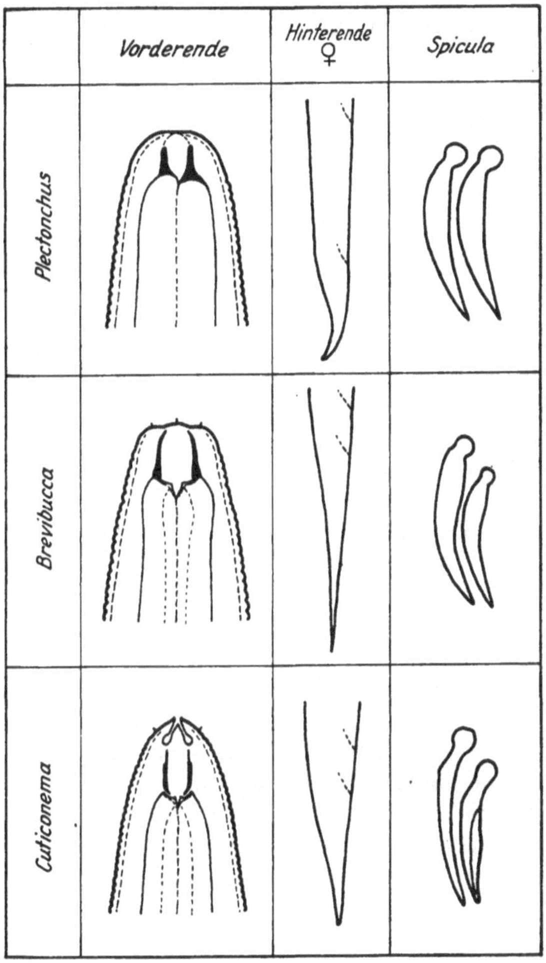

Abb. 81–83 Familie *Brevibuccidae*: *Plectonchus*, *Brevibucca* und *Cuticonema*

Bestimmungsschlüssel der Gattungen

1 Kopf durch tiefe und schmale Einschnitte in 6 Lappen geteilt; Exkretionsöffnung hinter der Ösophagusmitte. . . . . 3. *Cuticonema* (S. 218)

— Kopf ohne Einschnitte, glattrandig; Exkretionsöffnung in oder vor der Ösophagusmitte. 2

2 Spicula im selben Paar verschieden lang; Schwanz des ♀ sehr lang, haarfein. . . . . 2. *Brevibucca* (S. 217)

— Spicula im selben Paar gleich lang; Schwanz des ♀ mäßig lang, kegelförmig, nicht haarfein. . . . . 1. *Plectonchus* (S. 216)

1. Genus: *Plectonchus* Fuchs, 1930

Brevibuccidae. Körperlänge zwiwchen 0,5 und 2,5 mm. Cuticula fein geringelt und ebenso fein längsgestreift. Lippen praktisch nicht abgesondert. Promesostom kurz, mit nach innen gebogenen Wänden. Metastom unbedeutend. Ösophagus schlank, Corpus vollkommen zylindrisch; Exkretionsporus in oder vor der Mitte des Ösophagus. Ovar prävulvar, Vulva weit hinten, um 3/4 der Körperlänge; ein postvulvarer Uterusast fehlt. Spicula kurz, proximal kopfartig erweitert, im selben Tier gleich lang. Schwanz am Ende meist dorsal gebogen.
In Mulm von Borkenkäfern, in Kompost oder in Saftfluß von Bäumen lebende Nematoden.
Typusart: *Plectonchus cuniculari* Fuchs, 1930.

Bestimmungsschlüssel der Arten

1 Große Art, 1,6—2,5 mm lang. — Körper sehr schlank, Kopf schmal abgerundet. Die Struktur der Mundhöhle ist nicht genau bekannt, sie scheint ganz eng und schwach cuticularisiert zu sein. Corpus 1,5mal so lang wie der Isthmus. Exkretionsporus beim Hinterende des Corpus. Gonade kurz, Strecke Vulva-Anus 1,5—1,6mal länger als der Schwanz. Spicula 39 µm lang. Schwanz in beiden Geschlechtern 5 Analbreiten lang.
♀: L = 1,6—2,5 mm; a = 41—53; b = 7,0—9,3; c = 10—16; V = 66 bis 71%. ♂: L = 1,6—2,4 mm; a = 40—52; b = 7,0—9,3; c = 13—15.
DDR; in Saftfluß von Bäumen. . . . . *sucicola* Paesler, 1956[57]

— Kleinere Arten, bis 1 mm. 2

2 Schwanz des ♂ kurz, höchstens 2 Analbreiten lang, stark ventral gebogen; Körper plumper. 3

— Schwanz des ♂ länger, 3 bis 4 Analbreiten lang, leicht ventral und am Ende dorsal gebogen; Körper meist schlanker. 4

3 Abstand Vulva-Anus 6—7 Analbreiten lang, Schwanz des ♀ 4mal so lang wie die Analbreite, der des ♂ am Ende fein abgerundet. — Cuticula fein geringelt. Mundhöhle 10 µm lang. Corpus 1,5mal länger als der Isthmus; Exkretionsporus in der Mitte der Ösophaguslänge. Ei so lang wie die einschlägige Körperbreite. Spicula kürzer als der Analdurchmesser, Gubernaculum ohne Ventralfortsatz. 5 Paar Geschlechtspapillen.
♀: L = 0,75 mm; a = 19; b = 6,2; c = 10; V = 74%. ♂ ohne Massenangaben.
BRD und Österreich; im Mulm von Borkenkäfern. . . . *cuniculari* Fuchs, 1930

— Abstand Vulva-Anus nur 3 Analbreiten lang, Schwanz des ♀ 2—2,5mal so lang wie die Analbreite, der des ♂ am Ende fein gezackt. — Cuticula fein geringelt. Mundhöhle 10 µm lang. Spicula 18 µm, kürzer als der Analdurchmesser, Guber-

[57] Die Zugehörigkeit dieser Art ist nicht ganz sicher; aufgrund der für diese Gattung charakteristischen Spicula lasse ich sie einstweilen in der Gattung *Plectonchus*.

naculum 8 µm, ventral mit nach vorn gerichteten, dornartigen Fortsätzen. 6 Paar Geschlechtspapillen.

♀: L = 0,7 mm; a = 24; b = 6; c = 9; V = 74%. ♂: L = 0,6 mm; a = 24; b = 5,5; c = 13.

BRD und Österreich; in Gängen von Borkenkäfern. . . . . *ateri* FUCHS, 1930[58]

4 Abstand Vulva-Anus 6–8 Analbreiten lang; Spicula etwa so lang wie der anale Körperdurchmesser 5

– Abstand Vulva-Anus 3 Analbreiten lang; Spicula relativ sehr klein, kaum länger als der halbe Analdurchmesser. – Kopf breit und flach abgerundet. Ösophaguscorpus 2 Isthmuslängen messend. Ei kürzer als die einschlägige Körperbreite. Spicula 20–22 µm, Gubernaculum 11–12 µm lang. Schwanz des ♀ gerade-konisch, 3 Analbreiten lang, der des ♂ im hinteren Fünftel dorsal gebogen.

♀: L = 0,75–0,90 mm; a = 32–34; b = 4,6–5,8; c = 8–9; V = 78 bis 80%. ♂: L = 0,7–0,8 mm; a = 34–35; b = 4,4–4,8; c = 10–11.

Österreich, Tschechoslowakei; in Kompost. . . . . *extrematus* GUNHOLD, 1952

5 Lippen mit feinen Borstenpapillen; Cuticula auffallend dick. –Cuticula anscheinend nicht strukturiert. Mundhöhle halb so lang wie die Breite des Kopfes. Corpus 1,5mal so lang wie der Isthmus; Exkretionsöffnung in der Ösophagusmitte. Körper hinter der Vulva merklich verengt. Spicula 19 µm lang, proximal kopfartig angeschwollen; Gubernaculum 2/3 so lang. 2 Paar Prä- und 4 Paar Postanalpapillen. Schwanz des ♀ 3–4, der des ♂ 2,5–3 Analbreiten lang, distal fingerförmig.

♀: L = 0,57–0,60 mm; a = 20–24; b = 5,1–5,6; c = 9,7–11,3; V = 75%. ♂: L = 0,51–0,57 mm; a = 25–28; b = 4,2–4,9; c = 9,8–12,3.

USA (New Mexico); in den Gängen von *Hylurgops subcostulatus*. . . . . *molgos* MASSEY, 1974

– Lippen ohne Borstenpapillen; Cuticula normal dick. – Seitenfeld mit 2 Furchen. Kopf flach abgerundet. Mundhöhle nur etwa halb so lang wie die Kopfbreite. Ösophaguscorpus nicht bedeutend länger als der Isthmus. Exkretionsporus in 40% der Ösophaguslänge. Körper hinter der Vulva deutlich verschmälert. Schwanz des ♀ 5, der des ♂ 3 Analbreiten lang, im hinteren Drittel bei beiden Geschlechtern dorsal gebogen.

♀: L = 0,7 mm; a = 30; b = 4,5; c = 11,5; V = 77%. ♂: L = 0,6 mm; a = 32; b = 4,6; c = 11.

USA (New Mexico); in Mulm von *Scolytus ventralis* . . *wyganti* MASSEY, 1964

Bemerkung: *Plectonchus ligniperdae* FUCHS, 1930 stellt eine unsichere Art (species inquirenda) dar.

2. Genus: ***Brevibucca*** GOODEY, 1935

Brevibuccidae. Körperlänge 0,7 bis 1,7 mm. Cuticula fein geringelt und sehr fein längsgestreift. Lippenpapillen klein. Mundhöhle verhältnismäßig geräumig, mit gut cuticularisierten Wänden. Ösophaguscorpus hinten etwas länglich angeschwollen. Exkretionsporus in oder vor der Ösophagusmitte. Vulva ganz an der Analöffnung, Gonade ohne postvulvaren Teil. Spicula ungleich: das linke länger als das rechte.

[58] Nahe verwandt oder eventuell mit *P. ateri* identisch ist die aus Indien ohne Männchen bechriebene Spezies *Plectonchus cucumis* NAMA & SONI, 1979.

Schwanz des Weibchens lang und haarfein, der des Männchens in der hinteren Hälfte dolchartig verschmälert. Männchen mit 8 Paar Geschlechtspapillen.
Im Boden oder in faulenden Substanzen lebende Arten.
Typusart: *Brevibucca saprophaga* Goodey, 1935.

Bestimmungsschlüssel der Arten

1 Schwanz des ♀ 1/3—1/4 der Körperlänge; das linke Spiculum 27—31 µm, das rechte 23—27 µm lang. — Cuticula fein punktiert, mit mehr als 50 feinen Längsstreifen. Mundhöhle 14 (♀) bzw. 9—13 (♂) lang. Vorderabschnitt des Ösophagus (bis zum Hinterende des Corpus) 1,3mal länger als der Hinterabschnitt; Isthmus nahezu 2 Körperbreiten lang. Exkretionsporus weit vor der Mitte des Ösophagus entfernt. Vulva ungefähr 2 Analbreiten vor der Analöffnung. Ei 50 µm lang, in großer Zahl (bis über 20) vorhanden. Ovovivipare Art. Gubernaculum 18—22 µm lang. 3 Paar Prä-, 1 Paar Ad- und 4 Paar Postanalpapillen. Schwanz des ♀ 15—22, der des ♂ hingegen nur 4—5 Analbreiten lang.
♀: L = 1,1—1,7 mm; a = 31—44; b = 4,3—6,0; c = 3,0—4,5; V = 60 bis 73%. ♂: L = 0,7—0,9 mm; a = 25—34; b = 3,5—4,0; c = 8—10.
Bangladesh; terrikol. . . . . *punctata* Timm, 1960

— Schwanz des ♀ 1/6—1/8 der Körperlänge; das linke Spiculum 45—48 µm, das rechte 32—33 µm lang. — Cuticula fein längsgestreift. Mundhöhle 10—12 µm lang und 6—7 µm breit; ihre Wände proximal etwas verdickt. Vorderabschnitt des Ösophagus 1,7—1,8mal länger als der Hinterabschnitt; Isthmus kaum länger als der Bulbus. Exkretionsporus nahe der Mitte des Ösophagus. Vulva 1,5—2 Analbreiten vor dem Anus. Eier in geringer Zahl (bis 5) im Uterus vorhanden. Ovipare Art. Gubernaculum 30—32 µm lang. Papillenanordnung wie bei der vorigen Art.
♀: L = 1,0—1,1 mm; a = 14—16; b = 4,3—4,6; c = 6—8; V = 78 bis 82%. ♂: L = 0,8—1,0 mm; a = 17—21; b = 3,9—4,6; c = 8—10.
England; in faulenden Pflanzenteilen. . . . . . . *saprophaga* Goodey, 1935

3. Genus: ***Cuticonema*** Sanwal, 1959

Brevibuccidae. Cuticula geringelt. Kopf schmal, abgerundet, mit tiefen aber schmalen Einschnitten und borstenförmigen Papillen. Cheilostom nicht cuticularisiert. Seitenorgan klein, queroval. Hintere Hälfte des Ösophaguscorpus angeschwollen, Bulbus kräftig. Gonade lang, prävulvar, am Ende zurückgebogen; Vulva ganz am After. Spicula im selben Paar verschieden lang. Schwanz kegelförmig, mit deutlichen Phasmidien.
Typische und einzige Art: *Cuticonema viviparum* Sanwal, 1959.

— Cuticula locker, hüllenartig; Ringelbreite 1,7 µm. Innere Cuticulaschicht mit Längsreihen feiner Pünktchen. Seitenorgan beim Beginn des Protostoms. Einschnitte des Kopfes proximal kreisartig erweitert. Exkretionsporus beim Distalende des Isthmus. Vulva nur etwa eine Körperbreite vor dem Anus, mit membranöser Vulvarplatte. Vivipare Art. Rechtes Spiculum 44—46 µm, linkes 33—37 µm lang. Gubernaculum 13 µm lang, mit Caudalfortsatz. 2 Paar Präanal- und 3 Paar Postanalpapillen. Schwanz 3,5—4 Analbreiten lang. Phasmidien auf oder vor der Mitte des Schwanzes.

♀: L = 1,0–1,4 mm; a = 16–19; b = 4,5–6,5; c = 9–15; V = 85 bis 88%. ♂: L = 0,9–1,4 mm; a = 19–21; b = 3,9–5,2; c = 9–13.
Kanada; im Boden. . . . . *viviparum* SANWAL, 1959

3. Familia: **Panagrolaimidae** THORNE, 1937

Panagrolaimoidea. Mundhöhle nicht regelmäßig rohrförmig, ihre Bauelemente sind gut erkennbar; Promesostom stärker cuticularisiert als die übrigen Mundhöhlenteile. Ösophaguscorpus zylindrisch oder angeschwollen. Vulva im allgemeinen um 2/3 der Körperlänge, Gonade weit hinter die Vulva gebogen, mit postvulvarem Uterussack. Spicula im selben Paar gleich lang.
Vier Unterfamilien.

Bestimmungsschlüssel der Unterfamilien

1 Ösophagus mit bulbusartiger mittlerer Anschwellung; Metastom länger als Promesostom. dd) *Tricephalobinae* (S. 239)
— Ösophagus ohne bulbusartige mittlere Anschwellung; Metastom kurz. . . . 2
2 Promesorhabdions sehr klein, punktförmig; Spicula vorn meist hakenartig gebogen. . . . . bb) *Panagrellinae* (S. 233)
— Promesorhabdions gut entwickelt, stäbchenförmig; Spicula vorn nicht hakenartig. 3
3 Spicula S-förmig gebogen; sehr schlanke und lebhafte Tiere. . . . . cc) *Turbatricinae* (S. 238)
— Spicula nicht S-förmig; plumpere und weniger lebhafte Tiere. . . . . aa) *Panagrolaiminae* (S. 219)

aa) Subfamilia: *Panagrolaiminae* THORNE, 1937

Panagrolaimidae. Lippen 6, seltener 3. Promesostom gut entwickelt und stärker cuticularisiert als die übrigen Mundhöhlenabschnitte; Metastom kurz und eng. Ösophaguscorpus zylindrisch. Spicula einfach. *Cephalobus*-artig. Schwanz bei beiden Geschlechtern in der hintern Hälfte meist stark verschmälert.
Im Boden und in saproben Biotopen lebende Nematoden. 4 Gattungen.

Bestimmungsschlüssel der Gattungen

1 Kopf durch tiefe Einschnitte in 6 zugespitzte Lappen geteilt. 2
— Kopf normal, ohne Einschnitte. 3
2 Schwanz lang und schlank, so lang wie 7–8 Analbreiten; postvulvarer Uterusast fehlend. . . . . 4. *Panagrobelium* (S. 233)
— Schwanz kurz und plump, höchstens so lang wie 2 Analbreiten; postvulvarer Uterussack vorhanden. . . . . 3. *Panagrobelus* (S. 231)
3 Ösophaguscorpus in der hinteren Hälfte merklich angeschwollen; Pro- und Mesostom getrennt, lang. . . . . 1. *Procephalobus* (S. 219)
— Ösophaguscorpus hinten nicht oder kaum angeschwollen; Pro- und Mesostom verschmolzen, ziemlich kurz. . . . . 2. *Panagrolaimus* (S. 221)

1. Genus: ***Procephalobus*** STEINER, 1934

Panagrolaiminae. Körperlänge zwischen 0,4 und 0,9 mm. Lippen 6, flach, wenig abgesondert, Papillen klein. Pro- und Mesostom getrennt, lang, Prostom fast bis zu

den Lippen reichend (Cheilostom-ähnlich). Ösophaguscorpus deutlich aus zwei zylindrischen Abschnitten – einem vorderen, schmäleren und einem hinteren, breiteren Abschnitt – bestehend. Weibliche Gonade prävulvar, Ovar hinter die Vulva gebogen; Postvulvarast des Uterus vorhanden. Spicula relativ schlank. Schwanz kegelförmig, spitz. Im Boden und in Moos lebende Arten.
Typusart: *Procephalobus mycophilus* Steiner, 1934.

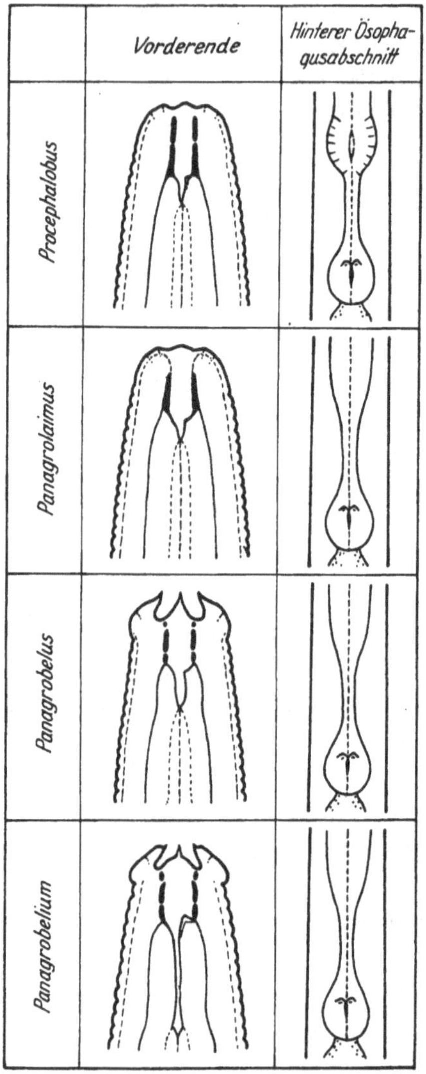

Abb. 84–87 Familie *Panagrolaimidae*, Unterfamilie *Panagrolaiminae*: *Procephalobus*, *Panagrolaimus*, *Panagrobelus* und *Panagrobelium*

Bestimmungsschlüssel der Arten

1 Schwanz in beiden Geschlechtern lang: beim ♀ so lang wie 6–8, beim ♂ wie 4 Analbreiten; selbst der dolchartig verschmälerte Hinterabschnitt des männlichen Schwanzes 2 Analbreiten lang. 2

— Schwanz in beiden Geschlechtern kürzer: beim ♀ höchstens so lang wie 4, beim ♂ wie 2 Analbreiten. 3

2 Schwanz des ♀ 8 Analbreiten lang, haarfein ausgezogen. — Lippen flach. Promesostom so lang (8 µm) wie die Kopfbreite. Spicula 20—27 µm, Gubernaculum 8—12 µm lang. Abstand Vulva-Anus gleich der Länge des Schwanzes. ♀: L = 0,56—0,60 mm; a = 27—31; b = 4,3—4,5; c = 6,2—8,4; V = 49 bis 58%. ♂: L = 0,43—0,57 mm; a = 27—30; b = 3,5—4,2; c = 10. Italien und Island; terrestrisch. — *Panagrolaimus halophilus* MEYL, 1954; *Cephalobus borealis* KREIS, 1963. . . . . . . *halophilus* (MEYL, 1954) n. comb.

— Schwanz des ♀ 6 Analbreiten lang, gleichmäßig kegelförmig, nicht haarfein ausgezogen. — Der breitere Vorderteil der Mundhöhle so lang wie die Kopfbreite. Verdickter hinterer Abschnitt des Ösophaguscorpus beinahe doppelt so lang wie der schmälere Vorderabschnitt. Abstand Vulva-Anus gleich 1,8 Schwanzlänge. Spicula länger als der anale Körperdurchmesser, Gubernaculum halb so lang wie die Spicula.
♀: L = 0,40—0,45 mm; a = 16—18; b = 4,5—5,0; c = 10—11; V = 60%.
♂: L = 0,45—0,50 mm; a = 18—19; b = 4,8—5,0; c = 9—10.
Kanarische Inseln; in Moos. . . . . *bryophilus* GADEA, 1961

3 Dolchartig verschmälerter hinterer Schwanzabschnitt des ♂ etwa die halbe Schwanzlänge einnehmend; Schwanz des ♀ 4 Analbreiten lang. — Cuticula fein geringelt. Vorderer weiter Mundhöhlenabschnitt etwa 2/3 so lang wie die Kopfbreite. Verdickter hinterer Teil des Ösophagus kürzer als der schmälere Vorderabschnitt. Exkretionsporus in der vorderen Hälfte des Isthmus. Gubernaculum halb so lang wie die Spicula. Präanal 2, postanal 4 Papillenpaare. Schwanzspitze des ♀ schwach dorsal gebogen.
♀: L = 0,52—0,87 mm; a = 16—23; b = 3,7—5,0; c = 11—13; V = 55 bis 61%. ♂: L = 0,40—0,73 mm; a = 17—24; b = 3,7—5,0; c = 11—16.
DDR, Ungarn, USA und Brasilien: terrikol. — *Panagrolaimus mycophilus* (STEINER, 1934) STEINER, 1935. . . . . *mycophilus* STEINER, 1934

— Dolchartig verschmälerter Schwanzabschnitt des ♂ sehr kurz, nur etwa 1/6 der Schwanzlänge; Schwanz des ♀ 3 Analbreiten lang. — Ringelbreite 1,5 µm. Vorderer weiter Mundhöhlenabschnitt kürzer als die Kopfbreite; Totallänge der Mundhöhle 8—11 µm. Ösophaguscorpus so lang wie 2 Isthmuslängen. Spicula 22 µm, Gubernaculum 9 µm lang.
♀: L = 0,50—0,76 mm; a = 22—30; b = 3,5—4,9; c = 12—17; V = 60 bis 62%. ♂: L = 0,6 mm; a = 17; b = 5,1; c = 16.
Italien; terrestrisch. — *Panagrolaimus brunettiae* (MARINARI, 1957) MEYL, 1961 . . . . *brunettiae* MARINARI, 1957

Bemerkung: *Procephalobus pachylaimus* SCHUURMANS STEKHOVEN & TEUNISSEN, 1938 — Syn. *Panagrolaimus pachylaimus* (SCHUURMANS STEKHOVEN & TEUNISSEN, 1938) GOODEY, 1963 — kann wegen der mangelhaften Beschreibung nicht näher identifiziert werden (species inquirenda).

2. Genus: ***Panagrolaimus*** FUCHS, 1930

Syn. *Cephalobus* (*Neocephalobus* STEINER, 1929); *Neocephalobus* (STEINER, 1929) STEINER, 1934; *Pseudorhabditis* KREIS, 1929, nec PERRONCITO, 1880; *Asymmetricus*

KREJS, 1930; *Panagrodontus* THORNE, 1925; *Panagrolaimoides* IVANOVA, 1958; *Panagromacra* MASSEY, 1964; *Eminensia* MAHAJAN, 1979.

Panagrolaiminae. Körperlänge zwischen 0,3 und 1,9 mm (meistens wohl unter 1 mm). Cuticula geringelt oder anscheinend glatt, oft fein längsgestreift. Lippen 6, flach oder kegelförmig, mit kleinen Papillen. Promesostom im allgemeinen so lang wie breit; Metastom nicht cuticularisiert, dorsal rundlich erhaben, ventral flach, mit einem kleinen Dorsal- und meist mit zwei äußerst feinen Subventralzähnchen. Ösophaguscorpus nach hinten allmählich leicht verbreitet, scharf vom Isthmus abgetrennt. Exkretionsporus im Bereich des Isthmus. Weibliche Gonade prävulvar, aber weit hinter die Vulva gebogen, mit kurzem postvulvarem Uterusast. Vulvalippen vorspringend, Körper von der Vulva an merklich verschmälert. Spicula mit Ventralvelum, proximal schmal, nicht kopfartig. Schwanz spitz, in der distalen Hälfte meist verengt. Männliche Geschlechtspapillen 6 oder 7 Paare.

Die *Panagrolaimus*-Arten kommen in der Erde, in faulenden organischen Stoffen, in Fraßmulm von Borkenkäfern und zuweilen auch in aquatilen Biotopen vor. Die Erkennung der Arten ist im allgemeinen nicht leicht; bei der Bestimmung darf man die Originalbeschreibungen nicht außer acht lassen!

Typusart: *Panagrolaimus detritophagus* FUCHS, 1930.

Bestimmungsschlüssel der Arten

1 Schwanz des ♀ 5 bis 7 Analbreiten lang. 2

— Schwanz des ♀ kürzer, bis 4 Analbreiten. 8

2 Körper groß, meist wohl über 1 mm und sehr schlank (im allgemeinen a = 30 bis 40 doch bis 60!). 3

— Körper kleiner, 1 mm nur ausnahmsweise erreichend, weniger schlank (a bis 25). 4

3 Vulva in 3/4 der Körperlänge, postvulvarer Uterusast kaum 1/2 des entsprechenden Körperdurchmessers. — Lippen undeutlich. Körper am Hinterende des Ösophagus 3mal breiter als der Kopf. Cuticula undeutlich geringelt. Corpus etwa doppelt so lang wie der Isthmus; Exkretionsöffnung nahe der Mitte des Isthmus. Vulvalippen flach. Ei 63—70 µm lang, 3—4mal länger als die Körperbreite. Schwanz 7—8 Analbreiten lang, im letzten Drittel merklich verschmälert.

♀: L = 1,1—1,9 mm; a = 28—59; b = 5,7—6,9; c = 9—10; V = 74—78%.
♂ unbekannt.

BRD Sowjetunion (Ferner Osten) und Surinam; aquatil. . . . . *thienemanni* HIRSCHMANN, 1952

— Vulva wenig hinter der Körpermitte gelegen; postvulvarer Uterusast so lang wie die Körperbreite. — Lippen flach, undeutlich. Körper am Hinterende des Ösophagus 3—4mal so breit wie der Kopf. Cuticula sehr fein geringelt, Seitenfeld 1/6 der Körperbreite. Corpus so lang wie 2,5 Isthmuslängen; Exkretionsporus in der Vorderhälfte des Isthmus. Postvulvarer Uterrussack dünn. Schwanz 7 Analbreiten lang, im letzten Drittel merklich verschmälert, an der Spitze fein abgerundet. Ei 55 µm lang. Fortpflanzung durch proterandrischen Hermaphroditismus. Phasmidien beim letzten Schwanzdrittel.

♀: L = 1,0—1,9 mm; a = 27—60; b = 5,3—7,0; c = 7—10; V = 52—59%.
♂ unbekannt.

BRD, Ungarn, Sowjetunion (Rußland, Kirgisien, Usbekistan, Ferner Osten), Indien, Kuba und Surinam; aquatil. . . . . *hygrophilus* BASSEN, 1940

4 Lippen relativ hoch (4 µm), spitz; Schwanz des ♂ haarfein verdünnt. — Cuticula anscheinend glatt. Kopf 6 µm breit, abgesetzt, Körper am Hinterende des Ösophagus 3—3,5mal so breit wie der Kopf. Corpus 2,5mal so lang wie der Isthmus. Promesostom 4 µm lang. Spicula 17 µm lang. Schwanz 6mal länger als die anale Körperbreite.
♀ unbekannt. ♂: L = 0,5 mm; a = 24; b = 4,4; c = 7.
Island; terrikol. — *Cephalobus paradoxus* KREIS, 1963. . . . .
. . . . *paradoxus* (KREIS, 1963) n. comb.

— Lippen flach, nicht spitz; Schwanz des ♂ zwar dolchartig verschmälert, jedoch nicht haarfein. 5

5 Schwanz des ♂ gleichmäßig kegelförmig. — Lippen praktisch nicht abgesondert. Körper am Ende des Ösophagus 2mal so breit wie der Kopf. Corpus doppelt so lang wie der Isthmus, hinten etwas verdickt. Postvulvarer Uterussack so lang wie die korrespondierende Körperbreite. Strecke Vulva-Anus 1,8—2,2mal länger als der Schwanz. Dieser beim ♀ 5—6 Analbreiten lang, beim ♂ etwas kürzer. Spicula 17—26 µm, Gubernaculum 8—12 µm lang, 2 Prä- und 4 Postanalpapillenpaare.
♀: L = 0,6—1,0 mm; a = 18—22; b = 5,4—7,7; c = 6—7; V = 55—57%.
♂: L = 0,50—0,85 mm; a = 18—22; b = 5,3—6,3; c = 7—8.
BRD, Österreich, Tschechoslowakei und Sowjetunion (Rußland, Grusien); in Mulm von Borkenkäfern. — *Plectonchus dendroctoni* FUCHS, 1932. . . .
. . . . *dendroctoni* (FUCHS, 1932) RÜHM, 1956

— Schwanz des ♂ mit abgesetzter hinterer Hälfte: von der Mitte an merklich verschmälert. 6

6 Schwanz des ♀ in der Mitte dorsal leicht eingebuchtet; dorsaler Metastomzahn deutlich. — Cuticula fein geringelt. Lippen ganz flach. Spicula 19—22 µm lang. Schwanz in beiden Geschlechtern 5—5,5 Analbreiten lang. 3 Paar Prä- und 14 Paar Postanalpapillen.
♀: L = 0,48—0,60 mm; a = 20—24; b = 4,1—4,8; c = 6—8; V = 54—59%.
♂: L = 0,43—0,54 mm; a = 22—30; b = 3,9—4,4; c = 7—8. (Die in Zucht gehaltenen Tiere sind länger: 0,8—1,1 (♀) bzw. 0,7—0,9 (♂) mm.)
DDR in salzhaltigem Boden. — *Neocephalobus halophilus* PAETZOLD, 1958, nec *Panagrolaimus halophilus* MEYL, 1954. . . . . . *paetzoldi* GOODEY, 1963

— Schwanz des ♀ dorsal nicht eingebuchtet, regelmäßig konisch; dorsaler Metastomzahn winzig klein. 7

7 Präanal — vor dem Proximalende der Spicula — 2 Paare Subventralpapillen. — Lippen ganz flach. Mundhöhle 8—12 µm lang. Cuticula 0,8—1 µm dick, Breite der einzelnen Ringe 2—2,5 µm. Ösophaguscorpus 1,5—1,8mal länger als der Isthmus. Exkretionsporus etwas hinter der Isthmusmitte gelegen. Postvulvarer Uterusteil nahezu so lang wie die Körperbreite; Ovar oft ganz bis zum Anus zurückgebogen. Spicula 16—23 µm, Gubernaculum 9—13 µm lang. Schwanz des ♀ so lang wie 5—6 Analbreiten, der des ♂ etwas kürzer. Geschlechtspapillen: 2 Paare prä- und 4 Paare ad- bzw. postanal.

♀: L = 0,58–0,72 mm; a = 16–25; b = 4,0–5,8; c = 6–8; V = 54 bis 60%. ♂: L = 0,47–0,64 mm; a = 21–24; b = 4,5–5,8; c = 6–8.
BRD, Ungarn, Sowjetunion (Rußland, Grusien, Usbekistan) in Mulm von Borkenkäfern und faulenden Substanzen. – *Panagrolaimus cornutus* FUCHS, 1930; *Panagrodontus cornutus* (FUCHS, 1930) THORNE, 1937; *Panagrolaimus venustus* FUCHS, 1930; *Panagrolaimus fuchsi* RÜHM, 1956; *Panagrolaimus longicaudatus* SUMENKOVA, 1965. . . . . *chalcographi* FUCHS, 1930

– Präanal – nahe dem Proximalende der Spicula – nur 1 Paar Subventralpapillen. – Lippen ganz flach. Mundhöhle 9–11 µm, etwa so lang wie die Kopfbreite. Abstand Vulva-Anus 1,9–2,3mal so lang wie der Schwanz; dieser 5 Analbreiten lang. Spicula 18–23 µm, Gubernaculum 9 µm lang. Männliche Papillen: 1 Paar präanal, 1 Paar adanal und 4 Paare postanal (davon 2 Paare subventral und 2 subdorsal).
♀: L = 0,51–0,55 mm; a = 15–19; b = 5,4–5,8; c = 6,8–7,5; V = 52 bis 63%. ♂: L = 0,43–0,53 mm; a = 17–18; b = 4,7–5,3; c = 7–8.
Frankreich; gebunden an *Dryocoetes hectographus* (Scolytidae). Möglicherweise mit der vorigen Art identisch. . . . *chararasi* RÜHM in RÜHM & CHARARAS, 1957

8 Schwanz ungewöhnlich kurz, bei beiden Geschlechtern nur sehr wenig länger als die anale Körprebreite. – Lippen paarweise verschmolzen, niedrig. Ösophaguscorpus 2,5mal so lang wie der Isthmus. Exkretionsöffnung in der Mitte des Isthmus. Weibliche Gonade sehr gut entwickelt, nach vorn oft bis zum Ösophagus, nach hinten bis in die Schwanzhöhle reichend. Schwanz bei beiden Geschlechtern mit kleinem aufgesetztem Endzapfen.
♀: L = 0,65 mm; a = 12; b = 5; c = 18,5; V = 66%. ♂: L = 0,6 mm; a = 14; b = 5; c = 20.
Sowjetunion (Rußland, Kasachstan, Usbekistan) und USA (Utah); in den Gängen von Borkenkäfern. . . . . *obesus* THORNE, 1937

– Schwanz nicht so kurz, mindestens 2 Analbreiten lang. 9

9 Große Arten: 1,3–1,5 mm (♀). 10

– Kleinere Arten: bis 1,2 mm, meist aber bedeutend kürzer. 11

10 Lippen fein zugespitzt. – Seitenfeld mit 3 Furchen. Corpus etwa doppelt so lang wie der Isthmus; Exkretionsporus in Höhe des letzteren. Postvulvarer Uterusteil ganz kurz. Schwanz bei beiden Geschlechtern ähnlich, regelmäßig konisch, fein zugespitzt, 2,5 Analbreiten lang. Abstand Vulva-Anus 6mal länger als der Schwanz.
♀: L = 1,55–1,80 mm; a = 32; b = 4,8–5,1; c = 20–22; V = 58–60%. ♂: L = 1,3–1,6 mm; a = 26–37; b = 4,4–5,3; c = 20–24.
USA (New Mexico); in den Gängen von Borkenkäfern. – *Panagromacra margaretae* MASSEY, 1964 . . . . *margaretae* (MASSEY, 1964) n. comb.

– Lippen abgerundet, niedrig. – Cuticula dünn, Ringelung 1–1,5 µm breit. Ösophaguscorpus etwa 2mal so lang wie der Isthmus. Ein kurzer Uterussack vorhanden. Spicula 28 µm, Gubernaculum 15 µm lang. Präanal 1, adanal 2 und postanal 4 Papillenpaare. Schwanz 2–2,5 Analbreiten lang, distal verdünnt und spitz.
♀: L = 1,3–1,5 mm; a = 27–35; b = 6,0–6,7; c = 16–19; V = 56 bis 60%. ♂: L = 1,0–1,4 mm; a = 26–40; b = 5–8; c = 10–28.

England und Zaire; im Boden und Brackwasser. — *Panagrolaimus salinus* EVERARD, 1958. . . . . *apicatus* SCHUURMANS STEKHOVEN & TEUNISSEN, 1938

11 Lippen kegelförmig, verhältnismäßig hoch und spitz[59] 12

— Lippen abgerundet, flach. 13

12 Schwanz des ♀ so lang wie 4 Analbreiten. — Seitenfeld mit 2 Furchen. Corpus des Ösophagus etwa doppelt so lang wie der Isthmus. Postvulvarer Uterusast ungefähr so lang wie die korrespondierende Körperbreite. Spicula deutlich länger als der Analdurchmesser. Schwanz des ♀ fein zugespitzt, der des ♂ im distalen Drittel stark verdünnt.
♀: L = 0,8—0,9 mm; a = 31—37; b = 4,7—5,1; c = 16—21; V = 61%.
♂: L = 0,8 mm; a = 33—34; b = 4,4—5,2; c = 16—17.
USA (New York); im Mulm von Borkenkäfern. — *Panagromacra faceta* MASSEY, 1971. . . . . *facetus* (MASSEY, 1971) n. comb.

— Schwanz des ♀ so lang wie 2 Analbreiten. — Cuticula sehr fein, kaum wahrnehmbar geringelt. Seitenfeld mit 3 Längslinien. Vordere Mundhöhlenkammer 8 µm lang. Corpus doppelt so lang wie der Isthmus. Postvulvarer Uterussack beinahe so lang wie die einschlägige Körperbreite. Ei 40—62 µm lang. Schwanz regelmäßig konisch.
♀: L = 0,5—0,7 mm; a = 10—25; b = 3,4—5,5; c = 17—21; V = 62 bis 66%. ♂ unbekannt.
Spitzbergen; terrikol . . . . *papillosus* LOOF, 1971

13 Kopfregion auffallend verschmälert, Hals beim Hinterende der Mundhöhle schon 3mal so breit wie der Kopf. — Cuticula 0,8 µm dick, Ringelung undeutlich. Seitenfeld 1/6 der Körperbreite. Mundhöhle 10 µm lang. Corpus mehr als doppelt so lang wie der Isthmus. Exkretionsporus beim Beginn des Isthmus. Postvulvarer Uterusast etwa so lang wie der Körperdurchmesser. Schwanz 3,5 Analbreiten lang, scharf zugespitzt; Phasmidien hinter der Schwanzmitte.
♀: L = 0,8 mm; a = 25; b = 4,7; c = 13; V = 55%. ♂ unbekannt.
Italien; an Flußufern. . . . . *ruffoi* ANDRÁSSY, 1962

— Kopfregion normal, nicht auffallend verschmälert. (Sehr schwer abtrennbare Arten). 14

14 Schwanz des ♀ 4 Analbreiten lang. 15

— Schwanz des ♀ 3 Analbreiten lang. 20

15 Postvulvarer Uterusast ungewöhnlich lang: wie 2 Körperbreiten; verdünnter Schwanzteil beim ♂ 1/3 der Schwanzlänge. — Corpus doppelt so lang wie der Isthmus. Exkretionsporus vor dem Bulbus. Spicula 20—23 µm, Gubernaculum 9—12 µm lang. Schwanz des ♀ gleichmäßig verdünnt, Phasmidien im ersten Schwanzdrittel. Schwanz des ♂ etwa 2 Analbreiten lang. Männchen mit 7 Paar Papillen.
♀: L = 0,5—0,7 mm; a = 19—21; b = 4,2—5,4; c = 10—12; V = 58 bis 62%. ♂: L = 0,4—0,5 mm; a = 17—22; b = 4,1—4,5; c = 10—11.
BRD, Italien, Sowjetunion (Rußland, Grusien, Usbekistan); in Fraßmulm von holzbrütenden Käfern, gelegentlich auch im Boden. . . . . *spondyli* KÖRNER, 1954

[59] Gelegentlich weist auch *Panagrolaimus subelongatus* zugespitzte Lippen auf.

— Postvulvarer Uterusast höchstens so lang wie die Körperbreite; verdünnter Schwanzteil des ♂ nahezu 1/2 der Schwanzlänge. 16

16 Körper schlank (a = 30 oder mehr). — Cuticularingelung undeutlich. Corpus 3mal so lang wie der Isthmus; Exkretionsporus dem Bulbus nahe. Spicula 22 µm lang, Gubernaculum etwa halb so lang. Schwanz bei beiden Geschlechtern gleich, nadelspitzig.
♀: L = 0,35—0,50 mm; a = 30—37; b = 3,9—4,5; c = 7—10; V = 56 bis 59%. ♂: L = 0,4 mm; a = 36; b = 4,2; c = 7,5.
Schweiz; terrikol. — *Cephalobus paralongicaudatus* ALTHERR, 1938. . . . . *paralongicaudatus* (ALTHERR, 1938) GOODEY, 1951

— Körper plumper (a = 20 oder weniger). 17

17 Strecke Vulva-Anus nur 1,5mal so lang wie der Schwanz. — Corpus gleich 2 Isthmuslängen; Exkretionsporus in Höhe des Isthmus. Spicula 18—19 µm, Gubernaculum 9—10 µm lang. Schwanz des ♀ gleichmäßig verschmälert; Phasmidien vor der Schwanzmitte. Schwanzende, insbesondere beim ♂, nadelspitzig.
♀: L = 0,30—0,44 mm; a = 18—19; b = 3,8—4,5; c = 6—7; V = 57 bis 63%. ♂: L = 0,27—0,40 mm; a = 19—20; b = 3,8—4,2; c = 7—8.
BRD, Österreich, Sowjetunion (Rußland, Ferner Osten); in Fraßmulm von Borkenkäfern. *verrucosus* FUCHS, 1930

— Strecke Vulva-Anus 2,5—3mal so lang wie der Schwanz. 18

18 Postvulvarer Uterusast vollkommen fehlend. — Isthmus länger als die halbe Corpuslänge. Exkretionsporus dem Bulbus ganz nahe. Ovar ganz bis zum Anus zurückgebogen. Ei 1,3mal so lang wie der Körperdurchmesser. Spicula gleich der Analbreite. Schwanz des ♀ regelmäßig konisch.
♀: L = 0,75—0,80 mm; a = 17; b = 5; c = 8; V = 58%. ♂: L = 0,64 bis 0,70 mm; a = 20; b = 4,4; c = 13.
USA (New Mexico); in Mulm verschiedener Borkenkäferarten. — *Neocephalobus judithae* (MASSEY, 1964) MASSEY, 1974. . . . . . *judithae* MASSEY, 1964

— Postvulvarer Uterusast vorhanden, wenn auch sehr kurz. 19

19 Die beiden ersten Paare der Präanalpapillen vor den Spicula gelegen. — Körper am Hinterende des Ösophagus 2,5mal breiter als der Kopf. Corpus 2,5mal so lang wie der Isthmus; Exkretionsporus nahe der Mitte des letzteren. Postvulvarer Uterussack kürzer als der entsprechende Körperdurchmesser. Spicula länger als die Analbreite. 8—10 Paar Geschlechtspapillen. Schwanz des ♀ allmählich verschmälert.
♀: L = 0,64—0,86 mm; a = 19—22; b = 4,7—5,6; c = 10—12; V = 57 bis 58%. ♂: L = 0,58—0,77 mm; a = 26—27; b = 4,3—4,8; c = 10—13.
Sowjetunion (Usbekistan) und Peru. — *Neocephalobus peruensis* STEINER, 1939. . . . . *peruensis* (STEINER, 1939) GOODEY, 1963

— Die beiden ersten Paare der Präanalpapillen im Bereich der Spicula gelegen. — Corpus doppelt so lang wie der Isthmus. Postvulvarer Gonadenast kürzer als die halbe Körperbreite; Ovar fast bis zur Analöffnung zurückgebogen. Spicula 18—21 µm, Gubernaculum 9—11 µm lang. Präanal und postanal je 3 Papillenpaare. Schwanz des ♀ allmählich verjüngt.
♀: L = 0,50—0,63 mm; a = 15—17; b = 4,5—6,1; c = 7—8; V = 54 bis 58%. ♂: L = 0,38—0,58 mm; a = 14—20; b = 4,5—6,0; c = 5—9.

BRD und Sowjetunion (Rußland); in den Gängen von Borkenkäfern. — *Panagrolaimus wichmanni* RÜHM, 1956. . . . . *moehni* RÜHM, 1956

20 Schwanz der beiden Geschlechter am Ende dorsalwärts gebogen. 21

— Schwanz gerade bzw. leicht ventralwärts gebogen. 22

21 Phasmidien beim ♀ vor der Analöffnung; Spicula groß, 26—30 µm lang. — Körper am Hinterende des Ösophagus 3mal breiter als der Kopf. Corpus doppelt so lang wie der Isthmus. Postvulvarer Uterusast kürzer als der Körperdurchmesser. Ei 51—60 µm lang. Gubernaculum 13—15 µm. Phasmidien beim ♂ etwas hinter dem Anus. Schwanz des ♀ 3, der des ♂ 2 Analbreiten lang.
♀: L = 0,63—1,1 mm; a = 22—30; b = 3,8—5,9; c = 14—20; V = 55 bis 63%. ♂: L = 0,6—0,8 mm; a = 26—33; b = 4,4—5,4; c = 15—18.
Australien und Neuseeland; terrestrisch. — *Rhabditis australis* COBB, 1893; *Panagrolaimus australis* YEATES, 1969. . . . . *australis* (COBB, 1893) SUDHAUS, 1976

— Phasmidien beim ♀ weit hinter der Analöffnung; Spicula kleiner, bis 22 µm. — Cuticularingelung schmäler als 1 µm. Metastomzähnchen deutlich. Körper am hinteren Ösophagusende mehr als doppelt so breit wie der Kopf. Postvulvarast des Uterus kürzer als die Körperbreite. Spicula 18—22 µm, Gubernaculum 6—9 µm lang. Ei so lang wie der Körperdurchmesser. Schwanz des ♀ 2,5—3 Analbreiten lang, der des ♂ etwas kürzer.
♀: L = 0,62—0,97 mm; a = 15—30; b = 3,9—6,1; c = 8—19; V = 54 bis 70%. ♂: L = 0,5—0,9 mm; a = 17—31; b = 4,0—5,3; c = 8—27.
Sowjetunion (Kasachstan, Tadshikistan, Usbekistan), Kanada und Kuba; terrikol. — *Panagrolaimoides multidentatus* IVANOVA, 1958; *Panagrodontus multidentatus* (IVANOVA, 1958) KAKULIJA, 1968; *Panagrolaimus tipulae* LAM & WEBSTER, 1971. . . . . . *multidentatus* (IVANOVA, 1958) GOODEY, 1963

22 Schwanz verhältnismäßig länger (c um 10), Abstand Vulva-Anus 3mal so lang wie der Schwanz. 23

— Schwanz kürzer (c = 15 oder mehr), Abstand Vulva-Anus 5—7mal so lang wie der Schwanz. 26

23 Schwanz regelmäßig konisch. — Cuticula fein geringelt. Seitenfeld mit 2 Furchen. Corpus nicht oder kaum länger als der Isthmus. Metastom mit deutlichem Zahn. Postvulvarsack des Uterus so lang oder länger als die korrespondierende Körperbreite. Ei 50 µm lang. Spicula 24—27 µm, Gubernaculum 11—12 µm lang. Schwanz des ♀ 3—3,5 Analbreiten lang, der des ♂ etwas kürzer. Phasmidien in der Mitte des Schwanzes.
♀: L = 0,50—0,73 mm; a = 17—22; b = 4,8—6,0; c = 9—12; V = 54 bis 62%. ♂: L = 0,50—0,67 mm; a = 20—21; b = 4,4—5,1; c = 8—10.
BRD, Österreich, Frankreich, Sowjetunion (Rußland), USA(Utah); in Fraßmulm von Borkenkäfern. — *Panagrodontus tigrodon* (FUCHS, 1930) THORNE, 1937; *Panagrolaimoides tigrodon* (FUCHS, 1930) IVANOVA, 1958; *Panagrodontus dentatus* THORNE, 1935; *Panagrolaimus dentatus* (THORNE, 1935) RÜHM, 1956; *Panagrodontus ruehmi* IVANOVA, 1958. . . . . *tigrodon* FUCHS, 1930

— Schwanz nicht regelmäßig konisch. 24

24 Abgesetzter distaler Schwanzabschnitt des ♀ die Hälfte der Schwanzlänge einnehmend. — Corpus doppelt so lang wie der Isthmus. Abstand Vulva-Anus so lang wie 2,5—3 Schwanzlängen. Spicula 20—23 µm, Gubernaculum 8—9 µm

lang. Schwanz des ♀ 3—3,5 Analbreiten lang, Phasmidien in seinem ersten Drittel.
♀: L = 0,60—0,72 mm; a = 13—15; b = 5,0—4,9; c = 7—8; V = 53 bis 55%. ♂: L = 0,58—0,64 mm; a = 17—18; b = 5,1—6,1; c = 6—8.
BRD und Sowjetunion (Grusien); an Borkenkäfern. *scheucherae* RÜHM, 1956

— Abgesetzter Schwanzabschnitt des ♀ höchstens 1/3 der Schwanzlänge einnehmend. 25

25 Abgesetzter Schwanzabschnitt etwa 1/3 der Schwanzlänge. — Metastomzähnchen deutlich. Corpus kürzer als die doppelte Länge des Isthmus. Spicula an der dorsalen Seite fast rechtwinkelig gebogen. Schwanz bei beiden Geschlechtern ähnlich; Phasmidien in der Mitte des Schwanzes.
♀: L = 0,55 mm; a = 17; b = 4,7; c = 11; V = 62%. ♂: L = 0,45 mm; a = 18; b = 5; c = 10.
Sowjetunion (Rußland, Turkmenien, Kirgisien, Usbekistan), USA (Utah), Kuba. — *Panagrodontus armatus* THORNE, 1937. . . . . *armatus* (THORNE, 1937) RÜHM, 1956

— Abgesetzter Schwanzabschnitt nur etwa 1/4 der Schwanzlänge. — Metastomzähnchen relativ groß. Corpus kürzer als die doppelte Länge des Isthmus. Spicula 20—24 µm, Gubernaculum 9—12 µm lang. Schwanz in beiden Geschlechtern ähnlich.
♀: L = 0,52—0,60 mm; a = 18—19; b = 5,0—5,4; c = 12—13; V = 59 bis 62%. ♂: L = 0,47—0,57 mm; a = 16—19; b = 4,8—4,9; c = 12—13.
Sowjetunion (Rußland, Grusien); in Mulm von Borkenkäfern. Möglicherweise mit der vorigen Art identisch. —
Panagrodontus breviureus KAKULIJA, 1968. . . . . *breviureus* (KAKULIJA, 1968) n. comb.

26 Distalende des weiblichen Schwanzes deutlich abgesetzt (plötzlich verschmälert). 27

— Distalende des weiblichen Schwanzes nicht abgesetzt. 28

27 Kleinere Art, 0,5—0,7 mm. — Cuticula anscheinend glatt. Körper am hinteren Ösophagusende etwa doppelt so breit wie der Kopf. Schwanz 2,5—3 Analbreiten lang.
♀: L = 0,48—0,68 mm; a = 18—26; b = 3,5—5,0; c = 10—16; V = 57 bis 60%. ♂ unbekannt.
Sowjetunion (Ferner Osten) und China; in Kompost. — *Pseudorhabditis labiata* KREIS, 1929; *Asymmetricus labiatus* (KREIS, 1929) KREIS, 1930; *Rhabditis labiata* (KREIS, 1929) NIGON, 1949; *Tricephalobus labiatus* (KREIS, 1929) GOODEY, 1951; *Acrobeloides labiatus* (KREIS, 1929) DOUGHERTY, 1955; *Trilabiatus labiatus* (KREIS, 1929) GOODEY, 1963. . . . . *labiatus* (KREIS, 1929) ANDRÁSSY, 1960[60]

— Größere Art, um 1 mm. — Cuticula fein geringelt; Seitenfeld mit 2 Furchen, 1/8 der Körperbreite. Mundhöhle länger als die Kopfbreite. Corpus 1,3mal so lang wie Isthmus. Postvulvarer Uterussack gleich der Körperbreite. Gubernaculum halb so lang wie die Spicula. Schwanz des ♀ 3 Analbreiten lang.

---

[60] *Panagrolaimus burdwanensis* CHATURWEDI & KHERA, 1979 aus Indien ist möglicherweise mit dieser Art identisch.

♀: L = 0,86–0,90 mm; a ≐ 21; b = 4,3; c = 17; V = 62%. ♂: L = 0,8 mm; a = 27; b = 4,7; c = 16.
USA (New Mexico); an Borkenkäfern gebunden. Wahrscheinlich mit der vorigen Art identisch. *concolor* MASSEY, 1964

28 Dorsalzahn des Metastoms deutlich[61] 29

— Dorsalzahn des Metastoms äußerst klein, undeutlich. 31

29 Seitenfeld mit 4 Längsfurchen. — Lippenpapillen undeutlich. Cuticula fein längs- und quergestreift. Mundhöhle etwa so lang wie die Kopfbreite. Körper am Proximalende des Ösophagus 3mal breiter als der Kopf. Corpus beinahe 3mal länger als der Isthmus. Postvulvarer Uterussack kaum kürzer als die Körperbreite. Präanal 1 Paar, postanal 3 Paar Papillen. Schwanz des ♀ 3, der des ♂ 2 Analbreiten lang.
♀: L = 0,96 mm; a = 27; b = 5,1; c = 16; V = 57%. ♂: L = 0,95 mm; a = 29; b = 5,4; c = 18.
USA (Connecticut); in Tannenzapfen. . . . . . . *conophthori* MASSEY, 1974

— Seitenfeld mit 3 Längsfurchen. 30

30 Lippen mit feinen Borstenpapillen. — Cuticula fein längs- und quergestreift. Mundhöhle etwa so lang wie die Lippenbreite. Körper am proximalen Ösophagusende 3mal breiter als der Kopf. Corpus etwa doppelt so lang wie der Isthmus. Postvulvarer Uterussack wesentlich kürzer als der Körperdurchmesser. Spicula 28 µm lang. Präanal 2, postanal 3 Papillenpaare. Schwanz des ♀ 3, der des ♂ 2,5 Analbreiten lang.
♀: L = 1,05 mm; a = 36; b = 5,2; c = 19; V = 57%. ♂: L = 0,7 mm; a = 27; b = 4,4; c = 16.
USA (Ohio); in Mulm von Borkenkäfern. . . . . . . *leperisini* MASSEY, 1974

— Lippen ohne Borstenpapillen. — Cuticularingelung 1,3 µm breit. Seitenfeld mit 3 Längsfurchen. Totallänge der Mundhöhle 12–15 µm. Corpus 2–2,3mal so lang wie der Isthmus. Postvulvarer Uterusast so lang oder etwas kürzer als die korrespondierende Körperbreite. Ei 70 µm lang. Spicula 32–35 µm, Gubernaculum 13–15 µm lang. Schwanz des ♀ 2–2,6, der des ♂ 1,4–1,7 Analbreiten lang, bei beiden Geschlechtern sehr scharf zugespitzt. Hinterende des ♂ mit 6 Paar Papillen. Phasmidien in der Mitte des Schwanzes.
♀: L = 0,8–1,0 mm; a = 18–22; b = 3,9–5,0; c = 17–21; V = 60 bis 64%. ♂: L = 0,73–0,90 mm; a = 22–28; b = 4,0–4,6; c = 17–22.
Antarktis; terrikol. . . . . *davidi* TIMM, 1971

31 Hinterende des Ösophaguscorpus mit zwei, aneinander liegenden schwachen Anschwellungen; Körper am proximalen Ösophagusende fast 4mal so breit wie der Kopf. — Corpus nahezu 3mal so lang wie der Isthmus. Spicula 24–29 µm, Gubernaculum 9–14 µm lang. Schwanz des ♀ 3 Analbreiten lang; Phasmidien in der Schwanzmitte.
♀: L = 0,9–1,0 mm; a = 24–31; b = 4,3–5,6; c = 16–18; V = 51 bis 58%. ♂: L = 0,75–0,98 mm; a = 24–31; b = 4,3–5,3; c = 16–18.
BRD und Sowjetunion (Usbekistan SSR); unter Baumrinden. . . . . *goodeyi* RÜHM, 1956

[61] Hierher gehört wahrscheinlich auch *Panagrolaimus ornatus* (MAHAJAN, 1979) n. comb. (Syn. *Eminensia ornata* MAHAJAN, 1979). Daß die Art paarige Gonaden besitze, wie MAHAJAN das behauptet, ist offenbar ein Irrtum. Fundort: Indien.

— Hinterende des Ösophaguscorpus ohne doppelte Anschwellungen; Körper am proximalen Ösophagusende 2—2,5mal so breit wie der Kopf. 32

32 Außer den adanalen Papillen 2 Paar Präanalpapillen vorhanden. 33

— Außer den adanalen Papillen nur ein Paar Präanalpapillen vorhanden. . . . 34

33 Beide Paare der Präanalpapillen vor der Spicula liegend; Abstand Vulva-Anus 6—7mal so lang wie der Schwanz. — Mundhöhle 9—10 µm lang. Corpus etwa 3mal so lang wie der Isthmus; Exkretionsöffnung vor dem Bulbus. Spicula 20—32 µm, Gubernaculum 8—12 µm lang. Schwanz des ♀ 2—3 Analbreiten lang; der des ♂ mit 6 Paar Papillen.
♀: L = 0,62—0,85 mm; a = 19—25; b = 4,4—5,1; c = 14—20; V = 59 bis 62%. ♂: L = 0,50—0,75 mm; a = 20—28; b = 4,1—5,6; c = 16—18.
BRD, Österreich, Ungarn, Italien und Brasilien; in faulenden Stoffen. — *Panagrolaimus piniperdae* FUCHS, 1930; *Panagrolaimus paradetritophagus* GOODEY, 1963. . . . . *detritophagus* FUCHS, 1930

— Nur ein Paar der Präanalpapillen liegt vor den Spicula, das andere Paar im Bereich der Spicula; Abstand Vulva-Anus 4—5mal so lang wie der Schwanz. — Lippen mit sehr kleinen Papillen. Mundhöhle 11—16 µm lang; Metastomwülste mit je 2 feinen Zähnchen. Corpus beinahe 3mal länger als der Isthmus. Postvulvarer Uterussack kürzer als der Körperdurchmesser. Spicula 18 bis 28 µm, Gubernaculum 9—11 µm lang. Postanal 4 Paar Papillen. Schwanz des ♀ 3, der des ♂ 2 Analbreiten lang; Schwanzende scharfspitzig.
♀: L = 0,71—0,77 mm; a = 22—23; b = 4,8—5,1; c = 14—15; V = 53 bis 68%. ♂: L = 0,66—0,72 mm; a = 21—24; b = 4,5—4,7; c = 14—15.
Sowjetunion (Rußland)); in den Larven der Lepidopteren-Art *Zeuzera pyrina* . . . . *artyukhovskii* BLINOVA & MISHINA, 1975

34 Schwanz des ♀ plumper, in der Dorsalkontur bis zur Spitze konvex; Lippen gut abgesondert. — Cuticula sehr fein geringelt. Vordere weite Mundhöhlenkammer 10—14 µm lang. Corpus 1,5—2mal länger als der Isthmus. Postvulvarer Uterusast kürzer als die einschlägige Körperbreite. Abstand Vulva-Anus 5—7mal länger als der Schwanz. Spicula 29—32 µm, Gubernaculum 9—15 µm lang. Schwanz des ♀ 2,5—3mal so lang wie die anale Körperbreite; Phasmidien im letzten Drittel des Schwanzes.
♀: L = 0,6—1,2 mm; a = 20—30; b = 4,3—4,6; c = 15—22; V = 53—62%. ♂: L = 0,6—1,2 mm; a = 25—31; b = 4,0—5,4; c = 16—20.
BRD, Österreich, Ungarn, Tschechoslowakei, Rumänien, Bulgarien, Frankreich, Polen, Sowjetunion (Rußland, Estland, Litauen, Moldau, Turkmenien, Aserbaidshan, Kirgisien, Tadshikistan, Kasachstan, Usbekistan, Ferner Osten), Philippinen, Ägypten, Südafrika, USA (Michigan), Hawaii; terrikol, besonders in faulenden Substanzen. — *Cephalobus subelongatus* COBB, 1914; *Panagrolaimus superbus* FUCHS, 1930. . . . . . . *subelongatus* (COBB, 1914) THORNE, 1937

— Schwanz des ♀ schlanker, in der Dorsalkontur am Ende gerade oder schwach konkav; Lippen kaum abgesondert. — Cuticula fein geringelt. Vordere weite Mundhöhlenkammer 10—12 µm lang. Corpus 1,5mal so lang wie der Isthmus. Postvulvarer Uterussack kürzer als die Körperbreite. Abstand Vulva-Anus 5—6mal länger als der Schwanz. Spicula 29—30 µm, Gubernaculum 14—15 µm

lang. Schwanz des ♀ 3–3,5, der des ♂ 2–2,5 Analbreiten lang. Phasmidien hinter der Schwanzmitte.
♀: L = 0,8–1,3 mm; a = 23–29; b = 4,6–5,9; c = 15–19; V = 57–61%.
♂: L = 0,7–1,1 mm; a = 26–31; b = 4,9–5,5; c = 15–49.
Kosmopolitisch, überall gemein; in Boden und verschiedenen organischen Abfällen. Holland, Belgien, DDR, BRD, Österreich, Ungarn Tschechoslowakei, Rumänien, Bulgarien, Spanien, Schweiz, Italien, Polen, Dänemark, Schweden, Sowjetunion (Rußland, Estland, Litauen, Moldau, Grusien, Turkmenien, Aserbaidshan, Kasachstan, Tadshikistan, Usbekistan, Ferner Osten), Israel, China, Ghana, Zaire, Venezuela, Brasilien. — *Leptodera rigida* SCHNEIDER, 1866; *Anguillula rigida* (SCHNEIDER, 1866) BÜTSCHLI, 1876; *Cephalobus rigidus* (SCHNEIDER, 1866) ÖRLEY, 1880; *Rhabditis rigida* (SCHNEIDER, 1866) LINSTOW, 1883; *Cephalobus oxyuris* BÜTSCHLI, 1873; *Panagrolaimus oxyuris* (BÜTSCHLI, 1873) GOODEY, 1963; *Cephalobus infestans* COBB, 1893; *Rhabditis aquatica* MICOLETZKY, 1913; *Panagrolaimus aquaticus* (MICOLETZKY, 1913) GOODEY, 1963. . . . . *rigidus* (SCHNEIDER, 1866) THORNE, 1937

Bemerkung: Unsichere Arten (species inquirendae) sind die folgenden:
Panagrolaimus impar (COBB, 1924) SUDHAUS, 1976 — Syn. *Rhabditis impar* COBB, 1924 — aus den USA.
Panagrolaimus paranensis (RAHM, 1928) n. comb. — Syn. *Cephalobus persegnis paranensis* RAHM, 1928 — aus Brasilien.
Panagrolaimus picei FUCHS, 1930 — aus der BRD.
Panagrolaimus sexdentati FUCHS, 1930 — aus der BRD.
Die Beschreibung der Art *Panagrolaimus hermineae* KARAPETYAN, 1979 war mit leider unzugänglich.

3. Genus: ***Panagrobelus*** THORNE, 1939

Panagrolaiminae. Körperlänge 0,5 bis 1,1 mm. Cuticula geringelt, Seitenfeld mit 2 oder 3 Längsfurchen. Kopf durch tiefe Einschnitte in 6 zugespitzte Lappen mit cuticularisiertem Rand geteilt. Promesostom einheitlich, Metastom eng und kurz, nicht cuticularisiert, ohne deutliche Zähnchen. Ösophaguscorpus praktisch zylindrisch. Postvulvarer Uterussack vorhanden, aber kurz. Ovar weit hinter die Vulva zurückgebogen. Schwanz bei beiden Geschlechtern kurz und — insbesondere beim ♀ — plump. Meist an Borkenkäfern gebundene Nematodenarten.
Typusart: *Panagrobelus incisus* THORNE, 1939.

Bestimmungsschlüssel der Arten

1 Schwanz des ♀ 3 Analbreiten lang. — Cuticula gut geringelt. Körper am Proximalende des Ösophagus etwa 2mal so breit wie der Kopf. Kopfrand cuticularisiert. Abstand Vulva-Anus doppelt so lang wie der Schwanz; dieser mit aufgesetztem Spitzchen.
♀♂: 0,6 mm; a = 25; b = 4; c = 14.
Eine problematische Art, die zwar in der Literatur aus zahlreichen Ländern aufgezählt, aber nie ausführlich beschrieben wurde. Fraglich ist daher, ob sich die einzelnen Fundortangaben tatsächlich auf diese Art beziehen: Holland, Belgien, DDR, BRD, Österreich, Ungarn, Bulgarien, Spanien (Me-

norca), Italien (Sardinien), Polen, Finnland, Sowjetunion (Rußland, Belorußland, Litauen, Moldau, Tadshikistan), Brunei, Madeira, Zaire, Venezuela. — *Cephalobus emarginatus* DE MAN, 1880; *Acrobeloides emarginatus* (DE MAN, 1880) THORNE, 1937; *Acrobeles* (*Acrobeloides*) *emarginatus* (DE MAN, 1880) SCHNEIDER, 1939. . . . . *emarginatus* (DE MAN, 1880) n. comb.

— Schwanz des ♀ höchstens 2 Analbreiten lang. 2

2 Seitenfeld mit 3 Längsfurchen. — Cuticularingelung fein. Promesostom stark cuticularisiert, Metastom mit schwachem dorsalem Vorsprung und feinen subventralen Zähnen. Corpus doppelt so lang wie der Isthmus. Postvulvarer Uterusteil viel kürzer als der Körperdurchmesser. Spicula 20 µm lang, Gubernaculum dünn, stäbchenförmig. Präanal 2, postanal 3 Papillenpaare. Schwanz des ♀ 1,5, der des ♂ 2 Analbreiten lang.
♀: L = 0,65—0,76 mm; a = 19—24; b = 4,5—4,6; c = 24—25; V = 57 bis 60%. ♂: L = 0,52—0,65 mm; a = 25—28; b = 3,6—4,2; c = 16—18.
USA (Virginia); an Borkenkäfer gebunden. . . . . *phloeosini* MASSEY, 1974

— Seitenfeld mit 2 Längsfurchen. 3

3 Kleine Art, um 1/2 mm; Spicula 16—19 µm lang. — Kopflappen etwa gleich lang. Mundhöhle 10 µm lang. Seitenfeld breit, 1/3 der Körperbreite einnehmend. Körper hinter der Vulva merklich verschmälert. Ei 50 µm lang. Abstand Vulva-Anus 5mal länger als der Schwanz. Gubernaculum 8 µm lang. Schwanz des ♀ kuppelförmig, spitz, etwa 1,5mal so lang wie die anale Körperbreite.
♀: L = 0,54 mm; a = 20—24; b = 4,2; c = 19; V = 60%. ♂: L = 0,52 mm; a = 20—24; b = 3,5—4,2; c = 15—17.
BRD, Ungarn, Tschechoslowakei; in den Gängen von Borkenkäfern und in faulenden Stoffen. — *Plectonchus coronatus* FUCHS, 1930. . . . . *coronatus* (FUCHS, 1930) THORNE, 1939

— Größere Arten: 0,7—1,0 mm; Spicula 23—25 µm lang. 4

4 Gubernaculum dreieckig, mit Caudalfortsatz; sämtliche Kopflappen einfachspitzig und nahezu gleich lang. — Corpus 2mal so lang wie der Isthmus; Exkretionsporus in Höhe des letzteren. Spicula 24—25 µm, Gubernaculum 11 bis 14 µm lang. Schwanz des ♀ etwa 2 Analbreiten lang, stumpf-kegelförmig; Phasmidien im letzten Fünftel der Schwanzlänge.
♀: L = 0,8—1,1 mm; a = 21—23; b = 4,4—6,0; c = 19—21; V = 56 bis 59%. ♂: L = 0,70—0,78 mm; a = 22—28; b = 4,2; c = 17—20.
Holland, BRD, Tschechoslowakei und Sowjetunion; in Mulm von Borkenkäfern . . . . *stammeri* RÜHM, 1956

— Gubernaculum stäbchenförmig, ohne Caudalfortsatz; 3 von den 6 Kopflappen länger als die übrigen und — von oben gesehen — nicht spitz, sondern gerade abgestutzt. — Seitenfeld mit 2 Linien. Ringelbreite 1,5 µm. Corpus 1,8 bis 2mal so lang wie der Isthmus; Exkretionsporus vor dem Bulbus. Abstand Vulva-Anus 8mal länger als der Schwanz. Postvulvarer Uterusast ganz kurz. Spicula 23—24 µm, Gubernaculum 12—14 µm lang. Schwanz des ♀ so lang wie 1,5—2 Analbreiten, kuppelförmig, mit aufgesetzter Spitze.
♀: L = 0,7—1,0 mm; a = 20—23; b = 3,9—5,5; c = 17—22; V = 57—62%.
♂: L = 0,6—0,9 mm; a = 19—28; b = 4,1—4,7; c = 16—20.

Belgien, BRD, Bulgarien, England, Sowjetunion (Rußland, Moldau, Usbekistan), und USA (Massachusetts, New Mexico); an Borkenkäfern gebunden. — *Panagrobelus scolyti* MASSEY, 1964; *Panagrobelus coronatus* apud RÜHM, 1956. . . . . *incisus* THORNE, 1939

4. Genus: ***Panagrobelium*** n. gen.

Panagrolaiminae. Körperlänge um 1/2 mm. Cuticula geringelt, Seitenfeld mit 3 Längslinien. Kopf durch tiefe Einschnitte in 6 Lappen geteilt. Promestom und Mesostom verschmolzen, Metastom sehr eng und lang, am Beginn mit einem deutlichen Zahn. Ösophaguscorpus zylindrisch. Gonade hinter die Vulva gebogen; postvulvarer Uterusast fehlend. Spicula und Gubernaculum schlank. Schwanz verjüngt-kegelförmig, scharfspitzig.
Typische und einzige Art: *Panagrobelus topayi* ANDRÁSSY, 1960 = *Panagrobelium topayi* (ANDRÁSSY, 1960) n. comb.

— Schlanke Art. Cuticula dünn, Ringelung 1,7—2 µm breit. Seitenfeld 1/4—1/5 der Körperbreite einnehmend. 3 von den Kopflappen scharfspitzig, 3 am Ende abgestumpft. Vorderer weiterer Mundhöhlenabschnitt 5—6 µm, hinterer enger Abschnitt 7—9 µm lang. Corpus 3mal länger als der Isthmus; Exkretionsöffnung im Bereich des letzteren. Vagina distal angeschwollen, schräg nach vorn gerichtet. Spicula 30 µm, Gubernaculum 15 µm lang. Präanal 3, postanal 4 Papillenpaare. Schwanz des ♀ 7—8 Analbreiten lang, Phasmidien im letzten Schwanzdrittel; der des ♂ 3 Analbreiten lang, mit nadelspitzigem Mucro.
♀: L = 0,6 mm; a = 34—39; b = 3,4—3,8; c = 8—9; V = 63—64%.
♂: L = 0,56 mm; a = 40; b = 3,6; c = 14.
Sowjetunion (Usbekistan) und Kenia; terrikol. — *Panagrobelus topayi* ANDRÁSSY, 1960. . . . . *topayi* (ANDRÁSSY, 1960) n. comb.

bb) Subfamilia: *Panagrellinae* ANDRÁSSY, 1976

Panagrolaimidae. Lippen 6, seltener 3, kaum abgesondert. Promesostom sehr klein, Promesorhabdions punktförmig, stärker cuticularisiert als die übrigen Mundhöhlenteile. Metastom kurz, ohne deutliche Zähne. Ösophaguscorpus zylindrisch, massiv. Spicula proximal meist hakenartig.
Saprobionte Nematoden. 2 Gattungen.

Bestimmungsschlüssel der Gattungen

1 Spicula distal fein gegabelt, doppelspitzig; Postvulvarsack des Uterus vorhanden. 1. *Panagrellus* (S. 233)
— Spicula distal einfachspitzig; Postvulvarsack des Uterus fehlend. . . . . 2. *Anguilluloides* (S. 237)

1. Genus: ***Panagrellus*** THORNE, 1938

Syn. *Turbator* GOODEY, 1943; *Tylorhabdus* SUKUL, 1971.
Panagrellinae. Mittelgroße bis große Tiere (0,6—2,9 mm). Cuticula glatt oder fein geringelt, zuweilen auch fein längsgestreift. Lippen 6, flach. Mundhöhle ziemlich kurz, nur die punktförmigen Promesorhabdions cuticularisiert. Metastom mit sehr

feinen Dorsal- und Subventralzähnchen. Ösophaguscorpus annähernd 2/3 der Ösophaguslänge einnehmend, zylindrisch, massiv. Exkretionsporus in Höhe des Isthmus oder des Bulbus. Ovar weit hinter die Vulva zurückgebogen. Postvulvarschlauch des Uterus vorhanden, lang. Vagina muskulös, nach vorn gerichtet. Spicula proximal oft hakenartig, distal stets gegabelt, doppelspitzig. Außer den 7 Paar Geschlechtspapillen auch eine unpaarige Präanalpapille vorhanden. Schwanz in beiden Geschlechtern lang, zugespitzt. Ovi- oder vivipare Arten.
Saprobionten, in faulenden oder gärenden Stoffen.
Typusart: *Panagrellus pycnus* THORNE, 1938.

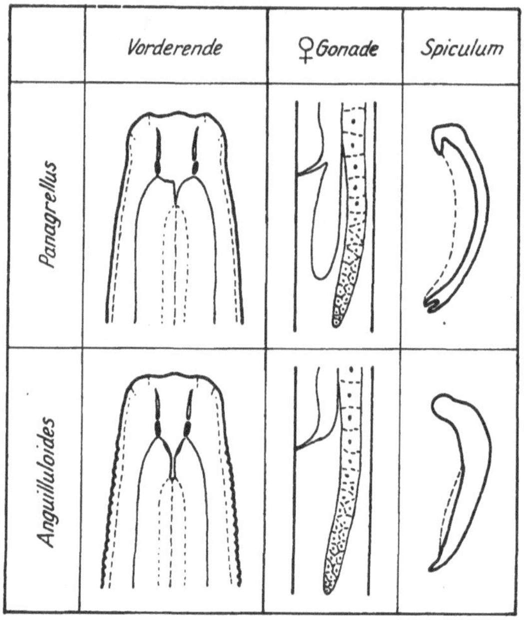

Abb. 88–89 Familie *Panagrolaimidae*, Unterfamilie *Panagrellinae*: *Panagrellus* und *Anguilluloides*

Bestimmungsschlüssel der Arten

1 Große Arten, um 2,5 mm. 2
— Kleinere Arten, meist wohl unter 2 mm. 3
2 Spicula proximal hakenartig gebogen, 53–62 µm lang; Ösophagus beim ♀ 1/9 der Körperlänge. — Cuticula anscheinend glatt. Corpus mehr als doppelt so lang wie der Isthmus. Exkretionsöffnung vor dem Bulbus. Spicula schlank, mit breitem Velum, Gubernaculum 25–30 µm lang. Schwanz des ♀ etwa 6 Analbreiten lang, scharfspitzig.
♀: L = 2,2–2,6 mm; a = 21–29; b = 8,7–9,6; c = 11–13; V = 66–78%.
♂: L = 1,7–2,1 mm; a = 25–38; b = 6,6–8,3; c = 9–13.
Sowjetunion (Rußland); saprob. . . . . *silusioides* THALOLIKHIN, 1965
— Spicula proximal kopfförmig erweitert, nicht hakenartig, 58–71 µm lang; Ösophagus beim ♀ 1/6–1/7 der Körperlänge. — Velum der Spicula schmal.
♀: L = 2,3–2,9 mm; a = 28–36; b = 5,9–7,2; c = 10–12; V = ? ♂: L = = 1,4–1,9 mm; a = 32–45; b = 4,6–5,6; c = 12–16.

Indonesien; in den Kannen von *Nepenthes*. — *Anguillula nepenthicola* MENZEL, 1922; *Turbator nepenthicola* (MENZEL, 1922) GOODEY, 1943. . . . . *nepenthicola* (MENZEL, 1922) GOODEY, 1945

3 Spicula schlank, 50 bis 95 µm lang, meist doppelt so lang wie die anale Körperbreite, proximal stets hakenartig zurückgebogen. 4

— Spicula plump, 16 bis 40 µm lang, etwa so lang wie die anale Körperbreite, meist proximal nicht hakenartig, höchstens mit einem Vorsprung. 8

4 Spicula distal tief gegabelt: Gabeläste 1/5—1/6 der Spiculalänge einnehmend. Cuticula glatt. — Mundhöhle etwa 10 µm lang. Corpus 3mal länger als der Isthmus. Postvulvarsack des Uterus halb so lang wie die Strecke Vulva-Anus. Ei 40 µm lang. Spicula 57—72 µm, Gubernaculum 25—36 µm lang. Schwanz in beiden Geschlechtern 4 Analbreiten lang, am Ende sehr fein abgerundet.
♀: L = 0,98—1,2 mm; a = 25—31; b = 5,4—6,0; c = 9,2—9,5; V = 60 bis 68%. ♂: L = 0,76—1,0 mm; a = 26—30; b = 5,3—5,7; c = 8—10.
Kanada; in Fraßmulm von Käfern. . . . . *dubius* SANWAL, 1960

— Spicula nicht so tief gegabelt: Gabeläste höchstens 1/12 der Spiculalänge einnehmend. 5

5 Spicula 87—95 µm lang, hinter der Mitte dorsal schwach aber merklich eingedrückt. — Cuticula fein geringelt. Mundhöhle 11—14 µm lang. Corpus 3mal länger als der Isthmus: Exkretionsöffnung neben dem Bulbus. Postvulvarer Uterusschlauch beinahe 1/2 der Strecke Vulva-Anus einnehmend. Gubernaculum 30—36 µm lang. Schwanz bei beiden Geschlechtern 6—7 Analbreiten lang; Phasmidien in der Mitte des Schwanzes.
♀: L = 1,0—1,5 mm; a = 24; b = 5,5—8,0; c = 8—11; V = 58—81%.
♂: L = 1,1—1,2 mm; a = 27—29; b = 5,3—6,1; c = 7—10.
Sri Lanka; Latex von Gummibäumen . . . . *ceylonensis* HECHLER, 1971

— Spicula 50 bis 70 µm lang, dorsal convex, nicht eingedrückt. 6

6 Spicula länger (60—70 µm), vorn mit stark gebogenem Haken. — Seitenfeld mit 4 Linien. Mundhöhle 10—13 µm lang. Isthmus so lang wie die einschlägige Körperbreite. Ovar oft ins Schwanzlumen reichend. Gubernaculum 25—27 µm lang. Schwanz etwa 6 Analbreiten lang, scharf zugespitzt.
♀: L = 1,0—1,4 mm; a = 16—21; b = 6,1—8,0; c = 8—10; V = 71 bis 77%. ♂: L = 0,8—1,2 mm; a = 21—27; b = 5,7—7,4; c = 8—10.
Ungarn und USA (Utah); unter saproben Verhältnissen, insbesondere in der Maische. . . . . *pycnus* THORNE, 1938

— Spicula kürzer (50—60 µm), vorn mit wenig gebogenem Haken. 7

7 Spicula doppelt so lang wie die anale Körperbreite; größere Art, meist wohl über 1 mm. — Seitenfeld mit 4 Linien. Mundhöhle 11—18 µm lang, Metastom dorsal mit 3, subventral mit je 2 feinen, borstenartigen Zähnchen. Gubernaculum 27—32 µm lang. Schwanz bei beiden Geschlechtern 6—7 Analbreiten lang, sehr scharf spitz.
♀: L = 1,1—2,1 mm; a = 19—30; b = 5,0—9,5; c = 7—11; V = 56—71%.
♂: L = 0,7—1,8 mm; a = 21—35; b = 4,1—7,8; c = 7—11.
Belgien, DDR, BRD, Schweiz, Ungarn, Italien, Großbritannien, Israel, Japan, Kanada, USA, Brasilien; in faulenden und gärenden Stoffen. — *Chaos redivivus* LINNÉ, 1767; *Anguillula rediviva* (LINNÉ, 1767) STILES & HASSAL, 1905; *Turbatrix redivivus* (LINNÉ, 1767) PETERS, 1927; *Turbator*

redivivus (LINNÉ, 1767) GOODEY, 1943; *Vibrio anguillula* MÜLLER, 1773; *Vibrio glutinus* MÜLLER, 1783; *Vibrio anguillula glutinus* MÜLLER, 1783; *Gordius glutinus* (MÜLLER, 1783) OKEN, 1815; *Anguillula glutina* (MÜLLER, 1783) EHRENBERG, 1838; *Rhabditis glutina* (MÜLLER, 1783) DUJARDIN, 1845; *Anguillula silusiae* DE MAN, 1913; *Turbatrix silusiae* (DE MAN, 1913) PETERS, 1927; *Turbator silusiae* (DE MAN, 1913) GOODEY, 1943; *Panagrellus silusiae* (DE MAN, 1913) GOODEY, 1945; *Neocephalobus leucocephalus* STEINER, 1936; *Turbator leucocephalus* (STEINER, 1936) GOODEY, 1943; *Panagrellus leucocephalus* (STEINER, 1936) GOODEY, 1945; *Cephalobus parasiticus* SANDGROUND, 1939. . . . . *redivivus* (LINNÉ, 1767) GOODEY, 1945

— Spicula höchstens anderthalbmal so lang wie die anale Körperbreite; kleinere Art, unter 1 mm. — Cuticula sehr fein quer- und längsgestreift, Seitenfeld mit 4 Furchen. Lippenpapillen fein, borstenartig. Körper am Proximalende des Ösophagus 2,5mal breiter als der Kopf. Exkretionsöffnung unmittelbar vor dem Bulbus. Postvulvarer Uterusschlauch 2—2,5mal länger als der entsprechende Körperdurchmesser. Spicula etwa 50 µm, Gubernaculum halb so lang. Schwanz 2,5—3 (♂) bzw. 5 (♀) Analbreiten lang, scharf-spitz.
♀: L = 0,82—0,97 mm; a = 22—25; b = 5,6—5,8; c = 6,9—8,2; V = 66 bis 69%. ♂: L = 0,74—0,92 mm; a = 22—25; b = 6,0—6,3: c = 8,2—8,4.
USA (North Dakota); an Borkenkäfern. . . . . . . *leperisini* MASSEY, 1974

8 Spicula proximal hakenartig gebogen. — Cuticula glatt. Körper am Proximalende des Ösophagus etwa 3mal breiter als der Kopf. Vorderabschnitt des Ösophagus (Corpus) 1,5mal länger als Hinterabschnitt. Exkretionsporus in Höhe des Isthmus. Spicula 22 µm lang, so lang wie der anale Körperdurchmesser. Schwanz des ♂ von der Mitte an rasch verschmälert, am Ende fein abgerundet, im ganzen 4 Analbreiten lang.
♀ unbekannt. ♂: L = 0,78 mm; a = 23,5; b = 4,3; c = 9.
Indien; aus einer Thermalquelle (42 °C). — *Tylorhabdus filiformis* SUKUL, 1971. . . . . *filiformis* (SUKUL, 1971) n. comb.

— Spicula proximal nicht hakenartig gebogen. 9

9 Spicula proximal mit einem kleinen ventralen Vorsprung („Schnabel"). . . 10

— Spicula proximal ohne ventralen Vorsprung. — Mundhöhle 10—14 µm lang. Vagina kugelig erweitert, gerade nach innen gerichtet. Spicula 21—40 µm, Gubernaculum 10—18 µm lang. Schwanz des ♀ 5—6 Analbreiten lang, der des ♂ etwas kürzer.
♀: L = 0,9—1,7 mm; a = 17—26; b = 5,0—8,2; c = 8—12; V = 62—73%.
♂: L = 0,6—1,3 mm; a = 20—27; b = 4,5—6,5; c = 8—12.
Schweiz und England; in faulenden Stoffen. — *Turbator redivivoides* GOODEY, 1943; *Anguillula redivivoides* (GOODEY, 1943) RÜHM, 1956; *Anguillula zymosiphila* BRUNOLD, 1950; *Panagrellus zymosiphilus* (BRUNOLD, 1950) GOODEY, 1945. . . . . *redivivoides* (GOODEY, 1943) GOODEY, 1945

10 Metastomzähnchen deutlich; Spicula 16—21 µm lang. — Mundhöhle 8 µm lang. Gubernaculum 10—13 µm lang. Schwanz bei beiden Geschlechtern so lang wie 5 Analbreiten. Vivipare Art.
♀: L = 0,85—1,1 mm; a = 16—17; b = 5—8; c = 7—9; V = 63—74%.
♂: L = 0,58—0,65 mm; a = 20—25; b = 4; c = 5—7.

BRD; im Saftfluß von Bäumen. — *Anguillula ventrodentata* Weingärtner,
— 1954 . . . . *ventrodentatus* (Weingärtner, 1954) Goodey, 1963[62]

— Metastomzähnchen undeutlich; Spicula 22—26 µm lang. 11

11 Schwanz länger: etwa 5 Analbreiten lang. — Mundhöhle 12 µm lang. Corpus 3mal so lang wie der Isthmus. Abstand Vulva-Anus 1,2—1,5mal länger als der Schwanz. Spicula 22—24 µm, Gubernaculum 14—17 µm lang. Phasmidien vor der Mitte des Schwanzes.
♀: L = 0,78—1,35 mm; a = 18—35; b = 4,6—6,4; c = 5—7; V = 62—68%.
♂: L = 0,7—1,1 mm; a = 18—36; b = 5,1—5,8; c = 6—9.
BRD; in Schleimfluß von Bäumen. — *Anguillula ludwigi* de Man, 1910; *Turbatrix ludwigi*) de Man, 1910) Peters, 1927; *Turbator ludwigi* (de Man, 1910) Goodey, 1943. . . . . *ludwigi* (de Man, 1910) Goodey, 1945

— Schwanz kürzer, etwa 3 Analbreiten lang. — Mundhöhle 10—11 µm lang. Postvulvarer Uterusschlauch etwa 3/4 der Strecke Vulva-Anus einnehmend. Diese Strecke 2—2,5mal länger als der Schwanz. Spicula 22—26 µm, Gubernaculum 14—18 µm lang. Phasmidien in der Schwanzmitte.
♀: L = 0,88—0,92 mm; a = 17—18; b = 6; c = 11; V = 69%. ♂: L = = 0,75—0,88 mm; a = 21—23; b = 5,0—5,3; c = 7—9.
BRD, Ägypten; in Mulm von Buprestiden (Coleoptera). — *Anguillula dorsobidentata* Rühm, 1956. . . . . . . *dorsobidentatus* (Rühm, 1956) Goodey, 1963

2. Genus: ***Anguilluloides*** Rühm, 1956

Panagrellinae. Körper 0,5 bis 1 mm lang. Cuticula fein geringelt. Lippen 3, flach. Mundhöhle trichterförmig, nur die kurzen Promesorhabdions cuticularisiert. Metastom ohne deutliche Zähnchen. Corpus nur etwa 1/2 der Ösophaguslänge, zylindrisch. Exkretionsporus weit vorn, vor der Mitte des Ösophagus. Gonade *Panagrolaimus*-artig; Vagina nicht muskulös; Postvulvarast des Uterus fehlend. Spicula proximal kopfartig erweitert. 7 Paar Geschlechtspapillen. Schwanz mittellang, am Ende scharf zugespitzt.
Typische und einzige Art: *Alloionema procerum* Weingärtner, 1953 = *Anguilluloides procerus* (Weingärtner, 1953) Rühm, 1956.

— Abstand Vulva-Anus 1,3—1,5mal so lang wie der Schwanz. Spicula 15—18 µm; Gubernaculum 8—11 µm lang. Schwanz des ♀ so lang wie 5 Analbreiten.
♀: L = 0,50—1,13 mm; a = 22—33; b = 3,7—5,3; c = 8,4—13; V = 71 bis 78%. ♂: L = 0,53—1,1 mm; a = 28—38; b = 3,9—5,8; c = 11—19.
BRD und Österreich; in Kompost. — *Alloionema procerum* Weingärtner, 1953; *Anguilluloides tremebundus* Goodey, 1963. . . . . *procerus* (Weingärtner, 1953) Rühm, 1956

[62] Hierher gehört aller Wahrscheinlichkeit nach auch die Art *Panagrellus japonicus* (Yokoo & Ota, 1961) n. comb. — Syn. *Brevibucca japonica* Yokoo & Ota, 1961. Sie stellt keineswegs eine *Brevibucca*-Species dar (Vulva nicht am Anus, Postvulvarsack vorhanden, Schwanz nicht haarfein usw.). Daß das Weibchen paarige Gonaden besitze, wie die japanischen Verfasser es gezeichnet haben, ist offenbar ein Irrtum. Fundort: Japan, in abgefallenen Birnen.

cc) Subfamilia: *Turbatricinae* GOODEY, 1943

Panagrolaimidae. Lippen nicht abgesondert. Mundhöhle kaum cuticularisiert. Metastom mit kleinen Zahngebilden. Ösophaguscorpus zylindrisch. Spicula charakteristisch S-förmig gebogen. Schwanz lang.
Eine Gattung.

1. Genus: ***Turbatrix*** PETERS, 1927

Turbatricinae. Körperlänge 0,8 bis 2,3 mm. Cuticula sehr fein geringelt. Lippen ganz flach. Mundhöhlenteile schwach voneinander abgesondert und kaum cuticularisiert. Metastomzähnchen erkennbar. Ösophaguscorpus lang und zylindrisch. Gonade unpaarig, prävulvar, nicht hinter die Vulva gebogen, mit postvulvarem Uterussack. Spicula proximal dorsalwärts, distal ventralwärts gebogen, S-förmig. 5 Paar Geschlechtspapillen. Schwanz in beiden Geschlechtern ähnlich: lang und nadelspitzig. Vivipare, sehr lebhafte Tiere.
Typusart: *Vibrio aceti* MÜLLER, 1783 = *Turbatrix aceti* (MÜLLER, 1783) PETERS, 1927.

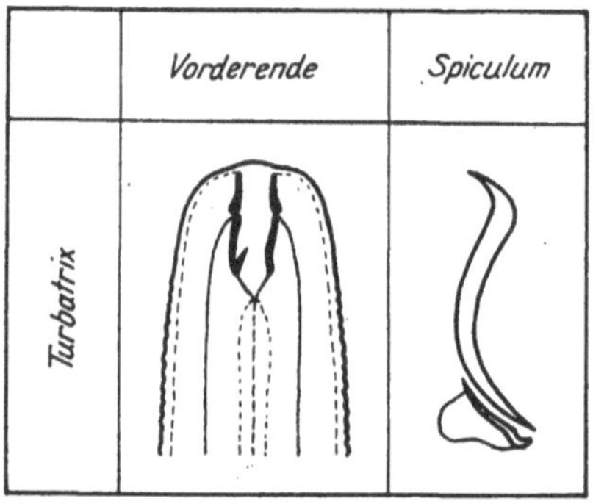

Abb. 90 Familie *Panagrolaimidae*, Unterfamilie *Turbatricinae*: *Turbatrix*

Bestimmungsschlüssel der Arten

1 Schwanz länger, 1/4—1/5 der Körperlänge. — Vulva weiter vorn als bei den folgenden Art, in anderen Merkmalen dieser sehr ähnlich.
♀: L = 1,05—1,34 mm; a = 27—40; b = 6,2—7,2; c = 3,6—5,3; V = 47 bis 54%. ♂: L = 0,8—1,1 mm; a = 30—45; b = 5,4—6,3; c = 4,5—5,7.
BRD und Großbritannien; im Schleimfluß von Bäumen. — *Rhabditis dryophila* LEUCKART in LUDWIG, 1877; *Anguillula aceti dryophila* (LEUCKART in LUDWIG, 1877) DE MAN, 1910; *Turbatrix aceti dryophilus* (LEUCKART in LUDWIG, 1877) PETERS, 1927. . . . . *dryophilus* (LEUCKART in LUDWIG, 1877) PETERS, 1927

— Schwanz kürzer, 1/6—1/10 der Körperlänge. — Körper recht schlank. Corpus 2—3mal so lang wie der Isthmus. Abstand Vulva-Anus 1,3—2mal so lang wie der Schwanz. Postvulvarer Uterussack so lang wie 1—2 Körperbreiten. Spicula 35—37 µm lang, Gubernaculum mit Caudalfortsatz. Schwanz des ♀ 10—12, der des ♂ 5—8 Analbreiten lang, am Ende meist leicht dorsal gebogen.
♀: L = 1,0—2,3 mm; a = 33—58; b = 7—12; c = 6—10; V = 55—62%.
♂: L = 0,9—1,6 mm; a = 31—44; b = 6,5—8,3; c = 7—10.

Holland, Belgien, DDR, BRD, Ungarn, Sowjetunion, Südafrika, Kanada, USA, Brasilien, Australien. Wahrscheinlich kosmopolitisch; in Weinessig („Essigälchen"), Kleister und gärenden Substanzen. — *Vibrio aceti* MÜLLER, 1783; *Vibrio anguillula aceti* MÜLLER, 1783; *Gordius aceti* (MÜLLER, 1783) OKEN, 1815; *Anguillula aceti* (MÜLLER, 1783) EHRENBERG, 1838; *Rhabditis aceti* (MÜLLER, 1783) DUJARDIN, 1845; *Leptodera oxophila* SCHNEIDER, 1866; *Rhabditis oxophila* (SCHNEIDER, 1866) LINSTOW, 1878. . . . . *aceti* (MÜLLER, 1783) PETERS, 1927

dd) Subfamilia: *Tricephalobinae* ANDRÁSSY, 1976

Panagrolaimidae. Lippen 3 oder 6. Promesostom vorhanden, etwas stärker cuticularisiert als die übrigen Mundhöhlenteile; Metastom lang und schlank, länger als das Promesostom. Ösophaguscorpus etwa die Hälfte der Ösophaguslänge einnehmend, hinten mit bulbusartiger Anschwellung („Mittelbulbus"). Ovar hinter die Vulva zurückgebogen. Schwanz verjüngt, zugespitzt.

Zwei Gattungen.

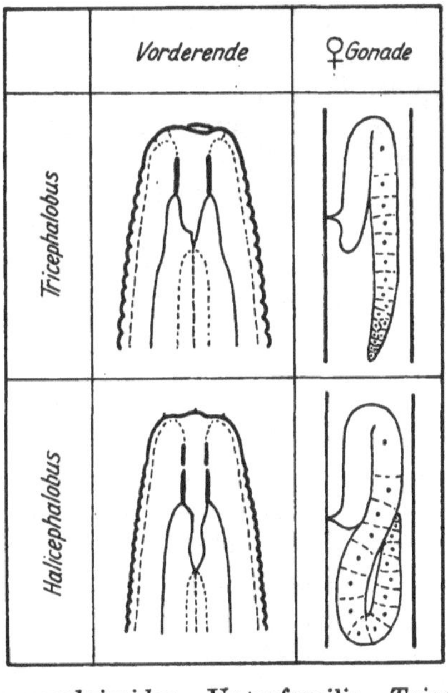

Abb. 91—92 Familie *Panagrolaimidae*, Unterfamilie *Tricephalobinae*: *Tricephalobus* und *Halicephalobus*

Bestimmungsschlüssel der Gattungen

1 Umgeschlagener Ovarabschnitt distal nach vorn zurückgebogen; sehr kleine Tiere, wohl unter 1/2 mm; Männchen unbekannt. . . 2. *Halicephalobus* (S. 240)

— Umgeschlagener Ovarabschnitt distal nicht zurückgebogen; mehr als 1/2 mm lange Tiere; Männchen und Weibchen gleich häufig. . . . . 1. *Tricephalobus* (S. 240)

1. Genus: ***Tricephalobus*** STEINER, 1936

Syn. *Trilabiatus* GOODEY, 1963.

Tricephalobinae. Körper 1/3 bis 3/4 mm lang. Cuticula fein geringelt, Seitenfeld schmal. 3 Lippen. Metastom lang und schmal, länger als das Promesostom, am Grunde mit sehr kleinen Zähnchen. Ösophaguscorpus etwa so lang wie der Isthmus und Bulbus zusammen, hinten mittelbulbusartig angeschwollen. Exkretionsöffnung im Bereich des Isthmus. Ovar umgeschlagen, distal gerade, nicht zurückgebogen; postvulvarer Uterusast vorhanden. Spicula plump, mit schmalem „Kopf". Schwanz des Weibchens kegelförmig, der des Männchens mit abgesetztem Endteil. Weibchen und Männchen etwa gleich häufig.

In Insekten oder im Mulm von Borkenkäfern.

Typusart: *Tricephalobus longicaudatus* apud STEINER, 1936 = *Tricephalobus steineri* (ANDRÁSSY, 1952) RÜHM, 1956.

Bestimmungsschlüssel der Arten

1 Schwanz des ♀ relativ kurz, 4 Analbreiten lang. — Cuticula sehr fein geringelt. Seitenfeld sehr schmal, nur etwa 1/15 der Körperbreite. Exkretionsporus neben dem Endbulbus. Postvulvarer Uterusteil kürzer als der einschlägige Körperbreite. Ovar meist ganz bis zur Analöffnung reichend. Spicula 18—27 μm lang. Von den Geschlechtspapillen des ♂ liegen 3 Paare präanal. Schwanzende in beiden Geschlechtern scharfspitzig. Schwanz des ♂ 3,5 Analbreiten lang.
♀: L = 0,45—1,08 mm; a = 13—23; b = 3,5—6,9; c = 7—11; V = 55 bis 63%. ♂: L = 0,45—0,95 mm; a = 17—23; b = 3,8—6,3; c = 7,5—11.
Sowjetunion (Rußland,Usbekistan), Indien, USA (Washington D.C., Missouri); schmarotzend in Insekten (Coleoptera, Diptera). — *Tricephalobus longicaudatus* apud STEINER, 1936; *Cephalobus* (*Tricephalobus*) *steineri* ANDRÁSSY, 1952; *Eucephalobus steineri* (ANDRÁSSY, 1952) GOODEY, 1963; *Panagrolaimus migophilus* POINAR & BAI, 1979. . . . . *steineri* (ANDRÁSSY, 1952) RÜHM, 1956

— Schwanz des ♀ länger, 6—8 Analbreiten. — Körper am Hinterende des Ösophagus 2,5—3mal breiter als der Kopf. Mundhöhle 14—15 μm lang. Postvulvarer Uterussack so lang wie die einschlägige Körperbreite. Ovar fast bis zum Anus reichend. Spicula 18—21 μm, Gubernaculum 9—11 μm lang. ♂ mit 8 Papillenpaaren. Schwanz des ♀ haarfein ausgezogen, der des ♂ in der Mitte verengt, 3,5—4 Analbreiten lang.
♀: L = 0,54—0,77 mm; a = 22—24; b = 4,4—5,7; c = 4,7—6,1; V = 49 bis 57%. ♂: L = 0,45—0,55 mm; a = 21—24; b = 4,0—4,9; c = 9—11.
BRD, Tschechoslowakei; in Fraßgängen von Käfern. — *Tricephalobus franzi* RÜHM, 1956. . . . . *lignicolus* KÖRNER, 1954

2. Genus: ***Halicephalobus*** TIMM, 1956

Syn. *Micronema* KÖRNER, 1954, nec BLECKER, 1858; *Phytorhabditis* LORDELLO & DE OLIVEIRA, 1963.

Tricephalobinae. Körper sehr klein, 1/4 bis 1/2 mm. Cuticula fein geringelt, Seitenfeld schmal. Lippen 6, flach. Promesostom etwas stärker cuticularisiert als die übrigen Mundhöhlenabschnitte, rohrförmig; Metastom so lang oder länger als das Promeso-

stom, in der Mitte mit einem winzig kleinen Dorsalzahn. Ösophaguscorpus mittelbulbusartig angeschwollen. Ovar hinter die Vulva gebogen und an der distalen Spitze nach vorn zurückgebogen. Postvulvarast des Uterus praktisch fehlend. Schwanz gestreckt-kegelförmig. Männchen unbekannt.
Im Boden, Humus, Kleinwasseransammlungen und auch im Meere lebende Nematoden.
Typusart: *Halicephalobus limuli* TIMM, 1956.

Bestimmungsschlüssel der Arten

1 Schwanz des ♀ 8–10 Analbreiten lang. 2
— Schwanz des ♀ 2–6 Analbreiten lang. 4
2 Schwanz merklich länger als der Abstand Vulva-Anus. Mundhöhle 10 µm lang. — Körper am Hinterende des Ösophagus 3mal breiter als der Kopf. Vorderabschnitt des Ösophagus 1,4mal länger als der Hinterabschnitt. Ei etwa doppelt so lang wie der Körperdurchmesser. Schwanz 10 Analbreiten lang, nadelspitzig.
♀: L = 0,25–0,41 mm; a = 17–24; b = 4,0–5,2; c = 3,8–4,5; V = 53 bis 56%. ♂ unbekannt.
BRD; in Mulm von Nadel- und Laubbäumen. — *Micronemaparvum* KÖRNER, 1954. . . . . *parvus* (KÖRNER, 1954) ANDRÁSSY, 1973
— Schwanz etwas kürzer oder höchstens so lang wie der Abstand Vulva-Anus. . . 3
3 Vulva in 57–63% der Körperlänge; Ei sehr lang: 3mal so lang wie der Körperdurchmesser. Mundhöhle 8–10 µm lang. Körper am Proximalende des Ösophagus doppelt so breit wie der Kopf. Vorderabschnitt des Ösophagus 1,3mal länger als der Hinterabschnitt. Schwanz 8 Analbreiten lang, am Ende schwach dorsal gebogen.
♀: L = 0,27–0,28 mm; a = 22–25; b = 3,9–4,3; c = 5,2–6,5; V = 57 bis 63%. ♂ unbekannt.
BRD, Tschechoslowakei und Sowjetunion (Ferner Osten); unter Baumrinde. — *Micronema minutum* KÖRNER, 1954 . . . . *minutus* (KÖRNER, 1954) ANDRÁSSY, 1973
— Vulva in 54–56% der Körperlänge; Ei kürzer, nur 1,5mal so lang wie der Körperdurchmesser. — Cuticula dünn, sehr fein geringelt. Vorderabschnitt des Ösophagus 1,5mal länger als der Hinterabschnitt. Ei 34–36 µm lang. Postvulvarer Gonadenteil bis zur Vulva zurückgebogen. Schwanz 8 Analbreiten lang, am Ende ventral gebogen.
♀: L = 0,23–0,39 mm; a = 17–21; b = 3,7–4,3; c = 4,0–4,6; V = 54 bis 56%. ♂ unbekannt.
Ungarn; in Phytothelmen. — *Cephalobus* (*Tricephalobus*) *similigaster* ANDRÁSSY, 1952; *Micronema similigaster* (ANDRÁSSY, 1952) RÜHM, 1956. . . . . *similigaster* (ANDRÁSSY, 1952) ANDRÁSSY, 1973
4 Schwanz lediglich 2 Analbreiten lang. — Cuticularinge 0,9–1,2 µm breit. Körper am Hinterende des Ösophagus doppelt so breit wie der Kopf. Mundhöhle 16 µm lang. Vorderabschnitt des Ösophagus 1,2mal länger als der Hinterabschnitt. Ei 30 × 13 µm. Abstand Vulva-Anus so lang wie 4 oder 5 Schwanzlängen. Schwanz regelmäßig kegelförmig, ventral mit 25 Cuticularingen.
♀: L = 0,24–0,33 mm; a = 13–17; b = 3,9–4,1; c = 11–14; V = 56 bis 60%. ♂ unbekannt.

Sowjetunion (Usbekistan); terrestrisch. — *Micronema brevicauda* MAVLJANOV, 1976. . . . . *brevicauda* (MAVLJANOV, 1976) n. comb.

— Schwanz mindestens 4 Analbreiten lang. 5

5 Abstand Vulva-Anus mehr als 1,5mal (1,6—1,8mal) länger als der Schwanz. . 6

— Abstand Vulva-Anus so lang oder bis 1,3mal länger als der Schwanz. . . . 7

6 Vorderabschnitt des Ösophagus 1,5mal länger als der Hinterabschnitt; Brackwasserbewohner. — Cuticularingelung 1 µm breit. Seitenfeld 1/8—1/10 der Körperbreite. Körper am proximalen Ösophagusende 4mal so breit wie der Kopf. Mundhöhle 11—12 µm lang. Endbulbus nahezu so lang wie der Isthmus; Exkretionsporus vor dem Bulbus. Ei 52 µm lang, so lang wie 2 Körperbreiten. Schwanz 4—5 Analbreiten lang, am Ende leicht in dorsaler Richtung gebogen.
♀: L = 0,42—0,46 mm; a = 20—21; b = 4,0—4,8; c = 6,7—7,0; V = 59 bis 61%. ♂ unbekannt.
Bangladesh; in Algenbewuchs des Krebses *Limulus* . . . . . *limuli* TIMM, 1956

— Beide Abschnitte des Ösophagus nahezu gleich lang; Bodenbewohner. — Cuticula sehr fein geringelt. Mundhöhle 7—8 µm lang. Körper am proximalen Ösophagusende etwa 4mal so breit wie der Kopf. Endbulbus wesentlich kürzer als der Isthmus. Ei 41—46 µm lang, 1,5mal so lang wie die Körperbreite. Schwanz 4—5 Analbreiten lang.
♀: L = 0,36—0,41 mm; a = 17—19; b = 3,8—4,5; c = 6,9—7,5; V = 57 bis 60%. ♂ unbekannt.
Brasilien; terrikol. — *Phytorhabditis palmaris* LORDELLO & DE OLIVEIRA, 1963. . . . . . *palmaris* (LORDELLO & DE OLIVEIRA, 1963) ANDRÁSSY, 1973

7 Prä- und postvulvare Gonadenteile ungefähr gleich lang; Postvulvarteil 1/2 der Strecke Vulva-Anus einnehmend. — Cuticularinge 0,8 µm breit. Vorderabschnitt des Ösophagus kaum länger als der Hinterabschnitt. Exkretionsporus der Strecke Vulva-Anus einnehmend. — Cuticularinge 0,8 µm breit. Vorderabschnitt des Ösophagus kaum länger als der Hinterabschnitt. Exkretionsporus in Höhe des Isthmus. Ei 32—35 µm lang. Schwanz 4—5 Analbreiten lang.
♀: L = 0,23—0,32 mm; a = 13—23; b = 3,2—4,5; c = 5,0—6,7; V = 58 bis 66%. ♂ unbekannt.
Sowjetunion (Turkmenien, Usbekistan) und Kuba; terrikol. — *Micronema intermedium* POKROVSKAJA, 1964. . . . . *intermedius* (POKROVSKAJA, 1964) ANDRÁSSY, 1973

— Prävulvarer Gonadenteil wesentlich länger als der postvulvare; dieser letztere kürzer als 1/2 der Strecke Vulva-Anus. — Cuticularinge nur 0,5 µm breit. Seitenfeld 1/8 der Körperbreite, mit 2 Linien. Vorderer Ösophagusabschnitt kaum länger als hinterer. Exkretionsporus in Höhe des Isthmus. Ei 2,5 bis 3mal länger als der Körperdurchmesser. Schwanz 5—6 Analbreiten lang, fein zugespitzt. Phasmidien im ersten Drittel der Schwanzlänge.
♀: L = 0,25—0,43 mm; a = 15—23; b = 2,9—3,8; c = 4,4—7,0; V = 56 bis 65%. ♂ unbekannt.
Polen und USA (Minnesota); in Gaumentumoren von Pferden. — *Rhabditis gingivalis* STEFANSKI, 1954; *Tricephalobus gingivalis* (STEFANSKI, 1954) DOUGHERTY, 1955; *Trilabiatus gingivalis* (STEFANSKI, 1954) SUDHAUS, 1976; *Micronema deletrix* ANDERSON & BEMRICK, 1965; *Halicephalobus deletrix*

(ANDERSON & BEMRICK, 1965) ANDRÁSSY, 1973. . . . .
. . . . *gingivalis* (STEFANSKI, 1954) n. comb.

c) Superfamilia: **Myolaimoidea** ANDRÁSSY, 1958 n. grad.

Cephalobina. Postvulvarteil des Ovars gestreckt, ohne Umschlag. Spicula und Gubernaculum vollkommen fehlend, Bursa demgegenüber vorhanden, mit großen Papillen. Eine Familie.

1. Familia: **Myolaimidae** ANDRÁSSY, 1958

Myolaimoidea. Lippen 6. Seitenorgan groß, hinter den Lippen. Mundhöhle relativ geräumig, mit Zähnchen. Ösophagus mit den üblichen drei Abschnitten (Corpus, Isthmus, Bulbus). Hinterende des Ovars nicht umgeschlagen. Spicula und Gubernaculum fehlend. Bursa vorhanden, mit dicken Papillen. Schwanz mit Geschlechtsdimorphismus.

Eine Unterfamilie, *Myolaiminae* ANDRÁSSY, 1958, und eine Gattung. Die taxonomische Zugehörigkeit dieser kleinen Gruppe ist heute noch nicht ganz klar. Im Bau der Mundhöhle erinnert sie an die Diplogasteriden, in der Struktur des Ösophagus und der weiblichen Gonade an die Cephalobiden (Panagrolaimiden) und im Vorhandensein der Bursa an die Rhabditiden. Die Vertreter der Familie *Myolaimidae* stehen unter den freilebenden Nematoden insofern allein, als der männliche Kopulationsapparat (Spicula und Gubernaculum) vollkommen fehlt. Eine solche Erscheinung finden sich nur bei parasitischen Formen, aber auch unter ihnen sehr selten.

1. Genus: ***Myolaimus*** COBB, 1920

Myolaimidae. Cuticula meist glatt, zuweilen locker, an den einzelnen Körperteilen mit charakteristischen Runzelungen. Kopf abgerundet, Lippen flach, kaum abgesondert, mit kleinen Borstenpapillen. Seitenorgan queroval, deutlich, im Bereich der Mundhöhle. Mundhöhle geräumiger als bei anderen Gattungen der Unterordnung, ihre Bauelemente gleichmäßig cuticularisiert. Metastomzähnchen ungleich; der Dorsalzahn wesentlich größer als die beiden Subventralzähne. Ösophagus *Panagrolaimus*-artig, Corpus zylindrisch. Exkretionsporus relativ vorn, in Höhe des Corpus. Ovar prävulvar, einfach hinter die Vulva gebogen; Postvulvarast des Uterus vorhanden. Spicula und Gubernaculum fehlen. Bursa vorhanden, meist radiär gegliedert, mit auffälligen Papillen. Vordere 4 (seltener 5) Papillenpaare subventral, ungewöhnlich groß, 1 Papillenpaar subdorsal und 2—3 sehr kleine Paare wieder subventral. Schwanz des Weibchens kegelförmig, der des Männchens sehr kurz.
Ausschließlich freilebende Arten, im Boden und in faulenden Substanzen.
Typusart: *Myolaimus heterurus* COBB, 1920.

Bestimmungsschlüssel der Arten

1 Mundhöhle kurz, kugelig, etwa so lang wie breit, Dorsalzahn massiv, dreieckig. 2
— Mundhöhle länglich, 2—3mal so lang wie breit, Dorsalzahn dünn, borstenförmig. 3
2 Große Art, 1—1,5 mm; Schwanz des ♀ 7—8 Analbreiten lang; Schwanzende des ♂ mit 3 Paaren kleiner Papillen. — Cuticula glatt und dünn, nicht gerunzelt.

Vorderer Kreis der Borstenpapillen etwas stärker als der hintere. Mundhöhle im ganzen kugelig, Zähne an ihrem Grund. Seitenorgan 1/4—1/5 so breit wie die einschlägige Körperbreite, in Höhe der Mundhöhlenzähne. Vorderer Ösophagusabschnitt 1,5—1,6mal länger als hinterer. Exkretionsporus beim Proximalende des Corpus. Enddarm so lang wie 2 Analbreiten. Postvulvarer Uterussack etwas länger als der Körperdurchmesser. Eischale bestachelt. Bursa oval, mit 4 + 1 + 3 Papillenpaaren. Schwanz des ♀ fein verdünnt.
♀: L = 1,12—1,53 mm; a = 24—28; b = 5,1—6,2; c = 7,5—14; V = 49 bis 50%. ♂: L = 0,96—1,24 mm; a = 25—35; b = 4,8—5,9; c = 52—65.
BRD im Boden an der Wassergrenze. . . . . . . *stammeri* HIRSCHMANN, 1952

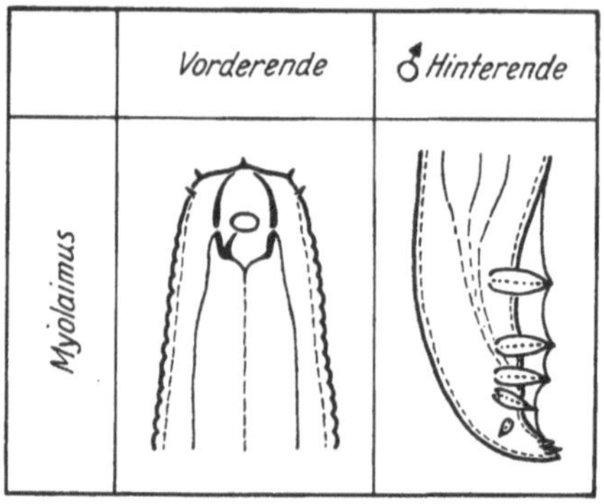

Abb. 93 Familie *Myolaimidae*: *Myolaimus*

— Kleinere Art, 0,4—0,8 mm; Schwanz des ♀ 3—7 Analbreiten lang; Schwanzende des ♂ mit 2 Paaren kleiner Papillen. — Cuticula dünn, sehr fein geringelt, stellenweise — insbesondere in Höhe des Anus — gefaltet. Die vorderen 6 Lippenpapillen etwas kräftiger als die 4 hinteren. — Mundhöhle eher würfelförmig als kugelig; Zähne an ihrem Grund. Seitenorgan vor den Zähnen. Vorderer Ösophagusabschnitt 1,5—1,6mal länger als hinterer. Exkretionsporus etwas vor der Mitte des Ösophagus. Enddarm so lang wie 2 Analbreiten. Bursa oval, mit 4 + 1 + 2 Papillenpaaren. Postvulvarast des Uterus ein wenig länger als der Körperdurchmesser. Länge des Schwanzes beim ♀ stark variierend.
♀: L = 0,40—0,86 mm; a = 18—30; b = 3,2—4,8; c = 7—21; V = 48 bis 57%. ♂: L = 0,38—0,62 mm; a = 18—31; b = 3,0—4,4; c = 38—80.
DDR, BRD, England, Zaire, USA (Texas) und vielleicht auch Venezuela; terrikol, auch in Pilzen. — Außer von COBB (1920) wurde die Art mit Gewissheit von MEYL (1954, als *Myolaimus heterurus*) und von PAESLER (1956, als *Myolaimus heterurus brevicauda* und *M. heterurus longicauda*) erwähnt. Ob auch die von LOOF (1964) in Venezuela angetroffenen Exemplare zu dieser Art gehören, ist nicht ganz sicher. . . . . *heterurus* COBB, 1920

3 Große Art, 1,2—1,3 mm; Vulva um 2/3 der Körperlänge. — Cuticula glatt. Mundhöhle beinahe 3mal so lang wie breit; Dorsalzahn in ihrer Mitte. Vorderer Ösophagusabschnitt 1,5mal so lang wie der hintere. Bulbus sehr stark. Schwanz des ♀ verhältnismäßig kurz. Die genaue Zahl der Bursapapillen ist nicht bekannt.

♀: L = 1,21–1,31 mm; a = 16–18; b = 4,9–5,0; c = 15–20; V = 64 bis 70%. ♂: L nicht angegeben; a = 30–32; c = 65–67.
Brasilien; in einer Bananenplantage. — *Cephalobus bursifer* RAHM, 1928, nec DE MAN, 1876. *rahmi* SUDHAUS, 1977

— Kleinere Arten, bis 1 mm, meist aber wohl kürzer; Vulva in oder nur wenig hinter der Körpermitte. 4

4 Dorsalzahn in der Mitte der Mundhöhle; Bursapapillen 5 + 1 + 2 Paare. — Cuticula glatt und vor den beiden Körperenden charakteristisch gefaltet. Kopf vorn breit abgestutzt, Lippenpapillen sehr fein. Mundhöhle 2,5mal so lang wie breit, durch den Dorsalzahn in zwei Kammern geteilt. Seitenorgan hinter der Mitte der Mundhöhle. Endbulbus annähernd würfelförmig. Exkretionsporus vor der Mitte des Ösophagus. Enddarm nur wenig länger als der anale Körperdurchmesser. Postvulvarer Uterusast so lang wie die korrespondierende Körperbreite. Schwanz des ♀ 5 Analbreiten lang, nadelspitz. Bursa in ventraler Aussicht kreisförmig, vorn fast geschlossen, hinten mit abgerundetem Endzipfel.
♀: L = 0,47 mm; a = 21; b = 3,4; c = 8,8; V = 57%. ♂: L = 0,41 mm; a = 21; b = 3,6; c = 44.
Ungarn; in faulenden Brettstücken in einer Tropfsteinhöhle. . . . . *amicitiae* ANDRÁSSY, 1959[63]

— Dorsalzahn am Grund der Mundhöhle oder nur wenig davor: Bursapapillen 4 + 1 + 2 Paare 5

5 Schwanz des ♀ kurz, nur 2–3 Analbreiten lang, S-förmig gebogen. — Cuticula nur bei alten Weibchen geringelt. Kopf vorn breit abgestutzt, Papillen recht klein. Mundhöhle doppelt so lang wie breit; Seitenorgan hinter der Mundhöhlenmitte. Exkretionsporus im Bereich der vorderen Hälfte des Ösophagus. Schwanz des ♀ am Ende hakenförmig, spitz, der des ♂ ventral etwas eingerollt.
♀: L = 0,34–0,76 mm; a = 16–35; b = 3,5–4,4: c = 9,4–22; V = 55 bis 60%. ♂: L = 0,37–0,45 mm; a = 24–35; b = 3,5–4,0; c = 45–69.
DDR, Tschechoslowakei; im Saftfluß von Bäumen. . . . . *dendrodipnis* PAESLER, 1956

— Schwanz des ♀ länger, gestreckt oder schwach dorsal gebogen. 6

6 Cuticula an der Vulva in eine große Blase aufgetrieben; Schwanz des ♀ 7–10 Analbreiten lang. — Cuticula locker, fein quergestreift, in Höhe des Exkretionsporus und des Anus gefaltet. Lippen ganz flach. Mundhöhle 1,5mal so lang wie breit; Zähne auf ihrem Grund. Seitenorgan relativ klein, in oder vor der Mundhöhlenmitte. Vorderer Ösophagusabschnitt 1,4–1,5mal länger als hinterer. Exkretionsporus nahe der Mitte des Ösophagus. Enddarm 2 Analbreiten lang. Postvulvarer Uterussack kürzer als der Körperdurchmesser. Schwanz des ♀ fein ausgezogen, im ganzen schwach dorsal gebogen. Genaue Zahl und Anordnung der Bursapapillen nicht bekannt (wahrscheinlich 4 + 1 + 2).

[63] Im Speciesnamen dieser Art ist in der Originalbeschreibung offenbar ein orthographischer Fehler („*amititiae*" anstatt „*amicitiae*") unterlaufen. Im Sinne der Nomenklaturregeln (Paragraph 33a, I) soll nun der Name korrigiert werden (*amicitia*, lat. = die Freundschaft).

♀: L = 0,46–0,68 mm; a = 18–28; b = 3,7–4,5; c = 7,1–10; V = 50 bis 55%. ♂: L = 0,40–0,45 mm; a = 25–29; b = 3,3–3,7; c = 64.
Indien und Brasilien; an Wurzeln. — *Macrolaimus maupasi* HNATEWYTSCH, 1929, *Myolaimus indicus* ALI, FAROOQI & SURYAWANSHI, 1971. . . . . *maupasi* (HNATEWYTSCH, 1929) SANWAL, 1960

— Cuticula an der Vulva nicht blasenartig Schwanz des ♀ 4–5 Analbreiten lang. — Cuticula fein geringelt, nicht so sehr locker wie bei der vorigen Spezies, meist nur an der Analregion gefaltet oder gerunzelt. Mundhöhle 2mal so lang wie breit, Zähne an ihrem Grund. Seitenorgan nahe der Mitte der Mundhöhle oder etwas weiter hinten. Vorderer Ösophagusabschnitt 1,5mal länger als hinterer. Exkretionsöffnung in der Mitte der Ösophaguslänge. Enddarm so lang wie der Analdurchmesser. Postvulvarer Uterusschlauch deutlich länger als die korrespondierende Körperbreite. Schwanz des ♀ keilspitz. Bursapapillenpaare: 4 + 1 + 2.
♀: L = 0,5–1,1 mm; a = 21–31; b = 3,9–5,7; c = 8–15; V = 50–57%.
♂: L = 0,45–0,77 mm; a = 23–37; b = 3,4–4,6; c = 43–90.
BRD, Italien, England und Zaire; terrikol, in faulenden Pflanzenteilen. Die Art wurde von den folgenden Verfassern als „*Myolaimus heterurus*" erwähnt: T. GOODEY (1929, 1951), SCHUURMANS STEKHOVEN & TEUNISSEN (1938), WEINGÄRTNER (1953), MEYL (1954) und J. B. GOODEY (1963). . . . . *goodeyorum* n. nom.

d) Superfamilia: **Elaphonematoidea** HEYNS, 1962

Cephalobina. Kopf bilateral symmetrisch, mit einem rüsselförmigen Dorsalfortsatz und zwei großen Lateralanhängen. Mundhöhle ganz eng. Männchen ohne Bursa.
Eine Familie.

1. Familia: **Elaphonematidae** HEYNS, 1962

Elaphonematoidea. Kopf und Lippen bilateral symmetrisch. Kopf etwas elaphantenartig, mit Rüssel und großen „Ohren". Mundhöhle eng, aus kurzen Stäbchen zusammengesetzt. Ösophagus *Cephalobus*-artig. Weibliches Geschlechtsorgan unpaarig, prävulvar. Männchen ohne Bursa, mit Prä- und Postanalpapillenpaaren.
Eine Unterfamilie, *Elaphonematinae* HEYNS, 1962, und eine Gattung.

1. Genus: ***Elaphonema*** HEYNS, 1962

Elaphonematidae. Körper sehr klein, um 1/2 mm. Cuticula geringelt, Seitenfeld schmal, mit 3 Furchen. Lippenfeld ventral verschoben, bilateral symmetrisch, mit 6 Lippen. Der dorsale Kopfanhang rüsselartig, die lateralen Anhänge ohren- bzw. flügelartig. Mundhöhlenwand aus kettenförmig aufeinander folgenden Punktelementen zusammengesetzt. Seitenorgan undeutlich. Ovar prävulvar, umgeschlagen. Spicula und Gubernaculum einfach. Schwanz kegelförmig, Phasmidien gut erkennbar.
Typische und einzige Art: *Elaphonema mirabile* HEYNS, 1962.

— Cuticularinge 2–2,5 μm breit; Ringelung durch Längsfurchen in quadratische Feldchen geteilt. Seitenfeld 1/10 der Körperbreite. Lippenpapillen punktförmig. Dorsaler Kopfanhang ventral gebogen, laterale Anhänge distal erweitert. Vorderabschnitt des Ösophagus zylindrisch, Exkretionsporus etwas hinter der

Ösophagusmitte. Enddarm länger als der Analdurchmesser. Postvulvarer Uterusast beinahe so lang wie die Körperbreite. Spicula 20–28 µm, Gubernaculum 10–14 µm lang. Präanal 3 Paar, postanal 5 Paar Geschlechtspapillen. Schwanz 2 Analbreiten lang, scharf spitz.
♀: L = 0,35–0,57 mm; a = 14–21; b = 3,1–4,0; c = 13–17; V = 58 bis 66%. ♂: L = 0,33–0,65 mm; a = 14–21; b = 3,2–4,4; c = 11–15.
Südafrika; terrikol. . . . . *mirabile* HEYNS, 1962

e) Superfamilia: **Drilonematoidea** PIERANTONI, 1916

Cephalobina. Kopf einfach, ohne Anhänge. Mundhöhle sehr einfach, ohne cuticularisierte Elemente: Ösophagus gleichfalls einfach, nicht in Corpus, Isthmus und Bulbus gegliedert. Seitenorgan groß. Weibliches Geschlechtsorgan unpaarig. Männchen ohne Bursa.
Zwei Familien: *Drilonematidae* PIERANTONI, 1916 und *Osstellidae* HEYNS, 1962. Die Mitglieder der erstgenannten Familie leben in der Leibeshöhle von Regenwürmern; sie werden deshalb nicht ausführlich behandelt. Die *Osstellidae* leben frei.

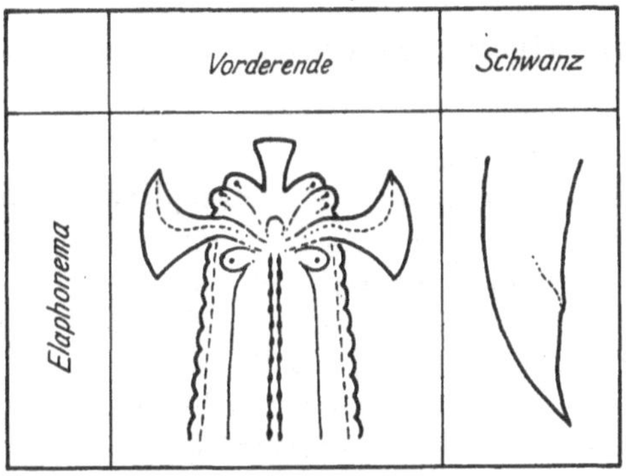

Abb. 94 Familie *Elaphonematidae*: *Elaphonema*

1. Familia: **Osstellidae** HEYNS, 1962 n. grad.

Drilonematoidea. Lippen entweder klein, unbedeutend oder groß, hakenförmig. Mundhöhle klein, ohne cuitcularisierte Bauelemente oder praktisch fehlend. Ösophagus zylindrisch, ohne Endbulbus. Seitenorgan oval. Gonade unpaarig, prävulvar, weit hinter die Vulva gebogen. Geschlechtspapillen beim Männchen fehlend. Schwanz kegelförmig.
Die Osstelliden bilden einen Übergang zwischen den freilebenden Cephalobiden und den schmarotzenden Drilonematiden. Ihr Körper ist aller Wahrscheinlichkeit nach sekundär vereinfacht. Ich halte es für nicht ausgeschlossen, daß sie die freilebenden Generationen im übrigen parasitischer Formen darstellen. Zwei Unterfamilien.

Bestimmungsschlüssel der Unterfamilien

1 Mund ausgestülpt, Lippen hakenartig vorspringend; Mundhöhle klein, deutlich. . . . . bb) *Osstellinae* (S. 249)
– Mund nicht ausgestülpt, Lippen nicht abgesondert: Mundhöhle vollkommen fehlend. aa) *Drilocephalobinae* (S. 248)

aa) Subfamilia: *Drilocephalobinae* ALI, SURYAWANSHI & CHISTY, 1973

Osstellidae. Kopfregion ganz einfach, Lippen sehr klein, voneinander nicht abgesondert. Seitenorgan gut erkennbar, groß, oval.
Eine Gattung.

1. Genus: ***Drilocephalobus*** COOMANS & GOODEY, 1965

Drilocephalobinae. Körper sehr klein, bis 1/2 mm. Cuticula geringelt. Kopf zuweilen abgesetzt, Lippen verschmolzen, ohne erkennbare Papillen. Seitenorgan relativ groß, unmittelbar hinter dem Kopf. Mundhöhle fanz fehlend. Ösophagus zylindrisch bzw. hinten leicht angeschwollen, aber ohne echten Bulbus. Vulva hinter der Körpermitte, Ovar unpaarig, weit hinter die Vulvaöffnung gebogen; postvulvarer Ovarteil *Panagrolaimus*-artig, einfach. Spicula proximal kopfartig erweitert. Keine Präanalpapillen. Phasmidien deutlich. Schwanz kegelförmig, zugespitzt.
Im Boden, an Pflanzenwurzeln lebende Nematoden.
Typusart: *Drilocephalobus congoensis* COOMANS & GOODEY, 1965.

Bestimmungsschlüssel der Arten

1 Seitenfeld mit 5 Längslinien. 2
— Seitenfeld mit 3 Längslinien. 3
2 Schwanz gestreckt-kegelförmig, sehr scharf zugespitzt. — Cuticularinge 1,8 μm breit. Kopf abgerundet, nicht abgesetzt. Seitenorgan an den beiden ersten Körperringen, nahezu so breit wie die entsprechende Körperbreite. Exkretionsöffnung in etwa 2/3 der Ösophaguslänge. Enddarm 1,5 Analbreiten lang. Postvulvarer Uterusschlauch 1,5mal länger als der Körperdurchmesser. Schwanz 4 Analbreiten lang, Phasmidien im ersten Drittel der Schwanzlänge. Abstand Vulva-Anus 1,5—3mal länger als der Schwanz. Spicula 17—19 μm, Gubernaculum 9 μm lang.
♀: L = 0,39—0,50 mm; a = 18—24; b = 3,7—4,2; c = 7,8—9,3; V = 58 bis 61%. ♂: L = 0,40—0,46 mm; a = 22—24; b = 3,8—4,1; c = 8,0—9,7.
Indien; terrestrisch. . . . . *goodeyi* ALI, SURYAWANSHI & CHISTY, 1973
— Schwanz plump-kegelförmig, stumpfspitzig. — Cuticularinge 1,3 μm breit. Kopf leicht abgesetzt. Schwanz 1,5—2 Analbreiten lang. Spicula 20 μm lang.
♀: L = 0,36—0,38 mm; a = 19—23; b = 3,8—4,7; c = 13; V = 63—64%.
♂: L = 0,35—0,43 mm; a = 22—23; b = 2,6—4,1; c = 12—15.
Sowjetunion (Moldau); terrestrisch. . . . . . . *moldavicus* LISETHKAJA, 1968
3 Nervenring und Exkretionsporus nahe der Mitte des Ösophagus; postvulvarer Uterusteil vorhanden, so lang wie die Körperbreite. — Cuticularinge 1,7 μm breit. Kopf halbkugelig, abgesetzt. Seitenorgan so breit wie der Kopf. Körper am Proximalende des Ösophagus 2,5mal breiter als der Kopf. Seitenfeld wellig konturiert. Enddarm nahezu doppelt so lang wie der anale Körperdurchmesser. Ei 40 × 10 μm. Spicula 16—17 μm, Gubernaculum 10 μm lang. Schwanz 3,5 (♀) bzw. 2,5 (♂) Analbreiten lang, beim ♀ ventral mit 18—20 Cuticularingen. Schwanzende zugespitzt. Abstand Vulva-Anus 2—2,5mal länger als der Schwanz.

♀: L = 0,34 mm; a = 20–21; b = 3,3–3,8; c = 10; V = 58–61%. ♂: L = 0,33–0,34 mm; a = 19–21; b = 3,8–4,3; c = 8–12.
Zaire; meistens an Kaffeewurzeln. . . . . *congoensis* COOMANS & GOODEY, 1965

— Nervenring in 2/3 der Ösophaguslänge, Exkretionsporus weiter hinten; postvulvarer Uterusteil praktisch fehlend. — Cuticularinge 1,7 μm breit. Kopf halbkugelig, schwach abgesetzt. Seitenorgan nahezu so breit wie der Kopf; Körper beim Proximalende des Ösophagus 2,5mal breitei als der Kopf. Enddarm kaum etwas länger als der Analdurchmesser. Spicula 15–18 μm, Gubernaculum 7–8 μm lang. Schwanz regelmäßig kegelförmig, 2,5 Analbreiten lang. Abstand Vulva-Anus 3mal länger als der Schwanz.
♀: L = 0,33–0,36 mm; a = 14–16; b = 4,3–5,0; c = 9–10; V = 57 bis 61%. ♂: L = 0,32–0,35 mm; a = 19–22; b = 4,4–5,2; c = 8–10.
Indien; terrestrisch. . . . . . . *coomansi* ALI, SURYAWANSHI & CHISTY, 1973

bb) Subfamilia: *Osstellinae* HEYNS, 1962

Osstellidae. Lippen hakenartig vorspringend. Mundrohr ausgestülpt und am Vorderende etwas erweitert. Seitenorgan nicht nachweisbar.
Eine Gattung.

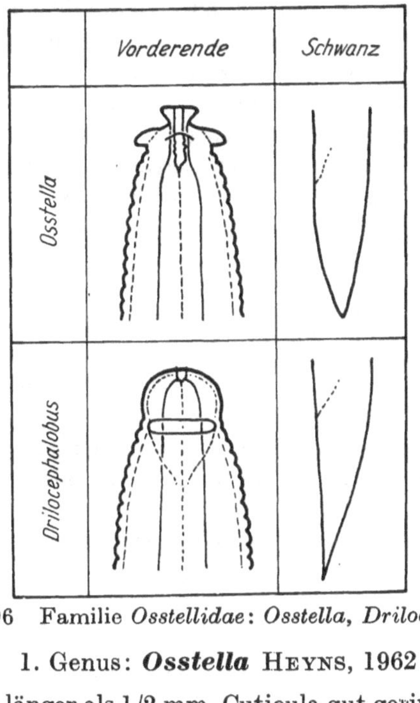

Abb. 95–96 Familie *Osstellidae*: *Osstella*, *Drilocephalobus*

1. Genus: **Osstella** HEYNS, 1962

Osstellinae. Körper kaum länger als 1/2 mm. Cuticula gut geringelt, Seitenfeld deutlich. Kopf eigenartig gebaut: Lippen dorsal und ventral vorspringend und leicht hakenartig nach hinten gebogen; Mundfeld rüsselartig kurz ausgestülpt. Seitenorgan undeutlich. Ösophagus beinahe zylindrisch. Weibliches Geschlechtsorgan prävulvar weit umgeschlagen. Schwanz kurz, kegelförmig, mit kleinen Phasmidien. Männchen nicht bekannt.
Typische und einzige Art: *Osstella hamata* HEYNS, 1962.

— Cuticularinge 2,7 µm breit; Seitenfeld mit 3 Linien, bis zur Schwanzspitze reichend. Lippenhaken zweispitzig. Mundhöhle einfach, rohrartig, 7 µm lang, nicht cuticularisiert. Exkretionsporus in etwa 2/3 der Ösophaguslänge. Vulvalippen vorspringend; postvulvarer Uterussack ganz kurz. Schwanz 2,5 Analbreiten lang, plump-konisch. Abstand Vulva-Anus etwa 3mal so lang wie der Schwanz.
♀: L = 0,59—0,63 mm; a = 25—27; b = 4,2—4,6; c = 12—13; V = 59%.
♂ unbekannt.
Südafrika; in Sandboden. . . . . *hamata* HEYNS, 1962

C) Subordo: **Rhabditina** CHITWOOD, 1933

Rhabditida. Cuticula meist geringelt. Kopfrand glatt, nur ausnahmsweise eingeschnitten, mit 3, 4 oder 6 Lippen. Seitenorgan sehr klein, meist undeutlich, am Grunde der Laterallippen, nur gelegentlich größer. Mundhöhle prismatisch, fast in allen Fällen länger als breit. Cheilostom im allgemeinen nicht cuticularisiert, Pro- und Mesostom verwachsen (= Promesostom) und das eigentliche Mundrohr bildend. Metastom mit drei kleinen, nach innen gerichteten Anschwellungen oder Wülsten und mit ganz kleinen Zähnchen. Telostom unbedeutend. Ösophaguscorpus zylindrisch oder hinten angeschwollen, vom Isthmus gut abgesondert; Endbulbus gut entwickelt, mit Klappenapparat. Weibliche Gonaden meist paarig, seltener unpaarig, prävulvar. Ovarien umgeschlagen. Spicula oft verwachsen. Bursa vorhanden, peloder (das Schwanzende umfassend) oder leptoder (das Schwanzende frei lassend); zuweilen mehr oder minder reduziert. Bursapapillen meist 9 Paare. Phasmidien stets erkennbar.
Vorwiegend saprob in faulenden bzw. sich zersetzenden pflanzlichen und tierischen Stoffen lebende Nematoden, mit zahlreichen primären Merkmalen. Drei Überfamilien.

Bestimmungsschlüssel der Überfamilien

1 Mundhöhle panagrolaimoid, d. h. aus kurzen, schwach cuticularisierten Abschnitten (Ringen) zusammengesetzt; Bursa noch nicht ausgebildet. . . . . a) *Alloionematoidea* (S. 250)
— Mundhöhle rhabditoid, gut cuticularisiert und im ganzen rohrförmig; Bursa gut ausgebildet, nur selten rudimentär. 2
2 Körper merklich asymmetrisch: beide Körperseiten mit abweichender Struktur, rechte Körperhälfte mit auffälligen „Zierelementen" (Papillen, Flossen, Punktierung, Leisten) . . . . c) *Bunonematoidea* (S. 338)
— Körper bilateral symmetrisch, ohne solche „Zierelemente". . . . . b) *Rhabditoidea* (S. 252)

a) Superfamilia: **Alloionematoidea** CHITWOOD & MCINTOSH, 1934

Rhabditina. 4 Lippen. Mundhöhle noch an den *Panagrolaimus*-Typ erinnernd: nicht prismatisch, rohrartig, sondern aus schwach cuticularisierten Ringen (in optischem Schnitt: Stäbchen und Punkten) zusammengesetzt. Ösophaguscorpus mit drei aneinander folgenden Anschwellungen. Weibliche Gonaden paarig. Bursa nicht ausgebildet.
Die Gruppe enthält einerseits primitive Repräsentanten der Unterordnung, andererseits solche Formen, die einen Übergang zum parasitierenden Lebenstyp bilden. Die freilebenden Arten gehören zu einer Familie.

1. Familia: **Alloionematidae** Chitwood & McIntosh, 1934

Alloionematoidea. Cuticula meist geringelt. Lippen 4. Mundhöhle panagrolaimoid, nicht oder nur schwach cuticularisiert. Ösophagus mit den üblichen drei Abschnitten. Weibliches Geschlechtsorgan paarig, Ovarien zurückgebogen. Bursa noch nicht entwickelt. Schwanz kegelförmig.
Die einzige freilebende Gattung gehört der Unterfamilie *Alloionematinae* Chitwood & McIntosh, 1934 an.

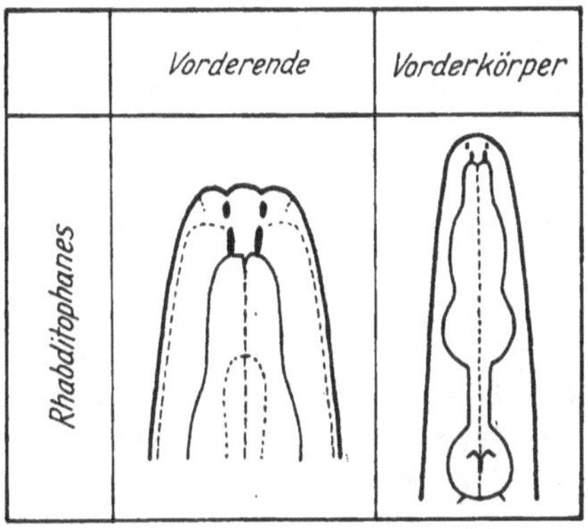

Abb. 97 Familie *Alloionematidae*: *Rhabditophanes*

1. Genus: ***Rhabditophanes*** Fuchs, 1930

Syn. *Cheilobus* Cobb, 1924, nec Rafinesque, 1817; *Altherrnema* Brzeski, 1961.
Alloionematidae. Körperlänge zwischen 0,4 und 1,4 mm. 4 Lippen. Cheilostom schwach cuticularisiert, Promesostom sehr kurz, Metastom ohne Zähne. Ösophaguscorpus charakteristisch: aus 3 aneinander folgenden und nach hinten stufenweise breiter werdenden Anschwellungen zusammengesetzt. Weibliche Gonaden paarig, umgeschlagen; Uterus meist mit zahlreichen Eiern. Eine Bursa fehlt. Hinterende des Männchens mit 6 Papillenpaaren. Schwanz kegelförmig, spitz.
Unter saproben Verhältnissen lebende Arten.
Typusart: *Rhabditis schneideri* Bütschli, 1973 — *Rhabditophanes schneideri* (Bütschli, 1873) Goodey, 1953.

Bestimmungsschlüssel der Arten

1 Spicula lang, über 50 µm, nahezu doppelt so lang wie die anale Körperbreite; Gubernaculum mehr als halb so lang wie die Spicula, stäbchenförmig. — Ösophaguscorpus 1,6mal länger als Isthmus und Bulbus zusammen. Vagina schräg nach vorn gerichtet, Uterus mit 30—50 Eiern. Ovovivipare Art. Schwanz des ♀ 5, der des ♂ 2 Analbreiten lang. Von den 6 Geschlechtspapillen liegen 3 Paare prä- und 3 Paare postanal.
♀: L = 0,93—1,37 mm; a = 14—17; b = 5,8—7,9; c = 9—12; V = 52 bis 55%. ♂: L = 0,73—0,81 mm; a = 14—19; b = 4,1—6,4; c = 9—11.
BRD, Tschechoslowakei und Österreich; in Kuhmist. — *Cheilobus aphodii* Sachs, 1950. . . . . *aphodii* (Sachs, 1950) Baker, 1962

— Spicula kurz, unter 25 μm, kürzer als die anale Körperbreite; Gubernaculum ganz kurz, rundlich. 2

2 Spicula plump und gerade, 16—18 μm lang; Schwanz des ♂ am Ende fein abgerundet, mit haarfeinem Mucro. — Cuticularingelung undeutlich. Körper am Hinterende des Ösophagus 2,5mal breiter als der Kopf. Vorderabschnitt des Ösophagus 1,6—1,7mal länger als der Hinterabschnitt. Exkretionsporus in Höhe des Isthmus. Ei 50—53 μm lang. Schwanz des ♀ 5—7, der des ♂ 2,5—3 Analbreiten lang.
♀: L = 0,4—0,8 mm; a = 13—18; b = 4,8—7,1; c = 7—11; V = 49—53%.
♂: L = 0,60—0,67 mm; a = 19—20; b = 4,6; c = 15—16.
BRD, Österreich, Ungarn, Polen; terrikol und saprob. — *Rhabditis cobbi* Hnatewytsch, 1929; *Cephalobus cobbi* (Hnatewytsch, 1929) Osche, 1952; *Rhabditophanes brassicae* Fuchs, 1930; *Cheilobus brassicae* (Fuchs, 1930) Bovien, 1937; *Altherrnema dibulbosum* Brzeski, 1961. . . . . *cobbi* (Hnatewytsch, 1929) Andrássy, 1983

— Spicula schlanker und bogenförmig, 21—22 μm lang; Schwanz des ♂ gleichmäßig scharf zugespitzt. — Cuticula anscheinend nicht geringelt. Körper am Hinterende des Ösophagus 3—3,5mal breiter als der Kopf. Vorderer Ösophagusabschnitt 1,6—1,7mal so lang wie hinterer. Ei bis 60 μm lang. Schwanz des ♀ 4—5, der des ♂ 2—2,5 Analbreiten lang.
♀: L = 0,65—1,0 mm; a = 12—19; b = 5,3—8,0; c = 9—11; V = 50—53%.
♂ ohne Massenangaben.
DDR, BRD, Österreich, Ungarn, Bulgarien, Spanien, Italien,Polen, Sowjetunion (Moldau, Estland, Aserbaidshan, Kasachstan, Usbekistan), USA; in saproben Lebensstätten. — *Rhabditis schneideri* Bütschli, 1873; *Cheilobus quadrilabiatus* Cobb, 1924; *Rhabditophanes insolitus* Fuchs, 1930; *Cheilobus insolitus* (Fuchs, 1930) Goodey, 1951. . . . . *schneideri* (Bütschli, 1873) Goodey, 1953

Bemerkung: Zu den oben behandelten Arten kommen noch die ungenügend beschriebenen Spezies *Rhabditophanes leuckarti* (Vernet, 1872) Dougherty, 1955 — Syn. *Rhabditis leuckarti* Vernet, 1872 und *Rhabdotiphanes russi* (Penso, 1941) Andrássy, 1983 — Syn. *Cheilobus russi* Penso, 1941.

b) Superfamilia: **Rhabditoidea** Örley, 1880

Rhabditina. Meist 6 Lippen. Mundhöhle prismatisch, eigentlich aus dem zusammenwachsenden Pro- und Mesostom bestehend. Metastom mit sehr kleinen Warzen oder Zähnchen. Ösophaguscorpus am Ende oft mittelbulbusartig angeschwollen, jedoch ohne Valvularapparat. Weibliche Gonaden paarig oder seltener unpaarig, prävulvar, ohne hinteren Uterusast. Bursa bei einigen Gruppen von Arten reduziert. Spicula frei oder distal verwachsen.

Die Vertreter dieser artenreichen Überfamilie leben im Boden und in verschiedenen sich zersetzenden organischen Stoffen; ganz ausnahmsweise kommen limnische, sogar marine Formen vor. Sie sind zumeist Bakterienfresser. Die Arten lassen sich in 4 Familien einreihen.

Bestimmungsschlüssel der Familien

1 Dorsal- und Ventrallippen zu cuticularisierten Haken umgewandelt. . . . . 4. *Diploscapteridae* (S. 335)

— Lippen normal, nicht hakenförmig. 2
2 Mundprisma (Promesostom) mit auffälligem, zahnartigem, dorsalem Einsprung . . . . 3. *Odontorhabditidae* (S. 332)
— Mundprisma (Promesostom) parallelwandig, ohne zahnartigen Einsprung. . 3
3 Mundhöhle kurz, nur etwa doppelt so lang wie breit; Ösophaguscorpus zylindrisch; Bursa fehlend . . . . 1. *Rhabditonematidae* (S. 253)
— Mundhöhle in den meisten Fällen mehr als dreimal so lang wie breit; Bursa gut ausgebildet, wenn schmal oder rudimentär, dann ist der Ösophaguscorpus hinten deutlich angeschwollen . . . . 2. *Rhabditidae* (S. 254)

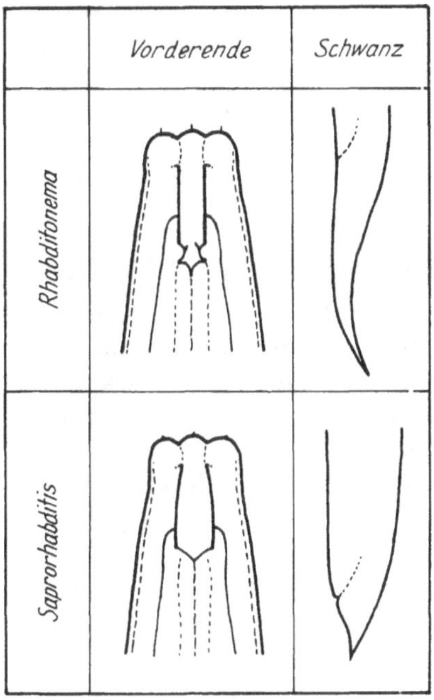

Abb. 98—99 Familie *Rhabditonematidae*: *Rhabditonema* und *Saprorhabditis*

1. Familia: **Rhabditonematidae** Andrássy, 1976

Rhabditoidea. 6 Lippen. Cheilostom nicht cuticularisiert, Promesostom etwa doppelt so lang wie breit. Metastom mit oder ohne Zahngebilde. Ösophaguscorpus zylindrisch. Weibliche Gonanden paarig, symmetrisch. Die Bursa fehlt vollkommen. Spicula frei. Schwanz kegelförmig.
Eine kleine Gruppe mit zwei Gattungen, die in die Unterfamilie *Rhabditonematinae* Andrássy, 1976 gehören. Saprobionten.

Bestimmungsschlüssel der Gattungen

1 Metastom mit deutlichen Zähnchen; Schwanz des ♀ länger, 1/8—1/9 der Körperlänge. . . . . 1. *Rhabditonema* (S. 254)
— Metastom ohne deutliche Zähnchen; Schwanz des ♀ ganz kurz, lediglich etwa 1/50 der Körperlänge. . . . . 2. *Saprorhabditis* (S. 254)

1. Genus: ***Rhabditonema*** Körner, 1954

Rhabditonematidae. Kleine Tiere, um 1/2 mm. Cuticula anscheinend glatt. 6 Lippen, mit feinen Borstenpapillen. Promesostom prismatisch, etwa doppelt so lang wie breit; Metastom mit feinen, nach vorn gerichteten Zähnchen. Corpus zylindrisch. Weibliches Geschlechtsorgan paarig und symmetrisch, Ovarien umgeschlagen. Das bursalose Hinterende des Männchens trägt 6 Paar Papillen. Schwanz in beiden Geschlechtern kegelförmig, spitz.
Typische und einzige Art: *Rhabditonema propinquum* Körner, 1954.

— Vorderabschnitt des Ösophagus 1,5mal länger als der Hinterabschnitt. Körper am Hinterende des Ösophagus doppelt so breit wie der Kopf. Spicula 18 µm, Gubernaculum 8 µm lang. Schwanz des ♀ 5—6, der des ♂ 4 Analbreiten lang, in beiden Fällen am Ende dorsal gebogen.
♀: L = 0,40—0,53 mm; a = 22—33; b = 3,7—4,7; c = 8—9; V = 51—57%.
♂: L = 0,5 mm; a = 29; b = 3,8; c = 9.
BRD, Österreich, Tschechoslowakei; im Fraßmulm holzbewohnender Käfer.
. . . . *propinquum* Körner, 1954

2. Genus: ***Saprorhabditis*** Khera, 1969

Rhabditonematidae. 0,6—0,7 mm lange Tiere. Cuticula glatt. Lippen 6. Promesostom nach hinten leicht erweitert, Metastom ohne Zähnchen. Ösophaguscorpus beinahe zylindrisch. Gonaden paarig, symmetrisch. Schwanz kurz, kegelförmig. Da das Männchen unbekannt ist, kann die Gattung nur mit Vorbehalt in die Familie *Rhabditonematidae* eingereiht werden.
Typische und einzige Art: *Saprorhabditis adentifera* Khera, 1969.

— Kopf 10 µm breit. Körper am Proximalende des Ösophagus etwa doppelt so breit wie der Kopf. Mundhöhle 15 µm lang und 6 µm breit. Ösophagusmanschette 1/4 so lang wie die Mundhöhle. Exkretionsöffnung bei der Mitte des Isthmus. Ovovivipar (oder vivipar ?).
♀: L = 0,58—0,72 mm; a = 16—19; b = 3,8—4,0; c = 48—53; V = 55 bis 57%. ♂ unbekannt.
Indien; terrikol . . . . *adentifera* Khera, 1969

2. Familia: **Rhabditidae** Örley, 1880

Rhabditoidea. Cheilostom nur ausnahmsweise cuticularisiert; Promestostom — das eigentliche Mundrohr — hingegen stark cuticularisiert, mit parallelen Wänden, in den meisten Fällen mehr als dreimal so lang wie breit. Metastom fast immer mit 3 schwachen Anschwellungen (Wülsten) und an diesen mit feinen Zähnchen oder Börstchen. Corpus des Ösophagus am Ende oft angeschwollen. Weibliche Gonaden paarig oder unpaarig, prävulvar. Bursa nur selten rudimentär, im allgemeinen gut entwickelt und von zweierlei Typ: entweder den ganzen Schwanz umgebend (peloder) oder nur auf die Analgegend beschränkt (leptoder). Zumeist 9 oder 10 Paar Bursapapillen. Spicula frei oder distal verwachsen. Schwanz der Geschlechter ähnlich oder verschiedenartig ausgebildet, im letzten Falle beim Weibchen oft länger als beim Männchen.
Eine an Gattungen und Arten sehr reiche Nematodengruppe, ihre Vertreter lassen sich in 7 Unterfamilien einreihen. Sie sind vorwiegend Bodenbewohner oder Sapro-

bionten, einige Arten kommen jedoch in aquatilen Biotopen — limnisch oder marin — vor. Gut züchtbare Tiere.

Bestimmungsschlüssel der Unterfamilien

1 Darmbeginn mehrfach gefaltet, magenartig; Bursa fehlend. . . . . gg) *Stomachorhabditinae* (S. 331)
— Darmbeginn nicht gefaltet, nicht magenartig; Bursa vorhanden. 2
2 Seitenorgan groß, auffällig, in Höhe des Promesostoms; Cheilorhabdions cuticularisiert, bogenförmig, groß. . . . . ff) *Amphidirhabditinae* (S. 330)
— Seitenorgan zumeist undeutlich; Cheilorhabdions unauffällig, nur ausnahmsweise cuticularisiert. 3
3 Mundrohr einfach, ohne Metastomwülste oder Zähnchen . . . . aa) *Protorhabditinae* (S. 255)
— Mundhöhle differenziert, Metastom mit deutlichen Wülsten und feinen Zähnchen. 4
4 Weibliches Geschlechtsorgan unpaarig, Vulva weit hinten; Lippen rundlich, gut abgesondert, meist mit je einer borstenförmigen Papille. . . . . bb) *Mesorhabditinae* (S. 270)
— Weibliches Geschlechtsorgan paarig, Vulva nahe der Körpermitte; Lippen im allgemeinen weniger abgesondert, ohne Borstenpapillen. 5
5 Bursa den ganzen Schwanz umfassend, peloder. . . . . cc) *Peloderinae* (S. 286)
— Bursa das Schwanzende nicht erreichend, wohl nur auf die Analgegend beschränkt, leptoder. 6
6 Lippen mit mehreren Bündeln feiner Borsten oder mit tentakelartigen Auswüchsen; Ösophagusmanschette mehr als die Hälfte des Mundprismas umgebend. ee) *Ablechroiulinae* (S. 326)
— Lippen ohne Borstenbündel; Ösophagusmanschette weniger als die Hälfte des Mundprismas umgebend. . . . . dd) *Rhabditinae* (S. 307)

aa) Subfamilia: *Protorhabditinae* Dougherty, 1955

Rhabditidae. Lippen flach, praktisch nicht abgesondert (geschlossen). Mundprisma lang und eng. Cheilostom cuticularisiert, jedoch klein; Metastom schwach ausgebildet, ohne Wülste und Zähne. Weibliche Gonaden paarig oder unpaarig. Bursa peloder oder pseudopeloder (nur einen kurzen und sehr feinen Endfaden frei lassend). Spicula oft verwachsen. Schwanz meist mit Geschlechtsdimorphismus.
4 Gattungen.

Bestimmungsschlüssel der Gattungen

1 Gonade unpaarig, prävulvar, Vulva ganz nahe dem Anus; Spicula distal verwachsen. . . . . 3. *Parasitorhabditis* (S. 261)
— Gonaden paarig, Vulva um die Mitte des Körpers; Spicula frei 2
2 Isthmus vom zylindrischen Corpus kaum oder gar nicht abgesondert . . . . 4. *Paradoxorhabditis* [64] (S. 270)

[64] Hier gehört wahrscheinlich auch die anhand eines einzigen Weibchens ungenügend beschriebene und hier weiter nicht berücksichtigte Species *Neorhabditis flagellicaudata* (Schuurmans Stekhoven, 1951) Baker, 1962 — Syn. *Pararhabditis flagellicaudata* Schuurmans Stekhoven, 1951.

— Isthmus vom hinten fast immer angeschwollenen Corpus gut abgesondert. . 3
3 Protostom mit 3 feinen Zähnchen; Bursa vorn geschlossen. . . . .
. . . . 2. *Prodontorhabditis* (S. 260)
— Prostom ohne Zähnchen; Bursa vorn offen (nur bei einer Art geschlossen).
. . . . 1. *Protorhabditis* (S. 256)

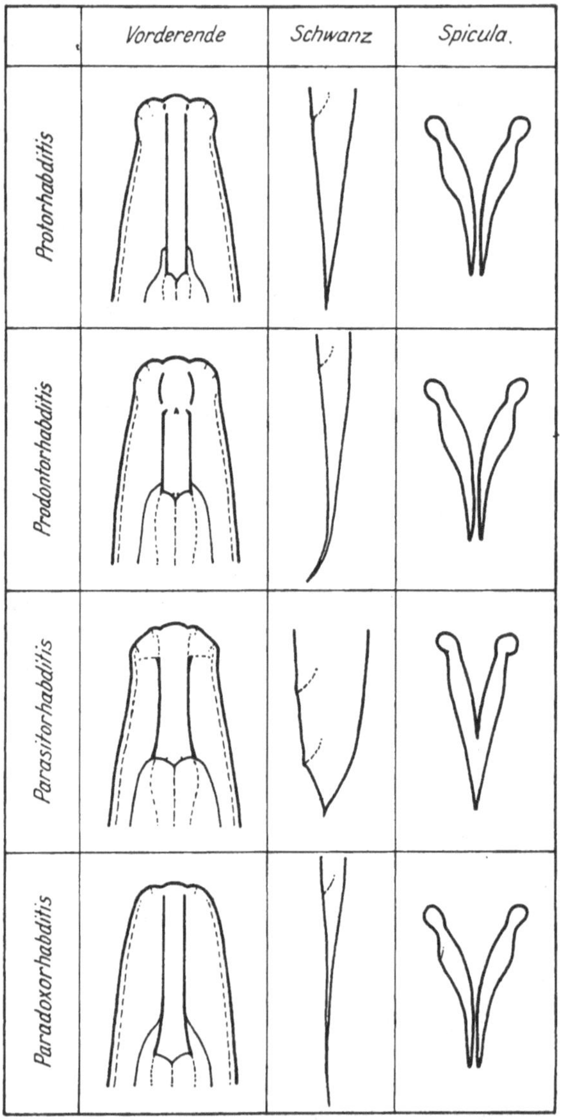

Abb. 100—103 Familie *Rhabditidae*, Unterfamilie *Protorhabditinae*: *Protorhabditis*, *Prodontorhabditis*, *Parasitorhabditis* und *Paradoxorhabditis*

1. Genus: ***Protorhabditis*** (Osche, 1952) Dougherty, 1953

Syn. *Rhabditis* (*Protorhabditis* Osche, 1952).

Protorhabditinae. Körper klein, 0,3—0,9 mm. Lippen flach, kaum abgesondert (ge-

schlossen), Kopf nicht abgesetzt. Cheilorhabdions punktförmig oder undeutlich. Mundhöhle 2—4mal so lang wie die Lippenbreite, eng; Metastom ohne Wülste. Ösophaguscorpus hinten angeschwollen, nur selten zylindrisch. Weibliche Gonaden paarig, Vulva um die Körpermitte. Spicula frei. Bursa peloder, vorn offen, nur bei einer Art geschlossen, gut entwickelt, nur ausnahmsweise schmal. 7—9 Paar Bursapapillen. Schwanz des Weibchens kegelförmig, zuweilen sehr lang.
Terrikole, saprobionte, selten aquatile Arten.
Typusart: *Rhabditis* (*Protorhabditis*) *xylocola* KÖRNER in OSCHE, 1952 = *Protorhabditis xylocola* (KÖRNER in OSCHE, 1952) DOUGHERTY, 1953.

Bestimmungsschlüssel der Arten

1 Schwanz des ♀ sehr lang, 10—14mal länger als die anale Körperbreite, fadenartig ausgezogen. 2
— Schwanz des ♀ wesentlich kürzer, höchstens 5mal so lang wie die anale Körperbreite. 4
2 Ösophaguscorpus vollkommen zylindrisch; Manschette vorhanden, 3/4 der Mundhöhle einnehmend; größere Art, über 1/2 mm. — Seitenfeld ganz schmal. Körper am Hinterende des Ösophagus mehr als 3mal breiter als der Kopf. Mundhöhle 20—22 μm lang, äußerst eng. Seitenorgan deutlich, quadratisch, im ersten Viertel der Mundhöhle. Vorderer Ösophagusabschnitt 1,7mal länger als hinterer. Spicula 17—21 μm, Gubernaculum 5—8 μm lang. Bursa gut entwickelt, mit 7—9 Papillenpaaren. Schwanz des ♀ 10—11 Analbreiten lang.
♀: L = 0,62—0,92 mm; a = 20—28; b = 5,7—7,1; c = 4—9; V = 43—51%.
♂: L = 0,54—0,69 mm; a = 18—27; b = 4,7—5,6; c = 17—25.
BRD, Tschechoslowakei und Sowjetunion (Ferner Osten); saprob. — *Rhabditis* (*Protorhabditis*) *elaphri* HIRSCHMANN, 1952. . . . . *elaphri* (HIRSCHMANN, 1952) DOUGHERTY, 1955
— Ösophagus mit deutlicher Mittelanschwellung; Manschette um die Mundhöhle fehlend; sehr kleine Arten, bis 1/2 mm. 3
3 9 Paare Bursapapillen; Kopf nicht abgesetzt. — Cuticula dünn und sehr fein geringelt. Körper am hinteren Ösophagusende 3mal breiter als der Kopf. Mundhöhle 17—20 μm lang und 2—3 μm breit. Vorderabschnitt des Ösophagus 1,4mal länger als der Hinterabschnitt. Exkretionsöffnung in Höhe des Isthmus. Ei 33 μm lang. Spicula 13 μm, Gubernaculum 4—5 μm lang; Spicula distal verdünnt, krallenartig. Präanal 2, postanal 7 Paar Papillen. Schwanz des ♀ 12—14 Analbreiten lang.
♀: L = 0,45—0,55 mm; a = 22—27; b = 4,4—6,2; c = 3,3—4,5; V = 46 bis 47%. μ: L = 0,27—0,30 mm; a = 17—21; b = 2,9—3,4; c = 17.
DDR, BRD, Ungarn, Tschechoslowakei, Bulgarien, Polen, Sowjetunion (Rußland, Litauen, Usbekistan); aquatil und terrikol. — *Rhabditis* (*Protorhabditis*) *tristis* HIRSCHMANN, 1952[65] . . . . *tristis* (HIRSCHMANN, 1952) DOUGHERTY, 1955

[65] Vielleicht gehört auch die nur in männlichem Geschlecht bekannte Art *Protorhabditis minuta* (COBB, 1893) DOUGHERTY, 1955 — Syn. *Rhabditis minuta* COBB, 1893 — hierher.

— 7 Paare Bursapapillen; Kopf abgesetzt. — Mundhöhle 4mal so lang wie die Lippenbreite, 1/6 der gesamten Ösophaguslänge. Cuticula fein geringelt. Körper am Hinterende des Ösophagus 3—4mal breiter als der Kopf. Schwanz des ♀ 10—12 Analbreiten lang. Bursa oval, Spicula kurz. Ovipare Art.
♀: L = 0,45—0,60 mm; a = 22—30; b = 4,5—5,3; c = 3,2—4,0; V = 42 bis 47%. ♂: L = 0,35 mm.
Holland, Belgien, DDR, BRD, Österreich, Ungarn, Tschechoslowakei, Menorca, Polen, Dänemark, England, Irland, Italien, Sowjetunion (Rußland, Estland, Litauen, Moldau, Belorußland, Turkmenien, Kasachstan, Aserbaidshan, Usbekistan), Java, Sumatra, Fernando Poo, Zaire, Australien, Neuseeland; terrikol. — *Rhabditis filiformis* BÜTSCHLI, 1873; *Rhabditis* (*Choriorhabditis*) *filiformis* (BÜTSCHLI, 1873) OSCHE, 1952; *Rhabditis agilis* LINSTOW, 1876; *Protorhabditis lengerkeni* PAEZOTLD, 1958. . . . . *filiformis* (BÜTSCHLI, 1873) SUDHAUS, 1976

4 Sehr kleine Art, bis 1/2 mm; Corpus hinten kaum angeschwollen; ♂ unbekannt. — Körper am Hinterende des Ösophagus etwa doppelt so breit wie der Kopf. Mundhöhle 15 µm lang, Ösophagusmanschette kaum 1/4 der Mundhöhle umgebend. Vorderabschnitt des Ösophagus 1,2—1,3mal länger als Hinterabschnitt. Uterus nur mit einem Ei. Schwanz 4—5 Analbreiten lang; Phasmidien im ersten Drittel seiner Länge.
♀: L = 0,43—0,53 mm; a = 22—26; b = 4,3—5,5; c = 6—9; V = 53—57%. ♂ unbekannt.
BRD, Mulmbewohner. — *Rhabditis* (*Protorhabditis*) *virgo* KÖRNER in OSCHE, 1952. . . . . *virgo* (KÖRNER in OSCHE, 1952) DOUGHERTY, 1955

— Größere Arten, über 1/2 mm; Corpus stark angeschwollen; ♂ bekannt . . . 5

5 Bursa vorn geschlossen. — Cuticula 0,8 µm dick, fein geringelt. Körper am Hinterende des Ösophagus 3—3,5mal breiter als der Kopf. Mundhöhle 21 bis 27 µm, 2,5mal so lang wie die Lippenbreite, 1/7—1/8 der Ösophaguslänge. Vorderer Ösophagusabschnitt 1,3mal länger als hinterer. Cheilostom undeutlich, Ösophagusmanschette fehlend. Gleichzeitig 1—3 Eier (35—42 × 19—26 µm). Schwanz des ♀ 5 Analbreiten lang, Cuticula von der Schwanzmitte an verdickt. Spicula 13—28 µm, Gubernaculum 4—12 µm lang. Bursa von vorn gesehen kreisrund, mit 8 Papillenpaaren (1 + 2 + 1 + 1 + 3). Das präbursale Paar in Höhe des proximalen Spiculumendes.
♀: L = 0,59—0,87 mm; a = 17—21; b = 4,3—5,9; c = 6,7—10,8; V = 53 bis 56%. ♂: L = 0,32—0,72 mm; a = 15—25; b = 3,5—5,0; c = 19—27.
Holland, Belgien, DDR, BRD, Schweiz, Frankreich (Korsika), Jugoslawien, Polen, Sowjetunion (Ukraine, Grusien); terrikol. — Von mehreren Verfassern als „*Rhabditis oxyuris*" (nec CLAUS, 1862) erwähnt. . . . . *oxyuroides* SUDHAUS, 1974

— Bursa vorn offen. 6

6 Bursa ganz schmal, die Körperkontur kaum überragend. — Körper am Proximalende des Ösophagus doppelt so breit wie der Kopf. Mundhöhle 18 µm lang; die Ösophagusmanschette umgibt 1/4 des Mundprismas. Cheilorhabdions halbmondförmig, sehr klein. Vorderabschnitt des Ösophagus 1,4mal länger als Hinterabschnitt. Jeder Uterusast enthält nur ein Ei. Schwanz des ♀

verschieden lang: 1,5 bis 4 Analbreiten. 8 Paar Bursapapillen, davon 2 Paare präanal. Spicula 23–30 µm, Gubernaculum 11–14 µm lang.
♀: L = 0,58–0,87 mm; a = 20–24; b = 4,0–5,9; c = 11–30; V = 56 bis 62%. ♂: L = 0,52–0,64 mm; a = 20–22; b = 3,8–4,4; c = 20–26.
DDR, BRD; in Fraßmulm von Cerambyciden-Larven. – *Rhabditis* (*Protorhabditis*) *parvovelata* KÖRNER in OSCHE, 1952. . . . . *parvovelata* (KÖRNER in OSCHE, 1952) DOUGHERTY, 1955

– Bursa gut entwickelt, ventral stark ausgebuchtet. 7

7 Jede der 6 Lippen nach außen in einen spitzen Zipfel ausgezogen, die Zipfel den Kopf wie eine Krone umgebend. – Mundhöhle 18–20 µm lang. Körper am Proximalende des Ösophagus 2,5mal breiter als der Kopf. Vorderer Ösophagusabschnitt 1,5–1,6mal länger als hinterer. Uterus nur mit 1 oder 2 Eiern. Spicula 24–29 µm, Gubernaculum 14–17 µm lang. Bursapapillen: 2 Paare prä-, 1 Paar ad- und 5 Paare postanal. Schwanz des ♀ 3–4 Analbreiten lang.
♀: L = 0,60–0,75 mm; a = 17–21; b = 4,4–4,9; c = 8–9; V = 54–58%.
♂: L = 0,54–0,66 mm; a = 19–22; b = 4,1–4,6; c = 19–21.
BRD, Tschechoslowakei und Sowjetunion (Usbekistan); im Mulm von Baumstümpfen. – *Rhabditis* (*Protorhabditis*) *ruehmi* KÖRNER in OSCHE, 1952. . . . . *ruehmi* (KÖRNER in OSCHE, 1952) DOUGHERTY, 1955

– Lippen einfach, ohne Zipfel oder Krone. 8

8 Spicula 16–21 µm lang; Bursa distal eingebuchtet. – Körper am proximalen Ösophagusende 3mal so breit wie der Kopf. Mundhöhle 22–25 µm lang, 3–3,5mal länger als die Lippenbreite, bzw. 1/7 der gesamten Ösophaguslänge. Vorderer Abschnitt des Ösophagus 1,4mal so lang wie der hintere. Schwanz des ♀ kegelförmig, 3–4 Analbreiten lang. Spicula klein, aber massiv. 2 Paare von den 8 Bursapapillenpaaren präanal liegend.
♀ ohne Massenangaben. ♂: L = 0,49–0,57 mm; a = 14–18; b = 3,5–3,8; c = 22–23.
BRD; an Scarabaeiden-Imagines (Coleoptera) gebunden. . . . . *macrovelata* SUDHAUS, 1974[66]

– Spicula 21–34 µm lang 9

9 Cheilostom nach vorn erweitert. – Mundhöhle etwa 20 µm lang. Körper am Hinterende des Ösophagus nahezu 3mal so breit wie der Kopf. Ösophagusmanschette etwa 25% der Mundhöhle umgebend. Spicula 22–34 µm, Gubernaculum 9–14 µm lang. Bursa mit den üblichen 8 Papillenpaaren (2 Paare prä- und 6 Paare postanal). Schwanz des ♀ 3–4 Analbreiten lang.
♀: L = 0,63–0,87 mm; a = 16–22; b = 4,3–5,3; c = 7,8–13,5; V = 56 bis 63%. ♂: L = 0,63–0,72 mm; a = 17–25; b = 4,2–4,5; c = 19–23.
BRD und Österreich; in Fraßmulm von *Dorcus parallelopipedus* (Lucanidae). – *Rhabditis* (*Protorhabditis*) *postneri* KÖRNER in OSCHE, 1952. . . . . *postneri* (KÖRNER in OSCHE, 1952) DOUGHERTY, 1955

– Cheilostom nach vorn nicht erweitert. – Übrigens der vorigen Art sehr ähnlich und möglicherweise mit ihr identisch. Spicula 21–29 µm, Gubernaculum 9–12 µm lang.
♀: L = 0,51–0,68 mm; a = 19–22; b = 4,6–5,7; c = 9,6–13,1; V = 54 bis

[66] Möglicherweise mit der nachstehenden Art identisch.

58%. ♂: L = 0,40–0,58 mm; a = 18–23; b = 4,0–5,1; c = 17,6–21,3. BRD, Ungarn, Sowjetunion (Moldau): in Holzmulm, sowie mit *Trichius*-Arten (Scarabaeidae) vergesellschaftet. — *Rhabditis* (*Protorhabditis*) *xylocola* KÖRNER in OSCHE, 1952. . . . . . *xylocola* (KÖRNER in OSCHE, 1952) DOUGHERTY, 1953

Bemerkung: Vielleicht gehört auch die aus China beschriebene Art *Protorhabditis lepida* (KREIS, 1930) SUDHAUS, 1976 — Syn. *Rhabditis lepida* KREIS, 1930; *Rhabditis* (*Choriorhabditis*) *lepida* KREIS, 1930 (OSCHE, 1952); *Rhabditis elegans* KREIS, 1929, nec MAUPAS, 1899 — hierher.

2. Genus: ***Prodontorhabditis*** TIMM, 1961

Protorhabditinae. Körperlänge 0,3 bis 1,0 mm. Lippen kaum abgesondert, flach. Cheilostom cuticularisiert, Prostom vorn mit 3 feinen Zähnchen. Mundhöhle 1–3mal so lang wie die Lippenbreite, eng. Ösophaguscorpus hinten stets angeschwollen. Weibliche Gonaden paarig, Vulva um die Körpermitte. Spicula frei. Bursa peloder, vorn geschlossen, mit 7–8 Paar Papillen; außer den an der Bursa liegenden Papillen befindet sich noch ein präanal stehendes, freies Papillenpaar. Schwanz des ♀ kegelförmig, zuweilen haarfein.
Terrikole oder aquatile Arten.
Typusart: *Prodontorhabditis pluvialis* TIMM, 1961.

Bestimmungsschlüssel der Arten

1 Mundhöhle etwa 3mal so lang wie die Lippenbreite, 16–22 µm. 2
— Mundhöhle nur 1–1,5mal so lang wie die Lippenbreite, 8–14 µm. 3
2 Schwanz des ♀ sehr lang, so lang wie 16–20 Analbreiten. — Cuticula fein geringelt, Ringelbreite 1 µm. Körper am Hinterende des Ösophagus mehr als 3mal so breit wie der Kopf. Mundhöhle 16–19 µm lang, Cheilorhabdions bogenförmig. Ösophagusmanschette fehlend. Vorderer Ösophagusabschnitt 1,7mal länger als hinterer. Exkretionsporus beim Beginn des Endbulbus. Jeder Uterusast enthält nur ein Ei (Ei 60 µm lang). Spicula 21 µm, Gubernaculum 12 µm lang. Bursa gerippt. Von den 8 Bursapapillenpaaren liegt eines präanal. ♀: L = 0,58–0,73 mm; a = 25–28; b = 5,3–6,2; c = 2,5–3,1; V = 37 bis 43%. ♂: L = 0,34–0,45 mm; a = 18–25; b = 3,5–4,2; c = 12–18. Bangladesh; terrikol. . . . . *pluvialis* TIMM, 1961
— Schwanz des ♀ viel kürzer, so lang wie 6–7 Analbreiten. — Mundhöhle 20 bis 22 µm lang und 4 µm breit. Körper am hinteren Ösophagusende doppelt so breit wie der Kopf. Vorderabschnitt des Ösophagus 1,3mal länger als der Hinterabschnitt. 8 Paar Bursapapillen, davon 2 Paare präanal. Spicula 32 µm lang. Vivipare (oder ovovivipare ?) Art. Schwanz des ♀ am Ende haarfein. ♀: L = 0,7–1,0 mm; a = 26–33; b = 3,4–3,8; c = 8–9; V = 56–57%. ♂: L = 0,75 mm; a = 30; b = 3,3; c = 22. Sumatra; aquatil. — *Rhabditis anthobia* SCHNEIDER, 1937; *Rhabditis* (*Protorhabditis*) *anthobia* SCHNEIDER, 1937 (OSCHE, 1952); *Rhabditis* (*Caenorhabditis*) *anthobia* SCHNEIDER, 1937 (SUDHAUS, 1974); *Protorhabditis anthobia* (SCHNEIDER, 1937) DOUGHERTY, 1955 . . *anthobia* (SCHNEIDER, 1937) ANDRÁSSY, 1983
3 Mundhöhle auffallend kurz, 8–10 µm, nicht länger als die Lippenbreite. — Cuticula zart längsgestreift; Seitenfeld schmal, mit 2 Längsfurchen. Promeso-

stom kaum länger als Cheilostom. Vorderer Ösophagusabschnitt 1,4mal länger als hinterer. Körper am Proximalende des Ösophagus 2,5mal breiter als der Kopf. Gleichzeitig meist nur ein Ei: 33–34 × 16–17 µm. Schwanz des ♀ 10 Analbreiten lang. Spicula 19–22 µm, Gubernaculum 7,5–11 µm lang. Bursa mit 8 Papillenpaaren: 1 + 1 + 2 + 1 + 3. Das präbursale Papillenpaar im Bereich der Spicula liegend.
♀: L = 0,60–0,72 mm; a = 21–28; b = 5,0–5,7; c = 3,0–4,1; V = 44 bis 54%. ♂: L = 0,39–0,60 mm; a = 18–23; b = 3,6–4,7; c = 14–21.
Neuseeland; in Strandauswurf. . . . . *wirthi* SUDHAUS, 1974

– Mundhöhle 12–14 µm, etwa 1,5mal länger als die Lippenbreite. – Cuticula 0,8–1 µm dick, zart quer- und längsgestreift. Körper am Proximalende des Ösophagus 3mal breiter als der Kopf. Promesostom mehr als doppelt so lang wie das Cheilostom. Vorderer Ösophagusabschnitt 1,5–1,6mal länger als hinterer. Gleichzeitig nur ein Ei: 35–57 × 16–25 µm. Schwanz des ♀ 8 Analbreiten lang. Bursapapillenpaare: 1 + 1 + 2 + 1 + 3 = 8. Das präbursale Papillenpaar im Bereich der Spicula liegend.
♀: L = 0,64–0,93 mm; a = 18–26; b = 4,5–5,7; c = 4,8–5,2; V = 49 bis 52%. ♂: L = 0,54–0,70 mm; a = 22–27; b = 4,0–4,7; c = 20–28.
USA (Florida); in Strandauswurf. . . . . *prodontis* SUDHAUS, 1974

3. Genus: ***Parasitorhabditis*** (FUCHS, 1937) CHITWOOD & CHITWOOD, 1950

Syn. *Rhabditis* (*Parasitorhabditis* FUCHS, 1937).
Protorhabditinae. Körperlänge zwischen 0,4 und 1,4 mm. Cuticula punktiert. Lippen 6, ganz flach. Mundhöhle gut ausgebildet, geräumiger als bei den vorigen Gattungen. Cheilorhabdions stäbchen- oder punktförmig. Ösophaguscorpus oft ungewöhnlich kurz, hinten mehr oder weniger angeschwollen. Ovar unpaarig, prävulvar, Vulva dem Anus ganz nahe. Hinterer Uterusast fehlend. Bursa peloder, gut ausgebildet, vorn offen. Stets 10 Paare Bursapapillen (davon 2 Paare präanal), deren Anordnung sehr konstant ist. Spicula recht schlank, distal verwachsen. Schwanz des Weibchens ganz kurz, oft kürzer als die anale Körperbreite, kegelförmig oder abgerundet.
Die Larven leben im Darm und in der Leibeshöhle von Borkenkäfern (*Scolytidae*), die ausgewachsenen Tiere sind Mulmbewohner, insbesondere in Nadelbäumen.
Obwohl die Gattung zahlreiche Arten aufweist, ist sie dennoch morphologisch und ökologisch recht einheitlich; die genaue Identifizierung der zu ihr gehörenden Arten ist zuweilen nicht leicht.
Typusart: *Rhabditis obtusa* FUCHS, 1915 = *Parasitorhabditis obtusa* (FUCHS, 1915) CHITWOOD & CHITWOOD, 1950[67].

Bestimmungsschlüssel der Arten

1 Schwanz des ♀ äußerst kurz, nur etwa halb so lang wie der anale Körperdurchmesser, kuppelförmig, mit aufgesetzter Spitze oder breit abgerundet. . . 2

---

[67] BAKER (1962) und die ihm folgenden Autoren erwähnen unrichtig DOUGHERTY als zweiten Autor dieser Art. Da die ersten, die die Untergattung *Parasitorhabditis* als Genus behandelten, die beiden CHITWOODS waren, müssen sie für die zweiten Autoren der typischen Art der Gattung gehalten werden.

— Schwanz des ♀ so lang bis 2mal so lang wie der anale Körperdurchmesser, kegel- oder kuppelförmig, mit oder ohne Spitze. 7

2 Vorderabschnitt des Ösophagus (vom Kopfende gemessen) länger als der Hinterabschnitt; Schwanz breit abgerundet. — Körper am Proximalende des Ösophagus 2,5mal breiter als der Kopf. Mundhöhle 16—20 µm lang, nur 1,2mal länger als die Lippenbreite. Ösophaguscorpus hinten kaum angeschwollen; Exkretionsporus vor dem Endbulbus. Ei 69—71 µm lang. Abstand Vulva-Anus so lang oder länger als der Schwanz. Spicula 30—32 µm, Gubernaculum 15—18 µm lang. Papillenapare: 2 + 3 + 2 + 3.
♀: L = 0,73—1,11 mm; a = 16—24; b = 4,0—4,7; c = 44—49; V = 94 bis 96%. ♂: L = 0,75—0,85 mm; a = 19—21; b = 4,1—4,6; c = 18—22.
BRD, Tschechoslowakei, Österreich, Schweiz, Sowjetunion (Rußland, Litauen, Grusien)) und USA; an Borkenkäfern (*Ips typographus* und *I. cembrae*) gebunden. — *Rhabditis obtusa* FUCHS, 1915; *Rhabditis* (*Parasitorhabditis*) *obtusa* FUCHS, 1915 (FUCHS, 1937); *Rhabditis obtusa typographi* FUCHS, 1915; *Rhabditis* (*Parasitorhabditis*) *obtusa typographi* FUCHS, 1915 (FUCHS, 1937); *Parasitorhabditis typographi* (FUCHS, 1915) SKRJABIN, SHIKHOBALOVA, SOBOLEV, PARAMONOV & SUDARIKOV, 1954. . . . . *obtusa* (FUCHS, 1915) CHITWOOD & CHITWOOD, 1950

— Vorderabschnitt des Ösophagus merklich kürzer als der Hinterabschnitt; Schwanz oft mit kleinem Spitzchen. 3

3 Spicula leicht aber merklich dorsal gebogen: an der ventralen Seite konvex. — Cuticula gut geringelt. Körper am Proximalende des Ösophagus 2,5—3mal breiter als der Kopf. Mundhöhle 16—20 µm lang, 1,5mal so lang wie die Lippenbreite, 1/10 der Ösophaguslänge. Corpus zylindrisch. Abstand Vulva-Anus beinahe doppelt so lang wie der Schwanz. Vordere Vulvalippe stark vorspringend. Schwanz breit-kuppelförmig, ohne Spitze. Spicula 30—37 µm, Gubernaculum 14—18 µm lang. Bursa breit, Papillen von üblicher Anordnung.
♀: L = 0,42—1,16 mm; a = 11—22; b = 3,0—6,3; c = 40—97; V = 93 bis 97%. ♂: L = 0,42—0,93 mm; a = 15—27; b = 3,1—5,2; c = 12—23.
Frankreich, Sowjetunion (Rußland) und USA (New Mexico); gebunden an Borkenkäfer. — *Parasitorhabditis masseyi* SUDHAUS, 1976. . *subelongati* SLOBODJANJUK 1973,

— Spicula gerade oder schwach ventral gebogen: an der dorsalen Seite konvex. 4

4 Spiculalänge um 50 µm. — Cuticula deutlich punktiert. Mundhöhle 16—18 µm, doppelt so lang wie die Lippenbreite. Abstand Vulva-Anus länger als der sehr kurze, breit abgerundete, nur mit einer winzigkleinen, punktartigen Spitze versehene Schwanz. Spicula 48—50 µm lang, gerade, schlank, proximal geköpft; Gubernaculum 20—21 µm lang.
♀: L = 1,0—1,4 mm; a = 16—19; b = 5,7—7,1; c = 63—68; V = 96%.
♂: L = 0,73—0,95 mm; a = 17—20; b = 4,7—5,4; c = 19—21.
BRD und Sowjetunion (Rußland, Grusien, Litauen); im Mulm bzw. die Larven im Enddarm von *Ips sexdentatus*. . . . . *sexdentati* RÜHM, 1960

— Spiculalänge bis 40 µm. 5

5 Körper 0,7—0,8 mm lang; Schwanz des ♀ sehr kurz, nur 8—10 µm. Cuticula mäßig strukturiert. Mundhöhle 14—16 µm lang, nur etwa so lang wie die Lippenbreite. Körper am Hinterende des Ösophagus 3mal breiter als der Kopf.

Exkretionsporus vor dem Endbulbus. Abstand Vulva-Anus länger als der sehr kurze, breit-kuppelförmige, am Ende eine Vorwölbung aufweisende Schwanz. Spicula 30—33 µm, Gubernaculum 14—15 µm lang. Anordnung der Papillenpaare: 2 + 3 + 5.
♀: L = 0,60—0,82 mm; a = 19—21; b = 4,7—4,8; c = 92—96; V = 95 bis 96%. ♂: L = 0,66—0,75 mm; a = 23—28; b = 4,7—5,4; c = 27—30.
BRD und Sowjetunion (Rußland, Grusien); die Larven im Enddarm von *Pytyogens chalcographus* (Scolytidae). — *Rhabditis* (*Parasitorhabditis*) *chalcographi obtusa* FUCHS, 1937. . . . .
chalcographi (FUCHS, 1937) SKRJABIN, SHIKHOBALOVA, SOBOLEV, PARAMONOV & SUDARIKOV, 1954

— Körper 0,9—1,2 mm lang; Schwanz des ♀ länger, 14—28 µm. 6

6 Mundhöhle kürzer (16—19 µm) und eng, die mittlere Breite beträgt 1/7—1/8 ihrer Länge; die Larven leben im Enddarm von *Ips acuminatus*. — Cuticula mäßig strukturiert. Körper am hinteren Ösophagusende 3mal breiter als der Kopf. Vorderabschnitt des Ösophagus nur etwa 3/4 des Hinterabschnittes. Exkretionsporus hinter der Mitte des Isthmus. Abstand Vulva-Anus deutlich länger als der Schwanz; dieser kuppelförmig, mit kleinem Spitzchen. Spicula 38 bis 40 µm, Gubernaculum 15—17 µm lang.
♀: L = 0,94—1,14 mm; a = 19—25; b = 5,1—6,3; c = 54—67; V = 95%. ♂: L = 0,8—1,0 mm; a = 18—22; b = 4,4—5,6; c = 22—23.
BRD, Sowjetunion (Rußland); im Mulm von *Ips acuminatus*. — *Rhabditis* (*Parasitorhabditis*) *obtusa acuminati* FUCHS, 1937. . . . .
acuminati (FUCHS, 1937) SKRJABIN, SHIKHOBALOVA, SOBOLEV, PARAMONOV & SUDARIKOV, 1954

— Mundhöhle länger (19—22 µm) und breiter, die mittlere Breite beträgt 1/4 ihrer Länge; die Larven leben in der Leibeshöhle von *Myelophilus piniperda*. — Kopf 15—18 µm breit. Abstand Vulva-Anus länger als der Schwanz; letzterer kuppelförmig, am Ende mit einer kleinen rundlichen Vorwölbung. Spicula 36 bis 38 µm, Gubernaculum 15—18 µm lang. Anordnung der Papillenpaare: 2 + 3 + 2 + 3.
♀: L = 0,94—1,23 mm; a = 19—22; b = 4,7—6,1; c = 44—56; V = 94 bis 95%. ♂: L = 0,85—1,1 mm; a = 19—20; b = 5,0—5,4; c = 24—30.
BRD, Frankreich, Sowjetunion (Rußland, Litauen, Grusien); in Mulm von Borkenkäfern. — *Rhabditis* (*Parasitorhabditis*) *obtus apiniperdae* FUCHS, 1937
piniperdae (FUCHS, 1937) SKRJABIN, SHIKHOBALOVA, SOBOLEV, PARAMONOV & SUDARIKOV, 1954

7 Schwanz des ♀ relativ länger, etwa so lang wie 2 Analbreiten, kegelförmig, deutlich länger als der Abstand Vulva-Anus. 8

— Schwanz des ♀ relativ kürzer, so lang wie 1—1,5 Analbreiten, gleich dem Abstand Vulva-Anus oder kürzer. 13

8 Mundhöhle 20—28 µm, etwa doppelt so lang wie die Lippenbreite. 9

— Mundhöhle 14—17 µm, 1,3—1,5mal so lang wie die Lippenbreite. 11

9 Distalspitze der Spicula ventral gebogen; größere Art, 0,9—1,4 mm. —Cuticulastruktur aus feinen Warzen bestehend. Schwanz kegelförmig, scharf zugespitzt,

1,5—2mal länger als der Abstand Vulva-Anus. Spicula 41—49 μm, Gubernaculum 21—27 μm lang. Anordnung der Papillenpaare: 2 + 4 + 4.
♀: L = 0,60—1,44 mm; a = 18—20; b = 4,8—5,2; c = 14—24; V = 89 bis 92%. ♂: L = 0,88—1,1 mm; a = 19—20; b = 4,6—5,1; c = 23—28.
BRD; im Mulm von Borkenkäfern bzw. im Enddarm von *Hylurgops ligniperda* (Scolytidae). — *Rhabditis obtusa ligniperdea* FUCHS, 1915; *Rhabditis* (*Parasitorhabditis*) *obtusa ligniperdae* FUCHS, 1915 (FUCHS, 1937). *ligniperdae* (FUCHS, 1915) SKRJABIN, SHIKHOBALOVA, SOBOLEV, PARAMONOV & SUDARIKOV, 1954

— Spicula geradespitzig; kleinere Arten, 0,8—0,9 mm. 10

10 Mundrohr vorn deutlich nach innen gebogen; Ösophaguscorpus zylindrisch. — Cuticula mäßig stark geringelt. Lippenpapillen borstenartig. Körper am Proximalende des Ösophagus 3mal so breit wie der Kopf. Mundhöhle 21 μm lang, 1/10 der Ösophaguslänge. Vorderer Ösophagusabschnitt so lang oder länger als hinterer. Exkretionsporus in Höhe des Isthmus. Körper hinter der Vulva stark verengt. Schwanz des ♀ sehr scharf zugespitzt. Spicula 34 μm, Gubernaculum 17 μm lang. Bursa breit.
♀: L = 0,77—0,81 mm; a = 20; b = 4,2—4,3; c = 26—27; V = 93%. ♂: L = 0,75 mm; a = 19; b = 4,1; c = 27.
USA (Texas); gebunden an *Dendroctonus terebrans*. . . . . *terebrana* MASSEY, 1974

— Mundrohr auch vorn gerade; Ösophaguscorpus proximal angeschwollen. — Cuticula dick, derb geringelt und fein punktiert. Lippenpapillen winzig klein. Körper am hinteren Ösophagusende 3mal so breit wie der Kopf. Mundhöhle 20 μm lang, 1/9—1/10 der Ösophaguslänge. Vorderer Ösophagusabschnitt etwas länger als hinterer. Exkretionsporus bei der Mitte des Isthmus. Körper von der Vulvaöffnung an kegelförmig verschmälert. Schwanz des ♀ relativ stark verjüngt, am Ende sehr fein abgerundet. Spicula 40 μm, Gubernaculum 21 μm lang. Bursa schmäler als bei der vorigen Art.
♀: L = 0,89—0,90 mm; a = 17—19; b = 4,8—5,3; c = 24—25; V = 92%. ♂: L = 0,77—0,83 mm; a = 19—22; b = 4,4; c = 22—29.
USA (New York); gebunden an *Hylurgops pinifex*. . . . *hylurgi* MASSEY, 1974

11 Schwanz des ♀ doppelt so lang wie der Abstand zwischen der Vulva und dem Anus oder noch länger. — Cuticularinge 2 μm breit. Mundhöhle 16 μm lang, 1,7mal länger als die Lippenbreite. Vulva dem Anus ganz nahe. Spicula fast gerade, 30 μm, 1,5—1,6mal länger als der Schwanz; Gubernaculum 12 μm lang. Papillenpaare: 2 + 3 + 3 + 2. Schwanz 22—24 μm lang, bei beiden Geschlechtern spitz.
♀: L = 0,57 mm; a = 19; b = 4,7; c = 24; V = 90%. ♂: L = 0,69 mm; a = 31; b = 5,8; c = 31.
Sowjetunion (Grusien); an *Taphrorhynchus bicolor*. . . . . *bicoloris* DEVDARIANI & MAGLAKELIDZE, 1970

— Schwanz des ♀ höchstens 1,5mal so lang wie der Abstand zwischen der Vulva und dem Anus. 12

12 Cuticula deutlich punktiert; beide Ösophagusabschnitte annähernd gleich lang. — Körper am Proximalende des Ösophagus 2,5mal breiter als der Kopf. Exkretionsöffnung bei der Mitte des Isthmus. Spicula 30—32 μm, Gubernaculum

15–16 µm lang. Schwanz 1,2–1,3mal so lang wie der Abstand Vulva-Anus, kegelförmig, keilspitz. Papillenpaare: 2 + 3 + 3 + 2.
♀: L = 0,60–0,78 mm; a = 17–18; b = 4,5–5,4; c = 20–22; V = 91%.
♂: L = 0,57–0,67 mm; a = 16–19; b = 4,2–4,8; c = 21–27.
BRD, Sowjetunion (Grusien); Mulmbewohner, gebunden an *Ips curvidens*. – *Rhabditis obtusa curvidentis* FUCHS, 1915; *Rhabditis* (*Parasitorhabditis*) *obtusa curvidentis* FUCHS, 1915 (FUCHS, 1937). . *curvidentis* (FUCHS, 1915) RÜHM, 1956

– Cuticula nicht punktiert; Vorderabschnitt des Ösophagus kürzer als der Hinterabschnitt. – Cuticularinge breit. Körper am hinteren Ösophagusend ebeinahe 3mal breiter als der Kopf. Mundhöhle 14 µm lang, 1/11 der Ösophaguslänge, vorn enger als hinten. Exkretionsporus bei der Mitte des Isthmus. Schwanz des ♀ kegelförmig, am Ende abgerundet. Spicula 34 µm, Gubernaculum 18 µm lang.
♀: L = 0,8 mm; a = 25; b = 5; c = 27; V = 93%. ♂: L = 0,76 mm; a = 29; b = 5,1; c = 29.
USA (Arizona) an *Pseudohylesinus grandis* gebunden. . . *gracilis* MASSEY, 1974

13 Schwanz des ♀ kuppelförmig, mit kleiner aufgesetzter Spitze. 14

– Schwanz des ♀ kurz-kegelförmig oder abgerundet. 16

14 Mundhöhle relativ kurz, 13 µm, etwa so lang wie die Kopfbreite. – Lippen abgesetzt. Mundprisma 5 µm breit. Ei länger als die Körperbreite. Abstand Vulva-Anus etwas länger als der Schwanz. Spicula 28–37 µm, so lang wie der Schwanz, gerade; Gubernaculum 14–16 µm. Schwanz des ♀ 15–18 µm, so lang wie der anale Körperdurchmesser. Anordnung der Bursapapillenpaare: 2 + 3 + 3 + 2.
♀: L = 0,68–0,76 mm; a = 14–17; b = 5,0–5,3; c = 30–67; V = 93 bis 97%. ♂: L = 0,56–0,63 mm; a = 16–29; b = 4,4–4,6; c = 18–20.
Sowjetunion (Grusien); gebunden an *Scolytus mali*. . . . .
. . . . *malii* DEVDARIANI & KAKULIJA, 1970

– Mundhöhle 18–21 µm, 1,7–2mal so lang wie die Kopfbreite 15

15 Spitzchen des Kuppelschwanzes sehr klein, stumpf, knopfförmig; Anordnung der Bursapapillenpaare: 2 + 4 + 2 + 2 oder 2 + 3 + 1 + 2. – Mundhöhle 21 µm lang, 1/9 der gesamten Ösophaguslänge. Körper am Proximalende des Ösophagus 3mal so breit wie der Kopf. Vorderer Ösophagusabschnitt etwas länger als hinterer. Abstand Vulva-Anus länger als der Schwanz. Spicula 38 µm lang, dorsalwärts gebogen; Gubernaculum 18 µm.
♀: L = 0,86 mm; a = 28; b = 5,8; c = 81; V = 97%. ♂: L = 0,79 mm; a = 24; b = 5,1; c = 12.
Sowjetunion (Grusien) an *Monochamus sutor* gebunden. . . . .
. . . . *welchi* DEVDARIANI, 1974

– Spitzchen des Kuppelschwanzes länger, sehr scharf; Anordnung der Bursapapillenpaare: 2 + 3 + 2 + 3. – Mundhöhle 18–19 µm lang, 1,7mal länger als die Lippenbreite. Vorderer Ösophagusabschnitt kürzer als der hintere. Schwanz so lang wie die Analbreite, nadelspitzig; Abstand Vulva-Anus etwas länger als der Schwanz. Spicula 32–37 µm, Gubernaculum 14–19 µm lang.
♀: L = 1,0–1,2 mm; a = 24–27; b = 6,0–6,6; c = 57–70; V = 95–96%.
♂: L = 0,8–0,9 mm; a = 26–31; b = 5,1–5,2; c = 26–28.

BRD und Sowjetunion (Grusien); Mulmbewohner; die Larven im Enddarm von *Pityogenes bidentatus* (Scolytidae). . . . . *bidentati* RÜHM, 1954

16 Schwanz des ♀ kegelförmig, keilspitzig; Spicula gerade. (Schwer abtrennbare Arten) 17

— Schwanz des ♀ abgerundet, plump, zuweilen mit sehr feinem Mucro; Spicula leicht dorsal gebogen. 26

17 Mundhöhle doppelt so lang wie die Lippenbreite. 18

— Mundhöhle nur etwa 1,5mal so lang wie die Lippenbreite 23

18 Schwanz des ♀ 30—40 µm lang. 19

— Schwanz des ♀ 15—25 µm lang[68] 21

19 Körper hinter der Vulva wenig verschmälert: am Anus noch 2/3 so breit wie an der Vulva. — Cuticulapunktierung gut erkennbar. Mundhöhle 25—28 µm lang. Abstand Vulva-Anus etwa so lang wie der konische, der Analbreite gleiche Schwanz. Spicula 41—42 µm, Gubernaculum 18—20 µm lang; Spicula proximal stark kopfförmig erweitert. Anordnung der Papillen: 2 + 4 + 4.
♀: L = 0,88—1,05 mm; a = 15—19; b = 4,2—4,8; c = 27—32; V = 93%.
♂: L = 0,75—0,98 mm; a = 18—19; b = 4,0—4,8; c = 31—35.
BRD und Sowjetunion (Grusien); Mulmbewohner, Larven im Enddarm von *Dendroctonus micans*. . . . . *dendroctoni* RÜHM, 1956

— Körper von der Vulva an rasch verschmälert, kegelförmig, am Anus 1/2 so breit wie an der Vulva. 20

20 Stellung der Bursapapillen: 2 + 5 + 3 Paare. — Lippen kegelförmig. Mundhöhle 21—27 µm, doppelt so lang wie die Kopfbreite, etwa 1/6 der Ösophaguslänge. Abstand Vulva-Anus etwas kürzer als der 1,5 Analbreiten lange Schwanz. Schwanzspitze keilförmig. Spicula 32—35 µm, Gubernaculum 14—17 µm lang.
♀: L = 0,78 mm; a = 17—24; b = 4,6—5,2; c = 25—27; V = 79—92%.
♂: L = 0,66—0,78 mm; a = 19—21; b = 4,7—4,9; c = 25.
Frankreich; gebunden an *Dryocoetes hectographus* (Scolytidae). . . . . *hectographi* RÜHM in RÜHM & CHARARAS, 1957

— Stellung der Bursapapillen: 2 + 4 + 4 Paare. — Körper am Hinterende des Ösophagus etwa doppelt so breit wie der Kopf. Mundhöhle 19—25 µm lang. Vorderer Ösophagusabschnitt merklich länger als hinterer. Abstand Vulva-Anus nahezu so lang wie der Schwanz. Dieser kegelförmig, scharf zugespitzt, 1,5mal länger als der anale Körperdurchmesser. Spicula 39—42 µm, Gubernaculum 18—21 µm lang.
♀: L = 0,82—0,99 mm; a = 15—17; b = 4,9—6,6; c = 23—31; V = 92 bis 94%. ♂: L = 0,70—0,86 mm; a = 16—22; b = 4,7—5,7; c = 19—21.
BRD, Österreich, Sowjetunion (Grusien), Neuseeland; in Mulm der Borkenkäfer *Hylastes ater* und *H. cunicularius*. — *Rhabditis obtusa ateri* FUCHS, 1915; *Rhabditis* (*Parasitorhabditis*) *obtusa ateri* FUCHS, 1915 (FUCHS, 1937); *Rhabditis* (*Parasitorhabditis*) *cunicularii* FUCHS, 1937; *Parasitorhabditis cunicularii* (FUCHS, 1937) SKRJABIN, SHIKHOBALOVA, SOBOLEV, PARAMONOV & SUDARIKOV, 1954. . . . . *ateri* (FUCHS, 1915) DOUGHERTY, 1955

---

[68] Hierher gehört die aus der Sowjetunion (Rußland) ohne Männchen beschriebene Species *Parasitorhabditis pini* LAZAREVSKAJA 1961.

21 Anordnung der Bursapapillenpaare: 2 + 4 + 4. – Mundhöhle 15–21 μm lang. Körper am Proximalende des Ösophagus dreimal breiter als der Kopf. Vorderer Ösophagusabschnitt kürzer als hinterer. Exkretionsporus beim hinteren Drittel des Isthmus. Abstand Vulva-Anus länger als der Schwanz; dieser kurz-konisch, die anale Körperbreite kaum erreichend. Spicula 34–37 μm, Gubernaculum 14–18 μm lang.
♀: L = 0,55–0,72 mm; a = 17; b = 4,5–4,9; c = 32–39; V = 92–93%.
♂: L = 0,56–0,71 mm; a = 22–23; b = 4,2–5,1; c = 23–24.
BRD; Mulmbewohner, gebunden an *Dryocoetes villosus* in *Quercus*-Bäumen. . . . . *villosi* RÜHM, 1956
– Anordnung der Bursapapillenpaare: 2 + 5 + 3. 22
22 Spicula recht schlank, nahezu doppelt so lang wie der Schwanz. – Cuticula 1 μm dick, Ringe 0,8–1,2 μm breit. Mundhöhle 15–16 μm lang, 1/10 der Ösophaguslänge. Vorderabschnitt des Ösophagus länger als der Hinterabschnitt. Abstand Vulva-Anus 20–28 μm lang, Schwanz etwas kürzer, scharfspitzig. Spicula 36–46 μm lang, gerade; Gubernaculum 9–13 μm. Bursa breit.
♀: L = 0,56–0,70 mm; a = 19–26; b = 3,8–5,0; c = 25–37; V = 92 bis 94%. ♂: L = 0,43–0,59 mm; a = 20–26; b = 3,6–4,4; c = 20–24.
Frankreich; an *Ips typographus*. . . . . *bellifonti* LIEUTIER & LAUMOND, 1978
– Spicula nicht so schlank, etwa so lang wie der Schwanz. – Mundhöhle 18–22 μm lang. Vorderer Ösophagusabschnitt kürzer als hinterer. Abstand Vulva-Anus kaum etwas länger als der Schwanz; dieser so lang wie der anale Körperdurchmesser. Spicula 33–38 μm, Gubernaculum 14–17 μm lang.
♀: L = 0,72–0,92 mm; a = 16–21; b = 4,8–5,3; c = 29–59; V = 92 bis 95%. ♂: L = 0,62–0,80 mm; a = 20–22; b = 4,4–5,1; c = 21–34.
BRD und Sowjetunion (Rußland, Grusien); Mulmbewohner. – *Rhabditis* (*Parasitorhabditis*) *obtusa autographi* FUCHS, 1937; *Rhabditis* (*Parasitorhabditis*) *obtusa proximi* FUCHS, 1937; *Parasitorhabditis proximi* (FUCHS, 1937) SKRJABIN, SHIKHOBALOVA, SOBOLEV, PARAMONOV & SUDARIKOV, 1954. . . . . *autographi* (FUCHS, 1937) SKRJABIN, SHIKHOBALOVA, SOBOLEV, PARAMONOV & SUDARIKOV, 1954
23 Spicula 32 μm lang. – Mundhöhle 17–19 μm, 1,6mal so lang wie die Lippenbreite. Körper am Hinterende des Ösophagus 3–4mal breiter als der Kopf. Beide Ösophagusabschnitte etwa gleich lang. Exkretionsporus bei der Mitte des Isthmus. Abstand Vulva-Anus so lang oder länger als der Schwanz; letzterer 1–1,5 Analbreiten lang, kegelförmig. Bursapapillenpaare: 2 + 3 + 5 oder 2 + 4 + 4. Gubernaculum 9–15 μm lang.
♀: L = 0,7–1,0 mm; a = 17–18; b = 4,3–5,2; c = 23–29; V = 91–93%.
♂: L = 0,52–0,84 mm; a = 19–20; b = 3,8–4,5; c = 23–29.
BRD und Sowjetunion (Rußland); in Mulm von *Hylastes*-Arten. – *Parasitorhabditis crypturgophila* RÜHM, 1956. . . . . . *opaci* RÜHM, 1956[69]
– Spicula 40–50 μm lang. 24

---

[69] Der Art *P. opaci* stehen *Parasitorhabditis ali* KAKULIJA, 1963 (Sowjetunion, Grusien) an *Blastophagus minor*, *P. erosus* KURASHVILI, KAKULIJA & DEVDARIANI, 1980 (Sowjetunion, Grusien) und *P. slankisi* KURASHVILI, KAKULIJA & DEVDARIANI, 1980 (Sowjetunion, Grusien) sehr nahe.

24 Spicula 1,5mal so lang wie der Schwanz; Mundhöhle 14—16 μm lang, 1,3mal länger als die Lippenbreite. — Körper am Proximalende des Ösophagus 2,5mal so breit wie der Kopf. Vorderabschnitt des Ösophagus kürzer als der Hinterabschnitt. Abstand Vulva-Anus so lang oder länger als der kegelförmige, der Analbreite gleiche Schwanz. Spicula 40—51 μm, Gubernaculum 12—15 μm lang. Papillenpaare: 2 + 4 + 4.
♀: L = 0,7—1,1 mm; a = 16; b = 4,7—6,6; c = 28—40; V = 93—94%.
♂: L = 0,63—0,84 mm; a = 18—22; b = 5,1—5,7; c = 24—26.
BRD: in Mulm von *Cryphalus piceae* (Scolytidae). . . . . *cryphalophila* RÜHM, 1956

— Spicula so lang wie der Schwanz; Mundhöhle 16—24 μm lang, 1,6mal länger als die Lippenbreite. 25

25 Anordnung der Papillenpaare: 2 + 4 + 4. — Abstand Vulva-Anus nahezu so lang wie der Schwanz; dieser kegelförmig, 1,5 Analbreiten lang. Spicula 39—44 μm, Gubernaculum 18—23 μm lang.
♀: L = 0,75—1,1 mm; a = 16—20; b = 5—6; c = 25—29; V = 92—94%.
♂: L = 0,80—0,95 mm; a = 19—21; b = 4,8—6,0; c = 21—26.
BRD, Sowjetunion (Rußland, Grusien); in Mulm der Borkenkäfer *Hylurgops palliatus* und *Polygraphus polygraphus*. — *Rhabditis* (*Parasitorhabditis*) *obtusa palliati* FUCHS, 1937; *Rhabditis* (*Parasitorhabditis*) *obtusa poligraphi* FUCHS, 1937; *Parasitorhabditis poligraphi* (FUCHS, 1937) SKRJABIN, SHIKHOBALOVA, SOBOLEV, PARAMONOV & SUDARIKOV, 1954. . . . . *palliati* (FUCHS, 1937) SKRJABIN, SHIKHOBALOVA, SOBOLEV, PARAMONOV & SUDARIKOV, 1954

— Anordnung der Papillenpaare: 2 + 3 + 2 + 3. — Körper am hinteren Ösophagusende 3mal so breit wie der Kopf. Mundhöhle 16—20 μm lang, 1/9 der gesamten Ösophaguslänge. Eier 57—62 × 22—25 μm groß. Abstand Vulva-Anus so lang oder länger als der Schwanz. Spicula 31—37 μm lang, gerade; Gubernaculum 14—17 μm. Schwanz des ♀ gewöhnlich halbkugelig, breit abgerundet, zuweilen aber kegelförmig, mehr oder weniger spitz.
♀: L = 0,97 mm; a = 20; b = 5,5; c = 69; V = 95%. ♂: L = 0,91 mm; a = 24; b = 5,1; c = 23.
Sowjetunion (Rußland, Ukraine, Grusien); gebunden an *Blastophagus minor*. . . . . *fuchsi* BLINOVA & GURANDO, 1974

26 Distalspitze des Gubernaculums dorsal umgeschlagen, pfeilspitzenähnlich. — Cuticula dick, mit feiner Ringelung. Lippenpapillen undeutlich. Körper am proximalen Ösophagusende 3mal so breit wie der Kopf. Mundhöhle 18 μm lang, 1/10 der Ösophaguslänge. Beide Ösophagusabschnitte beinahe gleich lang. Schwanz des ♀ so lang wie der anale Durchmesser, konisch, am Ende fein abgerundet. Spicula 39 μm lang, gleich dem Schwanz; Gubernaculum 19 μm. Bursapapillen: 2 + 5 + 3.
♀: L = 0,67—0,75 mm; a = 19—21; b = 4,4—4,8; c = 42—46; V = 95%.
♂: L = 0,62—0,67 mm; a = 25—26; b = 4,2—4,6; c = 21—24.
USA (Texas); gebunden an *Ips grandicollis*. . . . . . . *hastula* MASSEY, 1974

— Distalspitze des Gubernaculums einfach, nicht umgeschlagen. 27

27 Anordnung der Bursapapillen: 2 + 3 + 5; Spicula 40—48 μm lang; Vulvalippen flach. — Cuticula 1,2 μm dick, Ringelbreite 1—1,2 μm. Mundhöhle

17—18 μm, 1,5mal länger als die Lippenbreite. Ösophaguscorpus zylindrisch bzw. hinten nur schwach angeschwollen. Beide Ösophagusabschnitte gleich lang. Exkretionsporus bei der Mitte des Ösophagus. Abstand Vulva-Anus etwas länger als der Schwanz. Körper hinter der Vulva nicht so rasch verschmälert wie bei den meisten Arten. Schwanz so lang oder etwas kürzer als die Analbreite, am Ende abgerundet. Gubernaculum 15—24 μm lang.
♀: L = 0,73—1,1 mm; a = 18—24; b = 4,0—5,3; c = 43—77: V = 94 bis 98%. ♂: L = 0,60—0,89 mm; a = 22—26; b = 4,3—5,1; c = 18—23.
Frankreich und USA (Utah, Colorado); in Mulm von *Pinus*. — *Parasitorhabditis ipsophila* LIEUTIER & LAUMOND, 1978. . . . . *thornei* SUDHAUS, 1976

— Anordnung der Bursapapillen anders; Spicula 30—39 μm lang; Vulvalippen stark vorspringend. 28

28 Bursapapillenpaare: 2 + 2 + 7. — Cuticula gut geringelt. Körper am hinteren Ösophagusende etwa 3mal so breit wie der Kopf. Mundhöhle 20 μm lang, 1/10 der Ösophaguslänge. Beide Abschnitte des Ösophagus gleich lang. Schwanz des ♀ kürzer als der Abstand zwischen der Vulva und dem Anus, kurzkegelförmig, am Ende abgerundet. Spicula 33 μm, Gubernaculum 17 μm lang.
♀: L = 1,0 mm; a = 20—22; b = 5,1—5,4; c = 56—58; V = 95%. ♂: L = 0,78—0,81 mm; a = 23—24; b = 4,5—4,8; c = 18—21.
USA (Arizona); gebunden an *Polygraphus hoppingi*. . . . . *clunicula* MASSEY, 1974

— Bursapapillenpaare in anderer Anordnung. 29

29 10 Paar Papillen: 2 + 3 + 2 + 1 + 2. — Cuticula geringelt, Breite der Ringe 1,4—1,5 μm. Körper am Hinterende des Ösophagus nahezu 4mal breiter als der Kopf. Mundhöhle 17—19 μm lang, 1/9 der Ösophaguslänge. Corpus hinten leicht angeschwollen. Beide Ösophagusabschnitte annähernd gleich lang. Schwanz des ♀ etwa so lang wie der Abstand Vulva-Anus, konisch, am Ende spitz oder abgerundet. Spicula 37—39 μm, Gubernaculum 17—20 μm lang. Bursa gut entwickelt.
♀: L = 52—0,99 mm; a = 18—26; b = 3,6—5,7; c = 37—58; V = 94 bis 97%. ♂: L = 0,62—0,78 mm; a = 15—24; b = 4,0—5,8; c = 20—26.
Sowjetunion (Rußland); an *Acanthocinus aedilis* (Cerambycidae) gebunden. . . . . *acanthocini* LAZAREVSKAJA, 1961

— 9 Paar Papillen: 2 + 1 + 3 + 3. — Cuticula fein geringelt. Körper am Hinterende des Ösophagus 3—3,5mal breiter als der Kopf. Mundhöhle 19 μm lang, 1/10 der Ösophaguslänge. Corpus hinten nicht angeschwollen. Beide Ösophagusabschnitte ungefähr gleich lang. Schwanz des ♀ etwas kürzer als der Abstand Vulva-Anus, breit abgerundet, zuweilen mit einem sehr kurzen Spitzchen. Spicula 35 μm, Gubernaculum 19 μm lang. Anscheinend nur 9 Paar Papillen.
♀: L = 0,66—0,95 mm; a = 20—23; b = 4,4—5,1; c = 73—108; V = 95%. ♂: L = 0,61—0,75 mm; a = 21; b = 3,9—5,0; c = 19—23.
USA (New York); gebunden an *Ips pini* . . . . *ipini* MASSEY, 1974

Bemerkung: Außer den oben ausführlicher besprochenen Arten gibt es noch einige, in die Gattung *Parasitorhabditis* eingereihte Spezies, die problematisch (species inquirendae) sind:

Parasitorhabditis amitini (FUCHS, 1937) RÜHM, 1956 — Syn. *Rhabditis* (*Parasitoharbditis*) *obtusa amitini* FUCHS, 1937 — BRD.
Parsitorhabditis cembraei (FUCHS, 1937) SKRJABIN, SHIKHOBALOVA, SOBOLEV, PARAMONOV & SUDARIKOV, 1954 — Syn. *Rhabditis* (*Parasitorhabditis*) *obtusa cembraei* FUCHS, 1937 — BRD.
Parsitorhabditis crenati (FUCHS, 1937) RÜHM, 1956 — Syn. *Rhabditis* (*Parasitorhabditis*) *obtusa crenati* FUCHS, 1937 — Österreich.
Parasitorhabditis minoris (FUCHS, 1937) RÜHM, 1956 — Syn. *Rhabditis* (*Parasitorhabditis*) *obtusa minoris* FUCHS, 1937 — BRD.
Parasitorhabditis montani (FUCHS, 1915) SUDHAUS, 1976 — Syn. *Rhabditis obtusa montani* FUCHS, 1915 — BRD.

4. Genus: ***Paradoxorhabditis*** KHERA, 1971

Protorhabditinae. Körperlänge um 1 mm. Lippen flach, voneinander nicht abgesondert. Mundhöhle doppelt so lang wie die Lippenbreite, mäßig weit. Ösophaguscorpus und Isthmus kaum voneinander abgetrennt, Corpus ohne hintere Anschwellung. Weibliche Gonaden paarig, Vulva vor der Körpermitte. Bursa offen, pseudopeloder (ein haarfeiner Schwanzfaden ragt hinten aus der Bursa hervor). 7 Paar Papillen. Schwanz des Weibchens haarfein, sehr lang.
Typische und einzige Art: *Paradoxorhabditis paradoxa* KHERA, 1971.
— Cuticula fein längsgestreift. Kopf abgerundet. Mundhöhle 21 µm lang; Ösophagusmanschette 2/5 der Mundhöhle umgebend. Enddarm 2,5 Analbreiten lang. Ei 30—35 µm; Spicula 25—27 µm lang, ungefähr so lang wie der Schwanz. Anordnung der Papillenpaare: 3 + 3 + 1. Schwanz des ♀ 15—20 Analbreiten lang.
♀: L = 0,90—0,97 mm; a = 24; b = 5,0—5,1; c = 3,7—4,0; V = 42%.
♂: L = 0,64—0,67 mm; a = 21—24; b = 4,0—4,5; c = 21.
Indien; terrikol. . . . . *paradoxa* KHERA, 1971

bb) Subfamilia: *Mesorhabditinae* ANDRÁSSY, 1976

Rhabditidae. Lippen rundlich, gut entwickelt, meist mit je einer Borstenpapille. Mundhöhle ziemlich geräumig, gut ausgebildet. Cheilostom nicht cuticularisiert, oder bei einigen Arten cuticularisiert aber klein. Metastom mit 3 Wülsten und kleinen Zähnchen. Weibliche Gonade unpaarig, prävulvar, Vulva hinterständig. Spicula frei oder distal verwachsen, zuweilen recht lang. Bursa peloder, gut entwickelt, nur selten rudimentär. Bursapapillen 9—10 Paare, wenn aber die Bursa zurückgebildet, so nur 5—9 Paare. Schwanz des Weibchens konisch, seltener kuppelförmig, der des Männchens kurz.
Vorwiegend terrikole Arten, nur sehr selten aquatil (limnisch oder marin). 8 Gattungen.

Bestimmungsschlüssel der Gattungen

1 Cheilostom cuticularisiert, deutlich. 2
— Cheilostom nicht cuticularisiert (wenn ja, dann ganz klein). 4
2 Lippen durch tiefe Einschnitte cuticularisierten Randes voneinander scharf getrennt, *Teratocephalus*-ähnlich; Dorsal- und Ventrallippen stärker ausgebildet als die Laterallippen. . . . . 7. *Teratorhabditis* (S. 283)
— Lippen normal, nicht *Teratocephalus*-ähnlich, gleich gestaltet. 3

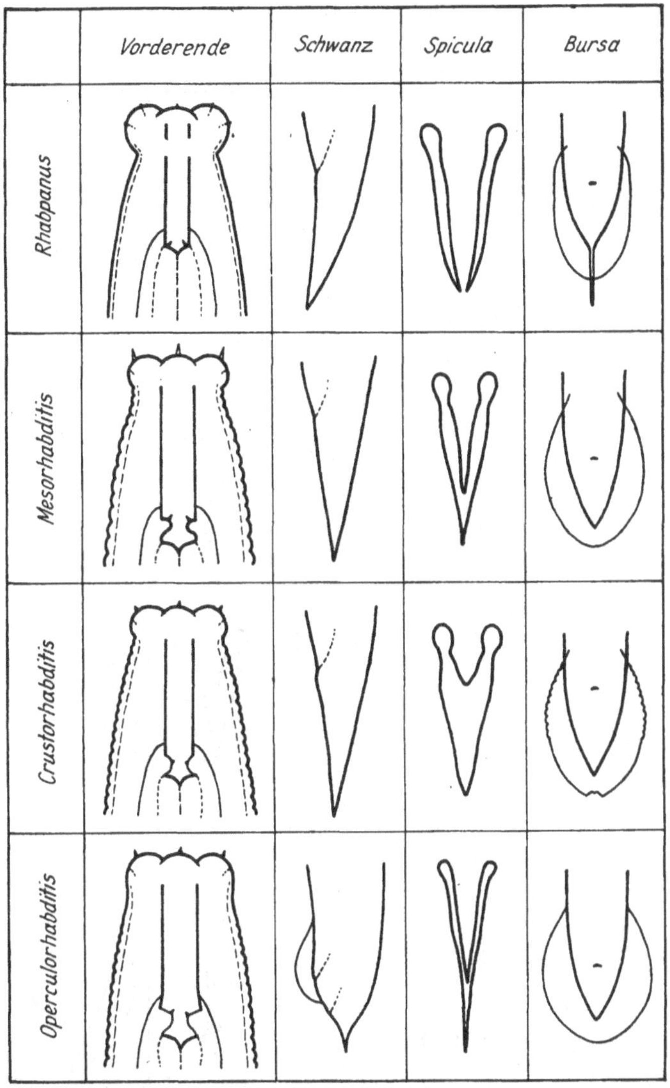

Abb. 104—107 Familie *Rhabditidae*, Unterfamilie *Mesorhabditinae*: *Rhabpanus*, *Mesorhabditis*, *Crustorhabditis* und *Operculorhabditis* (Fortsetzung auf der Seite 272)

3 Bursa pseudopeloder (einen kurzen Schwanzfaden frei lassend). . . . . 1. *Rhabpanus* (S. 273)
— Bursa peloder. . . . . 8. *Cruznema* (S. 285)
4 Schwanz des ♀ sehr kurz, breit abgerundet oder kuppelförmig, mit aufgesetzter Spitze. 5
— Schwanz des ♀ länglich-kegelförmig, zugespitzt. 6
5 Vulva von einer breiten, bursaähnlichen Membran umgeben; Schwanz des ♀ kuppelförmig, mit Spitze. . . . . 4. *Operculorhabditis* (S. 280)
— Vulva einfach, ohne solche Membran; Schwanz des ♀ abgerundet. . . . . 5. *Marispelodera* (S. 281)

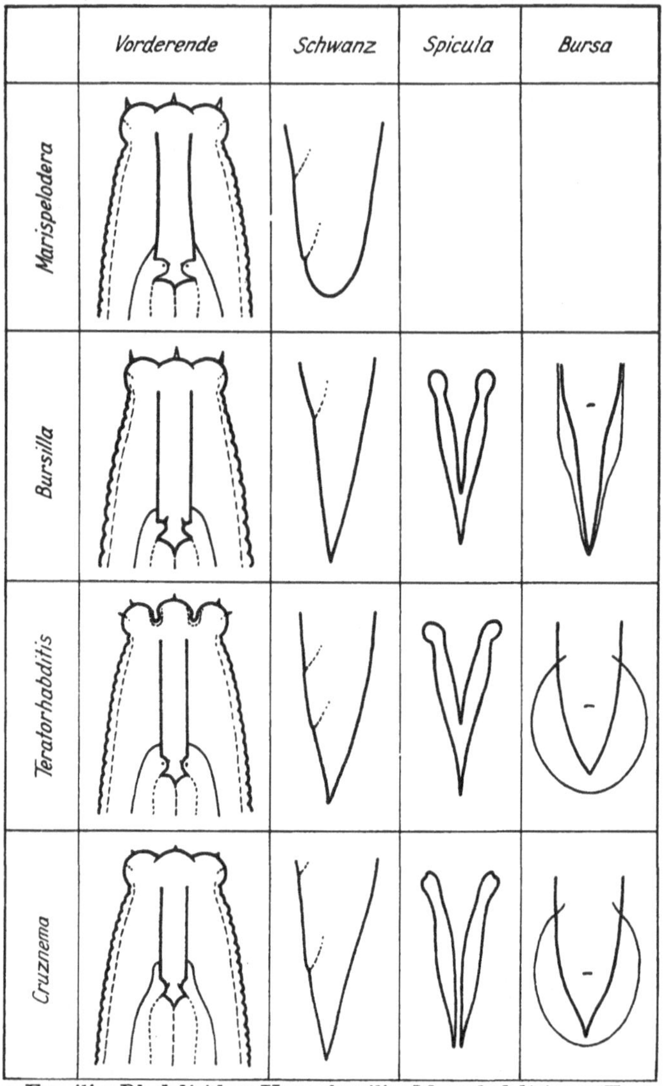

Abb. 108—111 Familie *Rhabditidae*, Unterfamilie *Mesorhabditinae* (Fortsetzung): *Marispelodera*, *Bursilla*, *Teratorhabditis* und *Cruznema*

6 Bursa rudimentär, radiär gegliedert, in Seitenansicht die Körperkontur nicht vorragend, nur selten bis zur Schwanzspitze reichend; Spicula kürzer als der Schwanz und nur ganz an der Distalspitze verwachsen . . . 6. *Bursilla* (S. 281)

— Bursa gut entwickelt, nicht (oder nur ausnahmsweise) radiär gegliedert, in Seitenansicht die Körperkontur überragend, regelmäßig peloder; Spicula länger als der Schwanz und mindestens bis 1/3 ihrer Länge verwachsen. . . . 7

7 Spicula zu 2/3 ihrer Länge verwachsen; Bursavelum proximal gekräuselt (geringelt), distal gekerbt. . . . . 3. *Crustorhabditis* (S. 279)

— Spicula höchstens zu 1/3 — ganz ausnahmsweise zu 1/2 — ihrer Länge verwachsen; Bursavelum glatt. . . . . 2. *Mesorhabditis* (S. 273)

1. Genus: ***Rhabpanus*** MASSEY, 1971

Syn. *Rhabditis* (*Rhabpanus* MASSEY, 1971) SUDHAUS, 1976.
Mesorhabditinae (?). Körper 0,6—0,8 mm lang. Cuticula geringelt. Kopf abgesetzt, Lippen gut abgesondert, kugelig, Papillen klein, nicht borstenförmig. Cheilostom cuticularisiert, kurz. Metastomzähne borstenartig. Ösophagus mit schwach ausgeprägter Mittelanschwellung. Weibliche Gonade unpaarig, mit postvulvarem Uterusast; Vulva weit hinten. Spicula kurz, frei. Bursa pseudopeloder, mit 8 Papillenpaaren. Schwanz in beiden Geschlechtern kurz, mehr oder weniger kegelförmig.
Ich reihe diese Gattung nur mit Vorbehalt in die Unterfamilie *Mesorhabditinae* ein, da sie in einigen Merkmalen von den anderen Gattungen der Gruppe abweicht (Cheilostom cuticularisiert, postvulvarer Uterusast vorhanden, Bursa leptoder).
Typische und einzige Art: *Rhabpanus ossiculus* MASSEY, 1971.

— Cuticularingelung in feine Punkte aufgelöst. Kopf stark abgesetzt, Lippen groß; Körper am Hinterende des Ösophagus nahezu doppelt so breit wie der Kopf. Mundhöhle 1/9 der gesamten Ösophaguslänge einnehmend; Promesostom etwa doppelt so lang wie breit. Vorderer Ösophagusabschnitt kaum etwas länger als hinterer. Exkretionsporus beim Endbulbus. Abstand Vulva-Anus 6mal so lang wie der Schwanz. Spicula ganz gerade. 2 Paar Papillen prä-, 6 Paar postanal. Schwanz des ♀ kegelförmig, 2—2,5 Analbreiten lang, der des ♂ mit aufgesetzter Spitze, 2 Analbreiten lang.
♀: L = 0,67—0,84 mm; a = 13—14; b = 4,0—4,2; c = 12—14; V = 65 bis 67%. ♂: L = 0,58—0,60 mm; a = 16; b = 3,7—3,0; c = 16.
USA (Mississippi); an *Reticulitermes flavipes* (Isoptera) gebunden. — *Rhabditis* (*Rhabpanus*) *ossicula* (MASSEY, 1971) SUDHAUS, 1976 . . . . *ossiculus* MASSEY, 1971

2. Genus: ***Mesorhabditis*** (OSCHE, 1952) DOUGHERTY, 1953

Syn. *Rhabditis* (*Mesorhabditis* OSCHE, 1952); *Rhabditis* (*Uniovaria* KHERA, 1968).
Mesorhabditinae. Körperlänge zwischen 0,4 und 1,0 mm. Cuticula meist deutlich quergeringelt und fein punktiert. Lippen 6, gut abgesondert, mit je 1—3 großen, dornartigen Papillen. Kopf abgesetzt. Mundhöhle gut entwickelt, 2mal (seltener 3mal) so lang wie die Lippenbreite. Cheilostom nicht cuticularisiert; Metastomwülste mit je 2 borstenartigen Zähnchen. Ösophaguscorpus angeschwollen. Weibliche Gonade unpaarig, ohne hinteren Uterusast, zuweilen aber mit paarigem Uterusblindsack. Vulva hinterständig. Spicula distal zu 1/3 — ausnahmsweise zu 1/2 — ihrer Länge verwachsen, meist sehr lang und dünn, 2—3mal länger als der Schwanz. Bursa gut entwickelt, peloder, vorn offen, mit 9—10 Papillenpaaren (davon 2 Paare präanal). Schwanz des Weibchens kegelförmig, mäßig lang; Phasmidien dem Anus ganz nahe.
Terrikole Arten: im Boden, Holzmulm und in faulenden Pflanzenteilen.
Typusart: *Rhabditis spiculigera* STEINER, 1936 = *Mesorhabditis spiculigera* (STEINER, 1936) DOUGHERTY, 1953.

Bestimmungsschlüssel der Arten

1 Abstand Vulva-Anus 2—4mal so lang wie der Schwanz. 2
— Abstand Vulva-Anus kaum etwas länger, meist aber kürzer als der Schwanz. . 3

2 Schwanz des ♀ kegelförmig, 1—3 Analbreiten lang; Bursa radiär gegliedert, von Medialansicht distal in eine kleine Spitze ausgezogen. — Kopf 10—12 µm breit, Körper am Proximalende des Ösophagus 2—2,5mal so breit wie der Kopf. Cuticula dünn, leicht geringelt. Lippenpapillen gut entwickelt. Mundhöhle 14—20 µm lang, fast doppelt so lang wie die Lippenbreite. Mittelbulbus mäßig entwickelt; vorderer Abschnitt des Ösophagus 1,4mal länger als hinterer. Exkretionsöffnung neben dem Terminalbulbus. Spicula nur an der Spitze verwachsen, proximal mit je einem kleinen, nach hinten gerichteten Anhang, 39—49 µm lang; Gubernaculum 14—24 µm lang. Bursa schmäler als bei anderen Arten der Gattung und radiär gegliedert, mit 10 Papillenpaaren (das 4. Paar stark reduziert), Schwanz des ♀ 1—3mal so lang wie die Analbreite, 1/2—1/4 des Abschnittes zwischen Vulva und Anus.
♀: L = 0,54—0,88 mm; a = 12—19; b = 3,9—6,2; c = 16—47; V = 80 bis 85%. ♂: L = 0,48—0,72 mm; a = 14—22; b = 3,6—5,8; c = 30—41.
BRD, Ungarn, Tschechoslowakei, Bulgarien, Sowjetunion (Usbekistan, Ferner Osten); im Boden und im Mulm verschiedener Bäume. — *Rhabditis* (*Mesorhabditis*) *irregularis* KÖRNER in OSCHE, 1952; *Rhabditis* (*Mesorhabditis*) *quercophila* RÜHM in OSCHE, 1952; *Mesorhabditis quercophila* (RÜHM in OSCHE, 1952) DOUGHERTY, 1955. . . . . *irregularis* (KÖRNER in OSCHE, 1952) DOUGHERTY, 1955

— Schwanz des ♀ kuppelförmig, nur etwa so lang wie die Analbreite; Bursa nicht radiär gegliedert, in Medialansicht distal breit abgerundet. — Cuticula 0,8—1,5 µm dick, deutlich geringelt und längsgestreift bzw. fein punktiert. Lippenpapillen zipfelartig. Kopf leicht abgesetzt. Mundhöhle 18—23 µm lang; Metastomzähnchen gut erkennbar. Exkretionsporus in 80% der Ösophaguslänge. Uterus ohne postvulvaren Blindsack. Eier bis 10 im Uterus, 38—47 × × 19—26 µm groß. Abstand Vulva-Anus 3,5—4mal so lang wie der Schwanz. Spicula 35—40 µm lang, proximal hakenartig geköpft; Gubernaculum 16—18 µm lang. 10 Papillenpaare (2 + 5 + 3); Papillen 8—9 an der Basis verwachsen.
♀: L = 0,80—0,88 mm; a = 12—15; b = 3,7—5,7; c = 30—38; V = 85 bis 86%. ♂: L = 0,74—0,76 mm; a = 15—17; b = 4,6—4,9; c = 47—48.
BRD; in verlassenen Nestern von *Megachile nigriventris* (Hymenoptera). — *Rhabditis* (*Mesorhabditis*) *megachilis* SUDHAUS, 1978. . . . . *megachilis* (SUDHAUS, 1978) ANDRÁSSY, 1982

3 Vulva ganz am Anus liegend, Abstand Vulva-Anus höchstens so lang wie die anale Körperbreite bzw. 1/4 der Schwanzlänge. — Mundhöhle 16 µm lang. Vorderer Ösophagusabschnitt etwas länger als hinterer. Ei 33 —41 µm lang. Spicula 17—22 µm lang, proximal geköpft, Gubernaculum 10—14 µm. Anordnung der Papillenpaare: 2 + 4 + 3; die Paare 2 und 3 sehr weit voneinander entfernt stehend. Bursa hinten fast gerade gestutzt. Schwanz des ♀ so lang wie 3 Analbreiten.
♀: L = 0,50—0,74 mm; a = 16—22; b = 4,8—7,0; c = 8—15; V = 87 bis 91%. ♂: L = 0,42—0,50 mm; a = 18—19; b = 4,6—4,8; c = 26—31.
BRD; unter Baumrinde. — *Rhabditis juglandicola* FUCHS, 1937; *Rhabditis* (*Mesorhabditis*) *juglandicola* FUCHS, 1937 (OSCHE, 1952). . . . . *juglandicola* (FUCHS, 1937) DOUGHERTY, 1955

— Vulva weiter vom Anus entfernt, Abstand Vulva-Anus mindestens doppelt so lang wie die anale Körperbreite bzw. kaum kürzer, meistens aber länger als der Schwanz. 4

4 Schwanz des ♀ so lang wie 10 Analbreiten bzw. gleich der Strecke Vulva-Anus. — Cuticula deutlich geringelt. Mundhöhle relativ kurz, 1/9—1/11 der gesamten Ösophaguslänge, 17 (♀) bzw. 15 (♂) µm lang. Beide Abschnitte des Ösophagus annähernd gleich lang. Spicula ziemlich dick, 24—29 µm, Gubernaculum 13—15 µm lang. 6—7 (?) Papillenpaare.
♀: L = 0,8—1,0 mm; a = 34—36: b = 5,0—5,7; c = 6—9; V = 78%. ♂: L = 0,53—0,75 mm; a = 26—28; b = 4—5; c = 30—31.
Sowjetunion (Ferner Osten) und Kamerun; in faulenden Früchten. Fraglich, ob die Art tatsächlich in die Gattung *Mesorhabditis* gehört. — *Rhabditis gracilis* GOFFART, 1935, nec SHINGAREVA, DEMIDOVA & KUDRIAVTHEV, 1928; *Rhabditis graciliformis* GOFFART, 1935; *Rhabditis* (*Mesorhabditis*) *graciliformis* GOFFART, 1935 (OSCHE, 1952); *Rhabditis* (*Cruznema*) *graciliformis* GOFFART, 1935 (SUDHAUS, 1978). . . . . *graciliformis* (GOFFART, 1935) DOUGHERTY, 1955

— Schwanz des ♀ maximal 6 Analbreiten lang und höchstens 1,5mal so lang wie die Strecke Vulva-Anus. 5

5 Dorsalwand des Promesostoms (Mundprisma) hinter der Mitte zahnartig nach innen geknickt, Metastomwülste anisomorph. — Cuticula 0,8 µm dick, zart geringelt und längsgestreift bzw. fein punktiert. Lippenpapillen zipfelförmig. Mundhöhle 19—22 µm lang, für die Gattung ungewöhnlicherweise asymmetrisch. Exkretionsporus in 72—90% der Ösophaguslänge. Uterus postvulvar mit zwei kurzen Anhängen. Meist nur 1—2 Eier im Uterus (37—45 × 19—23 µm). Schwanz des ♀ 4—4,5 Analbreiten lang, etwas länger als der Abstand zwischen Vulva und Anus. Spicula recht schlank, 41—52 µm lang, proximal kugelig erweitert; Gubernaculum 19—24 µm lang. Bursapapillenpaare: 2 + 3 + 2 + +3; Papillen 8—9 an der Basis verwachsen.
♀: L = 0,65—0,76 mm; a = 15—22; b = 4,2—4,6; c = 8,4—10,1; V = 78 bis 81%. ♂: L = 0,52—0,65 mm; a = 15—22; b = 3,6—4,3; c = 33—49.
Spanien; in Holzmulm. — *Rhabditis* (*Mesorhabditis*) *anisomorpha* SUDHAUS, 1978. . . . . *anisomorpha* (SUDHAUS, 1978) ANDRÁSSY, 1983

— Promesostom einfach, seine Dorsalwand nicht nach innen geknickt, Metastomwülste isomorph. 6

6 Ösophagus ungewöhnlich lang, beinahe 1/3 der Körperlänge; Schwanz so lang wie 6 Analbreiten. — Kopf breit, Körper am Hinterende des Ösophagus doppelt so breit wie der Kopf. Mundhöhle 15 µm, 2mal länger als die Lippenbreite, 1/8 der gesamten Ösophaguslänge. Corpus hinten bulbusartig angeschwollen. Schwanz des ♀ so lang wie der Abstand Vulva-Anus, am Ende fein abgerundet.
♀: L = 0,42—0,50 mm; a = 28—31; b = 3,5—3,7; c = 9—10; V = 73 bis 76%. ♂ unbekannt.
Indien; terrikol. — *Rhabditis* (*Uniovaria*) *cranganorensis* KHERA, 1968; *Rhabditis* (*Mesorhabditis*) *cranganorensis* KHERA, 1968 (SUDHAUS, 1976). *cranganorensis* (KHERA, 1968) ANDRÁSSY, 1983

— Ösophagus normal lang, 1/4 der Körperlänge oder kürzer; Schwanz meist kürzer. 7

7 Abstand Vulva-Anus kürzer als der Schwanz bzw. nur 1—1,5mal so lang wie die an der Vulva gemessene Körperbreite. 8
— Abstand Vulva-Anus so lang oder länger als der Schwanz bzw. 2—2,5mal so lang wie die an der Vulva gemessene Körperbreite [70] 10
8 Spicula recht groß, länger als 50 μm (bis 76 μm); Vulva weit hinten, in 80 bis 88% der Körperlänge. — Cuticula gut geringelt, 1,5—1,8 μm dick; Ringelbreite 2,5—3 μm. Seitenfeld mit 4 Längslinien. Kopf abgesetzt, Lippenpapillen so lang wie die Lippen selbst. Körper am Hinterende des Ösophagus gleich 3—3,5 Kopfbreiten. Vorderer Ösophagusabschnitt 1,2mal länger als hinterer. Mundhöhle 21—28 μm lang. Enddarm so lang wie die doppelte Analbreite. Exkretionsporus in Höhe des Isthmus. Uterus ohne hinteren Blindsack; ovipare Art, höchstens mit 5 Eiern im Uterus. Schwanz des ♀ keilspitz, 3—5 Analbreiten lang, etwas länger als der Abstand zwischen Vulva und Anus. Phasmidien in Höhe der Analöffnung oder etwas davor. Spicula ganz gerade, 2,5—4mal so lang wie der anale Körperdurchmesser. Gubernaculum 22—31 μm lang. Bursapapillenpaare: 2 + 4 + 4.
♀: L = 0,63—0,80 mm; a = 16—19; b = 4,0—4,8; c = 10—13; V = 80 bis 88%. ♂: L = 0,59—0,75 mm; a = 14—18; b = 3,8—4,7; c = 22—51.
Nigeria, Angola, Venezuela, Tansania, vielleicht auch Sowjetunion (Usbekistan, Ferner Osten); im Boden, Moos und faulenden Pflanzenresten. — *Rhabditis* (*Mesorhabditis*) *szunyoghyi* (ANDRÁSSY, 1961) SUDHAUS, 1976. . . . . *szunyoghyi* ANDRÁSSY, 1961[71]
— Spicula kleiner, kürzer als 40 μm; Vulva nicht so weit hinten, in 74—79% der Körperlänge. 9
9 Schwanz des ♀ 6 Analbreiten lang; 10 Paare Bursapapillen. — Cuticula 0,8 μm dick, zart geringelt und längsgestreift bzw. fein punktiert. Kopf abgesetzt; Körper am Proximalende des Ösophagus 2,5mal breiter als der Kopf. Mundhöhle 18—23 μm, doppelt so lang wie die Lippenbreite. Exkretionsporus in 73—94% der Ösophaguslänge. Uterus ohne hinteren Blindsack, meist nur mit 1—2 Eiern (37—53 × 15—21 μm). Schwanz des ♀ allmählich verschmälert, 1,2—1,5mal so lang wie der Abstand Vulva-Anus. Spicula 29—36 μm, zweimal so lang wie der Analdurchmesser; Gubernaculum 16—18 μm lang. Papillenpaare: 2 + 4 + 1 + 3 oder 2 + 5 + 3.
♀: L = 0,49—0,79 mm; a = 15—21; b = 4,1—5,5; c = 6,3—8,5; V = 74 bis 79%. ♂: L = 0,40—0,61 mm; a = 16—23; b = 3,5—4,9; c = 27—42.
Jugoslawien; in Holzmulm. — *Rhabditis* (*Mesorhabditis*) *miotki* SUDHAUS, 1978. . . . . *miotki* (SUDHAUS, 1978) ANDRÁSSY, 1983
— Schwanz des ♀ 4 Analbreiten lang; 9 Paar Bursapapillen. — Kleine Art. Cuticula zart geringelt. Mundhöhle 1/8 der Ösophaguslänge, 4 μm breit. Exkretions-

[70] Zu dieser Gruppe gehören zwei ohne Männchen beschriebene Spezies: 1. *Mesorhabditis signifera* (BARANOVSKAJA, 1958) BAKER, 1962 — Syn. *Rhabditis* (*Mesorhabditis*) *signifera* BARANOVSKAJA, 1958 — aus der Sowjetunion (Rußland, Litauen, Moldau, Turkmenien, Usbekistan); 2. *Mesorhabditis longistomis* MASSEY, 1974 — aus den USA (New Mexico).
[71] Aller Wahrscheinlichkeit nach gehört zu dieser Art die aus Venezuela ohne Männchen beschriebene *Mesorhabditis capitata* LOOF, 1964 — Syn. *Rhabditis* (*Mesorhabditis*) *capitata* (LOOF, 1964) SUDHAUS, 1976.

porus in Höhe des Isthmus. Schwanz nadelspitzig. Spicula sehr dünn, 34 bis 39 µm lang, Gubernaculum 1/3 der Spiculalänge.
♀: L = 0,44–0,46 mm; a = 13–16; b = 3,8–4,2; c = 8,0–8,5; V = 77 bis 78%. ♂: L = 0,37–0,42 mm; a = 14–16; b = 3,4–4,0; c = 19–21.
BRD, Ungarn, Bulgarien, Italien, Sowjetunion (Rußland, Moldau, Kirgisien, Usbekistan); terrikol, jedoch auch in Fumarolen. – *Rhabditis inarimensis* MEYL, 1953; *Rhabditis* (*Mesorhabditis*) *inarimensis* MEYL, 1953 (MEYL, 1954). . . . . *inarimensis* (MEYL, 1953) DOUGHERTY, 1955

10 Spicula verhältnismäßig dick und bis 1/2 der Länge verwachsen. – Körper am Hinterende des Ösophagus doppelt so breit wie der Kopf. Mundhöhle 20 bis 22 µm lang, 1/7–1/8 der Ösophaguslänge. Vorderer Abschnitt des Ösophagus 1,4mal länger als der hintere. Schwanz des ♀ so lang wie 3 Analbreiten. Spicula 40–65 µm, Gubernaculum 20–32 µm lang. Anordnung der Bursapapillenpaare: 2 + 4 + 1 + 3.
♀: L = 0,74–0,88 mm; a = 17–19; b = 3,8–4,5; c = 10–12; V = 79 bis 81%. ♂: L = 0,50–0,93 mm; a = 18–21; b = 3,9–4,6; c = 20–23.
DDR, BRD, Spanien, Tschechoslowakei; Mulmbewohner. – *Rhabditis* (*Mesorhabditis*) *oschei* KÖRNER in OSCHE, 1952[72] . . . . *oschei* (KÖRNER in OSCHE, 1952) DOUGHERTY, 1955

– Spicula schlanker, oft sehr lang, nur im letzten Drittel oder Viertel verwachsen. 11

11 Bursapapillenpaare: 2 + 4 + 3. 12

– Bursapapillenpaare: 2 + 5 + 3 (das 6. Paar zuweilen sehr klein). 13

12 Mundhöhle 20 µm lang, Mundprisma (Promesostom) eng, 8–9mal so lang wie breit. – Körper am Ösophagusende 3mal breiter als der Kopf. Mundhöhle gleich etwa 3 Lippenbreiten. Vorderer Ösophagusabschnitt 1,2–1,3mal länger als der hintere. Spicula 38–46 µm, Gubernaculum 12–15 µm lang; Spicula im letzten Drittel verwachsen. Schwanz des ♀ 4 Analbreiten lang.
♀: L = 0,76–0,94 mm; a = 14–18; b = 6,1–7,4; c = 13–17; V = 84 bis 87%. ♂: L = 0,56–0,70 mm; a = 16–24; b = 5,6–6,2; c = 30–34.
DDR, BRD; im Mulm holzbrütender Käfer. – *Rhabditis* (*Mesorhabditis*) *tenuispicula* KÖRNER in OSCHE, 1952. . . . . *tenuispicula* (KÖRNER in OSCHE, 1952) DOUGHERTY, 1955

– Mundhöhle 13–16 µm lang, Mundprisma geräumiger, etwa 4mal so lang wie breit. – Cuticula gut geringelt. Körper am Proximalende des Ösophgus 1,5mal breiter als der Kopf. Vorderer Ösophagusabschnitt 1,4mal so lang wie der hintere. Exkretionsporus vor dem Endbulbus. Abstand Vulva-Anus kaum länger als der Schwanz; dieser so lang wie 4 Analbreiten, keilspitz. Spicula 1,3–1,5mal länger als der Schwanz. Bursa breit.
♀: L = 0,7 mm; a = 18; b = 5; c = 10; V = 80%. ♂: L = 0,9 mm; a = 13; b = 4,3; c = 33.
BRD, Frankreich, Fidschi-Inseln, Australien; terrikol. – *Rhabditis belari* NIGON, 1949; *Rhabditis* (*Mesorhabditis*) *belari* NIGON, 1949 (SUDHAUS, 1976) . . . . *belari* (NIGON, 1949) DOUGHERTY, 1953

[72] Ob die von SUDHAUS (1978) unter demselben Namen beschriebene Art mit *M. oschei* identisch ist, kann nicht mit völliger Sicherheit entschieden werden: Bei den Tieren von SUDHAUS sind nämlich die Spicula nur zu etwa $^1/_3$ der Länge verwachsen.

13 Die drei mittleren Papillen in der zweiten Fünftergruppe (Papillen 4—6 von vorn gezählt) an der Basis verwachsen. — Cuticula fein geringelt und zart längsgestreift. Kopf gut abgesondert; Körper am hinteren Ösophagusende 3mal so breit wie der Kopf. Mundhöhle 16—22 µm lang, 1/8 der gesamten Ösophaguslänge. Vorderer Abschnitt des Ösophagus 1,3—1,4mal so lang wie hinterer; Mittelanschwellung kräftig. Seitenfeld etwa 1/10 der mittleren Körperbreite. Meistens nur ein Ei im Uterus: 39—46 × 19—29 µm. Spicula nur ganz am Hinterende verwachsen, 2—2,5 Analbreiten lang, 30—60 µm; Gubernaculum 10—18 µm lang. Schwanz des ♀ so lang wie 4—5 Analbreiten.
♀: L = 0,41—0,94 mm; a = 15—25; b = 3,5—5,3; c = 8—14; V = 78 bis 84%. ♂: L = 0,37—0,62 mm; a = 15—22; b = 3,4—4,9; c = 28—40.
Holland, DDR, BRD, Schweiz, Österreich, Ungarn, Tschechoslowakei, Bulgarien, Spanien, Frankreich, Griechenland, Polen, Sowjetunion (Rußland, Litauen, Kasachstan, Usbekistan, Ferner Osten), Ägypten, Kanarische Inseln, China, Südafrika, Kanada, USA (California, Wisconsin, New Jersey, Pennsylvania), Hawaii, Fidschi-Inseln, Neuseeland; in terrestrischen Biotopen: im Boden, Dünger, in Kuhfladen, Pferdemist, Mulm, Champignons. — *Rhabditis spiculigera* STEINER, 1936; *Rhabditis* (*Mesorhabditis*) *spiculigera* STEINER, 1936 (OSCHE, 1952); *Pseudorhabditis acuminata* KREIS, 1929; *Asymmetricus acuminatus* (KREIS, 1929) KREIS, 1930; *Rhabditis acuminata* (KREIS, 1929) NIGON, 1949; *Tricephalobus acuminatus* (KREIS, 1929) GOODEY, 1951; *Mesorhabditis acuminata* (KREIS, 1929) DOUGHERTY, 1955; *Trilabiatus acuminatus* (KREIS, 1929) GOODEY, 1963[73] . . . . *spiculigera* (STEINER, 1936) DOUGHERTY, 1953

— Die genannten Papillen an der Basis nicht verwachsen 14

14 Spicula proximal mit hakenartig gekrümmter kopfförmiger Verdickung. — Cuticula 0,8—1,8 µm dick, deutlich geringelt. Kopf abgesetzt, Lippenpapillen lang, zapfenförmig. Mundhöhle 14—21 µm lang. Vorderabschnitt des Ösophagus 1,2mal so lang wie der Hinterabschnitt. Körper am hinteren Ösophagusende 3mal so breit wie der Kopf. Uterus hinten mit paarigem Blindsack und meist mit 1—4 Eiern (41—50 × 19—29 µm). Schwanz etwas kürzer als der Abstand Vulva-Anus. Spicula 39—49 µm, doppelt so lang wie die anale Körperbreite; Gubernaculum 16—25 µm lang. Bursa breit, Papillenpaare: 2 + 5 + 3.
♀: L = 0,65—0,85 mm; a = 13—20; b = 4,1—5,4; c = 10—15; V = 80 bis 84%. ♂: L = 0,46—0,77 mm; a = 13—19; b = 3,2—5,3; c = 26—35.
Zaire, Kenia, Kongo, Brasilien; im Boden und Mulm. — *Rhabditis longespiculosa* SCHUURMANS STEKHOVEN, 1951; *Rhabditis* (*Mesorhabditis*) *longespiculosa* SCHUURMANS STEKHOVEN, 1951 (SUDHAUS, 1976). . . . . *longespiculosa* (SCHUURMANS STEKHOVEN, 1951) DOUGHERTY, 1955

— Spicula proximal nicht hakenartig. — Cuticula 1 µm dick, fein quer- und längsgestreift bzw. zart punktiert. Kopf abgesetzt, Körper am Hinterende des Ösophagus 3mal breiter als der Kopf. Mundhöhle 14—19 µm lang, 1/7 der

[73] Möglicherweise gehört auch die ohne Männchen aus Indien beschriebene Art *Mesorhabditis contaminata* (KHERA, 1971) ANDRÁSSY, 1980 — Syn. *Rhabditoides contaminatus* KHERA, 1971; *Rhabditis* (*Mesorhabditis*) *contaminata* (KHERA, 1971) SUDHAUS, 1978 — hierher.

Ösophaguslänge. Vorderer Ösophagusabschnitt etwas länger als der hintere. Uterus hinten mit zwei kleinen Blindsäcken. Ei 42—51 × 21—24 µm groß. Schwanz des ♀ so lang wie 3—4 Analbreiten, stets kürzer als der Abstand Vulva-Anus. Spicula schlank, im letzten Drittel verwachsen, 38—53 µm lang. Gubernaculum 19—25 µm lang. Papillenanordnung: 2 + 5 + 3, das 6. Paar jedoch sehr kurz, rudimentär.
♀: L = 0,55—0,79 mm; a = 12—20; b = 4,2—5,3; c = 12—15; V = 79 bis 85%. ♂: L = 0,45—0,67 mm; a = 14—21; b = 3,5—5,0; c = 30—47.
BRD, Tschechoslowakei, Ungarn, Sowjetunion (Moldau, Usbekistan), Venezuela; im Boden und Holzmulm. — *Rhabditis* (*Mesorhabditis*) *ultima* KÖRNER in OSCHE, 1952; *Rhabditis inarimensis* apud SUDHAUS, 1978. *ultima* (KÖRNER in OSCHE, 1952) DOUGHERTY, 1955

3. Genus: *Crustorhabditis* (SUDHAUS, 1974) ANDRÁSSY, 1976

Syn. *Rhabditis* (*Crustorhabditis* SUDHAUS, 1974).
Mesorhabditinae. Körper groß, 0,8 bis 4 mm. Lippen 6, gut abgesondert, Papillen zumeist klein. Kopf abgesetzt. Mundhöhle 1,5—2mal so lang wie die Lippenbreite, ohne Manschette. Metastomwülste mit je 2 Warzen. Ösophagus nahe der Mitte angeschwollen. Weibliches Geschlechtsorgan unpaarig, ohne postvulvaren Uterusast; Vulva dem After nahe. Spicula kräftig, zu 2/3 ihrer Länge verwachsen, ventral mit umgeschlagenen Rändern. Bursa peloder, vorn offen, breit, proximal fein gerunzelt bzw. gekräuselt, distal gekerbt bzw. ausgeschnitten. 10 Paar Papillen, davon 2 Paare präanal. Schwanz des Weibchens kegelförmig; Phasmidien dem Anus ganz nahe. Küstenbewohner, gebunden an Brachyura-Crustaceen.
Typusart: *Rhabditis* (*Crustorhabditis*) *riemanni* SUDHAUS, 1974 = *Crustorhabditis riemanni* (SUDHAUS, 1974) ANDRÁSSY, 1976.

Bestimmungsschlüssel der Arten

1 Kleinere Art, 0,8—1,5 mm; Lippenpapillen borstenförmig. — Cuticula 0,8 µm dick, gut geringelt, Kopf deutlich abgesetzt. Körper am Proximalende des Ösophagus 3,5mal breiter als der Kopf. Mundhöhle 23—31 µm lang, 1/7 der Ösophaguslänge. Vorderer Ösophagusabschnitt 1,2mal länger als der hintere. Exkretionsöffnung in 72—107% der Ösophaguslänge. Abstand Vulva-Anus deutlich kürzer als der Schwanz. Bis 14 Eier im Uterus; ovovivipare Art. Ei 48 bis 64 × 28—38 µm groß. Spicula gelblich, 38—48 µm, Gubernaculum 20—23 µm lang. Papillen 2 + 8, seltener 2 + 1 + 7 Paare. Papillen 3, 6, 7 und 9 kürzer als die übrigen. Schwanz des ♀ so lang wie 4—5 Analbreiten.
♀: L = 0,86—1,52 mm; a = 16—24; b = 5,1—7,8; c = 8,7—16,4; V = 88 bis 89%. ♂: L = 0,78—1,17 mm; a = 15—23; b = 4,0—6,5; c = 31—49.
An den Küsten von Italien, Dänemark, Ägypten, Kenia, Madagaskar und Chile; in Küstengrundwasser und Strandauswurf, an Brachyura-Krebse gebunden. — *Rhabditis scanica* ALLGÉN, 1949; *Rhabditis* (*Crustorhabditis*) *scanica* ALLGÉN, 1949 (SUDHAUS, 1974). . . . *scanica* (ALLGÉN, 1949) ANDRÁSSY, 1983

— Größere Arten, 2—4 mm; Lippenpapillen klein, warzenförmig. 2

2 Anordnung der Bursapapillen: 2 + 1 + 7 Paare; Spicula 65—71 µm lang. — Cuticula fein geringelt. Kopf leicht abgesetzt; Körper am Proximalende des

Ösophagus 3,5mal breiter als der Kopf. Mundhöhle 27—33 µm lang, 1/10 der Ösophaguslänge; Metastomwarzen undeutlich. Vorderabschnitt des Ösophagus 1,7—1,8mal länger als der Hinterabschnitt. Enddarm deutlich länger als der anale Körperdurchmesser. Abstand Vulva-Anus kürzer als der Schwanz. Bis 11 Eier im Uterus: 69—87 × 34—42 µm; ovovivipare Art. Spicula etwa doppelt so lang wie der Schwanz; Gubernaculum 35—38 µm lang. Papillen 3 und 8 kürzer als die übrigen. Schwanz des ♀ 5 Analbreiten lang, gerade bis konisch.
♀: L = 1,97—2,87 mm; a = 25—39; b = 6,8—8,7; c = 14—18; V = 89 bis 91%. ♂: L = 2,0—2,38 mm; a = 27—40; b = 6,1—7,4; c = 71—98.
An den atlantischen Küsten der USA (North Carolina) und von Kolumbien; gebunden an Bracyhura-Crustaceen. — *Rhabditis ocypodis* CHITWOOD, 1935; *Rhabditis* (*Mesorhabditis*) *ocypodis* CHITWOOD, 1935 (OSCHE, 1952); *Mesorhabditis ocypodis* (CHITWOOD, 1935) DOUGHERTY, 1955; *Parasitorhabditis ocypodis* (CHITWOOD, 1935) CHITWOOD, 1951; *Rhabditis* (*Crustorhabditis*) *ocypodis* CHITWOOD, 1935 (SUDHAUS, 1974). . . . . *ocypodis* (CHITWOOD, 1935) ANDRÁSSY, 1983

— Anordnung der Bursapapillen: 2 + 2 + 6 Paare; Spicula 53—62 µm lang. — Cuticula fein geringelt. Kopf leicht abgesetzt; Körper am Hinterende des Ösophagus 4mal breiter als der Kopf. Mundhöhle 27—32 µm lang, 1/10—1/11 der Ösophaguslänge. Vorderer Ösophagusabschnitt 1,6mal länger als der hintere. Exkretionsporus in 97—107% der Ösophaguslänge. Abstand Vulva-Anus etwas kürzer als der Schwanz. Bis 170 Eier im Uterus: 83—99 × 42—63 µm; ovovivipar. Schwanz des ♀ 3 Analbreiten lang, an der Spitze oft eingeschnitten. Gubernaculum 24—30 µm lang; Spicula so lang wie 1,5 Schwanzlängen. Papillen 4 und 10 kürzer als die übrigen.
♀: L = 2,42—3,98 mm; a = 14—23; b = 7,9—11,8; c = 20—36; V = 91 bis 94%. ♂: L = 1,89—2,82 mm; a = 16—22; b = 6,5—9,1; c = 39—65.
An den Küsten von Kenia; gebunden an Brachyura-Crustaceen. — *Rhabditis* (*Crustorhabditis*) *riemanni* SUDHAUS, 1974. . . . . *riemanni* (SUDHAUS, 1974) ANDRÁSSY, 1976

4. Genus: ***Operculorhabditis*** KHERA, 1969

Syn.: *Rhabditis* (*Operculorhabditis* KHERA, 1969) SUDHAUS, 1976.
Mesorhabditinae. Körperlänge um 1 mm. Lippen 6, gut abgesondert, mit je einer Borstenpapille. Mundhöhle verhältnismäßig breit; Metastomzähnchen vorhanden. Ösophagus in der Mitte angeschwollen. Weibliche Gonade unpaarig, ohne hinteren Uterussack; Vulva weit hinten, dem Anus nahe, von einer bursaähnlichen Membran umgeben. Bursa peloder, offen, mit 10 Papillenpaaren. Spicula sehr lang und schlank, distal verwachsen. Schwanz des Weibchens kuppelförmig, mit aufgesetzter Spitze.
Typische und einzige Art: *Operculorhabditis longespiculosa* KHERA, 1969.

— Cuticula fein geringelt, Ringelbreite 1—2 µm. Kopf nicht abgesetzt. Mundhöhle 24 µm lang und 6 µm breit. Vorderer Ösophagusabschnitt 1,4mal länger als der hintere. Exkretionsporus vor dem Endbulbus. Abstand Vulva-Anus ungefähr so lang wie der Schwanz, merklich kürzer als die an der Vulva gemessene Körperbreite. Ei 33—35 µm lang. Schwanz 1—2 Analbreiten lang. Spicu-

la äußerst schlank, 64 µm, Gubernaculum 41 µm. Bursapapillenpaare: 2 + 5 + 3.
♀: L = 0,9–1,1 mm; a = 18–23; b = 4,5–4,8; c = 39–43; V = 94 bis 96%. ♂: L = 0,8–0,9 mm; a = 22–24; b = 4,2–4,4; c = 34–37.
Indien; terrikol. — *Rhabditis (Operculorhabditis) kherai* SUDHAUS, 1976. . . . . *longespiculosa* KHERA, 1969

5. Genus: ***Marispelodera*** BELOGUROV, 1977

Mesorhabditinae. Körperlänge 1,4–1,8 mm. Cuticula geringelt. Lippen 6, gut ausgebildet, mit je einer Borstenpapille. Kopf mit cuticularisiertem „Innenskelett". Mundhöhle regelmäßig prismatisch; Metastomwülste mit je 3 feinen Warzen. Ösophagus in der Mitte nur schwach angeschwollen. Weibliche Gonade unpaarig, mit sehr großem Uterus, aber ohne postvulvaren Uterussack. Vulva weit hinten, der Analöffnung nahe. Schwanz sehr kurz, breit abgerundet, ohne Endfaden. Phasmidien deutlich. Männchen unbekannt.
Typische und einzige Art: *Marispelodera stasileonovi* BELOGUROV, 1977.

— Cuticula bis zur Vulva gut geringelt, von da ab glatt. Kopf 20 µm breit, Subcuticula im Kopf etwas verdickt und als „Skelett" dienend. Lippen voneinander abgesondert. Mundhöhle 32 µm lang, 1,5mal so lang wie die Kopfbreite, 1/9–1/10 der Ösophaguslänge. Exkretionsporus vor dem Terminalbulbus. Abstand Vulva-Anus 2–3mal länger als der Schwanz. Uterus des reifen Weibchens voll mit geschlüpften Larven; vivipare Art. Schwanz kürzer als der Analdurchmesser; Phasmidien dem Anus nahe.
♀: L = 1,40–1,84 mm; a = 18–20; b = 5,8–6,1; c = 68–69; V = 85 bis 98%. ♂ unbekannt.
Sowjetunion (Bering-Inseln); Küstenzone. . . . *stasileonovi* BELOGUROV, 1977

6. Genus: ***Bursilla*** ANDRÁSSY, 1976

Mesorhabditinae. Körper klein, 0,3–0,9 mm. Lippen 6, gut ausgebildet und voneinander abgesondert, mit je einer Borstenpapille. Mundhöhle prismatisch, ohne Manschette; Metastom isomorph, mit je 2 feinen Zähnchen. Ösophaugscorpus proximal angeschwollen. Weibliche Gonade unpaarig, ohne hinteren Uterussack. Spicula an der distalen Spitze verwachsen, kürzer als der Schwanz. Bursa radiär gegliedert, peloder aber stark rudimentär, ganz schmal, in Seitenansicht die Körperkontur nicht überragend, mit 5–9 Papillenpaaren. Schwanz in beiden Geschlechtern ähnlich, langkegelförmig, zugespitzt, oder beim Männchen kürzer, abgerundet. Phasmidien der Analöffnung nahe.
Bodenbewohner, einige Arten gelegentlich auch in Wasserbiotopen.
Typusart: *Rhabditis monhystera* BÜTSCHLI, 1873 = *Bursilla monhystera* (BÜTSCHLI, 1873) ANDRÁSSY, 1976.

Bestimmungsschlüssel der Arten

1 Schwanz des ♂ kurz, nur etwa 1,5mal länger als der anale Körperdurchmesser; Spicula 3/4 der Schwanzlänge. 2
— Schwanz des ♂ mindestens 3mal länger als der anale Körperdurchmesser; Spicula 1/3 bis 1/2 der Schwanzlänge. 3

2 Bursa die Schwanzspitze völlig umfassend, am Ende abgerundet. — Kopf abgesetzt; Körper am Proximalende des Ösophagus 4mal breiter als der Kopf. Mundhöhle 22 µm lang, doppelt so lang wie die Lippenbreite; Ösophagusmanschette bis zur Mitte der Mundhöhle reichend. Vorderabschnitt des Ösophagus kaum länger als der Hinterabschnitt. Abstand Vulva-Anus ein wenig länger als der Schwanz; der letztere 6 Analbreiten lang. Spicula 22—24 µm lang. Bursa postanal, mit 6 Papillenpaaren.
♀: L = 0,56—0,94 mm; a = 11—21; b = 5,0—6,3; c = 6—11; V = 72—80%.
♂: L = 0,3—0,5 mm; a = 13—15; b = 3,5—4,8; c = 14—21.
BRD und Tschechoslowakei; terrikol. — *Rhabditis labiata* VÖLK, 1950; *Rhabditis* (*Mesorhabditis*) *labiata* VÖLK, 1950 (OSCHE, 1952); *Mesorhabditis labiata* (VÖLK, 1950) DOUGHERTY, 1955; *Pelodera* (*Cruznema*) *labiata* (VÖLK, 1950) ANDRÁSSY, 1956. . . . . *labiata* (VÖLK, 1950) ANDRÁSSY, 1983

— Bursa ein kleines Spitzchen am Schwanzende frei lassend, hinten spitz zulaufend. — Cuticula fein geringelt. Körper am Hinterende des Ösophagus 3mal so breit wie der Kopf. Mundhöhle 18 µm lang, 2mal länger als die Lippenbreite. Vorderabschnitt des Ösophagus 1,5mal länger als der Hinterabschnitt. Exkretionsporus in Höhe des Isthmus. Abstand Vulva-Anus länger als der Schwanz; dieser so lang wie 4 Analbreiten. Spicula 22 µm, Gubernaculum 1/3 so lang. Papillenpaare: 1 + 4 + 2.
♀: L = 0,54—0,65 mm; a = 17—20; b = 4,1—4,8; c = 8—10; V = 73 bis 76%. ♂: L = 0,32—0,44 mm; a = 14—18; b = 3,0—3,9; c = 15—17.
DDR, Ungarn, Sowjetunion (Usbekistan), Mauretanien, Venezulea; terrikol, jedoch auch in salzhaltigen Gewässern. — *Rhabditis* (*Mesorhabditis*) *paucipapillata* PAETZOLD, 1955; *Mesorhabditis paucipapillata* (PAETZOLD, 1955) PAETZOLD, 1958. . . . . . . *paucipapillata* (PAETZOLD, 1955) ANDRÁSSY, 1983

3 Spicula nahezu 1/2 der Schwanzlänge. — Cuticula gut geringelt. Lippen scharf abgesetzt; Körper am Ösophagusende 2,5mal breiter als der Kopf. Beide Abschnitte des Ösophagus ungefähr gleich lang; Mittelanschwellung ganz schwach. Exkretionsporus vor dem Endbulbus. Mundhöhle 1,6mal so lang wie die Lippenbreite. Abstand Vulva-Anus länger als der Schwanz; dieser 4—5 Analbreiten lang. Bursa stark reduziert, nur mit einigen Papillen.
♀: L = 0,35—0,52 mm; a = 14—18; b = 4,0—5,1; c = 8—11; V = 72 bis 80%. ♂: L = 0,35—0,42 mm; a = 18—22; b = 5,1—6,2; c = 10—11.
DDR und Südafrika; terrikol. — *Rhabditis microbursaris* STEINER, 1926; *Tricephalobus microbursaris* (STEINER, 1926) OSCHE, 1952; *Rhabditis franseni* FUCHS, 1933. . . . . *microbursaris* (STEINER, 1926) ANDRÁSSY, 1982

— Spicula 1/3 der Schwanzlänge. 4

4 Schwanz des ♀ 7, der des ♂ 4—5 Analbreiten lang; 5 Paar Bursapapillen. — Cuticula glatt, Subcuticula geringelt. Kopf gut abgesetzt; Körper am Proximalende des Ösophagus 2,5—3mal breiter als der Kopf. Mundhöhle 1,8—2mal so lang wie die Lippenbreite bzw. 1/6—1/7 der Länge des Ösophagus. Mittelanschwellung gut entwickelt; Vorderabschnitt des Ösophagus 1,5mal länger als der Hinterabschnitt. Exkretionsöffnung neben dem Endbulbus. Abstand Vulva-Anus ungefähr gleich der Schwanzlänge; Phasmidien in Höhe des Anus. Spicula 19—27 µm, Gubernaculum 13—16 µm lang.

♀: L = 0,60–0,72 mm; a = 15–18; b = 5,2–6,0; c = 7,4–8,7; V = 72 bis 82%. ♂: L = 0,33–0,44 mm; a = 17–20; b = 3,6–4,2; c = 6,6–7,0. Neuseeland; in Dünensand. – *Mesorhabditis littoralis* YEATES, 1969; *Pelodera* (*Cruznema*) *sambharensis* KHERA, 1971; *Rhabditis* (*Mesorhabditis*) *sambharensis* (KHERA, 1971) SUDHAUS, 1978. . . . . *littoralis* (YEATES, 1969) ANDRÁSSY, 1983[74]

– Schwanz des ♀ 3–5, der des ♂ 3–3,5 Analbreiten lang; 9 Paar Bursapapillen. – Cuticula gut geringelt. Kopf abgesetzt; Körper am Proximalende des Ösophagus 3mal so breit wie der Kopf. Mundhöhle 15–20 µm lang. Mittelanschwellung des Ösophagus stark ausgeprägt. Beide Ösophagusabschnitte annähernd gleich lang. Abstand Vulva-Anus kürzer oder fast so lang wie der Schwanz; dieser regelmäßig konisch. Spicula 19–25 µm lang, nicht oder nur kaum etwas länger als die Analbreite. 2 oder 3 Papillenpaare präanal liegend. ♀: L = 0,60–0,85 mm; a = 19–21; b = 3,5–5,0; c = 8–9; V = 66–80%. ♂: L = 0,35–0,50 mm; a = 18; b = 3,2–4,6; c = 6–9. Holland, Belgien, DDR, BRD, Schweiz, Österreich, Ungarn, Tschechoslowakei, Rumänien, Bulgarien, Frankreich, Italien, Jugoslawien, Polen, Dänemark, Schweden, Sowjetunion (Rußland, Litauen, Lettland, Belroußland, Grusien, Aserbaidshan, Kasachstan, Kirgisien, Tadshikistan, Usbekistan, Ferner Osten), Indien, Bali, Zaire, USA (New York), Brasilien, Paraguay, Australien, Neuseeland, Fidschi-Inseln; terrikol, gelegentlich aquatil. – *Rhabditis monhystera* BÜTSCHLI, 1873; *Rhabditis* (*Mesorhabditis*) *monhystera* BÜTSCHLI, 1873 (OSCHE, 1952); *Mesorhabditis monhystera* (BÜTSCHLI, 1873) DOUGHERTY, 1955; *Rhabditis simplex* COBB, 1893; *Rhabditis* (*Mesorhabditis*) *simplex* COBB, 1893 (OSCHE, 1952); *Pelodera* (*Cruznema*) *dunensis* KHERA, 1971; *Rhabditis* (*Mesorhabditis*) *dunensis* (KHERA, 1971) SUDHAUS, 1978. *monhystera* (BÜTSCHLI, 1873) ANDRÁSSY, 1976

7. Genus: *Teratorhabditis* (OSCHE, 1952) DOUGHERTY, 1953

Syn. *Rhabditis* (*Teratorhabditis* OSCHE, 1952).

Mesorhabditinae. Körperlänge zwischen 0,7 und 1,5 mm. Cuticula geringelt. Lippen 6, durch tiefe cuticularisierte Einschnitte stark voneinander abgesondert; Dorsal- und Ventrallippen zuweilen anders gestaltet als die Laterallippen. Mundhöhle gut entwickelt, prismatisch; Metastom anisomorph, mit deutlichen Zähnchen. Ösophagusmanschette fehlend. Ösophagus mit Mittelanschwellung. Weibliche Gonade unpaarig, Vulva weit hinten, dem Anus ganz nahe; kein Postvulvarsack vorhanden. Spicula verwachsen. Bursa peloder, vorn offen, mit 9–10 Papillenpaaren. Schwanz des Weibchens relativ kurz, spitz.

Im Boden und in saproben Biotopen lebende Nematoden.

Typusart: *Rhabditis dentifera* VÖLK, 1950 = *Teratorhabditis dentifera* (VÖLK, 1950) DOUGHERTY, 1953.

Bestimmungsschlüssel der Arten

1 Schwanz des ♀ kegelförmig. 2

– Schwanz des ♀ kuppelförmig, mit aufgesetzter Spitze. 3

[74] Eventuell mit *B. monhystera* identisch.

2 Metastom mit Zähnchen; Spicula zu 1/2 ihrer Länge verwachsen. — Cuticula schwach geringelt, fein punktiert. Lippenregion nicht abgesetzt. Mundhöhle 20—23 µm lang und 4 µm breit; Metastomzähnchen kommaförmig. Vorderabschnitt des Ösophagus 1,5mal länger als der Hinterabschnitt. Abstand Vulva-Anus kürzer als der Schwanz; dieser so lang wie 2—3 Analbreiten, gleichmäßig kegelförmig. Spicula gerade, 47—51 µm lang; Gubernaculum 25—26 µm lang. Bursapapillen: 2 + 4 + 1 + 3 Paare (2 Paare präanal).
♀: L = 1,0—1,3 mm; a = 13—27; b = 4,7—7,1; c = 10—34; V = 83 bis 94%. ♂: L = 0,66—1,0 mm; a = 19—21; b = 3,6—5,2; c = 10—24.
BRD und Bulgarien; terrikol. — *Rhabditis dentifera* VÖLK, 1950; *Rhabditis* (*Teratorhabditis*) *dentifera* VÖLK, 1950 (OSCHE, 1952). . . . . *dentifera* (VÖLK, 1950) DOUGHERTY, 1953

— Metastom fein geraspelt; Spicula zu 1/5 ihrer Länge verwachsen. — Cuticula mit Punkten und kommaförmigen Zierelementen. Kopf nicht abgesetzt, Lippenpapillen ganz klein. Mundhöhle 19—25 µm lang und 4—5 µm breit, ohne Ösophagusmanschette. Vorderer Ösophagusabschnitt 1,5mal länger als hinterer. Abstand Vulva-Anus merklich kürzer als der Schwanz, dieser 3—4mal so lang wie die anale Körperbreite. Spicula 40—48 µm lang, gerade, nur am Hinterende leicht ventralwärts gebogen. Gubernaculum 20—24 µm lang. Bursapapillen: 2 + 4 + 1 + 3 Paare (2 Paare präanal). Vordere Kloakenlippe verlängert und vom Kanal einer Zementdrüse durchbrochen.
♀: L = 0,7—1,0 mm; a = 20—26; b = 3,6—5,1; c = 10—14; V = 86—91%; Ei 39—42 × 27 µm groß. ♂: L = 0,52—0,76 mm; a = 23—27; b = 3,3—4,4; c = 27—48.
Kanada; terrikol. *stiannula* ANDERSON, 1979

3 Lippen von zweierlei Gestalt: laterale groß, dreieckig, zugespitzt, subventrale und subdorsale schmal, knotig; Spicula zu 3/4 ihrer Länge verwachsen. — Cuticula 2 µm dick, gut geringelt und fein punktiert. Kopf 10 µm breit; Körper am Hinterende des Ösophagus 3mal breiter als der Kopf. Mundhöhle 24—25 µm lang und 3 µm breit, hinten asymmetrisch: dorsal länger und ausgebuchtet. Metastom anisomorph, mit kleinen Zähnchen. Vorderabschnitt des Ösophagus 1,4mal länger als der Hinterabschnitt. Exkretionsporus vor dem Endbulbus. Uterus oft voll mit Eiern; ovovivipar. Abstand Vulva-Anus etwas länger als der Schwanz; dieser 1—1,5 Analbreiten lang. Spicula zu 3/4 ihrer Länge verwachsen, 46—56 µm, Gubernaculum 18 µm lang. Papillenpaare: 2 + 5 + 2; 2 Paare präanal.
♀: L = 0,74—1,35 mm; a = 17—20; b = 3,4—6,0; c = 22—28; V = 93%. ♂: L = 0,70—0,87 mm; a = 17—22; b = 3,4—4,7; c = 29—40.
Ungarn; in Champignonkulturen . . . . *mariannae* FARKAS, 1973

— Sämtliche Lippen gleichförmig; Spicula nicht so lang verwachsen. — Cuticula 1,1—1,6 µm dick, punktiert oder in quadratische Feldchen geteilt. Kopf abgesetzt, Lippen mit feinen Borstenpapillen. Körper am Proximalende des Ösophagus 3,5—4mal breiter als der Kopf. Mundhöhle 30—39 µm, doppelt so lang wie die Lippenbreite bzw. 1/9 der Ösophaguslänge. Vorderer Ösophagusabschnitt kaum länger als der hintere. Exkretionsöffnung vor dem Terminalbulbus. Abstand Vulva-Anus kürzer als der Schwanz. 10—20 Eier bzw. Embryonen im Uterus; ovovivipar. Schwanz des ♀ 1,5 Analbreiten lang. Spicula 51 bis

59 µm, Guberna culum 25–31 µm lang. Bursa ziemlich breit, mit 10 Paar Papillen: 2 + 1 + 5 + 2.
♀: L = 0,92–1,55 mm; a = 15–21; b = 4–6; c = 13–26; V = 67 (?) bis 93%. ♂: L = 0,81–1,09 mm; a = 11–22; b = 3,7–5,1; c = 27–42.
Jugoslawien; in Stallmist. – *Rhabditis* (*Teratorhabditis*) *rovinjensis* SUDHAUS, 1974. . . . . *rovinjensis* (SUDHAUS, 1974) ANDRÁSSY, 1983

8. Genus: *Cruznema* ARTIGAS, 1927

Syn. *Pelodera* (*Cruznema* ARTIGAS, 1927) DOUGHERTY, 1953; *Rhabditis* (*Cruznema* ARTIGAS, 1927) SUDHAUS, 1974; *Epimenides* GUTIÉRREZ, 1949.
Mesorhabditinae. Körperlänge zwischen 0,6 und 2,2 mm. Lippen 6, gut abgesondert, kugelig, mit feinen Borstenpapillen. Mundhöhle gut entwickelt; Cheilostom cuticularisiert, klein. Metastomwülste mit je 3 kleinen Zähnchen. Ösophagusmanschette kurz. Ösophaguscorpus hinten stark angeschwollen; Enddarm bedeutend länger als die anale Körperbreite. Weibliche Gonade prävulvar, ohne hinteren Uterusast; Vulva weit hinten. Spicula frei. Bursa gut entwickelt, peloder, vorn offen, mit 9–10 Papillenpaaren. Schwanz kegelförmig, beim ♀ länger als beim ♂.
In faulenden Substanzen und an Käfern lebende Arten.
Typusart: *Cruznema cruznema* ARTIGAS, 1927 = *Cruznema tripartitum* (LINSTOW, 1906) ZULLINI, 1982.

Bestimmungsschlüssel der Arten

1 Bursapapillen 10 Paare: 2 + 1 + 4 + 3. – Cuticula fein geringelt. Lippen gut abgesondert; Körper am Proximalende des Ösophagus nahezu 4mal breiter als der Kopf. Mundhöhle 28 µm lang, fast doppelt so lang wie die Lippenbreite. Abstand Vulva-Anus etwa so lang wie der Schwanz. Ei 51 × 25 µm. Spicula 61–72 µm, Gubernaculum 24–32 µm lang. Schwanz des ♀ etwa 4 Analbreiten lang.
♀: L = 1,37–1,64 mm; a = 19–23; b = 6,8–6,9; c = 14–15; V = 87 bis 89%. ♂: L = 1,17–1,89 mm; a = 18–19; b = 5,5–5,6; c = 37–69.
Ägypten; an *Scarabaeus sacer* (Coleoptera). – *Mesorhabditis spiculigera* apud ALI, WAHAB & EL-KIFEL, 1972; *Rhabditis* (*Cruznema*) *scarabaeus* SUDHAUS, 1978 . . . . *scarabaeus* (SUDHAUS, 1978) ANDRÁSSY, 1983

– Bursapapillen 9 Paare: 2 + 2 + 5 oder 2 + 2 + 1 + 4. – Cuticula gut geringelt und fein längsgestreift: in Blöckchen geteilt. Kopf durch eine Einschnürung scharf abgesetzt. Lippen gut voneinander getrennt. Mundhöhle 25 bis 30 µm, 1,2–1,5mal so lang wie die Kopfbreite. Metastomzähne gut erkennbar. Vorderer Ösophagusabschnitt 1,3–1,6mal länger als hinterer. Enddarm so lang wie 2 oder 3 Analbreiten. Bis 50 Eier im Uterus; Ei 50–80 × 30–50 µm. Abstand Vulva-Anus etwas länger als der Schwanz. Dieser 1,5–3 Analbreiten lang, scharf zugespitzt; Phasmidien nahe der Analöffnung. Spicula 35–50 µm, Gubernaculum 18–25 µm lang. Bursapapillenpaare: 2 + 2 + 5 oder 2 + 2 + + 1 + 4.
♀: L = 0,9–2,2 mm; a = 10–20; b = 3,6–7,7; c = 8–24; V = 80–87%. ♂: L = 0,6–1,5 mm; a = 10–22; b = 3,3–7,0; c = 25–50.
Eine weit verbreitete, im Boden und in faulenden Stoffen lebende Art: Holland, DDR, BRD, Ungarn, Schweiz, Rumänien, Bulgarien, Italien, England,

Sowjetunion (Rußland, Moldau, Grusien, Tadshikistan, Kasachstan, Usbekistan, Ferner Osten), Algerien, Kongo, Südafrika, USA (Washington D.C., Utah, Missouri), Venezuela, Argentinien, Brasilien, Fidschi-Inseln. — *Rhabditis tripartita* LINSTOW, 1906; *Rhabditis (Cruznema) tripartita* LINSTOW, 1906 (SUDHAUS, 1974); *Rhabditis lambdiensis* MAUPAS, 1919; *Pelodera (Cruznema) lambdiensis* (MAUPAS, 1919) DOUGHERTY, 1953; *Cruznema lambdiense* (MAUPAS, 1919) THORNE, 1961; *Rhabditis monohysteroides* SKWARRA, 1921; *Pelodera (Cruznema) monohysteroides* (SKWARRA, 1921) DOUGHERTY, 1955; *Rhabditis cryptocercoides* WOLLENWEBER, 1921; *Rhabditis (Mesorhabditis) cryptocercoides* WOLLENWEBER, 1921 (OSCHE, 1952): *Mesorhabditis cryptocercoides* (WOLLENWEBER, 1921) DOUGHERTY, 1955; *Cruznema cruznema* ARTIGAS, 1927; *Rhabditis macrocheila* KREIS, 1932; *Rhabditis (Mesorhabditis) macrocheila* KREIS, 1932 (OSCHE, 1952); *Mesorhabditis macrocheila* (KREIS, 1932) DOUGHERTY, 1955; *Epimenides extricatus* GUTIÉRREZ, 1949; *Pelodera melisi* MARINARI, 1957; *Pelodera (Cruznema) melisi* MARINARI, 1957 (MEYL, 1961); *Cruznema* sp. apud HEYNS, 1971. . . . . *tripatritum* (LINSTOW, 1906) ZULLINI, 1982

Bemerkung: *Cruznema brevicaudatum* LATHEEF & SESHADRI, 1972 — Syn. *Rhabditis (Cruznema) brevicaudata* (LATHEEF & SESHADRI, 1972) SUDHAUS, 1976 — ist eine „species inquirenda".

cc) Subfamilia: *Peloderinae* ANDRÁSSY, 1976

Rhabditidae. Lippen 6, wenig abgesondert, meist nur mit recht kleinen Papillen. Mundhöhle im allgemeinen lang, gut entwickelt; Cheilostom nur ausnahmsweise cuticularisiert. Metastomwülste mit sehr kleinen Warzen oder mit größeren, borstenförmigen Zähnchen. Ösophagusmanschette vorhanden. Weibliche Gonaden paarig. Spicula frei oder verwachsen. Bursa gut entwickelt, peloder, oder seltener pseudopeloder (mit einem kurzen, haarfeinen, überragenden Schwanzfaden). 9 oder 10 Paar Bursapapillen. Schwanz des Weibchens konisch oder kuppelförmig, selten halbkugelig.
8 Gattungen.

Bestimmungsschlüssel der Gattungen

1 Bursa vorn geschlossen, saugnapfförmig. 2
— Bursa vorn offen. 3
2 Weiblicher Schwanz kegelförmig; Spicula frei; 9 Paar Bursapapillen. . . . . 3. *Caenorhabditis* (S. 292)
— Weiblicher Schwanz kuppelförmig, mit oder ohne Spitze; Spicula distal verwachsen; 10 Paar Bursapapillen. . . . . 7. *Coarctadera* (S. 303)
3 Mundprisma kurz, nur 1—2mal so lang wie breit; Cheilostom cuticularisiert; Phasmidien stäbchenförmig, oft aus der Schwanzkontur vorspringend. . . . . 2. *Phasmarhabditis* (S. 290)
— Mundprisma länger, mindestens 4mal so lang wie breit; Cheilostom meist nicht cuticularisiert; Phasmidien klein, punktförmig. 4
4 Spicula frei; 9 Paar Bursapapillen. 5
— Spicula distal verwachsen; 10 Paar Bursapapillen. 7
5 Metastomwülste mit je 2 oder 3 borstenförmigen Zähnchen. 6

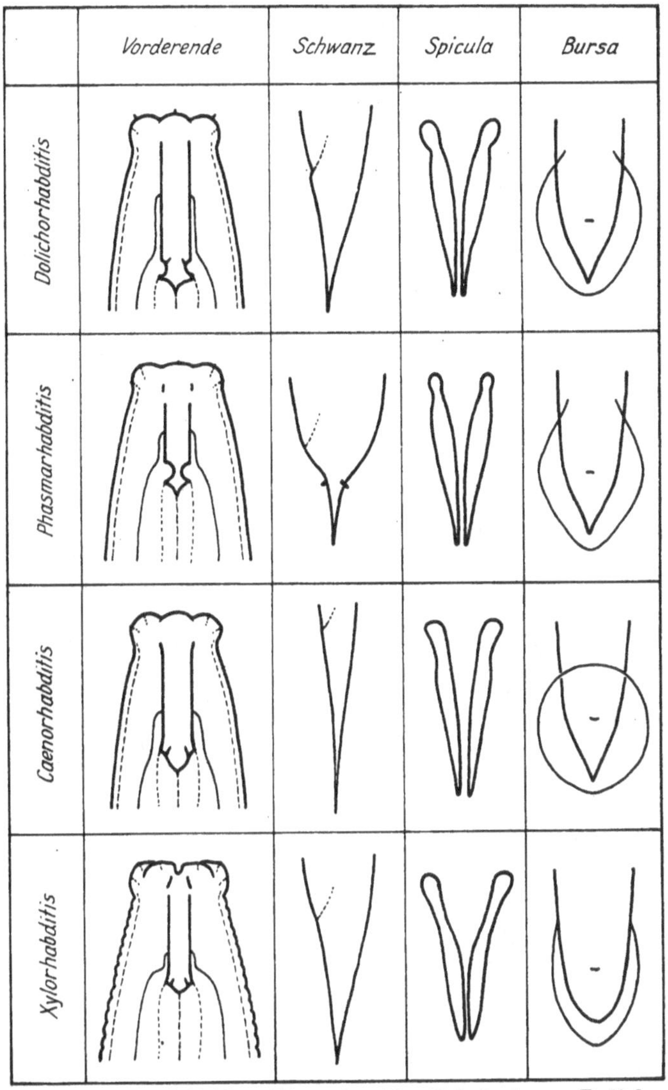

Abb. 112–115 Familie *Rhabditidae*, Unterfamilie *Pelodеrinae*: *Dolichorhabditis*, *Phasmarhabditis*, *Caenorhabditis* und *Xylorhabditis* (Fortsetzung auf der Seite 288)

– Metastomwülste mit je 3 oder 5 sehr kleinen, punktförmigen Warzen. . . . . 5. *Pellioditis* (S. 295)

6 Cheilostom zwar kurz, aber deutlich cuticularisiert; Ösophaguscorpus bulbusartig angeschwollen. . . . . 4. *Xylorhabditis* (S. 294)

– Cheilostom nicht cuticularisiert; Ösophaguscorpus nicht angeschwollen. . . . . 1. *Dolichorhabditis* (S. 288)

7 Zwei Paare der Geschlechtspapillen vor der Bursa liegend; Schwanz des ♀ abgerundet. 8. *Rhomborhabditis* (S. 306)

– Sämtliche Geschlechtspapillen an der Bursa liegend; Schwanz des ♀ spitz. . . . . 6. *Pelodera* (S. 301)

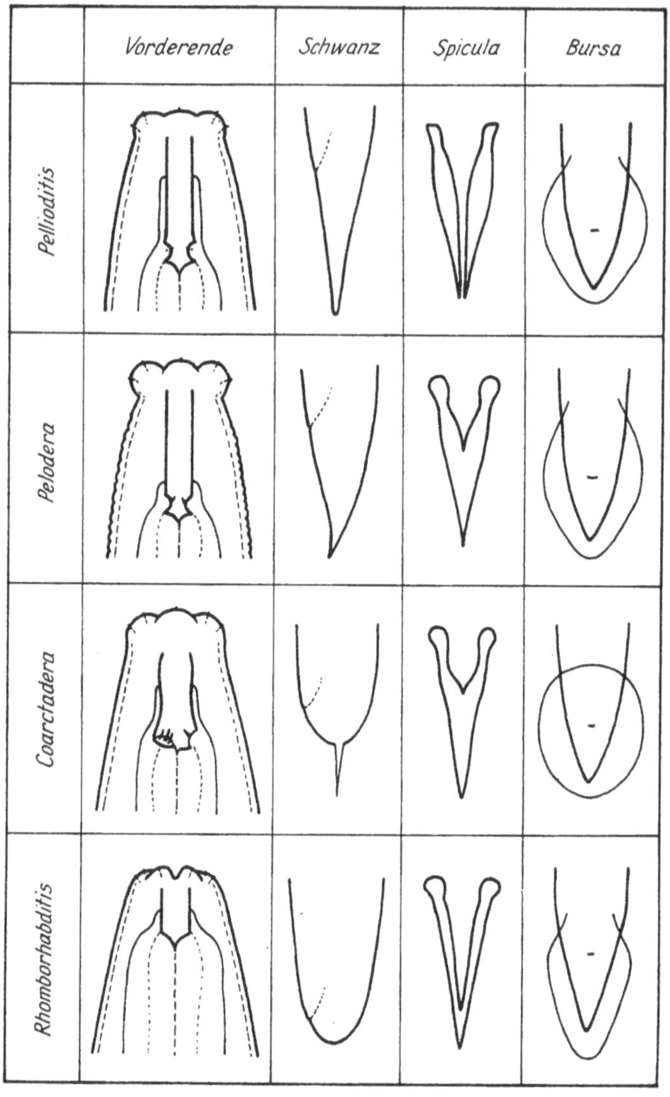

Abb. 116—119 Familie *Rhabditidae*, Unterfamilie *Peloderinae* (Fortsetzung): *Pellioditis, Pelodera, Coarctadera* und *Rhomborhabditis*

1. Genus: ***Dolichorhabditis*** Andrássy, 1983

Peloderinae. Körperlänge zwischen 0,3 und 1,1 mm variierend. Lippen 6, mit je einer feinen Borstenpapille. Mundprisma gut entwickelt, Metastomwülste mit je 2 borstenartigen Zähnchen. Cheilostom nicht cuticularisiert. Ösophagusmanschette vorhanden. Corpus des Ösophagus meist zylindrisch, höchstens hinten schwach erweitert. Weibliche Gonaden paarig, Vulva mittelständig. Spicula frei. Bursa breit, peloder, vorn offen, am Ende abgerundet; stets 9 Paare Papillen, von denen 3 einzelne Paare präanal und zwei Dreiergruppen postanal stehen. Schwanz des Weibchens kegelförmig. Terrikole, seltener aquatile Arten; insbesondere häufig in Holzmulm.

Typusart: *Leptodera dolichura* SCHNEIDER, 1866 = *Dolichorhabditis dolichura* (SCHNEIDER, 1866) ANDRÁSSY, 1980.

Bestimmungsschlüssel der Arten

1 Enddarm des ♀ sehr lang, etwa 3mal länger als die anale Körperbreite. — Cuticula kaum geringelt. Körper am hinteren Ösophagusende 2,5mal so breit wie der Kopf. Mundhöhle 20—22 µm, doppelt so lang wie die Lippenbreite bzw. 1/8 der Ösophaguslänge. Metastomwülste mit je 2 Borstenzähnchen. Ösophaguscorpus vollkommen zylindrisch; Manschette die halbe Mundhöhle umgebend. Spicula 32—35 µm, Gubernaculum 19—27 µm lang. Anordnung der Bursapapillen gattungstypisch: 1 + 1 + 1 + 3 + 3. Schwanz des ♀ spitzkonisch, 3—4 Analbreiten lang; Phasmidien etwas hinter der Analöffnung, Fakultativ vivipar, mit wenigen Eiern.
♀: L = 0,7—1,1 mm; a = 14—20; b = 5,3—8,6; c = 8—11; V = 49—55%.
♂: L = 0,5—0,9 mm; a = 16—22; b = 4,5—5,8; c = 19—30.
DDR, BRD, Österreich, Ungarn, Tschechoslowakei, Bulgarien, Italien, Polen, Sowjetunion (Rußland, Kasachstan, Usbekistan, Moldau), Sri Lanka, China, Algerien, Ägypten USA, Neuseeland, terrikol, zumeist in Holzmulm. — *Leptodera dolichura* SCHNEIDER, 1866; *Rhabditis dolichura* (SCHNEIDER, 1866) BÜTSCHLI, 1873; *Rhabditis* (*Caenorhabditis*) *dolichura* (SCHNEIDER, 1866) BÜTSCHLI, 1873 (OSCHE, 1952); *Rhabditis* (*Pellioditis*) *dolichura* (SCHNEIDER, 1866) BÜTSCHLI, 1873 (SUDHAUS, 1976); *Caenorhabditis dolichura* (SCHNEIDER, 1866) DOUGHERTY, 1955; *Anguillula oxyuris* CLAUS, 1862; *Rhabditis oxyuris* (CLAUS, 1862) BÜTSCHLI, 1873; *Rhabditis* (*Protorhabditis*) *oxyuris* (CLAUS, 1862) BÜTSCHLI, 1873 (OSCHE, 1952); *Protorhabditis oxyuris* (CLAUS, 1862) DOUGHERTY, 1955; *Pelodera janeti* DE LACAZE-DUTHIERS in JANET, 1893; *Rhabditis janeti* (DE LACAZE-DUTHIERS in JANET, 1893) DE MAN, 1894; *Rhabditis* (*Protorhabditis*) *janeti* (DE LACAZE-DUTHIERS in JANET, 1893) DE MAN, 1894 (OSCHE, 1952); *Protorhabditis janeti* (DE LACAZE-DUTHIERS in JANET, 1893) DOUGHERTY, 1955; *Rhabditis herfsi* RAHM, 1925. . . *dolichura* (SCHNEIDER, 1866) ANDRÁSSY, 1983

— Enddarm des ♀ kurz, 1—1,5 Analbreiten lang. 2

2 Schwanz des ♀ etwa 3 Analbreiten lang. — Cuticula sehr fein geringelt. Mundhöhle doppelt so lang wie die Lippenbreite bzw. 1/8 der Ösophaguslänge. Lippen mit feinen Borstenpapillen. Ösophagusmanschette die halbe Mundhöhle umgebend. Ösophagus ohne merkliche Mittelanschwellung. Schwanz nadelspitzig.
♀: L = 0,43—0,70 mm; a = 17—20; b = 3,6—4,2; c = 9—12; V = 50 bis 53%. ♂ unbekannt.
Tschechoslowakei und Sowjetunion (Ferner Osten); in Sphagnum-Mooren. — *Rhabditis carpathica* SOÓS, 1941; *Rhabditis* (*Pellioditis*) *carpathica* SOÓS, 1941 (SUDHAUS, 1976); *Caenorhabditis carpathica* (SOÓS, 1941) DOUGHERTY, 1955. *carpathica* (SOÓS, 1941) ANDRÁSSY, 1983

— Schwanz des ♀ etwa 6 Analbreiten lang. 3

3 Sehr kleine Art, bis 1/2 mm; Lippen mit feinen Borstenpapillen. — Körper am Proximalende des Ösophagus 2mal so breit wie der Kopf. Mundhöhle 8—10 µm lang, etwas länger als die Lippenbreite; Metastomzähnchen borstenförmig. Mittelanschwellung am Ösophagus nur angedeutet. Manschette die halbe

Mundhöhle ungebend. Schwanz nadelspitzig und am Ende meist dorsalwärts gebogen.
♀: L = 0,30—0,46 mm; a = 17—24; b = 3,9—4,6; c = 3,5—7,0; V = 45 bis 56%. ♂: unbekannt.
BRD, Schweiz, Bulgarien, Korsika, Sowjetunion (Ferner Osten), Neuseeland; terrikol, vorwiegend in Holzmulm. — *Rhabditis* (*Caenorhabditis*) *rara* KÖRNER in OSCHE, 1952; *Rhabditis* (*Pellioditis*) *rara* KÖRNER in OSCHE, 1952 (SUDHAUS, 1976); *Caenorhabditis rara* (KÖRNER in OSCHE, 1952) DOUGHERTY, 1955.
. . . . *rara* (KÖRNER in OSCHE, 1952) ANDRÁSSY, 1983

— Körper größer, µm 3/4 mm; Lippenpapillen punktförmig. — Cuticula fein geringelt. Mundhöhle 16 µm, etwa doppelt so lang wie die Lippenbreite. Ösophaguscorpus nicht merklich angeschwollen. Manschette etwa 2/3 der Mundhöhle umgebend. Ei 3mal so lang wie breit. Körper hinter der Analöffnung plötzlich verschmälert. Spicula 29 µm, Gubernaculum 14 µm lang.
♀: L = 0,75 mm; a = 21; b = 6,4; c = 10; V = 51%. ♂: L = 0,53 mm; a = 19; b = 4,7; c = 24.
DDR, Österreich und Sowjetunion (Rußland, Litauen, Usbekistan); unter faulender Baumrinde. — *Rhabditis debilicauda* FUCHS, 1937; *Rhabditis* (*Caenor habditis*) *debilicauda* FUCHS, 1937 (OSCHE, 1952); *Caenorhabditis debilicuada* (FUCHS, 1937) DOUGHERTY, 1955. . . . .
. . . . *debilicauda* (FUCHS, 1937) ANDRÁSSY, 1983

2. Genus: *Phasmarhabditis* ANDRÁSSY, 1976

Peloderinae. Große Arten, 0,9 bis 3,4 mm. Cuticula glatt. 6 gut abgesonderte Lippen. Mundprisma kurz, nur 1- bis 2mal so lang wie breit. Cheilostom cuticularisiert, klein; Metastomwülste mit je 3 winzig kleinen Warzen. Ösophagusmanschette vorhanden; Corpus hinten angeschwollen. Weibliche Gonaden paarig. Spicula frei. Bursa peloder, in Ventralansicht rhombusförmig, vorn offen; 9 Paar Bursapapillen. Phasmidien papillenartig verlängert bzw. stäbchenförmig, aus der Körperkontur oft vorspringend. Schwanz des Weibchens kegel- oder kuppelförmig, scharf zugespitzt.
Boden- oder Küstenbewohner; Larven oft in Schnecken.
Typusart: *Pelodera papillosa* SCHNEIDER, 1866 = *Phasmarhabditis papillosa* (SCHNEIDER, 1866) ANDRÁSSY, 1976.

Bestimmungsschlüssel der Arten

1 Schwanz des ♀ kuppelförmig, mit aufgesetzter Spitze, so lang wie 1,5—2 Analbreiten. 2
— Schwanz des ♀ lang-kegelförmig, so lang wie 3—4 Analbreiten. 4
2 Bursa schmal, radiär gegliedert, die Körperkontur kaum überragend; Spicula doppelt so lang wie der Schwanz. — Kopf abgerundet, Lippen kaum getrennt. Mundhöhle nahezu doppelt so lang wie breit, 26—33 µm; Metastomwülste mit 3 (5?) Warzen. Vorderer Ösophagusabschnitt 1,7—2mal so lang wie hinterer; Mittelanschwellung ungewöhnlich lang und dick. Exkretionsöffnung in Höhe des Isthmus. Ei 35—45 µm lang, in geringer Zahl vorhanden. Spicula 62 bis 72 µm, Gubernaculum 22—25 µm lang. Von den 10 Papillenpaaren liegen 1 prä- und 2 adanal. Faden und Kuppel am weiblichen Schwanz etwa gleich lang.

♀: L = 1,0–1,75 mm; a = 14–21; b = 3,6–4,6; c = 17–25; V = 52 bis 60%. ♂: L = 0,90–1,72 mm; a = 14–21; b = 3,2–4,7; c = 25–53. Meeresbewohner, an den deutschen und britannischen Küsten. — *Rhabditis nidrosiensis* ALLGÉN, 1933; *Rhabditis (Cephaloboides) nidrosiensis* ALLGÉN, 1933 (SUDHAUS, 1976); *Rhabditis marina nidrosiensis* ALLGÉN, 1933; *Rhabditis ehrenbaumi* BRESSLAU & SCHUURMANS STEKHOVEN, 1935; *Rhabditis (Choriorhabditis) ehrenbaumi* BRESSLAU & SCHUURMANS STEKHOVEN, 1935 (OSCHE, 1952); *Rhabditis (Pellioditis) ehrenbaumi* BRESSLAU & SCHUURMANS STEKHOVEN, 1935 (DOUGHERTY, 1955). . . . . *nidrosiensis* (ALLGÉN, 1933) ANDRÁSSY, 1983

— Bursa nicht radiär gegliedert, die Körperkontur deutlich überragend; Spicula 1–1,5mal so lang wie der Schwanz. 3

3 Drei Papillenpaare stehen präanal. — Kopf 20–30 µm breit; Körper am hinteren Ösophagusende 2,5mal breiter als der Kopf. Mundprisma 10–15 µm, so lang oder 1,5mal länger als breit. Vorderabschnitt des Ösophagus 1,4–1,5mal länger als der Hinterabschnitt. Exkretionsporus in Höhe des Endbulbus. Spicula gerade, 60–70 µm, Gubernaculum 15–30 µm. Bursa breit. Papillenpaare: 1 + 1 + 1 + 3 + 3 (+ 1 Paar Phasmidien), die einzelnen Gruppen aber oft ineinander übergehend. Schwanzfaden des ♀ so lang oder länger als die Kuppel; Phasmidien beim Beginn des Schwanzfadens.
♀: L = 1,6–3,4 mm; a = 17–24; b = 7,0–9,8; c = 23–35; V = 49–53%.
♂: L = 1,2–2,4 mm; a = 17–26; b = 6,6–9,0; c = 30–43.
DDR, BRD, Österreich, Ungarn, Spanien, Japan, Zaire; in Boden und in saproben Lebensstätten, die Larven in Nacktschnecken. *Pelodera papillosa* SCHNEIDER, 1866; *Rhabditis papillosa* (SCHNEIDER, 1866) ÖRLEY, 1880; *Rhabditis (Choriorhabditis) papillosa* (SCHNEIDER, 1866) ÖRLEY, 1880 (OSCHE, 1952); *Rhabditis (Pellioditis) papillosa* (SCHNEIDER, 1866) ÖRLEY, 1880 (DOUGHERTY, 1955); *Rhabditis ikedai* TADANO, 1950. . . . . *papillosa* (SCHNEIDER, 1966) ANDRÁSSY, 1976

— Nur ein Papillenpaar steht präanal. — Cuticula dick, schwach quergeringelt und längsgestreift. Lippen offen (voneinander abgesondert), mit kleinen Papillen. Körper am Hinterende des Ösophagus 4mal so breit wie der Kopf. Mundhöhle 24 µm, kaum länger als die Lippenbreite. Vorderer Ösophagusabschnitt 1,4mal länger als der hintere. Manschette etwa die Hälfte der Mundhöhle ungebend. Eier in geringer Zahl vorhanden. Schwanz des ♀ kuppelförmig, 1,5mal so lang wie der Analdurchmesser. Spicula 53 µm, Gubernaculum 28 µm lang. Bursapapillen: 3 + 3 + 3 Paare.
♀ und ♂ ohne Maßangaben (ähnlich wie *nidrosiensis*).
Neuseeland; in Strandwurf. — *Rhabditis (Cephaloboides) valida* SUDHAUS, 1974. . . . . *valida* (SUDHAUS, 1974) ANDRÁSSY, 1983

4 Weibchen und Männchen gleich häufig. — Kopf 20–25 µm breit, leicht abgesetzt. Mundprisma 12–18 µm, 1,2mal so lang wie breit. Ösophagusmanschette 50–70% der Mundhöhle umfassend. Spicula gerade, 60–70 µm, Gubernaculum 26–38 µm lang. Bursapapillen 10 Paare, nicht in bestimmte Gruppen geordnet, 3–4 Paare präanal liegend. Schwanz des ♀ scharf ausgezogen; Phasmidien in oder etwas vor der Schwanzmitte.
♀: L = 1,4–2,6 mm; a = 14–20; b = 7–10; c = 9–15; V = 47–53%.
♂: L = 1,3–1,5 mm; a = 19–21; b = 6–7; c = 25–28.

BRD; terrikol, die Larven in Nacktschnecken schmarotzend. — *Rhabditis (Choriorhabditis) neopapillosa* MENGERT in OSCHE, 1952; *Rhabditis (Pelliodi-tis) neopapillosa* MENGERT in OSCHE, 1952 (DOUGHERTY, 1955) . . . . *neopapillosa* (MENGERT in OSCHE, 1952) ANDRÁSSY, 1983

— Männchen nur äußerst selten vorkommend[75], Fortpflanzung hermaphroditisch. — Morphologisch mit der vorigen Art vollkommen übereinstimmend.
♀: L = 3,1 mm; a = 18; b = 9; c = 24; V = 50%. ♂: L = 2,0 mm; a = 19; b = 7; c = 34; Spicula 72 µm lang.
BRD und Frankreich (Korsika); saprob, die Larven in Schnecken. — *Pelodytes hermaphroditus* SCHNEIDER, 1859; *Rhabditis (Pellioditis) hermaphrodita* SCHNEIDER, 1859) DOUGHERTY, 1955; *Rhabditis caussaneli* MAUPAS, 1899; *Rhabditis (Choriorhabditis) caussaneli* MAUPAS, 1899 (OSCHE, 1952) . . . . *hermaphrodita* (SCHNEIDER, 1859) ANDRÁSSY, 1983

3. Genus: ***Caenorhabditis*** (OSCHE, 1952) DOUGHERTY, 1953

Syn. *Rhabditis (Caenorhabditis* OSCHE, 1952).
Peloderinae. Körperlänge 0,6 bis 1,8 mm. Lippen 6, mit feinen Papillen. Mundhöhle relativ kurz. Cheilostom nicht cuticularisiert; Metastomwülste mit je 2 Borstenzähnchen. Ösophagusmanschette vorhanden, meist aber kurz. Corpus hinten angeschwollen. Weibliche Gonaden paarig, Vulva um die Körpermitte. Spicula frei. Bursa breit, peloder, vorn geschlossen; Papillen 9 Paare, lang und dünn. Schwanz des Weibchens kegelförmig, meist lang.
Terrikole Arten, oft an Schnecken gebunden.
Typusart: *Rhabditis elegans* MAUPAS, 1899 = *Caenorhabditis elegans* (MAUPAS, 1899) DOUGHERTY, 1953.

Bestimmungsschlüssel der Arten

1 Spicula ungewöhnlich lang, 95 µm; Bursa pfeilförmig, proximal spitz auslaufend. — Eine ausführlichere Beschreibung war mir leider nicht zugänglich.
Taiwan; aus dem Darm einer Drosselart. — *Rhabditis (Caenorhabditis) avicola* SCHMIDT & KUNTZ, 1972 (SUDHAUS, 1947). . . *avicola* SCHMIDT & KUNTZ, 1972

— Spicula wesentlich kürzer, bis 60 µm; Bursa von der gewöhnlichen Form. . . 2

2 Schwanz des ♀ kurz, so lang wie 1,5—2 Analbreiten; Bursa leicht gefältelt und ungleichmäßig gezackt. — Lippen wenig abgesondert. Mundhöhle 14—15 µm[76], kaum etwas länger als die Lippenbreite. Vorderer Ösophagusabschnitt 1,3 bis 1,4mal länger als der hintere; Mittelanschwellung rundlich, bulbusartig. Nur wenige Eier im Uterus; ovipar, gelegentlich vivipar. Eier 59—69 × 35—40 µm groß. Spicula 54—62 µm, Gubernaculum 32—41 µm lang. Bursa kreisrund, proximal nicht ganz geschlossen; Papillenpaare: 2 + 4 + 3, davon 2 Paare präanal. Schwanz des ♀ regelmäßig konisch.
♀: L = 1,24—1,85 mm; a = 16—22; b = 5,9—8,4; c = 23—35; V = 56 bis 66%. ♂: L = 1,0—1,7 mm; a = 17—24; b = 5,5—8,0; c = 27—51.

---

[75] MAUPAS fand unter 15000 Individuen nur 21 Männchen! Ob *Phasmarhabditis hermaphrodita* eine selbständige Art oder nur eine biologische Variante von *Ph. neopapillosa* darstellt, kann vorläufig nicht entschieden werden.
[76] Nach SUDHAUS 21—28 µm lang.

BRD und Kenia; terrikol, insbesondere an Aas. — *Rhabditis plicata* VÖLK, 1950; *Rhabditis* (*Caenorhabditis*) *plicata* VÖLK, 1950 (SUDHAUS, 1974); *Pelodera plicata* (VÖLK, 1950) DOUGHERTY, 1955. . . . . *plicata* (VÖLK, 1950) ANDRÁSSY, 1983

— Schwanz des ♀ so lang wie 6—8 Analbreiten; Bursa meist glatt. 3

3 Bursa hinten gerade abgestutzt; Spiculalänge um 50 µm. — Cuticula fein geringelt. Kopf nicht abgesetzt, Körper am proximalen Ösophagusende etwa doppelt so breit wie der Kopf. Mundhöhle 20—22 µm, 1,3mal länger als die Lippenbreite. Vorderer Ösophagusabschnitt 1,8mal länger als der hintere. Abstand Vulva-Anus fast doppelt so lang wie der Schwanz. Spicula 45—52 µm, Gubernaculum 30—32 µm lang. Papillenpaare: 2 + 1 + 3 + 3. Schwanz des ♀ 8 Analbreiten lang.
♀: L = 1,0—1,5 mm; a = 16—27; b = 5,0—9,8; c = 5,6—7,0; V = 46 bis 51%. ♂: L = 0,63—1,4 mm; a = 14—28; b = 3,3—6,6; c = 13—28.
Taiwan; an Schnecken. — *Rhabditis formosana* YOKOO & OKABE, 1968; *Rhabditis* (*Caenorhabditis*) *formosana* YOKOO & OKABE, 1968 (SUDHAUS, 1976). . . . . *formosana* (YOKOO & OKABE, 1968) ANDRÁSSY, 1983

— Bursa mehr oder weniger herzförmig, hinten schwach spitz; Spiculalänge um 35 µm. 4

4 Erste Papillengruppe mit 3 Papillen. — Cuticula glatt. Lippen flach, kaum abgesondert; Kopf nicht abgesetzt. Mundhöhle 19 µm lang, 1/10 der Ösophaguslänge. Vorderer Ösophagusabschnitt 1,2mal so lang wie hinterer. Exkretionsöffnung beim Endbulbus. Ei 60 × 33 µm; ovipar. Spicula 32 µm lang, kürzer als der Schwanz. Letzterer beim ♀ 6—7 Analbreiten lang, nadelspitz.
♀: L = 1,3—1,4 mm; a = 24; b = 7; v = 8; V = 53%. ♂: L = 0,9 mm; a = 24; b = 5; c = 22.
Algerien; terrestrisch. — *Rhabditis perrieri* MAUPAS, 1900; *Rhabditis* (*Caenorhabditis*) *perrieri* MAUPAS, 1900 (OSCHE, 1952). . . . . *perrieri* (MAUPAS, 1900) DOUGHERTY, 1955

— Erste Papillengruppe mit 2 Papillen 5

5 Papillenpaare: 2 + 4 + 3[77]. — Höchstens 12 Eier im Uterus. Spicula 32—38 µm lang. Männchen äußerst selten. Übrigens der Art *C. elegans* (s. weiter hinten) sehr ähnlich, möglicherweise eine morphologische Variante derselben.
♀: L = 0,8—1,5 mm; a = 12—23; b = 5,7—7,1; c = 5,9—7,4; V = 47 bis 52%. ♂: L = 0,51—0,96 mm; a = 14—22; b = 4,7—5,5; c = 14—20.
Belgien, Großbritannien, Israel, Indien, Kanada, USA (California) und Australien; terrikol, leicht züchtbar, für Laboruntersuchungen recht geeignet. — *Rhabditis briggsae* DOUGHERTY & NIGON, 1949; *Rhabditis* (*Caenorhabditis*) *briggsae* DOUGHERTY & NIGON, 1949 (SUDHAUS, 1976). . . . . *briggsae* (DOUGHERTY & NIGON, 1949) DOUGHERTY, 1953

— Papillenpaare: 2 + 1 + 3 + 3. 6

6 Bursavelum proximal fein gesägt oder gezackt; Weibchen und Männchen ungefähr gleich häufig. — Cuticula 1—1,1 µm dick, zart quer- und längsgestreift. Seitenfeld breit, 1/4 des Körperdurchmessers einnehmend. Lippen kaum abge-

[77] Hierher gehört auch *Caenorhabditis clavopapillata* (KREIS & FAUST, 1933) DOUGHERTY, 1955 — Syn. *Rhabditis clavopapillata* KREIS & FAUST, 1933; *Rhabditis* (*Caenorhabditis*) *clavopapillata* KREIS & FAUST, 1933 (OSCHE, 1952) — aus den USA!

sondert. Körper am proximalen Ösophagusende beinahe 4mal so breit wie der Kopf. Mundhöhle 19—22 µm lang; Metastomwülste mit je 2 Zähnchen. Ösophagusmanschette gut entwickelt. Vorderer Ösophagusabschnitt 1,4mal länger als der hintere. Exkretionsporus in 80—93% der Ösophaguslänge. Bis 17 Eier (35—65 × 27—36 µm) im Uterus; ovovivipar. Spicula 29—44 µm, Gubernaculum 20—28 µm lang; Spicula einfach, dolchartig. Bursapapillen 2, 4, 5 und 7 kürzer als die übrigen. Schwanz des ♀ 7—8 Analbreiten lang.
♀: L = 0,83—1,43 mm; a = 16—24; b = 4,0—6,5; c = 4,9—8,5; V = 48 bis 56%. ♂: L = 0,60—1,19 mm; a = 16—24; b = 3,6—6,6; c = 17—30.
BRD; an Nacktschnecken. — *Rhabditis* (*Caenorhabditis*)*remanei* SUDHAUS, 1974. . . . . *remanei* (SUDHAUS, 1974) ANDRÁSSY, 1983[78]

— Bursavelum glatt; Männchen äußerst selten. — Seitenmembran mit 4 Längsfurchen. Körper am hinteren Ösophagusende 3mal so breit wie der Kopf. Mundhöhle 18—23 µm lang, kaum länger als die Lippenbreite. Vorderabschnitt des Ösophagus 1,4—1,7mal so lang wie der Hinterabschnitt. Exkretionsporus in Höhe des Isthmus oder weiter hinten. Uterus mit zahlreichen kleinen Eiern: vivipar. Spicula 33—38 µm, Gubernaculum 23—24 µm lang. Sehr charakteristisch sind die langen und zum Teil nach vorn gerichteten Bursapapillen (2 + 1 + 3 + 3). Schwanz des ♀ 6—8 Analbreiten lang, haarfein auslaufend, mit feinem Lateralsaum.
♀: L = 1,0—1,8 mm; a = 17—21; b = 5,1—8,5; c = 5,6—10; V = 42—52%.
♂: L = 0,7—1,3 mm; a = 20—27; b = 4,5—6,7; c = 15—34.
BRD, Tschechoslowakei, Frankreich, Bulgarien, Italien, Dänemark, Großbritannien, Sowjetunion (Rußland, Grusien, Moldau, Turkmenien, Kirgisien, Kasachstan, Usbekistan, Ferner Osten), China, Algerien, USA; terrikol, gut züchtbar für experimentelle Untersuchungen. — *Rhabditis elegans* MAUPAS, 1900; *Rhabditis* (*Caenorhabditis*) *elegans* MAUPAS, 1900 (OSCHE, 1952); *Rhabditis kowalewskyi* GOLOVIN, 1901; *Caenorhabditis kowalewskyi* (GOLOVIN, 1901) DOUGHERTY, 1955; *Rhabditis craspedocerca* VÖLK, 1950; *Rhabditis* (*Choriorhabditis*)*craspedocerca* VÖLK, 1950 (OSCHE, 1952); *Rhabditis* (*Pellioditis*) *craspedocerca* VÖLK, 1950 (DOUGHERTY, 1955); *Rhabditis* (*Caenorhabditis*) *craspedocerca* VÖLK, 1950(SUDHAUS, 1976). . . . . *elegans* (MAUPAS, 1900) DOUGHERTY, 1953

Bemerkung: Die Originalbeschreibung von *Caenorhabditis bovis* (KREIS, 1964) ANDRÁSSY, 1983 — Syn. *Rhabditis bovis* KREIS, 1964; *Rhabditis* (*Caenorhabditis*) *bovis* KREIS, 1964 (SUDHAUS, 1976) — war mir leider nicht zugänglich.

4. Genus: ***Xylorhabditis*** (SUDHAUS, 1976) BLINOVA, 1982

Syn. *Rhabditis* (*Xylorhabditis* SUDHAUS, 1976).
Peloderinae. Körper 0,7—1,0 mm lang. Lippen 6, voneinander wenig abgesondert, mit sehr kleinen Papillen. Cheilostom cuticularisiert, kurz, Mundprisma gut entwickelt; Metastomwülste schwach und flach, mit je 3 borstenförmigen Zähnchen. Mittelanschwellung des Ösophagus schwach. Weibliche Gonaden paarig. Spicula frei. Gubernaculum dicker als bei den übrigen Gattungen der Unterfamilie. Bursa peloder, vorn

[78] Möglicherweise mit *C. elegans* identisch.

offen, mäßig entwickelt, mit 9 Paaren plumper Papillen. Schwanz des Weibchens konisch, scharfspitzig.
Im Boden und Holzmulm.

Typusart: *Pelodera bakeri* RÜHM, 1964 = *Xylorhabditis bakeri* (RÜHM, 1964) BLINOVA, 1982.

Bestimmungsschlüssel der Arten

1 Lippen breit, vorn gerade abgestutzt, Kopf abgesetzt. — Cuticula 1 bis 2 µm dick, flach geringelt; Ringelbreite 1,5—2 µm. Mundhöhle 17—23 µm lang, in 1/3 bis 1/2 ihrer Länge von einer Manschette umfaßt. Vorderabschnitt 53—58% der gesamten Ösophaguslänge. Zahlreiche Eier im Uterus; ovovivipar; Ei 35 bis 46 µm lang. Spicula 41—45 µm, Gubernaculum 26—28 µm lang. Papillenpaare: 2 + 2 + 5 oder 3 + 1 + 5. Schwanz des ♀ 3,5 Analbreiten lang.
♀: L = 0,8—1,0 mm; a = 14—18; b = 5,2—5,9; c = 10—11; V = 50—51%.
♂: L = 0,75—0,96 mm; a = 13—17; b = 3,8—5,3; c = 21—39.
Ungarn und Sowjetunion (Moldau, Turkmenien, Kirgisien, Kasachstan, Usbekistan, Ferner Osten); terrikol. — *Pelodera operosa* ANDRÁSSY, 1962; *Rhabditis* (*Pelodera*) *operosa* (ANDRÁSSY, 1962) SUDHAUS, 1974 . . . . *operosa* (ANDRÁSSY, 1962) ANDRÁSSY, 1983

— Lippen konisch, schräg gestutzt, Kopf nicht abgesetzt. — Cuticula geringelt und schwach längsgestreift. Körper am hinteren Ösophagusende 2,5mal breiter als der Kopf. Mundhöhle 22 µm lang, 1/10 der Ösophaguslänge, ohne Manschette. Beide Abschnitte des Ösophagus ungefähr gleich lang. Abstand Vulva-Anus 4—5mal länger als der Schwanz. Spicula 35—46 µm, Gubernaculum 22—26 µm lang. Schwanz des ♀ 3 Analbreiten lang.
♀: L = 0,75—1,0 mm; a = 18—19; b = 4,3—4,9; c = 11—12; V = 56 bis 60%. ♂: L = 0,70—0,92 mm; a = 18—19; b = 3,8—4,4; c = 27.
Chile; im Gang von Curculioniden. — *Pelodera bakeri* RÜHM, 1964; *Rhabditis* (*Xylorhabditis*) *bakeri* (RÜHM, 1964) SUDHAUS, 1976. . . . . *bakeri* (RÜHM, 1964) BLINOVA, 1982

5. Genus: *Pellioditis* (DOUGHERTY, 1953) TIMM, 1960

Syn. *Rhabditis* (*Pellioditis* DOUGHERTY, 1953).
Peloderinae. Körperlänge stark variierend: 0,5 bis 3,0 mm. 6 mäßig entwickelte Lippen, ohne oder seltener mit Borstenpapillen. Mundhöhle im allgemeinen lang und schmal, Metastomwülste kräftig, kugelig, mit je 3 oder 5 recht kleinen Warzen. Ösophagus mit Mittelanschwellung. Weibliche Gonaden paarig. Spicula frei. Bursa peloder, gut ausgebildet, vorn offen, stets mit 9 Papillenpaaren (davon 3 präanal liegend). Schwanz des Weibchens kegelförmig, zuweilen sehr lang, seltener kuppelförmig, mit langer Spitze.
Ein Teil der Arten lebt terrikol, und zwar im Boden, Holzmulm und Dünger, die übrigen Arten sind Meeresbewohner, besonders an den Küsten.

Typusart: *Pelodera pellio* SCHNEIDER, 1866 = *Pellioditis pellio* (SCHNEIDER, 1866) TIMM, 1960.

Bestimmungsschlüssel der Arten

1 Enddarm beim ♀ sehr lang, so lang wie 2–3 Analbreiten. 2
— Enddarm kurz, so lang wie die Analbreite. 3
2 Vorderer Ösophagusabschnitt proximal angeschwollen; Schwanz des ♀ fein zugespitzt. — Körper am Hinterende des Ösophagus 3mal breiter als der Kopf. Mundhöhle 18 µm lang, 1,5–1,6mal länger als die Lippenbreite. Exkretionsporus neben dem Bulbus. Spicula 27 µm, etwa so lang wie der Schwanz. Anordnung der Papillenpaare: 1 + 1 + 1 + 3 + 3. Schwanz des ♀ gleichmäßig verdünnt, 7 Analbreiten lang; Phasmidien etwas hinter der Analöffnung.
♀: L = 0,9–1,2 mm; a = 15–20; b = 6,6–8,0; c = 7–8; V = 45–49%.
♂: L = 0,76 mm; a = 20; b = 6,4; c = 25.
BRD und Sowjetunion (Usbekistan); in Mulm. — *Rhabditis* (*Caenorhabditis*) *pseudodolichura* KÖRNER in OSCHE, 1952; *Rhabditis* (*Choriorhabditis*) *pseudodolichura* KÖRNER in OSCHE, 1952 (MENGERT, 1953); *Caenorhabditis pseudodolichura* (KÖRNER in OSCHE, 1952) DOUGHERTY, 1955 . . . .
. . . . *pseudodolichura* (KÖRNER in OSCHE, 1952) ANDRÁSSY, 1983
— Vorderer Ösophagusabschnitt zylindrisch, Schwanz des ♀ am Ende kolbig angeschwollen. — Cuticula nur 0,5 µm dick, fein geringelt; Seitenfeld 1/6–1/8 der Körperbreite einnehmend. Kopf nicht abgesetzt, Lippen flach. Mundhöhle 14–24 µm, kaum länger als die Lippenbreite, 1/11–1/12 der Ösophaguslänge. Exkretionsporus vor dem Bulbus. Vorderabschnitt des Ösophagus ungefähr doppelt so lang wie der Hinterabschnitt. Gleichzeitig 2–28 Eier: 50–67 × × 27–33 µm. Spicula 26–48 µm, Gubernaculum 14–20 µm lang. 3 Paar Präanal- und zweimal 3 Paar Postanalpapillen. Schwanz des ♀ 3–5 Analbreiten lang.
♀: L = 1,16–1,64 mm; a = 17–23; b = 5,5–7,5; c = 12–17; V = 48 bis 52%. ♂: L = 0,84–1,37 mm; a = 19–29; b = 4,8–6,7; c = 27–48.
Im Küstensand von Bangladesh, Kenia und Mexiko. — *Rhabditis* (*Choriorhabditis*) *marina bengalensis* TIMM, 1956; *Rhabditis bengalensis* TIMM, 1956; *Rhabditis* (*Pellioditis*) *bengalensis* TIMM, 1956 (SUDHAUS, 1974); *Pellioditis marina bengalensis* (TIMM, 1956) TIMM, 1960; *Rhabditis bengalensis mexicana* HOPPER, 1963 . . . . *bengalensis* (TIMM, 1956) TIMM, 1960
3 Ösophaguscorpus zylindrisch. — Cuticula fein geringelt. Kopf nicht abgesetzt. Mundhöhle doppelt so lang wie die Lippenbreite bzw. 1/8 der Ösophaguslänge. Vorderer Ösophagusabschnitt 1,2mal so lang wie der hintere. Körper am Proximalende des Ösophagus 3mal breiter als der Kopf. Spicula so lang wie der Schwanz. Zahl der Bursapapillen nicht genau bekannt[79]. Schwanz des ♀ etwa so lang wie 10 Analbreiten.
♀: L = 1,0–1,2 mm; a = 19–24; b = 3,9–5,8; c = 3,4–6,0; V = 59 bis 64%. ♂: L = 0,83–0,90 mm; a = 19–21; b = 4–5; c = 30–31.
Brasilien; in Boden von Kaffeeplantagen. — *Rhabditis coffeae* RAHM, 1928; *Rhabditis* (*Pellioditis*) *coffeae* RAHM, 1928 (DOUGHERTY, 1955). . . . .
. . . . *coffeae* (RAHM, 1928) ANDRÁSSY, 1983
— Ösophaguscorpus hinten bulbusartig angeschwollen. 4
4 Schwanz des ♀ kuppelförmig, mit aufgesetzter Spitze. 5

[79] Die von Rahm angegebene Zahl — 6 Paare — ist offenbar irrtümlich.

— Schwanz des ♀ kegelförmig. 7

5 Schwanz des ♀ so lang wie die Analbreite, Kuppel und Schwanzfaden gleich lang. — Cuticula fein geringelt. Kopf nicht abgesetzt. Mundhöhle 18 μm lang, kaum länger als die Lippenbreite. Exkretionsöffnung beim Endbulbus. Ovovivipare Art. Spicula 48 μm, Gubernaculum 30 μm lang. 8 (9 ?) Paar Papillen; 3 Paare präanal liegend. Bursa fünfeckig.
♀: L = 1,0—1,54 mm; a = 10—20; b = 5,3—7,0; c = 20—26; V = 50 bis 53%. ♂: L = 0,77—1,3 mm; a = 12—26; b = 3,8—6,2; c = 20—33.
Japan; terrikol. — *Rhabditis ninomiyai* YOKOO, 1968. . . . .
. . . . *ninomiyai* (YOKOO, 1968) ANDRÁSSY, 1983

— Schwanz des ♀ 5 Analbreiten lang, Schwanzfaden 5—6mal länger als die Kuppel. 6

6 Spicula 23—30 μm lang; Zahl der präanalen Papillenpaare 2. — Cuticula fein geringelt. Lippen kaum abgesondert. Mundhöhle 18—22 (♀) bzw. 14—16 (♂) μm lang. Ei 27—50 μm lang; ovipar. Schwanz des ♀ so lang wie 5 Analbreiten, haarfein ausgezogen.
♀: L = 1,1—1,5 mm; a = 17—24; b = 7—8; c = 6,0—7,5; V = 40—46%.
♂: L = 0,45—0,75 mm; a = 21—23; b = 4,0—5,6; c = 23—24.
Algerien; terrikol. — *Rhabditis seurati* MAUPAS, 1916; *Rhabditis (Choriorhabditis) seurati* MAUPAS, 1916 (OSCHE, 1952); *Rhabditis (Pellioditis) seurati* MAUPAS, 1916 (DOUGHERTY, 1955). . . . .
. . . . *seurati* (MAUPAS, 1916) ANDRÁSSY, 1983[80]

— Spicula 40—50 μm lang; Zahl der präanalen Papillenpaare 3. —Lippen wenig abgesondert, Kopf nicht abgesetzt. Mundhöhle 25 μm lang, das Zweifache der Lippenbreite. Spicula mit je einem langen dorsolateralen Dorn. Gubernaculum ganz kurz. Papillenpaare: 3 + 3 + 3. Kuppel des weiblichen Schwanzes so lang wie die halbe, Schwanzfaden wie die 4—5fache Analbreite.
♀: L = 1,0—1,4 mm; a = 10—23; b = 5—6; c = 5,6—9,5; V = 50—55%.
♂: L = 1,0—1,2 mm; a = 20—23; b = 5,0—6,8; c = 17—25.
Holland, DDR, BRD, Österreich, Ungarn, Bulgarien, Polen, Brasilien, Neuseeland; häufig in Kuh- und Pferdemist. — *Rhabditis buetschlii* DE MAN, 1876; *Rhabditis (Choriorhabditis) buetschlii* DE MAN, 1876 (OSCHE, 1952); *Rhabditis (Pellioditis) buetschlii* DE MAN, 1876 (DOUGHERTY, 1955); *Rhabditis ploenensis* SCHNEIDER, 1925. . . . . . *buetschlii* (DE MAN, 1976) ANDRÁSSY, 1983

7 Schwanz des ♀ mehr als 6 Analbreiten lang (bis 20 Analbreiten). 8

— Schwanz des ♀ höchstens 4 Analbreiten lang. 11

8 Abstand zwischen dem 1. und 2. Papillenpaar ungewöhnlich groß, etwa so lang wie die anale Körperbreite. 9

— Abstand zwischen dem 1. und 2. Papillenpaar ganz klein. 10

9 3 Paar Papillen stehen präanal; Vulva hinter der Körpermitte. — Lippen flach, mit kurzen Borstenpapillen. Körper am Hinterende des Ösophagus 4mal breiter als der Kopf. Mundhöhle 18 μm, doppelt so lang wie die Lippenbreite. Beide Abschnitte des Ösophagus ungefähr gleich lang. Spicula 28—30 μm, Gubernaculum 14—18 μm lang. Das 1. Papillenpaar vor den Spicula liegend; Anordnung der Papillen: 1 + 2 + 6. Schwanz des ♀ so lang wie 6—7 Analbreiten.

---

80 MAUPAS (1916) erwähnt insgesamt 8 Paar Papillen, das 9. Paar hat er offensichtlich übersehen.

♀: L = 0,8–1,4 mm; a = 25–35; b = 4,5–6,5; c = 8–17; V = 56%.
♂: L = 1,0–1,36 mm; a = 24–28; b = 5–7; c = 25–35.
Schweiz; terrikol. — *Rhabditis guenini* Altherr, 1960. . . . .
. . . . *guenini* (Altherr, 1960) Andrássy, 1983

— Nur ein Paar Papillen steht präanal; Vulva vor der Körpermitte. — Lippen kaum abgesondert, mit Borstenpapillen. Körper am Hinterende des Ösophagus 3–3,5mal breiter als der Kopf. Mundhöhle 15–20 µm lang, 1,5mal so lang wie die Lippenbreite, 1/8 der Ösophaguslänge. Vorderabschnitt des Ösophagus 1,2–1,3mal länger als der Hinterabschnitt. Ovipare Art, Uterus mit wenigen Eiern. Spicula 23 µm, etwa so lang wie der Schwanz. Schwanz des ♀ 8–10 Analbreiten lang.
♀: L = 0,9–1,6 mm; a = 25–32; b = 6,4–9,4; c = 4–7; V = 41–49%.
♂: L = 0,44–0,65 mm; a = 16–27; b = 3,8–5,0; c = 21–31.
BRD, Italien, Sowjetunion (Ferner Osten), Algerien; terrikol. — *Rhabditis viguieri* Maupas, 1900; *Rhabditis* (*Choriorhabditis*) *viguieri* Maupas, 1900 (Osche, 1952); *Rhabditis* (*Pellioditisiv*) *guieri* Maupas, 1900 (Dougherty, 1955); *Rhabditis foecalis* Watanabe, 1920. . . . .
. . . . *viguieri* (Maupas, 1900) Andrássy, 1983

10 Schwanz des ♀ sehr lang: 15–20mal so lang wie die anale Körperbreite; Spicula 26–31 µm lang, Gubernaculum fehlend. — Cuticula glatt. Lippen mit Borstenpapillen. Körper am Hinterende des Ösophagus 3,5–4mal so breit wie der Kopf. Mundhöhle 18–20 µm, 1,7mal länger als die Lippenbreite. Vorderer Ösophagusabschnitt 1,3mal so lang wie hinterer. Manschette 60% der Mundhöhle umfassend. Uterus höchstens mit 4 Eiern. Anordnung der Papillen: 3 + 3 + 3 Paare. Spicula gedreht. Schwanz des ♀ haarfein, peitschenartig ausgezogen.
♀: L = 0,92–1,44 mm; a = 14–33; b = 5,9–8,7; c = 2,7–3,9; V = 40 bis 41%. ♂: L = 0,80–0,96 mm; a = 21–25; b = 5,0–6,2; c = 20–26.
BRD und Italien; an Gewässerrändern. — *Rhabditis* (*Choriorhabditis*) *friderici* Hirschmann, 1952; *Rhabditis* (*Pelloiditis*) *friderici* Hirschmann, 1952 (Dougherty, 1955). . . . .
. . . . *friderici* (Hirschmann, 1952) Andrássy, 1983

— Schwanz des ♀ kürzer, nur 6–7mal so lang wie die anale Körperbreite; Spicula 45–60 µm lang, Gubernaculum vorhanden. — Mundhöhle ziemlich schmal, 1,5mal so lang wie die Lippenbreite. Spicula so lang oder länger als der Schwanz, Gubernaculum 1/4 der Spiculalänge. Papillen 3 + 3 + 3 Paare. Schwanz des ♀ im basalen Bereich rascher, dann sehr langsam verdünnt, am Ende haarfein.
♀: L = 0,8–1,8 mm; a = 18–23; b = 4,2–8,0; c = 6–8; V = 49–52%.
♂: L = 0,5–0,8 mm; a = 11–25; b = 4,2–8,0; c = 17–25.
DDR, BRD, Österreich, Polen, Sowjetunion (Rußland, Usbekistan), Japan, USA, Kuba, Fidschi-Inseln, Australien; terrikol. — *Rhabditis pellioides* Bütschli, 1973; *Rhabditis* (*Choriorhabditis*) *pellioides* Bütschli, 1873 (Osche, 1952); *Rhabditis* (*Pellioditis*) *pellioides* Bütschli, 1873 (Dougherty, 1955); *Rhabditis oncomelaniae* Yokoo & Okabe, 1968; *Rhabditis* (*Caenorhabditis*) *oncomelaniae* Yokoo & Okabe, 1968 (Sudhaus, 1976). . . . .
. . . . *pellioides* (Bütschli, 1873)Andrássy, 1983

11 Schwanz des ♀ keulen- bzw. knotenförmig angeschwollen. — Cuticula schön geringelt, Ringelung auch auf die Bursa ausgedehnt. Lippen wenig abgesondert, mit sehr kleinen Papillen. Seitenfeld relativ breit, mit 6—8 Längslinien. Körper am Proximalende des Ösophagus 3mal so breit wie der Kopf. Vorderabschnitt des Ösophagus nahezu doppelt so lang wie der Hinterabschnitt. Mundhöhle 25—35 µm lang, 1/10—1/11 der Ösophaguslänge; Manschette 3/4 der Mundhöhle umfassend. Ovovivipare Art; Uterus mit zahlreichen Eiern (bis über 100). Ei 36—45 µm lang. Spicula 40—68 µm, Gubernaculum 20—36 µm lang. Bursa groß, mit feiner schuppenartiger Zeichnung. 1 + 2 Papillenpaare prä- und 3 + 3 Paare postanal stehend. Schwanz des ♀ 3—4 Analbreiten lang; Phasmidien vor der Mitte des Schwanzes.
♀: L = 1,0—3,0 mm; a = 14—27; b = 4,6—10; c = 11—22; V = 50—57%.
♂: L = 0,8—2,6 mm; a = 21—32; b = 4,5—8,2; c = 17—31.
Meeresbewohner, kommt jedoch auch in Salz-, sogar in Süßwasserbiotopen in der DDR, BRD, Ungarn, Tschechoslowakei und Sowjetunion (Rußland) vor. — *Rhabditis marina* BASTIAN, 1865; *Rhabditis (Caenorhabditis) marina* BASTIAN, 1865 (OSCHE, 1952); *Rhabditis (Choriorhabditis) marina* BASTIAN, 1865 (OSCHE, 1954); *Rhabditis (Pellioditis) marina* BASTIAN, 1865 (DOUGHERTY, 1955); *Rhabditis marina septentrionalis* STEINER, 1916; *Rhabditis (Choriorhabditis) marina septentrionalis* STEINER, 1916 (MEYL, 1954); *Rhabditis marina typica* STEINER, 1921; *Rhabditis marina kielensis* SCHULZ, 1932; *Rhabditis marina norwegica* ALLGÉN, 1933; *Rhabditis marina danica* ALLGÉN, 1933; *Rhabditis fluviatilis* BÜTSCHLI, 1876; *Rhabditis (Choriorhabditis) fluviatilis* BÜTSCHLI, 1876 (OSCHE, 1952); *Rhabditis (Pellioditis) fluviatilis* BÜTSCHLI, 1876 (DOUGHERTY, 1955); *Rahbditis australis* ALLGÉN, 1932, nec COBB, 1893; *Rhabditis allgeni* JOHNSTON, 1938; *Rhabditis velata* BRESSLAU & SCHUURMANS STEKHOVEN in SCHUURMANS STEKHOVEN, 1935; *Rhabditis (Choriorhabditis) velata* BRESSLAU & SCHUURMANS STEKHOVEN in SCHUURMANS STEKHOVEN, 1935 (OSCHE, 1952); *Rhabditis (Pellioditis) velata* BRESSLAU & SCHUURMANS STEKHOVEN in SCHUURMANS STEKHOVEN, 1935 (DOUGHERTY, 1955). . . . . *marina* (BASTIAN, 1865) ANDRÁSSY, 1983

— Schwanz des ♀ am Ende zugespitzt, nie keulenförmig. 12

12 Zwei Paar Papillen liegen präanal. — Kopf nicht abgesetzt. Spicula etwa so lang wie der Schwanz; Gubernaculum anscheinend nicht vorhanden. Bursa breit abgerundet. Schwanz des ♀ 3 Analbreiten lang, scharfspitzig; Phasmidien etwas vor der Schwanzmitte.
♀: L = 1,3 mm; a = 21; b = 9; c = 8; V = 50%. ♂: L = 1,2 mm; a = 20; b = 9; c = 9.
BRD, Polen, Südwestafrika, USA (Wisconsin); terrikol, ungenügend bekannt. — *Rhabditis typica* STEFANSKI, 1922; *Rhabditis (Pelioditis) typical* STEFANSKI, 1922; *Pelodera typica* (STEFANSKI, 1922) DOUGHERTY, 1955. . . . . *typica* (STEFANSKI, 1922) ANDRÁSSY, 1983

— Drei Paar Papillen liegen präanal. 13

13 Das erste Papillenpaar weit vorn liegend: Abstand zwischen dem 1. und 2. Paar 4—6mal so lang wie zwischen dem 2. und 3. Paar 14

— Präanalpapillenpaare etwa gleich voneinander entfernt, oder der Abstand zwischen dem 1. und 2. Paar höchstens doppelt so lang wie der zwischen dem 2.

und 3. Paar. — Seitenfeld mit 4 Längsfurchen. Lippen wenig abgesondert, mit recht kleinen Papillen. Mundhöhle 15—18 μm, nur etwa so lang wie die Lippenbreite. Ösophaguscorpus plump, hinten angeschwollen. Exkretionsporus vor dem Endbulbus. Vivipare Art; meist zahlreiche Eier und Embryonen im Uterus. Spicula 60—70 μm lang, länger als der Schwanz. Anordnung der postanalen Papillenpaare: 2 + 1 + 3. Schwanz des ♀ regelmäßig konisch, 3—4 Analbreiten lang.

♀: L = 1,3—2,2 mm; a = 18—23; b = 8—10; c = 13—17; V = 50—53%.
♂: L = 1,1—1,6 mm; a = 18—24; b = 6,5—9,0; c = 40—45.

BRD, Österreich, Tschechoslowakei, Schweiz, Menorca, Frankreich, Dänemark, Sowjetunion (Grusien), Kanarische Inseln, USA, Chile; terrikol und saprob, häufig an Regenwürmern. — *Pelodera pellio* SCHNEIDER, 1866; *Rhabditis pellio* (SCHNEIDER, 1866) BÜTSCHLI, 1873; *Rhabditis (Choriorhabditis) pellio* (SCHNEIDER, 1866) BÜTSCHLI, 1873 (OSCHE, 1952); *Rhabditis (Pellioditis) pellio* (SCHNEIDER, 1866) BÜTSCHLI, 1873 (DOUGHERTY, 1953); *Leptodera pellio* (SCHNEIDER, 1866) WARD, 1903. . . . . *pellio* (SCHNEIDER, 1866) TIMM, 1960

14 Postanale Bursapapillenpaare deutlich in zwei Dreiergruppen geordnet. . . 15

— Postanale Bursapapillenpaare etwa gleich voneinander entfernt, nicht in Dreiergruppen geordnet. — Lippen schwach entwickelt, mit kleinen Papillen. Körper am Hinterende des Ösophagus etwa 5mal so breit wie der Kopf. Mundhöhle 25 μm lang, sehr schmal; Manschette 3/4 der Mundhöhle umfassend. Vorderer Ösophagusabschnitt 1,4—1,5mal so lang wie der hintere. Fakultativ vivipar; Eier zahlreich. Spicula 34—50 μm, Gubernaculum 15—23 μm lang. Schwanz des ♀ 3—3,5 Analbreiten lang.

♀: L = 0,80—1,85 mm; a = 14—18; b = 5,1—8,9; c = 9—12; V = 51—54%.
♂: L = 0,64—1,23 mm; a = 15—19; b = 4,4—6,9; c = 17—20.

BRD und Sowjetunion (Ferner Osten); in Kuhfladen. — *Rhabditis hartmanni* SACHS, 1950; *Rhabditis (Choriorhabditis) hartmanni* SACHS, 1950 (OSCHE, 1952); *Rhabditis (Pellioditis) hartmanni* SACHS, 1950 (DOUGHERTY, 1955). . . . . *hartmanni* (SACHS, 1950) ANDRÁSSY, 1983[81]

15 Mundhöhle doppelt so lang wie die Lippenbreite; Vorderabschnitt des Ösophagus 1,3—1,4mal so lang wie der Hinterabschnitt. — Kopf abgerundet, Körper am proximalen Ösophagusende etwa 5mal so breit wie der Kopf. Mundhöhle 17—20 μm lang. Mittlere Ösophagusanschwellung kräftig. Ovipare Art: Eizahl 6—9. Spicula 30—34 μm lang. Beide Dreiergruppen der postanalen Papillenpaare weit voneinander entfernt. Schwanz des ♀ so lang wie 4 Analbreiten, keilförmig.

♀: L = 1,30—1,45 mm; a = 19—21; b = 8; c = 15—16; V = 49—54%.
♂: L = 1,0—1,45 mm; a = 21—29; b = 6; c = 30—34.

DDR; in einer Pfütze gefunden. — *Rhabditis insolita* PAESLER, 1941; *Rhabditis (Pellioditis) insolita* PAESLER, 1941 (DOUGHERTY, 1955) . . . . *insolita* (PAESLER, 1941) ANDRÁSSY, 1983

— Mundhöhle kaum etwas länger als die Lippenbreite; Vorderabschnitt des Ösophagus nahezu doppelt so lang wie der Hinterabschnitt. — Lippen flach.

---

[81] Ist eventuell mit *Pellioditis insolita* identisch.

Mundhöhle 16–24 μm lang. Ovovivipare Art. Spicula 31–45 μm, Gubernaculum 15–23 μm lang. Papillen 1 + 2 + 3 + 3 Paare. Schwanz des ♀ zwei Analbreiten lang, regelmäßig konisch, spitz; bei juvenilen Tieren am Ende knotig. ♀: L = 0,85–1,74 mm; a = 18–29; b = 5,2–8,5; c = 11–25; V = 51 bis 55%. ♂: L = 0,67–1,3 mm; a = 19–35; b = 3,9–6,6; c = 21–42.
An den Küsten des Mittelmeeres: Jugoslawien, Italien, Algerien; außerdem auf den Kanarischen Inseln und im zentralen Mitteleuropa (im Boden). — *Rhabditis marina mediterranea* SUDHAUS, 1974 . . . . *mediterranea* (SUDHAUS, 1974) ANDRÁSSY, 1983

Bemerkung: Als „species inquirenda" ist die Art *Pellioditis mairei* (MAUPAS, 1919) ANDRÁSSY, 1983 — Syn. *Rhabditis mairei* MAUPAS, 1919; *Rhabditis* (*Choriorhabditis*) *mairei* MAUPAS, 1919 (OSCHE, 1952); *Rhabditis* (*Pellioditis*) *mairei* MAUPAS, 1919 (DOUGHERTY, 1955) — den oben besprochenen Arten hinzuzufügen.

6. Genus: *Pelodera* SCHNEIDER, 1866

Syn. *Rhabditis* (*Pelodera* SCHNEIDER, 1866) SUDHAUS, 1974; *Rhabditis* (*Rhabditis* apud OSCHE, 1952).
Peloderinae. Körperlänge zwischen 0,7 und 2,3 mm. Lippen 6, mehr oder weniger abgesondert, ohne Borstenpapillen. Mundprisma lang und relativ schmal, mit vollkommen parallelen Wänden. Cheilostom nicht cuticularisiert; Metastomwülste mit je 3 borstenförmigen Zähnchen. Ösophagus in der Mitte stark angeschwollen. Weibliche Gonaden paarig; meist vivipare Arten. Spicula distal verwachsen. Bursa peloder, vorn offen, ziemlich breit, stets mit 10 Papillenpaaren. Der Schwanz des Weibchens weist verschiedene Stufen zwischen dem konischen und kuppelförmigen Typ auf. Terrikol, seltener aquatil.

Typusart: *Pelodytes strongyloides* SCHNEIDER, 1860 = *Pelodera strongyloides* (SCHNEIDER, 1860) SCHNEIDER, 1866.

Bestimmungsschlüssel der Arten

1 Bursa mit 4–5 präanalen Papillenpaaren. — Kopf abgesetzt. Spicula 59 μm, Gubernaculum 15 μm lang. Bursa im ganzen rhombusförmig, hinten spitz; Anordnung der Papillen: 1 + 1 + 2 + 3 + 3 Paare. Schwanz des Weibchens kürzer als die anale Körperbreite.
♀: L = 1,0–1,2 mm; a = 15; b = 6,0–6,6; c = 30–38; V = 52–55%.
♂: L = 0,74–0,90 mm; a = 15–16; b = 6,6–6,9; c = 27–31.
Japan; aus dem Darmkanal von Schnecken. — *Rhabditis incilaria* YOKOO & SHINOHARA, 1958; *Rhabditis fruticicolae* KREIS, 1967; *Rhabditis* (*Pellioditis*) *fructicicolae* KREIS, 1967 (SUDHAUS, 1976). . . . . *incilaria* (YOKOO & SHINOHARA, 1958) ANDRÁSSY, 1983

— Bursa mit 2–3 präanalen Papillenpaaren. 2

2 Bursa mit 3 präanalen Papillenpaaren; Spicula zu 1/4 ihrer Länge verwachsen. 3

— Bursa mit 2 präanalen Papillenpaaren; Spicula zu 2/3 ihrer Länge verwachsen. 4

3 Schwanz des ♀ kegelförmig; das 5. Papillenpaar wesentlich dicker als die übrigen. — Mundhöhle 25–30 μm, etwa so lang wie die Lippenbreite. Kopf

erweitert. Spicula 45—53 µm, ungefähr so lang wie der Schwanz. Anordnung der Papillen: 1 + 2 (präanale Paare) + 1 + 1 + 2 + 3. Schwanz des ♀ etwa zweimal so lang wie der Analdurchmesser; Phasmidien in der Mitte des Schwanzes.
♀: L = 1,2—2,0 mm; a = 16—23; b = 5,6—8,4; c = 14—26; V = 55 bis 58%. ♂: L = 1,0—1,3 mm; a = 18—21; b = 5,0—6,5; c = 20—32.
BRD, Österreich, Ungarn, USA (Utah) und Venezuela; terrikol, meist in faulenden Pflanzenresten. — *Rhabditis pellio conica* REITER, 1928; *Rhabditis conica* REITER, 1928; *Rhabditis* (*Pelodera*) *conica* REITER, 1928 (SUDHAUS, 1976). . . . . *conica* (REITER, 1928) DOUGHERTY, 1955[82]

— Schwanz des ♀ kuppelförmig, mit aufgesetzter Spitze (zuweilen zeigt er aber einen Übergang zwischen dem konischen und dem kuppelförmigen Typ); das 5. Papillenpaar nicht verdickt. — Cuticula fein geringelt und auch fein längsgestreift. Lippen gut abgesondert, abgesetzt. Mundhöhle 29—30 µm lang, deutlich länger als die Lippenbreite. Körper am proximalen Ösophagusende 4mal breiter als der Kopf. Vorderer Ösophagusabschnitt 1,2—1,3mal länger als hinterer. Exkretionsporus vor dem Endbulbus. Uterus meist mit zahlreichen Eiern. Spicula 43—56 µm lang. Anordnung der Bursapapillen veränderlich. Schwanz des ♀ 1,5—2 Analbreiten lang; Phasmidien im ersten Drittel des Schwanzes.
♀: L = 1,0—1,6 mm; a = 15—20; b = 5—7; c = 20—30; V = 53—60%. ♂: L = 1,0—1,3 mm; a = 15—25; b = 5—7; c = 20.
Holland, DDR, BRD, Österreich, Tschechoslowakei, Bulgarien, Italien, Polen, England, Schweden, Sowjetunion (Rußland, Estland, Litauen, Moldau, Grusien, Kirgisien, Kasachstan, Usbekistan), China, Kanarische Inseln, Ägypten, Zaire; terrikol, meist saprob. — *Leptodera teres* (SCHNEIDER, 1866) SCHNEIDER, 1866; *Rhabditisteres* (SCHNEIDER, 1866) BÜTSCHLI, 1873; *Rhabditis* (*Pelodera*) *teres* (SCHNEIDER, 1866) BÜTSCHLI, 1873 (SUDHAUS, 1976); *Anguillula mucronata* GRUBE, 1849; *Rhabditis mucronata* (GRUBE, 1849) BASTIAN, 1865; *Pelodera mucronata* (GRUBE, 1849) SCHNEIDER, 1866; *Rhabditis donbass* SKRJABIN, SHULTS & SERBINOV, 1926; *Pelodera donbass* (SKRJABIN, SHULTS & SERBINOV, 1926) DOUGHERTY, 1955. . . . . *teres* SCHNEIDER, 1866

4 Schwanz des ♀ gestreckt-kegelförmig, 4 Analbreiten lang. — Cuticula 1,5 µm dick, quergeringelt und längsgestreift. Kopf nicht abgesetzt, Lippen wenig abgesondert; Körper am Hinterende des Ösophagus 3,5mal breiter als der Kopf. Mundhöhle 27—40 µm lang, mehr als doppelt so lang wie die Lippenbreite bzw. 1/7 der Ösophaguslänge. Vorderer Abschnitt des Ösophagus 1,5—1,6mal länger als der hintere. Vivipare Art, bis über 100 Eier bzw. Embryonen im Uterus; Ei 51 × 32 µm groß. Spicula 48—70 µm, Gubernaculum 28—50 µm lang. Papillenpaare: 2 + 4 + 4; Abstand zwischen den beiden Präanalpapillen und den dicht aneinander stehenden Postanalpapillen groß, etwa so lang wie die halbe Spiculalänge. Schwanz des ♀ keilspitz; Phasmidien im ersten Viertel der Schwanzlänge.
♀: L = 1,2—2,5 mm; a = 15—28; b = 5,2—7,9; c = 11—18; V = 49—59%. ♂: L = 0,98—1,55 mm; a = 18—35; b = 5,2—7,8; c = 33—45.

---

[82] Die ohne Abbildung beschriebene Art *Pelodera litoralis* (SKWARRA, 1921) DOUGHERTY, 1955 — Syn. *Rhabditis litoralis* SKWARRA, 1921; *Rhabditis* (*Pelodera*) *litoralis* SHWARRA, 1921 (SUDHAUS, 1976) — ist wahrscheinlich mit *Pelodera conica* identisch.

Holland, BRD, Tschechoslowakei, Ungarn, Italien, Sowjetunion, USA (New York, Washington, Wisconsin); aquatil oder semiaquatil: an Wasserpflanzen und am Ufer von Gewässern. — *Rhabditis punctata* COBB, 1914; *Rhabditis* (*Pelodera*) *punctata* COBB, 1914 (SUDHAUS, 1976); *Rhabditis chitwoodi* BASSEN, 1940; *Pelodera chitwoodi* (BASSEN, 1940) DOUGHERTY, 1955; *Rhabditis limicola* HIRSCHMANN, 1952; *Teratorhabditis vivipara* GAGARIN, 1977. . . . . *punctata* (COBB, 1914) DOUGHERTY, 1955

— Schwanz des ♀ entweder kuppelförmig, mit kurzer, aufgesetzter Spitze, oder konisch, 1—1,5 Analbreiten lang. — Lippen gut entwickelt und abgesondert, Kopf abgesetzt; Körper am Hinterende des Ösophagus 3—3,5mal breiter als der Kopf. Mundhöhle 28—30 µm lang. 1,5mal länger als die Lippenbreite, ohne Manschette. Vorderer Ösophagusabschnitt 1,2—1,3mal länger als der hintere. Vivipare Art, mit zahlreichen Eiern bzw. Embryonen. Spicula 60—70 µm, Gubernaculum 45—50 µm lang. Postanalpapillen ziemlich weit von den Präanalpapillen entfernt, in variierender Anordnung.
♀: L = 1,0—2,3 mm; a = 14—20; b = 4,9—8,4; c = 22—35; V = 55—58%.
♂: L = 0,8—1,6 mm; a = 15—23; b = 4,9—6,3; V = 20—44.
Holland, DDR, BRD, Österreich, Ungarn, Bulgarien, Polen, England, Sowjetunion (Rußland, Estland, Litauen, Moldau, Usbekistan), Zaire, USA, Kanada; terrikol, meist saprob, Dauerlarven an der Haut von Nagetieren. — *Pelodytes strongyloides* SCHNEIDER, 1860; *Leptodera strongyloides* (SCHNEIDER, 1860) SCHNEIDER, 1866; *Rhabditis stringyloides* (SCHNEIDER, 1860) LINSTOW, 1878; *Rhabditis* (*Pelodera*) *strongyloides* (SCHNEIDER, 1860) LINSOTW, 1878 (SUDHAUS, 1976); *Rhabditis teroides* MICOLETZKY, 1915; *Rhabditis taurica* MIRETHKIJ & SKRJABIN, 1965; *Pelodera comandorica* BELOGUROV, MUKHINA & CHURIKOVA, 1977 . . . . *strongyloides* (SCHNEIDER, 1860) SCHNEIDER, 1866

Bemerkung: *Pelodera rhynchophori* MUTHUKRISHNAN, 1971 kann ich wegen der fehlenden Beschreibung nicht besprechen.

7. Genus: *Coarctadera* (DOUGHERTY, 1953) ANDRÁSSY, 1976

Syn. *Pelodera* (*Coarctadera* DOUGHERTY, 1953); *Pelodera* (*Cylindridera* DOUGHERTY, 1953).
Peloderinae. Länge veränderlich: 0,6 bis 3,6 mm. Lippen 6, gut abgesondert, rundlich, mit sehr feinen Borstenpapillen. Mundprisma gut entwickelt, am proximalen Ende etwas erweitert. Cheilostom nicht cuticularisiert; Metastomwülste mit je 3 stäbchenförmigen, deutlichen Zähnchen. Mittelanschwellung des Ösophagus bulbusartig. Weibliche Gonaden paarig, stark entwickelt. Spicula distal verwachsen. Bursa peloder, vorn geschlossen, saugnapfförmig, stets mit 10 Paar großen Papillen. Papillen 7—9 meist an der Basis miteinander verwachsen. Schwanz des Weibchens kuppelförmig, mit oder ohne Spitze.
Terrikole Arten, besonders häufig in Kuhfladen.

Typusart: *Rhabditis coarctata* LEUCKART, 1891 = *Coarctadera coarctata* (LEUCKART, 1891) ANDRÁSSY, 1976.

Bestimmungsschlüssel der Arten

1 Schwanz des ♀ halbkugelig, ohne Spitze. — Cuticula sehr fein geringelt. Kopf abgesetzt, Körper am proximalen Ösophagusende 2,5mal breiter als der Kopf. Mundhöhle 22—25 μm lang, nur etwa 1,2mal länger als die Lippenbreite; Ösophagusmanschette 60% des Mundprismas umgebend. Vorderer Ösophagusabschnitt nicht oder kaum länger als der hintere. Exkretionsporus neben dem Endbulbus. Meist nur bis 6 Eier im Uterus; ovipar. Spicula 32—41 μm, Gubernaculum 13—16 μm lang. Präanal 2 Papillenpaare. Schwanz des ♀ nur etwa halb so lang wie der anale Körperdurchmesser.
♀: L = 0,9—1,5 mm; a = 12—19; b = 4,1—7,1; c = 40—80; V = 59—64%.
♂: L = 0,6—1,2 mm; a = 16—22; b = 4,6—6,0; c = 17—33.
DDR, BRD, Österreich, Ungarn, Bulgarien, Spanien, Polen, Sowjetunion (Rußland, Litauen, Moldau, Usbekistan, Ferner Osten), Indien, China, Ägypten, Kenia, USA (California), Australien, Neuseeland; terrikol, oft in Kuhfladen. — *Rhabditis cylindrica* COBB, 1898; *Rhabditis* (*Pelodera*) *cylindrica* COBB, 1898 (SUDHAUS, 1976); *Pelodera* (*Cylindridera*) *cylindrica* (COBB, 1898) DOUGHERTY, 1953; *Rhabditis neuhausi* SACHS, 1950. . . . . *cylindrica* (COBB, 1898) ANDRÁSSY, 1983

— Schwanz des ♀ kuppelförmig, mit aufgesetzter Spitze. 2

2 Schwanzfaden fein ausgezogen, deutlich länger als der Kuppelteil. 3

— Schwanzfaden plumper, kürzer als der Kuppelteil. 7

3 Drei Paar Papillen liegen präanal. 4

— Zwei Paar Papillen liegen präanal. 5

4 Kopf mit Sexualdimorphismus: Lippen beim ♂ nicht erkennbar. — Mundhöhle 20 μm lang, kaum länger als die Lippenbreite. Beide Abschnitte des Ösophagus ungefähr gleich lang. Manschette 3/4 des Mundprismas umfassend. Mittelanschwellung des Ösophagus kräftiger als der Endbulbus. Vivipare Art; Uterus mit zahlreichen Eiern bzw. Embryonen. Spicula 32—39 μm, Gubernaculum 14—19 μm lang. Schwanz des ♀ 1,5 Analbreiten lang.
♀: L = 1,5—3,3 mm; a = 12—17; b = 8—12; c = 28—33; V = 57—59%.
♂: L = 0,64—0,76 mm; a = 15—18; b = 4,9—5,9; c = 28—36.
BRD, Österreich, Bulgarien und Sowjetunion (Usbekistan); meist in Kuhfladen. — *Rhabditis tretzeli* SACHS, 1950; *Rhabditis* (*Pelodera*) *tretzeli* SACHS, 1950 (SUDHAUS, 1976); *Pelodera* (*Coarctadera*) *tretzeli* (SACHS, 1950) DOUGHERTY, 1955. . . . . *tretzeli* (SACHS, 1950) ANDRÁSSY, 1983

— Kopf ohne Sexualdimorphismus, Lippen bei beiden Geschlechtern ähnlich, gut erkennbar. — Cuticula sehr dünn (0,8 μm), Ringelung nur am Hinterkörper des ♀ erkennbar. Kopf nicht abgesetzt. Mundhöhle geräumig, 21 (♀) bzw. 18 (♂) μm lang, 1,4—1,5mal länger als die Lippenbreite. Ösophagusmanschette 60% des Mundprismas umfassend. Endbulbus schwach, Exkretionsporus beim hinteren Ösophagusende. Uterus mit zahlreichen Eiern; Ei 58—64 μm lang. Abstand Ösophagusende-Vulva 2,8mal länger als der Ösophagus selbst; Abstand Vulva-Anus 10mal länger als der Schwanz. Spicula 42 μm, Gubernaculum 21 μm lang. Schwanz des ♀ 1,5mal so lang wie die Analbreite.
♀: L = 1,0 mm; a = 18; b = 7,1; c = 27,5; V = 59%. ♂: L = 0,66 mm; a = 23; b = 4,3; c = 21.

Ungarn; in Pferdemist. — *Pelodera* (*Coarctadera*) *par* ANDRÁSSY, 1962; *Rhabditis* (*Pelodera*) *par* (ANDRÁSSY, 1962) SUDHAUS, 1976. . . . .
. . . . *par* (ANDRÁSSY, 1962) ANDRÁSSY, 1983

5 Schwanz des ♀ 4—6 Analbreiten lang; Vulva in der Körpermitte. — Kopf abgesetzt. Mundhöhle schmäler als bei anderen Arten der Gattung, 1,4—1,5mal so lang wie die Lippenbreite, Manschette undeutlich. Vorderabschnitt des Ösophagus 1,3mal länger als der Hinterabschnitt. Uterus mit 4—8 Eiern. Spicula 70 µm, Gubernaculum 27—32 µm lang.
♀: L = 1,20—1,74 mm; a = 12—16; b = 6,2—7,6; c = 7,5—9,1; V = 49 bis 52%. ♂: L = 0,88—1,0 mm; a = 11—12; b = 5,0—5,4; c = 26—46.
BRD; in Waldboden. — *Rhabditis cystilarva* VÖLK, 1950; *Rhabditis* (*Pelodera*) *cystilarva* VÖLK, 1950 (SUDHAUS, 1976); *Pelodera* (*Coarctadera*) *cystilarva* (VÖLK, 1950) DOUGHERTY, 1955; *Pelodera* (*Coarctadera*) *acarambates* POINAR, 1965. . . . . *cystilarva* (VÖLK, 1950) ANDRÁSSY, 1983[83]

— Schwanz des ♀ höchstens 2 Analbreiten lang; Vulva wohl hinter der Körpermitte. 6

6 Sämtliche Lippen rundlich, Kopf mit Sexualdimorphismus (beim ♂ nicht wie beim ♀ abgesetzt, mit viel größeren Lippen und Borstenpapillen). — Körper am Hinterende des Ösophagus fast 4mal so breit wie der Kopf (♀). Mundhöhle 25 µm lang, 1,4mal länger als die Lippenbreite. Vorderabschnitt des Ösophagus 1,5mal länger als der Hinterabschnitt. Bis 30 Eier im Uterus. Spicula 68 bis 97 µm, Gubernaculum 27—33 µm lang. Schwanz des ♀ 1,5—2 Analbreiten lang.
♀: L = 1,2—1,6 mm; a = 14—17; b = 5,8—7,9; c = 17—21; V = 57 bis 59%. ♂: L = 0,9—1,0 mm; a = 14—21; b = 4,3—5,5; c = 27—37.
BRD, Österreich, Ungarn, Tschechoslowakei, Sowjetunion (Ferner Osten), USA (Virginia), Fidschi-Inseln, Marquesas-Inseln; terrikol, besonders in Kuhmist. — *Rhabditis coarctata* LEUCKART, 1891; *Rhabditis* (*Pelodera*) *coarctata* LEUCKART, 1891 (SUDHAUS, 1976); *Pelodera* (*Coarctadera*) *coarctata* (LEUCKART, 1891) DOUGHERTY, 1953; *Criconema lepidotum* SKWARRA, 1921. . . . . . .
. . . . *coarctata* (LEUCKART, 1891) ANDRÁSSY, 1976

— Laterale Lippen dreieckig ausgezogen, höher als die submedialen, Kopf ohne Sexualdimorphismus. Kopf — nicht abgesetzt, Körper am proximalen Ösophagusende mehr als 3mal so breit wie der Kopf. Mundhöhle sehr geräumig, 22 µm lang, etwa so lang wie die Lippenbreite; Metastomzähne auffällig. Vorderer Ösophagusabschnitt kaum länger als der hintere. Exkretionsöffnung vor dem Endbulbus. Spicula 51—70 µm, Gubernaculum 20—36 µm lang. Bursa am Ende dreispitzig. Schwanz des ♀ höchstens so lang wie die anale Körperbreite.
♀: L = 1,5—3,6 mm; a = 15—18; b = 7,6—9,6; c = 26—36; V = 59 bis 61%. ♂: L = 0,88—1,6 mm; a = 16—20; b = 5,3—6,1; c = 22—27.
BRD, Österreich und Tschechoslowakei; terrikol, Kuhfladenbewohner. — *Rhabditis voelki* SACHS, 1950; *Rhabditis* (*Pelodera*) *voelki* SACHS, 1950 (SUDHAUS, 1976); *Pelodera* (*Coarctadera*) *voelki* (SACHS, 1950) DOUGHERTY, 1955 . .
. . . . *voelki* (SACHS, 1950) ANDRÁSSY, 1983

[83] Wegen des Kuppelschwanzes, der verwachsenen Spicula, der geschlossenen Bursa und der Zahl der Bursapapillen reihe ich die Art hier ein; es ist jedoch möglich, daß sie infolge der vom Gattungstyp abweichenden Mundhöhle und des langen Schwanzes später in eine andere Gattung versetzt werden muß.

7 Ein Papillenpaar liegt außerhalb der Bursa, und zwar weit von ihr. Kopf leicht abgesetzt, Körper am hinteren Ösophagusende beinahe 4mal breiter als der Kopf. — Mundhöhle gut entwickelt, 24—25 µm lang. 1,5mal länger als die Lippenbreite; Zähnchen deutlich. Mittelanschwellung des Ösophagus sehr stark. Fakultativ vivipar, meist mit zahlreichen Eiern. Spicula 35—47 µm, Gubernaculum 17—22 µm lang. Schwanz des ♀ so lang wie die Analbreite oder etwas kürzer.
♀: L = 1,2—1,3 mm; a = 15—16; b = 5,9—7,9; c = 22—28; V = 56 bis 58%. ♂: L = 0,75—0,80 mm; a = 16—18; b = 4,4—6,7; c = 16—20.
BRD und Österreich; meist in Kuhfladen. — *Rhabditis kolbi* Sachs, 1950; *Rhabditis (Pelodera) kolbi* Sachs, 1950 (Sudhaus, 1976); *Pelodera (Cylindridera) kolbi* (Sachs, 1950) Dougherty, 1955. . . . . *kolbi* (Sachs, 1950) Andrássy, 1983
— Das erste Papillenpaar liegt an der Bursa. 8
8 Spicula 70—80 µm, deutlich länger als der Schwanz. Cuticula verhältnismäßig dick. — Kopf leicht abgesetzt, Körper am Hinterende des Ösophagus 4—5mal breiter als der Kopf. Mundhöhle nahezu 30 µm lang, 1,8mal länger als die Lippenbreite. Manschette 35—40% des Mundprismas umfassend. Vorderer Ösophagusabschnitt 1,2mal so lang wie der hintere. Exkretionsporus in der Mitte des Isthmus. Uterus durchschnittlich mit 6 Eiern. Gubernaculum 31 bis 35 µm lang. Schwanz beim ♀ kürzer als die Analbreite.
♀: L = 1,1—1,4 mm; a = 11—13; b = 4,6—5,9; c = 37—51; V = 57—61%. ♂: L = 1,0—1,2 mm; a = 13—16; b = 4,8—5,9; c = 29—41.
BRD, Ungarn, England, Sowjetunion (Kasachstan, Usbekistan); Mulmbewohner. — *Rhabditis serrata* Körner in Osche, 1952; *Rhabditis (Pelodera) serrata* Körner in Osche, 1952 (Sudhaus, 1976); *Pelodera (Coarctadera) serrata* (Körner in Osche, 1952) Dougherty, 1955. . . . . *serrata* (Körner in Osche, 1952) Andrássy, 1983
— Spicula 40—60 µm, so lang oder kürzer als der Schwanz. Kopf gut abgesetzt, Körper am Proximalende des Ösophagus 3mal breiter als der Kopf. —Mundhöhle 28—30 µm, 1,2mal so lang wie die Lippenbreite; Metastomzähne gut entwikkelt. Mittelanschwellung sehr kräftig; beide Ösophagusabschnitte ungefähr gleich lang. Fakultativ vivipar; Eizahl zuweilen sehr groß (bis 110). Gubernaculum 18—24 µm lang. Schwanz des ♀ meist kürzer als der Analdurchmesser.
♀: L = 0,80—1,86 mm; a = 11—18; b = 5,3—8,7; c = 24—40; V = 56 bis 62%. ♂: L = 0,7—1,3 mm; a = 14—21; b = 4,0—6,6; c = 14—20.
Holland, DDR, BRD, Österreich, Ungarn, Polen, Sowjetunion (Litauen), Ferner Osten, Algerien; terrikol. — *Rhabditis icosiensis* Maupas, 1916; *Rhabditis (Pelodera) icosiensis* Maupas, 1916 (Sudhaus, 1976); *Pelodera (Cylindridera) icosiensis* (Maupas, 1916) Dougherty, 1955; *Rhabditis mutatoris* Fuchs, 1931. . . . . *icosiensis* (Maupas, 1916) Andrássy, 1983

8. Genus: ***Rhomborhabditis*** Andrássy, 1983

Pelodérinae. Große Tiere, zwischen 1,0 und 2,6 mm. Lippen 6, schwach abgesondert, ohne Borstenpapillen. Mundhöhle relativ kurz und weit. Cheilostom nicht cuticularisiert, Metastomwülste mit je 3 borstenförmigen Zähnchen. Manschette um das Mundprisma vorhanden. Ösophaguscorpus vollkommen zylindrisch. Weibliche Gonaden

paarig. Spicula distal verwachsen. Bursa peloder, vorn offen, rhombusförmig. Von den 10 Papillenpaaren liegen 2 außerhalb (vor) der Bursa. Schwanz des Weibchens kurz, breit abgerundet, ohne Spitze.
Typische und einzige Art: *Rhabditis stammeri* VÖLK, 1950 = *Rhomborhabditis stammeri* (VÖLK, 1950) ANDRÁSSY, 1983.

— Körper recht plump. Cuticula geringelt und fein längegestreift. Kopf nicht abgesetzt; Körper am Proximalende des Ösophagus doppelt so breit wie der Kopf. Mundhöhle 20 µm lang, etwas mehr als doppelt so lang wie breit. Ösophaguscorpus allmählich in den Isthmus übergehend. Vivipare Art, mit zahlreichen Eiern bzw. Embryonen. Spicula 43—68 µm, Gubernaculum 32—43 µm lang. Präanalpapillen 3 Paare (2 von ihnen vor der Bursa), weit voneinander entfernt. Bursa gerippt, am Ende gerade abgestutzt oder leicht eingeschnitten. Schwanz des ♀ wesentlich kürzer als die anale Körperbreite.
♀: L = 1,0—2,6 mm; a = 11—15; b = 6,8—10,6; c = 23—48; V = 53 bis 59%. ♂: L = 1,16 mm; a = 16; b = 8,3; c = 21.
BRD und Ungarn; auf Aas und an aasbesuchenden Käfern. — *Rhabditis stammeri* VÖLK, 1950; *Rhabditis* (*Pelodera*) *stammeri* VÖLK, 1950 (SUDHAUS, 1976); *Pelodera stammeri* (VÖLK, 1950) DOUGHERTY, 1955. . . . . *stammeri* (VÖLK, 1950) ANDRÁSSY, 1983

dd) Subfamilia: *Rhabditinae* ÖRLEY, 1880

Rhabditidae. Lippen 6, meist wenig abgesondert, mit kleinen Papillen. Seitenorgan klein, nur selten groß und auffällig. Mundhöhle gut entwickelt; Cheilostom nicht cuticularisiert; Metastom im allgemeinen mit punktförmigen Warzen, seltener mit feinen Zähnchen. Weibliche Gonaden paarig. Spicula praktisch immer frei. Bursa leptoder, die Spitze des Schwanzes nicht erreichend, meist schmäler als in der vorigen Unterfamilie, zuweilen rudimentär. 9 oder 10 Paar Bursapapillen. Schwanz des Weibchens vorwiegend kegelförmig, seltener kuppelartig, mit aufgesetzter Spitze.
9 Gattungen.

Bestimmungsschlüssel der Gattungen

1 Kopfrand durch Einschnitte in cuticularisierte Läppchen geteilt (*Teratocephalus*-artig). . . . . 4. *Colporhabditis* (S. 318)
— Kopfrand glatt, nicht in cuticularisierte Läppchen geteilt. 2
2 Mundhöhle ungewöhnlich kurz: Mundprisma so lang oder nur kaum etwas länger als breit. 3. *Oscheius* (S. 317)
— Mundhöhle normal entwickelt: Mundprisma mindestens doppelt so lang wie breit, meist aber noch länger. 3
3 Bursa rudimentär, radiär gegliedert, die Körperkontur nicht oder kaum überragend. 4
— Bursa gut entwickelt, die Körperkontur deutlich überragend, nur selten radiär gegliedert. 8
4 Spicula mit je einem langen, nach hinten gerichteten Dorsaldorn; Metastom mit Warzen. 5
— Spicula ohne Dorsaldorn; Metastom mit borstenartigen Zähnchen. 6
5 Schwanz des ♀ kuppelförmig, mit aufgesetzter Spitze; 10 Paar Bursapapillen. . . . . 6. *Curviditis* (S. 320)

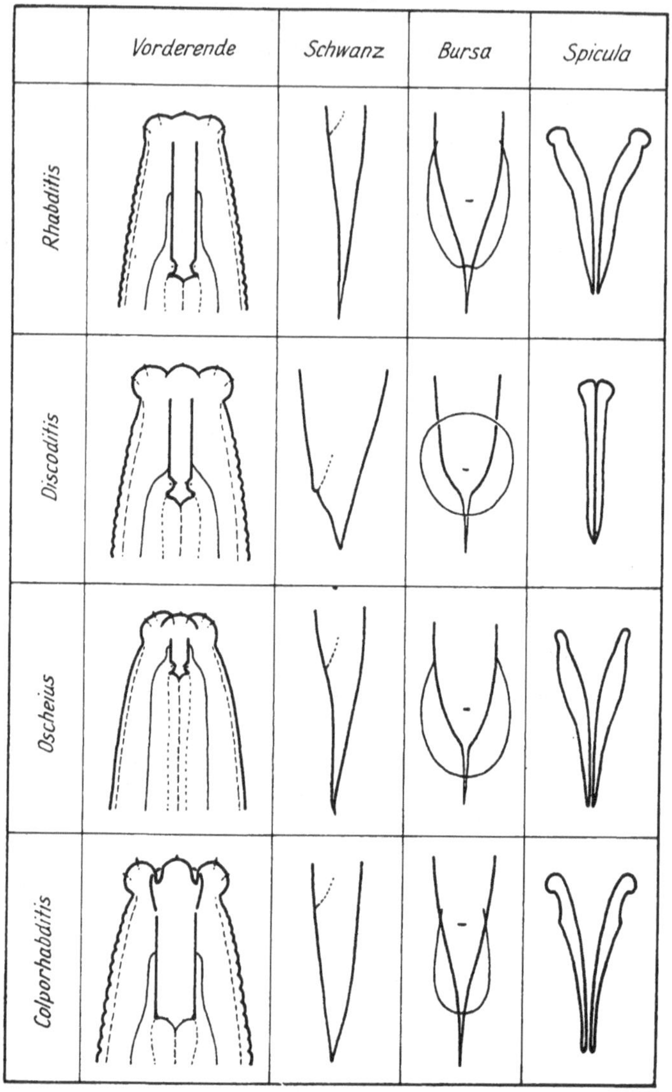

Abb. 120—123 Familie *Rhabditidae*, Unterfamilie *Rhabditinae*: *Rhabditis*, *Discoditis*, *Oscheius* und *Colporhabditis*

— Schwanz des ♀ kegelförmig; 9 Paar Bursapapillen. . . . 5. ***Rhabditella*** (S. 318)
6 Seitenorgan groß, deutlich; das 1. Papillenpaar an der Bursa. . . . . 9. ***Poikilolaimus*** (S. 324)
— Seitenorgan klein, undeutlich; das 1. Papillenpaar vor der Bursa. 7
7 Cuticula auffallend locker, sackförmig, Bursa von der eigentlichen Cuticula nicht abgesondert; Schwanz kuppelförmig. . . . . . . 8. ***Cuticularia*** (S. 323)
— Cuticula dünn, nicht locker, Bursa — wenn auch rudimentär — von der Cuticula abgesondert; Schwanz kegelförmig. . . . . 7. ***Rhitis*** (S. 321)
8 Bursa vorn geschlossen, saugnapfförmig. . . . . . . 2. ***Discoditis*** (S. 316)
— Bursa vorn offen. . . . . 1. ***Rhabditis*** (S. 310)

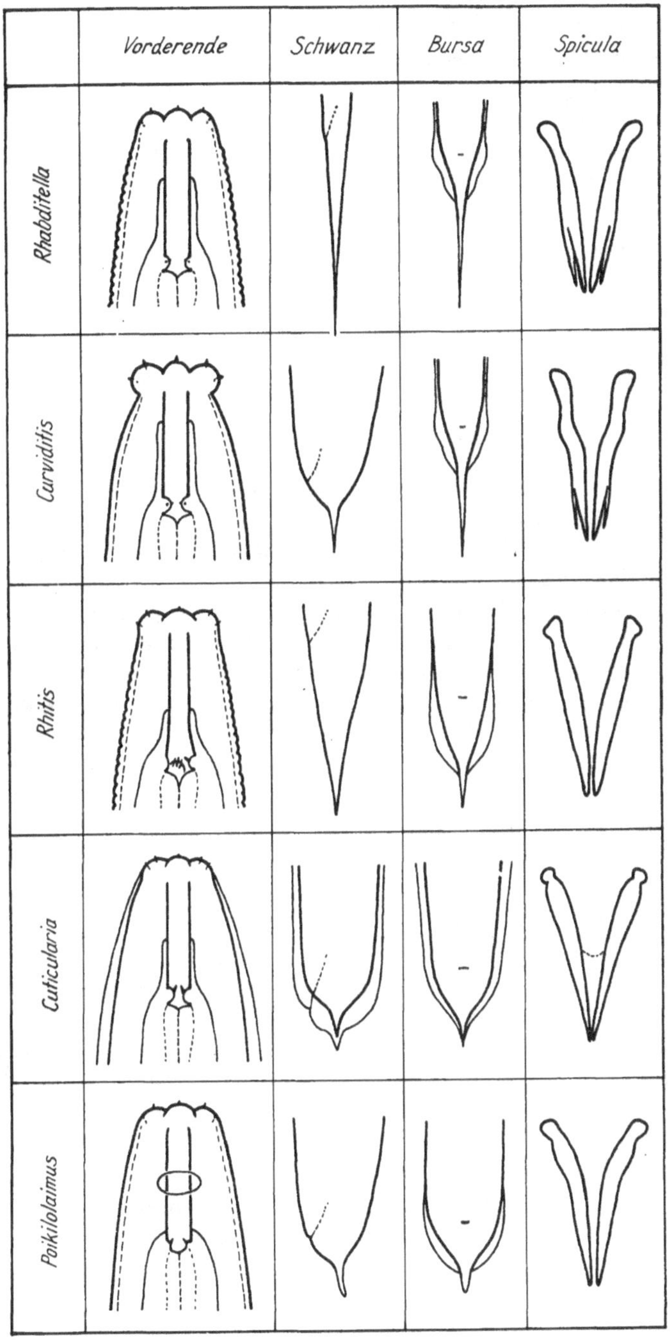

Abb. 124—128 Familie *Rhabditidae*, Unterfamilie *Rhabditinae* (Fortsetzung): *Rhabditella, Curviditis, Rhitis, Cuticularia* und *Poikilolaimus*

1. Genus: ***Rhabditis*** Dujardin, 1845

Syn. *Tribactis* Dujardin, 1845; *Rhabditis* (*Cohriorhabditis* Osche, 1952); *Rhabditis* (*Indorhabditis* Chaturvedi & Khera, 1979).

Rhabditinae. Körperlänge sehr veränderlich, zwischen 0,5 und 2,9 mm. Lippen 6, flach, kaum abgesondert, Papillen meist ganz klein. Mundhöhle mäßig lang, Metastomwülste gut entwickelt, mit feinen Warzen. Ösophaguscorpus bulbusartig angeschwollen oder zylindrisch. Weibliche Gonaden paarig. Spicula frei, einfach. Bursa vorn offen, nicht radiär gegliedert, selten pseudopeloder, nur einen recht feinen Faden frei lassend. Zahl der Bursapapillen 9, selten 8 Paare, von ihnen zumeist 3 Paare präanal liegend. Schwanz des Weibchens kegelförmig oder kuppelförmig, mit aufgesetzter Spitze. Terrikole Arten, in Boden, Dünger, Pilzen, Mulm, Pflanzenresten, sowie in Regenwürmern.

Typusart: *Rhabditis terricola* Dujardin, 1845.

Bestimmungsschlüssel der Arten

1 Bursa pseudopeloder, nur einen äußerst feinen und kurzen Schwanzfaden frei lassend. 2

— Bursa deutlich leptoder, Schwanzfaden gut ausgeprägt, meist lang. 6

2 Nur das erste Papillenpaar liegt präanal. — Körper plump. Cuticula nicht geringelt. Mundhöhle relativ lang, 28—30 µm, 1/7 der Ösophaguslänge. Ei 50 bis 52 µm lang; ovipar, meist hermaphroditisch, Männchen sehr selten. Schwanz des ♀ 4—5 Analbreiten lang. Spicula 40—42 µm, kürzer als der Schwanz.
♀: L = 1,5 mm; a = 21; b = 7; c = 11; V = 52%. ♂: L = 0,86—1,1 mm; a = 20—21; b = 5—6; c = 15—19.
BRD und Algerien; im Boden und in Regenwürmern. — *Rhabditis* (*Choriorhabditis*) *guignardi* Maupas, 1900 (Osche, 1952). . . . . *guignardi* Maupas, 1900

— Drei Papillenpaare liegen präanal. 3

3 Mundhöhle kurz, nur etwa so lang wie die Lippenbreite; Schwanz des ♀ 2,5—3 Analbreiten lang. 4

— Mundhöhle 1,5mal so lang wie die Lippenbreite; Schwanz des ♀ 5—8 Analbreiten lang. 5

4 Spicula 70—86 µm lang. — Cuticula dick, geringelt. Mundhöhle 20—27 µm lang, Manschette 50—60% des Mundprismas umfassend. Ösophagus kräftig, mit starker Mittelanschwellung. Meist vivipare Art, mit 50—60 Eiern bzw. Embryonen im Uterus. Bursa eiförmig; Papillen 1 + 2 + 3 + 3 Paare. Phasmidien hinter der Schwanzmitte.
♀: L = 1,9—2,1 mm; a = 12—14; b = 8,6—9,6; c = 19—20; V = 52—54%.
♂: L = 1,2—1,7 mm; a = 12—18; b = 6,3—8,0; c = 19—25.
BRD, Österreich, Ungarn, Algerien, Zaire; im Boden und in Regenwürmern. — *Rhabditis* (*Choriorhabditis*) *maupasi* Seurat in Maupas, 1919 (Osche, 1952); *Rhabditis johnsoni* Micoletzky, 1922; *Rhabditis* (*Choriorhabditis*) *johnsoni* Micoletzky, 1922 (Osche, 1952); *Rhabditis leptodera* Hertwig, 1922; *Rhabditis* (*Choriorhabditis*) *leptodera* Hertwig, 1922 (Osche, 1952). . . . . *maupasi* Seurat in Maupas, 1919

— Spicula 55—60 µm lang. — Cuticula fein geringelt. Lippen ganz flach, nicht abgesondert; Kopf nicht abgesetzt. Mundhöhle 28 µm lang, 1/9 der Ösophaguslänge. Vorderabschnitt des Ösophagus 1,3mal so lang wie der Hinterabschnitt. Mittelanschwellung des Ösophagus kugelig. Ei 72 × 33 µm. Schwanz des ♀ 3–3,5 Analbreiten lang. Papillen 1 + 2 + 3 + 3 Paare.

♀: L = 1,85–2,05 mm; a = 20; b = 8; c = 16; V = 51%. ♂: L = 1,30 bis 1,45 mm; a = 26; b = 6; c = 26.

BRD, Frankreich, England; meist in Regenwürmern. — *Rhabditis (Choriorhabditis) marionis* MAUPAS, 1899 (OSCHE, 1952); *Rhabditis terrestris* STEPHENSON, 1942; *Rhabditis (Choriorhabditis) terrestris* STEPHENSON, 1924 (OSCHE, 1953). . . . . *marionis* MAUPAS, 1899

5 Schwanz des ♀ 6–8 Analbreiten lang; Enddarm so lang wie die Analbreite; Mittelanschwellung des Ösophagus gut ausgebildet. — Cuticula dünn, fein geringelt. Mundhöhle 20–30 µm lang; Manschette 2/3 der Mundhöhle umgebend. Vorderer Ösophagusabschnitt 1,5mal länger als der hintere. Ovipar; 10–20 Eier im Uterus; Ei 60 × 33 µm groß. Spicula 45–56 µm lang. Papillenpaare: 1 + 2 + 3 + 3.

♀: L = 1,2–2,0 mm; a = 16–25; b = 6,2–8,8; c = 7–13; V = 47–51%.
♂: L = 0,8–1,4 mm; a = 13–22; b = 5,7–7,4; c = 17–22.

Holland, Belgien, DDR, BRD, Österreich, Ungarn, Spanien, Frankreich, Italien, Polen, Dänemark, Sowjetunion (Rußland, Estland, Litauen, Grusien, Kasachstan, Usbekistan), Japan, Algerien, USA, Brasilien; terrikol und saprob. — *Angiostoma terricola* (DUJARDIN, 1845) DIESING, 1851; *Leptodera terricola* (DUJARDIN, 1845) CHATIN, 1888; *Rhabditis terricola spiculofusa* ABULADZE, 1934; *Rhabditis ornata* BASTIAN, 1865; *Rhabditis (Protorhabditis) ornata* BASTIAN, 1865 (OSCHE, 1952); *Protorhabditis ornata* (BASTIAN, 1865) DOUGHERTY, 1955; *Rhabditis aspera* BÜTSCHLI, 1873; *Rhabditis (Choriorhabditis) aspera* BÜTSCHLI, 1873 (OSCHE, 1952); *Rhabditis duthiersi* MAUPAS, 1900; *Rhabditis (Choriorhabditis) duthiersi* MAUPAS, 1900 (OSCHE, 1952) . . . . *terricola* DUJARDIN, 1845

— Schwanz des ♀ 4–5 Analbreiten lang; Enddarm 3mal so lang wie die Analbreite; Mittelanschwellung des Ösophagus ganz schwach. — Cuticula fein geringelt. Körper am proximalen Ösophagusende 3–3,5mal breiter als der Kopf. Vorderer Ösophagusabschnitt doppelt so lang wie der hintere. Vivipare Art, mit zahlreichen Eiern bzw. Embryonen im Uterus. Spicula 54–66 µm lang. Papillenpaare: 1 + 2 + 3 + 3.

♀: L = 1,6–2,1 mm; a = 16–19; b = 6,4–7,6; c = 10–14; V = 48–53%.
♂: L = 1,2–1,5 mm; a = 18–20; b = 5,6–7,3; c = 22–30.

BRD; saprob. — *Rhabditis (Choriorhabditis) wohlgemuthi* VÖLK, 1950 (OSCHE, 1952). . . . . *wohlgemuthi* VÖLK, 1950

6 Schwanz des ♀ sehr lang und filiform, 12–15mal so lang wie die anale Körperbreite. 7

— Schwanz des ♀ höchstens 8 Analbreiten lang, meist aber kürzer. 8

7 Kopf abgesetzt; Spicula plump; Mundhöhle nahezu doppelt so lang wie die Lippenbreite. — Körper am Hinterende des Ösophagus 3mal so breit wie der Kopf. Ösophagus ohne Mittelanschwellung. Ovipare Art. Schwanz des ♀ etwa 15mal so lang wie der anale Körperdurchmesser; Schwanzfaden beim ♂ 6–7mal länger als der Postanalteil der Bursa. Spicula 24 µm lang, distal

mit nach vorn gerichteten Häckchen. 10 Paar Papillen, davon 4 Paare präanal; das 1. Papillenpaar liegt weit vor den Spicula.
♀: L = 0,9 mm; a = 30; b = 4–6; c = 3,5–3,8; V = 42%. ♂: L = 0,75 mm a = 20; b = 4–6; c = 4,8–6,0.
Holland, BRD, Österreich, Ungarn, Tschechoslowakei, Schweden, Sowjetunion (Rußland); meist in Kuhmist. — *Rhabditis* (*Choriorhabditis*) *gracilicauda* DE MAN, 1876 (OSCHE, 1952). . . . . *gracilicauda* DE MAN, 1876

— Kopf nicht abgesetzt; Spicula schlank; Mundhöhle nur etwa so lang wie die Lippenbreite. — Körper am Hinterende des Ösophagus nur doppelt so breit wie der Kopf. Cuticula fein punktiert. Ösophagus ohne Mittelanschwellung; sein Vorderabschnitt 1,4mal so lang wie der Hinterabschnitt. Exkretionsporus in Höhe des Endbulbus. Schwanz des ♀ 12–13 Analbreiten lang. 9 Paar Bursapapillen, davon 3 Paare präanal. Spicula 25 µm lang. Schwanzfaden 2,5mal länger als der Postanalteil der Bursa.
♀: L = 0,60–0,65 mm; a = 25; b = 4,8–5,1; c = 3,5–4,5; V = 44–46%.
♂: L = 0,65 mm; a = 31; b = 5; c = 3,5.
Schweiz; terrikol, in feuchtem Holz. — *Rhabditis* (*Choriorhabditis*) *heteruroides* ALTHERR, 1938 (OSCHE, 1952). . . . . *heteruroides* ALTHERR, 1938

8 Schwanz des ♀ kuppelförmig, mit aufgesetzter Spitze. 9

— Schwanz des ♀ kegelförmig. 11

9 Schwanzkuppel doppelt so lang wie die Analbreite. — Kopf abgesetzt, breit. Mundhöhle kürzer als die Lippenbreite. Ösophagus ohne Mittelanschwellung; Exkretionsporus vor dem Endbulbus. Spicula länger als die Schwanzkuppel. Papillenpaare: 3 + 3 + 3. Schwanz des ♀ 6 Analbreiten lang.
♀: L = 1,53 mm; a = 25; b = 6; c = 4. ♂ ohne Maßangaben.
BRD und Ungarn; saprob. — *Rhabditis* (*Choriorhabditis*) *heterurus* ÖRLEY, 1880 (OSCHE, 1952). . . . . *heterurus* ÖRLEY, 1880

— Schwanzkuppel höchstens so lang wie die Analbreite. 10

10 Schwanz des ♀ 4 Analbreiten lang; Ösophagus mit deutlicher Mittelanschwellung. — Körper am Hinterende des Ösophagus 3–4mal breiter als der Kopf. Mundhöhle nahezu doppelt so lang wie die Lippenbreite; Manschette 60% des Mundprismas umfassend. Vorderabschnitt des Ösophagus 1,2–1,3mal so lang wie der Hinterabschnitt. Exkretionsporus neben dem Endbulbus. Spicula 50–60 µm lang. 9 Paar Papillen, davon 2–3 Paare präanal. Schwanzfaden 1–1,5mal so lang wie der Postvulvarteil der Bursa.
♀: L = 1,2–2,2 mm; a = 14–23; b = 5,5–7,3; c = 7–13; V = 48–52%.
♂: L = 1,0–1,5 mm; a = 13–22; b = 5,0–6,8; c = 13–21.
Holland, DDR, BRD, Österreich, Spanien, Frankreich, Jugoslawien, Polen, Sowjetunion (Rußland), Nepal, Taiwan, Zaire, Annobon; Erdbewohner. — *Leptodera producta* SCHNEIDER, 1866; *Rhabditis* (*Choriorhabditis*) *producta* (SCHNEIDER, 1866) LINSTOW, 1878 (OSCHE, 1952). . . . . *producta* (SCHNEIDER, 1866) LINSTOW, 1878

— Schwanz des ♀ 2–2,5 Analbreiten lang; Ösophagus ohne Mittelanschwellung. — Kopf abgesetzt, Körper am proximalen Ösophagusende 3mal breiter als der Kopf. Lippenpapillen borstenförmig. Exkretionsporus unmittelbar vor dem

Endbulbus. 9 Paar Bursapapillen. Schwanzfaden 1—1,5mal so lang wie der Postanalteil der Bursa.
♀: L = 0,7—0,9 mm; a = 17—19; b = 4,3—4,5; c = 13—14; V etwas hinter der Körpermitte. ♂: L = 0,7 mm; a = 17—19; b = 4,3—4,5; c = 11—12.
Holland, Ungarn, Tschechoslowakei, Bulgarien, Sowjetunion (Rußland, Grusien, Turkmenien, Kirgisien, Aserbaidshan, Usbekistan, Ferner Osten); terrikol. — *Rhabditis* (*Choriorhabditis*) *intermedia* DE MAN, 1880 (OSCHE, 1952) . . . . *intermedia* DE MAN, 1880

11 Schwanz des ♀ 6—8 Analbreiten lang. 12

— Schwanz des ♀ 3—4 Analbreiten lang. 16

12 Mundprisma in der Mitte merklich verengt. — Kopf nicht abgesetzt. Mundhöhle doppelt so lang wie die Lippenbreite, 1/6—1/7 der Ösophaguslänge, Mittelanschwellung des Ösophagus fehlend. Ovipare Art, höchstens mit 20 Eiern im Uterus. Schwanz fein ausgezogen.
♀: L = 0,63—0,78 mm; a = 18—30; b = 3,8—4,5; c = 4,0—4,6; V = 47 bis 53%. ♂ unbekannt.
Ungarn; in *Sphagnum*-Mooren. — *Rhabditis* (*Choriorhabditis*) *uliginosa* Soós, 1938 (OSCHE, 1952). . . . . *uliginosa* Sóos, 1938

— Mundprisma mit parallelen Wänden. 13

13 Schwanzfaden beim ♂ so lang oder länger als die Bursa. 14

— Schwanzfaden beim ♂ wesentlich kürzer als die Bursa. 15

14 Größere Art, über 1 mm. — Kopf nicht abgesetzt, Lippenpapillen borstenförmig. Mundhöhle 1,5mal so lang wie die Lippenbreite; Metastomwülste mit je 5 Warzen. Spicula 50—60 µm lang. Das letzte Papillenpaar rudimentär.
♀: L = 1,1—1,8 mm; a = 15—21; b = 5—8; c = 4,6—7,0; V = 47—55%.
♂: L = 0,9—1,4 mm; a = 17—30; b = 4,6—5,5; c = 9—14.
Holland, DDR, BRD, Österreich, Ungarn, Tschechoslowakei, Bulgarien, Italien, Polen, Großbritannien, Sowjetunion (Rußland, Litauen, Moldau, Kasachstan, Tadshikistan, Usbekistan), USA, Kuba; terrikol, oft an Pilzen. — *Rhabditis* (*Choriorhabditis*) *longicaudata* BASTIAN, 1865 (OSCHE, 1952); *Rhabditis longicaudata* BÜTSCHLI, 1873. . . . . *longicaudata* BASTIAN, 1856

— Kleinere Art, unter 1 mm. — Kopf nicht abgesetzt. Anordnung der Bursapillenpaare: 5 + 2 + 3; das 1. Paar vor den Spicula liegend.
♀: L = 0,68—0,85 mm; a = 21—22; b = 5—6; c = 5—6; V = 50%. ♂: L = 0,50—0,62 mm; a = 21—22; b = 5—6; c = 7.
BRD, Österreich, Seychellen-Inseln; aquatil. Eine ziemlich mangelhaft beschriebene Spezies. *Rhabditis* (*Choriorhabditis*) *sechellensis*POTTS, 1910 (OSCHE, 1952); *Rhabditis* (*Pellioditis*) *sechellensis* POTTS, 1910 (SUDHAUS, 1976); *Rhabditis paraelongata* MICOLETZKY, 1915; *Rhabditis* (*Choriorhabditis*) *paraelongata* MICOLETZKY, 1915 (OSCHE, 1952). . . . . *sechellensis* POTTS, 1910

15 Vorderer Ösophagusabschnitt zylindrisch; drei Papillenpaare liegen präanal; größere Art, 1,3—1,8 mm. — Cuticula 0,8 µm dick, zart geringelt und längsgestreift und in kleine Rechtecke geteilt. Lippen flach, Kopf nicht abgesetzt. Körper am Ösophagusende 4mal breiter als der Kopf. Mundhöhle 29—35 µm lang, 1,5mal so lang wie die Lippenbreite. Manschette 54—63% des Mundprismas umgebend. Vorderer Ösophagusabschnitt 1,3mal länger als der hintere.

Exkretionsporus in 72–86% der Ösophaguslänge. 14–49 Eier (57–78 × 31–44 µm); ovipar. Schwanz des ♀ 5–6 Analbreiten lang. Spicula 45–51 µm, Gubernaculum 16–22 µm lang. Papillenpaare: 1 + 1 + 1 + 3 + 3; das letzte Paar stark rudimentär.
♀: L = 1,32–1,82 mm; a = 18–23; b = 4,8–6,1; c = 7,0–9,7; V = 48 bis 52%. ♂: L = 0,99–1,14 mm; a = 17–22; b = 4,2–5,9; c = 17–27.
Spanien, Tansania; in Stallmist. . . . . *blumi* SUDHAUS, 1974[84]

— Vorderer Ösophagusabschnitt proximal angeschwollen; zwei Papillenpaare liegen präanal; kleinere Art, 0,8–1,1 mm. — Cuticula sehr dick (bis 4 µm), leicht geringelt und sehr zart längsgestreift. Lippen ganz flach. Körper am Proximalende des Ösophagus 3mal breiter als der Kopf. Mundhöhle 16–19 µm lang, dünner als bei den meisten Arten. Ösophagusmanschette 52–66% des Mundprismas umfassend. Vorderer Ösophagusabschnitt 1,2mal so lang wie der hintere. Exkretionsöffnung beim Proximalende des Ösophagus. Gleichzeitig 6–13 Eier (48–56 × 30–34 µm); ovovivipar. Schwanz des ♀ 8 Analbreiten lang. Spicula 27–31 µm, Gubernaculum 11–15 µm lang. Bursapapillenpaare: 1 + 1 + 3 + 1 + 3; das letzte Paar stark rudimentär.
♀: L = 0,77–1,10 mm; a = 13–17; b = 5,2–7,5; c = 5,2–6,9; V = 46 bis 49%. ♂: L = 0,52–0,73 mm; a = 16–24; b = 4,6–5,8; c = 20–26.
BRD; auf Aas. . . . . *reciproca* SUDHAUS, 1974

16 Mundhöhle relativ kurz, nur 1/15–1/25 der Ösophaguslänge. — Cuticula nicht geringelt. Ösophagus ohne Mittelanschwellung. Enddarm so lang wie 2 Analbreiten. Spicula 60 µm, deutlich länger als der Schwanz. Bursapapillen 1 + 1 + 1 + 3 + 3 Paare. Schwanz beim ♀ 4, beim ♂ 2 Analbreiten lang, scharfspitzig.
♀: L = 1,6–2,8 mm; a = 16–20; b = 5–10; c = 14–17; V = 48–54%.
♂: L = 1,2–1,9 mm; a = 24–29; b = 6,6–8,0; c = 29–45.
Algerien; terrikol. — *Rhabditis* (*Choriorhabditis*) *lucianii* MAUPAS, 1919 (OSCHE, 1952. . . . . *lucianii* MAUPAS, 1919

— Mundhöhle länger, 1/8–1/12 der Ösophaguslänge. 17

17 Das erste Papillenpaar vor der Bursa liegend. — Kopf nicht abgesetzt. Mundhöhle 1,5mal so lang wie die Lippenbreite; Manschette 50% des Mundprismas umgebend. Mittelanschwellung des Ösophagus schwach. Exkretionsporus vor dem Endbulbus. Bursa schmal, mit 8 Papillenpaaren. Spicula größer als die halbe Schwanzlänge. Schwanz des ♀ 4 Analbreiten lang.
♀: L = 0,8–1,2 mm; a = 17–25; b = 5–7; c = 9–14; Vulva etwas hinter der Körpermitte.
Holland, Belgien, DDR, BRD, Schweiz, Österreich, Ungarn, Tschechoslowakei, Bulgarien, Polen, Dänemark, Schweden, Sowjetunion (Rußland, Belorußland, Estland, Litauen, Moldau, Grusien, Turkmenien, Kirgisien, Aserbaidshan, Kasachstan, Usbekistan), Indien, Hainan, Brasilien; terrikol. — *Leptodera cucumeris* MARCINOWSKI, 1909; *Rhabditis brevispina minor* GOFFART, 1931; *Rhabditis* (*Indorhabditis*) *olitoria* CHATURVEDI & KHERA, 1979. Diese weit verbreitete Art wurde von den meisten Verfassern als „*Rhabditis brevi-*

[84] Möglicherweise mit der aus Westafrika beschriebenen Art *Rhabditis adenobia* POINAR, 1971 identisch.

spina" erwähnt. Wie aber Sudhaus richtig bemerkt hat (1976), ist sie mit der von Claus beschriebenen *Rhabditis brevispina* keineswegs identisch, da die ein älteres Synonym von *Cuticularia oxycerca* (de Man, 1895) darstellt (s. dort).
. . . . *cucumeris* (Marcinowski, 1909) Andrássy, 1983

— Das erste Papillenpaar an der Bursa liegend. 18

18 Schwanz des ♀ 3 Analbreiten lang; Spicula 54—58 µm. — Kopf nicht abgesetzt. Mundhöhle 1,3—1,5mal so lang wie die Lippenbreite. Mittelanschwellung des Ösophagus gut ausgeprägt. Exkretionsporus vor dem Endbulbus. Enddarm 1,5mal so lang wie der anale Körperdurchmesser. Spicula 54—58 µm, so lang wie der Schwanz. Schwanz des ♀ 4 Analbreiten lang. 3 Paar Bursapapillen liegen präanal.
♀: L = 1,0—2,0 mm; a = 14—17; b = 6,6—7,5; c = 13—14; V = 48—53%.
♂: L = 1,3—1,5 mm; a = 16; b = 6,6; c = 28.
BRD, Österreich und USA; in Regenwürmern. — *Rhabditis* (*Choriorhabditis*) *anomala* Hertwig, 1922 (Osche, 1952). . . . . *anomala* Hertwig, 1922

— Schwanz des ♀ kürzer, 2,5—3 Analbreiten lang; Spicula 39—48 µm. Cuticula glatt. Lippen sehr flach, nicht abgesondert; Kopf nicht abgesetzt. Mundhöhle 16—20 µm lang, kaum länger als die Lippenbreite. Enddarm 2 Analbreiten lang. Anordnung der Papillenpaare: 3 + 3 + 3 oder 1 + 2 + 3 + 3.
♀: L = 1,9—2,4 mm; a = 17—19; b = 9; c = 21—26; V = 50—52%.
♂: L = 1,05—1,3 mm; a = 17—20; b = 6; c = 23—30.
Algerien; im Boden. — *Rhabditis* (*Choriorhabditis*) *caulleryi* Maupas, 1919 (Osche, 1952). . . . . *caulleryi* Maupas, 1919

Bemerkung: Die nachstehend aufgezählten *Rhabditis*-Arten lassen sich infolge der unzureichenden Beschreibungen nicht sicher erkennen (species inquirendae):

Rhabditis aberrans Krüger, 1913 — Syn. *Rhabditis aspera aberrans* Krüger, 1913 (Chitwood & Chitwood, 1950); *Rhabditis* (*Choriorhabditis*) *aberrans* Krüger, 1913 — aus der BRD.

Rhabditis acris Bastian, 1865[85] — *Rhabditis* (*Mesorhabditis*) *acris* Bastian, 1865 (Osche, 1952); *Mesorhabditis acris* (Bastian, 1865) Dougherty, 1955 — aus England.

Rhabditis aphodiorum Wülker, 1921 — aus der BRD.

Rhabditis brassicae Southern, 1909 — Syn. *Rhabditis* (*Choriorhabditis*) *brassicae* Southern, 1909 (Osche, 1952) — aus Irland.

Rhabditis dentata (Schneider, 1866) Linstow, 1878 — Syn. *Leptodera dentata* Schneider, 1866 — aus der BRD.

Rhabditis erschowi Abuladze, 1934 — *Rhabditis* (*Choriorhabditis*) *erschowi* Abuladze, 1934 (Dougherty, 1955) — aus der Sowjetunion.

Rhabditis genitalis Scheiber, 1880 — Syn. *Rhabditis* (*Caenorhabditis*) *genitalis* Scheiber, 1880 (Sudhaus, 1976) — aus Ungarn.

Rhabditis glauxi Allgén, 1951 — aus Schweden.

Rhabditis gurneyi Potts, 1910 — Syn. *Rhabditis* (*Choriorhabditis*) *gurneyi* Potts, 1910 (Osche, 1952) — aus England.

---

85 Sudhaus' Auffassung (1976), daß die Art einen Vertreter der Gattung *Rhabditis* s. str. darstelle, ist offenbar irrtümlich, da Bastian für das Männchen eine schwanzumfassende (pelodere) Bursa gezeichnet hat.

Rhabditis macroura LINSTOW, 1879 — Syn. *Rhabditis* (*Rhabditoides*) *macroura* LINSTOW, 1879 (SUDHAUS, 1976) — aus der BRD.

Rhabditis niellyi (BLANCHARD, 1885) BLANCHARD 1890 — Syn. *Leptodera niellyi* BLANCHARD, 1885; *Filaria niellyi* (BLANCHARD, 1885) MONIEZ, 1889 — aus Frankreich.

Rhabditis oculiequini WILLACH, 1892 — aus der BRD.

Rhabditis parateres COBB, 1924 — Syn. *Rhabditis* (*Pelodera*) *parateres* COBB, 1924 (SUDHAUS, 1976) — aus den USA.

Rhabditis recticauda (EHRENBERG in HEMPRICH & EHRENBERG, 1831) MICOLETZKY, 1922 — Syn. *Anguillula recticauda* EHRENBERG in HEMPRICH & EHRENBERG, 1831 — aus der BRD.

Rhabditis resistens MEYL, 1954 — Syn. *Rhabditis* (*Rhabditoides*) *resistens* MEYL, 1954 (SUDHAUS, 1976) — aus Italien.

Rhabditis rhabditiformis (RAHM, 1924) SCHNEIDER, 1939 — Syn. *Diphtherophora rhabditiformis* RAHM, 1924 — aus der BRD.

Rhabditis sergenti MAUPAS, 1916 — Syn. *Rhabditis* (*Choriorhabditis*) *sergenti* MAUPAS, 1916 (OSCHE, 1952) — aus Algerien.

Rhabditis silvatica VOLZ, 1951 — Syn. *Rhabditis* (*Choriorhabditis*) *silvatica* VOLZ, 1951 (OSCHE, 1952) — aus der BRD.

Rhabditis (*Rhabditella*) *tipulae* LAM & WEBSTER, 1971 — aus Kanada.

Rhabditis uncinata (SCHNEIDER, 1866) ÖRLEY, 1885 — Syn. *Leptodera uncinata* SCHNEIDER, 1866 — aus der BRD.

Rhabditis varsaviensis STEFANSKI, 1922 — aus Polen.

Rhabditis verneti MAUPAS, 1900 — genauer Fundort nicht bekannt.

Rhabditis vespillonis (LINSTOW, 1878) SUDHAUS, 1976 — Syn. *Agamonematodum vespillonis* LINSTOW, 1878 — aus der BRD.

Rhabditis voigti RAHM, 1924 — Syn. *Rhabditis* (*Choriorhabditis*) *voigti* RAHM, 1924 (OSCHE, 1952); *Rhabditis* (*Pellioditis*) *voigti* RAHM, 1924 (DOUGHERTY, 1955) — aus der BRD.

2. Genus: ***Discoditis*** ANDRÁSSY, 1983

Rhabditinae. Große Tiere: 1,0—3,7 mm. Lippen 6, gut entwickelt, mit warzenartigen Papillen. Mundhöhle mäßig ausgebildet. Cheilostom nicht cuticularisiert; Metastom mit feinen Warzen. Keine Ösophagusmanschette; Corpus nicht oder nur schwach angeschwollen, Endbulbus kräftig. Weibliche Gonaden paarig, Uterus mit zahlreichen Eiern bzw. Embryonen. Spicula frei oder verwachsen. Bursa kreisrund oder herzförmig, vorn geschlossen. Anordnung der Papillenpaare: 1 + 2 + 1 + 2 + 3. Schwanz des Weibchens kegelförmig, lang oder kurz.
In stark saproben Biotopen.
Typusart: *Rhabditis maxima* VÖLK, 1950 = *Discoditis maxima* (VÖLK, 1950) ANDRÁSSY, 1983.

Bestimmungsschlüssel der Arten

1 Schwanz des ♀ 5 Analbreiten lang, fein ausgezogen; Spicula frei. — Kopf nicht abgesetzt. Cuticula sehr fein geringelt. Mundhöhle ziemlich weit, kaum länger als die Lippenbreite. Ösophaguscorpus zylindrisch, nicht angeschwollen. Bursa herzförmig; 3 Paar Papillen stehen präanal. Schwanzfaden doppelt so lang wie der Postanalteil der Bursa.

♀: L = 1,06–1,12 mm; a = 17–24; b = 5,5–6,8; c = 9–12; V = 50%.
♂: L = 1,0–1,1 mm; a = 20–24; b = 6; c = 10,5.
DDR und Dänemark; in Kuhmist; die Dauerlarven an Fliegen gebunden.
– *Rhabditis dubia* BOVIEN, 1937; *Rhabditis* (*Choriorhabditis*) *dubia* BOVIEN, 1937 (OSCHE, 1952). . . . . *dubia* (BOVIEN, 1937) ANDRÁSSY, 1983

– Schwanz des ♀ so lang oder kaum länger als die Analbreite; Spicula verwachsen. Cuticula 4,8 µm dick, schwach geringelt. Kopf gut abgesetzt, Lippen voneinander abgesondert. Mundhöhle etwa so lang wie die Lippenbreite. Vorderer Ösophagusabschnitt 1,2mal so lang wie hinterer. Endbulbus auffallend kräftig. Enddarm länger als der anale Körperdurchmesser. Bursa rundlich; 4 Papillenpaare stehen präanal und das erste Paar befindet sich vor der Bursa. Spicula 90–140 µm lang, gerade, fast in ihrer Totallänge verwachsen; Gubernaculum 30–60 µm lang. Schwanzfaden ungefähr so lang wie der Postanalteil der Bursa.
♀: L = 1,7–3,7 mm; a = 10–32; b = 8–10; c = 26–64; V = 53–59%.
♂: L = 1,6 mm; a = 21; b = 6,7; c = 43.
BRD und Bulgarien; an Aaskäfern. – *Rhabditis maxima* VÖLK, 1950; *Rhabditis* (*Choriorhabditis*) *maxima* VÖLK, 1950 (OSCHE, 1952). . . . . *maxima* (VÖLK, 1950) ANDRÁSSY, 1983

3. Genus: *Oscheius* ANDRÁSSY, 1976

Rhabditinae. Körper 1,2 bis 3,2 mm lang. 6 rundliche Lippen, mit kleinen spitzen Papillen. Mundhöhle ungewöhnlich kurz, selbst das Prisma lediglich so lang oder kaum länger als breit. Cheilostom nicht cuticularisiert; Metastomwülste halbkugelig, mit je 3 sehr kleinen Warzen. Ösophaguscorpus praktisch zylindrisch. Weibliche Gonaden paarig. Spicula frei; Bursa vorn offen, nicht radiär gegliedert. Zahl der Papillen 9 Paare, davon 3 Paare präanal liegend. Schwanz bei beiden Geschlechtern konisch bis lang ausgezogen.
Saprob lebende Arten.

Typusart: *Rhabditis* (*Choriorhabditis*) *insectivora* KÖRNER in OSCHE, 1952 = *Oscheius insectivora* (KÖRNER in OSCHE, 1952) ANDRÁSSY, 1976.

Bestimmungsschlüssel der Arten

1 Schwanz des ♀ kürzer, 1/12–1/15 der Körperlänge; Enddarm recht lang, 3–4mal länger als die Analbreite; Körper sehr groß, 2–3 mm lang. – Kopf nur leicht abgesetzt. Mundprisma so lang (♂) oder 1,5mal länger (♀) als breit. Manschette 60–80% des Mundprismas umfassend. Ösophaguscorpus vollkommen zylindrisch, ungefähr doppelt so lang wie der Isthmus und Bulbus zusammen. Exkretionsporus beim Endbulbus. Oft mehr als 100 Eier bzw. Embryonen im Uterus. Spicula 85–120 µm, Gubernaculum 37–54 µm lang. Schwanz des ♀ 4–5 Analbreiten lang; Phasmidien vor der Mitte des Schwanzes.
♀: L = 2,0–3,2 mm; a = 14–19; b = 8,8–13,5; c = 12–15 (zuweilen: 15–23); V = 47–50%. ♂: L = 1,6–3,2 mm; a = 20–28; b = 7,3–13; c = 21–47.
BRD, Frankreich; in Mulm und fakultativ als Parasit in *Dorcus parallelepipedus* (Lucanidae). – *Rhabditis* (*Choriorhabditis*) *insecitvora* KÖRNER in OSCHE, 1952. . . . . . *insectivora* (KÖRNER in OSCHE, 1952) ANDRÁSSY, 1976

— Schwanz des ♀ länger, 1/5—1/8 der Körperlänge; Enddarm so lang wie die Analbreite; Körper kleiner, 1—2 mm. — Mundprisma so lang wie breit, bis zur Hälfte von einer Manschette umfaßt. Spicula 60—69 µm, Gubernaculum 25 bis 28 µm lang. Schwanz bei beiden Geschlechtern lang, filiform.
♀: L = 1,2—2,0 mm; a = 17—28; b = 6,2—9,8; c = 5—8; V = 46—48%.
♂: L = 1,3—1,5 mm; a = 20—21; b = 6,2—8,1; c = 7—8.
BRD und Bulgarien; in Kuhfladen. — *Rhabditis* (*Choriorhabditis*) *koerneri* OSCHE, 1952. . . . . *koerneri* (OSCHE, 1952) ANDRÁSSY, 1983

4. Genus: ***Colporhabditis*** ANDRÁSSY, 1976

Rhabditinae. Körperlänge 0,7—0,9 mm. Lippen 6, rundlich, durch tiefe Einschnitte des cuticularisierten Randes voneinander abgetrennt (Kopf *Teratocephalus*-ähnlich). Mundhöhle ziemlich weit. Cheilostom cuticularisiert, Metastom flach, ohne merkliche Zähne. Ösophagusmanschette vorhanden. Corpus des Ösophagus hinten bulbusartig angeschwollen. Weibliche Gonaden paarig. Spicula frei. Bursa leptoder, breit, vorn offen, mit 10 Paar Papillen. Schwanz des ♀ kegelförmig, scharf zugespitzt.
Bodenbewohnende Nematoden.
Typische und einzige Art: *Rhabditis coronigera* ALTHERR, 1938 = *Colporhabditis coronigera* (ALTHERR, 1938) ANDRÁSSY, 1976.

— Cuticula geringelt. Kopf abgesetzt, Lippen stark cuticularisiert. Mundhöhle 1/10—1/12 der Ösophaguslänge, kaum länger als die Lippenbreite. Manschette 70% des Mundprismas umfassend. Vorderer Ösophagusabschnitt 1,8mal länger als hinterer. Spicula 35—48 µm, Gubernaculum halb so lang. Bursa in Ventralabschnitt nach hinten erweitert. Papillenpaare 3 + 4 + 3; sämtliche Papillen liegen postanal. Schwanz des ♀ so lang wie 4 Analbreiten.
♀: L = 0,40—0,85 mm; a = 19—34; b = 3,4—4,1; c = 6,5—14; V = 54 bis 63%. ♂: L = 0,57—0,75 mm; a = 24—29; b = 3,4—4,1; c = 14—18.
Schweiz und Sowjetunion (Ferner Osten); terrikol, in feuchtem Holz. — *Rhabditis coronigera* ALTHERR, 1938; *Rhabditis* (*Teratorhabditis*) *coronigera* ALTHERR, 1938 (OSCHE, 1952); *Rhabditis* (*Diploscapteroides*) *coronigera* ALTHERR, 1938 (SUDHAUS, 1976); *Teratorhabditis coronigera* (ALTHERR, 1938) DOUGHERTY, 1955. . . . . *coronigera* (ALTHERR, 1938) ANDRÁSSY, 1976

5. Genus: ***Rhabditella*** (COBB, 1929) CHITWOOD, 1933

Syn. *Rhabditis* (*Rhabditella* COBB, 1929).
Rhabditinae. Körperlänge zwischen 0,6 und 2,9 mm. Lippen 6, wenig abgesondert, mit winzigen Papillen. Mundhöhle lang, mit hoher Manschette. Cheilostom nicht cuticularisiert; Metastomwülste klein, bei einer Art asymmetrisch, mit sehr kleinen Warzen. Mittelanschwellung des Ösophagus gut entwickelt. Weibliche Gonaden paarig. Spicula frei, mit langem Dorsaldorn. Bursa ganz rudimentär, radiär gegliedert, leptoder, kaum nachweisbar. 9 Paar Genitalpapillen: 3 Paare präanal, 1 Paar adanal und 5 Paare postanal. Schwanz in beiden Geschlechtern lang, fein ausgezogen.
Terrikole Nematoden, Saprobionten, häufig in Mist.
Typusart: *Rhabditis* (*Rhabditella*) *leptura* COBB, 1929 = *Rhabditella leptura* (COBB, 1929) CHITWOOD, 1933.

Bestimmungsschlüssel der Arten

1 Mundhöhle am hinteren Ende asymmetrisch: dorsal stärker verlängert als ventral. — Cuticula ganz fein geringelt. Kopf nicht abgesetzt, schmal. Mundhöhle 20—25 µm lang, ziemlich eng, 2—2,5mal länger als die Lippenbreite. Manschette 2/3 des Mundprismas umfassend. Vorderer Abschnitt des Ösophagus kaum länger als der hintere. Spicula 33—36 µm, Gubernaculum 15 µm lang. Papille 1 hinter dem proximalen Spiculumende, Papillen 2 und 3 unmittelbar vor dem Anus, einander ganz nahe, Papille 4 sublateral, Papillen 5—8 subventral und 9 subdorsal. Schwanz bei beiden Geschlechtern etwa 10 Analbreiten lang.
♀: L = 0,8—1,5 mm; a = 33—36; b = 5,8—6,0; c = 5—6; V = 43—48%.
♂: L = 0,6—1,0 mm; a = 29—32; b = 5,7—6,3; c = 4,5—6,0.
BRD, USA, Honduras, Brasilien; terrikol, saprob. — *Rhabditis* (*Rhabditella*) *leptura* Cobb, 1929. . . . . *leptura* (Cobb, 1929) Chitwood, 1933

— Mundhöhle am hinteren Ende nicht oder nur ganz unbedeutend asymmetrisch, dorsal so lang wie ventral. 2

2 Mundhöhle sehr lang und schmal: 3,5—3,8mal so lang wie die Lippenbreite bzw. 12—15mal länger als breit. — Cuticula fein geringelt, Seitenfeld mit 2 Längslinien. Kopf schmal; Körper am hinteren Ösophagusende fast 4mal breiter als der Kopf. Mundhöhlenlänge variierend: 20 bis 40 µm. Manschette 2/3 des Mundprismas umfassend. Vorderer Ösophagusabschnitt 1,3—1,5mal länger als hinterer. Spicula 35—45 µm, Gubernaculum 25—35 µm lang. Präanale Bursapapillen wie bei der vorigen Art; Papille 4 adanal, Papillen 5—8 subventral und einander ganz nahe, 9 subdorsal. Schwanz des ♀ 12—18, der des ♀ 8—12 Analbreiten lang.
♀: L = 0,8—2,9 mm; a = 20—32; b = 4—9; c = 3,0—5,5; V = 38—50%.
♂: L = 0,7—1,5 mm; a = 21—29; b = 4,0—6,5; c = 3,5—6.0.
DDR, BRD, Schweiz, Österreich, Ungarn, Spanien, Italien, Jugoslawien, Bulgarien, Polen, Sowjetunion (Rußland, Estland, Litauen, Moldau, Turkmenien, Usbekistan, Ferner Osten), Iran, Indien, China, Japan, Zaire, Rhodesien, USA, Kuba, Venezuela, Chile; terrikol, ein echter Düngernematode. — *Leptodera elongata* Schneider, 1866, nec Baird, 1858; *Rhabditis elongata* (Schneider, 1866) Bütschli, 1876; *Rhabditis* (*Choriorhabditis*) *elongata* (Schneider, 1866) Bütschli, 1876 (Osche, 1952); *Rhabditis pseudoelongata* Micoletzky, 1913; *Rhabditis* (*Rhabditella*) *pseudoelongata* Micoletzky, 1913 (Sudhaus, 1976); *Rhabditis tenuicaudata* Menzel & Stefanski in Stefanski, 1917; *Rhabditella tenuicaudata* (Menzel & Stefanski in Stefanski, 1917) Chitwood, 1933; *Rhabditis usui* Watanabe, 1927; *Rhabditis gracilis* Shingareva, Demidova & Kudriavthev, 1928; *Rhabditella gracilis* (Shingareva, Demidova & Kudriavthev, 1928) Chitwood, 1933; *Rhabditis macrocerca* Kreis & Faust, 1933; *Rhabditella macrocerca* (Kreis & Faust, 1933) Steiner, 1943; *Rhabditis tricincta* Paesler, 1946; *Rhabditella multipara* Li, 1951. . . . *pseudoelongata* (Micoletzky, 1913) Andrássy, 1983

— Mundhöhle kürzer und weiter: 2,3—2,5mal so lang wie die Lippenbreite bzw. 7mal so lang wie breit. — Cuticula fein geringelt. Lippen schwach spitz;

Körper am proximalen Ösophagusende 3—3,5mal breiter als der Kopf. Mundhöhle 20—28 µm lang; Manschette 2/3 des Mundprismas umfassend. Vorderabschnitt des Ösophagus 1,2—1,3mal länger als der Hinterabschnitt. Spicula 30—38 µm, Gubernaculum 21—28 µm lang. Bursapapillen in typischer Anordnung. Schwanz des ♀ 8—12, der des ♂ 6—10 Analbreiten lang.
♀: L = 0,76—1,2 mm; a = 20—32; b = 4,1—6,5; c = 3,6—6,0; V = 38 bis 50%. ♂: L = 0,74—0,94 mm; a = 21—29; b = 4,0—5,4; c = 3,5—7,0.
BRD, Indien, Ägypten, USA, Chile; terrikol. *Rhabditis octopleura* STEINER, 1929; *Rhabditis* (*Choriorhabditis*) *octopleura* STEINER, 1929 (OSCHE, 1952); *Rhabditis* (*Rhabditella*) *octopleura* STEINER, 1929 (DOUGHERTY, 1953); *Rhabditella chilensis* STEINER, 1943. . . . . *octopleura* (STEINER, 1929) CHITWOOD, 1933

Bemerkung: Wahrscheinlich gehören auch noch die beiden folgenden Arten in die Gattung *Rhabditella*; sie sind ziemlich ungenügend beschrieben (species inquirendae):
Rhabditella frugicola (GOODEY, 1942) ANDRÁSSY, 1983 — Syn. *Brevibucca frugicola* GOODEY, 1942; *Rhabditoides frugicola* (GOODEY, 1942) GOODEY, 1963.
Rhabditella macrospiculata (STEFANSKI, 1916) ANDRÁSSY, 1983 — Syn. *Rhabditis macrospiculata* STEFANSKI, 1916; *Rhabditis* (*Choriorhabditis*) *macrospiculata* STEFANSKI, 1916 (OSCHE, 1952).

6. Genus: ***Curviditis*** (DOUGHERTY, 1953) ANDRÁSSY, 1983

Syn. *Rhabditis* (*Curviditis* DOUGHERTY, 1953).
Rhabditinae. 1—2 mm lange Tiere. Lippen 6, gut entwickelt, zuweilen mit recht langen Papillen. Mundhöhle mittelmäßig entwickelt, lang-prismatisch. Cheilostom nicht cuticularisiert; Metastomwülste halbkugelig, mit je 3 sehr feinen Warzen. Ösophagusmanschette vorhanden, hoch. Ösophagus in der Mitte bulbusartig angeschwollen. Weibliche Gonaden paarig. Spicula frei, mit je einem langen Dorsaldorn. Bursa peloder, meist radiär gegliedert, schwach entwickelt. 10 Papillenpaare, von denen die vordersten dem Anus nahe liegen. Schwanz bei beiden Geschlechtern kuppelförmig.
Terrikol, und seltener aquatil lebende Spezies.
Typusart: *Leptodera curvicaudata* SCHNEIDER, 1866 = *Curviditis curvicaudata* (SCHNEIDER, 1866) ANDRÁSSY, 1983.

Bestimmungsschlüssel der Arten

1 Laterale Lippenpapillen — insbesondere beim ♀ — ungewöhnlich lang, tentakelförmig. — Kopf gut angesetzt. „Tentakelpapillen" des ♀ etwa so lang wie die halbe Kopfbreite, gebogen, die des ♂ wesentlich kürzer. Mundhöhle 28—34 µm lang; Manschette etwa 3/4 des Mundprismas umgebend. Schwanz des ♀ kuppelförmig, 1,5 Analbreiten lang, der des ♂ gleichfalls kuppelförmig, mit 10 Paar Burapapillen (1 + 2 + 1 + 3 + 3). Spicula 32—37 µm, Gubernaculum 15—21 µm lang.
♀: L = 0,85—0,99 mm; a = 13—22; b = 3,7—4,6; c = 26—30; V = 61 bis 64%. ♂: L = 0,68—1,05 mm; a = 15—23; b = 3,8—5,0; c = 20—28.
Griechenland; in Holzmulm. — *Rhabditis* (*Cephaloboides*) *dimorpha* SUDHAUS, 1976. . . . . *dimorpha* (SUDHAUS, 1976) ANDRÁSSY, 1983

— Laterale Lippen normal, klein. Kopf scharf abgesetzt. Cuticula praktisch glatt. Körper am Proximalende des Ösophagus 3mal so breit wie der Kopf. Mundhöhle 25—28 µm lang, ungefähr doppelt so lang wie die Lippenbreite. Manschette 60% des Mundprismas umfassend. Mittelanschwellung des Ösophagus ziemlich schwach. Exkretionsporus neben dem Endbulbus. Gleichzeitig 1—6 Eier im Uterus. Spicula 50—54 µm lang, distal stumpf und meist mit Schleimtropfen. Bursapapillen einander nahe stehend: 3 + 1 + 3 + 3. Schwanz des ♀ 3 Analbreiten lang.
♀: L = 1,1—1,8 mm; a = 15—24; b = 4,4—6,0; c = 13—22; V = 53—61%.
♂: L = 1,0—1,6 mm; a = 17—25; b = 4,2—6,0; c = 12—20.
DDR, BRD, Österreich, Ungarn, Italien, Jugoslawien, Polen, England, Färöer Inseln, Sowjetunion (Rußland, Estand, Litauen) Malaysia; terrikol und aquatil. — *Leptodera curvicaudata* SCHNEIDER, 1866; *Rhabditis curvicaudata* (SCHNEIDER, 1866) LINSTOW, 1878; *Rhabditis* (*Choriorhabditis*) *curvicaudata* (SCHNEIDER, 1866) LINSTOW, 1878 (OSCHE, 1952); *Rhabditis* (*Curviditis*) *curvicaudata* (SCHNEIDER, 1866) LINSTOW, 1878 (DOUGHERTY, 1953); *Rhabditis* (*Cephaloboides*) *curvicaudata* (SCHNEIDER, 1866) LINSTOW, 1878 (DOUGHERTY, 1955); *Rhabditis micoletzkyi* SCHNEIDER, 1923; *Rhabditis insulana* DITLEVSEN, 1928; *Rhabditis armata* FUCHS, 1931; *Rhabditis* (*Choriorhabditis*) *armata* FUCHS, 1931 (OSCHE, 1952); *Rhabditis* (*Cephaloboides*) *armata* FUCHS, 1931 (DOUGHERTY, 1955). . . . .
. . . . *curvicaudata* (SCHNEIDER, 1866) ANDRÁSSY, 1983

7. Genus: *Rhitis* ANDRÁSSY, 1982

Rhabditinae. Körperlänge zwischen 0,5 und 2,0 mm. Lippen 6, flach, wenig abgesondert, mit feinen Papillen. Mundhöhle verhältnismäßig lang und schmal, hinten fast in allen Fällen gebogen. Cheilostom nicht cuticularisiert; Metastomwülste asymmetrisch, mit je 3 kleinen Zähnchen. Manschette gut entwickelt. Ösophagus in der Mitte bulbusartig angeschwollen. Weibliche Gonaden paarig. Spicula frei, einfach. Bursa rudimentär, radiär gegliedert, meist auch von Medialansicht kaum erkennbar. Papillen 9 Paare, das vorderste Paar weit vor den Spicula liegend. Schwanz des Weibchens lang-konisch, der des Männchens kurz-konisch.
Im Boden und unter saproben Verhältnissen lebende Arten.

Typusart: *Leptodera inermis* SCHNEIDER, 1866 = *Rhitis inermis* (SCHNEIDER, 1866) ANDRÁSSY, 1982.

Bestimmungsschlüssel der Arten

1 Schwanz des ♀ sehr lang, etwa 1/4 der gesamten Körperlänge einnehmend, seine Cuticula kurz hinter dem Anus charakteristisch eingeschnürt. — Lippen flach, mit feinen Borstenpapillen. Mundhöhle 18—20 µm lang, 1,5mal so lang wie die Lippenbreite. Prostom stärker cuticularisiert als das von einer langen Manschette umkleidete Mesostom. Nur 1—2 Eier im Uterus (40 × 24 µm). Schwanzfaden ungewöhnlich lang und fein.

♀: L = 0,90–1,07 mm; a = 18–26; b = 7,0–8,1; c = 3,6–5,3; V = 38 bis 45%. ♂ unbekannt.
Holland, BRD, Kenia; meist in Mist. – *Rhabditis* (*Telorhabditis*) *hermaphrodita* Osche, 1954; *Rhabditoides hermaphroditus* (Osche, 1954) Dougherty, 1955; *Rhabditis* (*Rhabditoides*) *helversenorum* Sudhaus, 1974. . . . . *hermaphrodita* (Osche, 1954) Andrássy, 1980[86]

– Schwanz des ♀ kürzer und nicht so eingeschnürt. 2

2 Spicula 50–60 µm, länger als der Schwanz. – Cuticula 0,7 µm dick, fein geringelt. Körper am Hinterende des Ösophagus fast 4mal breiter als der Kopf. Mundhöhle schmal, 25–27 µm lang, 1/7–1/8 der Ösophaguslänge, hinten deutlich asymmetrisch. Metastomzähne ziemlich groß. Ei 52–56 µm lang. Spicula nur leicht gebogen, proximal knopfförmig erweitert; Gubernaculum 26 bis 30 µm lang. Das 1. Papillenpaar 2–2,5 Spiculalängen vor der Analöffnung; übrigens sind die Papillen nicht in bestimmten Gruppen angeordnet. Schwanz des ♀ 3,5–5, der des ♂ 1,5 Analbreiten lang. Die bursalose Schwanzspitze nimmt nur 1/3 der Schwanzlänge ein.
♀: L = 0,94–1,5 mm; a = 17–24; b = 5,7–7,1; c = 9–13; V = 52–60%.
♂: L = 0,82–1,1 mm; a = 18–25; b = 5,7–7,9; c = 19–23.
DDR, BRD, Italien, Sowjetunion (Rußland, Litauen), Uganda, Neuseeland; terrikol. – *Rhabditis* (*Telorhabditis*) *inermiformis* Osche, 1952; *Rhabditis* (*Rhabditoides*) *inermiformis* Osche, 1952 (Sudhaus, 1976); *Rhabditoides inermiformis* (Osche, 1952) Dougherty, 1955; *Protorhabditis multiovata* Slepetiene, 1961; *Rhabditoides zocchii* Marinari-Palmisano, 1967. . . . . *inermiformis* (Osche, 1952) Andrássy, 1983

– Spicula 32–50 µm, kürzer als der Schwanz. 3

3 Anordnung der postanalen Papillenpaare: 3 + 5, Bursa fast bis zur Schwanzspitze reichend. – Cuticula glatt. Mundhöhle 23–28 µm lang, 1/8 der gesamten Ösophaguslänge. Vorderer Ösophagusabschnitt 1,5–1,6mal länger als der hintere. Eier 40–60 × 30–40 µm groß; ovipar. Spicula 32–37 µm, Gubernaculum 15–16 µm lang. Bursa mit 8 Papillenpaaren, davon 3 im Bereich der Spicula.[87] Schwanz des ♀ 3–4, der des ♂ 1,5–2 Analbreiten lang.
♀: L = 1,47–1,87 mm; a = 23–28; b = 5,4–7,5; c = 10–14; V = 50 bis 53%. ♂: L = 0,84–1,06 mm; a = 21–26; b = 4,3–5,3; c = 8–17.
Tschechoslowakei; in Klärschlamm. – *Protorhabditis hanuskai* Kokordák, 1969; *Rhabditis* (*Rhabditoides*) *hanuskai* (Kokordák, 1969) Sudhaus, 1976 . . . . *hanuskai* (Kokordák, 1969) Andrássy, 1983

– Anordnung der postanalen Papillenpaare anders, Bursa beinahe die Hälfte des Schwanzes frei lassend. – Cuticula sehr dünn, praktisch ungeringelt. Körper am Hinterende des Ösophagus 3mal breiter als der Kopf. Lippen sehr flach. Mundhöhle nur 1,2–1,3mal so lang wie die Lippenbreite. Mittelanschwellung

---

[86] Da das Männchen unbekannt ist, reihe ich die Art vorläufig und mit Vorbehalt in die Gattung *Rhitis* ein.

[87] Kokordák übersah vielleicht das weit vor den Spicula liegende Papillenpaar.

des Ösophagus kräftig. Vivipare Art, mit zahlreichen Eiern bzw. Embryonen. Gubernaculum 15–20 μm lang. Das 1. Papillenpaar 2 Spiculalängen vor dem Anus liegend. Schwanz des ♀ 6, der des ♂ 1,5–2 Analbreiten lang.
♀: L = 0,6–2,0 mm; a = 14–22; b = 4–11; c = 8–14; V = 50–55%.
♂: L = 0,46–1,4 mm; a = 13–23; b = 4–7; c = 13–20.
DDR, BRD, Österreich, Ungarn, Menorca, Polen, Sowjetunion (Litauen, Ferner Osten), Japan, Zaire; terrikol, häufig in Dünger. – *Leptodera inermis* SCHNEIDER, 1866; *Rhabditis inermis* (SCHNEIDER, 1866) LINSTOW, 1878; *Rhabditis* (*Telorhabditis*) *inermis* (SCHNEIDER, 1866) LINSTOW, 1878 (OSCHE, 1952); *Rhabditis* (*Rhabditoides*) *inermis* (SCHNEIDER, 1866) LINSTOW, 1878 (SUDHAUS, 1976); *Rhabditoides inermis* (SCHNEIDER, 1866) DOUGHERTY, 1955; *Rhabditis faecalis* WATANABE, 1902; *Rhabditis hominis* KOBAYASHI, 1920; *Rhabditis schachtiella* SKRJABIN & SHULTS, 1926; *Rhabditoides schachtiella* (SKRJABIN & SHULTS, 1926) DOUGHERTY, 1955; *Rhabditis inermoides* VÖLK, 1950; *Rhabditis* (*Telorhabditis*) *inermis inermoides* VÖLK, 1950 (OSCHE, 1952). . . . . *inermis* (SCHNEIDER, 1866) ANDRÁSSY, 1982

Bemerkung: Vielleicht gehört noch eine ohne Abbildung beschriebene Art hierher, und zwar *Rhitis giardi* (MAUPAS, 1915)ANDRÁSSY, 1983 – Syn. *Rhabditis giardi* MAUPAS, 1915; *Rhabditis* (*Telorhabditis*) *giardi* MAUPAS, 1915 (OSCHE, 1952); *Rhabditis* (*Rhabditoides*) *giardi* MAUPAS, 1915 (SUDHAUS, 1976); *Rhabditoides giardi* (MAUPAS, 1915) DOUGHERTY, 1955.

8. Genus: *Cuticularia* VAN DER LINDE, 1938

Syn. *Peplorhabditis* IVANOVA, 1960; *Praeputirhabditis* KHERA, 1969.
Rhabditinae. Körperlänge 0,5 bis 1,3 mm. Cuticula auffallend locker, sackartig und meist zerknittert. Lippen 6, flach, Papillen sehr klein. Mundhöhle mittelmäßig entwickelt. Cheilostom nicht cuticularisiert; Metastomwülste schwach, mit je 2 Zähnchen. Ösophaguscorpus praktisch nicht angeschwollen. Wiebliche Gonaden paarig. Spicula frei, einfach. Bursa ganz rudimentär, von der eigentlichen Cuticula nicht unterscheidbar. Von den 9 Papillenpaaren liegt das 1. Paar weit vor den Spicula. Schwanz des ♀ ganz kurz, kuppelförmig, mit aufgesetzter Spitze.
Terrestrische Nematoden, in der Erde, in Detritus und organischen Substanzen.
Typusart: *Cuticularia mathesoni* VAN DER LINDE, 1938 = *Cuticularia oxycerca* (DE MAN, 1895) ANDRÁSSY, 1983.

Bestimmungsschlüssel der Arten

1 Schwanz des ♀ deutlich länger als der Analdurchmesser; Cuticula mit Längsreihen feiner Punkte. – Cuticula nicht geringelt. Lippen wenig abgesondert, mit kleinen Papillen. Mundhöhle etwa doppelt so lang wie die Lippenbreite. Vorderabschnitt des Ösophagus 1,3–1,4mal länger als Hinterabschnitt. Uterus meist mit 1–9 Eiern; Ei 45–54 × 19–30 μm.

♀: L = 0,68–1,31 mm; a = 15–30; b = 3,4–5,7; c = 13–21; V = 52 bis 57%. ♂ unbekannt.
Sumatra; in Kompost. — *Rhabditis (Poikilolaimus) regenfussi* SUDHAUS, 1980. . . . . *regenfussi* (SUDHAUS, 1980) ANDRÁSSY, 1983

— Schwanz des ♀ kürzer als der Analdurchmesser; Cuticula nicht punktiert. — Körper plump. Kopf nicht abgesetzt; Körper am Hinterende des Ösophagus 2,5–3mal breiter als der Kopf. Mundhöhle 22–25 µm lang, 1,5–1,8mal länger als die Lippenbreite. Exkretionsporus bei der vorderen Hälfte des Isthmus. Spicula 30–40 µm lang, proximal hakenartig gebogen, distal scharf spitz. Das 1. Papillenpaar liegt zwei Spiculalängen vor der Analöffnung, die übrigen Paare stehen einander nahe.
♀: L = 0,5–1,1 mm; a = 14–20; b = 4–5; c = 30–60; V = 55–59%. ♂: L = 0,54–1,17 mm; a = 13–18; b = 4–5; c = 18–30.
Holland, DDR, BRD, Schweiz, Österreich, Ungarn, Tschechoslowakei, Italien, Polen, England, Schweden, Sowjetunion (Rußland, Moldau, Grusien, Usbekistan, Ferner Osten), Zaire, Südafrika, Trinidad, Australien; terrikol. — *Rhabditis oxycerca* DE MAN, 1895; *Rhabditis (Choriorhabditis) oxycerca* DE MAN, 1895 (OSCHE, 1952); *Rhabditis (Cephaloboides) oxycerca* DE MAN, 1895 (DOUGHERTY, 1955); *Anguillula brevispina* CLAUS, 1862 (nomen oblitum!); *Rhabditis brevispina* (CLAUS, 1862) BÜTSCHLI, 1873; *Rhabditis (Choriorhabditis) brevispina* (CLAUS, 1862) OSCHE, 1952; *Rhabditis nudicapitata* STEFANSKI, 1922; *Rhabditis demani* HNATEWYTSCH, 1929; *Rhabditis (Choriorhabditis) demani* HNATEWYTSCH, 1929 (MEYL, 1954); *Rhabditis variabilis* FUCHS, 1931; *Cuticularia mathesoni* VAN DER LINDE, 1938; *Rhabditis mathesoni* (VAN DER LINDE, 1938) GOODEY, 1951; *Rhabditis (Choriorhabditis) mathesoni* (VAN DER LINDE, 1938) GOODEY, 1951 (DOUGHERTY, 1953); *Rhabditis stalbergi* ALLGÉN, 1950; *Rhabditis oerleyi* VÖLK, 1950; *Rhabditis succaris* CLAPHAM, 1930; *Rhabditis (Choriorhabditis) succaris* CLAPHAM, 1930 (OSCHE, 1952); *Rhabditis parapapillosa* SCHUURMANS STEKHOVEN, 1951; *Peplorhabditis vestibularis* IVANOVA, 1960; *Protorhabditis cuneocaudata* SLEPETIENE, 1961; *Praeputirhabditis jodhpurensis* KHERA, 1969; *Rhabditis (Cephaloboides) jodhpurensis* (KHERA, 1969) SUDHAUS, 1976. . . . . *oxycerca* (DE MAN, 1895) ANDRÁSSY, 1983

9. Genus: *Poikilolaimus* FUCHS, 1930

Rhabditinae. Körper 0,4–1,0 mm lang. Lippen 6, nicht abgesondert, mit feinen Papillen. Seitenorgan groß, oval, in Höhe des Mundprismas. Cheilostom nicht cuticularisiert, Promesostom mäßig entwickelt, Metastom leicht asymmetrisch, mit kleinen Zähnchen. Ösophagusmanschette fehlend. Corpus bulbusartig angeschwollen. Weibliche Gonaden paarig. Spicula frei. Bursa schmal, adanal, leptoder, mit 7 Papillenpaaren, die sämtlich an der Bursa liegen. Schwanz des Weibchens konisch oder kuppelförmig.
In Gängen von Borkenkäfern.
Typusart: *Poikilolaimus micoletzkyi* FUCHS, 1930 = *Poikilolaimus piniperdae* FUCHS, 1930.

Bestimmungsschlüssel der Arten

1 Schwanz des ♀ breit-kuppelförmig, mit aufgesetzter Spitze; größere Art, 0,8 bis 1,0 mm. — Cuticula sehr fein geringelt und längsgestreift. Kopf abgerundet, nicht abgesetzt, Lippen nicht abgesondert, mit feinen Borstenpapillen. Körper am proximalen Ösophagusende 2,5mal so breit wie der Kopf. Seitenorgan 1/3 der einschlägigen Körperbreite, bei der Mitte der Mundhöhle. Mundhöhle 20 μm lang. Metastomzähnchen deutlich. Vorderer Ösophagusabschnitt 1,2—1,3mal länger als hinterer. Spicula 32—35 μm lang. 7 Paar (?) Bursapapillen: 3 + 3 + 1. Schwanz bei beiden Geschlechtern ähnlich; Kuppel und Faden etwa gleich lang.
♀: L = 0,82—1,0 mm; a = 20—22; b = 4,4—5,0; c = 20—31; V = 55 bis 56%. ♂: L = 0,81 mm; a = 18—20; b = 4,1—4,5; c = 15—25.
USA (Arizona); gebunden an *Dendroctonus adjunctus* (Scolytidae). — *Cephaloboides rotundus* MASSEY, 1974. . . . *rotundus* (MASSEY, 1974) ANDRÁSSY, 1983

— Schwanz des ♀ kegelförmig; kleinere Arten, 0,4—0,6 mm. 2

2 Schwanz des ♀ so lang wie 3 Analbreiten, etwa 1/10 der Körperlänge. — Cuticula sehr fein geringelt; die letzte Larvenhaut wird nicht abgestreift. Körper am proximalen Ösophagusende 2—2,5mal breiter als der Kopf. Mundhöhle relativ breit, ungefähr doppelt so lang wie die Lippenbreite. Vorderer Ösophagusabschnitt 1,3mal länger als hinterer. Spicula 40 μm, so lang wie der Schwanz; Gubernaculum 21 μm. Zahl der Papillenpaare nach der Beschreibung (DE CONINCK, 1935) nur 5, nach der Zeichnung aber 6. Schwanz des ♀ 4—5, der des ♂ 2 Analbreiten lang.
♀: L = 0,56 mm; a = 20; b = 3,1; c = 9; V = 54%. ♂: L = 0,53—0,60 mm; a = 27; b = 3,0—3,1; c = 11—13.
Zaire; in Lebermoos. — *Rhabditis incisocaudata* DE CONINCK, 1935; *Rhabditis* (*Telorhabditis*) *incisocaudata* DE CONINCK, 1935 (OSCHE, 1952); *Rhabditis* (*Rhabditoides*) *incisocaudata* DE CONINCK, 1935 (SUDHAUS, 1976); *Rhabditoides incisocaudatus* (DE CONINCK, 1935) DOUGHERTY, 1955. . . . . *incisocaudatus* (DE CONINCK, 1935) ANDRÁSSY, 1983

— Schwanz des ♀ so lang wie 1,5—2 Analbreiten, etwa 1/20 der Körperlänge. — Lippen flach. Körper am proximalen Ösophagusende 2,5mal breiter als der Kopf. Mundhöhle 15—16 μm lang, etwa 1,5mal länger als die Lippenbreite. Seitenorgan groß, bei der Mitte der Mundhöhle. Vorderer Ösophagusabschnitt etwas länger als der hintere. Spicula 30—38 μm, Gubernaculum 14—16 μm lang. 3 Paar Papillen liegen präanal. Schwanz des ♂ kürzer als der des ♀.
♀: L = 0,4—0,6 mm; a = 18—23; b = 3,3—4,5; c = 18—26; V = 50—61%. ♂: L = 0,35—0,60 mm; a = 19—30; b = 3,0—4,6; c = 18—27.
BRD, Spanien, USA (Wisconsin); in Gängen von verschiedenen Borkenkäfern. — *Poikilolaimus micoletzkyi* FUCHS, 1930; *Rhabditis* (*Poikilolaimus*) *piniperdae* (FUCHS, 1930) SUDHAUS, 1980. . . . . *piniperdae* FUCHS, 1930

Bemerkung: Die Unterart *Poikilolaimus piniperdae panagrocerca* SUDHAUS, 1980 unterscheidet sich von der Stammart durch den etwas kürzeren Körper, den längeren Schwanz und die noch stärker reduzierte Bursa. Österreich; vergesellschaftet mit *Sinodendron cylindricum* (Lucanidae).

ee) Subfamilia: *Ablechroiulinae* Andrássy, 1976

Rhabditinae. Lippen 6, flach, mit Bündeln feiner Borsten. Mundhöhle gut entwickelt, Metastom mit kleinen Zähnchen oder Warzen. Manschette mehr als die Hälfte des Mundprismas umgebend. Spicula frei oder distal verwachsen. Bursa schmal, leptoder mit 9—10 Papillenpaaren. Schwanz des ♀ kegel- oder kuppelförmig.
Zwei Gattungen.

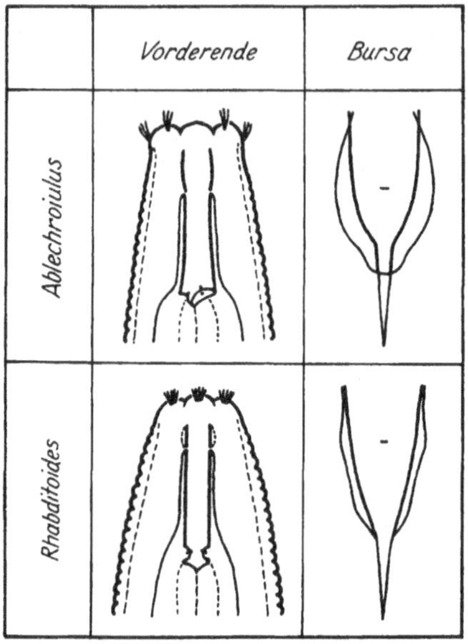

Abb. 129—130 Familie *Rhabditidae*, Unterfamilie *Ablechroiulinae*: *Ablechroiulus* und *Rhabditoides*

Bestimmungsschlüssel der Gattungen

1 Bursa äußerst schmal, nur in Medialansicht erkennbar, mit 10 Papillenpaaren. . . . . 2. *Rhabditoides* (S. 329)
— Bursa breiter, auch in Medialansicht erkennbar, mit 9 Papillenpaaren. . . . . 1. *Ablechroiulus* (S. 326)

1. Genus: ***Ablechroiulus*** Andrássy, 1966

Ablechroiulinae. Körperlänge zwischen 0,5 und 2,8 mm. 6 Lippen, mit 8 Bündeln feiner Börstchen. Mundprisma gut entwickelt, von hoher Manschette umgeben. Cheilostom nicht cuticularisiert; Metastomwülste mit je 3 oder 5 feinen Warzen. Ösophaguscorpus schwach angeschwollen. Weibliche Gonaden paarig. Spicula frei oder distal verwachsen, meist plump. Bursa leptoder, schmal aber auch in Lateralansicht gut erkennbar. 9 Paar Papillen: 1 + 2 Paare präanal (das 1. Paar vor den Spicula), 3 + 3 Paare postanal. Schwanz des Weibchens konisch oder kuppelförmig.
Terrikole Arten, zumeist Saprobionten, häufig an Pilzen.
Typusart: *Rhabditis ciliata* Fuchs, 1931 = *Ablechroiulus ciliatus* (Fuchs, 1931) Andrássy, 1966.

Bestimmungsschlüssel der Arten

1 Schwanz des ♀ kuppelförmig, mit aufgesetztem Faden. 2
— Schwanz des ♀ kegelförmig. 4
2 Kopf nicht abgesetzt; Schwanz 4—6 Analbreiten lang. — Cuticula 0,8—1,2 µm dick, nur am Vorderende fein geringelt. Submediallippen mit je 2 Dreiergruppen feiner Borsten (Zahl der Borsten insgesamt 24); Laterallippen borstenlos. Mundhöhle 26—28 µm lang, 2,4—2,6mal länger als die Lippenbreite. Ösophagusmanschette 2/3 des Mundprismas umfassend. Exkretionsöffnung in oder hinter der Mitte des Isthmus. Spicula 43—39 µm, Gubernaculum 20—24 µm lang. Spermien kugelig, 4—5 µm groß. Bursapapillen gattungstypisch.
♀: L = 0,8—1,0 mm; a = 18—20; b = 4,1—4,4; c = 6—11; V = 51—55%.
♂: L = 1,0—1,1 mm; a = 22—24; b = 5,0—5,2; c = 12—14.
Ghana; terrikol. — *Rhabditis anchispora* (ANDRÁSSY, 1966) SUDHAUS, 1976.
. . . . *anchisporus* ANDRÁSSY, 1966
— Kopf stark abgesetzt; Schwanz höchstens 3 Analbreiten lang. 3
3 Schwanzfaden lang, Schwanz länger als die doppelte Analbreite. — Cuticula glatt. Lippen gut abgesondert, Bündel mit je 5—6 Borsten. Mundhöhle kaum länger als die Kopfbreite, 15—16 µm. Uterus mit 7—15 Eiern. Spicula 29—30 µm lang. Bursapapillen etwas dichter aneinander stehend als bei anderen Vertretern der Gattung.
♀: L = 0,76—0,94 mm; a = 18—19; b = 4—5; c = 16—19; V = 55—57%.
♂: L = 0,65—0,86 mm; a = 15—17; b = 3,6—5,2; c = 12—14.
DDR, BRD, England, Malaysia; terrikol. — *Rhabditis paraciliata* GOODEY, 1943; *Rhabditis* (*Choriorhabditis*) *paraciliata* GOODEY, 1943 (OSCHE, 1952); *Rhabditis* (*Cephaloboides*) *paraciliata* GOODEY, 1943 (DOUGHERTY, 1955) . . . . *paraciliatus* (GOODEY, 1943) ANDRÁSSY, 1966
— Schwanzfaden kurz, Schwanz nur so lang wie die Analbreite. — Lippen scharf vom Hals abgesondert. Mundhöhle doppelt so lang wie die Lippenbreite; Manschette 2/3 des Mundprismas umgebend. Spicula 39—45 µm, länger als die Analbreite, in der distalen Hälfte verwachsen. Papillenanordnung gattungstypisch.
♀: L = 1,0 mm; a = 16—18; b = 5,6; c = 21; V = 57%. ♂: L = 0,9 mm; a = 16—20; b = 5—6; c = 16.
DDR; in faulenden Pflanzenresten. — *Rhabditis ciliata* FUCHS, 1931; *Rhabditis* (*Choriorhabditis*) *ciliata* FUCHS, 1931 (OSCHE, 1952); *Rhabditis* (*Cephaloboides*) *ciliata* FUCHS, 1931 (DOUGHERTY, 1955). . . . .
. . . . *ciliatus* (FUCHS, 1931) ANDRÁSSY, 1966
4 Schwanz des ♀ etwa 3mal so lang wie die anale Körperbreite; Bursapapillenpaare 1—2 und 2—3 gleich weit voneinander entfernt. — Cuticula 2,5—3,5 µm dick. Kopf nicht abgesetzt. Mundhöhle annähernd so lang wie die Lippenbreite; Manschette 75% des Mundprismas umfassend. Vorderabschnitt des Ösophagus kaum länger als der Hinterabschnitt. Exkretionsporus in Höhe des Endbulbus. Gleichzeitig 50—100 Eier im Uterus; vivipar. Spicula frei, ungefähr so lang wie der Schwanz.
♀: L = 1,0—2,8 mm; a = 16—23; b = 4,8—8,0; c = 11—17; V = 53—57%.
♂: L = 1,0—1,6 mm; a = 16—22; b = 4,8—6,5; c = 21—27.

BRD, Ungarn und Polen; terrikol. — *Rhabditis maupasi gongyloides* REITER, 1928; *Rhabditis gongyloides* REITER, 1928; *Rhabditis* (*Choriorhabditis*) *gongyloides* REITER, 1928 (OSCHE, 1952). . . . . *gongyloides* (REITER, 1928) ANDRÁSSY, 1966

— Schwanz des ♀ mindestens 5—6mal so lang wie die anale Körperbreite; Bursapapillenpaare 1—2 weiter voneinander liegend als 2—3. 5

5 Einige Bursapapillen (2—3. und 5—6.) an ihrer Basis verwachsen. 6

— Sämtliche Bursapapillen frei. 7

6 Körper sehr klein, 0,5—0,6 mm; Spicula verwachsen, distal und ventral mit je einem krallenartigen Fortsatz; zweigeschlechtliche Spezies. — Cuticula sehr dünn (0,7—0,8 µm), äußerst fein geringelt. Seitenfeld mit 4 Längslinien. Kopf 7µm breit, nicht abgesetzt; Körper am Hinterende des Ösophagus 3,3mal breiter als der Kopf. An den beiden Seiten der vier Submediallippen entspringt je ein aus 3 Borsten bestehendes Bündel (Zahl der Borsten insgesamt 24). Mundhöhle 23—24 µm lang, 3,3mal länger als die Lippenbreite. Vorderer Ösophagusabschnitt 58—62% der Ösophaguslänge. Abstand Vulva-Anus 1,7—2mal länger als der Schwanz. Spicula 25—26 µm, Gubernaculum 12—13 µm lang. Schwanz des ♀ 8—10 Analbreiten lang. Ovipare Art, Ei 48 µm lang.
♀: L = 0,53—0,63 mm; a = 19—25; b = 4,0—4,6; c = 5,0—5,7; V = 43 bis 49%. ♂: L = 0,47—0,56 mm; a = 18—23; b = 3,5—4,2; c = 10—11.
Vietnam; in Pilzen. — *Rhabditis dudichi* (ANDRÁSSY, 1970) SUDHAUS, 1976. . . . . *dudichi* ANDRÁSSY, 1970

— Körper größer, 0,7—1,1 mm; Spicula frei, distal einfach zugespitzt; hermaphroditische Art[88]. — Seitenfeld sehr dünn. Kopf leicht abgesetzt; 6 Büschel zu je 2—3 Borsten. Mundhöhle 22—25 µm, 2,5mal so lang wie die Lippenbreite; Manschette 3/4 des Mundprismas umfassend. Vorderabschnitt des Ösophagus 1,5mal länger als der Hinterabschnitt. Spicula etwa halb so lang wie der Schwanz. Bursa nach hinten leicht erweitert, mit den üblichen Papillenpaaren. Schwanz des ♀ 9—10 Analbreiten lang, haarfein auslaufend.
♀: L = 0,72—1,14 mm; a = 20—24; b = 4,7—6,8; c = 4—6; V = 43—51%. ♂ nicht gemessen.
BRD und Tschechoslowakei; an Flußufern. — *Rhabditis* (*Choriorhabditis*) *cristata* HIRSCHMANN, 1952 (OSCHE, 1952). . . . . *cristatus* (HIRSCHMANN, 1952) ANDRÁSSY, 1966

7 Kopf deutlich abgesetzt; Cuticula grob geringelt und längsgestreift; Spicula distal zugespitzt. — Mundhöhle 1,5mal so lang wie die Lippenbreite; Manschette 2/3 des Mundprismas umfassend. Exkretionsporus in Höhe des Endbulbus. Uterus mit 2—5 Eiern. Spicula frei, 34 µm, Gubernaculum 17 µm lang. Bursapapillen in typischer Anordnung. Schwanz des ♀ gleichmäßig kegelförmig, 5—6 Analbreiten lang; Phasmidien 1,5—2 Analbreiten hinter dem After.
♀: L = 1,0—1,6 mm; a = 15—21; b = 4,9—6,5; c = 5—7; V = 47—51%.
♂: L = 0,8—1,4 mm; a = 17—20; b = 4,6—5,5; c = 9—14.
DDR; saprob. — *Rhabditis crenata* PAESLER, 1946; *Rhabditis longicaudata* apud REITER, 1928. . . . . *crenatus* (PAESLER, 1946) ANDRÁSSY, 1966

[88] HIRSCHMANN fand unter 1842 Exemplaren nur ein einziges Männchen!

— Kopf praktisch nicht abgesetzt; Cuticula kaum strukturiert; Spicula distal breit abgerundet. 8

8 Schwanz des ♀ 10 Analbreiten lang; Bursa hinten breit abgerundet; kleinere Art, um 1 mm. — Körper am Hinterende des Ösophagus 3mal so breit wie der Kopf. Mundhöhle so lang wie 2 Lippnebreiten, 30—32 µm. Vorderabschnitt des Ösophagus 2mal länger als der Hinterabschnitt. Exkretionsporus in Höhe des Endbulbus. Abstand Vulva-Anus 1,5mal so lang wie der Schwanz. Spicula 26—27 µm, Gubernaculum 14—15 µm lang. Bursa breit, Papillen typisch für die Gattung.
♀: L = 0,9—1,05 mm; a = 23; b = 5,6—6,0; c = 5; V = 47%. ♂: L = 0,67 bis 0,85 mm; a = 21—22; b = 4,8—5,6; c = 5—6.
BRD; in Mulm. — *Rhabditis* (*Choriorhabditis*) *acarta* Rühm in Osche, 1952; *Rhabditis* (*Rhabditis*) *acarta* Rühm in Osche, 1952 (Sudhaus, 1976). . . . . *acartus* (Rühm in Osche, 1952) Andrássy, 1966

— Schwanz des ♀ 5—6 Analbreiten lang; Bursa hinten allmählich verschmälert; größere Art, 1,2—1,9 mm. — Cuticula fein geringelt. Anscheinend 3 Bündel mit je 3 Borsten. Mundhöhle 22—28 µm lang, 1/10 der Ösophaguslänge, mit hoher Manschette. Vorderer Ösophagusabschnitt 1,1—1,2mal länger als hinterer. Exkretionsporus neben dem Endbulbus. Höchstens 24 Eier im Uterus. Spicula 40—60 µm lang, Gubernaculum etwa halb so lang. Bursapapillen lang, gattungstypisch angeordnet.
♀: L = 1,2—1,9 mm; a = 22—27; b = 4,9—6,2; c = 7—12; V = 50%. ♂: L = 0,75—1,72 mm; a = 23—28; b = 4,2—5,8; c = 13—22.
England, im Pilzüberzug eines Kühlschranks. — *Rhabditis broughtonalcocki* Buckley, 1931. . . . . . . *broughtonalcocki* (Buckley, 1931) Andrássy, 1983

Bemerkung: Die von mir früher in diese Gattung eingereihte Art *Ablechroiulus lacustris* (Micoletzky, 1913) Andrássy, 1966 — Syn. *Rhabditis lacustris* Micoletzky, 1913; *Rhabditis* (*Choriorhabditis*) *lacustris* Micoletzky, 1913 — wurde ohne Männchen beschrieben, so daß ich es für ratsamer halte, sie als „species inquirenda" zu behandeln.

2. Genus: ***Rhabditoides*** Goodey, 1929

Syn. *Rhabditis* (*Rhabditoides* Goodey, 1929) Sudhaus, 1974; *Rhabditis* (*Telorhabditis* Osche, 1952); *Telorhabditis* (Osche, 1952) Schuurmans Stekhoven, 1957.
Ablechroiulinae. Körper 0,9 bis 1,9 mm lang. Lippen 6, flach, mit dicht stehenden feinen Börstchen. Mundprisma nach der Mitte zu allmählich etwas verengt. Cheilostom nicht cuticularisiert; Metastom mit je 3 kleinen Zähnchen. Manschette lang. Ösophagus mit mittlerer Anschwellung. Weibliche Gonaden paarig. Spicula frei. ziemlich kurz. Bursa leptoder, äußerst schmal, radiär gegliedert, nur in Medialansicht erkennbar. 10 Paar Bursapapillen: 2 Paare vor den Spicula, 3 Paare adanal und 5 Paare postanal. Schwanz kegelförmig, scharf zugespitzt.
Typische und einzige Art: *Rhabditoides coprophagus* Goodey, 1929 = *Rhabditoides longispina* (Reiter, 1928) Dougherty, 1953.

— Cuticula stark geringelt. Zahl der Lippenborsten etwa 30. Mundhöhle 1,8mal länger als die Lippenbreite; Metastomwülste schwach. Exkretionsporus in

Höhe des Endbulbus. Uterus meist mit zahlreichen Eiern. Spicula 30 μm, Gubernaculum 15 μm lang. Schwanz des ♀ 4–5 Analbreiten lang.
♀: L = 1,2–1,9 mm; a = 15–20; b = 6,3–9,2; c = 7–12; V = 43–50%.
♂: L = 0,9–1,3 mm; a = 14–21; b = 5,5–8,0; c = 8–11.
BRD, Österreich, Tschechoslowakei, Polen, England, Sowjetunion (Rußland); meist in Kompost. — *Rhabditis longispina* REITER, 1928; *Rhabditis* (*Telorhabditis*) *longispina* REITER, 1928 (OSCHE, 1952); *Rhabditis* (*Rhabditoides*) *longispina* REITER, 1928 (SUDHAUS, 1976); *Telorhabditis longispina* (REITER, 1928) SCHUURMANS STEKHOVEN, 1957; *Rhabditoides corpophagus*; GOODEY, 1929; *Rhabditis kornejevi* KOKORDÁK, 1969; *Rhabditis* (*Rhabditoides*) *kornejevi* KOKORDÁK, 1969 (SUDHAUS, 1976). . . . .
. . . . *longispina* (REITER, 1928) DOUGHERTY, 1953

Bemerkung: *Rhabditoides coprophagus longicaudatus* KANNAN, 1960 ist wegen der knappen Beschreibung nicht näher zuzuordnen (species inquirenda).

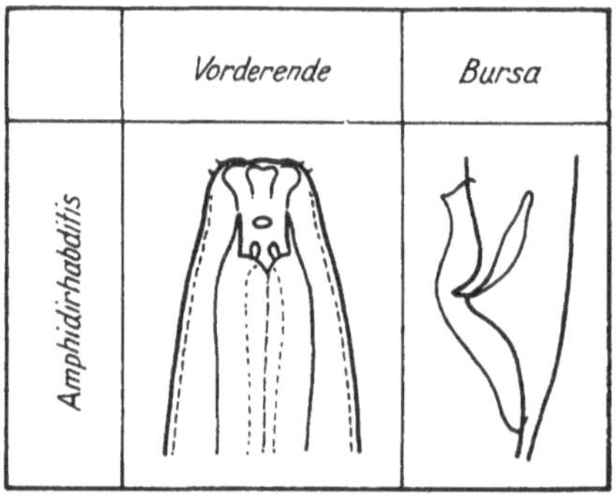

Abb. 131 Familie *Rhabditidae*, Unterfamilie *Amphidirhabditinae*: *Amphidirhabditis*

ff) Subfamilia: *Amphidirhabditinae* ANDRÁSSY, 1978

Rhabditidae. Lippen 6, wenig abgesondert. Seitenorgan groß, in Höhe des Mundrohrs. Cheilostom cuticularisiert, auffällig; Metastom mit großen Zahnbildungen. Ösophagus mit mittlerer Erweiterung. Weibliche Gonaden paarig. Bursa leptoder. Schwanz filiform.
Eine Gattung.

1. Genus: ***Amphidirhabditis*** ANDRÁSSY, 1978

Amphidirhabditinae. Körperlänge um 1 mm. 6 Lippen, mit je 2 Kreisen von Borstenpapillen. Cuticula glatt. Seitenorgan gut sichtbar, oval, in Höhe des Mundprismas. Mundhöhle gut entwickelt; Cheilostom auffallend cuticularisiert, aus 6 Paaren bogenförmiger Stäbchen zusammengesetzt. Metastomzähne ungewöhnlich: relativ groß, löffelförmig, kaum cuticularisiert. Ösophaguscorpus mäßig angeschwollen. Weibliche Gonaden paarig; Receptacula seminis vorhanden. Spicula verwachsen, Gubernaculum einfach. Bursa leptoder, gut entwickelt; Papillen 9 Paare, in drei Dreiergruppen angeordnet. Schwanz in beiden Gecshlechtern sehr lang, filiform.

Typische und einzige Art: *Amphidirhabditis longipapillata* ANDRÁSSY, 1978.

— Cuticula 1 µm dick. Seitenfeld schmal, 1/13—1/14 der Körperbreite, mit 2 Längsstreifen. Kopf nicht abgesetzt, 12—13 µm breit. Borstenpapillen im hinteren Kreis etwas länger als die im vorderen Kreis und beim ♀ nach vorn, beim ♂ nach hinten gerichtet. Seitenorgane 3—3,5 µm breit, oval, 7—10 µm hinter den Lippen, in Höhe des Promesostoms. Mundrohr kurz, von einer Manschette umgeben. Exkretionsporus in Höhe des Isthmus. Enddarm 1,5mal so lang wie der anale Körperdurchmesser. Spicula ziemlich schwach cuticularisiert, 23 bis 24 µm, Gubernaculum 12 µm lang. Bursa gut entwickelt. 3 Paare der Papillen präanal, 3 + 3 Paare postanal. Papillen 2 und 3, sowie 5 und 6 proximal verwachsen. Schwanz des ♀ 15 Analbreiten lang, der des ♂ etwas kürzer.
♀: L = 1,02 mm; a = 30; b = 4,4; c = 3,8; V = 46%. ♂: L = 0,92 mm; a = 28; b = 4,6; c = 4,6.
Neukaledonien; in Walderde. . . . . *longipapillata* ANDRÁSSY, 1978

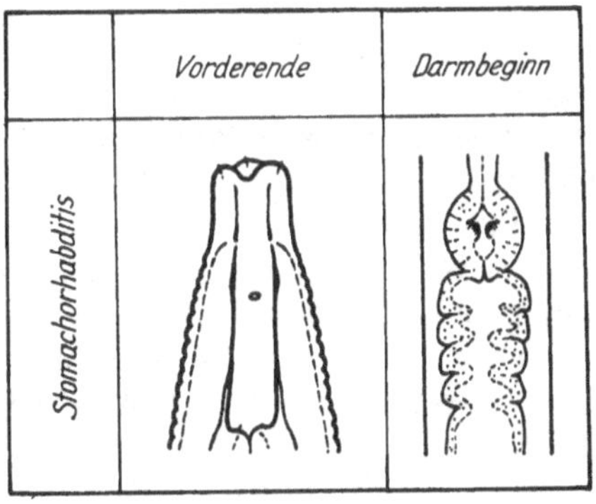

Abb. 132 Familie *Rhabditidae*, Unterfamilie *Stomachorhabditinae*: *Stomachorhabditis*

gg) Subfamilia: *Stomachorhabditinae* ANDRÁSSY, 1970

Rhabditidae. 3 Lippen. Seitenorgan oval, in Höhe des Mundprismas. Mundhöhle lang, Metastom mit feinen Warzen. Ösophagus in der Mitte stark angeschwollen. Darmbeginn dicht gerunzelt und magenartig vom nachfolgenden Darmabschnitt abgesondert. Bursa fehlend. Schwanz fadenförmig.
Eine Gattung.

1. Genus: ***Stomachorhabditis*** ANDRÁSSY, 1970

Syn. *Termirhabditis* MASSEY, 1971.
Stomachorhabditinae. Körper kleiner als 1 mm. Lippen 3, mit je 2 Papillen. Seitenorgan queroval, ziemlich klein, in oder vor der Mundhöhlenmitte. Mundprisma lang, schwach cuticularisiert; Manschette niedrig. Cheilostom cuticularisiert; Metastom mit schwach entwickelten Wülsten bzw. Zähnchen. Ösophaguscorpus stark länglich angeschwollen, mittelbulbusartig. Darmbeginn mehrfach gefaltet, magenartig. Weibliche Gonaden paarig. Spicula frei. Männchen vollkommen bursalos, mit kleinen Papillen. Schwanz in beiden Geschlechtern lang, fein ausgezogen.
Terrikole Arten, zum Teil an Termiten gebunden.
Typusart: *Stomachorhabditis vietnamica* ANDRÁSSY, 1970.

Bestimmungsschlüssel der Arten

1 Schwanz kürzer, so lang wie 5 Analbreiten; Vulva hinter der Körpermitte. — Cuticula glatt. Lippen flach, nicht abgesondert; Körper am Proximalende des Ösophagus dreimal breiter als der Kopf. Mundhöhle 19—21 μm lang, doppelt so lang wie die Lippenbreite, 1/10 der Ösophaguslänge. Seitenorgan 8 μm breit, vor der Mitte der Mundhöhle. Vorderer Ösophagusabschnitt 1,4mal länger als der hintere. Enddarm 1,5 Analbreiten lang. Ei 38—50 × 23—31 μm; ovipar. Abstand Vulva-Anus 3,5mal länger als der Schwanz. Dieser fein zugespitzt.
♀: L = 0,81—0,97 mm; a = 16—23; b = 4,3—5,2; c = 9,4—10,7; V = 55%.
♂ unbekannt.
Island; Küstenregion, terrestrisch. — *Rhabditis borealis* Kreis, 1963. . . . . *borealis* (Kreis, 1963) Andrássy, 1983

— Schwanz sehr lang, ungefähr so lang wie 20 Analbreiten; Vulva weit vor der Körpermitte. 2

2 Das 1. Papillenpaar eine Spiculalänge vor den Spicula; Spicula proximal schwach S-förmig gebogen. — Kopf schmal, Körper am Proximalende des Ösophagus 3—4mal breiter als der Kopf. Mundhöhle 3mal so lang wie die Lippenbreite, schwach cuticularisiert. Metastomzähne deutlich. Vorderer Ösophagusabschnitt nahezu zweimal so lang wie der hintere. Exkretionsporus in Höhe des Isthmus. Schwanz etwa 20 Analbreiten lang, gleich dem Abstand Vulva-Anus. Spicula etwas länger als der Analdurchmesser; Gubernaculum klein.
♀: L = 0,79—0,81 mm; a = 22—27; b = 5,4—5,8; c = 4,4 (nach der Zeichnung gerechnet: 3,5); V = 42%. ♂: L = 0,62—0,64 mm; a = 20—23; b = 4,1—4,8; c = 3,3—5,2.
USA (Mississippi); gebunden an *Reticulitermes flavipes* (Isoptera). — *Termirhabditis fastidiosa* Massey, 1971; *Rhabditonema fastidiosum* (Massey, 1971) Sudhaus, 1976. Eventuell mit der folgenden Art identisch. . . . . *fastidiosa* (Massey, 1971) Andrássy, 1983

— Das 1. Papillenpaar in Höhe der Spicula; Spicula fast ganz gerade. — Cuticula 0,7 μm dick, fein geringelt; Seitenfeld äußerst schmal, lediglich 1/20 der Körperbreite. Kopf 7 μm breit; Körper am hinteren Ösophagus 4mal breiter als der Kopf. Mundhöhle 21—23 μm lang, 3—3,5mal länger als die Lippenbreite. Seitenorgan bei der Mitte der Mundhöhle. Vorderabschnitt des Ösophagus 2/3 der gesamten Ösophaguslänge. Exkretionsöffnung in Höhe des Isthmus. Enddarm doppelt so lang wie die anale Körperbreite. Ei 45 μm lang; ovipar. Spicula 27—28 μm, Gubernaculum 8—9 μm lang. 8 Paare kleiner Geschlechtspapillen (2 Paare prä-, 6 Paare postanal liegend). Schwanz des ♀ 18, der des ♂ 17—21 Analbreiten lang.
♀: L = 0,72 mm; a = 25; b = 5,1; c = 2,7; V = 38%. ♂: L = 0,65—0,78 mm; a = 24—27; b = 5,0—5,2; c = 2,4—2,9.
Vietnam; terrikol. . . . . *vietnamica* Andrássy, 1970

3. Familia: **Odontorhabditidae** Paramonov, 1964

Rhabditoidea. Kopf abgesetzt. Cheilostom cuticularisiert, Promesostom dorsal mit starkem Einsprung („Zahn"), Metastom unbewaffnet. Ösophagus in der Mitte stark

angeschwollen. Weibliche Gonaden paarig. Bursa vorhanden, kurz, leptoder. Spicula frei. Schwanz der beiden Geschlechter ähnlich, ausgezogen.
Eine Unterfamilie: *Odontorhabditinae* PARAMONOV, 1964, mit 2 Gattungen.

Bestimmungsschlüssel der Gattungen

1 Cheilostom stark cuticularisiert und stark nach außen gewölbt; Schwanz des ♀ kegelförmig. . . . . 1. *Diploscapteroides* (S. 333)
– Cheilostom kaum cuticularisiert, mit parallelen Wänden; Schwanz des ♀ kuppelförmig. 2. *Cephaloboides* (S. 334)

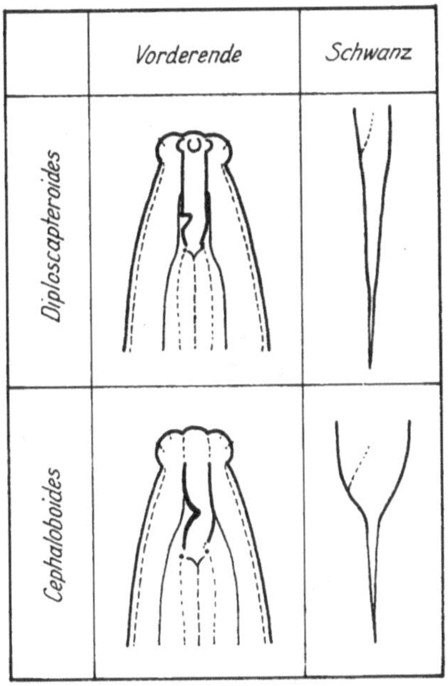

Abb. 133–134 Familie *Odontorabditidae*: *Diploscapteroides* und *Cephaloboides*

1. Genus: ***Diploscapteroides*** RAHM, 1928

Syn. *Rhabditis* (*Diploscapteroides* RAHM, 1928) SUDHAUS, 1976; *Cheilorhabditis* TIMM, 1959.
Odontorhabditidae. Körperlänge zwischen 0,6 und 1,7 mm. Kopf durch eine Einschnürung scharf abgesondert; Lippen 6, mit feinen Borstenpapillen. Cheilostom gut cuticularisiert, stark nach außen gewölbt. Promesostom prismatisch, an der Dorsalseite mit einem großen, zahnartigen Einsprung. Metastom unbedeutend. Manschette vorhanden, zart. Mittelanschwellung des Ösophagus kräftig, bulbusartig. Weibliche Gonaden paarig. Spicula frei. Bursa kurz, vorn geschlossen, leptoder. 9 Paar Bursapapillen, sämtlich postanal. Schwanz kegelförmig, scharf spitz.
Terrestrische oder aquatile Nematoden.
Typusart: *Diploscapteroides brevicauda* RAHM, 1928.

Bestimmungsschlüssel der Arten

1 Schwanz des ♀ kurz, nur 1/30—1/40 der Körperlänge; Dorsalzahn in der Mitte des Promesostoms. — Cuticula glatt. Körper am Hinterende des Ösophagus 2,5—3mal breiter als der Kopf. Mundhöhle 1/8—1/9 der gesamten Ösophaguslänge, bzw. 1,6—1,7mal so lang wie die Lippenbreite. Vorderer Ösophagusabschnitt 1,6mal länger als der hintere.
♀: L = 1,6—1,7 mm; a = 18—20; b = 3,5—4,0; c = 36—37; V = 56 bis 66%. ♂ unbekannt.
Brasilien; in der Erde. — *Rhabditis* (*Diploscapteroides*) *brevicauda* (RAHM, 1928) SUDHAUS, 1976. . . . . *brevicauda* RAHM, 1928
— Schwanz des ♀ länger, 1/5—1/15 der Körperlänge; Dorsalzahn im hinteren Drittel des Promesostoms. 2
2 Schwanz so lang wie 8—10 Analbreiten; Anordnung der Geschlechtspapillen: 3 + 1 + 3 + 2. — Cuticula äußerst fein geringelt, ohne deutliche Seitenmembran. Körper am hinteren Ösophagusende 3—3,5mal breiter als der Kopf. Mundhöhle 18—19 µm lang, etwa 1,5mal länger als die Lippenbreite. Vorderer Ösophagusabschnitt 1,5mal länger als hinterer. Exkretionsöffnung bei der Mitte des Isthmus. Abstand Vulva-Anus doppelt so lang wie der Schwanz. Ovipare Art; Ei 41—45 µm lang. Spicula 29—32 µm, Gubernaculum 17—19 µm. Schwanz des ♂ 4 Analbreiten lang.
♀: L = 0,77—1,2 mm; a = 19—24; b = 4,2—4,7; c = 4,5—7; V = 50—52%.
♂: L = 0,60—0,74 mm; a = 19—30; b = 3,6—4,3; c = 7,4—12.
Bangladesh und Vietnam; terrikol. — *Cheilorhabditis dacchensis* TIMM, 1959; *Rhabditis* (*Diploscapteroides*) *dacchensis* (TIMM, 1959) SUDHAU, 1976. . . . . *dacchensis* (TIMM, 1959) ANDRÁSSY, 1983
— Schwanz des ♀ so lang wie 4—5 Analbreiten; Anordnung der Geschlechtspapillen: 4 + 3 + 2. — Cuticula sehr zart geringelt. Kopf abgesetzt. Mundhöhle 12—15 µm, fast doppelt so lang wie die Lippenbreite. Vorderabschnitt des Ösophagus 1,3mal länger als Hinterabschnitt. Spicula 2/3 so lang wie der Schwanz. Das 1. Papillenpaar liegt präanal.
♀: L = 0,8 mm; a = 24; b = 3,8; c = 12; V = 55%. ♂: L = 0,72 mm; a = 30; b = 3,2; c = 15.
Sumatra; in Phytothelmen. — *Rhabditis chitinolabiata* SCHNEIDER, 1937; *Rhabditis* (*Teratorhabditis*) *chitinolabiata* SCHNEIDER, 1937 (OSCHE, 1952); *Rhabditis* (*Diploscapteroides*) *chitinolabiata* SCHNEIDER, 1937 (SUDHAUS, 1976); *Teratorhabditis chitinolabiata* (SCHNEIDER, 1937) DOUGHERTY, 1955. . . . . *chitinolabiatus* (SCHNEIDER, 1937) ANDRÁSSY, 1983

2. Genus: ***Cephaloboides*** (RAHM, 1928) MASSEY, 1974

Syn. *Rhabditis* (*Cephaloboides* RAHM, 1928); *Odontorhabditis* TIMM, 1959.
Odontorhabditidae. 0,6—1,2 mm lange Nematoden. Kopf durch eine Einschnürung scharf abgesondert. Lippen 6, mit kleinen Borstenpapillen. Cheilostom wenig cuticularisiert, im ganzen prismatisch. Promesostom an der Dorsalseite mit einem großen, zahnartigen Einsprung; Metastom unbedeutend. Vorderabschnitt des Ösophagus bedeutend länger als Hinterabschnitt; Mittelanschwellung kräftig, bulbusähnlich. Weibliche Gonaden paarig. Spicula frei. Bursa radiär gegliedert, schmal, leptoder,

vorn offen. Genitalpapillen klein, 9 Paare. Schwanz in beiden Geschlechtern kuppelförmig, mit langer Spitze.
In faulenden Pflanzenresten lebende Arten.
Typusart: *Rhabditis* (*Cephaloboides*) *musicola* RAHM, 1928 = *Cephaloboides musicola* (RAHM, 1928) MASSEY, 1974.

Bestimmungsschlüssel der Arten

1 Mundprisma geräumig, nur 2—2,5mal länger als breit; Schwanz des ♀ etwa so lang wie 3 Analbreiten. — Cuticula sehr fein geringelt. Körper am Hinterende des Ösophagus 2,5—3mal breiter als der Kopf. Mundhöhle 19—22 μm, nahezu doppelt so lang wie die Lippenbreite. Vorderabschnitt des Ösophagus 1,6mal länger als Hinterabschnitt. Abstand Vulva-Anus 5—6mal länger als der Schwanz. Ei 45—51 μm lang. Spicula 38—45 μm, Gubernaculum 18—19 μm lang. Bursa adanal. Papillenpaare: 1 + 2 + 1 + 3 + 2.
♀: L = 0,8—1,1 mm; a = 16—21; b = 3,8—4,5; c = 11—15; V = 54—57%.
♂: L = 0,64—1,0 mm; a = 15—24; b = 3,3—4,5; c = 8—14.
Bangladesh und Brasilien; in Bananenpflanzungen. — *Rhabditis* (*Cephaloboides*) *musicola* RAHM, 1928; *Odontorhabditis musicola* TIMM, 1959. . . . . *musicola* (RAHM, 1928) MASSEY, 1974

— Mundprisma schmal, 6—8mal länger als breit; Schwanz des ♀ so lang wie 1,5—2 Analbreiten. — In anderen Merkmalen der vorigen Art sehr ähnlich.
♀: L = 0,96—1,2 mm; a = 13—20; b = 3,8—5,9; c = 17—19; V = 56 bis 59%. ♂: L = 0,8—1,1 mm; a = 13—15; b = 4,0—5,5; c = 13—21.
BRD und Großbritannien; in Mist. — *Rhabditis pseudoxycerca* GOODEY, 1929; *Rhabditis* (*Choriorhabditis*) *pseudoxycerca* GOODEY, 1929(OSCHE, 1952). . . . . *pseudoxycerca* (GOODEY, 1929) ANDRÁSSY, 1983

Bemerkung: *Cephaloboides boettgeri* (MEYL, 1953) ANDRÁSSY, 1983 — Syn. *Rhabditis boettgeri* MEYL, 1953; *Rhabditis* (*Teratorhabditis*) *boettgeri* MEYL, 1953 (MEYL, 1954); *Teratorhabditis boettgeri* (MEYL, 1953) DOUGHERTY, 1955 — wurde anhand eines einzigen Weibchens beschrieben (species inquirenda).

4. Familia: **Diploscapteridae** MICOLETZKY, 1922

Rhabditoidea. Dorsal- und Ventrallippen mit vorspringenden hakenartigen Cuticulargebilden; Laterallippen zu Membranen umgewandelt. Mundhöhle gut entwickelt, *Rhabditis*-artig, prismatisch, ohne Metastomwülste und Zähne. Weibliche Gonaden paarig. Bursa radiär gegliedert, schmal; Zahl der Papillenpaare 9 oder geringer. Schwanz kegelförmig.
Eine Unterfamilie, Diploscapterinae MICOLETZKY, 1922, und eine Gattung.

1. Genus: ***Diploscapter*** COBB, 1913

Diploscapteridae. Körperlänge zwischen 0,3 und 1,1 mm. Dorsal- und Ventrallippen zu cuticularisierten Haken modifiziert, Laterallippen membranös, mit winzigen Papillen. Mundrohr lang, prismatisch. Cheilostom nicht cuticularisiert, Metastom einfach, ohne Wülste und Zähne. Ösophaguscorpus nicht oder kaum angeschwollen. Weibliche Gonaden paarig und symmetrisch. Bursa ganz schmal, radiär gegliedert, eigentlich peloder. 6—9 Paar Papillen. Spicula frei. Schwanz des ♀ kegelförmig, länger als der des ♂.

Meist im Boden vorkommende Arten.

Typusart: *Rhabditis coronata* COBB, 1893 = *Diploscapter coronatus* (COBB, 1893) COBB 1913.

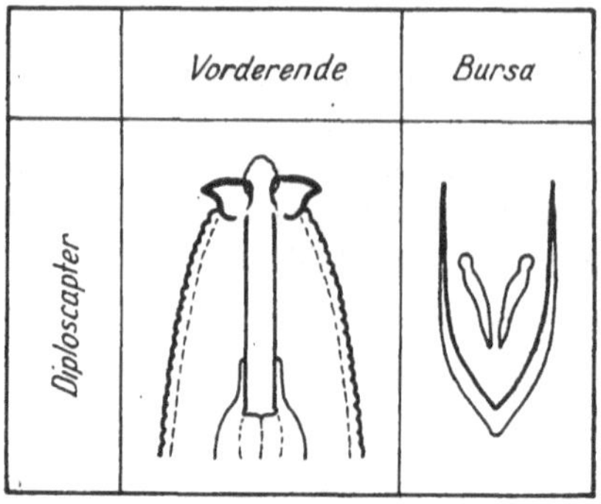

Abb. 135 Familie *Diploscapteridae*: *Diploscapter*

Bestimmungsschlüssel der Arten

1 Vulva weit hinten, um 3/4 der Körperlänge. 2

— Vulva in 1/2 bis 2/3 der Körperlänge. 3

2 Schwanz des ♀ 9—10 Analbreiten lang. — Cuticula fein geringelt. Mundhöhle lang, 1/6 der gesamten Ösophaguslänge. Corpus hinten stark angeschwollen, bulbusartig, etwa so lang wie der Isthmus und Bulbus zusammen. Abstand Vulva-Anus ungefähr so lang wie der Schwanz. Bursa oval, gut entwickelt, mit 6 Paar Papillen (2 Paare prä-, 4 Paare postanal). Spicula länger als der Schwanz.

♀: L = 0,56—0,76 mm; a = 15—21; b = 3,5—4,1; c = 7,9—9,3; V = 66 bis 80%. ♂: L = 0,76—0,92 mm; a = 17—25; b = 3,4—4,3; c = 21—23.

Tschechoslowakei, Bulgarien, Sowjetunion (Ukraine, Litauen, Moldau, Grusien, Aserbaidshan, Tadshikistan, Kasachstan, Usbekistan), Brasilien; terrikol. . . . . *rhizophilus* RAHM, 1928

— Schwanz des ♀ 4 Analbreiten lang. — Mundhöhle 20—21 µm lang, schmal. Nur ein Ei im Uterus.

♀: L = 0,40—0,45 mm; a = 20; b = 4; c = 5,3; V = 70—85%. ♂ unbekannt.

Österreich; terrikol . . . . *nodifer* MIHELČIČ, 1953

3 Ösophaguscorpus vom Isthmus nicht abgesondert, ganz bis zum Bulbus zylindrisch, bzw. vom Bulbus nur durch eine Einschnürung abgesondert. — Mundhöhle etwa 1/7 der gesamten Ösophaguslänge. Ei 1,5mal so lang wie die einschlägige Körperbreite. Abstand Vulva-Anus 2,5mal länger als der Schwanz. Letzterer im ersten Drittel kegelförmig, dann fadenförmig, 3mal so lang wie der anale Körperdurchmesser.

♀: L = ?; a = 12; b = 3,7; c = 8; V = 60%. (Sämtliche Zahlenwerte nach der Zeichnung von RAHM kalkuliert.) ♂ unbekannt.

Brasilien; im Boden. — *Diploscapter rhizophilus cylindricus* RAHM, 1929. . .
. . . . *cylindricus* RAHM, 1929
— Ösophaguscorpus vom Isthmus merklich abgesondert. 4
4 Mundhöhle kurz, etwa so lang wie die Kopfbreite. 5
— Mundhöhle mindestens 1,5mal so lang wie die Kopfbreite. 6
5 Schwanz des ♀ 4 Analbreiten lang; Mundhöhlenwände parallel. — Kopf etwas verbreitert; Körper am Hinterende des Ösophagus 1,8mal so breit wie der Kopf. Mundhöhle 1/8 der gesamten Ösophaguslänge. Isthmus wesentlich schlanker als der Corpus. Abstand Vulva-Anus doppelt so lang wie der Schwanz. Spicula etwa der Analbreite gleich.
♀: L = 0,65 mm; a = 36—41; V in 2/3 der Körperlänge. ♂: L = 0,50 bis 0,55 mm.
Libyen; terrikol. . . . . *libycus* PENSO, 1938
— Schwanz des ♀ 2,5—3 Analbreiten lang; Mundhöhle in der Mitte leicht konkav. — Kopf 9 µm breit. Mundhöhle 16 µm lang, 1/7—1/8 der gesamten Ösophaguslänge. Corpus zylindrisch, ziemlich stämmig.
♀: L = 0,5 mm; a = 12; b = 4,9; c = 10,7; V = 56%. ♂ unbekannt.
Indien; terrikol . . . . *orientalis* KANNAN, 1960
6 Cuticula glatt bzw. nur mit einigen Längsrippen; Ösophaguscorpus zylindrisch, länger als Isthmus und Bulbus zusammen. — Mundhöhle 1/5 der gesamten Ösophaguslänge. Manschette 40% des Mundprismas umgebend. Uterus nur mit 1 bis 2 Eiern. Schwanz des ♀ 5—6 Analbreiten lang. Bursa schmal, mit 9 Papillenpaaren (2—3 Paare präanal). Spicula 27—30 µm, Gubernaculum 11 µm lang.
♀: L = 0,46—0,58 mm; a = 13—17; b = 5,5—6,1; c = 6,6—7,5; V = 48 bis 59%. ♂: L = 0,35—0,42 mm; a = 12—15; b = 4,5—5,5; c = 11—17.
BRD, Sowjetunion (Ferner Osten), USA; terrikol, Larven in *Iridomyrmex* (Formicidae). . . . . *lycostoma* VÖLK, 1950
— Cuticula fein aber deutlich geringelt, nicht längsgestreift; Ösophaguscorpus hinten angeschwollen, kürzer als der Isthmus und Bulbus zusammen. . . . 7
7 Mundhöhle 36 µm lang; Vulva in 2/3 der Körperlänge; größere Art, über 1/2 mm. — Cuticula sehr fein geringelt. — Mundhöhle 3mal so lang wie die Lippenbreite, beinahe 1/4 der Ösophaguslänge. Abstand Vulva-Anus 4mal länger als der Schwanz; dieser 3—4 Analbreiten lang. 5 Paar Bursapapillen (2 prä- und 3 postanal). Spicula länger als der Schwanz.
♀: L = 0,63—0,66 mm; a = 16—17; b = 3,5; c = 6,5—6,6; V = 66%. ♂: L = 1,12 (?) mm; a = 19; b = 3,8; c = 25.
Brasilien; terrikol. — *Diploscapter rhizophilus cannae* RAHM, 1928. . . . . .
. . . . *cannae* RAHM, 1928
— Mundhöhle 16—25 µm lang; Vulva weiter vorn; kleinere Art, bis 1/2 mm. . 8
8 Lippenhaken scharfspitzig, seitliche Lippenmembranen zickzack gerandet. — Cuticularinge 1 µm breit. Mundhöhle 18—25 µm lang, nahezu 1/4 der gesamten Ösophaguslänge. Exkretionsporus neben dem Endbulbus. Ei 40—50 µm lang. Schwanz des ♀ so lang wie 4—5 Analbreiten; Phasmidien kurz hinter dem Anus. Spicula 20—27 µm lang, Bursa schmal, mit 7 (—9) Papillenpaaren.
♀: L = 0,3—0,5 mm; a = 14—18; b = 3,5—5,0; c = 6—10; V = 51—57%.
♂: L = 0,3—0,5 mm; a = 15—18; b = 4,0—4,5; c = 14—23.

Holland, DDR, BRD, Österreich, Ungarn, Tschechoslowakei, Bulgarien, Jugoslawien, Italien, Polen, England, Sowjetunion (Rußland, Ukraine, Estland, Litauen, Moldau, Grusien, Turkmenien, Kasachstan, Kirgisien, Usbekistan), China, Japan, Java, Algerien, Zaire, Südafrika, USA, Venezuela, Panama, Brasilien, Peru, Paraguay, Fidschi-Inseln; terrikol, seltener in saproben Biotopen. — *Rhabditis coronata* COBB, 1893; *Rhabditis bicornis* ZIMMERMANN, 1898; *Diploscapter bicornis* (ZIMMERMANN, 1898) GOODEY, 1963; *Rhabditis cephaloides* STEFANSKI, 1922; *Acrobeles armatus* KREIS, 1929. . . . . *coronatus* (COBB, 1893) COBB, 1913

— Lippenhaken stumpfspitzig, seitliche Lippenmembranen glatt gerandet. — Seitenfeld 1/5—1/6 der Körperbreite. Mundhöhle 16—19 µm lang, 1/5 der gesamten Ösophaguslänge. Exkretionsporus in Höhe des Endbulbus. Ei etwa doppelt so lang wie der entsprechende Körperdurchmesser. Schwanz 4 Analbreiten lang; Abstand Vulva-Anus 3,5mal länger als der Schwanz. Phasmidien vor der Schwanzmitte.
♀: L = 0,3—0,4 mm; a = 12—14; b = 3,8—4,5; c = 7,6—9,2; V = 55 bis 58%. ♂ unbekannt.
Sowjetunion (Usbekistan) und USA (Kentucky); terrikol. . . . . *pachys* STEINER, 1942

c) Superfamilia: **Bunonematoidea** MICOLETZKY, 1922

Rhabditinae. Kleine Tiere. Körper deutlich asymmetrisch: rechte Seite mit feiner Netzstruktur und meist auch mit Warzen, linke Seite mit feinen Längsrippen. Kopf gleichfalls asymmetrisch, mit borsten- und lamellenförmigen Anhängen. Mundhöhle *Rhabditis*-ähnlich. Ösophagus in der Mitte zumeist angeschwollen. Weibliche Gonaden paarig. Bursa schwach, asymmetrisch.
Zwei Familien.

Bestimmungsschlüssel der Familien

1 Rechte Körperseite mit Netzwerk, sowie mit Warzen oder Schildern; mittlere Ösophagusanschwellung gut ausgeprägt. . . . . . . 2. *Bunonematidae* (S. 339)
— Rechte Körperseite ohne Netzwerk, Cuticularingelung jedoch durch rhomboidale Feldchen unterbrochen; linke Seite mit 4 Längsrippen. . . . . 1. *Pterygorhabditidae* (S. 338)

1. Familia: **Pterygorhabditidae** GOODEY, 1963

Bunonematoidea. Cuticula stark geringelt bzw. quergestreift, an der rechten Seite mit Längsstreifen und kleinen rhomboidalen Feldchen ornamentiert. Linke Seite mit 4 Längsrippen. Kopf mit borstenförmigen Anhängen von verschiedener Länge. Mundhöhle rhabditoid, Cheilostom cuticularisiert, Metastom unbewaffnet. Ösophaguscorpus zylindrisch oder angeschwollen. Weibliches Geschlechtsorgan paarig. Bursa schmal, stark asymmetrisch, mit Papillen. Spicula lang und frei. Schwanz der Geschlechter von verschiedener Gestalt.
Eine Unterfamilie, *Pterygorhabditinae* GOODEY, 1963, sowie eine Gattung.

1. Genus: ***Pterygorhabditis*** TIMM, 1957

Pterygorhabditinae. Körper 0,5—0,8 mm lang. Cuticula geringelt oder quergestreift, durch 7—9 Längsstreifen und rhomboidale Feldchen unterbrochen. Linke Seite mit

2 breiteren und 2 schmäleren Längsrippen. Kopfanhänge bilateralisch angeordnet. Mundprisma *Rhabditis*-förmig, länger als die Kopfbreite; Cheilostom cuticularisiert, einfach, Metastom ohne Zähnchen. Ösophaguscorpus mit oder ohne Anschwellung. Weibliche Gonaden paarig. Spicula sehr lang und dünn. Bursa asymmetrisch, schmal leptoder, mit 8 oder 9 Papillenpaaren. Schwanz des Weibchens länger als der des Männchens.
Typusart: *Pterygorhabditis pakistanensis* TIMM, 1957.

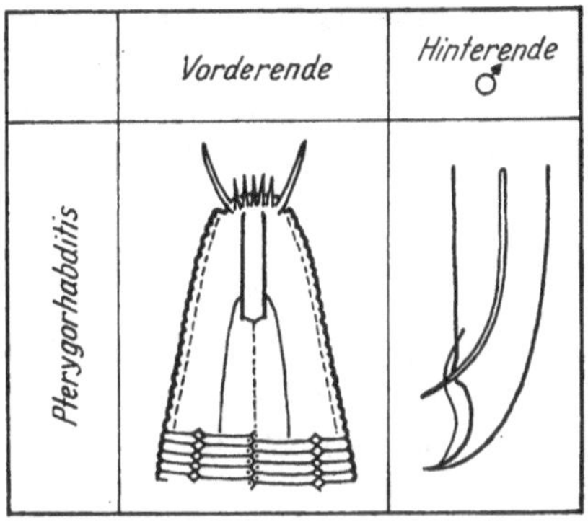

Abb. 136 Familie *Pterygorhabditidae*: *Pterygorhabditis*

Bestimmungsschlüssel der Arten

1 Cuticularinge an der Halsregion abgeplattet, schildförmig; Ösophaguscorpus bulbusartig angeschwollen. – Kopf wesentlich schmäler als die Halsgegend; Mundhöhle etwa doppelt so lang wie der Kopfdurchmesser. Exkretionsporus vor dem Endbulbus. Enddarm 3 Analbreiten lang. Spicula 55–60 µm, Gubernaculum 17–21 µm lang. Schwanz 5 (♀) bzw. 1,5 (♂) Analbreiten lang.
♀: L = 0,47–0,57 mm; a = 12–13; b = 3,5–4,2; c = 13–16; V = 50 bis 58%. ♂: L = 0,44–0,51 mm; a = 14–18; b = 3,4–3,9; c = 15–20.
USA (Tennessee); in Fallaub und unter Baumrinden. . . . . *panopla* BERNARD, 1979

– Cuticularinge an der Halsregion nicht abgeplattet, nicht schildförmig; Ösophaguscorpus zylindrisch. – Rhomboidale Feldchen in 10–12 (♀) bzw. 8 (♂) Längsreihen angeordnet. Längere Kopfanhänge 8 µm, kürzere 4 µm. Mundhöhle 21–23 µm lang, 1/6 der Ösophaguslänge. Vorderer Gonadenast 3mal länger als hinterer. Spicula 68–90 µm lang. Schwanz 4 (♀) bzw. 2 (♂) Analbreiten lang.
♀: L = 0,70–0,85 mm; a = 11–13; b = 3,7–4,4; c = 8–9; V = 64–65%.
♂: L = 0,54–0,67 mm; a = 10–13; b = 3,4–4,2; c = 10–12.
Bangladesh; in Moorboden. . . . . *pakistanensis* TIMM, 1957

2. Familia: **Bunonematidae** MICOLETZKY, 1922

Bunonematoidea. Cuticula ungeringelt, an der rechten Körperseite mit feinem Netzwerk und mit selbständigen oder ineinander fließenden Warzen, „Flossen“ (großen Warzengruppen) bzw. Schilden, an der linken Seite mit 5 feinen Längsrippen. Kopf

bilateral symmetrisch, mit Borsten und membranösen Anhängen. Mundprisma *Rhabditis*-artig. Ösophagus in der Mitte bulbusartig angeschwollen. Enddarm recht lang. Bursa schmal, asymmetrisch, leptoder. Spicula sehr lang und dünn. Schwanz des Weibchens im allgemeinen länger als der des Männchens.
Zwei Unterfamilien.

Bestimmungsschlüssel der Unterfamilien

1 Große schildartige Feldchen zwischen den aneinander folgenden Warzen, oder rechte Seite mit krustenartiger Struktur. . . . . bb) *Craspedonematinae* (S. 351)
— Keine schildartige Feldchen zwischen den Warzen, bzw. rechte Seite nicht krustenartig. . . . . aa) *Bunonematinae* (S. 340)

aa) Subfamilia: *Bunonematinae* Micoletzky, 1922

Bunonematidae. Hals mit oder ohne Kragen. Warzen an der rechten Körperseite in paarigen oder unpaarigen Längsreihen stehend. Zwischen den aneinander folgenden Warzen bzw. Warzengruppen (Flossen) ist die Cuticula netzartig fein punktiert. Schilde nicht vorhanden.
Sehr kleine Nematoden. Vier Gattungen.

Bestimmungsschlüssel der Gattungen

1 Rechte Seite des Halses mit adamsapfelartigem „Kragen"; Warzen immer paarig und im Innern mit Versteifungsstäbchen; nur Weibchen bekannt. . . . . 3. *Bunonema* (S. 345)
— Rechte Seite des Halses ohne Kragen; Warzen paarig oder unpaarig, zuweilen fehlend, ohne Versteifungsstäbchen; zweigeschlechtliche Arten. 2
2 Warzen fehlend, rechte Körperseite anstatt ihnen mit vier unregelmäßigen Längsstreifen. . . . . 4. *Rhodonema* (S. 347)
— Warzen vorhanden, rechte Körperseite ohne Längsstreifen. 3
3 Warzen einfach, schmal, in eine unpaarige Längsstreife angeordnet. . . . . 1. *Serronema* (S. 340)
— Warzen aus mehreren Elementen bestehend und in Warzengruppen bzw. sog. Flossen zusammengeordnet, paarig oder unpaarig stehend, oft ineinander übergehend. 2. *Rhodolaimus* (S. 342)

1. Genus: ***Serronema*** (Paesler, 1957) Goodey, 1963

Syn. *Bunonema* (*Serronema* Paesler, 1957).
Bunonematinae. Körper äußerst klein, bis 0,3 mm. Rechte Körperseite mit in eine unpaarige Längsreihe angeordneten schmalen Auswüchsen (Warzen), von denen die an der Ösophagusgegend stehenden nach vorn, die weiter hinten liegenden hingegen nach hinten gerichtet sind. Kopf mit 4 längeren Borstenanhängen. Hals ohne Kragen. Ösophagus mit Mittelanschwellung. Weibliche Gonaden paarig. Spicula relativ kurz. Bursa stark asymmetrisch: das linksseitige Velum zurückgebildet. 5 Paar Papillen. Schwanz kegelförmig, scharfspitzig.

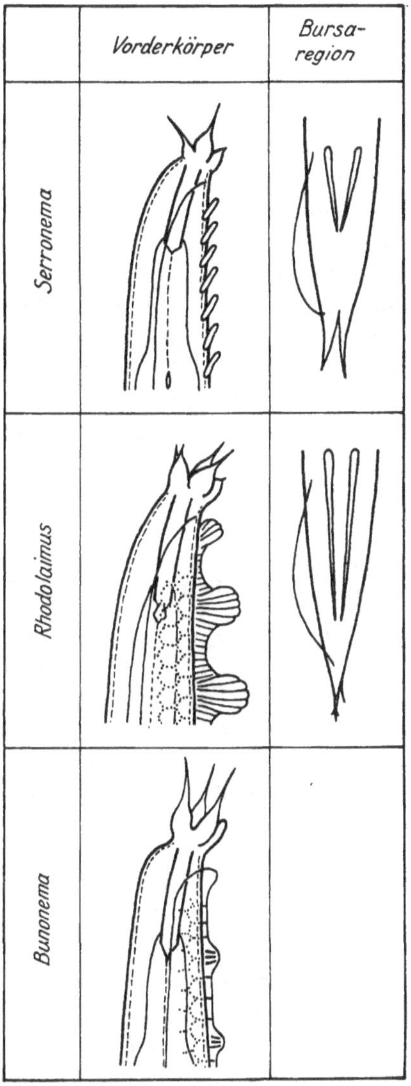

Abb. 137–139 Familie *Bunonematidae*, Unterfamilie *Bunonematinae*: *Serronema*, *Rhodolaimus* und *Bunonema*

Typische und einzige Art: *Bunonema* (*Serronema*) *dentatum* PAESLER, 1957 = *Serronema dentatum* (PAESLER, 1957) GOODEY, 1963.

– Von den Warzen 15–17 nach vorn, 30–34 nach hinten gerichtet. Mundhöhle relativ kurz, ohne deutliche Zahngebilde. Abstand Vulva-Anus 4mal so lang wie der Schwanz. Spicula 21 µm, kürzer als der Schwanz. Letzterer beim ♀ etwa 4 Analbreiten lang.
♀: L = 0,24–0,30 mm; a = 13–16; b = 3,3–4,0; c = 6–12; V = 50 bis 57%. ♂: L = 0,23–0,25 mm; a = 15–16; b = 3,8; c = 7,5.
DDR und Bulgarien; in Champignonkulturen. – *Bunonema* (*Serronema*)

dentatum PAESLER, 1957 . . . .
. . . . *dentatum* (PAESLER, 1957) GOODEY, 1963

2. Genus: ***Rhodolaimus*** FUCHS, 1930

Syn. *Bunonema* (*Rhodolaimus* FUCHS, 1930) SACHS, 1949; *Bunonema* (*Stammeria* SACHS, 1949); *Stammeria* (SACHS, 1949) ANDRÁSSY, 1958.
Bunonematinae. Sehr kleine Tiere, 0,2–0,5 mm. Warzen paarig oder in einer unpaarigen Reihe stehend, aus mehreren Elementen (kleinen Warzen) zusammengesetzt, d. h. in Warzengruppen oder „Flossen" umgewandelt und oft zu einem zusammenhängenden Flossensaum verschmolzen. Versteifungsstäbchen in den einzelnen Warzen nicht vorhanden. Hals ohne Kragen. Ösophaguscorpus stark, bulbusartig angeschwollen. Weibliche Gonaden paarig. Spicula sehr lang und dünn. Bursa nur an der linken Körperseite normal, an der rechten Seite ganz rudimentär. Geschlechtspapillen nur zum Teil in Paaren angeordnet. Schwanz konisch, beim ♂ zwei- oder dreispitzig.
Unter saproben Verhältnissen lebende Nematoden: in Mulm, Dünger oder in anderen pflanzlichen oder tierischen Resten.
Typusart: *Rhodolaimus poligraphi* FUCHS, 1930.

Bestimmungsschlüssel der Arten

1 Sämtliche Warzen bzw. Warzengruppen in einer unpaarigen Längsreihe stehend. 2

— Mindestens ein Teil der Warzen bzw. Warzengruppen paarig angeordnet. . . 3

2 Warzen hoch (13 µm), höher als der halbe Körperdurchmesser, zylindrisch. — Rechte Körperseite mit 15–21, aus mehreren Elementen zusammengesetzten Warzen und zwischen diesen mit deutlichem Netzwerk; auf den Ösophagus entfallen 5 Warzen. Spicula 35–41 µm, Gubernaculum 14–19 µm lang. Enddarm doppelt so lang wie der Schwanz. Hinterkörper des ♂ mit 15 Papillen.
♀: L = 0,37–0,43 mm; a = 12–15; b = 4,7–6,0; c = 12–16; V = 58 bis 61%. ♂: L = 0,32–0,38 mm; a = 16–17; b = 5,2–6,1; c = 9–11.
BRD und Österreich; in tierischen Resten. — *Bunonema* (*Stammeria*) *goffarti* SACHS, 1949; *Bunonema* (*Rhodolaimus*) *goffarti* SACHS,1949 (RÜHM, 1962); *Stammeria goffarti* (SACHS, 1949) ANDRÁSSY, 1958. . . . .
. . . . *goffarti* (SACHS, 1949) ANDRÁSSY, 1971

— Warzen flach, niedriger als der halbe Körperdurchmesser, abgerundet. — Zahl der Warzen 17 (4 oder 5 im Bereich des Ösophagus); sie sind fein gestreift. Netzstruktur deutlich. Spicula etwa so lang wie der Schwanz. 15 Geschlechtspapillen.
♀: L = 0,3 mm; a = 14; b = 4,2; c = 17; V = 57%. ♂: L = 0,25 mm; a = = 15; b = 3,6; c = 9.
USA (Washington D.C.) und Brasilien; in morschem Holz. — *Bunonema inequale* COBB, 1915; *Bunonema* (*Rhodolaimus*) *inequale* COBB, 1915 (RÜHM, 1962); *Stammeria inequalis* (COBB, 1915) GOODEY, 1963. . . . .
. . . . *inequalis* (COBB, 1915) ANDRÁSSY, 1971

3 36–45 selbständige Warzen, meist zu Paare angeordnet. 4

— 1–7 paarige oder unpaarige, selbständige Warzen, oder Warzengebilde ineinander fließend. 6

4 Warzen in zwei alternativen Reihen stehend. — Zahl der Warzen 35; auf die Ösophagusgegend entfallen 9 Warzen. Mundhöhle kaum länger als die Kopfbreite. Netzmaschenstruktur fein. Spicula 27—36 µm, Gubernaculum 10 bis 13 µm lang. Bursa mit 6 Papillenpaaren.
♀: L = 0,26—0,30 mm; a = 16—20; b = 3,3—3,8; c = 13—16; V = 57 bis 64%. ♂: L = 0,25—0,26 mm; a = 19—23; b = 3,3—3,8; c = 7,1—9,2.
USA (Georgia); terrestrisch. . . . . *dimorphus* BERNARD, 1979

— Warzen zumeist zu Paare angeordnet. 5

5 Vor den paarigen Warzen steht eine unpaarige Warze. — Warzen so hoch wie 8 Cuticularinge.
♀ unbekannt. ♂: L = 0,32 mm; a = 14; b = 3,9; c = 10.
USA (Washington D.C.); in faulenden Holzstücken. — *Bunonema impar* COBB, 1915; *Stammeria impar* (COBB, 1915) GOODEY, 1963. . . . . *impar* (COBB, 1915) ANDRÁSSY, 1971

— Vor den paarigen Warzen stehen 3—5 unpaarige Warzen. — Die einzelnen Warzen sind aus 3—5 Elementen zusammengesetzt. Netzmaschenstruktur gut ausgeprägt. Enddarm nahezu doppelt so lang wie der Schwanz. Spicula 32 bis 39 µm, Gubernaculum 16—20 µm lang. Hinterende des ♂ mit 10 Papillen.
♀: L = 0,32—0,48 mm; a = 12—15; b = 4,8—5,3; c = 16—17; V = 57 bis 59%. ♂: L = 0,3—0,48 mm; a = 15—17; b = 4,7—5,4; c = 8—10.
BRD; in tierischen Stoffen. — *Bunonema (Stammeria) jakobii* SACHS, 1949; *Bunonema (Rhodolaimus) jakobii* SACHS, 1949 (RÜHM, 1962); *Stammeria jakobii* (SACHS, 1949) GOODEY, 1963. . . . . *jakobii* (SACHS, 1949) ANDRÁSSY, 1971

6 Sämtliche Warzen in zwei zusammenhängenden Reihen. 7

— Außer den zusammenhängenden Warzenreihen auch 4—7 selbständige Warzen oder Warzenpaare (Flossen). 8

7 Warzenreihen am Vorderkörper meist mit 4 miteinander verbundenen flachen Flossen. — Mundhöhle 16—17 µm lang. Spicula 36—37 µm, Gubernaculum 16—17 µm lang. Abstand Vulva-Anus 6—7mal länger als der Schwanz. Schwanz des ♀ kuppelförmig, mit aufgesetzter Spitze. Männchen mit 2—3 prä- und 5 postanalen Papillenpaaren.
♀: L = 0,25—0,42 mm; a = 10—14; b = 4,2—5,4; c = 13—17; V = 53 bis 58%. ♂: L = 0,33—0,35 mm; a = 16—18; b = 4,6—4,9; c = 10.
BRD, Österreich und Frankreich; in Mulm von Borkenkäfern. — *Bunonema (Rhodolaimus) pini* (FUCHS, 1930) SACHS, 1949; *Rhodolaimus pterygiosoma* FUCHS, 1930; *Bunonema (Rhodolaimus) pterygiosoma* (FUCHS, 1930) SACHS, 1949. . . . . *pini* FUCHS, 1930

— Warzenreihen ohne Flossenbildungen. — Spicula 27 µm lang, proximal knopfförmig erweitert; Gubernaculum 14 µm, relativ breit. Bursa fast bis zum Schwanzende reichend, mit 4 Papillenpaaren.
♀ unbekannt. ♂: L = 0,21 mm; a = 8,4; b = 3,7; c = 8,4.
BRD; in Mulm. — *Bunonema (Rhodolaimus) pusillum* (FUCHS, 1930) SACHS, 1949. . . . . *pusillus* FUCHS, 1930

8 Mindestens ein Teil der Flossen unpaarig. 9

— Sämtliche Flossen paarig. 10

9 Flossen höher als der halbe Körperdurchmesser, sie beginnen unmittelbar hinter dem Kopf; Netzmuster sehr markant. — Vier Flossen im Bereich des Ösophagus, die größte von ihnen 10 µm hoch. Abstand zwischen dem Kopf und der hintersten Flosse 57—76 µm. Die zusammenhängenden Warzenreihen zerfallen am Hinterkörper auf mehrere paarige, mehr oder weniger getrennte kleine Flossen. Mundhöhle 15—18 µm lang. Enddarm so lang wie 3 Analbreiten. Ei 40 µm lang. Spicula 30—34 µm, Gubernaculum 12—15 µm lang. Männchen mit 6 Papillenpaaren.
♀: L = 0,38—0,43 mm; a = 12—14; b = 3,9—4,1; c = 13—16; V = 52 bis 53%. ♂: L = 0,36—0,38 mm; a = 18—22; b = 4,0—4,2; c = 11—12.
Ungarn; in pflanzlichen Resten. . . . . *pannonicus* ANDRÁSSY, 1971

— Flossen niedriger als der halbe Körperdurchmesser, sie beginnen hinter der Mundhöhle; Netzmuster verschwommen. —Die Zahl und Anordnung der Flossen bei Tieren verschiedenen Alters und verschiedener Kultur ist sehr variabel; meist findet man eine vorn stehende unpaarige Warze, einige ihr folgende paarige Flossen und zwei parallele Warzenreihen. Mundhöhle 17—18 µm lang, Metastom mit feinen Zähnchen. Spicula 30—36 µm, Gubernaculum 18—20 µm lang. Hinterende des ♂ mit 15 Papillen.
♀: L = 0,40—0,45 mm; a = 14—17; b = 4,6—5,3; c = 13—15; V = 45%. ♂: L = 0,34—0,40 mm; a = 17—18; b = 4,6—5,0; c = 10—13.
Chile; in Mulm von Borkenkäfern. — *Bunonema* (*Rhodolaimus*) *voulliemei* RÜHM, 1962. . . . . *voulliemei* (RÜHM, 1962) ANDRÁSSY, 1971

10 Warzenreihen am Hinterkörper ununterbrochen; Vorderkörper mit 4—6 selbständigen Flossenpaaren. — Flossen hoch, durch feine Membranen verbunden, aus 7—16 Elementen zusammengesetzt. Mundhöhle 14—15 µm lang; Enddarm 2mal so lang wie die anale Körperbreite. Spicula 34—40 µm, Gubernaculum 15—17 µm lang. Bursa nicht so extrem asymmetrisch wie bei anderen Arten der Gattung. Hinterende des ♂ mit 6 Papillenpaaren.
♀: L = 0,32—0,40 mm; a = 12—14; b = 5,4—5,9; c = 13—18; V = 58 bis 65%. ♂: L = 0,27—0,34 mm; a = 15—21; b = 5,1—5,3; c = 8—10.
Holland und BRD; in Mulm. — *Bunonema* (*Rhodolaimus*) *poligraphi* (FUCHS, 1930) SACHS, 1949. . . . . *poligraphi* FUCHS, 1930

— Warzenreihen am Hinterkörper in einige Flossen aufgelöst; Vorderkörper mit 2—4 selbständigen Flossenpaaren. 11

11 Cuticulapunkte ein Netzmaschenwerk bildend; meist 3 Flossenpaare. — Flossen aus 2—4 Elementen zusammengesetzt; Warzenreihen mit gleich großen Warzen. Am Hinterkörper des ♀ 2—4 kleine selbständige Warzenpaare. Enddarm 2mal so lang wie die Analbreite. Spicula 30—41 µm, Gubernaculum 15—18 µm lang. Hinterkörper des ♂ mit 15 Papillen; Schwanzende dreispitzig.
♀: L = 0,37—0,50 mm; a = 13—14; b = 5,4—6,6; c = 10—13; V = 56 bis 57%. ♂: L = 0,28—0,35 mm; a = 13—18; b = 4,8—5,2; c = 8—9.
BRD, Österreich, Ungarn; in Kuh- und Pferdemist. — *Bunonema* (*Rhodolaimus*) *stoeckherti* SACHS, 1949. . . . . *stoeckherti* (SACHS, 1949) ANDRÁSSY, 1958

— Cuticulapunkte in regelmäßigen Querreihen angeordnet; 4 Flossenpaare. — Flossen aus 2—4 Elementen zusammengesetzt. Warzenreihen mit Gruppen

höherer und niedrigerer Warzen. Enddarm 2 Analbreiten lang. Schwanz des ♀ 2,5—3mal so lang wie der anale Körperdurchmesser.
♀: L = 0,30—0,47 mm; a = 9—14; b = 3,5—4,0; c = 13—19; V = 56 bis 58%. ♂ unbekannt.
Sowjetunion (Estland); an eingelagerten Kartoffelknollen. — *Bunonema* (*Rhodolaimus*) *estonicum* KRALL, 1959. . . . *estonicus* (KRALL, 1959) ANDRÁSSY, 1971

Bemerkung: Hierher gehört auch *Rhodolaimus newmexicanus* (MASSEY, 1964) ANDRÁSSY, 1983 — Syn. *Bunonema newmexicanum* MASSEY, 1964 — aus den USA (New Mexico). Leider hat MASSEY die genaue Zahl und Anordnung der Flossen nicht angegeben.

3. Genus: ***Bunonema*** JÄGERSKIÖLD, 1905

Bunonematinae. Winzig kleine Tiere: 0,2—0,4 mm. Hals an der rechten Seite mit einer Anschwellung (Kragen). Warzen stets paarig, mit oder ohne Stützstäbchen; sie sind verschiedenartig ausgeprägt: entweder mehr oder minder gut entwickelt, oder verschwommen, undeutlich. Zusammenhängende Warzenreihen nie vorhanden. Linke Körperseite mit 5 schwach erhabenen Längsleisten, rechte Seite — zwischen den Warzen — mit schwächer oder stärker ausgeprägtem Netzmaschenmuster. Mittlere Ösophagusanschwellung kräftig. Enddarm sehr lang. Weibliche Gonaden paarig. Männchen unbekannt; Fortpflanzung parthenogenetisch. Schwanz scharf zugespitzt. Terrikole Arten, besonders häufig in Moospolstern.
Typusart: *Bunonema richtersi* JÄGERSKIÖLD, 1905.

Bestimmungsschlüssel der Arten

1 Warzen wenigstens in der Ösophagusgegend deutlich ausgebildet. 2
— Warzen verschwommen, rückgebildet. 7
2 Mehr als 25 Paar Warzen. 3
— Weniger als 25 Paar Warzen. 5
3 Netzmaschenmuster zwischen den Warzenpaaren sehr grob, auffällig. — Warzen 26—42 Paare, relativ klein, wenig vorspringend; im Bereich des Ösophagus 6—10 Warzenpaare. Warzen mit je 3 Cuticulastäbchen gestützt. Über dem Enddarm liegen 2—4 unpaarige Warzen. Schwanz 3 Analbreiten lang. Ei 32 μm lang.
♀: L = 0,22—0,36 mm; a = 11—14; b = 3—4; c = 9—16; V = 56—61%. ♂ unbekannt.
Holland, Belgien, DDR, BRD, Schweiz, Österreich, Ungarn, Tschechoslowakei, Rumänien, Bulgarien, Polen, England, Schottland, Irland, Spitzbergen, Sowjetunion (Rußland, Estland), Japan, Possession-Inseln, Kanarische Inseln, St. Helena, Ghana, Kolumbien; in Detritus und Moos. — *Bunonema bogdanovi* ZOGRAF, 1913. . . . . *reticulatum* RICHTERS, 1905
— Netzmaschenmuster zwischen den Warzenpaaren sehr fein. 4
4 Warzen mit je 5—6 cuticularisierten Stäbchen; Gonaden symmetrisch. — 35—50 Warzenpaare (an der Ösophagusgegend 9—10 Paare). Warzen klein, halbkugelig, entweder sämtliche in Paaren angeordnet, oder einige am Hinterkörper unpaarig stehend. Enddarm 4—5 Analbreiten lang.
♀: L = 0,30—0,38 mm; a = 13—18; b = 3,3—4,0; c = 11—18; V = 59 bis 66%. ♂ unbekannt.

BRD, Schweiz, Ungarn, Tschechoslowakei; in Moos. . . . .
. . . . *multipapillatum* STEFANSKI, 1914
— Warzen ohne cuticularisierte Stäbchen; vordere Gonade kürzer als hintere. — 42—48 Warzenpaare; sämtliche Warzen in Paaren angeordnet.
♀: L = 0,37—0,40 mm; a = 18—19; b = 3,6—3,8; c = 15—16; V = ?
♂ unbekannt.
Polen; in Moos. . . . . *steineri* STEFANSKI, 1924
5 Warzen in 6—10 Paaren, nur auf die Ösophagusgegend beschränkt. — Warzen mit je 3 feinen Stützstäbchen. Netzmaschenstruktur fein.
♀: L = 0,22—0,25 mm; a = 13—14; b = 3,0—3,2; c = 18—21; V = 58 bis 60%. ♂ unbekannt.
Holland, DDR und Dänemark; in Moos. . . . . . *ditlevseni* MICOLETZKY, 1925
— Warzen in 12—21 Paaren, sich fast über den ganzen Körper erstreckend. . 6
6 Warzen mit je 2 kräftigen Cuticularstäbchen gestützt. — 17—18 Paar Warzen, im Bereich des Ösophagus 4 Paare. Die aufeinanderfolgenden Warzen sind durch einen fein quergestreiften Saum verbunden. Netzmaschenwerk nur auf die Nähe der Warzen beschränkt. Mundhöhle 12 μm lang. Enddarm ungefähr 10mal so lang wie die anale Körperbreite.
♀: L = 0,2 mm; a = 15; b = 3,7; c = 15; V = 55%. ♂ unbekannt.
La Réunion; im Boden. . . . . *franzi* ANDRÁSSY, 1971[89]
— Warzen mit je 4 schwachen Cuticularstäbchen gestützt. — 18—24 Paar Warzen, im Bereich des Ösophagus 6 Paare. Warzen stark vorspringend, nicht mit Saum verbunden. Netzmaschenstruktur auf die ganze rechte Körperhälfte ausgedehnt. Enddarm 3—4, Schwanz 2—3 Analbreiten lang.
♀: L = 0,19—0,31 mm; a = 8—15; b = 3,0—4,3; c = 6—13; V = 58—61%.
♂ unbekannt.
Holland, DDR, BRD, Schweiz, Österreich, Frankreich, Rumänien, Bulgarien, Polen, Dänemark, England, Sowjetunion (Estland und Litauen), Kanarische Inseln, Possession-Inseln, St. Helena, USA (Georgia, Michigan), Brasilien, Kerguelen-Inseln; in Moos und Humus. — *Bunonema richtersi aberrans* STEINER, 1914. . . . . *richtersi* JÄGERSKIÖLD, 1905
7 Netzstruktur an der rechten Seite aus in 2—3 Längsreihen angeordneten großen Rechtecken bestehend. — Warzenrudimente knapp erkennbar und mit kurzen Stäbchen gestützt.
♀: L = 0,20—0,27 mm; a = 13—15; b = 3,1—3,4; c = 10—11; V = 56—58%. ♂ unbekannt.
Schweiz, Österreich, Rumänien, Sowjetunion (Nowaja Semlja); in Moos und Humus. . . . . *hessi* STEINER, 1914
— Netzstruktur an der rechten Seite aus kleinen und dicht stehenden Feldchen bestehend. 8
8 Netzmaschenwerk in der Mittellinie mit gröber punktierten, querovalen Feldchen. — Warzenrudimente ganz klein, kaum erkennbar. Zahl der größeren Feldchen 28 bis 39. Enddarm etwa 6 Analbreiten lang.
♀: L = 0,30—0,35 mm; a = 13—15; b = 4,0—4,4; c = 14—15; V = 57 bis 58%. ♂ unbekannt.

[89] Die aus den USA beschriebene Art *Bunonema husseyi* BERNARD, 1979 ist aller Wahrscheinlichkeit nach mit *B. franzi* identisch.

BRD und Bulgarien; in *Sphagnum*-Moos. . . . . *tuerkorum* SACHS, 1949
— Netzmaschenwerk sehr fein, ohne gröber punktierte Feldchen. — Warzenrudimente unerkennbar. Enddarm 5—7 Analbreiten lang.
♀: L = 0,30—0,37 mm; a = 14—18; b = 3,5—4,1; c = 14—19; V = 57—bis 58%. ♂ unbekannt.
Holland, DDR, BRD, Schweiz, Österreich, Rumänien, Italien, Polen; in Boden und Moos. . . . . *penardi* STEFANSKI, 1914

Bemerkung: Die folgenden Arten lassen sich nicht mit Sicherheit identifizieren (species inquirendae):

Bunonema dactylicum COBB, 1915 — aus den USA,
Bunonema madrasicum KANNAN, 1960 — aus Indien,
Bunonema richtersi cantareirense RAHM, 1928 — aus Brasilien.
Die Beschreibungen der beiden ersten Arten sind zu kurz, um diese Taxa wieder erkennen zu können, zwischen der Diagnose und der Abbildung der letzten Spezies besteht ein Widerspruch: RAHM spricht im Text vom Vorhandensein von 20 Warzen, in der Figur 129 sind hingegen etwa 50 Warzen zu sehen.

4. Genus: ***Rhodonema*** ANDRÁSSY, 1983

Bunonematinae. Körper klein, 0,3—0,4 mm. Rechte Körperseite mit Netzmaschenstruktur und zwei oder vier unregelmäßigen Längsstreifen; diese letzteren bestehen aus feinen Querlinien oder Punktreihen. Warzen oder papillenartige Gebilde fehlen vollkommen. Linke Seite mit fünf Längsleisten. Kopfanhänge nach Bilateralsymmetrie angeordnet. Hals ohne Kragen. Mundhöhle prismatisch, Ösophaguscorpus bulbusartig erweitert. Weibliches Geschlechtsorgan paarig. Spicula sehr lang und dünn. Bursa asymmetrisch, mit 8 Papillenpaaren. Schwanz bei beiden Geschlechtern kegelförmig.
Zwei saprobisch lebende Arten.
Typusart: *Rhodolaimus stephaniae* BERNARD, 1979 = *Rhodonema stephaniae* (BERNARD, 1979) ANDRÁSSY, 1983.

Bestimmungsschlüssel der Arten

1 Rechte Seite mit 2 Längsstreifen: Schwanz des ♀ 3 Analbreiten lang. — Kopf relativ breit, Anhänge 7—8 µm lang. Mundhöhle länger als die Kopfbreite, 16 µm .Enddarm 4mal so lang wie der anale Körperdurchmesser. Schwanz 3 Analbreiten lang, am Ende mit aufgesetzter Spitze.
♀: L = 0,39 mm; a = 17; b = 4,2; c = 11; V = 54%. ♂ unbekannt.
Paraguay; Detritus an Flußufern. — *Bunonema striatum* ANDRÁSSY, 1968.
. . . . *striatum* (ANDRÁSSY, 1968) ANDRÁSSY, 1983
— Rechte Seite mit 4 Längsstreifen; Schwanz des ♀ 2 Analbreiten lang. — Kopf breit, Anhänge länger als der Kopfdurchmesser. Enddarm etwa doppelt so lang wie die Analbreite. Spicula 36—42 µm, Gubernaculum 15 µm. Rechtes Bursavelum völlig reduziert. Schwanz des ♀ regelmäßig kegelförmig.
♀: L = 0,29—0,33 mm; a = 10,5—1,2; b = 3,9—4,5; c = 16,2—19,5; V = = 53—63%. ♂: L = 0,24—0,26 mm; a = 11,8—15,7; b = 3,6—3,9; c = = 7,2—8,3.
USA (Georgia, Tennessee); in faulendem Holz. — *Rhodolaimus stephaniae* BERNARD, 1979. . . . . *stephaniae* (BERNARD, 1979) ANDRÁSSY, 1983

bb) Subfamilia: *Craspedonematinae* Andrássy, 1971

Bunonematidae. Hals ohne Kragen. Warzen an der rechten Seite in paarige oder unpaarige Reihen angeordnet oder fehlend. Zwischen den aneinander folgenden Warzen weist die Cuticula eine feine Netzmuster, sowie rundliche oder längliche schildartige Feldchen auf, oder sie ist mit krustenartigen Wülsten bedeckt.
Drei Gattungen.

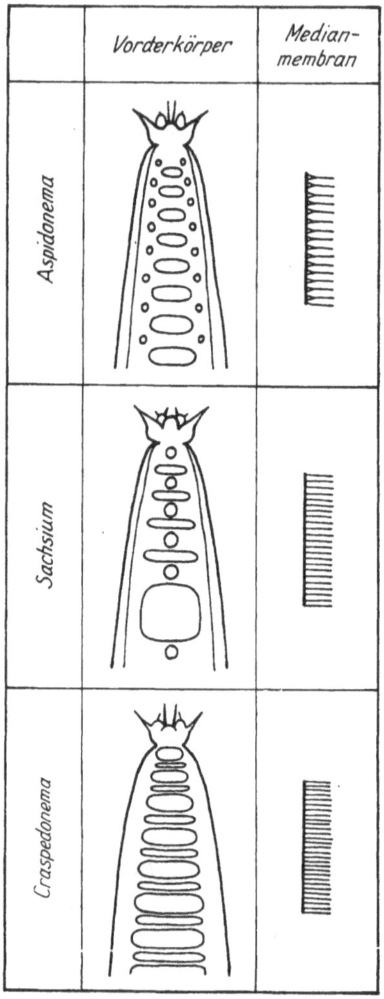

Abb. 140—142 Familie *Bunonematidae*, Unterfamilie *Craspedonematinae*: *Aspidonema*, *Sachsium* und *Craspedonema*

Bestimmungsschlüssel der Gattungen

1 Rechte Körperseite ohne echte Warzen, sondern mit dicht stehenden halbringförmigen Schildchen oder mit krustenartiger Struktur. . . . . 3. *Craspedonema* (S. 351)
— Rechte Körperseite mit Warzen und Schildchen. 2

2 Warzen paarig, in zwei Längsreihen stehend; Querstreifung der Medialmembranen gegabelt. . . . . 1. *Aspidonema* (S. 349)
— Warzen unpaarig, in einer Längsreihe stehend; Querstreifung der Medialmembranen einfach. . . . . 2. *Sachsium* (S. 350)

1. Genus: ***Aspidonema*** (Sachs, 1949) Andrássy, 1958

Syn. *Bunonema* (*Aspidonema* Sachs, 1949).
Craspedonematinae. Sehr kleine Nematoden, nur 0,2 bis 0,4 mm lang. Warzen stets paarig, in zwei Längsreihen angeordnet, einfach oder aus mehreren Elementen zusammengesetzt. Zwischen den einander folgenden Warzenpaaren befindet sich je ein rundliches oder querovales cuticularisiertes Schildchen. Netzmaschenstruktur an der rechten Körperhälfte vorhanden, meist aber schwach. Querstreifung der Medialmembranen gegabelt. Ösophagus mit bulbusartiger mittlerer Anschwellung. Weibliche Gonaden paarig. Spicula sehr schlank. Bursa asymmetrisch (nur das linke Velum normal entwickelt), leptoder. Schwanz kegelförmig, beim Männchen fein zwei- oder dreispitzig.
In Kuh- und Pferdemist sowie in faulenden Pflanzensubstanzen lebende Nematoden.
Typische Art: *Bunonema* (*Aspidonema*) *stammeri* Sachs, 1949 = *Aspidonema stammeri* (Sachs, 1949) Andrássy, 1958.

Bestimmungsschlüssel der Arten

1 20—35 Warzenpaare; Warzen, wenigstens am Vorderkörper, aus mehreren Elementen zusammengesetzt; Schildchen rundlich. 2
— 40—60 Warzenpaare; Warzen einfach, klein; Schildchen quergerichtet, oval. . 3
2 Die zwischen dem Mittelbulbus und der Körpermitte befindlichen größeren Warzen sind aus je 2 Elementen zusammengesetzt; Zahl der Warzenpaare 30—34. — Vorderende mit 5 Paaren kleiner, einfacher Warzen. Schilde am vorderen Körperabschnitt rundlich, am hinteren etwas queroval; sämtliche Schilde einfach, ohne Verstärkungsleisten. Spicula 30—34 µm, Gubernaculum 15—17 µm lang. Das linksseitige Bursavelum trägt 5 Papillen. Schwanzende beim ♂ dreispitzig.
♀: L = 0,27 — 0,40 mm; a = 11—13; b = 4,4—6,4; c = 11—13; V = 52 bis 56%. ♂: L = 0,23—0,26 mm; a = 10—12; b = 3,4—4,0; c = 5—6.
BRD; saprob. — *Bunonema* (*Aspidonema*) *ruehmi* Sachs, 1949. . . . . *ruehmi* (Sachs, 1949) Goodey, 1963
— Die zwischen dem Mittelbulbus und der Körpermitte befindlichen größeren Warzen sind aus je 3—6 Elementen zusammengesetzt; Zahl der Warzenpaare 21—26. — Vorderkörper mit 4 Paar einfacher kleiner Warzen. Schilde an den beiden Körperenden klein und kantig, dazwischen größer und entweder rundlich oder queroval. Sie weisen unregelmäßige Versteifungsleisten auf. Spicula 36—40 µm, Gubernaculum 17—19 µm lang. Das linke Bursavelum trägt nur 2 Papillen. Schwanz des ♂ am Ende dreispitzig.
♀: L = 0,28—0,33 mm; a = 11—12; b = 4,3—4,7; c = 9—11; V = 55—57%. ♂: L = 0,27—0,31 mm; a = 11—14; b = 4,2—4,8; c = 6.
BRD; unter saproben Verhältnissen. — *Bunonema* (*Aspidonema*) *scheucherae* Sachs, 1949. . . . . *scheucherae* (Sachs, 1949) Goodey, 1963

3 Schildchen groß, kantig, ganz aneinander stoßend und seitlich zwischen die Warzen reichend; Warzen von oben gesehen queroval. 4

— Schildchen kleiner, nicht kantig sondern oval, voneinander getrennt, seitlich nicht zwischen die Warzen reichend; Warzen von oben gesehen kreisrund. — 50—59 Warzenpaare; sämtliche Warzen einfach. Die Warzen eines jeden Paares sind durch eine Querreihe gröberer Punkte verbunden; zwischen den Warzen derselben Längsreihe verläuft eine niedrige Membran. Netzmuster vorhanden, aber schwach ausgeprägt. Spicula 39—42 µm, Gubernaculum 17 bis 19 µm lang. Das linke Bursavelum trägt 4 Papillen. Schwanzende des ♂ dreispitzig.
♀: L = 0,30—0,43 mm; a = 11—13; b = 4,1—6,0; c = 9—12; V = 59 bis 64%. ♂: L = 0,26—0,33 mm; a = 13—15; b = 4,6—5,3; c = 6—7.
BRD; saprob. — *Bunonema (Aspidonema) stammeri* SACHS, 1949. . . . . .
. . . . *stammeri* (SACHS, 1949) ANDRÁSSY, 1958

4 Linkes Bursavelum mit 8 (3 prä- und 5 postanalen) Papillen. — 40—45 Paar Warzen. Schilde sehr dicht aneinander stehend, mit seitlichen Verlängerungen. Netzmaschenmuster kaum erkennbar. Spicula 38—44 µm, Gubernaculum 16—18 µm lang. Insgesamt 13 Geschlechtspapillen.
♀ unbekannt. ♂: Masse wie bei der nachfolgenden Art.
BRD; in saproben Biotopen. — *Bunonema (Aspidonema) sachsi* MEYL, 1961.
. . . . *sachsi* (MEYL, 1961) ANDRÁSSY, 1971

— Linkes Bursavelum mit 3 Papillen (sämtliche postnatal). — 40—45 Warzenpaare. Schilde dicht aneinander liegend, mit seitlichen Verlängerungen. Netzmaschenstruktur sehr wenig ausgeprägt, Spicula 38—44 µm, Gubernaculum 16—18 µm lang. Zahl der Geschlechtspapillen 10.
♀: L = 0,27—0,31 mm; a = 11—13; b = 4,1—5,9; c = 9—11; V = 55 bis 59%. ♂: L = 0,24—0,29 mm; a = 10—13; b = 3,8—4,9; c = 7—8.
BRD; saprob. — *Bunonema (Aspidonema) weingaertnerae* SACHS, 1949. . .
. . . . *weingaertnerae* (SACHS, 1949) ANDRÁSSY, 1958

2. Genus: ***Sachsium*** ANDRÁSSY, 1971

Craspedonematinae. Recht kleine Tiere, bis 0,4 mm. Halsregion ohne Kragen. Warzen in einer unpaarigen Reihe stehend und aus mehreren Elementen zusammengesetzt. Zwischen den aufeinander folgenden Warzenpaaren befindet sich je ein cuticularisierter, mehr oder weniger quadratischer Schild. Netzmaschenstruktur fein. Querstreifung der Medialmembranen nicht gegabelt. Mittelanschwellung des Ösophagus kräftig. Weibliche Gonanden paarig. Spicula sehr schlank. Bursa asymmetrisch, nur ihr linkes Velum normal entwickelt. Schwanz kegelförmig, beim Männchen am Ende mehrspitzig.

Typische und einzige Art: *Bunonema (Stammeria) helenae* SACHS, 1949 = *Sachsium helenae* (SACHS, 1949) ANDRÁSSY, 1971.

— 22—29 Warzen. Schilde an den Körperenden schmal, quer, dazwischen quadratisch und groß. Enddarm so lang wie 3 Analbreiten. Spicula 30—36 µm, Gubernaculum 16—19 µm lang. Hinterkörper des ♂ mit 11 Papillen, von denen auf das linke Bursavelum 4 entfallen. Schwanz des ♂ dreispitzig.
♀: L = 0,28—0,38 mm; a = 13—15; b = 4,1—5,5; c = 15—16; V = 61 bis 63%. ♂: L = 0,26—0,30 mm; a = 16—18; b = 4,2—5,1; c = 8—9.

BRD; saprob. — *Bunonema* (*Stammeria*) *helenae* SACHS, 1949; *Bunonema* (*Aspidonema*) *helenae* SACHS, 1949 (RÜHM, 1962); *Stammeria helenae* (SACHS, 1949) GOODEY, 1963. . . . . *helenae* (SACHS, 1949) ANDRÁSSY, 1971

3. Genus: *Craspedonema* RICHTERS, 1908

Syn. *Bunonema* (*Craspedonema* RICHTERS, 1908) SACHS, 1949.
Craspedonematinae. Körper klein, 0,2—0,65 mm, nur bei einer Art bis 1,3 mm. Hals ohne Kragen. Eigentliche Warzen fehlen, statt ihrer weist die Cuticula an der rechten Körperseite entweder halbkreisförmige Schilde, oder krustenartige Warzen bzw. punktierte Ornamentierung auf. Medialmembranen auffallend breit, insbesondere in Lateralansicht. Netzmaschenstruktur fehlt. Ösophagus mit oder ohne Mittelanschwellung. Weibliches Geschlechtsorgan paarig. Spicula äußerst schlank. Bursa asymmetrisch und oft stärker rückgebildet als bei anderen Bunonematiden. Schwanz kegelförmig.
Terrikole oder semiaquatile Arten: im Boden, Moos, Kuh- und Pferdemist.
Typusart: *Craspedonema javanicum* RICHTERS, 1908.

1 Rechte Körperseite mit halbringförmigen, perlartig gemusterten Schilden. — 54—76 abwechselnd breite und schmale Schilde bzw. Querwülste, von denen die schmalen mit vielen, die breiten mit wenigen „Perlen" (Wärzchen) versehen sind. Ösophagus mit bulbusartiger Mittelanschwellung. Medialmembranen etwa 1/3 so breit wie der eigentliche Körperdurchmesser, glattrandig. Spicula 41—55 µm, Gubernaculum 18—22 µm lang. Männchen mit 13 Papillen, davon 5 am linken Bursavelum. Schwanzende des ♂ doppelspitzig.
♀: L = 0,35—0,50 mm; a = 12—16; b = 4,0—6,5; c = 15—18; V = 54 bis 56%. ♂: L = 0,36—0,44 mm; a = 14—18; b = 4,5—6,0; c = 8—10.
Holland, BRD; in Kuh- und Pferdemist. — *Bunonema* (*Craspedonema*) *zeelandicum* (DE MAN, 1926) SACHS, 1949. . . . . *zeelandicum* DE MAN, 1926

— Rechte Körperseite ohne Schilde sondern mit höckeriger oder punktierter, krustenartiger Struktur. 2

2 Körper sehr klein, kürzer als 1/3 mm; rechte Seite grob krustiert. — Medialmembranen anscheinend strukturlos, zackig gerandet, 1/3—1/4 der eigentlichen Körperbreite. Ösophagus ohne mittlere Anschwellung. Spicula länger als der Schwanz, Gubernaculum 1/3 der Spiculalänge. Bursa ganz rudimentär. Schwanz des ♂ etwa 2 Analbreiten lang.
♀ und ♂: L = 0,20—0,32 mm.
Java; in Moos. — *Bunonema* (*Craspedonema*) *javanicum* (RICHTERS, 1908) SACHS, 1949. . . . . *javanicum* RICHTERS, 1908

— Körper größer, wohl über 1/2 mm; rechte Seite feiner krustiert. 3

3 Rechte Körperseite mit derbem Cuticularwulst, der aus dicht gestellten Stäbchen (von oben gesehen: Punkten) gebildet ist; Ösophagus ohne Mittelanschwellung. — Medialmembranen gestreift, wellig verlaufend. — Mundhöhle nahezu 1/5 der gesamten Ösophaguslänge. Schwanzspitze fein auslaufend.
♀: L = 0,65 mm; a = 19; b = 3,2; c = 16; V = 57%. ♂ unbekannt.
Holland, Österreich; in Sumpfmoos. — *Bunonema* (*Craspedonema*) *styriacum* (MICOLETZKY, 1922) SACHS, 1949. . . . . *styriacum* MICOLETZKY, 1922

— Rechte Körperseite mit höckeriger Krustenstruktur; Ösophagus mit Mittelanschwellung. — Zahl der Höcker 46. Medialmembranen stark gestreift, fast glattrandig, 1/2 so breit wie der eigentliche Körperdurchmesser oder noch breiter. Vorderer Ösophagusabschnitt doppelt so lang wie der hintere. Spicula ungefähr so lang wie der Schwanz, Gubernaculum 11 μm lang. Bursavelum mit 3 Papillen. Schwanz des ♂ 3 Analbreiten lang.
♀: L = 0,81 mm; a = 15; b = 5,5; c = 8; V = 56%. ♂: L = 0,56–1,26 mm; a = 14–18; b = 3,1–4,0; c = 6–9.
Brasilien; terrikol. — *Craspedonema elegans paulistanum* RAHM, 1928; *Bunonema elegans* (RAHM, 1928) BAKER, 1962. . . . . . *elegans* RAHM, 1928

D) Subordo: **Diplogastrina** MICOLETZKY, 1922

Rhabditida. Kopfrand glatt; Lippen meist 6. Lippenpapillen, besonders bei Männchen, oft borstenförmig. Männchen außerdem meist mit 4 sehr feinen Kopfborsten (die hinter den Lippenpapillen und unabhängig von ihnen stehen). Seitenorgan ebenfalls gut sichtbar, und zwar hauptsächlich beim Männchen, oval, vom Kopf auf die Mundhöhlengegend oder zuweilen noch weiter hinten verschoben. Mundhöhle verschiedenartig ausgebildet: entweder mehr oder weniger rohrförmig, oder breit, tonnenförmig. Cheilostom oft cuticularisiert; Metastom stets mit Zahnbildungen, oft mit großen, beweglichen, krallenartigen Zähnen. Mundhöhle bilateral symmetrisch oder eigentlich asymmetrisch. Ösophagus mit zwei Abschnitten von verschiedener Struktur: der vordere Abschnitt muskellos, mit kräftigem, echtem Mittelbulbus, der hintere Abschnitt muskulös bzw. drüsig strukturiert, mit Endanschwellung (keinem echten Bulbus). Weibliches Geschlechtsorgan meist paarig, seltener unpaarig, prävulvar. Spicula frei, nur sehr selten verwachsen. Bursa vorhanden oder rückgebildet. Geschlechtspapillen oft borstenförmig. Schwanz in beiden Geschlechtern fast in allen Fällen lang, filiform.
Vorwiegend saprob lebende Nematoden, jedoch viele Arten räuberisch.
Drei Überfamilien.

Bestimmungsschlüssel der Überfamilien

1 Vorderabschnitt des Ösophagus deutlich in Corpus und Bulbus geteilt; Corpus schwach oder nicht muskulös, Mittelbulbus rundlich, mit Valvularapparat. . . . . c) *Diplogastroidea* (S. 360)
— Vorderabschnitt des Ösophagus in der ganzen Länge sehr stark und gleichmäßig muskulös, vollkommen zylindrisch, ohne rundliche, bulbusartige Anschwellung. 2
2 Mundhöhle außerordentlich lang und schmal, rohrförmig, 1/4 der gesamten Ösophaguslänge oder noch länger, ohne deutliche Zähne. . . . . a) *Cylindrocorporoidea* (S. 352)
— Mundhöhle kürzer und geräumiger, mit deutlichen Zähnen. . . . . b) *Odontopharyngoidea* (S. 358)

a) Superfamilia: **Cylindrocorporoidea** GOODEY, 1939

Diplogastrina. Kopfborsten fehlend beim Männchen. Mundhöhle rohrförmig und sehr lang, ungefähr 1/4 der gesamten Ösophaguslänge. Vorderabschnitt des Ösophagus

auffallend muskulös, zylindrisch, ohne bulbusartige Erweiterung. Keine echten Zähne in der Mundhöhle.
Eine Familie.

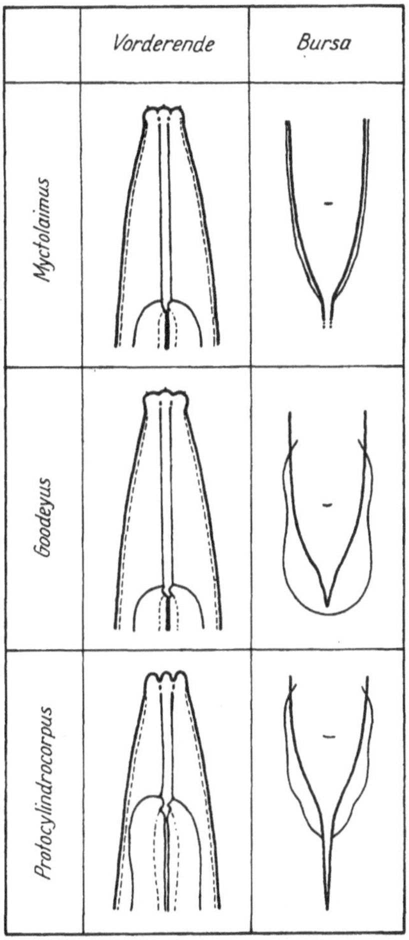

Abb. 143—145 Familie *Cylindrocorporidae*: *Myctolaimus*, *Goodeyus* und *Protocylindrocorpus*

1. Familia: **Cylindrocorporidae** GOODEY, 1939

Cylindrocorporoidea. Mundhöhle ganz schmal und äußerst lang, rohrartig, 1/4 der Ösophaguslänge oder noch länger, ohne Zahngebilde. Ösophagus scharf in zwei Abschnitte geteilt: Vorderstrecke ungewöhnlich kräftig und muskulös, zylindrisch, ohne rundliche, bulbusartige Anschwellung; Hinterstrecke muskellos, mit bulbusähnlicher Endanschwellung. Weibliche Gonaden paarig, oder unpaarig, prävulvar. Bursa zwar vorhanden, jedoch oft rudimentär: peloder oder leptoder. Schwanz des Weibchens kegelförmig.
Terrikole Nematoden. Eine Unterfamilie: *Cylindrocorporinae* GOODEY, 1939, mit 4 Gattungen.

Bestimmungsschlüssel der Gattungen

1 Weibliche Gonaden paarig. 2
— Weibliche Gonaden unpaarig, prävulvar. 3
2 Bursa stark reduziert, leptoder; 1. Papillenpaar vor den Spicula liegend, vom 2. Paar weit entfernt. . . . . 1. *Myctolaimus* (S. 354)
— Bursa gut erkennbar, peloder; 1. und 2. Papillenpaare einander ganz nahe und im Bereich der Spicula liegend. . . . . 2. *Myctolaimellus* (S. 356)
3 Schwanz des ♂ lang, Bursa leptoder; Spicula ungewöhnlich lang, die Mehrfache der Schwanzlänge. . . . . 4. *Protocylindrocorpus* (S. 357)
— Schwanz des ♂ kurz, Bursa peloder; Spicula wesentlich kürzer, höchstens 1,5mal so lang wie der Schwanz. . . . . 3. *Goodeyus* (S. 357)

1. Genus: *Myctolaimus* Cobb, 1920

Syn. *Cylindrogaster* Goodey, 1927, nec Stal, 1855; *Cylindrocorpus* Goodey, 1939. *Cylindrocorporidae*. Körperlänge zwischen 0,4 und 1,4 mm. Lippen 6, klein, schwach voneinander getrennt. Cheilorhabdions punktförmig. Mundhöhle 4—8 Kopfbreiten lang, mehr als 1/4 der gesamten Ösophaguslänge. Corpus 2—3mal so lang wie breit, Isthmus länger als die Endanschwellung (Bulbus). Weibliche Gonaden doppelt, zurückgeschlagen. Spicula kürzer als der Schwanz, Gubernaculum einfach. Bursa rudimentär, meist nur von Medialansicht erkennbar, leptoder. Präanal 2—3, postanal 6—7 Papillenpaare, Schwanz des ♀ lang-konisch.
Terrikole, saprophile Arten.
Typusart: *Myctolaimus pellucidus* Cobb, 1920.

Bestimmungsschlüssel der Arten

1 Mundhöhle äußerst lang, ungefähr 1/2 der Totallänge des Ösophagus (vom Kopfende gemessen), Isthmus ganz kurz, vom Mittelbulbus kaum abgesondert. Bursa mit 9 Papillenpaaren.
Eine ungenügend beschriebene, aber aller Wahrscheinlichkeit nach eine gute, selbständige Art. BRD und Österreich; terrikol. — *Leptodera macrolaimus*[90] Schneider, 1866; *Rhabditis macrolaimus* (Schneider, 1866) Örley, 1880; *Cylindrogaster macrolaimus* (Schneider, 1866) Chitwood, 1933; *Cylindrocorpus macrolaimus* (Schneider, 1866) Goodey, 1939. . . . . *macrolaimus* (Schneider, 1866) n. comb.
— Mundhöhle kürzer, etwa 1/3 der Totallänge des Ösophagus. 2
2 Schwanz bei beiden Geschlechtern sehr lang, nahezu 1/4 der Körperlänge, filiform. — Cuticula sehr fein quer- und längsgestreift. Körper am Hinterende des Ösophagus 3—4mal so breit wie der Kopf. Cheilorhabdions cuticularisiert, punktförmig. Mundhöhle 40—44 μm lang, 8mal länger als die Kopfbreite bzw. etwas kürzer als 1/3 der gesamten Ösophaguslänge. Corpus so lang oder etwas länger als die Mundhöhle; hinterer Abschnitt des Ösophagus 1,2—1,3mal länger als der Corpus. Exkretionsporus vor dem Endbulbus. Spicula 22—26 μm, Gubernaculum 12—13 μm lang. 3 Paar Prä- und 7 Paar Postanalpapillen.

---

[90] λαιμός (lat. laimus) = die Kehle, die Mundhöhle; es ist ein Hauptwort männlichen Geschlechts und kein Adjektiv; solche Endungen wie „laima" oder „laimum" sind grammatisch unrichtig!

♀: L = 1,0–1,34 mm; a = 29–33; b = 6,0–6,4; c = 4,0–4,2; V = 45 bis 47%. ♂: L = 0,86–0,95 mm; a = 35–37; b = 7,0–7,5; c = 4,5–4,8. BRD, Schweiz, Bulgarien, Polen, England, Sowjetunion (Rußland, Litauen, Armenien, Kasachstan, Usbekistan, Ferner Osten), China, USA, Brasilien; terrikol, meist in saproben Lebensstätten. — *Rhabditis longistoma* STEFANSKI, 1922; *Cylindrogaster longistoma* (STEFANSKI, 1922) STEFANSKI, 1928; *Cylindrocorpus longistoma* (STEFANSKI, 1922) GOODEY, 1939; *Cylindrogaster coprophaga* GOODEY, 1927. . . . . *longistoma* (STEFANSKI, 1922) n. comb.

— Schwanz nur bei den Weibchen lang und filiform, oder bei beiden Geschlechtern kurz, kegelförmig. 3

3 Schwanz des ♀ kurz, etwa so lang wie 3 Analbreiten, Schwanz des ♂ etwas länger. — Mundhöhle beinahe 1/3 Ösophaguslänge. Enddarm 1,5mal so lang wie der anale Körperdurchmesser. Seitenfeld 1/3 der Körperbreite einnehmend. Cuticula sehr fein geringelt. 9 Paar Geschlechtspapillen. Spicula ein wenig länger als die Analbreite.
♀: L = 1,0 mm; a = 25; b = 6; c = 14; V = 45%. ♂: L = 1,0 mm; a = 28; b = 6,2; c = 11.
Australien; in Kuhmist. . . . . *pellucidus* COBB, 1920

— Schwanz des ♀ länger, so lang wie 5–10 Analbreiten, Schwanz des ♂ kürzer. 4

4 Bursa relativ stark entwickelt, auch in Seitenansicht erkennbar; Mundhöhle etwa 8mal so lang wie die Kopfbreite. — Cuticula fein geringelt. Körper am Hinterende des Ösophagus 4mal breiter als der Kopf. Ösophaguscorpus etwas kürzer als das Mundrohr; hinterer Abschnitt des Ösohagus 1,4–1,5mal länger als der Corpus. Exkretionsporus vor dem Endbulbus. Spicula 23–26 μm, Gubernaculum 12–14 μm lang. Präanal 3, postnaal 7 Paar Papillen.
♀: L = 0,9–1,43 mm; a = 19–30; b = 6,4–7,8; c = 6–9; V = 48–53%. ♂: L = 0,7–1,1 mm; a = 23–29; b = 5,1–6,6; c = 25–32.
Italien, Somalien, Nigerien, USA; terrikol. — *Cylindrogaster curzii* GOODEY, 1935; *Cylindrocorpus curzii* (GOODEY, 1935) GOODEY, 1939. . . . . *curzii* (GOODEY 1935), n. comb.

— Bursa ganz rudimentär, nur in Vorderansicht erkennbar; Mundhöhle etwa 4mal so lang wie die Kopfbreite. 5

5 Schwanzspitze des ♂ ungefähr so lang wie die anale Körperbreite, Schwanz des ♀ 10 Analbreiten lang. — Cuticula fein geringelt. Körper am Hinterende des Ösophagus 2–2,3mal breiter als der Kopf. Mundrohr 45 μm lang, kürzer als 1/3 der Ösophaguslänge. Corpus länger als die Mundhöhle. Exkretionsöffnung beim Hinterende des Ösophagus. Vordere Gonade länger als die hintere. Spiculalänge gleich der Analbreite. 2 Paar Prä- und 6 Paar Postanalpapillen.
♀: L = 0,60–0,85 mm; a = 23–28; b = 5,2–6,4; c = 5,4–6,0; V = 46 bis 51%. ♂: L = 0,5–0,6 mm; a = 22–35; b = 4,4–5,1; c = 12–14.
USA; unter Baumrinde. — *Cylindrocorpus rifflei* MASSEY & HINDS, 1970. . . . . *rifflei* (MASSEY & HINDS, 1970) n. comb.

— Schwanzspitze des ♂ halb so lang wie die Analbreite, Schwanz des ♀ 5–7 Analbreiten lang. 6

6 Körperlänge um 1 mm, c = 9 (♀). — Cuticula fein quergeringelt und längsgestreift. Körper am Proximalende des Ösophagus 3mal breiter als der Kopf. Corpus etwas kürzer als das Mundrohr; hinterer Ösophagusabschnitt 1,5mal länger als der Corpus. Ei kürzer als der Körperdurchmesser. Spicula etwa so lang wie die Analbreite. 2 Paar Prä- und 6 Paar Postanalpapillen. Schwanz des ♀ 5—6 Analbreiten lang.
♀: L = 0,95 mm; a = 16; b = 5,5; c = 9; V = 47%. ♂: L = 0,77 mm; a = 17; b = 7,7; c = 20.
USA; in Fraßgängen von Borkenkäfern. — *Cylindrocorpus erectum* MASSEY, 1960. . . . . *erectus* (MASSEY, 1960) n. comb.[91]

— Körperlänge um 3/4 mm, c = 4—5 (♀). — Cuticula fein geringelt. Körper am Proximalende des Ösophagus nahezu 4mal breiter als der Kopf. Corpus etwa so lang wie das Mundrohr; hinterer Ösophagusabschnitt 1,5mal länger als der Corpus. Spicula 25—28 µm, Gubernaculum 10—12 µm lang. 3 Paar Prä- und 6 Paar Postanalpapillen. Schwanz des ♀ 7 Analbreiten lang.
♀: L = 0,53—0,85 mm; a = 14—19; b = 4,3—4,6; c = 3,8—5,4; V = 44 bis 48%. ♂: L = 0,40—0,66 mm; a = 11—17; b = 3,6—5,1; c = 12—21.
Brasilien; terrestrisch. — *Cylindrocorpus curzii zamithi* LORDELLO, 1953. . . . . *zamithi* (LORDELLO, 1953) n. comb.

2. Genus: ***Myctolaimellus*** n. gen.

Cylindrocorporidae. Körper 0,7—1 mm lang. Lippen 6, sehr klein, kaum abgesondert. Cheilorhabdions kommaförmig, cuticularisiert. Mundhöhle 6—7 Kopfbreiten lang, mehr als 1/4 der Ösophaguslänge. Corpus 2—3 mal so lang wie breit, Isthmus deutlich länger als die Endanschwellung des Ösophagus. Weibliches Geschlechtsorgan paarig, gut entwickelt. Spicula kürzer als der Schwanz, Gubernaculum stäbchenförmig. Bursa ziemlich breit, gut erkennbar, peloder. Präanal 2, postanal 7 Paar Papillen; sämtliche Papillen einander ziemlich nahe liegend. Schwanz des ♀ lang, kegelförmig, der des ♂ kurz, am Ende abgerundet.
An Käfern gebundene Arten.
Typusart: *Cylindrocorpus walkeri* HUNT, 1980 = *Myctolaimellus walkeri* (HUNT, 1980) n. comb.

— Cuticula fein geringelt. Kopfende stark verschmälert; Körper am Hinterende des Ösophagus 4mal breiter als der Kopf. Mundrohr etwa 30% der Ösophaguslänge. Hinterer Ösophagusabschnitt 1,2—1,3mal länger als der Corpus. Exkretionsporus beim hinteren Ösophagusbulbus. Spicula 24—29 µm lang, kaum gebogen. Beide ersten Papillenpaare im Bereich der Spicula. Schwanz des ♀ 3,5—5, der des ♂ 1,4—1,8 Analbreiten lang.
♀: L = 0,75—1,03 mm; a = 17—22; b = 4,9—6,1; c = 7,9—10,4; V = 52 bis 55%. ♂: L = 0,65—0,81 mm; a = 20—27; b = 4,4—6,2; c = 27—35.
St. Lucia (Westindien); gebunden an *Lagochirus araneiformis* (Coleoptera: Cerambycidae). — *Cylindrocorpus walkeri* HUNT, 1980. . . . . *walkeri* (HUNT, 1980) n. comb.

---

[91] Ist vielleicht mit der nachstehenden Art identisch.

3. Genus: ***Goodeyus*** Chitwood, 1933

Cylindrocorporidae. Körperlänge 0,5—1,2 mm. Lippen 6, klein. Cheilorhabdions punktförmig. Mundrohr 5—6 Kopfbreiten lang, ungefähr 1/3 der gesamten Ösophaguslänge. Corpus 2—3mal länger als breit; hinterer Ösophagusabschnitt am Ende nur schwach angeschwollen. Weibliche Gonade unpaarig, prävulvar; postvulvarer Uterusast vorhanden. Spicula länger als der Schwanz, Gubernaculum proximal etwas dorsal gebogen. Präanal 3—4, postanal 6 Papillenpaare. Bursa gut entwickelt, peloder. Schwanz des ♀ konisch.
Typische und einzige Art: *Cylindrogaster ulmi* Goodey, 1930 = *Goodeyus ulmi* (Goodey, 1930) Chitwood, 1933.

— Körper am Proximalende des Ösophagus 3mal so breit wie der Kopf. Mundrohr 40—46 µm lang. Corpus so lang oder etwas länger als die Mundhöhle, bei der Mitte leicht eingewölbt. Hinterabschnitt des Ösophagus 1,5—1,6mal länger als der Corpus. Exkretionsporus in der Mitte des hinteren Ösophagusabschnittes. Spicula 42—52 µm lang, 1,3—1,7mal so lang wie der Schwanz; Gubernaculum 14—18 µm lang. Bursa am Ende breit abgerundet. Die hintersten 4 Papillen sind an der Basis verwachsen. Schwanz des ♀ 3—4 Analbreiten lang.
♀: L = 0,6—1,2 mm; a = 18—27; b = 5,0—8,3; c = 9—11; V = 56—59%.
♂: L = 0,5—1,1 mm; a = 17—26; b = 6—9; c = 23—32.
BRD und England; in Gängen von Borkenkäfern. — *Cylindrogaster ulmi* Goodey, 1930; *Goodeyus ulmi scolytus* Rühm, 1956; *Goodeyus scolytus* Rühm, 1956; *Rhabditolaimus schuurmansi* Fuchs, 1933; *Cylindrogaster schuurmansi* (Fuchs, 1933) Schneider, 1939. . . . . *ulmi* (Goodey, 1930) Chitwood, 1933

4. Genus: ***Protocylindrocorpus*** (Rühm, 1959) Paramonov, 1964

Syn. *Cylindrocorpus* (*Protocylindrocorpus* Rühm, 1959).
Cylindrocorporidae. Körper 0,9—1,5 mm lang. Lippen 6, gut abgesondert. Cheilorhabdions cuticularisiert, punktförmig. Mundrohr relativ kurz, nur 1/5—1/6 der gesamten Ösophaguslänge. Corpus doppelt so lang wie breit; Hinterabschnitt des Ösophagus zweimal länger als der Corpus. Weibliche Gonade unpaarig, prävulvar, mit postvulvarem Uterusast. Spicula außerordentlich lang (bis 50 Analbreiten!) und dünn. Bursa schmal, leptoder. 3 Paar Prä- und 6 Paar Postanalpapillen. Schwanz beim Weibchen kegelförmig.
Typische und einzige Art: *Cylindrocorpus* (*Protocylindrocorpus*) *goodeyi* Rühm, 1959 = *Protocylindrocorpus goodeyi* (Rühm, 1959) Paramonov, 1964.

— Körper am Hinterende des Ösophagus 4mal breiter als der Kopf. Mundhöhle 30—42 µm lang. Corpus deutlich länger als die Mundhöhle; hinterer Ösophagusabschnitt ungewöhnlich lang, 2—2,3mal so lang wie der Corpus. Exkretionsporus in Höhe des schwachen Endbulbus. Postvulvarer Uterusast nahezu doppelt so lang wie die korrespondierende Körperbreite. Abstand Vulva-Anus 5,5mal länger als der Schwanz. Spicula bis 600 µm, Gubernaculum 15—20 µm lang. Schwanz in beiden Geschlechtern etwa so lang wie 2 Analbreiten.
: L = 1,1—1,5 mm; a = 21—23; b = 9—10; c = 16—17; V = 58—60%.
= 0,94—1,5 mm; a = 24—27; b = 7,1—8,9; c = 18—25.

Schweiz und BRD; unter Baumrinde. — *Cylindrocorpus* (*Protocylindrocorpus*) *goodeyi* RÜHM, 1959; *Goodeyus goodeyi* (RÜHM, 1959) GOODEY, 1963. . . . . *goodeyi* (RÜHM, 1959) PARAMONOV, 1964

b) Superfamilia: **Odontopharyngoidea** MICOLETZKY, 1922 n. grad.

Diplogastrina. Mundhöhle geräumig, meist doppelt so lang wie breit, mit deutlichen Zahngebilden. Vorderer Ösophagusabschnitt zylindrisch, ohne bulbusartige Anschwellung, in der ganzen Länge gleichmäßig muskulös.
Eine Familie.

1. Familia: **Odontopharyngidae** MICOLETZKY, 1922[92]

Odontopharyngoidea. Mundhöhle tonnenförmig, mit einem Dorsalzahn und mehreren kleineren Zähnen. Telostom entweder kurz oder stark verlängert. Seitenorgan hinter den Lippen. Beide Ösophagusabschnitte verschieden strukturiert: Vorderabschnitt sehr muskulös, Hinterabschnitt hingegen muskellos, drüsig. Weibliches Geschlechtsorgan unpaarig. Männchen ohne Bursa, mit kleinen Geschlechtspapillen. Spicula verschieden lang. Schwanz in beiden Geschlechtern sehr lang.
Eine Unterfamilie: *Odontopharynginae* MICOLETZKY, 1922 und zwei Gattungen.

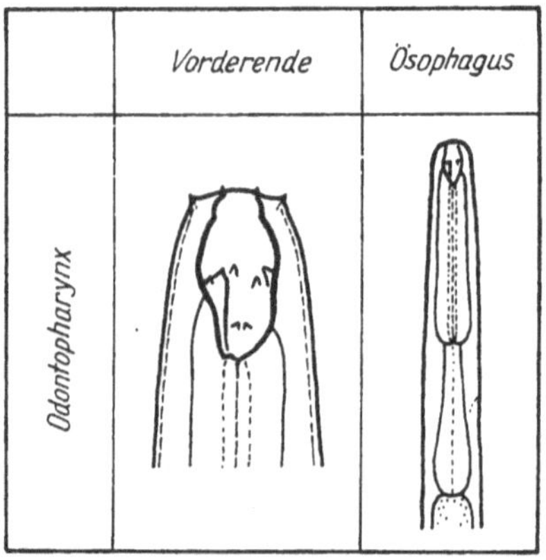

Abb. 146 Familie *Odontopharyngidae*: *Odontopharynx*

Bestimmungsschlüssel der Gattungen

1 Mundhöhle zweiteilig: mit einer geräumigen Vorderkammer und einem dünnen, rohrförmigen Telostom; zwei Subventralzähne. . . . 2. *Zullinius* (S. 359)
— Mundhöhle einteilig, Telostom unbedeutend; sechs Subventralzähne. . . . . 1. *Odontopharynx* (S. 359)

[92] Obwohl der Familienname „Odontopharyngidae" im Jahre 1876 von DE MAN bereits veröffentlicht wurde, stellte der holländische Nematologe selbst die Gattung *Odontopharynx* erst 1912 auf. Der erste war MICOLETZKY (1922), der *Odontopharynx* als typischen Vertreter der Familie Odontopharyngidae bezeichnete.

1. Genus: ***Odontopharynx*** DE MAN, 1912

Odontopharyngidae. Körper 1 bis 1,5 mm lang. Lippen 6, flach, mit kleinen kegelförmigen Papillen. Cuticula fein geringelt und längsgestreift. Seitenorgan in Höhe der ersten Mundhöhlenhälfte. Mundhöhle etwa 1/10 der Ösophaguslänge, aus einer Kammer bestehend. Cheilo-, Promeso- und Metastom gleichmäßig cuticularisiert. Dorsalzahn groß, nach vorn gerichtet, in der Mitte der Mundhöhle; Subventralzähne wesentlich kleiner, ihre Zahl 6. Außer den erwähnten Zähnen gibt es noch 2 dreispitzige Leistchen am Mundhöhlengrund. Vorderer Ösophagusabschnitt vollkommen zylindrisch, hinterer Abschnitt am Ende etwas angeschwollen. Ovar unpaarig, prävulvar; hinterer Uterussack vorhanden. Bursa fehlt. Spicula stark verschieden: das linke Spiculum normal, das rechte ganz klein. Geschlechtspapillen 9 Paare, klein. Schwanz bei beiden Geschlechtern filiform.

Typische und einzige Art: *Odontopharynx longicaudata* DE MAN, 1912.

— Körper am Proximalende des Ösophagus etwa doppelt so breit wie der Kopf. Mundhöhle 24—26 µm lang und 9—12 µm breit, merklich länger als die Lippenbreite. Seitenorgan oval, klein. Vorderer Ösophagusabschnitt 1,2—1,3mal länger als hinterer. Exkretionsporus bei der Mitte des hinteren Ösophagusabschnittes. Enddarm zwei Analbreiten lang. Postvulvarer Uterussack gleich 1 bis 2,5 Körperbreiten. Ei 87 × 29 µm groß. Linkes Spiculum 29—37 µm. Schwanz 13—21 (♀) bzw. 10—15 (♂) Analbreiten lang, haarfein verdünnt. ♀: L = 1,06—1,52 mm; a = 30—48; b = 5,3—8,1; c = 3,2—5,3; V = 52 bis 62%. ♂: L = 0,98—1,25 mm; a = 33—46; b = 5,1—7,0; c = 3,4—4,6. Holland, DDR, Sowjetunion (Litauen); in faulenden Pflanzenteilen, insbesondere in salzhaltigen Biotopen. . . . . *longicauda* DE MAN, 1912

2. Genus: ***Zullinius*** n. gen.

Odontopharyngidae. Körperlänge um 2 mm. Lippen ganz flach, nicht abgesondert, Papillen winzig klein. Cuticula glatt, nur Subcuticula leicht geringelt. Seitenorgan in Höhe der ersten Mundhöhlenhälfte. Mundhöhle zweiteilig: Cheilo-, Promeso- und Metastom geräumig, Telostom dünn und lang, rohrartig. Dorsalzahn groß, nach vorn gerichtet, krallenförmig; Subventralzähne zwei, ganz klein, am Grunde des ersten Mundhöhlenabschnittes. Vorderer Ösophagusabschnitt stark muskulös und zylindrisch, hinterer Abschnitt am Ende leicht angeschwollen. Ovar prävulvar, mit kurzem Postvulvarsack. Bursa fehlt. Spicula verschieden lang: das linke Spiculum wesentlich länger als das rechte. Geschlechtspapillen 8 Paare, ganz klein. Schwanz bei beiden Geschlechtern filiform.

Typische und einzige Art: *Zullinius venbezooijeni* (ZULLINI & LOOF, 1980) n. comb.

— Vorderer Mundhöhlenabschnitt 19, hinterer 35 µm lang; gesamte Mundhöhlenlänge gleich 3,7 Kopfbreiten. Seitenorgan oval, etwas hinter der Dorsalzahnspitze. Exkretionsporus beim Beginn der zwei Ösophagusabschnitte. Postvulvarer Uterussack kurz. Linkes Spiculum 49—52, rechtes 27—29 µm lang. Gubernaculum mit Caudalfortsatz. Schwanz bei beiden Geschlechtern etwa 30 Analbreiten lang, haarfein.
♀: L = 1,75 mm (unter Häutung); a = 50; b = 5,6; c = 2,5; V = 46%.
♂: L = 1,95—2,20 mm; a = 59—63; b = 6,2—6,5; c = 2,4—2,6.

Venezuela; in Höhlenschlamm. — *Odontopharynx vanbezooijeni* ZULLINI & LOOF, 1980. . . . . *vanbezooijeni* (ZULLINI & LOOF, 1980) n. comb.

Bemerkung: In diese Familie gehört vielleicht auch *Diplogaster secunda* BOVIEN, 1937 — Syn. *Prosodontus secundus* (BOVIEN, 1937) PARAMONOV & SOBOLEV in SKRJABIN, SHIKHOBALOVA, SOBOLEV, PARAMONOV & SUDARIKOV, 1954; *Diplogastrellus secundus* (BOVIEN, 1937) MEYL, 1961 — eine durch den zylindrischen (?) Ösophagusvorderabschnitt, das unpaarige Ovar und die weit hintenstehende Vulva gekennzeichnete Art. Leider gibt BOVIEN kein klares Bild über die Mundhöhle, so daß die Art nur eine „species inquirenda" bleibt.

c) Superfamilia: **Diplogastroidea** MICOLETZKY, 1922

Diplogastrina. Lippen 6, mit je einer Papille; Männchen außerdem mit 4 sehr feinen Cervicalborsten (Kopfborsten). Mundhöhle sehr veränderlich, aber nie so lang wie in der Überfamilie Cylindrocorporoidea. Cheilostom meist cuticularisiert; Pro- und Mesostom verschmolzen (= Promesostom), Metastom mit Zähnen bewaffnet. Seitenorgan entweder klein, undeutlich, oder groß und weit hinter dem Kopf gelegen. Vorderabschnitt des Ösophagus fast immer in Corpus und Bulbus gesondert. Weibliche Gonaden paarig oder unpaarig. Bursa vorhanden oder reduziert.
Vorwiegend unter saproben Verhältnissen lebende, zumeist räuberische Nematoden, die taxonomisch noch ziemlich unzulänglich geordnet sind. Sechs Familien.

Bestimmungsschlüssel der Familien

1 Körper asymmetrisch, beide Körperseiten verschieden strukturiert: linke Seite mit kleinen Warzen, rechte Seite mit schwach erhabenen Längsleisten; Mittelbulbus äußerst kräftig; Spicula ungewöhnlich lang, das Mehrfache der Schwanzlänge. . . . . 5. *Heteropleuronematidae* (S. 432)

— Körper symmetrisch, beide Seiten gleich strukturiert; Mittelbulbus normal; Spicula nie so lang. 2

2 Beide Abschnitte des Ösophagus muskulös, Valvularapparat sowohl im Mittel- als im Endbulbus vorhanden. . . . . 1. *Pseudodiplogasteroididae* (S. 361)

— Nur der Vorderabschnitt des Ösophagus muskulös, Hinterabschnitt schwach, drüsig, Endbulbus ohne Valvularapparat. 3

3 Telostom ungewöhnlich lang, dünn-rohrförmig, am hinteren Ende mit 3 kugeligen Knöpfen, Cheilostom einfach, nicht gestreift; Ösophaguscorpus vor dem Mittelbulbus muskellos. . . . . 6. *Tylopharyngidae* (S. 433)

— Telostom nur selten lang und am Ende erweitert, wenn ja, dann die Erweiterung nicht kugelig; Cheilostom längsgestreift, Ösophaguscorpus muskulös. . 4

4 Mundhöhle länglich, wesentlich länger als breit, Cheilostom nicht oder schwach cuticularisiert, Metastomzähnchen sehr klein; Seitenorgan entweder klein oder in beiden Geschlechtern groß. . . . . 2. *Diplogasteroididae* (S. 362)

— Mundhöhle meist weit, geräumig, seltener länglich, Cheilostom cuticularisiert, Metastomzähne stärker entwickelt bis sehr stark; Seitenorgan entweder klein, oder nur beim Männchen groß. 5

5 Dorsalzahn beweglich, krallenartig; Mundhöhle asymmetrisch, indem die beiden subventralen Metastomwülste verschieden gebaut bzw. strukturiert

sind: rechter Wulst mit einem großen Krallenzahn, linker Wulst entweder mit einer gezähnten Platte, oder glatt, ungezähnt; Telostom oft verlängert, rohrartig. . . . . 4. *Neodiplogastridae* (S. 399)
— Dorsalzahn unbeweglich an den Metastomwulst angewachsen, platten- oder borstenförmig, Mundhöhle bilateral symmetrisch: beide subventralen Metastomwülste gleich gebaut; Telostom unbedeutend. . . . . 3. *Diplogastridae* (S. 375)

1. Familia: **Pseudodiplogasteroididae** KÖRNER, 1954

Diplogastroidea. Die Familie bildet einen Übergang zwischen den *Rhabditoidea* und *Diplogastroidea,* bei denen die beiden Abschnitte des Ösophagus meist gleichmäßig muskulös sind und sowohl der Mittel- als auch der Endbulbus mit einem Klappen- bzw. Valvularapparat versehen sind. Mundhöhle im ganzen rohrförmig; Cheilostom cuticularisiert aber kurz; Metastom mit kleinen Zahngebilden. Seitenorgan klein, undeutlich. Ovarien paarig oder unpaarig. Bursa rückgebildet.
Eine Unterfamilie: *Pseudodiplogasteroidinae* KÖRNER, 1954, mit 2 Gattungen.

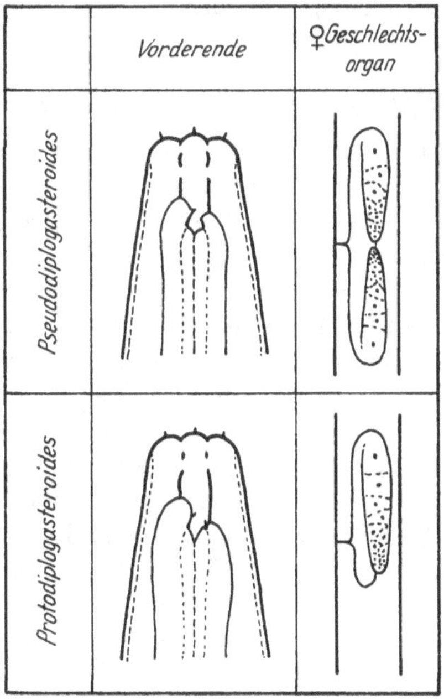

Abb. 147—148 Familie *Pseudodiplogasteroididae*: *Pseudodiplogasteroides* und *Protodiplogasteroides*

Bestimmungsschlüssel der Gattungen

1 Weibliche Gonaden paarig; beide Ösophagusabschnitte muskulös. . . . . 1. *Pseudodiplogasteroides* (S. 362)
— Weibliche Gonade unpaarig, prävulvar; hinterer Ösophagusabschnitt kaum muskulös. 2. *Protodiplogasteroides* (S. 362)

1. Genus: ***Pseudodiplogasteroides*** KÖRNER, 1954

Pseudodiplogasteroididae. Körper beinahe 1 mm lang. Lippen mit Borstenpapillen. Seitenorgan queroval, klein, in Höhe der Mundhöhlenmitte. Promesostom ventral bedeutend länger als dorsal; Metastom anisomorph, mit einem deutlichen Dorsalzahn. Ösophagus in seiner Totallänge muskulös (fibrillär); Mittelbulbus mit ovalem, Endbulbus mit dreiteiligem Klappenapparat. Ovarien paarig. Bursa sehr schwach, auch in Medialansicht kaum erkennbar. Spicula frei. Schwanz in beiden Geschlech tern zugespitzt.
Typische und einzige Art: *Pseudodiplogasteroides compositus* KÖRNER, 1954.

— Kopf breit abgestutzt; Körper am Hinterende des Ösophagus 2,5mal breiter als der Kopf. Mundhöhle ungefähr so lang wie die Lippenbreite, im ganzen rohrförmig. Dorsalzahn klein, doppelspitzig. Vorderer Ösophagusabschnitt 1,5mal länger als der hintere. Spicula 29—33 µm, Gubernaculum 17—21 µm lang. 3 Paar prä- und 7 Paar postanale Papillen. Schwanz des ♀ 5—6, der des ♂ 3—3,5 Analbreiten lang.
♀: L = 0,82—0,96 mm; a = 19—26; b = 4,8—6,2; c = 4—8; V = 48—55%.
♂: L = 0,64—0,93 mm; a = 21—26; b = 4,0—5,2; c = 5—10.
BRD und Sowjetunion (Litauen); terrikol. . . . . *compositus* KÖRNER, 1954

2. Genus: ***Protodiplogasteroides*** (RÜHM, 1956) PARAMONOV, 1957

Syn. *Pseudodiplogasteroides* (*Protodiplogasteroides* RÜHM, 1956).
Pseudodiplogasteroididae. Körper kleiner als 1 mm. Lippen mit Borstenpapillen, Seitenorgan klein, unbedeutend. Promesostom ventral doppelt so lang wie dorsal; Metastom anisomorph, dorsal mit 3, subventral mit je 1 Borstenzähnchen. Ösophagus im Vorderabschnitt stärker muskulös als im Hinterabschnitt. Valvularapparat des Endbulbus schwach entwickelt. Weibliche Gonade unpaarig, prävulvar, mit postvulvarem Uterusast. Spicula frei. Bursa völlig reduziert. Schwanz kegelförmig.
Typische und einzige Art: *Pseudodiplogasteroides* (*Protodiplogasteroides*) *saperdae* RÜHM, 1956 = *Protodiplogasteroides saperdae* (RÜHM, 1956) PARAMONOV, 1957.
— Körper am Proximalende des Ösophagus 2,5mal breiter als der Kopf. Mundhöhle 1,5mal länger als die Lippenbreite, 14—16 µm lang. Vorderer Ösophagusabschnitt 1,4mal so lang wie hinterer. Exkretionsöffnung vor dem Endbulbus. Spicula 27—29 µm, Gubernaculum 16—19 µm lang. 3 Paar Prä- und 6 Paar Postanalpapillen. Schwanz des ♀ 3—4, der des ♂ 2,5 Analbreiten lang.
♀: L = 0,66—0,80 mm; a = 31—45; b = 4,6—5,2; c = 11; V = 53—55%.
♂: L = 0,6—0,7 mm; a = 27—32; b = 4,5—4,8; c = 14—15.
BRD und Sowjetunion (?); im Mulm von Borkenkäfern. — *Pseudodiplogasteroides* (*Protodiplogasteroides*) *saperdae* RÜHM, 1956. . . . . *saperdae* (RÜHM, 1956) PARAMONOV, 1957

2. Familia: **Diplogasteroididae** FILIPJEV & SCHUURMANS STEKHOVEN, 1941

Diplogastroidea. Seitenorgan oft bei beiden Geschlechtern groß, gut sichtbar, in Höhe der Mundhöhle. Mundhöhle länglich, mehr oder weniger rohrförmig, mehrfach länger als breit. Cheilostom meist klein, schwach oder nicht cuticularisiert; Metastom mit kleinen, unauffälligen Zähnchen. Vorderer Ösophagusabschnitt muskulös, mit kräf-

tigem Bulbus, hinterer Abschnitt muskellos, mit schwachem Endbulbus. Zumeist zwei Ovarien. Bursa vorhanden oder rudimentär.
Zwei Unterfamilien.

Bestimmungsschlüssel der Unterfamilien

1 Seitenorgan in beiden Geschlechtern groß, in Höhe der Mundhöhle; Mundhöhle rohr- oder tonnenförmig. . . . . 2. *Diplogasteroidinae* (S. 372)
— Seitenorgan klein, an der Basis der Lippen, nur beim ♂ gelegentlich groß und weiter nach hinten geschoben; Mundhöhle rohrförmig, zylindrisch. . . . . 1. *Rhabditolaiminae* (S. 363)

aa) Subfamilia: *Rhabditolaiminae* n. subfam.

Diplogasteroididae. Mundhöhle zylindrisch, *Rhabditis*-artig. Seitenorgan klein, unauffällig, an der Basis der Lippen, oder bei Männchen zuweilen groß, in Höhe der Mundhöhle. Weibliche Gonaden paarig oder unpaarig. Bursa vorhanden oder rückgebildet.
4 Gattungen.

Bestimmungsschlüssel der Gattungen

1 Weibliche Gonade unpaarig, prävulvar. . . . . 4. *Fuchsnema* (S. 369)
— Weibliche Gonaden paarig. 2
2 Mundhöhle sehr lang, nahezu 1/5 der gesamten Ösophaguslänge, mit stark cuticularisierten Wänden; Metastom mit einem Dorsalzahn; ♂ ohne Schwanzfaden. . . . . 1. *Rhabditolaimus* (S. 363)
— Mundhöhle kürzer und schwächer cuticularisiert; Metastom mit 3 oder mehreren Dorsalzähnchen; ♂ mit Schwanzfaden. 3
3 Schwanz bei beiden Geschlechtern sehr lang, haarfein ausgezogen, so lang wie 10—20 Analbreiten; Gubernaculum relativ schlank. . . . . 2. *Rhabditidoides* (S. 365)
— Schwanz bei beiden Geschlechtern kürzer, so lang wie 3—6 Analbreiten; Gubernaculum plump. . . . . 3. *Rhabdontolaimus* (S. 367)

1. Genus: ***Rhabditolaimus*** FUCHS, 1915

Syn. *Dirhabdilaimus* PARAMONOV & TURLYGINA, 1955; *Diplogasteroides* (*Neodiplogasteroides* RÜHM, 1956); *Neodiplogasteroides* (RÜHM, 1956) MEYL, 1961.
Rhabditolaiminae. Körperlänge zwischen 0,6 und 1,2 mm. 6 Lippen, mit kleinen Papillen. Mundhöhle rohrförmig, *Rhabditis*-ähnlich, ihre Wände parallel und stark cuticularisiert. Cheilorhabdions punktförmig; Dorsalwulst des Metastoms nur mit einem dünnen Borstenzähnchen. Mundhöhle auffallend lang, etwa 1/5 der gesamten Ösophaguslänge. Vorderer Ösophagusabschnitt wesentlich länger und stärker als hinterer. Ovarien paarig. Ein Bursarest vorhanden, bis zur Schwanzspitze reichend, aber nur in Medialansicht erkennbar. Schwanz des Weibchens kegelförmig, mäßig lang, der des Männchens kurz, ohne Endfaden, nur mit kleinem Mucro.
An Borkenkäfern gebundene Nematoden.
Typusart: *Rhabditolaimus leuckarti* FUCHS, 1915[93].

[93] PARAMONOV und TURLYGINA (1955) bezeichneten *Rhabditolaimus halleri* FUCHS, 1915 irrtümlich als typische Art der Gattung, da die Typusart bereits im Jahre 1931 von FUCHS selbst benannt wurde als er schrieb: „Die Gattung *Rhabditolaimus* stellte ich 1915 nach dem Typus *Rh. leuckarti*" auf (FUCHS, 1931, p. 177).

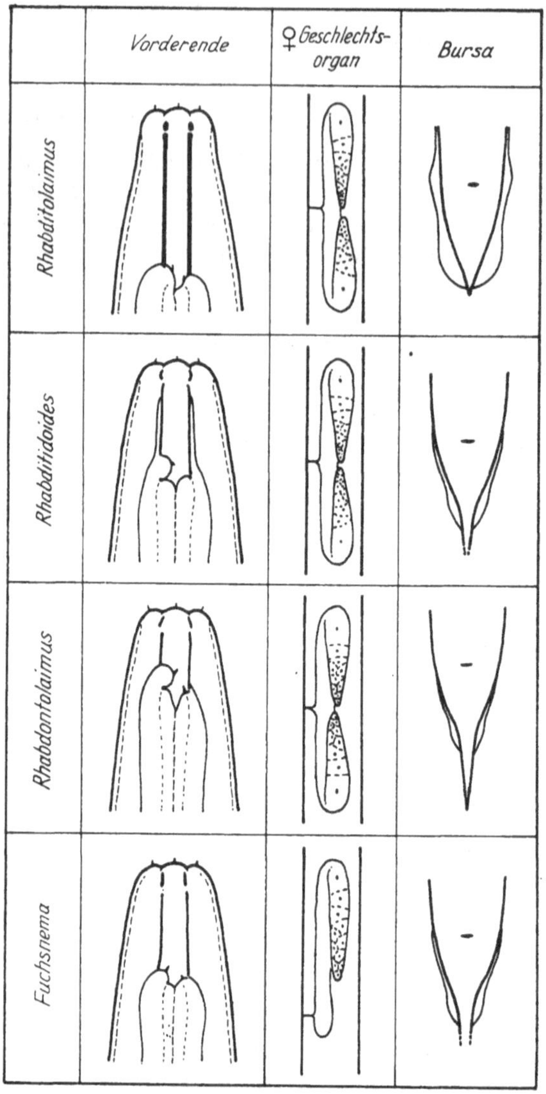

Abb. 149—152 Familie *Diplogasteroididae*, Unterfamilie *Rhabditolaiminae*: *Rhabditolaimus*, *Rhabditidoides*, *Rhabdontolaimus* und *Fuchsnema*

Bestimmungsschlüssel der Arten

1 Mundhöhle 2 Lippenbreiten lang; Schwanz des ♂ kaum etwas länger als die anale Körperbreite. — Mundhöhle etwas kürzer als 1/5 der Ösophaguslänge. Vorderabschnitt des Ösophagus (vom Kopfende gemessen) doppelt so lang wie der Hinterabschnitt. Exkretionsöffnung am Ende des Ösophagus. Spicula dünn, 31 µm lang, etwa gleich der Schwanzlänge. Gubernaculum klein. Präanal 3, postanal 6 (7) Papillenpaare.

♀: L = 0,73 mm; a = 16; b = 6,7; c = 14; V = 53%. ♂: L = 0,84 mm; a = 27; b = 6,8; c = 30.

Österreich; in Mulm von Borkenkäfern. — *Diplogasteroides* (*Neodiplogasteroides*) *picei* (FUCHS, 1931) RÜHM, 1956; *Neodiplogasteroides picei* (FUCHS, 1931) MEYL, 1916; *Dirhabdilaimus picei* (FUCHS, 1931) BAKER, 1962. . . . . *picei* FUCHS, 1931

— Mundhöhle 3 Lippenbreiten lang; Schwanz des ♂ deutlich (1,5mal) länger als die anale Körperbreite. 2

2 Mundhöhle fein aber deutlich quergestreift; das erste Papillenpaar etwa 2 Spiculalängen vor der Kloakenöffnung. — Cuticula fein geringelt und längsgestreift. Seitenorgan porusartig. Lippenpapillen fein, borstenförmig. Körper am hinteren Ösophagusende 2,5—3,5mal so breit wie der Kopf. Mundhöhle 24—34 µm lang, 1/5 der Ösophaguslänge; Zähne sehr klein und ganz am Grunde des Mundprismas. Vorderer Ösophagusabschnitt doppelt so lang wie der hintere. Exkretionsporus etwas vor oder hinter dem Terminalbulbus. Spicula 24—25 µmlang. 3 Paar Prä- und 7—8 Paar Postanalpapillen. Schwanz des ♀ 3, der des ♂ 1,5 Analbreiten lang.
♀: L = 0,76—1,17 mm; a = 19—25; b = 5,4—6,6; c = 11—14; V = 45 bis 53%. ♂: L = 0,56—1,0 mm; a = 18—24; b = 20—24.
BRD, Österreich und USA (Texas); in Gängen von *Pissodes pini* und *Dendroctonus terebrans*. — *Dirhabdilaimus pini* (FUCHS, 1931) PARAMONOV & TURLYGINA, 1955; *Dirhabdilaimus nacogdochensis* MASSEY, 1974. . . . . *pini* FUCHS, 1931

— Mundhöhle nicht gestreift; das erste Papillenpaar eine Spiculalänge vor der Kloakenöffnung. — Cuticula fein geringelt und längsgestreift. Körper am proximalen Ösophagusende 3,5—4mal breiter als der Kopf. Mundhöhle 32—38 µm lang, 1/5 der gesamten Ösophaguslänge. Vorderabschnitt des Ösophagus (vom Kopfende gemessen) 2,2—2,5mal länger als der Hinterabschnitt. Ei so lang wie die Körperbreite. Spicula 30—36 µm, Gubernaculum 15—17 µm lang. Präanal 3, postanal 8 Paar Papillen. Schwanz des ♀ 3,5—5mal so lang wie die Analbreite; Abstand Vulva-Anus 4mal länger als der Schwanz
♀: L = 0,85—1,26 mm; a = 19—24; b = 4,5—9,0; c = 10—12; V = 50 bis 59%. ♂: L = 0,63—1,2 mm; a = 18—28; b = 3,7—9,0; c = 18—24.
BRD, Österreich, Schweden, Sowjetunion (Rußland), USA; in Mulm von Borkenkäfern. — *Diplogaster* (*Fuchsia*) *leuckarti* (FUCHS, 1915) MICOLETZKY, 1922; *Diplogasteroides* (*Neodiplogasteroides*) *leuckarti* (FUCHS, 1915) RÜHM 1954; *Neodiplogasteroides leuckarti* (FUCHS, 1915) in KÖRNER, MEYL, 1961; *Dirhabdilaimus leuckarti* (FUCHS, 1915) PARAMONOV & TURLYGINA, 1955; *Dirhabdilaimus carolinensis* MASSEY, 1967. . . . . *leuckarti* FUCHS, 1915

2. Genus: ***Rhabditidoides*** RAHM, 1928

Syn. *Anchidiplogasteroides* PARAMONOV & TURLYGINA, 1955.
Rhabditolaiminae. Körperlänge stark variierend, 0,6 bis 2,3 mm. Lippen flach, mit kleinen Papillen. Mundhöhle schmal, rohrartig, 5—6mal so lang wie breit, ihre Wände schwach cuticularisiert. Cheilorhabdions punkt- oder kommaförmig, kurz. Dorsaler Metastomwulst mit 3 sehr feinen Borstenzähnchen. Vorderer Ösophagusabschnitt wesentlich länger als der hintere. Ovarien paarig. Spicula sichelförmig, mäßig bis

recht lang; Gubernaculum proximal leicht eingesenkt. Bursarest ganz schmal, Geschlechtspapillen borstenförmig. Schwanz bei beiden Geschlechtern sehr lang, filiform.
Terrikole Arten, insbesondere in Dünger und Kompost.
Typusart: *Rhabditidoides longicauda* RAHM, 1928.

Bestimmungsschlüssel der Arten

1 Mundhöhle relativ breit, hinten gerade, dorsaler Metastomwulst auffällig. — Cuticula fein geringelt. Körper am proximalen Ösophagusende 2,5—3mal breiter als der Kopf. Mundhöhle 16—22 µm lang, 1,5mal so lang wie die Lippenbreite. Vorderer Ösophagusabschnitt (samt Mundhöhle) nahezu doppelt so lang wie der hintere. Exkretionsporus in oder vor der Mitte des Isthmus; Endbulbus ganz schwach. Ei 44—50 µm lang. Spicula 22—35 µm, Gubernaculum 14 bis 19 µm lang. Bursarudiment kaum erkennbar. Präanal 3, postanal 7 Paar Papillen. Schwanz des ♀ 10—15 mal so lang wie die Analbreite.
♀: L = 0,7—1,4 mm; a = 22—35; b = 5—8; c = 3—5; V = 38—55%.
♂: L = 0,6—1,0 mm; a = 20—25; b = 5—8; c = 4—5.
BRD, Sowjetunion (Rußland), Zaire, Chile; terrikol, saprob. — *Diplogasteroides mastigurus* STEINER, 1943; *Rhabditolaimus leptosoma* VÖLK, 1950; *Diplogasteroides leptosoma* (VÖLK, 1950) OSCHE, 1952; *Anchidiplogasteroides. leptosoma* (VÖLK, 1950) PARAMONOV & TURLYGINA, 1955; *Rhabditidoides flagellicauda* SCHUURMANS STEKHOVEN, 1951; *Diplogasteroides* (*Rhabdontolaimus*) *quercophilus* HEINDL-MENGERT, 1956; *Rhabdontolaimus quercophilus* (HEINDL-MENGERT, 1956) MEYL, 1961. . . . .
. . . . *mastigurus* (STEINER, 1943) n. comb.
— Mundhöhle ganz schmal, hinten merklich ventralwärts gebogen, dorsaler Metastomwulst klein, unauffällig. 2

2 Größere Art, bis 2,3 mm; Gubernaculum 1/2 der Spiculalänge. — Mundhöhle 2 Lippenbreiten lang. Vorderer Ösophagusabschnitt nahezu doppelt so lang wie der hintere. Ei so lang wie die Körperbreite. Spicula 44—45 µm lang. 3 Paar Prä- und wahrscheinlich 7 Paar Postanalpapillen.
♀: L = 1,3—2,3 mm; a = 21—28; b = 4,0—6,8; c = 2—6; V = 48—68%.
♂: L = 1,2—1,8 mm; a = 22—36; b = 4—6; c = 4—9.
Brasilien; terrikol. — *Diplogasteroides longicauda* (RAHM, 1928) GOODEY, 1951; *Rhabditidoides longicauda fructicola* RAHM, 1928. . . . .
. . . . *longicauda* RAHM, 1928
— Kleinere Arten, unter 1 mm; Gubernaculum ungefähr 1/3 der Spiculalänge 3

3 Spicula sehr lang und dünn, etwa 3mal so lang wie die anale Körperbreite; Schwanz des ♀ nahezu 1/2 der gesamten Körperlänge. — Körper am Hinterende des Ösophagus 3mal so breit wie der Kopf. Mundhöhle 1,5 Lippenbreiten lang; Dorsalzahn etwas weiter vorn als die Subventralzähne. Seitenorgan des ♂ vor der Mundhöhlenmitte. Vorderer Ösophagusabschnitt 1,5mal länger als der hintere. Exkretionsporus in Höhe des Endbulbus. Spicula 40—45 µm, Gubernaculum 17—20 µm lang. 3 Paar Prä- und 7—8 Paar Postanalpapillen. Schwanz des Weibchens außerordentlich lang.

♀: L = 0,72—0,83 mm; a = 28—30; b = 7,4—8,3; c = 2,1—2,3; V = 31 bis 33%. ♂: L = 0,56—0,62 mm; a = 26—31; b = 4,8—5,1; c = 4—5.
Italien; in Rindermist und Kompost. — *Diplogasteroides longispiculus* MEYL, 1954; *Rhabdontolaimus longispiculus* (MEYL, 1954) MEYL, 1961. . . . . *longispiculus* (MEYL, 1954) n. comb.

— Spicula wesentlich kürzer, nur etwa eine Analbreite lang; Schwanz des ♀ 1/4 bis 1/5 der Körperlänge. — Mundhöhle 2 Lippenbreiten lang. Uterus nur mit wenigen Eiern. Spicula so lang wie der anale Körperdurchmesser. Geschlechtspapillen borstenförmig, präanal 3, postanal 7 Paare. Schwanz des ♀ 10, der des ♂ 8—9 Analbreiten lang.
♀: L = 0,86—0,94 mm; a = 27; b = 5,6; c = 4,5; V = 46%. ♂: L = 0,68 bis 0,80 mm; a = 24; b = 5,6; c = 5.
BRD, Bulgarien, Italien, Südafrika, USA; terrikol. — *Diplogasteroides stigmatus* STEINER, 1930; *Diplogasteroides* (*Anchidiplogasteroides*) *stigmatus* STEINER, 1930 (KÖRNER, 1954); *Diplogasteroides* (*Rhabdontolaimus*) *stigmatus* STEINER, 1930 (RÜHM, 1956); *Rhabditolaimus stigmatus* (STEINER, 1930) ANDRÁSSY, 1958; *Rhabdontolaimus stigmatus* (STEINER, 1930) MEYL, 1961; *Anchidiplogasteroides stigmatus* (STEINER, 1930) PARAMONOV, 1964. . . . . *stigmatus* (STEINER, 1930) n. comb.

3. Genus: ***Rhabdontolaimus*** (FUCHS, 1931) FILIPJEV & SCHUURMANS STEKHOVEN, 1941

Syn. *Rhabditolaimus* (*Rhabdontolaimus* FUCHS, 1931); *Diplogasteroides* (*Rhabdontolaimus* FUCHS, 1931) RÜHM, 1956; *Diplogasteroides* (*Amphidiplogasteroides* RÜHM in KÖRNER, 1954).
Rhabditolaiminae. Körper 0,6—2 mm lang. 6 flache Lippen, mit winzigen Borstenpapillen. Mundhöhle rohrartig; Cheilorhabdions punktförmig; Promesostom ventral länger als dorsal. Dorsaler Metastomwulst mit 3 oder mehreren feinen Borstenzähnchen. Corpus meist so lang wie der Isthmus und Bulbus zusammen. Weibliche Gonaden paarig. Bursarudiment nur in Medialansicht erkennbar, leptoder. Spicula etwas schlanker und weniger gebogen als im Genus *Rhabditidoides*; Gubernaculum auffallend groß und plump. Schwanz kegelförmig, spitz, aber nie haarfein auslaufend. Zumeist in Mulm von Käfergängen.
Typusart: *Rhabditolaimus* (*Rhabdontolaimus*) *carinthiacus* FUCHS, 1931 = *Rhabdontolaimus carinthiacus* (FUCHS, 1931) FILIPJEV & SCHUURMANS STEKHOVEN, 1941.

Bestimmungsschlüssel der Arten

1 Dorsaler Metastomwulst mit 9 raspelartig angeordneten Zähnchen; größere Art, bis 2 mm. — Cuticula fein längsgestreift. Körper am Hinterende des Ösophagus 2,5—3mal breiter als der Kopf. Mundhöhle 20—24 µm lang, 1,5mal länger als die Lippenbreite. Exkretionsporus bei der Mitte des Isthmus. Ovovivipare Art; 8—15 Eier im Uterus. Spicula 50—60 µm, Gubernaculum 21—24 µm lang; letzteres mit Dorsalhaken. 3 Paar Prä- und 7 Paar Postanalpapillen. Schwanz des ♀ 3—4, der des ♂ 2—2,5 Analbreiten lang.
♀: L = 1,1—2,0 mm; a = 12—20; b = 5,7—8,7; c = 7—12; V = 44—55%.
♂: L = 1,1—1,4 mm; a = 14—18; b = 6,2—6,8; c = 15.

BRD; terrikol bzw. an erdbewohnenden Käfern. — *Rhabditolaimus magnus* Völk, 1950; *Anchidiplogasteroides magnus* (Völk, 1950) Paramonov & Turlygina, 1955; *Diplogasteroides* (*Rhabdontolaimus*) *magnus* (Völk, 1950) Rühm, 1956; *Diplogasteroides* (*Rhabdontolaimus*) *berwigi* Rühm, 1959; *Rhabdontolaimus berwigi* (Rühm, 1959) Meyl, 1961. . . . . *magnus* (Völk, 1950) Meyl, 1961

— Dorsaler Metastomwulst mit 3 nebeneinander stehenden Zähnchen; kleinere Arten, um 1 mm. 2

2 Spicula winkelig gebogen, ihre Distalenden leicht aber merklich nach vorn gekrümmt. — Körper am Proximalende des Ösophagus 2—2,5mal breiter als der Kopf. Mundhöhle 14—18 µm, so lang wie die Lippenbreite. Beide Ösophagusabschnitte ungefähr gleich lang. Exkretionsporus in der Mitte des Isthmus. Spicula (21—) 27—30 µm, Gubernaculum 15—17 µm lang.
♀: L = 0,65—1,0 mm; a = 25—26; b = 5,6—6,0; c = 9—10; V = 48—53%.
♂: L = 0,57—0,82 mm; a = 25—27; b = 5,1—5,3; c = 12—16.
BRD; in Mulm von Käfergängen. — *Rhabditolaimus* (*Rhabdontolaimus*) *haslacheri* Fuchs, 1931; *Diplogasteroides* (*Amphidiplogasteroides*) *haslacheri* (Fuchs, 1931) Rühm in Körner, 1954; *Diplogasteroides* (*Rhabdontolaimus*) *haslacheri* (Fuchs, 1931) Rühm in Körner, 1954 (Rühm, 1956). . . . . *haslacheri* (Fuchs, 1931) Paramonov & Turlygina, 1955

— Spicula regelmäßig gebogen, ihre Distalenden gerade. 3

3 Dorsalzähne der Mundhöhle quergerichtet. — Cuticula fein geringelt und deutlich längsgestreift. Lippenpapillen winzig klein. Körper am Proximalende des Ösophagus 2,5mal breiter als der Kopf. Mundhöhle so lang wie die Lippenbreite. Vorderer Ösophagusabschnitt 1,5mal länger als der hintere. Exkretionsporus vor dem Terminalbulbus. Spicula länger als der Analdurchmesser, Gubernaculum 2/3 der Spiculalänge. Beide präanale Papillenpaare vor den Spicula liegend. Schwanz des ♀ 4—5, der des ♂ 2—2,5 Analbreiten lang.
♀: L = 0,77—0,90 mm; a = 29—31; b = 5,5—6,4; c = 10—14; V = 51%.
♂: L = 0,70—0,79 mm; a = 30; b = 5,1—6,0; c = 14.
USA (Virginia); gebunden an *Dendroctonus frontalis*. . . . . *adephagus* Massey, 1974

— Dorsalzähne der Mundhöhle nach vorn gerichtet. 4

4 Der dickere proximale Schwanzabschnitt des ♂ beinahe doppelt so lang wie die anale Körperbreite. — Körper am hinteren Ösophagusende 2—2,5mal so breit wie der Kopf. Mundhöhle 17—18 µm lang, etwa gleich der Lippenbreite. Beide Ösophagusabschnitte gleich lang. Exkretionsporus in Höhe des Endbulbus. Spicula 30—37 µm, Gubernaculum 22—23 µm lang. Präanal 3, postanal 7 Paar Papillen. Schwanz des ♀ 4—6 Analbreiten lang.
♀: L = 0,85—1,3 mm; a = 25—32; b = 6,2—6,4; c = 8—11; V = 46—53%.
♂: L = 0,8—1,1 mm; a = 23—35; b = 5,4—6,0; c = 14—15.
BRD, Österreich und Sowjetunion (Rußland, Ukraine, Grusien); in Mulm von Käferlarven. — *Rhabditolaimus* (*Rhabdontolaimus*) *carinthiacus* Fuchs, 1931; *Diplogasteroides* (*Amphidiplogasteroides*) *carinthiacus* (Fuchs, 1931) Rühm in Körner, 1954; *Diplogasteroides* (*Rhabdontolaimus*) *carinthiacus* (Fuchs, 1931) Rühm in Körner, 1954 (Rühm, 1956). . . . . *carinthiacus* (Fuchs, 1931) Filipjev & Schuurmans Stekhoven, 1941

— Der dickere proximale Schwanzabschnitt des ♂ nur etwa so lang wie die anale Körperbreite. — Cuticula fein geringelt und längsgestreift. Körper am hinteren Ösophagusende 2—2,5mal breiter als der Kopf. Lippenpapillen borstenartig. Mundhöhle so lang wie die Lippenbreite. Vorderer Ösophagusabschnitt 1,4mal länger als der hintere. Exkretionsporus bei dem Endbulbus. Spicula nur schwach gebogen, Gubernaculum distal nadelspitz. Schwanz des ♀ 5, der des ♂ 1,5 Analbreiten lang.
♀: L = 0,86 mm; a = 24; b = 5,8; c = 11; V = 51%. ♂: L = 0,8 mm; a = 27; b = 6,2; c = 14.
USA (Texas); gebunden an *Dendroctonus frontalis* (Scolytidae). Möglicherweise mit der vorigen Art identisch. . . . . *frontali* MASSEY, 1974

Bemerkung: Wahrscheinlich zu dieser Gattung gehört auch die aus Zaire ungenügend beschriebene Spezies *Rhabdontolaimus brevicauda* (SCHUURMANS STEKHOVEN, 1951) n. comb. — Syn. *Loxolaimus brevicauda* SCHUURMANS STEKHOVEN, 1951; *Diplogaster brevicauda* (SCHUURMANS SLEKHOVEN, 1951) BAKER, 1962.

4. Genus: *Fuchsnema* n. gen.

Rhabditolaiminae. Körperlänge 0,5 bis 1 mm. Lippen flach, mit sehr kleinen Papillen. Mundhöhle rohrartig, mehrfach länger als breit. Cheilorhabdions punkt- oder kommaförmig. Promesostom ventral etwas länger als dorsal; dorsaler Metastomwulst mit 1—2 feinen Zähnchen. Weibliches Geschlechtsorgan unpaarig, prävulvar; Vulva weit hinten; postvulvarer Uterusast ganz kurz. Bursa vorhanden aber rudimentär, nur in Medialansicht erkennbar. Spicula bogenförmig, proximal kugelig geknöpft, frei. Schwanz konisch.
Zumeist an Holzkäfer gebundene Nematoden.
Typusart: *Diplogasteroides crassus* KÖRNER, 1954 = *Fuchsnema crassum* (KÖRNER, 1954) n. comb.

Bestimmungsschlüssel der Arten

1 Schwanz des ♀ sehr kurz, 2,5—3 Analbreiten lang. — Cuticula 0,7—0,9 µm dick, äußerst fein geringelt und fein längsgestreift. Kopf 7 µm breit. Mundhöhle 13 µm lang, 6—7mal länger als breit; Cheilorhabdions stäbchenförmig. Corpus länger als der Isthmus und Bulbus zusammen. Exkretionsporus in Höhe des Isthmus. Postvulvarer Uterusast fehlend. Ei 55—57 µm, beinahe 2mal so lang wie die Körperbreite. Schwanz des ♀ etwas kürzer als der Abstand Vulva-Anus, am Ende fein abgerundet. Spicula 40 µm lang, Gubernaculum 18 µm. 4 Paar Prä- und 5 Paar Postanalpapillen.
♀: L = 0,52—0,76 mm; a = 17—19; b = 4,7—5,0; c = 17—18; V = 87 bis 88%. ♂: L = 0,53 mm; a = 20; b = 5,2; c = 19.
Ungarn; aus Hühnermist. — *Rhabditolaimus proprius* ANDRÁSSY, 1973. . . . . *proprium* (ANDRÁSSY, 1973) n. comb.

— Schwanz des ♀ wesentlich länger, 5—10mal so lang wie die Analbreite. . . . 2

2 Vulva hinter 80% der Körperlänge; Abstand Vulva-Anus so lang wie die an der Vulva gemessene Körperbreite. 3

— Vulva vor oder in 3/4 der Körperlänge; Abstand Vulva-Anus deutlich länger als die an der Vulva gemessene Körperbreite. 4

3 Schwanz des ♀ länger, 1/4—1/7 der Körperlänge; Spicula 24—29 µm lang. — Cuticula anscheinend glatt. Kopf breit, Körper am Proximalende des Ösophagus nur etwa doppelt so breit wie der Kopf. Mundhöhle 12—14 µm lang, kaum länger als die Lippenbreite. Vorderabschnitt des Ösophagus 1,3—1,4mal länger als Hinterabschnitt. Vulva weit hinten. Spicula bogenförmig, länger als der Analdurchmesser, Gubernaculum 10—14 µm. Präanal 2, postanal 6 Papillenpaare. Schwanz des ♀ gleichmäßig verjüngt, der des ♂ hinter dem ersten Drittel stark verengt, nadelspitzig.

♀: L = 0,47—0,91 mm; a = 15—25; b = 4,1—7,6; c = 4,5—7,1; V = 86 bis 90%. ♂: L = 0,48—0,63 mm; a = 17—29; b = 4,3—5,6; c = 5,6—8,5.
Sowjetunion (Rußland, Litauen, Grusien); in Gängen von Borkenkäfern.
— *Diplogasteroides sexdentati* VOSILITE, 1980. . . . . *sexdentati* (VOSILITE, 1980) n. comb.

— Schwanz des ♀ kürzer, 1/9—1/11 der Körperlänge; Spicula 33—44 µm lang. — Cuticula fein längsgestreift. Körper am Proximalende des Ösophagus etwa 4mal (!) breiter als der Kopf. Mundhöhle 2 Lippenbreiten lang. Cheilorhabdions punktförmig. Exkretionsöffnung vor dem Endbulbus. Uterus meist mit zahlreichen Eiern und Embryonen. Körper hinter der Vulva rasch verjüngt. Spicula bogenförmig, schlank, länger als der Analdurchmesser. Gubernaculum 18—23 µm lang. 4 Paar Prä- und 6 Paar Postanalpapillen. Schwanz des ♀ 7—8 Analbreiten lang, der des ♂ wesentlich kürzer.

♀: L = 0,92—1,14 mm; a = 14—16; b = 6—8; c = 9—11; V = 82—86%.
♂: L = 0,63—0,96 mm; a = 17—21; b = 4,8—6,8; c = 12—18.
BRD, Tschechoslowakei, Ägypten; in Mulm. — *Diplogasteroides crassus* KÖRNER, 1954; *Anchidiplogasteroides crassus* (KÖRNER, 1954) PARAMONOV & TURLYGINA, 1955; *Rhabditolaimus crassus* (KÖRNER, 1954) ANDRÁSSY, 1958. . . . . *crassum* (KÖRNER, 1954) n. comb.

4 Schwanz des ♀ gleichmäßig verschmälert, kegelförmig, am Ende sehr fein abgerundet, etwa so lang oder kaum länger als der Abstand Vulva-Anus. 5

— Schwanz des ♀ stärker verjüngt, am Ende haarfein ausgezogen, 1,5—2mal länger als der Abstand Vulva-Anus. 6

5 Dorsalzahn ungewöhnlich kräftig, krallenartig; Cheilorhabdions kommaförmig. — Cuticula sehr fein geringelt und längsgestreift. Körper am Hinterende des Ösophagus 3mal breiter als der Kopf. Mundhöhle 12 µm lang. Exkretionsporus in Höhe des Endbulbus. Postvulvarer Uterusast kürzer als die halbe Körperbreite. Schwanz des ♀ 5 Analbreiten lang; Abstand Vulva-Anus so lang wie der Schwanz. Spicula 2 Analbreiten lang. Papillenpaare 3—6.

♀: L = 0,59—0,75 mm; a = 16; b = 5,8; c = 5,4; V = 67%. ♂: L = 0,58 bis 0,85 mm; a = 16; b = 5,2; c = 7,4.
USA (New Mexico); im Mulm von *Ips calligraphus*. — *Diplogasteroides marshalli* MASSEY, 1962. . . . . *marshalli* (MASSEY, 1962) n. comb.

— Dorsalzahn winzig klein, borstenartig: Cheilorhabdions punktförmig. — Körper am Hinterende des Ösophagus beinahe 3mal so breit wie der Kopf. Mundhöhle 14—16 µm lang. Exkretionsporus vor dem Endbulbus. Uterussack fehlend. Schwanz des ♀ 8 Analbreiten lang. 3 + 7 Papillenpaare.

♀: L = 0,7—1,0 mm; a = 15—19; b = 6,5—8,1; c = 5,4—6,6; V = 68 bis 73%. ♂: L = 0,8—0,9 mm; a = 16—20; b = 6,7—8,0; c = 9—12.
BRD, Frankreich, Sowjetunion (Rußland); im Mulm von Borkenkäfern. — *Rhabditolaimus halleri* FUCHS, 1915; *Diplogaster* (*Fuchsia*) *halleri* (FUCHS, 1915) MICOLETZKY, 1922; *Diplogasteroides halleri* (FUCHS, 1915) RÜHM 1956; *Diplogasteroides ruehmi* PARAMONOV, 1964. . . . . *halleri* (FUCHS, 1915) n. comb.

6 Das vorderste Papillenpaar in Höhe des proximalen Spiculumendes; Schwanz des ♀ 8—10 Analbreiten lang. 7

— Das vorderste Papillenpaar deutlich vor dem proximalen Spiculumende; Schwanz des ♀ 6—7 Analbreiten lang. 8

7 Gubernaculum stark verdickt, dreieckig. — Cuticula fein quer- und längsgestreift. Körper am proximalen Ösophagusende 2,5—3mal breiter als der Kopf. Mundhöhle 16—17 µm lang, 1,5mal länger als die Lippenbreite. Vorderer Ösophagusabschnitt 1,5mal länger als der hintere. Schwanz des ♀ 9—10 Analbreiten lang, 1,5—1,8mal länger als der Abstand Vulva-Anus. Spicula 21—22 µm, Gubernaculum 9—11 µm lang. 3 + 7 Papillenpaare.
♀: L = 0,65—0,80 mm; a = 18—26; b = 4,6—5,8; c = 4—6, V = 65—72%. ♂: L = 0,5—0,7 mm; a = 16—28; b = 5,3—5,5; c = 2—3.
BRD und USA; im Mulm von Borkenkäfern. — *Diplogasteroides picicola* RÜHM, 1956; *Rhabditolaimus picicola* (RÜHM, 1956) GOODEY, 1963; *Rhabditolaimus wesleyi* MASSEY, 1962. . . . . *picicola* (RÜHM, 1956) n. comb.

— Gubernaculum dünner, länglich. — Cuticula sehr fein geringelt und längsgestreift. Lippenpapillen undeutlich. Körper am Hinterende des Ösophagus 2 bis 2,5mal breiter als der Kopf. Mundhöhle etwa so lang wie die Lippenbreite. Metastom mit 2 Dorsalzähnchen. Vorderer Ösophagusabschnitt 1,4mal länger als hinterer. Schwanz des ♀ 9 Analbreiten lang, doppelt so lang wie der Abstand Vulva-Anus. Spicula sichelförmig. Bursarest vorhanden. Präanal 3, postanal 6 Papillenpaare. Schwanz des ♂ 3,5 Analbreiten lang.
♀: L = 0,77 mm; a = 21; b = 7; c = 6,3; V = 72%. ♂: L = 0,69 mm; a = 23; b = 7,3; c = 7,7.
USA (New York); gebunden an *Ips ipini*. — *Diplogasteroides ipini* MASSEY, 1974. . . . . *ipini* (MASSEY, 1974) n. comb.

8 Körper größer, 0,7—0,8 mm; Schwanz am Ende nur beim ♀ haarfein, beim ♂ weniger verdünnt. — Cuticula fein geringelt und längsgestreift. Lippenpapillen sehr klein. Mundhöhle 1,5mal so lang wie die Kopfbreite. Körper am Proximalende des Ösophagus 3mal so breit wie der Kopf. Vorderer Ösophagusabschnitt kaum länger als der hintere. Exkretionsporus beim Ösophagusende. Schwanz des ♀ 6—7, der des ♂ 5 Analbreiten lang. Spicula gattungstypisch, Gubernaculum stark verdickt. Präanal 2, postanal 6 Papillenpaare.
♀: L = 0,71—0,80 mm; a = 19—21; b = 5,7—6,0; c = 7,1—7,8; V = 74 bis 76%. ♂: L = 0,78 mm; a = 22; b = 5,9; c = 9,2.
USA (New Mexico); gebunden an *Dendroctonus rufipennis*. — *Diplogasteroides bibrochus* MASSEY, 1974. . . . . *bibrochum* (MASSEY, 1974) n. comb.

— Körper kleiner, 0,5 mm; Schwanz des ♂ am Ende ebenso haarfein wie der des ♀. Cuticula sehr fein geringelt und längsgestreift. — Lippenpapillen undeutlich.

Körper am Proximalende des Ösophagus 3mal so breit wie der Kopf. Mundhöhle kaum länger als die Lippenbreite, am Grunde mit 2 aufeinander folgenden Dorsalzähnchen. Vorderabschnitt des Ösophagus 1,5mal länger als der Hinterabschnitt. Exkretionsöffnung beim Ösophagusende. Schwanz des ♀ 7, der des ♂ 5 Analbreiten lang, beim ♀ 1,5mal so lang wie der Abstand Vulva-Anus. Gubernaculum relativ dünn. 7 Paar Papillen: 2 prä-, 5 postanal.
♀: L = 0,55 mm; a = 23; b = 5,1; c = 5,5; V = 71%. ♂: L = 0,52 mm; a = 26; b = 5,0; c = 7,1.
USA (New Mexico); an *Dendroctonus adjunctus* gebunden. — *Diplogasteroides dimidius* MASSEY, 1974. . . . . *dimidium* (MASSEY, 1974) n. comb.

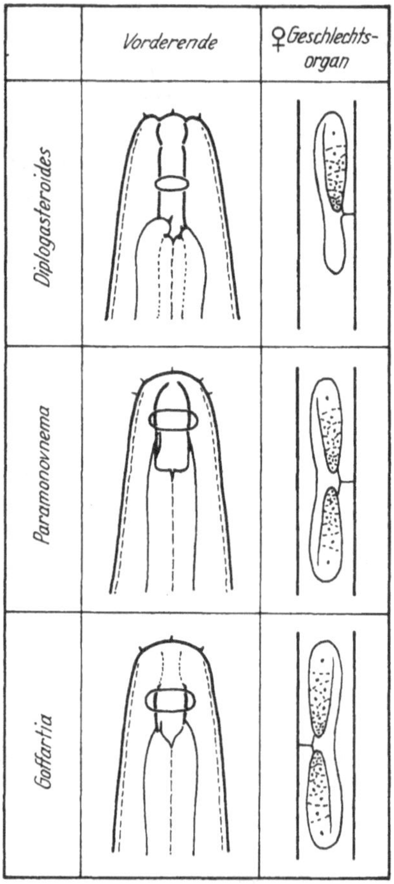

Abb. 153—155 Familie *Diplogasteroididae*, Unterfamilie *Diplogasteroidinae*: *Diplogasteroides*, *Paramonovnema* und *Goffartia*

bb) Subfamilia: *Diplogasteroidinae* FILIPJEV & SCHUURMANS STEKHOVEN, 1941

Diplogasteroididae. Mundhöhle zylindrisch, rohrartig, oder etwas ausgebuchtet, tonnenförmig. Seitenorgan bei beiden Geschlechtern groß, gut erkennbar, in Höhe der Mundhöhlenmitte. Weibliche Gonaden paarig oder unpaarig. Bursa völlig rückgebildet.
3 Gattungen.

Bestimmungsschlüssel der Gattungen

1 Weibliche Gonade unpaarig, prävulvar. . . . . 1. *Diplogasteroides* (S. 373)

— Weibliche Gonaden paarig. 2

2 Cheilostom cuticularisiert, länger als das Promesostom. . . . . 2. *Paramonoonema* (S. 374)

— Cheilostom nicht cuticularisiert, kürzer als das Promesostom. . . . . 3. *Goffartia* (S. 374)

1. Genus: ***Diplogasteroides*** DE MAN, 1912

Diplogasteroidinae. Körperlänge zwischen 0,4 und 1,5 mm. Mundhöhle länglich, rohrförmig. Cheilorhabdions stäbchenförmig; Metastom mit kleinen Zähnchen bewaffnet. Seitenorgan groß, oval, in oder hinter der Mundhöhlenmitte. Vorderer Ösophagusabschnitt länger als der hintere. Weibliches Geschlechtsorgan prävulvar, Vulva trotzdem um die Körpermitte liegend. Spicula bogenförmig, frei; Gubernaculum plump. Schwanz bei beiden Geschlechtern filiform.
Terrikole oder aquatile Arten.
Typusart: *Diplogasteroides spengelii* DE MAN, 1912.

Bestimmungsschlüssel der Arten

1 Größere Art, bis 1,5 mm; Spicula etwa so lang wie die Analbreite. — Cuticula fein quer- und längsgestreift. Mundhöhle 5—6mal länger als breit bzw. 1,5mal länger als die Lippenbreite. Vorderer Ösophagusabschnitt 1,4—1,5mal so lang wie hinterer. Spicula 32—36 µm lang, Gubernaculum 1/3 der Spiculalänge, sehr dick. Zahl der Papillen 8 Paare. Schwanz des ♀ ungefähr 20 Analbreiten lang, doppelt so lang wie der Abstand Vulva-Anus.
♀: L = 1,0—1,5 mm; a = 30—40; b = 6—7; c = 2,0—4,3; V = 42—45%.
♂: L = 1,0—1,4 mm; a = 30—40; b = 6—7; c = 2,7—3,3.
Holland, BRD, Ungarn, Bulgarien Sowjetunion (Moldau); terrikol. . . . . *spengelii* DE MAN, 1912

— Kleine Arten, um 1/2 mm; Spicula nahezu doppelt so lang wie der anale Körperdurchmesser. 2

2 Mundhöhle doppelt so lang wie die Lippenbreite; Schwanz des ♀ 6—7 Analbreiten lang. — Cuticula anscheinend glatt. Lippenpapillen borstenförmig, relativ lang. Mundhöhle etwa 25—28 µm lang. Seitenorgan etwas vor der Mundhöhlenmitte. Vorderer Ösophagusabschnitt 1,5mal länger als der hintere. Schwanz am Ende fein abgerundet.
♀: L = 0,46—0,53 mm; a = 25—41; b = 4,7—5,9; c = 7,7—8,9; V = ?
♂ unbekannt.
Italien; im Schlamm eines Kratersees. Ungenügend bekannt. . . . . *bidentatus* DE CILLIS, 1917

— Mundhöhle nur so lang wie breit; Schwanz des ♀ 15 Analbreiten lang. — Cuticula fein geringelt, mit doppelten Punktreihen an den Körperseiten. Körper am Proximalende des Ösophagus 2mal so breit wie der Kopf. Mundhöhle so lang wie der Kopfdurchmesser; Cheilo- und Promesostom ungefähr gleich lang. Exkretionsporus vor dem Terminalbulbus. Spicula sehr schlank, Gubernacu-

lum proximal leicht eingeschnitten. Anscheinend nur 4 Paar Papillen vorhanden. Schwanz in beiden Geschlechtern haarfein ausgezogen.
♀: L = 0,48–0,60 mm; a = 24–28; b = 5–6; c = 3,0–3,3; V = 54–55%.
♂: L = 0,44 mm; a = 23; b = 5; c = 3,2.
USA (New York); terrikol. — *Rhabditolaimus* (*Rhabdontolaimus*) *prodelphis* STEINER, 1936; *Dirhabdilaimus prodelphis* (STEINER, 1936) GOODEY, 1963. . . . . *prodelphis* (STEINER, 1936) RÜHM, 1956

2. Genus: *Paramonovnema* ANDRÁSSY, 1968

Diplogasteroidinae. Körperlänge unter 1 mm. Lippen 6, flach, Papillen fein, borstenförmig. Mundhöhle rohr- bzw. tonnenförmig, mehr als doppelt so lang wie breit. Cheilostom cuticularisiert, länger als das Promesostom. Metastomzähnchen dünn, borstenartig. Seitenorgan groß, oval, bei der Mitte der Mundhöhle. Corpus kaum länger als der Isthmus und Bulbus zusammen. Weibliche Gonaden paarig. Bursa völlig rudimentär; Geschlechtspapillen borstenförmig. Schwanz in beiden Geschlechtern sehr lang, haardünn.
Typische und einzige Art: *Paramonovnema filicaudatum* ANDRÁSSY, 1968.

— Cuticula nur 0,4–0,6 µm dick, sehr fein geringelt. Kopf 6–7 µm breit; Körper am Ösophagusende doppelt so breit. Mundhöhle 9–11 µm lang, 3mal so lang wie breit. Metastom mit langem, aber sehr feinem, nadelartigem Dorsalzahn. Exkretionsöffnung in Höhe des hinteren Ösophagusabschnittes. Spicula 18–20 µm lang, fast gerade; Gubernaculum 12 µm, plump. 2 Paar Prä- und 8 Paar Postanalpapillen. Schwanz bei beiden Geschlechtern äußerst lang, 30–37mal länger als die anale Körperbreite, nahezu 1/2 der Totallänge des Körpers einnehmend.
♀: L = 0,8–0,9 mm; a = 47–52; b = 7,8–8,7; c = 2,1–2,3; V = 29 bis 32%. ♂: L = 0,70–0,75 mm; a = 51–53; b = 7,9–8,2; c = 2,2–2,4.
Tansania; terrikol. . . . . *filicaudatum* ANDRÁSSY, 1968

3. Genus: *Goffartia* HIRSCHMANN, 1952

Diplogasteroidinae. Körper 0,6 bis 1,3 mm lang. Lippen 6, ganz flach, Papillen klein, nicht borstenförmig. Mundhöhle faßförmig. Cheilostom nicht cuticularisiert, kürzer als das Promesostom. Metastomzähnchen klein, borstenförmig. Seitenorgan groß, oval, in Höhe der Mundhöhlenmitte. Corpus so lang oder kürzer als der Isthmus und Bulbus zusammen. Ovarien paarig. Spicula relativ kurz, kaum gebogen. Bursarudiment fehlend. Schwanz in beiden Geschlechtern fein ausgezogen.
Aquatile oder terrikole Arten.
Typusart: *Goffartia heteroceri* HIRSCHMANN, 1952.

Bestimmungsschlüssel der Arten

1 Ösophaguscorpus schwach entwickelt, muskelarm, viel kürzer als der hintere Ösophagusabschnitt; Mittelbulbus sehr klein. — Cuticula geringelt, Seitenfeld mit 3 Linien. Mundhöhle kaum länger als die Lippenbreite, relativ schmal. Seitenorgan fast rechteckig, doppelt so breit wie die Mundhöhle. Exkretionsporus beim Endbulbus. Spicula 21–23 µm, so lang wie die Analbreite, Gubernaculum 11–13 µm. 2 Paar Prä- und 7 Paar Postanalpapillen. Schwanz des ♀ 15–18 Analbreiten lang.

♀: L = 0,84–1,26 mm; a = 25–36; b = 6,2–8,1; c = 3,6–6,0; V = 34 bis 48%. ♂: L = 0,67–0,84 mm; a = 24–44; b = 5,0–6,6; c = 3,7–6,4.
BRD, Italien, Polen, Dänemark, Ägypten; aquatil und terrikol. — *Diplogasteroides variabilis* MICOLETZKY, 1922. . . . . *variabilis* (MICOLETZKY, 1922) HIRSCHMANN, 1952

— Ösophaguscorpus gut entwickelt, muskulös, etwa so lang wie der hintere Ösophagusabschnitt; Mittelbulbus stärker. 2

2 Cuticula fein geringelt und deutlich längsgestreift; Gubernaculum 3/4 der Spiculalänge. — Mundhöhle hinten mit 2 parallelen Ringen. 10 Papillenpaare.
♀: a = 42; b = 6,5; c = 2,5–2,6; V = 37%. ♂: a = 50; b = 6,5; c = 2,5 bis 2,6
Südafrika; aquatil. Wenig bekannte Art. — *Diplogasteroides africanus* MICOLETZKY, 1915. . . . . *africana* (MICOLETZKY, 1915) HIRSCHMANN, 1952

— Cuticula völlig glatt; Gubernaculum 1/2 der Spiculalänge. — Mundhöhle kaum länger als die Lippenbreite. Seitenorgan so breit wie die Mundhöhle. Höchstens 2 Eier im Uterus. Spicula 14–16 µm, ungefähr so lang wie die Analbreite; Gubernaculum 7–8 µm lang. 3 Paar Prä- und 6 Paar Postanalpapillen. Schwanz 20–25 Analbreiten lang, haarfein.
♀: L = 0,7–1,0 mm; a = 25–42; b = 7–10; c = 2,0–3,5; V = 30–44%. ♂: L = 0,60–0,74 mm; a = 30–53; b = 6,0–7,6; c = 2–4.
BRD, Italien; aquatil und terrikol. . . . . *heteroceri* HIRSCHMANN, 1952

3. Familia: **Diplogastridae** MICOLETZKY, 1922

Diplogasteroidea. Seitenorgan klein, ganz vorn am Kopf, nur bei Männchen gelegentlich groß und weiter nach hinten geschoben. Cheilostom cuticularisiert, oft in Längsstäbchen geteilt; Promesostom nur selten rohrförmig, zumeist geräumig. Metastom mit gut erkennbaren, oft sogar sehr großen Zähnen; Dorsalzahn stets größer als die Subventralzähne, nicht beweglich. Vorderer Ösophagusabschnitt in Corpus und Bulbus geteilt, muskulös; hinterer Abschnitt muskellos. Weibliche Gonaden meist paarig. Bursa fast immer rudimentär.
Drei Unterfamilien.

Bestimmungsschlüssel der Unterfamilien

1 Mittelbulbus länglich, doppelt so lang wie breit; Dorsalzahn plattenförmig, sich eng an die untere Hälfte des Metastomwulstes schmiegend, nicht vorspringend. . . . . aa) *Demaniellinae* (S. 376)

— Mittelbulbus rundlich; Dorsalzahn dorn- oder krallenförmig, mindestens seine Spitze vom Metastomwulst abstehend. 2

2 Cheilostom einfach, nicht oder nur ausnahmsweise schwach gestreift; subventrale Metastomwülste mit je einem kleinen kommaförmigen Zahn. . . . . bb) *Diplogastrinae* (S. 379)

— Cheilostom durch Längsfurchen in Platten bzw. Stäbchen geteilt; subventrale Metastomwülste entweder glatt, unbewaffnet, oder geraspelt. . . . . cc) *Paroigolaimellinae* (S. 396)

aa) Subfamilia: *Demaniellinae* PARAMONOV, 1951

Diplogastridae. Cheilo- und Promesostom etwa gleich lang; das vorige oft ausstülpbar. Metastom mit kleinem plattenförmigem Dorsalzahn, der eng an den Wulst geheftet ist. Telostom unbedeutend. Mittelbulbus länglich, doppelt so lang wie breit, nach hinten meist verschmälert. Ovarien paarig oder unpaarig. Bursa fehlend.
Zwei Gattungen.

Bestimmungsschlüssel der Gattungen

1 Cheilostom in 6 bewegliche, ausstülpbare, zugespitzte Elemente geteilt; weibliche Gonaden paarig. . . . . 2. *Demaniella* (S. 377)
2 Cheilostom einfach und einheitlich, nicht ausstülpbar; weibliche Gonade unpaarig. . . . . 1. *Metadiplogaster* (S. 376)

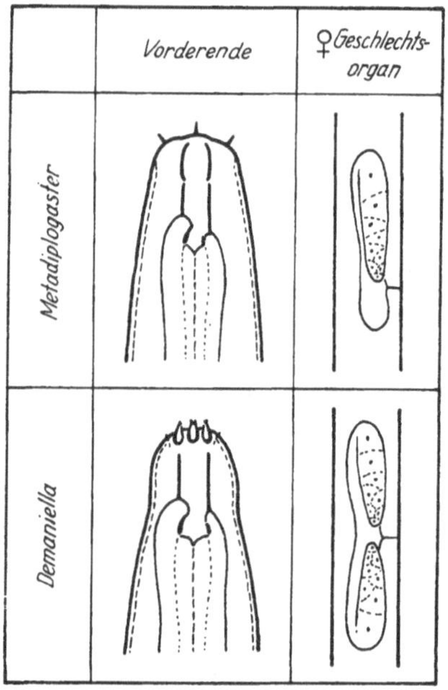

Abb. 156–157 Familie *Diplogastridae*, Unterfamilie *Demaniellinae*: *Metadiplogaster* und *Demaniella*

1. Genus: ***Metadiplogaster*** MEYL, 1961

Syn. *Diplogaster* (*Diplogastrellus* WEINGÄRTNER, 1955, nec PARAMONOV, 1952); *Metadiplogaster* WEINGÄRTNER, 1955 (typische Art nicht benannt, bleibt deshalb ein „nomen nudum").

Demaniellinae. Körper 0,6–1,7 mm lang. Lippen mit Borstenpapillen. Cheilostom cuticularisiert, einfach, meist etwa so lang wie das Promesostom; die Wand dieses letzteren ventral länger als dorsal. Metastom mit einer nicht vorspringenden Dorsalplatte und mit je einem sehr kleinen Subventralzahn. Seitenorgan des Männchens im Bereich der Mundhöhle oder noch weiter hinten. Ösophagus schlanker wie gewöhnlich; Mittelbulbus länglich, nahezu doppelt so lang wie breit. Weibliches Geschlechtsorgan unpaarig. Bursa vollkommen fehlend. Gubernaculum plump. Schwanz in beiden Geschlechtern filiform.

In faulenden pflanzlichen oder tierischen Stoffen.
Typusart: *Diplogaster inaequidens* Paesler, 1946 = *Metadiplogaster graciloides* Skwarra, 1921) n. comb.

Bestimmungsschlüssel der Arten

1 Körper klein, wohl unter 1 mm; Spicula vorn mit fingerförmigem Fortsatz. — Körper am Proximalende des Ösophagus 3mal breiter als der Kopf. Mundhöhle ungefähr 1,5mal länger als die Lippenbreite. Ösophagus schlank, sein Vorderabschnitt 1,3mal länger als der Hinterabschnitt. Mittelbulbus länglich, aber schwach. Spicula etwa so lang wie die Analbreite; Gubernaculum plump. Wahrscheinlich 3 Paar Prä- und 5 Paar Postanalpapillen.
♀ unbekannt. ♂: L = 0,6 mm; a = 38; b = 4,3; c = 3,1.
Fidschi-Inseln und Sumatra; an faulenden Bananenblättern. — *Diplogaster parva* Cobb, 1983; *Diplogastrellus parvus* (Cobb, 1983) Paramonov, 1952. . . . . *parva* (Cobb, 1893) n. comb.

— Körper größer, um 1 mm; Spicula vorn abgerundet. — Cuticula punktiert-geringelt. Mundhöhle im ganzen rohrförmig, länger als die Lippenbreite. Cheilostom etwa so lang wie das Promesostom. Dorsaler Metastomwulst viel kräftiger als die beiden subventralen Wülste. Seitenorgan 0,5 bis 1 Mundhöhlenlänge hinter das Mundprisma verschoben. Vorderer Ösophagusabschnitt 1,6—1,7mal länger als der hintere. Postvulvarer Uterussack gleich der einschlägigen Körperbreite. Spicula bogenförmig, 22 μm lang; Gubernaculum halb so lang, sehr dick. 3 Paar Prä- und 5 Paar Postanalpapillen. Schwanz 15—20 Analbreiten lang, haarfein.
♀: L = 1,0—1,7 mm; a = 27—41; b = 4,7—5,8; c = 2—4; V = 46—57%.
♂: L = 0,85—1,2 mm; a = 34—47; b = 4,7—7,1; c = 2,6—6,0.
DDR, BRD, Österreich, Italien, Tschechoslowakei; in Rindermist. — *Diplogaster graciloides* Skwarra, 1921; *Diplogastrellus graciloides* (Skwarra, 1921) Paramonov, 1952; *Diplogaster inaequidens* Paesler, 1946; *Diplogaster (Metadiplogaster) inaequidens* Paesler, 1946 (Hirschmann, 1952); *Diplogaster (Diplogastrellus) inaequidens* Paesler, 1946 (Weingärtner, 1955); *Diplogastrellus inaequidens* (Paesler, 1946) Paramonov, 1952; *Metadiplogaster inaequidens* (Paesler, 1946) Meyl, 1961. . . . . *graciloides* (Skwarra, 1921) n. comb.

2. Genus: ***Demaniella*** Steiner, 1914

Syn. *Demania* Steiner, 1914, nec Southern, 1914.
Demaniellinae. Körper 0,6—1,2 mm lang. Lippen mit sehr kleinen Papillen. Cheilostom in 6 zugespitzte und ausstülpbare Zipfel geteilt; Promesostom ventral merklich länger als dorsal. Dorsalwulst des Metastoms auffällig, bedeutend kräftiger als die Subventralwülste, mit plattenförmigem, nicht vorspringendem Zahn. Ösophagus schlank, Mittelbulbus länglich, etwa doppelt so lang wie breit, hinten etwas verschmälert. Weibliche Gonaden paarig; Receptacula seminis vorhanden. Gubernaculum länglich, schlank. Schwanz bei beiden Geschlechtern sehr lang und haarfein.
Terrikole Arten, insbesondere in Kompost und anderen faulenden Pflanzensubstanzen.
Typusart: *Demania cibourgensis* Steiner, 1914 = *Demaniella cibourgensis* (Steiner, 1914) Steiner, 1914.

Bestimmungsschlüssel der Arten

1 Gubernaculum auffallend groß, sehr dick. — Cuticula deutlich quer- und längsgestreift. Körper am Hinterende des Ösophagus fast 4mal so breit wie der Kopf. Mundhöhle länger als die Lippenbreite, etwa 4mal so lang wie breit. Vorderer Ösophagusabschnitt 1,6mal länger als der hintere. Mittelbulbus gattungstypisch. Exkretionsporus zwischen den beiden Bulbi. Uterus mit wenigen Eiern. Spicula 21 µm, bogenförmig, Gubernaculum mehr als 1/2 der Spiculalänge. Von den 10 Paaren Papillen liegen 3 Paare präanal. Schwanz in beiden Geschlechtern filiform, fein verdünnt.
♀: L = 1,0–1,34 mm; a = 27–28; b = 5; c = 3; V = 44%. ♂: L = 0,9 mm; a = 25–29; b = 4–5; c = 2,5–2,6.
Holland, England, Zaire; terrikol. — *Diplogaster microstoma* GOODEY, 1929; *Diplogasteritus microstoma* (GOODEY, 1929) MEYL, 1961; *Acrostichus microstoma* (GOODEY, 1929) MASSEY, 1966. . . . . *microstoma* (GOODEY, 1929) n. comb.
— Gubernaculum dünn. 2
2 Gubernaculum kurz, 1/2 der Spiculalänge; vorderer Ösophagusabschnitt 1,5mal länger als der hintere. — Mundhöhle kaum länger als die Lippenbreite. Seitenorgan beim Hinterende der Mundhöhle. Spicula so lang wie der anale Körperdurchmesser. 4 Paar Prä- und 5 Paar Postanalpapillen.
♀: L = 0,87–1,1 mm; a = 22–32; b = 5,3–6,4; c = 3,6–5; V = 42–51%.
♂: L = 0,84–0,96 mm; a = 29–36; b = 4,6–5,4; c = 3,6–4,6.
BRD und Sowjetunion (Usbekistan); in Kompost. — *Diplogaster (Diplogastrellus) modesta* WEINGÄRTNER, 1955; *Diplogastrellus modestus* (WEINGÄRTNER, 1955) ANDRÁSSY, 1958; *Metadiplogaster modesta* (WEINGÄRTNER, 1955) MEYL, 1961. . . . . *modesta* (WEINGÄRTNER, 1955) GOODEY, 1963
— Gubernaculum länger, 2/3–3/4 der Spiculalänge; vorderer Ösophagusabschnitt mindestens doppelt so lang wie der hintere. 3
3 Vorderabschnitt des Ösophagus 70–78% der gesamten Ösophaguslänge, Mittelbulbus nach hinten allmählich verschmälert. — Cuticula 0,7–0,8 µm dick, sehr fein geringelt. Körper am proximalen Ösophagusende 2,5mal so breit wie der Kopf. Mundhöhle 10–12 µm lang. Exkretionsporus hinter dem Mittelbulbus. Ei 40 µm, 2mal so lang wie die Körperbreite. Spicula 20–23 µm, Gubernaculum 13–16 µm lang. Präanal 3, postanal 6 Paar Papillen. Schwanz etwa 20 Analbreiten lang.
♀: L = 0,70–0,85 mm; a = 38–41; b = 4,4–4,6; c = 3,0–3,5; V = 39 bis 44%. ♂: L = 0,70–0,76 mm; a = 40–43; b = 4,0–4,3; c = 3,3–3,5.
Ghana; in faulenden Bananenblättern. — *Demaniella cibourgensis* apud ANDRÁSSY, 1966. . . . . *africana* n. nom.
— Vorderabschnitt des Ösophagus 60–66% der gesamten Ösophaguslänge, Mittelbulbus zylindrisch. 4
4 Seitenorgan am Ende der Mundhöhle oder noch weiter hinten; Dorsalwand des Mesostoms kürzer als der Metastomwulst. — Ringelung 0,7–0,8 µm breit, mit feinen Längslinien. Mundhöhle 10–12 µm lang. Exkretionsporus vor dem Endbulbus. Ei so lang wie die Körperbreite: 43–56 µm. Spicula 28 µm,

Gubernaculum 23 µm lang. 3 Paar Prä- und 7 Paar Postanalpapillen. Schwanz 15–20 Analbreiten lang.
♀: L = 0,8–1,2 mm; a = 22–34; b = 5,0–7,4; c = 4,0–6,3; V = 43 bis 52%. ♂: L = 0,72–0,90 mm; a = 23–35; b = 4,8–6,7; c = 4,0–6,4.
USA; in Abwasseranlage; vielleicht auch in der Sowjetunion (Rußland: PARAMONOV, 1951). . . . . *basili* PILLAI & TAYLOR, 1968

— Seitenorgan in oder vor der Mundhöhlenmitte; Dorsalwand des Mesostoms länger als der Metastomwulst. 5

5 Vulva merklich vor der Körpermitte (in 30–44%). — Cuticula fein geringelt und mit etwa 40 Längsstreifen versehen. Lippenpapillen klein. Seitenorgan in der Mitte der Mundhöhle. Cheilostom kürzer als Promesostom, leicht ausgebuchtet; Promesostom rohrförmig. Ei 58–65 × 13–22 µm groß. Spicula 25 bis 30 µm, Gubernaculum 16–17 µm lang. Präanal 3, postanal 5 Paar Borstenpapillen. Schwanz 17–22 Analbreiten lang, haarfein.
♀: L = 0,66–0,93 mm; a = 24–33; b = 4,7–5,8; c = 3.1–4,0; V = 30 bis 44%. ♂: L = 0,59–0,73 mm; a = 28–36; b = 3,9–4,5; c = 3,5–5,8.
Bangladesh; in faulendem Bananenstamm. — *Diplogaster dacchensis* TIMM, 1961; *Diplogastrellus dacchensis* (TIMM, 1961) TIMM, 1961. . . . . *dacchensis* (TIMM, 1961) n. comb.

— Vulva nahe der Körpermitte (in 45–56%). — Cuticularingelung fein, durch dünne Längslinien in feine Pünktchen geteilt. Mundhöhle 10 µm lang. Mittelbulbus 32–40 µm lang. Exkretionsöffnung in Höhe des hinteren Ösophagusabschnittes. Ei 35–45 µm lang. Spicula 23–28 µm, Gubernaculum 16–18 µm lang. 3 Paar Prä- und 6–7 Paar Postanalpapillen. Schwanz 15–20 Analbreiten lang.
♀: L = 0,8–1,0 mm; a = 25–34; b = 4,3–5,7; c = 3,8–6,0; V = 45 bis 56%. ♂: L = 0,65–0,84 mm; a = 26–36; b = 4,0–5,2; c = 3,3–5,0.
Holland, DDR, Österreich, Schweiz, Tschechoslowakei, Italien, Polen, Sowjetunion (Rußland, Moldau, Grusien, Ferner Osten), Bangladesh, Ghana terrikol. — *Demania cibourgensis* STEINER, 1914. . . . . *cibourgensis* (STEINER, 1941) STEINER, 1914

Bemerkung: Die ohne Abbildung beschriebene Art *Demaniella florisbella* RAHM, 1928 bleibt eine „species inquirenda".

bb) Subfamilia: *Diplogastrinae* MICOLETZKY, 1922

Diplogastridae. Mundhöhle meist geräumig. Cheilostom einfach, einheitlich, nicht oder nur selten gestreift. Metastom mit einem vorspringenden Dorsalzahn und zwei kleinen kommaförmigen Subventralzähnchen. Telostom kurz, unbedeutend. Mittelbulbus kugelig. Ovarien paarig, selten unpaarig. Bursa meist fehlend.
Eine artenreiche Gruppe, mit 11 Gattungen.

Bestimmungsschlüssel der Gattungen

1 Weibliche Gonade unpaarig, prävulvar. 2

— Weibliche Gonaden paarig. 3

2 Cheilostom etwa doppelt so lang wie das Promesostom. . . . . 7. *Monobutlerius* (S. 392)

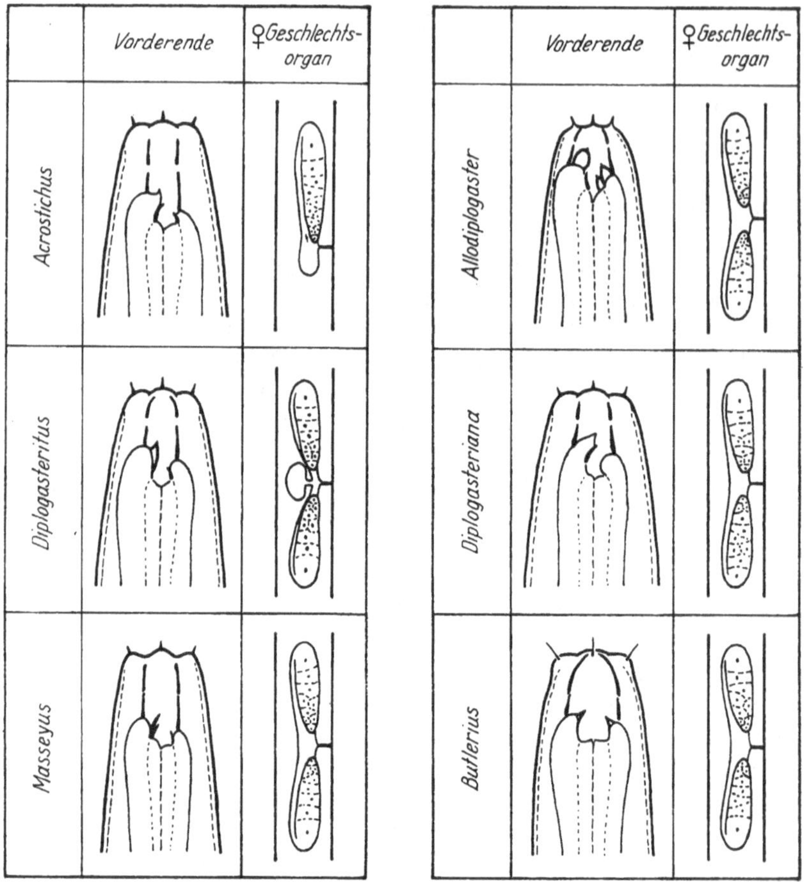

Abb. 158—163 Familie *Diplogastridae*, Unterfamilie *Diplogastrinae*: *Acrostichus*, *Diplogasteritus*, *Masseyus*, *Allodiplogaster*, *Diplogasteriana* und *Butlerius*

— Cheilostom so lang oder kürzer als das Promesostom. . . . . 1. *Acrostichus* (S. 382)

3 Uterus mit einer abgegliederten, der Vulva gegenüber stehenden, rundlichen Kammer. . . . . 2. *Diplogasteritus* (S. 384)

— Keine solche abgegliederte Uteruskammer vorhanden. 4

4 Mundhöhle mit drei annähernd gleich großen, scharf zugespitzten Zähnen, die in derselben Höhe entstehen. . . . . 9. *Anchidiplogaster* (S. 393)

— Dorsalzahn größer und weiter vorn stehend als die Subventralzähne. . . . 5

5 Lippenpapillen deutlich, borstenförmig. 6

— Lippenpapillen sehr klein, punktförmig. 10

6 Zwischen Cheilo- und Promesostom ziehen zwei deutliche Querleisten (eigentlich: Querringe), von denen die eine schräg nach hinten verläuft. . . . . 10. *Diplogaster* (S. 395)

— Keine Querleisten zwischen dem Cheilo- und Promesostom (ist eine dennoch vorhanden, so verläuft sie gerade quer, nicht schräg). 7

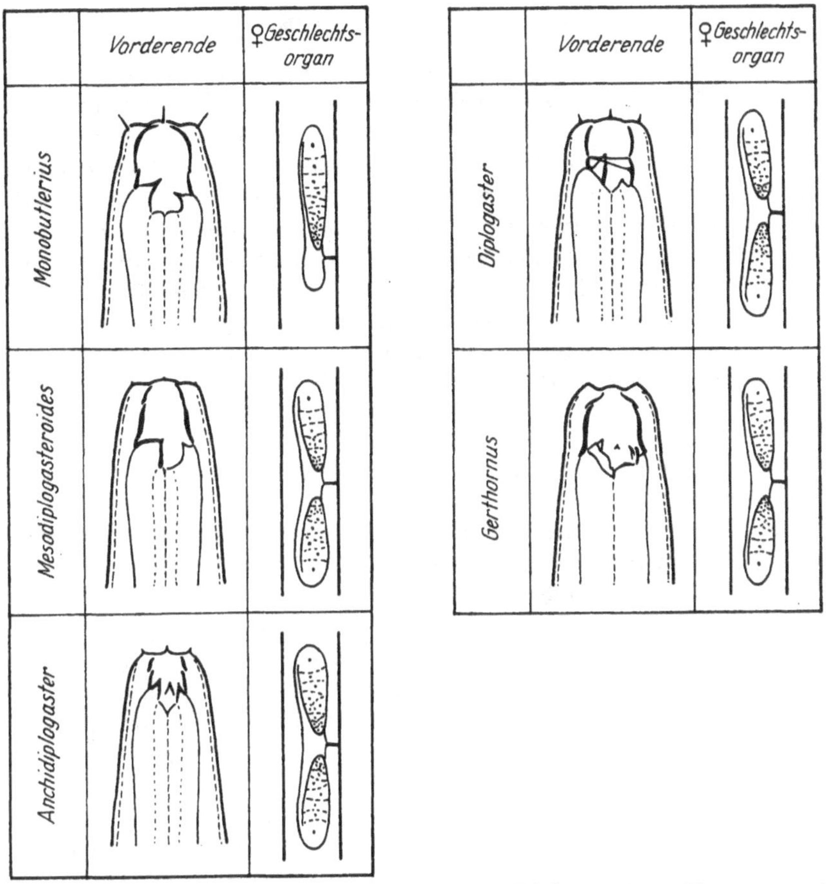

Abb. 164—168 Familie *Diplogastridae*, Unterfamilie *Diplogastrinae* (Fortsetzung): *Monobutlerius, Mesodiplogasteroides, Anchidiplogaster, Diplogaster* und *Gerthornus*

7 Dorsaler Metastomwulst mit 3 borstenförmigen Zähnen; Spicula verwachsen. . . . . 3. *Masseyus* (S. 387)

— Dorsaler Metastomwulst nur mit einem großen Zahn. 8

8 Papillenborsten lang und haarfein; Mundhöhle aus einer größeren Vorder- und einer kleineren Hinterkammer bestehend; Bursa vollkommen fehlend. . . . . 6. *Butlerius* (S. 389)

— Papillenborsten kürzer, nicht haarfein; Mundhöhle nur mit einer Kammer; Bursa vorhanden oder fehlend. 9

9 Subventrale Metastomwülste mit je 2 hintereinander stehenden Zähnen. . . . . 4. *Allodiplogaster* (S. 388)

— Subventrale Metastomwülste glatt, unbewaffnet. . . . . 5. *Diplogasteriana* (S. 389)

10 Außer den üblichen Subventralzähnen finden sich noch einige, dem Dorsalzahn gegenüber stehende akzessorische Zähnchen. . . . . 11. *Gerthornus* (S. 395)

— Keine akzessorischen Subventralzähnchen. . . . . 8. *Mesodiplogasteroides* (S. 393)

1. Genus: *Acrostichus* RAHM, 1928

Syn. *Diplogastrellus* PARAMONOV, 1952; *Tawdenema* SURYAWANSHI, 1971[94].
Diplogastrinae. Körperlänge zwischen 0,5 und 1,9 mm. Papillen borstenförmig. Mundhöhle länglich, 2—3mal so lang wie breit. Cheilo- und Promesostom zumeist gleich lang; die Wand des letzteren ventral länger als dorsal. Metastom mit einem mittelgroßen, spitzen Dorsalzahn und zwei an diesen anschließenden kleinen Plättchen; außerdem mit je einem kleinen Subventralzähnchen. Seitenorgan bei Männchen in Höhe der Mundhöhle. Wiebliches Geschlechtsorgan unpaarig, mit oder ohne Postvulvarast; Vulva in oder hinter der Körpermitte. Spicula frei. Bursa zuweilen vorhanden. Schwanz bei beiden Geschlechtern filiform.
Terrikole Arten, im Boden, Mulm und Kompost.
Typusart: *Acrostichus toledoi* RAHM, 1928.

Bestimmungsschlüssel der Arten

1 Spicula sehr lang und schlank, 2 bis 3mal länger als die anale Körperbreite; postvulvarer Uterussack nicht vorhanden. — Cuticula fein geringelt und deutlich längsgestreift. Mundhöhle 10—11 µm, 1,3mal so lang wie die Lippenbreite. Cheilostom kürzer als das Promesostom. Vorderabschnitt des Ösophagus 1,3—1,5mal länger als der Hinterabschnitt. Vulva dem Anus ganz nahe; Ei 50 µm lang. Spicula 42—58 µm lang, Gubernaculum 1/3—2/5 der Spiculalänge. 3 Prä- und 5 oder 6 Postanalpapillenpaare. Schwanz 13—16 Analbreiten lang. ♀: L = 0,7—1,4 mm; a = 20—40; b = 5,5—7,3; c = 3,6—5,0; V = 70 bis 77%. ♂: L = 0,6—1,1 mm; a = 27—35; b = 4,5—8,2; c = 5—7.
DDR, BRD, Österreich, Ungarn, Bulgarien, Italien, Polen, Dänemark, England, Sowjetunion (Rußland, Litauen, Moldau), Bangladesh; terrikol. — *Diplogaster gracilis* BÜTSCHLI, 1876; *Diplogastrellus gracilis* (BÜTSCHLI, 1876) PARAMONOV, 1952. . . . . *gracilis* (BÜTSCHLI, 1876) ANDRÁSSY, 1972

— Spicula nicht so lang und meist plumper, höchstens 1,5mal länger als die anale Körperbreite; postvulvarer Uterussack vorhanden. 2

2 Vulva in 2/3 der Körperlänge. 3

— Vulva in oder nur wenig hinter der Körpermitte. 4

3 Große Art, bis 2 mm; Gubernaculum dünn. — Cuticula auffallend längsgerippt. Körper am Proximalende des Ösophagus etwa doppelt so breit wie der Kopf. Mundhöhle beinahe 2mal so lang wie die Lippenbreite. Beide Ösophagusabschnitte gleich lang. Spicula und Gubernaculum so lang wie die anale Körperbreite. Geschlechtspapillen borstenförmig.
♀: L = 1,2—1,9 mm; a = 18—26; b = 6—8; c = 3—5; V = 64%. ♂: L = =1,0—1,2 mm; a = 22—24; b = 5,2—5,8; c = 3—4.
Brasilien; terrikol. — *Diplogaster toledoi* (RAHM, 1928) GOODEY, 1951. . . . . *toledoi* RAHM, 1928

[94] MASSEY (1962 und 1966) hat die Gattung *Diplogasteritus* PARAMONOV, 1952 irrtümlicherweise mit *Acrostichus* synonymisiert; sämtliche Arten von *Diplogasteritus* besitzen nämlich paarige Gonaden.

— Kleine Art, unter 3/4 mm; Gubernaculum sehr dick. — Spicula ziemlich schlank, 1,5mal länger als der anale Körperdurchmesser; Gubernaculum 2/5 der Spiculalänge. Präanal 2 (3 ?), postanal 5 Papillenpaare.
♀: L = 0,6–0,7 mm; a = 22–27; b = 6–7; c = 5,2–5,4; V = 63–66%.
♂: L = 0,6 mm; a = 27–32; b = 6; c = 7.
Holland, Sowjetunion (Rußland); in Mulm von Borkenkäfern und in *Meloidogyne*-Gallen. — *Diplogaster mikuschi* FUCHS, 1938; *Diplogastrellus mikuschi* (FUCHS, 1938) PARAMONOV, 1952. . . . . . . *mikuschi* (FUCHS, 1938) n. comb.

4 Gubernaculum ventral pantoffelartig die Spiculaenden umgebend, dorsal stielartig, schlank. 5

— Gubernaculum anders, plump. 6

5 Spicula sehr dünn; Pantoffelteil des Gubernaculums länger als der Stiel. — Mundhöhle kaum 1,5mal so lang wie die Lippenbreite; Dorsalzahn groß. Vorderer Ösophagusabschnitt 1,5mal länger als der hintere. Ei 3 Körperbreiten lang. Spicula 29 µm, Gubernaculum 12 µm lang. 3 + 7 Papillenpaare. Schwanz so lang wie etwa 20 Analbreiten.
♀: L = 0,50–0,96 mm; a = 20–34; b = 4,2–5,6; c = 2,7–3,5; V = 50 bis 65%. ♂: L = 0,60–0,73 mm; a = 26–35; b = 4,9–5,2; c = 3,5–4,6.
BRD, England, Sowjetunion (Grusien), China, Java, Fidschi-Inseln; terrikol. — *Diplogaster minor* COBB, 1893; *Diplogastrellus minor* (COBB, 1893) PARAMONOV, 1952. . . . . *minor* (COBB, 1893) n. comb.

— Spicula stämmiger; Pantoffelteil des Gubernaculums kürzer als der Stiel. — Mundhöhle kaum länger als die Lippenbreite; Dorsalzahn ziemlich kräftig. Seitenorgan in oder etwas hinter der Mundhöhlenmitte. Vorderer Ösophagusabschnitt 1,3mal länger als der hintere. Postvulvarer Uterussack ganz kurz. Schwanz etwa 20 Analbreiten lang, 7–8mal länger als der Abstand Vulva-Anus. Spicula 20–37 µm, Gubernaculum 12–19 µm lang. 3 Paar Prä- und 9 Paar Postanalpapillen.
♀: L = 0,6–1,3 mm; a = 26–32; b = 5,5–7,9; c = 2,5–3,5; V = 50 bis 57%. ♂: L = 0,50–0,84 mm; a = 25–32; b = 4,1–6,0; c = 2,6–3,5.
DDR, BRD, Österreich, Tschechoslowakei, Bulgarien, Italien, Polen, Sowjetunion (Rußland, Moldau, Grusien, Usbekistan); terrikol und saprob. — *Diplogaster monhysteroides* BÜTSCHLI, 1874; *Diplogastrellus monhysteroides* (BÜTSCHLI, 1874) PARAMONOV, 1952; *Diplogaster irregularis* PAESLER, 1946; *Diplogastrellus irregularis* (PAESLER, 1946) PARAMONOV, 1952. . . . . *monhysteroides* (BÜTSCHLI, 1874) n. comb.

6 Gubernaculum caudal gerichtet; sehr kleine Art, bis 0,6 mm. — Körper am Hinterende des Ösophagus 2,5mal so breit wie der Kopf. Mundhöhle etwa 1,5mal so lang wie die Lippenbreite. Vorderer Ösophagusabschnitt 1,4mal länger als hinterer. Postvulvarer Uterussack so lang wie die korrespondierende Körperbreite. Spicula 20–23 µm lang.
♀: L = 0,60–0,62 mm; a = 27–29; b = 5,3–5,4; c = 2,5–3,0; V = 46 bis 51%. ♂: L = 0,46 mm; a = 24; b = 4,4; c = 3,3.
Indien; terrikol. — *Tawdenema indicum* SURYAWANSHI, 1971. . . . . *indicus* (SURYAWANSHI, 1971) n. comb.

— Gubernaculum dorsal gerichtet; etwas größere Arten, 0,7 bis 1 mm. — Körper am Hinterende des Ösophagus 2—2,5mal breiter als der Kopf. Mundhöhle 1,5mal so lang wie die Lippenbreite. Seitenorgan beim Hinterende der Mundhöhle. Vorderabschnitt des Ösophagus 1,5mal länger als der Hinterabschnitt. Abstand Vulva-Anus 3mal so lang wie die an der Vulva gemessene Körperbreite; postvulvarer Uterusast sehr kurz. Spicula eine Analbreite lang. 3 + 4 Papillenpaare.
♀: L = 0,67—1,0 mm; a = 25—32; b = 5,2—7,0; c = 2,6—3,0; V = 50 bis 57%. ♂: L = 0,68—0,97 mm; a = 27—34; b = 5,4—6,8; c = 2,4—3,8.
BRD, Tschechoslowakei, Italien, Sowjetunion (Litauen, Usbekistan); in Kompost. — *Diplogaster stammeri* WEINGÄRTNER, 1955; *Diplogastrellus stammeri* (WEINGÄRTNER, 1955) MEYL, 1961. . . . . *stammeri* (WEINGÄRTNER, 1955) n. comb.

2. Genus: ***Diplogasteritus*** PARAMONOV, 1952

Syn. *Filipjevella* LAZAREVSKAJA, 1965.
Diplogastrinae. Körperlänge zwischen 0,5 und 1,5 mm. Cuticula deutlich längsgestreift. 6 schwach getrennte Lippen, mit punktförmigen oder borstenartigen Papillen. Mundhöhle länglich, etwa doppelt so lang wie breit. Cheilo- und Promesostom etwa gleich lang. Metastom mit mittelgroßem Dorsalzahn, dahinter liegenden kleinen Plättchen und ganz kleinen Suvbentralzähnchen. Seitenorgan des Männchens in Höhe der Mundhöhle. Ovarien paarig, Vulva vor der Körpermitte. Uterus mit einer abgegliederten, der Vulva gegenüber stehenden, großen, rundlichen Kammer (= Receptaculum seminis?). Spicula frei; Gubernaculum distal mit dornartigen Auswüchsen. 9—10 Paare Papillen. Schwanz sehr lang.
Die meisten Arten leben in terrestrischen Biotopen — vor allem in saproben Lebensstätten — einige Spezies kommen aber auch in Süßwasser vor.
Typusart: *Diplogaster nudicapitata* STEINER, 1914 = *Diplogasteritus nudicapitatus* (STEINER, 1914) PARAMONOV, 1952.
Die Arten der Gattung *Diplogasteritus* lassen sich aufgrund unserer heutigen Kenntnisse in Form von Bestimmungsschlüsseln nicht unterscheiden. Sie stehen einander so nahe, daß sie sehr schwer (vielleicht nur durch den Aufbau des Gubernaculums) voneinander abzutrennen sind. Liegen nun solche Tiere vor, so muß man sie in jedem Falle mit den Originalbeschreibungen der Arten vergleichen. Es besteht die Möglichkeit, daß einige der nachstehend aufgezählten 23 Spezies synonym sind. Die Gattung bedarf einer gründlichen Überprüfung.

a) ♀: L = 0,58 mm; a = 19; b = 5,6; c = 6,2; V = 49%. ♂: L = 0,54 bis 0,63 mm; a = 20; b = 6,3; c = 4,2.
Zaire; terrikol und aquatil. — *Diplogaster angustilaimus* SCHUURMANS STEKHOVEN & TEUNISSEN, 1938; *Acrostichus angustilaimus* (SCHUURMANS STEKHOVEN & TEUNISSEN, 1938) MASSEY, 1966. . . . . *angustilaimus* (SCHUURMANS STEKHOVEN & TEUNISSEN, 1938) GOODEY, 1963

b) ♀: L = 0,63—0,91 mm; a = 17—23; b = 5,2—7,6; c = 3,5—4,3; V = 43 bis 48%. ♂: L = 0,63—0,77 mm; a = 20—26; b = 5,2—6,4; c = 4,3—6,0.
Sowjetunion (Rußland); in Abwasser. — (GAGARIN erwähnt die Gattung als „*Diplogastritus*", was offenbar ein Schreibfehler ist). . . . . *aquaticus* GAGARIN, 1977

c) ♀: L = 0,85 mm; a = 20; b = 5,4; c = 4; V = 44%. ♂ unbekannt.
USA (Florida); in Gängen von Borkenkäfern. — *Acrostichus arcuatus* MASSEY, 1962; *Filipjevella arcuata* (MASSEY, 1962) LAZAREVSKAJA, 1965. . . . . *arcuatus* (MASSEY, 1962) n. comb.

d) ♀: L = 0,6—1,1 mm; a = 23—33; b = 6—8; c = 2,3—5,0; V = 39—49%.
♂: L = 0,66—0,84 mm; a = 27—35; b = 5,2—7,0; c = 4—6.
BRD, Österreich, Sowjetunion (Rußland, Grusien); in Holzmulm. — *Diplogaster consobrina austriaca* FUCHS, 1938; *Diplogaster austriaca* FUCHS, 1938 (PARAMONOV, 1952); *Acrostichus consobrina austriacus* (FUCHS, 1938) MASSEY, 1962; *Acrostichus austriacus* (FUCHS, 1938) MASSEY, 1962. . . . . *austriacus* (FUCHS, 1938) PARAMONOV, 1952

e) ♀: L = 1,48 mm; a = 30; b = 4,6; c = 18,6; V = 53%.
♂: L = 1,2 mm; a = 24; b = 3,8; c = 20.
Zaire; terrikol, auf 2000 m ü. M. — *Diplogaster brevicaudata* SCHUURMANS STEKHOVEN & TEUNISSEN, 1938. Ob die Art tatsächlich zur Gattung *Diplogasteritus* gehört, kann nicht eindeutig entschieden werden (Schwanz kürzer als gewöhnlich — ob Schwanzfaden abgebrochen?). . . . . *brevicaudatus* (SCHUURMANS STEKHOVEN & TEUNISSEN, 1938) GOODEY, 1963

f) ♀: L = 0,53 mm; a = 14; b = 5; c = 3,7; V = 47%. ♂: L = 0,5 mm; a = = 16; b = 4; c = 5,7.
USA (New Mexico); in Mulm. — *Acrostichus concolor* MASSEY, 1962; *Filipjevella concolor* (MASSEY, 1962) LAZAREVSKAJA, 1965. . . . . *concolor* (MASSEY, 1962) n. comb.

g) ♀: L = 0,66—0,90 mm; a = 20—25; b = 4,5—5,8; c = 3,4—5,0; V = 43 bis 49%. ♂: L = 0,56—0,70 mm; a = 26—29; b = 4,8—5,3; c = 4,0—5,5.
Holland, DDR, BRD, Ungarn; terrikol (saprob). — *Diplogaster consobrina* DE MAN, 1920; *Diplogastrellus consobrinus* (DE MAN, 1920) MEYL, 1961; *Acrostichus consobrinus* (DE MAN, 1920) MASSEY, 1962. . . . . *consobrinus* (DE MAN, 1920) PARAMONOV, 1952

h) ♀: L = 0,56—0,95 mm; a = 23—31; b = 6,8—8,3; c = 2—3; V = 34—37%.
♂: L = 0,5—0,8 mm; a = 25—34; b = 5,2—7,0; c = 2—4.
BRD; in Schleimfluß von Laubbäumen. — *Diplogaster dendrophila* WEINGÄRTNER in KÖRNER, 1954; *Diplogastrellus dendrophilus* (WEINGÄRTNER in KÖRNER, 1954) MEYL, 1961; *Acrostichus dendrophilus* (WEINGÄRTNER in KÖRNER, 1954) MASSEY, 1966. . . . . *dendrophilus* (WEINGÄRTNER in KÖRNER, 1954) GOODEY, 1963

i) ♀: L = 0,9—1,0 mm; a = 31; b = 7—8; c = 2—3; Vulva etwas vor der Körpermitte. ♂ unbekannt.
BRD, Österreich, Schweden, Brasilien; unter saproben Verhältnissen. — *Diplogaster filicaudata* BÜTSCHLI, 1974. . . . . *filicaudatus* (BÜTSCHLI, 1874) PARAMONOV, 1952

j) ♀: L = 0,69—0,77 mm; a = 19—21; b = 6,0—6,2; c = 2,5—3,0; V = 39 bis 43%. ♂: L = 0,75—0,59 mm; a = 18—24; b = 4,6—5,3; c = 3,9—4,3.
USA (New Mexico); An Borkenkäfern gebunden — *Acrostichus gubernatus* MASSEY, 1974. . . . . *gubernatus* (MASSEY, 1974) n. comb.

k) ♀: L = 0,6—0,8 mm; a = 15—20; b = 5—6; c = 2,7—3,5; V = 42—51%.
♂: L = 0,78—0,86 mm; a = 26; b = 6,3—6,4; c = 4,1—4,2.

Tschechoslowakei ;in Klärschlamm . . . . *likoi* KOKORDÁK, 1969. . .

l) ♀: 0,8–1,0 mm; a = 18–22; b = 6–7; c = 3,5–4,6; V = 44–49%. ♂: L = 0,65–0,70 mm; a = 19–27; b = 4,5–5,7; c = 4,6–5,0.
BRD und Sowjetunion (Rußland); in Mulm. — *Diplogaster lineata* FUCHS, 1915; *Diplogaster (Fuchsia) lineata* FUCHS, 1915 (MICOLETZKY, 1922); *Fuchsia lineata* (FUCHS, 1915) PARAMONOV, 1952; *Micoletzkya lineata* (FUCHS, 1915) BAKER, 1962; *Acrostichus lineatus* (FUCHS, 1915) MASSEY, 1962 . . . . *lineatus* (FUCHS, 1915) MEYL, 1961

m) ♀: L = 0,36–0,43 mm; a = 13–22; b = 5,1–6,2; c = 2,6–4,8; V = 40 bis 52%. ♂: L = 0,29–0,44 mm; a = 15–19; b = 4,4–5,6; c = 3,4–6,2.
Sowjetunion (Rußland); in Mulm von *Acanthocinus aedilis* (Cerambycidae). — *Acrostichus minimus* LAZAREVSKAJA, 1964; *Filipjevella minima* (LAZAREVSKAJA, 1964) LAZAREVSKAJA, 1965. . . . *minimus* (LAZAREVSKAJA, 1964) n. comb.

n) ♀ unbekannt. ♂: L = 0,48 mm; a = 31; b = 5,4; c = 3,7.
China; aquatil. — *Diplogaster minor* KREIS, 1929, nec COBB, 1893; *Diplogaster minuta* KREIS, 1930; *Acrostichus minutus* (KREIS, 1930) MASSEY, 1966 . . . . *minutus* (KREIS, 1930) PARAMONOV, 1952

o) ♀: L = 0,54–1,26 mm; a = 21–28; b = 5,0–8,8; c = 2,8–4,3; V = 39 bis 41%. ♂: L = 0,47–0,90 mm; a = 21–31; b = 4,8–7,6; c = 3,0–5,6.
BRD, Österreich, Ungarn, Jugoslawien, Bulgarien, Italien, Polen, Dänemark, Sowjetunion ((Litauen, Grusien, Ferner Osten), Südafrika, USA; saprob. — *Diplogaster nudicapitata* STEINER, 1914; *Acrostichus nudicapitatus* (STEINER, 1914) MASSEY, 1962; *Diplogaster rhodani* STEFANSKI, 1914; *Diplogasteritus rhodani* (STEFANSKI, 1914) PARAMONOV, 1952; *Acrostichus rhodani* (STEFANSKI, 1914) MASSEY, 1966. . . . . *nudicapitatus* (STEINER, 1914) PARAMONOV, 1952

p) ♀: L = 0,60–0,64 mm; a = 28–29; b = 5,2–5,3; c = 4; V = 46–48%. ♂: L = 0,43–0,60 mm; a = 22–26; b = 5,2; c = 5.
USA (Washington); in Mulm. — *Diplogaster occidentalis* STEINER, 1932; *Acrosticus occidentalis* (STEINER, 1932) MASSEY, 1962. . . . . *occidentalis* (STEINER, 1932) PARAMONOV, 1952

q) ♀: L = 1,4 mm; a = 31; b = 5,9; c = 4,8; V = 48%. ♂: L = 0,74–0,80 mm; a = 30; b = 4,6; c = 4.
DDR; in faulenden Pflanzenresten. — *Micoletzkya paxi* PAESLER, 1962. . . . . *paxi* (PAESLER, 1962) n. comb.

r) ♀: L = 0,6 mm; a = 16; b = 7; c = 3; V = 48%. ♂: L = 0,4 mm; a = 15; b = 5; c = 5.
USA (New Mexico); in Gängen von Borkenkäfern. — *Acrostichus ponderosus* MASSEY, 1962; *Filipjevella ponderosa* (MASSEY, 1962) LAZAREVSKAJA, 1965. . . . . *ponderosus* (MASSEY, 1962) n. comb.

s) ♀: L = 0,54–0,70 mm; a = 14–19; b = 3,7–5,0; c = 2,4–5,0; V = 44 bis 49%. ♂: L = 0,53–0,80 mm; a = 16–20; b = 4–5; c = 5–7.
Bangladesh; in faulenden Bananenresten. — *Diplogaster pterygata* TIMM, 1961; *Acrostichus pterygatus* (TIMM, 1961) MASSEY, 1966. . . . . *pterygatus* (TIMM, 1961) TIMM, 1961

t) ♀: L = 0,62–0,75 mm; a = 19–23; b = 5,5–6,6; c = 3,3–3,8; V = 45 bis 48%. ♂: L = 0,55–0,62 mm; a = 20–23; b = 5,5–6,0; c = 4,4–5,0.

BRD; terrikol. — *Diplogaster stoeckherti* VÖLK, 1950; *Acrostichus stoeckherti* (VÖLK, 1950) MASSEY, 1966. . . . . *stoeckherti* (VÖLK, 1950) PARAMONOV & SOBOLEV in SKRJABIN, SHIKHOBALOVA, SOBOLEV, PARAMONOV & SUDARIKOV, 1954

u) ♀: L = 0,72–1,0 mm; a = 20–24; b = 5,2–5,9; c = 4,8–5,5; V = 47 bis 49%. ♂ unbekannt.
BRD; in Erzbergwerken. — *Diplogaster subterranea* HNATEWYTSCH, 1929; *Diplogastrium subterraneum* (HNATEWYTSCH, 1929) PARAMONOV, 1952; *Anchidiplogaster subterranea* (HNATEWYTSCH, 1929) MEYL, 1961. . . . . *subterraneus* (HNATEWYTSCH, 1929) GOODEY, 1963

v) ♀: L = 0,6–1,1 mm; a = 20–24; b = 4,8–7,5; c = 2,0–6,4; V = 33 bis 41%. ♂: L = 0,6–1,0 mm; a = 25–30; b = 5,2–7,0; c = 4,0–5,3.
DDR, BRD, Italien, Polen, Sowjetunion (Estland); saprob. — *Diplogaster superba* PAESLER, 1946; *Acrostichus superbus* (PAESLER, 1946) MASSEY, 1966. . . . . *superbus* (PAESLER, 1946) PARAMONOV, 1952

w) ♀: L = 0,63 mm; a = 15; b = 5,4; c = 3,6; V = 43%. ♂: L = 0,55 mm; a = 18; b = 4,4; c = 5,5.
USA (Florida); in Mulm von Borkenkäfern. — *Acrostichus taedus* MASSEY, 1962; *Filipjevella taeda* (MASSEY, 1962) LAZAREVSKAJA, 1965. . . . . *taedus* (MASSEY, 1962) n. comb.

Bemerkung: Eine „species inquirenda" ist *Diplogasteritus liratus* (SCHNEIDER, 1866) SKRJABIN, SHIKHOBALOVA, SOBOLEV, PARAMONOV & SUDARIKOV, 1954 — Syn. *Leptodera lirata* SCHNEIDER, 1866; *Rhabditis lirata* (SCHNEIDER, 1866) LINSTOW, 1878; *Cephalobus liratus* (SCHNEIDER, 1866) DE MAN, 1884; *Diplogaster lirata* (SCHNEIDER, 1866) ÖRLEY, 1886.

3. Genus: ***Masseyus*** PARAMONOV, 1964

Diplogastrinae. Körperlänge um 1 mm. Lippen flach, Papillen borstenförmig. Mundhöhle etwa doppelt so lang wie breit. Cheilo- und Promesostom gleich lang bzw. das Promesostom an der dorsalen Seite verlängert. Metastom mit 3 borstenförmigen Dorsalzähnchen und sehr feinen Subventralzähnchen. Seitenorgan klein, am Kopf. Vorderer Ösophagusabschnitt bedeutend länger als der hintere. Weibliches Geschlechtsorgan paarig. Spicula verwachsen. Die letzten drei Postanalpapillenpaare an einem kleinen Bursarest liegend. Schwanz des Weibchens länger als der des Männchens und haarfein ausgezogen.
Diese Gattung erinnert stark an das Genus *Rhabdontolaimus* (FUCHS, 1931), das Cheilostom ist jedoch lang, nicht punktförmig, die Mundhöhle breiter, der weibliche Schwanz haardünn und die Spicula sind distal verwachsen.
Typische und einzige Art: *Diplogasteroides janae* MASSEY, 1962 = *Masseyus janae* (MASSEY, 1962) PARAMONOV, 1964.

— Cuticula fein geringelt. Körper am Proximalende des Ösophagus 2mal so breit wie der Kopf. Mundhöhle ungefähr so lang wie die Lippenbreite; Dorsalzähnchen spitz. Vorderer Ösophagusabschnitt 1,7mal so lang wie der hintere. Ovipare Art. Spicula etwa 25 µm lang, Gubernaculum 2/3 der Spiculalänge. Präanal 2, postanal 6 Paar Papillen. Schwanz des ♀ 6, der des ♂ 3 Analbreiten lang.

♀: L = 0,9–1,1 mm; a = 20; b = 4; c = 8; V = 46%. ♂: L = 0,73 mm; a = 21; b = 5; c = 11.
USA (Florida); in Gängen von *Ips calligraphus*. — *Diplogasteroides janae* MASSEY, 1962; *Rhabdontolaimus janae* (MASSEY, 1962) MASSEY, 1974. . . .
. . . . *janae* (MASSEY, 1962) PARAMONOV, 1964

4. Genus: *Allodiplogaster* PARAMONOV & SOBOLEV in SKRJABIN, SHIKHOBALOVA, SOBOLEV, PARAMONOV & SUDARIKOV, 1954

Diplogastrinae. Körperlänge zwischen 0,6 und 2,6 mm. Lippenpapillen borstenförmig, kurz. Mundhöhle ziemlich klein. Cheilo- und Promesostom etwa gleich lang; Cheilostom längsgestreift. Dorsalzahn groß, stumpf, löffelförmig, subventrale Metastomwülste mit je 2 hintereinander stehenden Platten (Zähnen). Weibliche Gonaden paarig. Bursarest ganz schmal, mit 9 Papillenpaaren. Spicula schlank, frei. Schwanz bei beiden Geschlechtern relativ kurz, mit abgesetzter Spitze.
Teils in Exkrementen, teils an Käfern lebende Arten.
Typusart: *Diplogaster henrichae* SACHS, 1950 = *Allodiplogaster henrichae* (SACHS, 1950) PARAMONOV & SOBOLEV in SKRJABIN, SHIKHOBALOVA, SOBOLEV, PARAMONOV & SUDARIKOV, 1954.

Bestimmungsschlüssel der Arten

1 Weibchen 1,8–2,6 mm lang, mehr als doppelt so lang wie das Männchen; Dosalzahn mit feiner Spitze. — Cheilostom anscheinend glatt; Mundhöhle kürzer als die Lippenbreite. Vorderer Ösophagusabschnitt 1,8mal länger als der hintere. Spicula dünn, sichelförmig, kaum länger als der anale Körperdurchmesser; Gubernaculum 1/3 der Spiculalänge. Schwanz des ♀ 4–7, der des ♂ 4 Analbreiten lang, scharf spitz.
♀: L = 1,8–2,6 mm. ♂: L = 0,58–1,13 mm.
Polen; gebunden an *Leptinotarsa decemlineata* und *Melolontha melolontha* (Coleoptera). — *Pristionchus uniformis* FEDORKO & STANUSZEK in STANUSZEK, 1971. . . . .
. . . . *uniformis* (FEDORKO & STANUSZEK in STANUSZEK, 1971) n. comb.

— Weibchen 1–1,3 mm lang, etwa 1,5mal so lang wie das Männchen; Dorsalzahn aberundet. — Körper am Hinterende des Ösophagus 2–2,5 mal breiter als der Kopf. Mundhöhle kürzer als die Lippenbreite; Cheilostom längsgestreift. Dorsalzahn halbkugelig. Beide Ösophagusabschnitte annähernd gleich lang. Spicula 30–41 µm, Gubernaculum 17–24 µm lang. Papillen stumpf, 3 Paare prä-, 6 Paare postanal. Schwanz des ♀ 4–5, der des ♂ 2,5–3 Analbreiten lang.
♀: L = 1,08–1,26 mm; a = 18–23; b = 6,5–7,9; c = 9,1–10,7; V = = 50–54%. ♂: L = 0,75–0,88 mm; a = 20–26; b = 6,0–7,7; c = 9–12.
BRD und Österreich; in Kuhfladen. — *Diplogaster henrichae* SACHS, 1950; *Diplogaster* (*Paroigolaimella*) *henrichae* SACHS, 1950 (WEINGÄRTNER, 1955). . . .
. . . . *henrichae* (SACHS, 1950) PARAMONOV & SOBOLEV in SKRJABIN, SHIKHOBALOVA, SOBOLEV, PARAMONOV & SUDARIKOV, 1954

5. Genus: ***Diplogasteriana*** MEYL, 1961

Syn. *Sachsia* MEYL, 1961.
Diplogastrinae. Körper 0,7–1,5 mm lang. Lippen flach, mit Borstenpapillen. Mundhöhle etwa so lang wie breit; Cheilo- und Promesostom gleich lang. Dorsaler Metastomwulst konisch, nur mit 2 Seitenleisten, Mittelzahn reduziert; subventrale Metastomwülste unbewaffnet. Seitenorgane an der Basis der Lippen. Weibliche Gonaden paarig. Bursa entweder gut entwickelt, oder reduziert. Spicula frei, schlank. Schwanz zugespitzt.
In stark saproben Biotopen vorkommende Arten.
Typusart: *Diplogaster schneideri* PAESLER, 1939 = *Diplogasteriana schneideri* (PAESLER, 1939) MEYL, 1961.

Bestimmungsschlüssel der Arten

1 Schwanz des ♀ ungefähr 1/4 der gesamten Körperlänge; Bursa gut entwickelt. – Mundhöhle kürzer als die Lippenbreite. Vorderer Ösophagusabschnitt beinahe doppelt so lang wie der hintere. Ovipare Art. Bursa gut erkennbar, relativ breit, mit 3 präanalen und 7 postanalen Papillenpaaren. Spicula 50 µm, nahezu 2 Analbreiten lang; Gubernaculum 1/3 der Spiculalänge.
♀: L = 0,80–1,46 mm; a = 20–24; b = 4,6–6,8; c = 3,6–4,8; V = 42 bis 47%. ♂: L = 0,66–1,0 mm; a = 19–22; b = 4,0–5,6; c = 11–14.
BRD und Ungarn; im Saftfluß von Laubbäumen. – *Diplogaster schneideri* PAESLER, 1939. . . . . *schneideri* (PAESLER, 1939) MEYL, 1961

– Schwanz des ♀ 1/8–1/10 der gesamten Körperlänge; Bursa rudimentär. – Cuticula mit 24 schwach erhabenen Längskanten und Querreihen feiner Punkte. Borstenpapillen klein. Mundhöhle kürzer als die Lippenbreite, länger als breit. Dorsalzahn klein, spitz. Vorderer Ösophagusabschnitt nur wenig länger als hinterer. Bis 80 Eier bzw. Embryonen im Uterus; vivipar. Spicula sichelförmig, Gubernaculum dünn. 3 Papillenpaare prä-, 6 Paare postanal. Schwanz des ♀ 5–6, der des ♂ 3 Analbreiten lang.
♀: L = 1,02–1,21 mm; a = 12–15; b = 7,9–9,2; c = 8,0–9,9; V = 50 bis 53%. ♂: L = 0,78–0,82 mm; a = 18–21; b = 6,1–7,6; c = 12–15.
BRD und Österreich; in Rinderexkrementen. – *Diplogaster zurstrasseni* SACHS, 1950; *Sachsia zurstrasseni* (SACHS, 1950) MEYL, 1961; *Diplogasteritus zur strasseni* (SACHS, 1950) GOODEY, 1963. . . . . *zurstrasseni* (SACHS, 1950) n. comb.

Bemerkung: Hierher gehört möglicherweise die aus Brasilien beschriebene Spezies *Peronilaimus saccai* RAHM, 1928 – Syn. *Peronilaimus saccai dentatus* RAHM, 1929. Anhand der Beschreibung ist der feinere Aufbau der Mundhöhle nicht eindeutig festzustellen (species inquirenda).

6. Genus: ***Butlerius*** GOODEY, 1929

Syn. *Butlerioides* ZAMITH & LORDELLO, 1959; *Butleriellus* MEYL, 1961.
Diplogastrinae. Körperlänge 0,8 bis 2 mm. Cuticula fein geringelt und meist längsgestreift. Kopf breit, Lippen 6, flach, Papillen lang, borstenförmig, oft haarfein. Mundhöhle geräumig, mit zwei Kammern: Vorderkammer größer und vom Cheilo- und Promesostom umgeben, Hinterkammer kleiner und vom Meta- und Telostom umfaßt. Cheilostom länger als Promesostom. Metastom mit einem relativ großen

Dorsalzahn und zwei kleineren Subventralzähnen. Seitenorgan des Männchens auf die Höhe der Mundhöhle verschoben. Weibliche Gonaden paarig. Spicula frei, meist schlank; Gubernaculum verhältnismäßig groß. Kein Bursarest vorhanden. Geschlechtspapillen borstenförmig, zumeist 9 Paare. Schwanz in beiden Geschlechtern filiform, fein zugespitzt.
Im Boden, faulenden Pflanzensubstanzen, sowie in Wasseransammlungen lebende Nematoden.
Typusart: *Butlerius butleri* GOODEY, 1929.

Bestimmungsschlüssel der Arten

1 Körper sehr schlank (a = 40—60); Schwanz relativ kurz, 1/6—1/8 der Körperlänge. 2
— Körper nicht so schlank; Schwanz 1/3—1/5 der Körperlänge. 3
2 Körper länger, bis 2 mm; Spicula schlank. — Cuticula deutlich geringelt. Borstenpapillen verhältnismäßig kurz, etwa 1/8 der Lippenbreite. Mundhöhle so lang wie die Kopfbreite. Ösophagus schlank, vorderer Abschnitt beinahe doppelt so lang wie hinterer. Exkretionsporus in Höhe des Isthmus. Spicula 34 µm lang. Schwanz des ♀ 12—13, der des ♂ 10—15 Analbreiten lang.
♀: L = 1,64—1,98 mm; a = 47—58; b = 7,5—8,6; c = 7,1—8,1; V = 48 bis 51%. ♂: L = 1,48—1,63 mm; a = 52—53; b = 7,8; c = 5,8—7,8.
Sowjetunion (Rußland); aquatil. . . . . *gagarini* THALOLIKHIN, 1980
— Körper kürzer, um 1 mm; Spicula relativ plump. — Cuticula fein geringelt und längsgestreift. Papillenborsten kurz, nur etwa 1/8 der Lippenbreite. Mundhöhle doppelt so lang wie breit, länger als die Kopfbreite. Seitenorgan in Höhe der Mundhöhlenmitte. Ösophagus ungewöhnlich schlank; Exkretionsöffnung zwischen den beiden Bulbi. Ei 3mal länger als die mittlere Körperbreite. Enddarm doppelt so lang wie der anale Körperdurchmesser. Spicula 2 Analbreiten lang, Gubernaculum dick, 1/2 der Spiculalänge. Präanal 4, postanal 6 Paar Borstenpapillen. Schwanz des ♂ 8 Analbreiten lang.
♀: L = 1,0—1,1 mm; a = 42—48; b = 4,4—4,9; c = 5,9—7,6; V = 50 bis 54%. ♂: L = 0,9—1,0 mm; a = 43—48; b = 4,1—4,4; c = 9,6—9,7.
Brasilien; in Wasserreservoirs von Bromeliaceen. . . . . *gerlachi* MEYL, 1957
3 Cheilostom 2—3mal länger als das Promesostom; Spicula stämmig. 4
— Cheilostom etwa 1,5mal länger als das Promesostom; Spicula sehr schlank. . 5
4 Mundhöhle beinahe doppelt so lang wie breit; Vulva um 50% der Körperlänge. — Cuticula sehr fein geringelt. Borstenpapillen 1/4—1/5 der Lippenbreite. Hintere Mundhöhlenkammer kleiner als bei anderen Gattungsvertretern, kugelig. Ei 28 × 24 µm. Spicula ungefähr so lang wie die anale Körperbreite. Nach RAHM fehlt das Gubernaculum; wahrscheinlicher ist es jedoch, daß das als „dorsales Spiculum" dargestellte Gebilde in der Tat das übersehene Gubernaculum ist.
♀: L = 0,95—1,23 mm; a = 30—36; b = 4,2—5,3; c = 4,1—4,9; V = 48 bis 51%. ♂: L = 1,12—1,59 mm; a = 35—40; b = 4,8—5,2; c = 3,0—4,7.
Hainan; in Bodenmoosen. — *Butlerioides okai* (RAHM, 1938) LORDELLO & ZAMITH, 1959 . . . . *okai* RAHM, 1938
— Mundhöhle nur wenig länger als breit; Vulva vor der Körpermitte. — Cuticula fein geringelt und längsgestreift; Zahl der Streifen 35—45. Papillenborsten 1/5

der Lippenbreite. Seitenorgan vor der Mundhöhlenmitte. Cheilostom in 8 bewegliche Plättchen geteilt. Promesostom auffallend kurz, kaum 1/3 so lang wie das Cheilostom. Körper am Hinterende des Ösophagus nur etwa 1,5mal breiter als der Kopf. Vorderer Ösophagusabschnitt 1,3mal so lang wie hinterer. Exkretionsporus vor dem Terminalbulbus. Ei 44—56 × 20—32 μm. Spicula 25—29 μm, Gubernaculum 13—14 μm lang. Präanal 2, postanal 6 Papillenpaare. Schwanz in beiden Geschlechtern haarfein ausgezogen.
♀: L = 0,98—1,25 mm; a = 26—30; b = 6,7—8,1; c = 3,1—5,0; V = 39 bis 47%. ♂: L = 0,79—1,1 mm; a = 28—45; b = 6,3—8,7; c = 2,9—3,7.
Italien und USA (Illinois); in Abwasser. . . . *micans* PILLAI & TAYLOR, 1968[95]

5 Gubernaculum proximal hakenförmig; Körper relativ plump (a um 20). — Cuticula fein geringelt, ohne Längsstreifen. Papillenborsten lang, 1/3—1/4 der Lippenbreite. Körper am hinteren Ösophagusende doppelt so breit wie der Kopf. Mundhöhle kaum etwas länger als die Kopfbreite. Beide Abschnitte des Ösophagus etwa gleich lang. Exkretionsporus unmittelbar hinter dem Mittelbulbus. Abstand Vulva-Anus kaum kürzer als der Schwanz. Spicula 39 μm, Gubernaculum 28 μm lang. 2 Paar prä- und 7 Paar Postanalpapillen.
♀: L = 1,11—1,55 mm; a = 18—23; b = 4,2—6,2; c = 3,3—5,9; V = 41%.
♂: L = 0,97—1,15 mm; a = 19—20; b = 5,0—6,6; c = 4,0—4,6.
Ungarn, Bulgarien, England, Sowjetunion (Grusien); in faulenden Pflanzenresten. . . . . *butleri* GOODEY, 1929

— Gubernaculum proximal nicht hakenförmig; Körper schlank (a = 30—40). . 6

6 Papillenborsten doppelt (oft aber verklebt). — Cuticula fein geringelt, Ringelung in sehr feine Punkte aufgelöst. Papillenborsten lang, 1/3 der Lippenbreite. Mundhöhle ein wenig länger als die Kopfbreite; beide Mundkammern kubusförmig. Seitenorgan beim Hinterende der Mundhöhle. Beide Ösophagusabschnitte beinahe gleich lang. Abstand Vulva-Anus 1,2—1,3mal länger als der Schwanz; dieser so lang wie 15 Analbreiten, haarfein. Spiculalänge gleich der Analbreite; Gubernaculum 2/3 der Spiculalänge.
♀: L = 1,15—1,90 mm; a = 33—43; b = 4,8—6,0; c = 3,3—4,7; V = 48%.
♂: L = 2,35 mm; a = 38; b = 5; c = 4,2.
Holland, Österreich und Polen; in faulenden Pflanzenresten. — *Butleriellus filicaudatus* (ADAM, 1930) MEYL, 1961. . . . . *filicaudatus* ADAM, 1930

— Papillenborsten einfach. — Cuticula fein geringelt, nicht längsgestreift; Subcuticula punktiert. Papillenborsten lang, 1/3 der Lippenbreite. Mundhöhle etwa so lang wie breit, im ganzen kubusförmig. Metastomzähne gut entwickelt. Körper am Proximalende des Ösophagus zweimal so breit wie der Kopf. Vorderer Ösophagusabschnitt kaum länger als der hintere. Exkretionsporus nicht weit vom Mittelbulbus entfernt. Enddarm 2mal so lang wie die Analbreite. Schwanz bei beiden Geschlechtern 10—12 Analbreiten lang. Spicula 43—50 μm, Gubernaculum 34—35 μm lang.

[95] *Butlerius spirifer* (SKWARRA, 1921) ZULLINI & LOOF, 1980 — Syn. *Diplogaster spirifera* SKWARRA, 1921; *Diplogaster* (*Paradiplogaster*) *spirifera* SKWARRA, 1921 (HIRSCHMANN, 1952); *Diplogaster* (*Paroigolaimella*) *spirifera* SKWARRA, 1921 (WEINGÄRTNER, 1955); *Fictor spirifer* (SKWARRA, 1921) PARAMONOV, 1952; *Paroigolaimella spirifera* (SKWARRA, 1921) ANDRÁSSY, 1958. — steht *micans* sehr nahe. Ob sie aber miteinander identisch sind, ist wegen der mangelhaften Beschreibung von *spirifer* vorläufig nicht zu entscheiden. SKWARRAS Spezies bleibt deshalb eine „species inquirenda“.

♀: L = 1,60–1,75 mm; a = 26–32; b = 5,7–6,2; c = 3,8–4,2; V = 44 bis 45%. ♂: L = 1,37–1,58 mm; a = 24–28; b = 6,3–7,2; c = 4,1–4,7.
Brasilien; an Feigenwurzeln. . . . . . . *singularis* LORDELLO & ZAMITH, 1959

7. Genus: *Monobutlerius* n. gen.

Diplogastrinae. Körperlänge um 1 mm. Cuticula fein geringelt bzw. punktiert. Lippen 6, ganz flach, mit borstenförmigen Papillen. Mundhöhle geräumig, doppelt so lang wie breit. Cheilostom länger als Promesostom, gut cuticularisiert. Metastom mit relativ kräftigem Dorsalzahn. Seitenorgan im Bereich der Mundhöhle. Weibliches Geschlechtsorgan unpaarig, prävulvar, mit hinterem Uterusast. Spicula schlank, distal verwachsen (ob immer?), Gubernaculum dick. Kein Bursarest vorhanden. Geschlechtspapillen borstenförmig, 9 Paare. Schwanz in beiden Geschlechtern filiform. In der Erde und in Insektengängen lebende Arten.
Typische Art: *Butlerius monohystera* TAYLOR, 1964 = *Monobutlerius monohystera* (TAYLOR, 1964) n. comb.

Bestimmungsschlüssel der Arten

1 Spicula recht schlank und lang, um 80 µm. — Cuticula fein punktiert. Vorderende breit, kaum verschmälert; Körper am hinteren Ösophagusende 1,7 bis 1,8mal so breit wie der Kopf. Vorderabschnitt des Ösophagus 1,3mal länger als der Hinterabschnitt. Exkretionsporus knapp hinter dem Mittelbulbus. Abstand Vulva-Anus kürzer als die halbe Schwanzlänge. Postvulvarer Uterussack etwa so lang wie die einschlägige Körperbreite. Gubernaculum weniger verdickt, Spicula beinahe doppelt so lang wie der anale Körperdurchmesser. Von den 9 Papillenpaaren liegen 3 prä- und 6 postanal. Schwanz 16–22 Analbreiten lang.
♀: L = 1,32–1,53 mm; a = 28–40; b = 4,2–4,8; c = 2,7–3,4; V = 49 bis 56%. ♂: L = 1,03–1,27 mm; a = 32–39; b = 4,1–4,6; c = 2,9–3,4.
St. Lucia (Westindien); im Fraßgang von *Passalus* (Coleoptera). — *Butlerius macrospiculum* HUNT, 1980. . . . . . . *macrospiculum* (HUNT, 1980) n. comb.
– Spicula weniger schlank und lang, um 40 µm. 2
2 Gegenüber dem Dorsalzahn eine halbkreisförmige Raspelleiste; Mundhöhle 16–17 µm lang; Gubernaculum dorsal zugespitzt. — Cuticula glatt. Kopf abgerundet; Körper am Proximalende des Ösophagus 2–2,5mal breiter als der Kopf. Cheilostom doppelt so lang wie Promesostom. Vorderabschnitt des Ösophagus 1,3mal so lang wie der Hinterabschnitt. Exkretionsporus unmittelbar hinter dem Mittelbulbus. Abstand Vulva-Anus nur etwa 1/2 der Schwanzlänge. Spicula sichelförmig, länger als die anale Körperbreite; Gubernaculum dreieckig, kürzer als die halbe Spiculalänge. 3 Paar Papillen präanal, 6 Paare postanal.
♀: L = 1,0–1,22 mm; a = 26–33; b = 4,6–5,4; c = 2,6–2,8; V = 45 bis 50%. ♂: L = 0,77–1,07 mm; a = 28–40; b = 4,8–6,3; c = 2,6–2,7.
Holland, USA (Illinois); in Wiesenboden. — *Butlerius monohystera* TAYLOR, 1964. . . . . *monohystera* (TAYLOR, 1964) n. comb.
– Gegenüber dem Dorsalzahn zwei kleine Zähne; Mundhöhle 22–24 µm lang; Gubernaculum dorsal abgerundet. —Cuticula fein punktiert. Kopf breit, Körper

nach vorn allmählich verschmälert; Körper am hinteren Ösophagusende etwa 1,8mal so breit wie der Kopf. Cheilostom 2–2,5mal so lang wie das Promesostom. Vorderabschnitt des Ösophagus 1,4mal länger als der Hinterabschnitt. Exkretionsporus etwa eine Körperbreite hinter dem Mittelbulbus. Abstand Vulva-Anus so lang oder länger als die halbe Schwanzlänge. Postvulvarer Uterussack länger als die korrespondierende Körperbreite. Gubernaculum stark verdickt, halb so lang wie die Spicula. 3 Papillenpaare prä-, 6 Paare postanal.
♀: L = 1,08–1,3 mm; a = 32–40; b = 5,0–5,8; c = 2,7–3,8; V = 50 bis 55%. ♂: L = 0,97–1,1 mm; a = 39–42; b = 4,9–5,7; c = 3,1–3,7.
Belgien; in Humus. — *Butlerius degrissei* GROOTAERT & JAQUES, 1979.
. . . . *degrissei* (GROOTAERT & JAQUES, 1979) n. comb.

8. Genus: *Mesodiplogasteroides* KHERA, 1969

Diplogastrinae. Körperlänge um 1 mm. Cuticula glatt. Lippen flach, Papillen klein. Mundhöhle geräumig, nicht bedeutend länger als breit. Promesostom länger als das Cheilostom. Dorsalzahn groß, dreieckig, Subventralzähne klein, borstenartig. Weibliche Gonaden paarig. Bursarest vorhanden. Spicula frei. 9 Paar Bursapapillen. Schwanz in beiden Geschlechtern filiform.
Typische und einzige Art: *Mesodiplogasteroides longipyge* KHERA, 1969.
Es ist nicht ausgeschlossen, daß die Gattung mit dem Genus *Diplogasteriana* MEYL, 1961 identisch ist.

— Kopf breit abgerundet, Lippen ganz flach, mit kleinen Papillen. Körper am hinteren Ösophagusende etwa doppelt so breit wie der Kopf. Seitenorgan undeutlich. Mundhöhle 14 µm lang und 10 µm breit. Cheilostom nicht gestreift, halb so lang wie das Promesostom und vorn nach innen gebogen. Subventralzähne wesentlich kleiner als der Dorsalzahn. Vorderer Ösophagusabschnitt 1,5 mal so lang wie der hintere. Schwanz 1,2–1,3mal länger als der Abstand Vulva-Anus. Spicula 30–32 µm, Gubernaculum 12–13 µm lang. 3 Paar Papillen prä-, 6 Paare postanal. Schwanzende haarfein.
♀: L = 1,0–1,2 mm; a = 25–28; b = 6,5–6,8; c = 3,1–3,5; V = 40 bis 42%. ♂: L = 0,75–0,85 mm; a = 26–28; b = 6,5–6,8; c = 3,0–3,3.
Indien; am Rand eines Abwasserkanals. . . . . *longipyge* KHERA, 1969

9. Genus: *Anchidiplogaster* PARAMONOV, 1952

Syn. *Paradoxogaster* KHERA, 1970.
Diplogastrinae. Körper 0,7–1,4 mm lang. Lippenpapillen klein. Seitenorgan des Männchens etwas hinter der Mundhöhle. Mundhöhle klein, ungefähr so lang wie breit. Cheilo- und Promesostom gleich lang. Alle drei Metastomzähne annähernd gleich groß, dreieckig, spitz, nach vorn gerichtet und in derselben Höhe stehend. Vorderabschnitt des Ösophagus länger als der Hinterabschnitt. Weibliche Gonaden paarig. Bursa sehr schmal oder fehlend. Spicula frei, ziemlich schlank. Geschlechtspapillen klein, nicht borstenförmig. Schwanz lang, insbesondere beim Weibchen.
In Boden, unterirdischen Lebensstätten (Bergwerken) und saproben Biotopen.
Typusart: *Diplogaster dubia* HNATEWYTSCH, 1929 = *Anchidiplogaster dubia* (HNATEWYTSCH, 1929) PARAMONOV, 1952.

Bestimmungsschlüssel der Arten

1 Körper sehr schlank (a = 45—50); Schwanz länger als 1/3 der Körperlänge. — Cuticula fein geringelt und längsgestreift. Kopf breit abgerundet; Körper am hinteren Ösophagusende 1,5mal so breit wie der Kopf. Mundhöhle halb so breit wie die Lippenregion. Cheilostom vorn nach innen gebogen. Vorderer Ösophagusabschnitt 1,2—1,3mal länger als der hintere. Vulva weit vor der Körpermitte. Schwanz etwa so lang wie 30 Analbreiten, haarfein.
♀: L = 1,20—1,38 mm; a = 45—50; b = 6,4—6,6; c = 2,7—2,9; V = 37 bis 39%. ♂ unbekannt.
Indien; am Flußufer. — *Paradoxogaster agilis* KHERA, 1970. . . . .
. . . . *agilis* (KHERA, 1970) n. comb.

— Körper weniger schlank (a bis 30); Schwanz 1/3 der Körperlänge oder kürzer. 2

2 Spicula 40—50 µm lang, 1/3 bis 1/2 der Schwanzlänge. 3

— Spicula kürzer als 30 µm, 1/6 der Schwanzlänge. — Kopf vorn breit abgestutzt; Körper am Hinterende des Ösophagus 2mal breiter als der Kopf. Cheilostom mit parallelen Wänden. Dorsalzahn dünner als die Subventralzähne. Vorderer Ösophagusabschnitt 1,5mal länger als der hintere. Spicula 23—26 µm, Gubernaculum 11—14 µm lang. Bursa fehlend.
♀: L = 0,74—0,99 mm; a = 23—31; b = 6,9—8,7; c = 3,0—4,9; V = 39 bis 45%. ♂: L = 0,61—0,77 mm; a = 26—33; b = 6,0—7,5; c = 3,6—4,2.
BRD; im Mulm von Eichen. — *Diplogaster incurva* KÖRNER, 1954; *Diplogaster (Eudiplogaster) incurva* KÖRNER, 1954 (RÜHM, 1956); *Diplogastrellus incurvus* (KÖRNER, 1954) GOODEY, 1963. . . . . *incurva* (KÖRNER, 1954) MEYL, 1961

3 Bursavelum, zwar sehr schmal, aber vorhanden; Körperlänge 1 mm oder mehr. — Cuticula dünn, mit ungefähr 10 Längsstreifen. Kopf breit abgestutzt; Körper am proximalen Ösophagusende doppelt so breit wie der Kopf. Mundhöhle klein, nur 1/3 so breit wie der Kopf. Vorderer Ösophagusabschnitt 1,5mal länger als der hintere. Spicula 41—46 µm, Gubernaculum 19—27 µm lang. Bursa radiär gegliedert. leptoder.
♀: L = 1,02—1,43 mm; a = 12—17; b = 6—11; c = 3,7—6,9; V = 42 bis 51%. ♂: L = 0,74—1,0 mm; a = 12—15; b = 5,7—7,4; c = 5,4—8,2.
BRD und Sowjetunion (Ferner Osten); im Boden. — *Diplogaster eurycephalus* VÖLK, 1950; *Diplogasteritus eurycephalus* (VÖLK, 1950) GOODEY, 1963. . .
. . . . *eurycephalus* (VÖLK, 1950) MEYL, 1961

— Bursavelum vollkommen fehlend; Körper kleiner als 1 mm. 4

4 Schwanz des ♀ 1/3 der gesamten Körperlänge; Spicula länger als die halbe Schwanzlänge. — Cuticula geringelt und längsgestreift; Ringelung in feine Punkte aufgelöst. Körper am Ösophagusende 2mal so breit wie der Kopf. Mundhöhle 1/3 so breit wie der Kopf. Seitenorgan unmittelbar hinter der Mundhöhle. Vorderer Ösophagusabschnitt nahezu doppelt so lang wie der hintere. Spicula 50—54 µm, Gubernaculum 1/2 der Spiculalänge. 9 Paar Papillen in der üblichen Anordnung.
♀: L = 0,7—0,8 mm; a = 26—30; b = 5,6—5,8; c = 2,9—3,3; V = 41 bis 42%. ♂: L = 0,65—0,87 mm; a = 19—25; b = 4,4—5,4; c = 6—7.
Schweiz; in Bergwerken. — *Diplogaster macrospiculum* ALTHERR, 1938 . . .
. . . . *macrospiculum* (ALTHERR, 1938) MEYL, 1961

— Schwanz des ♀ 1/4—1/5 der gesamten Körperlänge; Spicula kürzer als die halbe Schwanzlänge. — Cuticula fein geringelt und längsgestreift. Mundhöhle klein, kaum 1/3 so breit wie der Kopf. Spicula sehr schlank, Gubernaculum gleichfalls schlank und halb so lang wie die Spicula.
♀: L = 0,77—0,78 mm; a = 29—31; b = 5,3; c = 4,5—4,6; V = 48%.
♂: L = 0,62—0,65 mm; a = 23; b = 4,7—5,0; c = 6,3—7,0.
BRD; in Erzbergwerken. — *Diplogaster dubia* HNATEWYTSCH, 1929 . . . . *dubia* (HNATEWYTSCH, 1929) PARAMONOV, 1952

10. Genus: ***Diplogaster*** SCHULTZE in CARUS, 1857

Diplogastrinae. Körperlänge bis 2,5 mm. Lippen flach, mit je einer Borstenpapille. Mundhöhle geräumig, ungefähr so lang wie breit. Cheilostom einheitlich, so lang wie Promesostom. Dorsalzahn groß, kegelförmig; Subventralzähne ganz klein, am Grunde der Mundhöhle. Gattungsspezifisch ist, daß sich am Distalende des Promesostoms zwei Querleisten (Querringe) befinden, von denen die eine senkrecht zur Längsachse, die andere schräg nach hinten verläuft. Seitenorgan des Männchens weit hinter der Mundhöhle. Vorderer Ösophagusabschnitt wesentlich länger als der hintere. Weibliche Gonaden paarig. Ein Bursarest fehlt. Geschlechtspapillen lang, borstenförmig. Schwanz bei beiden Geschlechtern lang.
Typische und einzige Art: *Diplogaster micans* SCHULTZE in CARUS, 1857 = *Diplogaster rivalis* (LEYDIG, 1854) BÜTSCHLI, 1873.

— Cuticula längsgestreift. Körper schlank, am proximalen Ösophagusende nur 1,5mal breiter als der Kopf. Mundhöhle so lang wie die Lippenbreite, durch die erwähnten Ringleisten in zwei Abschnitte geteilt. Dorsalzahn so lang wie halbe Mundhöhle. Seitenorgan beim ♂ 1,5—2 Kopfbreiten hinter den Lippen. Vorderer Ösophagusabschnitt doppelt so lang wie der hintere. Exkretionsporus vor dem Endbulbus. Schwanz kürzer als der Abstand Vulva-Anus, 12—15 Analbreiten lang. Spicula schlank, 1,5mal so lang wie die Analbreite; Gubernaculum recht dick. Von den 8 Papillenpaaren steht nur ein Paar präanal. Vivipare Art.
♀: L = 1,5—2,5 mm; a = 37—65; b = 6,5—9,4; c = 6—10; V = 48—55%.
♂: L = 1,3—1,7 mm; a = 50—65; b = 6,5—8,0; c = 7—9.
Holland, DDR, BRD, Schweiz, Österreich, Ungarn, Tschechoslowakei, Spanien, Italien, Polen, Dänemark, Schweden, Sowjetunion (Rußland, Moldau, Usbekistan), Indien, Brunei, USA, Brasilien. Eine ausgesprochen aquatile Art, sowohl in stehenden als auch in fließenden Gewässern. — *Oncholaimus rivalis* LEYDIG, 1854; *Diplogaster micans* SCHULTZE in CARUS, 1857; *Diplogaster tridentata* METCHNIKOV, 1863; *Diplogaster vivipara* LINSTOW, 1879; *Diplogaster macrodon* ÖRLEY, 1880; *Diplogaster lacustris* DADAY, 1894; *Diplogaster laevis* DE CILLIS, 1917; *Diplogaster bodamica* MICOLEZTKY, 1922. . . . . *rivalis* (LEYDIG, 1854) BÜTSCHLI, 1873

11. Genus: ***Gerthornus*** MASSEY, 1966

Diplogastrinae. Körper 0,7—1 mm lang. Cuticula geringelt und gestreift. Lippenpapillen klein. Mundhöhle geräumig, kaum länger als breit. Promesostom länger als das Cheilostom. Dorsalzahn und Subventralzähne relativ klein; außer diesen befinden

sich einige kleine akzessorische Zähne an der subventralen Mundhöhlenwand. Weibliche Gonaden paarig. Spicula frei, schlank. Eine Bursa fehlt völlig. Geschlechtspapillen 9 Paare, klein. Schwanz in beiden Geschlechtern mäßig lang, nicht haarfein verdünnt.
Typische und einzige Art: *Gerthornus balaenus* MASSEY, 1966.

— Cuticularingelung fein. Körper am Hinterende des Ösophagus nur 1,5mal breiter als der Kopf. Seitenorgane an den Lippen. Mundhöhle 30 µm lang, etwas länger als die Lippenbreite; die genaue Struktur der Mundhöhle ist übrigens nicht ganz klar beschrieben. Vorderer Ösophagusabschnitt 1,2mal so lang wie der hintere. Exkretionsporus in Höhe des Isthmus. Spicula 75 µm lang, Gubernaculum 1/3 der Spiculalänge. Präanal 3, postanal 6 Papillenpaare. Schwanz des ♀ 7–8, der des ♂ 3 Analbreiten lang, in beiden Geschlechtern am Ende fein abgerundet.
♀: L = 0,81–1,06 mm; a = 22; b = 4,2–4,8; c = 6,5–9,5; V = 54%.
♂: L = 0,73–0,81 mm; a = 20–22; b = 4,2–4,8; c = 8,8–9,7.
USA (New Mexico); gebunden an *Dendroctonus adjunctus* (Scolytidae). . . .
. . . . *balaenus* MASSEY, 1966

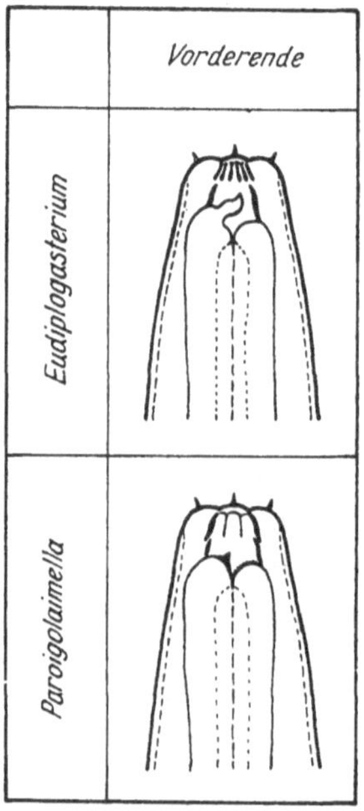

Abb. 169–170 Familie *Diplogastridae*, Unterfamilie *Paroigolaimellinae*: *Eudiplogasterium* und *Paroigolaimella*

cc) Subfamilia: *Paroigolaimellinae* ANDRÁSSY, 1976

Diplogastridae. Mundhöhle geräumig, ungefähr so lang wie breit. Cheilostom durch Furchen in Längsplättchen geteilt. Dorsalzahn ziemlich klein, dreieckig oder gerundet. Subventrale Metastomwülste gleich strukturiert: entweder glatt, oder fein geraspelt.

Telostom kurz. Mittelbulbus kugelig. Ovarien paarig. Bursa höchstens in Spuren vorhanden. Schwanz spitz.
Zwei Gattungen.

Bestimmungsschlüssel der Gattungen

1 Dorsalzahn krallenförmig, subventrale Metastomwülste glatt. . . . . 1. *Eudiplogasterium* (S. 397)
— Dorsalzahn klein, dreieckig, subventrale Metastomwülste fein raspelig gezähnt. . . . . 2. *Paroigolaimella* (S. 397)

1. Genus: ***Eudiplogasterium*** Meyl, 1961

Paroigolaimellinae. Körper robust, 0,8—1,4 mm lang. Lippenpapillen borstenartig. Seitenorgan in Höhe der Mundhöhle. Mundhöhle ziemlich klein; Cheilo- und Promesostom annähernd gleich lang. Cheilostom in dünne Stäbchen geteilt. Dorsalzahn weit ins Lumen der Mundhöhle ragend, schwach cuticularisiert; subventrale Metastomwülste flach, unbezahnt. Weibliche Gonaden paarig. Spicula frei. Bursa fehlt vollkommen. 9 Paare borstenförmiger Geschlechtspapillen. Schwanz zugespitzt.
Typische und einzige Art: *Diplogaster* (*Eudiplogaster*) *levidenta* Weingärtner, 1955 = *Eudiplogasterium levidentum* (Weingärtner, 1955) Meyl, 1961.

— Körper, insbesondere beim ♀, sehr plump; am Proximalende des Ösophagus 3,4mal breiter als der Kopf. Mundhöhle beim ♀ so breit wie lang, beim ♂ viel kleiner und wesentlich breiter als lang. Promesostom etwas länger als Cheilostom. Dorsalzahn krallenförmig. Vorderabschnitt des Ösophagus 1,2—1,3mal so lang wie der Hinterabschnitt. Spicula kürzer als die anale Körperbreite, fast gerade; Gubernaculum annähernd so lang wie die Spicula. 3 Paar Papillen prä-, 6 Paare postanal. Schwanz des ♀ 6, der des ♂ 2,5—3 Analbreiten lang.
♀: L = 0,84—1,39 mm; a = 12—19; b = 9,7—13,4; c = 7,7—12; V = 44 bis 47%. ♂: L = 0,79—0,83 mm; a = 19—21; b = 9,6—9,8; c = 10.
BRD und Ungarn. — *Diplogaster* (*Eudiplogaster*) *levidenta* Weingärtner, 1955; *Prosodontus levidentus* (Weingärtner, 1955) Goodey, 1963. . . . . *levidentum* (Weingärtner, 1955) Meyl, 1961

2. Genus: ***Paroigolaimella*** Paramonov, 1952

Syn.: *Diplogaster* (*Paroigolaimella* Paramonov, 1952) Weingärtner, 1955; *Diplogaster* (*Paradiplogaster* Weingärtner, 1955, nec Schuurmans Stekhoven & Teunissen, 1938).
Paroigolaimellinae. Körperlänge zwischen 0,5 und 1,4 mm. Lippenpapillen borstenförmig. Mundhöhle geräumig, nahezu so lang wie breit. Cheilo- und Promesostom etwa gleich lang; Cheilostom durch Längsfurchen in 12 Platten geteilt. Metastom mit einem dreieckigen, ziemlich schwachen Dorsalzahn und je einer fein geraspelten Subventralanschwellung. Weibliche Gonaden paarig. Bursarest fehlend oder nur in Spuren vorhanden. Spicula zuweilen verwachsen. 9 oder 10 Paar Papillen, und zwar 3 Paare prä-, 6—7 Paare postanal. Schwanz meist lang, fein zugespitzt.
Teils in Süßwasser, teils in Dünger und Kompost lebende Arten.
Typusart: *Diplogaster coprophaga* de Man, 1876 = *Paroigolaimella coprophaga* (de Man, 1876) Paramonov, 1952.

Bestimmungsschlüssel der Arten

1 Spicula distal verwachsen und eigenartig geformt: stämmig, mit mehreren Auswüchsen. 2

— Spicula frei, einfach sichelförmig, ohne Auswüchse. 3

2 Mundhöhle breit und kurz, 1/2 der Lippenbreite; Seitenorgan merklich hinter der Mundhöhle. — Cuticula fein geringelt. Körper schlank, am hinteren Ösophagusende 1,5mal so breit wie der Kopf. Lippenpapillen klein. Mundhöhle 7 µm lang, Dorsalzahn klein, subventrale Raspelfelder flach. Beide Ösophagusabschnitte gleich lang. Spicula 16—18 µm, Gubernaculum 2/3 der Spiculalänge. Schwanz des ♀ 10 Analbreiten lang, der des ♂ kaum kürzer.
Sowjetunion (Rußland); aquatil. — Vielleicht mit der folgenden Art identisch.
. . . . *anomala* GAGARIN, 1977

— Mundhöhle schmäler, 1/3 der Lippenbreite; Seitenorgan am Ende der Mundhöhle. — Cuticula fein geringelt. Körper am Hinterende des Ösophagus 1,5 bis 2mal breiter als der Kopf. Lippenpapillen borstenförmig. Mundhöhle 8 µm lang, kürzer als die Kopfbreite. Spicula 20—25 µm lang, Gubernaculum 1/2 der Spiculalänge. Schwanz bei beiden Geschlechtern 8—9 Analbreiten lang.
♀: L = 0,80—1,16 mm; a = 26—37; b = 5,2—7,1; c = 6,3—9,0; V = 50 bis 52%. ♂: L = 0,60—0,79 mm; a = 39—50; b = 6,6—7,0; c = 6,6—7,3.
Schweiz, BRD, Österreich, Ungarn, Italien, Polen, Südafrika; meist in Süßwasserbiotopen, doch auch in Mist und Kompost. — *Diplogaster bernensis* STEINER, 1914; *Diplogaster* (*Paradiplogaster*) *bernensis* STEINER, 1914 (HIRSCHMANN, 1952); *Diplogaster* (*Paroigolaimella*) *bernensis* STEINER, 1914 (WEINGÄRTNER, 1955). . . . . *bernensis* (STEINER, 1914) ANDRÁSSY, 1958

3 Ösophaguslumen mit deutlicher Querleistenstruktur. — Körper am Ösophagusende doppelt so breit wie der Kopf. Seitenorgan am Grunde der Mundhöhle. Cheilostom nur leicht gekerbt. Mundhöhle so lang wie breit. Vorderer Ösophagusabschnitt 1,3—1,4mal länger als hinterer. Spicula gleich dem Analdurchmesser, proximal schwach geknöpft; Gubernaculum halb so lang.
♀: L = 0,90—1,44 mm; a = 22—23; b = 5,4—7,3; c = 2,7—3,8; V = 40 bis 53%. ♂: L = 0,78—1,27 mm; a = 29—36; b = 5,6—7,6; c = 2,6—3,7.
Holland, BRD, Österreich, Bulgarien, Italien, Polen; in Mist und Kompost, seltener aquatil. — *Diplogaster spirifera* apud WEINGÄRTNER, 1955, nec SKWARRA, 1921. . . . . *paraspirifera* ZULLINI & LOOF, 1980

— Ösophaguslumen ohne Querleistenstruktur. 4

4 Männchen mit 9 Papillenpaaren: zwischen dem Anus und der Dreiergruppe der kleinen Bursapapillen nur 2 Paar Borstenpapillen. — Cuticula fein punktiert. Körper am Proximalende des Ösophagus zweimal so breit wie der Kopf. Mundhöhle so lang wie breit; Seitenorgan beim ♂ am Grunde der Mundhöhle, beim ♀ weiter hinten. Beide Ösophagusabschnitte etwa gleich. Spicula 26 bis 34 µm lang, proximal mit großen, bohnenförmigen Köpfen. Gubernaculum 20—25 µm lang.
♀: L = 0,87—1,05 mm; a = 21—25; b = 7,3—11,6; c = 4,3—4,9; V = 44 bis 46%. ♂: L = 0,63—0,70 mm; a = 19—25; b = 6,1—9,8; c = 3,9—4,9.
BRD; in Mist und an Mistkäfern. — *Diplogaster stresemanni* SACHS, 1950; *Diplogaster* (*Paroigolaimella*) *stresemanni* SACHS, 1950 (WEINGÄRTNER, 1955).
. . . . *stresemanni* (SACHS, 1950) PARAMONOV, 1952

— Männchen mit 10 Papillenpaaren: zwischen dem Anus und der Dreiergruppe der kleinen Bursapapillen 3 Paar Borstenpapillen. 5

5 Schwanz des ♂ lang, 1/4—1/5 der gesamten Körperlänge. — Cuticula längsgestreift, Querringe in feine Punkte aufgelöst. Körper am hinteren Ösophagusende zweimal so breit wie der Kopf. Mundhöhle kugelig; Seitenorgan nach der Mundhöhlenmitte. Subventrale Metastomwülste groß, deutlich geraspelt. Vorderer Ösophagusabschnitt kaum länger als hinterer. Spicula 24—25 µm lang, Gubernaculum 2/3 so lang. Schwanz des ♀ so lang wie 8—9 Analbreiten.
♀: L = 0,80—1,24; a = 14—26; b = 7—13; c = 3—4; V = 37—40%.
♂: L = 0,54—0,70 mm; a = 17—20; b = 6—7; c = 3,8—5,0.
Holland, DDR, BRD, Österreich, Ungarn, Tschechoslowakei, Italien, Polen, Dänemark, Großbritannien, Zaire; typischer Düngernematode. — *Diplogaster coprophaga* DE MAN, 1876[96]; *Diplogaster* (*Paradiplogaster*) *coprophaga* DE MAN, 1876 (MEYL, 1954); *Diplogaster* (*Paroigolaimella*) *coprophaga* DE MAN, 1876 (WEINGÄRTNER, 1955); *Diplogaster magnibucca* BOVIEN, 1937; *Paroigolaimella magnibucca* (BOVIEN, 1937) PARAMONOV, 1952; *Diplogaster breviflagellum* SCHUURMANS STEKHOVEN, 1951. . . . . *coprophaga* (DE MAN, 1876) PARAMONOV, 1952

— Schwanz des ♂ kürzer, 1/5—1/8 der gesamten Körperlänge. — Mundhöhle kugelig. Spicula so lang wie die anale Körperbreite, Gubernaculum halb so lang. Übrigens der vorigen Art sehr ähnlich, vielleicht mit ihr identisch.
♀: L = 0,74—1,05 mm; a = 16—28; b = 5,6—7,2; c = 3,0—4,7; V = 38 bis 43%. ♂: L = 0,61—0,74 mm; a = 23—25; b = 5,8—7,5; c = 4,8—7,7.
BRD und Bulgarien; in Dünger. — *Diplogaster* (*Paroigolaimella*) *microcercus* WEINGÄRTNER, 1955, nec WOLLENWEBER, 1921; *Diplogaster micrura* WEINGÄRTNER in MEYL, 1956; *Diplogaster* (*Paroigolaimella*) *micrura* WEINGÄRTNER in MEYL, 1956 (MEYL, 1956). . . . . *micrura* (WEINGÄRTNER in MEYL, 1956) ANDRÁSSY, 1958

Bemerkung: Die folgenden drei Arten müssen wegen der mangelhaften Beschreibungen als „species inquirendae" behandelt werden:
Paroigolaimella clausii (BÜTSCHLI, 1873) n. comb. — Syn. *Rhabditis clausii* BÜTSCHLI, 1873; *Diplogaster clausii* (BÜTSCHLI, 1873) MICOLETZKY, 1922; *Pristionchus clausii* (BÜTSCHLI, 1873) PARAMONOV, 1952 — aus der BRD.
Paroigolaimella gallica (STEINER, 1914) n. comb. — Syn. *Diplogaster minor* MAUPAS, 1900, nec COBB, 1893; *Diplogaster gallica* STEINER, 1914; *Pristionchus gallicus* (STEINER, 1914) PARAMONOV, 1952 — aus Frankreich.
Paroigolaimella inermis (BÜTSCHLI, 1874) n. comb. — Syn. *Diplogaster inermis* BÜTSCHLI, 1874; *Pristionchus inermis* (BÜTSCHLI, 1874) PARAMONOV, 1952 — aus der BRD.

4. Familia: **Neodiplogastridae** PARAMONOV, 1952 n. grad.

Diplogasteroidea. Cheilostom durch Längsfurchen in Platten oder Stäbchen geteilt; Cheilo- und Promesostom in den meisten Fällen gleich lang. Metastom sehr charakteristisch gebaut: asymmetrisch, dorsal mit einem recht großen, krallenartig gebo-

[96] DE MAN (1876) hat den Artnamen „*coprophages*" geschrieben, was aber offenbar ein Lapsus ist.

genen, beweglichen (ausstülpbaren) Zahn, am rechten Subventralwulst meist mit einem ähnlich geformten, gleich großen, aber schwächer cuticularisierten Krallenzahn, am linken Suvbentralwulst mit einer zwei- oder mehrspitzigen, sägeartig gezähnten Platte, oder — seltener — mit einem sehr kleinen Zahn, oder ganz unbewaffnet. Telostom oft verlängert, geräumig, eine Hinterkammer in der Mundhöhle bildend. Weibliche Gonaden paarig. Bursa höchstens in Spuren vorhanden. Spicula meist frei. Schwanz verschieden lang.
Zumeist in saproben Lebensstätten vorkommende, eine räuberische Lebensweise führende Nematoden. Zwei Unterfamilien.

Bestimmungsschlüssel der Unterfamilien

1 Metastom dorsal und rechts-subventral mit je einem großen krallenförmigen Zahn. . . . . aa) *Neodiplogastrinae* (S. 400)
— Metastom nur dorsal mit einem großen krallenförmigen Zahn (andere Zähne sehr klein oder fehlend). . . . . bb) *Glauxinematinae* (S. 426)

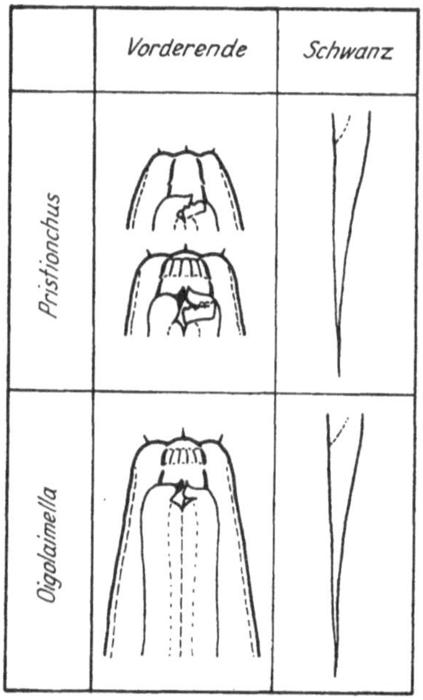

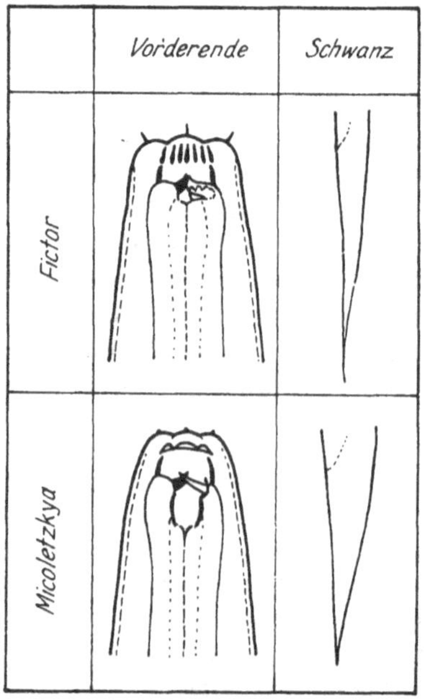

Abb. 171—174 Familie *Neodiplogastridae*, Unterfamilie *Neodiplogastrinae*: *Pristionchus*, *Oigolaimella*, *Fictor* und *Micoletzkya*

aa) Subfamilia: *Neodiplogastrinae* Paramonov, 1952[97]

Neodiplogastridae. Mundhöhle entweder einheitlich, oder in zwei Kammern geteilt: Vorderkammer breiter und vom Cheilo-, Promeso- und Metastom gebildet, Hinterkammer schmäler, oft rohrförmig und von dem verlängerten Telostom gebildet. Cheilostom fast immer in Stäbchen oder Platten geteilt. Metastom dorsal und rechtssubventral mit je einem großen, beweglichen Krallenzahn, links-subventral entweder mit 1—2 sägeartig gezähnten Platten, oder mit einem kleinen Zähnchen. Spicula frei. 8 Gattungen.

[97] Syn. *Mononchoididae* Andrássy, 1976.

Bestimmungsschlüssel der Gattungen

1 Mundhöhle deutlich in zwei Kammern — eine geräumigere Vorderkammer (Cheilo-Promeso-Metastom) und eine engere Hinterkammer (Telostom) — geteilt. 2
— Mundhöhle nur aus einer Kammer bestehend (Telostom klein). 6
2 Scwhanz des ♀ ganz kurz (1—1,5 Analbreiten) und am Ende abegrundet; ein deutliches Prärectum vorhanden. . . . . 6. *Diplenteron* (S. 420)
— Schwanz des ♀ länger, oft sogar sehr lang und fein ausgezogen; Prärectum nicht vorhanden. 3
3 Telostom (hintere Mundhöhlenkammer) proximal mit zwei knopfartigen Verdickungen. 4
— Telostom ohne solche Verdickungen. 5

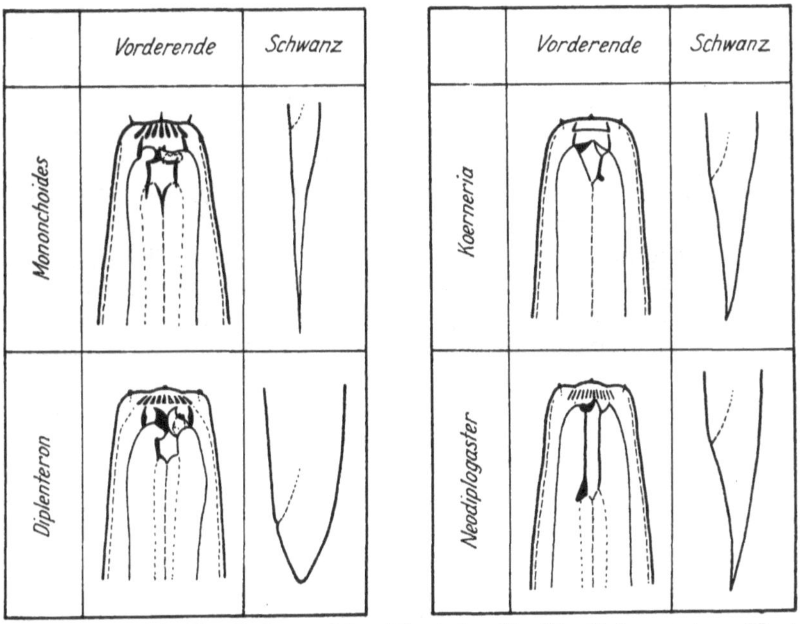

Abb. 175—178 Familie *Neodiplogastridae*, Unterfamilie *Neodiplogastrinae* (Fortsetzung): *Mononchoides, Diplenteron, Koerneria* und *Neodiplogaster*

4 Telostom sehr lang, rohrförmig, 6—10mal so lang wie breit. . . . . 8. *Neodiplogaster* (S. 424)
— Telostom kurz, höchstens 2mal so lang wie breit. . . . . 7. *Koerneria* (S. 421)
5 Cheilostom in 6 relativ breite Platten geteilt; Mundhöhle links-subventral mit einem borstenförmigen Zahn; Schwanz meist kurz, kegelförmig. . . . . 4. *Micoletzkya* (S. 409)
— Cheilostom in 12—18 schmale Stäbchen geteilt; Mundhöhle links-subventral mit 1—2 sägeartigen Querplatten; Schwanz lang, haarfein. . . . . 5. *Mononchoides* (S. 415)
6 Mundhöhle von zweierlei Gestalt: bei der Stenostoma-Form schmal, länger als breit, Cheilostom einheitlich, Dorsalzahn stumpf, unbeweglich, subventral rechts eine glatte, links eine gekerbte Platte; bei der Eurystoma-Form breit,

geräumig, Cheilostom in Stäbchen gespaltet, Dorsalzahn krallenartig und beweglich, subventral rechts ein ähnlicher Krallenzahn, links eine sägeartig gezähnte Platte. 1. *Pristionchus* (S. 402)
— Mundhöhle stets gleich gestaltet: breit, mit zwei Krallenzähnen 7
7 Gubernaculum auffallend verdickt; linke Subventralplatte des Metastoms glatt, nicht bezahnt. . . . . 2. *Oigolaimella* (S. 404)
— Gubernaculum ziemlich dünn, nie stark verdickt; linke Subventralplatte des Metastoms sägeartig gezähnt . . . . 3. *Fictor* (S. 405)

1. Genus: ***Pristionchus*** KREIS, 1932

Syn. *Paradiplogaster* SCHUURMANS STEKHOVEN & TEUNISSEN, 1938; *Mesodiplogaster* GOODEY, 1963[98]; *Paramonoviola* BLINOVA & VOSILITE, 1976.

Neodiplogastrinae. Körperlänge zwischen 0,5 und 2,5 mm. Die Gattung steht innerhalb der Überfamilie *Diplogastroidea* dadurch allein, daß ihre Arten zweierlei Mundhöhlenformen aufweisen. Bei der Stenostoma-Form ist die Mundhöhle eng, länger als breit, das Cheilostom einheitlich, nicht in Stäbchen geteilt, der Dorsalzahn stumpf, nicht beweglich oder ausstülpbar, an den subventralen Metastomwülsten befindet sich rechts eine glatte, links eine gekerbte Platte. Bei der Eurystoma-Form ist die Mundhöhle weit, breiter als lang, das Cheilostom durch Längsfurchen in Stäbchen zergliedert, der Dorsalzahn groß, beweglich, krallenförmig und an den subventralen Metastomwülsten befindet sich rechts ein dem Dorsalzahn gleicher, großer Krallenzahn, links eine gesägte Platte. Cuticula geringelt. Weibliche Gonanden paarig. Ein schmales Bursavelum vorhanden. Spicula frei, Gubernaculum ventral mit dornförmigen Fortsätzen. 9 Paar Geschlechtspapillen. Schwanz des Weibchens kegelförmig, fein verdünnt.

Im Boden, Kompost und Mist lebende oder an Borkenkäfer gebundene Arten.

Typusart: *Pristionchus longicaudatus* KREIS, 1932 = *Pristionchus lheritieri* (MAUPAS, 1919) PARAMONOV, 1952.

Bestimmungsschlüssel der Arten

1 Schwanz des ♀ lang, 1/4—1/6 der Körperlänge. 2
— Schwanz des ♀ kurz, 1/8—1/20 der Körperlänge. 3
2 Weibchen und Männchen gleich häufig, Fortpflanzung zweigeschlechtlich. — Cuticula 2—3 µm breit, quer- und längsgestreift; Querringe in sehr feine Punkte aufgelöst. Lippenpapillen kurz-borstenförmig. Seitenorgan ganz klein, an der Laterallippe. Körper bei der Stenostoma-Form nach vorn stärker verschmälert, am hinteren Ösophagusende 3—3,5mal, bei der Eurystoma-Form hingegen nur 1,5—2mal so breit wie der Kopf. Linksseitige Subventralplatte bei der Stenostoma-Form mit 2, bei der Eurystoma-Form mit 4—6 Sägezähnchen. Vorderer Ösophagusabschnitt 1,6—2mal länger als der hintere. Spicula schlank, sichelförmig, 32—53 µm, Gubernaculum 16—22 µm lang. Bursavelum ganz schmal, mit 3 prä- und 6 postanalen Papillenpaaren. Schwanz des ♀ 6—10, der des ♂ 3—4 Analbreiten lang.
♀: L = 0,94—1,84 mm; a = 16—17; b = 5,6—7,1; c = 3,8—5,3; V = 43 bis 50%. ♂: L = 0,56—1,26 mm; a = 13—20; b = 4,7—6,3; c = 5—9.

[98] Obwohl der Gattungsname *Mesodiplogaster* schon 1955 von WEINGÄRTNER verwendet wurde, war GOODEY es, der die Typusart bezeichnete.

Holland, Belgien, DDR, BRD, Schweiz, Österreich, Ungarn, Tschechoslowakei, Jugoslawien, Bulgarien, Frankreich, Italien, Polen, Sowjetunion (Rußland, Estland, Lettland, Litauen, Moldau, Belorußland, Grusien, Tadshikistan, Kasachstan, Kirgisien, Usbekistan, Ferner Osten), Algerien, Zaire, USA; im Boden, Kompost, Dünger und Mist. — *Diplogaster lheritieri* MAUPAS, 1919; *Diplogaster* (*Pristionchus*) *lheritieri* MAUPAS, 1919 (VÖLK, 1950); *Diplogaster* (*Mesodiplogaster*) *lheritieri* MAUPAS, 1919 (HIRSCHMANN, 1952); *Mesodiplogaster lheritieri* (MAUPAS, 1919) GOODEY, 1963; *Diplogaster lheritieri stenostoma* HIRSCHMANN, 1951; *Diplogaster lheritieri eurystoma* HIRSCHMANN, 1951; *Diplogaster* (*Pristionchus*) *lheritieri stenostoma* HIRSCHMANN, 1951 (WEINGÄRTNER, 1955); *Diplogaster* (*Pristionchus*) *lheritieri eurystoma* HIRSCHMANN, 1951 (WEINGÄRTNER, 1955); *Diplogaster horticola* FUCHS, 1929; *Pristionchus horticola* (FUCHS, 1929) PARAMONOV, 1952; *Pristionchus longicaudatus* KREIS, 1932; *Pristionchus ottoi* PARAMONOV, 1952; *Diplogaster obscuridens* SCHUURMANS STEKHOVEN, 1951; *Mononchoides obscuridens* (SCHUURMANS STEKHOVEN, 1951) GOODEY, 1963; *Paramonoviolu rhagii* BLINOVA & VOSILITE, 1976. . . . . *lheritieri* (MAUPAS, 1919) PARAMONOV, 1952

— Männchen sehr selten, Fortpflanzung durch proterandrischen Hermaphroditismus. — Morphologische Merkmale wie bei der vorigen Art; Cuticularisierung der Mundhöhle jedoch etwas stärker und die Zahl der Sägezähnchen der linkseitigen Subventralplatte bei der Stenostoma-Form 3, bei der Eurystoma-Form 6—8.
♀: L = 0,70—1,26 mm; a = 11—21; b = 4,8—7,9; c = 3,7—5,7; V = 45 bis 59%. ♂: L = 0,54—0,82 mm; a = 14—24; b = 3,6—5,9; c = 3,7—6,3.
BRD; Lebensweise wie die der Schwesterart. — *Diplogaster maupasi* POTTS, 1910; *Diplogaster* (*Mesodiplogaster*) *maupasi* POTTS, 1910 (HIRSCHMANN, 1952); *Diplogaster* (*Pristionchus*) *maupasi* POTTS, 1910 (WEINGÄRTNER, 1955); *Mesodiplogaster maupasi* (POTTS, 1910) GOODEY, 1963; *Diplogaster entomophaga* STEINER, 1929; *Paroigolaimella entomophaga* (STEINER, 1929) PARAMONOV, 1952; *Diplogaster biformis* HIRSCHMANN, 1951; *Diplogaster biformis eurystoma* HIRSCHMANN, 1951; *Diplogaster biformis stenostoma* HIRSCHMANN, 1951. . . . . *maupasi* (POTTS, 1910) PARAMONOV, 1952

3 Große Art, bis 2,5 mm; Schwanz des ♀ 6 Analbreiten lang. — Cuticula mit 34 bis 36 Längsstreifen und sehr feiner Querringelung. Körper ziemlich robust, am hinteren Ösophagusende beinahe 3mal so breit wie der Kopf. Mundhöhle der Stenostoma-Form breiter als lang. Vorderer Ösophagusabschnitt 1,6mal länger als der hintere. Abstand Vulva-Anus 3mal so lang wie der Schwanz. Spicula schlank, 47 µm, 1,5mal länger als die anale Körperbreite; Gubernaculum 1/3 der Spicula. Schwanz des ♀ 4—5 Analbreiten lang, scharf ausgezogen.
♀: L = 2,49 mm; a = 19; b = 9,7; c = 7,9; V = 50%. ♂: L = 1,4 mm; a = 20; b = 7; c = 9,8.
Algerien; in Boden. — *Diplogaster robusta* MAUPAS, 1900. . . . . *robustus* (MAUPAS, 1900) PARAMONOV, 1952

— Kleinere Arten, bis 1,3 mm; Schwanz des ♀ 3—4 Analbreiten lang. 4

4 Schwanz des ♀ am Ende scharf zugespitzt. — Körper am proximalen Ösophagusende etwa 3mal so breit wie der Kopf. Vorderer Ösophagusabschnitt kaum länger als der hintere. Abstand Vulva-Anus 4—5mal so lang wie der Schwanz.

Spicula 46 µm lang, Gubernaculum gattungstypisch. Schwanz des ♀ 4–4,5, der des ♂ 2,5–3 Analbreiten lang.
♀: L = 1,3 mm; a = 19; b = 7,5; c = 9; V = 55%. ♂: L = 0,86–0,92 mm; a = 13–14; b = 6,1; c = 8,7–9,4.
Zaire; terrikol. – *Paradiplogaster aequidentata* SCHUURMANS STEKHOVEN & TEUNISSEN, 1938. . . . .
. . . . . *aequidentatus* (SCHUURMANS STEKHOVEN & TEUNISSEN, 1938) n. comb.
– Schwanz des ♀ am Ende abgerundet. – Cuticula fein geringelt. Lippenpapillen klein. Körper am Hinterende des Ösophagus etwa 2mal so breit wie der Kopf. Mundhöhle bei der Stenostoma-Form etwas länger als breit, bei der Eurystoma-Form hingegen wesentlich breiter als lang. Beide Ösophagusabschnitte gleich lang. Schwanz des ♀ kegelförmig, am Ende abgerundet, der des ♂ meist mit aufgesetztem Fadenteil. Spicula 36–48 µm, sehr schlank, Gubernaculum 17–22 µm lang.
♀: L = 0,77–1,34 mm; a = 16–26; b = 4,7–7,7; c = 12–23; V = 50 bis 64%. ♂: L = 0,60–1,13 mm; a = 17–34; b = 4,9–7,8; c = 48–55.
Sowjetunion (Rußland, Litauen, Grusien); an *Ips sexdentatus* gebunden. – *Micoletzkya sexdentati* BLINOVA & VOSILITE, 1978. . . . .
. . . . *sexdentati* (BLINOVA & VOSILITE, 1978) n. comb.

2. Genus: ***Oigolaimella*** PARAMONOV, 1952

Syn. *Hemidiplogaster* GOODEY, 1963.
Neodiplogastrinae. Körper 0,7–1,5 mm lang. Cuticula geringelt und längsgestreift. Lippenpapillen lang, borstenförmig. Mundhöhle aus einer Kammer bestehend, ziemlich seicht. Cheilostom in Stäbchen geteilt. Dorsalzahn und rechter Subventralzahn ziemlich klein, am Grunde der Mundhöhle. Linker Subventralwulst unbewaffnet, glatt. Seitenorgan hinter der Mundhöhle. Weibliche Gonaden paarig. Bursa vollkommen fehlend. Spicula relativ kurz, frei; Gubernaculum auffallend plump. Schwanz haarfein.
Typische und einzige Art: *Diplogaster winchesi* GOODEY, 1929 = *Oigolaimella agilis* (SKWARRA, 1921). ANDRÁSSY in ZULLINI, 1981.
– Cuticularingelung in feine Punkte aufgelöst. Kopf vorn breit abgestutzt, Papillenborsten 1/3–1/4 der Lippenbreite. Körper am hinteren Ösophagusende 1,5–1,8mal breiter als der Kopf. Cheilostom in 14 Stäbchen gegliedert. Seitenorgan oval, 1/5–1/6 der entsprechenden Halsbreite, etwa eine Kopfbreite hinter dem Vorderende. Vorderer Ösophagusabschnitt kaum länger als der hintere. Spicula 20 µm lang, proximal kopfförmig erweitert, Gubernaculum sehr dick, steigbügelförmig. 3 Paar Papillen prä-, 6 Paare postanal. Schwanz in beiden Geschlechtern sehr fein ausgezogen, 1/3–1/4 der gesamten Körperlänge.
♀: L = 0,7–1,5 mm; a = 30–45; b = 5,6–8,3; c = 2,5–3,7; V = 34 bis 49%. ♂: L = 0,83–1,18 mm; a = 30–46; b = 6,3–7,3; c = 2,8–3,9.
DDR, BRD, Österreich, Ungarn, Italien, England, Sowjetunion (Grusien), USA (New York), Brasilien; in Holzmulm, Fallaub und Kompost. – *Diplogaster agilis* SKWARRA, 1921; *Hemidiplogaster agilis* (SKWARRA, 1921) GOODEY, 1963; *Fictor agilis* (SKWARRA, 1921) ZULLINI, 1977; *Diplogaster asymmetrica* STEINER, 1928; *Oigolaimella asymmetrica* (STEINER, 1928) PARA-

MONOV, 1952; *Fictor asymmetricus* (STEINER, 1928) GOODEY, 1963; *Diplogaster winchesi* GOODEY, 1929; *Diplogaster (Eudiplogester) winchesi* GOODEY, 1929 (MEYL, 1954); *Oigolaimella winchesi* (GOODEY, 1929) PARAMONOV, 1952; *Holodiplogaster winchesi* (GOODEY, 1929) MEYL, 1961; *Fictor winchesi* (GOODEY, 1929) GOODEY, 1963; *Diplogaster paulyi* FUCHS, 1933; *Diplogaster (Eudiplogaster) paulyi* FUCHS, 1933 (KÖRNER, 1954); *Eudiplogaster paulyi* (FUCHS, 1933) ANDRÁSSY, 1958; *Oigolaimella brasilica* PARAMONOV, 1952. . .
. . . . *agilis* (SKWARRA, 1921) ANDRÁSSY in ZULLINI, 1981

3. Genus: ***Fictor*** PARAMONOV, 1952

Syn. *Diplogasterium* PARAMONOV, 1952; *Paradiplogaster* PARAMONOV, 1952, nec SCHUURMANS STEKHOVEN & TEUNISSEN, 1938; *Holodiplogaster* MEYL, 1961.
Neodiplogastrinae. Körperlänge zwischen 0,5 und 2,4 mm. Cuticula geringelt und längsgestreift; Ringelung in Punkte aufgelöst. Lippenpapillen borstenförmig. Seitenorgan klein, an der Laterallippe, oder groß, oval, am Grunde der Mundhöhle. Mundhöhle geräumig, etwa so lang wie breit, nur aus einer Kammer bestehend. Cheilostom mit 12—18 Cuticularstäbchen. Metastom dorsal und rechts-subventral mit je einem großen krallenförmigen Zahn, links-subventral mit einer, feine Sägezähnchen tragenden Platte. Telostom klein, nicht verlängert. Weibliche Gonaden paarig. Bursa nur ausnahmsweise vorhanden. 9 oder 10 Paar Geschlechtspapillen; stets 3 Paare von ihnen präanal. Spicula frei, relativ kurz. Schwanz bei beiden Geschlechtern lang, fein verdünnt.
Aquatil oder terrikol lebende Arten, letztere in Boden, Dünger, faulenden Pflanzensubstanzen oder an Holzkäfern gebunden. Raubtiere.

Typusart: *Diplogaster vorax* GOODEY, 1929 = *Fictor vorax* (GOODEY, 1929) PARAMONOV, 1952.

Bestimmungsschlüssel der Arten

1 Schwanz relativ kurz, 1/7—1/12 der gesamten Körperlänge; Körper recht schlank (a = 40—70); ausgesprochen aquatil. — Cuticula mit 24 schwach erhabenen Längsleisten. Kopf leicht erweitert; Körper am Proximalende des Ösophagus kaum breiter als der Kopf. Cheilostom in 14 Platten zergliedert. Beide Krallenzähne groß, ausstülpbar. Vorderer Ösophagusabschnitt 1,3mal länger als der hintere. Abstand Vulva-Anus 3,5—4mal länger als der Schwanz. Spicula 25—28 µm, Gubernaculum halb so lang. 9 Paar Papillen. Schwanz des ♀ 8—10, der des ♂ 5—8 Analbreiten lang.
♀: L = 1,5—2,4 mm; a = 40—70; b = 5,1—7,5; c = 7—12; V = 47—58%.
♂: L = 1,1—2,1 mm; a = 52—70; b = 5,5—6,5; c = 9—14.
Holland, BRD, Österreich, Ungarn, Spanien, Frankreich, Italien, Polen, Dänemark, England, Schweden, Sowjetunion (Rußland, Usbekistan), Mongolei, Zaire, USA (Washington); stets in aquatilen Biotopen. — *Diplogaster fictor* BASTIAN, 1865; *Diplogaster (Eudiplogaster) fictor* BASTIAN, 1865 (HIRSCHMANN, 1952); *Eudiplogaster fictor* (BASTIAN, 1865) MEYL, 1961; *Mononchoides fictor* (BASTIAN, 1865) GOODEY, 1963; *Koerneria fictor* (BASTIAN, 1865) ZULLINI, 1974; *Diplogaster fluviatilis* DE MAN, 1880; *Diplogaster elpatiewskyi* (DADAY, 1906); *Fictor elpatiewskyi* (DADAY, 1906) PARAMONOV, 1952;

Diplogaster roszkowskyi STEFANSKI, 1915; *Fictor roszkowskyi* (STEFANSKI, 1915) PARAMONOV, 1952; *Butlerius brevispiculatus* SCHUURMANS STEKHOVEN & TEUNISSEN, 1938; *Diplogaster brevispiculata* (SCHUURMANS STEKHOVEN & TEUNISSEN, 1938) LORDELLO & ZAMITH, 1959.
. . . . *fictor* (BASTIAN, 1865) PARAMONOV, 1952

— Schwanz sehr lang, 1/2—1/5 der gesamten Körperlänge; Körper weniger schlank (a = 18—37, zumeist 20—30); überwiegend terrikole Arten. 2

2 Vorderer Ösophagusabschnitt (vom Kopfende bis zum Hinterende des Mittelbulbus) 2—3mal so lang wie der hintere Abschnitt. 3

— Vorderer Ösophagusabschnitt so lang oder höchstens 1,5mal länger als der hintere Abschnitt. 4

3 Größere Art, über 1 mm; Schwanz äußerst lang, etwa 1/2 der gesamten Körperlänge. — Cuticula etwa mit 20 Längsstreifen. Lippenpapillen borstenförmig, beim ♂ besonders lang, 1/3 der Lippenbreite. Körper vorn kaum verschmälert, beim Hinterende des Ösophagus nur 1,3mal so breit wie der Kopf. Seitenorgandes ♂ doppelt so groß wie das des ♀. Krallenzähne kräftig. Vorderer Ösophagusabschnitt 3mal so lang wie hinterer. Spicula dünn, 32—42 μm, Gubernaculum 14—20 μm lang. Ei 50 × 25 μm. Geschlechtspapillen 9 Paare, lang, fein ausgezogen. Schwanz des ♀ 15—25mal so lang wie die anale Körperbreite, haardünn.
♀: L = 0,9—1,6 mm; a = 28—32; b = 5,9—7,4; c = 1,8—2,6; V = 30 bis 37%. ♂: L = 0,6—1,2 mm; a = 25—33; b = 4,5—7,0; c = 2,0—3,2.
DDR, Österreich, Italien, England, Bangladesh; in Dünger und faulenden Pflanzenresten. — *Diplogaster vorax* GOODEY, 1929; *Holodiplogaster vorax* (GOODEY, 1929) MEYL, 1961; *Diplogaster longisetosa* PAESLER, 1946; *Diplogaster* (*Mesodiplogaster*) *longisetosa* PAESLER, 1946 (MEYL, 1954); *Diplogaster* (*Eudiplogaster*) *longisetosa* PAESLER, 1946 (WEINGÄRTNER, 1955); *Fictor longisetosus* (PAESLER, 1946) PARAMONOV, 1952; *Eudiplogaster longisetosa* (PAESLER, 1946) ANDRÁSSY, 1958. . . . .
. . . . *vorax* (GOODEY, 1929) PARAMONOV, 1952

— Kleinere Art, unter 1 mm; Schwanz kürzer, 1/4 der gesamten Körperlänge. — Cuticula dünn. Mundhöhle geräumig, etwas länger als breit. Krallenzähne mäßig entwickelt. Vorderer Ösophagusabschnitt doppelt so lang wie der hintere. Körper am Proximalende des Ösophagus 1,5—1,6mal so breit wie der Kopf. Schwanz so lang wie 8 Analbreiten.
♀: L = 0,76—0,84 mm; a = 17—25; b = 4,9—5,4; c = 3,8—4,4; V = 42 bis 51%. ♂ unbekannt.
Ungarn; in *Sphagnum*-Moor. — *Diplogaster sphagni* SOÓS, 1938; *Diplogaster* (*Eudiplogaster*) *sphagni* SOÓS, 1938 (WEINGÄRTNER, 1955); *Eudiplogaster sphagni* (SOÓS, 1938) ANDRÁSSY, 1958; *Mononchoides sphagni* (SOÓS, 1938) GOODEY, 1963. . . . . *sphagni* (SOÓS, 1938) PARAMONOV, 1952

4 Kleinere Art, 0,5—0,7 mm. Cuticula sehr fein geringelt. — Körper am Hinterende des Ösophagus zweimal so breit wie der Kopf. Lippenpapillen kurz. Mundhöhle breiter als lang; Krallenzähne gut entwickelt. Vorderer Ösophagusabschnitt 1,6—1,7mal so lang wie hinterer. Abstand Vulva-Anus ungefähr so lang wie der Schwanz; dieser 14 Analbreiten lang, haarfein.

♀: L = 0,54–0,72 mm; a = 18–27; b = 5,0–5,5; c = 3,6–4,8; V = 39 bis 48%. ♂ unbekannt.
Schweiz und Chile; im Boden. — *Diplogaster hessi* STEINER, 1914; *Diplogaster brachycephalus* STEINER, 1943. . . *hessi* (STEINER, 1914) PARAMONOV, 1952

— Größere Arten, 0,7–1,6 mm. 5

5 Schwanz des ♂ mit 6 Postanalpapillenpaaren 6

— Schwanz des ♂ mit 7 Postanalpapillenpaaren 7

6 Körper 0,7–1,1 mm lang; Vulva bei 32–36% der Körperlänge. — Körper am Proximalende des Ösophagus 1,4–1,5mal breiter als der Kopf. Vorderer Ösophagusabschnitt 1,5mal länger als hinterer. Linksseitiger Metastomwulst mit 8 Sägezähnchen. Spicula 24–25 µm lang, ziemlich schlank. Beide erste Präanalpapillenpaare einander ganz nahe.
♀: L = 0,7–1,1 mm; a = 28–37; b = 7,1–9,2; c = 2,3–5,1; V = 32 bis 36%. ♂: L = 0,66–1,13 mm; a = 30–38; b = 7,2–9,8; c = 2,7–5,5.
BRD, Österreich; in Stapelmist. — *Diplogaster (Eudiplogaster) paesleri* WEINGÄRTNER, 1955, nec GUNHOLD, 1952; *Diplogaster faecalis* WEINGÄRTNER in MEYL, 1956; *Eudiplogaster faecalis* (WEINGÄRTNER in MEYL, 1956) ANDRÁSSY, 1958; *Holodiplogaster faecalis* (WEINGÄRTNER in MEYL, 1956) MEYL, 1961. . . . . *faecalis* (WEINGÄRTNER in MEYL, 1956) GOODEY, 1963

— Körper 1,0–1,6 mm lang; Vulva bei 37–40% der Körperlänge. — Cuticula fein geringelt und längsgestreift. Körper am proximalen Ösophagusende doppelt so breit wie der Kopf. Mundhöhle breiter als lang; Krallenzähne mäßig entwikkelt. Vorderer Ösophagusabschnitt nur wenig länger als hinterer. 3–4 Eier im Uterus. Spicula 26 µm, Gubernaculum 10 µm lang.
♀: L = 1,0–1,6 mm; a = 24–26; b = 11–13; c = 3,1–3,5; V = 37 bis 40%. ♂: L = 0,75–1,0 mm; a = 25–27; b = 8–10; c = 3,7.
England; in Schafmist. — *Diplogaster coprophaga* apud GOODEY, 1929, nec DE MAN, 1876; *Paroigolaimella anchicoprophaga* PARAMONOV, 1952. . . . . *anchicoprophagus* (PARAMONOV, 1952) GOODEY, 1963

7 Bursa vorhanden, aber nur in Medialansicht erkennbar. 8

— Bursa vollkommen fehlend. 9

8 Gubernaculum auffallend plump, dicker als die Spicula. — Cuticula ziemlich dick. Körper am Proximalende des Ösophagus doppelt so breit wie der Kopf. Krallenzähne mäßig entwickelt. Vorderer Ösophagusabschnitt 1,4mal länger als hinterer. Abstand Vulva-Anus 1,5–1,7mal länger als der Schwanz. Bursa relativ gut entwickelt. Spicula 25–28 µm, Gubernaculum 15–16 µm lang. Schwanz des ♀ 6, der des ♂ 4 Analbreiten lang.
♀: L = 0,73–0,88 mm; a = 20–21; b = 4,9–5,4; c = 5,0–5,6; V = 48 bis 50%. ♂: L = 0,6–0,7 mm; a = 20–23; b = 4,0–5,2; c = 6,6–7,0.
BRD; in Frassmulm von Insekten. — *Diplogaster (Eudiplogaster) robinicola* RÜHM, 1956; *Eudiplogaster robinicola* (RÜHM, 1956) MEYL, 1961. . . . . *robinicola* (RÜHM, 1956) GOODEY, 1963

— Gubernaculum stäbchenförmig, dünner als die Spicula. — Cuticula etwa mit 10 Längsstreifen. Kopf breit, Körper am hinteren Ösophagusende 1,5mal so breit wie der Kopf. Zähne verhältnismäßig klein. Vorderer Ösoplagusabschnitt kaum länger als der hintere. Unterlippe des Anus vorspringend. Spicula 22 bis

30 µm, Gubernaculum 16 µm lang. Bursa sehr dünn. Schwanz des ♀ 5—6, der des ♂ 5 Analbreiten lang.
♀: L = 0,77—1,42 mm; a = 15—19; b = 6,5—14; c = 2,8—4,7; V = 39 bis 46%. ♂: L = 0,54—0,63 mm; a = 17—19; b = 5,8—7,0; c = 4,5—5,2.
BRD; gebunden an *Necrophorus vespillo*. — *Diplogaster rara* Völk, 1950; *Diplogaster* (*Eudiplogaster*) *rara* Völk, 1950 (Weingärtner, 1955); *Pristionchus rarus* (Völk, 1950) Paramonov & Sobolev in Skrjabin, Shikhobalova, Sobolev, Paramonov & Sudarikov, 1954; *Eudiplogaster rara* (Völk, 1950) Meyl, 1961 . . . . *rarus* (Völk, 1950) Goodey, 1963

9 Spicula 20—21 µm, so lang wie die anale Körperbreite. — Cuticularingelung in Punkte aufgelöst, Körper am Hinterende des Ösophagus 2,5mal breiter als der Kopf. Beide Ösophagusabschnitte annähernd gleich lang. Metastomzähne mäßig entwickelt. Gubernaculum distal gegabelt.
♀: L = 0,54—1,1 mm; a = 21—28; b = 6—12; c = 3,2—5,1; V = 39 bis 52%. ♂: L = 0,52—0,90 mm; a = 22—37; b = 6,4—10,2; c = 3,2—4,5.
BRD und Dänemark; in Kuhfladen. — *Diplogaster stercoraria* Bovien, 1937; *Diplogaster* (*Eudiplogaster*) *stercoraria* Bovien, 1937 (Weingärtner, 1955); *Paroigolaimella stercoraria* (Bovien, 1937) Paramonov, 1952; *Eudiplogaster stercoraria* (Bovien, 1937) Andrássy, 1958; *Holodiplogaster stercoraria* (Bovien, 1937) Meyl, 1961. . . . . *stercorarius* (Bovien, 1937) Goodey, 1963

— Spicula 15 µm lang, 2/3 der analen Körperbreite. — Cuticula fein punktiert. Lippenpapillen deutlich borstenförmig. Mundhöhle so lang wie breit; Zähne relativ klein. Linksseitige Subventralplatte gut gezähnt. Gubernaculum 2/3 so lang wie die Spicula.
♀: L = 0,55—1,2 mm; a = 23—33; b = 6,3—12; c = 3,0—3,8; V = 37 bis 46%. ♂: L = 0,56—0,81 mm; a = 24—34; b = 6,8—9,1; c = 3,4—4,2.
BRD, Österreich, Ungarn, Polen; meist in Dünger. — *Diplogaster similis* Bütschli, 1876; *Diplogaster* (*Eudiplogaster*) *similis* Bütschli, 1876 (Weingärtner, 1955); *Paradiplogaster similis* (Bütschli, 1876) Paramonov, 1952; *Eudiplogaster similis* (Bütschli, 1876) Andrássy, 1958; *Holodiplogaster similis* (Bütschli, 1876) Meyl, 1961. . . . . *similis* (Bütschli, 1876) Goodey, 1963

Bemerkung: Die folgenden 6 Arten sind nur im weiblichen Geschlecht beschrieben und konnten deshalb nicht in die Bestimmungsschlüssel aufgenommen werden (species inquirendae):

a) ♀: L = 0,77 mm; a = 25; b = 4,8; c = 3,6; V = 45%. ♂ unbekannt.
Schweiz; in Boden. — *Diplogaster curvidentata* Altherr, 1938; *Diplogasterium curvidentatum* (Altherr, 1938) Paramonov, 1952. . . . . *curvidentatus* (Altherr, 1938) n. comb.

b) ♀: L = 0,81—0,94 mm; a = 31—34; b = 4,5—5,2; c = 3,7—4,8; V = 64%. ♂ unbekannt.
BRD; in Erzbergwerken. — *Diplogaster didentata* Hnatewytsch, 1929; *Diplogaster* (*Eudiplogaster*) *didentata* Hnatewytsch, 1929 (Weingärtner, 1955); *Diplogasterium didentatum* (Hnatewytsch, 1929) Paramonov, 1952. . . . . *didentatus* (Hnatewytsch, 1929) n. comb.

c) ♀: L = 0,72–0,84 mm; a = 20–21; b = 4,4–5,2; c = 4,5–4,7; V = 47 bis 48%. ♂ unbekannt.
BRD; in Erzbergwerken. — *Diplogaster micoletzkyi* HNATEWYTSCH, 1929; *Diplogaster* (*Eudiplogaster*) *micoletzkyi* HNATEWYTSCH, 1929 (WEINGÄRTNER, 1955); *Diplogasterium micoletzkyi* (HNATEWYTSCH, 1929) PARAMONOV, 1952. . . . . *micoletzkyi* (HNATEWYTSCH, 1929) n. comb.

d) ♀: L = 0,84 mm; a = 31; b = 4,9; c = 3,5; V = 44%. ♂ unbekannt.
Schweiz; in Boden. — *Diplogaster obscuricola* ALTHERR, 1938; *Diplogasterium obscuricola* (ALTHERR, 1938) PARAMONOV, 1952. . . . . *obscuricola* (ALTHERR, 1938) n. comb.

e) ♀: L = 0,82–1,2 mm; a = 26–32; b = 5,0–5,7; c = 3,9–4,1; V = 44 bis 45%. ♂ unbekannt.
Schweiz; im Boden. — *Diplogaster quadridentata* ALTHERR, 1938; *Diplogasterium quadridentatum* (ALTHERR, 1938) PARAMONOV, 1952 . . . . *quadridentatus* (ALTHERR, 1938) n. comb.

f) ♀: L = 0,78 mm; a = 27; b = 7,5; c = 6,2; V = 46%. ♂ unbekannt.
Schweiz; terrikol. — *Diplogaster tenuipunctata* ALTHERR, 1938; *Diplogasterium tenuipunctatum* (ALTHERR, 1938) PARAMONOV, 1952. . . . . *tenuipunctatus* (ALTHERR, 1938) n. comb.

Es ist möglich, daß die von demselben Fundort beschriebenen Arten, *Fictor curvidentatus*, *obscuricola* und *quadridentatus* zur selben Spezies gehören.

4. Genus: ***Micoletzkya*** (WEINGÄRTNER, 1955) PAESLER, 1962[99]

Syn. *Diplogaster* (*Micoletzkya* WEINGÄRTNER, 1955); *Diplogaster* (*Fuchsia* Micoletzky, 1922, nec SPULER, 1910); *Fuchsia* (MICOLETZKY, 1922) PARAMONOV, 1952; *Diplogaster* (*Micoletzkyella* WEINGÄRTNER in MEYL, 1956); *Micoletzkyella* (WEINGÄRTNER in MEYL, 1956) ANDRÁSSY, 1958.

Neodiplogastrinae. Körperlänge zwischen 0,5 und 1,5 mm. Cuticula geringelt und längsgestreift; Ringelung in Punkte aufgelöst. Lippenpapillen klein, nicht borstenförmig. Seitenorgan klein, an den Laterallippen. Mundhöhle zumeist in zwei Kammern geteilt: die Vorderkammer ist durch das Cheilo-, Promeso- und Metastom gebildet, die Hinterkammer besteht aus dem Telostom; diese letztere ist aber nie so stark verlängert wie bei der Gattung *Mononchoides.* Cheilostom in 6 relativ breite Platte zergliedert. Metastom dorsal und rechts-subventral mit je einem Krallenzahn — der Dorsalzahn in fast allen Fällen größer und beweglicher als der Subventralzahn —, links-subventral mit einem ganz kleinen, borstenförmigen Zähnchen. Weibliches Geschlechtsorgan paarig. Bursa zwar vorhanden, aber ganz schmal, radiär gegliedert, leptoder. Spicula schlank und frei; Gubernaculum proximal eingeschnitten, distal pantoffelartig die Spiculaenden umgebend. Zahl der Geschlechtspapillen 10 Paare;

[99] WEINGÄRTNER (1955) schrieb den Gattungsnamen mit zwei „k“: *Mikoletzkya.* Da aber der berühmte österreichische Nematologe seinen Namen „Micoletzky“ schrieb, schlage ich vor, diesen offensichtlichen Schreibfehler im Sinne der Nomenklaturregel (33. Paragraph, a/I) zu korrigieren und die Gattung in Zukunft *Micoletzkya* zu nennen.
Noch eine Bemerkung: Die Gattungsnamen *Micoletzkyia* DITLEVSEN, 1926 und *Micoletzkya* WEINGÄRTNER, 1955 sind nicht homonym; die Neubenennung der WEINGÄRTNERschen Gattung als *Micoletzkyella* (WEINGÄRTNER in MEYL, 1956) war also überflüssig.

die beiden ersten Paare liegen einander ganz nahe. Schwanz kegelförmig, kurz, nur ausnahmsweise verlängert.
An Holzkäfer (Scolytidae und Curculionidae) gebundene Nematoden.
Typusart: *Diplogaster buetschlii* FUCHS, 1915 = *Micoletzkya buetschlii* (FUCHS, 1915) BAKER, 1962.

Bestimmungsschlüssel der Arten

1 Schwanz des ♀ 7–10 Analbreiten lang bzw. 1/3–1/6 der gesamten Körperlänge. 2

— Schwanz des ♀ 2–6 Analbreiten lang, 1/7–1/17 der gesamten Körperlänge. 5

2 Abstand Vulva-Anus 2,5–3mal so lang wie der Schwanz. 3

— Abstand Vulva-Anus 1–2mal so lang wie der Schwanz. 4

3 Körper 0,9–1,5 mm lang; Krallenzähne des Metastoms stark entwickelt, sich kreuzend. — Cuticula fein längsgestreift. Körper am distalen Ösophagusende 1,5mal breiter als der Kopf. Mundhöhle 12 µm lang und 10 µm breit; beide Krallenzähne gleich stark. Vorderer Ösophagusabschnitt 1,5mal länger als der hintere. Schwanz so lang wie 8–9 Analbreiten.
♀: L = 0,85–1,51 mm; a = 18–24; b = 4,3–5,0; c = 4,3–6,0; V = 48 bis 50%. ♂ unbekannt.
USA (Florida); an *Dendroctonus terebrans* gebunden. . . . *tomea* MASSEY, 1966

— Körper 0,8 mm lang; Krallenzähne des Metastoms schwächer entwickelt, sich nicht kreuzend. — Cuticula mäßig stark geringelt und gestreift. Körper am Hinterende des Ösophagus doppelt so breit wie der Kopf. Mundhöhle im ganzen trichterförmig; Subventralzahn schwächer als der Dorsalzahn. Beide Ösophagusabschnitte etwa gleich lang. Spicula 37 µm lang, 1,5mal länger als die anale Körperbreite; Gubernaculum 1/3 der Spiculalänge. Schwanz des ♀ 7mal, der des ♂ 3–4mal so lang wie der Analdurchmesser.
♀: L = 0,77–0,81 mm; a = 15–18; b = 4,3–4,7; c = 5,7–6,1; V = 51 bis 52%. ♂: L = 0,63 mm; a = 27; b = 4,6; c = 8,3.
USA (New Mexico); gebunden an *Dryocoetes confusus* . . . .
. . . . *langcauda* MASSEY, 1974

4 Schwanz 1/3–1/4 der Körperlänge, länger als der Abstand Vulva-Anus. — Cutcula mäßig strukturiert. Mundhöhle relativ klein, 11–12 µm lang; Krallenzähne gut entwickelt. Bursa ganz schmal. Spicula 30–33 µm, Gubernaculum 18–20 µm lang. Schwanz in beiden Geschlechtern am Ende fadenförmig ausgezogen, 9–10 Analbreiten lang.
♀: L = 0,72–0,75 mm; a = 23–24; b = 5; c = 3,5–3,7; V = 46–47%.
♂: L = 0,50–0,58 mm; a = 24; b = 4,0–4,3; c = 3,4–5,0.
BRD; im Mulm verschiedener Käferarten aus *Picea excelsa*. — *Fuchsia weingaertnerae* RÜHM, 1956. . . . .
. . . . *weingaertnerae* (RÜHM, 1956) BAKER, 1962

— Schwanz 1/5–1/6 der Körperlänge, kürzer als der Abstand Vulva-Anus. — Cuticula mäßig strukturiert. Mundhöhle verhältnismäßig klein, 11–12 µm lang. Spicula 33–39 µm lang, 1,5mal länger als die Analbreite; Gubernaculum 14 bis 17 µm lang, proximal erweitert. Bursa kurz. Schwanz des ♀ 7–8, der des ♂ 3–4 Analbreiten lang, spitz, aber nicht fadenartig.

♀: L = 0,8–1,0 mm; a = 23–24; b = 4,2–5,5; c = 5,1–5,5; V = 47 bis 49%. ♂: L = 0,67–0,70 mm; a = 20–24; b = 4,5–4,6; c = 5,3–6,0.
BRD und Sowjetunion (Rußland); an *Dryocoetes autographus* gebunden. — *Fuchsia dryocoeti* RÜHM, 1956. . . . . *dryocoeti* (RÜHM, 1956) BAKER, 1962

5 Schwanz des ♀ kurz-kegelförmig, so lang wie 2–3 Analbreiten. 6
— Schwänz des ♀ gestreckt-kegelförmig, so lang wie 4–6 Analbreiten. 12
6 Spicula 50 µm oder länger. 7
— Spicula kürzer, meist um 30 µm. 9
7 Der aufgesetzte Schwanzfaden beim ♂ nahezu 1/2 der Schwanzlänge. — Cuticula mit 20 oder mehr Längsstreifen. Körper am Proximalende des Ösophagus 1,5–1,6mal breiter als der Kopf. Mundhöhle 17 µm lang und 10 µm breit. Dorsaler Krallenzahn wesentlich krfätiger als der subventrale. Vorderer Ösophagusabschnitt kaum länger als hinterer. Spicula 47–58 µm, nahezu doppelt so lang wie die Analbreite, schlank; Gubernaculum 1/3–2/5 der Spiculalänge. Schwanz des ♀ so lang wie 3, der des ♂ wie 2,5 Analbreiten.
♀: L = 1,13–1,18 mm; a = 22; b = 5,4–6,0; c = 11; V = 55%. ♂: L = = 0,88–0,97 mm; a = 20–22; b = 5; c = 12–14.
USA (Colorado, Montana); gebunden an *Dendroctonus rufipennis*. . . . . *ruminis* MASSEY, 1966
— Der aufgesetzte Schwanzfaden beim ♂ ganz kurz oder fehlend. 8
8 Spicula 60 µm lang; beide Metastomzähne stark entwickelt, beinahe gleich groß. — Querringe und Längsstreifen der Cuticula fein. Körper am Hinterende des Ösophagus doppelt so breit wie der Kopf. Beide Abschnitte des Ösophagus gleich lang. Gubernaculum mehr als 1/3 der Spiculalänge. Schwanz bei beiden Geschlechtern etwa 2 Analbreiten lang, beim ♂ mit kurzem Fadenteil.
♀: L = 0,94 mm; a = 26; b = 5,3; c = 13; V = 56%. ♂: L = 0,85 mm; a = 30; b = 5,4; c = 20.
USA (South Carolina); gebunden an *Ips calligraphus*. . . . . *calligraphi* MASSEY, 1974
— Spicula 50 µm lang; dorsaler Metastomzahn viel kräftiger als der subventrale. — Cuticula fein geringelt und gestreift. Körper am proximalen Ösophagusende 2mal so breit wie der Kopf. Beide Ösophagusabschnitte gleich lang. Gubernaculum 17 µm lang. Schwanz des ♂ ohne Fadenteil, 2 Analbreiten lang.
♀ unbekannt (siehe deshalb im Schlüssel auch unter 13). ♂: L = 0,79 bis 0,90 mm; a = 22; b = 4,7–5,6; c = 15.
USA (New Mexico); an *Dendroctonus adjunctus* . . . . *cervicula* MASSEY, 1966
9 Schwanz bei beiden Geschlechtern hinter der Mitte verengt und dann wieder etwas erweitert. — Cuticula mäßig strukturiert. Körper am hinteren Ösophagusende 2mal so breit wie der Kopf. Mundhöhle doppelt so lang wie breit; Zähne schwach. Beide Ösophagusabschnitte annähernd gleich lang. Spicula 1,5mal so lang wie die anale Körperbreite; Gubernaculum 1/3 der Spiculalänge. Schwanz des ♀ 3, der des ♂ 2 Analbreiten lang.
♀: L = 0,7–0,8 mm; a = 19–26; b = 4,5–5,6; c = 11–13; V = 54%. ♂: L = 0,48–0,68 mm; a = 20–25; b = 3,8–4,5; c = 13–15.
USA (Connecticut); an *Pissodes approximatus* (Curculionidae). . . . . *hamdenensis* MASSEY, 1971

— Schwanz ohne solche Verengung. 10

10 Schwanz des ♂ im letzten Drittel zylindrisch. — Cuticula fein geringelt; Zahl der Längsstreifen etwa 44. Körper am hinteren Ösophagusende 1,8—2mal so breit wie der Kopf. Mundhöhle ziemlich klein; Dorsalzahn mäßig entwickelt, Subventralzahn klein. Vorderer Ösophagusabschnitt deutlich kürzer als der hintere. Spicula 38—45 µm, Gubernaculum 15—18 µm lang. Schwanz des ♀ etwa 3, der des ♂ 1,5—2 Analbreiten lang.
♀: L = 0,76—1,3 mm; a = 25—30; b = 5,0—7,1; c = 12—15; V = 51 bis 55%. ♂: L = 0,66—1,1 mm; a = 17—31; b = 4,5—6,2; c = 12—15.
USA (Utah, Colorado); gebunden an *Dendroctonus ponderosae*. — *Diplogaster pinicola* THORNE, 1935; *Fuchsia pinicola* (THORNE, 1935) PARAMONOV, 1952; *Micoletzkya inedia* MASSEY, 1966. . . . *pinicola* (THORNE, 1935) BAKER, 1962

— Schwanz des ♂ gleichmäßig verschmälert, am Ende nicht zylindrisch. . . . 11

11 Spicula 42—47 µm lang. — Cuticula deutlich längsgestreift. Körper am Hinterende des Ösophagus 1,5mal breiter als der Kopf. Mundhöhle 10 µm lang und 13 µm breit. Beide Krallenzähne kräftig. Ösophagusabschnitte ungefähr gleich lang. Spicula beinahe doppelt so lang wie der anale Körperdurchmesser, sehr schlank. Gubernaculum 16—18 µm lang. Schwanz des ♀ 2,5—3mal, der des ♂ 2mal so lang wie die Analbreite; am Ende deutlich abgerundet.
♀: L = 0,77—1,2 mm; a = 21—26; b = 4,4—5,4; c = 13—17; V = 53 bis 56%. ♂: L = 0,64—1,0 mm; a = 20—24; b = 4,4—5,9; c = 16—20.
USA (Alabama, New Mexico); an verschiedenen Borkenkäferarten. — *Diplogaster bandelieri* MASSEY, 1960. . . . *bandelieri* (MASSEY, 1960) MASSEY, 1966

— Spicula 33—38 µm lang. — Cuticula stark strukturiert. Körper am Hinterende des Ösophagus 1,6—1,7mal breiter als der Kopf. Mundhöhle 16—18 µm lang; Krallenzähne gut entwickelt. Beide Ösophagusabschnitte gleich lang. Abstand Vulva-Anus 5mal so lang wie der Schwanz; dieser bei beiden Geschlechtern 2,5 Analbreiten lang. Spicula distal sehr spitz; Gubernaculum 15—18 µm lang.
♀: L = 0,94—1,5 mm; a = 19—25; b = 4,6—5,8; c = 12—15; V = 50 bis 56%. ♂: L = 0,75—0,91 mm; a = 20—30; b = 4,7—5,0; c = 14—18.
BRD und Sowjetunion (Rußland, Grusien); an verschiedenen *Ips*-Arten. — *Diplogaster buetschlii* FUCHS, 1915; *Diplogaster* (*Fuchsia*) *buetschlii* FUCHS, 1915 (MICOLETZKY, 1922); *Diplogaster* (*Micoletzkya*) *buetschlii* FUCHS, 1915 (WEINGÄRTNER, 1955); *Diplogaster* (*Micoletzkyella*) *buetschlii* FUCHS, 1915 (WEINGÄRTNER in MEYL, 1959;) *Fuchsia buetschlii* (FUCHS, 1915) PARAMONOV, 1952; *Micoletzkyella buetschlii* (FUCHS, 1915) ANDRÁSSY, 1958; *Diplogaster* (*Fuchsia*) *buetschlii acuminata* MICOLETZKY, 1922; *Fuchsia buetschlii acuminati* RÜHM, 1956; *Micoletzkya buetschlii acuminati* (RÜHM, 1956) BAKER, 1962; *Diplogaster* (*Micoletzkya*) *buetschlii acuminati* (RÜHM, 1956) GOODEY, 1963. . . . . *buetschlii* (FUCHS, 1915) BAKER, 1962

12 Spicula 50 µm lang 13

— Spicula kürzer, meist um 35 µm. 14

13 Schwanz des ♂ 2,5—3 Analbreiten lang, scharf zugespitzt. — Cuticula mäßig ornamentiert. Körper am Proximalende des Ösophagus etwa doppelt so breit wie der Kopf. Mundhöhle und Zähne ziemlich klein. Beide Ösophagusabschnitte ungefähr gleich lang. Exkretionsporus beim Terminalbulbus. Spicula recht-

winkelig gebogen, Gubernaculum dünn, 1/3 der Spiculalänge. Schwanz des ♀ 4 Analbreiten lang.
♀: L = 0,68 mm; a = 25–26; b = 5,4–6,8; c = 11; V = 55%. ♂: L = = 0,59–0,66 mm; a = 22–27; b = 4,7–5,6; c = 9–11.
USA (Connecticut); gebunden an *Hylurgops spinifer*. . . *pugnea* MASSEY, 1971

– Schwanz des ♂ 2 Analbreiten lang, am Ende fein abgerundet. – Siehe ausführlicher unter 8. . . . . *cervicula* MASSEY, 1966

14 Abstand Vulva-Anus 2–3mal so lang wie der Schwanz. 15

– Abstand Vulva-Anus 3,5–5mal so lang wie der Schwanz. 19

15 Die abgesetzte Spitze des männlichen Schwanzes mehr als 1/2 der Schwanzlänge einnehmend; Spicula um 30 µm. – Vorderer Ösophagusabschnitt so lang oder etwas länger als der hintere. Spicula 27–31 µm lang, rechtwinkelig, sehr dünn; Gubernaculum 16–17 µm lang. Bursa ganz schmal, fein gestreift. Schwanz des ♂ 3,5–4 Analbreiten lang.
♀: L = 0,75–1,01 mm; a = 20; b = 5,4–6,5; c = 7,2–8,6; V = 49 bis 55%. ♂: L = 0,69–0,79 mm; a = 24; b = 5,2–5,6; c = 8,1–9,6.
Chile; gebunden an Scolytiden und Curculioniden. . . . *araucariae* RÜHM, 1965

– Die abgesetzte Spitze des männlichen Schwanzes höchstens 1/2 der Schwanzlänge einnehmend; Spicula über 30 µm (bis 49 µm). 16

16 Vulva hinter der Körpermitte (in 56–61%); Körper kleiner, 0,6–0,8 mm. – Cuticula mit Längsstreifen. Metastomzähne schwach entwickelt. Körper nach vorn wenig verschmälert. Abstand Vulva-Anus 2,5mal so lang wie der Schwanz. Spicula 39–45 µm, fast rechtwinkelig; Gubernaculum 18–20 µm lang. Schwanz des ♀ 4, der des ♂ 3 Analbreiten lang.
♀: L = 0,65–0,81 mm; a = 20; b = 4,6–5,4; c = 10–11; V = 56–61%. ♂: L = 0,62–0,68 mm; a = 20–24; b = 4,6–4,7; c = 10–11.
Sowjetunion (Grusien); an *Blastophagus minor*. . . . . *cordovector* KAKULIJA, 1966

– Vulva vor oder in der Körpermitte (in 45–50%); Körper größer, 0,8 bis 1 mm. 17

17 Spicula 33–38 µm lang, proximal stärker cuticularisiert. – Cuticula gut strukturiert. Mundhöhle 15–18 µm lang. Abstand Vulva-Anus 3mal so lang wie der Schwanz. Gubernaculum 18–20 µm lang. Schwanz des ♀ 6, der des ♂ 3 Analbreiten lang.
♀: L = 0,91–1,05 mm; a = 20–22; b = 5,4–5,6; c = 7,9–8,2; V = 50%. ♂: L = 0,55–0,67 mm; a = 20–24; b = 4,3–4,8; c = 7,5–8,8.
BRD; gebunden an *Pityokteines curvidens*. – *Fuchsia eutelesa* RÜHM, 1956 . . . . *eutelesa* (RÜHM, 1956) BAKER, 1962

– Spicula 38–49 µm lang, proximal nicht stärker cuticularisiert 18

18 Gubernaculum dünn und lang, etwa 2/3 der Spiculalänge. – Körper am Hinterende des Ösophagus 3–4mal so breit wie der Kopf. Mundhöhle kürzer als die Lippenbreite; Zähne ziemlich schwach, insbesondere der Subventralzahn. Vorderer Ösophagusabschnitt 1,4mal länger als der hintere. Spicula 38–49 µm lang, sehr schlank, Gubernaculum 24–31 µm lang. Schwanz des ♀ so lang wie 4–5, der des ♂ wie 3 Analbreiten.
♀: L = 0,80–1,07 mm; a = 15–18; b = 6,1–6,6; c = 6,2–7,5; V = 48 bis 50%. ♂: L = 0,77–0,91 mm; a = 16–18; b = 5,2–6,1; c = 13–14.

BRD und Österreich; an Mistkäfern (*Aphodius*-Arten) und in Kuhfladen. — *Diplogaster erlangensis* SACHS, 1950; *Diplogaster* (*Paroigolaimella*) *erlangensis* SACHS, 1950 (WEINGÄRTNER, 1955); *Allodiplogaster erlangensis* (SACHS, 1950) PARAMONOV & SOBOLEV in SKRJABIN, SHIKHOBALOVA, SOBOLEV, PARAMONOV & SUDARIKOV, 1954 . . . . *erlangensis* (SACHS, 1950) n. comb.

— Gubernaculum dreieckig, kürzer als 1/2 der Spiculalänge. — Cuticula mäßig strukturiert. Die Mundhöhle weist einen Dimorphismus auf: die größere Form 13—15 µm, die kleinere 8—9 µm lang. Zähne bei der letzteren Form wesentlich kleiner. Abstand Vulva-Anus 2,2—2,8mal so lang wie der Schwanz. Gubernaculum 15—18 µm lang. Schwanz des ♀ 4,5—6, der des ♂ 3—3,5 Analbreiten lang.
♀: L = 0,79—1,05 mm; a = 20—21; b = 5,7—7,7; c = 6,0—7,7; V = 45 bis 50%. ♂: L = 0,75—1,0 mm; a = 19—22; b = 4,5—5,9; c = 8,6—9,6.
BRD und Sowjetunion (Grusien); gebunden an *Hylurgus*- und *Ips*-Arten. — *Fuchsia hylurginophila* RÜHM, 1956. . . . . *hylurginophila* (RÜHM, 1956) BAKER, 1962

19 Spicula 30 µm oder kürzer, kaum länger als die anale Körperbreite. — Cuticula fein gestreift. Körper am hinteren Ösophagusende 3,5mal breiter als der Kopf. Krallenzähne ziemlich schwach, insbesondere der subventrale. Vorderer Ösophagusabschnitt merklich kürzer als der hintere. Spicula 23—31 µm, Gubernaculum 8—11 µm lang. Schwanz beim ♀ 4, beim ♂ 3 Analbreiten lang.
♀: L = 0,80 mm; a = 20; b = 6; c = 10; V = 52%. ♂: L = 0,67—0,83 mm; a = 20—24; b = 6,0—6,5; c = 12.
USA (New Mexico); an *Scolytus ventralis* und *Dendroctonus pseudotsugae*. . . . . *diluta* MASSEY, 1966

— Spicula um 40 µm, mindestens 1,5mal so lang wie die Analbreite. (Die folgenden beiden Arten sind möglicherweise identisch). 20

20 Hintere Hälfte des männlichen Schwanzes abgesetzt, dünn. — Mundhöhle 11 bis15 µm lang. Abstand Vulva-Anus 3,5—3,8 mal so lang wie der Schwanz. Spicula 39—43 µm, Gubernaculum 17—18 µm lang. Schwanz beim ♀ 3,5—4,5, beim ♂ 3—3,5 Analbreiten lang.
♀: L = 0,72—0,94 mm; a = 17—21; b = 5,3—5,4; c = 8,6—9,3; V = 49 bis 50%. ♂: L = 0,63—0,73 mm; a = 18—19; b = 4,7—5,5; c = 11—12.
BRD und Sowjetunion (Rußland, Grusien); an *Hylurgops palliatus* gebunden. — *Fuchsia palliati* RÜHM, 1956. . . . . *palliati* (RÜHM, 1956) BAKER, 1962

— Hintere Hälfte des männlichen Schwanzes nicht abgesetzt, Schwanz allmählich verschmälert. — Cuticula mäßig strukturiert. Mundhöhle 17—21 µm lang, sehr selten mit Dimorphismus. Abstand Vulva-Anus 3,7—4,8mal so lang wie der Schwanz. Spicula 37—41 µm lang, sichelförmig gebogen; Gubernaculum 17—18 µm. Schwanz des ♀ 4—4,5, der des ♂ 3—3,5 Analbreiten lang.
♀: L = 0,76—1,17 mm; a = 20—21; b = 3,9—5,3; c = 10; V = 45—55%. ♂: L = 0,60—0,78 mm; a = 16—20; b = 4,5—5,3; c = 8,6—11,6.
BRD; an verschiedenen *Hylastes*-Arten. — *Fuchsia thalenhorsti* RÜHM, 1956. *thalenhorsti* (RÜHM, 1956) BAKER, 1962

Bemerkung: Ungenügend beschrieben sind die folgenden Arten (species inquirendae): *Micoletzkya aerivora* (COBB in MERRILL & FORD, 1916) BAKER, 1962. — Syn. *Diplogaster aerivora* COBB in MERRILL & FORD, 1916; *Diplogaster* (*Fuchsia*) *aerivora* COBB in MERRILL & FORD, 1916 (MICOLETZKY, 1922); *Pristionchus aerivora* (COBB in MERRILL & FORD, 1916) CHITWOOD, 1938.
Micoletzkya brevicauda (KOTLÁN, 1928) n. comb. — Syn. *Diplogaster brevicauda* KOTLÁN, 1928; *Pristionchus brevicauda* (KOTLÁN, 1928) PARAMONOV, 1952.
Micoletzkya labiata (COBB in MERRILL & FORD, 1916) n. comb. — Syn. *Diplogaster labiata* COBB in MERRILL & FORD, 1916; *Diplogaster* (*Fuchsia*) *labiata* COBB in MERRILL & FORD, 1916 (MICOLETZKY, 1922); *Pristionchus labiatus* (COBB in MERRILL & FORD, 1916) PARAMONOV, 1952.

5. Genus: ***Mononchoides*** RAHM, 1928

Syn. *Diplogaster* (*Loxolaimus* RAHM, 1928); *Loxolaimus* (RAHM, 1928) SCHUURMANS STEKHOVEN, 1951; *Eudiplogaster* PARAMONOV, 1952; *Diplogaster* (*Eudiplogaster* PARAMONOV, 1952) WEINGÄRTNER, 1955; *Diplogaster* (*Eudiplogaster* WEINGÄRTNER, 1955); *Tridontus* KHERA, 1965.
Neodiplogastrinae. Körperlänge zwischen 0,6 und 3,4 mm. Cuticula mit Querringen und Längsstreifen; Ringelung in Punkte aufgelöst. Lippenpapillen borstenförmig, aber kurz. Seitenorgan klein, an den Laterallippen oder etwas hinter ihnen. Mundhöhle deutlich in zwei Kammern geteilt: die weite Vorderkammer besteht aus dem Cheilo-, Promeso- und Metastom, die engere, oft rohrartige Hinterkammer aus dem Telostom. Cheilostom stets in Stäbchen geteilt (12—18 an Zahl), die fein zweispitzig sind. Metastom dorsal und rechts-subventral mit je einem großen, beweglichen Krallenzahn, links-subventral hingegen mit 1—2 sägeartig gezähnten, unbeweglichen Querplatten. Hinterende des Telostoms nicht knopfartig verdickt (wie bei den Gattungen *Koerneria* und *Neodiplogaster*). Weibliche Gonaden paarig. Ein recht dünnes Bursavelum zuweilen vorhanden. Spicula frei, ziemlich schlank; Gubernaculum proximal stets eingeschnitten. 9 oder 10 Paar Geschlechtspapillen, 3 von ihnen präanal. Schwanz in beiden Geschlechtern lang und haarfein.
Aquatile und terrikole — im Boden und in faulenden Substanzen lebende — Nematoden.
Typusart: *Mononchoides longicauda* RAHM, 1928.

Bestimmungsschlüssel der Arten

1 Vorderabschnitt des Ösophagus doppelt so lang wie der Hinterabschnitt oder noch länger. 2
— Vorderabschnitt des Ösophagus höchstens 1,5mal so lang wie der Hinterabschnitt. 6
2 Körper 1,5 mm oder länger (bis 3,5 mm). 3
— Körper kürzer als 1,5 mm. 5
3 Schwanz sehr lang, 1/2—1/3 der gesamten Körperlänge oder noch länger; Telostom stark ausgebildet, die Hälfte der Mundhöhlenlänge einnehmend. . . 4
— Schwanz wesentlich kürzer, 1/7—1/9 der gesamten Körperlänge; Telostom schwach ausgebildet, nur etwa 1/3 der Mundhöhlenlän geeinnehmend. — Cuticularingelung fein. Körper am Hinterende des Ösophagus nahezu doppelt so

breit wie der Kopf. Zähne kräftig. Vorderer Ösophagusabschnitt 2,8mal so lang wie der hintere. Spicula 40—46 µm lang, stämmig, Gubernaculum 19—20 µm lang. Geschlechtspapillen borstenartig. Schwanz 6—8 Analbreiten lang.
♀: L = 1,5—1,8 mm; a = 34—37; b = 4,0—4,8; c = 7,5—8,8; V = 50 bis 53%. ♂: L = 1,7—1,9 mm; a = 34—40; b = 4;4—5,1; c = 5,6—10.
Sowjetunion: Baikal-See. — *Eudiplogaster baicalensis* THALOLIKHIN, 1972.
. . . . *baicalensis* (THALOLIKHIN, 1972) n. comb.

4 Vulva weit vor der Körpermitte: in 26—40% der Körperlänge. — Cuticula deutlich geringelt, mit zahlreichen (etwa bis 40) Längsleisten. Körper am Proximalende des Ösophagus 2mal so breit wie der Kopf. Cheilostom in 12—16 Stäbchen gegliedert. Mundhöhle 35—38 µm lang; Krallenzähne groß. Ein, seltener zwei Eier im Uterus: 70—105 × 25—39 µm. Spicula 26—42 µm, Gubernaculum 17 µm lang. 10 Paare borstenförmiger Papillen. Schwanz sehr lang (etwa 30 Analbreiten), peitschenförmig.
♀: L = 1,64—3,43 mm; a = 23—40; b = 6,9—9,2; c = 1,5—3,3; V = 26 bis 40%. ♂: L = 1,0—2,4 mm; a = 25—34; b = 5,3—7,3; c = 2,3—3,3.
USA (Illinois); in Moos von Felsen. . . . .
. . . . *bollingeri* GOODRICH, HECHLER & TAYLOR, 1968

— Vulva in oder hinter der Körpermitte: in 48—59% der Körperlänge. — Cuticularinge und Längsstreifen sehr fein. Körper am Hinterende des Ösophagus 1,5mal breiter als der Kopf. Zähne mäßig entwickelt. Vorderer Ösophagusteil doppelt so lang wie hinterer. Schwanz etwa 30 Analbreiten lang.
♀: L = 1,66—2,07 mm; a = 30—33; b = 5,0—6,8; c = 2,2—2,5; V = 48 bis 59%. ♂ unbekannt.
Brasilien; im Boden. — *Odontopharynx piracicabensis* RAHM, 1928. . . . .
. . . . *piracicabensis* (RAHM, 1928) GOODEY, 1963

5 Kopfende leicht angeschwollen; vorderer Ösophagusabschnitt 2,5mal so lang wie der hintere. — Cuticula fein geringelt, Längsstreifen anscheinend fehlend. Kopf 17 µm breit; Körper am proximalen Ösophagusende 1,5mal breiter als der Kopf. Krallenzähne kräftig; Mundhöhle 10 µm breit. Exkretionsporus gleich hinter dem Mittelbulbus. Bursa fehlend. Spicula 26 µm, Gubernaculum etwa halb so lang. Schwanz allmählich verjüngt, recht lang, 1/2 der gesamten Körperlänge.
♀ unbekannt. ♂: L = 0,88 mm; a = 34; b = 9,1; c = 2,1.
Sumatra; in Moosen. — *Diplogaster trichiuroides* SCHNEIDER, 1937; *Diplogaster* (*Eudiplogaster*) *trichiuroides* SCHNEIDER, 1937 (WEINGÄRTNER, 1955); *Fictor trichiuroides* (SCHNEIDER, 1937) PARAMONOV, 1953; *Eudiplogaster trichiuroides* (SCHNEIDER, 1937) PARAMONOV, 1964. . . . .
. . . . *trichiuroides* (SCHNEIDER, 1937) GOODEY, 1963[100]

— Kopfende nicht angeschwollen; vorderer Ösophagusabschnitt 2mal so lang wie der hintere. — Cuticula mit etwa 20 Längsstreifen. Mundhöhle so lang wie die Kopfbreite; Krallenzähne kräftig. Telostom geräumig, so lang wie die vordere Mundhöhlenkammer. Spicula etwa 1,5mal so lang wie der anale Körperdurchmesser. Gubernaculum halb so lang. Geschlechtspapillen borstenförmig. Schwanz so lang wie 15 Analbreiten, peitschenartig.

[100] Möglicherweise mit der nachstehenden Art identisch.

♀: L = 0,8–1,4 mm; a = 20–29; b = 8–10; c = 2–3; V = 30–41%. ♂: L = 0,7–1,0 mm; a = 25–33; b = 6–8; c = 2–4.
DDR, Österreich, Italien; in Mist, doch auch in Cyanophyceen. — *Diplogaster parastriata* Paesler, 1946; *Diplogaster isolae* Meyl, 1953; *Diplogaster* (*Eudiplogaster*) *isolae* Meyl, 1953 (Meyl, 1954); *Eudiplogaster isolae* (Meyl, 1953) Meyl, 1961; *Mononchoides isolae* (Meyl, 1953) Goodey, 1963. . . . . .
. . . . *parastriatus* (Paesler, 1946) n. comb.

6 Vulva vor der Körpermitte (in 30 bis 48%, meist um 40%). 7

— Vulva in oder hinter der Körpermitte (in 50 bis 65%, meist um 60%). . . . 14

7 Schwanz des ♀ 20–30 Analbreiten lang. 8

— Schwanz des ♀ 6–15 Analbreiten lang. 10

8 Spicula kurz, 25 µm. — Zahl der Cuticulaleisten 16. Körper am hinteren Ösophagusende doppelt so breit wie der Kopf. Dorsalzahn kräftig; Telostom doppelt so lang wie breit. Vorderer Ösophagusabschnitt 1,6mal länger als der hintere. Ei 45–55 × 22–27 µm groß. Spicula ungewöhnlich klein, Gubernaculum 12 µm lang. Bursa fehlend. Schwanz in beiden Geschlechtern etwa 20 Analbreiten lang.
♀: L = 1,1–1,4 mm; a = 21–28; b = 6,2–7,3; c = 2,3–2,5; V = 34 bis 38%. ♂: L = 0,92–0,94 mm; a = 26–28; b = 6,2–6,4; c = 2,5–2,7.
Indien; im Boden. — *Tridontus longicaudatus* Khera, 1965. . . . .
. . . . *longicaudatus* (Khera, 1965) n. comb.

— Spicula wesentlich länger, um 50 µm. 9

9 Cuticula in der Körpermitte mit etwa 40 Längsleisten; Kopf leicht abgesetzt. — Körper am Proximalende des Ösophagus 2,5mal so breit wie der Kopf. Cheilostom mit 12–19 Stäbchen, so lang oder etwas länger wie die vordere Mundhöhlenkammer. Vorderabschnitt des Ösophagus 1,5mal so lang wie der Hinterabschnitt. Ei 63–94 × 21–28 µm. Spicula 48–49 µm, Gubernaculum etwas mehr als 1/2 der Spiculalänge. Papillen lang, borstenartig. Schwanz etwa 20 Analbreiten lang.
♀: L = 1,20–1,72 mm; a = 13–29; b = 6,1–8,8; c = 1,8–3,4; V = 31 bis 41%. ♂: L = 0,85–1,17 mm; a = 18–32; b = 5,4–7,0; c = 2,0–3,9.
USA (Illinois) und Südafrika; terrikol und aquatil . . . .
. . . . *changi* Goodrich, Hechler & Taylor, 1968

— Cuticula an der Körpermitte mit 22–24 Längsleisten; Kopf nicht abgesetzt. — Körper am Hinterende des Ösophagus doppelt so breit wie der Kopf. Zähne kräftig; Telostomkammer geräumig. Vorderer Ösophagusabschnitt 1,6mal so lang wie der hintere. Spicula 50–55 µm lang, schlank; Gubernaculum kürzer als die halbe Spiculalänge. Schwanz des ♀ beinahe so lang wie 30 Analbreiten.
♀: L = 1,46 mm; a = 36; b = 7,3; c = 2,2; V = 34%. ♂: L = 1,40 bis 1,48 mm; a = 27–37; b = 7 c = 2,9–3,2.
Zaire; in Baummulm. — *Diplogaster fortidens* Schuurmans Stekhoven, 1951. . . *fortidens* (Schuurmans Stekhoven, 1951) Taylor & Hechler, 1966

10 Körper kleiner als 1 mm (0,6–0,9 mm). 11

— Körper größer als 1 mm (bis 1,8 mm). 12

11 Mundhöhle so lang oder länger als die Lippenbreite; Schwanz des ♀ 1/3–1/4 der Körperlänge. — Cuticula fein geringelt. Körper am Hinterende des Ösophagus nur 1,5mal so breit wie der Kopf. Dorsalzahn kräftig. Cheilostom in

16 Stäbchen gespaltet. Vorderer Ösophagusabschnitt 1,6mal so lang wie der hintere. Spicula etwa 40 µm lang, nahezu doppelt so lang wie die anale Körperbreite. Schwanz des ♀ so lang wie 15 Analbreiten.
♀: L = 0,78–0,87 mm; a = 22–26; b = 5,9–6,6; c = 2,9–3,9; V = 40 bis 43%. ♂: L = 0,70 mm; a = 28; b = 5,5; c = 3,2.
USA (New Mexico); an *Dendroctonus adjunctus* gebunden. . . . . *adjunctus* MASSEY, 1966

— Mundhöhle kürzer als die Lippenbreite; Schwanz des ♀ 1/4–1/6 der Körperlänge. — Cuticula schwach geringelt, mit etwa 14 Längsleisten. Körper am Hinterende des Ösophagus 1,5–1,8mal breiter als der Kopf. Krallenzähne gut entwickelt. Telostom relativ kurz, etwa so lang wie breit, hinten mit einem kleinen Zähnchen. Vorderer Ösophagusabschnitt 1,4–1,5mal länger als der hintere. Ein ganz schmales Bursavelum vorhanden. Spicula etwa 40 µm lang, Gubernaculum ziemlich dick. Schwanz des ♀ 6–7mal so lang wie die anale Körperbreite.
♀: L = 0,63–0,95 mm; a = 18–29; b = 5,1–6,3; c = 4,3–6,6; V = 41 bis 48%. ♂: L = 0,70–1,05 mm; a = 23–29; b = 4,5–6,2; c = 3,1–4,2.

BRD und Österreich; in Kompost und Baumfluß. — *Diplogaster subdentata* GUNHOLD, 1952; *Koerneria subdentata* (GUNHOLD, 1952) MEYL, 1961; *Diplogaster* (*Eudiplogaster*) *histophora* WEINGÄRTNER, 1955; *Eudiplogaster histophora* (WEINGÄRTNER, 1955) ANDRÁSSY, 1958; *Mononchoides histophorus* (WEINGÄRTNER, 1955) GOODEY, 1963. . . . . *subdentatus* (GUNHOLD, 1952) n. comb.[101]

12 Telostom so lang wie breit. — Cuticula stark quergeringelt und mit 20–22 auffälligen Längsstreifen versehen. Körper am Hinterende des Ösophagus 1,7–1,8mal so breit wie der Kopf. Zähne kräftig. Telostom am Grunde mit kleinen zahnartigen Gebilden. Vorderer Ösophagusteil 1,3–1,4mal länger als der hintere. Spicula 40–44 µm, Gubernaculum 24–26 µm lang. Bursa fehlend. Schwanz bei beiden Geschlechtern sehr fein ausgezogen, so lang wie 8–12 Analbreiten.

♀: L = 1,0–1,6 mm; a = 26–32; b = 5,2–8,0; c = 2,4–4,0; V = 35 bis 45%. ♂: L = 0,76–1,17 mm; a = 24–30; b = 6,1–7,3; c = 2,0–3,6.
Holland, DDR, BRD, Österreich, Ungarn, Tschechoslowakei, Bulgarien, Italien, Polen, Sowjetunion (Rußland, Estland, Litauen); in Kompost und anderen faulenden Stoffen, jedoch auch im Süßwasser. — *Diplogaster striata* BÜTSCHLI, 1876; *Diplogaster* (*Eudiplogaster*) *striata* BÜTSCHLI, 1876 (WEINGÄRTNER, 1955); *Eudiplogaster striata* (BÜTSCHLI, 1876) PARAMONOV, 1952; *Diplogaster paesleri* GUNHOLD, 1952; *Koerneria paesleri* (GUNHOLD, 1952) MEYL, 1961 . . . . *striatus* (BÜTSCHLI, 1876) GOODEY, 1963

— Telostom doppelt so lang wie breit. 13

[101] Nahe verwandt ist die ohne Männchen beschriebene Art *Mononchoides linocerca* (VÖLK, 1950) n. comb. — Syn. *Diplogaster linocerca* VÖLK, 1950; *Diplogaster* (*Eudiplogaster*) *linocerca* VÖLK, 1950 (WEINGÄRTNER, 1955); *Eudiplogaster linocerca* (VÖLK, 1950) PARAMONOV & SOBOLEV in SKRJABIN, SHIKHOBALOVA, SOBOLEV, PARAMONOV & SUDARIKOV, 1954; *Fictor linocerca* (VÖLK, 1950) GOODEY, 1963 — BRD.

13 Kleinere Art, 1,1—1,3 mm; Vulva in 35—39% der Körperlänge. — Cuticularingelung nur am Hinterkörper erkennbar, Längsstreifung hingegen gut ausgeprägt. Körper am Hinterende des Ösophagus 2mal so breit wie der Kopf. Krallenzähne mäßig entwickelt. Vorderer Ösophagusabschnitt nur 1,2—1,3mal länger als der hintere. Uterus mit wenigen Eiern; ovipar. Spicula rechtwinkelig, 43—46 µm, kaum länger als der anale Körperdurchmesser; Gubernaculum 19 µm lang. Bursa fehlt. Schwanz des ♀ etwa 15 Analbreiten lang.
♀: L = 1,15—1,28 mm; a = 20—25; b = 7,1—8,8; c = 2,3—2,9; V = 35 bis 39%. ♂: L = 0,88—1,18 mm; a = 21—27; b = 7,1—8,5; c = 2,5—3,2.
BRD; in Gartenerde und an Aaskäfern. — *Diplogaster rhabdoderma* VÖLK, 1950. . . . . *rhabdoderma* (VÖLK, 1950) CALAWAY & TARJAN, 1973

— Größere Art, 1,2—1,8 (♂ 2,4) mm; Vulva in 45% der Körperlänge. — Cuticula auffallend längsgestreift. Körper am Proximalende des Ösophagus 1,8mal breiter als der Kopf. Krallenzähne kräftig. Vorderer Ösophagusabschnitt 1,4mal so lang wie der hintere. Spicula schlank, 1,5mal so lang wie der anale Körperdurchmesser. Gubernaculum dünn.
♀: L = 1,2—1,8 mm; a = 13—15; b = 5,8—6,3; c = 2,0—3,8; V = 45%. ♂: L = 2,36 mm; a = 15; b = 6,2—6,9; c = 2,1—2,5.
Brasilien; im Boden. — *Diplogaster bicornis* RAHM, 1928; *Koerneria bicornis* (RAHM, 1928) GOODEY, 1963. . . . . *bicornis* (RAHM, 1928) n. comb.

14 Spicula etwa 45 µm lang. 15

— Spicula kleiner, 25—35 µm lang. 16

15 Telostom doppelt so lang wie breit; Schwanz des ♀ etwa 30 Analbreiten lang. — Längsstreifen der Cuticula stark ausgeprägt. Mundhöhle länger als die Kopfbreite; Krallenzähne kräftig. Spicula 45 µm lang. Schwanz des ♂ so lang und gleichfalls haarfein verdünnt wie der des ♀.
♀: L = 1,35—2,52 mm; a = 18—32; b = 7—9; c = 2,8—3,7; V = 52 bis 65%. ♂: L = 1,35 mm; a = 21; b = 6,8; c = 3.
Brasilien; terrikol. *longicauda* RAHM, 1928

— Telostom etwa so lang wie breit; Schwanz des ♀ 15 Analbreiten lang. — Körper am hinteren Ösophagusende 2mal so breit wie der Kopf. Mundhöhle etwas kürzer als die Lippenbreite; Zähne mäßig entwickelt. Vorderer Ösophagusabschnitt 1,4mal länger als der hintere. Spicula schlank, 1,5 Analbreiten lang; Gubernaculum dick. Bursa fehlt.
♀: L = 0,74—1,11 mm; a = 18—28; b = 4,4—5,7; c = 2,4—3,7; V = 54 bis 62%. ♂: L = 0,55—0,85 mm; a = 24—32; b = 4,7—6,1; c = 3,3—5,8.
BRD, Ungarn, Sowjetunion (Ferner Osten); im Boden und Kompost. — *Diplogaster (Eudiplogaster) leptospiculum* WEINGÄRTNER, 1955; *Eudiplogaster leptospiculum* (WEINGÄRTNER, 1955) ANDRÁSSY, 1958. . . . .
. . . . *leptospiculum* (WEINGÄRTNER, 1955) GOODEY, 1963

16 Spicula 35 µm lang, wenig gebogen; Körper größer (1,2—1,6 mm), recht schlank. — Cuticulaleisten auffällig. Körper am hinteren Ösophagusende 2mal so breit wie der Kopf. Krallenzähne mäßig stark. Vorderer Ösophagusabschnitt 1,7—1,8mal so lang wie der hintere. Spicula fast doppelt so lang wie der Analdurchmesser; Gubernaculum ziemlich dünn. Schwanz des ♀ etwa 20 Analbreiten lang.

♀: L = 1,21–1,61 mm; a = 33–37; b = 7–9; c = 2,3–2,8; V = 51 bis 61%. ♂: L = 0,88–1,15 mm; a = 34–42; b = 6,6–7,8; c = 2,2–2,6. Holland, BRD, Ungarn, Venezuela; im Boden und in Abfällen. — *Diplogaster* (*Eudiplogaster*) *elegans* WEINGÄRTNER, 1955; *Eudiplogaster elegans* (WEINGÄRTNER, 1955) ANDRÁSSY, 1958. . . . . *elegans* (WEINGÄRTNER, 1955) GOODEY, 1963

— Spicula 25 µm lang, stärker gebogen; Körper kleiner (0,9–1 mm). — Körper am hinteren Ösophagusende etwa doppelt so breit wie der Kopf. Mundhöhle ein wenig länger als die Lippenbreite. Zähne mäßig groß. Vordere Ösophagusstrekke 1,3mal länger als hintere. Spicula sichelförmig, etwas länger als die Analbreite; Gubernaculum halb so lang. Schwanz des ♀ etwa so lang wie 15 Analbreiten. ♀: L = 0,90–0,97 mm; a = 24–31; b = 4,6–7,1; c = 3,5–5,1; V = 56 bis 64%. ♂: L = 0,56–0,97 mm; a = 28–38; b = 4,8–7,4; c = 3,8–4,2. DDR, BRD; in Grundschlamm. — *Diplogaster* (*Eudiplogaster*) *pylophila* WEINGÄRTNER, 1955; *Eudiplogaster pylophila* (WEINGÄRTNER, 1955) ANDRÁSSY, 1958. . . . . *pylophilus* (WEINGÄRTNER, 1955) GOODEY, 1963

6. Genus: ***Diplenteron*** ANDRÁSSY, 1964

Neodiplogastrinae. Körper 1–2 mm lang. Cuticula geringelt. Lippenpapillen klein. Mundhöhle mit Vorder- und Hinterkammer. Cheilostom in etwa 20 Plättchen gespaltet. Beide Krallenzähne sehr kräftig, sichelförmig gebogen. Linksseitiger Metastomwulst mit einer zweispitzigen Platte. Telostom kubusförmig. Seitenorgan klein, unauffällig. Hinterende des Darmes mit gut erkennbarem Prärectum. Weibliche Gonaden paarig, symmetrisch. Bursa völlig fehlend; Zahl der Geschlechtspapillen 9. Spicula dünn. Schwanz in beiden Geschlechtern ungewöhnlich kurz und am Ende abgerundet. Diese Schwanzform ist alleinstehend innerhalb der ganzen Überfamilie.

Typische und einzige Art: *Diplenteron colobocercus* ANDRÁSSY, 1964.

— Cuticularingelung fein. Kopf breit abgestutzt; Körper am Proximalende des Ösophagus nur 1,5mal breiter als der Kopf. Mundhöhle 16–20 µm lang; beide Kammern etwa gleich lang. Cheilostom in 18–25 Stäbchen zergliedert. Promesostom dickwandig. Dorsalzahn und rechter Subventralzahn sehr kräftig, gleich groß, stark nach vorn und dann nach außen gebogen. Vorderer Ösophagusabschnitt nur 1,2mal länger als der hintere. Exkretionsporus in Höhe des Isthmus. Prärectum 3–6, Rectum 2 Analbreiten lang. Spicula 47–55 µm, Gubernaculum 18–26 µm lang. Präanal 3, postanal 6 Paar Papillen[102]. Schwanz bei beiden Geschlechtern so lang wie die Analbreite oder etwas länger, kurz-konisch, am Ende abgerundet. ♀: L = 1,0–1,9 mm; a = 17–24; b = 4,4–6,8; c = 30–53; V = 55 bis 61%. ♂: L = 1,2 mm; a = 24; b = 5,4; c = 40. Holland, Ungarn und Neuseeland; in Sandböden. — *Mononchoides potohikus* YEATES, 1969; *Diplenteron potohikum* (YEATES, 1969) YEATES, 1969. . . . . *colobocercus* ANDRÁSSY, 1964

[102] YEATES (1969) erwähnt auch das Vorhandensein von „paired tuboid precloacal supplements" — diese sind jedoch in der Wirklichkeit nur sehr kleine Subventralporen.

7. Genus: ***Koerneria*** MEYL, 1961

Syn. *Gobindonema* KHERA, 1970.
Neodoplogastrinae. Körperlänge zwischen 0,3 und 1,7 mm. Cuticula glatt oder sehr fein geringelt. Lippenpapillen klein. Mundhöhle im ganzen klein, aus einem breiteren Vorder- und einem schmäleren Hinterteil bestehend. Cheilostom einheitlich oder fein längsgestreift; Cheilo- und Promesostom sehr kurz. Metastom mit einem kleinen, krallenartigen Dorsalzahn und einem ähnlich gestalteten rechtsseitigen Subventralzahn. Linksseitiger Metastomwulst mit einem recht kleinen unbedeutenden Zähnchen. Telostom verlängert, hinten in 2 subventralen knopfartigen Verdikkungen endigend. Weibliche Gonaden paarig oder seltener unpaarig, mit postvulvarem Uterussack. Bursavelum äußerst schmal oder vollkommen fehlend. 3 Papillenpaare prä-, 6 Paare postanal. Spicula schlank, distal scharf zugespitzt. Schwanz beim Weibchen meist wesentlich länger als beim Männchen, immerhin ziemlich kurz, kegelförmig, nur selten lang, ausgezogen.
Terrikole Nematoden, zumeist Mulmbewohner.

Typusart: *Diplogaster* (*Eudiploagster*) *goffarti* KÖRNER, 1954 = *Koerneria goffarti* (KÖRNER, 1954) MEYL, 1961.

Bestimmungsschlüssel der Arten

1 Weibliche Gonaden unpaarig, mit kurzem hinterem Uterusast. 2
— Weibliche Gonaden paarig. 3
2 Schwanz in beiden Geschlechtern lang, 1/4—1/5 der gesamten Körperlänge; Körper bis 1/2 mm lang. — Cuticula sehr dünn und recht fein geringelt. Körper am Hinterende des Ösophagus 2—2,5mal breiter als der Kopf. Mundhöhle ganz klein, 2,5 µm breit, viel kürzer als die Lippenbreite. Cheilostom sehr fein gestreift, Telostom eng-rohrförmig, mit feinen Knöpfen. Vorderer Ösophagusabschnitt 1,5mal länger als der hintere. Postvulvarer Uterussack 1,3—1,6 Körperbreiten lang. Ei 62 × 15 µm, 3mal länger als die Körperbreite. Spicula 21—22 µm, Gubernaculum 10—11 µm lang. Schwanz beim ♀ 9—10, beim ♂ 6—7 Analbreiten lang.
♀: L = 0,31—0,50 mm; a = 22—25; b = 4,1—4,7; c = 3,8—4,3; V = 51 bis 53%. ♂: L = 0,36—0,41 mm; a = 23—27; b = 3,7—3,9; c = 4,7—5,4.
Ungarn; in Schleimüberzug. — *Diplogaster* (*Eudiplogaster*) *lepida* ANDRÁSSY, 1958. . . . . *lepida* (ANDRÁSSY, 1958) MEYL, 1961
— Schwanz kürzer, beim ♀ 1/7—1/9, beim ♂ 1/13—1/16 der gesamten Körperlänge; Körper bis 3/4 mm lang. — Cuticula fein geringelt. Körper am Hinterende des Ösophagus 2mal so breit wie der Kopf. Mundhöhle klein, 1/3 der Lippenbreite. Cheilostom einheitlich; Telostom so lang wie die Vorderkammer. Beide Ösophagusabschnitte nahezu gleich lang. Postvulvarer Uterusast nur halb so lang wie der Körperdurchmesser. Spicula 18—23 µm, Gubernaculum 11 bis 14 µm lang. Schwanz des ♀ 6, der des ♂ 2—2,5 Analbreiten lang.
♀: L = 0,68—0,77 mm; a = 27—32; b = 4,8—5,2; c = 6,9—9,4; V = 59 bis 61%. ♂: L = 0,44—0,62 mm; a = 24—28; b = 3,5—4,5; c = 13—16.
BRD; in Fraßmulm von *Systenocerus*-Larven. — *Diplogaster* (*Eudiplogaster*) *systenoceri* KÖRNER, 1954. . . . .
. . . . *systenoceri* (KÖRNER, 1954) MEYL, 1961

3 Schwanz des ♀ lang, 1/3—1/6 der Körperlänge, haarfein 4
— Schwanz des ♀ kürzer, 1/7—1/12 der Körperlänge, nie haarfein. 5
4 Schwanz 1/3 der Körperlänge oder noch länger; Körper um 3/4 mm. — Cuticula anscheinend glatt. Körper am Hinterende des Ösophagus 1,3—1,5mal breiter als der Kopf. Mundhöhle nahezu so lang wie die Lippenbreite; beide Kammern etwa gleich lang. Cheilostom nicht gestreift. Vorderer Ösophagusabschnitt 1,4mal länger als der hintere. Exkretionsporus in Höhe des Isthmus. Schwanz des ♀ etwa 20 Analbreiten lang.
♀: L = 0,73—0,80 mm; a = 34—36; b = 5,7—6,2; c = 2,7—3,0; V = 40 bis 42%. ♂ unbekannt.
Indien; terrikol. — *Gobindonema filicaudatum* KHERA, 1970. . . . .
. . . . *filicaudata* (KHERA, 1970) n. comb.
— Schwanz 1/4 der Körperlänge oder kürzer; Körper bis 1,5 mm. — Cuticula fein geringelt, Ringelung in Punkte von Gruppen zu 5 aufgelöst. Körper am Proximalende des Ösophagus 1,6—1,8mal so breit wie der Kopf. Mundhöhle so lang wie die Lippenbreite; beide Kammer etwa gleich lang. Cheilostom in 6 Platten geteilt. Vorderer Ösophagusteil 1,5mal länger als hinterer. Spicula 30—48 μm, Gubernaculum 25—30 μm lang. Bursarest ganz schmal.
♀: L = 1,23—1,42 mm; a = 20—30; b = 6,5—7,2; c = 3,7—7,4; V = 45 bis 51%. ♂: L = 0,6—1,1 mm; a = 18—26; b = 4,0—6,7; c = 6—10.
BRD; gebunden an *Hylobius*- und *Pissodes*-Arten. — *Diplogaster hylobii* FUCHS, 1915; *Diplogaster* (*Fuchsia*) *hylobii* FUCHS, 1915 (MICOLETZKY, 1922); *Diplogaster* (*Eudiplogaster*) *hylobii* FUCHS, 1915 (KÖRNER, 1954); *Fuchsia hylobii* (FUCHS, 1915) PARAMONOV, 1952; *Diplogaster pini* FUCHS, 1931; *Diplogaster* (*Fuchsia*) *pini* FUCHS, 1931 (MICOLETZKY, 1922) . . . .
. . . . *hylobii* (FUCHS, 1915) MEYL, 1961
5 Cheilostom deutlich in 8 Cuticularplatten gespaltet. 6
— Cheilostom einfach, nicht in Platten gespaltet. 8
6 Körper klein, kaum länger als 1/2 mm. — Bei Weibchen treten Formen von großer und von kleiner Mundhöhle auf, die Männchen haben eine kleine Mundhöhle. Körper am Hinterende des Ösophagus 1,7—2mal breiter als der Kopf. Telostom trichterförmig, relativ kurz. Zähne, insbesondere bei der großmauligen Form, gut entwickelt. Vorderer Ösophagusabschnitt 1,5mal länger als der hintere. Spicula dünn, 32—38 μm, Gubernaculum 18—21 μm lang. Schwanz des ♀ 5, der des ♂ 3 Analbreiten lang.
♀: L = 0,52—0,67 mm; a = 19—25; b = 3,9—4,7; c = 7,1—8,4; V = 53 bis 56%. ♂: L = 0,44—0,57 mm; a = 19—23; b = 3,6—4,6; c = 8—16.
BRD; Mulmbewohner, die Larven an *Lucanus cervus*. — *Diplogaster* (*Eudiplogaster*) *lucani* KÖRNER, 1954. . . . .
. . . . *lucani* (KÖRNER, 1954) MEYL, 1961
— Körper 1 mm oder größer. 7
7 Das erste Papillenpaar eine Strecke vor den Spicula; Körper 1,2—1,8 mm lang. — Cuticula sehr dick, stark längsgestreift. Körper am Hinterende des Ösophagus 1,5mal breiter als der Kopf. Vorder- und Hinterkammer der Mundhöhle gleich lang. Vorderer Ösophagusabschnitt 1,5mal länger als der hintere. Spicula 38—49 μm, Gubernaculum 14—28 μm lang. 2 bis 3 Eier im Uterus. Schwanz des ♀ 6—7, der des ♂ 2,5—3 Analbreiten lang.

♀: L = 1,23–1,75 mm; a = 17–25; b = 4,7–6,2; c = 5,8–7,9; V = 49 bis 52%. ♂: L = 0,92–1,38 mm; a = 20–25; b = 3,9–4,7; c = 11–13. BRD; an *Geotrupes*-Arten gebunden. – *Diplogaster hirschmannae* SACHS, 1950; *Diplogaster* (*Eudiplogaster*) *hirschmannae* SACHS, 1950 (WEINGÄRTNER, 1955); *Eudiplogaster hirschmannae* (SACHS, 1950) PARAMONOV, 1952. . . . . *hirschmannae* (SACHS, 1950) MEYL, 1961

– Das erste Papillenpaar im Bereich der Spicula; Körperlänge um 1 mm. – Cuticula mit 12 Längsstreifen; Ringelung fein. Körper am proximalen Ösophagusende doppelt so breit wie der Kopf. Mundhöhle 15 µm lang und 12 µm breit. Hinterkammer kürzer als Vorderkammer. Beide Krallenzähne gut entwickelt. Vorderer Ösophagusabschnitt 1,5mal länger als hinterer. Spicula 43–48 µm, Gubernaculum 21–25 µm lang. Schwanz des ♀ 6mal, der des ♂ 3mal so lang wie der anale Körperdurchmesser.
♀: L = 0,97–1,15 mm; a = 18–22; b = 5; c = 5,6–7,5; V = 48–50%. ♂: L = 0,67–0,76 mm; a = 18–23; b = 4,1–4,5; c = 10–14.
USA (North Carolina); an Borkenkäfer gebunden. – *Micoletzkya pierci* MASSEY, 1967. . . . . *pierci* (MASSEY, 1967) n. comb.

8 Bursarest peloder, Schwanz des ♂ ohne verschmälerte Spitze; hintere Mundhöhlenkammer (Telostom) kürzer als die vordere. – Cuticula mit Längsreihen feiner Punkte. Körper am Ösophagusende doppelt so breit wie der Kopf. Mundhöhle nur kaum 1/3 so breit wie der Kopf. Vorderer Ösophagusabschnitt kaum länger als der hintere. Spicula 22–29 µm, Gubernaculum 10–15 µm lang. Schwanz des ♀ 4–5, der des ♂ 2–2,5 Analbreiten lang.
♀: L = 0,73–1,22 mm; a = 18–27; b = 5,0–7,5; c = 7,0–8,2; V = 47 bis 53%. ♂: L = 0,60–0,99 mm; a = 22–28; b = 4,3–5,6; c = 13–17.
BRD; in Fraßmulm von *Dorcus parallelepipedus*. – *Diplogaster* (*Eudiplogaster*) *luziae* KÖRNER, 1954; *Eudiplogaster luziae* (KÖRNER, 1954) ANDRÁSSY, 1958. . . . . *luziae* (KÖRNER, 1954) MEYL, 1961

– Bursarest leptoder, Schwanz des ♂ mit verschmälerter Spitze; hintere Mundhöhlenkammer so lang oder länger als die vordere. 9

9 Spicula recht schlank, 64–71 µm, länger als der Schwanz. – Cuticula mit 12 Längsstreifen. Körper am Proximalende des Ösophagus 1,6mal breiter als der Kopf. Cheilostom sehr fein geriefelt. Beide Abschnitte des Ösophagus annähernd gleich lang. Uterus nur mit einem Ei: 84 × 43 µm. Gubernaculum 38–43 µm lang. Bursarest nicht vorhanden. Schwanz beim ♀ 4–5, beim ♂ 2–2,5 Analbreiten lang.
♀: L = 0,95–1,37 mm; a = 22–29; b = 4,1–4,9; c = 10–12; V = 53 bis 56%. ♂: L = 0,85–1,04 mm; a = 21–28; b = 4,1–4,5; c = 13–16.
BRD; Mulmbewohner. – *Diplogaster* (*Eudiplogaster*) *sinodendroni* KÖRNER, 1954; *Eudiplogaster sinodendroni* (KÖRNER, 1954) ANDRÁSSY 1958. . . . . *sinodendroni* (KÖRNER, 1954) MEYL, 1961

– Spicula plumper, 30–36 µm, kürzer als der Schwanz. – Cuticula geringelt, Ringelung in ziemlich grobe Punkte aufgelöst. Körper am Hinterende des Ösophagus 3mal so breit wie der Kopf. Cheilostomring glatt. Telostom länger als die vordere Mundhöhlenkammer. Vorderer Abschnitt des Ösophagus kaum länger als der hintere. Nur ein Ei im Uterus. Gubernaculum 15–20 µm lang. Schwanz des ♀ 5–6, der des ♂ 2 Analbreiten lang.

♀: L = 0,98–1,16 mm; a = 30–33; b = 5,6–6,1; c = 10–11; V = 45 bis 53%. ♂: L = 0,82–1,13 mm; a = 27–34; b = 4,8–5,9; c = 19–24.
BRD; in Mulm. — *Diplogaster* (*Eudiplogaster*) *goffarti* KÖRNER, 1954; *Eudiplogaster goffarti* (KÖRNER, 1954) ANDRÁSSY, 1958. . . . . *goffarti* (KÖRNER, 1954) MEYL, 1961

8. Genus: ***Neodiplogaster*** COBB, 1924

Syn. *Tylenchodon* FUCHS, 1930.
Neodiplogastrinae. Körperlänge zwischen 0,5 und 1,6 mm. Cuticula quer- und längsgestreift bzw. punktiert. Lippenpapillen ganz klein, nie borstenförmig. Die Mundhöhle weicht von den bisher beschriebenen Typen ab, indem ihre Hinterkammer (das Telostom) stark rohrartig verlängert ist (6–10mal so lang wie breit) und am Hinterende 2 große rundliche oder ovale Cuticularknöpfe trägt. Vordere Mundhöhlenkammer viel kürzer, aber breiter als die hintere. Cheilostom in 10–18 dünne Stäbchen gespalten; Promesostom ganz kurz. Dorsalzahn und der rechtsseitige Subventralzahn nahezu gleich groß; voriger krallen-, letzterer eher pyramidenförmig. Subventralwulst des Metastoms links mit einem sehr feinen zahnartigen Vorsprung. Ösophagus schlanker als bei anderen Gattungen der Familie, Procorpus weniger muskulös. Weibliche Gonaden paarig. Männchen mit Bursa, die zuweilen stark entwickelt ist. Zahl der Papillenpaare 9–10, davon 3 Paare präanal. Spicula schlank und frei. Schwanz des Weibchens kegelförmig, der des Männchens abgerundet oder spitz, aber ganz kurz.
Terrikole Arten, zumeist Mulmbewohner.
Typusart: *Neodiplogaster tropica* COBB, 1924.

Bestimmungsschlüssel der Arten

1 Schwanz des ♀ 7–8 Analbreiten lang, ... 2
— Schwanz des ♀ 3–5 Analbreiten lang, ... 3
2 Schwanz des ♀ scharfspitzig; Spicula 2,5mal so lang wie die anale Körperbreite; Körper 0,5–0,8 mm lang. — Cuticularingelung fein, Längsstreifen stark ausgeprägt. Vorderer Ösophagusabschnitt etwas kürzer als der hintere. Exkretionsporus in Höhe des Endbulbus. Bursa gut entwickelt, peloder, mit 7 Paaren größerer und 3 Paaren kleinerer Papillen. Spicula 38–43 µm lang, sehr schlank, nur wenig gebogen, proximal mit kugeligem Kopf. Gubernaculum 14–17 µm lang. Schwanz des ♂ etwa 2 Analbreiten lang.
♀: L = 0,46–0,81 mm; a = 31–35; b = 4,1–6,5; c = 6,6–8,2; V = 44 bis 53%. ♂: L = 0,49–0,68 mm; a = 32–41; b = 4,2–5,4; c = 17–25.
Nikaragua; unter Kokospalmenrinde. . . . . *tropica* COBB, 1924
— Schwanz des ♀ am Ende fein abgerundet; Spicula etwa 1,5 Analbreiten lang; Körper größer, 0,8–1 mm. — Cuticula fein geringelt. Körper am hinteren Ösophagusende 3mal so breit wie der Kopf. Mundhöhle 2 Kopfbreiten lang, 1/10–1/11 der gesamten Ösophaguslänge. Vorderer Abschnitt des Ösophagus 1,2mal länger als der hintere. Bursa gut entwickelt, mit 9 Papillenpaaren. Spicula 36–45 µm, Gubernaculum 17–21 µm lang. Schwanz des ♀ 7–8, der des ♂ 1,5 Analbreiten lang.

♀: L = 0,85–1,05 mm; a = 21–28; b = 6,1–6,7; c = 8,2–9,2; V = 50 bis 55%. ♂: L = 0,72–0,88 mm; a = 20–26; b = 5,3–6,2; c = 20–22.
Brasilien; terrikol. . . . . *roystoneae* LORDELLO & DE OLIVEIRA, 1963

3 Bursa gut entwickelt, auch in Seitenansicht gut erkennbar. – Lippen mit sehr kurzen Borstenpapillen. Körper am hinteren Ösophagusende etwa 2,5mal so breit wie der Kopf. Mundhöhle 20 μm, beim ♂ etwas kürzer. Telostomknöpfe dreieckig. Vorderer Ösophagusabschnitt laum länger als der hintere. Bursa distal eingeschnitten. Von den 9 Paaren Papillen sind die letzten Subventralpaare wesentlich länger als die übrigen. Spicula 32–40 μm, Gubernaculum 15–20 μm lang. Schwanz des ♀ 4–5, der des ♂ 1,5 Analbreiten lang.
♀: L = 1,0–1,58 mm; a = 24–36; b = 6,9–10,4; c = 7,7–10,7; V = 48 bis 52%. ♂: L = 0,68–0,76 mm; a = 28–31; b = 5,3–6,5; c = 20–24.
BRD; in Holzmulm. . . . . *velata* KÖRNER, 1954

– Bursa ganz schmal, in Seitenansicht kaum erkennbar. 4

4 Gubernaculum an der ventralen Seite proximal eingeschnitten; Schwanz des ♀ 5 Analbreiten lang. – Cuticula fein geringelt und längsgestreift. Körper am proximalen Ösophagusende 3mal so breit wie der Kopf. Mundhöhle länger als die Kopfbreite; Telostomknöpfe länglich. Beide Ösophagusabschnitte nahezu gleich lang. Spicula etwa 30 μm lang, nur leicht gebogen. Schwanz bei beiden Geschlechtern am Ende fein abgerundet, beim ♂ 1,5 Analbreiten lang.
♀: L = 0,76–1,02 mm; a = 31–35; b = 5,9–7,4; c = 8,4–11; V = 50 bis 54%. ♂: L = 0,46–0,64 mm; a = 20–28; b = 4,3–5,2; c = 16–24.
USA (Colorado, New Mexico); in Mulm von Käfern in *Populus tremuloides*.
. . . . *columbana* MASSEY & HINDS, 1970

– Gubernaculum ventral nicht eingeschnitten; Schwanz des ♀ 3–4 Analbreiten lang 5

5 Exkretionskanal vom Porus an nach vorn gerichtet; Schwanz des ♂ spitz. – Cuticula mit etwa 40 Längsstreifen. Körper am Hinterende des Ösophagus 2–2,5mal so breit wie der Kopf. Mundhöhle von zweierlei Typ: es gibt Tiere mit größerer und mit kleinerer Mundhöhle. Cheilostom bei der ersteren Form in 18–24, bei der letzteren in 12 Stäbchen aufgespalten. Telostomknöpfe dreieckig. Beide Abschnitte des Ösophagus etwa gleich lang. Spicula 37–49 μm, Gubernaculum 17–22 μm lang. 9 oder 10 Papillenpaare. Schwanz beim ♀ so lang wie 4 Analbreiten, am Ende spitz, seltener fein abgerundet.
♀: L = 0,56–1,24 mm; a = 20–43; b = 4,6–9,7; c = 10–14; V = 49 bis 58%. ♂: L = 0,56–0,96 mm; a = 18–44; b = 4,6–7,2; c = 18–32.
USA (Massachusetts, Connecticut); an *Pissodes strobi* gebunden. . . . . . .
. . . . *pinicola* STEINER, 1930

– Exkretionskanal vom Porus an nach hinten gerichtet; Schwanz des ♂ am Ende fein abgerundet. 6

6 Schwanz beim ♀ verhältnismäßig plump, 3 Analbreiten lang. – Cuticula mäßig strukturiert. Körper am Proximalende des Ösophagus 2–2,5mal so breit wie der Kopf. Mundhöhle 15–16 μm lang, 1/8–1/9 der gesamten Ösophaguslänge. Cheilostom mit 18 Cuticularstäbchen. Vorderer Ösophagusabschnitt 1,2mal so lang wie der hintere. Exkretionsporus in Höhe des Isthmus. Abstand Vulva-Anus 4,7–5mal länger als der Schwanz. Spicula 41–42 μm, Gubernaculum 15–18 μm lang.

♀: L = 0,60—1,02 mm; a = 18—23; b = 6,2—7,3; c = 12—14; V = 50 bis 57%. ♂: L = 0,85—0,96 mm; a = 19—27; b = 6,7—6,8; c = 22—27.
BRD; an *Pissodes*-Arten gebunden. — *Tylenchodon pissodis* FUCHS, 1930. . . . . *pissodis* (FUCHS, 1930) GOODEY, 1951

— Schwanz des ♀ schlanker, keilspitz, 4 Analbreiten lang. 7

7 Kleinere Art, 0,6—0,7 mm; Spicula 44—46 µm lang. — Cuticula nur mit 11 Längsstreifen. Körper am Hinterende des Ösophagus beinahe 3mal so breit wie der Kopf. Mundhöhle 1/7 der gesamten Ösophaguslänge. Cheilostom in 18 Stäbchen geteilt; Telostomknöpfe oval. Vorderabschnitt des Ösophagus 1,2mal so lang wie der Hinterabschnitt. Spicula etwas länger als der Schwanz.
♀: L = 0,63—0,71 mm; a = 22—23; b = 4,9—5,8; c = 10—12; V = 52 bis 56%. ♂: L = 0,76—0,80 mm; a = 26—30; b = 5,8—6,0; c = 16—18.
USA (Texas); an *Dendroctonus terebrans*. . . . . *magula* MASSEY, 1974

— Größere Arten, 0,7—1,4 mm; Spicula 32—43 µm lang. 8

8 Die drei kleinen subventralen Papillenpaare am männlichen Schwanzende asymmetrisch stehend; Telostomknöpfe schräg nach hinten gerichtet. — Körper am hinteren Ösophagusende 2,5mal breiter als der Kopf. Mundhöhle 1/9 der Ösophaguslänge. Beide Abschnitte des Ösophagus ungefähr gleich lang. Spicula 32—38 µm, etwa so lang wie der Schwanz; Gubernaculum 17—21 µm lang.
♀: L = 0,67—1,24 mm; a = 28—37; b = 4,6—7,8; c = 13—14; V = 54 bis 56%. ♂: L = 0,68—0,76 mm; a = 27—30; b = 5,3—5,8; c = 21—24.
BRD; in Mulm, die Larven in den Tracheen von *Tetropium* Arten. . . . . *wacheki* KÖRNER, 1954

— Die drei kleinen subventralen Papillenpaare am männlichen Schwanzende symmetrisch stehend; Telostomknöpfe nach außen gerichtet. — Mundhöhle 14—18 µm lang, 1/8—1/9 der gesamten Ösophaguslänge. Cheilostom mit 18 Cuticularstäbchen. Abstand Vulva-Anus 5—6mal so lang wie der Schwanz. Spicula 34—43 µm, Gubernaculum 18—19 µm lang.
♀: L = 0,95—1,39 mm; a = 29—35; b = 7,2—9,1; c = 12—14; V = 51%.
♂: L = 0,59—0,84 mm; a = 25—31; b = 5,3—6,5; c = 18—22.
BRD und Sowjetunion (Rußland); gebunden an *Pissodes*-Arten. — *Tylenchodon pissodis piniphili* FUCHS, 1938; *Neodiplogaster pissodis piniphili* (FUCHS, 1938) RÜHM, 1956. . . . . *piniphili* (FUCHS, 1938) RÜHM, 1956

bb) Subfamilia: *Glauxinematinae* n. subfam.

Neodiplogastridae. Mundhöhle in zwei Kammern geteilt, Hinterkammer (Telostom) länger als die Vorderkammer. Cheilostom einheitlich oder in Stäbchen gespalten. Dorsalzahn sehr kräftig, krallenartig, beweglich. Metastom rechts-subventral mit einem kleinen, meist dornartigen Zähnchen, links-subventral unbewaffnet. Spicula frei oder distal verwachsen.
Zwei Gattungen.

Bestimmungsschlüssel der Gattungen

1 Cheilostom einheitlich; Spicula distal verwachsen. . . . . 1. *Pareudiplogaster* (S. 427)

— Cheilostom in Stäbchen geteilt; Spicula frei. . . . . . . 2. *Glauxinema* (S. 428)

1. Genus: ***Pareudiplogaster*** PARAMONOV, 1952

Syn. *Syedella* SURYAWANSHI, 1971.
Glauxinematinae. Körper 0,4 bis 1,5 mm lang. Cuticula geringelt und längsgestreift. Lippenpapillen klein. Mundhöhle länger als breit, mit Vorder- und Hinterkammer; letztere (= das Telostom) länger als die ersten. Cheilostom einheitlich, nicht gestreift. Dorsalzahn sehr stark, krallenartig, ausstülpbar; Subventralwülste des Metastoms rechts mit einem kleinen dornförmigen Zahn oder zahnartigen Vorsprung, links glatt, unbewaffnet. Weibliche Gonaden paarig. Bursa völlig fehlend. Spicula schlank, distal verwachsen; Gubernaculum einfach, in der Mitte etwas verdickt. 8 (9 ?) Paar Papillen. Schwanz in beiden Geschlechtern lang-kegelförmig, zugespitzt. Im Boden, Holzmulm, sowie in Süß- und Brackwasserbiotopen lebende Arten.

Typusart: *Diplogaster striatula* FUCHS, 1933 = *Pareudiplogaster striatula* (FUCHS, 1933) PARAMONOV, 1952.

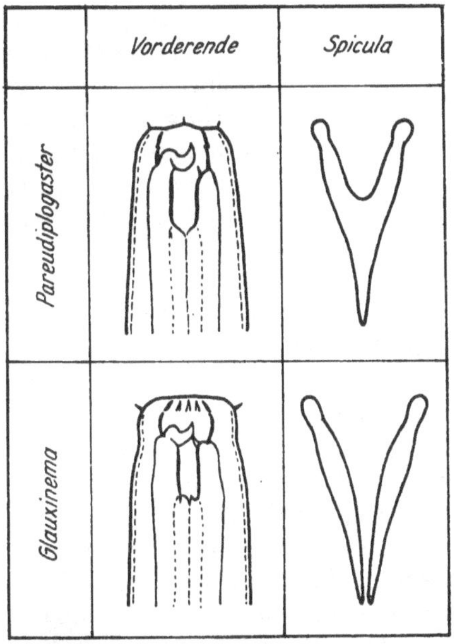

Abb. 179—180 Familie *Neodiplogastridae*, Unterfamilie *Glauxinematinae*: *Pareudiplogaster* und *Glauxinema*

Bestimmungsschlüssel der Arten

1 Vulva weit vorn, in Nähe des ersten Körperdrittels; Schwanz sehr lang, beim ♀ etwa 1/2 der gesamten Körperlänge. 2

— Vulva in der Körpermitte; Schwanz kürzer, beim ♀ 1/4—1/10 der gesamten Körperlänge 3

2 Körper kürzer, 0,8 mm; Schwanz zweimal so lang wie der Abstand Vulva-Anus. — Cuticula deutlich gestreift. Körper am hinteren Ösophagusende doppelt so breit wie der Kopf. Dorsalzahn sehr kräftig, sichelförmig, Subventralzähnchen hingegen ganz klein, borstenförmig. Vorderer Ösophagusabschnitt 1,5

mal länger als der hintere. Spicula 34 µm lang, schlank, Gubernaculum 18–21 µm. 2 Paar prä- und 6 Paar Postanalpapillen. Schwanz des ♀ etwa 15 Analbreiten lang.
♀: L = 0,8 mm; a = 27; b = 5,9; c = 2,3; V = 36%. ♂: L = 0,64–0,72 mm; a = 26–32; b = 5,6–6,6; c = 2,5–2,9.
Indien; im Boden. — *Syedella aurangabadensis* SURYAWANSHI, 1971. . . . . *aurangabadensis* (SURYAWANSHI, 1971) n. comb.[103]

— Körper länger, 1,1 mm; Schwanz dreimal so lang wie der Abstand Vulva-Anus. — Cuticula mit etwa 24 Längsstreifen; Ringelung fein. Mundhöhle länger als die Kopfbreite. Dorsaler Krallenzahn sehr kräftig. Schwanz des ♀ haarfein ausgezogen, etwa 20 Analbreiten lang.
♀: L = 1,13 mm; a = 28; b = 6,6; c = 2,0; V = 36%. ♂ unbekannt.
USA (New York); im Boden. — *Diplogaster subamericana* VAN DER LINDE, 1938; *Prosodontus subamericanus* (VAN DER LINDE, 1938) GOODEY, 1963; *Mononchoides subamericanus* (VAN DER LINDE, 1938) CALAWAY & TARJAN, 1973. . . . . *subamericana* (VAN DER LINDE, 1938) n. comb.

3 Sehr kleine Art, kürzer als 0,5 mm; Schwanz 1/4 der Körperlänge oder noch etwas länger. — Cuticula anscheinend nicht gestreift. Telostom kaum länger als die vordere Mundhöhlenkammer. Dorsalzahn kräftig. Männchen mit 2 präanalen und 6 postanalen Papillenpaaren. Spicula etwa 1,5mal so lang wie der Analdurchmesser, proximal kopfartig verdickt. Schwanz so lang wie 10–15 Analbreiten.
♀♂: L = 0,44 mm; a = 27–31; b = 6,2; c = 3,6–3,9. ♀: V = 45%.
BRD; in Mulm von *Scolytus scolytus*. — *Diplogaster striatula* FUCHS, 1933; *Diplogaster* (*Eudiplogaster*) *striatula* FUCHS, 1933 (WEINGÄRTNER, 1955); *Eudiplogaster striatula* (FUCHS, 1933) MEYL, 1961; *Mononchoides striatulus* (FUCHS, 1933) GOODEY, 1963. . . . . *striatula* (FUCHS, 1933) PARAMONOV, 1952

— Größere Art, bis 1,5 mm; Schwanz 1/7–1/10 der Körperlänge. — Cuticula gut geringelt und schwach längsgestreift. Kopf etwas verbreitert. Mundhöhle so lang oder etwas kürzer als die Lippenbreite. Dorsalzahn auffallend dick, fast quadratisch, so lang wie breit. Subventralzahn beim Grunde des Dorsalzahnes, klein-dreieckig. Vivipare Art. Spicula 33–38 µm lang, dünn, leicht gebogen. Gubernaculum 22–24 µm lang. Schwanz so lang wie 4–6 Analbreiten, gleichmäßig verjüngt.
♀: L = 0,8–1,5 mm; a = 20–31; b = 3,7–4,9; c = 6–10; V = 45 bis 55%. ♂: L = 0,91–1,04 mm; a = 28–33; b = 3,6–4,0; c = 8–9.
BRD, Holland, Dänemark, Ostsee; aquatil, auch in interstitiellen Biotopen und im Brackwasser. — *Diplogaster pararmata* SCHNEIDER, 1938; *Eudiplogaster pararmata* (SCHNEIDER, 1938) PARAMONOV, 1952. . . . . *pararmata* (SCHNEIDER, 1938) n. comb.

2. Genus: ***Glauxinema*** ALLGÉN, 1947

Syn. *Prosodontus* PARAMONOV & SOBOLEV in SKRJABIN, SHIKHOBALOVA, SOBOLEV, PARAMONOV & SUDARIKOV, 1954.

[103] Vielleicht mit *P. subamericana* identisch.

Glauxinematinae. Körperlänge zwischen 0,6 und 1,5 mm. Cuticula geringelt und längsgestreift. Lippenpapillen klein. Mundhöhle länger als breit, Hinterkammer geräumig, meist kaum enger als die Vorderkammer. Cheilostom in Stäbchen geteilt. Dorsalzahn sehr kräftig, krallenförmig, beweglich. Subventral rechts ein ganz kleines, borstenförmiges Zähnchen, links kein Zahn. Weibliches Geschlechtsorgan paarig. Bursa fehlend. Zahl der Geschlechtspapillen 9 oder 10 Paare (3 Paare präanal). Spicula frei, schlank, relativ wenig gebogen. Gubernaculum proximal eingeschnitten, krallenartig, distal pantoffelartig die Spicula umfassend. Schwanz bei beiden Geschlechtern lang, fein ausgezogen.
Zumeist im Boden lebende Arten.
Typusart: *Glauxinema filicaudatum* ALLGÉN, 1947.

Bestimmungsschlüssel der Arten

1 Schwanz äußerst lang, länger als die halbe Körperlänge (etwa so lang wie 30 Analbreiten); Vulva weit vorn, vor dem ersten Körperdrittel. — Cuticula mit etwa 40 Längsleisten. Körper am Hinterende des Ösophagus etwa doppelt so breit wie der Kopf. Mundhöhle 30 µm, länger als die Kopfbreite. Telostom mehr als doppelt so lang wie die vordere Mundhöhlenkammer. Vorderer Ösophagusabschnitt 1,5mal länger als der hintere. Spicula 44 µm lang. Schwanz des ♀ dreimal länger als der Abstand Vulva-Anus, der des ♂ etwa 52 Analbreiten lang.
♀: L = 1,5 mm; a = 32; b = 8,3; c = 1,85; V = 28%. ♂: L = 1,27 mm; a = 40; b = 7,4; c = 2,3.
Australien; in Grasboden. —*Diplogaster trichuris* COBB, 1893; *Mononchoides trichuris* (COBB, 1893) GOODEY, 1963. . . . . . *trichuris* (COBB, 1893) n. comb.

— Schwanzlänge veränderlich, so lang wie 4 bis 25 Analbreiten, stets kürzer als die halbe Körperbreite; Vulva hinter dem ersten Körperdrittel. 2

2 Schwanz des ♀ 15—25 Analbreiten lang, ungefähr 1/3 der gesamten Körperlänge; Vulva vor der Körpermitte. 3

— Schwanz des ♀ 4—10 Analbreiten lang, 1/4—1/10 der gesamten Körperlänge; Vulva um die Körpermitte. 6

3 Kleinere Art, 0,85 mm; Telostom eng, kaum 1/2 so breit wie die vordere Mundhöhlenkammer. — Cuticula sehr dünn, 0,6—0,8 µm dick, mit 28—30 Längsstreifen. Körper am Proximalende des Ösophagus 1,7mal so breit wie der Kopf. Mundhöhle 13—14 µm lang. Dorsalzahn mäßig stark, Subventralzahn halb so lang wie dieser. Vorderer Ösophagusabschnitt 1,5—2mal länger als hinterer. Abstand Vulva-Anus 2/3 der Schwanzlänge. Spicula 32—35 µm, Gubernaculum 15—16 µm lang. 10 Paar Papillen. Schwanz des ♀ 20, der des ♂ 13—16 Analbreiten lang.
♀: L = 0,85 mm; a = 34; b = 7,2; c = 2,7; V = 38%. ♂: L = 0,73 bis 0,81 mm; a = 29—31; b = 6,2—6,9; c = 3,0—3,4.
Ungarn, Rumänien; in Gartenerde. — *Eudiplogaster flagellicaudata* ANDRÁSSY, 1962. . . . . *flagellicaudatum* (ANDRÁSSY, 1962) n. comb.

— Größere Arten, 1,0—1,4 mm; Telostom breiter als 1/2 der vorderen Mundhöhlenkammer. 4

4 Vorderer Ösophagusabschnitt zweimal so lang wie der hintere; Schwanz etwa 15 Analbreiten lang. — Cuticula mit deutlicher Ringelung. Körper am hinteren

Ösophagusende etwa 1,5mal breiter als der Kopf. Mundhöhle so lang wie die Lippenbreite. Telostom geräumig, etwa doppelt so lang wie breit, länger als die vordere Mundhöhlenkammer. Dorsalzahn mäßig entwickelt, Subventralzahn klein, spitz. Schwanz ungefähr 1,5mal länger als der Abstand Vulva-Anus. Exkretionsporus in Höhe des Isthmus.
♀: L = 1,0 mm; a = 30; b = 6,8; c = 2,9; V = 40%. ♂ unbekannt.
Schweden; terrikol. . . . . *filicaudatum* ALLGÉN, 1947

— Vorderer Ösophagusabschnitt höchstens 1,5mal so lang wie der hintere; Schwanz 20—25 Analbreiten lang. 5

5 Spicula sehr schlank, doppelt so lang wie die anale Körperbreite; beide Mundhöhlenkammern etwa gleich lang. — Cuticula mit etwa 20 Längsstreifen. Körper am Hinterende des Ösophagus doppelt so breit wie der Kopf. Mundhöhle 19—26 µm lang, länger als die Lippenbreite. Cheilostom in 16 Cuticularstäbchen geteilt. Dorsalzahn sehr stark entwickelt, Subventralzahn ganz klein. Vorderabschnitt des Ösophagus 1,5mal länger als der Hinterabschnitt. Ei 100 × 25 µm. Spicula 36—42 µm, Gubernaculum 17—19 µm lang. 9 Paar Papillen. Schwanz des ♀ 18—28; der des ♂ 12—16 Analbreiten lang.
♀: L = 1,08—1,42 mm; a = 25—36; b = 6,8—7,9; c = 2,4—3,0; V = 35 bis 42%. ♂: L = 0,77—1,07 mm; a = 25—36; b = 5,8—7,4; c = 2,7—3,2.
Bangladesh; in faulenden Pflanzenresten. — *Diplogaster* (*Eudiplogaster*) *andrassyi* TIMM, 1961; *Eudiplogaster andrassyi* (TIMM, 1961) TIMM, 1961. . . . . *andrassyi* (TIMM, 1961) n. comb.

— Spicula mäßig schlank, 1,5 Analbreiten lang; hintere Mundhöhlenkammer länger als die vordere. — Cuticula stark längsgestreift. Körper am proximalen Ösophagusende 2,5mal so breit wie der Kopf. Mundhöhle etwa so lang wie die Lippenbreite. Dorsalzahn mächtig. Beide Ösophagusabschnitte gleich lang. Spicula 37—43 µm, Gubernaculum 19—22 µm lang. 9 Papillenpaare. Schwanz des ♀ 20, der des ♂ 10 Analbreiten lang.
♀: L = 1,14—1,30 mm; a = 27—36; b = 6,3—6,7; c = 3,1—3,4; V = 41 bis 42%. ♂: L = 0,84—0,89 mm; a = 27—28; b = 5,5—6,2; c = 3,1—3,8.
BRD; an *Dorcus parallelepipedus* gebunden. — *Diplogaster* (*Eudiplogaster*) *splendida* KÖRNER, 1954; *Eudiplogaster splendida* (KÖRNER, 1954) ANDRÁSSY, 1958; *Mononchoides splendidus* (KÖRNER, 1954) GOODEY, 1963. . . . . *splendidum* (KÖRNER, 1954) n. comb.

6 Schwanz des ♀ so lang wie 4—6 Analbreiten; Vulva hinter der Körpermitte; Spicula 28—39 µm lang. 7

— Schwanz des ♀ so lang wie 7—10 Analbreiten; Vulva etwas vor oder hinter der Körpermitte; Spicula 45—56 µm lang 8

7 Gubernaculum proximal stark krallenartig gebogen; Schwanz des ♀ 4 Analbreiten lang. — Körper am Hinterende des Ösophagus 2,5mal breiter als der Kopf. Mundhöhle so lang wie die Lippenbreite. Cheilostom in etwa 12 Cuticularstäbchen gespalten. Dorsalzahn mäßig ausgebildet. Telostom länger als die vordere Mundhöhlenkammer. Beide Abschnitte des Ösophagus gleich lang. Ovipare Art. Spicula 28—36 µm, Gubernaculum 15—19 µm lang. 9 Papillenpaare. Schwanz beim ♂ 2,5 Analbreiten lang.
♀: L = 0,73—0,38 mm; a = 13—16; b = 5,1—6,8; c = 8,4—9,8; V = 55 bis 57%. ♂: L = 0,72—0,84 mm; a = 18—22; b = 4,5—6,1; c = 8,8—9,9.

BRD; in Kuhfladen. — *Diplogaster schwemmlei* SACHS, 1950; *Diplogaster (Eudiplogaster) schwemmlei* SACHS, 1950 (WEINGÄRTNER, 1955); *Eudiplogaster schwemmlei* (SACHS, 1950) PARAMONOV, 1952; *Prosodontus schwemmlei* (SACHS, 1950) GOODEY, 1963. . . . . *schwemmlei* (SACHS, 1950) n. comb.

— Gubernaculum proximal nicht krallenartig; Schwanz des ♀ 6 Analbreiten lang. — Cuticula stark gestreift. Körper am hinteren Ösophagusende beinahe doppelt so breit wie der Kopf. Mundhöhle länger als die Lippenbreite. Dorsalzahn kräftig. Telostom länger als die vordere Mundhöhlenkammer. Vorderabschnitt des Ösophagus 1,5mal länger als der Hinterabschnitt. Spicula 37 bis 39 µm lang. 10 Paar Papillen.

♀: L = 0,9–1,2 mm; a = 15–17; b = 5,3–6,0; c = 5,5–6,6; V = 53%. ♂: L = 0,75–0,85 mm; a = 17; b = 5,5–5,7; c = 6,0–7,5.

Dänemark und USA (California); gebunden an verschiedene *Aphodius*-Arten. — *Diplogaster aphodii* BOVIEN, 1937; *Diplogaster (Eudiplogaster) aphodii* BOVIEN, 1937 (WEINGÄRTNER, 1955); *Eudiplogaster aphodii* (BOVIEN, 1937) MEYL, 1961; *Prosodontus aphodii* (BOVIEN, 1937) PARAMONOV & SOBOLEV in SKRJABIN, SHIKHOBALOVA, SOBOLEV, PARAMONOV & SUDARIKOV, 1954. . . . . *aphodii* (BOVIEN, 1937) n. comb.

8 Dorsalzahn äußerst groß, fast quadratisch; Telostom eng, 3mal so lang wie breit. — Längsstreifung der Cuticula sehr deutlich. Mundhöhle länger als die Lippenbreite. Uterus meist nur mit einem Ei; ovipar. Spicula 48–56 µm, sehr dünn, doppelt so lang wie der anale Körperdurchmesser. Gubernaculum dünn, 1/2 der Spiculalänge. 9 Papillenpaare. Schwanz des ♀ 7–8 Analbreiten lang.

♀: L = 0,86–1,34 mm; a = 20–31; b = 3,7–4,5; c = 4,8–8,0; V = 45 bis 55%. ♂: L = 1,1 mm; a = 20–30; b = 3,7–4,3; c = 7,4.

Holland, BRD, Schweiz, Jugoslawien, Polen, Dänemark; aquatil. — *Diplogaster armata* HOFMÄNNER, 1913; *Eudiplogaster armata* (HOFMÄNNER, 1913) PARAMONOV, 1952; *Fictor armatus* (HOFMÄNNER, 1913) GOODEY, 1963. . . . . *armatum* (HOFMÄNNER, 1913) n. comb.

— Dorsalzahn krallenaritg gebogen; Telostom geräumig, 2mal so lang wie breit. — Cuticula mit etwa 24 Längsstreifen. Körper am Ösophagusende 2mal so breit wie der Kopf. Mundhöhle so lang wie die Lippenbreite. Cheilostom mit 16 Cuticularstäbchen. Dorsalzahn mäßig groß, Subventralzahn ganz klein, borstenförmig. Vorderer Ösophagusabschnitt etwa doppelt so lang wie der hintere. Exkretionsöffnung stark cuticularisiert. Spicula etwa 45 µm, 1,5mal so lang wie die Analbreite. 10 Paar Papillen. Schwanz des ♀ 9–10, der des ♂ 8 Analbreiten lang.

♀: L = 0,85 mm; a = 18; b = 5,9; c = 4; V = 46%. ♂: L = 0,57 mm; a = 16; b = 5,3; c = 3,9.

BRD, USA (Washington) und Sowjetunion (Litauen); in Baumfluß. — *Diplogaster americana* STEINER, 1930; *Diplogaster (Eudiplogaster) americana* STEINER, 1930 (WEINGÄRTNER, 1955); *Eudiplogaster americana* (STEINER, 1930) PARAMONOV, 1952; *Mononchoides americanus* (STEINER, 1930) CHITWOOD & CHITWOOD, 1937. . . . . *americanum* (STEINER, 1930) n. comb.

5. Familia: **Heteropleuronematidae** Andrássy, 1970 n. grad.

Diplogastroidea. Asymmetrische Nematoden; die Asymmetrie zeigt sich in der Cuticularstruktur, der Kopfgestalt und dem Bau der Bursa. Linke Körperseite mit zahlreichen kleinen warzenartigen Schwellungen, die in Quer- und Längsreihen angeordnet sind, rechte Seite hingegen mit einigen feinen Längsleisten. Mundhöhle nicht ganz axial, klein, schwach gezähnt. Ösophagus sehr kräftig. Weibliches Geschlechtsorgan paarig. Bursa vorhanden, leicht asymmetrisch. Schwanz der Geschlechter verschieden.

Diese kleine Gruppe — einstweilen ist nur eine Art bekannt — steht wegen der merklichen Asymmetrie des Körperbaus in der Superfamilia *Diplogastroidea* ganz isoliert. Ja es gibt unter den freilebenden Nematoden außer ihnen nur noch eine zweite kleine Gruppe, bei der eine asymmetrische Körpergestalt vorkommt, und zwar die Bunonematiden.

Eine Unterfamilie, *Heteropleuronematinae* Andrássy, 1970, und eine Gattung.

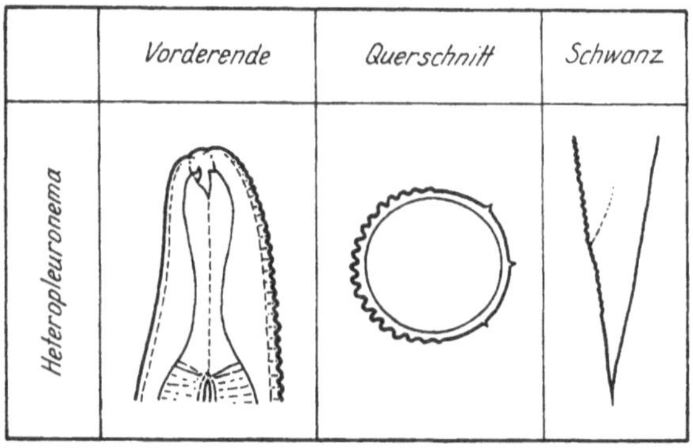

Abb. 181 Familie *Heteropleuronematidae*: *Heteropleuronema*

1. Genus: ***Heteropleuronema*** Andrássy, 1970

Heteropleuronematidae. Körper 0,6—0,9 mm lang, auffallend asymmetrisch. Linke Seite mit in Längs- und Querreihen angeordneten zahlreichen warzenartigen Schwellungen, rechte Seite mit 3—4 Längsleisten („Kriechleisten"). Die erwähnten Cuticularschwellungen sind mit kleinen Versteifungsstäbchen versehen. Lippen schwach entwickelt, ohne merkliche Papillen. Mundhöhle sehr klein, mit einem schwachen, krallenartigen Dorsalzahn und einem noch kleineren Subventralzähnchen. Die ganze Mundhöhle ist von der Längsachse des Körpers etwas nach rechts verschoben. Ösophagus ungewöhnlich kurz und stark muskulös, Mittelbulbus äußerst kräftig. Enddarm lang. Weibliche Gonaden paarig und lang. Spicula frei, sehr lang, kaum gebogen. Gubernaculum dünn. Bursa vorhanden, peloder, leicht asymmetrisch: präanal nur an der rechten Körperseite ausgebildet. 9 Paar Bursapapillen. Schwanz des Weibchens kegelförmig, der des Männchens abgerundet.

Typische und einzige Art: *Heteropleuronema unum* Andrássy, 1970.

— Zahl der Längsreihen der Warzen beim ♀ 18—20, beim ♂ 14—16. Jede Warze mit 2 Versteifungsstäbchen. Kopf 9—10 μm breit; Körper am Hinterende des Ösophagus 3mal so breit wie der Kopf. Cheilorhabdions punktförmig.

Mundhöhle kürzer als die Kopfbreite; Telostom kurz-trichterförmig. Vorderer Ösophagusabschnitt doppelt so lang wie hinterer. Mittelbulbus 20 μm groß, etwa 1/4 der gesamten Ösophaguslänge. Enddarm 2—2,5mal so lang wie die anale Körperbreite. Abstand Vulva-Anus 9—10mal länger als der Schwanz. Bursa distal fein eingeschnitten; 3 Paar Papillen prä-, 6 Paare postanal. Spicula 35—38 μm, 4mal so lang wie der Analdurchmesser; Gubernaculum 15—16 μm lang. Schwanz des ♀ gleichmäßig konisch, 3—4, der des ♂ 1 Analbreite lang.
♀: L = 0,67—0,90 mm; a = 17—19; b = 10—13; c = 18—22; V = 46 bis 50%. ♂: L = 0,62—0,65 mm; a = 19—22; b = 8—10; c = 50—60.
Vietnam; in verpilzten Holzstücken. . . . . *unum* ANDRÁSSY, 1970

6. Familia: **Tylopharyngidae** FILIPJEV, 1934

Diplogastroidea. Mundhöhle lang und dünn, rohrartig, hinten mit 3 großen kugeligen Knöpfen; sie erinnert stark an den Mundstachel der Tylenchiden. Cheilo- und Promesostom ganz kurz, unbedeutend, Metastom gleichfalls klein, Telostom hingegen stark verlängert, rohrartig, am Proximalende mit 3 Knöpfen. Procorpus des Ösophagus kaum muskulös, schlank. Isthmus lang und schlank; Mittelbulbus kugelig. Weibliche Gonaden paarig. Männchen ohne Bursa. Schwanz lang.
Eine Unterfamilie, *Tylopharynginae* FILIPJEV, 1934, und eine Gattung.

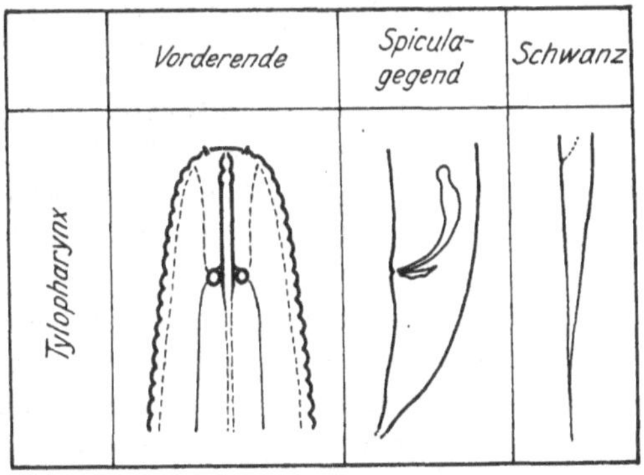

Abb. 182 Familie *Tylopharyngidae*: *Tylopharynx*

1. Genus: ***Tylopharynx*** DE MAN, 1876

Syn. *Chitinotylenchoides* ARIAS & JIMÉNEZ-MILLÁN, 1968.
Tylopharyngidae. Körper 0,6—1,3 mm lang. Kopf nicht oder nur leicht abgesetzt, Papillen klein, kaum vorragend. Mundhöhle im ganzen stachelförmig. Cheilostom unbedeutend, nicht in Stäbchen geteilt; Promesostom ganz kurz; Metastom kurzkegelförmig, die Spitze des „Stachels“ bildend. Telostom sehr lang, rohrartig, zylindrisch, proximal mit drei großen abgegliederten Knöpfen. Ösophagus schlanker als bei anderen Diplogasteriden, nur der rundliche Mittelbulbus stark muskulös. Weibliche Gonaden paarig. Eine Bursa fehlt. Geschlechtspapillen 9 Paare (3 Paare präanal). Spicula stark gebogen. Schwanz bei beiden Geschlechtern sehr lang, haarfein ausgezogen.

Eine eigenartige Gattung, ein Bindeglied zwischen den Diplogasteriden und Tylenchiden. Während die Kopfgestalt und die männlichen Geschlechtsorgane (Spicula, Papillen) noch dem *Diplogaster*-Typ gemäß aufgebaut sind, weist der Bau der Mundhöhle und des Ösophagus bereits den *Tylenchus*-Typ auf.

Typische und einzige Art: *Aphelenchus foetidus* BÜTSCHLI, 1874 = *Tylopharynx foetida* (BÜTSCHLI, 1874) GOFFART, 1930.

— Cuticularinge in Punkte aufgelöst. Körper am Hinterende des Ösophagus dreimal so breit wie der Kopf. Mundhöhle etwa 1,5mal so lang wie die Kopfbreite bzw. 1/10 der gesamten Ösophaguslänge. Telostom 75—80% der ganzen Mundhöhle einnehmend. Vorderer Ösophagusabschnitt nur wenig länger als der hintere. Exkretionsporus vor dem Endbulbus. Abstand Vulva-Anus meist etwas kürzer als der Schwanz. Spicula 22—33 μm, Gubernaculum 10—11 μm lang. Präanale Geschlechtspapillen im Bereich der Spicula. Schwanz beim ♀ 15—25, beim ♂ 10—15 Analbreiten lang.
♀: L = 0,7—1,3 mm; a = 26—35; b = 4—7; c = 2,5—4,0; V = 34 bis 42%. ♂: L = 0,6—1,3 mm; a = 29—32; b = 4,6—6,0; c = 3,0—5,3.
Holland, DDR, BRD, Österreich, Ungarn, Spanien, Italien, Polen, England, Sowjetunion (Rußland, Estland), China; im Boden und faulenden Substanzen. — *Aphelenchus foetidus* BÜTSCHLI, 1874; *Aphelenchus* (*Paraphelenchus*) *foetidus* BÜTSCHLI, 1874 (MICOLETZKY, 1922); *Tylopharynx striata* DE MAN, 1876; *Neodiplogaster cryptolaimus* PARAMONOV, 1951; *Chitinotylenchoides mediterranensis* ARIAS & JIMÉNEZ-MILLÁN, 1968. . . . . *foetida* (BÜTSCHLI, 1874) GOFFART, 1930

Bemerkung: Die unter dem Gattungsnamen *Tylopharynx* beschriebenen beiden Arten, *T. annulata* CASSIDY, 1930 und *T. brodskii* TULAGANOV, 1949, gehören nicht zu dieser Gattung. Die erstgenannte Spezies ist heute als *Tylenchorhynchus annulatus* (CASSIDY, 1930) GOLDEN, 1971 ins System eingereiht, während die letztgenannte Art als „species incertae sedis" betrachtet werden muß.

Außer den im Rahmen der obigen Bestimmungsschlüssel behandelten Diplogasteriden gibt es noch einige verwandte Arten, die aber wegen der ungenügenden Beschreibungen weder generisch noch spezifisch identifiziert werden können. Diese „species inquirendae" bzw. „species incertae sedis" sind die folgenden:

Diplogaster alba BASTIAN, 1865
Diplogaster australis COBB, 1893
Diplogaster clava LINSTOW, 1901
Diplogaster crassoides LAUTERBORN, 1913
Diplogaster filiformis BASTIAN, 1865
Diplogaster graminum COBB, 1893
Diplogaster intermedia COBB, 1906
Diplogaster linstowii POTTS, 1910
Diplogaster longicauda CLAUS, 1863 — Syn. *Pristionchus longicauda* (CLAUS, 1863) PARAMONOV, 1952
Diplogaster macrurus HOEPPLI, 1926 — Syn. *Pristionchus macrurus* (HOEPPLI, 1926) PARAMONOV, 1952
Diplogaster microcercus WOLLENWEBER, 1921 — Syn. *Pristionchus microcercus* (WOLLENWEBER, 1921) PARAMONOV, 1952

Diplogaster minima COBB, 1893
Diplogaster paramicrostoma SCHUURMANS STEKHOVEN, 1943
Diplogaster paramonovi ATAKHANOV, 1958
Diplogaster parasitica LINSTOW, 1907
Diplogaster rahmi GOODEY, 1951 — Syn. *Diplogaster* (*Loxolaimus*) *longicauda* RAHM, 1928, nec CLAUS, 1863
Diplogaster tenuis SCHNEIDER, 1923 — Syn. *Diplogaster* (*Eudiplogaster*) *tenuis* SCHNEIDER, 1923 (MEYL, 1954); *Anchidiplogaster tenuis* (SCHNEIDER, 1923) MEYL, 1961
Diplogaster zschokkei LAUTERBORN, 1913
Lycolaimus iheringi RAHM, 1928 — Syn. *Diplogaster iheringi* (RAHM, 1928) GOODEY, 1951

LITERATURVERZEICHNIS

Die Transkription der kyrillischen Personennamen in der zoologischen Literatur ist nicht einheitlich. Es kommt nicht selten vor, daß selbst sowjetische Verfasser ihre eigenen Namen abweichend latinisieren. In der vorliegenden Arbeit, und zwar sowohl im taxonomischen Teil als im Literaturverzeichnis, habe ich deshalb versucht, die vorkommenden Namen sowjetischer Verfasser nach gleichem Prinzip vom kyrillischen Alphabet in die lateinische Schrift zu übertragen. Diese Transkription beruht auf dem von ALMASOV und BOLTOVSKOY veröffentlichten Vorschlag (Bull. Zool. Nomenclat., 1955; siehe weiter unten im Schriftenverzeichnis).

ABULADZE, K. I. (1934): K obnaruzheniju dvykh predstavitelej roda *Rhabditis* v fekalijakh krupnogo pogatogo skota. — Trudy Vljatskogo Gosud. Zoovetef. Inst., **1:** 31—38.

ADAM, W. (1930): Ein neuer freilebender Nematode aus der Erde: *Butlerius filicaudatus* n. spec. — Zool. Anz., **91:** 139—142.

AKHTAR, S. A. (1962): *Paracephalobus* (Nematoda: Cephalobidae), a new genus of soil-inhabiting nematodes. — Proc. Helminth. Soc. Washington, **29:** 207—210.

ALEKSEEV, V. M. & NAUMOVA, A. D. (1977): Novye vidy nematod iz ozera Khasan. (New species of nematodes from the Khasan Lake.) — Zool. Zhurn., **56:** 292—295.

ALEKSEEV, V. M., NAUMOVA, A. D. & DYMINA, E. V. (1979): Opisanie dvykh novykh vidov nematod roda *Ethmolaimus* (Nematoda, Chromadoridae). — Zool. Zhurn., **58:** 598—602.

ALI, S. M., FAROOQUI, M. N. & SURYAWANSHI, M. V. (1971): *Myolaimus indicus* n. sp. (Rhabditida: Myolaimidae) and *Metadorylaimus coomansi* n. sp. (Dorylaimida: Tylencholaimidae) from Marathwada, India. — Nematologica, **16:** 577—583.

ALI, S. M., FAROOQUI, M. N. & TEJPAL, S. (1969): *Neotylocephalus annonae* n. gen., n. sp. (Nematoda: Wilsonematidae) from Marathwada, India. — Riv. Parassit., **30:** 287—290.

ALI, S. M., & JOSHI, P. M. (1969): Two new species of the genus *Chiloplacus* Thorne, 1937 (Rhabditida: Cephalobidae) from *Hibiscus esculentus* and *Phaseolus vulgaris*, in Aurangabad, India. — Marathwada U.J. Sci., **8:** 67—72.

ALI, S. M., SURYAWANSHI, M. V. & CHISTY, K. Z. (1971): *Rogerus rosae* sp. n. (Nematoda: Cylindrolaiminae) from Marathwada, India. — Porc. Helminth. Soc. Washington, **38:** 193—195.

ALI, S. M., SURYAWANASHI, M. V. & CHISTY, K. Z. (1973): Two new species of *Drilocephalobus* Coomans & Goodey, 1965 (Nematoda: Drilocephalobidae n. fam.) from Marathwada, India, with a revised classification of the superfamily Cephaloboidea (PARAMONOV, 1956) PARAMONOV, 1962. — Nematologica, **19:** 308—317.

ALLEN, M. V. & NOFFSINGER, E. M. (1968): Revision of the genus *Anaplectus* (Nematoda: Plectidae). — Proc. Helminth. Soc. Washington, **35:** 77—91.

ALLEN, M. V. & NOFFSINGER, E. M. (1971): *Nothacrobeles*, n. gen., with descriptions of four new species (Nematoda: Cephalobidae). — Journ. Nematol., **3:** 145—153.

ALLEN, M. V. & NOFFSINGER, E. M. (1972): A review of the genus *Zeldia* Thorne, 1937 Nematoda: Cephalobidae) with descriptions of seven new species. — Proc. Helminth. Soc. Washington, **39:** 206—223.

ALLGÉN, C. (1962): Über einige freilebende Nematoden aus dem Wettersee. — Arch. Hydrobiol., **17: 714**—729.

ALLGÉN, C. (1929): Über einige freilebende Moosnematoden. — Nyt. Mag. Naturvidensk., **67:** 211—230.

ALLGÉN, C. (1932): Weitere Beiträge zur Kenntnis der marinen Nematodenfauna der Campbellinsel. — Nyt. Mag. Naturvidensk., **70:** 97—198.

ALLGÉN, C. (1933): Über einige freilebende Nematoden aus dem Niederkongo. — Zool. Anz., **103:** 312—320.

ALLGÉN, C. (1934): Über einige freilebende Nematoden von der Südküste Schwedens. — Folia Zool. Hydrobiol., **7:** 97—110.

ALLGÉN, C. (1947): Weitere Untersuchungen über schwedische Nematoden. 1. *Glauxinema filicaudatum* n. gen., n. sp., eine neue Anguillulide von der Westküste Schwedens. — K. Fysiog. Sällsk. Lund. Förhandl., **17:** 73—78.

ALLGÉN, C. (1949): Über einige südschwedische Brackwasser- und Erdnematoden. — K. Fysiogr. Sällsk. Lund. Förhandl., **19:** 3—19.

ALLGÉN, C. (1950): Über einige schwedische saprobisch lebende Nematoden. — K. Fysiogr. Sällsk. Lund. Förhandl., **20:** 24—29.

ALLGÉN, C. (1950): Westschwedische marine litorale und terrestrische Nematoden. — Ark. Zool., **1:** 301—344.

ALLGÉN, C. (1951): Über einige westschwedische terrestrisch lebende Nematoden. — Zool. Anz., **146:** 354—357.

ALLGÉN, C. (1952): Über einige freilebende Süßwasser-Nematoden von Mt. Kenya (Brit. Ostafrika). Ein kleiner Beitrag zur Kenntnis tropischer Nematoden. — Ark. Zool., **3:** 139—157.

ALMASOV, A. & BOLTOVSKOY, E. (1955): On the treatment of words written with Cyrillic characters for the purposes of zoological nomenclature, bibliography, reference indices, etc. — Bull. Zool. Nomenclat., **11:** 7—18.

ALTHERR, E. (1938): La faune des mines de Bex, avec étude spéciale des nématodes. — Rev. Suisse Zool., **45:** 567—720.

ALTHERR, E. (1950): Les nématodes du Parc national suisse. (Nématodes libres du sol.) — Ergebn. Wissensch. Untersuch. Schweiz. Nationalparks, **3:** 3—46.

ALTHERR, E. (1952): Les Nématodes du Parc national suisse. (Nématodes libres du sol.) 2e partie. — Ergebn. Wiss. Untersuch. Schweiz. Nationalparks, **3:** 315—356.

ALTHERR, E. (1960): Results from the Danish expedition to the French Cameroons (1949 to 1950). 28. Nématodes limnicoles. — Bull. I.F.A.N., **22:** 770—787.

ALTHERR, E. (1960): *Rhabditis guenini* n. sp. — Bull. Soc. Vaud. Sci. Nat., **67:** 211—214.

ALTHERR, E. (1976): Nématodes des eaux stygorhitrales des Alpes autrichiennes. — Rev. Suisse Zool., **83:** 779—847.

ANDERSON, R. V. (1965): *Acrobeloides uberrinus* n. sp., with a note on morphologic variation within soil and bacteria-reared populations. — Proc. Helminth. Soc. Washington, **32:** 232—235.

ANDERSON, R. V. (1966): An emendation of the diagnosis of both the subfamily and two genera of Wilsonematinae and a new genus, *Ereptonema* n. g. (Plectidae: Nematoda). — Canad. Journ. Zool., **44:** 823—935.

ANDERSON, R. V. (1968): Variation in taxonomic characters of a species of *Acrobeloides* (COBB, 1924) STEINER and BUHRER, 1933. — Canad. Journ. Zool., **46:** 309—320.

ANDERSON, R. V. (1969): Comparative morphology and descriptions of three new species of *Teratocephalus* from Canada. — Canad. Journ. Zool., **47:** 829—840.

ANDERSON, R. V. (1979): An emendation of the genus *Teratorhabditis* (OSCHE, 1952) DOUGHERTY, 1953 and description of *Teratorhabditis stiannulata* n. sp. (Rhabditidae: Nematoda). — Canad. Journ. Zool., **57:** 13—17.

ANDERSON, R. V. & BEMRICK, W. J. (1965): *Micronema deletrix* n. sp., a saprophagous nematoda inhabiting a nasal tumor of a horse. — Proc. Helminth. Soc. Washington, **32:** 74—75.

ANDERSON, R. V. & HOOPER, D. J. (1970): A neotype for *Cephalobus persegnis* Bastian, 1865, redescription of the species, and observations on variability in taxonomic characters. — Canad. Journ. Zool., **48:** 457—469.

ANDRÁSSY, I. (1952): Freilebende Nematoden aus dem Bükk-Gebirge. — Ann. Hist.-nat. Mus. Nat. Hung., **2:** 13—65.

ANDRÁSSY, I. (1953): Freilebende Nematoden aus einer Torf-Probe. Nematologische Notizen. 1. — Zool. Anz., **150:** 30—35.

ANDRÁSSY, I. (1956): Eine interessante Nematodenfauna der Gerste. Nematologische Notizen, 4. — Acta Zool. Hung., **2:** 307—317.

ANDRÁSSY, I. (1957): Über die Gattung *Chronogaster* Cobb, 1913 (Nematoda, Plectidae). — Ann. Univ. Sci. Budapest, **1:** 3—12.
ANDRÁSSY, I. (1958): Noch einmal über die Gattung *Chronogaster* Cobb, 1913. — Opusc. Zool. Budapest, **2:** 7—11.
ANDRÁSSY, I. (1958): *Diplogaster lepidus* n. sp. und der Schlüssel der *Diplogaster*-Arten von unpaarigem Ovar. — Nematologica, **3:** 295—300.
ANDRÁSSY, I. (1958): Erd- und Süßwassernematoden aus Bulgarien. — Acta Zool. Hung., **4:** 1—88.
ANDRÁSSY, I. (1958): Szabadonélö fonálférgek (Nematoda libera). — In: Magyarország Allatvilága, Budapest, **3/1:** 1—362.
ANDRÁSSY, I. (1959): Nematoden aus der Tropfsteinhöhle „Baradla" bei Aggtelek (Ungarn), nebst einer Übersicht der bisher aus Höhlen bekannten freilebenden Nematoden-Arten. — Acta Zool. Hung., **4:** 253—277.
ANDRÁSSY, I. (1959): Weitere Nematoden aus der Tropfsteinhöhle „Baradla". — Acta Zool. Hung., **5:** 1—6.
ANDRÁSSY, I. (1959): Nematoden aus dem Psammon des Adige-Flusses, I. — Mem. Mus. Civ. Storia Nat. Verona, **7:** 163—181.
ANDRÁSSY, I. (1960): *Panagrobelus topayi* n. sp., eine neue Nematoden-Art aus Kenya. — Zool. Anz., **164:** 195—198.
ANDRÁSSY, I. (1960): Nematoden aus dem Periphyton der Ladungsmolen der Donau zwischen Budapest und Mohács. (Danubialia Hungarica, 3.) — Ann. Univ. Sci. Budapest, **3:** 3—21.
ANDRÁSSY, I. (1960): Beiträge zur Kenntnis der freilebenden Nematoden Chinas. — Ann. Hist.-nat. Mus. Nat. Hung., **52:** 201—216.
ANDRÁSSY, I. (1961): Wissenschaftliche Ergebnisse der ersten ungarischen zoologischen Expedition in Ostafrika. 2. Nematoda. — Ann. Hist.-nat. Mus. Nat. Hung., **53:** 281—297.
ANDRÁSSY, I. (1962): Neue Nematoden-Arten aus Ungarn, I. Zehn neue Arten der Unterklasse Secernentea (Phasmidia). — Acta Zool. Hung., **8:** 1—23.
ANDRÁSSY, I. (1962): Nematoden aus dem Psammon des Adige-Flusses, II. — Mem. Mus. Civ. Storia Nat. Verona, **10:** 1—35.
ANDRÁSSY, I. (1962): Nematologische Notizen, 11. — Opusc. Zool. Budapest, **4:** 9—19.
ANDRÁSSY, I. (1962): Nematoden aus dem Ufergrundwasser der Donau von Bratislava bis Budapest. (Danubialia Hungarica, 17.) — Arch. Hydrobiol. Suppl. Donauforschung, **27:** 91—117.
ANDRÁSSY, I. (1963): The zoological results of Gy. Topál's collectings in South Argentina. 2. Nematoda. Neue und einige seltene Nematoden-Arten aus Argentinien. — Ann. Hist.-nat. Mus. Nat. Hung., **55:** 243—273.
ANDRÁSSY, I. (1964): Süßwasser-Nematoden aus den großen Gebirgsgegenden Ostafrikas. — Acta. Zool. Hung., **10:** 1—58.
ANDRÁSSY, I. (1964): Neue Nematoden-Arten aus Ungarn, III. Fünf neue Arten. — Opusc. Zool. Budapest, **5:** 9—23.
ANDRÁSSY, I. (1964): Ergebnisse der zoologischen Forschungen von Dr. Z. KASZAB in der Mongolei. 4. Einige Bodennematoden aus der Mongolei. — Ann. Hist.-nat. Mus. Nat. Hung., **56:** 241—255.
ANDRÁSSY, I. (1966): Nematoden aus dem Grundschlamm des Mosoner Donauarmes. (Danubialia Hungarica, 34.) — Opusc. Zool. Budapest, **6:** 35—44.
ANDRÁSSY, I. (1966): Erd- und Süßwasser-Nematoden aus Ghana. Klasse Secernentea (Phasmidia). — Ann. Univ. Sci. Budapest, **8:** 5—24.
ANDRÁSSY, I. (1967): Die Unterfamilie Cephalobinae (Nematoda: Cephalobidae) und ihre Arten. — Acta Zool. Hung., **13:** 1—37.
ANDRÁSSY, I. (1967): Ergebnisse der zoologischen Forschungen von Dr. Z. KASZAB in der Mongolei. 92. Weitere Bodennematoden aus den Jahren 1964 und 1965. — Opusc. Zool. Budapest, **6:** 203—233.
ANDRÁSSY, I. (1967): Nematoden aus Chile, Argentinien und Brasilien, gesammelt von Prof. Dr. H. FRANZ. — Opusc. Zool. Budapest, **7:** 3—34.

ANDRÁSSY, I. (1967): Nematoden aus interstitiellen Biotopen Skandinaviens, gesammelt von P. H. ENCKELL (Lund). 1. Nematoden aus der Uferregion des Vättern- und Torneträsk-Sees (Schweden). — Opusc. Zool. Budapest, **7:** 3—36.

ANDRÁSSY, I. (1968): Wissenschaftliche Ergebnisse der Ungarischen Zoologischen Expeditionen nach Tansanien. 12. Bodennematoden aus der II. Expedition. — Acta Zool. Hung., **14:** 239—257.

ANDRÁSSY, I. (1968): Fauna Paraguayensis. 2. Nematoden aus den Galeriewäldern des Acaray-Flusses. — Opusc. Zool. Budapest, **8:** 167—513.

ANDRÁSSY, I. (1970): Freilebende Nematoden aus Vietnam. — Opusc. Zool. Budapest., **10:** 5—31.

ANDRÁSSY, I. (1971): Zwei neue Arten der Familie Bunonematidae (Nematoda). — Zool. Anz., **187:** 257—265.

ANDRÁSSY, I. (1973): *Plectus granulosus* var. *grandepapillatus* DITLEVSEN — ein älteres Synonym von *Anaplectus submersus* (HIRSCHMANN) (Nematoda: Plectidae). — Opusc. Zool. Budapest, **12:** 105—106.

ANDRÁSSY, I. (1974): Über vier homonyme Nematodengattungen. — Nematologica, **19:** 403—404.

ANDRÁSSY, I. (1976): Evolution as a basis for the systematization of nematodes. — Budapest — London — San Francisco — Melbourne: 1—288.

ANDRÁSSY, I. (1977): Ergebnisse der zoologischen Forschungen von Dr. Z. KASZAB in der Mongolei. 356. Süßwasser- und Bodennematoden aus den Jahren 1967 und 1968. — Opusc. Zool. Budapest, **13:** 3—24.

ANDRÁSSY, I. (1978): Nematoda. — In: ILLIES: Limnofauna Europaea. Stuttgart: 98—117.

ANDRÁSSY, I. (1978): *Bicirronema caledoniense* n. gen., n. sp. and *Amphidirhabditis longipapillata* n. gen., n. sp., two new remarkable genera and species of Nematoda (Secernentia: Rhabditida) from New Caledonia. — Rev. Nématol., **1:** 257—263.

ANDRÁSSY, I. (1980): Revision of the order Monhysterida (Nematoda) inhabiting soil and inland waters. — Opusc. Zool., **17:** 13—47.

ANDRÁSSY, I. (1981): A taxonomic review of the suborder Rhabditina (Nematoda: Secernentia). — ORSTOM, Paris: 1—241.

ARGO, A. D. & HEYNS, J. (1973): New and little known species of the nematode families Monhysteridae and Tripylidae from South Africa. — Phytophylactica, **5:** 149—154.

ARTIGAS, P. (1927): Nematodes de invertebrados. — Bol. Biol. S. Paulo, **10:** 209—211.

ATAKHANOV, S. A. (1958): Sem novykh vidov nematod. — Rab. Gelmintol. 80-let. Akad. K. I. Skrjabina, Moskva: 42—49.

BAGATURIJA, N. L. (1973): Dva novykh vida nematod podsemejstva Acrobelinae (Nematoda: Cephaloboidea) iz vostochnoj Gruzii. — Soobshch. Akad. Nauk Gruz. SSR, **69:** 705—708.

BAJAJ, H. K. & BHATTI, D. S. (1979): *Chronogaster indica* n. sp. and *C. typica* (Nematoda: Plectidae) from Haryana, India. — Indian Journ. Nematol., **8:** 78—81.

BAKER, A. D. (1962): Check lists of the nematode superfamilies Dorylaimoidea, Rhabditoidea, Tylenchoidea and Aphelenchoidea. — Leiden: 1—261.

BARANOVSKAJA, I. A. (1958): Novye vidy nematod zlakov Podmoskovja. — Rab. Gelmintol. 80-let Akad. K. I. Skrjabina, Moskva: 55—58.

BARANOVSKAJA, I. A. & KHAK, M. M. (1968): Chiloplacus obtusus sp. n. (Acrobelinae THORNE, 1936) — *nematoda* zlakovykh kultur. (*Chiloplacus obtusus* sp. n. — Nematoda, Acrobelineae THORNE, 1937.) — Zool. Zhurn., **47:** 1237—1239.

BASSEN, J. L. (1940): *Panagrolaimus hygrophilus* n. sp., a nematode found in decayed tubers of water-lily root, *Nelumbium nucifera* GAERTN. — Proc. Helminth. Soc. Washington, **7:** 101—103.

BASSEN, J. L. (1940): *Rhabditis chitwoodi* n. sp., a nematode found in diseased *Saggittaria* corms, with remarks on *Rhabditis conica* (REITER) n. comb. — Proc. Helminth. Soc. Washington, **7:** 98—101.

BASTIAN, H. CH. (1865): Monograph on the *Anguillulidae*, or free nematoids, marine, land, and freshwater; with descriptions of 100 new species. — Trans. Linn. Soc. London, **25:** 73—184.

BAYLIS, H. A. & DAUBNEY, R. (1926): A synopsis of the families and genera of Nematoda. — London: 1—277.

BELOGUROV, O. I. (1977): *Marispelodera stasileonovi* gen. et sp. n. (Nematoda, Rhabditidae) s litorali Komanodorskikh ostrovov. (*Marispelodera stasileonovoi* gen. et sp. n., Nematoda, Rhabditidae, from the littoral zone of the Commander Islands.) — Zool. Zhurn., **56**: 813—821.

BELOGUROV, O. I., MUKHINA, T. I. & CHURIKOVA, N. I. (1977): *Pelodera comandorica* sp. n. (Nematoda, Rhabditidae) s litorali Komandorskikh ostrovov. (*Pelodera comandorica* sp. n., Nematoda, Rhabditidae, from the littoral zone of the Commander Islands.) — Zool. Zhurn., **56**: 996—1003.

BERNARD, E. C. (1979): New species of Bunonematoidea (Rhabditida) from Georgia and Tennessee. — Journ. Nematol., **11**: 344—358.

BIRO, K. (1969): Eine neue *Monhystera*-Art aus dem Balaton, Ungarn. — Opusc. Zool. Budapest, **9**: 255—257.

BLANCHARD, R. A. E. (1885): Protozoaires, historie de l'oeuf, coelentérés, échinodermes, vers (aneuriens, plathelminthes, némathelminthes). — In: Traité de Zoologie Médicale, **1**:, 1—24.

BLINOVA-LAZAREVSKAJA, S. L. (1970): The development of parasitism in xylobiont nematodes and evolutionary relations in the Rhabditidae family. — Proc. IXth Int. Nematol. Symp. Warsaw, 1967: 339—347.

BLINOVA, S. L. & GURANDO, E. V. (1974): *Parasitorhabditis fuchsi* sp. n. (Nematoda, Rhabditidae) — parazit sosnovogo luboeda malogo (*Blastophagus minor* HARTIG). (*Parasitorhabditis fuchsi* sp. n., Nematoda, Rhabditidae, a parasite of *Blastophagus minor* HARTIG.) — Vestn. Zool., **2**: 50—55.

BLINOVA, S. L. & MISHINA, L. K. (1975): *Panagrolaimus artyukhovskii* sp. n. (Rhabditida, Panagrolaimidae) iz gusenith *Zeuzera pyrina*. (*Panagrolaimus artyukhovskii* sp. n., Rhabditida, Panagrolaimidae, from larvae of *Zeuzera pyrina*.) — Zool. Zhurn., **54**: 1393—1396.

BLINOVA, S. L. & VOSILITE, B. S. (1976): *Paramonoviola rhagii* gen. et sp. n. (Rhabditida, Diplogasteridae) — parazit usacha *Rhagium inquisitor*. (*Paramonoviola rhagii* gen. et sp. n., Rhabditida, Diplogasteridae, a parasite of *Rhagium inquisitor* L.) — Zool. Zhurn., **55**: 131—133.

BLINOVA, S. L. & VOSILITE, B. S. (1978): Ekologo-morfologicheskoe izuchenie nematody *Mikoletzkya sexdentati* n. sp. (Diplogasteridae) i taksonomicheskij analiz roda *Mikoletzkya* WEINGAERTNER, 1955. — Trudy Gelmintol. Lab. Akad. Nauk SSSR, **28**: 58—67.

BOVIEN, P. (1937): Some types of association between nematodes and insects. — Vidensk. Medd. Dansk. Naturh. Foren. Köbenhavn, **101**: 1—114.

BRUNOLD, E. (1950): Über eine neue Nematodenart der Gattung *Anguilla* aus *Drosophila*-Nährböden. — Vjschr. Naturforsch. Ges. Zürich, **95**: 149—150.

BRUNOLD, E. (1954): Zur Morphologie, Biologie und bakterienfreien Züchtung des Nematoden *Panagrellus zymosiphilus* BRUNOLD, 1950. — Zeitschr. Morphol. Ökol. Tiere, **42**: 373—420.

BRZESKI, M. (1960): *Cephalobus* (*Heterocephalobus*) *kaczanowskii* subgen. nov., sp. nov. (Nematoda: Cephalobidae). — Bull. Acad. Polon. Sci., **8**: 153—165.

BRZESKI, M. (1961): *Altherrnema dibulbosa* n. gen., n. sp. (Nematoda, Panagrolaimidae). — Bull. Acad. Polon. Sci., **9**: 353—354.

BRZESKI, M. (1961): Revision of the genus *Heterocephalobus* Brzeski, 1960 n. grad. (Nematoda, Cephalobidae). — Bull. Acad. Polon. Sci., **9**: 97—100.

BRZESKI, M. (1961): Two new species of free-living nematodes from Poland. — Bull. Acad. Polon. Sci., **9**: 91—95.

BRZESKI, M. (1962): Three new species of the genus *Acrobeloides* COBB (Nematoda, Cephalobidae). — Bull. Acad. Polon. Sci., **10**: 335—339.

BRZESKI, M. (1963): Materialy do poznania krajowych nicieni z rodzajów *Plectus* Bastian i *Anaplectus* DE CONINCK et SCH. STEHK. (Nematoda, Plectidae). (Contribution to the knowledge of the Polish species of the genera *Plectus* BASTIAN and *Anaplectus* DE CONINCK et SCH. STEHK., Nematoda, Plectidae.) — Fragm. Faun. Warsawa, **11**: 21—30.

BRZESKI, M. (1963): Review of the nematode genus *Anaplectus* DE CONINCK, Sch. Sth. (Nematoda, Plectidae). — Bull. Acad. Polon. Sci., **11:** 35—38.

BUCKLEY, J. J. C. (1931): On a new species of *Rhabditis* found in an ice-chest. — Journ. Helminth., **9:** 197—204.

BÜTSCHLI, O. (1873): Beiträge zur Kenntnis der freilebenden Nematoden. — Nova Acta Ksl. Leop.-Carol. Deutsch. Akad. Naturf., **36:** 1—144.

BÜTSCHLI, O. (1874): Zur Kenntnis der freilebenden Nematoden, insbesondere der des Kieler Hafens. — Abhandl. Senckenb. Naturf. Ges., **9:** 237—292.

BÜTSCHLI, O. (1876): Untersuchungen über freilebende Nematoden und die Gattung *Chaetonotus*. — Zeitschr. Wiss. Zool., **26:** 363—413.

CARUS, J. V. (1857): Icones zootomicae. Erste Hälfte. Die wirbellosen Thiere. — Leipzig: 1—32.

CASSIDY, G. H. (1930): Nematodes associated with sugar cane in Hawaii. — Hawaiian Planters' Rec., **34:** 379—387.

CHATURWEDI, Y. & KHERA, S. (1979): Studies on taxonomy, biology and ecology of nematodes associated with jute crop. — Techn. Monogr. Zool. Survey India, **2:** 1—105.

CHAWLA, M. L., KHAN, E. & PRASAD, K. (1970): *Wilsotylus bangaloreiensis* gen. nov., sp. nov. (Nematoda, Plectidae) from soil around roots of mango (*Mangifera indica*) from Bangalore, India. — Bull. Ent. Loyola Coll., **10:** 146—149.

CHITWOOD, B. G. (1933): On some nematodes of the superfamily Rhabditoidea and their status as parasites of reptiles and amphibians. — Journ. Wash. Acad. Sci., **23:** 508—520.

CHITWOOD, B. G. (1935): Nematodes parasitic in, and associated with Crustacea, and descriptions of some new species and a new variety. — Proc. Helminth. Soc. Washington, **2:** 93—96.

CHITWOOD, B. G. & CHITWOOD, M. B. (1937): An introduction to nematology. Section 1. Anatomy. — Baltimore: 1—53.

CHITWOOD, B. G. & CHITWOOD, M. B. (1950): An introduction to nematology. Section 1. Anatomy. — Baltimore: 1—213.

DE CILLIS, O. M. (1917): Nuovi generi e nuove specie di nematodi liberi d'acqua dolce. Monit. Zool. Ital., **28:** 57—62.

CLAPHAM, P. A. (1930): On variations in size of the nematode worm *Rhabditis succaris* n. sp., produced by different culture media. — Journ. Helminthol., **8:** 211—222.

CLAUS, C. F. W. (1862): Über einige im Humus lebende Anguillulinen. — Zeitschr. Wiss. Zool., **12:** 354—359.

COBB, M. V. (1915): Some freshwater nematodes of the Douglas Lake region of Michigan, U.S.A. (Descriptions by N. A. COBB.) — Trans. Amer. Microsc. Soc., **34:** 21—47.

COBB, N. A. (1893): Nematode worms found attacking sugar cane. — Agric. Gaz. N. South Wales, **4:** 808—833.

COBB, N. A. (1893): Nematodes, mostly Australian and Fijian. — Macleay Mem. Vol. Linn. Soc. N. South Wales: 252—308.

COBB, N. A. (1898): Extract from MS. report on the parasites of stock. — Agric. Gaz. N. South Wales, **9:** 269—321.

COBB, N. A. (1901): A new eelworm infesting the roots of passion-vine. — Agric. Gaz. N. South Wales, **12:** 1115—1117.

COBB, N. A. (1904): Free-living fresh-water New Zealand nematodes. — Proc. Cambridge Phil. Soc., **12:** 363—374.

COBB, N. A. (1906): Free living nematodes inhabiting the soil about the roots of cane, and their relation to root diseases. — Bull. Haw. Sugar Planters' Ass. Exper. Sta.: 163—195.

COBB, N. A. (1913): New nematode genera found inhabiting fresh water and non-brackish soils. — Journ. Wash. Acad. Sci., **3:** 432—333.

COBB, N. A. (1914): The North American free-living freshwater nematodes. Contributions to a science of nematology, 2. — Trans. Amer. Microsc. Soc., **33:** 69—134.

COBB, N. A. (1915): The asymmetry of the nematode *Bunonema inequale* n. sp. — Contrib. Sci. Nematol., **3:** 101—112.

COBB, N. A. (1916): Revision of the genus *Cylindrolaimus*. — Journ. Parasitol., **2:** 199—200.

COBB, N. .A (1918): Filter-bed nemas: Nematodes of the slow sand filter-beds of American cities. (Including new genera and species.) With notes on hermaphroditism and parthenogenesis. — Contrib. Sci. Nematol., 7: 189—212.

COBB, N. A. (1920): One hundred new nemas. (Type species of 100 new genera.) — Contr. Sci. Nematol. 9: 217—343.

COBB, N. A. (1924): Food of rhabdites and their relatives, with descriptions of two new rhabdites and a new rhabditoid genus. — Journ. Parasitol., 11: 116—117.

COBB, N. A. (1924): *Neodiplogaster tropica* n. g. (?) n. sp. — Journ. Parasitol., 11: 105.

COBB, N. A. (1929): Observations on the morphology and physiology of nemas; including notes on new species. — Journ. Wash. Acad. Sci., 19: 283—286.

DE CONINCK, L. A. P. (1931): Sur trois espèces nouvelles de nématodes libres trouvés en Belgique. — Bull. Mus. Roy. Hist. Nat. Belgique, 7: 1—15.

DE CONINCK, L. A. P. (1935): Contribution à la connaissance des nématodes libres du Congo belge. I. Les nématodes libres des marais de la Nyamuamba (Ruwenzori) et des sources chaudes du Mont Banze (Lac Kivu). — Rev. Zool. Botan. Afr., 26: 211 bis 326.

DE CONINCK, L. A. P. (1943): Wetenschappenlijke rsultaten der studiereis van Prof. Dr. P. van Oye op Ijsland. XIV. Sur quelques espèces nouvelles de nématodes libres des eaux et des terres saumâtres de l'Islande. — Biol. Jaarb. Gent, 10: 193—220.

DE CONINCK, L. A. P. (1965): Systématique des Nématodes. Sou-classe des Adenophorea. — In: Traité de Zoologie, 4: 586—731.

COOMANS, A. (1962): Systematisch-ecologisch onderzoek van de vrijlevende bodemnematoden in Belgie. De vrijlevende nematoden-fauna van weideland, I. — Natuurwet. Tijdschr., 43: 87—132.

COOMANS, A. & GOODEY, J. B. (1965): *Drilocephalobus congoensis* n. g., n. sp. — Nematologica, 11: 116—120.

DADAY, J. (1894): Ujabb adatok a Balaton mikrofnaunájának ismeretéhez (Nematoda, Rotatoria, Entomostraca). — Math. Term. tud. Ert., 12: 122—145.

DADAY, J. (1886): A magyar fauna édesvizi fonálférgei. — Math. Term.-tud. Ért., 14: 402—415.

DADAY, J. (1897): Die freilebenden Süßwasser-Nematoden Ungarns. — Zool. Jahrb. Syst., 10: 91—134.

DADAY, J. (1899): Uj-guineai szabadon élő nematodok. — Math. Term. tud. Ért., 17: 557—572.

DADAY, J. (1901): Mikroskopische Süßwasserthiere aus Deutsch-Neu-Guinea. — Természetr. Füz., 24: 1—56.

DADAY, J. (1903): Mikroskopische Süßwasserthiere aus Kleinasien. — Sitzungsber. Akad. Wiss. Wien, Math.-naturw. Kl., 62.

DADAY, J. (1905): Untersuchungen über die Süßwasser-Mikrofauna Paraguays. — Zoologica, Stuttgart, 18: 1—349.

DADAY, J. (1906): Mikroskopische Süßwassertiere aus der Mongolei. Math. Term.-tud. Ért., 24.

DADAY, J. (1908): Adatok Német-Kelet-Afrika édesvizi mikrofaunájának ismeretéhez. — Math. Term.-tud. Ért., 26: 1—42.

DADAY, J. (1910): Die Süßwasser-Mikrofauna Deutsch-Ost-Afrikas. — Zoologica, Stuttgart, 23: 1—56.

DEVDARIANI, TH. G. (1974): Novye vidy nematod ot malogo chernogo elovogo usacha (*Monochamus sutor* L.). — Soobshch. Akad. Nauk Gruz. SSR, 76: 709—712.

DEVDARIANI, TH. G. & KAKULIJA, G. A. (1970): Novyj vid nematod *Parasitorhabditis malii* DEVDARIANI et KAKULIA sp. n. (Nematoda: Rhabditidae). — Soobshch. Akad. Nauk Gruz. SSR, 59: 201—203.

DEVDARIANI, TH. G. & MAGLAKELIDZE, L. K. (1970): Novyj vid nematody *Parasitorhabditis bicoloris* Devdariani et Maglakelidze sp. nov. (Nematoda: Rhabditidae). (A new species of nematode *Parasitorhabditis bicoloris* Devdariani et Maglakelidze sp. nov., Nematoda, Rhabditidae). — Soobshch. Akad. Nauk Gruz. SSR, 57: 217—220.

DIESING, K. M. (1861): Revision der Nematoden. — Sitzungsber. K. Akad. Wiss. Wien, Math.-Naturw. Kl., 42: 595—736.

DITLEVSEN, H. (1911): Danish freeliving nematodes. — Vidensk. Medd. Dansk. Naturh. Foren. København, **63**: 213—256.

DITLEVSEN, H. (1928): Land- and freshwater nematodes from Greenland waters. — In: Zoology of the Faroes, **13**: 1—28.

DOUGHERTY, E. C. (1953): The genera of the subfamily Rhabditinae MICOLETZKY, 1922 (Nematoda). — Thaper Commem.: 69—76.

DOUGHERTY, E. C. (1955): The genera and species of the subfamily Rhabditinae MICOLETZKY, 1922 (Nematoda). A nomenclatorial analysis — including an addendum on the composition of the family Rhabditidae ÖRLEY, 1880. — Journ. Helminthol., **29**: 105—52.

DOUGHERTY, E. C. & NIGON, V. (1949): A new species of the free-living nematode genus *Rhabditis* of interest in comparative physiology and genetics. — Journ. Parasitol., **35**: 11.

DUJARDIN, F. (1845): Histoire naturelle des helminthes ou vers intestinaux. — Paris: 1—654.

EROSHENKO, A. S. (1968): *Cephalobus quadrilineatus* n. sp. — novyj vid nematod roda *Cephalobus* Bastian, 1865 (Nematoda: Cephalobidae). — Soobshch. Dalnevost. Fil. Akad. Nauk SSSR, **26**: 55—57.

EROSHENKO, A. S. (1973): Novye dannye po taksonomii semejstva Teratocephalidae ANDRÁSSY (Nematoda). (New data on taxonomy of the family Teratocephalidae ANDRÁSSY, Nematoda) — Zool. Zhurn., **52**: 1768—1776.

EROSHENKO, A. S. (1977): Nematody otrjanov Araeolaimida i Dorylaimida pochvennoj fauny lesov Primorskogo kraja. — Trudy Biol.-pochv. Inst., **47**: 3—20.

ERZHANOVA, P. K. (1964): Devjat novykh vidov nematod. — Trudy Karakalpak. Gos. Ped., **2**: 175—185.

EVERARD, C. O. R. (1958): *Panagrolaimus salinus* n. sp. (Nematoda: Panagrolaiminae). — Ann. Mag. Nat. Hist., **1**: 459—464.

FARKAS, K. (1973): *Teratorhabditis mariannae* n. sp., eine neue Nematodenart aus Champignonkulturen. — Opusc. Zool. Budapest, **11**: 61—64.

FILIPJEV, I. N. (1921): Svobodnozhivyshchie Nematodes Petrogradskoj gubernii. (Die freilebenden Nematoden des Gouv. Petrograd.) — Fauna Petrogradsk. Gub., **2**: 1—11.

FILIPJEV, I. N. (1928): Svobodnye nematody iz reki Oki. (Nématodes libres du fleuve Oka.) — Rab. Okskoj Biostanthii, **5**: 81—112.

FILIPJEV, I. N. (1930): Les nématodes libres de la baie de la Neva et de l'extrémité orientale du golfe de Finlande. Deuxième partie. — Arch. Hydrobiol., **21**: 1—64.

FILIPJEV, I. N. (1931): Report on freshwater Nematoda: Mr. Omer-Cooper's investigation of the Abyssinian freshwaters (Hugh Scott Expedition). — Proc. Zool. Soc. London, **2**: 429—443.

FILIPJEV, I. N. (1934): The classification of the freeliving nematodes and their relation to the parasitic nematodes. — Smithson. Misc. Collect., **89**: 1—63.

FILIPJEV, I. N. & SCHUURMANS STEKHOVEN, J. H. (1941): A manual of agricultural helminthology. — Leiden: 1—878.

FLORES-BARROETA, L. & HIDALGO-ESCALANTE, E. (1961): Estudios fitonematologicos de suelos Mexicanos. I. — Rev. Iber. Parasit., **21**: 221—237.

FUCHS, A. G. (1915): Die Naturgeschichte der Nematoden und einiger anderer Parasiten. 1. Des *Ips typographus* L. 2. Des *Hylobius abietis* L. — Zool. Jahrb. Syst., **38**: 109—222.

FUCHS, A. G. (1929): *Diplogaster horticola* n. sp. — Zool. Anz., **81**: 229—237.

FUCHS, A. G. (1930): Neue an Borken- und Rüsselkäfer gebundene Nematoden, halbparasitische und Wohnungseinmieter. Freilebende Nematoden aus Moos und Walderde in Borken- und Rüsselkäfergängen. — Zool. Jahrb. Syst., **59**: 505—646.

FUCHS, A. G. (1931): Die Genera: 1. *Rhabditolaimus* FUCHS, 2. *Neodiplogaster* COBB, 3. *Tylenchodon* FUCHS. — Zentralbl. Ges. Forstwes., **57**; 177—194.

FUCHS, A. G. (1931): *Diplogaster pini* n. sp. — Zool. Anz., **95**: 227—233.

FUCHS, A. G. (1931). Einige neue *Rhabditis*-Arten. — Zool. Jahrb. Syst., **62**: 119—148.

FUCHS, A. G. (1932): *Plectonchus dendroctoni* n. sp. — Zool. Anz., **98**: 37—40.

FUCHS, A. G. (1937): Neue parasitische und halbparasitische Nematoden bei Borkenkäfern und einige andere Nematoden. I. Teil. Die Parasiten der Waldgärtner *Myelophilus piniperda* L. und *minor* HARTIG und die Genera *Rhabditis* DUJARDIN, 1845 und *Aphelenchus* BASTIAN, 1865. — Zool. Jahrb. Syst., **70:** 291—380.

FUCHS, A. G. (1938): Neue Parasiten und Halbparasiten bei Borkenkäfern und einige andere Nematoden. II., III. u. IV. Teil. — Zool. Jahrb. Syst., **71:** 123—190.

GADEA, E. (1954): Nematodos libres terrestres de la isla de Cerdeña. — Publ. Inst. Biol. Apl., **16:** 31—47.

GADEA, E. (1961): Nota sobre algunos nematodos muscicolas de Tenerife. — Miscel. Zool. Mus. Zool. Barcelona, **1:** 3—10.

GAGARIN, V. G. (1971): Novye i redkie vidy nematod iz Uchinskogo i Dubossarskogo vodokhranilishch. (New and rare species of nematodes from the Uchinsky and Dubossarsky water reservoirs.) — Zool. Zhurn., **50:** 474—482.

GAGARIN, V. G. (1975): O taksonomii i filogenii nematod nadsemejstva Plectoidea. (A contribution to the taxonomy and phylogeny of the superfamily Plectoidea, Nematoda). — Zool. Zhurn., **54:** 503—509.

GAGARIN, V. G. (1977): Tri novykh vida nematod otrjada Rhabditida iz rajonov sbrosa stochnykh vod. (Three new species of nematodes from the order *Rhabditida* from the regions of sewage discharge.) — Zool. Zhurn., **56:** 1245—1248.

GAGARIN, V. G. (1977): Opisanie samthov *Plectus cirratus* BASTIAN, 1865 i *Achromadora subdubia* GAGARIN, 1971 (Nematoda). (Descriptions of males of *Plectus cirratus* BASTIAN, 1865 and *Achromadora subdubia* GAGARIN, 1971, Nematoda.) — Zool. Zhurn., **56:** 1399—1402.

GAGARIN, V. G. (1978): Opisanie samtha *Prodesmodora circulata* (Nematoda, Spiriniidae). (The description of a male *Prodesmodora circulata*, Nematoda, Spiriniidae.) — Zool. Zhurn., **57:** 1261—1262.

GAGARIN, V. G. (1979): Dva novykh vida svobodnozhivyshchikh presnovodnykh nematod. — Zool. Zhurn., **58:** 596—598.

GERLACH, S. A. (1953): Freilebende marine Nematoden aus dem Küstengrundwasser und aus dem Brackwasser der chilenischen Küste. — Lunds. Univ. Arsskr., **49:** 1—37.

GERLACH, S. A. (1956): Brasilianische Meeres-Nematoden, 1. (Ergebnisse eines Studienaufenthaltes an der Universität Sao Paolo.) — Bol. Ist. Oceanogr., **5:** 1—69.

GERLACH, S. A. (1957): Marine Nematoden aus dem Mangrove-Gebiet von Cananéia. (Brasilianische Meeres-Nematoden, III.) — Abhandl. Mathem.-naturw. Kl. Akad. Wiss. Lit., **5:** 131—176.

GERLACH, S. A. &. MEYL, A. H. (1957): Zoological results of a collecting journey to Yugoslavia, 1954, 2. — Beaufortia, Amsterdam, 5: 157—170.

GERLACH, S. A. & RIEMANN, F. (1971): Über Zahnbildungen in der Mundhöhle von Nematoda Monhysteridae: *Monhystrella* und *Hofmaenneria*. — Nematologica, **17:** 285—294.

GERLACH, S. A. & RIEMANN, F. (1973): The Bremerhaven checklist of aquatic nematodes. — Veröff. Inst. Meeresforsch. Bremerhaven, Suppl. **4:** 1—404.

GOFFART, H. (1931): Beobachtungen über pflanzenschädliche Nematoden an Gartenpflanzen. — Gartenbauwiss., **5:** 353—359.

GOFFART, H. (1935): *Rhabditis gracilis* n. sp. (Rhabditidae, Nematoda) als Bewohner faulender Kakaofrüchte. — Zool. Anz., **109:** 134—138.

GOFFART, H. (1935): Bemerkung zu meinem Aufsatz: *Rhabditis gracilis* n. sp. (Rhabditidae, Nematoda) als Bewohner faulender Kakaofrüchte. — Zool. Anz., **111:** 223.

GOFFART, H. (1950): Nematoden aus unterirdischen Gewässern. — Deutsche Zool. Zeitschr., **1:** 73—78.

GOODEY, T. (1927): *Cylindrogaster coprophaga* gen. et sp. nov., a nematode found in a culture of faeces from a wild brown rat. — Journ. Helminth., **5:** 25—32.

GOODEY, T. (1929): On some new and little known free-living nematodes. — Journ. Helminth., **7:** 27—62.

GOODEY, T. (1930): A new species of the nematode genus *Cylindrogaster*. — Journ. Helminth., **8:** 89—92.

GOODEY, T. (1935): *Brevibucca saprophaga* gen. et sp. nov., a nematode from a rotting lily bulb-scale. — Journ. Helminth., **13:** 223—228.

GOODEY, T. (1935): On *Cylindrogaster curzii* n. sp., a saprophaguous nematode. — Journ. Helminth., **13:** 19—24.

GOODEY, T. (1939): *Cylindrocorpus* nom. nov. for *Cylindrogaster* GOODEY, 1927 (Nematoda). — Journ. Helminth., **17:** 149—150.

GOODEY, T. (1942): *Brevibucca frugicola* n. sp., a saprophaguous nematode found in a rotting peach fruit. — Journ. Helminth., **20:** 1—5.

GOODEY, T. (1943): On *Rhabditis curvicaudata* (SCHNEIDER) and *R. paraciliata* n. sp. — Journ. Helminth., **21:** 10—17.

GOODEY, T. (1943): On the systematic relationship of the vinegar eelworm, *Turbatrix aceti*, and its congeners, with a description of a new species. — Journ. Helminth., **21:** 1—9.

GOODEY, T. (1945): A note on the subfamily Turbatricinae and the genus *Turbator* GOODEY, 1943. — Journ. Helminth., **21:** 69—70.

GOODEY, T. (1946): *Domorganus macronephriticus* n. g., n. sp., a new cylindrolaimid free-living soil nematode. — Journ. Helminth., **21:** 175—180.

GOODEY, T. (1951): Soil and freshwater nematodes — a monograph. — London: 1—390.

GOODEY, T. (1963): Soil and freshwater nematodes. 2nd edition, revised by J. B. GOODEY. — London: 1—544.

GOODRICH, M., HECHLER, H. V. & TAYLOR, D. P. (1968): *Mononchoides changi* n. sp. and *M. bollingeri* n. sp. (Nematoda, Diplogasterinae), from a waste treatment plant. — Nematologica, **14:** 25—36.

GROOTAERT, P. & JAQUES, A. (1979): Description of *Butlerius degrissei* n. sp. (Nematoda: Diplogasteridae) with notes on its culture. — Nematologica, **25:** 203—214.

GRUBE, A. E. (1849): Über einige Anguillulen und die Entwicklung von *Gordius aquaticus*. — Arch. Naturgesch., **1:** 358—375.

GUNHOLD, P. (1952): Über die in Kompost lebenden Nematoden. — Bonn. Zool. Beitr., **3:** 151—166.

GUNHOLD, P. (1953): Drei neue Nematoden aus den Ostalpen. — Zool. Anz., **150:** 35—38.

GUTIERREZ, R. O. (1949): Nuevo genero y especie de nematode saprobionte. — Rev. Invest. Agric. Buenos Aires, **3:** 403—412.

HECHLER, H. C. (1971): *Panagrellus ceylonensis* n. sp. (Nematoda: Cephalobidae). — Journ. Nematol., **3:** 246—250.

HECHLER, H. (1971): Redescriptions of *Neodiplogaster tropica* COBB and *N. pinicola* STEINER (Nematoda: Diplogasteridae). — Journ. Nematol., **3:** 341—348.

HECHLER, H. C. (1971): Taxonomic notes on four species of *Panagrellus* THORNE (Nematoda: Cephalobidae). — Journ. Nematol., **3:** 227—237.

HEINDL-MENGERT, H. (1956): Die Nematodenfauna im Schleimfluß lebender Laubbäume. — Sitzungsber. Phys. Med. Soc. Erlangen, **77:** 158—176.

HEMPRICH, F. G. & EHRENBERG, C. G. (1831): Symbolae physicae. Animalia evertebrata exclusis insectis. — Berolini (nicht paginiert).

HENTSCHEL, E. & WAGNER, G. (1976): Tiernamen und zoologische Fachwörter unter Berücksichtigung allgemeinbiologischer, anatomischer und physiologischer Termini. — Jena: 1—507.

HERTWIG, P. (1922): Beobachtungen über die Fortpflanzungsweise und die systematische Einteilung der Regenwurmnematoden. — Zeitschr. Wiss. Zool., **119:** 539—558.

HEYNS, J. (1962): *Elaphonema mirabile* n. gen., n. sp. (Rhabditida), a remarkable new nematode from South Africa. — Proc. Helminth. Soc. Washington, **29:** 128—130.

HEYNS, J. (1962): *Osstella hamata* n. gen., n. sp., *Zeldia serrata* n. sp. and *Acrobeles thornei* n. sp., three new nematodes from South Africa (Rhabditida: Cephalobidae). — Nematologica, **8:** 301—306.

HEYNS, J. (1968): *Paracrobeles laterellus* n. gen., n. sp. from South Africa (Nematoda: Cephalobidae). — Nematologica, **14:** 511—514.

HEYNS, J (1969): South African species of the genus *Acrobeles* von LINSTOW (Nematoda: Cephalobidae). — Phytophylactica, **1:** 57—66.

HEYNS, J. (1971): A guide to the plant and soil nematodes of South Africa. — Cape Town: 1—233.

HEYNS, J. (1977): Freshwater nematodes from South Africa, I. *Euteratocephalus* ANDRÁSSY, 1958. — Nematologica, **23:** 112—118.

HEYNS, J. & HOGEWIND, W. (1969): Three new species of *Acrobeles* von LINSTOW, 1877 (Nematoda) from southern Africa. — Phytophylactica, **1:** 19—22.

HIRSCHMANN, H. (1951): Über das Vorkommen zweier Mundhöhlentypen bei *Diplogaster lheritieri* MAUPAS und *Diplogaster biformis* n. sp. und die Entstehung dieser hermaphordotischen Art aus *Diplogaster lheritieri*. 1. Mitteilung. — Zool. Jahrb. Syst., **80:** 132—170.

HIRSCHMANN, H. (1952): Die Nematoden der Wassergrenze mittelfränkischer Gewässer. — Zool. Jahrb. Syst., **81:** 313—364.

HNATEWYTSCH, B. (1929): Die Fauna der Erzgruben von Schneeberg im Erzgebirge. — Zool. Jahrb. Syst., **56:** 172—261.

HOEPPLI, R. J. C. (1926): Studies of free-living nematodes from the thermal waters of Yellowstone Park. — Trans. Amer. Microsc. Soc., **45:** 234—254.

HOEPPLI, R. J. C. & CHU, H. J. (1932): Free-living nematodes from hot springs in China and Formosa. — Hong Kong Nat., Suppl. **1:** 15—28.

HOEPPLI, R. J. C. & CHU, H. J. (1934): *Greenia orientalis*. (Corrigendum.) — Hong Kong Nat., **5:** 161.

HOFMÄNNER, B. (1913): Beiträge zur Kenntnis der freilebenden Nematoden. — Zool. Anz., **42:** 413—418.

HOFMÄNNER, B. (1926): Beiträge zur Kenntnis freilebender Nematoden. *Dadayia* (nec *Bathylaimus*) *mirabilis* Hofm. — Zool. Anz., **67:** 273—276.

HOFMÄNNER, B. & MENZEL, R. (1914): Neue Arten freilebender Nematoden aus der Schweiz. — Zool. Anz., **44:** 80—91.

HOFMÄNNER, B. & MENZEL, R. (1915): Die freilebenden Nematoden der Schweiz. — Rev. Suisse Zool., **23:** 109—243.

HOGEWIND, W. & KOEN, H. (1968): *Heterocephalobus goughiensis* n. sp. (Nematoda: Cephalobidae) from Gough Island. — Nematologica, **3:** 229—235.

HOPPER, B. (1963): *Punctodora exochopora* n. sp. (Chromadoridae: Nematoda) from the Canadian shore of Lake Ontario. — Canad. Journ. Zool., **41:** 1121—1126.

HOPPER, B. E. (1968): *Paraplectonema canadianum* n. sp. (Nematoda, Leptolaimidae), a freshwater nematode from the Ottawa River. — Canad. Journ. Zool., **46:** 655—66.

HOPPER, B. E. & TARJAN, A. C. (1977): Supplement for the year 1972 to Nomenclatorial compilation of plant and soil nematodes. — Ottawa: 1—17.

HOPPER, B. E. & TARJAN, A. C. (1978): Supplement for the year 1973 to Nomenclatorial compilation of pland and soil nematodes. — Ottawa: 1—21.

IMAMURA, S. (1931): Nematodes in the paddy field, with notes on their population before and after irrigation. — Journ. Coll. Agric. Imp. Univ. Tokyo, **11:** 183—240.

IVANOVA, T. S. (1958): Porazhenie bskhodov khlopchatnika v Stalinabadskom rajone Tadzhikistana nematodoj — *Panagrolaimoides multidentatus* gen. nov., sp. nov. (Nematoda, Panagrolaiminae). — Trudy Akad. Nauk Tadzik. SSR, **39:** 123—131.

IVANOVA, T. S. (1960): *Peplorhabditis vestibularis* gen. nov., sp. nov. (Nematodes, Rhabditidae) — obitatel zagnivajushchikh ogurthov v Stalingradskoj oblasti. — Nauchn. Dokl. Vys. Skoly Biol. Nauki, **3:** 7—9.

IVANOVA, T. S. (1968): Novye vid iz roda *Chiloplectus* THORNE, 1937 (Nematoda: Acrobelinae). — Dokl. Akad. Nauk Tadzik. SSR, **9:** 54—56.

IVANOVA, T. S. (1968): Nematody zernovykh kultur Zeravshanskoj doliny Tadzhikistana. — Dushanbe: 1—84.

IVANOVA, T. S. (1969): Novȳj rod i vid *Kirjanovia discoideus* gen. nov., sp. nov. (Nematoda: Cephalobidae) iz Tadzhikistana. — Dokl. Akad. Nauk Tadzik. SSR, **12:** 64—66.

JANET, C. (1893): Sur les nématodes des glandes pharyngiennes des fourmis *Pelodera* sp. — Compt. Rend. Acad. Sci. Paris, **117:** 700—703.

JANIK, J. (1962): Nicienie (Nematoda) nawozowe Wyzyny Lódzkiej. (Manure Nematoda from the Lodz Upland.). — Fragm. Faun. Polska Akad. Nauk, **9:** 391—415.♂

JÄGERSKIÖLD, L. A. K. E. (1905): *Bunonema richtersi* n. g. n. sp., ein eigentümlicher neuer Landnematode aus dem Schwarzwald, von Kerguelen und Possession-Island (Crozet-Inseln). — Zool. Anz., **33:** 673—677.

JIMENEZ GUIRADO, D. (1974): Notas sobre la posicion taxonomica del género *Rhabditophanes* FUCHS, 1930 (Nematoda: Rhabditida) con motivo del hallazgo de *Rhabditophanes schneideri* (BÜTSCHLI, 1873) T. GOODEY, 1953 en Granada. — Cuad. C. Biol., **3:** 103—109.

JIMENEZ GUIRADO, D. (1974): Description del macho de *Plectus annulatus* Maggenti, 1961 (Nematoda: Plectidae). — Cuad. C. Biol., **3:** 61—65.

JOHNSTON, T. H. (1938): A census of the free-living and plant-parasitic nematodes recorded as occurring in Australia. — Trans. Roy. Soc. South Australia, **62:** 149—167.

JUGET, J. (1969): Description de quelques formes rares ou nouvelles de Nématodes libres du bassin du Léman. — Bull. Soc. Vaud. Sci. Nat., **70:** 141—173.

KAKULIJA, G. A. (1966): Novyj vid nematody *Micoletzkya cordovector* KAKULIA n. sp. (Nematoda: Diplogasteridae). — Soobshch. Akad. Nauk Gruz. SSR, **41:** 165—168.

KAKULIJA, G. A. (1968): K izucheniju roda *Panagrodontus* THORNE, 1935 (Nematoda, Panagrolaimidae). — Soobshch. Akad. Nauk Gruz. SSR, **50:** 475—480.

KANNAN, S. (1960): Soil nematodes from Madras City. — Journ. Zool. Soc. India, **12:** 40—50.

KANNAN, S. (1961): Soil nematodes from Madras City. II. — Journ. Zool. Soc. India, **13:** 56—61.

KARIMOVA, S. M. (1957): Nematody selskokhozjajstvennykh kultur levoberezhja nizovev Amu-Dary. — In: Paraziticheskie kruglye chervi — nematody Uzbekistana. Tashkent: 135—208.

KHAN, E. & NANJAPPA, C. J. (1973): *Chronogaster citri* sp. n. (Nematoda: Plectidae) and additional information on *C. typica* (DE MAN, 1921) from India. — Indian Journ. Nematol., **2:** 59—68.

KHERA, S. (1965): Nematodes from the banks of still and running waters. I. *Tridontus longicaudatus* n. g., n. sp., subfamily Diplogasterinae MICOLETZKY, 1922 from India. — Nematologica, **11:** 249—254.

KHERA, S. (1966): Nematodes from the banks of still and running waters. III. *Rogerus rajasthanensis* n. sp., subfamily Cylindrolaiminae and *Monhystrella gracilis* n. sp., subfamily Monhysterinae from India. — Nematologica, **12:** 403—408.

KHERA, S. (1967): Nematodes from the banks of still and running waters. V. *Teratocephalus annulatus* n. sp. (family Teratocephalidae ANDRÁSSY), with an amendation of the generic diagnosis. — Indian Journ. Helminth., **19:** 97—101.

KHERA, S. (1967): *Acrobelinema cornis* n. g., n. sp., sub-family Acrobelinae THORNE from rhizosphere of millets from India. — Indian Journ. Helminth., **19:** 159—163.

KHERA, S. (1968): Nematodes from the banks of still and running waters. IV. Description of a new subgenus of *Rhabditis* and a new species from India (subfamily Rhabditinae). — Journ. Zool. Soc. India, **20:** 38—41.

KHERA, S. (1969): Nematodes from the banks of still and running waters. II. *Kreisonema nandi* n. g., n. sp. (Kreisoneminae n. subfam., family Leptolaimidae) from India. — Labdev Journ. Sci. Techn. India, **7:** 64—66.

KHERA, S. (1969): Nematodes from the banks of still and running waters. VI. Rhabditida from sewer. — Journ. Helminth. **43:** 347—363.

KHERA, S. (1970): Nematodes from the banks of still and running waters. IX. Two new genera belonging to subfamily Diplogasterinae MICOLETZKY from India. — Rev. Bras. Biol., **30**: 405—409.

KHERA, S. (1971): Nematodes from the banks of still and running waters. XI. Subfamily Rhabditinae. — Indian Journ. Nematol., **1:** 237—243.

KHERA, S. (1971): Nematodes from the banks of still and running waters. VII. Family Monhysteridae. — Nematologica, **16:** 492—502.

KHERA, S. (1972): Nematodes from the banks of still and runing waters. 12. Order Araeolaimida. — Proc. Zool. Soc. Calcutta, **25:** 49—58.

KHERA, S. (1975): On some nematodes belonging to the orders Chromadorida and Enoplida from India. — Rec. Zool. Survey India, **68:** 273—286.

KHERA, S. & CHATURWEDI, Y. (1977): Nematodes from tea plantations of Dehra Dun, India. — Rec. Zool. Survey India, **70:** 125—152.

KILLICK, J. L. (1964): A new species of the genus *Anaplectus* DE CONINCK and SCHUURMANS STEKHOVEN, 1933 (Nematoda, Plectidae). — New Zealand Journ. Sci., **7**: 165—168.

KIRJANOVA, E. S. (1951): Nematody pochvy kholkovogo polja i theliny v Golodnoj step (Uzbekistan). — Trudy Zool. Inst. Akad. Nauk SSSR, **9**: 625—657.

KIRJANOVA, E. S. (1958): Antarkticheskie predstaviteli presnovodnykh nematod roda *Plectus* BASTIAN (Nematodes, Plectidae). — Bull. Sovet. Antarkt. Eksped., **3**: 101—103.

KIRJANOVA, E. S. & KRALL, E. (1969): Paraziticheskie nematody rastenij i mery borby s nimi. Tom I. — Leningrad: 1—448.

KIRJANOVA, E. S. & KRALL, E. (1971): Paraziticheskie nematody rastenij i mery borby s nimi. Tom II. — Leningrad: 1—523.

KISCHKE, U. (1956): Die Nematoden aus der Torf-Zone der Hochmoore des Oberharzes. — Arch. Hydrobiol., **52**: 210—277.

KOBAYASHI, H. (1920): On a new species of rhabditoid worms found in the human intestines. — Journ. Parasitol., **6**: 148—151.

KOKORDÁK, J. (1969): Beitrag zur Systematik und Ökologie der Nematoden der koprophagen Käfer. — Folia Vet. Kosice, **13**: 143—158.

KOKORDÁK, J. (1969): Über die Möglichkeit einer Ausnützung der Nematoden als Indikatoren der Tätigkeit der mechanisch-biologischen Kläranlage. — Folia Vet. Kosice, **13**: 123—132.

KOTLÁN, S. (1928): *Diplogaster brevicauda* n. sp., a possible nematode parasite of the larvae of *Pyrausta nubilalis*. — Sci. Rep. Intern. Corn Borer Invest., Intern. Live Stock Expos. (1927—28): 179—183.

KOZŁOWSKA, J. & ROGUSKA-WASILEWSKA, L. (1963): A new species of the genus *Cephalobus* Bast., 1865 (*Cephalobus mucronatus* n. sp.) and observations on its occurrence. — Bull. Acad. Polon. Sci., **11**: 247—249.

KÖRNER, H. (1954): Die Nematodenfauna des vergehenden Holzes und ihre Beziehungen zu den Insekten. — Zool. Jahrb. Syst., **82**: 245—353.

KRALL, E. (1959): *Bunonema* (*Rhodolaimus*) *estonicum* n. sp. — eine faulende Kartoffelknollen bewohnende neue Nematodenart. — Nematologica, **4**: 106—109.

KREIS, H. A. (1929): Freilebende terrestrische Nematoden aus der Umgebung von Peking (China). I. — Zool. Anz., **84**: 283—294.

KREIS, H. A. (1930): Freilebende terrestrische Nematoden aus der Umgebung von Peking (China). II. — Zool. Anz., **87**: 67—87.

KREIS, H. A. (1932): Beiträge zur Kenntnis pflanzenparasitischer Nematoden. — Zeitschr. Parasitenk., **5**: 184—194.

KREIS, H. A. (1932): Reports of an expedition to Paraguay and Brazil in 1926—27, supported by the trustes of the Percy Sladen memorial fund and the executive committee of the Carnegie trust for the Universities of Scotland. Fresh-water Nematoda from the Paraguayan Chaco. — Journ. Linn. Soc. London, Zool., **38**: 55—90.

KREIS, H. A. (1936): Süßwasser-Nematoden aus der Umgebung von Madras (Indien). — Rev. Suisse Zool., **43**: 641—645.

KREIS, H. A. (1963): Marine Nematoda. — In: The Zoology of Iceland, **II**: 1—68.

KREIS, H. A. (1967): Ein neuer Nematode aus der Schnecke *Fruticicola* (*Acusta*) *sieboldiana* PFEIFER, *Rhabditis fruticicolae* n. sp. (Rhabditoidea: Rhabditidae). — Jahr. Naturhist. Mus. Bern, 1963—1965: 171—181.

KREIS, H. A. & FAUST, E. C. (1933): Two new species of *Rhabditis* (*Rhabditis macrocerca* and *R. clavopapillata*) associated with dogs and monkeys in experimental strongyloides studies. Trans. Amer. Microsc. Soc., **52**: 162—172.

KRÜGER, E. (1913): Fortpflanzung und Keimzellen-Bildung von *Rhabditis aberrans* nov. sp. — Zeitschr. Wiss. Zool., **105**: 87—124.

KUZMIN, L. L. (1979): Opisanie samtha i novogo podvida *Plectus acuminatus* Bastian, 1865 (Nematoda, Plectidae) — Zool. Zhurn., **58**: 433—435.

LAM, A. B. & WEBSTER, J. M. (1971): Morphology and biology of *Panagrolaimus tipulae* n. sp. (Panagrolaimidae) and *Rhabditis* (*Rhabditella*) *tipulae* n. sp. (Rhabditidae), from leatherjacket larvae, *Tipula paludosa* (Diptera: Tipulidae). – Nematologica, **17:** 201–212.

LAUTERBORN, R. (1913): Süßwasserfauna. – Handwörterb. Naturwiss., **9:** 861–920.

LAZAREVSKAJA, S. L. (1961): Novye vidy nematod ot sosnovoj smolevki (*Pissodes pini* L.). – Trudy Gelmintol. Lab. Akad. Nauk SSSR, **11:** 144–152.

LAZAREVSKAJA, S. L. (1961): K gelmintofaune serogo sosnovogo usacha *Acanthocinus aedilis* (Cerambycidae). (On the nematode fauna of *Acanthocinus aedilis*, Cerambycidae.) – Helminthologia, **3:** 212–220.

LAZAREVSKAJA, S. L. (1964): *Acrostichus minimus* n. sp. (Diplogasteroididae) – novaja nematoda serogo sosnovogo usacha. – Trudy Gelmintol. Lab. Akad. Nauk, SSR, **14:** 122–127.

LAZAREVSKAJA, S. L. (1965): *Filipjevella* gen. n. (Nematoda, Diplogasteroididae). – Trudy Gelmintol. Lab. Akad. Nauk SSSR, **16:** 63–67.

LEUCKART, K. G. F. R. (1891): Über einen an *Aphodius fimetarius* sich verpuppenden freilebenden Rundwurm, *Rhabditis coarctata* n. sp. – Verhandl. Deutsch. Zool. Ges.: 54–56.

LEYDIG, F. (1854): Zoologisches. – Arch. Anat. Physiol. Wiss. Med.: 284–295.

LI, F. (1951): On two species of free-living nematodes from latrines in Peking which may contaminate improperly collected stool samples. – Peking Nat. Hist. Bull., **19:** 363–373.

LIEUTIER, F. & LAUMOND, C. (1978): Nématodes parasites et associés à *Ips sexdentatus* et *Ips typographus* (Coleoptera, Scolytidae) en région parisienne. – Nematologica, **24:** 187–200.

VAN DER LINDE, W. J. (1938): A contribution to the study of nematodes. – Entom. Mem. Dept. Agric. Forest. Union South Africa, **2:** 1–40.

LINNAEUS, C. (1767): Systema naturae per regna tria naturae, secundum classes, ordines, genera, species, cum characteribus, differentiis, synonymis, locis. Editio duodecima, reformata. – Holmiae: 533–1327.

VON LINSTOW, O. F. B. (1876): Helminthologische Beobachtungen. – Arch. Naturgesch., **42:** 1–18.

VON LINSTOW, O. F. B. (1879): Helminthologische Studien. – Arch. Naturgesch., **45:** 165–188.

VON LINSTOW, O. F. B. (1901): Helminthen von den Ufern des Nyassa-Sees, ein Beitrag zur Helminthen-Fauna von Süd-Afrika. – Jena. Zeitschr. Naturw., **35:** 409–428.

VON LINSTOW, O. F. B. (1906): Neue und bekannte Helminthen. – Zool. Jahrb. Syst., **24:** 1–20.

VON LINSTOW, O. F. B. (1907): Nematoden aus dem Königlichen Zoologischen Museum in Berlin. – Mitt. Zool. Mus Berlin, **3:** 251–259.

LISETHKAJA, L. F. (1968): Novyj vid *Drilocephalobus moldavicus* n. sp. (Nematoda: Drilonematidae). – In: Parazity zhivotnykh i rastenij, Kishinev: 94–95.

LOOF, P. A. A. (1961): The nematode collection of Dr. J. G. DE MAN. – Meded. Lab. Fytopath., **190:** 169–254.

LOOF, P. A. A. (1962): *Metacrobeles togoensis* n. gen., n. sp., a remarkable acrobelin nematode from a diseased coconut tree. – Nematologica, **7:** 114–118.

LOOF, P. A. A. (1964): Free-living and plant-parasitic nematodes from Venezuela. – Nematologica, **10:** 201–300.

LOOF, P. A. A. (1971): Freeliving and plant parasitic nematodes from Spitzbergen, collected by Mr. H. VAN ROSSEN. – Meded. Landbouwhogesch. Wageningen, **71:** 1–86.

LOOF, P. A. A. (1973): Freshwater nematodes from Suriname collected by J. VAN DER LAND. – Zool. Verhandel., **129:** 3–46.

LOOF, P. A. A. (1976): The author of the genus-group name *Mesodiplogaster* (Diplogasteridae). – Nematologica, **22:** 122–123.

LOOF, P. A. A. & JAIRAJPURI, M. S. (1965): Two new species of *Chronogaster* COBB, 1913 (Nematoda: Plectidae). – Proc. Helminth. Soc. Washington, **32:** 181–186.

LORDELLO, L. G. E. (1953): Contribuição ao conhecimento dos nematódeos do solo de algumas regiões do Estado de São Paulo. – Doktorarbeit, Piracicaba: 1–75.

LORDELLO, L. G. E. & DE OLIVEIRA, A. J. (1963): Nematódeos associados a uma doença da palmeira imperial. — Rev. Brasil. Biol., **23**: 19—24.

LORDELLO, L. G. E. & ZAMITH, A. P. L. (1959): Observações sôbre o gênero „*Butlerius*" de nematódeos de vida livre. Rev. Brasil. Biol., **19**: 177—182.

LORENZEN, S. (1977): Revision der Xyalidae (freilebende Nematoden) auf der Grundlage einer kritischen Analyse von 56 Arten aus Nord- und Ostsee. — Veröff. Inst. Meeresforsch. Bremerhaven, **16**: 197—261.

LORENZEN, S. (1978): The system of the Monhysteroidea — a new approach. — Zool. Jahrb. Syst., **105**: 515—536.

LUDWIG, F. (1887): Ein Verwandter des Essigälchens in den Gärungsprodukten der Eichenrinde. — Naturwissenschaftler, **1**: 9.

MAGGENTI, A. R. (1961): Revision of the genus *Plectus* (Nematoda: Plectidae). — Proc. Helminth. Soc. Washington, **28**: 139—166.

DE MAN, J. G. (1876): Onderzoekingen over vrij in de aarde levende Nematoden. — Tijdschr. Nederl. Dierk. Ver., **2**: 78—196.

DE MAN, J. G. (1880): Die einheimischen, frei in der reinen Erde und im süßen Wasser lebenden Nematoden. Vorläufiger Bericht und descriptivsystematischer Theil. — Tijdschr. Nederl. Dierk. Ver., **5**: 1—104.

DE MAN, J. G. (1881): Über einige neue oder noch unvollständig bekannte Arten von frei in der reinen Erde lebenden Nematoden. (1. Supplement zu dem Aufsatz auf S. 1 dieses Bandes.) — Tijdschr. Nederl. Dierk. Ver., **5**: 138—143.

DE MAN, J. G. (1884): Die frei in der reinen Erde und im süßen Wasser lebenden Nematoden der niederländischen Fauna. Eine systematisch-faunistische Monographie. — Leiden: 1—206.

DE MAN, J. G. (1894): Note supplémentaire sur la *Rhabditis janeti* Lac. Duth. — Mém. Soc. Zool. France, **7**: 363—368.

DE MAN, J. G. (1895): Description of three species of Anguillulidae, observed in diseased pseudobulbs of tropical orchids. — Proc. Trans. Liverpool Biol. Soc. (1894—95), **9**: 76—94.

DE MAN, J. G. (1904): Ein neuer freilebender Rundwurm aus Patagonien, *Plectus* (*Plectoides*) *patagonicus* n. sp. — Ber. Senckenb. Naturf. Ges. Frankfurt a. M., **2**: 41—45.

DE MAN, J. G. (1910): Beiträge zur Kenntnis der in dem weißen Schleimfluß der Eichen lebenden Anguilluliden, nebst Untersuchungen über den Bau des Essigälchens und der Gattung *Anguillula* Ehrb. — Ziol. Jahrb. Syst., **29**: 359—394.

DE MAN, J. G. (1912): *Odontopharynx longicaudata* n. g. n. sp., eine neue Form von Anguilluliden. — Zool. Jahrb. Syst., **33**: 637—642.

DE MAN, J. D. (1913): *Anguillula silusiae* n. sp., eine neue, in den sogenannten Bierpilzen lebende Art der Gattung *Anguillula* Ehrb. — Centralbl. Bakteriol., **39**: 74.

DE MAN, J. G. (1920): Description d'une espèce nouvelle du genre *Diplogaster* Max SCHULTZE: *Diplogaster consobrinus* nov. sp. — Ann. Soc. Roy. Zool. Malacol. Belgique, **51**: 47—54.

DE MAN, J. G. (1921): Nouvelles recherches sur les nématodes libres terricoles de la Hollande. — Capita Zool., **1**: 3—62.

DE MAN, J. G. (1926): Beschreibung einer neuen Art der Gattung *Craspedonema* RICHTERS, *Craspedonema zeelandicum* n. sp. — Arch Hydrobiol., **17**: 507—514.

DE MAN, J. G. (1927): Das Männchen der *Rhabditis monhystera* BÜTSCHLI. — Zool. Anz., **70**: 51—57.

MARCINOWSKI, K. (1909): Parasitisch und semiparasitisch an Pflanzen lebende Nematoden. Arb. K. Biol. Anstalt Land. Forstw. Berlin, **7**: 1—192.

MARINARI, A. (1957): *Pelodera melisi* n. sp. (Nematoda, Rhabditida, Rhabditidae). — Redia, **42**: 273—276.

MARINARI, A. (1957): Una nuova specie del genere *Procephalobus* STEINER, 1934 (Nematoda, Rhabditida, Cephalobidae). — Redia, **42**: 227—230.

MARINARI-PALMISANO, A. (1967): Contributo alla conoscenza di alcuni nematodi dei generi *Rhabditoides*, *Eucephalobus*, *Heterocephalobus*. — Redia, **50**: 289—308.

Massey, C. L. (1960): A new species of Nematoda, *Cylindrocorpus erectus* associated with *Scolytus multistriatus* Marsh in American elm. — Proc. Helminth. Soc. Washington, **27:** 42—44.

Massey, C. L. (1960): Nematode parasites and associates of the California five-spined engraver, *Ips confusus* (Lec.). — Proc. Helminth. Soc. Washington, **27:** 14—22.

Massey, C. L. (1962): New species of Diplogasteridae (Nematoda) associated with bark beetles in the United States. — Proc. Helminth. Soc. Washington, **29:** 67—75.

Massey, C. L. (1963): *Santafea* new genus (Rhabditoidea, Chambersiellidae) and a change in the systematic position of *Macrolaimus* Maupas, 1900. — Proc. Helminth. Soc. Washington, **30:** 26—28.

Massey, C. L. (1964): The nematode parasites and associates of the fir engraver beetle, *Scolytus ventralis* Le Conte, in New Mexico. — Journ. Insect. Pathol., **6:** 133—155.

Massey, C. L. (1966): The genus *Acrostichus* Rahm, 1928, synonym *Diplogasteritus* Paramanov, 1952 (Nematoda). — Proc. Helminth. Soc. Washington, **33:** 8—13.

Massey, C. L. (1966): The genus *Mikoletzkya* (Nematoda) in the United States. — Proc. Helminth. Soc. Washington, **33:** 13—19.

Massey, C. L. (1966): The nematode parasites and associates of *Dendroctonus adjunctus* (Coleoptera: Scolytidae) in New Mexico. — Ann. Entom. Soc. America, **59:** 424—440.

Massey, C. L. (1967): Nematodes associated with tree-infesting insects: Paurodontidae new family and Misticiinae new subfamily with a description of one new genus and four new species. — Canad. Journ. Zool., **45:** 779—786.

Massey, C. L. (1971): Nematode associates of several species of *Pissodes* (Coleoptera: Curculionidae) in the United States. — Ann. Entom. Soc. America, **64:** 162—169.

Massey, C. L. (1971): Two new genera of nematodes parasitic in the eastern subterranean termite, *Reticulitermes flavipes*. — Journ. Invert. Pathol., **17:** 238—242.

Massey, C. L. (1974): Biology and taxonomy of nematode parasites and associates of bark beetles in the United States. — Agric. Handbook, 446, Forest Serv. U.S. Dept. Agric.: 1—233.

Massey, C. L. & Hinds, T. E. (1970): Nematodes from aspen cankers in Colorado and New Mexico. — Canad. Journ. Zool., **48:** 97—108.

Maupas, E. F. (1899): La mue et l'enkystement chez les nématodes. — Arch. Zool. Expér. Gén., **7:** 563—628.

Maupas, E. F. (1900): Modes et formes de reproduction des nématodes. — Arch. Zool. Expér, Gén., **8:** 463—624.

Maupas, E. F. (1915): Un nouveau *Rhabditis*. — Bull. Soc. Hist. Nat. Afrique Nord, **7:** 51—52.

Maupas, E. F. (1916): Nouveaux *Rhabditis* d'Algérie. — Compt. Rend. Soc. Biol. Paris, **79:** 607—613.

Maupas, E. F. (1919): Essais d'hybridation chez des nématodes. — Bull. Biol. France et Belgique, **52:** 466—498.

Mavljanov, O. M. (1976): Parazitichеskie i pochvennye nematod tekhnicheskikh kultur juga Uzbekistana. — Tashkent: 1—84.

Mavljanov, O. M. (1978): *Stegelleta cylindrica* sp. n. (Acrobelinae, Rhabditida), novyj vid nematody iz khlopchatnika. (*Stegelleta cylindrica* sp. n., Acrobelinae, Rhabditida, a new species of nematodes from the cotton.) — Zool. Zhurn., **57:** 1889—1891.

Mengert, H. (1953): Nematoden und Schnecken. — Zeitschr. Morph. Ökol. Tiere, **41:** 311—349.

Menzel, R. (1922): Beiträge zur Kenntnis der Mikrofauna von Niederländisch-Ost-Indien. II. Über den tierischen Inhalt der Kannen von *Nepenthes melamphora* Reinw., mit besonderer Berücksichtigung der Nematoden. — Treubia, **3:** 116—122.

Merrill, J. H. & Ford, A. L. (1916): Life history and habits of two new nematodes parasitic on insects. (Preliminary note.) — Journ. Agric. Res. U.S. Dept. Agric., **6:** 115—127.

Mechnikov, E. I. (1863): Opisanie novogo vida iz roda *Diplogaster*. — Zap. Imp. Akad. Nauk, **4:** 141—148.

Meyer, A. J. & Coomans, A. (1977): Freeliving nematodes from Mount Kenya. I. — Rev. Zool. Afr., **91:** 493—505.

MEYL, A. H. (1953): Beiträge zur Kenntnis der Nematodenfauna vulkanisch erhitzter Biotope. I. Mitteilung. Die terrikolen Nematoden im Bereich von Fumarolen auf der Insel Ischia. — Zeitschr. Morph. Ökol. Tiere, **42:** 67—116.

MEYL, A. H. (1953): Beiträge zur Kenntnis der Nematodenfauna vulkanisch erhitzter Biotope. II. Mitteilung. Die in Thermalgewässern der Insel Ischia vorkommenden Nematoden. — Zeitschr. Morph. Ökol. Tiere, **42:** 159—208.

MEYL, A. H. (1954): Beiträge zur Kenntnis der Nematodenfauna vulkanisch erhitzter Biotope. III. Mitteilung. Nematoden aus der Mischungszone strandnaher, heißer Süßwasserquellen mit dem Meereswasser auf der Insel Ischia. — Zeitschr. Morph. Ökol. Tiere, **42:** 421—448.

MEYL, A. H. (1954): Die bisher in Italien gefundenen freilebenden Erd- und Süßwasser-Nematoden. — Arch. Zool. Ital., **39:** 161—264.

MEYL, A. H. (1954): Die Fadenwürmer (Nematoda) einiger Salzstellen südöstlich von Braunschweig. — Abhandl. Braunschw. Wiss. Ges., **6:** 84—106.

MEYL, A. H. (1954): Die Nematodenfauna höherer Pilze in Laub- und Nadelwäldern zwischen Braunschweig und dem Harz. — Mycopathol. Mycol. Appl., **7:** 1—80.

MEYL, A. H. (1955): Freilebende Nematoden aus binnenländischen Salzbiotopen zwischen Braunschweig und Magdeburg. — Arch. Hydrobiol., **50:** 568—614.

MEYL, A. H. (1956): Nematological news. Nomenclature. — Nematologica, **1:** 174—176.

MEYL, A. H. (1957): Beiträge zur freilebenden Nematodenfauna Brasiliens. II. Weitere neue oder wenig bekannte Nematodenarten. — Kieler Meeresforsch., **13:** 125—133.

MEYL, A. H. (1957): Two new freeliving nematodes, found in the rain-water reserve of *Quesnelia arvensis* (Vell.) Mez. (Bromeliaceae) from Brazil. — Proc. Helminth. Soc. Washington, **24:** 62—66.

MEYL, A. H. (1961): Die freilebenden Erd- und Süßwassernematoden (Fadenwürmer). — In: Die Tierwelt Mitteleuropas, **I/5a:** 1—164.

MICOLETZKY, H. (1913): Die freilebenden Süßwassernematoden der Ostalpen. 1. Teil der vorläufigen Mitteilung: Die freilebenden Süßwassernematoden des Lunzer Seengebietes. — Sitzungsber. K. Akad. Wiss. Wien, Math.-Naturw. Kl., **122:** 111—122.

MICOLETZKY, H. (1914): Freilebende Süßwasser-Nematoden der Ost-Alpen mit besonderer Berücksichtigung des Lunzer Seengebietes. — Zool. Jahrb. Syst., **36:** 331—546.

MICOLETZKY, H. (1915): Freilebende Süßwasser-Nematoden der Ost-Alpen. Nachtrag. Die Nematodenfauna des Grundl-, Hallstätter-, Ossiacher- und Millstätter-Sees. — Zool. Jahrb., Syst., **38:** 245—274.

MICOLETZKY, H. (1916): Ergebnisse einer botanischen Forschungsreise nach Deutsch-Ostafrika und Südafrika (Kapland, Natal und Rhodesien). Süßwasser-Nematoden aus Südafrika. — Denkschr. K. Akad. Wiss. Wien, **92:** 149—171.

MICOLETZKY, H. (1922): Die freilebenden Erd-Nematoden mit besonderer Berücksichtigung der Steiermark und der Bukowina, zugleich mit einer Revision sämtlicher nichtmariner, freilebender Nematoden in Form von Genus-Beschreibungen und Bestimmungsschlüsseln. — Arch. Naturgesch., **87:** 1—650.

MICOLETZKY, H. (1925): Die freilebenden Süßwasser- und Moornematoden Dänemarks. Nebst Anhang: Über Amöbosporidien und anderer Parasiten bei freilebenden Nematoden. — K. Danske Vidensk. Selsk. Skr. Naturv. Math. Afd., **10:** 57—310.

MIHELČIČ, F. (1953): Nematodos de los suelos de humus. Contribución al conocimiento de la microfauna de los suelos de humus. — An. Edafol. Fisiol. Veg., **12:** 879—905.

MOORTHY, V. N. (1938): Freshwater nematodes from the intestines of fish. — Proc. Helminth. Soc. Washington, **5:** 24—26.

MUKHINA, T. I. (1970): Novyj vid roda *Eucephalobus* STEINER, 1936 (Nematoda, Cephalobidae). (A new species of the genus *Eucephalobus* STEINER, 1936, Nematoda, Cephalobidae). — Parazitologija, **4:** 568—572.

MULK, M. M. & COOMANS, A. (1978): Freeliving nematodes from Mount Kenya. II. Scientific report of the Belgian Mt. Kenya Bio-Expedition, no. 13. — Rev. Zool. Afr., **92:** 593—608.

MULVEY, R. H. (1969): Soil-inhabiting nematodes of the orders Araeolaimida, Chromadorida, Enoplida, and Monhysterida from the Canadian high Arctic. — Canad. Journ. Zool., **47:** 365—382.

MÜLLER, O. F. (1773): Vermium terrestrium et fluviatilium, seu animalium infusoriorum, helminthicorum et testaceorum, non marinorum, succincta historia. 1. Pars: Praefatio. — Havniae et Lipsiae: 1—35.

MÜLLER, O. F. (1783): Anmerkungen beim Durchlesen einiger Aufsätze in den 10 ersten Stücken des Naturforschers. — Naturforscher, **19:** 159—176.

NAMA, H. S. & SONI, G. R. (1979): *Plectonchus cucumis* sp. n. (Nematoda, Panagrolaimidae) from *Cucumis melo* var. phut. — Curr. Sci., **48:** 703—704.

NESTEROV, P. I. (1969): Novyj vid nematody — *Stegelleta rara* n. sp. (Nematoda: Cephalobidae). — Izvest. Akad. Nauk Moldav. SSR, **1:** 17—18.

NESTEROV, P. I. (1970): *Acromoldavicus* n. gen. i pereopisanie vida *Acrobeloides skrjabini* NESTEROV et LISETZKAJA, 1965 (Nematoda, Cephalobidae). — RIO Akad. Nauk. Moldav. SSR, **5:** 134—138.

NESTEROV, P. I. (1973): Novye vidy fitonematod iz rizosfery kulturnykh i dikorastushchikh rastenij Moldavii. — (Sonderdruck ohne nähere Angaben).

NESTEROV, P. I. & LISETHKAJA, L. F. (1965): O nematodofaune nekotorykh pochv Moldavskoj SSR. — In: Parazity zhivotnykh i rastenij. Kishinev, **1:** 3—16.

NIGON, V. (1949): Modalités de la reproduction et déterminisme du sexe chez quelques nématodes libres. — Ann. Soc. Nat. Zool., **11:** 1—132.

NOVIKOVA, S. I. (1971): Opisanie samthov *Plectus armatus* BÜTSCHLI i *Teratocephalus costatus* ANDRÁSSY (Nematoda, Plectidae, Teratocephalidae). — Zool. Zhurn., **50:** 1400—1401.

NOVIKOVA, S. I. & GAGARIN, V. G. (1971): Novyj vid roda *Plectus* (Nematoda, Plectidae). (A new species of the genus *Plectus*, Nematoda, Plectidae.) — Zool. Zhurn., **50:** 1907 bis 1099.

OSCHE, G. (1952): Systematik und Phylogenie der Gattung *Rhabditis* (Nematoda). — Zool. Jahrb. Syst., **81:** 190—280.

OSCHE, G. (1954): Ein Beitrag zur Kenntnis mariner *Rhabditis*-Arten. — Zool. Anz., **152:** 242—251.

ÖRLEY, L. (1880): Az Anguillulidák magánrajza. (Monographie der Anguilluliden.) — Természetr. Füz., **4:** 16—150.

ÖRLEY, L. (1885): A Rhabditisek magánrajza orvosi és természetrajzi szempontból. — Math. Term.-tud. Közlem., **21:** 1—134.

ÖRLEY, L. (1886): Die Rhabditiden und ihre medizinische Bedeutung. — Berlin: 1—84.

PAESLER, F. (1939): Massenvorkommen eines neuen Nematoden, *Diplogaster schneideri* n. sp., im braunen Schleimfluß einer Rosskastanie. — Zool. Anz., **126:** 138—140.

PAESLER, F. (1941): Eine neue *Acrobeles*-Art aus einer intermittierenden Therme in Bad Ilidža (Bosnien). — Zool. Anz., **135:** 46—48.

PAESLER, F. (1946): Beitrag zur Kenntnis der im Dünger lebenden Nematoden. — Österr. Zool. Zeitschr., **1:** 87—128.

PAESLER, F. (1956): Beitrag zur Erweiterung der Kenntnis der Gattung „*Myolaimus*“. — Zool. Anz., **157:** 223—231.

PAESLER, F. (1956): Beschreibung einer neuen *Plectonchus*-Art, *Plectonchus sucicola* n. sp., Zool. Anz., **157:** 231—234.

PAESLER, F. (1957): Beschreibung einiger Nematoden aus Champignonbeeten. — Nematologica, **2:** 314—328.

PAESLER, F. (1962): Nematoden in Reisspreu. Beschreibung einiger Arten und Sukzessionserscheinungen. — Opusc. Zool. Budapest, **4:** 105—120.

PAETZOLD, D. (1955): Untersuchungen an freilebenden Nematoden der Salzwiese bei Aseleben. Ein Beitrag zur Kenntnis der Nematodenfauna binnenländischer Salzbiotope. — Wiss. Zeitschr. Martin-Luther-Univ., **4:** 1057—1900.

PAETZOLD, D. (1958): Beiträge zur Nematodenfauna mitteldeutscher Salzstellen im Raum von Halle. — Wiss. Zeitschr. Martin Luther Univ., **8:** 17—48.

PARAMONOV, A. A. (1926): Materialy k anatomii i sistematike svobodnykh nematod. — Russk. Zool. Zhurn., **6:** 44—56.

PARAMONOV, A. A. (1951): K poznaniju saprozojnykh nematod v SSSR. — Trudy Zool. Inst. Akad. Nauk SSSR, **9:** 602—612.

Paramonov, A. A. (1952): Opyt ekologicheskoj klassifikathii fitonematod. — Trudy Gelmintol. Lab. Akad. Nauk SSSR, **6:** 338—369.

Paramonov, A. A. (1957): O printhipakh taksonomicheskoj differenthirovki v nematologii. (On the principles of taxonomic differentiation in nematology. I. Analysis of the subfamily Pseudodiplogasteroidinae Körner, 1954.) — Zool. Zhurn., **36:** 641—653.

Paramonov, A. A. (1962): Osnovy fitogelmintologii. Tom I. Proiskhozhdenie nematod. Ekologo-morfologicheskaja kharakteristika fitonematod. Obshchie printhipy taksonomii. — Moskva: 1—480.

Paramonov, A. A. (1964): Osnovy fitogelmintologii. Tom II. Chastnaja taksonomija fitonematod. — Moskva: 1—447.

Paramonov, A. A. & Turlygina, S. S. (1955): K revizii semejstva *Diplogasteroididae* Paramonov, 1952 (Phasmidia: Diplogasterata). — Zool. Zhurn., **34:** 522—531.

Penso, G. (1938): Su alcune Anguillulinae parassite degli ortaggi in Libia e sul modo di combatterle. — Arch. Ital. Soc. Med. Colon., **19:** 706—722.

Pereira, C. (1937): *Rhabditis hambletoni* n. sp., nema apparentemente semiparasito da „bróca do algodoeiro" (*Gasterocercodes barisiliensis*). — Arch. Inst. Biol. São Paulo, **8:** 215—230.

Peters, B. G. (1927): On the nomenclature of the vinegar eelworm. — Journ. Helminth., **5:** 133—142.

Pillai, J. K. & Taylor, D. P. (1968): *Butlerius micans* n. sp. (Nematoda: Diplogasterinae) from Illinois, with observations on its feeding habits and a key to the species of *Butlerius* Goodey, 1929. — Nematologica, **14:** 89—93.

Pillai, J. K. & Taytor, D. P. (1968): Emendation of the genus *Demaniella* Steiner, 1914 (Nematoda, Diplogasterinae), with observations on the biology of *D. basili* n. sp. — Nematologica, **14:** 285—294.

Poinar, G. O. (1965): An association between *Pelodera* (*Coarctadera*) *acarambates* n. sp. (Rhabditina: Nematoda) and Macrochelid mites (Mesostigmata: Acari). — Nematologica, **10:** 507—511.

Pokrovskaja, T. V. (1964): *Micronema intermedia* sp. nova (Nematoda, Panagrolaimidae). — Helminthologia, **5:** 73—75.

Potts, F. A. (1910): Notes on the free-living nematodes. — Quart. Journ. Micr. Soc., **55:** 433—484.

Rahm, G. F. (1925): Beitrag zur Kenntnis der Moostierwelt der preußischen Rheinlande. I. Systematisch-beschreibender Teil. — Arch. Naturgesch., **90:** 153—214.

Rahm, G. F. (1928): Alguns nematodes parasitas e semi-parasitas das plantas culturaes do Brasil. — Arch. Inst. Biol. Defesa Agric. Anim., **1:** 239—251.

Rahm, G. F. (1929): Nematodes parasitas e semi-parasitas de diversas plantas culturaes do Brasil. — Arch. Inst. Biol. Defesa Agric. Anim., **2:** 67—136.

Rahm, G. F. (1932): Freilebende Nematoden, Rotatorien und Tardigraden aus Südamerika (besonders aus Chile). — Zool. Anz., **98:** 94—112.

Rahm, G. F. (1938): Freilebende und saprophytische Nematoden der Insel Hainan (mit besonderer Berücksichtigung der bisher bekannt gewordenen Nematoden Nordchinas und Japans). — Annot. Zool. Japon., **17:** 646—667.

Reiter, M. (1928): Zur Systematik und Ökologie der zweigeschlechtlichen Rhabditiden. — Arb. Zool. Inst. Univ. Innsbruck, **3:** 91—184.

Richters, F. (1905): *Bunonema reticulatum* n. sp. — Verhandl. Deutsch. Zool. Ges. 15. Jahresversamml. Breslau: 46—47.

Richters, F. (1908): Moosfauna-Studien. — Ber. Senckenb. Naturforsch. Ges. (1907—08): 14—30.

Riemann, F. (1966): Die interstitielle Fauna im Elbe-Aestuar. Verbreitung und Systematik. — Arch. Hydrobiol. Suppl., **31:** 1—279.

Riemann, F. (1970): Freilebende Nematoden aus dem Grenzbereich Meer-Süß-Wasser in Kolumbien, Südamerika. — Veröff. Inst. Meeresforsch. Bremerhaven, **12:** 365—412.

Ritter, M. M. (1965): Ordre des Rhabditides (= Rhabditida Chitwood, 1933). — In: Traité de Zoologie, **4/3:** 732—803.

Rühm, W. (1954): Einige neue, ipidenspezifische Nematodenarten. — Zool. Anz., **153:** 221—242.

RÜHM, W. (1956): Bemerkungen über die Pseudodiplogasteroidinae KÖRNER, 1954 (Nematoda). — Zool. Anz., **156:** 293—299.

RÜHM, W. (1956): Die Nematoden der Ipiden. — Parasitol. Schriftenreihe, **6:** 1—435.

RÜHM, W. (1959): *Cylindrocorpus* subg. nov. und *Protocylindrocorpus* subg. nov., zwei Untergattungen der Gattung *Cylindrocorpus* GOODEY, 1939. — Nematologica, **4:** 76—82.

RÜHM, W. (1959): *Diplogasteroides* (*Rhabdontolaimus*) *berwigi* n. sp., eine mit einer Raspelplatte ausgestattete *Diplogaster*-Art (Nematoda). — Zool. Anz., **162:** 356—361.

RÜHM, W. (1960): Ein Beitrag zur Nomenklatur und Systematik einiger mit Scolytiden vergesellschafteter Nematodenarten. — Zool. Anz., **164:** 201—213.

RÜHM, W. (1962): Zur Variabilität der Cuticularstruktur der Unterfamilie Bunonematinae SACHS, 1949 sowie eine Neubeschreibung von *Bunonema* (*Rhodolaimus*) *voulliemei* n. sp. — Nematologica, **7:** 37—52.

RÜHM, W. (1964): Ein Beitrag zur Vergesellschaftung zwischen Nematoden und Insekten (*Pelodera bakeri* n. sp., Nematoda, Rhabditoidea, Rhabditidae, eine mit *Calvertius tuberosus* Perm. et Germ., Coleoptera, Curculionidae, Hylobiinae, vergesellschaftete Nematodenart an *Araucaria araucana* [Mol.] KOCH). — Zool. Anz., **173:** 212—220.

RÜHM, W. (1965): Zur „Wirtskreiserweiterung" einer mit Borkenkäfern (Scolytoidea, Col.) vergesellschafteten Nematodenart. — Zeitschr. Parasitenk., **26:** 230—253.

RÜHM, W. & CHARARAS, C. [1957): Description, biologie et histologie de quatre espèces nouvelles de nématodes parasites de *Dryocoetes hectographus* Reit. (Col., Scolytidae). — Entomophaga, **2:** 253—269.

SACHS, H. (1949): Revision der *Bunonematinae* (Anguillulidae, Nematodes). — Zool. Jahrb. Syst., **78:** 323—366.

SACHS, H. (1950): Die Nematodenfauna der Rinderexkremente. Eine ökologisch-systematische Studie. — Zool. Jahrb. Syst., **79:** 209—272.

SAMIBAEVA, K. KH. (1966): Novye vidy nematod tabaka i prikornevoj pochvy v Urgutskom rajone Samarkandskoj oblasti. — In: Ekologii i Morfologii Zhivotnykh, Tashkent: 121—128.

SANDGROUND, J. H. (1939): *Cephalobus parasiticus* n. sp. and „pseudostrongyloidiasis" in *Macaca irus mordax*. — Parasitology, **31:** 132—137.

SANWAL, K. C. (1957): Chambersiellidae n. fam. (Nematoda), with emended diagnosis of the genus *Chambersiella* COBB, 1920, description of *C. bakeri* n. sp., and discussion of taxonomic position. — Canada. Journ. Zool., **35:** 615—621.

SANWAL, K. C. (1959): *Cuticonema vivipara* n. g., n. sp., a new saprophagous nematode of the subfamily Panagrolaimidae THORNE, 1937, from Canada, with a note on the genus *Brevibucca* GOODEY, 1935. — Canad. Journ. Zool., **37:** 223—229.

SANWAL, K. C. (1960): *Macrolaimus canadensis* n. sp. (Nematoda: Panagrolaiminae), from the frass of the bark beetle *Phloeosinus canadensis* SWAINE, 1917, with remarks on other species of the genus *Macrolaimus* MAUPAS, 1900. — Canad. Journ. Zool., **38:** 1127—1131.

SANWAL, K. C. (1960): *Panagrellus dubius* n. sp. (Nematoda: Turbatricinae GOODEY, 1943) from frass of beetle *Sternochetus lapathi* (1.), with remarks on redescription of *Anguillula rediviva* (L., 1767). — Canad. Journ. Zool., **38:** 1041—1046.

SANWAL, K. C. (1960): Taxonomic position of *Macrolaimus papillatus* (RAHM, 1928) GOODEY, 1951, status of *Diastolaimus* RAHM, 1928, and emended diagnosis of Chambersiellidae and *Chambersiella* COBB, 1920 (Nematoda). — Canad. Journ. Zool., **38:** 751—753.

SANWAL, K. C. (1968): Morphology and relationships of *Periplectus labiosus* n. gen., n. sp. (Nematoda: Plectinae) with remarks on its evolutionary significance. — Canad. Journ. Zool., **46:** 991—1003.

SANWAL, K. C. (1969): Subfamily Plectinae (Nematoda) in classifications of GOODEY (1963) and DE CONINCK (1965); emendation of diagnosis of Plectoidea and Plectidae. — Nematologica, **15:** 101—106.

SANWAL, K. C. (1971): *Geraldius* n. gen., Macrolaiminae n. subfam., with a revision of the subfamilies and genera of Chambersiellidae (Nematoda). — Canad. Journ. Zool., **49:** 965—967.

SCHEIBER, S. H. (1880): Ein Fall von mikroskopisch kleinen Rundwürmern — *Rhabditis genitalis* — im Urin einer Kranken. — Arch. Pathol. Anat., **82:** 161—175.

SCHIEMER, F. (1965): Über einige Funde der Gattung *Monhystrella* (Nematoda, Monhysterinae) in binnenländischen, athalassohalinen Salzgewässern. — Wiss. Arb. Bgld. Eisenstadt, **34:** 59—66.

SCHIEMER, F. (1978): Verteilung und Systematik der freilebenden Nematoden des Neusiedlersees. — Hydrobiologia, **58:** 167—194.

SCHMIDT, G. D. & KUNTZ, R. E. (1972): Nematode parasites of Oceanica. XVIII. *Caenorhabditis avicola* sp. n. (Rhabditidae) found in a bird from Taiwan. — Proc. Helminth. Soc. Washington, **39:** 189—191.

SCHNEIDER, A. F. (1859): Über eine Nematodenlarve und gewisse Verschiedenheiten in den Geschlechtsorganen der Nematoden. — Zeitschr. Wiss. Zool., **10:** 176—178.

SCHNEIDER, A. F. (1860): Über die Muskeln und Nerven der Nematoden. — Arch. Anat. Physiol. Wiss. Med.: 224—242.

SCHNEIDER, A. F. (1866): Monographie der Nematoden. — Berlin: 1—357.

SCHNEIDER, G. E. (1906): Beitrag zur Kenntnis der im Uferschlamm des finnischen Meerbusens frei lebenden Nematoden. — Acta Soc. Fauna Flora Fenn., **7:** 1—40.

SCHNEIDER, G. (1922): Das Männchen von *Aphanolaimus viviparus* PLOTNIKOV. — Sitzungsber. Naturf.-Ges. Univ. Dorpat., **28:** 22—23.

SCHNEIDER, W. (1922): Freilebende Süßwassernematoden aus ostholsteinischen Seen. Nebst Bemerkungen über die Nematodenfauna des Madü- und Schaalsees. — Arch. Hydrobiol., **13:** 696—753.

SCHNEIDER, W. (1923): Niederrheinische freilebende Nematoden. — Zool. Anz., **56:** 264—281.

SCHNEIDER, W. (1925): Freilebende Süßwassernematoden aus ostholsteinischen Seen. Nebst Bemerkungen über die Nematodenfauna des Madü- und Schaalsees. (Teil II). — Arch. Hydrobiol., **15:** 536—584.

SCHNEIDER, W. (1932): Nematoden aus der Kiemenhöhle des Flußkrebses. — Arch. Hydrobiol., **24:** 629—636.

SCHNEIDER, W. (1937): Freilebende Nematoden der Deutschen Limnologischen Sundaexpedition nach Sumatra, Java und Bali. Arch. Hydrobiol. Suppl., **15:** 30—108.

SCHNEIDER, W. (1938): *Diplogaster pararmatus* n. n. nebst Bemerkungen über einige andere *Diplogaster*-Arten. — Zool. Anz., **121:** 37—43.

SCHNEIDER, W. (1949): Würmer oder Vermes. II. Fadenwürmer oder Nematoden. I. Freilebende und pflanzenparasitische Nematoden. — In: Die Tierwelt Deutschlands, **36:** 1—260.

SCHNEIDER, W. (1940): Neue freilebende Nematoden aus Höhlen und Brunnen. 1. Nematoden aus jugoslawischen Höhlen. — Zool Anz., **132:** 84—94.

SCHNEIDER, W. (1943): Freilebende Nematoden aus dem Ohridsee. — Ohrid. Zborn. Srpska Akad. Nauka, **136/35:** 161—184.

SCHULZ, E. (1932): Die Tierwelt des Küstengrundwassers bei Schilksee (Kieler Bucht). IV. Nematoden aus dem Küstengrundwasser. — Schrift. Naturwiss. Ver. Schleswig-Holst., **20:** 435—467.

SCHUURMANS STEKHOVEN, J. J. (1943): Études biospéologiques. XXXII. Nématodes recueillis dans des grottes et des sources en Belgique, **19:** 1—20.

SCHUURMANS STEKHOVEN, J. H. (1951): Nématodes saprozoaires et libres du Congo Belge. — Mém. Inst. Roy. Sci. Nat. Belgique, **2:** 3—79.

SCHUURMANS STEKHOVEN, J. H. (1954): *Neorhabditis*, a new name for *Pararhabditis* SCHUURMANS STEKHOVEN. — Proc. Helminth. Soc. Washington, **21:** 47.

SCHUURMANS STEKHOVEN, J. H. & MAWSON, P. M. (1954): Free-living nematodes, mostly from Asia. — Arch. Zool., **27:** 273—279.

SCHUURMANS STEKHOVEN, J. H. & TEUNISSEN, R. J. H. (1938): Nématodes libres terrestres. — In: Exploration du Parc National Albert, Mission G. F. de Witte (1933—1935), **22:** 1—229.

SHAVROV, G. N. (1968): Novye vidy fitonematod podsemejstva Acrobelinae THORNE, 1937. — Soobsch. Dalnevost. Fil. Akad. Nauk SSSR, **26:** 137—140.

SHINGAREVA, A. I., DEMIDOVA, P. N. & KUDRIAVTSEV, V. I. (1928): Neue Art der beim Menschen entdeckten Nematode *Rhabditis gracilis*. — Sborn. Posv. 30. Nauchn. Vrachebn. Pel. Obsh. Deiat. Prof. S. A. Brushteina: 178—196.

SKRJABIN, K. I., SHIKHOBALOVA, N. P., SOBOLEV, A. A., PARAMONOV, A. A. & SUDARIKOV, V. E. (1954): Kamallanaty, rabditaty, tilenkhaty, trikhothefaliaty, dioktofimaty i raspredelenia paraziticheskikh nematod pokhoziaevam. — In: Opredelitel paraziticheskikh nematod, 4, Moskva: 1—827.

SKRJABIN, K. I. & SHULTH, R. E. S. (1926): Novyj vid *Rhabditis* chelovcka — *Rhabditis schachtiella* n. sp. — Rab. 25 Sojuz. Gelmintol. Exped. Artem. Okrug. Donbassa: 69—72.

SKRJABIN, K. I. SHULTH, R. E. S. & SERBINOV, P. I. (1926): Novyj vid *Rhabditis* cheloveka — *Rhabditis donbass* n. sp. — Rab. 25 Sojuz. Gelmintol. Exped. Artem. Okrug. Donbassa: 73—77.

SKWARRA, E. (1921): Diagnosen neuer freilebender Nematoden Ostpreußens. — Zool. Anz., **53:** 66—74.

SLEPETIENE, J. (1961): Dva novykh vida nematod iz otrjada Rhabditida. (Two new nematodes from order Rhabditida.) — Acta Parasitol. Lithuan., **3:** 27—31.

SLEPETIENE, J. (1926): Opisanie nekotorykh samthov nematod i *Aphelenchoides* sp. (intersex). — Lietuv. TSR Mok. Akad. Darbai, **1:** 135—140.

SLOBODJANJUK, O. V. (1973): *Parasitorhabditis subelongati* (Rhabditida, Parasitorhabditinae) — novyj vid nematod ot bolshogo listvennichnogo koroeda *Ips subelongatus*. (*Parasitorhabditus subelongati*, Parasitorhabditinae, Rhabditida) a new species of nematodes from *Ips subelongatus*. — Zool. Zhurn., **52:** 1070—1073.

SOÓS, Á. (1937): *Pseudorhabdolaimus limnophilus* n. g., n. sp., eine neue, freilebende Nematode. — Zool. Anz., **118:** 323—325.

SOÓS, Á. (1938): Zwei neue tyrphobionte Nematoden-Arten. — Zool. Anz., **124:** 281—286.

SOÓS, Á. (1941): *Rhabditis carpathicus* spec. nov., eine neue in *Sphagnum*-Mooren lebende Nematode. — Fragm. Faun. Hung., **4:** 115—116.

SOUTHERN, R. (1909): On the anatomy and life-history of *Rhabditis brassicae* n. sp. — Journ. Ecol. Biol., **4:** 91—95.

STAMMER, H. J. (1935): *Desmoscolex aquaedulcis* n. sp., der erste süßwasserbewohnende Desmoscolecide aus einer slowenischen Höhle (Nemat.). — Zool. Anz., **109:** 311—318.

STANUSZEK, S. (1971): *Pristionchus uniformis* FEDORKO et STANUSZEK, 1971 i jego pozycja w obrebie rodzaju *Pristionchus* KREIS, 1932. (*Pristionchus uniformis* FEDORKO et STANUSZEK, 1971 and its position within the genus *Pristionchus* KREIS, 1932.) — Zeszyty Probl. Post. Nauk Roln., **121:** 197—207.

STEFANSKI, W. (1914): Recherches sur la faune des nématodes libres du Bassin du Léman. — Thèse, Genève: 1—72.

STEFANSKI, W. (1915): Nouvelles espèces de nématodes provenant de Pologne. — Zool. Anz., **45:** 346—349.

STEFANSKI, W. (1916): Die freilebenden Nematoden des Inn, ihre Verbreitung und Systematik. — Zool. Anz., **46,** 363—368.

STEFANSKI, W. (1917): Contribution à l'étude de l'excrétion chez les nématodes libres. — Biol. Centralbl., **37:** 294—311.

STEFANSKI, W. (1922): Excrétion chez les nématodes libres. — Arch. Nauk Biol. Towarzyst. Nauk. Warszaw., **1:** 1—33.

STEFANSKI, W. (1924): Étude sur les nématodes muscicoles des environs de Zakopane (Massif du Tatra polonais). — Bull. Intern. Acad. Polon. Sci. Lett. Cracovie: 21—60.

STEFANSKI, W. (1924): Nouvelle contribution à la connaissance de la faune des nématodes libres des environs de Zakopane (Massif du Tatra polonais). — Bull. Intern. Acad. Polon. Sci., Lett. Cracovie: 539—553.

STEFANSKI, W. (1928): Sur l'identité des espèces *Rhabditis longistoma* STEFANSKI, 1922 et *Cylindrogaster coprophaga* GOODEY, 1927. — Journ. Helminth., **6:** 77—78.

STEFANSKI, W. (1954): *Rhabditis gingivalis* sp. n. parasite trouvé dans un granulome de la genéive chez un cheval. — Acta Parasit. Polon., **1:** 329—336.

STEINER, G. (1914): Freilebende Nematoden aus der Schweiz. 1. Teil einer vorläufigen Mitteilung. — Arch. Hydrobiol. Planktonk., **9:** 259—276.

STEINER, G. (1914): Freilebende Nematoden aus der Schweiz. 2. Teil einer vorläufigen Mitteilung. — Arch. Hydrobiol. Planktonk. **9**: 420—438.

STEINER, G. (1916): Nematodes. (Beiträge zur Kenntnis der Land- und Süßwasserfauna Deutsch-Südwestafrikas. Ergebnisse der Hamburger deutsch-südwestafrikanischen Studienreise 1911.) — Hamburg: 379—411.

STEINER, G. (1916): Freilebende Nematoden von Nowaja-Semlja. — Zool. Anz., **47**: 50—74.

STEINER, G. (1916): Beiträge zur geographischen Verbreitung freilebender Nematoden. — Zool. Anz., **46**: 311—335.

STEINER, G. (1919): Die von A. MONARD gesammelten Nematoden der Tiefenfauna des Neuenburgersees. — Bull. Soc. Neuchatel. Sci. Nat., **43**: 142—240.

STEINER, G. (1920): Freilebende Süßwassernematoden aus peruanischen Hochgebirgsseen (Huaron 5140 m ü. M. und Naticocha 5140 m ü. M.). — Rev. Suisse Zool., **28**: 11—44.

STEINER, G. (1926): Parasitic nemas on peanuts in South Africa. — Centralbl. Bakteriol., **67**: 351—365.

STEINER, G. (1928): *Tylenchus pratensis* and various other nemas attacking plants. — Journ. Agric. Res. U.S. Dept. Agric., **35**: 961—981.

STEINER, G. (1929): *Cephalobus* (*Neocephalobus*) *aberrans* n. sg., n. sp. (Rhabditidae, Nematodes) from the feces of a guinea-pig. — Journ. Parasitol., **16**: 88—90.

STEINER, G. (1929): *Diplogaster entomophaga* n. sp., a new *Diplogaster* (Diplogasteridae, Nematodes) found on a *Pamphilius stellatus* (CHRIST) (Tenthredinidae, Hymenoptera). — Zool. Anz., **80**: 143—145.

STEINER, G. (1929): On the gross morphology of *Acrobeles* (*Acrobeles*) *crossotus* n. sp. (Rhabditidae, Nematodes) found in diseased bulbs of *Iris Tingitana* Boiss. and Reut., with remarks on its ecology and life cycle. — Zeitschr. Morphol. Ökol. Tiere, **15**: 547—558.

STEINER, G. (1929): *Rhabditis octopleura* n. sp., a new *Rhabditis* (Rhabditidae, Nematodes) living in the bark of a diseased elm (*Ulmus americana*). — Zool. Anz., **80**: 146—148.

STEINER, G. (1930): *Neodiplogaster pinicola* n. sp., a nema associated with the white-pine weevil in terminal shoots of the white pine. — Journ. Agric. Res. U.S. Dept. Agric., **41**: 125—130.

STEINER, G. (1930): The nemic fauna of the slime flux of the Carolina poplar. — Journ. Agric. Res. U. S. Dept. Agric., **41**: 427—434.

STEINER, G. (1932): Some nemic parasites and associates of the mountain pine beetle (*Dendroctonus monticolae*). — Journ. Agric. Res. U.S. Dept. Agric., **45**: 437—444.

STEINER, G. (1933): *Rhabditis lambdiensis*, a nematode possibly acting as a disease agent in mushroom beds. — Journ. Agric. Res. U.S. Dept. Agric., **46**: 427—435.

STEINER, G. (1934): *Procephalobus mycophilus* n. g., n. sp. (Cephalobidae), a nematode living in the sclerotia of the fungus *Balansia claviceps*. — Proc. Helminth. Soc. Washington, **1**: 54—56.

STEINER, G. (1934): Some remarks about the nematodes *Cephalobus contractus* (Cephalobidae) and *Diplogaser aerivora* (Diplogasteridae). — Proc. Helminth. Soc. Washington, **1**: 56—58.

STEINER, G. (1935): Opuscula miscellanea nematologica, I. — Proc. Helminth. Soc. Washington, **2**: 41—45.

STEINER, G. (1935): Opuscula miscellanea nematologica, II. — Proc. Helminth. Soc. Washington, **2**: 104—110.

STEINER, G. (1936): Opuscula miscellanea nematologica, III. — Proc. Helminth. Soc. Washington, **3**: 16—22.

STEINER, G. (1936): Opuscula miscellanea nematologica, IV. — Proc. Helminth. Soc. Washington, **3**: 74—80.

STEINER, G. (1938): Opuscula miscellanea nematologica, VII. — Proc. Helminth. Soc. Washington, **5**: 35—40.

STEINER, G. (1940): Opuscula miscellanea nematologica, VIII. — Proc. Helminth. Soc. Washington, **7**: 54—62.

STEINER, G. (1942): Opuscula miscellanea nematologica, IX. — Proc. Helminth. Soc. Washington, **9:** 32—38.

STEINER, G. (1943): New nematodes associated with a disease of the papaya in Chile. — Bol. San. Veg. Chile, **3:** 95—116.

STEINER, G. & CHRISTIE, J. R. (1939): Nematodes observed on diseased rhizomes of ginger from Peru. — Proc. Helminth. Soc. Washington, **6:** 26—29.

STEPHENSON, W. (1942): On the culturing of *Rhabditis terrestris* n. sp. — Parasitology, **34:** 246—252.

SUDHAUS, W. (1974): Zur Systematik, Verbreitung, Ökologie und Biologie neuer und wenig bekannter Rhabditiden (Nematoda). 1. Teil. — Zool. Jahrb. Syst., **101:** 173—212.

SUDHAUS, W. (1974): Zur Systematik, Verbreitung, Ökologie und Biologie neuer und wenig bekannter Rhabditiden (Nematoda). 2. Teil. — Zool. Jahrb. Syst., **101:** 417—465.

SUDHAUS, W. (1974): Nematoden (insbesondere Rhabditiden) des Strandanwurfs und ihre Beziehungen zu Krebsen. — Faun.-ökol. Mitt., **4:** 365—400.

SUDHAUS, W. (1976): Nomenklatorische Bemerkungen über Arten und Gattungen der Unterfamilie Rhabditinae sensu lato (Rhabditidae, Nematoda). — Nematologica, **22:** 49—61.

SUDHAUS, W. (1976): Vergleichende Untersuchungen zur Phylogenie, Systematik, Ökologie, Biologie und Ethologie der Rhabditinae (Nematoda). — Zoologica, **115:** 1—229.

SUDHAUS, W. (1977): *Rhabditis dimorpha*: ein Beispiel für unvollständige Häutung und Sexualdimorphismus bei Nematoden. — Zool. Anz., **199:** 325—352.

SUDHAUS, W. (1978): Systematik, Phylogenie und Ökologie der holzbewohnenden Nematoden-Gruppe *Rhabditis* (*Mesorhabditis*) und das Problem „geschlechtsbezogener" Artdifferenzierung. — Zool. Jahrb. Syst., **105:** 399—461.

SUMENKOVA, N. I. (1964): Novyj vid *Cervidellus devimucronatus* nov. sp. (Nematoda; Cephalobidae). — Trudy Gelmintol. Lab. Akad. Nauk SSSR, **14:** 234—237.

SUMENKOVA, N. I. (1965): Novyj vid *Panagrolaimus longicaudatus* n. sp. (Nematoda: Panagrolaimidae) iz shampinonnykh gruntov. — Trudy Gelmintol. Lab. Akad. Nauk SSSR, **16:** 143—146.

SUMENKOVA, N. I. & RAZZHIVIN, A. A. (1968): Dva novykh vida fitonematod iz roda *Chiloplacus* (Nematoda, Cephalobidae) i onisanie samtha *Chiloplacus soosi* (ANDRÁSSY, 1953). (Two new species of the genus *Chiloplacus*, Nematoda, Cephalobidae, and a male of *Chiloplacus soosi* [ANDRÁSSY, 1953]). — Zool. Zhurn., **47:** 1777—1783.

SURYAWANSHI, M. V. (1971): *Alirhabditis indica* n. gen., n. sp. (Rhabditida: Alirhabditidae n. fam.), *Tawdenema indicum* n. gen., n. sp. and *Syedella aurangabadensis* n. gen., n. sp. (Diplogasteridae) from Marathwada, India. — Acta Parasit. Polon., **19:** 369 bis 373.

TADANO, M. (1950): Notes on a new species of parasitic nematoda, *Rhabditis ikedai* n. sp. from the slug *Incillaria confusa* Cockarall. — Dobuts. Zasshi, Tokyo, **59:** 289—291.

TARJAN, A. C. (1960): Check list of plant and soi nematodes. A nomenclatorial compilation. — Gainesville: 1—200.

TARJAN, A. C. (1967): Supplement (1961—1965) to the Check list of plant and soil nematodes. A nomenclatorial compilation. — Gainesville: 1—115.

TARJAN, A. C. & HOPPER, B. E. (1974): Nomenclatorial compilation of plant and soil nematodes. — DeLeon Springs: 1—419.

TAYLOR, D. P. (1964): *Butlerius monhystera* (Nematoda, Diplogasterinae), a new species of predaceous nematode from Illinois. — Proc. Helminth. Soc. Washington, **31:** 129—132.

TAYLOR, D. P. & HECHLER, G. C. (1966): *Mononchoides fortidens* n. comb. and the transfer of *Mononchoides obscuridens* to the genus *Diplogaster*. — Nematologica, **12:** 345.

THALOLKHIN, S. JA. (1965): Novaja saprobioticheskaja nematoda *Panagrellus silusioides* sp. n. — Vestnik Leningrad. Univ., **21:** 152—153.

THALOLIKHIN, S. JA. (1972): Novye vidy svobodnozhivushchikh nematod iz ozera Bajkal. (New species of free-living nematodes from the Baikal Lake.) — Zool. Zhurn., **51:** 1559—1562.

THOMAS, P. R. & ALLEN, M. W. (1965): Two new species of *Acrobeles* and a redescription of the type, *A. ciliatus* LINSTOW, 1877. — Nematologica, **11:** 373—382.

THORNE, G. (1925): The genus *Acrobeles* von LINSTOW, 1887. — Trans. Amer. Microsc. Soc., **44:** 172—210.

THORNE, G. (1935): Nemic parasites and associates of the mountain pine beetle (*Dendroctonus monticolae*) in Utah. — Journ. Agric. Res. U.S. Dept. Agric., **51:** 131—144.

THORNE, G. (1937): A revision of the nematode family Cephalobidae CHITWOOD & CHITWOOD, 1934. — Proc. Helminthol. Soc. Washington, **4:** 1—16.

THORNE, G. (1938): Notes on free-living and plant-parasitic nematodes. IV. — Proc. Helminth. Soc. Washington, **5:** 64—65.

THORNE, G. (1939): Notes on free-living and plant-parasitic nematodes. V. — Proc. Helminth. Soc. Washington, **6:** 30—32.

THORNE, G. (1961): Principles of nematology. — New York: 1—553.

TIMM, R. W. (1956): Marine nematodes from the Bay of Bengal. I. Phasmidia. — Journ. Bombay Nat. Hist. Soc., **54:** 87—90.

TIMM, R. W. (1957): *Pterygorhabditis*, a remarkable new genus of soil nematodes. — Nematologica, **2:** 68—71.

TIMM, R. W. (1957): Some soil nematodes of East Pakistan. — Pakistan Journ. Biol. Agric. Sci., **1:** 4—10.

TIMM, R. W. (1959): *Cheilorhabditis* and *Odontorhabditis*, two new genera of soil nematodes allied to *Rhabditis*. — Nematologica, **4:** 198—204.

TIMM, R. W. (1960): *Brevibucca punctata* n. sp. and *Macrolaimus natator* n. sp., new soil nematodes from East Pakistan. — Biologia, Pakistan, **6:** 252—256.

TIMM, R. W. (1961): Five species of *Diplogaster* (Nematoda, Diplogasteridae) from East Pakistan. — Pakistan Journ. Biol. Agric. Sci., **4:** 1—6.

TIMM, R. W. (1961): *Prodontorhabditis* n. gen. (Rhabditidae: Prodontorhabditinae n. subfam.), a new soil nematode from East Pakistan. — Proc. Helminth. Soc. Washington, **28:** 115—117.

TIMM, R. W. (1963): A redescription of *Demaniella cibourgensis* STEINER, 1914 (Nematoda: Diplogasteridae). — Biologia, Pakistan, **9:** 49—51.

TIMM, R. W. (1964): The nematode genus *Monhystrella* (COBB, 1918) with a description of a marine species. — Trans. Amer. Microsc. Soc., **83:** 23—26.

TIMM, R. W. (1971): Antarctic soil and freshwater nematodes from the McMurdo Sound region. — Proc. Helminth. Soc. Washington, **38:** 42—52.

TRUSKOVA, G. M. (1971): Novyj vid roda *Acrobeloides* Nematoda, Cephalobidae). (A new species of the genus *Acrobeloides*, Nematoda, Cephalobidae.) — Zool. Zhurn., **50:** 434—436.

TRUSKOVA, G. M. (1972): Opisanie novogo vida *Anaplectus* (Nematoda, Plectidae) i kljuch k opredeleniju vidov roda. (A description of a new species *Anaplectus intermedius*, Nematoda, Plectidae, with a key to species of the genus.) — Zool. Zhurn., **51:** 594—596.

TRUSKOVA, G. M. (1972): Opisanie novogo vida nematod roda *Chiloplacus* THORNE, 1937 (Nematoda: Acrobelinae). (The description of a new nematode from the genus *Chiloplacus* THORNE, 1937, Nematoda: Acrobelinae.) — Trudy Biol. pochv. Inst., **11:** 231 bis 235.

TRUSKOVA, G. M. (1976): Shest novykh vidov roda *Plectus* (Nematoda, Plectidae) iz temnokhvojnykh jesov Dalnego Vostoka. — Zool. Zhurn., **55:** 1718—1724.

TRUSKOVA, G. M. (1976): Novyj vid roda *Plectus* (Nematoda, Plectidae) s Kamchatki. (A new species of the genus *Plectus*, Nematoda, Plectidae, from Kamchatka). — Zool. Zhurn., **55:** 762—763.

TRUSKOVA, G. M. (1978): Novye vidy roda *Anaplectus* (Nematoda, Plectidae) izpodstilki elovo pikhtovykh lesov Primorskogo kraja. (New species of the genus *Anaplectus*, Nematoda, Plectidae, from the litter of spruce fir forests of the Far East marine territory.) — Zool. Zhurn., **57:** 132—135.

TRUSKOVA, G. M. & EROSHENKO, A. S. (1977): Nematofaune vegetativnykh organov travjanistykh i drevesnykh rastenij elnikov primorja. — Trudy Biol.-pochv. Inst., **47:** 35—49.

TULAGANOV, A. T. (1949): Rasteniejadnye i pochvennye nematody Uzbekistana. — Tashkent: 1—228.

VERNET, H. (1872): Quelques mots sur la reproduction de deux espèces hermaphrodites du genre *Rhabditis*. — Arch. Sci. Phys. Nat. Genève, **45:** 61—75.

VINCIGUERRA, M. T. (1972): Descrizione dei maschi, finora ignoti, die due specie di Nematodi. — Boll. Sed. Accad. Gioenia Sci. Nat. Catania, **11:** 3—7.

VOLZ, P. (1951): Untersuchungen über die Mikrofauna des Waldbodens. — Zool. Jahrb. Syst., **79:** 514—566.

VÖLK, J. (1950): Die Nematoden der Regenwürmer und aasbesuchenden Käfer. — Zool. Jahrb. Syst., **79:** 1—70.

WATANABE, K. (1920): Über eine neue Art *Rhabditis* im Menschenstuhl. — Dobuts. Zasshi, Tokyo, **32:** 388—395.

WATANABE, K. (1927): Über eine neue Spezies *Rhabditis*, welche im Menschen vorkommt. — Trans. Jap. Path. Soc., **17:** 215—216.

WEINGÄRTNER, I. (1953): Die Nematoden des Kompostes. — Sitzungsber. Physik.-medizin. Soz. Erlangen, **76:** 86—107.

WEINGÄRTNER, I. (1955): Versuch einer Neuordnung der Gattung *Diplogaster* SCHULZE, 1857 (Nematoda). — Zool. Jahrb. Syst., **83:** 248—317.

WEISCHER, B. (1962): *Desmoscolex vinealis* n. sp. and *Pareudesmoscolex verrucosus* n. g., n. sp., die ersten bodenbewohnenden Desmoscoleciden (Nematoda: Desmoscolecidae). — Zool. Anz., **168:** 229—235.

WILLACH, P. (1892): Zur Ätiologie der Augenerkrankungen, insbesondere der periodischen Augenentzündung (Mondblindheit) des Pferdes. — Arch. Wiss. Prakt. Tierh., **18:** 345—380.

WOLLENWEBER, H. W. (1921): Beiträge zur Älchenfauna der Kartoffel. — Mitt. Biol. Reichsanst. Land. Forstw., **21:** 258—266.

WU, H. W. & HOEPPLI, R. J. C. (1929): Free-living nematodes from Fookien and Chekiang. Teil. III. — Arch. Schiffs- u. Tropen-Hyg., **33:** 35—43.

WÜLKER, G. (1921): Zur Kenntnis der Nematodengattungen *Allantonema* und *Bradynema*. — Senckenbergiana, **3:** 1—9.

YEATES, G. W. (1967): Studies on nematodes from dune sands. 2. Araeolaimida. — New Zealand Journ. Sci., **10:** 287—298.

YEATES, G. W. (1967): Studies on nematodes from dune sands. 5. Acrobelinae. — New Zealand Journ. Sci., **10:** 527—547.

YEATES, G. W. (1969): The status of *Trichodorus clarki* YEATES, 1967, *Ereptonema inflatum* YEATES, 1967 and *Mononchoides potohikus* YEATES, 1969. — Nematologica, **15:** 430.

YEATES, G. W. (1969): Three new Rhabditida (Nematoda) from New Zealand dune sands. — Nematologica, **15:** 115—121.

YEATES, G. W. (1970): Two terrestrial nematodes from the McMurdo Sound region, Antarctica, with a note on *Anaplectus arenicola* KILLICK, 1964. — Journ. Helminth., **44:** 27—34.

YOKOO, T. (1968): On a new *Rhabditis* species (Nematoda: Rhabditidae) found in the alimentary organs of snails from Nagasaki. — Agric. Bull. Saga Univ., **43:** 63—67.

YOKOO, T. & OKABE, K. (1968): Two new species of genus *Rhabditis* (Nematoda: Rhabditidae) found in the intermediate host of *Schistosoma japonica, Oncomelania hupensis nasophora* and *Oncomelania hupensis formosana*. — Agric. Bull. Saga Univ., **43:** 69—78.

YOKOO, T. & OTA, Y. (1961): On the variations of dimensions within soil nematodes. III. Dimensions of the *Brevibucca japonica* n. sp. found in the decayed fruit of pear in Japan, with descriptions of this new species. — Agric. Bull. Saga Univ., **12:** 149—156.

ZAKHIDOV, M. T., THALOLIKHIN, S. JA. & GAGARIN, V. G. (1971): Nematody presnykh i solonovatykh vodoemov SSSR. — Moskva: 1—57.

ZIMMERMANN, A. W. P. (1898): De nematoden der koffiewortels. Deel I. — Meded. Lands Plantent. Buitenzorg, **27:** 1—64.

ZOGRAF, B. I. (1913): *Bunonema bogdanowi*. — Zool. Anz., **41:** 162—164.

ZULLINI, A. (1973): Some soil and freshwater nematodes from Chiapas (Mexico). — Quaderno Accad. Naz. Lincei, **171:** 55—96.

ZULLINI, A. (1974): The nematological population of the Po river. — Boll. Zool., **41**: 183—210.
ZULLINI, A. (1978): Nematodi liberi dell'Isola di Tavolara (Sardegna). — Rend. Accad. Naz., **40**, 3: 67—76.
ZULLINI, A. & LOOF, P. A. A. (1980): Systematic notes on some species of Diplogasteridae (Rhabditida). — Nematologica, **26**: 17—26.

Weitere Literatur

ALEKSEEV, V. M. (1983): Sistematicheskoe polozhenie roda *Hofmaenneria* (Nematoda, Monhysteridae) i dva novykh vida etogo roda iz ozera Khanka. (The taxonomic status of the genus *Hofmaenneria*, Nematoda, Monhysteridae, and two new species of the genus from the Lake Khanka.) — Zool. Zhurn., 62: 1605—1612.
ANDERSON, R. V. (1983): Description of *Distolabrellus veechi* n. gen., n. sp. (Nematoda: Rhabditidae). — Journ. Nematol., 15: 70—75.
ANDRÁSSY, I. (1982): Six new species of the suborder Rhabditina (Nematoda). — Rev. Nématol., 5: 39—50.
ANDRÁSSY, I. (1983): A taxonomic review of the suborder Rhabditina (Nematoda). — Rev. Nématol., 5: 39—50.
ANDRÁSSY, I. (1983): *Caenorhabditis briggsae* (Dougherty & Nigon, 1949), a genetika egyik kisérleti állata (Nematoda: Rhabditidae). — Állatt. Közlem., 70: 113—116.
BLINOVA, S. L. (1982): Entomopatogennye nematody — parazity vreditelej lesa. Semejstvo rabditidy. — Moskva: 1—135.
CALAWAY, W. T. & TARJAN, A. C. (1973): A compendium of the genus *Mononchoides* Rahm, 1928 (Diplogastrinae: Nematoda). — Journ. Nematol., 5: 107—116.
CHAWLA, M. L., KHAN, E. & SAHA, M. (1975): *Wilsereptus andersoni* gen. n., sp. n. (Wilsonematinae: Plectidae, Nematoda) from soil around roots of grass at Dalhousi, India, with a key to the genera of the subfamily. — Indian Journ. Nematol., 5: 176—179.
COLOMBA, G. & VINCIGUERRA, M. T. (1979): Nematodi d'acqua dolce della Sicilia. — Animalia, 6: 89—120.
DECRAEMER, W. (1975): Soil desmoscolecids (Nematoda: Desmoscolecida). — Biol. Jb. Dodonaea, 43: 127—136.
DECRAEMER, W. & STURHAN, D. (1982): A new terrestrial desmoscolecid, *Desmolorenzenia montana* (Nematoda, Desmoscolecida). — Nematologica, 27: 357—365.
GAGARIN, V. G. (1983): Novye vidy roda *Mononchoides* (Nematoda, Diplogasterinae). (New species of the genus *Mononchoides*, Nematoda, Diplogasterinae.) — Zool. Zhurn., 62: 25—31.
GAGARIN, V. G. & LEMZINA, L. V. (1982): Sameth *Mononchus aquaticus* i dva novykh svobodnozhivushchikh nematod iz ozera Issyk-Kul. (A male of *Mononchus aquaticus* and two new species of free-living nematodes from Lake Issyk-Kul.) — Zool. Zhurn., 61: 935—937.
MAGGENTI, A. R., RASKI, D. J., KOSHY, P. K. & SOSAMMA, V. K. (1983): A new species of *Chronogaster* Cobb, 1913 (Nemata: Plectidae) with an amended diagnosis of the genus and discussion of cuticular ornamentation. — Rev. Nématol., 6: 257—263.
MUKHINA, T. I. (1981): Fauna nematod zamanikhi Primorskogo kraja. — In: Svobodn. fitopatol. nemat. fauny Dalnego Vostoka, Vladivostok: 41—156.
MUKHINA, T. I. (1983): Novyj vid nematod semejstva Cephalobidae s Kamchatki. (A new species of nematodes — Cephalobidae — from Kamchatka.) — Zool. Zhurn., 62: 791—796.
NESTEROV, P. I. (1979): Fitoparaziticheskie i svobodnozhivushchie nematody jugo-zapada SSSR. — Kishinev: 1—313.
ZULLINI, A. (1981): Three new species of diplogastrids (Nematoda). — Boll. Mus. Civ. Storia Nat. Verona, 7: 395—404.
ZULLINI, A. (1982): Nematodi (Nematoda). — In: Guide per il riconoscimento delle specie animali delle acque interne italiane, 17: 1—117.

NACHTRAG

Das Manuskript vorliegender Arbeit wurde 1982 abgeschlossen. Einen Teil der seitdem veröffentlichten Angaben — Verbreitungsdaten und taxonomische Novitäten — gelang es noch während des Druckens zu ersetzen. Eine Anzahl neuestens beschriebener Arten konnten jedoch in die Umbruchbogen nicht mehr eingesetzt werden; ich füge sie deshalb als Nachtrag zur Arbeit hinzu.

Ad Seite 67, Gattung Hofmaenneria:

Bemerkung: Ganz neuestens wurden aus der Sowjetunion (Ferner Osten) zwei *Hofmaenneria*-Arten beschrieben. Die eine Art, *Hofmaenneria gratiosa* ALEKSEEV, 1983 steht *H. niddensis* nahe, ist aber kleiner und besitzt kürzere Spicula. ♀: L = = 0,69—0,74 mm; a = 36—44; b = 5,0—5,2; c = 5,3—5,6; V = 60—65%. ♂: L = 0,73—0,86 mm; a = 43; b = 5,2; c = 5,8. Die andere Art, *Hofmaenneria optata* ALEKSEEV, 1983 erinnert stark an *H. brachystoma*, die Spicula sind aber etwas kürzer (33 µm) und die Cuticula an der Analgegend des Männchens weist eine größere Zahl papillenartiger Runzeln auf. Es ist jedoch nicht ausgeschlossen, daß die beiden letzten Arten miteinander identisch sind. ♀: L = 0,88—0,91 mm; a = 28—37; b = 3,8—3,9; c = 6,0—6,4; V = 65%. ♂: L = 0,92 mm; a = 44; b = 4,8; c = 6,7.

Ad Seite 68, Bestimmungsschlüssel der Familie Desmoscolecidae:

1 Cuticula mit rauhen, unregelmäßig dicht aneinander liegenden papillenartigen Auswüchsen; Ringelzahl über 40. . . . . 2. *Pareudesmoscolex*
— Cuticula ohne Auswüchse; Ringelzahl unter 30. 2
2 Hauptringe gerade auswärts gerichtet. . . . . 1. *Desmoscolex*
— Hauptringe schräg vorwärts gerichtet. . . . . 3. *Desmolorenzenia*

3. **Desmolorenzenia** FREUDENHAMMER, 1975

Desmoscolecidae. Recht kleine Tiere, bis 0,2 mm. Zahl der Körperringe (Hauptringe) bei der nichtmarinen Art 18. Terminalring wesentlich länger als die übrigen, mit feinem Röhrchen. Körperborsten kräftig, dorsal in viel größerer Zahl vorhanden als ventral, besonders beim ♀. Spicula dünn und fast gerade, Gubernaculum sehr fein.
Meeresbewohner, nur eine Art kommt terrestrisch vor.
Typusart: *Desmoscolex vittatus* LORENZEN, 1969 = *Desmolorenzenia vittata* (LORENZEN, 1969) FREUDENHAMMER, 1975.

— Hauptringe fein inkrustiert. Subdorsal 9 (♀, ♂), subventral 1 (♀) bzw. 4 (♂) Borsetenpaare. Subdorsalborsten am 1., 3., 5., 7., 9., 11., 13., 16. und 18. Ring; Subventralborsten am 2. (♀) bzw. am 2., 4., 12. und 14. Ring (♂). Terminalring 23—30 μm lang. Spicula 15—23 μm, Gubernaculum 6—10 μm lang. Schwanz bei beiden Geschlechtern mit 3 Ringen.
♀: L = 0,15—0,20 mm, a = 6,4—6,5; b = 8,3; c = 3,8—4,0; V = ? ♂: L = 0,14—0,19 mm; a = 6—7; b = 7,6—8,2; c = 3,1—3,9.
Nikaragua, Guatemala und Surinam; in Waldboden . . . . *montana* DECRAEMER & STURHAN, 1982

Ad Seite 80, Bestimmungsschlüssel der Chronogaster-Arten:

1 Cuticula mit 12 Längsreihen dornartiger Auswüchse. — Körper sehr schlank, Zahl der Cuticularinge 269—353 (♀) bzw. 255—371 (♂). Cuticula gut geringelt, Ringelbreite 2,5—5 μm; Reihen der „Dornen" 4—10 μm voneinander. Kopfborsten nahezu dreimal so lang wie die Kopfbreite. Seitenorgan beim Proximalende der Mundhöhle, hufeisenförmig. Ösophagusbulbus 21—26 μm lang. Postvulvarer Uterussack doppelt so lang wie die einschlägige Körperbreite. Spicula 28—34, Gubernaculum 7,5—9,6 μm lang. 6—7 rohrförmige Präanalorgane. Schwanz am Ende haarfein, 13 Analbreiten lang.
♀: 1,0—1,33 mm; a = 49—73; b = 4,0—5,2; c = 6,4—11; V = 50—52%.
♂: L = 1,0—1,4 mm; a = 74—91; b = 5,2—6,0; c = 8,0—9,3.
Indien; terrestrisch. . . *spinicorpus* MAGGENTI, RASKI, KOSHY & SOSAMMA, 1983
— Cuticula ohne dornartige Auswüchse. 1a
1a Cuticularingelung durch Längsfurchen in quadratische Feldchen geteilt. . . . 2
— Cuticularingelung einfach, Längsfurchen fehlen. 3

Ad Seite 115, Bestimmungsschlüssel der Prodesmodora-Arten:

1 Seitenorgan annähernd eine Kopfbreite hinter dem Vorderende. 1a
— Seitenorgan zwei Kopfbreiten hinter dem Vorderende oder noch weiter hinten. 2
1a Abstand zwischen dem Vorderende und Seitenorgan so lang oder etwas länger als eine Kopfbreite; Seitenorgan kleiner als 1/4 der einschlägigen Körperbreite. — Kopf... (S. 115) . . *circulata* (MICOLETZKY, 1913) MICOLETZKY, 1925
— Abstand zwischen dem Vorderende und Seitenorgan stets kürzer als eine Kopfbreite; Seitenorgan größer als 1/4 der einschlägigen Körperbreite. — Cuticula 1,2 μm dick, sehr fein geringelt. Kopf nicht abgesetzt, Kopfborsten 4,5 μm lang, 1/4 der Lippenbreite. Seitenorgan kreisrund, 4,2—5,4 μm breit. Mundhöhle 10,5—12 μm lang, mit den üblichen Zähnchen. Ei 59 × 30 μm. Leibeshöhle mit Biokristallen erfüllt. Schwanz 5—6mal so lang wie die anale Körperbreite.
♀: L = 0,85—0,92 mm; a = 36—29; b = 5,9—7,2; c = 6,2—7,4; V = = 42—46%. ♂ unbekannt.

Italien (Sizilien); in Fließwasser . . . *pantalicae* Colomba & Vinciguerra, 1979

Ad Seite 164, Bestimmungsschlüssel der Heterocephalobus-Arten:

9 Lippen dreieck- bzw. kegelförmig; Promesostom deutlich breiter als die nachfolgenden Mundhöhlenteile; Schwanz des ♀ ventral gebogen. —Cuticula ... (S. 16) . . . . *eurystoma* Andrássy, 1967

— Lippen ganz flach; Promesostom nicht breiter als die nachfolgenden Mundhöhlenteile; Schwanz des ♀ gerade 9a

9a Schwanz am Ende scharf zugespitzt. — Cuticula ... (S. 164—165) . . . . *elongatus* (de Man, 1880) Andrássy, 1967

— Schwanz am Ende abgerundet oder eingeschnitten. — Cuticula 1,5—2 μm dick, Ringe 8—2 μm breit. Seitenfeld 1/5—1/6 der mittleren Körperbreite. Mundhöhle 16 μm lang. Corpus vom Isthmus wenig abgesondert. Exkretionsöffnung vor dem Bulbus. Receptaculum seminis deutlich, postvulvarer Uterusast etwa so lang wie der Körperdurchmesser. Ei 60 × 20 μm, Schwanz so lang wie 3—4 Analbreiten, Phasmidien im ersten Schwanzdrittel.
♀: L = 0,65 mm; a = 20; b = 4,5; c = 12; V = 62%. ♂ unbekannt.
Sowjetunion (Ferner Osten); terrestrisch. . . . . *eximius* Mukhina, 1981

Ad Seite 183, Gattung Placodira:

Bemerkung: Ob *Placodira camtschatica* Mukhina, 1983 (Sowjetunion: Ferner Osten) hierher gehört, ist zweifelhaft. Die Cuticularinge sind anstatt Längsfurchen bzw. Feldchen mit je einer Doppelreihe von Punkten verziert und der Schwanz ist nicht kegelförmig, sondern beinahe zylindrisch und breit abgerundet. Die Art scheint eher mit den Vertretern der Gattung *Acrobeloides* verwandt zu sein und steht eventuell *A. dubius* (S. 182) nahe.

Ad Seite 202, Gattung Zeldia:

Bemerkung: *Zeldia thornei* Nesterov, 1979 kann infolge der unzulänglich beschriebenen Kopfstruktur in den Bestimmungsschlüssel nicht eindeutig aufgenommen werden. Ich halte es für möglich, daß die Art mit *Zeldia punctata* identisch ist. Verbreitung: Sowjetunion (Moldau).

Ad Seite 214, Gattung Alirhabditis:

Bestimmungsschlüssel der Arten

1 Schwanz etwa 10 Analbreiten lang, fadenförmig. — Cuticula ... (S. 214) . . . . *indica* Suryawanshi, 1971

— Schwanz 5 Analbreiten lang, am Ende keulig angeschwollen. — Cuticula fein aber deutlich geringelt, Ringelbreite 0,7 μm. Seitenfeld 1/5 der Körperbreite.

Kopf klein, nur 1/5 so breit wie der Körper am hinteren Ösophagusende. Mundhöhle 12—13 µm lang, 1/6 der gesamten Ösophaguslänge. Exkretionsöffnung in Höhe des Isthmus. Postvulvarer Uterussack kürzer als die einschlägige Körperbreite. Schwanz ventral mit 30 Cuticularingen.
♀: L = 0,35—0,39 mm; a = 24—28; b = 3,5—3,8; c = 8,5—9,2; V = 58 bis 60%. ♂ unbekannt.
Sowjetunion (Moldau); terrestrisch. . . . . *clavata* NESTEROV, 1979

Ad Seite 237, Unterfamilie Panagrellinae:

3. Genus: ***Brevistoma*** MUKHINA, 1981

Panagrellinae (?). Körperlänge über 0,5 mm. Cuticula deutlich geringelt. Lippen 3, flach. Mundhöhle kurz, trichterförmig; die einzelnen Rhabdions sind sehr kurz, punktförmig, nur die Cheilorhabdions etwas länger. Metastom ohne Zähnchen. Ösophaguscorpus zylindrisch. Weibliche Gonade *Panagrolaimus*-artig, mit postvulvarem Uterussack. Schwanz kegelförmig. Männchen nicht bekannt.
Die genaue Zugehörigkeit der Gattung ist ziemlich ungewiß. Der kurzen Mundhöhle wegen soll sie einstweilen in die Unterfamilie Panagrellinae eingereiht werden.
Typische und einzige Art: *Brevistoma elegans* MUKHINA, 1981.

— Cuticula 1,5 µm dick, Ringelbreite 1—1,2 µm. Seitenfeld etwa 1/4 der Körperbreite, mit zwei inneren Furchen. Mundhöhle 7 µm lang. Ösophagus schlank, Corpus mehr als doppelt so lang wie der Isthmus. Postvulvarer Uterusast kürzer als die Körperbreite. Schwanz leicht ventral gebogen, so lang wie 6 Analbreiten, am Ende spitz.
♀: L = 0,66 mm; a = 33; b = 4,4; c = 12; V = 61%. ♂ unbekannt.
Sowjetunion (Ferner Osten); terrestrisch. . . . . *elegans* MUKHINA, 1981

Ad Seite 272, Bestimmungsschlüssel der Unterfamilie Mesorhabditinae:

7 Lippen von zweierlei Gestalt: je eine der subventralen und subdorsalen Lippen kleiner als die übrigen. . . . . 9. *Distolabrellus*
— Lippen gleich förmig. 8
8 Spicula zu 2/3 ihrer Länge verwachsen; Bursavelum proximal gekräuselt (geringelt), distal gekerbt.. . . . . 3. *Crustorhabditis*
— Spicula höchstens zu 1/3 — ganz ausnahmsweise zu 1/2 — ihrer Länge verwachsen; Bursavelum glatt.. . . . . 2. *Mesorhabditis*

9. Genus: ***Distolabrellus*** ANDERSON, 1983

Mesorhabditinae. Körper beim ♀ länger als 1 mm. Cuticula deutlich quergeringelt und fein längsgestreift. Lippen 6, gut abgesondert, von zweierlei Gestalt: die eine der

subventralen bzw. subdorsalen Lippen kleiner als die anderen 10[104]. Mundhöhle gut entwickelt, Cheilostom nicht cuticularisiert. Metastomwülste etwas anisomorph, mit je 3 borstenartigen Zähnchen. Ösophaguscorpus hinten angeschwollen. Weibliche Gonade unpaarig, ohne hinteren Uterusast; Vulva hinterständig. Spicula zu 1/2 ihrer Länge verwachsen, länger als der Schwanz. Bursa peloder, vorn offen, wellig gerändert. 9 Paar Papillen vorhanden; 2 Paare präanal liegend. Schwanz des ♀ keilförmig, Phasmidien dem Anus nahe.
Terrikol, an Graswurzeln.
Typische und einzige Art: *Distolabrellus veechi* ANDERSON, 1983.

— Cuticularinge 2 μm breit. Seitenfeld einfach, 4—5 μm breit. Lippenpapillen sehr klein. Mundprisma 19—24 μm lang, hinten mit Ösophagusmanschette umgeben. Vorderer Ösophagusabschnitt kaum länger als der hintere. Exkretionsporus in Höhe des Isthmus. Enddarm 1,6—2mal so lang wie die anale Körperbreite. Abstand Vulva-Anus etwa 7mal so lang wie die Analbreite bzw. etwas kürzer als der Schwanz. Spicula gerade, 57—73 μm lang. Anordnung der Papillenpaare: 2 + 1 + 4 + 2. Schwanz des ♀ 2,3—4,6 Analbreiten lang.
♀: L = 1,16—1,47 mm; a = 16—21; b = 5,2—6,9; c = 11—21; V = 84 bis 89%. ♂: L = 0,72—1,09 mm; a = 17—21; b = 3,7—5,3; c = 18—32.
USA (Arizona); an Graswurzeln. . . . . *veechi* ANDERSON, 1983

Ad Seite 274, Bestimmungsschlüssel der Mesorhabditis-Arten:

2 Schwanz des ♀ kegelförmig, 1—3 Analbreiten lang 2a
— Schwanz des ♀ kuppelförmig, nur etwa so lang wie die Analbreite. — Cuticula ... (S. 274) . . . . *megachilis* (SUDHAUS, 1978) ANDRÁSSY, 1982
2a Bursa schmal, radiär gegliedert, mit 10 Paar Papillen, Spicula bogenförmig. — Cuticula ... (S. 274) . . . *irregularis* (KÖRNER in OSCHE, 1952) DOUGHERTY, 1955
— Bursa gut entwickelt, nicht radiär gegliedert, mit 9 Paar Papillen; Spicula praktisch gerade. — Cuticula sehr dünn, 0,5—0,6 mm, fein geriegelt. Kopf 9—10 μm breit, abgesetzt, jede Lippe mit 3 dornartigen Papillen. Mundhöhle 20—22 μm lang, mehr als doppelt so lang wie die Lippenbreite. Mittelbulbus gut entwickelt. Exkretionsporus in Höhe des Isthmus. Enddarm so lang wie 2 Analbreiten. Spicula 36—41 μm, Gubernaculum halb so lang. Anordnung der Papillenpaare: 2 + 3 + 3 + 1.
♀: L = 0,49—0,56 mm; a = 18—20; b = 3,7—3,9; c = 19—21; V = 83 bis 85%. ♂: L = 0,45—0,53 mm; a = 19—22; b = 3,7—3,8; c = 25—30.
Ungarn; Bodenbewohner. . . . . *sudhausi* ANDRÁSSY, 1982

Ad Seite 278, Bestimmungsschlüssel der Mesorhabditis-Arten:

14 Distalende der Spicula gerade; 5. und 6. Bursapapillen kürzer als die übrigen. — Cuticula 1 μm dick, fein geringelt. Kopf abgesetzt, 8 μm breit, Lippen mit

[104] ANDERSON schreibt, daß je 3 Lippen in alternativer Stellung kleiner bzw. größer seien. Dies muß jedoch irrtümlich sein. Die Scanningmikroskop-Aufnahmen (Fig. 3 A und B) bestätigen, daß nur zwei Submediallippen kleiner und die beiden Laterallippen sowie die übriggebliebenen Submediallippen größer sind.

je einer Borstenpapille. Mundhöhle 24 (♀) bzw. 17—21 (♂) µm lang, 2,5—3mal so lang wie die Lippenbreite. Cheilorhabdions cuticularisiert. Mittelbulbus länglich. Exkretionsöffnung vor dem Endbulbus. Enddarm so lang wie 2—2,5 Analbreiten. Ei 37—45 × 21—23 µm. Spicula 45—50 µm lang, gerade, Gubernaculum 22—24 µm lang, proximal ventral gebogen. Anordnung der Papillenpaare: 2 + 5 + 3. Schwanz des ♀ 5,5—6 Analbreiten lang.
♀: L = 0,68—0,71 mm; a = 17—21; b = 4,3—4,6; c = 9,0—9,7; V = 78 bis 80%. ♂: L = 0,49—0,55 mm; a = 14—18; b = 3,5—3,9; c = 20—22.
Kongo Republik; terrestrisch. . . . . *africana* ANDRÁSSY, 1982
— Distalende der Spicula leicht aber sichtbar ventral gebogen; nur das 6. Bursapapille kürzer als die übrigen. 14a
14a Spicula proximal mit hakenartig gekrümmter, kopfförmiger Verdickung. — Cuticula... (S. 278) . . . . *longespiculosa* (SCHUURMANS STEKHOVEN, 1951) DOUGHERTY, 1955
— Spicula proximal nicht hakenartig. — Cuticula... (S. 278—279). . . . . *ultima* (KÖRNER in OSCHE, 1952) DOUGHERTY, 1955

Ad Seite 282, Bestimmungsschlüssel der Bursilla-Arten:

3 Spicula nahezu 1/2 der Schwanzlänge. 3a
— Spicula 1/3 der Schwanzlänge 4
3a Zahl der Bursapapillen 3 Paare. — Cuticula... (S. 282) . . . . *microbursaris* (STEINER, 1926) ANDRÁSSY, 1982
— Zahl der Bursapapillen 6 Paare. — Cuticula dünn, 0,5—0,8 µm breit, Ringelung kaum wahrnehmbar. Kopf 7—7,5 µm breit, abgesetzt; Lippenpapillen borstenförmig. Mundhöhle 15—17 (♀) bzw. 13 (♂) µm lang, 2—2,3mal so lang wie die Kopfbreite. Vorderer Ösophagusabschnitt kaum länger als der hintere. Exkretionsporus vor dem Endbulbus. Enddarm so lang wie die doppelte Analbreite. Abstand Vulva-Anus 1,3—1,4mal so lang wie der Schwanz. Dieser beim ♀ 4,5—5,2 Analbreiten lang. Spicula 22—23 µm, nahezu 1/2 der Schwanzlänge. 3 Paare der Papillen stehen präanal.
♀: L = 0,41—0,56 mm; a = 16—21; b = 3,6—4,4; c = 7,8—8,7; V = 72 bis 74%. ♂: L = 0,30 mm; a = 14; b = 3,4; c = 7,1.
Vietnam; terrestrisch. . . . . *vernalis* ANDRÁSSY, 1982

Ad Seite 323, Bestimmungsschlüssel der Rhitis-Arten:

3 Anordnung der postanalen Papillenpaare 3 + 5; Bursa fast bis zur Schwanzspitze reichend. — Cuticula... (S. 323) . . . . *hanuskai* (KOKORDÁK, 1969) ANDRÁSSY, 1983
— Anordnung der postanalen Papillenpaare anders; Bursa die Hälfte des Schwanzes frei lassend. 4
4 Das 1. Papillenpaar zwei Spiculalängen vor dem Anus liegend; Mittelbulbus kräftig. — Cuticula... (S. 323). . . *inermis* (SCHNEIDER, 1866) ANDRÁSSY, 1982
— Das 1. Papillenpaar im Bereich der Spicula liegend; Mittelbulbus ganz schwach. — Cuticula 0,8—1,2 µm dick, glatt. Kopf nicht abgesetzt, 18—22 µm

breit. Mundhöhle 18—22 μm lang, 1,7—1,9mal so lang wie die Lippenbreite. Ösophagusmanschette vorhanden. Exkretionsporus vor dem Endbulbus. Enddarm kaum länger als die Analbreite. Abstand Vulva-Anus 3,6—3,8mal so lang wie der Schwanz. Dieser beim ♀ 4,5—5,5 Analbreiten lang. Spicula 37—45 μm, kürzer als der Schwanz. Gubernaculum 14—17 μm lang. Anordnung der Papillenpaare: 1 + 2 + 3 + 3.
♀: L = 0,88—1,0 mm; a = 12—21; b = 5,2—5,9; c = 9,5—10,2; V = 50 bis 53%. ♂: L = 0,71—0,95 mm; a = 17—20; b = 4,7—5,5; c = 10—15.
Indien; in Kompost . . . . *luci* ANDRÁSSY, 1982

Ad Seite 328, Bestimmungsschlüssel der Ablechroiulus-Arten:

7 Kopf deutlich abgesetzt; Cuticula grob geringelt und längsgestreift; Spicula distal zugespitzt. 7a
— Kopf praktisch nicht abgesetzt; Cuticula kaum strukturiert; Spicula distal breit abgerundet. 8
7a Körper größer, 1—1,6 mm; 3 Papillen liegen präanal. — Mundhöhle... (S. 328). . . . . *crenatus* (PAESLER, 1946) ANDRÁSSY, 1966
— Körper kleiner, 0,5—0,6 mm; 2 Paar Papillen liegen präanal. — Cuticula 0,7—1 μm dick, in kleine quadratische Feldchen geteilt. Kopf abgesetzt, 8 μm breit, Laterallippen mit je 3, Submediallippen mit je 4 borstenartigen Papillen. Mundhöhle 19—20 μm lang, mit dünner Manschette umgeben. Mittelbulbus gut entwickelt, Exkretionsporus in Höhe des Isthmus. Enddarm so lang wie die anale Körperbreite. Abstand Vulva-Anus doppelt so lang wie der Schwanz; letzterer 6—7 Analbreiten lang. Spicula 29—30 μm, Gubernaculum 18 μm lang. Anordnung der Papillenpaare: 1 + 1 + 1 + 4 + 2.
♀: L = 0,54—0,62 mm; a = 17—19; b = 4,5—5,1; c = 5,4—5,7 V = 43 bis 45%. ♂: L = 0,49 mm; a = 17; b = 4,6; c = 8,3.
Kongo-Republik; in Waldboden. . . . . *maculosus* ANDRÁSSY, 1982

Ad Seite 339, Bestimmungsschlüssel der Pterygorhabditis-Arten:

1 Cuticularinge an der Halsregion abgeplattet, schildförmig; Ösophaguscorpus bulbusartig angeschwollen. 2
— Cuticularinge an der Halsregion nicht abgeplattet, nicht schildförmig; Ösophaguscorpus zylindrisch. — Rhomboidale Feldchen... (S. 339). . . . . *pakistanensis* TIMM, 1957
2 Ein Halsschild vorhanden; rechte Körperseite mit Längsleisten. — Kopf ... (S. 339). . . . . *panopla* BERNARD, 1979
— Drei Halsschilde vorhanden; rechte Körperseite ohne Längsleisten. — Körper gelblichbraun; rechte Seite stark geringelt. Ringel 2,2—2,4 μm breit und von 9 Längsreihen rhomboidaler Feldchen unterbrochen. Halsschilde 14—15, 27—29 bzw. 35—37 μm lang. Linke Körperseite mit 5 schwachen Längsleisten. Kopf 7—9 μm breit. Mundhöhle 25—26 μm, so lang wie 3 Kopfbreiten. Exkretionsporus in Höhe des Endbulbus. Abstand Vulva-Anus 2,8—3,2mal so lang wie der Schwanz; dieser 3,4—4,5mal so lang wie die anale Körper-

breite. Spicula 60 µm, mehr als doppelt so lang wie der Schwanz. Bursa mit 11 Papillenpaaren.
♀: L = 0,50—0,52 mm; a = 13—15; b = 4,2—4,3; c = 8,2—9,5; V = 53 bis 54%. ♂: L = 0,49 mm; a = 16; b = 4,2; c = 21.
Ungarn; unter Baumrinde. . . . . *hungarica* ANDRÁSSY, 1982

Ad Seite 404, Gattung Oigolaimella:

Bestimmungsschlüssel der Arten

1 Spicula bogenförmig, 20 µm lang; Körper größer, 0,7—1,5 mm. — Cuticularingelung... (S. 404) . . . . *agilis* (SKWARRA, 1921) ANDRÁSSY in ZULLINI, 1981
— Spicula rechtwinkelig gebogen, 30 µm lang; Körper kleiner, 0,6—0,9 mm. — Cuticula fein geringelt, mit 24—26 Längsstreifen. Lippenpapillen klein, Kopf vorn abgestutzt. Seitenorgan schlitzförmig, in Höhe des Dorsalzahns. Dorsalzahn krallenartig. Vorderer Ösophagusabschnitt 1,5mal länger als der hintere. Schwanz 1/3—1/4 der Körperlänge. Spicula proximal erweitert, Gubernaculum 18—21 µm lang, auffallend dick, proximal immerhin dornartig verdünnt.
♀: L = 0,60—0,93 mm; a = 23—29; b = 5,3—6,8; c = 3,2—4,4; V = 43 bis 45%. ♂: L = 0,57—0,65 mm; a = 25—30; b = 5,4—6,0; c = 4,4—5,3.
Italien; aquatil. *carinata* ZULLINI, 1981

Ad Seiten 415—420, Bestimmungsschlüssel der Mononchoides-Arten:

3 Schwanz sehr lang, 1/2—1/3 der gesamten Körperlänge oder noch länger; Telostom stark ausgebildet, mindestens die Hälfte der Mundhöhlenlänge einnehmend. 4
— Schwanz wesentlich kürzer, 1/7—1/12 der gesamten Körperlänge; Telostom schwach ausgebildet, nur etwa 1/3 der Mundhöhlenlänge einnehmend. 3a
3a Spicula 40—46 µm lang. — Cuticularingelung... (S. 415). . . . . *baicalensis* (THALOLIKHIN, 1972) n. comb.
— Spicula 27—33 µm lang. 3b
3b Seitenorgan hinter der Mundhöhle; Körper kleiner, beim ♀ 1,4—1,7 mm. — Cuticula mit 20—23 Längsstreifen, Ringelbreite 1—1,5 µm. Kopf vorn abgestutzt. Mundhöhle mäßig tief, Krallenzähne relativ dünn. Vorderer Ösophagusabschnitt 1,5—2mal so lang wie der hintere. Spicula 32—33 µm, Gubernaculum 19—20 µm lang. 7 Paare größerer Geschlechtspapillen vorhanden. Schwanz beim ♀ 5—7, beim ♂ 3,8—4 Analbreiten lang.
♀: L = 1,45—1,70 mm; a = 28—35; b = 5,0—5,3; c = 10—12; V = 54 bis 55%. ♂: L = 1,3—1,4 mm; a = 32—33; b = 5,1; c = 10,5—12,5.
Sowjetunion (Kirghisien); limnisch. . . . *tsalolichini* GAGARIN & LENZINA, 1982
— Seitenorgan in Höhe der Mundhöhle; Körper größer, beim ♀ 1,5—2 mm. — Cuticula mit 22—24 Längsstreifen. Kopf vorn abgestutzt. Mundhöhle mäßig tief, Cheilostom in 12 Plättchen gegliedert. Vorderer Ösophagusabschnitt doppelt so lang wie der hintere. Spicula 30—33 µm, Gubernaculum 16 µm lang.

10 Paar Geschlechtspapillen vorhanden. Schwanz beim ♀ 7—7,5, beim ♂ 5,6—6 Analbreiten lang.
♀: L = 1,52—2,01 mm; a = 22—25; b = 5,5—6,2; c = 6,7—7,4 V = 48 bis 51%. ♂: L = 1,16—1,63 mm a = 27—36; b = 5,0—7,2; c = 7,0—7,8.
Sowjetunion (Rußland); in Fließwasser. Möglicherweise mit der vorigen Art identisch.. . . . . *angarensis* GAGARIN, 1983

4 Vulva weit vor der Körpermitte: in 24—40% der Körperlänge. 4a

— Vulva in oder hinter der Körpermitte: in 48—50% der Körperlänge. — Cuticularinge... (S. 416) . . . . . . *piracicabensis* (RAHM, 1928) GOODEY, 1963

4a Telostom so lang wie die vorderer Mundhöhlenkammer recht große Art, bis 3,5 mm. — Cuticula... (S. 416). . . . . *bollingeri* GOODRICH, HECHLER & TAYLOR, 1968

— Telostom deutlich länger als die vordere Mundhöhlenkammer; Körper kleiner, bis 1,6 mm. — Cuticula mit 30—32 Längsstreifen. Kopf vorn abgestutzt. Cheilostom in 12 Stäbchen geteilt, Krallenzähne massiv. Gesamtlänge der Mundhöhle 34 µm. Vorderer Ösophagusabschnitt 2—2,2mal länger als der hintere. Spicula 36—38 µm, Gubernaculum 20—24 µm lang. 8—9 Paar Geschlechtspapillen vorhanden. Schwanz des ♀ 21—27, der des ♂ 8—11 Analbreiten lang.
♀: L = 1,50—1,64 mm a = 25—31 b = 7,5—8,1; c = 2,0—2,3; V = 30 bis 34%. ♂: L = 0,72—0,82 mm; a = 32—42; b = 6,7—7,4; c = 3,8—4,6.
Italien; limnisch. . . . . *pulcher* ZULLINI, 1981

5 Kopfende leicht angeschwollen; vorderer Ösophagusabschnitt 2,5mal so lang wie der hintere. — Cuticula... (S. 416) . . . . *trichiuroides* (SCHNEIDER, 1937) GOODEY, 1963

— Kopfende nicht angeschwollen; vorderer Ösophagusabschnitt 2mal so lang wie der hintere 5a

5a Schwanz beim ♀ 15mal, Spicula 1,5mal so lang wie die anale Körperbreite. — Cuticula (S. 416—417) . . . . . . *parastriatus* (PAESLER, 1946) n. comb.

— Schwanz beim ♀ 5mal so lang, Spicula gleich lang wie die anale Körperbreite. — Cuticula mit 22—24 Längsstreifen; Ringe 1—1,2 µm breit. Kopf vorn abgestutzt. Cheilostom in 12 Stäbchen geteilt, Krallenzähne kräftig. Telostom kurz und eng. Seitenorgane in Höhe der Mundhöhle. Spicula 27—30 µm, Gubernaculum 14—17 µm lang. Geschlechtspapillen lang, borstenförmig, insbesondere das 3. Paar. Schwanz des ♀ 3,2—3,3 Analbreiten lang.
♀: L = 0,86—0,92 mm; a = 19—20; b = 4,0—4,1; c = 8,0—8,4; V = 53 bis 55%. ♂: L = 0,74—0,94 mm; a = 25—29; b = 4,2; c = 7,7—9,0.
Sowjetunion (Moldau); in der Donau. . . . . *ivanegae* GAGARIN, 1983

8 Spicula kurz, 25—35 µm. 8a

— Spicula wesentlich länger, um 50 µm. 9

8a Telostom doppelt so lang wie breit; Spicula sehr kurz, kaum so lang wie die anale Körperbreite. — Zahl... (S. 417). . . *longicaudatus* (KHERA, 1965) n. comb.

— Telostom so lang wie breit; Spicula 1,5mal so lang wie die anale Körperbreite. — Cuticula fein geringelt, mit 28—30 Längsstreifen. Kopf leicht abgesetzt. Cheilostom in 12 Stäbchen gegliedert, Krallenzähne kräftig. Sägeartig gezähnte Platten am rechten Subventralwand der Mundhöhle gut entwickelt, doppelt. Vorderer Ösophagusabschnitt 1,5—1,8mal länger als der hintere. Spicula

30—35 µm, Gubernaculum 14—18 µm lang. Geschlechtspapillen 9 Paare, mäßig lang. Schwanz des ♀ 21—23, der des ♂ 14—17 Analbreiten lang.
♀: L = 1,20—1,47 mm; a = 32—37; b = 6,3—8,1; c = 2,4—2,8; V = 34 bis 39%. ♂: L = 0,76—0,90 mm; a = 30—39; b = 5,8—6,7; c = 2,7—3,0.
Italien; in Fließwasser. . . . . *ruffoi* ZULLINI, 1983

16 Telostom geräumig, kubusförmig; Spicula sichelartig gebogen. 17
— Telostom eng, trichterförmig; Spicula kaum gebogen. 18

17 Spicula 35 µm lang; Körper 1,2—1,6 mm, recht schlank. — Cuticulaleisten ... (S. 419—420) . . . . *elegans* (WEINGÄRTNER, 1955) GOODEY, 1963
— Spicula 25 µm lang; Körper 0,9—1 mm, nicht so schlank. — Körper... (S. 420). . . . . *pylophylus* (WEINGÄRTNER, 1955) GOODEY, 1963

18 Schwanz des ♀ 10—12mal so lang wie die anale Körperbreite. — Cuticula fein geringelt, mit 18 Längsstreifen. Kopf abgerundet. Mundhöhle verhältnismäßig kurz. Telostom ganz eng, Krallenzähne gut entwickelt. Vorderer Ösophagusabschnitt 1,5mal so lang wie der hintere. Spicula 24 µm, Gubernaculum 12—14 µm lang. Geschlechtspapillen lang, borstenartig, 10 Paare. Schwanz des ♂ 10 Analbreiten lang.
♀: L = 1,40—1,88 mm; a = 27—37; b = 5,6—6,1; c = 5,6—6,6; V = 48 bis 50%. ♂: L = 1,47—1,50 mm; a = 44—56; b = 5,0—5,6; c = 6—7.
Sowjetunion (Russland); limnisch. . . . . *strenuus* GAGARIN, 1983
— Schwanz des ♀ 8mal so lang wie die anale Körperbreite. — Cuticula fein geringelt, mit 18—20 Längsstreifen. Kopf vorn abgestutzt. Mundhöhle mäßig entwickelt, Telostom eng, Krallenzähne massiv. Vorderer Ösophagusabschnitt 1,3—1,4mal so lang wie der hintere. Spicula 30—32 µm, Gubernaculum 18 µm lang. Geschlechtspapillen borstenförmig, 10 Paare. Schwanz des ♂ 9—10 Analbreiten lang.
♀: L = 1,76—1,94 mm; a = 39—43; b = 6,7—6,8; c = 7,4—9,2; V = 49 bis 53%. ♂: L = 1,88—1,91 mm; a = 57—64; b = 6,8—6,9; c = 12.
Sowjetunion (Rußland); limnisch. Die beiden letzten Arten sind eventuell identisch. *ruriculus* GAGARIN, 1983

VERZEICHNIS DER GATTUNGEN

Die im Verzeichnis verwendeten Abkürzungen der einzelnen Ordnungen sind die folgenden: AR = Araeolaimida, CH = Chromadorida, DE = Desmoscolecida, MO = Monhysterida, RH = Rhabditida.

VERZEICHNIS DER ARTEN

B

D

G

H

I

J

K

L

M

N

O

P

U

V

W

X

Z

FSC
www.fsc.org
MIX
Papier | Fördert gute Waldnutzung
FSC® C083411

Kolibri 360 GmbH
Ferdinand-Jühlke-Straße 7
99095 Erfurt, Deutschland
produktsicherheit@kolibri360.de